JN441683

Useful conversion factors

Physical quantity	Symbol	SI to English conversion	English to SI conversion
Length	L	1 m = 3.2808 ft	1 ft = 0.3048 m
Area	A	$1\ m^2 = 10.7639\ ft^2$	$1\ ft^2 = 0.092903\ m^2$
Volume	V	$1\ m^3 = 35.3134\ ft^3$	$1\ ft^3 = 0.028317\ m^3$
Velocity	v	1 m/s = 3.2808 ft/s	1 ft/s = 0.3048 m/s
Density	ρ	$1\ kg/m^3 = 0.06243\ lb_m/ft^3$	$1\ lb_m/ft^3 = 16.018\ kg/m^3$
Force	F	$1\ N = 0.2248\ lb_f$	$1\ lb_f = 4.4482\ N$
Mass	m	$1\ kg = 2.20462\ lb_m$	$1\ lb_m = 0.45359237\ kg$
Pressure	p	$1\ N/m^2 = 1.45038 \times 10^{-4}\ lb_f/in^2$	$1\ lb_f/in^2 = 6894.76\ N/m^2$
Energy, heat	q	1 kJ = 0.94783 Btu	1 Btu = 1.05504 kJ
Heat flow	q	1 W = 3.4121 Btu/h	1 Btu/h = 0.29307 W
Heat flux per unit area	q/A	$1\ W/m^2 = 0.317\ Btu/h \cdot ft^2$	$1\ Btu/h \cdot ft^2 = 3.154\ W/m^2$
Heat flux per unit length	q/L	$1\ W/m = 1.0403\ Btu/h \cdot ft$	$1\ Btu/h \cdot ft = 0.9613\ W/m$
Heat generation per unit volume	$\dot{q}$	$1\ W/m^3 = 0.096623\ Btu/h \cdot ft^3$	$1\ Btu/h \cdot ft^3 = 10.35\ W/m^3$
Energy per unit mass	q/m	$1\ kJ/kg = 0.4299\ Btu/lb_m$	$1\ Btu/lb_m = 2.326\ kJ/kg$
Specific heat	c	$1\ kJ/kg \cdot °C = 0.23884\ Btu/lb_m \cdot °F$	$1\ Btu/lb_m \cdot °F = 4.1869\ kJ/kg \cdot °C$
Thermal conductivity	k	$1\ W/m \cdot °C = 0.5778\ Btu/h \cdot ft \cdot °F$	$1\ Btu/h \cdot ft \cdot °F = 1.7307\ W/m \cdot °C$
Convection heat-transfer coefficient	h	$1\ W/m^2 \cdot °C = 0.1761\ Btu/h \cdot ft^2 \cdot °F$	$1\ Btu/h \cdot ft^2 \cdot °F = 5.6782\ W/m^2 \cdot °C$
Dynamic		$1\ kg/m \cdot s = 0.672\ lb_m/ft \cdot s$	
Viscosity	μ	$= 2419.2\ lb_m/ft \cdot h$	$1\ lb_m/ft \cdot s = 1.4881\ kg/m \cdot s$
Kinematic viscosity and thermal diffusivity	ν, α	$1\ m^2/s = 10.7639\ ft^2/s$	$1\ ft^2/s = 0.092903\ m^2/s$

Important physical constants

Avogadro's number	$N_0 = 6.022045 \times 10^{26}$ molecules/kg mol
Universal gas constant	$\mathcal{R} = 1545.35\ ft \cdot lbf/lbm \cdot mol \cdot °R$ $= 8314.41\ J/kg\ mol \cdot K$ $= 1.986\ Btu/lbm \cdot mol \cdot °R$ $= 1.986\ kcal/kg\ mol \cdot K$
Planck's constant	$h = 6.626176 \times 10^{-34}\ J \cdot sec$
Boltzmann's constant	$k = 1.380662 \times 10^{-23}$ J/molecule · K $= 8.6173 \times 10^{-5}$ eV/molecule · K
Speed of light in vacuum	$c = 2.997925 \times 10^8$ m/s
Standard gravitational acceleration	$g = 32.174\ ft/s^2$ $= 9.80665\ m/s^2$
Electron mass	$m_e = 9.1095 \times 10^{-31}$ kg
Charge on the electron	$e = 1.602189 \times 10^{-19}$ C
Stefan-Boltzmann constant	$\sigma = 0.1714 \times 10^{-8}\ Btu/hr \cdot ft^2 \cdot R^4$ $= 5.669 \times 10^{-8}\ W/m^2 \cdot K^4$
1 atm	$= 14.69595\ lbf/in^2 = 760$ mmHg at 32°F $= 29.92$ inHg at 32°F $= 2116.21\ lbf/ft^2$ $= 1.01325 \times 10^5\ N/m^2$

HOLMAN 열전달

HEAT TRANSFER

TEXTBOOKS
텍스트북스

Heat Transfer, 10th Edition

4 5 6 7 8 9 10 TB 20 24

Original: Heat Transfer, 10th Edition. © 2010
By Jack Holman
ISBN 978-0-07-352936-3

This authorized Korean translation edition is published by Textbooks Inc. in arrangement with McGraw-Hill Education Korea, Ltd. This edition is authorized for sale in the Republic of Korea.

This book is exclusively distributed by Textbooks Inc.

When ordering this title, please use 978-89-93543-10-0

Printed in Korea

J.P. HOLMAN

김무현 • 김내현 • 박동화 • 예용택 • 윤도영 • 진영욱 • 최영기 • 홍진관 공역 |

HOLMAN 열전달
HEAT TRANSFER

TEXTBOOKS
텍스트북스

옮긴이 소개

홍진관　경원대학교 건축설비공학과
예용택　경일대학교 기계자동차학부
윤도영　광운대학교 화학공학과
김무현　울산대학교 기계자동차공학부
김내현　인천대학교 기계공학과
박동화　인하대학교 생명화학공학부
최영기　중앙대학교 기계공학부
진영욱　한국기술교육대학교 기계정보공학부

열 전 달 제10판

Heat Transfer, Tenth Edition

발 행 일 | 2024년 2월 28일
지 은 이 | J. P. Holman
옮 긴 이 | 김무현 김내현 박동화 예용택 윤도영 진영욱 최영기 홍진관
발 행 인 | 임은정
발 행 처 | (주)텍스트북스
주　　소 | 서울시 영등포구 양평로 30길 14, 세종앤까뮤스퀘어 1109호
전　　화 | 02-702-5725
팩　　스 | 02-702-5727
웹사이트 | www.textbooks.co.kr
등록번호 | 제2022-000098호

ISBN 978-89-93543-10-0 93550

정가 38,000원

차 례

제8장 복사 열전달 387

제9장 응축 및 비등 열전달 499

제10장 열교환기 533

제11장 물질전달 599

제12장 요약 및 설계 정보 617

역자 서문

이 책은 "Heat Transfer (J P Holman)" 제10판을 우리말로 옮긴 것이다. 학부 3학년 또는 4학년을 대상으로 강의하기에 적합한 교재로서, 광범위한 열전달 내용이 비교적 간결하게 기술되어 있다.

이 교재는 제10판이 나오기까지 그동안 많은 개선과 발전이 이루어져왔다. 본 10판은 9판과 비교하면 "12장 요약 및 설계 정보 (Summary and Design Information)"이 새로 추가되었고 연습문제 64개와 예제 16개가 추가되었다. 뿐만 아니라 일부 연습문제를 삭제하였고 근래에 잘 사용되지 않는 열전달 재료 및 데이터들을 제외시켰으며, 새로운 해석적 기술과 실험데이터들을 수정 보완하였다. 최근 수치 및 컴퓨터를 이용한 문제 해석기술이 학부과정에서도 보편화되고 있기 때문에 이와 관련된 예제 및 연습문제를 새롭게 수록하였으며, 이 10판에서도 Microsoft Excel을 활용하는 해석법을 부록D에 수록하였다.

이 교재는 학부생을 상대로 한 학기에 모두 강의하기에는 다소 분량이 많아 보인다. 따라서 독자들은 강의를 통해서는 기본개념과 이론을 철저히 습득하는 것이 우선 중요하겠고, 그 후 예제와 연습문제를 스스로 풀어 봄으로써 실제 현장의 열전달 문제를 인식하고 해결할 수 있는 능력을 습득하기 바란다.

최근 ABEEK 인증 교과과정이 국내 대학에 차츰 정착되어가고 있다. 이 교과과정에서는 설계학점이 중요시되는데, 이에 대처하기 위해서 각 장의 연습문제 후반부에 수록된 설계지향문제를 적절히 활용하면 좋을 것이다. 이러한 설계지향문제는 가정과 독자의 접근 과정에 따라 해가 다양하게 존재할 수 있는, 이른바 "open ended problem"의 특성을 가지므로 실제문제 해결능력 및 현장 적응성 배양에 도움이 될 것으로 보인다.

원서 또는 번역과정에서 잘못된 점이나 수정 보완할 점이 발견된다면 언제든지 지적해 주시기를 바란다. 끝으로 맥그로힐(McGraw Hill) 출판사와 계약을 체결하고 번역과 출간을 맡은 텍스트북스 출판사 여러분께 감사드린다.

2010년 1월
역자 일동

저자 서문

이 교재는 열전달의 원리를 취급한 입문서이다. 교과서로서는 보통 한 학기 과정동안 다룰 수 있는 분량 이상을 포함하고 있고, 각자의 교과과정 목적에 따라 다르겠으나, 대학 3학년 혹은 그 이상의 학년에 적합하도록 되어 있다. 이 과목은 보통 화학공학 및 기계공학 교과과정에서 필요하겠으나, 여러 가지 전자장비 냉각문제의 중요성 때문에 전기전자공학 전공학생들에게도 역시 추천하고 싶다. 저자의 경험으로 비추어볼 때 전기전자공학을 전공하는 학생들은 비록 열역학 또는 유체역학 정규과목에 대한 기초가 없다할지라도 이 열전달과목을 잘 소화할 수 있을 것으로 본다. 상미분방정식에 대한 기본 바탕이 있다면 이 교과목을 잘 이해하는데 도움이 될 것이다.

대류열전달의 물리적 기구가 열전달표면 근처 정지 유체층을 통해 일어나는 전도의 한 형태라는 사실이 비록 강조되고 있지만, 이 교과서도 전통적인 방법을 따라 열전달모드를 전도, 대류, 그리고 복사로 나누어 각각에 대해 토의한다. 본 교재 전체를 통하여 물리적 이해측면을 강조하였고, 동시에 단 하나의 해석적 해도 허용되지 않는 문제상황에서는 실험적 결과가 중요한 의미를 갖는다는 사실을 강조하였다.

전도열전달은 해석적 방법과 수치적 방법 둘 다 취급함으로써, 독자들로 하여금 해석적 해를 얻는데 이해를 더하게 하고 실제문제에서 중요하게 사용되는 수치해석 도구를 이해할 수 있도록 하였다. 수치해석적 예제를 많이 다루었는데, 그 중에는 열원과 복사경계조건을 갖는 문제 비균일 격자크기의 문제, 그리고 3차원 절점시스템에 관한 예제 등이 포함되어 있다. 대류열전달분야도 이와 비슷한 과정으로 이루어졌다. 자연 및 강제대류 경계층에 대해 적분해석법을 사용함으로써 대류과정에 관한 물리적 이해를 얻도록 하였는데, 이와 같은 물리적 서술로부터 대류열전달계수를 구할 수 있는 경험적 및 실제적 관계식을 자연스럽게 이끌어낼 수 있다는 추론이 도출된다. 복사열전달에서는 복사회로법이 다른 방법보다 간편하다는 장점이 있으므로 복사시스템 해석의 서론부에서는 이 회로법을 폭넓게 사용하였고, 좀 더 일반화된 해석은 그 후에 다루었다. 반복법을 써서 해를 구할 수 있는 비선형방정식 시스템도 역시 전도 및 복사열전달 장(chapters)에서 논의되었다.

열교환기 해석에 있어서는 대수평균온도차방법과 유효도방법을 사용하였는데, 이는 둘 다 광범위하게 사용될 뿐 아니라 각각의 방법이 설계자에서 고유한 장점을 제공해주기 때문이다. 확산 및 물질전달에 대해 간략하고 명확하게 소개를 함으로써, 독자들로 하여금 물질전달 과정에 대해 익숙해지도록 하였고 열전달, 물질전달 그리고 모멘텀전달 사이에 중요한 유사성이 있음을 확실히 깨닫도록 하였다. '12장 요약 및 설계 정보' 에 관한 내용이 새롭게 추가되었다. 이 장에는 여러 가지 계산 차트들이 제공되고 있는데, 이들은 정확성이 요구되는 최종설계단계보다는 속도와 유용성이 더 중요시되는 예비설계작업 시 도움이 될 것이다.

각 장의 끝 부분에 연습문제를 수록하였다. 이 연습문제들 중 일부는 단순히 학생들로 하여금 계산에 숙달되게 하고 열전달의 각 주제에 등장하는 여러 변수들의 크기의 정도에 친근해지도록 하는데 목적을 두었다. 또 다른 부류의 연습문제들은 학생들로 하여금 기본원리를 새로운 상황에 적용하고 기본방정식을 발전시킬 수 있는 능력을 기를 수 있도록 문제의 내용을 좀 더 확장하였다. 물론 두 부류의 연습문제는 학생들에게 다 중요하다.

또한 각 장 연습문제의 끝에는 설계지향문제가 수록되어 있다. 이 문제들의 특징은 제한없는 자유해답식이어서 하나의 고유한 결과로 최종답이 얻어지지 않는다는 점이다. 어떤 문제들은 길이도 매우 길뿐 아니라 해를 푸는 과정에서 학생들의 분별력 있는 판단과 결정이 요구되기도 한다. 이러한 경향의 문제가 100개 이상 수록되어 있다.

열전달은 정적인 주제가 아니다. 따라서 새로운 발전이 거의 정기적으로 이루어지고 있어, 이 분야의 전문가들이 이용할 수 있도록 더욱 향상된 해석적 해 및 경험적 자료들이 지속적으로 발표되고 있다. 오늘날 열전달분야의 연구결과 및 정보의 양이 너무 많기 때문에, 초보인 학생들이 한꺼번에 많은 주제를 접할 경우 쉽게 당황되고 압도될 수 있다. 이 교재는 기초과정을 다룬 입문서이다. 그래서 저자는 이러한 방대한 연구결과 및 문헌에 쉽게 접할 수 있도록 중간 매개체 혹은 교량 역할을 자임함으로서 독자들이 문헌자료와 방정식들을 즉시 이용할 수 있도록 하였다. 대부분의 열전달 주제에서 깊이 있는 지식이 강조되는 바, 충분한 예제(사례)들에 대한 폭넓은 공부에 학생들의 주의가 기울여지기를 바란다. 더 의욕적인 학생들은 각 장의 끝에 있는 참고문헌을 참조함으로서 열전달 자료들을 접할 수 있게 되며, 이는 앞으로 더 깊이 있는 연구를 가능하게 해 주는 초석이 될 것이다.

한 교재가 개정을 거듭하여 제10판에 이르렀다면 이는 그 동안 많은 개선과 발전을 거듭하여 왔음을 의미한다. 이 책도 예외는 아니다. 열전달의 기본이 되는 물리적 기구들은 그때나 지금이나 동일하지만 해석적 기술과 실험데이타들은 계속적으로 수정, 보완되어왔다. 이 수정판에서는 근래에 그다지 사용되지 않는 열전달 재료들을 일부 제외시킨 반면, 새로운 연습문제가 추가되었고 낡은 문제들을 새롭게 하였다. 예제 16개를 추가하였는데, 이들 중 다수는 컴퓨터-수치해 분야의 문제들이다. 본 교재의 목차 표(Table of Contents) 뒤에 모든 예제 목록을 따로 정리하여 참고하도록 하였다. 이러한 예제 목록들은 또한 각 장의 끝 부분에도 수록하였다.

무엇보다 새로워진 특징은 정상상태 및 과도 열전달 문제 모두의 해를 구하기 위해 Microsoft Excel을 사용하였다는 점이다. 새로운 Appendix D에 엑셀에 대해 비교적 자세하게 토의하였는데, 거기에는 열원과 복사경계조건을 가진 문제의 취급, 정상상태와 과도조건의 문제, 그리고 복합 재질 사이의 경계면 문제 등이 포함되어 있다. 대부분의 일반적 경계조건에 대한 절점방정식을 자동적으로 기록할 수 있는 특별한 템플릿(template)이 제공된다. 엑셀을 사용하여 문제의 해를 구하는 예제가 10개 주어지는데, 이들은 3, 4장에 나타나는 예제들을 수정하거나 확장한 것들이다. 그 중에는 과도 열전달 문제이지만 시간을 충분히 줄 경우 정상상태 해에 도달하는 문제도 있다.

대류장(5, 6, 7장) 각각의 결론부에는 대류 공식들을 요약하여 표로 정리해둔 것 외에도, 모든 대류 문제해석에 대한 총괄적인 과정을 제시하였다. 혹자는 이러한 과정을 상세한 해설정도로 생각할지 모르겠으나, 진정한 의도는 열전달 실무자들로 하여금 대류 문제를 해석하고 해를 구하는 과정에서 범하기 쉬운 평범하고 단순한 실수나 함정을 극복하도록 도움을 주고자 함이다.

이 책에서는 SI단위를 주로 사용한다. 영국단위도 널리 사용되고 있기 때문에, 예제의 해답과 계산의 중간단계에서 이따금씩 영국단위로도 표시하였다. 몇몇 예제와 문제는 완전히 영국단위를 사용하였다. 또한 어떤 그림은 두 단위 계를 모두 사용하는 이중 좌표계를 사용하였다. 이는 완전한 SI단위 시대가 되기까지는 학생들로 하여금 두 단위 모두에 익숙해지도록 하기 위함이다.

이 교과서에 있는 내용이 방대하므로 한 쿼터 혹은 한 학기 동안에 모든 내용을 다루는 것은 가능해 보이지 않는다. 그러나 이 교재의 다양한 내용과 문제들을 통해, 여러 가지 실제 응용분야에 필요한 적응력을 기를 수 있기를 다만 바랄 뿐이다.

감 사

수정 10판이 나오기까지 많은 분들이 조언과 건의를 해 주셨다. 저자는 이 모든 분들에게 충심으로 사의를 표한다. 또한 전에와 같이 이 후 독자여러분들의 조언에 대해서도 감사히 여길 것이다. 저자와 McGraw-Hill 스탭들은 이 수정판이 나오기까지 유익한 조언과 건의를 보내주신 아래의 분들께 정중히 감사를 표하는 바이다.

Neil L. Book, University of Missouri?Rolla
Rodney D.W. Bowersox, Texas A & M University
Kyle V. Camarda, University of Kansas
Richard Davis, University of Minnesota?Duluth
Roy W. Knight, AuburnUniversity
Frank A. Kulacki, University of Minnesota
Ian H. Leslie, New Mexico State University
Daniela S. Mainardi, Louisiana Tech University
Randall D. Manteufel, University of Texas at San Antonio
M. Pinar Menguc, University of Kentucky
Samuel Paolucci, University of Notre Dame
Paul D. Ronney, University of Southern California
Harris Wong, Louisiana State University

J. P. Holman

저자 소개

J.P. Holman 박사는 Oklahoma 주립대학교 기계공학과에서 박사학위를 취득하였다. Wright 항공우주연구소에서 2년간 연구원으로 근무한 뒤 줄곧 Southern Methodist 대학교 기계공학과에서 지금까지 교수직에 종사하고 있으며 현재 Brown 재단 석좌교수로 있다. 또한 열유체과학센터 소장, 토목 및 기계공학과 학과장, 산업체 담당 교무처장보 등의 행정직도 맡고 있다. 매년 Southern Methodist 대학교 학생회에서 투표로 뽑는 우수교수로 10회에 걸쳐 선출된 바 있다.

Holman 박사는 그 동안 열전달의 여러 분야에서 30편 이상의 논문을 출판하였고, 그의 저서 중 대표적인 것으로는 "Heat Transfer"(10판, 2010), "Experimental Methods for Engineers"(7판, 2001) 및 "Thermodynamics"(4판, 1988) 교과서를 McGraw-Hill 출판사에서 출판하였으며 이들 교과서는 스페인어, 포르투칼어, 일본어, 중국어, 한국어 및 인도네시아어로 번역되었으며 원본은 세계 각처에서 사용되고 있다. 또한 CRC 출판사에서 "What Every Engineer Should Know About Excel"(2006)을 출판하였다. Holman 박사는 열전달 및 에너지 계통에 대한 많은 산업체의 자문이기도 하다.

Holman 박사는 미국공학교육학회의 기계공학부문 위원장, 미국 기계공학회의 제10지구 기계공학과 학과장협의회 회장 등을 역임하였으며 현재 미국 기계공학회의 "Fellow"로서 미국공학교육학회가 공학교육에 헌신적으로 공헌한 사람에게 수여하는 George Westinghouse상(1972년), 미국기계학회가 열역학분야에 기여한 공로로 수여하는 Janes Harry Potter 금상(1986년), 미국기계학회가 공학분야의 교재발간에 기여한 저명인에게 수여하는 Worcester Reed Warner 금상(1987년), 미국공학교육학회가 올해의 기계공학교육자에게 수여하는 Ralph Coats Roe상(1995년), Oklahoma 주립대학교에서 매년 저명한 동창공학자에게 수여하는 Lohmann 메달(1993년) 등을 수상하였다.

LIST OF SYMBOLS

Symbol	Meaning
a	Local velocity of sound
a	Attenuation coefficient (Chap. 8)
A	Area
A	Albedo (Chap. 8)
A_m	Fin profile area (Chap. 2)
c	Specific heat, usually kJ/kg · °C
C	Concentration (Chap. 11)
C_D	Drag coefficient, defined by Eq. (6-13)
C_f	Friction coefficient, defined by Eq. (5-52)
c_p	Specific heat at constant pressure, usually kJ/kg · °C
c_v	Specific heat at constant volume, usually kJ/kg · °C
d	Diameter
D	Depth or diameter
D	Diffusion coefficient (Chap. 11)
D_H	Hydraulic diameter, defined by Eq. (6-14)
e	Internal energy per unit mass, usually kJ/kg
E	Internal energy, usually kJ
E	Emissive power, usually W/m^2 (Chap. 8)
E_{b0}	Solar constant (Chap. 8)
$E_{b\lambda}$	Blackbody emmissive power per unit wave-length, defined by Eq. (8-12)
f	Friction factor
F	Force, usually N
F_{m-n} or F_{ij}	Radiation shape factor for radiation from surface i to surface j
g	Acceleration of gravity
g_c	Conversion factor, defined by Eq. (1-14)
G	Irradiation (Chap. 8)
$G = \frac{\dot{m}}{A}$	Mass velocity
h	Heat-transfer coefficient, usually W/m^2 · °C
$\bar{h}$	Average heat-transfer coefficient
h_{fg}	Enthalpy of vaporization, kJ/kg
h_r	Radiation heat-transfer coefficient (Chap. 8)
i	Enthalpy, usually kJ/kg
I	Intensity of radiation
I	Solar insolation (Chap. 8)
I_0	Solar insolation at outer edge of atmosphere
J	Radiosity (Chap. 8)
k	Thermal conductivity, usually W/m · °C
k_e	Effective thermal conductivity of enclosed spaces (Chap. 7)
k_λ	Scattering coefficient (Chap. 8)
K	Mass-transfer coefficient, m/h

Symbol	Meaning
L	Length
L_c	Corrected fin length (Chap. 2)
m	Mass
$\dot{m}$	Mass rate of flow
M	Molecular weight (Chap. 11)
n	Molecular density
N	Molal diffusion rate, moles per unit time (Chap. 11)
p	Pressure, usually N/m^2, Pa
P	Perimeter
q	Heat-transfer rate, kJ per unit time
q''	Heat flux, kJ per unit time per unit area
$\dot{q}$	Heat generated per unit volume
Q	Heat, kJ
r	Radius or radial distance
r	Recovery factor, defined by Eq. (5-120)
R	Fixed radius
R	Gas constant
R_{th}	Thermal resistance, usually °C/W
s	A characteristic dimension (Chap. 4)
S	Conduction shape factor, usually m
t	Thickness, applied to fin problems (Chap. 2)
t, T	Temperature
u	Velocity
v	Velocity
v	Specific volume, usually m^3/kg
V	Velocity
V	Molecular volume (Chap. 11)
W	Weight, usually N
x, y, z	Space coordinates in cartesian system
$\alpha = \frac{k}{\rho c}$	Thermal diffusivity, usually m^2/s
α	Absorptivity (Chap. 8)
α	Accommodation coefficient (Chap. 7)
α	Solar altitude angle, deg (Chap. 8)
β	Volume coefficient of expansion, 1/K
β	Temperature coefficient of thermal conductivity, 1/°C
$\gamma = \frac{c_p}{c_v}$	Isentropic exponent, dimensionless
Γ	Condensate mass flow per unit depth of plate (Chap. 9)
δ	Hydrodynamic-boundary-layer thickness
δ_t	Thermal-boundary-layer thickness
ϵ	Heat-exchanger effectiveness
ϵ	Emissivity
ϵ_H, ϵ_M	Eddy diffusivity of heat and momentum (Chap. 5)
$\zeta = \frac{\delta_t}{\delta}$	Ratio of thermal-boundary-layer thickness to hydrodynamic-boundary-layer thickness
η	Similarity variable, defined by Eq. (B-6)
η_f	Fin efficiency, dimensionless
θ	Angle in spherical or cylindrical coordinate system
θ	Temperature difference, $T - T_{\text{reference}}$. The reference temperature is chosen differently for different systems (see Chaps. 2 to 4)

Symbol	Meaning
λ	Wavelength (Chap. 8)
λ	Mean free path (Chap. 7)
μ	Dynamic viscosity
ν	Kinematic viscosity, m^2/s
ν	Frequency of radiation (Chap. 8)
ρ	Density, usually kg/m^3
ρ	Reflectivity (Chap. 8)
σ	Stefan-Boltzmann constant
σ	Surface tension of liquid-vapor interface (Chap. 9)
τ	Time
τ	Shear stress between fluid layers
τ	Transmissivity (Chap. 8)
ϕ	Angle in spherical or cylindrical coordinate system
ψ	Stream function

Dimensionless Groups

Group	Name
$\mathrm{Bi} = \frac{hs}{k}$	Biot number
$\mathrm{Fo} = \frac{\alpha\tau}{s^2}$	Fourier number
$\mathrm{Gr} = \frac{g\beta(T_w - T_\infty)x^3}{\nu^2}$	Grashof number
$\mathrm{Gr}^* = \mathrm{Gr\ Nu}$	Modified Grashof number for constant heat flux
$\mathrm{Gz} = \mathrm{Re\ Pr}\,\frac{d}{L}$	Graetz number
$\mathrm{Kn} = \frac{\lambda}{L}$	Knudsen number
$\mathrm{Le} = \frac{\alpha}{D}$	Lewis number (Chap. 11)
$\mathrm{M} = \frac{u}{a}$	Mach number
$\mathrm{Nu} = \frac{hx}{k}$	Local Nusselt number
$\mathrm{Nu} = \frac{\bar{h}x}{k}$	Average Nusselt number
$\mathrm{Pe} = \mathrm{Re\ Pr}$	Peclet number
$\mathrm{Pr} = \frac{c_p\mu}{k}$	Prandtl number
$\mathrm{Ra} = \mathrm{Gr\ Pr}$	Rayleigh number
$\mathrm{Re} = \frac{\rho u x}{\mu}$	Reynolds number
$\mathrm{Sc} = \frac{\nu}{D}$	Schmidt number (Chap. 11)
$\mathrm{Sh} = \frac{Kx}{D}$	Sherwood number (Chap. 11)
$\mathrm{St} = \frac{h}{\rho c_p u}$	Stanton number
$\overline{\mathrm{St}} = \frac{\bar{h}}{\rho c_p u}$	Average Stanton number

Subscripts

Subscript	Meaning
aw	Adiabatic wall conditions
b	Refers to blackbody conditions (Chap. 8)

b	Evaluated at bulk conditions
d	Based on diameter
f	Evaluated at film conditions
g	Saturated vapor conditions (Chap. 9)
i	Initial or inlet conditions
L	Based on length of plate
m	Mean flow conditions
m, n	Denotes nodal positions in numerical solution (see Chap. 3, 4)
r	At specified radial position
s	Evaluated at condition of surroundings
w	Evaluated at wall conditions
x	Denotes some local position with respect to x coordinate
0	Denotes stagnation flow conditions (Chap. 5) or some initial condition at time zero
*	(Superscript) Properties evaluated at reference temperature, given by Eq. (5-124)
∞	Evaluation at free-stream conditions

Chapter 01

서론

열전달(heat transfer)이란 물체 사이의 온도차에 의해서 일어나는 에너지의 이동을 연구하는 학문이다. 이러한 에너지 이동을 열역학에서는 열이라고 정의한다. 열전달이라는 학문에서는 열의 이동방법을 설명할 뿐만 아니라 어떤 주어진 조건에서 일어나는 열전달률을 예측하기도 한다. 열전달을 공부하는 목적은 열전달률을 구하는 것이며, 이는 곧 열전달과 열역학이 어떻게 구별되는가를 말하여 준다. 열역학에서는 평형계만을 취급하기 때문에 한 평형상태를 다른 평형상태로 바꾸는 데 필요한 에너지량을 예측한다. 그러나 상태가 변화하는 동안은 평형계가 아니기 때문에 얼마나 빨리 상태가 변하는가 하는 것은 문제시하지 않는다. 따라서 열전달에서 얻어진 실험결과들은 열역학 제1법칙 및 제2법칙을 보강해 주게 된다. 열전달에서 사용되는 실험식들은 열역학에서처럼 매우 간단하고 여러 가지 실제문제에 쉽게 응용될 수 있다.

열역학과 열전달의 구별을 명확히 하기 위하여 다음과 같은 예를 들어 보자. 뜨거운 강철막대가 물통 안에서 냉각되고 있다고 하자. 열역학에서는 강철막대와 물이 평형상태가 되었을 때의 온도를 예측할 뿐이고, 평형상태가 될 때까지 시간이 얼마나 걸릴 것인지 또는 일정한 시간 후에 강철막대의 온도가 얼마나 될 것인가 하는 문제들은 취급하지 않는다. 그러나 열전달에서는 강철막대와 물의 각각의 온도를 시간의 함수로 구해야 한다.

열이 전달되는 방법은 크게 나누어서 전도, 대류, 복사 등의 세 가지로 분류된다. 이 장에서는 이 세 가지 열전달 방법에 관해서 대략적으로 설명하고 나머지 장에서 그 각각에 대하여 자세히 취급하고자 한다.

1-1 전도열전달

한 물체 안에 온도구배가 존재한다면 고온부분에서 저온부분으로 에너지가 전달된다는 사실을 경험을 통해서 잘 알고 있다. 이때 에너지는 전도에 의해서 전달되고, 단위면적당 열전달률은 면적에 수직한 방향의 온도구배에 비례하므로 다음과 같이 표현된다.

$$\frac{q_x}{A} \sim \frac{\partial T}{\partial x}$$

그리고 비례상수를 고려하면 다음과 같다.

$$q_x = -kA\,\frac{\partial T}{\partial x} \tag{1.1}$$

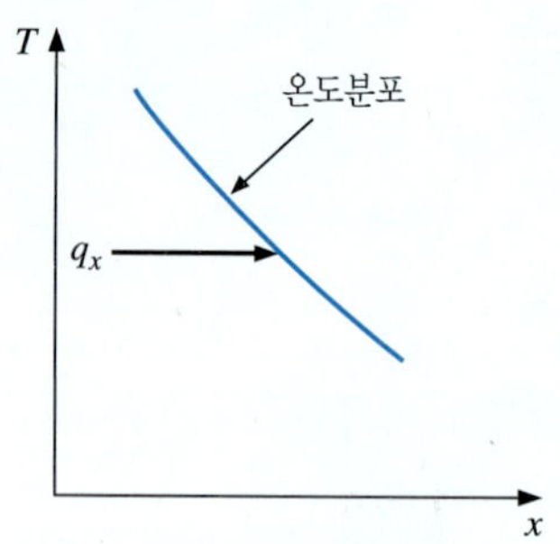

[그림 1.1] 열유동의 방향을 나타내는 개략도

여기서 q는 열전달률이고, $\partial T/\partial x$는 열이 전달되는 방향으로의 온도구배이며, 상수 k는 물질의 **열전도계수**(*thermal conductivity*)라 부르고, 음의 부호는 그림 1.1에서 보여주는 바와 같이 열은 고온에서 저온으로 흐른다는 열역학 제2법칙을 만족시키기 위하여 붙여준 것이다. 열전도해석에 크게 기여한 프랑스의 수리물리학자 Joseph Fourier의 이름을 따서 식 (1.1)을 Fourier의 열전도법칙이라 부른다. 식 (1.1)은 열전도계수를 정의하는 식이고 열전달률을 watt로 표시할 때 k의 단위는 W/m · °C가 된다.

그러면 식 (1.1)로부터 고체 내에서 열전달을 지배하는 기본방정식을 유도해 보기로 하자.

그림 1.2에서와 같은 1차원계를 생각하자. 만약 계가 정상상태(steady state)라면, 즉 온도가 시간에 따라 변하지 않는다고 하면 문제는 아주 간단해져서 식 (1.1)만을 적분하고 적절한 값을 대입하여 요구하는 양에 관해서 풀면 된다. 그러나 만약 고체 내에서의 온도가 시간에 따라 변한다거나 또는 고체 안에 열원(heat source)이나 히트싱크(heat sink)가 있다면 문제는 훨씬 복잡해진다. 이제 온도가 시간에 따라 변하고 또한 물체 내에 열원이 있는 일반적인 경우를 생각해 보자. 두께가 dx인 요소(element)에 대해서 에너지평형 관계는 다음과 같다.

(왼쪽 면으로 전도되어 들어오는 에너지) + (요소 안에서 발생한 열)
= (내부에너지의 변화) + (오른쪽 면에서 전도되어 나가는 에너지)

이들 에너지항들은 다음과 같이 나타낼 수 있다.

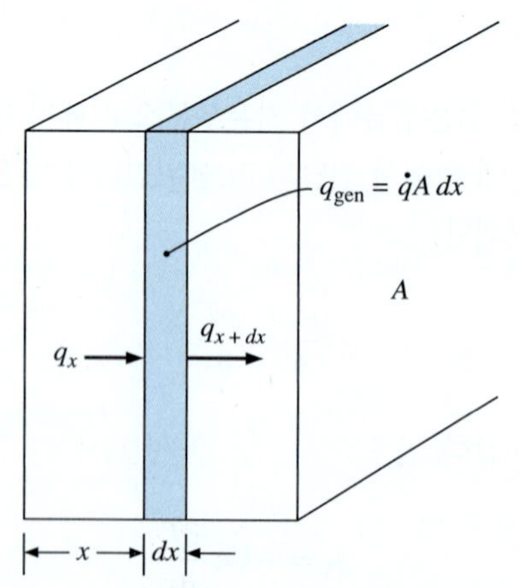

[그림 1.2] 1차원열전도 해석을 위한 체적요소

$$\text{왼쪽 면으로 전도되어 들어오는 에너지} = q_x = -kA\,\frac{\partial T}{\partial x}$$

$$\text{요소 안에서 발생한 열} = \dot{q}A\,dx$$

$$\text{내부에너지의 변화} = \rho c A\,\frac{\partial T}{\partial \tau}\,dx$$

$$\text{오른쪽에서 전도되어 나가는 에너지} = q_{x+dx} = -kA\,\frac{\partial T}{\partial x}\bigg]_{x+dx}$$

$$= -A\left[k\,\frac{\partial T}{\partial x} + \frac{\partial}{\partial x}\left(k\,\frac{\partial T}{\partial x}\right)dx\right]$$

여기서

$\dot{q}$ = 단위체적당 발생된 에너지, $\mathrm{W/m^3}$
c = 물질의 비열, $\mathrm{J/kg \cdot ^\circ C}$
ρ = 밀도, $\mathrm{kg/m^3}$

위의 식들을 종합하면 다음과 같다.

$$-kA\,\frac{\partial T}{\partial x} + \dot{q}A\,dx = \rho c A\,\frac{\partial T}{\partial \tau}\,dx - A\left[k\,\frac{\partial T}{\partial x} + \frac{\partial}{\partial x}\left(k\,\frac{\partial T}{\partial x}\right)dx\right]$$

또는

$$\frac{\partial}{\partial x}\left(k\,\frac{\partial T}{\partial x}\right) + \dot{q} = \rho c\,\frac{\partial T}{\partial \tau} \tag{1.2}$$

식 (1.2)는 1차원에서의 열전도방식이다. 1차원 이상의 열유동을 다루기 위해서는 그림 1.3(a)에 나타낸 바와 같은 체적요소에 대해서 세 좌표축방향의 열전도를 고려하여야 한다. 이때 에너지평형식은 다음과 같이 된다.

$$q_x + q_y + q_z + q_{\text{gen}} = q_{x+dx} + q_{y+dy} + q_{z+dz} + \frac{dE}{d\tau}$$

위 식의 각 항들은 다음과 같다.

$$q_x = -k\,dy\,dz\,\frac{\partial T}{\partial x}$$

$$q_{x+dx} = -\left[k\,\frac{\partial T}{\partial x} + \frac{\partial}{\partial x}\left(k\,\frac{\partial T}{\partial x}\right)dx\right]dy\,dz$$

$$q_y = -k\,dx\,dz\,\frac{\partial T}{\partial y}$$

$$q_{y+dy} = -\left[k\,\frac{\partial T}{\partial y} + \frac{\partial}{\partial y}\left(k\,\frac{\partial T}{\partial y}\right)dy\right]dx\,dz$$

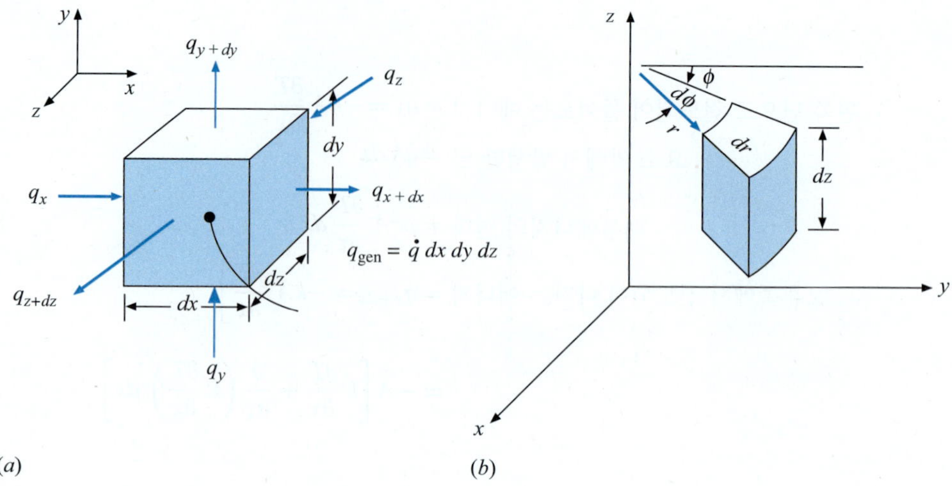

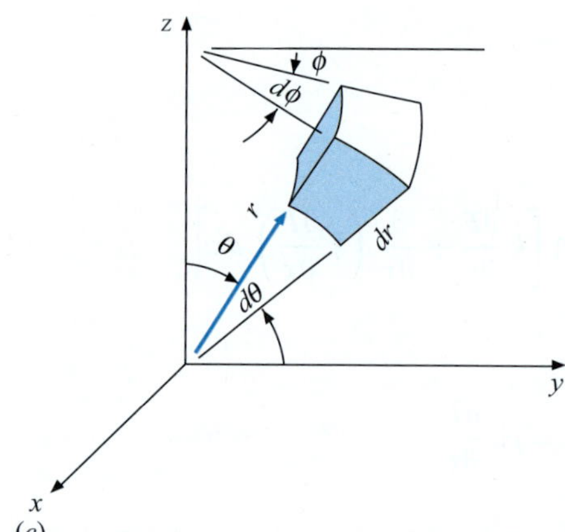

[그림 1.3] 3차원 열전도해석을 위한 체적요소. (*a*) 직교좌표; (*b*) 원통좌표; (*c*) 구좌표

$$q_z = -k\, dx\, dy\, \frac{\partial T}{\partial z}$$

$$q_{z+dz} = -\left[k\frac{\partial T}{\partial z} + \frac{\partial}{\partial z}\left(k\frac{\partial T}{\partial z}\right)dz\right]dx\, dy$$

$$q_{gen} = \dot{q}\, dx\, dy\, dz$$

$$\frac{dE}{d\tau} = \rho c\, dx\, dy\, dz\, \frac{\partial T}{\partial \tau}$$

이다. 위의 식들을 정리하면 다음과 같이 3차원에서의 열전도에 관한 일반식이 된다.

$$\frac{\partial}{\partial x}\left(k\frac{\partial T}{\partial x}\right) + \frac{\partial}{\partial y}\left(k\frac{\partial T}{\partial y}\right) + \frac{\partial}{\partial z}\left(k\frac{\partial T}{\partial z}\right) + \dot{q} = \rho c\frac{\partial T}{\partial \tau} \quad \textbf{(1.3)}$$

열전도계수 k가 상수라면 식 (1.3)은 다음과 같이 된다.

$$\frac{\partial^2 T}{\partial x^2}+\frac{\partial^2 T}{\partial y^2}+\frac{\partial^2 T}{\partial z^2}+\frac{\dot{q}}{k}=\frac{1}{\alpha}\frac{\partial T}{\partial \tau} \tag{1.3a}$$

여기에서 $\alpha = k/\rho c$를 물질의 **열확산계수**(*thermal diffusivity*)라 한다. α의 값이 클수록 열은 더욱 빨리 물질 속으로 확산될 것이다. 이는 α의 정의에서 설명될 수 있다. 즉, 열전도계수가 크거나 열용량 ρc가 작을 때 α의 값은 커지게 된다. 열용량이 작다는 말은 물질을 통과하는 에너지 중에서 물질에 흡수되어 그 온도를 높이는 데 소모되는 열량이 작고 대부분의 열이 그 물질을 통과하는 것을 의미한다.

위의 미분과정에서 $x + dx$에서의 미분은 Taylor급수의 전개에서 처음 두 항까지만 적용시킨 것이다.

식 (1.3a)를 그림 1.3(b)와 1.3(c)에 표시된 바와 같은 원통좌표나 구좌표로 각각 변환해 보면 다음과 같다.

원통좌표:

$$\frac{\partial^2 T}{\partial r^2}+\frac{1}{r}\frac{\partial T}{\partial r}+\frac{1}{r^2}\frac{\partial^2 T}{\partial \phi^2}+\frac{\partial^2 T}{\partial z^2}+\frac{\dot{q}}{k}=\frac{1}{\alpha}\frac{\partial T}{\partial \tau} \tag{1.3b}$$

구좌표:

$$\frac{1}{r}\frac{\partial^2}{\partial r^2}(rT)+\frac{1}{r^2 \sin\theta}\frac{\partial}{\partial \theta}\left(\sin\theta\frac{\partial T}{\partial \theta}\right)+\frac{1}{r^2 \sin^2\theta}\frac{\partial^2 T}{\partial \phi^2}+\frac{\dot{q}}{k}=\frac{1}{\alpha}\frac{\partial T}{\partial \tau} \tag{1.3c}$$

실제 문제를 풀 때는 대부분의 경우, 위의 일반식들의 특수한 경우가 사용된다. 앞으로 공부하는데 도움이 되는 특별한 경우들을 살펴보면 다음과 같다.

정상상태, 1차원의 열유동(열원이 없는 경우)

$$\frac{d^2 T}{dx^2}=0 \tag{1.4}$$

이 식은 식 (1-1)에서 q가 일정할 때의 경우와 동일하다.

원통좌표에서 정상상태, 1차원의 열유동(열원이 없는 경우)

$$\frac{d^2 T}{dr^2}+\frac{1}{r}\frac{dT}{dr}=0 \tag{1.5}$$

열원이 있을 때의 정상상태, 1차원의 열유동

$$\frac{d^2 T}{dx^2}+\frac{\dot{q}}{k}=0 \tag{1.6}$$

열원이 없을 때의 정상상태, 2차원의 열유동

$$\frac{\partial^2 T}{\partial x^2}+\frac{\partial^2 T}{\partial y^2}=0 \tag{1.7}$$

1-2 열전도계수

식 (1.1)은 열전도계수(thermal conductivity)를 정의하는 식이다. 이 정의에 따라 여러 물질들의 열전도계수를 실험적으로 측정할 수 있다. 비교적 낮은 온도범위 내에 있는 기체에 대해서는 기체운동론(kinetic theory of gases)을 바탕으로 한 해석적 방법은 실험을 통하여 조사된 값을 정확하게 예측하기도 한다. 액체 및 고체에서의 열전도계수를 예측하는 이론들이 존재하지만 일반적으로는 액체 및 고체에 관련된 의문점과 개념에 대하여 아직 명확히 해야 할 필요가 있다.

기체 내에서의 열전도의 기구(mechanism)는 대단히 간단하다. 기체분자의 운동에너지는 그 기체의 온도에 비례하기 때문에 고온영역에서의 분자는 저온영역에서보다 더 큰 속도를 갖는다고 생각할 수 있다. 분자들은 서로 충돌하고 에너지와 운동량을 교환하면서 계속적이고 불규칙적인 운동을 하고 있다. 분자들은 기체 내의 온도구배의 존재 여부에도 불구하고 이러한 불규칙적인 운동을 하고 있다. 만약 한 분자가 고온구역에서 저온구역으로 움직인다면 그 분자는 저온구역으로 운동에너지를 운반하여 저온구역 있는 분자와 충돌하면서 이 에너지를 전달할 것이다.

표 1.1에는 열전도계수의 상대적인 크기를 나타내 주기 위하여 실제로 취급하는 여러 가지 재료에 대한

[표 1.1] 여러 가지 재료에 대한 0°C일 때의 열전도계수

재료	열전도계수 k	
	W/m · °C	Btu/h · ft · °F
금속		
순은	410	237
순동	385	223
순알루미늄	202	117
순니켈	93	54
순철	73	42
탄소강(1%C)	43	25
순연(純鉛)	35	20.3
스테인레스강 (18% Cr, 8% Ni)	16.3	9.4
비금속		
다이아몬드	2300	1329
석영(축방향)	41.6	24
고토(苦土)	4.15	2.4
대리석	2.08~2.94	1.2~1.7
모래	1.83	1.06
창유리	0.78	0.45
단풍나무 또는 참나무	0.17	0.096
톱밥	0.059	0.034
유리솜	0.038	0.022
얼음	2.22	1.28
액체		
수은	8.21	4.74
물	0.556	0.327
암모니아	0.540	0.312
윤활유, SAE 50	0.147	0.085
프레온 12, CCl_2F_2	0.073	0.042
기체		
수소	0.175	0.101
헬륨	0.141	0.081
공기	0.024	0.0139
포화수증기	0.0206	0.0119
이산화탄소	0.0146	0.00844

값을 수록하여 놓았다. 더욱 정확한 열전도계수의 값들은 부록 A에서 구할 수 있으며, 일반적으로 이 값들은 온도에 따라 크게 변한다.

열유동을 watt로 표시하였을 때 열전도계수의 단위는 W/m · ℃ 임을 알 수 있다. 열전도계수의 값은 주어진 물질에서 열이 얼마나 빨리 흐르는가를 나타낸다는 것을 명심하여야 한다. 에너지의 전달률이 위에서 논의된 분자운동과 어떠한 관계가 있을까? 그것은 분명히 분자가 빨리 움직일수록 에너지를 더욱 빨리 운반할 것이다. 그러므로 기체의 열전도계수는 온도의 함수가 된다. 단순화시킨 해석적 이론에 의하면 기체의 열전도계수는 절대온도의 제곱근에 비례한다(기체 내에서의 음속은 절대온도의 제곱근에 비례하고 이 음속은 분자의 평균속도와 대략 동일함을 상기하라). 공학에서 자주 사용되는 몇 가지 기체의 열전도계수는 그림 1.4에 주어져 있다. 비교적 낮은 압력에서 대부분 기체의 열전도계수는 온도만의 함수임을 알 수 있다. 따라서 부록에 주어진 대기압에서의 기체의 열전도계수의 값들은 비교적 넓은 압력 범위에서도 사용될 수 있다. 그러나 기체의 압력이 임계압력 근처이거나 또는 일반적으로 말해서 기체를 이상기체로 생각할 수 없을 경우에 열전도계수를 구하려면 다른 참고서적을 보아야 한다.

액체 내에서의 열전도의 기구는 일반적으로 말해서 기체에서와 비슷하지만 분자들은 더욱 조밀하게 위치하고 있으며 분자들이 서로 충돌할 때 분자력장(分子力場)이 에너지교환에 큰 영향을 미치기 때문에 기체에

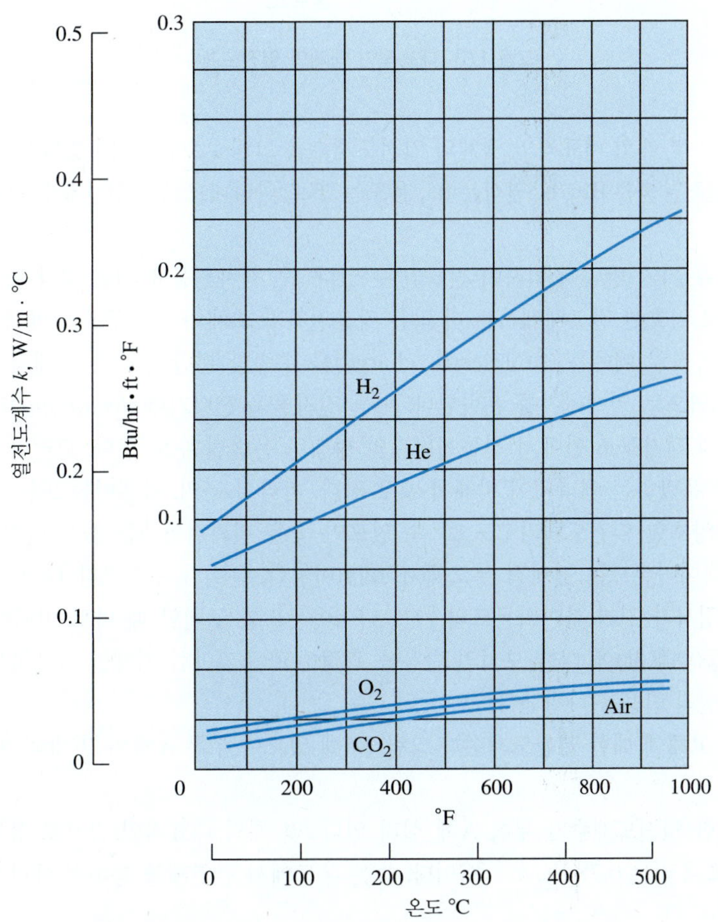

[그림 1.4] 대표적인 기체의 열전도계수 [1 W/m · °C = 0.5779 Btu/h · ft · °F]

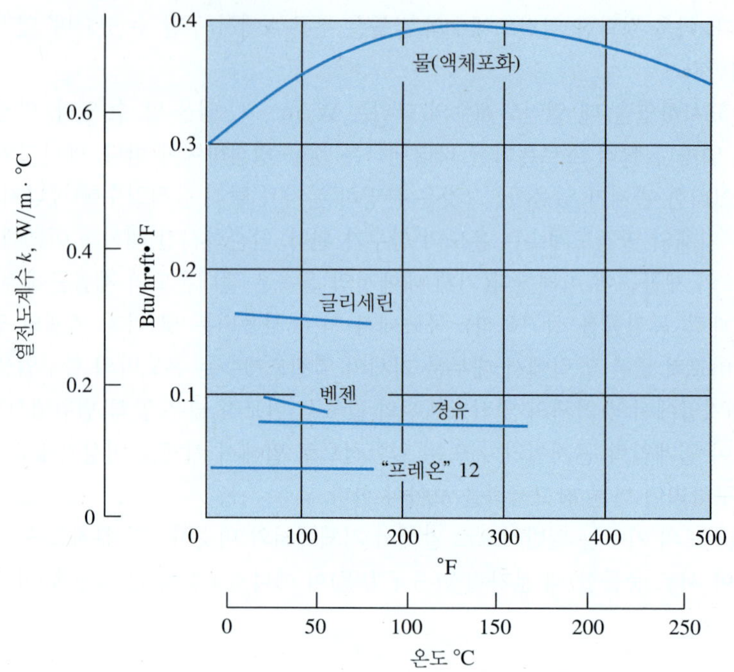

[그림 1.5] 대표적인 액체의 열전도계수

서보다 더욱 복잡하다. 몇 개의 대표적인 액체의 열전도계수를 그림 1.5에 표시하였다.

영국단위계에서 열전달률은 Btu/h, 면적은 ft^2, 온도는 °F로 나타내므로 열전달계수 단위는 Btu/h · ft · °F가 된다.

고체 내에서 열은 두 가지 방법에 의하여 전달될 수 있다. 즉, 격자진동에 의한 것과 자유전자의 이동에 의한 것이다. 전기적으로 양호한 전도체에서는 더 많은 자유전자가 고체의 격자구조 안에서 움직이고 있다.

이들 자유전자가 움직일 때에는 전하(electric charge)를 수송할 뿐만 아니라 기체의 경우와 마찬가지로 고온구역에서 저온구역으로 열에너지를 운반한다. 이들 전자들을 **전자기체**(*electon gas*)라고 말하는 경우가 많다. 에너지는 고체의 격자구조 안에서 진동에너지의 형태로 운반될 수도 있다. 그러나 일반적으로 말해서 진동에너지는 전자가 운반하는 에너지에 비해서 매우 작다. 따라서 구리, 알루미늄 또는 은과 같이 전기적으로 양호한 전도체는 양호한 열전도체라고도 할 수 있으며 좋은 전기절연체는 좋은 단열재라고 할 수 있다. 예외적인 경우로서 다이아몬드는 전기적 부도체(不導體)이지만, 은이나 구리보다 다섯 배나 큰 열전도계수를 나타낸다. 보석감정사가 진짜 다이아몬드와 가짜 다이아몬드를 구별할 때 바로 이러한 성질을 이용한다. 이때 가해지는 열맥동(熱脈動)에 대한 보석의 반응을 측정하고 조그마한 기계를 사용하는데 진짜 다이아몬드는 가짜보다 훨씬 빨리 반응을 나타낸다.

대표적인 몇 가지 고체에 대한 열전도계수가 그림 1.6에 있으며 부록 A에는 그 밖의 여러 고체에 대한 열전도계수의 값이 있다.

여러 단열재에 대한 열전도계수가 부록 A에 실려 있다. 몇 개의 대표적인 값으로 유리솜(glass wool)은 0.038 W/m · °C이고 유리는 0.78 W/m · °C이다. 높은 온도에서 단열재를 통하여 에너지가 전달되는 방법

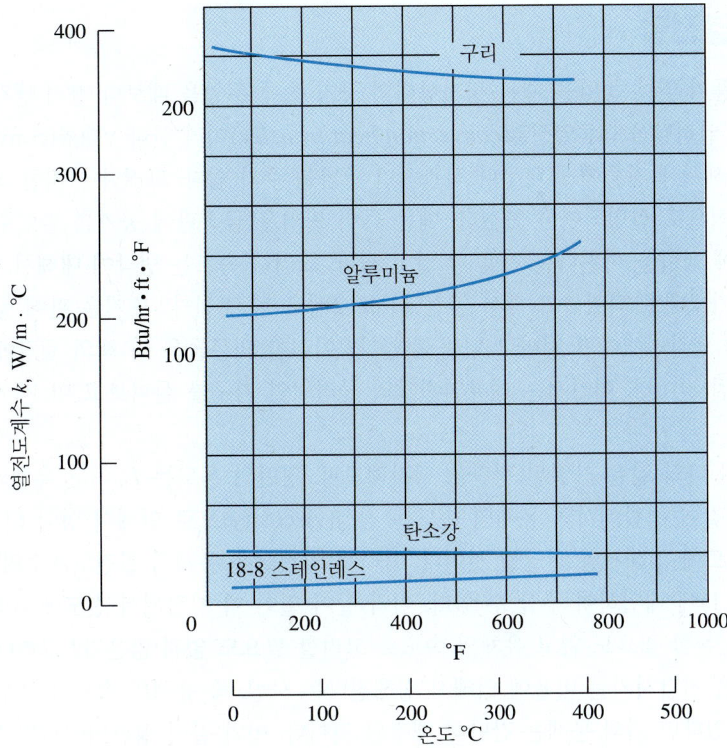

[그림 1.6] 대표적인 고체의 열전도계수

에는 몇 가지가 있다. 즉, 섬유질이나 다공질을 통한 전도, 공간 내에서 공기를 통한 전도, 그리고 충분히 높은 온도에서의 복사 등이다.

한 가지 중요한 기술적 문제는 액체수소와 저온액체를 장기간 저장하고 수송하는 일인데 매우 낮은 온도(약 −250°C 이하)에서 이용될 수 있는 초단열재(*superinsulation*)의 개발로 위의 문제는 해결되었다. 가장 효과적인 초단열재는 단열공간에 의하여 서로 분리된 높은 반사성질이 있는 여러 개의 층으로 구성되어 있다. 공기를 통한 전도를 최소로 하기 위하여 계(系) 전체의 속을 비게 하면 0.3 mW/m · °C 정도의 낮은 열전도계수를 얻을 수 있다. 저온에서의 단열재의 열전도계수를 요약한 것이 표 1.2에 있다. 다층단열재에 대한 더 상세한 내용은 참고문헌 [2]와 [3]에 있다.

[표 1.2] 극저온에서의 단열재료의 유효 열전도계수 (온도 영역: 15°C ~−195°C, 밀도 영역: 30~80 kg/m^3)

단열 형태	k, mW/m · °C
1. 포말, 분말 및 섬유(unevacuated)	7~36
2. 분말(evacuated)	0.9~6
3. 유리 섬유(evacuated)	0.6~3
4. 불투명 분말(evacuated)	0.3~1
5. 다층 단열재(evacuated)	0.015~0.06

1-3 대류열전달

뜨거운 금속판을 선풍기 앞에 놓았을 때는 정지상태의 공기 속에 두었을 때보다 빨리 냉각된다는 것을 알고 있다. 이러한 형태의 열전달을 **대류열전달**(*convection heat transfer*)이라 한다. '대류(convection)' 라는 용어는 열전달 과정에 관해서 독자들에게 너무나 직관적인 관념을 주기 쉽다. 그러나 이러한 직관적인 관념은 보다 실제적이고 해석적으로 설명되어야 하겠다. 예를 들어 뜨거운 금속판에 공기를 불어주었을 때 공기속도의 변화가 열전달률에 영향을 미친다는 것을 잘 알고 있다. 그러나 속도는 냉각에 대해서 선형적으로 영향을 줄 것인가? 즉, 속도가 2배로 되었다고 해서 열전달률도 2배로 될 것인가? 뜨거운 판에 공기를 불어주지 않고 물을 흐르게 하여 냉각시켰다면 얼마나 다를 것인가? 이러한 의문들은 이 책의 뒷장에서 다룰 기본적인 해석에 의하여 해명될 것이다. 여기서는 대류열전달의 물리적인 기구를 살펴보고 이 기구와 열전도와의 관계를 알아보자.

그림 1.7에 표시한 바와 같은 가열된 평판을 생각해보자. 평판의 온도는 T_w이고 유체의 온도는 T_∞이다. 그림에 나타난 바와 같이 평판에서의 유체의 속도는 점성(viscosity)으로 인해서 영이 되기 때문에 이 지점에서의 열은 단지 전도에 의해서만 전달될 것이다. 따라서 열전달은 유체의 열전도계수의 값과 이 지점에서의 온도구배를 식 (1.1)에 대입하여 구할 수 있다. 이와 같이 열이 이 지점에서 전도에 의해서만 전달된다면 대류열전달에 관해서 논할 필요도 없고 유체의 속도도 고려할 필요도 없지 않은가? 그러나 온도구배는 유체가 평판으로부터 열을 전달시키는 비율에 의해서 정해진다는 사실, 즉 유체의 속도가 클수록 온도구배가 커진다는 사실을 알고 있다면 위의 문제는 간단히 해결될 것이다. 이와 같이 평판벽에서의 온도구배는 유체의 흐름의 특성에 의해서 결정되기 때문에 온도구배와 흐름의 특성을 나타내는 관계식을 유도하여야 한다. 그러나 벽에서의 열전달의 물리적 특성은 어디까지나 전도에 의한 것이라는 점을 명심하여야 한다.

대류열전달의 효과를 수학적으로 나타내기 위하여 Newton의 냉각법칙을 이용하면 다음 식과 같다.

$$q = hA\,(T_w - T_\infty) \qquad \textbf{(1.8)}$$

이 식에서 열전달률은 벽과 유체 간의 온도차와 표면적 A에 관계된다. h를 **대류열전달계수** 또는 보통 **열전달계수**라고 부르며 식 (1.8)은 h를 정의하는 식이라고 볼 수 있다. h의 값은 간단한 경우에는 해석적으로 계산될 수 있지만 복잡한 경우에는 실험적으로 측정되어야 한다. 열전달계수는 벽표면에 접하여 있는 얇은 유체의 층과 밀접한 관계가 있기 때문에 때로는 **막컨덕턴스**(*film conductance*)라고 할 때도 있다. 식 (1.8)에서 열유동이 watt로 표시될 때 h는 $W/m^2\ °C$의 단위를 가지며 이 단위가 가장 널리 사용된다.

이와 같이 대류열전달은 유체의 열적 성질(열전도계수, 비열, 밀도)뿐만 아니라 유체의 점성과도 밀접한 관계가 있다는 것을 알 수 있다. 실제로 점성은 유체의 속도에 영향을 미치므로 벽 근처에서의 에너지전달률

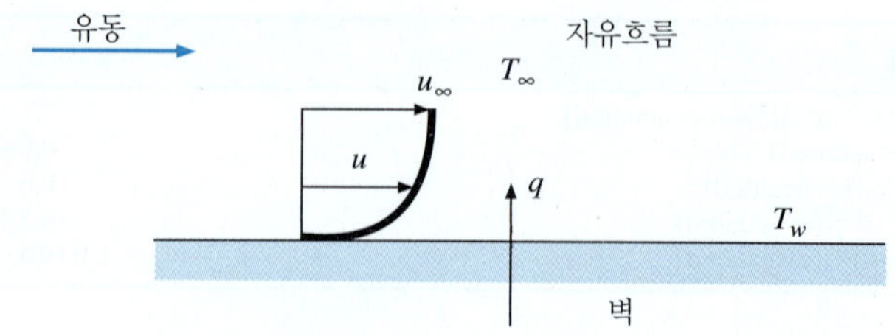

[그림 1.7] 평판으로부터의 대류열전달

[표 1.3] 대류열전달계수의 근사값

방법	h	
	W/m^2 · °C	Btu/h · ft^2 · °F
간격 2.5 cm, 압력 기압의 공기틈새가 온도차 $\Delta T = 100 - 30$°C를 갖는 경우	0.087	0.015
자연대류, $\Delta T = 30$°C		
0.3 m(1 ft)높이, 수직평판, 공기	4.5	0.79
수평원통, 지름 5 cm, 공기	6.5	1.14
수평원통, 지름 2 cm, 공기	890	157
1.5 cm의 수직공기틈을 통한 열전달, $\Delta T = 60$°C	2.64	0.46
지름 $d = 0.02$ mm, $\Delta T = 55$°C인 가는선	490	86
강제대류		
0.2 m 정사각형 평판 위에 2 m/s의 공기흐름	12	2.1
0.75 m 정사각형 평판 위에 35 m/s의 공기흐름	75	13.2
유속 $Ma = 3$, 압력 $p = 1/20$ atm, 주변 온도 $T_\infty = -40$°C일 때, 0.2m인 정방형 평판 위를 흐르는 공기의 유동	56	9.9
지름이 2.5 cm인 관 안에서 10 m/s로 흐르는 2대기압의 공기	65	11.4
지름이 2.5 cm인 관 안에서 0.5 kg/s로 흐르는 물	3,500	616
지름이 5 cm인 원통바깥을 50 m/s로 가로지르는 공기 흐름	180	32
유량 4.5 kg/s, 온도 420°C인 액체비스무트가 지름 5cm인 관내를 유동할 때	3410	600
50 m/s 속도의 공기가 지름 $d = 0.04$ mm,인 가는 선 주위를 직교유동하는 경우	3850	678
끓는 물		
용기 안에서	2,500~35,000	440~6,200
관 안에서 흘러갈 때	5,000~100,000	880~17,600
수증기 응축, 1대기압		
수직표면	4,000~11,300	700~2,000
수평판의 외부	9,500~25,000	700~4,400
응축(*dropwise*)	170,000~290,000	30,000~50,000

을 좌우하는 중요한 요소가 된다. 만일 가열된 평판을 정지상태의 공기에 노출시켰다면 공기는 평판 주위의 밀도구배에 의해서 움직이게 될 것이다. 이러한 경우를 **자연대류**(*natural* convection) 또는 **자유대류**(*free* convection)라 하고, 가열된 평판 주위를 팬(fan)의 힘에 의해서 유체가 흐르게 함으로써 냉각시키는 경우를 강제대류라고 한다. 비등과 응축현상 역시 넓은 의미의 대류열전달 영역에 포함시킬 수 있다. 표 1.3에는 대류열전달계수의 근사값이 실려 있다.

유동채널에서의 대류에너지 평형

식 (1.8)로 표시된 에너지전달은 외부유동 시 대류로 인한 열손실을 계산하는데 사용된다. 그림 1.8에서 보는 바와 같이 관 내부를 흐르는 유체로부터 대류로 인한 열취득 혹은 열손실 문제도 중요하다. 이 경우 온도 T_w인 가열 벽은 저온의 유체로 열을 방출하므로 결과적으로 유체의 온도가 상승하여 유체의 입구 및 출구온

[그림 1.8] 채널에서의 대류

도는 각 T_i, T_e가 된다. 여기서 대류열전달계수 h와 혼동되지 않도록 엔탈피를 i로 나타내면 에너지평형은 다음과 같다.

$$q = \dot{m}(i_e - i_i)$$

여기서 $\dot{m}$은 유체의 질량유동율이다. 일반적인 온도를 갖는 단상의 액체 및 기체일 경우 $\Delta i = C_p \Delta T$ 관계를 사용하면 다음과 같이 된다.

$$q = \dot{m}c_p(T_e - T_i)$$

이제 이것을 식 (1.8)과 유사하게 나타낸 대류관계식과 같다고 놓으면 아래의 결과를 얻는다.

$$q = \dot{m}c_p(T_e - T_i) = hA(T_{w,\,\mathrm{avg}} - T_{\mathrm{fluid},\,\mathrm{avg}}) \tag{1.8a}$$

이 경우 유체온도 T_e, T_i 및 T_{fluid}는 **체적 또는 에너지평균온도**라 부른다. A는 유체와 접하고 있는 유동채널의 표면적이다. 5, 6장에는 외부유동 및 내부유동에 대한 대류열전달 계산에 대해 더 언급이 나오지만, 여기서는 간단하게 2가지 형태의 유동 차이에 대해서만 말하고자 한다.

독자들은 대류식(1-8)에 사용되는 열전달면적 A와 유량계산($\dot{m} = \rho u_{\mathrm{mean}} A_c$) 시 사용되는 단면적 A_c는 서로 다르다는 점에 유의해야 한다. 원형관일 때 단면적은 $A_c = \pi d^2/4$ 이며, 대류 열전달면적은 $A = \pi dL$이다. 단 L은 관의 길이이다. 대류 열전달면적은 항상 유체와 접하고 있는 가열면적을 의미한다.

1-4 복사열전달

에너지는 전도나 대류형태로 매질을 통하여 전달되지만 진공 중에서도 전달될 수 있다. 이러한 현상을 전자기복사(electromagnetic radiation)라고 한다. 여기서는 특히 열이 온도차이에 의해서만 전달되는 열복사에 한하여 논한다.

열역학 이론[1)]에 의하면 이상적인 복사체(輻射體) 또는 흑체(墨體: *blackbody*)는 절대온도의 4제곱에 비례하는 율로 에너지를 복사하고 또한 표면적에 비례한다. 즉, 다음 식과 같다.

$$q_{\text{복사}} = \sigma A T^4 \tag{1.9}$$

여기서 σ는 비례상수로서 Stefan-Boltzmann 상수라 하며 $5.669 \times 10^{-8}\ \mathrm{W/m^2 \cdot K^4}$의 값을 가진다. 식 (1.9)를 Stefan-Boltzmann의 열복사법칙이라 부르며 이상적 복사체인 흑체의 경우에만 적용될 수 있다. 이

1) J. P. Holman, *'Thermodynamics,'* 4th ed., p. 705, McGraw-Hill Book Company, New York, 1988

식은 열복사에 한해서 유효하고 다른 형태의 전자기복사현상은 이와 같은 간단한 공식으로 나타낼 수 없음을 알아야 한다.

식 (1.9)는 흑체에서 방출되는 복사만을 나타내고 두 표면 사이의 순 복사열전달은 식 (1.10)과 같이 절대온도의 4제곱의 차이에 비례한다.

$$\frac{q_{\text{순}}}{A} \propto \sigma(T_1^4 - T_2^4) \tag{1.10}$$

이제 흑체란 T^4 법칙에 의해서 에너지를 복사하는 물체라는 것을 알았다. 흑체라고 부르는 이유는 흑색표면이 대략적으로 T^4 법칙에 따라 에너지를 복사하기 때문이다. 광택나는 페인트를 칠한 표면이나 연마한 금속판과 같은 물체는 흑체에 비해서 더 적은 에너지를 복사하지만 복사된 에너지량은 일반적으로 T^4에 비례한다. 이러한 회색 표면의 성질을 고려하기 위해서 방사율(emissivity) ϵ이라고 하는 인자를 식 (1.9)에 고려해야 한다. 이와 같이 ϵ은 회색표면으로부터의 복사열과 흑색표면으로부터의 복사열과의 관계를 나타낸다. ϵ에 부가해서 고려해야 할 사실은 전자기복사가 일직선으로 이동하는 동안 그 일부는 주위에 흡수되기 때문에 한 표면을 떠난 에너지는 그 전부가 다른 표면에 도달한다고 볼 수 없다. 이상의 두 효과를 고려하면 식 (1.9)는 다음과 같이 된다.

$$q = F_\epsilon F_G \sigma A\,(T_1^4 - T_2^4) \tag{1.11}$$

여기서 F_ϵ는 방사율함수(emissivity function)이고 F_G는 기하학적인 투영인자(view factor)함수이다. 이러한 함수들은 후에 상세히 논의한다. 그러나 이 함수들이 식 (1.11)에 표시된 것처럼 서로 독립적이 아니라는 사실에 주의해야 한다.

밀폐공간 내에서의 복사

표면온도가 T_1인 어떤 조그마한 물체가 온도가 T_2인 대단히 큰 표면으로 완전히 둘러싸여 있을 때가 있다. 제8장에서 다시 설명하겠지만, 이 경우의 순 열전달은 다음과 같이 나타낼 수 있다.

$$q = \epsilon_1 \sigma A_1\,(T_1^4 - T_2^4) \tag{1.12}$$

위 식에서 ϵ은 방사율(emissivity)이고 이들 값은 부록 A에 실려 있다. 복사열전달 현상은 대단히 복잡하고 식 (1.11)처럼 간단히 계산되는 경우는 거의 없다. 다만 여기서는 복사열전달이 전도나 대류와는 물리적인 기구가 다르다는 것만을 강조하였다. 복사에 대한 상세한 내용은 제8장에서 다룬다.

1-5 차원과 단위

이 절에서는 이 책에서 사용하는 단위에 대해서 대략적인 설명을 하겠다. 차원(*dimensions*)과 단위(*units*)는 그 뜻을 혼동하기 쉬운 용어이다. 차원이란 어떤 특정한 계(systems)의 행위나 성질을 나타내기 위해서 사용되는 물리적인 변수이다. 예를 들면 막대의 길이는 막대의 차원이다. 마찬가지로 기체의 온도는 기체의 열역학적 차원의 하나라고 볼 수 있다. "막대의 길이가 몇 미터인가?" 혹은 "가스의 온도가 몇 °C인가?"라고 할 때 길이와 온도는 차원이고 미터와 °C는 단위가 되는 것이다. 열전달 공부를 하는 데는 다음과 같은 차원을 사용하게 된다.

$$L = \text{길이}$$
$$M = \text{질량}$$
$$F = \text{힘}$$
$$\tau = \text{시간}$$
$$T = \text{온도}$$

열전달에서 사용되는 모든 물리값은 위에 주어진 기본차원으로 표시될 수 있다. 어떤 차원에 대해서 사용될 단위는 물리적인 현상이나 법칙을 명시하기 위해서 임의로 선택될 수 있다. 예를 들면 Newton의 제2법칙은 다음과 같이 쓸 수 있다.

$$\text{힘} \sim \text{시간에 대한 운동량의 변화율}$$
$$F = k\frac{d(mv)}{d\tau}$$

여기서 k는 비례상수이다. 만약 질량이 일정하다면 다음 식과 같이 된다.

$$F = kma \tag{1.13}$$

여기서 $a = dv/d\tau$는 가속도이다. 식 (1.11)은 $k = 1/g_c$로 정의하고 보통 다음과 같이 쓴다.

$$F = \frac{1}{g_c}ma \tag{1.14}$$

식 (1.14)는 질량, 힘, 길이 및 시간에 대한 단위를 정의하는 데 사용된다. 대표적인 단위는 다음과 같다.

1. 1 lb의 힘은 1 lb의 질량을 32.17 ft/s^{2}으로 가속한다.
2. 1 lb의 힘은 1 slug의 질량을 1 ft/s^{2}으로 가속한다.
3. 1 dyne의 힘은 1 g의 질량을 1 cm/s^{2}으로 가속한다.
4. 1 newton의 힘은 1 kg의 질량을 1 m/s^{2}으로 가속한다.
5. 1 kg의 힘은 1 kg의 질량을 9.806 m/s^{2}으로 가속한다.

1 kg의 힘은 가끔 1 *kilopound*(kp)로 불린다.

식 (1.14)에서 양변은 동일한 단위를 가져야 하기 때문에 위의 1에서 5까지의 항목에 대하여 상수 g_c는 각각 다른 값을 갖게 된다.즉,

1. $g_c = 32.17 \text{lb}_m \cdot \text{ft/lb}_f \cdot \text{s}^2$
2. $g_c = 1 \text{ slug} \cdot \text{ft/lb}_f \cdot \text{s}^2$
3. $g_c = 1 \text{ g} \cdot \text{cm/dyne} \cdot \text{s}^2$
4. $g_c = 1 \text{ kg} \cdot \text{m/N} \cdot \text{s}^2$
5. $g_c = 9.806 \text{ kg}_m \cdot \text{m/kg}_f \cdot \text{s}^2$

위의 정의를 따른다면 어떤 단위를 사용하든 문제되지 않는다.

일과 에너지는 힘과 거리의 곱의 차원을 가지며 위의 1~5 항목 중 어느 것이라도 선택될 수 있다. 따라서 일과 에너지의 단위는 이상의 1~5 항목 각각에 대해서 다음과 같다.

1. $lb_f \cdot ft$
2. $lb_f \cdot ft$
3. $dyn \cdot cm = 1\ erg$
4. $N \cdot m = 1$ joule (J)
5. $kg_f \cdot m = 9.806\ J$

열적 현상을 기초로 한 에너지의 단위로 다음과 같은 단위를 사용할 수도 있다.

1 Btu는 1 lb_m의 물을 68°F에서 1°F 상승시킨다.
1 cal는 1 g의 물을 20°C에서 1°C 상승시킨다.
1 kcal는 1 kg의 물을 20°C에서 1°C 상승시킨다.

일과 에너지에 관한 여러 가지 단위에 대한 환산인자(conversion factor)는 다음과 같으며 부록 A에 상세하게 실었다.

$$1\ Btu = 778.16\ lb_f \cdot ft$$
$$1\ Btu = 1055\ J$$
$$1\ kcal = 4182\ J$$
$$1\ lb_f \cdot ft = 1.356\ J$$
$$1\ Btu = 252\ cal$$

무게는 중력가속도의 결과로서 물체에 가해지는 힘으로 정의된다.

$$W = \frac{g}{g_c} m \tag{1.15}$$

여기서 W는 무게이고 g는 지구의 중력가속도이다. 식 (1.13)에서 보는 바와 같이 무게의 차원은 힘의 차원과 같다. 즉, 해면에서 1 lb_m의 질량의 무게는 1 lb_f이며, 1 kg_m의 질량의 무게는 1 kg_f이다.

온도단위에 대한 환산공식은 다음과 같다.

$$\begin{aligned} °F &= \tfrac{9}{5}°C + 32 \\ °R &= °F + 459.69 \\ K &= °C + 273.16 \\ °R &= \tfrac{9}{5}K \end{aligned}$$

불행하게도 위에서 언급한 모든 단위계는 세계의 각 지역에서 골고루 사용되고 있다. 미국에서도 ft ,lb_f, lb_m, sec, °F, Btu 등으로 구성되는 단위계가 널리 사용되고 있지만 국제적으로 인정된 국제단위계(SI, Systèm International d' Unités)를 사용하려고 하고 있다. 국제단위계에서의 기본적인 단위는 미터(m), 뉴턴(N, newton), kg_m, 초(second), ℃ 등이고 '열' 에너지의 단위를 사용하지 않는 대신 joule($N \cdot m$)을 사용하고 있으며 동력의 단위는 watt(J/s)이다.

SI단위계에서의 열전도계수(k)의 단위는 $W/m \cdot ℃$이고 대류열전달계수(h)의 단위는 $W/m^2 \cdot ℃$이다. 현재는 SI단위계로 변하고 있는 과도기이기 때문에 이 책에서는 SI단위를 기본적으로 사용하되 예제풀이에는

[표 1.4] SI단위계에서 사용하는 곱하기 접두사표

승수	접두사	약호
10^{12}	tera	T
10^{9}	giga	G
10^{6}	mega	M
10^{3}	kilo	k
10^{2}	hecto	h
10^{-2}	centi	c
10^{-3}	milli	m
10^{-6}	micr	μ
10^{-9}	nano	n
10^{-12}	pico	p
10^{-18}	atto	a

[표 1.5] 열전달에서 사용하는 SI단위계의 양

양	기호
힘	N(newton)
질량	kg(kilogram mass)
시간	s(second)
길이	m(meter)
온도	℃또는 K
에너지	J(joule)
동력	W(watt)
열전도계수	W/m · ℃
열전달계수	W/m^2 · ℃
비열	J/kg · ℃
열유속	W/m^2

괄호를 하여 Btu · lb_m단위계의 해답도 동시에 실었다. 열전달문제를 취급하는 사람의 입장에서는 두 단위계의 크기에 대한 개념을 소홀히 할 수 없다. SI단위계에서는 g_c에 대한 개념은 보통 사용되지 않고 있으며 newton을 다음과 같이 정의한다.

$$1\ \text{N} = 1\ \text{kg} \cdot \text{m/s}^2 \tag{1.16}$$

독자들은 Newton의 운동 제2법칙으로 표현되는 힘과 질량 사이의 물리적 관계를 명심하여야 한다.

SI단위계에서도 큰 수치를 표현할 때 지면을 절약하기 위하여 표 1.4와 같은 접두사를 사용한다. 열전달에서 주로 사용하는 양에 대한 표준기호는 표 1.5와 같고 단위의 환산인자는 부록 A에 실려 있다.

예제 1-1 구리판을 통한 전도

두께 3 cm인 구리판 한쪽 면의 온도는 400℃이고 다른쪽 면의 온도는 100℃ 이다. 이 판을 통하여 얼마의 열전달이 일어나는가

■ **풀이**

부록 A로부터 250℃의 구리의 열전도계수는 370 W/m · ℃이다. Fourier의 법칙 $\frac{q}{A} = -k\frac{dT}{dx}$을 적분하면 다음과 같다.

$$\frac{q}{A} = -k\frac{\Delta T}{\Delta x} = \frac{-(370)(100-400)}{3 \times 10^{-2}} = 3.7\ \text{MW/m}^2 \quad [1.173 \times 10^6\ \text{Btu/h} \cdot \text{ft}^2]$$

예제 1-2 대류

가로 세로가 50 × 75 cm인 250℃로 가열된 평판에 20℃의 공기를 불어주고 있다. 대류열전달계수가 25 W/m^2 · ℃일 때 열전달을 계산하여라.

■ **풀이**

Newton의 냉각법칙으로부터

$$\begin{aligned} q &= hA\,(T_w - T_\infty) \\ &= (25)(0.50)(0.75)(250-20) \\ &= 2.156\ \text{kW} \quad [7356\ \text{Btu/h}] \end{aligned}$$

예제 1-3 전도, 대류 및 복사

예제 1-2에서 평판이 두께 2 cm이고 탄소함유량이 1%인 강철로 되어 있으며 복사에 의해서 300 W의 열이 손실된다면 평판의 안쪽 표면에서의 온도는 얼마인가?

■ 풀이

평판을 통하여 전도되는 열량은 대류와 복사로 인해서 손실되는 열량의 합과 같아야 한다.

$$q_{\text{cond}} = q_{\text{conv}} + q_{\text{rad}}$$

$$-kA\,\frac{\Delta T}{\Delta x} = 2.156 + 0.3 = 2.456\ \text{kW}$$

$$\Delta T = \frac{(-2456)(0.02)}{(0.5)(0.75)(43)} = -3.05°\text{C} \quad [-5.49°\text{F}]$$

앞의 식에서 k에 대한 값은 표 1.1에서 인용하였다. 그러므로 평판 안쪽 표면에서의 온도는 $T_i = 250 + 3.05 = 253.05$ °C

예제 1-4 열원이 있는 대류

대기압상태의 물 속에 잠겨있는 지름이 1 mm이고 길이가 10 cm인 전선을 통하여 전류를 흐르게 하고 물이 끓을 때까지 전류를 증가시켰다. 이 경우에 $h = 5000\ \text{W/m}^2 \cdot °\text{C}$이며 물의 온도를 100°C로 유지하고 전선의 표면온도를 114 °C로 유지하려면 전력을 얼마나 공급하여야 하는가?

■ 풀이

대류로 인한 열손실은 식 (1-8)로 주어진다.

$$q = hA\,(T_w - T_\infty)$$

이 예제에서 전선의 표면적은

$$A = \pi dL = \pi(1\times10^{-3})(10\times10^{-2}) = 3.142\times10^{-4}\ \text{m}^2$$

그러므로 열전달은

$$q = (5000\ \text{W/m}^2\cdot°\text{C})(3.142\times10^{-4}\ \text{m}^2)(114-100) = 21.99\ \text{W} \quad [75.03\ \text{Btu/h}]$$

이고 이와 같은 양의 전력이 공급되어야 한다.

예제 1-5 복사

온도가 각각 800°C와 300°C인 대단히 큰 두 개의 흑체 평판 사이에서 복사열전달이 일어나고 있다. 단위 면적당 열전달을 계산하여라.

■ 풀이

식 (1.10)을 이 문제에 적용하면 다음과 같다.

$$\begin{aligned} q/A &= \sigma(T_1^4 - T_2^4) \\ &= (5.669 \times 10^{-8})(1073^4 - 573^4) \\ &= 69.03 \text{ kW/m}^2 \quad [21{,}884 \text{ Btu/h} \cdot \text{ft}^2] \end{aligned}$$

예제 1-6 대류와 복사에 의한 총 열손실

공기와 벽의 온도가 모두 20°C인 큰 방 안에 표면온도가 50°C이고 지름이 5 cm인 강철관이 수평으로 놓여 있다. 강철관 표면의 방사율을 0.8이라 하고 표 1.3의 값을 사용하여 관의 단위길이당 총 열손실을 구하여라.

■ 풀이

총 열손실은 대류와 복사열전달에 의한 것을 합한 것이다. 문제의 조건에 맞는 자유대류 열전달계수는 표1.3에서 $h =$ 6.5 W/m · °C이다. 그리고 관의 표면적은 πdL이므로 단위길이당 대류손실은

$$\begin{aligned} q/L]_{\text{conv}} &= h(\pi d)(T_w - T_\infty) \\ &= (6.5)(\pi)(0.05)(50 - 20) = 30.63 \text{ W/m} \end{aligned}$$

이다. 큰 방 안에 놓여 있는 관은 커다란 밀폐공간으로 둘러싸여 있는 물체로 볼 수 있기 때문에 복사열전달은 식 (1.12)를 사용하여 계산할 수 있다. $T_1 = 50°\text{C} = 323°K$이고 $T_2°\text{C} = 20°\text{C} = 293°K$이므로

$$\begin{aligned} q/L]_{\text{rad}} &= \epsilon_1(\pi d_1)\sigma(T_1^4 - T_2^4) \\ &= (0.8)(\pi)(0.05)(5.669 \times 10^{-8})(323^4 - 293^4) \\ &= 25.04 \text{ W/m} \end{aligned}$$

따라서 총 열손실은 다음과 같다.

$$\begin{aligned} q/L]_{\text{tot}} &= q/L]_{\text{conv}} + q/L]_{\text{rad}} \\ &= 30.63 + 25.04 = 55.67 \text{ W/m} \end{aligned}$$

이 예제를 통해서 대류와 복사는 거의 같은 양으로 존재하며, 이들을 무시한다는 것은 큰 오류를 범할 수 있다는 사실을 알 수 있다.

1-6 요약

1장을 요약하면 다음과 같다. 열전달은 전도, 대류, 복사 가운데 어느 한 가지 방법으로 일어날 수도 있고, 또는 몇 가지 방법으로 동시에 일어날 수도 있다. 대류의 물리적 특징은 열전달이 일어나는 표면에 인접한 얇은 유체막을 통하여 전도와 관계되고 있음을 지적하였다. 비록 대류에서는 온도구배를 결정하는 데 유체역학적인 이론이 중요하지만 전도와 대류 모두에서 Fourier의 법칙을 응용할 수 있다.

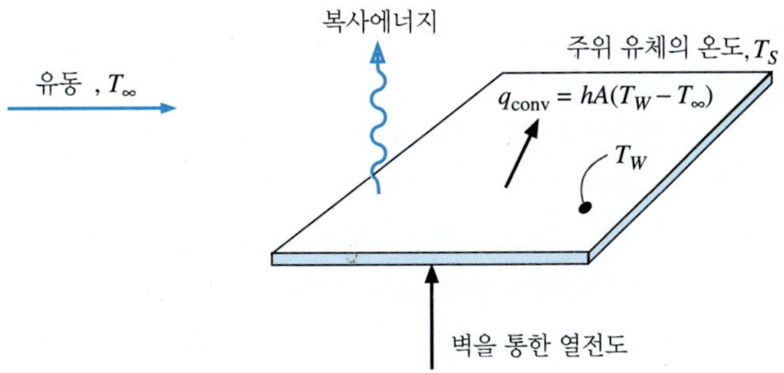

[그림 1.9] 전도, 대류 및 복사열전달이 동시에 일어나는 경우

복사열전달은 전도 및 대류와는 달리 전자기에너지의 전달이다. 이러한 형태의 열전달을 공부하기 위해서 절대온도의 4제곱에 비례하는 에너지를 복사하는 이상복사체 혹은 흑체의 개념을 소개하였다.

열전달의 세 가지 방법이 동시에 일어나는 경우를 그림 1.9에서와 같이 간단하게 나타낼 수 있다. 이러한 경우에 판을 통해서 전도된 열은 대류와 복사에 의해서 판의 표면으로부터 주위로 흘러나갈 것이고 에너지 균형 관계로부터 다음 식과 같이 나타낼 수 있다.

$$-kA \left.\frac{dT}{dy}\right]_{벽} = hA\,(T_w - T_\infty) + F_\epsilon F_G \sigma A\,(T_w^4 - T_s^4)$$

여기서

T_s = 주위 유체온도
T_w = 표면온도
T_∞ = 유동 유체온도

이다.

열전달이론을 실제적인 경우에 적용하기 위해서는 열전달의 세 가지 방법에 대한 충분한 지식이 있어야 한다.

[표 1.6] 교재에 나타나는 요약표 목차

표	제목
1.3	대류열전달계수의 근사값
3.1	전도형태계수
3.2	정상상태 절점방정식의 요약
4.1	집중열용량계의 예
4.2	비정상상태 절점방정식의 요약
5.2	평판 위의 유동에 대한 강제대류 관계식
6.8	내부유동 및 비 평판유동에 대한 강제대류 관계식
7.2	가열된 물체로부터의 단순화된 자연대류 관계식
7.5	자연대류 관계식의 요약
7-14절 및 그림 7.15	대류열전달 계산순서의 요약
8.7	복사 공식의 요약
10.3	열교환기에 대한 유효도 관계식
10.4	열교환기에 대한 NTU 관계식

면적에 대하여

독자들은 세 가지 열전달 모드, 즉 전도, 대류, 복사열전달 계산에서 면적이 중요하다는 점에 주목해야 한다. 열이 전도되는 면적이 클수록 전도열전달은 크고, 유체와 접하는 면적이 클수록 대류열전달은 크며, 그리고 작은 면적보다 더 큰 면적에서 열복사가 더 많이 일어난다. 전도열전달은 거의 대부분 면적에 직접적으로 비례한다. 그러나 대류열전달은 유체역학적으로 함수관계가 복잡하다. 즉 가열되는 대류면적의 기하학적 형상과 열 및 점성유체의 물성치의 함수관계가 있다. 복사열전달도 역시 표면복사물성치와 복사가 일어나는 구조물의 기하학적 형태 사이에서 복잡한 관련성을 갖고 있다. 하지만 이러한 사정이 있음에도 불구하고 일반적으로 열전달면적의 증가는 열전달 증가를 의미한다.

복습문제

1. 열전도계수를 정의하여라.
2. 대류열전달계수를 정의하여라.
3. 기체와 고체 안에서 일어나는 전도열전달의 물리적 기구를 설명하여라.
4. 대류열전달의 물리적 기구를 설명하여라.
5. 자연대류, 강제대류 및 비등에서 대류열전달계수의 대략적인 크기는 각각 얼마쯤인가?
6. 어떤 경우에 복사열전달이 중요한 역할을 하는가?
7. 좋은 열전도체와 단열재로는 어떤 것들이 있는가?
8. (*a*) 금속, (*b*) 고체단열재, (*c*) 액체, (*d*) 기체의 열전도계수는 대략 얼마쯤인가?
9. 누군가 진공에서는 열전달이 일어날 수 없다고 말했다면 여러분은 무어라고 대답하겠는가?
10. 열역학 교재를 복습하고 다음을 정의하여라.(*a*) 열, (*b*) 내부에너지, (*c*) 일, (*d*) 엔탈피
11. g_c를 정의하고 설명하여라.

예제 목록

1-1 구리판을 통한 전도
1-2 대류
1-3 전도, 대류 및 복사
1-4 열원이 있는 대류
1-5 복사
1-6 대류와 복사에 의한 총 열손실

연습문제

1-1 단면이 0.6 m^2인 단열 물체를 통해서 3 kW의 열이 전도되고 있다. 이 물체의 두께는 2.5 cm이고 열전도계수는 0.2 W/m · °C이다. 이 물체 양면의 온도차를 구하여라.

1-2 열전도계수가 0.035 W/m · °C이고 두께가 13 cm인 유리섬유판의 양면의 온도차가 85°C이다. 단

위면적당 열전달률을 계산하여라.

1-3 꼭지를 자른 알루미늄 재료의 원뿔 윗면의 지름이 7.5 cm이고 아랫면의 지름은 12.5 cm이며 높이는 30 cm이다. 아랫면의 온도는 93°C이고 윗면의 온도는 540°C이며 옆면은 단열되어 있다. 1차원의 열흐름이라고 가정했을 때 열전달률은 몇 watt인가?

1-4 두께가 15 cm인 평판 양면에서의 온도가 각각 375°C와 85°C이다. 평판의 재질은 다음과 같은 성질을 가졌다. $k = 0.78\ \mathrm{W/m \cdot {}^\circ C}$ $\rho = 2700\ \mathrm{kg/m^2}$, $c_p = 0.84\ \mathrm{kJ/kg \cdot {}^\circ C}$ 정상상태에서 평판을 통한 열전달률을 구하여라.

1-5 열전도계수가 $2 \times 10^{-4}\ \mathrm{W/m \cdot {}^\circ C}$인 어떤 초단열재(superinsulation)가 −196°C의 액체질소 탱크를 단열하기 위하여 사용되었다. 이 온도에서 1 kgm의 질소를 증발시키기 위하여 199 kJ이 요구된다. 내부지름이 0.52 m인 구형의 탱크라 가정하고 단열재의 두께가 2.5 cm, 대기온도가 21°C일 때 하루에 증발되는 질소의 양을 구하여라.

1-6 알루미늄, 구리, 은 ,철, 납, 크롬강(18% Cr, 8% Ni) 및 마그네슘을 (*a*) 과도응답(transient response)과 (*b*) 정상상태전도가 일어나는 순서대로 재료를 나열하라. 그리고 이 순서로부터 어떠한 결론을 얻을 수 있는가?

1-7 표면온도가 30°C인 북극지방의 송유관(지름 50 cm)이 주위온도가 −20°C인 대기에 노출되어 있다. 관의 둘레에는 열전도계수가 7 mW/m · °C인 특수단열제분말로 두께가 5 cm 되게 씌워 놓았다. 송유관과 대기 사이의 대류열전달계수가 $9\ \mathrm{W/m^2 \cdot {}^\circ C}$일 때 관 1 m 길이당 열손실을 구하여라.

1-8 어떤 사람이 날씨가 추운 날 "몸으로부터 모든 열손실은 머리를 통해 발생"하기 때문에 모자를 꼭 써야한다고 말하였다. 이 말이 합당한지 설명하여라.

1-9 온도가 각각 100°C 및 200°C이고 서로 5 cm 떨어져 있는 두 평판 사이에 석면(asbestos)이 엉성하게 채워져 있을 때 석면층을 통한 열전달을 구하여라.

1-10 $400\ \mathrm{W/m^2}$의 열유동에 대하여 500°C의 온도강하 효과를 얻기 위해 열전도계수가 10 mW/m · °C인 단열재의 경우, 두께를 얼마로 하면 되는가?

1-11 문제 1-5에서 구(球)로의 열전달이 대류열전달계수 $2.7\ \mathrm{W/m^2 \cdot {}^\circ C}$인 자연대류에 의하여 일어난다고 가정하면 구의 외부표면과 대기의 온도차는 얼마가 되겠는가?

1-12 온도가 각각 800°C와 250°C인 2개의 이상적 복사표면 사이에 열전달이 일어나고 있다. 800°C의 표면에서 복사되는 에너지는 손실이 전혀 없이 250°C의 표면에 도달된다고 가정하고 800°C표면의 단위면적당 열전달률을 구하여라.

1-13 온도가 각각 1100°C와 425°C인 대단히 큰 흑체복사평면이 서로 평행으로 놓여 있을 때 두 평면 사이에 일어나는 단위면적당 복사열전달률을 구하여라.

1-14 지름이 0.7 m인 구의 표면적과 같은 면적인 두 흑체평면 사이에서 하루에 일어나는 복사열교환을 계산하여라. 두 흑체평면의 온도는 각각 70 K와 300 K이다.

1-15 온도가 각각 500°C와 100°C인 무한히 큰 두 흑체평판이 복사에 의하여 열을 교환하고 있다. 단위면적당 열전달률을 계산하여라. 만약 이 두 평판 사이에 흑체평판을 끼워 넣었다면 열전달률은 얼마나 감소되며 끼워 넣은 평판의 온도는 얼마인가?

1-16 지름이 2.5 cm이고 길이가 3 m인 관 안에 0.5 kg/s의 물이 흐르고 있다. 관의 표면을 통하여 일정한 열유속이 들어오기 때문에 관표면 온도는 물의 온도보다 40°C높다. 열전달과 관을 통한 물의 상승 온도를 계산하여라. 단, 관 속의 물은 비등이 일어나지 않는 압력을 받고 있다.

1-17 대기압(포화온도 = 100°C) 상태의 수증기에 노출된 한 변이 30 cm인 수직으로 놓인 정사각형 평판에서 3.78 kg/h의 율로 응축이 일어나고 있다. 평판의 온도를 구하여라. 수증기의 성질이 필요하면 증기표를 이용하여라.

1-18 대기압하에서 물이 끓으려면 232°F의 표면온도에서 3×10^4/h · ft^{2}의 열류속이 필요하다. 이때 열전달계수의 값을 구하여라.

1-19 폭이 6 mm이고 길이가 3 m이며 표면에서의 방사율이 0.85인 금속복사체로부터 25°C의 방 안의 공기로 2,000 W의 열이 복사될려면 복사체의 표면온도는 몇 도가 되어야 하는가?

1-20 1000°C의 흑체로부터 방사되는 에너지를 계산하여라.

1-21 태양으로부터의 복사열유속이 1350 W/m^{2}라면 이에 해당하는 흑체온도는 몇 도가 되어야 하는가?

1-22 지름이 4 cm이고 온도가 200°C이며 표면에서의 방사율이 0.6인 구가 20°C로 유지되는 커다란 방 안에 놓여 있다. 구로부터의 복사열손실을 구하여라.

1-23 평면벽이 38°C의 대기에 노출되어 있다. 이 벽 위에 열전도계수가 1.4 W/m · °C이고 두께가 2.5 cm인 단열판을 씌었다. 단열판과 평면벽이 접촉하고 있는 지점의 온도는 315°C이다. 열은 대류에 의해서 벽으로부터 대기로 전달되고 있다. 단열판의 바깥표면의 온도를 41°C이하로 유지하기 위해서는 대류열전달계수는 얼마가 되어야 하겠는가?

1-24 대류에 의해서 한쪽 면에서는 가열되고 다른쪽 면에서는 냉각되는 벽이 있다. 이 벽을 통한 열전달률이 다음과 같음을 증명하여라.

$$q = \frac{T_1 - T_2}{1/h_1 A + \Delta x/kA + 1/h_2 A}$$

여기서 T_1과 T_2는 각각 벽의 양쪽면과 접하고 있는 유체의 온도이고 h_1과 h_2는 열전달계수이다.

1-25 평면벽의 한쪽 면은 100°C로 유지되고, 다른쪽 면은 T = 10°C h = 10 W/m^2 · °C의 대류공간에 노출되어 있다. 벽의 k = 1.6 W/m · °C이고 두께가 40 cm이다. 벽을 통한 열전달률은 얼마인가?

1-26 온도차가 $T_w - T_\infty$인 수직평판으로부터의 자연대류열전달과 두께가 2.5 cm이고 같은 온도차를 유지하는 수직으로 놓인 공기층 안에서의 전도열전달을 비교하여라. 표 1.3의 데이터를 참조하라.

1-27 열전도계수가 25 Btu/h · ft · °F이고 두께가 0.25 in인 강철판이 진공에서 1500 Btu/h · ft^{2}의 복사열유속에 노출되었다. 복사에너지의 전부가 전도에 의하여 강철판을 통해서 전달될 때 강철판의 복사열에 노출된 표면의 온도가 100°F이면 다른 표면의 온도는 얼마가 되는가?

1-28 뒷면이 완전히 단열된 금속판이 700 W/m^{2}의 태양복사열을 흡수하고 있다. 평판 위에서의 대류열전달계수는 11 W/m^2 · °C이고 평판 주위의 대기온도는 30°C이다. 평형상태에서의 평판의 온도를 구하고, 이 결과에 대하여 논평하라.

1-29 온도가 10°C로 유지되는 커다란 방 안에 지름이 5 cm이고 온도가 200°C이며 표면에서의 방사율이 0.7인 원통이 놓여 있는데 30°C의 공기가 50 m/s의 속도로 이 원통과 직교로 흐를 때 원통의 단위

길이당 총 열손실을 계산하여라.

1-30 온도가 50°C이고 표면의 방사율이 0.8이며 한 변의 길이가 30 cm인 정사각형 평판이 온도가 20°C인 방 안에 수직으로 놓여 있을 때 평판 양면으로부터의 열손실을 구하여라.

1-31 한 변의 길이가 20 cm인 정사각형 흑체평판이 벽의 온도가 30°C로 유지되는 커다란 방 안에 놓여 있고, 이 흑체평판 위를 온도가 0°C이고 속도가 2 m/s인 공기가 흐르고 있을 때 대류와 복사열의 평형관계를 사용하여 평판의 온도를 구하라. 표 1.3을 참조하여라. 단, 평판의 뒷면은 단열되어 있다.

1-32 커다란 2개의 흑체평판 사이가 진공상태로 유지되고 있다. 한쪽 평판의 바깥쪽은 $T = 80°C$, $h = 100\ W/m^2 \cdot °C$, 다른 평판의 바깥쪽은 $T = 20°C$, $h = 15\ W/m^2 \cdot °C$인 대기에 노출되어 있다. 에너지 평형방정식을 이용하여 평판의 온도를 구하여라. 여기서 $F_G = F_\epsilon = 1.0$이다.

1-33 1-5절에 주어진 단위와 차원의 정의를 이용하여 (*a*) joule을 Btu로, (*b*) dyne-cm를 joule로, (*c*) Btu를 cal로 환산하여라.

1-34 직교좌표에서의 3차원 열전도방정식[식 (1.3*a*)]으로부터 원통좌표에서의 일반적인 열전도방정식[식 (1.3*b*)]을 유도하여라.

1-35 1차원 정상상태에서 방위각(ϕ) 방향으로 (*a*) 원통좌표 및 (*b*) 구형좌표에서 간단화된 열전도방정식을 써라.

1-36 표 1.3에서 대류열전달계수의 값을 참조하여 20°C의 방에 수직으로 놓인 한 변이 0.3 m인 정사각형 혹은 직경이 5 cm인 원기둥 표면으로부터의 자연대류열손실이 복사열손실과 같아지기 위한 표면온도를 계산하여라. 단, 이들 흑체표면의 방사율은 1.0이고 주위 공간의 온도는 방안의 온도와 같다고 한다.

설계지향문제

1-37 어느 여름날 가정주부가 기사에게 '냉장고문을 열고 그 앞에서 있었더니 훨씬 시원하더라' 고 했더니 기사가 대답하기를 '냉장고 안에는 찬공기를 바깥으로 불어주는 선풍기가 없기 때문에 시원하다고 느끼는 이유는 단지 그렇게 생각하기 때문이라' 고 하며 부인의 말이 틀렸다고 하다가 마침내 언쟁이 벌어졌다. 어느 쪽이 옳다고 생각하는가? 또, 그 이유는?

1-38 가정주부가 기사인 남편에게 '더운물은 찬물보다 더 빨리 언다' 고 했더니 남편은 말도 안 되는 소리하지 말라고 했다. 그랬더니 부인은 실제로 냉장고에서 얼음을 만들기 위해 더운물을 넣었을 때와 찬물을 넣었을 때의 시간을 재본 결과 그렇더라고 우겼다. 어느 쪽이 옳다고 생각하는가? 이 가정주부가 관찰한 사실을 이론적으로 설명할 수 있겠는가?

1-39 여름에 에어컨을 설치한 교실 안의 온도가 72°F이다. 학생들은 짧은 바지에 얇은 웃옷을 입고도 아주 편안함을 느낀다. 동일한 교실에서 겨울철이 되었을 때 방 안 공기가 75°F이며 학생들은 긴 바지와 스웨터 등 옷을 많이 입어도 역시 편안함을 느끼는 이유를 설명하여라. 단, 습도는 아무런 영향을 미치지 않는다고 가정한다.

1-40 열전달해석에서 흔히 사람 대신에 지름이 1 ft이고 높이가 6 ft인 수직 원통을 가정한다. 온도가 78°F, 표면의 방사율이 0.9, h가 $2\ Btu/h \cdot ft^2 \cdot °F$인 이 수직 원통이 벽의 온도가 45°F, 공기온도가 68°F인

커다란 방 안에 놓여 있을 때 원통으로부터의 열손실을 구하여라. 원통의 표면온도가 80°F인 경우에 대해서도 열손실을 구하여라. 이 문제의 결과로부터 어떤 결론을 얻을 수 있는가?

1-41 주위 벽면의 온도가 25°C이고 실내 공기의 온도가 22°C인 쇼핑몰 내부에 아이스링크가 있다. 스케이팅하는 사람의 움직임과 실내 공기의 움직임으로 인한 얼음과 공기 사이의 대류열전달계수는 10 W/m^2 · °C이고 얼음의 방사율은 0.95이다. 12 m × 40 m 넓이의 아이스링크 표면을 0°C로 유지하는 데 필요한 냉각열량을 구하여라. 만약 아이스링크 표면의 반대쪽은 완전히 단열되어 있고 표면을 전혀 냉각하지 않다면 얼음이 녹는데 필요한 열을 구하고 또한 얼음표면으로부터 3 mm가 녹는 데 걸리는 시간을 계산하여라.

1-42 에너지보존 연구에서 비용은 보통 Btu로 표시되거나 또는 갈론과 같은 단위 (English unit)로 표시된다. 예를 들면,

Overall cost: \$/10^6 Btu

Transportation results: passenger miles/10^6 Btu or gallon of fuel
ton-miles of freight/10^6 Btu or gallon of fuel

어떤 자료들(sources)이 요구되는지 조사해보고, SI단위를 사용한 에너지 소모 및 비용에 적합한 평가법(measures)을 고안해 보시오. 다음의 사항들을 어떻게 값으로 평가할 것인가

Energy content of various types of coal
Energy content of gasoline
Energy content of natural gas
Energy content of electricity

SI단위를 사용한 가격평가방안을 고안한 후에 이 교재의 앞표지 내면에 있는 것과 같은 변환표를 작성해 보라.

1-43 문제 1-42에서 얻은 정보를 이용하여 다음과 같은 건물의 에너지 비용절감에 대해 조사하라. 재질은 강철이며 크기는 12 m × 12 m이고 높이는 5 m인 이 건물에 15 cm 두께의 단열재(glass wool)를 설치하였다. 실내온도는 30°C이고 바닥으로는 열손실이 발생하지 않으며, 건물의 외면을 통해 대류열손실이 일어난다. 외기온도는 −10°C이고 대류열전달계수 $h = 13$ W/m^2 · °C이다.

1-44 한 보이스카웃 카운슬러가 추운 날 야외 캠핑과 관련해 다음과 같이 조언했다. “간이침대를 설치할 때 주의할 점이다 –몸의 상부를 두꺼운 담요로 덮도록하되, 간이침대의 얇은 바닥으로 열손실이 발생할 수 있다는 점을 잊지 말아라. 그러니 바닥에도 단열재를 준비하여라” 이 말에 대한 타당성 여부를 판단하라. 단 실내온도, 몸의 표면온도, 담요 및 침대바닥의 열전도계수 등은 적절히 가정하라.

참고문헌

1 Glaser, P.E., I.A. Black, and P. Doherty. Multilayer Insulation, *Mech. Eng.*, August 1965, p.23.
2 Barron, R. *Cryogenic Systems*. New York: McGraw-Hill, 1967.
3 Dewitt, W.D., N.C. Gibbon, and R.L. Reid. “Multifoil Type Thermal Insulation,” *IEEE Trans. Aerosp. Electron. Syst.*, vol.4, no.5, suppl. pp. 263–271, 1968.

Chapter 02

정상상태의 전도-1차원

2-1 서론

열전도에 대한 Fourier의 법칙을 1차원계에 적용하여 보자. 몇 가지 다른 물리적 형태들을 1차원계에 포함시킬 수 있다. 즉, 원통이나 구에서 온도가 반지름 방향만의 함수일 때는 1차원이라고 할 수 있다. 2차원의 경우라도 한 좌표축에 대한 영향이 다른 좌표축에 대한 영향에 비교하여 무시될 정도로 작을 때는 1차원이라고 가정할 수 있다. 이러한 경우에 미분방정식을 간략화할 수 있으며 그 결과로 훨씬 쉽게 해를 구할 수 있다.

2-2 평면벽

Fourier의 법칙인 식 (1.1)을 직접 사용할 수 있는 평면벽을 생각하자. 열전도계수가 상수일 때 이 식을 적분하면 다음과 같다.

$$q = -\frac{kA}{\Delta x}(T_2 - T_1) \tag{2.1}$$

여기서 Δx는 벽의 두께이고 T_1과 T_2는 양벽면에서의 온도이다. 만약 열전도계수가 온도에 따라서 선형적으로 변하여 $k = k_0(1 + \beta T)$이면 열전달방정식은 다음과 같이 될 것이다.

$$q = -\frac{k_0 A}{\Delta x}\left[(T_2 - T_1) + \frac{\beta}{2}(T_2^2 - T_1^2)\right] \tag{2.2}$$

그림 2.1과 같이 평면벽이 열전도계수가 다른 여러 물질로 구성되어 있을 경우 온도구배는 그림에 나타낸 바와 같을 것이고 열유동은 다음 식과 같이 표현된다.

$$q = -k_A A\frac{T_2 - T_1}{\Delta x_A} = -k_B A\frac{T_3 - T_2}{\Delta x_B} = -k_C A\frac{T_4 - T_3}{\Delta x_C}$$

이때 열유동은 각 물질에서 동일함에 유의하여야 한다.

위의 연립방정식을 풀면 열유동은 다음과 같이 표현된다.

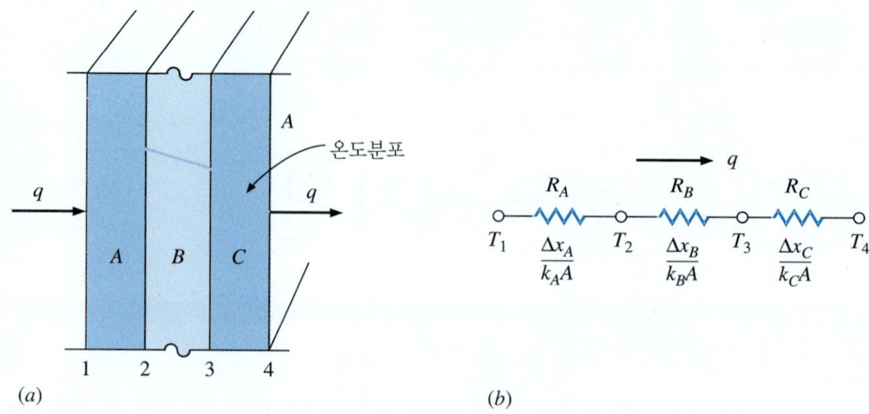

[그림 2.1] 복합벽을 지나는 1차원 열전달과 전기적 유사성

$$q = \frac{T_1 - T_4}{\Delta x_A/k_A A + \Delta x_B/k_B A + \Delta x_C/k_C A} \tag{2.3}$$

이제 Fourier의 법칙을 약간 다른 관점에서 살펴보자. 열전달률은 일종의 흐름이라 볼 수 있고 열전도계수, 물질의 두께 및 단면적의 조합은 이 흐름에 대한 저항이라고 생각할 수 있다. 온도는 열유동을 위한 퍼텐셜(potential)함수 또는 구동함수가 되기 때문에 Fourier의 법칙은 전기회로에서의 옴(Ohm)의 법칙과 같이 표현할 수 있다.

$$\text{열유동} = \frac{\text{열 퍼텐셜의 차이}}{\text{열저항}} \tag{2.4}$$

식 (2.1)에서 열저항은 $\Delta x/kA$ 이다. 그림 2.1(*a*)에서와 같은 경우는 3개의 서로 다른 물질의 벽이 직렬로 연결된 것으로 볼 수 있기 때문에 저항은 식 (2.3)의 분모와 같이 세 항의 합으로 나타낼 수 있다. 여기에 해당되는 전기회로는 그림 2.1(*b*)와 같다.

전기적 유사성은 직렬 및 병렬의 열저항을 동시에 포함하는 더욱 복잡한 문제들을 풀기 위해서 사용될 수 있다. 그림 2.2에는 이러한 복잡한 문제의 대표적인 예가 주어져 있으며 이때의 1차원 열유동방정식은 다음과 같이 나타내진다.

$$q = \frac{\Delta T_{\text{전체}}}{\sum R_{\text{th}}} \tag{2.5}$$

이 식에서 R_{th}는 여러 가지 물질들의 열저항이며 단위는 ℃/W 혹은 ℉ · h/Btu이다.

그림 2.2와 같은 문제에서 *B*, *C* 및 *D*의 열전도계수의 값이 상당히 다를 경우에는 2차원 문제로 다루어야 하며 문제를 풀기 위해서는 다른 방법을 사용해야 한다.

2-3 단열과 *R*값

여러 단열재에 대한 열전도계수가 부록 A에 수록되어 있음을 1장에서 언급하였다. 단열 성능을 분류하는데 건축산업 분야에서는 보통 다음과 같이 *R*값을 정의한다.

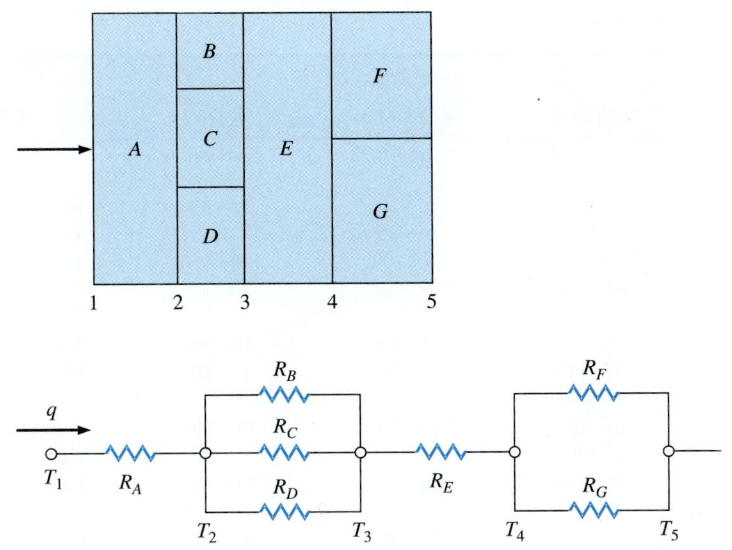

[그림 2.2] 복합벽을 통한 직렬 및 병렬의 1차원 열전달과 전기적 유사성

$$R = \frac{\Delta T}{q/A} \tag{2.6}$$

R의 단위는 ℃ · m^2/W 혹은 ℉ · ft^2 · h/Btu이며, 이 값은 단위면적당 열유동으로 앞 절의 열저항과는 다르다는 것에 주의하여야 한다.

이러한 관점에서 적용분야와 사용온도범위에 대하여 단열재를 분류하여야 한다. 표 2.1에는 이러한 자료를 나열하였으며 단열재의 선택에 대한 길잡이로 사용될 수 있을 것이다.

2-4 방사형의 계

원통

그림 2.3에서와 같이 내부반지름이 r_i이고 외부반지름이 r_o이며 길이가 L인 길다란 중공원통(hollow cylinder)을 생각하자. 원통벽의 내부와 외부에서의 온도차가 $T_i - T_o$인 경우에 열유동에 대하여 살펴보자. 지름에 비해서 길이가 매우 긴 원통이라면 반지름 방향으로만 열유동이 일어난다고 생각할 수 있고, 따라서 좌표계에서 r좌표만 고려하면 된다. 이때 열유동에 대한 단면 $A_r = 2\pi r$이기 때문에 Fourier의 법칙을 적용하면 다음 식과 같이 된다.

$$q_r = -kA_r \frac{dT}{dr} \tag{2.7}$$

또는

$$q_r = -2\pi krL \frac{dT}{dr}$$

이고 경계조건은 $r = r_i$에서 $T = T_i$, $r = r_o$에서 $T = T_o$이다.

[표 2.1] 단열재의 종류와 적용분야

	종류	온도범위 ℃	열전도계수 mW/m · ℃	밀도 kg/m³	적용분야
1	Linde evacuated superinsulation	−240∼1100	0.0015∼0.72	Variable	Many
2	Urethane foam	−180∼150	16∼20	25∼48	Hot and cold pipes
3	Urethane foam	−170∼110	16∼20	32	Tanks
4	Cellular glass blocks	−200∼200	29∼108	110∼150	Tanks and pipes
5	Fiberglass blanket for wrapping	−80∼290	22∼78	10∼50	Pipe and pipe fittings
6	Fiberglass blankets	−170∼230	25∼86	10∼50	Tanks and equipment
7	Fiberglass preformed shapes	−50∼230	32∼55	10∼50	Piping
8	Elastomeric sheets	−40∼100	36∼39	70∼100	Tanks
9	Fiberglass mats	60∼370	30∼55	10∼50	Pipe and pipe fittings
10	Elastomeric preformed shapes	−40∼100	36∼39	70∼100	Pipe and fittings
11	Fiberglass with vapor barrier blanket	−5∼70	29∼45	10∼32	Refrigeration lines
12	Fiberglass without vapor barrier jacket	to 250	29∼45	24∼48	Hot piping
13	Fiberglass boards	20∼450	33∼52	25∼100	Boilers, tanks, heat exchangers
14	Cellular glass blocks and boards	20∼500	29∼108	110∼150	Hot piping
15	Urethane foam blocks and boards	100∼150	16∼20	25∼65	Piping
16	Mineral fiber preformed shapes	to 650	35∼91	125∼160	Hot piping
17	Mineral fiber blankets	to 750	37∼81	125	Hot piping
18	Mineral wool blocks	450∼1000	52∼130	175∼290	Hot piping
19	Calcium silicate blocks, boards	230∼1000	32∼85	100∼160	Hot piping, boilers, chimney linings
20	Mineral fiber blocks	to 1100	52∼130	210	Boilers and tanks

식 2.7의 해는

$$q = \frac{2\pi kL\,(T_i - T_o)}{\ln\,(r_o/r_i)} \tag{2.8}$$

이고, 이 경우 열저항은 다음과 같이 표현된다.

$$R_{\text{th}} = \frac{\ln\,(r_o/r_i)}{2\pi kL}$$

열저항의 개념은 여러 가지 물질로 구성된 복합원통형벽에 대해서도 평면벽에서와 마찬가지로 적용될 수 있다. 그림 2.4와 같이 원통이 3개의 물질로 구성되었다면 그 풀이는 다음과 같다.

$$q = \frac{2\pi L\,(T_1 - T_4)}{\ln\,(r_2/r_1)/k_A + \ln\,(r_3/r_2)/k_B + \ln\,(r_4/r_3)/k_C} \tag{2.9}$$

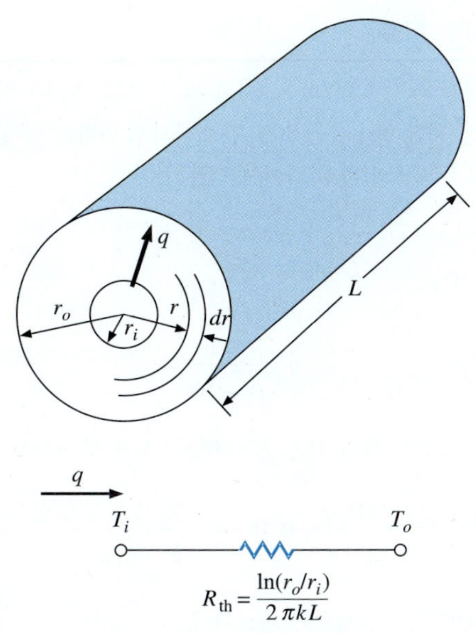

[그림 2.3] 중공원통에서 1차원 열전달과 전기적 유사성

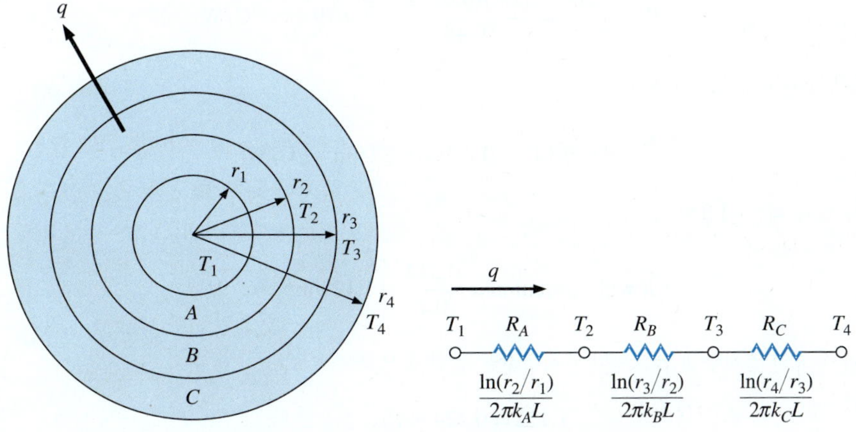

[그림 2.4] 복합원통벽에서 1차원 열전달과 전기적 유사성

이때 열회로는 그림 2-4와 같다.

구

구형에 대해서도 온도가 반지름만의 함수인 경우는 1차원으로 볼 수 있고 이때의 열유동은 다음과 같다.

$$q = \frac{4\pi k\,(T_i - T_o)}{1/r_i - 1/r_o} \tag{2.10}$$

식 (2.10)의 유도는 연습문제로 남겨 두겠다.

예제 2-1 복합층을 통한 전도

어떤 건물의 외벽이 4 in 두께의 벽돌($k = 0.7$ W/m · ℃)로 되어 있고 벽돌의 안쪽에 1.5 in의 석고반죽($k = 0.48$ W/m · ℃)을 입혔다. 이 건물의 벽을 통한 열손실을 80% 감소시키기 위하여 벽에 암면(巖綿, rock-wool, $k = 0.065$ W/m · ℃)을 붙이려고 한다. 암면의 두께를 얼마로 하여야 되는가?

■ **풀이**

총 열손실은 다음 식으로 나타낼 수 있다.

$$q = \frac{\Delta T}{\sum R_{\mathrm{th}}}$$

암면을 붙였을 때의 열손실은 붙이지 않았을 때의 열손실의 20%가 되어야 하므로

$$\frac{\text{단열재가 있을 때의 } q}{\text{단열재가 없을 때의 } q} = 0.2 = \frac{\Sigma \text{ 단열재가 없을 때의 } R_{\mathrm{th}}}{\Sigma \text{ 단열재가 있을 때의 } R_{\mathrm{th}}}$$

이고, 단위면적에 대하여 벽돌과 석고에 대한 열저항은 다음과 같다.

$$R_b = \frac{\Delta x}{k} = \frac{(4)(0.0254)}{0.7} = 0.145 \text{ m}^2 \cdot {}^\circ\text{C/W}$$
$$R_p = \frac{\Delta x}{k} = \frac{(1.5)(0.0254)}{0.48} = 0.079 \text{ m}^2 \cdot {}^\circ\text{C/W}$$

그러므로 단열재가 없을 때의 열저항은

$$R = 0.145 + 0.079 = 0.224 \text{ m}^2 \cdot {}^\circ\text{C/W}$$

이며, 단열재가 있을 때는 다음과 같다.

$$R \text{ with insulation} = \frac{0.224}{0.2} = 1.122 \text{ m}^2 \cdot {}^\circ\text{C/W}$$

이 값은 벽돌과 석고의 열저항에 단열재의 열저항값을 합한 값으로

$$1.122 = 0.224 + R_{rw}$$
$$R_{rw} = 0.898 = \frac{\Delta x}{k} = \frac{\Delta x}{0.065}$$

그러므로

$$\Delta x_{rw} = 0.0584 \text{ m} = 2.30 \text{ in}$$

예제 2-2 복합원 통계

내부지름이 2 cm이고 외부지름이 4 cm인 스테인레스강(18% Cr, 8% Ni, $k = 19$ W/m · ℃)으로 된 관 주위를 3 cm 두께의 석면($k = 0.2$ W/m · ℃)을 씌워 단열하였다. 관 내벽의 온도가 600℃이고 석면의 바깥 면 온도가 100℃일 때 관의 단위길이당 열손실을 계산하고, 관과 단열재 경계면에서의 온도를 구하여라.

■ 풀이

이 문제의 열회로는 그림과 같고 열손실은 다음과 같다.

$$\frac{q}{L}=\frac{2\pi(T_1-T_2)}{\ln(r_2/r_1)/k_s+\ln(r_3/r_2)/k_a}=\frac{2\pi(600-100)}{(\ln 2)/19+(\ln\frac{5}{2})/0.2}=680\text{ W/m}$$

이 열손실은 두 재료 경계면에서의 온도를 구하는데 사용된다.

$$\frac{q}{L}=\frac{T_a-T_2}{\ln(r_3/r_2)/2\pi k_a}=680\text{ W/m}$$

여기서 T_a는 경계면에서의 온도이고, 다음과 같다.

$$T_a=595.8℃$$

분명히 가장 큰 열저항은 단열재에서 초래되고, 온도 강하도 단열재를 통하는 동안 가장 크게 나타난다.

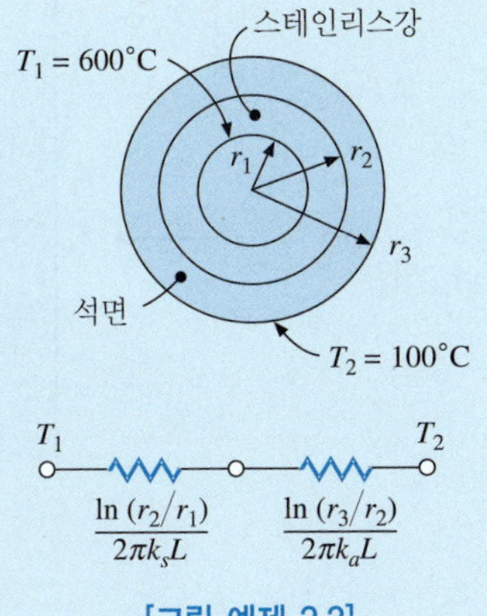

[그림 예제 2.2]

대류경계조건

대류열전달의 공식은 1장에서 이미 살펴보았다.

$$q_{대류}=hA(T_w-T_\infty)$$

이 경우에도 다음과 같은 식으로 전기저항과의 유사성을 들 수 있다.

$$q_{대류}=\frac{T_w-T_\infty}{1/hA} \tag{2.11}$$

여기서 $1/hA$는 대류열저항이다.

2-5 총괄열전달계수

그림 2.5에서와 같이 한 면은 뜨거운 유체 A에 노출되어 있고 다른 한 면은 차가운 유체 B에 노출되어 있는 평판을 생각하여 보자. 이때 열전달은 다음과 같이 표현된다.

$$q=h_1A(T_A-T_1)=\frac{kA}{\Delta x}(T_1-T_2)=h_2A(T_2-T_B)$$

이때 열전달 회로는 그림 2.5(b)와 같고 전도와 대류로 구성되는 총괄열전달은 총 온도차를 열저항의 합으로 나눈 값이 된다.

$$q=h_1A(T_A-T_1)=\frac{kA}{\Delta x}(T_1-T_2)=h_2A(T_2-T_B) \tag{2.12}$$

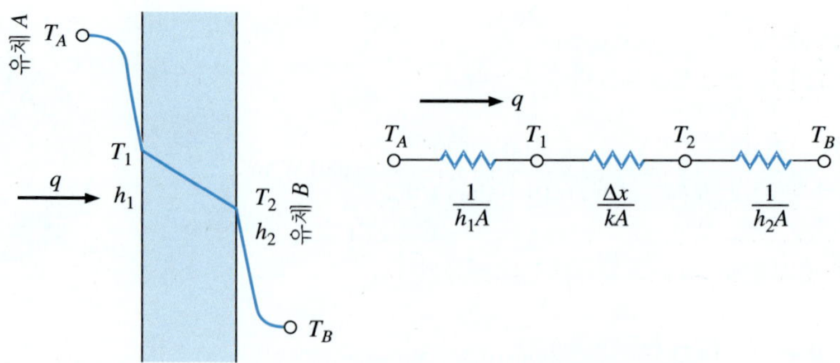

[그림 2.5] 평판벽을 통한 총괄열전달

여기서 $1/hA$ 은 대류로 인한 열저항임을 유의하기 바란다. 전도와 대류로 구성되는 총괄열전달은 다음과 같이 정의되는 총괄열전달계수(overall heat-transfer coefficient) U로 나타낼 수 있다.

$$q = UA\,\Delta T_{\text{전체}} \tag{2.13}$$

위 식에서 A는 열유동에 해당하는 단면적을 나타낸다. 식 (2.12)에 의하여 총괄열전달계수는 다음과 같이 쓸 수 있다.

$$U = \frac{1}{1/h_1 + \Delta x/k + 1/h_2}$$

또한, 식 (2-6)에 따라 총괄열전달계수와 R값과의 관계는 다음과 같다.

$$U = \frac{1}{R\text{ value}}$$

내부 및 외부면이 유체에 노출되어 대류가 일어나고 있는 중공원통에 대한 전기적유사성은 그림 2.6과 같이 나타낼 수 있으며 여기서 T_A및 T_B는 각각 유체의 온도를 나타낸다. 이때 대류열전달의 단면적은 원통의 내부와 외부면에서 같지 않고 원통의 지름과 벽의 두께에 따라 정해진다. 이 경우 총괄열전달은 다음 식과 같다.

$$q = \frac{T_A - T_B}{\dfrac{1}{h_iA_i} + \dfrac{\ln(r_o/r_i)}{2\pi kL} + \dfrac{1}{h_oA_o}} \tag{2.14}$$

위 식에서 A_i와 A_o는 각각 원통 내부 및 외부면의 단면적이다. 총괄열전달계수는 내부 단면적이나 외부 단면적 둘 중 어느 하나에 기준을 둘 수 있다. 즉,

$$U_i = \frac{1}{\dfrac{1}{h_i} + \dfrac{A_i\ln(r_o/r_i)}{2\pi kL} + \dfrac{A_i}{A_o}\dfrac{1}{h_o}} \tag{2.15}$$

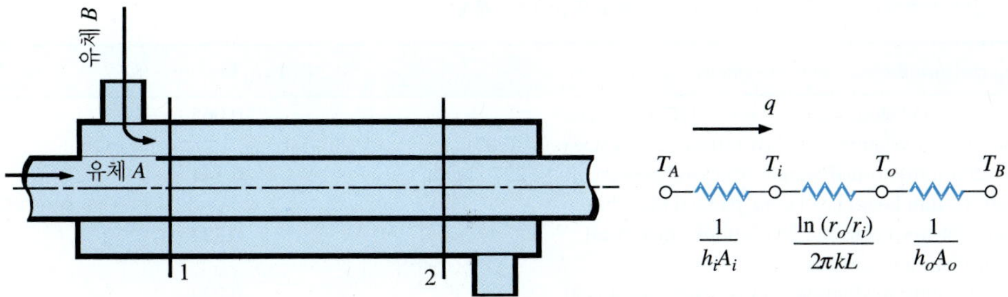

[그림 2.6] 대류표면조건을 갖는 중공원통(hollow cylinder)에 대한 저항유사성

$$U_o = \frac{1}{\frac{A_o}{A_i}\frac{1}{h_i} + \frac{A_o \ln(r_o/r_i)}{2\pi kL} + \frac{1}{h_o}} \tag{2.16}$$

일반적으로, 평면벽 혹은 원통계일 때 다음의 관계가 있다.

$$UA = 1/\Sigma R_{th} = 1/R_{th,overall}$$

총괄열전달계수를 나타내는 식에 사용되는 대류열전달계수의 계산법은 다음에 다시 논의하겠다. 몇 가지 대표적인 총괄열전달계수를 표 10.1에 나타내었다. 일반적인 건축재료에 대한 U값이 표 2-2에 주어져있으며, 건물의 난방 및 냉방부하계산 시 사용할 수 있다.

[표 2.2] **일반 건축재료에 대한 총괄열전달계수 [참고문헌: 12]**

	Description of construction system	U, Btu/hr · ft^2 · °C	U, W/m^2 · °C
1	2 × 3 in double-wood stud wall, 406 mm OC, polyisocyanurate (0.08-mm vapor retarder, 19-mm insulation), fiberglass batts in cavity, 12.7-mm plywood	0.027	0.153
2	2 × 4 in wood stud wall, 406 mm OC, polyisocyanurate foil-faced, fiberglass batts in cavity, 15-mm plywood	0.060	0.359
3	2 × 4 in wood stud wall, 406 mm OC, 38-mm polyisocyanurate, foil-faced, cellular polyurethane in cavity, 19-mm plywood	0.039	0.221
4	2 × 4 in wood stud wall, 406 mm OC, 15-mm exterior sheathing, 0.05-mm polyethylene vapor barrier, no fill in cavity	0.326	1.85
5	Nominal 4-in concrete-block wall with brick facade and extruded polystyrene insulation	0.080	0.456
6	2 × 4 in wood stud wall, 406 mm OC, fiberglass batt insulation in cavity, 16-mm plywood	0.084	0.477
7	2 × 4 in wood stud wall, 406 mm OC, fiberglass batt insulation in cavity, 16-mm plywood, clay brick veneer	0.060	0.341
8	2 × 4 in wood stud wall, 406 mm OC, fiberglass batt in cavity, 13-mm plywood, aluminum or vinyl siding	0.074	0.417
9	2 × 4 in wood stud wall, 406 mm OC, polyurethane foam in cavity, extruded polystyrene sheathing, aluminum siding	0.040	0.228
10	2 × 4 in steel stud wall, 406 mm OC, fiberglass batts in cavity, 41-mm air space, 13-mm plaster board	0.122	0.691
11	Aluminum motor home roof with fiberglass insulation in cavity (32 mm)	0.072	0.41

(계속)

[표 2.2] 일반 건축재료에 대한 총괄열전달계수 [참고문헌: 12] (계속)

	Description of construction system	U, Btu/hr · ft^2 · °C	U, W/m^2 · °C
12	2 × 6 in wood stud ceiling, 406 mm OC, fiberglass foil-faced insulation in cavity, reflective airspace ($\varepsilon \approx 0.05$)	0.065	0.369
13	8-in (203-mm) normal-weight structural concrete ($\varepsilon \approx 2270$ kg/m^3) wall, 18-mm board insulation, painted off-white	0.144	0.817
14	10-in (254-mm) concrete-block-brick cavity wall, no insulation in cavities	0.322	1.83
15	8-in (203-mm) medium-weight concrete block wall, perlite insulation in cores	0.229	1.3
16	8-in (203-mm) normal-weight structural concrete, ($\rho = 2270$ kg/m^3) including steel reinforcement bars (Note: actual thickness of concrete is 211 mm.)	0.764	4.34
17	8-in (203-mm) lightweight structural concrete ($\rho = 1570$ kg/m^3) including steel reinforcement bars (Note: Actual thickness of concrete is 210 mm.)	0.483	2.75
18	8-in (203-mm) low-density concrete wall ($\rho = 670$ kg/m^3) including steel reinforcement bars (Note: Actual thickness of concrete is 216 mm.)	0.216	1.23
19	Corrugated sheet steel wall with 10.2-in (260-mm.) fiberglass batt in cavity	0.030	0.17
20	Corrugated sheet steel wall with (159-mm) fiberglass batt in cavity	0.054	0.31
21	Metal building roof deck, 25 mm polyisocyanurate, foil-faced ($\varepsilon \approx 0.03$), 203-mm reflective air space	0.094	0.535
22	Metal building roof deck, 25-mm foil-faced polyisocyanurate, 38-mm fiberglass batts in cavity	0.065	0.366

예제 2-3 복합벽을 통한 열전달

그림에서와 같은 전형적인 건물 벽의 내부에 가로 × 높이가 4.13 × 9.21 cm이고, 열전도계수가 0.1 W/m · °C이며, 단열재 사이에 박혀 있는 직육면체 나무못(stud)들이 있다. 벽의 총괄열전달계수와 R 값을 구하여라.

■ 풀이

벽의 단면에는 두 개의 평행된 열유동 통로가 있다고 생각할 수 있는데 하나는 나무못이고, 다른 하나는 단열재이다. 총괄열전달계수를 구하기 위하여 각각에 대한 열저항을 구하여 합한다.

1. 나무못(단위 깊이에 대한 $A = 0.0413$ m^2)**을 통한 열전달**. 이 열유동은 여섯 개의 열저항을 통하여 일어난다.

a. 벽돌 바깥쪽에서의 대류열저항

$$R = \frac{1}{hA} = \frac{1}{(15)(0.0413)} = 1.614\ °\text{C/W}$$

b. 벽돌 내에서의 전도열저항

$$R = \Delta x / kA = \frac{0.08}{(0.69)(0.0413)} = 2.807\ °\text{C/W}$$

c. 바깥쪽 석고층을 통한 전도열저항

$$R = \frac{\Delta x}{kA} = \frac{0.019}{(0.96)(0.0413)} = 0.48\ °\text{C/W}$$

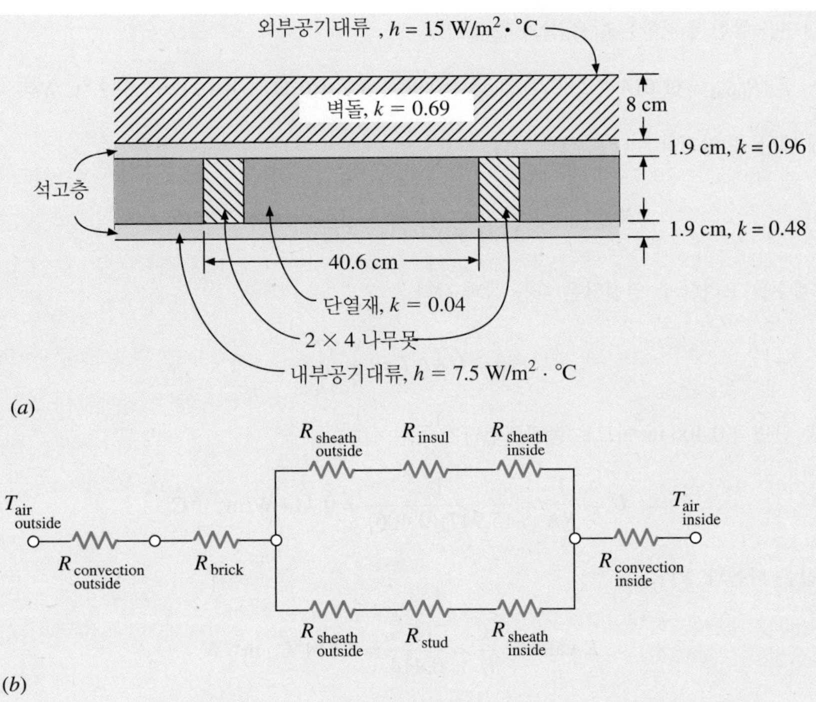

[그림 예제 2.3] (*a*) 복합벽의 구조 (*b*) 열저항 모델

d. 나무못을 통한 전도열저항

$$R = \frac{\Delta x}{kA} = \frac{0.0921}{(0.1)(0.0413)} = 22.3\ {}^\circ\text{C/W}$$

e. 안쪽 석고층을 통한 전도열저항

$$R = \frac{\Delta x}{kA} = \frac{0.019}{(0.48)(0.0413)} = 0.96\ {}^\circ\text{C/W}$$

f. 석고층 안쪽에서의 대류열저항

$$R = \frac{1}{hA} = \frac{1}{(7.5)(0.0413)} = 3.23\ {}^\circ\text{C/W}$$

나무못 단면을 통하는 총열저항은 다음 식과 같다.

$$R_{\text{total}} = 1.614 + 2.807 + 0.48 + 22.3 + 0.96 + 3.23 = 31.39\ {}^\circ\text{C/W} \qquad \textbf{(a)}$$

2. 단열부분 단면(단위 깊이에 대한 $A = 0.406 - 0.0413$ rmm^2). 위에서 언급한 다섯 가지 물질을 통하는 열전달과 함께 나무못 부분 4.13 cm을 제외한 40.6 − 4.13 cm의 단열단면을 통해서도 열전달이 이루어진다. 그러나 저항은 나무못 부분을 제외한 나머지 면적에 대하여 고려해야 하기 때문에 4.13/(40.6 − 4.13) = 0.113의 비율로 위의 다섯 가지 저항값에 적용한다. 따라서 단열재를 통한 열저항은

$$R = \frac{\Delta x}{kA} = \frac{0.0921}{(0.04)(0.406 - 0.0413)} = 6.31$$

이며, 단열단면을 통한 총저항은 다음 식과 같다.

$$R_{total} = (1.614 + 2.807 + 0.48 + 0.96 + 3.23)(0.113) + 6.31 = 7.337\ °C/W \qquad (b)$$

단면 전체에 대한 총 열저항은 다음 식과 같다.

$$R_{overall} = \frac{1}{(1/31.39) + (1/7.337)} = 5.947\ °C/W \qquad (c)$$

총괄열전달계수를 고려한 총 열전달은 다음 식과 같다.

$$q = UA\Delta T = \frac{\Delta T}{R_{overall}} \qquad (d)$$

여기서 A는 총 단면적 0.406 m^2이므로 총괄열전달계수는

$$U = \frac{1}{RA} = \frac{1}{(5.947)(0.406)} = 0.414\ W/m^2 \cdot °C$$

이며, 이때 R값은 다음과 같다.

$$R\ value = \frac{1}{U} = \frac{1}{0.414} = 2.414 °C \cdot m^2/W$$

■ **해설**

이 예제는 열저항, 총괄열전달계수 및 R값 상호간의 관계를 설명하고 있다. 여기서 주의할 것은 R은 단위면적에 대한 값이지만 열저항은 단위면적에 대한 값이 아니라는 점이다.

예제 2-4 추가단열에 따른 냉방부하절감

텍사스주에 어떤 철판건축물이 있다. 벽은 주름형태의 철판(corrugate steel sheet)이며 총 벽면적이 300 m^2이다. 여름날 4 kW의 냉방용량 당 1 kW의 전력을 실제로 소비한다.[1] 이 벽에 159 mm의 석면유리단열재를 대체하여 260 mm의 석면유리단열재를 사용할 경우 절감되는 냉방비용을 산출하라. 단 전력단가는 \$0.15/kWh이며 실내외 총괄온도차는 20°C이다.

■ **풀이**

표 2-2에서 19 및 20번 재료를 선택하면 총괄열전달계수는

$$U\ (\text{단열재 두께 260-mm인 경우}) = 0.17\ W/m^2 \cdot °C$$

$$U\ (\text{단열재 두께 159-mm인 경우}) = 0.31\ W/m^2 \cdot °C$$

열획득은 $q = UA\Delta T$이므로

$$q(\text{260-mm}) = (0.17)(300)(20) = 1{,}020\ W$$

$$q(\text{159-mm}) = (0.31)(300)(20) = 1{,}860\ W$$

[1] 이렇게 가정한 이유에 대해서는 일반적인 열역학 교재를 참조하기 바람.

따라서 절감되는 에너지는 840 W이며, 이에 따라 요구되는 추가에너지는 1/4인 210 W이다. 비용(cost)은

$$(0.21 \text{ kW})(0.15\$/\text{kWh}) = 0.0315\$/\text{hr}$$

하루 10시간, 월 23일간 작동한다면 월간 비용은 다음과 같다.

$$(0.0315)(10)(23) = \$7.245/\text{month}$$

위의 경우는 비교적 단열효과가 뛰어난 편이다. 만일 $U = 1.85\ \text{W/m}^2 \cdot {}^\circ\text{C}$인 2 × 4 wood stud wall(표 2-2에서 4번)을 사용한다면

$$q = (1.85)(300)(20) = 11{,}100 \text{ W}$$

이며 이 결과를 260 mm 유리섬유 단열재의 경우와 비교하면

$$11{,}100 - 1{,}020 = 10{,}080 \text{ W}$$

시간당 또는 월간 전력절감액은 \$0.378/h 또는 \$86.93/month 이다. 이 예제의 결과를 통해서 볼 때 단열벽은 분명히 그 값을 하고 있음이 확실하다. 단 260-mm 단열벽과 159-mm 단열벽 중 어느쪽을 선정할 것인가의 여부는 초기 재료비용을 감안하여 적절히 선택해야 할 것이다.

예제 2-5 원통에서의 총괄열전달계수

내부지름이 2.5 cm인 원통 안에 50°C의 물이 흐르고, 이때 대류열전달계수 $h_i = 3500\ \text{W/m}^2 \cdot {}^\circ\text{C}$이다. 원통의 벽은 두께가 0.8 mm이고 열전도계수는 16 W/m · °C 이다. 원통의 외부는 $h_o = 7.6\ \text{W/m}^2 \cdot {}^\circ\text{C}$ 자연대류에 의하여 열손실이 발생한다. 총괄열전달계수 및 단위길이당 열손실을 구하여라. 단, 원통 주위 공기의 온도는 20°C 이다.

■ **풀이**

이 문제에서는 식 (2.14)에서 설명한 바와 같이 연속적으로 세 개의 저항을 생각할 수 있다. $L = 1.0$ m, $d_i = 0.025$ m, $d_o = 0.025 + (2)(0.0008) = 0.0266$ m 이므로 저항은 다음 식과 같이 구할 수 있다.

$$R_i = \frac{1}{h_i A_i} = \frac{1}{(3500)\pi(0.025)(1.0)} = 0.00364\ {}^\circ\text{C/W}$$

$$R_t = \frac{\ln(d_o/d_i)}{2\pi k L} = \frac{\ln(0.0266/0.025)}{2\pi(16)(1.0)} = 0.00062\ {}^\circ\text{C/W}$$

$$R_o = \frac{1}{h_o A_o} = \frac{1}{(7.6)\pi(0.0266)(1.0)} = 1.575\ {}^\circ\text{C/W}$$

분명히 외부대류저항이 가장 크게 나타나고 있으며, 이 저항은 전체 저항에서 지배적인 값임을 보여준다. 다른 저항은 상대적으로 작기 때문에 무시될 수도 있다. 따라서 총괄열전달계수를 원통벽 바깥면의 면적에 대하여 구한다.

$$q = \frac{\Delta T}{\sum R} = U_o A_o \Delta T \tag{a}$$

$$U_o = \frac{1}{A_o \sum R} = \frac{1}{[\pi(0.0266)(1.0)](0.00364 + 0.00062 + 1.575)} = 7.577\ \text{W/m}^2 \cdot {}^\circ\text{C}$$

이 값은 원통 외부의 대류열전달계수 $h_o = 7.6\ \mathrm{W/m^2 \cdot {}^\circ C}$와 거의 같다. 식 (a)로부터 얻은 열손실은 다음과 같다.

$$q = U_o A_o\, \Delta T = (7.577)\pi(0.0266)(1.0)(50-20) = 19\ \mathrm{W}\ \text{(단위길이당)}$$

■ **풀이**

이 예제는 많은 실제 열전달 문제가 이와 같이 연속적인 열저항의 결합으로 작용하는 복합적 형태로 나타난다는 점에 중점을 두고 있다. 한 가지 열전달 형태가 복합된 열전달 문제를 지배하는 경우는 흔히 있다. 여기 예제에서도 총 열전달은 거의 50°C로 유지되는 원통의 바깥벽으로부터 자연대류 열손실만 계산함으로써 구할 수 있다. 왜냐하면 원통 내부에서의 대류저항 및 벽의 전도저항이 매우 작기 때문에 원통벽 내부면과 외부면 사이의 온도 차이가 매우 작게 된다.

2-6 단열의 임계두께

그림 2.7과 같은 원통관 주위를 둘러싼 단열재를 생각하여 보자. 단열재의 내면온도는 T_i로 일정하고, 외면은 온도가 T_∞인 주위유체에 노출되었을 때 열회로로부터

$$q = \frac{2\pi L\,(T_i - T_\infty)}{\dfrac{\ln(r_o/r_i)}{k} + \dfrac{1}{r_o h}} \tag{2.17}$$

인 식을 얻을 수 있으며, 열손실을 최소로 할 수 있는 단열재의 최대 외부반지름 r_o는 다음과 같이 구해진다.

$$\frac{dq}{dr_o} = 0 = \frac{-2\pi L\,(T_i - T_\infty)\left(\dfrac{1}{kr_o} - \dfrac{1}{hr_o^2}\right)}{\left[\dfrac{\ln(r_o/r_i)}{k} + \dfrac{1}{r_o h}\right]^2}$$

위 식을 r_o에 관하여 풀면 아래와 같이 된다.

$$r_o = \frac{k}{h} \tag{2.18}$$

식 (2.18)로부터 단열재의 임계두께에 대한 개념을 알 수 있다. 만약 외부반지름이 식 (2.18)에 주어진 값보다 작은 경우 단열재를 더 두껍게 첨가한다면 열손실은 증가하지만 외부반지름이 임계값보다 더 클 경우 단열재의 두께를 증가시키면 열손실은 감소한다. h값이 아주 작을 경우 대류열손실은 표면적 증가로 인하여 단열재를 첨가함에 따라 증가한다.

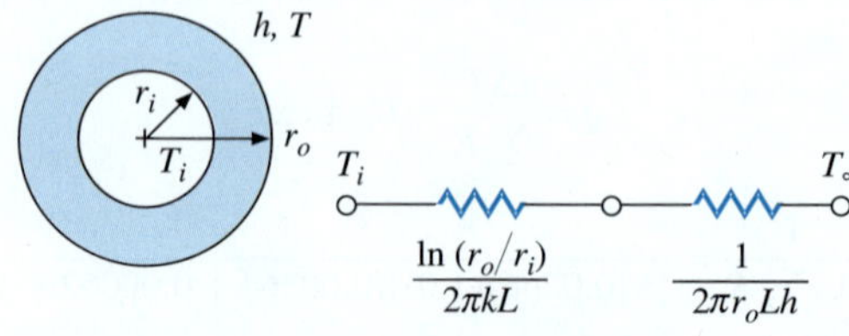

[그림 2.7] 단열재의 임계두께

예제 2-6 임계단열두께

석면($k = 0.17$ W/m · °C)으로 둘러싸인 지름이 5 cm이고 벽온도가 200°C인 관이 $h = 3.0$ W/m^2· °C인 20°C 의 실내에 노출되어 있을 때 단열의 임계반지름을 구하여라. 또 임계반지름의 단열재로 싸여 있을 때와 단열재가 없을 때 관으로부터의 열손실을 계산하여라.

■ 풀이

식 (2.18)로부터 r_o는 다음과 같이 계산된다.

$$r_o = \frac{k}{h} = \frac{0.17}{3.0} = 0.0567 \text{ m} = 5.67 \text{ cm}$$

단열재 내부반지름은 5.0/2 = 2.5 cm이고, 열전달은 식 (2.17)로부터 다음과 같이 계산된다.

$$\frac{q}{L} = \frac{2\pi\,(200 - 20)}{\dfrac{\ln\,(5.67/2.5)}{0.17} + \dfrac{1}{(0.0567)(3.0)}} = 105.7 \text{ W/m}$$

단열재가 없을 때 관의 바깥표면으로부터의 대류열전달은

$$\frac{q}{L} = h(2\pi r)(T_i - T_o) = (3.0)(2\pi)(0.025)(200 - 20) = 84.8 \text{ W/m}$$

단열두께가 3.17 cm (5.67 − 2.5)만큼 증가함으로써 열손실이 25%정도 증가함을 알 수 있다.

한편, 열전도계수가 0.04 W/m· °C인 섬유유리를 단열재로 사용할 경우 임계단열 두께는 다음과 같다.

$$r_o = \frac{k}{h} = \frac{0.04}{3.0} = 0.0133 \text{ m} = 1.33 \text{ cm}$$

그러므로 임계반지름이 관의 외부반지름(2.5 cm)보다 작은 섬유유리 단열재인 경우는 관 외부에 붙이면 열손실을 줄여준다. 실제로 관의 단열 문제에서는 단열면 외부 표면에서 대류열전달과 더불어 복사열전달의 영향도 받는다.

2-7 열원계

열이 내부로부터 생성될 수도 있는 시스템에도 열전달 원리가 적용될 수 있다. 그 예로는 원자로, 전기도체, 화학반응계 등이 있다. 이들에 대하여 1차원계에 대해서 살펴보자.

열원을 갖는 평면벽

그림 2.8에서와 같이 균일하게 분포된 열원을 갖는 평면벽을 생각해 보자. x방향으로 벽의 두께는 $2L$이고 다른 방향으로의 벽의 크기는 무한히 크다고 가정하면 열은 한 방향(x방향)으로만 흐른다고 생각할 수 있다. 단위부피당 발생되는 열은 $\dot{q}$이고 열전도계수는 온도와 무관하다고 가정하자. 이와 같은 문제는 전기도체에 전류가 흐를 때 실제로 일어난다. 1장으로부터 열유동을 지배하는 미분방정식은 다음과 같다.

$$\frac{d^2T}{dx^2} + \frac{\dot{q}}{k} = 0 \qquad \textbf{(2.19)}$$

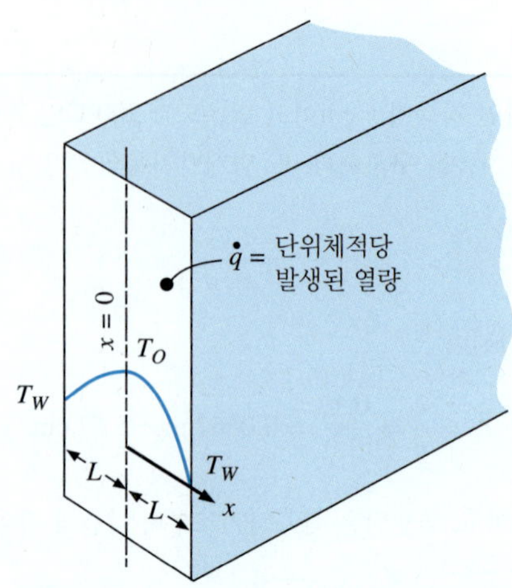

[그림 2.8] 열원을 갖는 1차원 전도 문제

경계조건으로 벽의 양면 중에 어느 한 면의 온도가 주어질 수 있다. 즉,

$$x = \pm L\text{에서} \qquad T = T_w \tag{2.20}$$

식 (2.19)의 일반해는 다음과 같다.

$$T = -\frac{\dot{q}}{2k}x^2 + C_1 x + C_2 \tag{2.21}$$

벽의 양면에서의 온도는 동일하여야 하기 때문에 C_1은 0이 되어야 한다. 중앙단면(즉, $x = 0$)의 온도를 T_0라 하면 식 (2.21)에서 $T_0 = C_2$이다. 그러므로 온도 분포는 다음과 같이 표시되며 포물선형임을 알 수 있다.

$$T - T_0 = -\frac{\dot{q}}{2k}x^2 \tag{2.22a}$$

혹은

$$\frac{T - T_0}{T_w - T_0} = \left(\frac{x}{L}\right)^2 \tag{2.22b}$$

중앙단면에서의 온도 T_0는 에너지평형으로부터 구할 수 있다. 정상상태조건 하에서 발생된 열과 벽 양면에서의 열손실은 같아야 하므로

$$2\left(-kA\left.\frac{dT}{dx}\right]_{x=L}\right) = \dot{q}A\,2L$$

이며, 여기서 A는 평면벽의 단면적이다. 벽표면($x = L$)에서의 온도구배는 식 (2.22b)를 미분하여 구할 수 있다.

$$\left.\frac{dT}{dx}\right]_{x=L} = (T_w - T_0)\left.\left(\frac{2x}{L^2}\right)\right]_{x=L} = (T_w - T_0)\,\frac{2}{L}$$

따라서

$$-k(T_w - T_0)\,\frac{2}{L} = \dot{q}L$$

$$T_0 = \frac{\dot{q}L^2}{2k} + T_w \tag{2.23}$$

$x = L$에서 $T = T_w$를 식 (2.22a)에 대입해도 같은 결과를 얻을 수 있다.

온도분포를 나타내는 식을 다음과 같이 쓸 수도 있다.

$$\frac{T - T_w}{T_0 - T_w} = 1 - \frac{x^2}{L^2} \tag{2.22c}$$

2-8 열원을 갖는 원통

열전도계수가 일정하고 균일하게 분포된 열원이 있는 반지름 R인 원통을 생각해 보자. 만일 원통의 길이가 아주 길어서 온도가 반지름만의 함수라고 할 수 있다면 미분방정식은 식 (1.3b)로부터 축방향, 방위각방향 및 시간의 함수인 항들을 무시함으로써 다음과 같이 표현된다.

$$\frac{d^2T}{dr^2} + \frac{1}{r}\frac{dT}{dr} + \frac{\dot{q}}{k} = 0 \tag{2.24}$$

경계조건은

$$r = R \text{ 에서} \qquad T = T_w$$

발생된 열은 표면에서의 열손실과 같다. 즉,

$$\dot{q}\pi R^2 L = -k2\pi RL\,\frac{dT}{dr}\bigg]_{r=R}$$

이고, 온도함수는 원통의 중심에서 연속이어야 하므로 다음 조건이 성립한다. 즉,

$$r = 0 \text{ 에서} \qquad \frac{dT}{dr} = 0$$

이다. 그러나 식 (2.24)를 풀기 위해서는 위의 두 경계조건만 있으면 충분하므로 이 조건은 사용할 필요가 없다.

식 (2.24)를 다시 쓰면

$$r\frac{d^2T}{dr^2} + \frac{dT}{dr} = \frac{-\dot{q}r}{k}$$

이고

$$r\frac{d^2T}{dr^2} + \frac{dT}{dr} = \frac{d}{dr}\left(r\,\frac{dT}{dr}\right)$$

를 적용하여 적분하면

$$r\frac{dT}{dr} = \frac{-\dot{q}r^2}{2k} + C_1$$

한번 더 적분하여

$$T = \frac{-\dot{q}r^2}{4k} + C_1 \ln r + C_2$$

위의 두 번째 경계조건으로부터

$$\left.\frac{dT}{dr}\right]_{r=0} = \frac{-\dot{q}r}{2k} = \frac{-\dot{q}r}{2k} + \frac{C_1}{r}$$

따라서

$$C_1 = 0$$

여기에서 한 가지 유의할 점은 $r = 0$에서 로그함수가 무한대가 되기 때문에 C_1이 0이 되어야 한다는 점이다.

첫 번째 경계조건을 이용하면

$$r = R\text{에서} \qquad T = T_w = \frac{-\dot{q}R^2}{4k} + C_2$$

이며,

$$C_2 = T_w + \frac{\dot{q}R^2}{4k}$$

이다. 위의 C_1및 C_2의 값을 이용하여 온도분포에 대한 최종해를 구하면 다음과 같다.

$$T - T_w = \frac{\dot{q}}{4k}(R^2 - r^2) \tag{2.25a}$$

이것을 무차원형으로 표현하면

$$\frac{T - T_w}{T_0 - T_w} = 1 - \left(\frac{r}{R}\right)^2 \tag{2.25b}$$

이다. 여기서 T_0는 $r = 0$에서의 온도이고 다음과 같이 나타낼 수 있다.

$$T_0 = \frac{\dot{q}R^2}{4k} + T_w \tag{2.26}$$

여기서, $r = 0$에서 온도구배가 0이 됨을 확인하라.

열원이 균일하게 분포된 속이 빈 원통에 대한 경계조건은 다음과 같다.

$$r = r_i\,(\text{내부면})\text{에서} \qquad T = T_i$$

$$r = r_o \text{ (외부면)에서} \qquad T = T_o$$

이 경우의 일반해는 역시 다음과 같다.

$$T = -\frac{\dot{q}r^2}{4k} + C_1 \ln r + C_2$$

여기에 새로운 경계조건을 적용하면 다음과 같다.

$$T - T_o = \frac{\dot{q}}{4k}(r_o^2 - r^2) + C_1 \ln \frac{r}{r_o} \tag{2.27}$$

상수 C_1은 다음과 같다.

$$C_1 = \frac{T_i - T_o + \dot{q}(r_i^2 - r_o^2)/4k}{\ln(r_i/r_o)} \tag{2.28}$$

예제 2-7 대류 속에 놓인 열원

200 A의 전류가 지름이 3 mm인 스테인레스강 철선(k = 19 W/m · °C)을 통해서 흐르고 있다. 이 강철선의 비저항(resistivity)은 70 $\mu\Omega$ · cm이고 길이는 1 m이다. 110°C로 유지되는 액체 속에 강철선이 잠겨 있을 때 이 선 중심에서의 온도를 계산하여라. 단, 강철선과 액체 사이의 대류열전달계수는 4 kW/m² · °C라고 가정하여라.

■ 풀이

스테인레스강 철선에 전류가 통하여 생긴 모든 열은 대류에 의하여 액체 속으로 전달된다.

$$P = I^2R = q = hA(T_w - T_\infty) \tag{a}$$

강철선의 저항은 다음과 같이 구할 수 있다.

$$R = \rho\frac{L}{A} = \frac{(70 \times 10^{-6})(100)}{\pi(0.15)^2} = 0.099\ \Omega$$

여기서 ρ는 스테인레스강 철선의 비저항이다. 강철선의 표면적은 πdL이기 때문에 식 (a)로부터

$$(200)^2(0.099) = 4000\pi(3 \times 10^{-3})(1)(T_w - 110) = 3960\ \text{W}$$

그러므로

$$T_w = 215°\text{C} \quad [419°\text{F}]$$

이다. 단위체적당 발생된 열량 $\dot{q}$ 는 다음 식에서 계산할 수 있다.

$$P = \dot{q}\ V = \dot{q}\ \pi r^2 L$$

그러므로

$$\dot{q} = \frac{3960}{\pi(1.5 \times 10^{-3})^2(1)} = 560.2\ \text{MW/m}^3 \quad [5.41 \times 10^7\ \text{Btu/h} \cdot \text{ft}^3]$$

마지막으로, 강철선의 중심온도는 식 (2.26)으로부터 계산된다.

$$T_0 = \frac{\dot{q}r_o^2}{4k} + T_w = \frac{(5.602 \times 10^8)(1.5 \times 10^{-3})^2}{(4)(19)} + 215 = 231.6°\text{C} \quad [449°\text{F}]$$

2-9 전도-대류계

대부분의 경우 물체를 통해서 전도된 열은 대류에 의하여 주위의 공기로 흘러 나간다. 예를 들면 노벽(furnace wall)을 통한 전도열손실은 대류의 형태로 주위로 흩어진다. 열교환기(heat exchanger)에서 뜨거운 액체로부터 열을 제거하기 위하여 핀이 달린 관을 사용하는 경우 열은 대류에 의해서 액체로부터 핀이 달린 관으로 전달되고 열전도에 의해서 관의 벽을 통하여 전달되며 다시 대류에 의해서 주위로 흘러나가게 된다. 이와 같이 전도와 대류가 혼합되어 일어나는 문제는 실용적인 면에서 매우 중요한 위치를 차지하고 있다.

열교환기에서 일어나는 전도-대류 문제는 10장에서 다루기로 하고 여기서는 매우 간단한 확장된 표면에 관한 문제 몇 가지를 살펴본다. 그림 2.9와 같이 온도가 T_∞인 주위 유체에 노출되어 있는 1차원 핀(fin)을 생각하자. 핀의 바탕 온도를 T_0라 하자. 그림에서와 같이 두께가 dx인 핀의 한 요소에 대해서 에너지평형 관계를 세워 보면

(왼쪽 면으로 들어오는 에너지) = (오른쪽 면으로 나가는 에너지 + 대류에 의한 열손실)

1장에서 설명한 바와 같이 대류열전달계수를 정의하는 공식은 아래와 같다.

$$q = hA\,(T_w - T_\infty) \tag{2.29}$$

여기서 A는 대류에 의해서 열이 전달되는 표면적이다. 그림 2.9에서 핀의 단면적을 A라 하고 둘레를 P라 하면 위의 에너지평형관계에서 각 항은 다음과 같이 표현된다.

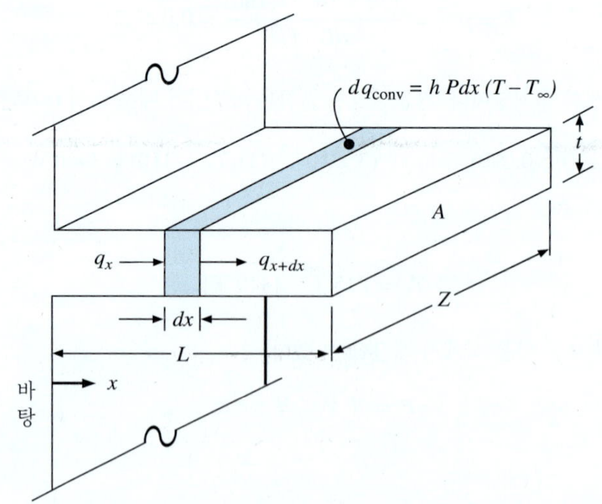

[그림 2.9] 직사각형 핀(rectangular fin)에서의 1차원 전도 및 대류 열전달

$$\text{왼쪽 면으로 들어오는 에너지} = q_x = -kA\frac{dT}{dx}$$

$$\text{오른쪽 면으로 나가는 에너지} = q_{x+dx} = -kA\left.\frac{dT}{dx}\right]_{x+dx}$$

$$= -kA\left(\frac{dT}{dx} + \frac{d^2T}{dx^2}\,dx\right)$$

$$\text{대류에 의한 열손실} = hP\,dx\,(T - T_\infty)$$

여기서 대류에 의해서 열이 전달되는 미소 표면적은 핀의 둘레길이 P와 미소길이 dx와의 곱임을 유의하라. 위의 각 항을 조합하면 에너지평형은 다음과 같이 된다. 즉,

$$\frac{d^2T}{dx^2} - \frac{hP}{kA}(T - T_\infty) = 0 \tag{2.30a}$$

$\theta = T - T_\infty$로 놓고 식 (2.30a)을 다시 쓰면 다음과 같다.

$$\frac{d^2\theta}{dx^2} - \frac{hP}{kA}\theta = 0 \tag{2.30b}$$

첫 번째 경계조건은

$$x = 0 \text{ 에서} \qquad \theta = \theta_0 = T_0 - T_\infty \text{ 이고}$$

두 번째 경계조건은 경우에 따라 다르나 다음 조건 중의 하나이다.

[경우 1] 핀의 길이는 무한히 길고 핀 끝에서의 온도는 주위 유체의 온도와 같다.

[경우 2] 핀의 길이는 유한하고 그 끝에서 대류에 의한 열손실이 생긴다.

[경우 3] 핀의 끝이 단열되어 $x = L$ 에서 $dT/\,dx = 0$ 이다.

$m^2 = hP/kA$라고 놓으면, 식 (2.30b)의 일반해는 다음과 같다.

$$\theta = C_1e^{mx} + C_2e^{-mx} \tag{2.31}$$

위의 경우 1에 대한 경계조건은

$$x = 0 \text{ 에서} \qquad \theta = \theta_0$$
$$x = \infty \text{ 에서} \qquad \theta = 0$$

이고 풀이는 다음과 같이 된다.

$$\frac{\theta}{\theta_0} = \frac{T - T_\infty}{T_0 - T_\infty} = e^{-mx} \tag{2.32}$$

경우 3에 대한 경계조건은 다음과 같다.

$$x = 0 \text{ 에서} \qquad \theta = \theta_0$$

$$x = L \text{ 에서} \qquad \frac{d\theta}{dx} = 0$$

따라서

$$\theta_0 = C_1 + C_2$$
$$0 = m(C_1 e^{mL} - C_2 e^{-mL})$$

상수 C_1과 C_2에 대해서 풀면 다음과 같이 해를 구할 수 있다.

$$\frac{\theta}{\theta_0} = \frac{e^{-mx}}{1 + e^{-2mL}} + \frac{e^{mx}}{1 + e^{2mL}} \tag{2.33a}$$

$$= \frac{\cosh [m(L - x)]}{\cosh mL} \tag{2.33b}$$

여기서 쌍곡선함수는 다음과 같이 정의된다.

$$\sinh x = \frac{e^x - e^{-x}}{2} \qquad \cosh x = \frac{e^x + e^{-x}}{2}$$
$$\tanh x = \frac{\sinh x}{\cosh x} = \frac{e^x - e^{-x}}{e^x + e^{-x}}$$

경우 2에 대한 풀이는 다른 경우에 비해서 더 복잡한 형태가 되고 그 결과는 다음과 같다.

$$\frac{T - T_\infty}{T_o - T_\infty} = \frac{\cosh m\,(L - x) + (h/mk) \sinh m\,(L - x)}{\cosh mL + (h/mk) \sinh mL} \tag{2.34}$$

핀에 의한 열손실은 바탕($x = 0$)을 통하여 들어온 전도열전달과 같으므로 위에서 구한 온도분포를 다음 식에 대입하면 쉽게 구할 수 있다.

$$q = -kA \left.\frac{dT}{dx}\right]_{x=0}$$

열손실은 대류로 인한 열손실을 적분하여 구할 수도 있다.

$$q = \int_0^L hP(T - T_\infty)\, dx = \int_0^L hP\,\theta\, dx$$

그러나 대부분의 경우, 처음 방법이 적용하기 쉽다. 경우 1에 대해서는

$$q = -kA\,(-m\theta_0 e^{-m(0)}) = \sqrt{hPkA}\,\theta_0 \tag{2.35}$$

이고, 경우 3에 대해서는

$$q = -kA\theta_0 m \left(\frac{1}{1 + e^{-2mL}} - \frac{1}{1 + e^{+2mL}} \right) \tag{2.36}$$
$$= \sqrt{hPkA}\,\theta_0 \tanh mL$$

이며, 경우 2에 대한 열유동은 다음과 같다.

$$q = \sqrt{hPkA}\,(T_0 - T_\infty)\,\frac{\sinh mL + (h/mk)\cosh mL}{\cosh mL + (h/mk)\sinh mL} \tag{2.37}$$

위 식의 풀이에서 온도구배는 x방향으로만 존재한다고 가정하였다. 이러한 가정은 핀이 대단히 얇을 때 성립하며, 또한 대부분의 실제 핀에서도 이 가정으로 인한 오차는 1% 미만이다. 정확한 핀의 열전달값을 계산하는 것은 대류열전달계수 h의 부정확성 때문에 한계가 있다. 핀의 전체면에 걸쳐 h 값이 일정하지 않을 경우에는 3장에서 논의될 유한차분법(finite-difference technique) 등을 이용하여야 한다.

2-10 핀

지금까지는 평면으로부터 돌출된 막대기 또는 단면이 일정한 핀으로부터의 열전달에 관한 관계식을 유도하였다. 그러나 실제로는 핀의 단면이 일정하지 않거나 또는 곡면에 핀이 부착되어 있을 수도 있다. 이러한 경우 핀의 단면은 변수로 취급되어야 하며 결과적으로 미분방정식과 그 풀이가 매우 복잡해지기 때문에 여기서는 다만 그 결과만을 그림으로 제시하겠다. 이러한 문제들의 해는 참고문헌 [1] 및 [8]을 참조하기 바란다.

핀의 성능을 정하기 위하여 다음과 같이 **핀 효율**(*fin efficiency*)을 정의한다.

$$(\text{핀 효율}) = \frac{(\text{실제로 전달된 열})}{(\text{핀의 모든 부분의 온도가 핀의 바탕 온도와 동일하다고 가정했을 때 전달된 열})} = \eta_f$$

앞에서 논한 경우 3에 대한 효율

$$\eta_f = \frac{\sqrt{hPkA}\,\theta_0 \tanh mL}{hPL\theta_0} = \frac{\tanh mL}{mL} \tag{2.38}$$

지금까지 논의한 핀들은 모두 그 면적이 매우 크다고 가정하였으므로 열전달은 1차원이라 가정할 수 있었다. mL은 다음과 같이 쓸 수 있다.

$$mL = \sqrt{\frac{hP}{kA}}\,L = \sqrt{\frac{h(2z+2t)}{kzt}}\,L$$

여기서 z는 핀의 폭이고 t는 두께이다. 핀의 폭이 매우 크다면 $2z$는 $2t$보다 훨씬 클 것이다. 따라서

$$mL = \sqrt{\frac{2hz}{ktz}}\,L = \sqrt{\frac{2h}{kt}}\,L$$

이며, 분모와 분자에다 $L^{1/2}$을 곱하면

$$mL = \sqrt{\frac{2h}{kLt}}\,L^{3/2}$$

이 되고, 여기서 Lt는 핀의 형상면적이라 하고, 다음과 같이 정의된다.

$$A_m = Lt$$

따라서, 다음 식과 같이 정리된다.

$$mL = \sqrt{\frac{2h}{kA_m}} L^{3/2} \tag{2.39}$$

그러므로 끝이 단열된 핀의 효율은 식 (2.39)를 식 (2.38)에 대입하여 계산할 수 있다. 핀의 길이를 두께의 반만큼 더 연장하면 경우 2의 결과는 경우 3의 결과로 대치하여 사용할 수 있음을 Harper와 Brown [2]이 증명하였다. 따라서 핀의 끝이 단열되었을 때 유도된 모든 공식에 다음과 같이 정의된 수정길이 L_c를 사용하여야 한다.

$$L_c = L + \frac{t}{2} \tag{2.40}$$

이와 같은 가정을 사용했을 때 생기는 오차는 다음과 같은 조건에서 8% 이내가 된다.

$$\left(\frac{ht}{2k}\right)^{1/2} \leq \frac{1}{2} \tag{2.41}$$

평판으로부터 돌출된 원통형핀에 대한 수정된 핀 길이는 다음과 같이 표현된다.

$$L_c = L + \frac{\pi d^2/4}{\pi d} = L + d/4 \tag{2.42}$$

여러 형태의 핀이 그림 2.10에 나타나 있다. 그림 2.11은 경우 2에 대해서 삼각형 핀과 사각형 핀의 효율을 비교하였다. 원통 표면에 붙어 있는 원판형 핀의 효율은 그림 2.12에 나타나 있다. 그림 2.11과 2.12에는 핀의 수정길이 L_c와 형상면적 A_m이 사용되고 있음을 유의하여야 한다. 또한 $r_{2c}/r_1 \to 1.0$일 때 원통표면에 붙어 있는 원판형 핀의 효율은 단면이 일정한 사각형 핀의 효율과 비슷하게 됨을 알 수 있다.

이들 그림을 주의 깊게 살펴본다면 핀의 최대효율은 마치 $L = 0$ 혹은 핀이 없을 때 얻을 수 있음을 알 수 있다. 그러므로 핀의 길이로서 성능을 최대로 할 수 있는 것으로 기대해서는 안 된다. 그러나 핀의 최대효율은 오히려 재질(질량, 체적 또는 비용)에 대하여 효율을 극대화하며 경제적 중요성에 중점을 두어야 한다. 핀으로부터 생기는 복사열전달 문제는 여러 응용 면에서 중요한 고려사항이 되므로 Siegel과 Howell [9]의 책

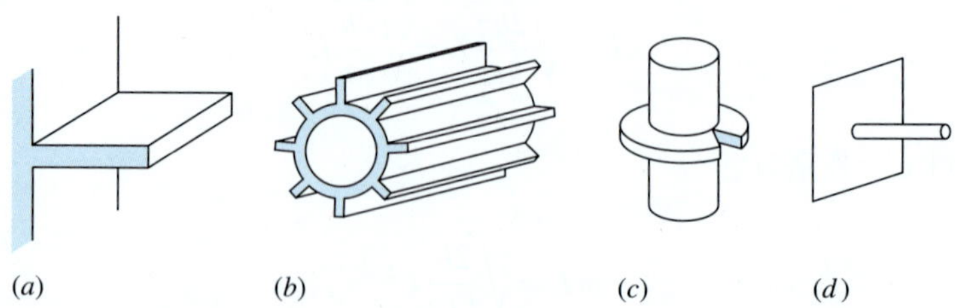

[그림 2.10] 여러 가지 형태의 핀 (a) 평판벽면에 돌출한 직사각형 단면의 곧은 핀, (b) 원통형 튜브에 돌출한 직사각형 단면의 곧은 핀, (c) 원통 표면에 붙어 있는 원판형 핀, (d) 평판에 돌출한 원통형 핀

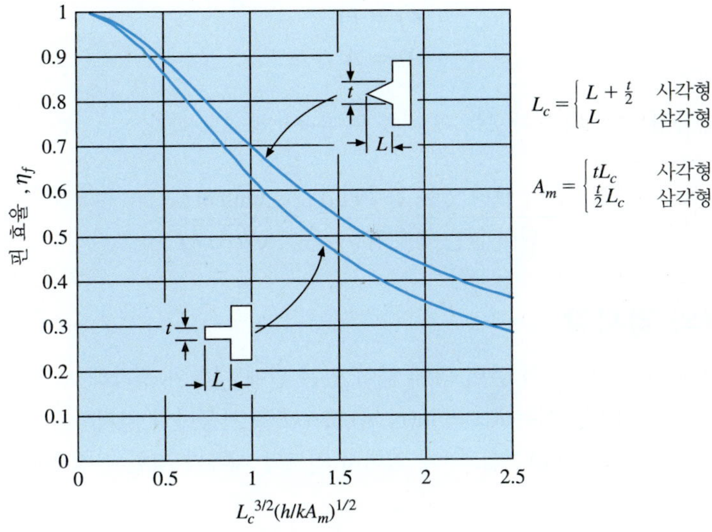

[그림 2.11] 사각형 및 삼각형 핀의 효율

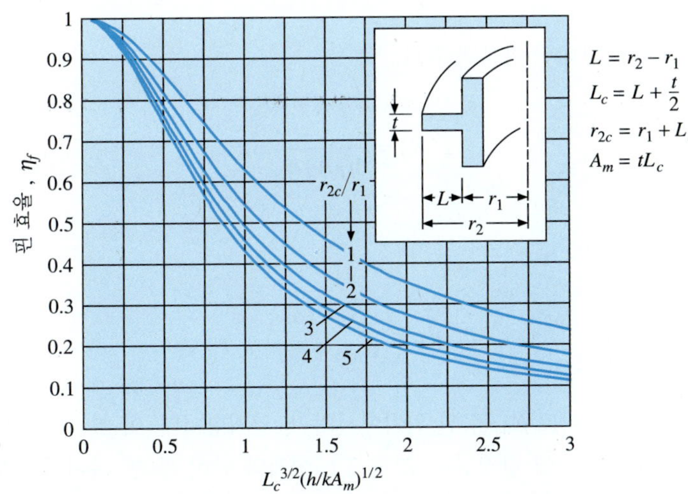

[그림 2.12] 원통면에 붙어 있는 원판형 핀의 효율

을 참고하기 바란다.

어떤 경우에는 핀의 성능을 측정하는 방법으로 핀이 달려 있는 경우와 달려 있지 않은 경우에 얻어지는 열전달량을 비교한다. 이 두 양의 비는

$$\frac{\text{핀이 달려 있는 경우의 } q}{\text{핀이 없는 경우의 } q} = \frac{\eta_f A_f h\theta_0}{hA_b\theta_0}$$

여기서 A_f는 핀의 전체 표면적이고 A_b는 바탕의 단면적이다. 식 (2.36)으로 표시되는 단열핀인 경우에는

$$A_f = PL$$
$$A_b = A$$

이고, 두 열량의 비는 다음과 같이 되고 때로는 이 비를 핀 유용도라고도 한다.

$$\frac{\text{핀이 달려 있는 경우의 } q}{\text{핀이 없는 경우의 } q} = \frac{\tanh mL}{\sqrt{hA/kP}}$$

핀이 달린 벽에서의 열저항

그림 2.11 및 그림 2.12에서 설명한 바와 같이 벽에 붙어 있는 핀에 대하여 생각해 보자. 평면벽에 대해서는 $R_w = \Delta x/kA$ 혹은 원통형 벽에 대해서는 $R_w = \ln(r_o/r_i)/2\,\pi kL$을 사용하여 열저항을 계산할 수 있다. 핀이 없는 경우 표면에서의 대류저항은 $1/hA$이다. 핀에 있어서 전도와 대류가 결합된 경우의 저항을 R_f라 할 때 핀을 통한 열손실은 다음과 같다.

$$q_f = \eta_f A_f h\theta_o = \frac{\theta_o}{R_f} \tag{2.43}$$

혹은, 핀저항에 관한 식으로 나타내면 다음과 같다.

$$R_f = \frac{1}{\eta_f A_f h} \tag{2.44}$$

전체 벽으로부터의 총 열전달은

$$q_f = \frac{T_i - T_\infty}{R_{wf} + R_f} \tag{2.45}$$

이다. 여기서 T_i는 벽내부의 온도이고 R_{wf}는 핀 위치에서의 벽 열저항이다. 이 열전달은 단지 벽에서 핀이 위치한 곳에 한정된다. 그림 2.13에서와 같이 두 핀 사이의 벽면적이 A_o이고 핀의 바탕면적이 A_b이며, 벽과 핀들이 대류 환경에 직접 노출되어 있는 경우에 대하여 생각하여 본다. 이때, 핀이 없는 벽에서의 열전달은

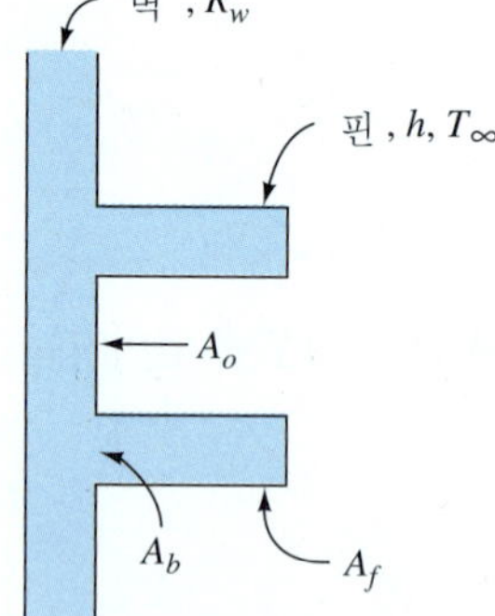

[그림 2.13] 핀이 달린 벽으로부터의 열손실

$$q_o = \frac{T_i - T_\infty}{R_{wo} + R_o} \tag{2.46}$$

이며,

$$R_o = \frac{1}{hA_o} \tag{2.47}$$

여기서 R_{wo}는 핀이 없는 부분에서의 벽의 열저항이다. 평면벽에 대하여 이 값은

$R_{wo} = \Delta x / k_w A_o$인데, Δx는 벽 두께이다. 앞에서 설명한 바와 같이 원통형 벽에 대하여는 로그형태의 식이 사용된다. 벽으로부터의 총 열손실은

$$q_{\text{total}} = q_f + q_o \tag{2.48}$$

이며, 이것을 열저항 항들로 나타내면 다음 식과 같다.

$$\begin{aligned} q_{\text{total}} &= (T_i - T_\infty)\left[\frac{1}{R_{wf} + R_f} + \frac{1}{R_{wo} + R_o}\right] \\ &= (T_i - T_\infty)\frac{R_{wo} + R_o + R_{wf} + R_f}{(R_{wf} + R_f)(R_{wo} + R_o)} \end{aligned} \tag{2.49}$$

핀이 도움이 되지 않는 조건

여기에서 한 가지 고찰할 점은 열전달표면에 핀을 달아준다고 하여 반드시 열전달이 증가하는 것은 아니다. 만약 고속으로 흐르는 액체 또는 비등현상에서와 같이 대류열전달계수 h의 값이 대단히 크면 전도가 대류보다 더 큰 열저항을 나타내기 때문에 열전달은 오히려 감소한다. 예를 들면 $k = 16$ W/m · °C이고 $L = 10$ cm이며 $d = 1$ cm인 스테인레스강으로 된 핀이 $h = 5000$W/m^2 · °C인 물의 비등대류현상에 노출되었다고 하자. 식 (2.36)으로부터

$$\begin{aligned} \frac{\text{핀이 달려 있는 경우의 } q}{\text{핀이 없는 경우의 } q} &= \frac{\tanh mL}{\sqrt{hA/kp}} \\ &= \frac{\tanh\left\{\left[\dfrac{5000\pi(1\times10^{-2})(4)}{16\pi(1\times10^{-2})^2}\right]^{1/2}(10\times10^{-2})\right\}}{\left[\dfrac{5000\pi(1\times10^{-2})^2}{(4)(16)\pi(1\times10^{-2})}\right]^{1/2}} \\ &= 1.13 \end{aligned}$$

이 된다. 위에서 보는 바와 같이 비교적 큰 핀을 달아준다고 하더라고 불과 13%의 열전달이 증가할 뿐이다.

핀의 성능을 측정하는 그 밖의 다른 방법이 문제 2.68에서 논의된다. Kern과 Kraus[8]는 확장된 표면의 열전달을 상세히 다루었다. 그림 2.14에는 전자제품의 냉각에 사용되는 몇 가지 핀의 형태가 있다.

핀의 대류열전달계수 취급시 주의할 점

이미 주지한 바와 같이 대류열전달계수(h)는 유체의 종류, 유동속도, 유동장의 기하학적 형태 등에 따라 달라진다. 앞으로 5, 6, 7장에서 살펴보겠지만 대류열전달계수에 관한 경험식들은, 실험실에서 정밀하게 수행되었음에도 불구하고, ±25%정도의 불확실성을 갖는 것이 보통이다. 이것은 핀의 성능 계산 시 대류열전달계수를 상수로 가정할 때 상당한 오차가 생길 수 있고 h의 값은 핀의 표면에 따라 다를 수 있음을 의미한다. 열전달분야의 실무자들은 그림 2.14와 같이 형상이 복잡한 핀을 취급할 경우 특별히 주의해야 한다. 이러한 핀들이 신뢰할 만한 성능을 얻기 위해서는 실제 작동조건하에서 시험되어야 한다. 여기서 이러한 언급을 하는 것은 복잡한 형상을 갖는 핀을 응용해야 하는 경우 핀 성능계산에 있어 신중을 기해야한다는 사실을 말하고자 함이다.

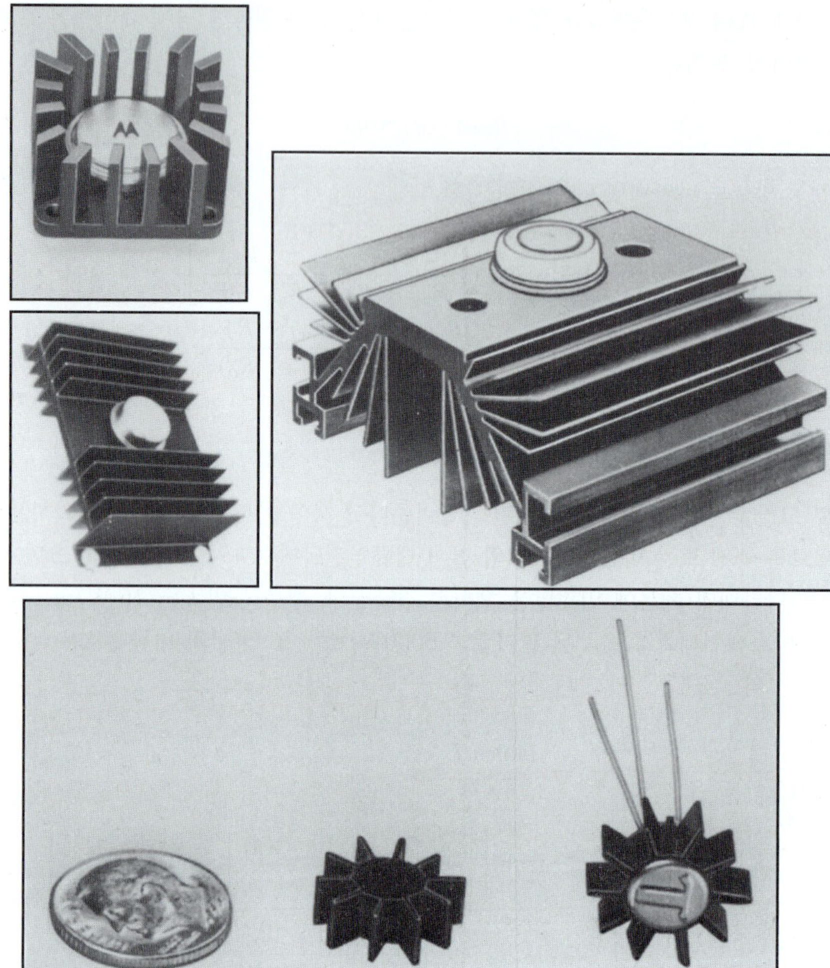

[그림 2.14] 전자장치 냉각에 사용되는 여러 가지 핀 형상(Courtesy Wakefield Engineering Inc., Wakefield, Mass. 제공)

예제 2-8 핀 온도분포에 미치는 열전도계수의 영향

지름이 2 cm이고 길이가 10 cm인 원통형 핀이 $h = 25\ \mathrm{W/m^2 \cdot {}^\circ C}$인 주위유체에 노출되어 있다. 핀의 재질이 각각 구리($k = 385\ \mathrm{W/m \cdot {}^\circ C}$), 스테인레스강($k = 17\ \mathrm{W/m \cdot {}^\circ C}$) 및 유리($k = 0.8\ \mathrm{W/m \cdot {}^\circ C}$)인 세 경우에 대하여 핀의 온도분포, 상대적인 열전달 및 핀의 효율을 비교하여라.

■ 풀이

각각의 재질에 대하여 다음 식이 성립한다.

$$\frac{hP}{kA} = \frac{(25)\pi(0.02)}{k\pi(0.01)^2} = \frac{5000}{k}$$

위 식에 각 재질의 k값을 대입하고, 또한 m 및 mL을 계산하면 다음과 같다.

재 질	$\frac{hP}{kA}$	m	mL
구리	12.99	3.604	0.3604
스테인레스강	294.1	17.15	1.715
유리	6250	79.06	7.906

위의 값을 식 (2.33a)에 대입하면 핀의 축방향 위치 x에 따르는 온도를 계산할 수 있고 결과는 그림과 같다. 그림에서 보는 바와 같이 유리로 된 핀은 무한히 긴 핀의 경우와 같아지고 식 (2.32)를 써서 계산할 수도 있다. 핀의 효율은 식 (2.38)에서 계산되고 이때 길이는 식 (2.42)의 수정길이를 사용한다.

$$L_c = L + \frac{d}{4} = 10 + \frac{2}{4} = 10.5 \text{ cm}$$

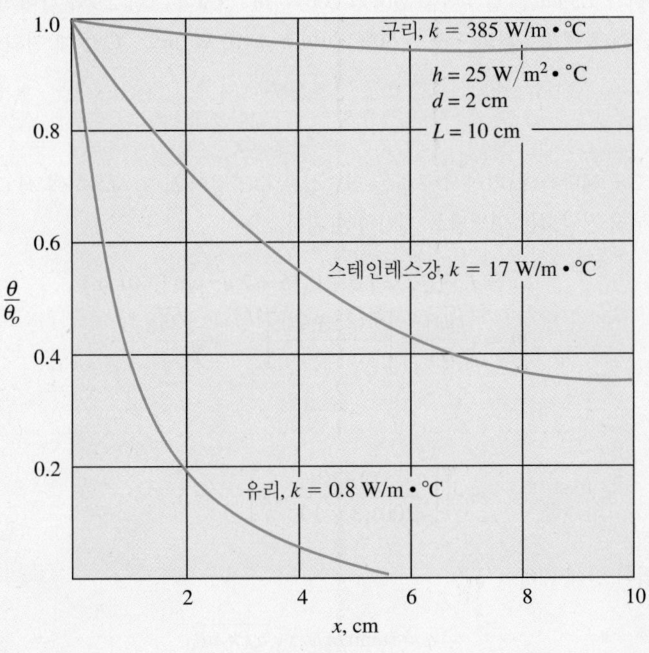

[그림 예제 2.8]

핀을 통한 열전달과 효율을 계산할 때 필요한 수치는 다음 표와 같다.

재 질	$hPkA$	mL_c
구리	0.190	0.3784
스테인레스강	0.0084	1.8008
유리	3.9×10^{-4}	8.302

각 재질에 대한 열전달은 단위 값의 θ_0에 대하여 식 (2.36)으로부터 계산될 수도 있으며 또한 세 경우의 핀의 크기, 형태 및 h의 값이 동일하고 따라서 핀 효율의 정의를 나타내는 식에서 분모에 해당하는 최대열전달의 값이 같기 때문에 핀의 효율값을 이용하여 계산할 수도 있다. 식 (2.38)과 위 표의 mL_c의 값을 사용하여 계산한 η_f의 값은 다음과 같다.

재 질	η_f	구리의 경우를 기준으로 한 q, %
구리	0.955	100
스테인레스강	0.526	53.1
유리	0.124	12.6

위의 온도분포를 나타내는 그림에서 한 가지 유의할 점은 유리의 경우 핀의 바탕에서의 온도구배는 가장 크지만 k의 값이 매우 작기 때문에 열전달률이 가장 낮다.

예제 2-9 평판형 알루미늄 핀

두께가 3.0 mm이고 길이가 7.5 cm인 알루미늄 핀($k = 200\text{W/m}\cdot{}^\circ\text{C}$)이 그림 2.9와 같이 벽으로부터 돌출되어 있다. 핀의 바탕온도는 300°C 이고 주위유체의 온도는 50°C 이며 $h = 10\ \text{W/m}^2\cdot{}^\circ\text{C}$일 때 핀의 단위 폭당 열손실을 계산하여라.

■ 풀이

이 문제는 앞에서 경우 2에 해당한다. 따라서 구하는 열손실은 수정길이 L_c를 사용하여 식 (2.36)에 의해서 주어진 단열된 끝을 가진 핀으로부터 전달되는 열전달을 계산하면 된다.

$$L_c = L + t/2 = 7.5 + 0.15 = 7.65\ \text{cm}\ [3.01\ \text{in}]$$

$$m = \sqrt{\frac{hP}{kA}} = \left[\frac{h(2z+2t)}{ktz}\right]^{1/2} \approx \sqrt{\frac{2h}{kt}}$$

$z \gg t$ 인 경우. 따라서

$$m = \left[\frac{(2)(10)}{(200)(3\times10^{-3})}\right]^{1/2} = 5.774$$

식 (2.36)에서 끝이 단열된 핀에 대하여

$$q = (\tanh mL_c)\sqrt{hPkA}\,\theta_0$$

이며, 1 m의 폭에 대해서는

$$A = (1)(3\times10^{-3}) = 3\times10^{-3}\ \text{m}^2\ [4.65\ \text{in}^2]$$

이고, 열손실은 다음과 같다.

$$\begin{aligned} q &= (5.774)(200)(3\times10^{-3})(300-50)\tanh[(5.774)(0.0765)] \\ &= 359\ \text{W/m}\ [373.5\ \text{Btu/h}\cdot\text{ft}] \end{aligned}$$

예제 2-10 원판형 알루미늄 핀

길이가 1.5 cm이고 두께가 1 mm인 원판형 알루미늄 핀($k = 200\ \text{W/m}\cdot{}^\circ\text{C}$)이 지름이 2.5 cm인 원통에 달려 있다.

원통벽의 온도는 170°C이고 주위유체의 온도는 25°C이다. 열전달계수가 130 W/m^2 · °C일 때 핀으로부터의 열손실을 구하여라.

■ 풀이

그림 2.12에 주어진 핀효율 곡선을 이용하여 아래와 같이 열손실을 계산할 수 있다.

$$L_c = L + t/2 = 1.5 + 0.05 = 1.55 \text{ cm}$$
$$r_1 = 2.5/2 = 1.25 \text{ cm}$$
$$r_{2c} = r_1 + L_c = 1.25 + 1.55 = 2.80 \text{ cm}$$
$$r_{2c}/r_1 = 2.80/1.25 = 2.24$$
$$A_m = t(r_{2c} - r_1) = (0.001)(2.8 - 1.25)(10^{-2}) = 1.55 \times 10^{-5} \text{ m}^2$$
$$L_c^{3/2}\left(\frac{h}{kA_m}\right)^{1/2} = (0.0155)^{3/2}\left[\frac{130}{(200)(1.55 \times 10^{-5})}\right]^{1/2} = 0.396$$

그림 2.12로부터 $\eta_f = 82\%$이다. 핀의 모든 부분에서의 온도가 바탕온도와 같을 경우 열전달은

$$\begin{aligned} q_{\max} &= 2\pi(r_{2c}^2 - r_1^2)h(T_0 - T_\infty) \\ &= 2\pi(2.8^2 - 1.25^2)(10^{-4})(130)(170 - 25) \\ &= 74.35 \text{ W [253.7 Btu/h]} \end{aligned}$$

이다. 구하려고 하는 열손실은 위에서 구한 열전달률과 핀의 효율을 곱하면 된다.

$$q_{\text{act}} = (0.82)(74.35) = 60.97 \text{ W[208 Btu/h]}$$

예제 2-11 열원을 갖는 막대

단위 부피당 균일한 크기의 열원, $\dot{q}$ 를 가진 원형 막대가 그림에서와 같이 두 벽면에 연결되어 있는데 이 막대는 대류 열전달계수가 h이고 온도가 T_∞인 공기에 노출되어 있다. 막대에서의 온도분포를 구하여라.

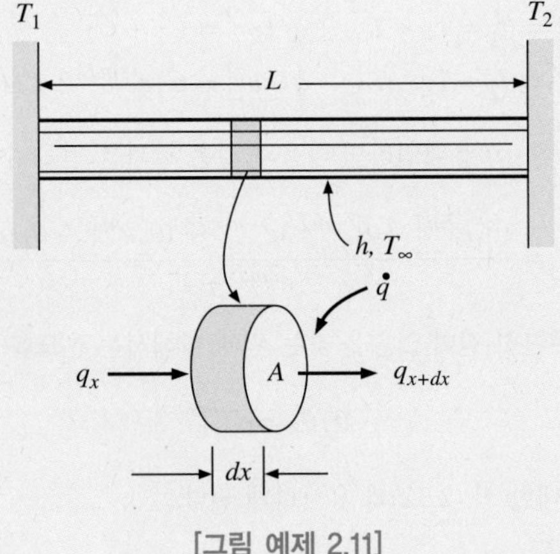

[그림 예제 2.11]

■ 풀이

우선 식 (2.30)을 유도할 때와 마찬가지로 막대의 미소요소에 대한 에너지평형 관계를 세우면 다음과 같다.

(왼쪽 면으로 들어오는 에너지) + (요소내의 발생 열)
= (오른쪽 면으로 나가는 에너지) + (대류에 의한 열손실)

즉,

$$-kA\,\frac{dT}{dx}+\dot{q}A\,dx=-kA\left(\frac{dT}{dx}+\frac{d^2T}{dx^2}\,dx\right)+hP\,dx\,(T-T_\infty)$$

이다. 위 식을 정리하면

$$\frac{d^2T}{dx^2}-\frac{hP}{kA}(T-T_\infty)+\frac{\dot{q}}{k}=0 \tag{a}$$

이고, $\theta = T - T_\infty$ 및 $m^2 = hP/kA$라 하면

$$\frac{d^2\theta}{dx}-m^2\theta+\frac{\dot{q}}{k}=0 \tag{b}$$

이 된다. 여기서

$$\theta' = \theta - \dot{q}/km^2$$

이라 두면 다음과 같은 미분방정식이 된다.

$$\frac{d^2\theta'}{dx^2}-m^2\theta'=0 \tag{c}$$

위 미분방정식의 일반해는

$$\theta' = C_1e^{-mx}+C_2e^{mx} \tag{d}$$

가 되며, 두 경계조건을 대입하면 아래와 같이 된다.

$$\theta' = \theta_1' = T_1 - T_\infty - \dot{q}/km^2 = C_1 + C_2$$
$$\theta' = \theta_2' = T_2 - T_\infty - \dot{q}/km^2 = C_1e^{-mL} + C_2e^{mL}$$

C_1과 C_2에 대하여 풀고 그 결과를 식 (*d*)에 대입하면 다음과 같은 결과를 얻을 수 있다.

$$\theta' = \frac{(\theta_1'e^{2mL}-\theta_2'e^{mL})e^{-mx}+(\theta_2'e^{mL}-\theta_1')e^{mx}}{e^{2mL}-1} \tag{e}$$

왼쪽 끝이 온도 T_1으로 유지되고 무한히 길며 열원을 갖는 핀에 대해서는 온도분포가

$$\theta'/\theta_1' = e^{-mx} \tag{f}$$

이며, 이는 열발생이 없는 긴 핀에 대한 식 (2.32)와 유사하게 된다.

■ **풀이**

위의 관계식은 온도가 x좌표에만 의존하고 면적 A에 대해 온도가 균일하다고 가정한 결과이다. 열원이 충분히 크고 단면적에 대해 온도가 균일하지 않은 경우는 위의 가정이 더 이상 타당하지 않다. 이런 경우는 3장에서 논의되는 것처럼 다차원문제로 취급해야 한다.

2-11 접촉 열저항

임의의 열전도계수를 가진 두 개의 막대기를 그림 2.15와 같이 접촉하였다고 하자. 만약 막대의 옆면이 단열되었다면 열은 축방향으로만 흐를 것이고 정상상태에서 열의 흐름은 일정할 것이다. 두 막대의 열전도계수가 서로 달라도 옆면이 단열되어 있기 때문에 같은 양의 열유동이 화살표 방향으로 흐르게 된다. 이때 두 막대기의 온도분포는 그림 2.15(*b*)와 같음을 경험을 통해서 알 수 있고 단면 2, 즉 접촉면에서의 급격한 온도강하는 **접촉 열저항**(*thermal contact resistance*)에 의해서 생긴다. 두 물질에 대한 에너지평형 관계로부터 다음 식을 얻을 수 있다.

$$q = k_A A\,\frac{T_1 - T_{2A}}{\Delta x_A} = \frac{T_{2A} - T_{2B}}{1/h_c A} = k_B A\,\frac{T_{2B} - T_3}{\Delta x_B}$$

또는

$$q = \frac{T_1 - T_3}{\Delta x_A/k_A A + 1/h_c A + \Delta x_B/k_B A} \tag{2.50}$$

이다. 여기서 $1/h_cA$를 접촉 열저항이라고 하고 h_c를 접촉계수라 한다. 두 물체를 기계적으로 접촉시키는 경우가 실제로 대단히 많기 때문에 접촉 열저항은 열전달 연구에 있어서 대단히 중요하다.

접촉 열저항의 물리적인 기구는 그림 2.16을 보면 이해하기가 훨씬 쉬울 것이다. 완전 무결하게 매끈한 표면이 실제로 존재할 수 없고 표면의 조도(roughness)로 인해서 접촉 열저항이 생긴다고 생각할 수 있다. 접촉부에서의 열전달은 아래와 같은 두 기구에 의해서 일어난다.

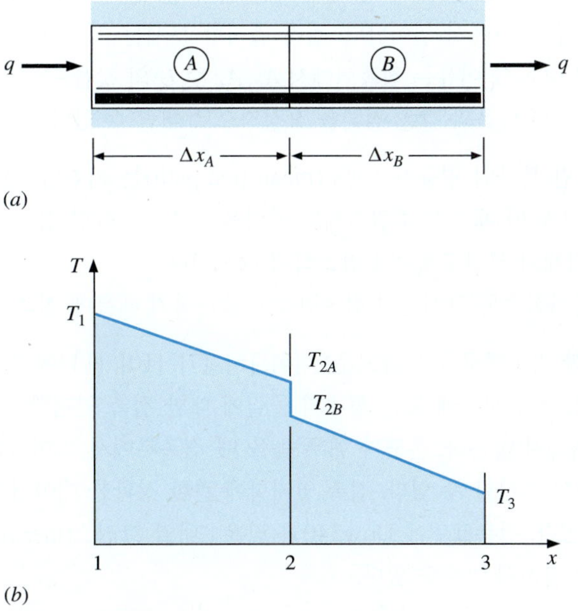

[그림 2.15] 접촉 열저항의 효과. (*a*) 물리적 상태, (*b*) 온도분포

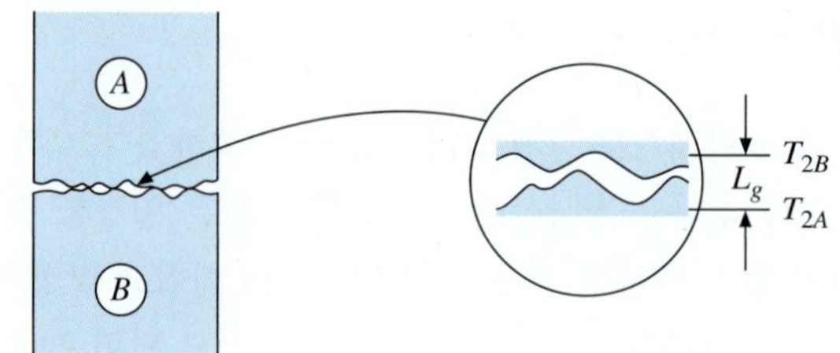

[그림 2.16] 접촉 열저항을 설명하기 위한 접촉부의 조도모형

1. 접촉점에서의 고체간의 열전달

2. 접촉부 내의 미세한 빈 공간 안에 갇혀있는 기체를 통한 열전도

기체의 열전도계수는 고체에 비해서 매우 작기 때문에 열저항의 주원인이 된다. 고체 간의 접촉면적을 A_c라 하고 빈 공간 안의 기체와의 접촉면적을 A_v라고 한다면 다음과 같은 열유동 방정식을 쓸 수 있다.

$$q = \frac{T_{2A} - T_{2B}}{L_g/2k_A A_c + L_g/2k_B A_c} + k_f A_v \frac{T_{2A} - T_{2B}}{L_g} = \frac{T_{2A} - T_{2B}}{1/h_c A}$$

여기서 L_g는 빈 공간의 두께이고 k_f는 빈 공간 안에 밀폐된 유체의 열전도계수이며 A는 두 막대의 총단면적이다. 위 식을 접촉계수 h_c에 관해서 풀면

$$h_c = \frac{1}{L_g}\left(\frac{A_c}{A}\frac{2k_A k_B}{k_A + k_B} + \frac{A_v}{A}k_f\right) \tag{2.51}$$

대부분의 경우 빈 공간 내의 유체는 공기이고 공기의 k_f는 k_A와 k_B에 비해서 매우 작다. 만약 접촉면적 A_c가 작다면 대부분의 열저항은 빈 공간에서 일어난다. 접촉 열저항 문제는 이론적으로는 매우 간단한 것 같으나 실제로는 매우 어려운 문제이다. 그 이유는 접촉면에서 A_c, A_v 및 L_g의 값을 구하기가 어렵기 때문이다.

위의 물리적인 모형으로부터 다음과 같은 결론을 잠정적으로 내릴 수 있다.

1. 기체에서 압력이 감소되면 분자의 평균자유행로(mean free path)는 커진다. 만일 분자의 평균자유행로가 빈 공간의 크기보다 더 크게 될 때까지 주위기체의 압력을 감소시켰다면 접촉 열저항은 증가한다. 왜냐하면, 이러한 조건에서는 기체의 열전도계수가 감소하기 때문이다.

2. 두 막대의 접촉압력이 증가할수록 고체간의 접촉면적이 증가하기 때문에 접촉 열저항은 감소한다.

접촉 열저항 문제에 대한 기존연구들은 참고문헌 [4], [6], [7], [10], [11]에 잘 요약되어 있다. 실제의 경우 표면의 조건은 매우 복잡하기 때문에 모든 형태의 물질에 대한 접촉 열저항을 예측할 수 있는 만족할 만한 이론이나 실험식은 존재하지 않는다. 온도가 매우 높을 때 접촉부에서 일어나는 복사에 의한 열전달은 8장에서 논의될 방법에 의하여 계산할 수 있다. 접촉 열저항에 관한 정확한 데이터가 없는 경우 표 2.3에 있는 수치를 설계에 이용할 수 있다. 접촉표면에 Dow340과 같은 '내열 그리스(thermal grease)'를 사용하면 주면 접촉 열저항은 75%까지 감소시킬 수도 있다.

[표 2.3] 대표적인 표면에서의 접촉 열저항

표면상태	조도		온도,	압력,	$1/h_c$	
	μin	μm	°C	atm	h · ft² · °F/Btu,	m² · °C/W × 10⁴
416 스테인레스강, 연삭가공, 공기	100	2.54	90-200	3~25	0.0015	2.64
304 스테인레스강, 연삭가공, 공기	45	1.14	20	40~70	0.003	5.28
416 스테인레스강, 연삭가공, 0.001-in 황동 끼움쇠 달림, 공기	100	2.54	30-200	7	0.002	3.52
알루미늄, 연삭가공, 공기	100	2.54	150	12~25	0.0005	0.88
	10	0.25	150	12~25	0.0001	0.18
알루미늄, 연삭가공, 0.001-in 황동끼움쇠 달림, 공기	100	2.54	150	12~200	0.0007	1.23
구리, 연삭가공, 공기	50	1.27	20	12~200	0.00004	0.07
구리, 밀링가공, 공기	150	3.81	20	10~50	0.0001	0.18
구리, 밀링가공, 진공	10	0.25	30	7~70	0.0005	0.88

예제 2-12 접촉 열저항의 영향

길이가 10 cm이고 지름이 3 cm인 2개의 304스테인레스강 막대의 접촉표면이 연삭가공 되었고 조도(roughness)는 약 1 μm이다. 이 두 막대를 공기 속에서 50 atm으로 압축하여 접촉시켰고 접촉한 두 막대의 양쪽 끝의 온도차가 100 °C일 때 축방향의 열전달과 접촉면에서의 온도강하를 구하여라.

■ 풀이

총 열유동은 3개의 열저항을 가진다. 즉, 각 막대에서의 전도 열저항 및 접촉 열저항이다. 각 막대에서의 열저항은

$$R_{\text{th}} = \frac{\Delta x}{kA} = \frac{(0.1)(4)}{(16.3)\pi(3\times10^{-2})^2} = 8.679°\text{C/W}$$

접촉 열저항은 표 2.3로부터 다음과 같이 계산된다.

$$R_c = \frac{1}{h_c A} = \frac{(5.28\times10^{-4})(4)}{\pi(3\times10^{-2})^2} = 0.747°\text{C/W}$$

따라서 총 열저항은

$$\sum R_{\text{th}} = (2)(8.679) + 0.747 = 18.105$$

총 열유동은

$$q = \frac{\Delta T}{\sum R_{\text{th}}} = \frac{100}{18.105} = 5.52\text{ W} \quad [18.83\text{ Btu/h}]$$

접촉표면을 가로지르는 온도강하는 총 열저항에 대한 접촉저항의 비로 구할 수 있다.

$$\Delta T_c = \frac{R_c}{\sum R_{\text{th}}}\Delta T = \frac{(0.747)(100)}{18.105} = 4.13°\text{C} \quad [39.43°\text{F}]$$

이 문제에서 접촉저항은 총 열저항의 약 4%로 나타난다.

복습문제

1. 전도문제에서 1차원이 가지는 의미를 논하라.
2. 열저항이란 무엇인가?
3. 핀 해석에서 열이 1차원적으로 이동한다는 가정이 왜 중요한가?
4. 핀 효율을 정의하라.
5. 핀 문제에서는 왜 단열된 끝 부분의 해석이 중요한가?
6. 접촉 열저항은 무엇을 뜻하는가? 그리고 이 저항은 어떤 매개변수에 의존하는가?

예제 목록

2-1 복합층을 통한 전도
2-2 복합원통계
2-3 복합벽을 통한 열전달
2-4 추가단열에 따른 냉방부하절감
2-5 원통에서의 총괄열전달계수
2-6 임계단열두께
2-7 대류 속에 놓인 열원
2-8 핀 온도분포에 미치는 열전도계수의 영향
2-9 평판형 알루미늄 핀
2-10 원판형 알루미늄 핀
2-11 열원을 갖는 막대
2-12 접촉 열저항의 영향

연습문제

2-1 열전도계수가 1.3 W/m · °C인 물질로 된 2 cm 두께의 벽 위에 열전도계수가 0.35 W/m · °C인 단열재를 붙여서 단위 면적(1 m^2)당 열손실을 1830 W 이하로 유지하려고 한다. 두 재질로 이루어진 조합벽 양면에서의 온도가 각각 1300°C 와 30°C 일 때 단열재의 두께를 계산하여라.

2-2 두께가 2.5 cm이고 단면적이 0.1 m^2인 어떤 물질 양면에서의 온도가 각각 35°C 와 95°C 이며 중간 면에서의 온도는 62°C 이다. 열흐름이 1 kW일 때 이 재질의 열전도계수를 온도의 함수로 나타내어라.

2-3 2.5 cm 두께의 구리판, 3.2 mm 두께의 석면(asbestos), 5 cm 두께의 유리섬유(fiber glass)로 형성된 복합벽 양면의 온도차가 560°C 일 때 벽의 단위 면적당 열유동을 계산하여라.

2-4 그림 2.4에서와 같이 여러 물질로 형성된 벽에서 단위 면적당 열전달을 구하여라. 단, 1차원의 열흐름이라고 가정한다.

2-5 두께가 5 cm인 구리판의 한쪽 면의 온도는 250°C 이고 다른 쪽 면에는 2.5 cm 두께의 유리섬유를 씌웠으며 유리섬유의 표면온도는 35°C이다. 이 구리판−유리섬유를 통한 총열유동이 52 kW일 때 그 면적을 구하여라.

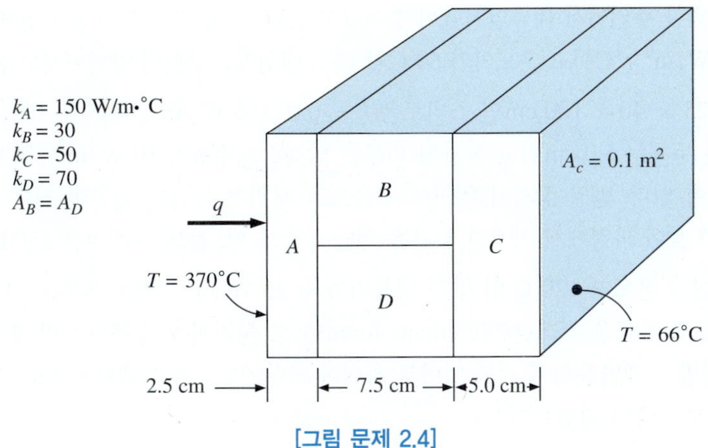

[그림 문제 2.4]

2-6 어떤 건물의 벽이 10 cm 두께의 보통벽돌과 2.5 cm 두께의 유리섬유(k = 0.05 W /m · °C)로 구성되어 있다. 벽의 양면에서의 온도차가 25°C 일 때 열유동을 계산하여라.

2-7 두께가 4 cm인 구리판의 한쪽 면의 온도는 175°C 이고 다른 쪽 면에는 1.5 cm 두께의 유리섬유를 씌웠다. 유리섬유의 표면온도는 80°C이고 복합벽을 통한 총열유동은 300 W이다. 이 판의 단면적을 구하여라.

2-8 다음 식과 같이 온도의 제곱에 따라 변하는 열전도계수를 가진 물질로 구성된 평판벽의 열전달을 나타내는 식을 유도하여라.

$$k = k_0\,(1 + \beta T^2\,)$$

2-9 안지름이 3.0 cm이고 벽 두께가 2 mm인 강관(k = 46 W /m · °C)이 있다. 관 내부를 흐르는 유체의 대류열전달계수(h)는 1500W/m^2 · °C이고 외부유체의 h는 197 W/m^2 · °C이다. 내, 외부 유체의 온도가 각각 223°C, 57°C일 때 관의 단위 길이(m) 당 열손실을 계산하여라.

2-10 두께 30 cm, 열전도계수 0.04W/m^2 · °C인 어떤 재료가 있다. 어떤 순간에 왼쪽 면으로부터의 거리 x인 곳의 온도분포는 $T = 150x^2 - 30\,x$이다. $x = 0$와 $x = 30$ cm 에서의 열전달률을 계산하여라. 또 이 재료는 가열되는가, 또는 냉각되는가?

2-11 지름이 0.025 mm 이고 열전도계수가 k = 16 W /m · °C인 스텐인레스강 전선이 두 전극에 연결되어있다. 길이 80 cm인 전선이 주위온도 20°C이고 대류 열전달계수가 h = 500 W /m · °C인 주변환경에 놓여 있다. 전압을 부과하였더니 두 전극의 온도가 200°C가 되었다. 전선에서의 열손실을 계산하여라.

2-12 벽이 2 cm의 구리, 3 mm의 석면판(k = 0.166 W /m · °C), 6 cm의 유리섬유로 이루어져 있다. 전체 온도차가 500°C일 때 단위 면적당 열전달을 구하여라.

2-13 어떤 건물 벽이 6.0 in의 콘크리트(k = 1.2 W /m · °C), 2.0 in의 유리섬유 단열재, 3/8 in의 석고판(k = 0.05 W /m · °C)으로 되어 있다. 내부와 외부의 대류열전달계수는 2.0과 7.0 Btu/h · ft^2 · °F이다. 벽에 대한 총괄열전달계수, R값, 단위 면적당 열손실을 계산하여라.

2-14 두께가 4 mm인 스테인레스강판(k = 16 W /m · °C)의 양면에 동일 두께의 플라스틱판이 씌워 있고

이들 플라스틱판 주위에서 대류열전달이 일어나고 있다. 이와 같은 복합평판 전체를 통한 총괄열전달계수가 120 W/m^2 · °C이고 온도차가 60°C일 때 스테인레스강판의 양면에서의 온도차를 구하여라.

2-15 내부크기가 25 × 40 × 100 cm인 스티로폼($k = 0.03316$ W /m · °C)으로 만들어진 얼음상자가 있다. 상자벽의 두께는 5.0 cm이고 상자의 외부는 열전달계수 h가 10 W/m^2 · °C이며 25°C의 주위공기에 둘러싸여 있다. 만일 상자가 완전히 얼음으로 채워져 있다면 얼음이 전부 녹는데 걸리는 시간은 얼마인가? 풀이 과정에서 가정한 부분을 언급하여라. 단, 물의 융해열은 330 kJ/kg이다.

2-16 지름이 1 m이고 온도가 120°C 인 구형 탱크가 $h = 25$ W/m^2 · °C이고 $T_\infty = 15$°C 인 주위 유체에 놓여 있다. 탱크 바깥을 우레탄폼(urethane foam)으로 둘러싸서 우레탄폼의 표면온도가 40°C를 넘지 않게 하려면 우레탄폼의 두께를 얼마로 하여야 하는가? 또한 우레탄폼으로 탱크를 둘러쌈으로써 열손실은 몇 %나 감소되었는가?

2-17 가운데가 빈 알루미늄 구에서 내부지름이 4 cm이고 외부지름이 8 cm이며 내부 및 외부표면의 온도가 각각 100°C와 50°C일 때 열전달을 구하여라.

2-18 문제 2-16에서 구의 내부표면의 온도는 100°C로 유지하면서 1 cm 두께의 단열재($k = 50$W /m · °C)로 둘러싸고 $h = 20$ W/m^2 · °C와 $T_\infty = 10$°C의 주위 유체에 노출시켰다면 열전달은 얼마가 되겠는가?

2-19 3 in-schedule 80 강관(부록 A 참조)이 1 in 두께의 단열재($k = 60$ mW/m · °C)로 둘러싸여 $h = 10$ W/m^2 · °C이고 $T_\infty = 20$°C 인 주위유체에 노출되어 있다. 관의 내부표면온도가 250°C일 때 관의 단위길이당 (*a*) 총열저항과 (*b*)열손실을 구하여라.

2-20 외부지름이 5 cm인 강관의 바깥표면에 6.4 mm 두께로 석면($k = 0.096$ Btu/h · ft · °F)을 씌웠으며 그 위에 유리섬유($k = 0.028$ Btu/h · ft · °F)로 된 단열재를 2.5 cm 두께로 씌웠다. 강철관 외벽의 온도가 315°C이고 유리섬유의 바깥면의 온도가 38°C일 때 석면과 유리섬유의 접촉면에서의 온도를 계산하여라.

2-21 내부반지름이 r_i이고 외부반지름이 r_o이며 열전도계수가 k인 속이 빈 구에서의 열저항을 나타내는 방정식을 유도하여라.

2-22 지름이 1 mm이고 온도가 400°C 인 전선이 40°C 및 $h = 120$ W/m^2 · °C의 주위유체에 노출되어 있다. 0.2 mm 두께의 단열재를 씌워서 임계반지름이 되게 하자면 단열재의 열전도계수가 얼마가 되어야 하는가? 또한 단열재를 씌우지 않았을 경우의 열전달을 75% 감소시키자면 단열재의 두께를 얼마로 하여야 하는가?

2-23 2 in-schedule 40인 강관(부록 A 참조)의 $k = 27$ Btu/h · ft · °F이다. 관의 내부 표면은 $h = 30$ Btu/h · ft^2 · °F이고 외부표면은 $k = 0.023$ Btu/h · ft · °F 인 0.5 in 유리섬유 단열재로 덮여 있다. 외부의 대류열전달계수는 2.0 Btu/h · ft^2 · °F, 내부 유체온도가 320°C, 대기 온도가 70°C일 때 단위길이당 열손실을 계산하여라.

2-24 구에 대하여 단열의 임계반지름에 대한 식을 유도하여라.

2-25 지름 80 cm, 높이 2.0 m인 원통형 탱크에 80°C의 물이 담겨 있다. 탱크에 물이 90%가 채워져 있으며 물의 온도는 시간당 2°C 이상 떨어지지 않도록 단열하려고 한다. 이 장에서 주어진 자료를 사용하여 단열재를 선정한 후 주어진 냉각률에 필요한 단열재의 두께를 구하여라.

2-26 내부지름이 8 cm, 벽의 두께가 5.5 cm인 뜨거운 증기관의 내부 표면 온도는 250°C이다. 관은 $k =$ 0.5 W /m · °C인 9 cm의 단열층으로 덮여 있고, 그 위에 $k = 0.25$ W /m · °C인 4-cm의 단열층이 있다. 단열층의 외부 온도가 20°C일 때 1 m당 열손실을 구하여라. 단, 관의 $k = 47$ W /m · °C 로 가정한다.

2-27 어떤 건물의 벽이 두께가 각각 1.2 cm인 2개의 섬유 단열판(fiber insulating board), 8 cm 두께의 느슨하게 채워진 석면층 및 10 cm 두께의 보통 벽돌로 구성되었다고 가정하고 벽의 양면에서의 열전달계수가 12 W /m^2 · °C일 때 총괄열전달계수를 계산하여라.

2-28 다음의 단열재에 대하여 R값을 구하여라. (*a*) 우레탄폼(urethane foam), (*b*) 유리섬유 매트(fiberglass mats), (*c*) 광섬유벽돌(mineral wool blocks), (*d*) Ca-Si 벽돌

2-29 노벽의 단열을 위하여 처음에 광섬유벽돌을 설치하고 그 위에 유리섬유판을 붙였으며 그 바깥은 $h = 15$ W /m^2 · °C이고 $T_\infty = 40$°C인 주위유체에 노출되었다. 표 2.1의 데이터를 사용하여 접촉면에서의 온도차가 400°C 이하이고 바깥쪽 온도가 55°C 이하가 되도록 하려면 각 단열재의 두께는 얼마로 하면 되는가? 열전도계수는 평균값을 사용하여라. 이 벽에서의 열손실은 몇 W/m^{2}인가?

2-30 균일하게 분포된 열원이 있고 양면의 온도가 각각 T_1 및 T_2이며 두께가 $2L$인 평면 벽에서의 온도분포를 나타내는 방정식을 유도하여라.

2-31 지름 5 cm인 강관의 외부에 두께 1 cm의 단열재($k = 0.22$ W /m · °C)가 씌워져 있고 다시 그 외부에 두께 3 cm인 또 다른 단열재($k = 0.06$ W /m · °C)가 덮여 있다. 이 관이 대류환경($h = 60$ W/m^2 · °C, $T_\infty = 15$°C)에 노출되어 있고 강관의 외면온도가 400°C일 때 관 길이 20 m에 대한 열손실을 계산하여라.

2-32 다음 식과 같이 선형적으로 변하는 균일한 열원을 가진 평면 벽에서의 온도분포를 나타내는 방정식을 유도하여라.

$$\dot{q} = \dot{q}_w [1 + \beta(T - T_w)]$$

여기서 $\dot{q}_w$는 일정하고 단위체적당 발생하는 열이며 벽의 두께는 2이고 벽 양면의 온도는 T_w이다.

2-33 사각형단면을 갖는 원주형 핀(circumferential fin, 그림 2-10*c*)이 지름 3 cm인 튜브에 설치되어 있다. 핀의 재질은 $k = 43$ W /m · °C인 스텐인레스강이고 핀의 두께는 1.0 mm, 핀의 외부반지름은 4.0 cm이다. 튜브의 온도는 250 °C를 유지하고 있으며 $T_\infty = 35$ °C 및 $h = 45$ W /m^2 · °C의 대류환경에 놓여있다. 핀을 통한 열손실을 구하여라.

2-34 6.0 cm 두께의 평면 벽의 내부에서 0.30 MW/m^{3}의 열이 발생한다. 벽의 한쪽 면은 단열되어 있고 다른 쪽 면은 온도가 93°C인 유체에 노출되어 있다. 벽표면과 유체간의 열전달계수는 570 W/m^2 · °C이고 벽의 열전도계수가 21 W/m · °C일 때 벽 내부의 최대 온도는 얼마인가?

2-35 원자로의 벽이 그 내부에서 발생되는 γ선을 받음으로써 다음과 같이 표시되는 열이 벽 내부에서 발생되고 있다.

$$\dot{q} = \dot{q}_0 e^{-ax}$$

여기서 $\dot{q}_0$는 γ선에 노출된 벽의 내면에서 발생된 열량이고, a는 상수이며 벽의 내면 및 외면에서의

온도는 각각 T_i와 T_0이다. 열발생에 대한 이 관계식을 이용하여 두께가 L인 벽의 온도분포를 나타내는 방정식과 최대온도를 구하여라.

2-36 문제 2-35에서 벽의 바깥면은 단열되어 있고 내면의 온도가 T_i라고 가정하고 문제를 다시 풀어라.

2-37 문제 2-32를 벽의 양면으로부터 온도가 T_∞인 주위유체로 대류에 의해서 열이 전달되는 경우에 대해서 다시 풀어라. 단, 열전달계수는 h이다. 이때 T_w는 기준온도(reference temperature)이고 반드시 표면온도일 필요는 없다.

2-38 한 변의 길이가 2.5 cm인 정사각형 단면의 구리막대 내에서 35.3 MW/m^{3}의 열이 발생되고 있다. 주위유체의 온도가 20°C이고 열전달 계수가 4000 W/m^2 · °C일 때 막대의 표면온도를 계산하여라.

2-39 두께가 $2L$인 평면벽 안에서 발생되는 열은 $\dot{q} = \dot{q}_0 \cos ax$이다. 여기서 $\dot{q}_0$는 벽의 중심면($x = 0$)에서의 단위체적당 발생된 열이고 a는 상수이다. 벽의 양쪽 면에서 온도가 T_w로 유지되고 있을 때 벽의 단위표면적당 열손실을 나타내는 식을 유도하여라.

2-40 열전도계수가 0.0124 W/cm · °C이고 단면적과 길이가 각각 1 cm^{2}와 3 cm인 직사각형단면의 막대의 양쪽 끝 단면의 온도가 300°C와 100°C이다. 이 막대에 50A의 전류가 흐를 때 축방향의 표면은 단열되었다고 가정하고 중간 단면에서의 온도를 구하여라. 단, 비저항은 1.5×10^{-3} Ω · cm이다.

2-41 어떤 평면 벽의 온도분포는

$$\frac{T - T_1}{T_2 - T_1} = C_1 + C_2x^2 + C_3x^3$$

이고 T_1과 T_2는 벽의 양쪽 표면의 온도이다. 벽의 열전도계수가 일정하고 두께를 L이라고 할 때 온도 $T = T_1$인 면으로부터의 거리 x의 함수로 단위체적당 발생된 열량을 나타내는 식을 유도하여라. 단, $x = 0$에서의 열발생률을 $\dot{q}_0$라고 한다.

2-42 두께가 8 cm이고 $k = 2.5$ W/m · °C인 평면벽 안에 전열선을 설치하였다. 평면의 오른쪽 면은 $h =$ 50 W/m^2 · °C이고 T_∞ =30°C의 주위유체에 노출되어 있으며, 왼쪽 면은 $h = 75$ W/m^2 · °C이고 $T_\infty = 50$°C인 주위유체에 노출되어 있다. 평면벽 안의 최고온도가 300°C 를 초과하지 않게 하기 위한 허용열원의 크기는 얼마인가?

2-43 길이가 2 cm이고 지름이 5 cm인 2개의 알루미늄 막대가 있다. 두 막대 사이에는 0.025 mm의 황동 쐐기가 놓여있고 두 막대는 20기압 이상의 압력으로 압착되고 있다. 총괄온도차가 200°C 일 때 쐐기를 통한 온도강하를 구하여라.

2-44 두께가 3 cm이고 $k = 16$ W/m · °C인 평판 안에 $\dot{q} = 5 \times 10^5$rmW/m^{3}의 균일한 열원이 있고 평판의 양면의 온도가 각각 220°C와 45°C로 유지되고 있을 때 평판의 중심면에서의 온도를 구하여라.

2-45 두께가 1 cm이고 $k = 20$ W/m · °C인 평판 안에 $\dot{q} = 500$ MW/m^{3}의 균일한 열원이 있고 평판의 양면의 온도가 각각 100°C와 200°C일 때 평판의 중심면에서의 온도를 구하여라.

2-46 두께가 4 mm이고 $k = 25$ W/m · °C인 평판 안에 $\dot{q} = 200$ MW/m^{3}의 균일한 열원이 있고 평판의 한 면은 단열되어 있으며 다른 면의 온도는 100°C로 유지되고 있을 때 평판 안의 최고 온도를 구하여라.

2-47 길이가 30 cm이고 지름이 3.2 mm인 강철선에 10 V의 전압이 걸렸다. 강철선의 표면온도가 93°C

일 때 강철선의 중심온도를 구하여라. 단, 강철의 비저항은 70 $\mu\Omega \cdot$ cm이고 열전도계수는 22.5 W/m · °C로 가정한다.

2-48 예제 2-7에서 강철선이 온도가 93°C인 유체에 잠겨 있고 열전달계수가 5.7 kW/m^2 · °C일 때 강철선의 중심온도를 계산하여라.

2-49 내부에 유체가 흐르고 있는 관을 전기적으로 가열하고 있다. 열손실을 감소시키기 위하여 관의 외부에 단열재로 씌웠다. 온도를 측정하기 위하여 관의 외부표면에 열전대(thermocouple)를 연결하였다. 관내에 발생된 열이 균일하게 분포되어 있다고 가정하고 관 내면에서의 열전달계수를 전압 E, 관의 표면온도 T_0, 관의 내부 및 외부 반지름 r_i와 r_o, 관의 길이 L, 유체온도 T_f 등의 함수로 나타내는 방정식을 유도하여라.

2-50 열발생률 $\dot{q}$와 표면온도 T_w가 일정하고 반지름이 r인 구의 온도분포를 나타내는 식을 유도하여라.

2-51 지름이 4 cm인 스테인레스강구($k = 16$ W/m · °C)가 20°C ,$h = 15$ W/m^2 · °C인 대기 중에 놓여 있다. 강구의 내부에서 1.0 MW/m^{3}의 열이 균일하게 발생하고 있을 때 구의 중심에서의 정상상태 온도는 얼마인가?

2-52 열전도계수 $k = 190$ W/m · °C, 지름 30 mm인 알루미늄 합금전선에 230 A의 전류가 흐르고 있다. 전선의 비저항은 2.9 $\mu\Omega \cdot$ cm이고 외부표면온도는 180°C이다. 주위 공기 온도가 15°C일 때 전선 내의 최대 온도를 구하여라.

2-53 내부반지름이 r_i이고 외부반지름이 r_o인 가운데가 빈 원통 안에서

$$\dot{q} = a + \mathrm{br}$$

의 열이 발생하고 있는데 $r = r_i$에서 $\dot{q} = \dot{q}_i$ 및 $T = T_i$이고 $r = r_o$에서 $T = T_o$일 때 원통 안의 온도분포를 나타내는 식을 유도하여라.

2-54 지름이 2 mm인 동선에 전류가 흐르고 있고 이 동선은 $h = 5000$ W/m^2 · °C이고 $T_\infty = 100$인 주위유체에 노출되어 있다. 동선의 중심온도가 150°C가 되기 위한 전류의 크기를 구하여라. 또 지름이 2 mm인 알루미늄 선에 대하여 이 문제를 다시 풀어라. 단, 구리의 비저항은 1.67 $\mu\Omega \cdot$ cm이다.

2-55 내부지름이 2.5 cm, 두께가 0.4 mm이며 $k = 24$ W/m · °C인 관의 외부표면이 $h = 100$ W/m^2 · °C이고 $T_\infty = 40$°C인 주위유체에 노출되어 있을 때 관의 최고온도가 250°C가 되기 위하여 관 안의 발열량을 얼마로 하면 되겠는가?

2-56 내부지름이 2.5 cm이고 두께가 2 mm인 동관 안에 물이 흐르고 있고 열전달 계수는 관의 내면에서 500 W/m^2 · °C이며 외면에서 12 W/m^2 · °C일 때, 총괄열전달계수를 구하여라. 또한 U를 결정하는 주요소는 무엇인가?

2-57 문제 2-56의 관 주위를 석면층($k = 0.18$ W/m · °C)으로 된 단열재로 둘러싸서 $h = 12$ W/m^2 · °C인 주위유체에 노출하였을 때 단열재의 임계반지름을 계산하여라. 또한 단열재의 두께가 (*a*) 0.5 mm 및 (*b*) 10 mm일 때 열전달은 증가하겠는가 또는 감소하겠는가?

2-58 문제 2-4에서 총괄열전달계수를 구하여라.

2-59 문제 2-5에서 총괄열전달계수를 구하여라.

2-60 스테인레스 강관의 내부로 120°C의 공기가 흐르고 내부 대류열전달 계수는 65 W/m^2 · °C이다. 내부지름이 2.5 cm이고 두께가 0.4 mm이며 $k = 18$ W/m · °C인 관의 외부가 $h = 6.5$ W/m^2 · °C이고 $T_\infty = 15$°C인 주위유체에 노출되었을 때 총괄열전달계수와 관의 단위길이당 열손실을 구하여라. 열손실을 90% 감소하기 위하여 관의 외벽을 $k = 40$ W/m · °C의 단열재로 둘러싼다면 이때 단열재의 두께는 얼마로 하여야 되는가?

2-61 두께가 각각 5 mm인 이중유리 사이에 두께가 4 mm인 공기층이 들어있고 이때 공기는 정지하고 있기 때문에 공기층 안에서는 전도열전달이 일어난다고 볼 수 있다. 이중유리의 안쪽과 바깥쪽에서의 대류열전달계수가 각각 12 및 50 W/m^2 · °C일 때 총괄열전달계수와 R값을 계산하여라. 두께가 5mm인 한 장의 유리에 대하여 이 문제를 다시 풀어라.

2-62 1 mm 두께의 동판, 4 mm 두께의 강판(1%C), 1 cm 두께의 석면 및 10 cm 두께의 유리섬유로 구성된 혼합벽에서의 총괄열전달계수를 구하여라. 또 혼합벽 양면에서의 온도가 각각 10°C 및 150°C일 때 각 재질의 경계면에서의 온도를 구하여라.

2-63 두께가 0.7 mm이고 단면이 직사각형인 원판형 핀이 관에 부착되어 있다. 관의 지름은 3 cm이고 200°C를 유지하고 있다. 핀의 길이는 2 cm이고 핀의 재질은 구리이다. 이 핀으로부터 주위유체($T_\infty = 100$°C, $h = 524$ W/m^2 · °C)로의 열손실을 구하여라.

2-64 길이가 L인 얇은 막대의 두 끝이 온도가 각각 T_1과 T_2인 두 벽에 연결되어 있다. 대류에 의하여 열이 막대로부터 온도가 T_∞인 주위유체로 흘러나가고 있다. 다음을 나타내는 방정식을 유도하여라. (*a*) 막대 안에서의 온도분포 (*b*) 막대로부터의 총열손실

2-65 한쪽 끝의 온도가 T_0이고 길이가 L인 막대가 온도가 T_∞인 주위유체에 노출되어 있다. 막대에 전류를 통과시켜 $\dot{q}$의 열을 균일하게 발생시키고 있을 때 (*a*) 막대 안의 온도분포와 (*b*) 막대로부터 주위유체에 전달되는 열을 나타내는 방정식을 유도하여라. 또 온도가 T_0로 유지되는 막대 끝에서 열전달이 0이 되게 하는 $\dot{q}$의 값을 구하는 방정식을 유도하여라.

2-66 지름이 12.5 mm이고 길이가 30 cm인 구리막대의 양끝이 온도가 각각 93°C 및 200°C인 벽에 붙어 있고 또한 이 막대가 $h = 17$ W/m^2 · °C이고 $T_\infty = 38$°C인 주위유체에 노출되어 있을 때 막대로부터 열손실(watts)을 구하여라.

2-67 2-9절의 경우 2에서 온도분포는 다음과 같다.

$$\frac{T - T_\infty}{T_0 - T_\infty} = \frac{\cosh m(L - x) + (h/mk)\sinh m(L - x)}{\cosh mL + (h/mk)\sinh mL}$$

위 식을 이용하여 열전달이 다음과 같음을 증명하여라.

$$q = \sqrt{hPkA}\,(T_0 - T_\infty)\frac{\sinh mL + (h/mk)\cosh mL}{\cosh mL + (h/mk)\sinh mL}$$

2-68 길이가 12 cm이고 지름이 2.0 cm인 알루미늄막대가 250°C로 유지되는 벽으로부터 돌출되어 있다. 막대 주위의 유체온도는 15°C이고 열전달계수가 12 W/m^2 · °C일 때 막대로부터의 열손실을 계산하여라.

2-69 2.9절의 경우 1의 막대로부터의 대류열손실을 적분하여 식 (2.35)를 유도하여라.

2-70 2-9절의 경우 3의 막대로부터의 대류열손실을 적분하여 식 (2.36)을 유도하여라.

2-71 바탕온도가 120°C이고 지름이 5 cm인 매우 긴 구리막대가 온도 20°C인 주위유체에 노출되어 있다. 막대와 주위유체 사이의 열전달계수가 20 W/m^2 · °C일 때 막대로부터의 열전달을 계산하여라.

2-72 바탕온도가 90°C 이고 지름이 2.5 cm인 매우 긴 구리막대(k = 372 W/m · °C)가 40°C 인 유체에 노출되어 있다. 열전달계수가 3.5 W/m^2 · °C이면 막대로부터의 열손실은 얼마나 되겠는가?

2-73 두께가 1.5 mm이고 길이가 6 mm인 원판형 알루미늄 핀이 외부지름이 2.7 mm이고 표면온도가 150°C인 원통에 달려 있다. 주위유체온도는 15°C이고 열전달계수는 20 W/m^2 · °C이다. 핀으로부터의 열손실을 계산하여라.

2-74 직사각형 단면인 핀(k = 14 W/m · °C)의 두께는 2.0 mm이고 길이가 23 cm이다. 이 핀의 바탕온도가 220 °C이고 주위 대류환경(T = 23 °C, h = 25 W/m^2 · °C)에 놓여 있을 때 핀의 단위 깊이당 열손실을 구하여라.

2-75 단면이 직사각형인 원판형 핀(k = W/m · °C, 길이 3 cm, 두께 2 mm)이 지름 3 cm인 관에 설치되어 있다. 이 핀이 온도가 20°C이고 대류열전달계수가 68 W/m^2 · °C인 대류환경에 놓여 있다. 관의 벽 온도가 100°C일 때 핀에 의한 열손실을 계산하여라.

2-76 핀이 붙어 있는 물체표면의 총 효율은 물체표면과 핀의 총 표면적에서 실제로 전달된 열과 총 표면이 핀의 바탕온도 T_0로 유지되었다고 가정하였을 때 전달된 열의 비로 정의될 수 있다. 이때 총 효율은 다음과 같은 식으로 표시됨을 증명하여라.

$$\eta_t = 1 - \frac{A_f}{A}(1 - \eta_f)$$

여기서

η_t = 총 효율

A_f = 핀의 표면적

A = 물체표면과 핀의 총 표면적

η_f = 핀효율

2-77 두께가 6.4 mm이고 길이가 2.5 cm인 스테인레스강(18% Cr, 8% Ni)으로 된 삼각형 핀이 온도가 460°C인 평면벽에 부착되어 있다. 주위유체온도는 93°C이고 열전달계수는 28 W/m^2 · °C이다. 핀으로부터의 열손실을 계산하여라.

2-78 두께가 0.8 cm이고 길이가 12.5 mm인 원판형 알루미늄 핀이 9.5 mm 간격으로 외부지름이 2.5 cm인 원통표면에 달려 있다. 원통 표면온도는 200°C이고 주위유체의 온도는 93°C이며 열전달계수는 110 W/m^2 · °C이다. 원통의 단위길이당 열손실을 구하여라.

2-79 두께가 2.5 mm이고 길이가 5 mm인 원판형 연강(mild steel)핀이 외부지름이 2 cm인 원통 표면에 부착되어 있다. 핀에 공기가 흐르며 열전달계수가 25 W/m^2 · °C로 유지되고 핀의 바탕과 주위공기의 온도는 각각 260°C와 93°C이다. 핀으로부터 열전달을 계산하여라.

2-80 두께가 2.0 cm이고 길이가 14 cm인 직사각형 단면의 강철핀이 200°C의 벽 표면에 부착되어 있다. 주위온도가 15°C이고 열전달계수가 20 W/m^2 · °C일 때 핀의 단위폭당 열손실을 구하여라.

2-81 두께가 1.6 mm이고 길이가 12.5 mm인 원판형 알루미늄핀이 외부지름이 2.5 cm인 관을 둘러싸고 있다. 관벽의 온도는 200°C이고 주위온도는 20°C이며 열전달계수는 60 W/m^2 · °C이다. 핀으로부터의 열손실을 구하여라.

2-82 어떤 주어진 형상면적에 대해서 직사각형 핀의 최적두께를 구하여라. 핀의 끝이 단열되었다고 가정하여라.

2-83 그림과 같은 삼각형 핀의 온도에 대한 미분방정식을 유도하여라. 1차원 열흐름이라 가정하고 좌표는 그림에 주어진 대로 하여라.

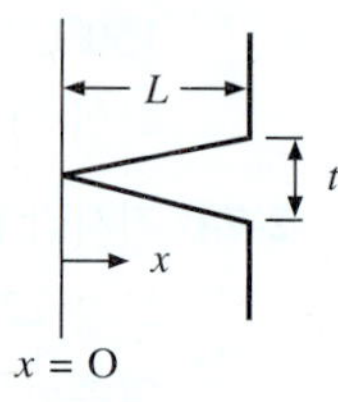

[그림 문제 2.83]

2-84 단면이 직사각형인 원판형 핀(k = 120 W/m · °C, 길이 15 cm, 두께 2 mm)이 지름 10 cm이고 120°C를 유지하고 있는 관에 설치되어 있다. 이 핀이 온도가 23°C 이고 대류열 전달계수가 60 W/m^2 · °C인 대류환경에 놓여 있을 때 핀으로부터의 열손실[W]을 계산하여라.

2-85 12.5 × 12.5 mm의 정사각형 단면을 갖는 긴 강철막대(k = 16 W/m · °C)의 한쪽 끝의 온도는 250°C이다. 이 막대를 90°C의 주위유체에 노출시켰을 때 열전달계수는 40 W/m^2 · °C이다. 막대로부터의 열손실을 계산하여라.

2-86 두께가 2.1 mm인 두랄루민(94% Al, 3% Cu)으로 만들어진 길이 17 mm의 직사각형 핀이 h = 75 W/m^2 · °C인 대기 중에 놓여 있다. 핀의 바탕온도가 100°C이고 대기온도가 30°C일 때 핀의 단위길이당 열전달을 계산하여라.

2-87 어떤 내연기관이 공랭식이고 실린더의 재질은 k = 35 Btu/h · ft · °F인 주철로 되어 있다. 실린더 핀의 길이가 5/8 in, 두께가 1/8 in이고 대류열전달계수가 12 Btu/h · ft^2 · °F이다. 실린더의 지름이 4 in이고 핀의 바탕온도가 450°C이며 대기온도가 100°C일 때 1개의 핀당 열손실을 구하여라.

2-88 지름 1.5 mm인 스테인레스 강철막대(k = 19 W/m · °C)가 45°C인 벽에 붙어 있다. 막대의 길이는 12mm이고 대류열전달계수는 500 W/m^2 · °C이다. 주위 온도를 20°C라 하고 막대 끝에서의 온도를 구하여라. h가 200°C 및 1500 W/m^2 · °C인 경우에 대해서 이 문제를 다시 풀어라.

2-89 그림 2-10(d)와 같은 핀이 부착된 알루미늄블록이 있다. 핀의 지름은 2 mm이고 길이는 25 mm이며, 알루미늄블록의 바탕온도는 70°C이다. 지금 실내 방 온도가 20°C 이고 대류열전달계수 h = 13.2 W/m^2 · °C인 대류환경에 놓여있을 때, 15 × 15 핀 배열 (225 fins)로부터의 열손실을 구하여라.

2-90 그림 2-10(b)와 같은 핀이 부착된 튜브가 있다. 핀의 수는 8개이고 재질은 알루미늄이다. 핀 바탕온도는 100°C이며, 주변온도가 30°C이고 대류열전달계수 h = 15 W/m^2 · °C인 대류환경에 놓여있다. 핀의 축 방향 길이는 15 cm, 반경방향 길이는 2 cm, 두께는 2 mm이다. 핀을 통한 열손실을 계산하여라. 이때 핀의 표면적을 통한 열전달만을 고려한다.

2-91 사각형단면을 갖는 원주형 핀[circumferential fin, 그림 2-10(c)]이 지름 25 mm이고 온도 100°C인 구리관에 설치되어 있다. 핀의 길이는 2 cm이고 두께는 2 mm이며, 주위온도 30°C 및 h = 15 W/m^2 · °C인 대류환경에 놓여 있다. 핀의 총 표면적이 문제 2-90의 핀 표면적과 같다고 가정할 때 핀을 통한 총열손실을 계산하여라.

2-92 지름이 2 cm이고 길이가 6 cm인 유리($k = 0.8$ W/m · °C)로 된 핀의 바탕온도는 100°C이고 주위 유체의 온도는 20°C이며 핀 끝 부분의 온도가 35°C이면 주위유체와 핀 사이의 열전달계수는 얼마가 되겠느냐? 또한 핀으로부터 손실된 열량을 계산하여라.

2-93 두께가 1.5 mm이고 길이가 2.5 cm이며 바탕온도가 200°C이고 열전도계수가 50 W/m · °C인 직사각형 핀이 $h = 500$ W/m^2 · °C이고 $T_\infty = 20$°C인 주위유체에 노출되어 있을 때 가능한 최대 열손실과 실제 열손실을 계산하여라.

2-94 길이 3.5 cm, 두께 1.4 mm인 직사각형 핀이 있다. 핀의 열전도계수가 55 W/m · °C이고 T_∞ =20°C, $h = 500$ W/m^2 · °C인 주위유체에 놓여 있다. 핀의 바탕온도가 150°C일 때 가능한 최대 열손실을 계산하여라. 실제 열손실은 얼마인가?

2-95 온도가 150°C이고 지름이 5 cm인 원통에 붙어 있는 두께가 2 mm이고 길이가 5 cm인 1% 탄소강으로 된 원판형 핀이 $h = 100$ W/m^2 · °C, $T_\infty = 20$°C인 주위 유체에 노출되어 있을 때 핀으로부터의 열손실을 구하여라.

2-96 온도가 200°C 이고 지름이 3 cm인 원통에 붙어 있는 두께가 1 mm이고 길이가 2 cm인 알루미늄으로 된 원판형 핀이 $h = 80$ W/m^2 · °C이고, $T_\infty = 20$°C인 주위유체에 노출되어 있을 때 핀으로부터의 열손실을 구하여라.

2-97 지름이 1 cm이고 길이가 20 cm인 강철봉($k = 20$ W/m · °C)의 양 끝 면이 온도가 각각 50°C와 100°C인 평판에 붙어 있고 $T_\infty = 20$°C이고 $h = 50$ W/m^2 · °C인 주위 유체에 노출되어 있을 때 강철봉의 중심에서의 온도를 구하여라.

2-98 재질이 구리이고 단면이 직사각형인 원판형 핀(길이 6 mm, 두께 0.3 mm)이 지름 1.25 cm인 관에 설치되어 있다. 이 핀이 온도가 20°C이고 $h = 55$ W/m^2 · °C인 대류환경에 놓여 있다. 핀의 바탕온도가 100°C일 때 핀으로부터의 열손실[W]을 계산하여라.

2-99 두께가 2.6 cm이고 길이가 17 cm이며 바탕온도가 230°C 인 강철(1%C)로 된 직사각형 핀이 $h =$ 23 W/m^2 · °C이고 $T_\infty = 25$°C인 주위유체에 노출되어 있을 때 핀의 단위폭당 열손실과 핀 효율을 구하여라.

2-100 길이가 5 cm이고 바탕에서의 두께가 4 mm이며 바탕온도가 200°C이고 열전도계수가 23 W/m · °C인 삼각형 핀이 $h = 20$ W/m^2 · °C이고 $T_\infty = 40$인 주위 유체에 노출되어 있을 때 핀의 단위폭당 열손실을 계산하여라.

2-101 지름이 25.4 mm이고 온도가 125°C인 원통에 부착되어 있는 두께 1 mm이고 길이가 12.7 mm인 알루미늄으로 된 원판형 핀이 $h = 56$ W/m^2 · °C이고 $T_\infty = 30$°C인 주위유체에 노출되어 있을 때 핀으로부터의 열손실을 구하여라.

2-102 지름이 2 cm이고 온도가 135°C인 원통에 부착되어 있는 두께가 2 mm이고 길이가 8 cm인 스테인레스강(18% Cr, 8% Ni)으로 된 원판형 핀이 $h = 20$ W/m^2 · °C이고 T_∞ =15°C인 주위유체에 노출되어 있을 때 핀으로부터의 열손실을 구하여라.

2-103 두께가 1.1 mm이고 길이가 2.5 cm이며 바탕온도가 125°C이고 열전도계수가 55 W/m · °C인 직사각형 핀이 $h = 500$ W/m^2 · °C이고 $T_\infty = 20$°C인 주위유체에 노출되어 있을 때 핀으로부터의 열손실을 구하여라.

2-104 지름이 2.5 cm이고 온도가 100°C인 원통에 부착되어 있는 두께가 1 mm이고 길이가 1.25 cm인 알루미늄으로 만든 원판형 핀이 $h = 75\ \mathrm{W/m^2 \cdot {}^\circ C}$이고 $T_\infty = 30°C$인 주위유체에 노출되어 있을 때 핀으로부터의 열손실을 구하여라.

2-105 바탕온도가 180°C이고 지름과 길이가 각각 1 cm 와 5 cm인 유리막대가 $h = 20\ \mathrm{W/m^2 \cdot {}^\circ C}$이고 $T_\infty = 20°C$인 주위유체에 노출되어 있을 때 유리막대로부터의 열손실을 계산하여라.

2-106 바탕온도가 300°C이고 단면은 한 변의 길이가 1cm인 정사각형이며 길이가 8 cm이고 $k = 18\ \mathrm{W/m \cdot {}^\circ C}$인 핀이 $h = 45\ \mathrm{W/m^2 \cdot {}^\circ C}$이고 $T_\infty = 50°C$인 주위유체에 노출되어 있을 때 핀으로부터의 열손실과 핀 효율을 구하여라.

2-107 지름이 2.5 cm이고 온도가 275°C인 원통에 부착되어 있는 두께가 1 mm이고 길이가 12 mm인 구리로 된 원판형 핀이 $h = 120\mathrm{W/m^2 \cdot {}^\circ C}$이고 $T_\infty = 35°C$인 주위 유체에 노출되어 있을 때 핀으로부터의 열손실을 구하여라.

2-108 바탕온도가 100°C이고 길이가 5 cm이며 두께가 2.5 cm인 스테인레스강(18% Cr, 8% Ni)으로 된 직사각형 핀이 $h = 47\ \mathrm{W/m^2 \cdot {}^\circ C}$이고 $T_\infty = 20°C$인 주위 유체에 노출되어 있을 때 핀의 단위폭(1 m)당 열손실과 효율을 계산하여라.

2-109 지름이 3 cm이고 온도가 200°C인 원통에 부착되어 있는 두께가 1 mm이고 길이가 3 cm인 두랄루민으로 만든 원판형 핀이 $h = 80\mathrm{W/m^2 \cdot {}^\circ C}$이고 $T_\infty = 20°C$인 주위 유체에 노출되어 있을 때 핀으로부터의 열손실을 구하여라.

2-110 지름이 3 cm이고 온도가 100°C인 원통에 부착되어 있는 두께가 1 mm이고 외경이 9 cm인 원판형 핀이 $h = 50\mathrm{W/m^2 \cdot {}^\circ C}$이고 $T_\infty = 30°C$인 주위유체에 노출되어 있을 때 핀 효율은 60%이다. 핀의 열전도계수를 계산하여라.

2-111 지름이 2 m이고 온도가 150°C인 원통에 부착되어 있는 두께가 1 mm이고 길이가 2 cm인 알루미늄으로 만든 원판형 핀이 $h = 150\ \mathrm{W/m^2 \cdot {}^\circ C}$이고 $T_\infty = 20°C$인 주위유체에 노출되어 있을 때 핀으로부터의 열손실을 구하여라.

2-112 길이가 7.5 cm이고 지름이 1 in인 2개의 강철막대($k = 17\ \mathrm{W/m \cdot {}^\circ C}$)의 끝을 서로 접촉시켜서 열전도계수가 0.035 W/m · °C인 공기 중에 노출시켰다. 접촉면이 거칠기 때문에 접촉 단면적은 전체 단면적의 불과 0.1% 밖에 안 된다. 접합된 막대의 두 끝 사이의 온도차는 300°C이고 조도깊이(roughness depth, 즉 $L_g/2$)는 1.3 μm일 때 접촉 열저항과 접촉열효율을 계산하여라. 만약 7.5 cm 길이의 2개의 막대 대신에 15 cm 길이의 막대 하나로 대치시켰다면 열흐름은 얼마나 되겠는가?

2-113 두 표면의 접촉압력이 증가할수록 표면에서 튀어나온 부분(凸부분)은 변형되어 접촉면적 A_c는 증가하고 조도깊이 L_g는 감소한다. 위와 같은 효과를 2-11절에서 논의한 관점에서 토의하라. (접촉부분의 열전도계수는 압력에 비례한다는 것이 실험적으로 증명되어 있다.)

2-114 두께가 5 mm이고 조도가 100 μin인 연삭가공한 표면을 가진 두 알루미늄 판을 접촉압력이 20기압이 되도록 볼트로 연결하였다. 두 판의 통한 전체 온도차가 80°C일 때 접촉면에서의 온도강하를 계산하여라.

2-115 원통 위에 원판형 핀을 부착할 때 프레스 접합을 하는 경우가 많다. 지름이 2.5 cm인 알루미늄원통 위에 두께 1 mm이고 길이 1.25 cm인 원판형 알루미늄 핀을 프레스작업으로 부착하였으며 프레스

접촉면은 조도가 100 μin인 연삭가공한 표면이다(표 2.2 참조). 주위유체의 온도는 20°C이고 핀과 주위 유체 사이의 열전달계수는 h = 125W/m^2 · °C이다. 관벽의 온도가 200°C일 때 1개의 핀당 열전달을 계산하여라. 또 핀을 프레스접합함으로써 몇 %의 열전달이 감소되었는가?

2-116 알루미늄 핀이 300 mW의 열원을 갖는 트랜지스터에 부착되어 있다. 핀의 전체면적은 9.0 cm^{2}이고, 27°C의 주위 공기에 놓여 있다. 트랜지스터와 핀 사이의 접촉저항은 0.9 × 10^{-4} m^2 · °C /W이고 접촉면적은 0.5 cm^{2}이다. 핀의 온도가 균일하다고 가정할 때 트랜지스터의 온도를 구하여라.

2-117 열전도계수가 k = 20 W/m · °C이고 200 kW/m^{3}의 균일한 열원이 분포되어 있는 두께가 20 cm인 평면벽의 양쪽 표면의 온도가 50°C이고 대류열전달계수가 h = 400 W/m^2 · °C인 주위 유체에 노출되어 있을 때 평면벽의 중심온도를 구하여라.

2-118 문제 2-117에서 평면벽의 두께는 10 cm이고 한쪽 면이 단열되어 있으며 다른 모든 조건은 변화가 없다고 하였을 때 벽의 최고 온도를 구하고 이 계산 결과에 대해서 논의하여라.

2-119 재질이 알루미늄이고 단면이 직사각형인 원판형 핀(길이 3 cm, 두께 2 mm)이 지름 6 cm이고 120 °C를 유지하고 있는 관에 설치되어 있다. 이 핀이 온도가 20°C이고 h = 220 W/m^2 · °C인 대류환경에 놓여 있을 때 핀으로부터의 열손실[W]을 계산하여라.

2-120 두께가 2 mm이고 길이가 8 mm인 알루미늄으로 만든 삼각형 단면의 핀에서 바탕온도는 200°C이고 주위 유체의 온도는 25°C이며 대류열전달계수가 h = 45 W/m^2 · °C일 때 핀의 단위폭당 열손실을 계산하여라.

2-121 길이가 1 m이고 지름이 2.5 cm인 원통벽에 두께가 2 mm이고 길이가 1 cm인 100개의 원판형 핀이 달려 있다. 핀의 바탕온도는 180°C이고 주위 유체의 온도는 20°C이며 대류열전달계수가 h = 50 W/m^2 · °C일 때 총열손실을 구하여라.

2-122 그림에서와 같은 원통형 조각의 열전도계수는 100 W/m · °C이고 안지름과 바깥지름은 각각 1.5 및 1.7 cm이며 표면은 단열되어 있다. 부여된 온도차가 50°C일 때 단위 길이당 원주방향 열전달과 열저항을 구하여라.

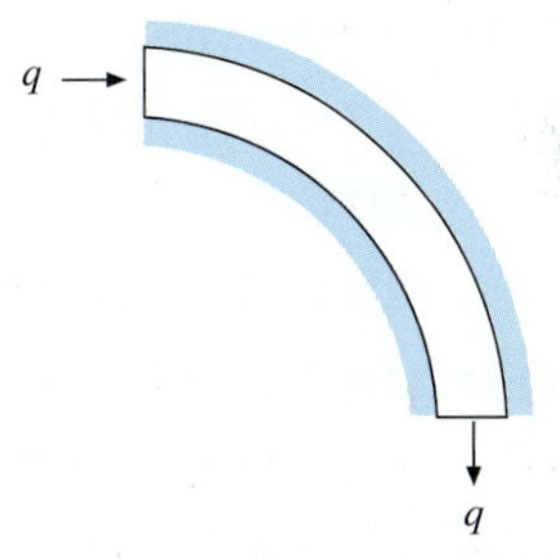

[그림 문제 2.122]

2-123 그림과 같이 꼭지가 잘린 두께 0.5 mm의 동으로 만든 중공원뿔에서 1차원 열흐름에 대한 열저항을 계산하여라. 양면의 온도차가 300°C일 때 열전달은 얼마가 되겠느냐?

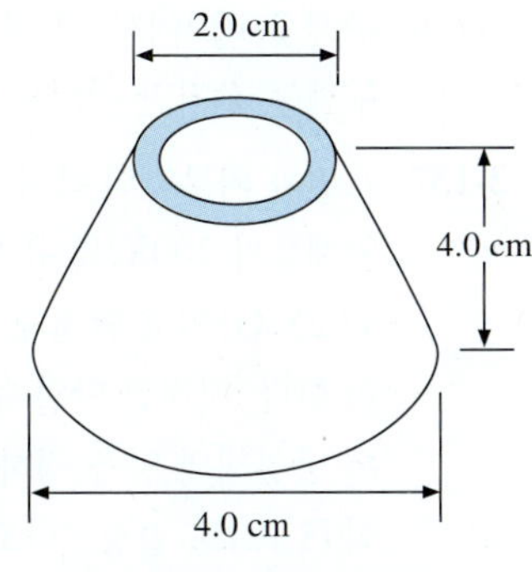

[그림 문제 2.123]

2-124 안지름 1.25 cm이고 벽의 두께가 0.8 mm인 튜브 외부가 두께 0.3 mm, 길이 3 mm이며 서로간의 간격이 6 mm인 구리 재질의 핀으로 둘러싸여 있다. 튜브와 핀으로부터 외부로의 대류열전달계수가 50 W/m^2 · °C일 때 30 cm 길이의 튜브-핀 연합체에 대한 열저항을 계산하여라. 이 경우의 핀 효율은 얼마인가? 만일 튜브 내부 온도가 100°C이고 바깥 온도가 20°C이면, 튜브의 단위 길이(1 m)당 열손실은 얼마인가? 핀에 의한 손실 비율은 얼마인가?

2-125 문제 2-116에서 핀-튜브 연합체에 대하여 R을 계산하여라.

2-126 문제 2-124를 구리로 된 튜브에 설치된 알루미늄 핀에 대하여 계산하여라.

2-127 문제 2-125를 구리로 된 튜브에 설치된 알루미늄 핀에 대하여 계산하여라.

2-128 지름이 2 mm이고 길이가 10 cm인 스테인레스강 막대의 열저항이 70 $\mu\Omega \cdot$ cm이고 열전도계수가 16 W/m · °C이다. 이 막대는 대류열전달계수가 $h = 100$ W/m^2 · °C이고 T = 20°C인 주위에 노출되어 있다. 막대 양 끝면에서의 온도는 $T = 100$°C이다. 0 볼트 조건에서 주위로 배출하는 열량의 두 배를 배출하기 위하여 막대에는 몇 볼트의 전압이 걸려야 하는가?

2-129 위 문제 2-128의 막대 길이를 매우 길다고 가정하면 0 볼트 조건에서 열전달이 얼마가 되는가?

2-130 그림 문제 2-122에서와 같은 원통형 조각이 $h = 75$ W/m^2 · °C이고, $T_\infty = 30$°C인 대류 조건에 노출되어 있고 원통형 조각의 양쪽 끝면 온도가 50°C 및 100°C라고 한다면 주위로의 열손실이 얼마가 되는가? 그리고 원통 조각 양단에서의 열전달을 각각 구하여라.

설계지향문제

2-131 바탕의 두께가 3 mm인 알루미늄으로 만든 두 핀이 있는데 하나는 삼각형단면의 핀이고 다른 하나는 사각형단면의 핀이다. 대류열전달계수가 50 W/m^2 · °C일 때 일정한 열전달에 대하여 어느 핀의 무게가 더 작은지를 선택하여라.

2-132 두께가 각각 1.0, 2.0 및 3.0 mm이고 $r_1 = 1.0$ cm이며 $r_2 = 2.0$ cm인 알루미늄으로 된 원판형 핀이 있는데 대류열전달계수는 160W/m^2 · °C이다. 6개의 1.0 mm 두께 핀, 3개의 2.0 mm 두께 핀 및 2개의 3.0mm 두께 핀의 열전달을 계산하여 비교, 검토하여라. 또한 $h = 320$ W/m^2 · °C인 경우에 대하여 이 문제를 다시 풀어라.

2-133 길이가 5 cm이고 지름이 각각 2, 5 및 10 mm인 알루미늄으로 된 원통형 핀이 평면벽에 달려 있을 때 (이러한 형태의 핀을 못형 핀(pin-fin)이라고도 한다.) 성능을 비교하고자 한다. 바탕온도는 200°C이고 주위 유체의 온도는 20°C이며 대류열전달계수가 40 W/m^2 · °C일 때 각 핀에 대한 열전달을 계산하고 핀의 지름의 변화에 따라 열전달이 어떻게 변하는가를 설명하여라.

2-134 문제 2-133의 각 못형 핀에 대하여 단위 질량의 핀에 대한 열전달을 계산하고 핀 지름의 변화에 따라 열전달이 어떻게 변하는가를 설명하여라.

2-135 길이가 1.5 cm이고 두께가 1.0 mm인 직사각형단면의 핀 주위의 열전달계수가 20 W/m^2 · °C이다. 재질이 각각 알루미늄과 마그네슘인 두 경우의 열전달률을 비교하여라.

2-136 문제 2-129에서 두 핀의 열전달이 같을 때 어느 재질의 핀이 무게가 더 가볍겠는가? 이때 두 핀의 두께는 같지만 길이는 열전달이 같게 되도록 조정하여라.

2-137 표면과 외부와의 복사열전달을 줄이기 위하여 반사코팅을 사용한 단열재료가 종종 사용된다. 어떤 단열재료가 200°C를 유지하고 있는 화로의 벽에 설치되어 있다. 화로에서의 연소를 위한 에너지비용은 $8.25/GJ이고 단열재 설치비용은 단열재 설치로 인하여 3년간 얻어진 에너지 절감 비용으로 보상하려 한다. 적절한 단열재를 표 2.1과 표 A.3을 사용하여 선정하고, 3년의 기간에 설치비를 메꿀 수 있도록 단열재의 양을 정하라. 계산에서 단열재 외부 표면은 흑체에서와 같이 복사가 이뤄지고 열손실은 식 (1.12)로 결정된다고 가정하자. 표 1.2를 대류열전달계수 선정에 이용하라. 그리고 같은 형태의 단

열재이나 반사 코팅이 $\epsilon = 0.1$인 경우에 대하여 생각하자. 복사열전달은 역시 식 (1.12)로 얻어질 수 있다. 반사단열재의 경제적인 양을 산정하라. 비반사체에 비하여 반사체를 사용했을 경우 단위 두께 또는 부피 당 비용 상승은 얼마인가? 해석과정에서 파생될 수 있는 불확실성에 대하여 논하여라.

2-138 얇은 스테인레스강 튜브가 100°C의 물에 대류열전달계수 $h = 5000 \mathrm{W/m^2 \cdot °C}$로 가열하는 장치로 사용된다. 스테인레스강의 열저항계수를 70 $\mu\Omega \cdot$ cm라고 한다면 총열전달이 10 kW가 되도록 할려면 튜브의 길이, 외부지름, 두께, 최대온도, 그리고 필요한 전압을 얼마로 하면 되는가?

2-139 두께가 얇은 원통형 또는 구형 쉘은 두께에 비해 지름이 상대적으로 충분히 클 때는 평판으로 취급할 수 있다. 평판문제로 취급할 경우 발생될 수 있는 오차를 정량적으로 나타낼 수 있는 방안에 대해 구상해보라.

2-140 압축 증기에 의해서 100°C로 유지되는 지름 2.5 cm인 강철관이 있다. 이 관은 20°C인 방 안의 공기를 데우기 위하여 관 표면에 원판형 핀을 부착하였다. 관과 핀으로부터 $h = 8.0 \mathrm{~W/m^2 \cdot °C}$의 열을 자연대류에 의하여 전달한다. 관의 단위길이당 총열손실을 계산하기 위하여 핀 두께, 핀 간격, 그리고 핀의 외부지름 등에 대하여 검토하라. 이때 강철핀의 $k = 43 \mathrm{~W/m \cdot °C}$이고 h는 모든 표면에 있어서 동일한 것으로 가정한다. 검토한 결과들에 대하여 적절한 결론을 내려라.

2-141 내부에 200°C의 증기가 흐르는 지름 5.3 cm의 관이 있다. 이 관은 큰 공장 안을 지나며 $h = 7.2 \mathrm{~W/m^2 \cdot °C}$의 자연대류에 의하여 관 표면으로부터 열을 빼앗기고 있다. 표 2.1과 표 A.3를 사용하여 관이 20°C의 실내에 노출되어 있을 때 단열재의 표면 온도를 30°C 이하로 유지할 수 있는 두 가지의 대체 단열재를 선택하여라. 만약 증기로부터의 에너지 손실이 $8.00/$10^9$ J이라면 3년의 기간에 설치비를 보상할 수 있는 단위 체적당 단열재의 비용은 얼마가 예상되는가?

단, (매년 절약되는에너지 비용) × 3 = (단열재 설치비용/단위 체적) × 체적

2-142 일반 가정의 천장에 단열재를 보강 설치함으로써 얻는 에너지 절감 효과는 3년의 기간에 그 설치비용을 보상할 수 있다고 한다. 이러한 주장에 대한 평가를 해보자. 계산을 수행하기 위하여 에어컨에 1 kW의 전력을 공급할 때 약 1.26×10^4 kJ/h의 냉방효과를 내며 전기비용은 $0.085/kWh라고 가정한다. 기존 가옥의 천장 단열재의 R값이 $7.0 \mathrm{°F \cdot ft^2 \cdot h/Btu}$일 때 R값을 15 또는 30으로 하고자 한다. 표 2-1과 표 A-3에서 두 개의 가능한 단열재를 선택하고 두 가지 R값에 대한 단열재를 사용하여 3년 내에 투자비를 거둘 수 있는 단위체적당 허용비용을 계산하라. 이 계산을 위해 '(에너지 절약비용/년) × 3 = (단위체적당 절연비용) × 체적' 공식을 이용하라. 이 과정에서 (1) 가옥 내부와 지붕과의 온도 차이 (2) 연간 에어컨 가동 시간 등을 각자 가정하자. 그리고 그 결과와 가정에 대하여 논하여라.

2-143 그림 2.10(*a*)와 같은 형상의 알루미늄 합금($k = 160 \mathrm{W/m \cdot °C}$) 핀이 있다. 벽면의 두께는 2.0 mm이고 핀은 직사각형 형상으로 되어 있다. 벽면 내부는 70°C의 일정한 온도로 유지되고 핀은 $h = 8 \mathrm{~W/m^2}$이며 온도 25°C의 자연대류 조건에 노출되어 있다. 이 핀은 알루미늄 합금으로 되어 있으며 위와 같은 조건 하에서 30 W의 열을 발산시켜야 한다. 정사각형 배열을 가정하여 이러한 냉각효과를 달성할 수 있도록 적정 핀의 숫자, 핀 간격, 정사각형의 크기 및 핀 두께 등을 정하라. 핀과 벽면에 대해서는 같은 h의 값을 적용한다고 가정한다.

2-144 위의 2-143문제를 대류열전달계수 $h = 20 \mathrm{~W/m^2 \cdot °C}$인 강제대류로 냉각하는 경우에 대하여 계산하여라.

2-145 그림 2-10(d)와 같은 핀을 생각한다. 이 핀이 대류가 무시될 수 있는 진공 공간에 놓여 있으며 단위 표면적당 복사에 의한 열손실이 다음 식과 같다.

$$q_{\text{rad}}/A = \epsilon\sigma(T^4 - T_s^4)$$

여기서 ϵ는 방사도, σ는 Stefan-Boltzmann상수이다. x에 관한 함수로 표현 되는 핀의 온도에 대한 미분방정식을 유도하여라. x는 핀 바탕으로부터의 거리이고 T_0는 바탕온도이며, 미분방정식에 대한 적합한 경계조건을 쓰라.

2-146 문제 2-145에서 두 가지의 특수한 경우를 생각해 보자. (a) 핀 끝이 단열되어 있고 복사에 의해 열손실이 생기는 경우 (b) 핀의 길이가 매우 길고 복사에 의해 열손실이 생기는 경우 이 두 가지 경우에 대한 적합한 경계조건을 써 보아라.

2-147 문제 2-145에 대해 한 가지 더 특수한 경우를 생각해 보자; 주변의 복사온 도를 무시할 수 있는 경우이다. 즉,

$$T_s^4 \ll T^4$$

이러할 때 단순화된 미분방정식을 써보아라.

참고문헌

1. Schneider, P.J., "*Conduction Heat Transfer*," Addison-Wesley Publishing Company, Inc., Reading, Mass., 1955.
2. Harper, W.B., and D.R. Brown: Mathematical Equations for Heat Conduction in the Fins of Air-cooled Engines, *NACA Rep*. 158, 1922.
3. Gardner. K.A.: Efficiency of Extended Surfaces, *Trans. ASME*. vol. 67. pp. 621-631, 1945.
4. Moore, C.J,.: Heat Transfer across Surfaces in Contact: Studies of Transients in One-dimensional Composite Systems. *Southern Methodist Univ., Thermal/Fluid Sci. Ctr. Res. Rep*. 67-2, Dallas, Tex., March 1967.
5. Ybarrondo, L.J., and J.E. Sunderland: Heat Transfer from Extended Surfaces, *Bull. Mech. Eng. Educ*., vol. 5. pp. 229-234. 1966.
6. Moore, C.J., Jr., H.A. Blum, and H. Atkins: Subject Classification Bibliography for Thermal Contact Resistance Studies, *ASME Pap*. 68-WA/HT-18. December 1968.
7. Clausing, A.M.,: Transfer at the Interface of Dissimilar Metals: The Influence of Thermal Strain. *Int. J. Heat Mass Transfer*, vol. 9. p. 791. 1966.
8. Kern, D.Q., and A.D. Kraus: "*Extended Surface Heat Transfer*," McGraw-Hill Book Company, New York, 1972.
9. Siegel, R., and J.R. Howell: "*Thermal Radiation Heat Transfer*.:" 2ded., McGraw-Hill Book Company, New York, 1980.
10. Fried E.: Thermal Conduction Contribution to Heat Transfer at Contacts." *Thermal Conductivity*." (R.P. Tye. ed.) vol. 2, Academic Press. Inc., New York, 1969.
11. Fletcher, L.S.: Recent Developments in Contact Conductance Heat Transfer, *J. Heat Transfer*, vol. 110, no. 4(B), p. 1059. Nov. 1988.
12. James, T. B., and W. P. Goss. *Heat Transmission Coefficients for Walls, Roofs, Ceilings, and Floors*. Altanta: American Society of Heating, Refrigeration, and Air-Conditioning Engineers, 1993.

Chapter 03

정상상태의 전도-2차원

3-1 서론

2장에서는 온도구배와 단면적을 하나의 공간좌표로 나타낼 수 있는 계의 정상상태의 열전달에 대해 공부하였다. 이제 좀더 일반적인 경우인 2차원의 열전달에 대해서 공부한다. 열전도계수를 상수라고 가정한다면 2차원의 정상상태의 열전도는 다음과 같은 Laplace 방정식으로 나타낼 수 있다.

$$\frac{\partial^2 T}{\partial x^2} + \frac{\partial^2 T}{\partial y^2} = 0 \tag{3.1}$$

이 방정식의 풀이는 해석적, 수치적 또는 도표적(graphical) 방법으로 구할 수 있다.

열전도해석의 목적은 어떠한 주어진 열의 흐름으로부터 생기는 다른 열의 흐름이나 온도를 예측하는 데 있다. 식 (3.1)의 풀이는 2차원물체의 온도를 2개의 독립좌표인 x와 y의 양수로 주어질 것이다. 이때 x와 y방향에서의 열흐름은 다음과 같은 Fourier 방정식으로부터 계산될 수 있다.

$$q_x = -kA_x \frac{\partial T}{\partial x} \tag{3.2}$$

$$q_y = -kA_y \frac{\partial T}{\partial y} \tag{3.3}$$

이들 열의 흐름은 각 x와 y방향으로 향하며 물체 내의 임의의 점에서의 총 열흐름은 그 점에서의 q_x와 q_y의 합으로 구할 수 있다. 총 열흐름을 나타내는 벡터는 그림 3.1과 같이 물질 내의 등온선에 수직한 방향으로 향한다. 따라서, 만약 물질 내의 온도분포를 알고 있으면 열흐름은 쉽게 구할 수 있다.

3-2 2차원 열전도의 수학적 해석

우선 2차원 문제를 해석적으로 취급한 후에 수치적 및 도표적 방법을 살펴보자. 여기에서 한 가지 언급해 두고자 하는 것은 해석적 방법이란 모든 경우에 있어서 항상 가능한 것이 아니고 때로는 대단히 복잡하고 어렵다는 것이다. 열전도 문제의 보다 광범위한 연구를 위해서는 Carslaw와 Jaeger [1], Schneider [2], Arpaci [13], Ozisik [12]의 저서를 참고하기 바란다.

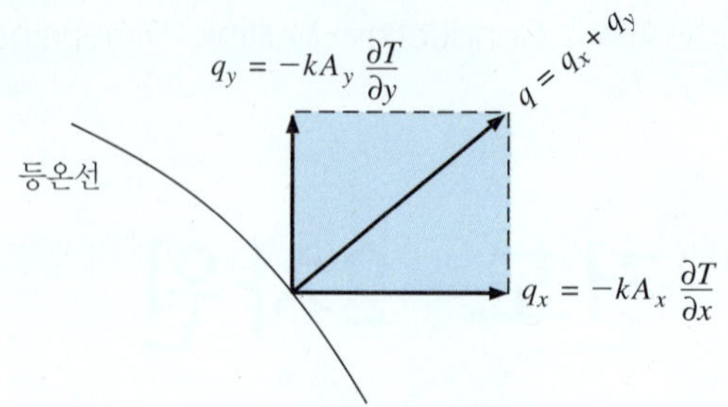

[그림 3.1] 2차원 열흐름

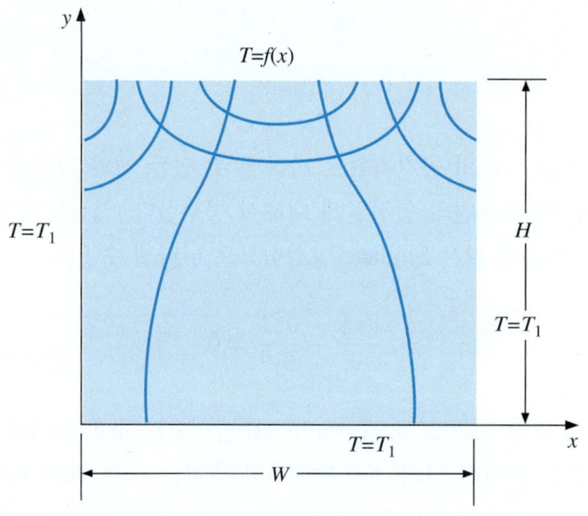

[그림 3.2] 직사각형평판에서 등온선과 열유선

그림 3.2와 같이 직사각평판을 생각하자. 평판의 세 면에서 온도는 T_1으로 유지되고 윗면의 온도분포가 x의 함수로 주어져 있다고 하자. 이때 윗면에서의 온도분포는 상수일 수도 있고 또는 사인파(sine wave)와 같은 좀더 복잡한 함수일 수도 있는데 이 두 경우에 대해서 모두 생각해 보기로 하자.

식 (3.1)을 풀기 위하여 변수분리법(separation of variable method)을 사용하자. 이 방법의 핵심은 미분방정식의 풀이가 다음과 같은 두 개의 풀이의 곱이라고 가정하는 데 있다.

$$T = XY \tag{3.4}$$

여기서 $X = X(x)$이고 $Y = Y(y)$이다. X 및 Y 함수를 구하자면 경계조건을 적용시켜야 한다. 풀이를 식 (3.4)와 같이 가정하는 것은 이러한 풀이가 경계조건을 만족할 때에만 합리화되기 때문이다.

평판의 윗면의 온도분포가 사인파인 경우부터 생각하자. 즉,

$$\begin{aligned} &y = 0\text{에서} \quad T = T_1 \\ &x = 0\text{에서} \quad T = T_1 \\ &x = W\text{에서} \quad T = T_1 \\ &y = H\text{에서} \quad T = T_m \sin\left(\frac{\pi x}{W}\right) + T_1 \end{aligned} \tag{3.5}$$

여기서 T_m은 사인함수의 진폭이다. 식 (3.4)를 식 (3.1)에 대입하면

$$-\frac{1}{X}\frac{d^2X}{dx^2}=\frac{1}{Y}\frac{d^2Y}{dy^2} \tag{3.6}$$

x와 y가 각각 독립변수이기 때문에 식 (3.6)의 양변은 서로 독립적임을 알 수 있다. 따라서 양변의 각 항은 상수로 놓을 수 있다. 이와 같이 해서 다음과 같은 2개의 상미분방정식을 얻을 수 있다.

$$\frac{d^2X}{dx^2}+\lambda^2X=0 \tag{3.7}$$

$$\frac{d^2Y}{dy^2}-\lambda^2Y=0 \tag{3.8}$$

여기서 λ^2을 **분리상수**라 하고 그 값은 경계조건을 이용하여 구할 수 있다. 식 (3.7)과 (3.8)의 풀이의 모양은 λ^2의 부호에 따라 다를 것이며 또한 λ^2이 0일 때도 다른 형태의 풀이를 갖는다는 것에 유의하라. λ^2의 정확한 표현은 경계조건을 적용하여 구할 수 있다. 우선 모든 가능한 형태의 풀이를 기술한 뒤에 어느 것이 이 문제에서 적합한가를 살펴보자.

$\lambda^2=0$인 경우

$$\begin{aligned}X&=C_1+C_2x\\Y&=C_3+C_4y\\T&=(C_1+C_2x)(C_3+C_4y)\end{aligned} \tag{3.9}$$

이 함수는 사인함수의 경계조건을 만족시킬 수 없음을 알 수 있다. 따라서 $\lambda^2=0$인 경우는 제외되어야 한다.

$\lambda^2<0$인 경우

$$\begin{aligned}X&=C_5e^{-\lambda x}+C_6e^{\lambda x}\\Y&=C_7\cos\lambda y+C_8\sin\lambda y\\T&=(C_5e^{-\lambda x}+C_6e^{\lambda x})(C_7\cos\lambda y+C_8\sin\lambda y)\end{aligned} \tag{3.10}$$

이 경우도 역시 사인함수의 경계조건을 만족시킬 수 없기 때문에 제외하여야 한다.

$\lambda^2>0$인 경우

$$\begin{aligned}X&=C_9\cos\lambda x+C_{10}\sin\lambda x\\Y&=C_{11}e^{-\lambda y}+C_{12}e^{\lambda y}\\T&=(C_9\cos\lambda x+C_{10}\sin\lambda x)(C_{11}e^{-\lambda y}+C_{12}e^{\lambda y})\end{aligned} \tag{3.11}$$

이 경우에는 사인함수의 경계조건을 만족할 수 있다. 따라서 다른 경계조건들을 만족시켜 보기로 하자. T 대신에 다음과 같이 정의되는 θ를 이용하면 문제를 풀기가 훨씬 간단해진다.

$$\theta=T-T_1$$

이때 미분방정식과 풀이는 새로운 변수 θ에 대해서 동일한 형태로 남게 되고 경계조건만 θ에 대해서 변환하면 된다. 즉,

$$\begin{aligned} \theta &= 0 && \text{at } y = 0 \\ \theta &= 0 && \text{at } x = 0 \\ \theta &= 0 && \text{at } x = W \\ \theta &= T_m \sin\frac{\pi x}{W} && \text{at } y = H \end{aligned} \tag{3.12}$$

이들 조건을 적용하면

$$0 = (C_9 \cos\lambda x + C_{10} \sin\lambda x)(C_{11} + C_{12}) \tag{a}$$

$$0 = C_9 (C_{11} e^{-\lambda y} + C_{12} e^{\lambda y}) \tag{b}$$

$$0 = (C_9 \cos\lambda W + C_{10} \sin\lambda W)(C_{11} e^{-\lambda y} + C_{12} e^{\lambda y} \tag{c}$$

$$T_m \sin\frac{\pi x}{W} = (C_9 \cos\lambda x + C_{10} \sin\lambda x)(C_{11} e^{-\lambda H} + C_{12} e^{\lambda H}) \tag{d}$$

따라서

$$\begin{aligned} C_{11} &= -C_{12} && [\text{식 } (a)\text{로부터}] \\ C_9 &= 0 && [\text{식 } (b)\text{로부터}] \end{aligned}$$

식 (c)로부터,

$$0 = C_{10} C_{12} \sin\lambda W (e^{\lambda y} - e^{-\lambda y})$$

위 식을 만족시키기 위하여 다음 관계가 성립해야 한다.

$$\sin\lambda W = 0 \tag{3.13}$$

식 (3.13)이 성립되기 위해서는 λ가 다음과 같은 값을 가져야 한다.

$$\lambda = \frac{n\pi}{W} \tag{3.14}$$

위 식에서 n은 정수이다. 따라서 미분방정식의 풀이는 각각의 n 값에 대한 풀이의 합이라고 볼 수 있으며 다음과 같은 무한급수가 된다.

$$\theta = T - T_1 = \sum_{n=1}^{\infty} C_n \sin\frac{n\pi x}{W} \sinh\frac{n\pi y}{W} \tag{3.15}$$

식 (3.15)에서 보는 바와 같이 지수항은 쌍곡선함수로 바뀌게 되었다. 식 (3.15)에 마지막 경계조건을 대입하면

$$T_m \sin\frac{\pi x}{W} = \sum_{n=1}^{\infty} C_n \sin\frac{n\pi x}{W} \sinh\frac{n\pi H}{W}$$

위 식에서 $n > 1$에 대하여 $C_n = 0$이다. 그러므로 최종적인 해는 다음과 같이 된다.

$$T = T_m \frac{\sinh(\pi y/W)}{\sinh(\pi H/W)} \sin\left(\frac{\pi x}{W}\right) + T_1 \tag{3.16}$$

이 문제의 등온선은 그림 3.2에 표시한 바와 같다. 이 그림에서 보는 바와 같이 등온선과 열유선(heat-flow line)은 서로 직교함을 유의하라.이제 다음과 같은 경계조건을 생각해 보자.

$$\begin{aligned} &y = 0\text{에서} && T = T_1 \\ &x = 0\text{에서} && T = T_1 \\ &x = W\text{에서} && T = T_1 \\ &y = H\text{에서} && T = T_2 \end{aligned}$$

처음 3개의 경계조건을 이용하면 식 (3.15)와 같은 풀이를 얻는다.

$$T - T_1 = \sum_{n=1}^{\infty} C_n \sin\frac{n\pi x}{W} \sinh\frac{n\pi y}{W} \tag{3.17}$$

네 번째 경계조건을 적용하면

$$T_2 - T_1 = \sum_{n=1}^{\infty} C_n \sin\frac{n\pi x}{W} \sinh\frac{n\pi H}{W} \tag{3.18}$$

이것은 Fourier 사인급수(Fourier sine Series)이고 상수 C_n은 온도차 $T_2 - T_1$을 $0 < x < W$의 범위에서 Fourier 급수로 전개하면 구할 수 있다. 이와 같이 하면

$$T_2 - T_1 = (T_2 - T_1)\frac{2}{\pi} \sum_{n=1}^{\infty} \frac{(-1)^{n+1} + 1}{n} \sin\frac{n\pi x}{W} \tag{3.19}$$

식 (3.18)과 (3.19)를 비교하면

$$C_n = \frac{2}{\pi}(T_2 - T_1)\frac{1}{\sinh(n\pi H/W)} \frac{(-1)^{n+1} + 1}{n}$$

따라서 문제의 해답은 다음과 같이 된다.

$$\frac{T - T_1}{T_2 - T_1} = \frac{2}{\pi} \sum_{n=1}^{\infty} \frac{(-1)^{n+1} + 1}{n} \sin\frac{n\pi x}{W} \frac{\sinh(n\pi y/W)}{\sinh(n\pi H/W)} \tag{3.20}$$

전도열전달의 해석적방법을 광범위하게 연구하자면 Fourier 급수와 직교함수이론에 대한 기초가 있어야 하며 기하학적형태 및 경계조건에 따라서는 Bessel 함수 및 기타 특수함수를 사용하여야 한다. 이 분야에 더욱 흥미가 있는 학생은 이 장의 끝에 실린 전도열전달에 관한 책들을 참고하기 바란다.

3-3 도표적 해석

그림 3.3과 같은 2차원계에서 내부표면의 온도가 T_1이고 외부표면의 온도가 T_2일 때 열전달을 계산하고자 한다. 열전달을 계산하기 위하여 이 그림에 등온선과 열유선(heat-flow line)을 그려 두었는데 이들은 서로 직교하며 그림 3.3(*b*)와 같은 곡선망(curvilinear square)을 형성한다. 이 곡선망의 단위깊이에 대한 열의 흐름은 Fourier의 법칙에 의해서 다음과 같이 표시할 수 있다.

$$q = -k\,\Delta x(1)\frac{\Delta T}{\Delta y} \tag{3.21}$$

이 열흐름은 열이 흐르는 통로(heat-flow lane) 안에 있는 각 곡선망에 대해서 동일할 것이며 전체적인 열흐름은 모든 통로에 대한 열흐름의 총합과 같을 것이다. 만약 그림을 $\Delta x \cong \Delta y$가 되게 그렸다면 열흐름은 요소를 통한 온도차 ΔT에 비례하고, 흐르는 열량이 일정하기 때문에 열이 흐르는 동일한 통로 안에서 각 요소에서의 온도차 ΔT는 동일하여야 한다. 따라서 한 요소에서의 온도차 ΔT는 다음과 같다.

$$\Delta T = \frac{\Delta T_{\text{전체}}}{N}$$

여기서 N은 내부 및 외부표면 사이의 온도증분(temperature increment)의 수이다. 더욱이 Δx와 Δy를 같게 했을 때 각 통로를 통하여 흐르는 열량은 Δx와 Δy의 크기와 무관하므로 동일하다. 그러므로 전체적인 열전달은

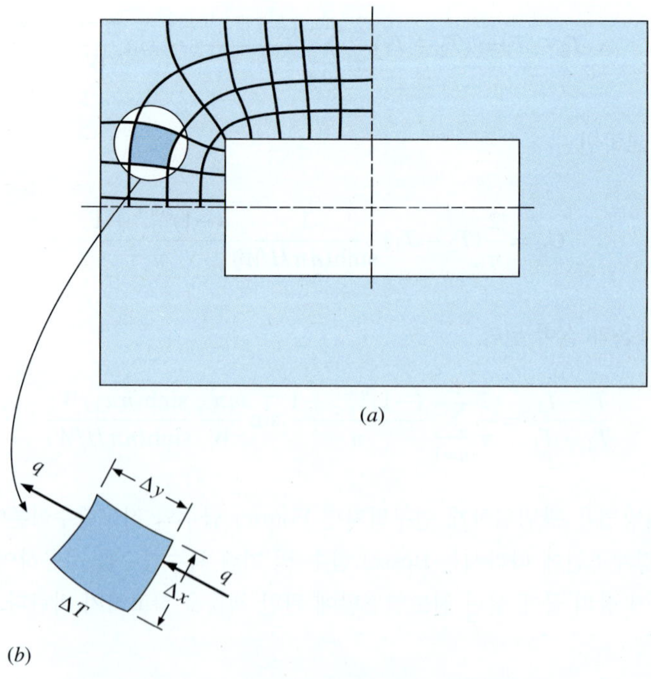

[그림 3.3] 2차원 열흐름에 대한 곡선망 해석

$$q = \frac{M}{N} k\, \Delta T_{\text{overall}} = \frac{M}{N} k(T_2 - T_1) \tag{3.22}$$

여기서 M은 열이 흐르는 통로의 수이다. 따라서 열전달을 계산하기 위해서는 이들 곡선망을 만들어 온도증분과 열이 흐르는 통로의 수를 세어 보면 된다. 이때 주의할 점은 $\Delta x \approx \Delta y$가 되도록 하여야 하고 등온선과 열유선이 직교하여야 한다는 것이다. 그림 3.3(a)에 보인 모퉁이 부분에 대해서 살펴본다면 내부와 외부 표면 사이의 온도증분의 수는 $N = 4$이고 열의 흐르는 통로수는 $M = 8.2$이다. 그림에서는 전체 단면의 4분의 1만 보였으므로 전체 열흐름 통로수는 $4 \times 8.2 = 32.8$이다. 따라서 전체 단면에 대한 M/N 값은 $32.8/4 = 8.2$이고 이 값을 **전도형태계수**(*conduction shape factor*)라 부른다.도표적방법의 정확성은 곡선망을 그리는 기술에 달려 있다. 그러나 대략적으로 그린 곡선망이라 할지라도 물체 내의 대략적인 온도분포를 구하기 위해서는 충분하다. 곡선망을 그리는 데는 전기적 유사성이 적용될 수 있는데 이것은 3.9절에서 논의하기로 하겠다.이 절에서 설명한 도표법은 주로 등온선과 열유선 사이의 관계를 보여주기 위한 것이고 실제문제를 해결하는 데에는 별로 사용되지 않는다.

3-4 전도형태계수

앞 절에서 논의한 바와 같이 2차원계에서 단지 2개의 온도(T_1 및 T_2) 만이 고려되는 경우에는 다음과 같은 전도형태계수 S를 정의할 수 있다.

$$q = kS\Delta T_{\text{전체}} \tag{3.23}$$

여러 형태에 대한 S의 값들이 표 3.1에 수록되어 있고 또한 많은 종류의 형태에 대한 형태계수값이 Rohsenow [15], Hahne과 Grigull [17]에 요약되어 있다.역쌍곡 cosine 함수는 다음 식으로부터 계산한다.

$$\cosh^{-1} x = \ln(x \pm \sqrt{x^2 - 1})$$

노(furnace)내부의 문제와 같이 3차원벽의 가장자리(edge)와 모퉁이(corner)를 통한 열전달을 계산하고자 할 때는 다른 형태계수를 사용하여야 한다. 모든 내부차원이 벽의 두께의 1/5 보다 클 때

$$S_{\text{벽}} = \frac{A}{L} \qquad S_{\text{가장자리}} = 0.54D \qquad S_{\text{모퉁이}} = 0.15L$$

여기서

A = 벽의 단면적
L = 벽의 두께
D = 가장자리의 길이

이들 차원은 그림 3.4에 표시되어 있다. 곡선망방법을 사용할 때 단위깊이당의 형태계수는 M/N임을 명심하여라.

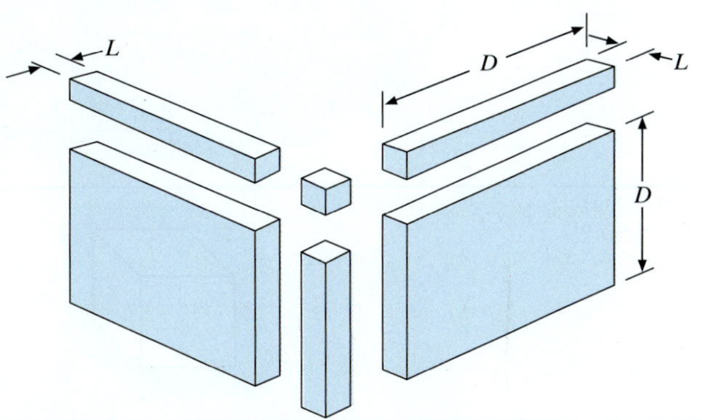

[그림 3.4] 3차원 형태계수의 계산에서 사용하는 기호

[표 3.1] 전도형태계수(참고문헌 [6], [7]에서 요약)

물리적 계	개략도	형태계수	적용한계
반지름 r의 등온표면원통 반무한매질 안에 묻혀 있음	등온선, D, r, L	$\frac{2\pi L}{\cosh^{-1}(D/r)}$	$L \gg r$
		$\frac{2\pi L}{\ln(D/r)}$	$L \gg r$ $D > 3r$
반지름 r의 등온구 무한매질 안에 묻혀 있음	 r	$4\pi r$	
반지름 r의 등온표면구 반무한매질 안에 묻혀 있음 $\Delta T = T_{surf} - T_{far\ field}$	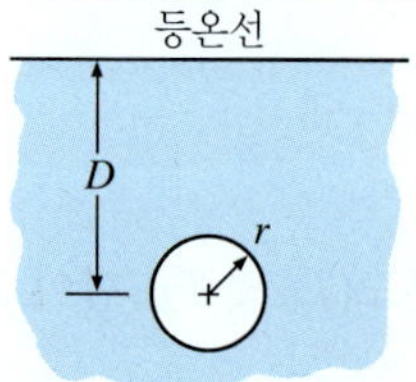 등온선, D, r	$\frac{4\pi r}{1 - r/2D}$	
길이가 L인 2개의 등온원통간의 전도 무한매질 안에 묻혀 있음	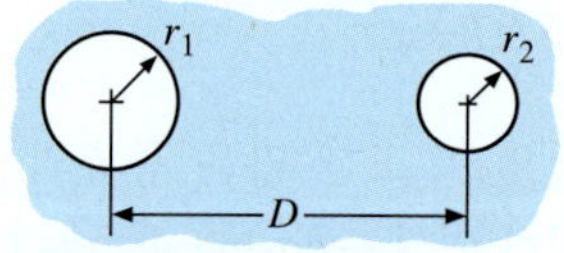 r_1, r_2, D	$\frac{2\pi L}{\cosh^{-1}\left(\frac{D^2 - r_1^2 - r_2^2}{2r_1 r_2}\right)}$	$L \gg r$ $L \gg D$
등온표면의 반무한매질 안에 묻혀 있는 길이가 L인 수평원통들	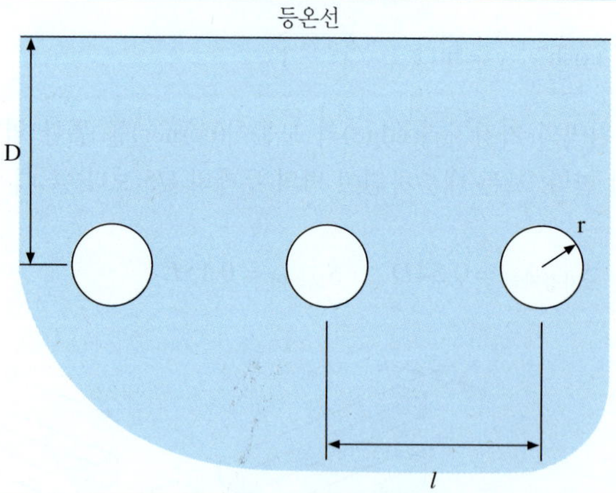 등온선, D, r, l	$S = \frac{2\pi L}{\ln\left[\left(\frac{1}{\pi r}\right)\sinh(2\pi D/l)\right]}$	$D > 2r$
무한매질 안에 묻혀있는 한변의 길이가 L인 정육면체	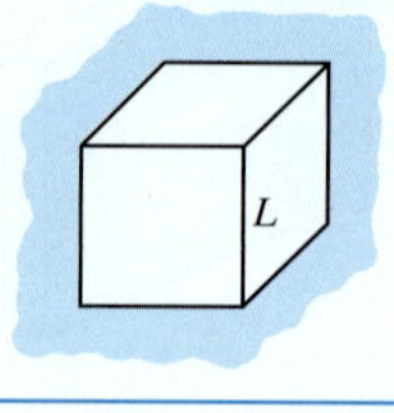 L	$8.24L$	

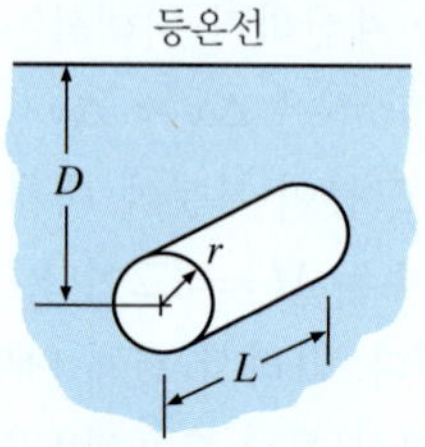

(계속)

[표 3.1] (계속)

물리적 계	개략도	형태계수	적용한계
반지름 r의 등온원통 반무한매질 안에 위치함	등온선, L, $2r$	$\frac{2\pi L}{\ln(2L/r)}$	$L \gg 2r$
등온표면을 가진 등온의 직육면체 반무한매질 안에 묻혀있음	등온선, b, c, a, L	$1.685L\left[\log\left(1+\frac{b}{a}\right)\right]^{-0.59}\left(\frac{b}{c}\right)^{-0.078}$	참고문헌 7을 보라
평판벽	A, L	$\frac{A}{L}$	1차원 열흐름
길이가 L인 가운데가 빈 구	r_i, r_o	$\frac{2\pi L}{\ln(r_o/r_i)}$	$L \gg r$
가운데가 빈 구	r_i, r_o	$\frac{4\pi r_o r_i}{r_o - r_i}$	
등온표면을 가진 얇은 수평원판 반무한매질에 묻혀있음	등온선, $2r$, D	$4r$ $8r$ $\frac{4\pi r}{\pi/2 - \tan^{-1}(r/2D)}$	$D=0$ $D \gg 2r$ $D/2r > 1$ $\tan^{-1}(r/2D)$ in radians
반구 무한매질에 묻혀있음 $\Delta T = T_{구} - T_{멀리떨어진\ 곳}$	등온선, r	$2\pi r$	
단열표면을 가진 등온구 반무한매질에 묻혀있음	단열, D, T_∞, r	$\frac{4\pi r}{1 + r/2D}$	
2개의 등온구 무한매질에 묻혀있음	r_1, r_2, D	$\frac{4\pi r_2}{\frac{r_2}{r_1}\left[1 - \frac{(r_1/D)^4}{1-(r_2/D)^2}\right] - \frac{2r_2}{D}}$	$D > 5r_{max}$

(계속)

[표 3.1] (계속)

물리적 계	개략도	형태계수	적용한계
등온표면을 가진 길이가 L인 얇은 직사각형평판 반무한매질에 묻혀있음	등온선, D, L, W	$\dfrac{\pi W}{\ln(4W/L)}$	$D=0$ $W>L$
		$\dfrac{2\pi W}{\ln(4W/L)}$	$D \gg W$ $W>L$
		$\dfrac{2\pi W}{\ln(2\pi D/L)}$	$W \gg L$ $D>2W$
평행한 원판 무한매질에 묻혀있음	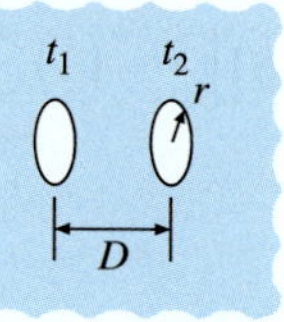 t_1, t_2, r, D	$\dfrac{4\pi r}{\left[\frac{\pi}{2}-\tan^{-1}(r/D)\right]}$	$D>5r$ $\tan^{-1}(r/D)$ in radians
길이가 L인 평판원통	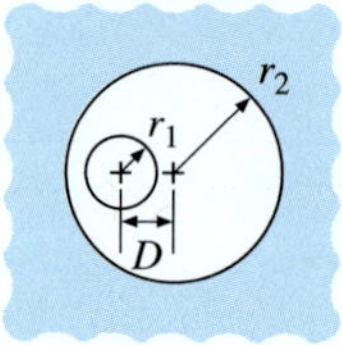 r_1, r_2, D	$\dfrac{2\pi L}{\cosh^{-1}\left(\dfrac{r_1^2+r_2^2-D^2}{2r_1r_2}\right)}$	$L \gg r_2$
길이가 L인 정사각형 기둥 내에 중심이 위치한 원통	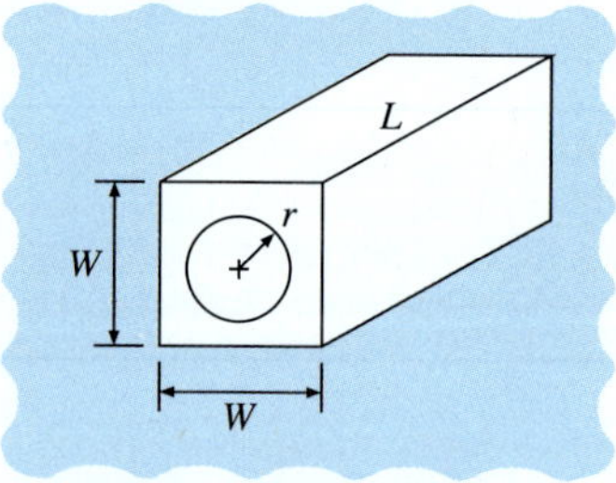 L, r, W, W	$\dfrac{2\pi L}{\ln(0.54\,W/r)}$	$L \gg W$
무한평판의 중심면에 위치한 길이가 L인 수평원통	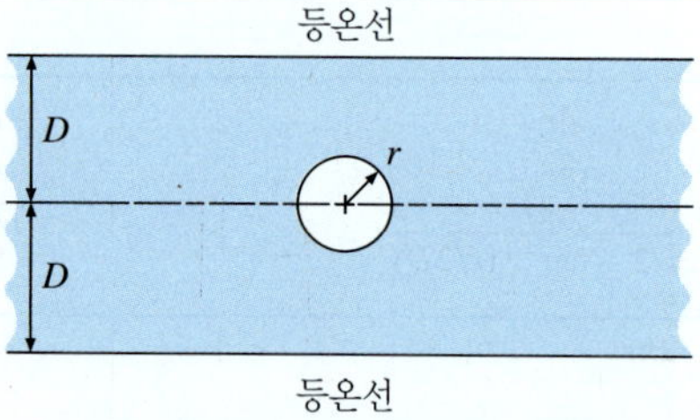 등온선, D, r, D, 등온선	$\dfrac{2\pi L}{\ln(4D/r)}$	
단열표면의 반무한매질 안에 묻혀있는 수평원판 $\Delta T = T_{\text{원판}} - T_{\text{멀리 떨어진 곳}}$	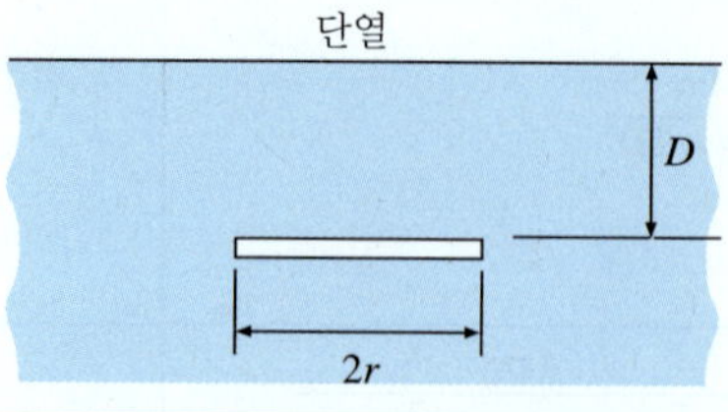 단열, D, $2r$	$\dfrac{4\pi r}{\pi/2+\tan^{-1}(r/2D)}$	$D/2r>1$ $\tan^{-1}(r/2D)$ in radians

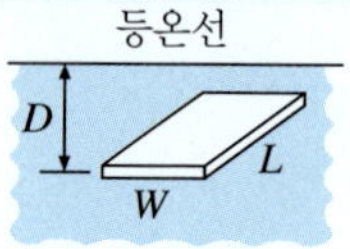

Note: 매질 속에 있는 물질에 대해서 ΔT는 물체의 온도와 멀리 떨어져 있는 곳의 온도의 차이이고 반무한매질에서 멀리 떨어져 있는 곳의 온도는 등온선의 온도로 한다.

예제 3-1 매질 속에 묻혀 있는 관

지름이 15 cm이고 길이가 4 m인 관이 지하 20 cm 깊이에 수평으로 묻혀 있다. 관의 벽온도는 75°C이고 지면온도는 5°C이다. 땅의 열전도계수를 0.8 W/m · °C라고 가정하고 관에서의 열손실을 계산하여라.

■ 풀이

이 경우에 형태계수는 표 3-1에 주어진 방정식을 이용하여 계산할 수 있다. $D < 3r$이기 때문에

$$S = \frac{2\pi L}{\cosh^{-1}(D/r)} = \frac{2\pi(4)}{\cosh^{-1}(20/7.5)} = 15.35 \text{ m}$$

따라서 열전달은

$$q = kS\Delta T = (0.8)(15.35)(75 - 5) = 859.6 \text{ W} \quad [2933 \text{ Btu/h}]$$

예제 3-2 정육면체의 노

50 × 50 × 50 cm의 조그마한 정육면체의 노(furnace)의 내부가 10 cm 두께의 내화벽돌($k = 1.04$ W/m · °C)로 만들어졌다. 노의 내부는 500°C로 유지되고 외부는 50°C로 유지될 때 벽을 통한 열손실을 계산하여라.

■ 풀이

벽의 가장자리 및 모퉁이에 대한 형태계수를 합해서 총 형태계수를 구할 수 있다.

벽: $$S = \frac{A}{L} = \frac{(0.5)(0.5)}{0.1} = 2.5 \text{ m}$$

가장자리: $$S = 0.54D = (0.54)(0.5) = 0.27 \text{ m}$$

모퉁이: $$S = 0.15L = (0.15)(0.1) = 0.015 \text{ m}$$

정육면체의 노에는 6개의 벽과 12개의 가장자리 그리고 8개의 모퉁이가 있기 때문에 총 형태계수는

$$S = (6)(2.5) + (12)(0.27) + (8)(0.015) = 18.36 \text{ m}$$

따라서 열전달은

$$q = kS\Delta T = (1.04)(18.36)(500 - 50) = 8.592 \text{ kW} \ [29.320 \text{ Btu/h}]$$

예제 3-3 매질 속에 묻혀 있는 원판

지름이 30 cm이고 온도가 95°C인 원판이 표면온도가 20°C이고 열전도계수가 2.1 W/m · °C인 반무한체의 표면으로부터 1.0 m 깊이에 묻혀 있을 때 원판으로부터의 열손실을 구하여라.

■ 풀이

이 문제는 $q = kS\Delta T$로 표현되는 전도형태계수의 문제이다. 표 3-1에서 등온표면을 가진 반무한 매질 속에 원판이 묻혀 있는 경우 S에 관하여 세 가지 경우가 있다. $D \neq 0$ 이고 $2r$에 비하여 크지 않기 때문에 $D/2r > 1.0$인 경우라 할 수 있다.

$$S = \frac{4\pi r}{[\pi/2 - \tan^{-1}(r/2D)]}$$

이 경우 단열표면의 경우와 비교하여 분모의 기호가 '−'인 것이 다르다. $r = 0.15$ m 및 $D = 1.0$ m를 대입하면 다음과 같이 된다.

$$S = \frac{4\pi(0.15)}{[\pi/2 - \tan^{-1}(0.15/2)]} = \frac{4\pi(0.15)}{[\pi/2 - 0.07486]} = 1.26 \text{ m}$$

매질 속에 묻힌 물체에 대하여 $\Delta T = T_{물체} - T_{멀리\ 떨어진\ 곳}$ 이고 멀리 떨어진 곳의 온도는 등온표면온도로 생각할 수 있기 때문에 원판으로부터의 열손실은 다음과 같다.

$$q = kS\Delta T = (2.1)(1.26)(95 - 20) = 198.45 \text{ W}$$

예제 3-4 매질 속에 평행하게 묻혀 있는 두 원판

지름이 각각 50 cm인 두 평행원판이 $k = 2.4$ W/m · °C인 매질 속에 1.5 m 거리를 두고 묻혀 있다. 두 원판의 온도가 각각 80°C 및 20°C일 때 원판 사이의 열전달을 구하여라.

■ 풀이

전도형태계수에 관한 문제로 $q = kS\Delta T$에서 구할 수 있고 S는 표 3.1로부터 $D > 5r$의 경우 다음 식에서 계산할 수 있다.

$$D > 5r\text{일 때} \qquad S = \frac{4\pi r}{[\pi/2 - \tan^{-1}(r/D)]}$$

$r = 0.5$ m 및 $D = 1.5$ m를 대입하면 아래와 같이 된다.

$$S = \frac{4\pi(0.25)}{[\pi/2 - \tan^{-1}(0.25/1.5)]} = \frac{4\pi(0.25)}{[\pi/2 - 0.1651]} = 2.235$$

$$q = kS\,\Delta T = (2.3)(2.235)(80 - 20) = 308.4 \text{ W}$$

3-5 수치적 방법

전도열전달 문제에 대한 수많은 해석적인 풀이가 지난 100여 년 간에 걸쳐 얻어졌음에도 불구하고 실제로 아직도 어떤 형태나 경계조건에 대해서는 해석적인 풀이를 구할 수 없는 경우가 많으며 비록 풀이를 구할 수 있다 하더라고 복잡한 급수로 표시된다든가 또는 수치를 구하기가 극히 어려운 경우가 많다. 이러한 경우에 가장 효과적인 방법은 이 절에서 논의할 유한차분법(finite-difference technique)이다.그림 3.5에서와 같이 x와 y방향으로 동일한 증분(increment)으로 나눈 2차원 물체를 생각해 보자. 절점(nodal points)을 나타내는 기호로 x 증분은 m으로, y 증분은 n으로 표시하였다. 식 (3.1)을 기본공식으로 사용하여 물체 내의 각 절점에서의 온도를 구하고자

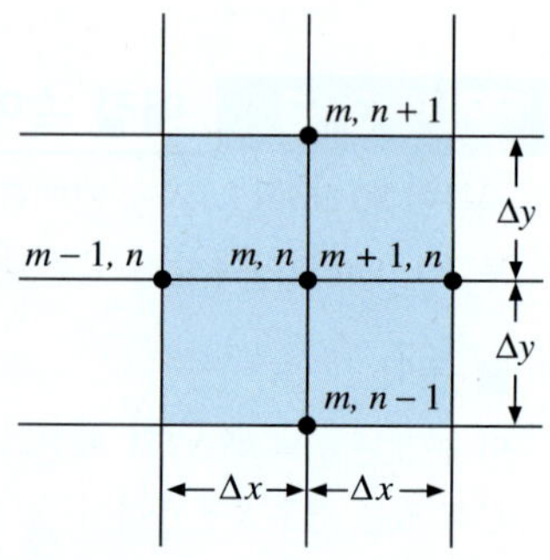

[그림 3.5] 2차원 열전도의 수치해석에 사용되는 기호

한다. 온도와 거리의 미소증분의 대략값으로써 유한차분(finite difference)을 사용한다. 따라서, 증분의 값이 작을수록 대략적인 온도분포는 더욱 정확한 값에 가까워질 것이다. 온도구배는 다음과 같이 쓸 수 있다.

$$\left.\frac{\partial T}{\partial x}\right]_{m+1/2,n} \approx \frac{T_{m+1,n}-T_{m,n}}{\Delta x}$$

$$\left.\frac{\partial T}{\partial x}\right]_{m-1/2,n} \approx \frac{T_{m,n}-T_{m-1,n}}{\Delta x}$$

$$\left.\frac{\partial T}{\partial y}\right]_{m,n+1/2} \approx \frac{T_{m,n+1}-T_{m,n}}{\Delta y}$$

$$\left.\frac{\partial T}{\partial y}\right]_{m,n-1/2} \approx \frac{T_{m,n}-T_{m,n-1}}{\Delta y}$$

$$\left.\frac{\partial^2 T}{\partial x^2}\right]_{m,n} \approx \frac{\left.\frac{\partial T}{\partial x}\right]_{m+1/2,n} - \left.\frac{\partial T}{\partial x}\right]_{m-1/2,n}}{\Delta x} = \frac{T_{m+1,n}+T_{m-1,n}-2T_{m,n}}{(\Delta x)^2}$$

$$\left.\frac{\partial^2 T}{\partial y^2}\right]_{m,n} \approx \frac{\left.\frac{\partial T}{\partial y}\right]_{m,n+1/2} - \left.\frac{\partial T}{\partial y}\right]_{m,n-1/2}}{\Delta y} = \frac{T_{m,n+1}+T_{m,n-1}-2T_{m,n}}{(\Delta y)^2}$$

그러므로, 식 (3.1)에 대한 유한차분근사식은 다음과 같다.

$$\frac{T_{m+1,n}+T_{m-1,n}-2T_{m,n}}{(\Delta x)^2} + \frac{T_{m,n+1}+T_{m,n-1}-2T_{m,n}}{(\Delta y)^2} = 0$$

만약, $\Delta x = \Delta y$이면

$$T_{m+1,n}+T_{m-1,n}+T_{m,n+1}+T_{m,n-1}-4T_{m,n}=0 \tag{3.24}$$

여기서는 열전도계수가 상수인 경우를 생각하고 있기 때문에 열전달은 온도차의 항으로 나타낼 수 있다. 식 (3.24)는 정상상태의 조건하에서 각 절점으로 들어오는 열전달의 총합이 0임을 말해 주고 있다. 유한차분법을 쉽게 설명한다면, 온도분포는 열을 발생하지 않는 조그마한 절점들을 가상적인 열전도막대로 서로 연결하였을 때와 같다고 할 수 있다.

열원이 있는 경우의 유한차분법은 일반식에 단지 $\dot{q}/k$ 항만 더해 주면 된다.

$$\frac{T_{m+1,n}+T_{m-1,n}-2T_{m,n}}{(\Delta x)^2} + \frac{T_{m,n+1}+T_{m,n-1}-2T_{m,n}}{(\Delta y)^2} + \frac{\dot{q}}{k} = 0$$

$\Delta x = \Delta y$이면

$$T_{m+1,n}+T_{m-1,n}+T_{m,n+1}+T_{m,n-1}+\frac{\dot{q}(\Delta x)^2}{k}-4T_{m,n-1}=0 \tag{3.24a}$$

수치적 방법을 실제로 이용하기 위해서는 물체 안의 각 절점에 대해서 식 (3.24)를 세우고 각 절점에서의 온도에 대해서 이들 연립방정식을 풀어야 한다. 간단한 예가 그림 3.6에 주어졌다. 절점 1, 2, 3, 4에 대한 4개의 방정식은 다음과 같다.

$$\begin{aligned} 100+500+T_2+T_3-4T_1&=0 \\ T_1+500+100+T_4-4T_2&=0 \\ 100+T_1+T_4+100-4T_3&=0 \\ T_3+T_2+100+100-4T_4&=0 \end{aligned}$$

이 방정식의 해는 다음과 같다.

$$T_1=T_2=250°\text{C} \qquad T_3=T_4=150°\text{C}$$

물론 문제의 대칭성으로부터 $T_1=T_2$ 및 $T_3=T_4$임을 알 수 있기 때문에 위 방정식 대신에 다음과 같은 두 방정식을 풀어도 된다.

$$\begin{aligned} 100+500+T_3-3T_1&=0 \\ 100+T_1+100-3T_3&=0 \end{aligned}$$

온도 값이 일단 정해지면 열전달은 다음과 같이 계산될 수 있다.

$$q=\sum k\,\Delta x\,\frac{\Delta T}{\Delta y}$$

여기서 ΔT의 값은 경계에서의 값이다. 그림 3.6의 예제에서 열전달은 500℃의 표면에서도 계산할 수 있고 100℃의 표면에서도 계산할 수 있다. 만약 충분한 이완망(relaxation grid)이 사용되었다면 두 값은 거의 같게 될 것이고 실제로는 두 값의 대수적인 평균값을 취하는 것이 가장 좋다. 그림 3.6의 예제에서는

500℃ 표면:

$$q=-k\frac{\Delta x}{\Delta y}[(250-500)+(250-500)]=500k$$

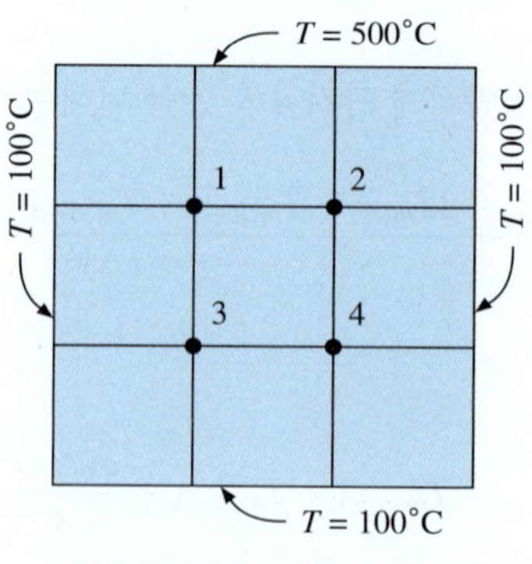

[그림 3.6] 4절점 문제

100℃ 표면:

$$q = -k\frac{\Delta y}{\Delta x}\ [(250-100)+(150-100)+(150-100)+(150-100) + (150-100)+(250-100)] = -500k$$

이상에서 보는 바와 같이 이 경우에는 두 값이 동일하다. 물체의 형태가 복잡하거나 곡선적인 경계면을 갖는 경우의 열전달계산은 참고문헌 [2], [3] 및 [15]를 참고하기 바란다.

물체가 대류경계조건에 노출되었을 때 표면의 온도는 위에서 논한 방법과 달리 계산되어야 한다. 그림 3.7과 같은 경계면을 생각하자. 절점(m, n)에서의 에너지 평형은

$$-k\,\Delta y\frac{T_{m,n}-T_{m-1,n}}{\Delta x} - k\frac{\Delta x}{2}\frac{T_{m,n}-T_{m,n+1}}{\Delta y} - k\frac{\Delta x}{2}\frac{T_{m,n}-T_{m,n-1}}{\Delta y} = h\,\Delta y(T_{m,n}-T_\infty)$$

만약, $\Delta x = \Delta y$라면 경계온도는 다음과 같은 방정식으로 표시된다.

$$T_{m,n}\left(\frac{h\,\Delta x}{k}+2\right) - \frac{h\,\Delta x}{k}T_\infty - \frac{1}{2}(2T_{m-1,n}+T_{m,n+1}+T_{m,n-1}) = 0 \qquad \textbf{(3.25)}$$

그림 3.7의 표면상에 위치한 각 절점에 대해서는 이와 같은 형태의 방정식을 써 주어야 한다. 그래서 대류경계조건이 존재할 때 경계에서는 식 (3.25)와 같은 식을 사용하고 물체 내부에서는 식 (3.24)와 같은 식을 사용하여야 한다.

식 (3.25)는 대류경계조건에 노출된 평면에만 적용될 수 있고 단열벽이라든가 또는 대류경계조건에 노출된 모퉁이(corner)와 같은 곳에는 적용될 수가 없다. 그림 3.8과 같은 모퉁이를 생각해 보자. 이때 에너지의 평형은 다음과 같이 표현된다.

$$-k\frac{\Delta y}{2}\frac{T_{m,n}-T_{m-1,n}}{\Delta x} - k\frac{\Delta x}{2}\frac{T_{m,n}-T_{m,n-1}}{\Delta y} = h\frac{\Delta x}{2}(T_{m,n}-T_\infty) + h\frac{\Delta y}{2}(T_{m,n}-T_\infty)$$

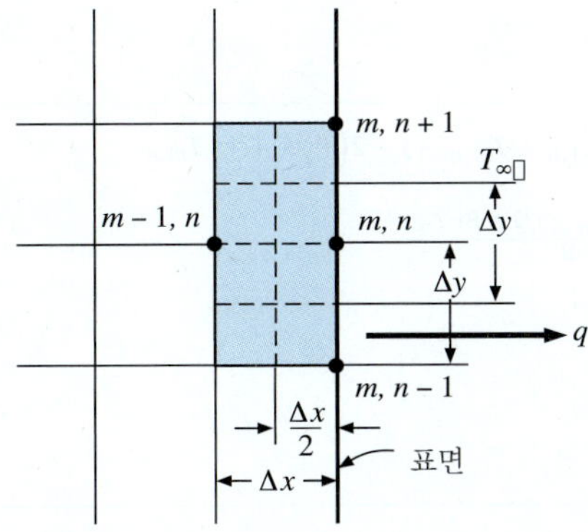

[그림 3.7] 대류경계조건에서의 절점방정식에 대한 기호

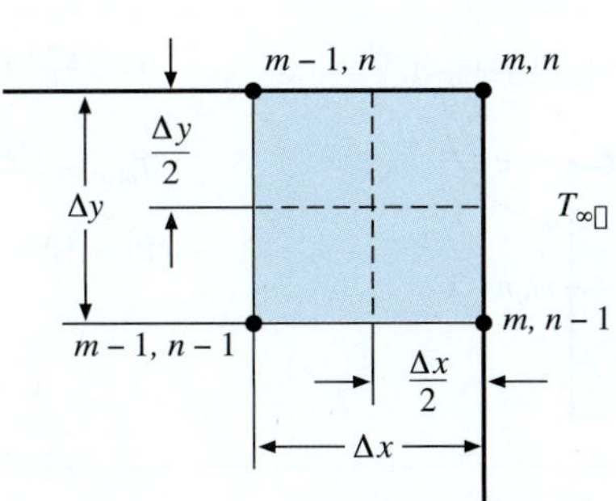

[그림 3.8] 대류경계조건에 노출된 모퉁이에서의 절점방정식에 대한 기호

만약, $\Delta x = \Delta y$라면

$$2T_{m,n}\left(\frac{h\,\Delta x}{k}+1\right)-2\frac{h\,\Delta x}{k}T_{\infty}-(T_{m-1,n}+T_{m,n-1})=0 \tag{3.26}$$

다른 경계조건에 대해서도 위와 비슷한 방법을 적용할 수 있다. 여러 가지 기하학적 형태 및 경계조건들에 대한 절점방정식이 표 3.2에 요약되어 있다. 이 표에서 (*f*)와 (*g*)는 곡선경계를 갖는 대단히 흥미로운 경우이다. 이때 Δx와 Δy는 균일한 증분을 사용하였다.

[표 3.2] 유한차분계산에 대한 절점방정식의 요약(점선은 요소의 체적을 나타낸다)유한차분계산에[†]

물리적 상태	x와 y의 증분이 동일할 때의 절점방정식 (2차 방정식의 경우는 Gauss-Seidel 반복법을 위한 형태)
(*a*) 내부 절점	$0=T_{m+1,n}+T_{m,n+1}+T_{m-1,n}+T_{m,n-1}-4T_{m,n}$ $T_{m,n}=(T_{m+1,n}+T_{m,n+1}+T_{m-1,n}+T_{m,n-1})/4$
(*b*) 대류경계의 절점 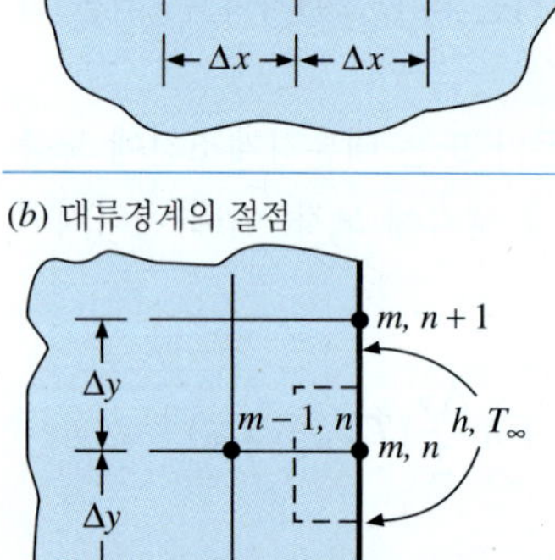	$0=\frac{h\Delta x}{k}T_{\infty}+\frac{1}{2}(2T_{m-1,n}+T_{m,n+1}+T_{m,n-1})-\left(\frac{h\Delta x}{k}+2\right)T_{m,n}$ $T_{m,n}=\frac{T_{m-1,n}+(T_{m,n+1}+T_{m,n-1})/2+\text{Bi}\,T_{\infty}}{2+\text{Bi}}$ $\text{Bi}=\frac{h\Delta x}{k}$
(*c*) 대류경계를 갖는 원통모퉁이 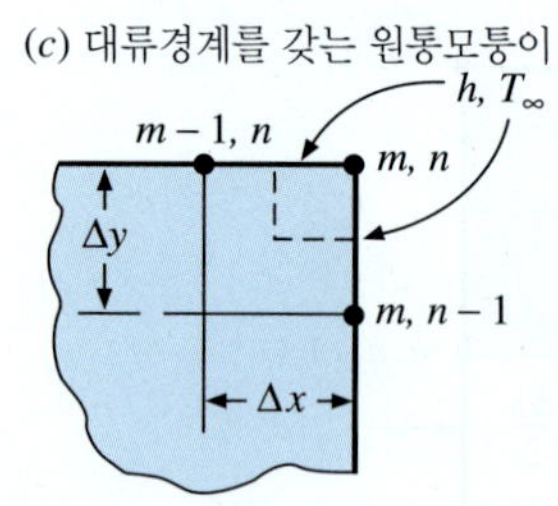	$0=2\frac{h\Delta x}{k}T_{\infty}+(T_{m-1,n}+T_{m,n-1})-2\left(\frac{h\Delta x}{k}+1\right)T_{m,n}$ $T_{m,n}=\frac{(T_{m-1,n}+T_{m,n-1})/2+\text{Bi}\,T_{\infty}}{1+\text{Bi}}$ $\text{Bi}=\frac{h\Delta x}{k}$

(계속)

[표 3.2] (계속)

<table>
<tr><th>물리적 상태</th><th>x와 y의 증분이 동일할 때의 절점방정식
(2차 방정식의 경우는 Gauss-Seidel 반복법을 위한 형태)</th></tr>
<tr><td>(d) 대류경계를 갖는 내부모퉁이
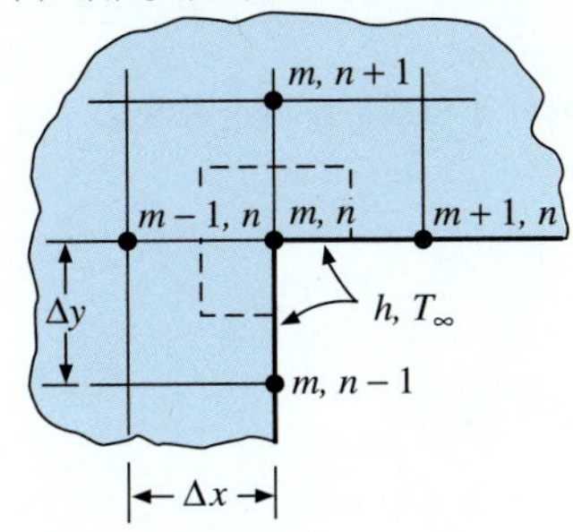
</td><td>$$0 = 2\frac{h\Delta x}{k}T_\infty + 2T_{m-1,n} + T_{m,n+1} + T_{m+1,n} + T_{m,n-1} - 2\left(3 + \frac{h\Delta x}{k}\right)T_{m,n}$$
$$T_{m,n} = \frac{\text{Bi}\ T_\infty + T_{m,n+1} + T_{m-1,n} + (T_{m+1,n} + T_{m,n-1})/2}{3 + \text{Bi}}$$
$$\text{Bi} = \frac{h\Delta x}{k}$$</td></tr>
<tr><td>(e) 단열 경계
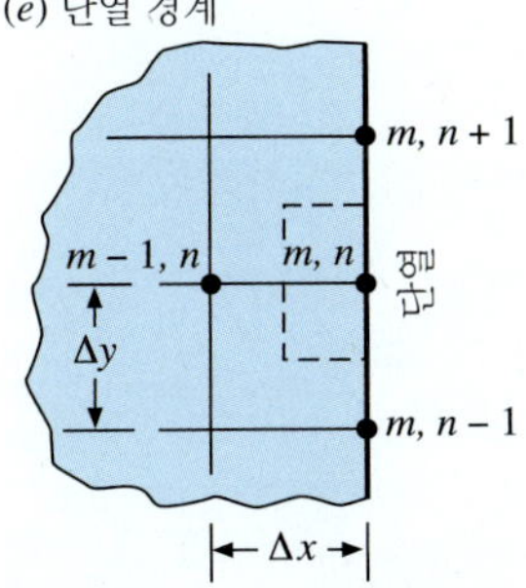
</td><td>$$0 = T_{m,n+1} + T_{m,n-1} + 2T_{m-1,n} - 4T_{m,n}$$
$$T_{m,n} = (T_{m,n+1} + T_{m,n-1} + 2T_{m-1,n})/4$$</td></tr>
<tr><td>(f) 곡선 경계 근처의 내부절점[‡]
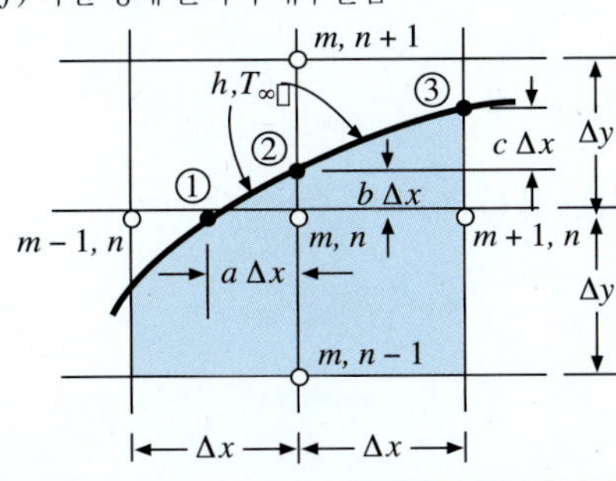
</td><td>$$0 = \frac{2}{b(b+1)}T_2 + \frac{2}{a+1}T_{m+1,n} + \frac{2}{b+1}T_{m,n-1} + \frac{2}{a(a+1)}T_1 - 2\left(\frac{1}{a} + \frac{1}{b}\right)T_{m,n}$$</td></tr>
<tr><td>(g) 대류경계를 갖는 경계의 절점
— (f)에서 절점 2[§]</td><td>$$0 = \frac{b}{\sqrt{a^2+b^2}}T_1 + \frac{b}{\sqrt{c^2+1}}T_3 + \frac{a+1}{b}T_{m,n} + \frac{h\Delta x}{k}\left(\sqrt{c^2+1} + \sqrt{a^2+b^2}\right)T_\infty$$
$$-\left[\frac{b}{\sqrt{a^2+b^2}} + \frac{b}{\sqrt{c^2+1}} + \frac{a+1}{b} + \left(\sqrt{c^2+1} + \sqrt{a^2+b^2}\right)\frac{h\Delta x}{k}\right]T_2$$</td></tr>
</table>

[†] $h = 0$ (Bi = 0)으로 놓으면 대류경계조건으로 바꾸어 쓸 수 있다.
[‡] 이 경우의 공식은 저항에 관한 식에 $4/(a+1)(b+1)$을 곱하여 구한다.
[§] 이 경우의 공식은 저항에 관한 식을 2로 나누어 구한다.

예제 3-5 9절점 문제

그림 3.9의 정사각형을 생각해 보자. 왼쪽면과 윗면은 100℃와 500℃로 유지되고 다른 두 면은 100℃ 유체에 노출되어 있다.

$$h = 10\ \text{W/m}^2 \cdot {}^\circ\text{C} \quad \text{and} \quad k = 10\ \text{W/m} \cdot {}^\circ\text{C}$$

정사각형의 크기가 1 m × 1 m일 때 그림 3.9에 표시한 각 절점에서의 온도와 경계면에서의 열흐름을 계산하여라.

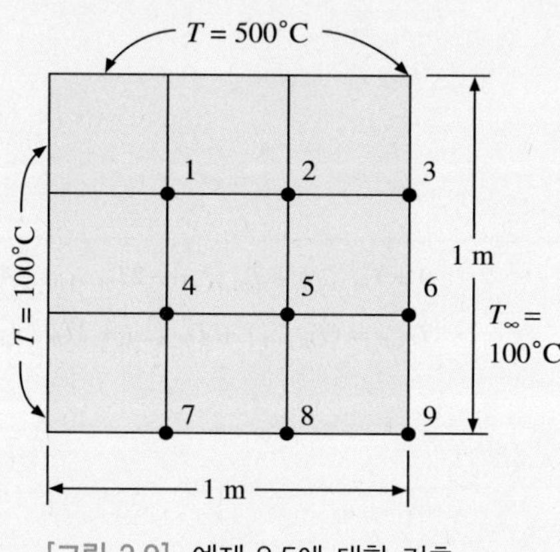

[그림 3.9] 예제 3.5에 대한 기호

■ 풀이

절점 1, 2, 4 및 5에 대한 절점방정식은

$$T_{m+1,n} + T_{m-1,n} + T_{m,n+1} + T_{m,n-1} - 4T_{m,n} = 0$$

절점 3, 6, 7 및 8에 대한 절점방정식은 식 (3.25)로 주어지고, 절점 9에 대해서는 식 (3.26)으로 주어진다.

$$\frac{h\Delta x}{k} = \frac{(10)(1)}{(3)(10)} = \frac{1}{3}$$

따라서, 절점 3과 6에 대한 절점방정식은

$$2T_2 + T_6 + 567 - 4.67T_3 = 0$$
$$2T_5 + T_3 + T_9 + 67 - 4.67T_6 = 0$$

절점 7과 8에서는

$$2T_4 + T_8 + 167 - 4.67T_7 = 0$$
$$2T_5 + T_7 + T_9 + 67 - 4.67T_8 = 0$$

절점 9에 대해서는

$$T_6 + T_8 + 67 - 2.67T_9 = 0$$

위에서 9개의 방정식과 9개의 미지의 절점온도를 얻는다. 해를 신속히 구하는 요령은 다음 절에서 논의하기로 하고 여기서는 답만을 나열한다.

절점	온도(℃)
1	280.67
2	330.30
3	309.38
4	192.38
5	231.15
6	217.19
7	157.70
8	184.71
9	175.62

경계면에서의 열흐름은 다음 두 가지 방법으로 계산된다. 즉, 100℃와 500℃ 면에 대해서는 전도가 일어나고 다른 두 면에 대해서는 대류가 일어난다. 500℃ 면으로부터 면내부로의 열흐름은

$$q = \sum k\Delta x \frac{\Delta T}{\Delta y} = (10)\left[500 - 280.67 + 500 - 330.30 + (500 - 309.38)\left(\tfrac{1}{2}\right)\right]$$

$$= 4843.4 \text{ W/m}$$

100℃ 면으로부터 흘러나가는 열은

$$q = \sum k\Delta y \frac{\Delta T}{\Delta x} = (10)\left[280.67 - 100 + 192.38 - 100 + (157.70 - 100)\left(\tfrac{1}{2}\right)\right]$$

$$= 3019 \text{ W/m}$$

오른쪽 면으로 흘러나가는 열은 대류식에 의하여 구한다.

$$q = \sum h\Delta y(T - T_\infty)$$

$$= (10)\left(\tfrac{1}{3}\right)\left[309.38 - 100 + 217.19 - 100 + (175.62 - 100)\left(\tfrac{1}{2}\right)\right]$$

$$= 1214.6 \text{ W/m}$$

마지막으로 아랫면으로부터 흘러나가는 열은

$$q = \sum h\Delta x(T - T_\infty)$$

$$= (10)\left(\tfrac{1}{3}\right)\left[(100 - 100)\left(\tfrac{1}{2}\right) + 157.70 - 100 + 184.71 - 100 + (175.62 - 100)\left(\tfrac{1}{2}\right)\right]$$

$$= 600.7 \text{ W/m}$$

흘러가는 열의 총합은

$$q_{\text{out}} = 3019 + 1214.6 + 600.7 = 4834.3 \text{ W/m}$$

이것은 윗면으로부터 전도된 열 4843.4 W/m와 상당히 일치한다.

해를 구하는 방법

앞에서의 논의로부터 수치해석방법은 유한절점요소들로 이루어진 연속적인 온도분포를 근사적으로 구하는 간단한 방법임을 알았다. 절점의 수가 많을수록 근사해는 더 정확해지나, 방정식이 많아질수록 해는 더 복잡해진다. 다행스럽게도 전자계산기와 프로그램을 할 수 있는 탁상계산기를 사용하면 이러한 해를 매우 신속히 구할 수 있다. 실제문제에서는 경계조건이 명확하지 않으므로 많은 절점을 택하는 것은 무의미하다. 예를

들면 열전달계수 h는 ±15~20%의 오차가 있다. 절점방정식의 기본형태는 다음과 같다.

$$\begin{aligned} a_{11}T_1 + a_{12}T_2 + \cdots + a_{1n}T_n &= C_1 \\ a_{21}T_1 + a_{22}T_2 + \cdots \qquad\qquad &= C_2 \\ a_{31}T_1 + \cdots \qquad\qquad\qquad &= C_3 \\ \cdots\cdots\cdots\cdots\cdots\cdots\cdots\cdots& \\ a_{n1}T_1 + a_{n2}T_2 + \cdots + a_{nn}T_n &= C_n \end{aligned} \tag{3.27}$$

여기서 $T_1, T_2, \ldots, T_n$은 미지의 절점온도인데 행렬의 표기법을 사용하면

$$[A] = \begin{bmatrix} a_{11} & a_{12} & \cdots & a_{1n} \\ a_{21} & a_{22} & \cdots & \\ a_{31} & & \cdots & \\ \cdots & \cdots & \cdots & \cdots \\ a_{n1} & a_{n2} & \cdots & a_{nn} \end{bmatrix} \qquad [C] = \begin{bmatrix} C_1 \\ C_2 \\ \cdot \\ \cdot \\ \cdot \\ C_n \end{bmatrix} \qquad [T] = \begin{bmatrix} T_1 \\ T_2 \\ \cdot \\ \cdot \\ \cdot \\ T_n \end{bmatrix}$$

식 (3.27)다음과 같이 표시할 수 있다.

$$[A][T] = [C] \tag{3.28}$$

여기서 문제가 되는 것은 다음과 같은 $[A]$의 역을 찾는 것이다

$$[T] = [A]^{-1}[C] \tag{3.29}$$

기호 $[A]^{-1}$은 다음을 나타낸다.

$$[A]^{-1} = \begin{bmatrix} b_{11} & b_{12} & \cdots & b_{1n} \\ b_{21} & b_{22} & \cdots & \\ \cdots & \cdots & \cdots & \cdots \\ b_{n1} & b_{n2} & \cdots & b_{nn} \end{bmatrix}$$

미지온도를 구하기 위한 최종해는 다음과 같이 전개된 형태로 쓸 수 있다.

$$\begin{aligned} T_1 &= b_{11}C_1 + b_{12}C_2 + \cdots + b_{1n}C_n \\ T_2 &= b_{21}C_1 + \cdots \\ \cdots&\cdots\cdots\cdots\cdots\cdots\cdots \\ T_n &= b_{n1}C_1 + b_{n2}C_2 + \cdots + b_{nn}C_n \end{aligned} \tag{3.30}$$

고속전자계산기일지라도 절점의 수가 많을수록 더 복잡하고 많은 시간을 요한다. 대부분의 전도열전달 문제에서는 행렬의 많은 요소가 0이므로 문제가 간단해진다. 예를 들면 예제 3.5의 행렬표시는 다음과 같다.

$$\begin{bmatrix} -4 & 1 & 0 & 1 & 0 & 0 & 0 & 0 & 0 \\ 1 & -4 & 1 & 0 & 1 & 0 & 0 & 0 & 0 \\ 0 & 2 & -4.67 & 0 & 0 & 1 & 0 & 0 & 0 \\ 1 & 0 & 0 & -4 & 1 & 0 & 1 & 0 & 0 \\ 0 & 1 & 0 & 1 & -4 & 1 & 0 & 1 & 0 \\ 0 & 0 & 1 & 0 & 2 & -4.67 & 0 & 0 & 1 \\ 0 & 0 & 0 & 2 & 0 & 0 & -4.67 & 1 & 0 \\ 0 & 0 & 0 & 0 & 2 & 0 & 1 & -4.67 & 1 \\ 0 & 0 & 0 & 0 & 0 & 1 & 0 & 1 & -2.67 \end{bmatrix} \begin{bmatrix} T_1 \\ T_2 \\ T_3 \\ T_4 \\ T_5 \\ T_6 \\ T_7 \\ T_8 \\ T_9 \end{bmatrix} = \begin{bmatrix} -600 \\ -500 \\ -567 \\ -100 \\ 0 \\ -67 \\ -167 \\ -67 \\ -67 \end{bmatrix}$$

위 방정식의 계수행렬에서 0이 아닌 계수가 드물게 산재되어 있으므로 반복법을 쓰는 것이 매우 효율적일 수 있다. 열전달 문제에서 이들 방정식의 해법으로는 Gauss-Seidel의 반복법이 가장 널리 사용되고 있는데 이 방법에 대해서는 3.7절에서 논의하겠다.

방정식의 해를 구하기 위한 소프트웨어 패키지

연립방정식의 해를 구하는데 적절한 소프트웨어 패키지에는 MathCAD(22), TK Solver(23), Mathlab(24), 및 Microsoft Excel(25~27)을 포함하여 여러 가지가 있다. 절점방정식을 공식화하고 해를 구하고 이를 도식적으로 나타내는데 있어 특별히 엑셀의 스프레드시트(spread sheet) 격자가 적합하다. 그러한 문제의 도구로서 엑셀의 사용법이 부록 D에 자세히 나와 있다.엑셀 워크시트(work sheet)의 한 예가 그림 3.9에 나타나 있다. 여기에는 주위 대류환경에 의해 냉각되는 돌출 핀의 개략도, 기하학적 형태에 따라 출력된 수치 해, 그리고 결과를 네 가지로 도식화한 것들이 포함되어 있다. 독자들 중 혹자는 이 엑셀의 출력결과가 도식적으로 너무 과잉되었다고 여길지도 모르나, 이는 엑셀에서 이용 가능한 옵션이 다양하다는 사실을 대변해 준다. 부

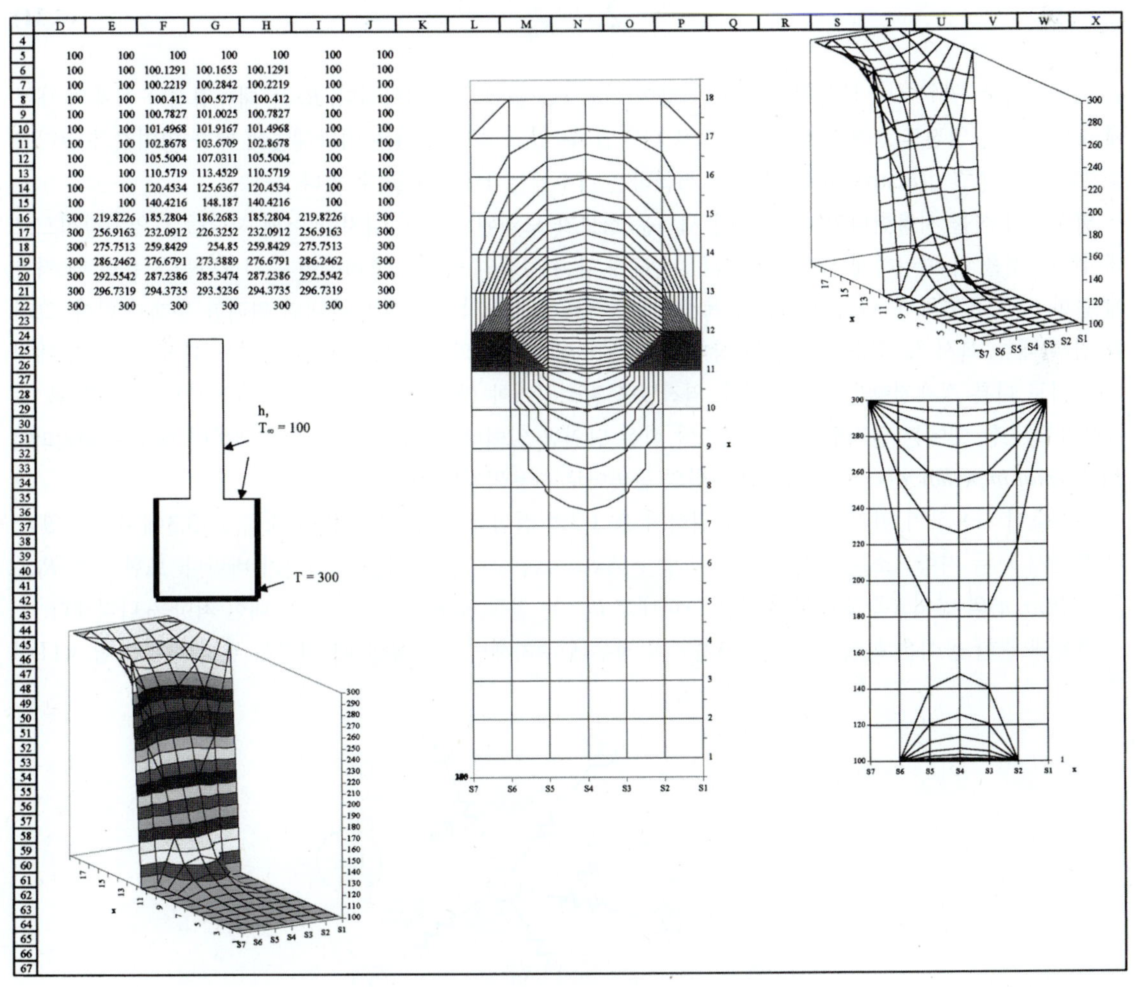

	D	E	F	G	H	I	J
4							
5	100	100	100	100	100	100	100
6	100	100	100.1291	100.1653	100.1291	100	100
7	100	100	100.2219	100.2842	100.2219	100	100
8	100	100	100.412	100.5277	100.412	100	100
9	100	100	100.7827	101.0025	100.7827	100	100
10	100	100	101.4968	101.9167	101.4968	100	100
11	100	100	102.8678	103.6709	102.8678	100	100
12	100	100	105.5004	107.0311	105.5004	100	100
13	100	100	110.5719	113.4529	110.5719	100	100
14	100	100	120.4534	125.6367	120.4534	100	100
15	100	100	140.4216	148.187	140.4216	100	100
16	300	219.8226	185.2804	186.2683	185.2804	219.8226	300
17	300	256.9163	232.0912	226.3252	232.0912	256.9163	300
18	300	275.7513	259.8429	254.85	259.8429	275.7513	300
19	300	286.2462	276.6791	273.3889	276.6791	286.2462	300
20	300	292.5542	287.2386	285.3474	287.2386	292.5542	300
21	300	296.7319	294.3735	293.5236	294.3735	296.7319	300
22	300	300	300	300	300	300	300

[그림 3.9] 돌출핀의 냉각에 대한 엑셀 해

록 D에는 열원과 복사경계조건의 효과를 포함한 몇 가지 예제가 자세히 논의된다.

그 외에 해를 구하는 방법으로는 정상상태 해까지 수행 가능한 과도해석방법(4장을 보라), 직접 소거법(가우스 소거법[9]), 또는 복잡한 반복 기법[12] 등이 있다. 과도상태에서부터 정상상태가 성취될 때까지 해를 구할 수 있는 과도상태문제를 예제 3.5에서 다룬 바 있는데, 이 문제에 대한 엑셀 스프레드시트 해가 부록 D에 주어져 있다.

3-6 저항요소의 항으로 나타낸 수식

지금까지 전도문제의 미분방정식을 유한차분법을 사용하여 푸는 방법에 대하여 살펴보았다. 각 절점에 대하여 절점방정식을 세워서 물체 내의 온도분포를 구하였고 절점방정식을 세울 때에는 절점과 절점 사이의 열전달에 대하여 열저항의 개념을 사용하였다. 그림 3.10에 나타낸 일반적인 전도열전달의 경우 관심이 되는 절점을 첨자 i로 표시하고 인접절점을 첨자 j로 표시하면 정상상태에서 절점 i로 들어가는 열전달은 0이 되어야 한다. 즉,

$$q_i + \sum_j \frac{T_j - T_i}{R_{ij}} = 0 \tag{3.31}$$

위 식에서 q_i는 열원이나 복사열 등으로 인하여 절점 i로 들어가는 열량이다. R_{ij}는 대류경계나 물체의 내부에서 일어나는 열전도 등에서의 열저항으로 나타낼 수 있고, 식 (3.31)은 이완해법에 대한 잉여값과 같다고 놓거나 또는 행렬법(matrix method)으로 취급하는 경우에는 0으로 놓을 수 있다.

열저항의 식을 사용한다고 해서 전혀 새로운 정보가 도입된 것은 아니지만 어떤 사람들은 열저항식으로 해석하는 것을 더 편리하게 생각한다. 특히, 온도에 따른 성질의 변화를 고려하여 수치해법을 사용할 때 저항에 관한 식은 유용하다. 더욱이 대류나 복사경계조건을 열저항의 항으로 나타내면 편리한 문제가 많다. 그러한 경우 대류, 복사 및 전도 열저항의 상대적 크기가 열적 모형의 거동에 중요한 영향을 끼칠 수 있다. 예제에서 서로 다른 경계저항을 살펴보겠다. 열전달을 감소시켜야 할 때에는 열저항을 증가시키고, 열전달을 증가시키고자 할 때에는 열저항을 감소시켜야 함은 당연한 일이다. 이와 같은 논리에 의하여 때로는 **열임피던스**(*thermal impedence*)라는 용어가 열저항의 동의어로 사용되기도 한다.

독자들이 사용하기 편리하도록 하기 위하여 표 3.2의 절점에 대응하는 저항요소를 표 3.3에 수록하였다. 이 표에서 모든 저항요소는 물체의 단위길이 및 $\Delta x = \Delta y$에 대한 것임을 유의하기 바란다. 또한 기호 R_{m+}은 절점(m, n)의 양의 x쪽에 대한 저항을 나타내고 R_{n-}는 절점(m, n)의 음의 y쪽에 대한 저항을 나타낸다.

저항에 관한 공식은 복잡한 형태의 3차원의 경우에 수치해법을 적용할 때 대단히 편리하다. 그림 3.11에

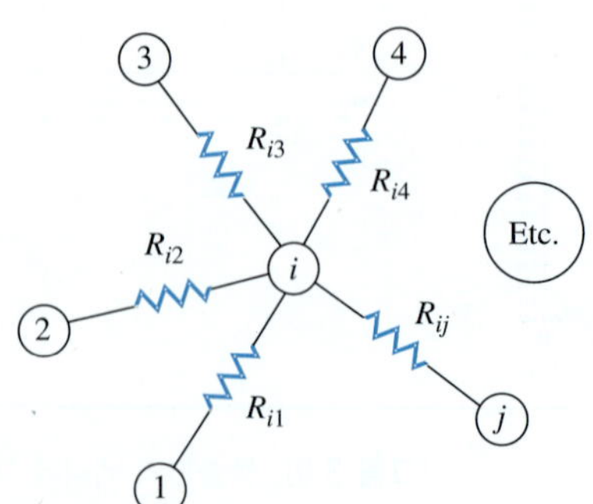

[그림 3.10] 일반적인 전도열전달의 절점

[표 3.3] 표 3.2의 절점에서의 열저항 ($\Delta x = \Delta y$, $\Delta z = 1$)

물리적 상태	R_{m+}	R_{m-}	R_{n+}	R_{n-}	ΔV
(a) 내부절점	$\frac{1}{k}$	$\frac{1}{k}$	$\frac{1}{k}$	$\frac{1}{k}$	$(\Delta x)^2$
(b) 대류경계	$\frac{1}{h\,\Delta x}$	$\frac{1}{k}$	$\frac{2}{k}$	$\frac{2}{k}$	$\frac{(\Delta x)^2}{2}$
(c) 외부모퉁이, 대류	$\frac{2}{h\,\Delta x}$	$\frac{2}{k}$	$\frac{2}{h\,\Delta x}$	$\frac{2}{k}$	$\frac{(\Delta x)^2}{4}$
(d) 내무보퉁이, 대류†	$\frac{2}{k}$	$\frac{1}{k}$	$\frac{1}{k}$	$\frac{2}{k}$	$\frac{3(\Delta x)^2}{4}$
(e) 단열된 경계	∞	$\frac{1}{k}$	$\frac{2}{k}$	$\frac{2}{k}$	$\frac{(\Delta x)^2}{2}$
(f) 표면경계 부근의 내부절점	$\frac{2}{(b+1)k}$ 절점 방향으로 $(m+1, n)$	$\frac{2a}{(b+1)k}$ 절점 1 방향으로	$\frac{2b}{(a+1)k}$ 절점 2 방향으로	$\frac{2}{(a+1)k}$ 절점 방향으로 $(m, n-1)$	$0.25(1+a)(1+b)(\Delta x)^2$
(g) (f)에서 표면 경계상의 절점 2를 가진 경계절점	$R_{23} = \frac{2\sqrt{c^2+1}}{bk}$ $R_{21} = \frac{2\sqrt{a^2+b^2}}{bk}$ $R_{2-\infty} = \frac{2}{h\Delta x\left(\sqrt{c^2+1}+\sqrt{a^2+b^2}\right)}$ $R_{n-} = \frac{2b}{k(a+1)}$ 절점 (m, n) 방향으로				$\Delta V = 0.125[(2+a)+c](\Delta x)^2$

† T_∞의 대류에 대하여는 $R_\infty = 1/h\Delta x$

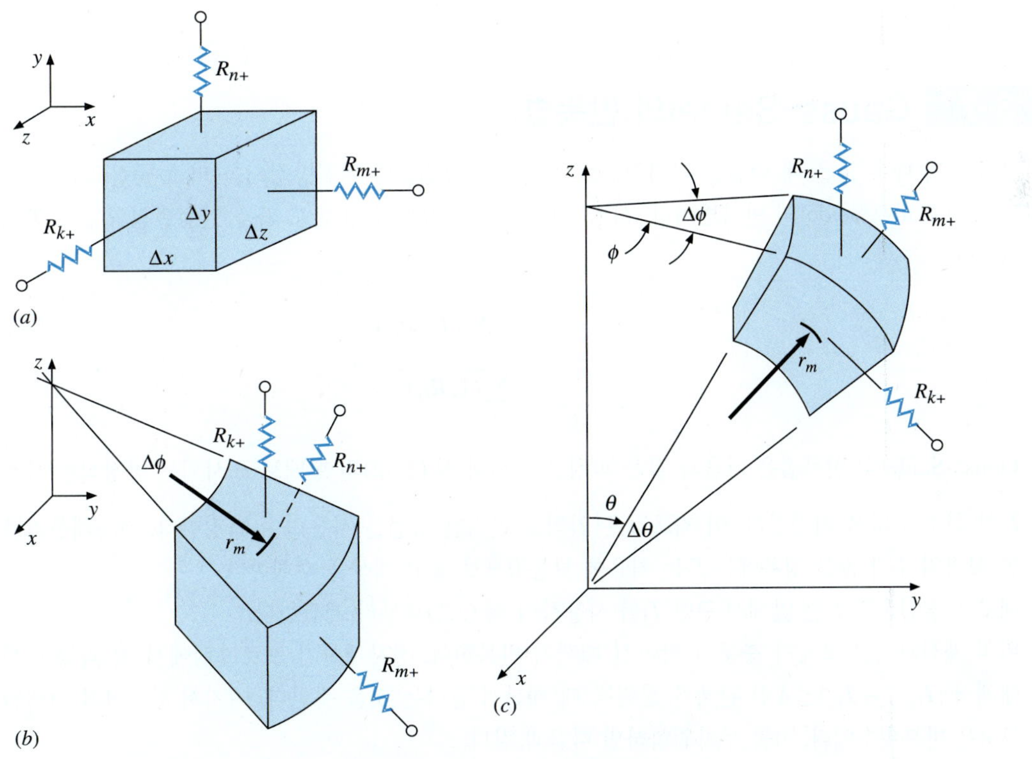

[그림 3.11] 체적 및 저항요소. (a) 직교좌표, (b) 원통좌표, (c) 구좌표계

[표 3.4] 각 좌표계에 대한 내부절점에서의 저항

	직교좌표	원통좌표	구좌표
증분에 대한 기호	x, m	r, m	r, m
	y, n	ϕ, n	ϕ, n
	z, k	z, k	θ, k
체적요소 ΔV	$\Delta x\,\Delta y\,\Delta z$	$r_m\,\Delta r\,\Delta\phi\,\Delta z$	$r_m^2\,\sin\theta\,\Delta r\,\Delta\phi\,\Delta\theta$
R_{m+}	$\frac{\Delta x}{\Delta y\,\Delta z\,k}$	$\frac{\Delta r}{(r_m+\Delta r/2)\,\Delta\phi\,\Delta z\,k}$	$\frac{\Delta r}{(r_m+\Delta r/2)^2\,\sin\theta\,\Delta\phi\,\Delta\theta\,k}$
R_{m-}	$\frac{\Delta x}{\Delta y\,\Delta z\,k}$	$\frac{\Delta r}{(r_m-\Delta r/2)\,\Delta\phi\,\Delta z\,k}$	$\frac{\Delta r}{(r_m-\Delta r/2)^2\,\sin\theta\,\Delta\phi\,\Delta\theta\,k}$
R_{n+}	$\frac{\Delta y}{\Delta x\,\Delta z\,k}$	$\frac{r_m\,\Delta\phi}{\Delta r\,\Delta z\,k}$	$\frac{\Delta\phi\,\sin\theta}{\Delta r\,\Delta\theta\,k}$
R_{n-}	$\frac{\Delta y}{\Delta x\,\Delta z\,k}$	$\frac{r_m\,\Delta\phi}{\Delta r\,\Delta z\,k}$	$\frac{\Delta\phi\,\sin\theta}{\Delta r\,\Delta\theta\,k}$
R_{k+}	$\frac{\Delta z}{\Delta x\,\Delta y\,k}$	$\frac{\Delta z}{r_m\,\Delta\phi\,\Delta r\,k}$	$\frac{\Delta\theta}{\sin(\theta+\Delta\theta/2)\,\Delta r\,\Delta\phi\,k}$
R_{k-}	$\frac{\Delta z}{\Delta x\,\Delta y\,k}$	$\frac{\Delta z}{r_m\,\Delta\phi\,\Delta r\,k}$	$\frac{\Delta\theta}{\sin(\theta-\Delta\theta/2)\,\Delta r\,\Delta\phi\,k}$

는 3가지 종류의 좌표계에서의 체적요소를 나타냈으며 각 좌표계에서의 내부절점의 저항은 표 3.4에 수록하였다. 각 좌표계에서 하첨자 (m, n, k)에 대응하는 기호는 표의 윗부분에 표시하였고 + 또는 −부호는 저항의 중심절점 (m, n, k)으로부터 양 또는 음의 방향을 나타내 주고 있으며 미소체적 ΔV 역시 각 좌표계에 주어졌다. 물론 실제문제에서는 각 좌표축의 증분은 $\Delta x = \Delta y = \Delta z$ 등으로 택하여 주기 때문에 저항식은 훨씬 간단해진다.

3-7 Gauss-Seidel의 반복법

절점의 수가 매우 많을 때 행렬을 직접적으로 변환하는 방법보다 절점방정식을 더 능률적으로 풀기 위한 방법이 소위 Gauss-Seidel의 반복법이다. 식 (3.31)로부터 중앙절점의 온도 T_i를 인접절점의 온도 T_j의 항으로 표시하면,

$$T_i = \frac{q_i + \sum_j (T_j/R_{ij})}{\sum_j (1/R_{ij})} \tag{3.32}$$

Gauss-Seidel의 반복법은 다음과 같은 과정을 통해서 식 (3.32)의 형태로 표시되는 방정식을 사용한다.

1. T_i의 최초의 값을 가정한다. 이 최초값은 임의로 편리한 방법을 사용하여 가정한다. 전자계산기로 풀어야 할 절점의 수가 많을 경우에는 T_i는 처음에 보통 0으로 놓고 계산을 수행한다.

2. 새로운 절점온도 T_i는 앞에서 구한 T_j를 사용하여 식 (3.2)로부터 계산한다.

3. 위의 계산과정을 오차가 충분히 작아질 때까지 반복한다. 전자계산기 프로그램에서 이 과정은 모든 T_i에 대해서 $|T_{i_{n+1}} - T_{i_n}| \le \delta$ 인 관계가 성립될 때 계산이 끝나는 것을 뜻한다. 여기서 δ는 어떤 선택된 상수이고 n은 반복횟수이다. 이를 무차원화하면 다음과 같다.

$$\epsilon \ge \left| \frac{T_{i_{n+1}} - T_{i_n}}{T_{i_n}} \right|$$

분명히 δ의 값이 작아질수록 요망되는 결과를 구하기 위하여 계산횟수도 증가시켜야 한다. 그러나 물리적 문제에 대한 해법의 정확성은 δ 값에만 의존하지 않는다는 것을 주의해야 한다. 이 상수는 차분 방정식들에 대한 해법의 정확성을 지배한다. 하지만, 물리적 문제에 대한 풀이는 증분 Δx의 선택에도 달려 있다.

위의 해법에서 설명한 바와 같이 수식을 세울 때 행렬에 0이 많음을 알 수 있다 절점이 많은 문제일수록 이들 모든 0을 대입하여 주자면 시간의 낭비가 많기 때문에 Gauss-Seidel 방정식의 간략한 형식을 취하는 일이 바람직하다.

$\Delta x = \Delta y$일 때의 절점방정식

열원이 없고 $\Delta x = \Delta y$인 절점에 대하여 식 (3.32)의 형식이 표 3.2에 나타나 있는데 여기에서 무차원매개변수 $h\Delta x/k = \mathrm{Bi}$를 *Biot*수라 부른다. 대류경계를 갖는 절점방정식에서 간단히 $\mathrm{Bi} = 0$으로 놓을 경우 단열경계 절점방정식이 된다는 사실을 주목하기 바란다.

열원 및 경계에서의 복사열전달

$\Delta x = \Delta y$인 경우 절점방정식에 열원 혹은 복사열전달이 포함된다면 분자에 아래 항만 추가하면 된다.

$$q_i/k$$

열원이 있는 경우는 다음과 같이 된다.

$$q_i = \dot{q}\Delta V$$

여기서 $\dot{q}$는 단위체적당 생성되는 열량이고 ΔV는 각 절점의 체적이다. 표 3.2에 체적요소들이 파선으로 표시되어 있는데, 내부 절점인 경우 $\Delta V = \Delta x \Delta y$, 대류경계 절점인 경우 $\Delta V = (\Delta x/2)\Delta y$, 외부 모서리 절점인 경우 $\Delta V = (\Delta x/2)(\Delta y/2)$ 이다.

경계 절점에서 복사열전달이 있는 경우,

$$q_i = q''_{\mathrm{rad},i} \times \Delta A$$

여기서 ΔA는 복사가 일어나는 절점의 표면적이고 $q''_{\mathrm{rad},i}$는 단위면적당 절점 i로의 순 복사열전달로서 8장의 방법으로 결정되는 값이다.

복사온도 T_r인 매우 큰 밀폐공간에 노출되어 있는 일반적인 표면인 경우 단위면적당 표면으로의 순 복사량은 식 (1.12)로 주어지며 다음 식과 같다.

$$q''_{\mathrm{rad},i} = \sigma\varepsilon_i\left(T_r^4 - T_i^4\right)$$

여기서 ε_i는 절점 i의 방사율이고 모든 온도는 절대온도이다.

3-8 정확도에 대한 고찰

물리적 문제에서 유한차분 근사해는 증분 Δx와 Δy를 작게 할수록 개선됨을 알았다. 그러나 근사의 정확도를 평가하는 방법에 대하여는 언급하지 않았다. 이러한 근사해를 평가하는 방법으로는 다음과 같은 두 가지 방법이 유용하게 사용된다.

1. 수치를 주어진 문제에 대한 해석적인 해, 또는 유사한 문제에 대한 해석적인 해와 비교하라.
2. 점진적으로 Δx값을 작게 잡아 해의 특성을 살펴보라. 만일 문제를 올바르게 공식화하여 해를 구하였다면 절점의 온도는Δx가 작아짐에 따라 수렴해야 한다. 절점의 수가 늘어남에 따라 기계적인 계산의 수효가 증가하므로 계산기 내의 마무리오차(round-off error)가 증가한다. 이것이 해의 수렴성을 주시해야 할 필요성에 대한 이유이다.

$\partial T/\partial x$에 대한 유한차분 근사해의 오차는 $(\Delta x/L)^2$ 정도이다. 여기서 L은 물체의 특성 길이이다.

수치해법으로 풀어야 할 대부분의 문제는 해석적인 해를 전혀 갖지 않거나, 갖는다 하여도 계산하기가 매우 복잡하다. 이러한 경우 해석적인 해는 수치적 모델의 정확도를 검토하는 경우에만 제한된 범위에서 사용된다.

해의 정확도를 검토하기 위한 에너지평형

절점방정식에 대한 해를 구하는 방법을 논의할 때 이 방정식의 정확한 해라고 해서 물리적 문제에서도 정확하다고 단정지을 수 없음을 언급하였다. 대부분의 경우에 문제의 시작부터 올바르게 공식화되지 못하므로 최종해에 대하여 심각한 오차를 유발한다. 전자계산기나 수렴기준으로 이러한 오차를 고칠 수는 없다. 공식화에 따른 오차를 검토하는 한 가지 방법으로는 최종해를 사용하여 에너지평형식을 세우는 것이다. 에너지평형식은 문제에 따라 다르지만, 정상상태에서는 들어오는 에너지와 나가는 에너지가 같다. 만일 에너지평형이 합당한 한계 내에서 이루어지지 않으면 문제가 올바르게 공식화되지 못했음을 암시하는 것이다. 십중팔구는 상수값이 잘못되었거나 입력자료가 올바르지 못하거나, 컴퓨터문장이 잘못되었거나, 하나 또는 그 이상의 절점방정식이 잘못 쓰여 있는 경우이다. 에너지평형을 검토한 후에는 작은 Δx의 값을 사용하여 정확도를 증가시키는 작업을 시도한다.

예제에서 문제의 공식화에 대한 검토로 에너지평형을 소개한다.

물성값과 경계조건의 정확도

재료의 열전도계수는 온도의 함수임을 지적하였으나 온도범위가 100°C 내지 200°C에서는 변화가 그리 크지 않으므로(5~10% 정도) 문제의 해를 단순화하기 위하여 상수값으로 가정하는 것은 타당성이 있다. 대류와 복사경계조건은 일정한 값을 갖지 않음을 특히 주의하여야 한다. 많은 실제문제에서 우리가 알고 있는 값과는 대류열전달계수는 ±20%, 표면복사특성값은 ±10%의 오차를 갖고 있다. 가령 고도로 연마된 알루미늄 평판은 심하게 산화하면 연마만을 했을 경우보다 *300%* 정도의 복사열을 더 흡수한다. 위에서 언급한 사항들은 독자를 놀라게 하기 위한 것이 아니다. 그보다 수치해석에서 수많은 절점의 선택이 실제문제에 있어서 반드시 정확한 한 해를 보증하는 것은 아니라는 것이다. 경계조건에 대한 불명확성을 동시에 검토해야만 한다. 불명확성에 대해서는 대류와 복사에 대한 장에서 명확히 하고자 한다.

예제 3-6 Gauss-Seidel의 반복법 계산

Gauss-Seidel의 반복법을 사용하여 그림 3.6의 4개의 절점에 대한 절점온도를 구하여라.

■ **풀이**

이 문제에서는 그림 3.6의 각 절점 사이를 연결하는 저항이 같기 때문에 저항식의 항으로 생각하는 것이 편리하다.

$$R = \frac{\Delta y}{k\Delta y} = \frac{\Delta x}{k\Delta y} = \frac{1}{k} \quad (a)$$

각 절점에 식 (3.32)를 적용하면 $q_i = 0$이기 때문에 다음과 같은 식을 얻는다.

$$T_i = \frac{\sum_j k_j T_j}{\sum_j k_j} \quad (b)$$

각 절점은 4개의 저항과 연결되어 있고 k는 일정하다고 가정할 수 있기 때문에

$$\sum_j k_j = 4k$$

및

$$T_i = \frac{1}{4}\sum_j T_j \quad (c)$$

이제 다음과 같은 표를 만들고 이전에 가정한 것과 같이 300°C 및 200°C를 최초의 온도로 가정하여 만족할만한 수렴값이 나올때까지 식 (c)를 반복 적용하면 표에서 보는 바와 같이 5회의 결과 0.13°C 이내의 수렴값을 얻을 수 있다. 보기로 다음과 같은 두 경우에 대하여 식을 세워 보면

$$(T_2)_{n=1} = \tfrac{1}{4}(500 + 100 + T_4 + T_1) = \tfrac{1}{4}(500 + 100 + 200 + 275) = 268.75$$
$$(T_3)_{n=4} = \tfrac{1}{4}(100 + T_1 + T_4 + 100) = \tfrac{1}{4}(100 + 250.52 + 150.52 + 100) = 150.26$$

반복횟수 n	T_1	T_2	T_3	T_4
0	300	300	200	200
1	275	268.75	168.75	159.38
2	259.38	254.69	154.69	152.35
3	251.76	251.03	151.03	150.52
4	250.52	250.26	150.26	150.13
5	250.13	250.07	150.07	150.03

$(T_3)_{n=4}$를 계산하였을 때 T_1과 T_4는 가장 최근에 계산된 값이 되었음을 유의하기 바란다.

예제 3–7 열원이 있는 경우의 수치해법

지름이 4 mm인 전선 안에서 500 MW/m^{3}의 균일한 열이 발생하는 문제를 살펴봄으로써 원통좌표계에서의 저항식의 사용법을 설명한다. 전선표면의 온도는 200°C 이고 열전도계수는19 W/m · °C일 때 전선내의 온도분포를 계산하여 보자. 다음 그림과 같이 4개의 절점을 선택하고 전선의 길이는 $\Delta z = 1$의 단위길이로 가정하자. 1차원의 문제이기 때문에 $\Delta\phi = 2\pi$로 할 수 있고 모든 요소에 대하여 Δr은 0.5 mm로 택할 수 있다. 표 3.4에 있는 관계식을 사용하여 저항과 체적요소를 계산하면 다음과 같다. 절점 4에 대한 R_{m+}의 계산은 열흐름의 통로가 더 짧기 때문에 다른 절점과는 다르다. 절점 4에 대한 r_m은 1.75 mm이기 때문에 이미 알고 있는 표면온도 방향으로의 양의 저항은

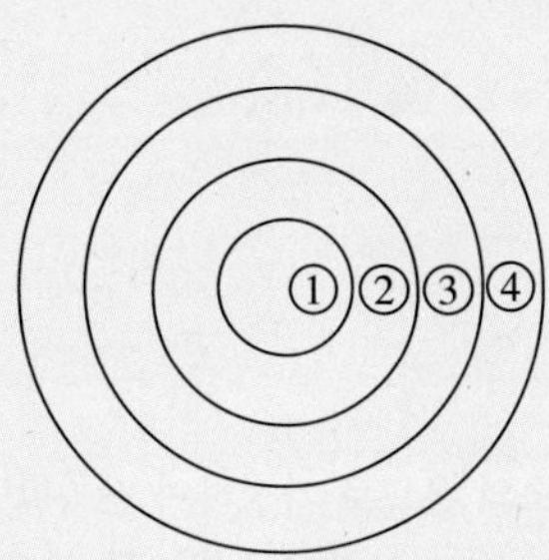

[그림 예제 3.7a] 예제의 개략도

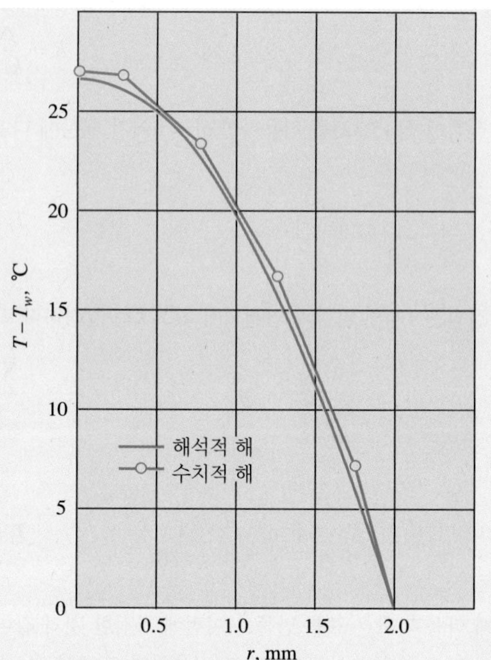

[그림 예제 3.7b] 해의 비교

$$R_{m+} = \frac{\Delta r/2}{(r_m + \Delta r/4)\,\Delta\phi\,\Delta z\,k} = \frac{1}{15\pi k}$$

절점 4의 온도를 나타내는 식은 다음과 같이 쓸 수 있다.

$$T_4 = \frac{2749 + 6\pi k T_3 + 15\pi k(200)}{21\pi k}$$

여기서 200은 이미 알고 있는 표면온도이다.

절점	r_m, mm	R_{m+}, °C/W	R_{m-}, °C/W	$\Delta V = r_m\,\Delta r\,\Delta\phi\,\Delta z$, μm^3	$q_i = \dot{q}\,\Delta V$, W
1	0.25	$\frac{1}{2\pi k}$	∞	0.785	392.5
2	0.75	$\frac{1}{4\pi k}$	$\frac{1}{2\pi k}$	2.356	1178
3	1.25	$\frac{1}{6\pi k}$	$\frac{1}{4\pi k}$	3.927	1964
4	1.75	$\frac{1}{15\pi k}$	$\frac{1}{6\pi k}$	5.498	2749

식 (3.32)로부터 구한 $\Sigma(1/R_{ij})$와 T_i 값은 다음과 같고 이 값을 Gauss-Seidel의 반복법에 사용할 수 있다.

절점	$\sum \frac{1}{R_{ij}}$, W/°C	$T_i = \frac{q_i + \sum(T_j/R_{ij})}{\sum(1/R_{ij})}$
1	$2\pi k = 119.38$	$T_1 = 3.288 + T_2$
2	$6\pi k = 358.14$	$T_2 = 3.289 + \frac{1}{3}T_1 + \frac{2}{3}T_3$
3	$10\pi k = 596.90$	$T_3 = 3.290 + 0.4T_2 + 0.6T_4$
4	$21\pi k = 1253.50$	$T_4 = 2.193 + \frac{2}{7}T_3 + 142.857$

13회의 반복을 한 결과를 아래 표와 같이 나타낼 수 있다.

반복횟수 n	절점온도, °C			
	T_1	T_2	T_3	T_4
0	240	230	220	210
1	233.29	227.72	220.38	208.02
2	231.01	227.21	218.99	207.62
3	230.50	226.12	218.31	207.42
4	229.41	225.30	217.86	207.30
5	228.59	224.73	217.56	207.21
6	228.02	224.34	217.35	207.15
7	227.63	224.07	217.21	207.11
8	227.36	223.88	217.11	207.08
9	227.17	223.75	217.04	207.06
10	227.04	223.66	216.99	207.04
11	226.95	223.60	216.95	207.04
12	226.89	223.55	216.93	207.03
13	226.84	223.52	216.92	207.03
해석적 해	225.904	222.615	216.036	206.168
Gauss-Seidel법	225.903	222.614	216.037	206.775
엄밀해	226.75	223.462	216.884	207.017

이제 반복법의 결과를 다음과 같이 식 (2.25a)로 나타낸 엄밀해와 비교하여 볼 수 있다.

$$T - T_w = \frac{\dot{q}}{4k}(R^2 - r^2)$$

위 식에서 T_w는 전선의 표면온도인 200°C이고 $R = 2$ mm이며 r은 절점에 대한 r_m 값이다. 앞의 표에서 13번째의 반복결과 바로 아래에 해석적인 결과가 주어졌고 그 아래에 Gauss-Seidel의 방법을 사용한 값이 있다. 표에서 보는 바와 같이 처음 세 온도에 대해서는 아주 훌륭한 결과가 나왔지만 T_4 값은 약간의 차이가 있다. 표의 마지막에는 절점방정식의 엄밀해의 결과를 수록하였으며 반복법을 13회보다 훨씬 더 많이 수행하였다면 바로 이 값이 되었을 것이다. 표에서 보는 것처럼 해석적 방법과 수치적 방법과의 차이는 약 0.85°C 일정한 온도차로 나타났으며 이것은 주로 표면저항과 경계조건을 취급하는 방법에 기인한 것이다. 전선표면 근방에서 Δr의 값을 더 작게 잡아 주었더라면 훨씬 더 정확한 값을 얻을 수 있었을 것이다. 해석적 해와 수치적 해의 비교를 그래프로 나타내면 그림 예제 3.7b와 같다.

전선으로부터의 총 열손실은 절점 4에서의 R_{m+}을 통한 전도열로 계산할 수 있다.

$$q = \frac{T_4 - T_w}{R_{m+}} = 15\pi k(207.03 - 200) = 6.294 \text{ kW/m} \quad [6548 \text{ Btu/h} \cdot \text{ft}]$$

이 값은 전선 안에서 발생한 총 열량과 같아야 한다. 즉,

$$q = \dot{q}V = (500 \times 10^6)\pi(2 \times 10^{-3})^2 = 6.283\ \text{kW/m} \quad [6536\ \text{Btu/h} \cdot \text{ft}]$$

위 두 값의 차이는 T_4를 결정할 때 생긴 부정확성에 기인한 것이다. 207.017°C의 엄밀해를 사용하면 6.2827 kW의 열손실이 생긴다. 이 문제에서 열원의 계산은 유한차분법공식과 무관하므로 열흐름의 정확한 값은 6.283 kW이다.

예제 3-8 비균일 절점요소를 가진 열원

그림과 같이 두께가 3 mm인 유리($k = 0.8$ W/m · °C) 윗면에 1 mm의 긴 히터 조각이 부착되어 있다. 유리의 아랫면은 단열되어 있고 윗면은 $h = 100$ W/m^2 · °C, 주위온도 30°C인 곳에 노출되어 있다. 히터는 1 m 길이당 40 또는 20 W의 비율로 열을 발생한다. 두 가지 열원에 대하여 수치적 방법을 사용하여 유리단면에서의 정상상태온도분포를 구하여라.

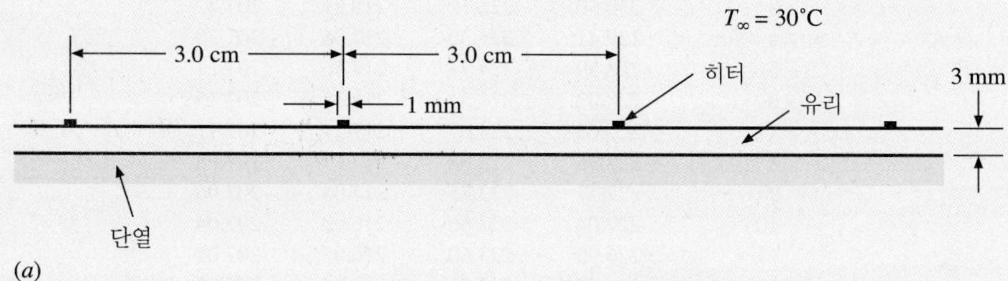

(a)

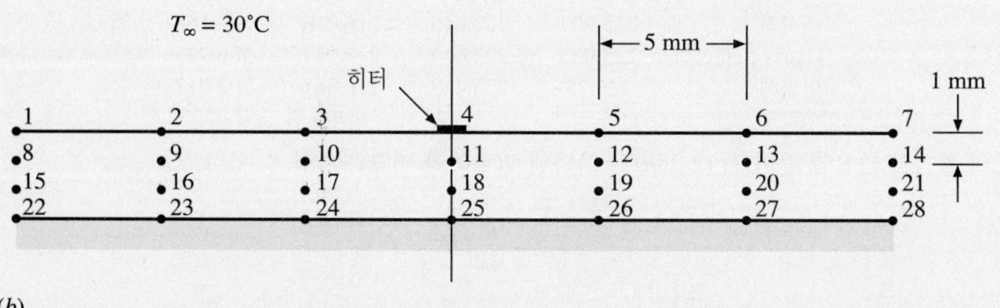

(b)

[그림 예제 3.8] (a) 물리적계, (b) 절점배열

■ 풀이

유리의 대표적인 부분에 대한 절점망은 그림과 같다. 이 예제에서는 $\Delta x = \Delta y$로 선택하지 않는다. 대칭성으로 인하여 $T_1 = T_7$, $T_2 = T_6$ 등이므로 단지 절점 16개의 $\Delta y = 1$ mm로 취한다. 각 절점에서의 저항은 다음과 같이 계산된다.

절점 *1, 2, 3, 4*:

$$\frac{1}{R_{m+}} = \frac{1}{R_{m-}} = \frac{k(\Delta y/2)}{\Delta x} = \frac{(0.8)(0.001/2)}{0.005} = 0.08$$

$$\frac{1}{R_{n+}} = hA = (100)(0.005) = 0.5$$

$$\frac{1}{R_{n-}} = \frac{k\Delta x}{\Delta y} = \frac{(0.8)(0.005)}{0.001} = 4.0$$

절점 *8, 9, 10, 11, 15, 16, 17, 18*:

$$\frac{1}{R_{m+}}=\frac{1}{R_{m-}}=\frac{k\Delta y}{\Delta x}=\frac{(0.8)(0.001)}{0.005}=0.16$$
$$\frac{1}{R_{n+}}=\frac{1}{R_{n-}}=\frac{k\Delta x}{\Delta y}=4.0$$

절점 *22, 23, 24, 25*:

$$\frac{1}{R_{m+}}=\frac{1}{R_{m-}}=\frac{k(\Delta y/2)}{\Delta x}=0.08$$
$$\frac{1}{R_{n+}}=\frac{k\Delta x}{\Delta y}=4.0$$
$$\frac{1}{R_{n-}}=0 \qquad \text{(insulated surface)}$$

식 (3.31)로부터 절점방정식은

$$\sum(T_j/R_{ij})+q_i-T_i\sum(1/R_{ij})=0$$

절점 4만이 열원항을 가지며 다른 절점에 대해서는 $q_i=0$ 이다. 위의 저항으로부터 $\Sigma(1/R_{ij})$는 다음과 같이 계산된다.

절점	$\Sigma(1/R_{ij})$
1, 2, 3, 4	4.66
8, . . . , 18	8.32
22, 23, 24, 25	4.16

절점 4에 대한 방정식은

$$(2)(0.08)T_3+4.0T_5+(0.5)(30)+q_4-4.66T_4=0$$

윗식의 T_3 항의 인수 2는 $T_3=T_5$ 이므로 붙은 것이다. 모든 방정식을 계산하고, 행렬을 풀면 온도는 다음과 같다.

	q/L, W/m	
절점온도, °C	20	40
1	31.90309	33.50617
2	32.78716	35.57433
3	36.35496	42.70993
4	49.81266	69.62532
8	32.10561	34.21122
9	33.08189	36.16377
10	36.95154	43.90307
11	47.82755	65.65510
15	32.23003	34.46006
16	33.26087	36.52174
17	37.26785	44.53571
18	46.71252	63.42504
22	32.27198	34.54397
23	33.32081	36.64164
24	37.36667	44.73333
25	46.35306	62.70613

윗면의 대류열손실을 계산하여 모델과 계산결과를 검토할 수 있다. 히터 조각에서 발생하는 총 에너지는 결국 대류에 의하여 잃게 되므로(유리의 아랫면은 단열되어 있으므로 열손실이 없다) 대류열 손실의 수치값을 알 수 있다. 윗면에서의 대류열손실은 다음과 같다.

$$\begin{aligned} q_c &= \sum h_i A_i (T_i - T_\infty) \\ &= (2)(100)\left[\frac{\Delta x}{2}(T_1 - T_\infty) + \Delta x(T_2 + T_3 - 2T_\infty) + \frac{\Delta x}{2}(T_4 - T_\infty)\right] \end{aligned}$$

2라는 인수는 단면 양쪽부분을 고려한 것이다. $T_\infty = 30°\mathrm{C}$로 계산하면

$$q/L = 20\ \mathrm{W/m}\text{에 대하여 } q_c = 19.99995$$
$$q/L = 40\ \mathrm{W/m}\text{에 대하여 } q_c = 40.00005$$

결과는 상당히 일치한다.

예제 3-9 비균일 절점요소를 가진 복합재료

그림과 같이 400°C로 유지되어 있는 재료 안에 복합재료가 들어 있다. 윗면은 $h = 25\ \mathrm{W/m^2 \cdot °C}$, 주위온도 30°C 인 곳에 노출되어 있다. 정상상태에서 온도분포와 윗면으로부터의 열손실을 계산하여라.

■ 풀이

이 예제에서는 그림과 같이 비정사각형 절점을 선택한다. 절점 1, 4, 7, 10, 13, 14, 15가 두 가지 재료로 구성되었음을 주의하라. 저항식을 쓰면

절점 *1*:

$$\begin{aligned} \frac{1}{R_{m+}} &= \frac{kA}{\Delta x} = \frac{(2.0)(0.005)}{0.015} = 0.6667 \\ \frac{1}{R_{m-}} &= \frac{kA}{\Delta x} = \frac{(0.3)(0.005)}{0.01} = 0.15 \\ \frac{1}{R_{n+}} &= hA = (25)(0.005 + 0.0075) = 0.3125 \\ \frac{1}{R_{n-}} &= \left(\frac{kA}{\Delta y}\right)_L + \left(\frac{kA}{\Delta y}\right)_R = \frac{(0.3)(0.005) + (2.0)(0.0075)}{0.01} = 1.65 \end{aligned}$$

절점 *4, 7, 10*:

$$\begin{aligned} \frac{1}{R_{m+}} &= \frac{(2.0)(0.01)}{0.015} = 1.3333 \\ \frac{1}{R_{m-}} &= \frac{(0.3)(0.01)}{0.01} = 0.3 \\ \frac{1}{R_{n+}} &= \frac{1}{R_{n-}} = 1.65 \end{aligned}$$

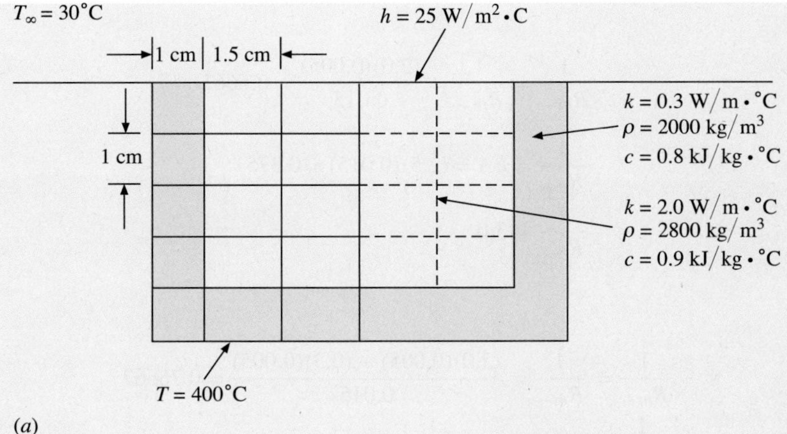

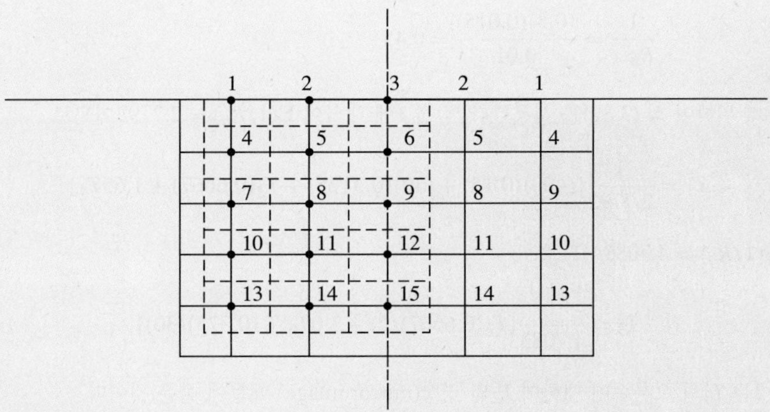

[그림 예제 3.9] (a) 물리적계, (b) 절점배열

절점 *13*:

$$\frac{1}{R_{m+}} = \frac{(2.0)(0.005) + (0.3)(0.005)}{0.015} = 0.76667$$

$$\frac{1}{R_{m-}} = \frac{(0.3)(0.01)}{0.01} = 0.3$$

$$\frac{1}{R_{n+}} = 1.65$$

$$\frac{1}{R_{n-}} = \frac{(0.3)(0.0075) + (0.3)(0.005)}{0.01} = 0.375$$

절점 *5, 6, 8, 9, 11, 12*:

$$\frac{1}{R_{m+}} = \frac{1}{R_{m-}} = \frac{(2.0)(0.01)}{0.015} = 1.3333$$

$$\frac{1}{R_{n+}} = \frac{1}{R_{n-}} = \frac{(2.0)(0.015)}{0.01} = 3.0$$

절점 *2, 3*:

$$\frac{1}{R_{m+}} = \frac{1}{R_{m-}} = \frac{(2.0)(0.005)}{0.015} = 0.6667$$

$$\frac{1}{R_{n+}} = hA = (2.5)(0.015) = 0.375$$

$$\frac{1}{R_{n-}} = 3.0$$

절점 *14, 15*:

$$\frac{1}{R_{m+}} = \frac{1}{R_{m-}} = \frac{(2.0)(0.005) + (0.3)(0.005)}{0.015} = 0.76667$$

$$\frac{1}{R_{n+}} = 3.0$$

$$\frac{1}{R_{n-}} = \frac{(0.3)(0.015)}{0.01} = 0.45$$

절점방정식을 세우기 위하여 식 (3.32)를 사용한다. 절점 1에 대하여 $\Sigma(1/R_{ij}) = 2.7792$이므로

$$T_1 = \frac{1}{2.7792}[(400)(0.15) + (30)(0.3125) + T_2(0.6667) + 1.65T_4]$$

절점 3에 대하여 $\Sigma(1/R_{ij}) = 4.7083$이므로

$$T_3 = \frac{1}{4.7083}[T_2(0.6667)(2) + 3.0T_6 + (0.375)(30)]$$

T_2 항에 있는 인수 2는 T_3의 오른쪽에 대하여 T_2의 영상(mirror image) 때문에 붙은 것이다.

다른 절점에 대해서도 같은 방법을 적용하면 15개의 미지온도에 대한 절점방정식을 얻는다. 이들 방정식을 푼 결과는 다음과 같다.

$$\begin{aligned}
T_1 &= 254.956 & T_2 &= 247.637 & T_3 &= 244.454 \\
T_4 &= 287.334 & T_5 &= 273.921 & T_6 &= 269.844 \\
T_7 &= 310.067 & T_8 &= 296.057 & T_9 &= 291.610 \\
T_{10} &= 327.770 & T_{11} &= 313.941 & T_{12} &= 309.423 \\
T_{13} &= 343.516 & T_{14} &= 327.688 & T_{15} &= 323.220
\end{aligned}$$

윗면으로 나가는 열은 절점들로부터의 대류열손실의 합으로 얻어진다.

$$\begin{aligned}
q_{\text{대류}} &= \sum hA_i(T_i - T_\infty) \\
&= (2)(25)[(0.0125)(254.96 - 30) + (0.015)(247.64 - 30) \\
&\quad + (0.0075)(244.45 - 30)] \\
&= 382.24 \text{ W per meter of depth}
\end{aligned}$$

이 값을 검토하기 위하여 절점 1, 4, 7, 10, 13, 14, 15에 대한 400°C로부터의 전도열을 계산하자.

$$q_{\text{전도}} = \sum kA_i \frac{\Delta T}{\Delta x}$$

$$q_{전도} = 2\frac{0.3}{0.01}[(0.005)(400-254.96)+(0.01)(400-287.33)+(0.01)(400-310.07)$$
$$+(0.01)(400-327.77)+(0.0225)(400-343.52)+(0.015)(400-327.69)$$
$$+(0.0075)(400-323.22)]$$
$$= 384.29 \text{ W per meter of depth}$$

결과는 잘 일치한다.

예제 3-10 복사경계조건

그림과 같이 1 × 2 cm의 도자기조각($k = 3.0$ W/m · °C, $\rho = 1600$ kg/m^3, $c = 0.8$ kJ/kg · °C)이 열전도계수가 큰 재료 속에 들어 있고, 양면은 900°C로 유지되어 있다. 도자기의 아랫면은 단열되어 있고 윗면은 $T_\infty = 50$°C, $h = 50$ W/m^2 · °C인 곳에 노출되어 대류와 복사가 동시에 일어난다. 여기서 복사열손실은

$$q = \sigma A \epsilon (T^4 - T_\infty^4)$$

으로 계산되며, A는 표면적, $\sigma = 5.669 \times 10^{-8}$ W/m^2 · K^4, $\epsilon = 0.7$이다. 그림과 같은 절점들에 대한 정상상태의 온도분포 및 열손실을 구하여라. 복사에서 온도는 K로 나타내진다.

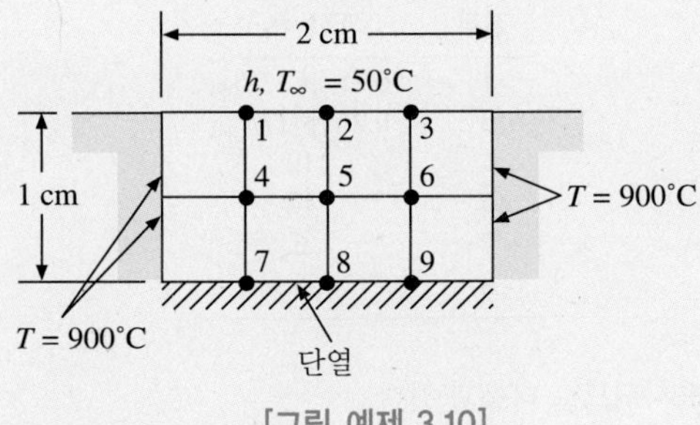

[그림 예제 3.10]

■ 풀이

저항공식을 이용하면 복사열은 다음과 같다.

$$q = \sigma\epsilon A(T^4 - T_\infty^4) = \frac{T - T_\infty}{R_{복사}} \tag{a}$$

$$\frac{1}{R_{복사}} = \sigma\epsilon A(T^2 + T_\infty^2)(T + T_\infty) \tag{b}$$

대칭성으로부터 $T_1 = T_3$, $T_4 = T_6$, $T_7 = T_9$ 이므로 단지 6개의 미지절점만을 생각한다. 저항은 다음과 같이 계산된다.

절점 *1, 2*:

$$\frac{1}{R_{m+}} = \frac{1}{R_{m-}} = \frac{kA}{\Delta x} = \frac{(3.0)(0.0025)}{0.005} = 1.5 \qquad \frac{1}{R_{n-}} = \frac{(3.0)(0.005)}{0.005} = 3.0$$

$$\frac{1}{R_{n+,\text{대류}}} = hA = (50)(0.005) = 0.25 \tag{c}$$

$$\frac{1}{R_{n+,\text{복사}}} = \sigma\epsilon A(T^2 + T_\infty^2)(T + T_\infty)$$

복사항은 비선형이므로 반복해를 사용한다.

절점 *4,5*:

$$\text{모든 } \frac{1}{R} = \frac{kA}{\Delta x} = \frac{(3.0)(0.005)}{0.005} = 3.0$$

절점 *7,8*:

$$\frac{1}{R_{m+}} = \frac{1}{R_{m-}} = 1.5 \qquad \frac{1}{R_{n+}} = 3.0$$

아랫면이 단열되어 있으므로 $1/R_{n-} = 0$ 이다. 식 (3.32)로부터

$$T_i = \frac{\sum(T_j/R_{ij})}{\sum(1/R_{ij})} \tag{3.33}$$

표를 만들면

절점	$\Sigma(1/R_{ij})$
1	$6.25 + 1/R_{\text{rad}}$
2	$6.25 + 1/R_{\text{rad}}$
4	12
5	12
7	6
8	6

복사항 때문에 절점방정식은 K로 표시되므로 다음과 같다.

$$T_1 = \frac{1}{\sum(1/R_{ij})}[1.5T_2 + 3T_4 + (1.5)(1173) + (323)(0.25) + \sigma\epsilon(0.005)(T_1^2 + 323^2)(T_1 + 323)(323)]$$

$$T_2 = \frac{1}{\sum(1/R_{ij})}[1.5T_1(2) + 3T_5 + (323)(0.25) + \sigma\epsilon(0.005)(T_2^2 + 323^2)(T_2 + 323)(323)]$$

$$T_4 = \tfrac{1}{12}[(1173)(3.0) + 3T_1 + 3T_7 + 3T_5] \qquad T_5 = \tfrac{1}{12}[2T_4(3.0) + 3T_2 + 3T_8]$$

$$T_7 = \tfrac{1}{6}[(1173)(1.5) + 3T_4 + 1.5T_8] \qquad T_8 = \tfrac{1}{6}[2T_7(1.5) + 3T_5]$$

복사항으로 인하여 비선형방정식들이 얻어진다. 이때 사용해야 할 계산방법은 다음과 같다.

1. $T_1 = T_2 = 1173$ K로 가정한다.

2. 위의 가정하에 절점 1과 2에 대하여 $1/R_{\text{복사}}$와 $\Sigma(1/R_{ij})$를 계산한다.

3. T_1에서 T_8 까지 방정식들을 푼다.

4. 새로운 T_1, T_2를 사용하여 $1/R_{\text{복사}}$를 다시 계산한다.

5. 새로운 수치를 사용하여 방정식을 푼다.
6. 구한 해답이 충분히 수렴할 때까지 이 과정을 반복한다.

6 회의 반복결과가 아래 표에 표시되어 있고 수렴이 매우 빠름을 알 수 있다. 이때 온도는 K이다.

반복횟수	T_1	T_2	T_4	T_5	T_7	T_8
1	990.840	944.929	1076.181	1040.934	1098.951	1070.442
2	1026.263	991.446	1095.279	1068.233	1113.622	1090.927
3	1019.879	982.979	1091.827	1063.462	1110.967	1087.215
4	1021.056	984.548	1092.464	1064.344	1111.457	1087.901
5	1020.840	984.260	1092.347	1064.182	1111.367	1087.775
6	1020.879	984.313	1092.369	1064.212	1111.384	1087.798

여기서 실제문제에서 ϵ 값은 몇 % 내의 오차를 갖고 있기 때문에 비합리적인 정확도까지 방정식을 반복법으로 수행하는 것은 가치가 없다.

열손실은 윗면으로부터의 복사와 대류의 계산으로부터 구한다.

절점 *1, 2, 3*:

$$\begin{aligned} q_{\text{복사}} &= \sum \sigma\epsilon A_i(T_i^4 - 323^4) \\ &= (5.669 \times 10^{-8})(0.7)(0.005)[(2)(1020.88^4 - 323^4) + 984.313^4 - 323^4] \\ &= 610.8 \text{ W/m depth} \\ q_{\text{대류}} &= \sum hA_i(T_i - 323) \\ &= (50)(0.005)[(2)(1020.88 - 323) + 984.313 - 323] = 514.27 \text{ W} \\ q_{\text{총합}} &= 610.8 + 514.27 = 1125.07 \text{ W/m depth} \end{aligned}$$

900°C 면으로부터 들어오는 전도열을 계산하여 검토한다.

$$\begin{aligned} q_{\text{전도}} &= \sum kA_i\frac{\Delta T}{\Delta x} \\ &= \frac{(2)(3.0)}{0.005}[(0.0025)(1173 - 1020.879) + (0.005)(1173 - 1092.369) \\ &\quad + (0.0025)(1173 - 1111.384)] \\ &= 1124.99 \text{ W/m 깊이} \end{aligned}$$

결과는 잘 일치한다.

예제 3-11 격자크기를 변화하여 푸는 방법

온도구배가 큰 영역에서 격자의 크기를 작게하여 온도를 구하는 것이 더 정확한 해를 구할 수 있다. 다음 그림은 그림 3.6의 문제와 경계조건은 같은데 다만 모퉁이 근방에서 격자를 더 작게 만든 것이다. 문제의 대칭성으로 인하여 $T_1 = T_2$, $T_3 = T_4$ 등이 성립함을 유의하여라.

■ 풀이

절점 3, 6, 8, 9는 $\Delta x = \Delta y$인 내부절점이고 이들 절점에 대하여 식 (3.24)와 같은 형태의 절점방정식을 세울 수 있다.

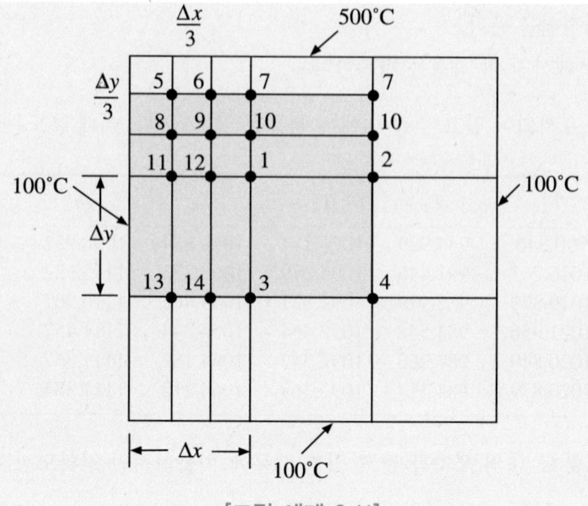

[그림 예제 3.11]

$$600 + T_6 + T_8 - 4T_5 = 0$$
$$500 + T_5 + T_7 + T_9 - 4T_6 = 0$$
$$100 + T_5 + T_9 + T_{11} - 4T_8 = 0$$
$$T_8 + T_6 + T_{10} + T_{12} - 4T_9 = 0$$

절점 7에 대해서는 다음과 같은 저항식을 사용할 수 있다.

$$1/R_{7-6} = k$$
$$1/R_{7-500^\circ} = \frac{k(\Delta x/6 + \Delta x/2)}{\Delta y/3} = 2k$$
$$1/R_{7-10} = 2k$$

따라서 아래와 같은 절점방정식을 구할 수 있다.

$$1000 + T_6 + 2T_{10} - 5T_7 = 0$$

절점 10에 대해서는

$$1/R_{10-9} = k$$
$$1/R_{10-7} = 2k = 1/R_{10-1}$$

$$2T_7 + T_9 + 2T_1 - 5T_{10} = 0$$

절점 1에 대해서는

$$1/R_{1-12} = \frac{k(\Delta y/6 + \Delta y/2)}{\Delta x/3} = 2k$$
$$1/R_{1-3} = \frac{k(\Delta x/6 + \Delta x/2)}{\Delta y} = 2k/3$$
$$1/R_{1-10} = 2k$$

$$3T_{12} + 3T_{10} + T_3 - 7T_1 = 0$$

절점 11에 대해서는

$$1/R_{11-100^\circ} = 1/R_{11-12} = \frac{k(\Delta y/6 + \Delta y/2)}{\Delta x/3} = 2k$$
$$1/R_{11-8} = k$$
$$1/R_{11-13} = \frac{k(\Delta x/3)}{\Delta y} = k/3$$

$$600 + 6T_{12} + 3T_8 + T_{13} - 16T_{11} = 0$$

비슷한 방법으로 절점 12에 대해서는 다음과 같은 절점방정식이 성립한다.

$$3T_9 + 6T_{11} + 6T_1 + T_{14} - 16T_{12} = 0$$

절점 13에 대해서는

$$1/R_{13-100^\circ} = \frac{k\,\Delta y}{\Delta x/3} = 3k = 1/R_{13-14}$$
$$1/R_{13-11} = 1/R_{13-100} = k/3$$

$$1000 + 9T_{14} + T_{11} - 20T_{13} = 0$$

비슷한 방법으로 절점 14에 대해서는

$$100 + 9T_{13} + 9T_3 + T_{12} - 20T_{14} = 0$$

마지막으로, 절점 3에 대해서는 이미 알고 있는 저항식을 사용하여 아래와 같은 절점방정식을 구할 수 있다.

$$200 + 9T_{14} + 2T_1 - 13T_3 = 0$$

위에서 구한 절점방정식을 풀기 위하여 $T_i = f(T_j)$의 형태로 고치고 Gauss-Seidel의 반복법을 사용하자. T_i에 대한 기초값을 모두 0으로 놓고 컴퓨터로 푼 결과는 다음 표와 같이 나타낼 수 있다.

	반복횟수				
절점	2	10	20	30	50
1	59.30662	232.6668	247.1479	247.7605	247.7875
2	59.30662	232.6668	247.1479	247.7605	247.7875
3	50.11073	139.5081	147.2352	147.5629	147.5773
4	50.11073	139.5081	147.2352	147.5629	147.5773
5	206.25	288.358	293.7338	294.0129	294.023
6	248.75	359.025	366.9878	367.3243	367.3391
7	291.45	390.989	398.7243	390.0513	399.0657
8	102.9297	200.5608	208.4068	208.7384	208.753
9	121.2334	264.2423	275.7592	376.2462	276.2677
10	164.5493	302.3108	313.5007	313.974	313.9948
11	70.95459	156.9976	164.3947	164.7076	164.7215
12	73.89051	203.6437	214.5039	214.9634	214.9836
13	70.18905	115.2635	119.2079	119.3752	119.3826
14	62.82942	129.8294	135.6246	135.8703	135.8811

위 표에서처럼 50회 반복한 $T_1 = T_2 = 247.79$°C와 $T_3 = T_4 = 147.58$°C는 그림 3.6에서 4개의 절점을 사용하여 구한 250°C와 150°C 보다는 약간 낮은 값임을 유의하라.

예제 3-12 3차원 수치해법

수치 공식화를 좀더 살펴보기 위해 그림 3.12(a)와 같은 간단한 3차원 블록을 생각하자. 블록의 크기는 3 × 4 × 4 cm이고 앞면은 $T_\infty = 100$℃ 및 $h = 524\ \text{W/m}^2 \cdot ℃$인 대류환경에 노출되어 있다. 네 면은 100℃의 일정온도를 유지하고 있고 뒷면은 단열되어 있다. $\Delta x = \Delta y = \Delta z = 1$ cm이고 절점은 그림에서 보는 바와 같이, 앞면에 절점 11, 12, 13, 14, 15, 16이 있으며 그 다음 Δz 위치에 절점 21, 22, 23, 24, 25, 26이 있고 그 다음 $2\Delta z$, $3\Delta z$, $4\Delta z$ 위치에 마찬가지로 6개씩의 절점이 있다. 절점방정식을 얻기 위해 식 (3.32)형태의 저항공식을 사용한다.

■ 풀이

z-평면 2, 3, 4지점에 위치하는 모든 내부절점은 다음과 같은 저항을 갖는다.

$$1/R = k\,A/\Delta x = (2)(0.01)^2/0.01 = 0.02 = 1/R_{11-21} = 1/R_{21-22}\text{, 등}$$

z-평면 1에 대한 표면전도저항은

$$1/R_{11-12} = k\,A/\Delta x = (2)(0.01/2)/0.01 = 0.01 = 1/R_{11-14}\text{, 등}$$

표면대류저항은

$$1/R_{11-\infty} = h\,A = (500)(0.01)^2 = 0.05$$

11과 같은 표면절점에 대해서는 식 (3.32)에서 $\Sigma(1/R_{ij})$ 항은 다음과 같이 된다.

$$\sum(1/R_{11-j}) = (4)(0.01) + 0.02 + 0.05 = 0.11$$

반면에 내부절점에 대해서는

$$\sum(1/R_{21-j}) = (6)(0.02) = 0.12$$

단열된 뒷면의 절점에 대해서는

$$\sum(1/R_{51-j}) = (4)(0.01) + (0.02) = 0.06$$

각 z-평면에 6개씩 총 30개의 절점이 있다. 모든 절점에 대해 식을 세울 수 있겠으나 그림에 나타난 바와 같이 대칭조건을 이용하면 다음과 같다.

$$T_{11} = T_{13} = T_{14} = T_{16}\ \text{그리고}\ T_{12} = T_{15}\text{, 등}$$

이제 표면절점방정식을 쓰면

$$T_{11} = [0.05\,T_\infty + 0.02\,T_{21} + (0.01)(100 + 100 + T_{14} + T_{12})]/0.11$$
$$T_{12} = [0.05\,T_\infty + 0.02\,T_{22} + (0.01)(100 + T_{11} + T_{15} + T_{13})]/0.11$$

$T_\infty = 10$을 대입하면 다음과 같이 된다.

$$T_{11} = (2.5 + 0.02\,T_{21} + 0.01\,T_{12})/0.1$$
$$T_{12} = (1.5 + 0.02\,T_{22} + 0.02\,T_{11})/0.1$$

마찬가지 방법으로 다른 z 평면에 대해서 절점방정식을 구할 수 있다.

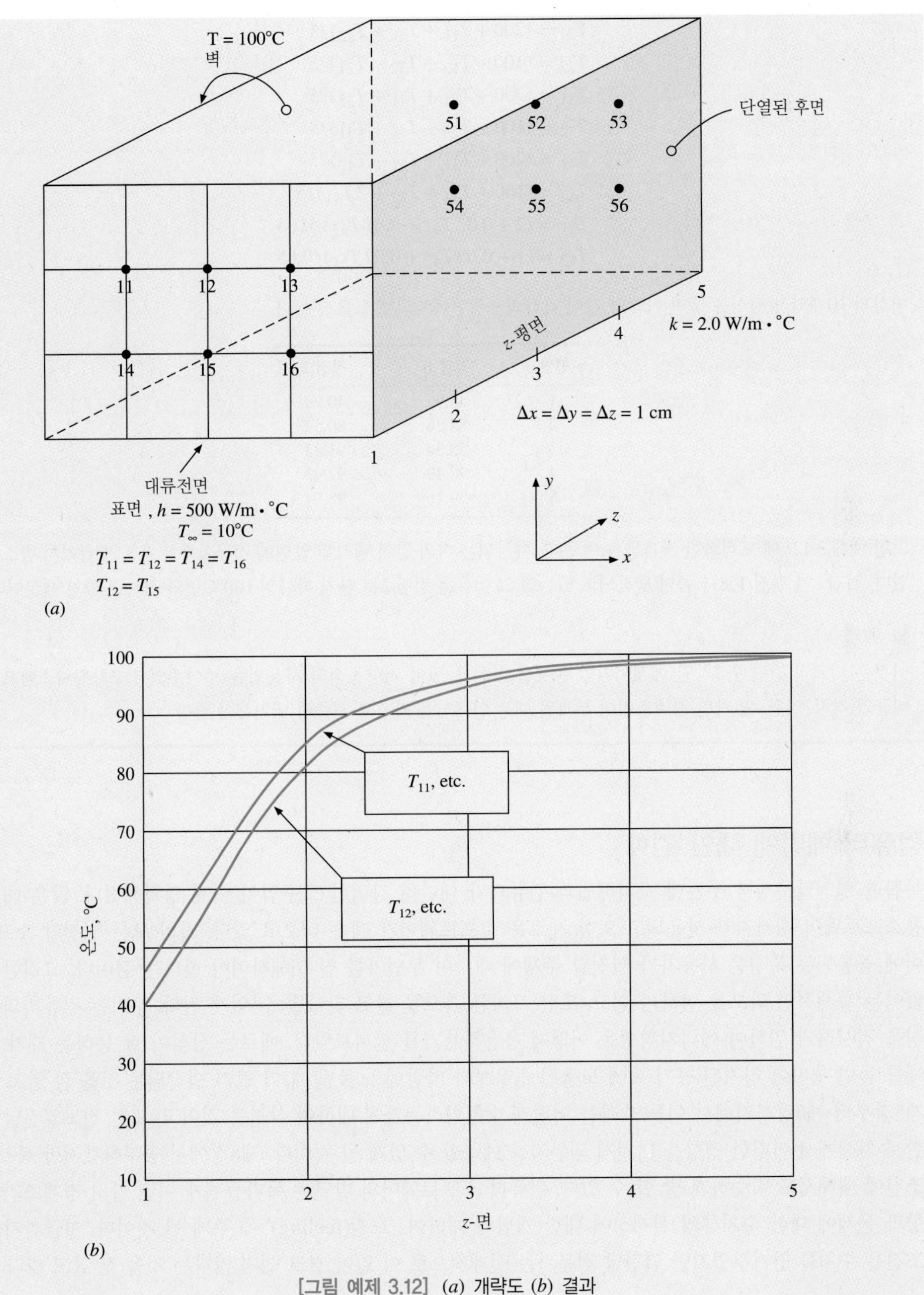

[그림 예제 3.12] (a) 개략도 (b) 결과

$$T_{21} = (200 + T_{11} + T_{31} + T_{22})/5$$
$$T_{22} = (100 + T_{12} + T_{32} + T_{21})/5$$
$$T_{31} = (200 + T_{21} + T_{41} + T_{32})/5$$
$$T_{32} = (100 + T_{22} + T_{42} + T_{31})/5$$
$$T_{41} = (200 + T_{31} + T_{51} + T_{42})/5$$
$$T_{42} = (100 + T_{32} + T_{52} + 2\,T_{41})/5$$
$$T_{51} = (2 + 0.02\,T_{41} + 0.01\,T_{52})/0.05$$
$$T_{52} = (1 + 0.02\,T_{42} + 0.02\,T_{51})/0.05$$

이상의 10개의 방정식을 풀면 아래와 같이 각각의 z 평면에서의 온도를 얻는다.

z-평면	절점 1	절점 2
1	45.9	40.29
2	84.36	80.57
3	95.34	93.83
4	98.49	97.93
5	99.16	98.94

그림 예제 3.12*b*에 도식화한 결과를 보여 준다. 예상되는 바와 같이 냉각된 앞면에 접근할수록 온도가 급격히 감소하고 있다. 절점 2가 절점 1보다 좀더 냉각되고 있는데 그 이유는 절점 2는 단지 하나의 100°C면과 접하고 있기 때문이다.

■ **해설**

이것은 비교적 간단한 3차원 예제이지만 문제를 푸는데 있어 저항공식의 사용법을 보여주었다. 2차원시스템으로서 비균일 격자, 열원, 및 가변 경계조건이 부과될 때는 인내심을 가지고 신중히 대처해야 한다.

컴퓨터 해법에 대한 견해

복잡한 열전달문제를 푸는데 수치해법과 컴퓨터가 대단히 강력한 도구임이 이제 명확해졌다. 많은 대형 상용소프트웨어 패키지가 사용되고 또한 새로운 소프트웨어가 계속 나오고 있다. 거의 모든 열전달 소프트웨어에 공통되는 특징은 사용자가 열전달 주제에 대하여 무언가를 잘 이해하여야 한다는 점이다. 그러한 이해 없이는 총체적인 과오를 범하기 쉽고, 또한 그러한 과오를 결코 찾아낼 수 없게 된다. 우리는 컴퓨터의 유효성을 검사하기 위하여 에너지평형을 어떻게 응용하는가를 살펴보았다. 때로는 상식이 잘 통하는 때가 있다. 예를 들면 평판이 정지된 공기 속에 노출된 경우보다 바람에 노출될 때 더 빨리 냉각되는 것을 잘 알고 있다. 제5장부터 제6장까지에서 이들 효과를 어떻게 수치화하는가에 대하여 살펴볼 것이고, 또한 전도열전달에 대한 수치해에서 어떠한 영향을 미치게 되는지를 예측할 수 있게 될 것이다. 제8장에서 공부하겠지만 복사경계조건에 대해서도 비슷하게 말 할 수 있다. 컴퓨터 소프트웨어의 발달은 독자들에게 여러 가지 경계조건의 영향과 문제에 대한 수치해의 실제성에 대한 개념에 대하여 '느낌(feeling)'을 주게 될 것이다. 지금까지 경계조건은 수치를 명기하였지만 열전달 전문가는 실제적으로 이 일이 결코 쉽지 않다는 것을 잘 알고 있다.

3-9 2차원전도의 전기적 유사성

비저항(resistivity)이 일정하고 균질한 물질 내에서 일어나는 정상상태의 전기전도는 동일한 형태의 물체 내에서 일어나는 정상상태의 열전도와 유사하다. 2차원 전기전도에서는 Laplace 방정식이 적용된다.

$$\frac{\partial^2 E}{\partial x^2}+\frac{\partial^2 E}{\partial y^2}=0$$

여기서 E는 전압(electric potential)이다. 2차원 열전도문제를 푸는 간단한 방법 중의 하나는 전기적인 유사성을 이용하여 식 (3.23)에서 사용한 형태계수를 실험적으로 구하는 것이다. 이 방법은 매우 얇은 전기전도막을 입힌 전도지(conducting sheet)를 이용하며 이 전도지는 시장에서 용이하게 구입할 수 있다. 전도지를 2차원 열전도문제와 똑같은 형태로 자르고 열전도 조건과 동일하게 해주기 위해서 적당한 가장자리에 은페인트(silver paint)와 같은 양호한 전기전도물질을 발라 전압을 걸어 준다. 전도지의 저항은 가장자리에 바른 전도물질의 저항에 비해서 상당히 높기 때문에 전도물질 부분은 일정한 전압이 유지된다.

전도지로 만든 모형에 일단 전압을 걸어준 뒤에는 이 모형 위에 등전압선을 그리기 위해서 전압계를 사용한다. 등전압선과 전류선(electric flux line)은 서로 직교하기 때문에 등전압선만 구하면 전기유선은 쉽게 그릴 수 있다. 이와 같이 하여 구한 등전압선과 전기유선은 열문제에서의 등온선과 열유선에 대응하기 때문에 형태계수는 곡선망방법을 사용하여 구할 수 있다.

열원이 존재하는 열전도문제에서는 전도지를 사용하는 방법을 이용할 수 없다. 그러나 대류경계조건을 갖는 문제는 약간 힘들기는 하나 적당한 저항을 배열하여 전도지를 사용하면 풀 수 있다. 전기적 유사성을 비롯하여 다른 유사성 방법은 Schneider [2]와 Ozisik [10]에 잘 설명되어 있으며 Kayan [4,5]은 전도지 방법을 아주 상세하게 설명하였다.

3-10 요약

문헌을 살펴보면 정상상태의 열전도에 대하여 해석적으로 풀이가 되어 있는 문제가 무수히 많다. 그러나 오늘날과 같은 컴퓨터시대에는 이들 해석적 풀이의 유용성은 별로 크지 않다. 그렇다고 해서 새로운 문제를 풀 때 이들 과거의 경험을 사용하지 않는다는 말은 아니다. 그러나 더 쉬운 방법이 있는 경우를 제외하고는 대부분의 경우 우리가 풀고자 하는 열전도문제에 바로 수치해법을 적용할 수 있다. 열전도문제를 푸는 방법을 요약하면 다음과 같다.

1. 2차원 또는 3차원 열전달문제를 풀 때 우선 1차원문제로 축소하도록 노력하라. 예를 들면 지름에 비하여 길이가 대단히 긴 원통은 1차원으로 취급할 수 있다.

2. 가능하면, 물리적 현상을 정확히 또는 대략적으로라도 나타낼 수 있는 간단한 모델을 만들어라. 4항과 5항을 참조하라.

3. 간단한 해석적방법을 찾아보라. 그러나 풀이가 너무 복잡한 경우에는 수치적방법으로 시도하라.

4. 실제문제에서 대류나 복사경계조건은 불확실성이 대단히 큼을 인식하라. 다시 말하면 대부분의 실제문제에서 절점방정식을 사용한 수치해의 정확성에 대한 지나친 관심은 적합하지 않다.

5. 일반적으로 해법은 간단한 방법으로부터 복잡한 방법으로 진행하고 풀이과정을 적절히 점검하라.

복습문제

1. Laplace 방정식을 풀기 위한 변수분리법에서 취해야 할 가정은 무엇인가?
2. 전도형태계수를 정의하여라.
3. 2차원 전도문제를 풀기 위하여 수치적 해법을 수립하는데 기본과정은 무엇인가?
4. 일단 전도문제에 대한 유한차분방정식이 얻어지면 어떤 방법이 해를 구하는데 효과적이겠는가? 각 방법의 장점과 단점은 무엇이고 언제 각 방법이 적용되는가?
5. 학교에 있는 전자계산소에 전도열전달문제를 풀기 위하여 어떤 프로그램이 있는지 조사해 보자.

예제 목록

3-1 매질 속에 묻혀 있는 관
3-2 정육면체의 노
3-3 매질 속에 묻혀 있는 원판
3-4 매질 속에 평행하게 묻혀 있는 두 원판
3-5 9절점 문제
3-6 Gauss-Seidel의 반복법 계산
3-7 열원이 있는 경우의 수치해법
3-8 비균일 절점요소를 가진 열원
3-9 비균일 절점요소를 가진 복합재료
3-10 복사경계조건
3-11 격자크기를 변화하여 푸는 방법
3-12 3차원 수치해법

연습문제

3-1 λ^2와 $\lambda^2 < 0$의 변수분리해 [식 (3.9)나 (3.10)]는 $y = H$에서 온도가 일정하다는 경계조건이 만족될 수 없음을 증명하여라. 즉, 식 (3.9)나 (3.10)을 사용했을 때 다음과 같은 경계조건이 만족될 수 없음을 증명하여라.

$y = 0$에서 $T = T_1$
$x = 0$에서 $T = T_1$
$x = W$에서 $T = T_1$
$y = H$에서 $T = T_2$

3-2 식 (3.20)으로 나타나는 급수해에서 0이 아닌 처음 4개항을 써라. $y = H$ 이고 $x = W/2$일 때 이들 4개항만을 사용했을 경우 생기는 오차는 몇 % 인가 ?

3-3 표면온도 67°C이고 지름이 25 cm인 수평 원관이 땅 속($k = 1.8$ W/m · °C) 1.2 m 깊이에 묻혀 있다. 땅의 표면온도가 15°C일 때 단위길이당 관으로부터의 열손실을 계산하여라.

3-4 지름이 6 cm이고 표면온도가 210°C인 관이 두께가 45 cm이고 표면온도가 15°C인 콘크리트 평판의 중심을 통과하고 있다. 곡선망 그림을 사용하여 관의 단위길이당 열손실을 구하여라. 또한 표 3.1을 사용하여 풀어라.

3-5 지름이 2.5 cm인 관이 101 kPa의 응축수증기를 공급한다. 이 관은 두께 5 cm의 무한 평판의 중앙을 관통하고 있고, 평판의 양쪽 면은 주위온도 27°C 및 $h = 5.1\ \mathrm{W/m^2 \cdot {}^\circ C}$의 대류환경에 놓여있다. 평판은 $k = 0.1\ \mathrm{W/m \cdot {}^\circ C}$인 단열재로 이루어져 있다. 단위길이 당 수증기 관으로부터의 열손실을 구하여라.

3-6 내부지름이 2.5 cm이고 외부지름이 5 cm인 모넬(Monel)로 만든 관 위에 2.5 cm 두께로 유리솜(glass wool)을 씌웠다. 관 내부면의 온도가 300°C이고 유리면의 외부면의 온도가 40°C일 때 관의 단위길이당 열손실은 얼마인가? 모넬의 $k = 11\ \mathrm{Btu/h \cdot ft \cdot {}^\circ F}$이다.

3-7 단면이 그림과 같은 노에 곡선망 그림을 사용하여 벽의 전도형태계수를 구하여라.

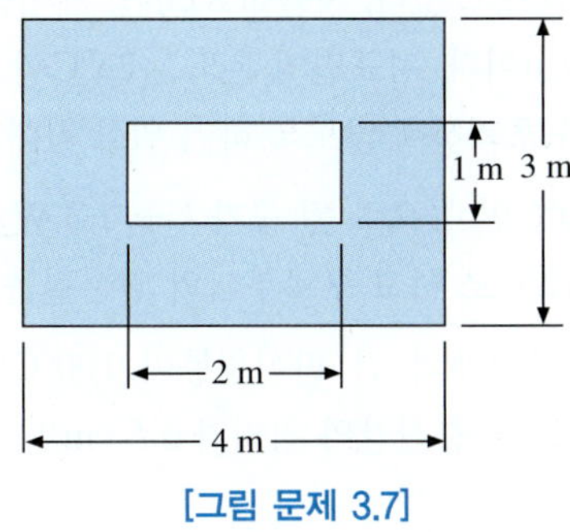

[그림 문제 3.7]

3-8 내부의 크기가 70 × 60 × 90 cm인 노가 $k = 0.5\ \mathrm{Btu/h \cdot ft \cdot {}^\circ F}$인 물질로 만들어졌다. 한 변의 두께는 6 in이고 내부 및 외부표면의 온도는 각각 500°C와 100°C이다. 노의 벽을 통하는 열손실을 계산하여라.

3-9 바깥면의 한 변의 길이가 35 cm인 정육면체가 내화벽돌로 만들어졌다. 정육면체의 벽의 두께는 5 cm이고 내부 및 외부표면의 온도가 각각 500°C와 80°C일 때 열전달은 몇 watt 인가?

3-10 지름이 각각 8 cm와 3 cm인 2개의 긴 원통이 $k = 1.4\ \mathrm{W/m \cdot {}^\circ C}$의 매질 안에 묻혀 있다. 두 원통중심 간의 거리는 10 cm이고 온도가 각각 200°C와 35°C일 때 원통의 단위길이당 열전달을 계산하여라.

3-11 지름이 10 cm이고 온도가 30°C인 구가 $k = 1.2\ \mathrm{W/m \cdot {}^\circ C}$인 땅속에 묻혀 있다. 지면으로부터 구의 중심까지의 거리는 24 cm이고 지면의 온도가 0°C일 때 구로부터의 열손실을 계산하여라.

3-12 지름 20 cm인 구가 많은 양의 유리솜으로 완전히 싸여 있다. 구 안의 내부열원은 구의 외부표면의 온도를 170°C로, 유리솜 외부의 온도를 20°C로 유지하여 준다. 평형상태를 유지하기 위해 열원에 공급해야 할 전력은 얼마인가?

3-13 지름이 2 m인 커다란 구형탱크가 열전도계수가 $1.5\ \mathrm{W/m \cdot {}^\circ C}$이고 온도가 20°C인 땅 안에 묻혀 있고 탱크 안에는 0°C의 얼음을 저장하고 있다. 탱크로부터의 열손실을 구하여라.

3-14 지름이 2.5 cm인 관이 101 kPa의 응축수증기를 공급한다. 이 관은 $k = 0.04$ W/m · °C인 단열재로 된 정방형블록의 중앙을 관통하고 있다. 블록의 한쪽 면은 5 cm, 길이는 2 m이며 주위온도 27 °C 및 $h = 5.1$ W/m^2 · °C의 대류환경에 놓여있다. 수증기관으로부터 열손실을 계산하여라.

3-15 다음 그림과 같은 형태를 가진 물체($k = 1$ W/m · °C)의 표면온도는 100°C이고 표면으로부터 멀리 떨어진 부분의 온도는 300 K이다. $L = 30$ cm이고 $D = 10$ cm인 부분의 표면으로부터의 열전달은 얼마이겠는가?

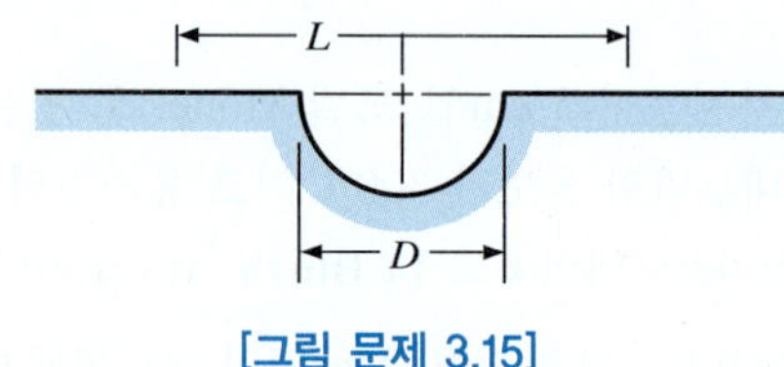

[그림 문제 3.15]

3-16 지하케이블을 통하여 전류가 흐르고 있다. 지름이 8 cm인 케이블이 깊이 1.3 m인 곳에 묻혀 있고, 케이블의 저항은 1.1×10^{-4} Ω/m이다. 지표면의 온도는 25°C이고, 땅의 $k = 1.2$ W/m · °C이다. 케이블의 외부표면온도가 110°C를 초과하지 않도록 하기 위한 최대허용전류를 구하여라.

3-17 지름이 4.0 cm이고 온도가 70°C인 동으로 된 구가 $k = 1.3$ W/m · °C인 땅 속에 묻혀 있다. 구로부터 멀리 떨어진 곳의 온도를 12°C로 하고 구로부터의 열손실을 구하여라.

3-18 지름이 각각 20 cm와 5 cm인 2개의 긴 편심원통이 100°C와 20°C로 유지되어 있고, $k = 2.5$ W/m · °C인 재료 안에 묻혀 있다. 중심간의 거리가 5.5 cm일 때 원통 사이의 단위길이당 열전달을 구하여라.

3-19 2 개의 파이프가 땅 속에 묻혀 있고 각각의 온도가 200°C와 100°C로 유지되어 있다. 지름이 각각 9 cm,18 cm이고, 중심 간의 거리는 40 cm이다. 이 지역에서 땅의 열전도계수가 1.1 W/m · °C일 때 단위길이당 열전달을 계산하여라.

3-20 지름이 1.5 cm인 뜨거운 구가 300°C로 유지되어 있고 $k = 1.2$ W/m · °C인 재료에 묻혀 있다. 외부 표면온도가 30°C이고 구의 중심부까지의 깊이가 3.75 m일 때 열손실을 구하여라.

3-21 전기적으로 가열된 긴 막대를 땅 속에 수직으로 묻어서 토질의 열전도계수를 측정하기 위한 장치를 만들고자 한다. 막대의 지름은 2.5 cm이고 길이는 1 m이다. 부적당한 토질의 변질을 피하기 위하여 토질온도는 10°C로, 그리고 막대의 최대온도는 55°C로 유지하고자 할 때 토질의 열전도계수가 1.7 W/m · °C라고 가정하고, 전기적 열원의 필요한 동력(watt)을구하여라.

3-22 열전도계수가 0.8 W/m · °C인 단열재 안에 두 개의 관이 중심선 사이의 거리가 12 cm 되게 평행으로 묻혀 있다. 한쪽 관의 지름은 10 cm이고 300°C의 뜨거운 유체가 흐르고 있고 다른쪽 관은 지름이 2.8 cm이고 15°C의 차가운 유체가 흐르고 있다. 관의 단위 m 길이당 열전달을 계산하여라.

3-23 표면온도가 25°C이고 열전도계수가 1.5 W/m · °C인 땅 속에 지름이 2 m이고 온도가 5°C인 구가 묻혀 있다. 지표면에서 구의 중심까지의 깊이가 5 m일 때 지표면과 구 사이의 열전달을 구하여라.

3-24 평행한 두 개의 관이 땅속 매우 깊은 곳에 묻혀 있고 이 관들은 외부에 $k = 3.5$ W/m · °C인 암석과 접하고 있다. 한 개의 관은 지름이 20 cm이며 120°C의 고온의 유체가 흐르고 다른 관은 지름이 40 cm이며 20°C인 저온의 유체를 공급한다. 두 관의 중심간의 거리는 1.0 m이며 두 개의 관 길이는 직

경 및 중심간의 거리에 비해 충분히 길다. 두 개의 관 사이의 단위길이당 전도열전달[W/m]을 구하여라.

3-25 수증기관은 가끔 부주의로 인해 단열하지 않은 채 땅속에 매설되는 경우가 있다. 지금 150°C의 수증기를 공급하는 10 cm의 관이 23 cm의 땅속에 묻혀 있다. 매설된 관의 길이는 100 m, 땅 속의 열전도계수가 1.2 W/m · °C, 표면온도가 15°C라고 가정할 때 관으로부터의 열손실을 구하여라.

3-26 지름이 5 cm이고 150°C의 수증기를 공급하는 수증기관이 두께 15 cm인 콘크리이트 판(slab)의 중심에 위치하고 있다. 이 콘크리이트 판의 외부는 대류환경에 놓여 있고 윗면 및 아랫면은 20°C를 유지하고 있다. 관의 단위 길이 당 열손실을 구하여라.

3-27 지름 1 cm인 7개의 관이 100°C의 수증기를 공급하고 있다. 관은 열전도계수가 1.2 W/m · °C인 반무한고체 속에 묻혀있고 이 고체의 표면온도는 25°C이다. 묻힌 깊이는 5 cm이고 관의 중심 간의 거리는 3 cm이다. 각각의 관의 단위 길이 당 열손실을 구하여라.

3-28 지름이 각각 5 cm와 10 cm 인 평행한 두 관이 느슨하게 쌓은 석면 속에 묻혀 있다. 한쪽 관에는 110°C의 수증기가 흐르고 있고 다른쪽 관에는 3°C의 찬물이 흐르고 있으며 두 관의 중심선 사이의 거리가 20 cm일 때 뜨거운 관의 단위 길이당 열손실을 구하여라.

3-29 지름이 3 cm이고 표면온도가 135°C인 긴 원통이 열전도계수가 15.5 W/m · °C인 재질의 표면으로부터 원통의 중심선까지의 깊이가 5 cm 되는 곳에 묻혀 있다. 재질의 표면온도가 46°C일 때 원통의 단위길이당 열손실을 구하여라.

3-30 지름이 2.5 m이고 0°C의 얼음과 물이 들어 있는 구가 열전도계수가 0.2 W/m · °C이고 표면온도가 30°C인 반무한매질 속에 묻혀 있다. 반무한매질의 표면에서 구의 중심까지의 거리가 8.5 m일 때 구의 열전달률을 구하여라.

3-31 얇은 원판의 지름이 1.8 cm이고 40°C를 유지하고 있다. 이 원판이 열전도계수가 0.8 W/m · °C이고 표면온도가 15°C인 반무한고체 속에 묻혀 있다. 원판으로부터 열손실을 구하여라.

3-32 지름이 5 cm인 두 개의 평행 관이 $k = 0.04$ W/m · °C인 석면유리(무한 매질)속에 묻혀 있다. 한 쪽 관은 120°C의 수증기를, 다른 한 쪽은 5°C의 냉수를 공급한다. 단위 길이 당 두 개의 관 사이의 열전달을 관의 중심 간의 거리의 함수로 나타내어라.

3-33 변의 길이가 각각 50 cm와 100 cm인 직사각형 평판모양의 전기히터가 $k = 0.74$ W/m · °C인 반무한단열재 위에 놓여 있다. 히터의 모든 표면의 온도는 120°C이고 히터로부터 멀리 떨어진 지점의 단열재의 온도가 15°C일 때 히터로부터 단열재로 전도되는 열량을 계산하여라.

3-34 내부의 규격이 60 × 70 × 80 cm이고 벽의 두께가 5 cm인 직육면체의 노에 대한 전도형태계수를 계산하여라.

3-35 지름이 15 cm이고 온도가 150°C인 수증기관과 지름이 5 cm이고 5°C의 물이 흐르는 관이 열전도계수가 0.7 W/m · °C인 땅 속에 평형으로 묻혀 있다. 두 관의 중심선 사이의 거리가 15 cm일 때 단위길이의 수증기관으로부터의 열손실을 구하여라.

3-36 3차원 열전달문제의 내부절점에 대해서 식 (3.24)에 대응하는 방정식을 유도하여라.

3-37 1차원 열전달문제의 내부절점에 대해서 식 (3.24)에 대응하는 방정식을 유도하여라.

3-38 1차원 대류경계조건에 대해서 식 (3.25)에 대응하는 방정식을 구하여라.

3-39 2장의 1차원 핀 문제에서 그림과 같은 절점에서의 절점방정식이 다음과 같이 됨을 증명하여라.

$$T_m\left[\frac{hP(\Delta x)^2}{kA}+2\right]-\frac{hP(\Delta x)^2}{kA}T_\infty-(T_{m-1}+T_{m+1})=0$$

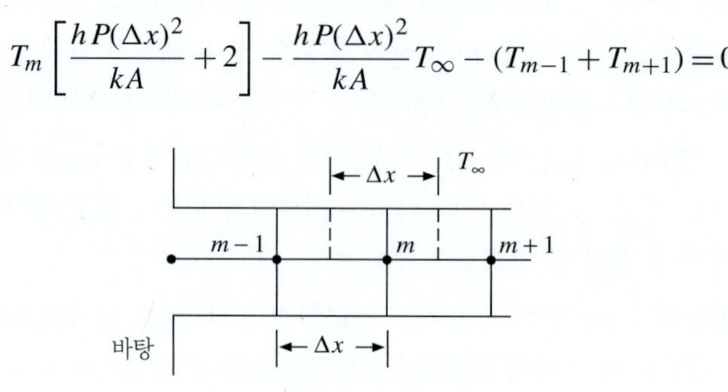

[그림 문제 3.39]

3-40 다음 그림과 같은 단열된 벽에 대응하는 절점방정식이 다음과 같이 됨을 증명하여라.

$$T_{m,n+1}+T_{m,n-1}+2T_{m-1,n}-4T_{m,n}=0$$

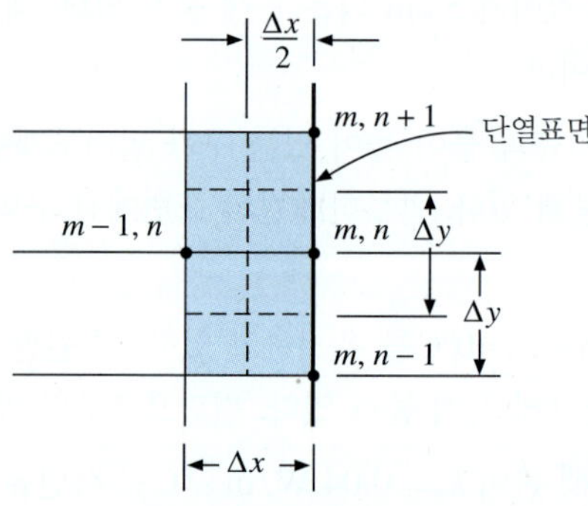

[그림 문제 3.40]

3-41 다음 그림과 같이 단열된 모서리에서의 절점(m, n)에 대해서 절점방정식을 유도하여라.

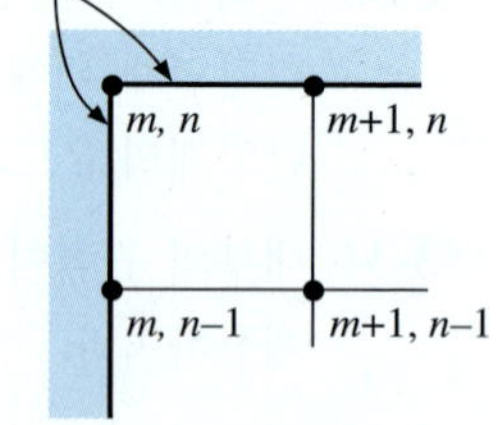

[그림 문제 3.41]

3-42 표 3.2 (f)에 주어진 절점방정식을 유도하여라.

3-43 주위로부터 일정한 열유속을 받는 경계절점에 대한 식을 유도하여라. 그림 3.7의 기호를 사용하여라.

3-44 예제 3.5에서 전선의 왼쪽 반은 단열되어 있고 오른쪽 반은 h = 200 W/m^2 · °C와 T = 20°C인 대류조건에 놓여 있을 때의 절점방정식을 세워라.

3-45 태양열을 이용하는 장치에서 외부지름이 5 cm이고 길이가 2 m이며 두께가 2 mm인 스테인레스강(k = 16 W/m · °C)으로 된 관에 20,000 W/m^{2}의 태양열이 집열되고 있다. 관 안에는 250°C의 끓는 물이 흐르고 있으며 물과 관 사이의 열전달계수는 5000 W/m^2 · °C이다. 관의 양쪽 끝은 온도가

100°C인 지지대에 지지되어 있다. 지지대 근방에서의 온도 구배는 열응력에 미치는 영향 때문에 대단히 중요하다. 1차원계라 가정하고 수치해법을 써서 지지대 근방의 온도를 구하여라.

3-46 지름이 2.5 cm이고 길이가 15 cm인 알루미늄 막대가 온도가 300°C인 벽으로부터 돌출되어 있고 막대 주위의 유체의 온도는 38°C이며 열전달계수는 17 W/m^2 · °C이다. 문제 3-39의 결과에 의한 수치적 방법을 써서 막대의 축방향에 따른 온도의 값을 구하고 $x = 0$일 때 벽으로부터의 열전달을 구하여라. 힌트: 막대 끝에서의 경계조건은 다음과 같다.

$$T_m\left[\frac{h\,\Delta x}{k}+\frac{hP(\Delta x)^2}{2kA}+1\right]-T_\infty\left[\frac{h\,\Delta x}{k}+\frac{hP(\Delta x)^2}{2kA}\right]-T_{m-1}=0$$

여기서 m은 핀 끝의 절점을 표시한다. 핀의 바탕에서의 열전달은

$$q_{x=0}=\frac{-kA}{\Delta x}(T_{m+1}-T_m)$$

3-47 열전달계수가 핀의 바탕과 끝 사이에서 선형적으로 변할 때 문제 3-46을 다시 풀어라. 단, 바탕에서 $h = 28$ W/m^2 · °C이고 끝에서 $h = 11$ W/m^2 · °C라고 가정한다.

3-48 문제 3-6의 벽에 대해서 $k = 1.4$ W/m · °C이고 벽의 내면과 바깥면에서의 온도가 각각 650°C와 150°C일 때 수치해법을 사용하여 벽을 통하는 열전달을 계산하여라.

3-49 벽의 바깥면이 38°C의 유체에 노출되고 열전달계수가 17 W/m^2 · °C일 때 문제 3-48을 다시 풀어라. 단, 내부표면의 온도는 650°C라 가정한다.

3-50 문제 3-4를 수치해법을 사용하여 풀어라.

3-51 다음 그림에서 면 1-4-7은 단열되어 있다. 면 1-2-3에서의 대류열전달계수는 28 W/m^2 · °C이고 재질의 열전도계수는 5.2 W/m · °C이다. 수치해법을 사용하여 절점 1, 2, 4, 5에서의 온도를 계산하여라.

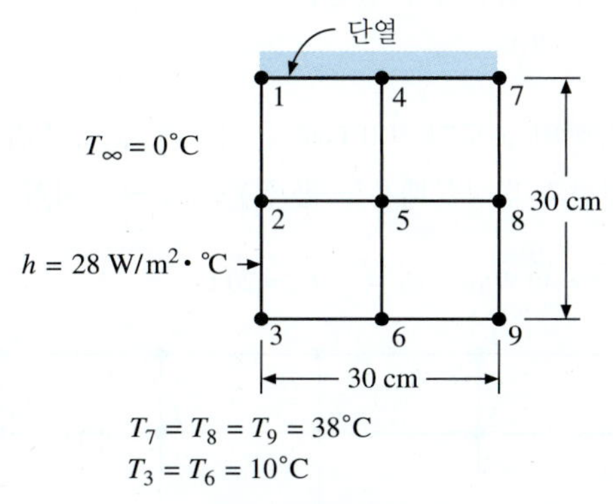

[그림 문제 3.51]

3-52 수직으로 놓여 있는 3 × 12 × 12 in인 유리판(두께 3 in, $k = 0.7$ W/m · °C)의 한쪽 면은 온도가 70°F인 유체에 노출되어 있고 다른 면은 400°F의 물체와 접촉하고 있으며 다른 4면은 단열되어 있다. 이때 열전달계수는 다음 식으로 표시된다.

$$h_x = 0.22(T_s - T_\infty)^{1/4} x^{-1/4} \qquad \text{Btu/h} \cdot \text{ft}^2 \cdot {}^\circ\text{F}$$

여기서 x는 판의 밑바닥으로부터 수직상방향으로의 거리(ft)이고 T_s와 T_∞의 단위는 °F이고 T_s는 표면온도이다. 수치적 방법을 이용하여 판으로부터의 대류열손실을 구하여라.

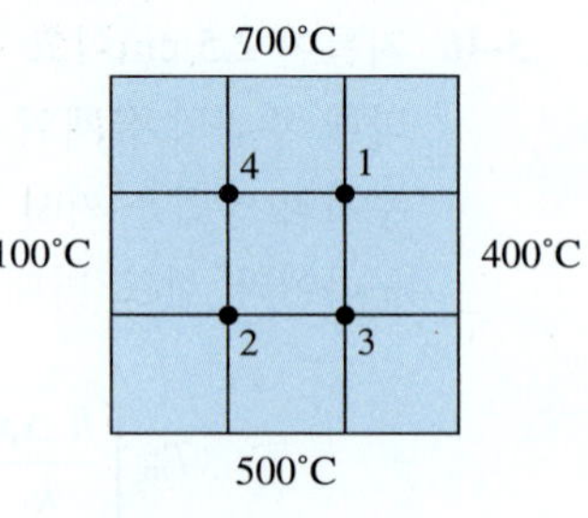

[그림 문제 3.53]

3-53 수치해법을 사용하여 그림의 절점 1, 2, 3 및 4에서의 온도를 계산하여라.

3-54 다음 그림과 같은 벽돌에 대해서 수치해법을 이용하여 정상상태의 온도분포를 구하여라. 단 $k = 3.2$ W/m · °C.

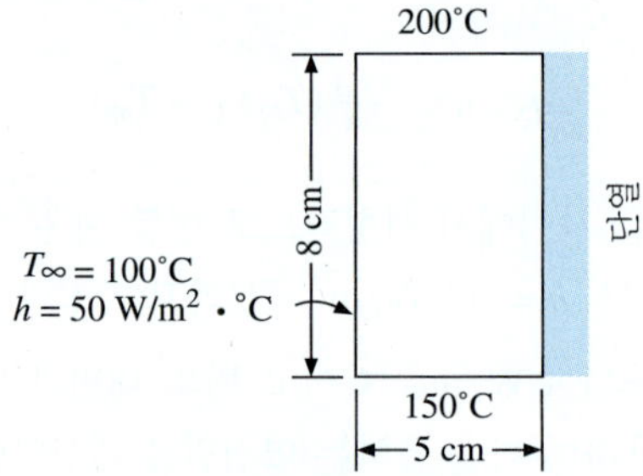

[그림 문제 3.54]

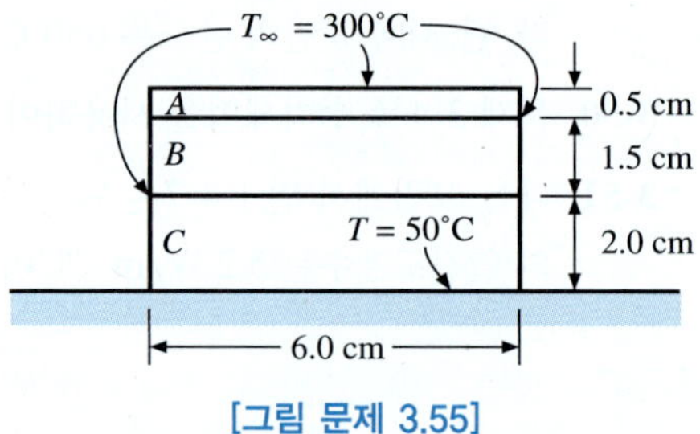

[그림 문제 3.55]

3-55 그림과 같이 여러 가지 물질로 구성된 물체 윗면은 300°C 및 $h = 40$ W/m^2 · °C의 유체에 노출되어 있고 아래면은 온도가 50°C인 판 위에 놓여 있다. $k_A = 20$ W/m · °C, $k_B = 1.2$ W/m · °C 및 $k_C = 0.5$ W/m · °C이다. 물체로부터 판으로의 단위길이당 열전달을 계산하여라. 2차원문제로 가정하여라.

3-56 다음 그림과 같은 핀의 바탕의 온도가 300°C로 유지되어 있고 주위와는 대류가 일어나고 있다. $k =$ 1.0 W/m · °C일 때 각 절점의 정상상태온도 및 열손실을 구하여라.

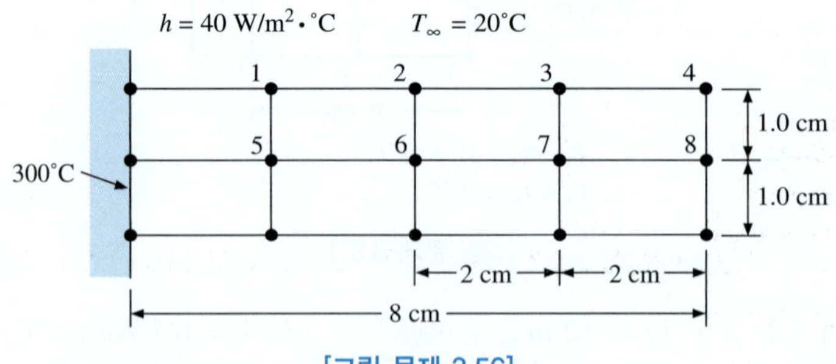

[그림 문제 3.56]

3-57 그림에서 교점 1로부터 16까지의 정상상태온도를 구하여라.

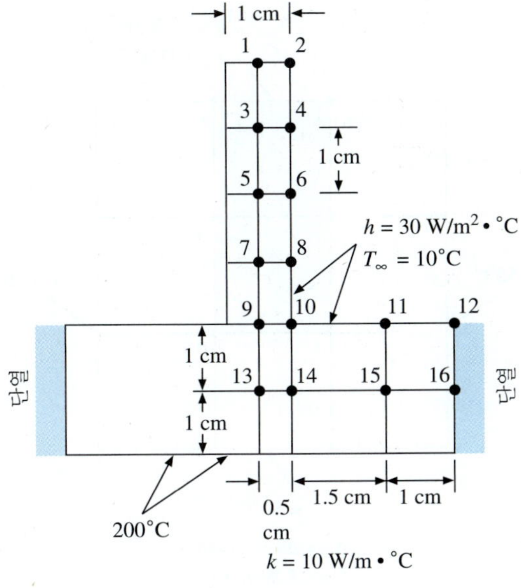

[그림 문제 3.57]

3-58 그림에서 절점 1에서 9까지의 정상상태온도를 계산하여라.

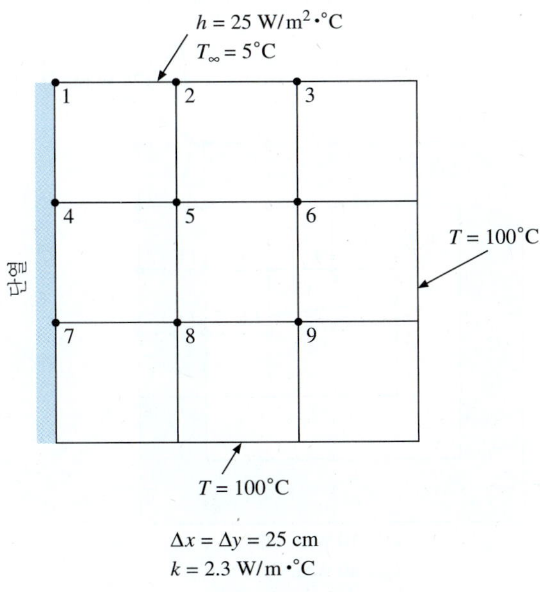

[그림 문제 3.58]

3-59 그림에서 절점 1에서부터 6까지의 정상상태온도를 계산하여라.

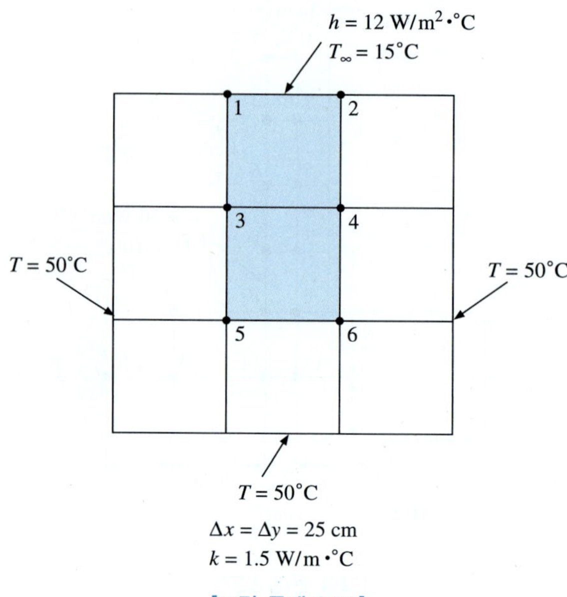

[그림 문제 3.59]

3-60 그림에서 외부표면은 주위유체에 둘러싸여 있고 내부표면은 300°C로 유지되고 있으며 A 및 B 재질에 대한 물성은 그림에 있다. 각 절점에서의 온도를 계산하여라.

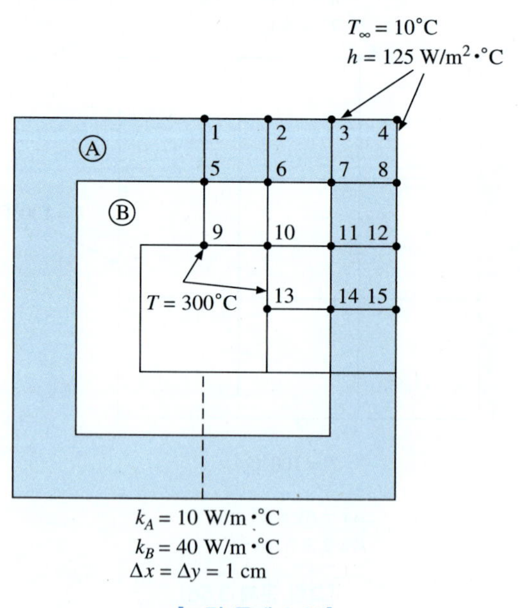

[그림 문제 3.60]

3-61 그림에서 열전도계수가 35 W /m · °C이고 지름과 길이가 각각 2 cm와 10 cm이며 50 MW/m^{3}의 열원이 있는 막대의 한쪽 끝단면의 온도는 200°C이고 다른 모든 표면은 h = 40 W/m^2 · °C와 T_∞ = 25°C의 주위유체에 노출되어 있을 때, 1차원으로 가정하고 각 절점에서의 온도를 계산하여라.

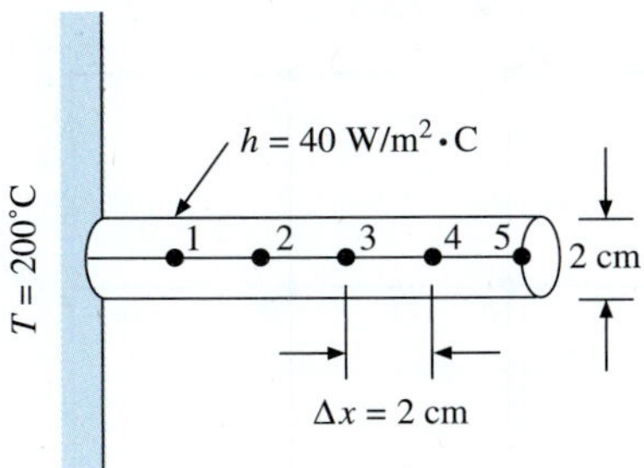

[그림 문제 3.61]

3-62 그림에서 외부표면은 20°C의 주위유체에 노출되어 있고 내부 표면은 500°C로 유지되고 있을 때 k = 0.2 W/m · °C라 가정하고, 각 절점에서의 정상상태온도를 계산하여라.

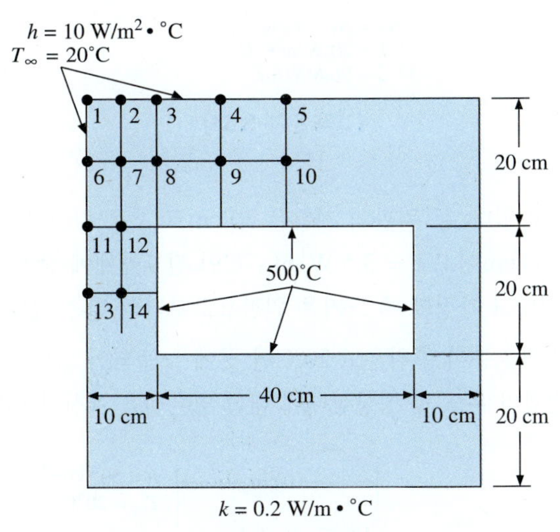

[그림 문제 3.62]

3-63 그림에서 각 절점에서의 정상상태온도를 계산하여라.

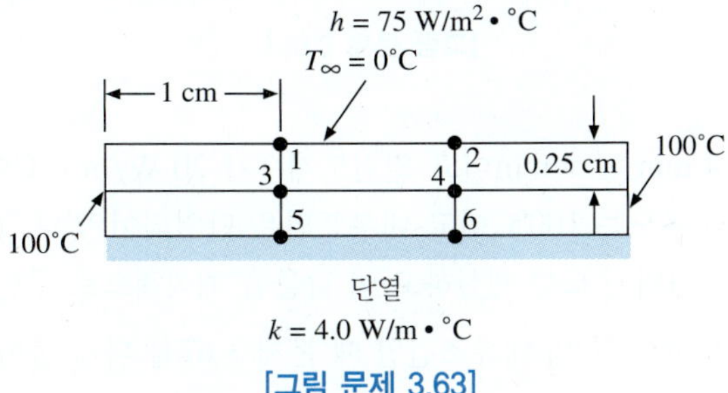

[그림 문제 3.63]

3-64 그림과 같은 2차원 물체($k = 20\ \mathrm{W/m \cdot {}^\circ C}$) 안에 90 $\mathrm{MW/m^3}$의 열원이 있을 때 수치해법으로 각 절점의 정상상태온도를 계산하여라.

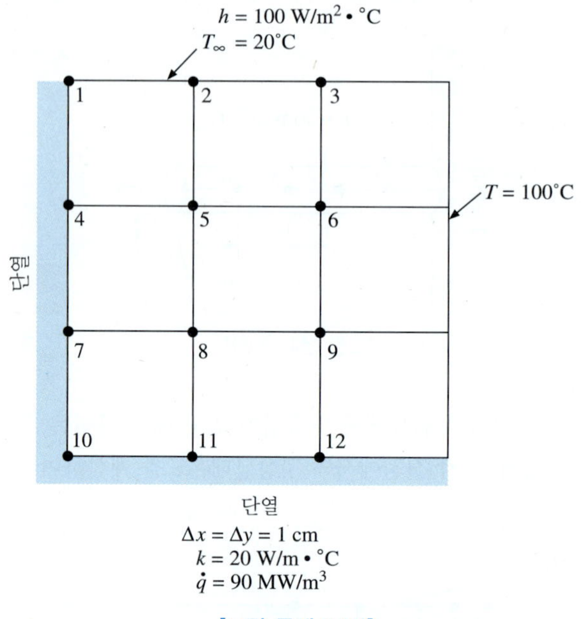

[그림 문제 3.64]

3-65 두 개의 평행한 원판이 있다. 두 원판의 지름은 30 cm로 서로 같고 온도는 각각 120°C 및 34°C 이며, 중심간의 거리는 80 cm이고 $k = 3.5\ \mathrm{W/m \cdot {}^\circ C}$인 전도매체에 잠겨 있다. 서로 마주 보는 면으로만 열교환이 이루어진다고 가정할 때 뜨거운 원판으로부터의 열손실[W]을 구하여라.

3-66 $k = 20\ \mathrm{W/m \cdot {}^\circ C}$인 반원통이 주위온도 20°C인 곳에 노출되어 있다. 아랫면의 온도가 300°C로 유지되고 있을 때 각 절점의 온도 및 정상상태에 대한 열손실을 계산하여라.

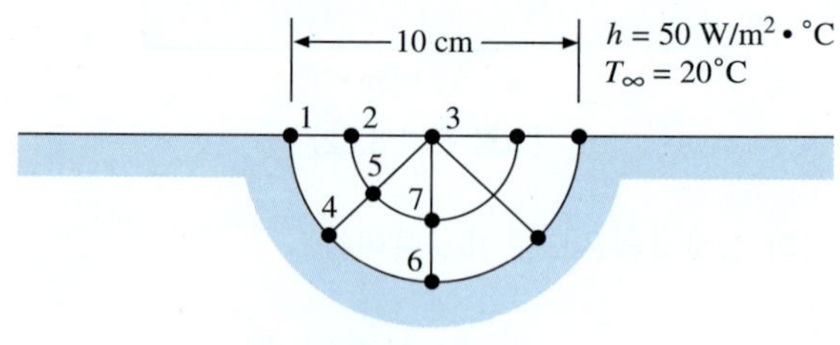

[그림 문제 3.66]

3-67 내부 및 외부지름이 4 mm 및 5 mm이고 열전도계수가 $20\ \mathrm{W/m \cdot {}^\circ C}$이며 500 $\mathrm{MW/m^3}$의 열원을 가진 관의 외부표면의 온도는 100°C이고 내부표면은 단열되어 있다. 관벽을 4개의 절점으로 나누고 수치해법으로 각 절점의 온도를 계산하고 이 값들을 해석적으로 구한 값과 비교하여라.

3-68 내부표면이 $h = 40\ \mathrm{W/m^2 \cdot {}^\circ C}$의 대류조건일 때 문제 3-67을 다시 풀어라.

3-69 문제 3-57에서 대류가 일어나는 표면에서 주어진 대류조건 대신에 300 W/m^{2}의 열유속을 받고 있을 때 문제를 다시 풀어라. 아래면은 역시 200°C를 유지하고 있는 것으로 하여라.

3-70 문제 3-60에서 내부표면이 300°C가 유지되는 대신에 300 W/m^{2}의 열유속을 받는다고 할 때 문제를 다시 풀어라.

3-71 문제 3-64에서 오른쪽 면이 100°C로 유지되는 대신에 500 W/m^{2}의 열유속을 받는다고 할 때 문제를 다시 풀어라. 필요하면 절점을 더 만들어도 된다.

3-72 그림과 같은 알루미늄으로 만든 경사진 못형 핀(pin-fin)의 단면적은 원형이고 바탕과 끝의 지름은 각각 1 cm 및 0.5 cm이며, 길이는 6 cm이다. 바탕온도는 200°C이고 온도가 10°C인 주위 유체에 $h = 200$ W/m$^2 \cdot$°C로 노출되어 있으며 끝은 단열되어 있다. 1차원 열유동으로 가정하고 유한차분법을 사용하여 절점 1에서 4까지의 온도와 핀으로부터의 열손실을 구하여라.

[그림 문제 3.72]

3-73 그림과 같은 대칭물체에서 절점 1부터 7까지의 절점방정식을 써라. 단, $\Delta x = \Delta y = 1$ cm이다.

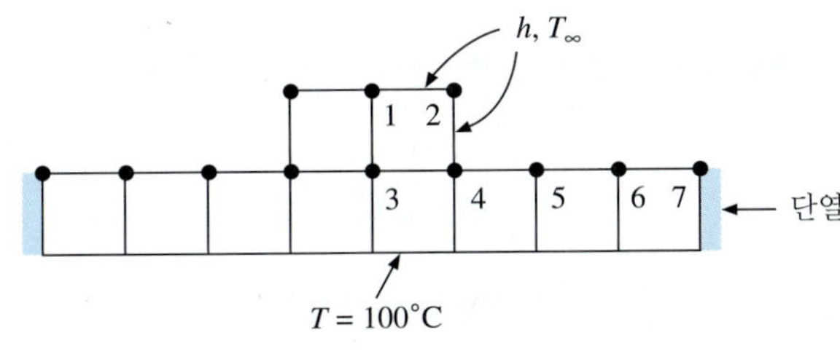

[그림 문제 3.73]

3-74 그림에서 절점 1부터 6까지의 온도를 구하여라. 단, $\Delta x = \Delta y = 1$ cm이다.

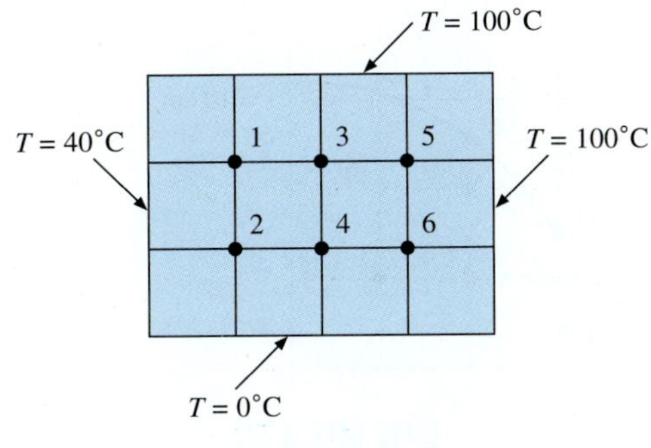

[그림 문제 3.74]

3-75 그림에서 절점 1부터 9까지의 절점방정식을 써라. 단, $\Delta x = \Delta y = 1$ cm이다.

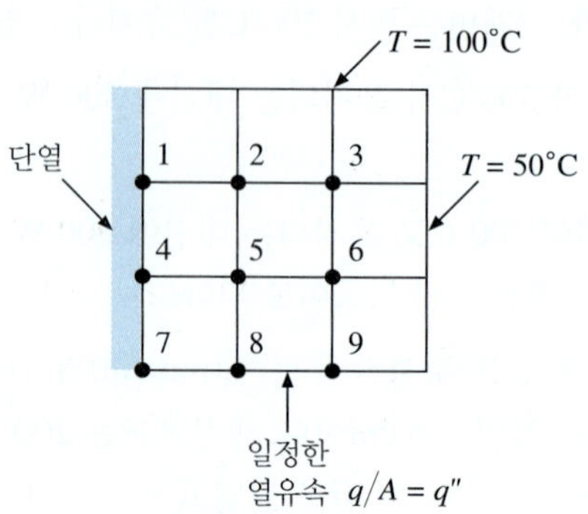

[그림 문제 3.75]

3-76 그림에서 절점 1부터 12까지에 대하여 절점방정식을 써라. 방정식을 Gauss-Seidel 반복법의 형태로 나타내어라.

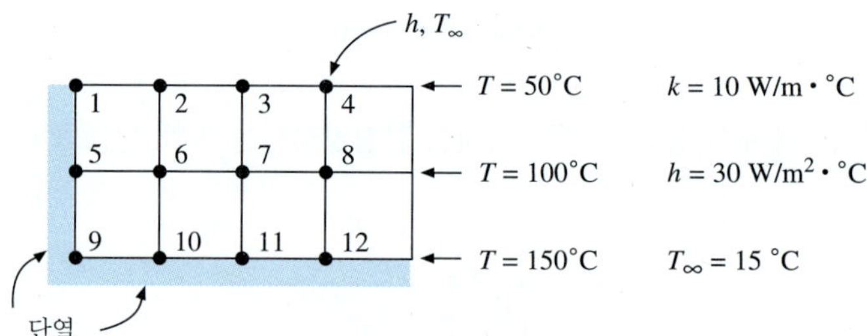

[그림 문제 3.76]

3-77 원형계에 대해서도 때로는 정사각형의 격자망을 구성하여야 할 때가 있다. 아래 그림과 같은 4분원을 생각하자. 여기에서 $r = 10$ cm이고 $\Delta x = \Delta y = 3$ cm이며 $k = 10$ W/m · °C이다. 절점 3과 4에 대하여 정상상태의 절점방정식을 써라. 이때 표 3.2와 3.4를 사용하여라.

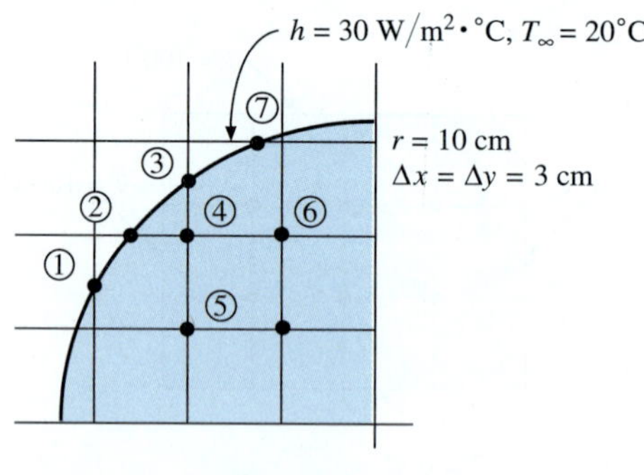

[그림 문제 3.77]

3-78 다음 그림과 같은 형태를 표 3.2(f)의 한 경우라고 생각하고 $\Delta x = \Delta y$라 하여 절점(m, n)과 절점 2에 대하여 절점방정식을 써라.

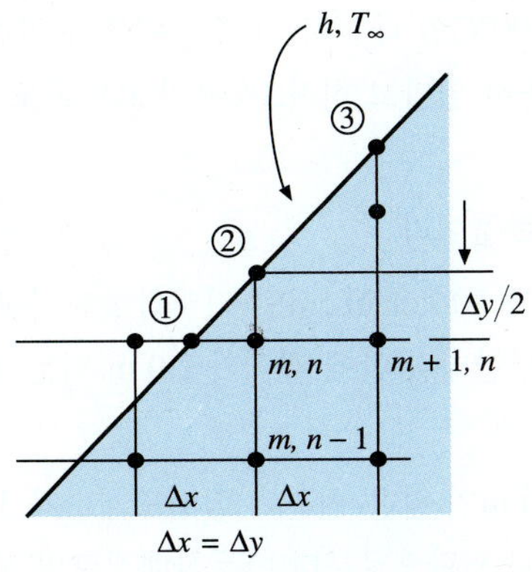

[그림 문제 3.78

3-79 경사표면이 단열되어 있다고 가정하고 문제 3-78를 다시 풀어라.

3-80 만약 문제 3-78의 경사표면이 T_∞의 온도로 등온이라면 절점 (m, n)의 절점방정식이 어떻게 되겠는가?

3-81 그림과 같이 두 재질 A와 B로 구성된 경사면에서 표 3.2(f 및 g)를 사용하여 절점 3, 4, 5 및 6에 대한 정상상태의 절점방정식을 써라.

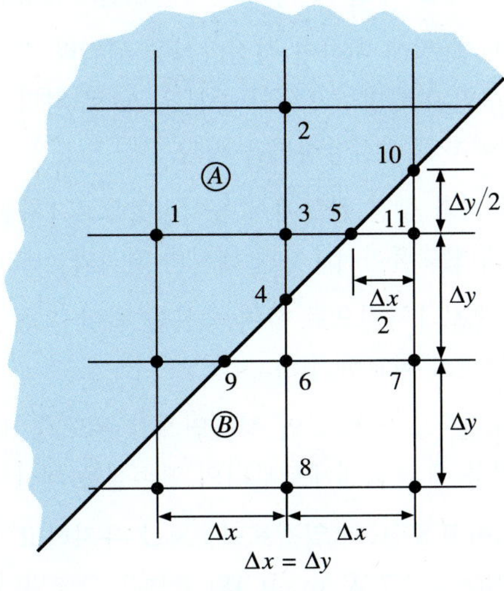

[그림 문제 3.81]

3-82 한 수평평판이 있다. 크기가 25 × 50 cm이고 온도는 78°C이며 반무한매질 내 5 m 깊이에 묻혀 있다. 매질의 표면은 15°C로 등온을 유지하고 있으며 열전도계수 $k = 2.8$ W/m · °C일 때 평판으로부터의 열손실을 계산하여라.

3-83 80°C로 유지되고 한 변의 길이가 20 cm인 정육면체가 열전도 계수가 2.3 W/m · °C이고 온도가 10°C인 무한매질 속에 묻혀 있다. 정육면체로부터의 열손실을 구하여라. 만약 정육면체 대신에 지름이 20 cm인 구가 묻혀 있다면 열손실은 어떻게 되겠는가? 두 경우를 단위 체적당 열손실로 비교하여라.

3-84 지름이 10 cm이고 온도가 100°C인 대단히 긴 수평원통이 열전도계수가 10 W/m · °C이고 두께가 30 cm인 평판의 중심면에 묻혀 있다고 하자. 평판의 표면온도가 20°C일 때 원통의 단위 길이당 열손실을 구하여라.

3-85 문제 3-84을 도표적 방법으로 풀어라.

3-86 온도가 50°C이고 변의 길이가 20 × 150 cm인 직사각형의 수평평판이 열전도계수가 1.5 W/m · °C이고 표면온도가 10°C인 반무한매질 안에 깊이가 2.0 m 되는 곳에 묻혀 있을 때 평판으로부터의 열손실을 구하여라.

3-87 온도가 75°C이고 지름이 10 cm인 얇은 원판이 열전도계수가 3 W/m · °C이고 온도가 15°C인 반무한매질의 표면에 놓여 있을 때 원판으로부터 반무한매질로의 전도열전달을 계산하여라.

3-88 문제 3-87에서 원판 대신에 한변의 길이가 10 cm인 정사각형의 판에 대해 다시 풀고, 단위 면적당 열전달을 기준하여 두 경우를 비교하여라.

3-89 지름이 10 cm, 길이가 20 m, 온도가 200°C로 유지되는 파이프가 열전도계수가 50 mW/m · °C이고 표면온도가 35°C이며 한 변의 길이가 20 cm인 정사각형 단면의 단열재의 중심에 묻혀 있을 때 파이프로부터의 열손실을 계산하여라.

3-90 외벽의 온도가 100°C이고 지름이 10 cm인 파이프가 두께 70 cm의 콘크리트 슬래브의 중심면에 묻혀 있다. 슬래브의 표면온도가 24°C일 때 파이프의 단위길이당(m) 열손실을 계산하여라.

3-91 그림 2.12에서와 같은 원판형 핀에 대하여 절점방식을 세워라. 핀의 두께는 t, 열전달계수는 h, 열전도계수는 k, 열발생률은 q, 반지름 방향으로의 증분은 Δr로 하라. 바탕온도 T_0에 인접한 절점, 판의 중간지점 및 핀의 끝 절점에서의 절점방정식을 써라.

3-92 문제 2-123에서와 같이 꼭지가 잘린 원뿔에서 높이방향으로 1차원으로 하여 증분을 잡아서 절점방정식을 세워 문제를 수치해법을 풀어서 1차원 해석의 결과와 비교하여라.

3-93 문제 2-122에서 각도방향으로 1차원으로 하여 증분을 잡아서 절점방정식을 세워 문제를 수치해법으로 풀고 1차원 해석의 결과와 비교하여라.

3-94 한 변의 길이가 30 cm, 표면온도가 30°C인 정육면체가 온도가 10°C, 열전도계수가 1.8 W/m · °C인 무한 매질 안에 묻혀 있을 때 정육면체로부터의 열손실을 계산하여라.

3-95 수평원판의 지름이 15 cm이고 87°C의 일정표면온도를 유지하고 있다. 이 원판이 반무한매질 내 20 cm 깊이에 묻혀 있다. 매질($k = 2.7$ W/m · °C)의 표면은 단열되어 있으며, 원판에서 충분히 떨어진 곳의 매질의 온도(단열표면온도가 아님)는 13°C이다. 원판으로부터의 열손실[W]을 구하여라.

3-96 내부가 가열되고 있는 구리봉이 있다. 봉의 표면온도는 50°C이고 반무한매질 내에 수직하게 묻혀 있다. 구리봉의 지름은 2 cm, 길이는 40 cm이다. 매질의 표면은 일정온도인 20°C를 유지하고 있고 매질의 열전도계수는 3.4 W/m · °C일 때 구리봉으로부터의 열손실을 구하여라.

3-97 문제 2-122를 각도 θ 방향으로 증분을 잡아 5개의 절점에 대하여 절점방정식을 세워서 수치해법으로 다시 풀고 2-122에서 해석적으로 구한 결과와 비교하여라.

설계지향문제

3-98 문제 3-62에서 내부 표면에 $k = 20$ W/m · °C이고 두께가 3 mm인 스테인리스강으로 된 라이너를 설치하였을 때 스테인리스강의 내부표면을 500°C로 가정하여 각 절점의 온도를 다시 계산하여라. 스테인리스강 내에서 절점은 필요한대로 잡아주어라.

3-99 어떤 가옥의 지하실이 크기는 4 × 5 m이고 천장 높이는 3 m이며 벽은 두께가 10 cm인 콘크리트로 되어 있고 지하실의 내부에서의 대류열전달계수는10 W/m^2 · °C이며 외부벽은 $k = 1.7$ W/m · °C인 흙으로 둘러싸여 있다. 이 문제를 해석하고 $q_{손실} = UA_{내부}\ (T_{내부} - T_{흙})$ 식에서 총괄열전달계수 U를 구하여라. 또한 $T_{내부} = 26$°C 및 $T_{흙} = 15$°C일 때 열손실을 구하여라.

3-100 냉동장치로 되어 있는 지하수 열펌프가 열을 대기로 방출하는 것이 아니고 흙에 수평으로 묻혀 있는 긴 관을 통하여 $k = 1.6$ W/m · °C이고 온도가 17°C인 땅으로 22 kW의 율로 방출되고 있다. 관에 흐르는 지하수의 입구온도는 29°C이고 출구온도는 23.5°C이다. 관의 내부에서의 대류열전달계수가 대단히 크기 때문에 관의 내벽의 온도는 관 안에 흐르는 지하수의 온도와 같다고 할 수 있다. 표 A.11에 나와 있는 표준강철관의 치수표를 사용하여 관의 크기와 길이를 선택하여라. 표 A.11이 아닌 다른 참고자료를 사용하여 플라스틱이나 다른 재료로 된 관으로 하여 크기를 선택할 수도 있다. 최종 선택을 하기전에 여러 경우를 살펴보고 최종선택을 하게 된 이유를 설명하여라.

3-101 주방장들이 말하기를 냄비 바닥 아래에 불꽃과 연소생성가스가 균일하게 퍼지기 때문에 가스버너가 전기버너보다 더 좋다고 한다. 전기버너가 더 좋다고 주장한 사람들은 전기버너는 주방 안에 공기오염물질이 안 생긴다고 주장을 하면서도 가스버너가 냄비 바닥을 균일하게 가열한다는 사실을 인정한다. 냄비 바닥을 두껍게 만들고 있는 제조업자들은 냄비 바닥에 8 mm 두께의 알루미늄판을 만들어 주기 때문에 전기버너를 사용하더라도 가스버너와 같이 균일한 가열효과를 낼 수 있다고 주장하고 있다. 여러분은 이 주장을 어떻게 생각하는가? 계산을 위하여 냄비의 바닥을 지름이 200 mm이고 두께는 8 mm이며 냄비 안에는 물이 들어 있고 1기압(100°C)에서 냄비 바닥에서의 대류열전달계수는 1500 W/m^2 · °C로 가정하라. 열전달의 균일성을 검토하기 위하여 전기버너 안의 원형 가열체의 적절한 간격과 적절한 수치모형에 대하여도 고려하라. 또한 가열판과 냄비 바닥 사이의 접촉 열저항과 있을 수 있는 복사열전달과 같은 요소들도 고려하라. 열전달율(또는 버너 가열체)의 변화도 고려하여야 한다. 이 문제를 다 푼 다음에 냄비 제작자들이 두꺼운 바닥 주장을 어떻게 신중이 주장하여야 하는지에 대해서도 건의하고 여러분의 해답의 불확실성에 대해서도 논의하여라.

3-102 2-10절의 핀의 해석에서 1차원으로 가정하였다. 이 가정이 옳다는 것을 보이기 위하여 문제 3-57에서 보인 것과 비슷한 수치모델을 만들어라. 해석을 할 때 $k = 200$ W/m · °C인 알루미늄으로 하고 핀의 두께에 따른 온도 변화에 대한 상대효과를 결정하기 위하여 핀의 두께, 길이 및 대류열전달계수 등의 여러 가지 서로 다른 조합에 대하여 검토하라. 적절하다고 생각되는 결론을 내려라.

3-103 두께가 15 cm인 콘크리트 슬래브 위에 단면이 5 × 7 m이고 높이가 3 m (모두 내부의 규격임)인 소형건물이 있는데 벽은 두께 7 cm인 콘크리트로 되어 있다. 건물의 내부는 −20°C의 냉동창고로 사용되고 있고 외부는 30°C의 대기에 노출되어 있으며 대류열전달계수는 15 W/m^2 · °C이다. 건물 내부에서의 대류열전달계수는 10 W/m^2 · °C이고 건물바닥으로 사용되는 콘크리트 슬래브는 $k =$ 1.8 W/m · °C이고 온도가 15°C인 땅과 접촉하고 있다. 외부벽에 단열재가 전혀 없을 때 건물로 들

어오는 열전달을 계산하여라. 다음에는 표 2.1 또는 표 A.3에서 건물 외벽에 설치할 두 가지 단열재를 선택하여라. 건물 외벽에 단열재를 설치하는 이유는 대기의 온도가 30°C일 때 단열재의 표면 온도를 26°C로 올려주기 위함이다. 냉동장치가 1 kW를 소비할 때 4000 kJ/hr의 냉동효과를 얻고 전기료는 kWh 당 8.5센트이다. 경제적으로 검토해본 결과에 따르면 단열재의 투자회수기간은 3년이다. 위에서 선택한 두 가지 단열재 각각에 대하여 투자에 대한 보상가능한 단위체적당 단열재의 허용 가격은 얼마인가? 또한 단열재의 표면온도를 24°C로 선택했다면 각 단열재의 허용가격은 얼마가 되는가? 냉동장치의 연간 작동시간은 각자가 가정한다.

참고문헌

1. Carslaw, H. S., and J. C. jaeger: "*Conduction of Heat In Solids*," 2d ed., Oxford University Press, Fir Lawn, N.J., 1959.
2. Schneider, P. J.: "*Conduction Heat Transfer*," Addison-wesley Publishing Company, Inc., Reading, mass., 1955.
3. Dusinberre, G. M.: "*Heat Transfer Calculations by Finite Differences*," International Textbook Company, Scranton, Pa., 1961.
4. Kayan, C. F.: "Heat Transfer Temperature Patterns of a Multicomponent Structure by Comparative Methods," *Trans. ASME*. vol. 71, p. 9, 1949
5. Rudenberg, R.: Die Ausbreitung der Luft-und Erdfelder und Hochspannungsleitungen, besonders bei Erd-und Kurzschlussen, *Elecktrotech*. Z., vol. 46, p.1342, 1925
6. Andrews, R. V.: Solving Conductive Heat Transfer Problems with Electrical- Analogue Shape Factors, *Chem. Eng. Prog*., vol. 51, no. 2, p. 67, 1955.
7. Sunderland, J. E., and K. R. Johnson: Shape Factors for Heat Conduction through Bodies with Isothermal or Convective Boundary Conditions, *Trans. ASHAE*, vol. 70, pp. 237-241, 1964.
8. Richtmeyer R. D.: "*Difference Methods for Initial Value Problems*," Interscience Publishers, Inc., New York, 1957.
9. Cranck, J., and P. Nicolson: A Practical Method for Numerical Evaluation of Solutions of P.D.E of Heat Conduction Type, *Proc. Camb. Phil. Soc*., vol. 43, P.50, 1947.
10. Ozisik, M. N.: "*Boundary Value Problems of Heat Conduction*," International Textbook Company, Scranton, Pa,. 1968.
11. Arpaci, V. S.: "*Conduction Heat Transfer*," Addison-Wesley Publishing Company, Inc., Reading, Mass., 1966.
12. Ames, W. F.: "*Nonlinear Partial Differential Equations in Engineering*," Academic Press, Inc., New York, 1965.
13. Myers, R. F.: "*Conduction Heat Transfer*," McGraw-Hill Book Company, New York, 1972.
14. Adams, J. A., and D. F. Rogers: "*Computer Aided Analysis in Heat Transfer*," McGraw-Hill Book Company, New York, 1973.
15. Rohsenow, W. M., and J. P. Hartnett(eds.): "*Handbook of Heat Transfer*," McGraw-Hill Book Company, New York, 1973.
16. Kern, D. Q., and A. D. Kraus: "*Extended Surface Heat Transfer*," McGraw-Hill Book Company, New York, 1972.
17. Hahne, E., and U. Grigull: Formfaktor und Formwiderstand der stationaren mehrdimensionalen Warmeleitung, *Int. J. Heat Mass Transfer*, vol. 18, p. 751, 1975.
18. Chapra, S. C., and R. P. Canale: "*Numerical Methods for Engineers*," 3rd ed., McGraw-Hill, 1996.

19. Constantiniders, A.: "*Applied Numerical Methods with Personal Computers*," McGraw-Hill, 1987.
20. Patankar, S. V.: "*Numerical Heat Transfer and Fluid Flow*," Hemisphere Publishing, 1980.
21. Minkowycz, W. J., E. M. Sparrow, G. E. Schneider, and R. H. Pletcher: "*Handbook of Numerical Heat Transfer*," Wiley, 1988.
22. _____. *Mathcad 8*, Cambridge, MA: Mathsoft, Inc., 1999.
23. _____. *TK Solver*, Rockford, Ill.: Universal Technical Systems, 1999.
24. Palm, W. *MATLAB for Engineering Applications*. New York: McGraw-Hill, 1999.
25. Gottfried, B. *Spreadsheet Tools for Engineers-Excel 97 Version*. New York: McGraw-Hill, 1998.
26. Holman, J. P. *Excel for Engineers, Hints and Examples*, Dallas: Crest Press, 1999.
27. Orvis, W. J., *Excel for Scientists and Engineers*, 2nd ed. San Francisco: SYBEX, 1996.

Chapter 04

비정상상태의 열전도

4-1 서론

고체와 접하고 있는 주위의 온도환경이 갑자기 변화하면 어느 정도 시간이 흐른 뒤에야 비로소 고체내부의 온도가 일정하게 유지되는 평형상태에 이르게 된다. 이러한 평형상태를 정상상태(steady state)라고 하며 정상상태에서의 온도분포와 열전달은 2장과 3장에서 언급했던 방법에 의해 계산된다. 평형상태에 도달하기 전까지의 과정은 시간에 따라 내부에너지가 변하는 과도적 가열 또는 냉각이 일어나기 때문에 지금까지 적용해 온 해석방법은 수정이 필요하며 물리적 상황이 명백하게 비정상 열전달 문제에 적합하도록 경계조건 또한 조절되어야 한다. 해석이 반드시 필요한 수 많은 가열과 냉각과정이 산업분야에서 빈번히 발생하기 때문에 비정상상태 열전달(unsteady-state heat-transfer) 해석은 실용적인 측면에서 대단히 흥미롭다.

과도열전달(transient heat-transfer) 문제는 3.2절에서 언급한 2차원 정상 열전달 문제를 풀기 위해 사용하였던 해석방법과 유사한 일반적인 열전도 방정식을 변수분리법에 의해 풀 수 있다. 단순한 형상의 대해 이러한 방법을 사용하여 해를 구하는 하나의 예를 들었으며 더 복잡한 경우에 대한 해석은 참고문헌을 참조하기 바란다. 그림 4.1에 표시한 것처럼 두께가 $2L$인 무한평판을 고려하자. 판은 처음에 일정한 온도 T_i로 유지되다가 시간 $\tau = 0$에서 판의 표면온도가 $T = T_1$로 갑자기 낮아졌다. 이러한 경우에 적용되는 미분방정식은 식 (4.1)과 같다.

$$\frac{\partial^2 T}{\partial x^2} = \frac{1}{\alpha}\frac{\partial T}{\partial \tau} \tag{4.1}$$

변수 $\theta = T - T_1$을 도입하여 보다 편리한 형태로 다시 정리하면 식 (4.2)와 같이 된다.

$$\frac{\partial^2 \theta}{\partial x^2} = \frac{1}{\alpha}\frac{\partial \theta}{\partial \tau} \tag{4.2}$$

경계조건 및 초기조건은 다음과 같이 쓸 수 있다.

$$\theta = \theta_i = T_i - T_1 \quad \text{at } \tau = 0,\ 0 \le x \le 2L \tag{a}$$

$$\theta = 0 \quad \text{at } x = 0,\ \tau > 0 \tag{b}$$

$$\theta = 0 \quad \text{at } x = 2L,\ \tau > 0 \tag{c}$$

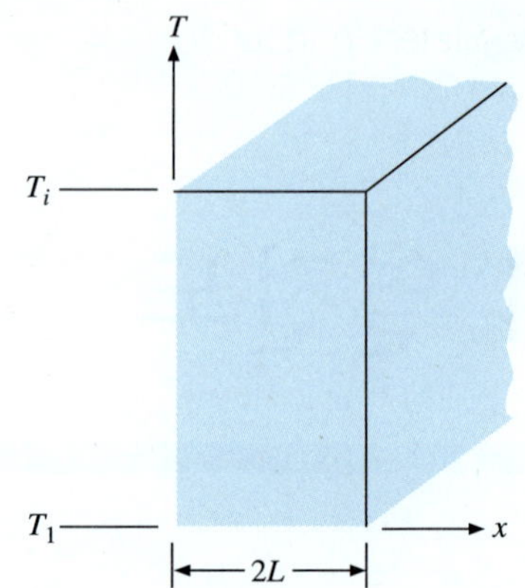

[그림 4.1] 표면이 갑자기 냉각되는 무한평판

방정식의 해를 $\theta(x, \tau) = X(x)\mathcal{H}(\tau)$와 같이 두 변수의 곱의 형태로 표현할 수 있다고 가정하면 다음과 같은 두 개의 상미분 방정식을 얻을 수 있다.

$$\frac{d^2X}{dx^2} + \lambda^2 X = 0$$
$$\frac{d\mathcal{H}}{d\tau} + \alpha\lambda^2\mathcal{H} = 0$$

여기서 λ^2은 분리상수이다. 경계조건을 만족하기 위해서 항상 $\lambda^2 > 0$이어야 하며 따라서 방정식 해의 형태는 다음과 같이 된다.

$$\theta = (C_1 \cos\lambda x + C_2 \sin\lambda x)e^{-\lambda^2\alpha\tau}$$

경계조건 (b)로부터 $\tau > 0$일 때 $C_1 = 0$이며 C_2 또한 0이 될 수 없으므로 경계조건 (c)로부터 $\sin 2L\lambda = 0$, 즉 다음과 같은 결과를 얻을 수 있다.

$$\lambda = \frac{n\pi}{2L} \qquad n = 1, 2, 3, \ldots$$

그러므로 최종적인 급수형태의 해는 다음과 같이 표현된다.

$$\theta = \sum_{n=1}^{\infty} C_n e^{-[n\pi/2L]^2\alpha\tau} \sin\frac{n\pi x}{2L}$$

위 식은 상수 C_n을 포함하고 있는 Fourier sine 급수인데 상수 C_n은 초기조건 (a)로부터 다음과 같이 구할 수 있다.

$$C_n = \frac{1}{L}\int_0^{2L} \theta_i \sin\frac{n\pi x}{2L}\,dx = \frac{4}{n\pi}\theta_i \qquad n = 1, 3, 5, \ldots$$

그러므로 최종 급수해는 식 (4.3)처럼 나타낼 수 있다.

$$\frac{\theta}{\theta_i} = \frac{T - T_1}{T_i - T_1} = \frac{4}{\pi} \sum_{n=1}^{\infty} \frac{1}{n} e^{-[n\pi/2L]^2 \alpha\tau} \sin \frac{n\pi x}{2L} \qquad n = 1, 3, 5 \ldots \tag{4.3}$$

물론 $\tau = 0$에서 식 (4.3)의 우변의 급수는 x의 모든 값에 대해 당연히 1로 수렴해야 한다.

4.4절에서는 계산목적을 위해 위의 해를 도식적인 형태로 나타낼 것이다. 지금까지 변수분리법을 사용하여 비정상 열전도 방정식을 푸는 방법에 대해 설명하였다. 해석적인 방법으로 비정상 상태와 관련된 문제를 푸는데 필요한 보다 많은 정보는 참고문헌을 참조하여라.

4-2 집중열용량계

과도 열전도 문제를 온도가 균일한 시스템으로 고려하여 해석해 보자. 이러한 해석 방법을 **집중열용량법** (*lumped-heat-capacity method*)이라고 부른다. 열이 물체로 들어오거나 나간다면 물체 내에 온도구배가 반드시 존재하여야 하기 때문에 명백히 그러한 시스템은 이상적인 경우이다. 일반적으로 물체의 크기가 작으면 작을수록 온도가 균일하다는 가정은 일반적인 열전도 방정식을 유도할 때 채택했던 미소체적에 대한 개념을 고려해 보면 더욱 더 사실에 가깝다는 것을 알 수 있다.

뜨거운 강철구를 차가운 물이 담긴 용기에 담그면 강철구의 냉각이 일어나는데 이러한 과정 동안 강철구의 온도가 균일하다는 가정을 정당화할 수 있다면 집중열용량법을 사용할 수 있다. 명백히 강철구 내의 온도분포는 강철구의 열전도계수와 구 표면으로부터 주위 유체로의 열전달 조건, 즉 표면 대류열전달계수에 의존한다. 만일 구 내부에서의 전도 열저항이 구표면에 생기는 대류열저항에 비해 매우 작아 대부분의 온도구배가 표면에 인접한 유체층에 집중된다면 구 내부에서의 온도분포가 균일하다고 생각하는 것은 합리적이다. 그러므로 집중열용량해석은 물체의 내부저항이 외부저항에 비해 무시할 수 있을 정도로 작다고 가정하는 해석방법이다.

물체로부터 대류에 의한 열손실은 그림 4.2에서 볼 수 있는 것처럼 물체 내부에너지의 감소와 같으므로 다음과 같은 식으로 나타낼 수 있다.

$$q = hA(T - T_\infty) = -c\rho V \frac{dT}{d\tau} \tag{4.4}$$

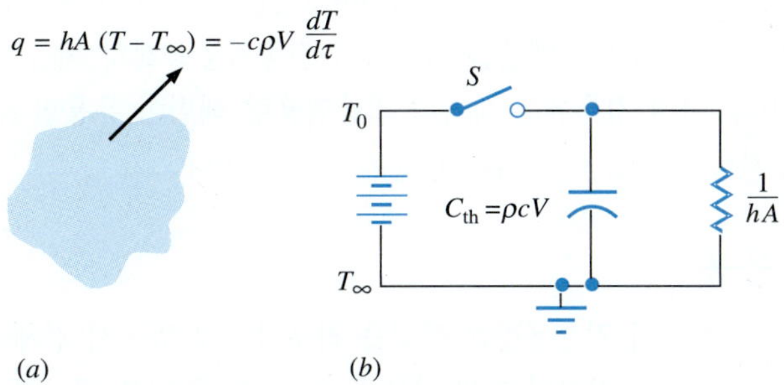

[그림 4.2] 단일집중열용량계에 대한 개념

여기서 A는 대류가 일어나는 표면적을 의미하고 V는 체적을 의미한다. 초기조건은 아래와 같이 쓸 수 있다.

$$\tau = 0 \text{ 에서 } T = T_0$$

그러므로 식 (4.4)의 해는 다음과 같다.

$$\frac{T - T_\infty}{T_0 - T_\infty} = e^{-[hA/\rho cV]\tau} \tag{4.5}$$

여기서 T_∞는 대류가 일어나는 주위 유체의 온도이다. 그림 4.2(b)는 집중열용량계를 열회로(thermal network)로 나타낸 그림이다. 시스템의 열용량은 스위치 S를 닫음으로써 초기에 T_0으로 충전된다. 스위치가 열리면 열커패시턴스(thermal capacitance)내에 저장되었던 에너지가 저항 $1/hA$를 통해 소산된다. 이러한 열시스템과 전기시스템 사이에 유사성이 존재하기 때문에 아래에 나타낸 열시스템의 비율을 $1/(R_eC_e)$와 같게 해주므로써 열시스템처럼 작동하는 전기시스템을 쉽게 만들 수 있다.

$$\frac{hA}{\rho cV} = \frac{1}{R_{\text{th}}C_{\text{th}}} \qquad R_{\text{th}} = \frac{1}{hA} \qquad C_{\text{th}} = \rho cV$$

여기서 R_e와 C_e는 각각 전기저항과 캐패시턴스이다. 열시스템에서는 에너지가 저장되는 반면 전기시스템에서는 전기전하가 저장된다. 열시스템에서 에너지의 흐름을 열(heat)이라고 하며 전기시스템에서 전하의 흐름을 전류(electric current)라고 한다. $c\rho V/hA$는 시간의 차원을 갖기 때문에 시간상수(time constant)라고 한다. 시간이 시간상수만큼 흘렀을 때, 즉

$$\tau = \frac{c\rho V}{hA}$$

일 때 온도차 $T - T_\infty$는 초기 온도차 $T_0 - T_\infty$의 36.8%이다.

집중열용량계 해석은 기본적으로 임의의 시간에 있어 고체의 모든 지점에서 온도가 균일하다고 가정하는 사실을 주목해야 한다. 따라서 고체의 내부에너지 변화는 $\rho cVdT/d\tau$로 나타낼 수 있다. 대류경계조건이 상수의 대류열전달계수(h)값을 가져야 할 필요는 없다. 실제로 h의 값은 복사경계조건과 연관되어 가변적인 값을 갖는 것이 보통이다. 앞에서 언급한 시간상수를 36.8%라는 값으로 서술한 것은 하나의 일정경계조건을 의미한다.

대류 또는 복사경계조건이 가변적인 경우 수치해석법(4.6절을 보라)이 집중열용량계의 거동을 예측하는데 이용된다. 수치방법과 마이크로소프트 엑셀을 이용하여 집중열용량계의 해를 구하는 좀 더 일반적인 해법이 부록 D.6에 주어져 있다. 어떤 경우에는 복합적 집중열용량 해법이 유용할 수 있다. 대류-복사가 조합된 전자장치박스의 냉각에 관한 예제도 역시 같은 부록에 주어져 있다.

집중용량계 해석의 응용

고체 내의 온도가 균일하다는 가정이 집중용량계 해석을 적용하는데 있어서 전제조건임을 이미 밝힌 바 있다. 이와 같은 가정은 고체표면의 대류저항이 고체 내부의 전도저항에 비해 대단히 크다는 것을 의미한다. 집중용량계 해석은 다음과 같은 조건을 만족할 때 5% 이내에서 합리적인 결과를 얻을 수 있다.

[표 4.1] 집중열용량계의 예

물리적 상태	k, W/m · ℃	h의 근사값, W/m² · ℃	$\frac{h(V/A)}{k}$
1 방 안에서 냉각되는 한변이 3.0 cm인 강철로 된 정육면체	40	7.0	8.75×10^{-4}
2 50 m/s의 공기에 의해 냉각되는 지름 5.0 cm의 유리원통	0.8	180	2.81
3 50 m/s의 공기에 의해 냉각되는 지름 5.0 cm의 구리원통	380	180	0.006
4 증발되는 물 속에 담겨있는 한변이 3.0 cm인 구리로된 정육면체	380	10,000	0.132

$$\frac{h(V/A)}{k} < 0.1 \tag{4.6}$$

여기서 k는 고체의 열전도계수이다. 이러한 조건이 들어맞지 않는 상황에 대해서는 다음 절에서 논의하자. 집중용량계 해석은 4.7절에서 논의할 수치해석법과 직접적인 관계가 있다. $V/A = s$를 고체의 특성길이(characteristic dimension)로 고려할 때 다음과 같은 무차원수를 *Biot*수라 한다.

$$\frac{hs}{k} = \text{Biot 수} = \text{Bi}$$

집중용량계 해석을 사용할 경우 좋은 결과를 얻을 수 있는 실용적인 경우가 매우 많이 존재한다. 그러한 경우에 있어서 상대적 타당성을 제시한 몇 가지 예를 표 4.1에 나타냈다.

대류열전달계수에 대한 불확실성(uncertainty)이 ±25%정도 되는 경우는 흔하기 때문에 $\text{Bi} = h(V/A)/k < 0.1$ 조건을 적용하는데 너무 엄격할 필요는 없으며 다소간의 융통성이 요구된다.

집중용량해석이 간단하다고 해서 소홀히 취급해서는 안 된다. 집중용량해석을 통해 얻을 수 있는 해보다 정확한 해를 얻기 위해 정교한 해석법이 반드시 필요하지는 않다. 왜냐하면 대류열전달계수에 이미 ±25%정도의 불확실성이 내포되어 있기 때문에 정확한 해를 얻는 것 자체가 그다지 큰 의미를 갖지 못하는 경우도 있기 때문이다.

예제 4-1 공기 중에서 냉각되는 강철구

초기온도가 450℃인 지름 5 cm의 강철구[$c = 0.46$ kJ/kg · ℃, $k = 35$ W/m · ℃]가 온도가 100℃로 유지되는 유체에 노출되었다. 이때 대류열전달계수를 10 W/m² · ℃라고 하면 강철구의 온도가 150℃로 냉각될 때까지 걸리는 시간을 계산하여라.

■ **풀이**

h값에 비해 k값이 상대적으로 크기 때문에 집중용량해석을 고려할 수 있을 것이다. 그러므로 식 (4.6)을 사용해서 집중용량해석을 사용할 수 있는지에 대한 타당성을 검토해 보자.

$$\frac{h(V/A)}{k} = \frac{(10)[(4/3)\pi(0.025)^3]}{4\pi(0.025)^2(35)} = 0.0023 < 0.1$$

그러므로 식 (4.5)를 사용할 수 있으므로

$$T = 150°\text{C} \quad \rho = 7800 \text{ kg/m}^3 \quad [486 \text{ lb}_m/\text{ft}^3]$$
$$T_\infty = 100°\text{C} \quad h = 10 \text{ W/m}^2 \cdot °\text{C} \quad [1.76 \text{Btu/h} \cdot \text{ft}^2 \cdot °\text{F}]$$

$$T_0 = 450°\text{C} \quad c = 460 \text{ J/kg} \cdot °\text{C} \quad [0.11 \text{ Btu/lb}_m \cdot °\text{F}]$$

$$\frac{hA}{\rho cV} = \frac{(10)4\pi(0.025)^2}{(7800)(460)(4\pi/3)(0.025)^3} = 3.344 \times 10^{-4} \text{ s}^{-1}$$

$$\frac{T - T_\infty}{T_0 - T_\infty} = e^{-[hA/\rho cV]\tau}$$

$$\frac{150 - 100}{450 - 100} = e^{-3.344\times10^{-4}\tau}$$

$$\tau = 5819 \text{ s} = 1.62 \text{ h}$$

4-3 반무한고체에서의 과도 열전달

그림 4.3과 같이 초기온도가 T_i로 유지되는 반무한고체(semi-infinite solid)를 고려해보자. 표면온도를 갑자기 낮추어 T_0로 유지하였을 때 시간의 함수로 고체내부의 온도분포를 구하고자 한다. 온도분포를 알면 고체내의 어떠한 위치에서도 시간의 함수로 열유동을 계산할 수 있다. 물성값들이 일정한 경우에 온도분포 $T(x, \tau)$에 대한 미분 방정식은 다음과 같다.

$$\frac{\partial^2 T}{\partial x^2} = \frac{1}{\alpha}\frac{\partial T}{\partial \tau} \tag{4.7}$$

경계조건과 초기조건은 아래와 같다.

$$T(x, 0) = T_i$$
$$T(0, \tau) = T_0 \qquad \text{for } \tau > 0$$

이 문제는 Laplace변환을 사용해서 풀 수 있는 문제로서 참고문헌 [1]을 보면 방정식의 해가 다음과 같다.

$$\frac{T(x, \tau) - T_0}{T_i - T_0} = \text{erf}\,\frac{x}{2\sqrt{\alpha\tau}} \tag{4.8}$$

여기서 Gauss 오차함수는 다음과 같이 정의된다.

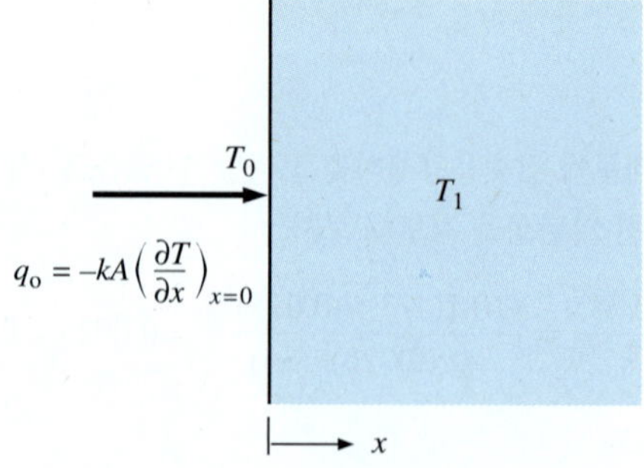

[그림 4.3] 반무한고체에서의 과도 열전달

$$\operatorname{erf}\frac{x}{2\sqrt{\alpha\tau}}=\frac{2}{\sqrt{\pi}}\int^{x/2\sqrt{\alpha\tau}}e^{-\eta^2}\,d\eta \tag{4.9}$$

따라서 오차함수의 정의를 식 (4.8)에 대입하면 온도분포에 대한 표현은 다음과 같다.

$$\frac{T(x,\tau)-T_0}{T_i-T_0}=\frac{2}{\sqrt{\pi}}\int^{x/2\sqrt{\alpha\tau}}e^{-\eta^2}\,d\eta \tag{4.10}$$

임의의 위치에서 열전달은 다음 식으로부터 구할 수 있다.

$$q_x=-kA\frac{\partial T}{\partial x}$$

식 (4.10)을 x에 대해 편미분하면 식 (4.11)을 얻을 수 있다.

$$\begin{aligned}\frac{\partial T}{\partial x}&=(T_i-T_0)\frac{2}{\sqrt{\pi}}e^{-x^2/4\alpha\tau}\frac{\partial}{\partial x}\left(\frac{x}{2\sqrt{\alpha\tau}}\right)\\&=\frac{T_i-T_0}{\sqrt{\pi\alpha\tau}}e^{-x^2/4\alpha\tau}\end{aligned} \tag{4.11}$$

따라서 표면($x=0$)에서의 열전달은 다음과 같다.

$$q_0=\frac{kA(T_0-T_i)}{\sqrt{\pi\alpha\tau}} \tag{4.12}$$

표면열유속은 식 (4.11)로부터 $x=0$에서의 온도구배를 계산하여 구할 수 있다. 반무한고체의 온도분포곡선이 그림 4.4에 주어져 있다. 오차함수값은 참고문헌 [3]에 주어져 있고, 간략화된 표가 부록 A에 주어져 있다.

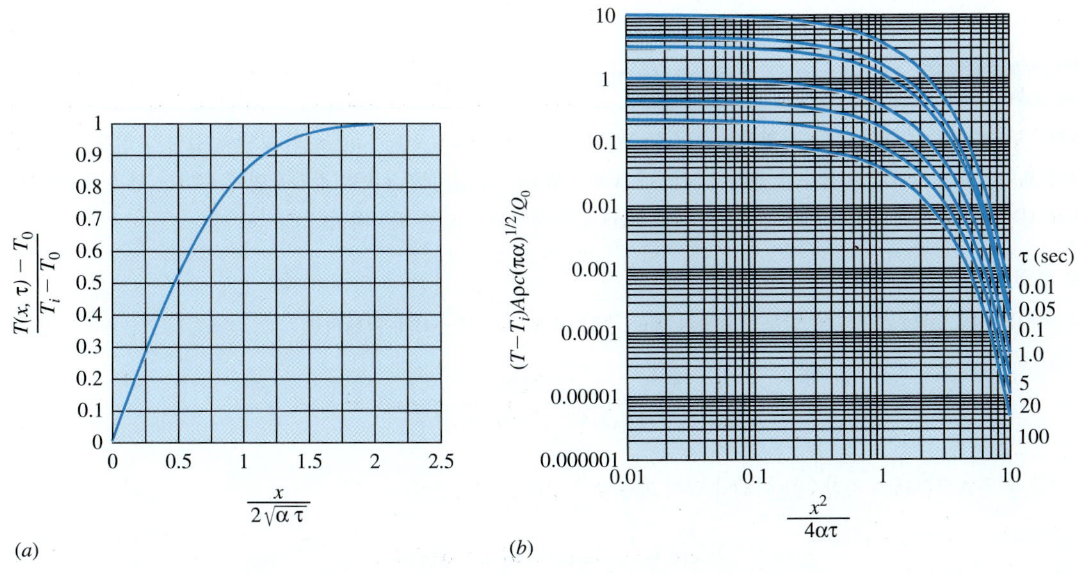

[그림 4.4] 반무한고체의 응답 (a) 표면온도가 갑자기 변한 경우 (b) Q_0/A J/m^{2}의 주기적 펄스가 표면에 주어지는 경우

일정한 열유속 조건의 반무한고체

초기에 동일한 온도분포를 유지하고 있는 반무한고체의 표면에 갑자기 일정한 크기의 열유속 q_0/A를 준 경우 식 (4.7)에 대한 초기조건 및 경계조건은 다음과 같다.

$$T(x,0) = T_i$$

$$\frac{q_0}{A} = -k\left.\frac{\partial T}{\partial x}\right]_{x=0} \qquad \text{for } \tau > 0$$

이러한 경우에 대해 해를 구해보면 식 (4.13)과 같다.

$$T - T_i = \frac{2q_0\sqrt{\alpha\tau/\pi}}{kA}\exp\left(\frac{-x^2}{4\alpha\tau}\right) - \frac{q_0 x}{kA}\left(1 - \operatorname{erf}\frac{x}{2\sqrt{\alpha\tau}}\right) \tag{4.13a}$$

표면에서의 에너지 펄스

식 (4.13a)는 표면에서 일정열유속조건일 때의 온도응답을 나타낸다. 이와 관련이 있는 한 경계조건은 크기가 Q_0/A(J/m^2)인 에너지 펄스(Pulse)가 짧은 시간마다 주기적으로 표면에 주어지는 경우인데, 이때의 온도응답은 아래의 식 (4.13b)로 주어진다.

$$T - T_i = [Q_0/A\rho c(\pi\alpha\tau)^{1/2}]\exp(-x^2/4\alpha\tau) \tag{4.13b}$$

온도가 무한정으로 올라가는 일정열유속인 경우와는 반대로 주기적 펄스에 대한 온도응답은 시간의 경과에 따라 사라지든지, 또는

$$\tau \to \infty \text{일 때 모든 } x\text{에 대해 } T - T_i \to 0$$

이러한 급격한 감소 형태가 그림 4-4(b)에서 보여주고 있다.

예제 4-2 표면조건이 갑자기 변화하는 반무한고체

초기온도가 35°C인 대단히 큰 강철블록[k = 45 W/m · °C, α = 1.4 × 10^{-5} m^2/s]의 표면이 갑자기 열유속에 노출되어 표면온도가 250°C로 상승한 경우 (a)와 3.2 × 10^5 W/m^{2}의 일정 열유속이 강철표면에 주어진 경우 (b) 모두에 대해 시간이 0.5분 흐른 후 강철표면으로부터 2.5 cm 깊이에서의 온도를 계산하여라.

■ **풀이**

식 (4.8)과 (4.13a)을 사용하여 반무한고체의 해를 구할 수 있다. 경우 (a)에 대해서는

$$\frac{x}{2\sqrt{\alpha\tau}} = \frac{0.025}{(2)[(1.4\times10^{-5})(30)]^{1/2}} = 0.61$$

이므로 부록 A로부터 오차함수를 아래와 같이 계산할 수 있다.

$$\operatorname{erf}\frac{x}{2\sqrt{\alpha\tau}} = \operatorname{erf} 0.61 = 0.61164$$

$T_i = 35°C$, $T_0 = 250°C$일 때 $x = 2.5$ cm에서의 온도는 식 (4.8)로부터 구할 수 있다.

$$T(x, \tau) = T_0 + (T_i - T_0)\,\mathrm{erf}\,\frac{x}{2\sqrt{\alpha\tau}}$$
$$= 250 + (35 - 250)(0.61164) = 118.5°C$$

경우 (*b*)는 일정 열유속의 조건이므로 식 (4.13*a*)를 사용할 수 있다. q_0/A가 3.2×10^5 W/m^{2}이기 때문에 $x = 2.5$ cm, $\tau = 30$ sec에서 온도 $T(x, \tau)$는 다음과 같이 계산된다.

$$T(x, \tau) = 35 + \frac{(2)(3.2 \times 10^5)[(1.4 \times 10^{-5})(30)/\pi]^{1/2}}{45}e^{-(0.61)^2}$$
$$- \frac{(0.025)(3.2 \times 10^5)}{45}(1 - 0.61164)$$
$$= 79.3°C$$

일정 열유속의 경우 표면($x = 0$) 온도 역시 식 (4.13*a*)를 사용해서 구할 수 있다.

$$T(x=0) = 35 + \frac{(2)(3.2 \times 10^5)[(1.4 \times 10^{-5})(30)/\pi]^{1/2}}{45} = 199.4°C$$

예제 4-3 반무한고체의 표면에 에너지 펄스가 부과되는 경우

10 MJ/m^{2}의 레이저 펄스가 주기적으로 스테인레스 스틸 슬라브(slab)에 부과되고 있다. 슬라브의 물성값은 $\rho = 7800$ kg/m^3, $c = 460$ J/kg · °C, 및 $\alpha = 0.44 \times 10^{-5}$ m^2/s이고 슬라브는 초기에 40°C의 균일한 온도를 유지하고 있다. 2초 후 표면에서 2.0 mm 깊이에서의 온도를 계산하여라.

■ 풀이

이 문제는 식 (4.13*b*)를 직접 사용하여 풀 수 있다. $Q_0/A = 10^7$ J/m^2 이므로
$x = 0$에서

$$T_0 - T_i = Q_0/A\rho c(\pi\alpha\tau)^{1.2}$$
$$= 10^7/(7800)(460)[\pi(0.44 \times 10^{-5})(2)]^{0.5} = 530°C$$

그러므로

$$T_0 = 40 + 530 = 570°C$$

$x = 2$ mm ($= 0.002$ m)에서

$$T - T_i = (530)\exp[-(0.002)^2/(4)(0.44 \times 10^{-5})(2)] = 473°C$$

그러므로

$$T = 40 + 473 = 513°C$$

예제 4-4 반무한고체로부터 열제거

200°C의 균일한 온도로 유지되는 대단히 큰 알루미늄 평판의 표면을 70 °C로 갑자기 낮추었다. 표면으로부터 4 cm 깊이에서 온도를 측정해보니 120°C였다. 평판에서부터 단위표면적당 흘러나간 총열전달량을 계산하여라.

■ 풀이

먼저 표면에서부터 4 cm 떨어진 곳의 온도가 120°C로 될 때까지 걸리는 시간을 구한 후 식 (4.12)를 적분하여 이 기간 동안에 빠져나간 열전달량을 계산하자.

$$\alpha = 8.4 \times 10^{-5}\ \mathrm{m^2/s} \qquad k = 215\ \mathrm{W/m \cdot {}^\circ C}\ [124\ \mathrm{Btu/h \cdot ft \cdot {}^\circ F}]$$

주어진 온도조건은 다음과 같다.

$$T_i = 200^\circ\mathrm{C} \qquad T_0 = 70^\circ\mathrm{C} \qquad T(x, \tau) = 120^\circ\mathrm{C}$$

따라서 식 (4.8)을 사용하면

$$\frac{120-70}{200-70} = \mathrm{erf}\ \frac{x}{2\sqrt{\alpha\tau}} = 0.3847$$

그림 4.4 또는 부록 A로부터

$$\frac{x}{2\sqrt{\alpha\tau}} = 0.3553$$

$$\tau = \frac{(0.04)^2}{(4)(0.3553)^2(8.4\times10^{-5})} = 37.72\ \mathrm{s}$$

그러므로 표면에서부터 흘러나간 열전달량은 식 (4.12)를 적분하여 구할 수 있다.

$$\frac{Q_0}{A} = \int_0^\tau \frac{q_0}{A}\,d\tau = \int_0^\tau \frac{k(T_0-T_i)}{\sqrt{\pi\alpha\tau}}\,d\tau = 2k(T_0-T_i)\sqrt{\frac{\tau}{\pi\alpha}}$$
$$= (2)(215)(70-200)\left[\frac{37.72}{\pi(8.4\times10^{-5})}\right]^{1/2} = -21.13\times10^6\ \mathrm{J/m^2} \quad [-1861\ \mathrm{Btu/ft^2}]$$

4-4 대류경계조건

거의 모든 실제적인 경우에 과도열전도가 일어나는 고체 표면은 대류경계조건과 연관된다. 그러므로 미분방정식에 대한 경계조건은 표면에서의 대류열전달을 나타낼 수 있도록 당연히 수정되어야 한다. 반무한고체에 대해 대류경계조건은 다음과 같이 나타낼 수 있다.

(표면으로 대류된 열전달) = (표면으로 전도된 열전달)

또는

$$hA(T_\infty - T)_{x=0} = -kA\ \frac{\partial T}{\partial x}\bigg]_{x=0} \tag{4.14}$$

이 문제에 대한 해는 다소 복잡한데 Schneider [1]은 상세한 풀이를 통해 다음과 같은 결과를 얻었다.

$$\frac{T - T_i}{T_\infty - T_i} = 1 - \text{erf}\ X - \left[\exp\left(\frac{hx}{k} + \frac{h^2\alpha\tau}{k^2}\right)\right] \times \left[1 - \text{erf}\left(X + \frac{h\sqrt{\alpha\tau}}{k}\right)\right] \tag{4.15}$$

여기서

$X = x/(2\sqrt{\alpha\tau})$

$T_i =$ 고체의 초기 온도

$T_\infty =$ 주위 온도

위 식 (4.15)를 그래프로 나타내면 그림 4.5와 같다.

다른 기하학적 형상에 대해서도 해를 구할 수 있다. 이들 가운데서도 가장 중요한 경우는 (1) 다른 차원에 비해 두께가 매우 얇은 평판, (2) 길이에 비해 지름이 상대적으로 작은 원통, (3) 구이다. 이러한 기하학적 형상에 대한 해석 결과는 Heisler [2]에 의해 도시적 선도로 주어졌는데 세 가지 경우에 사용된 기호는 그림

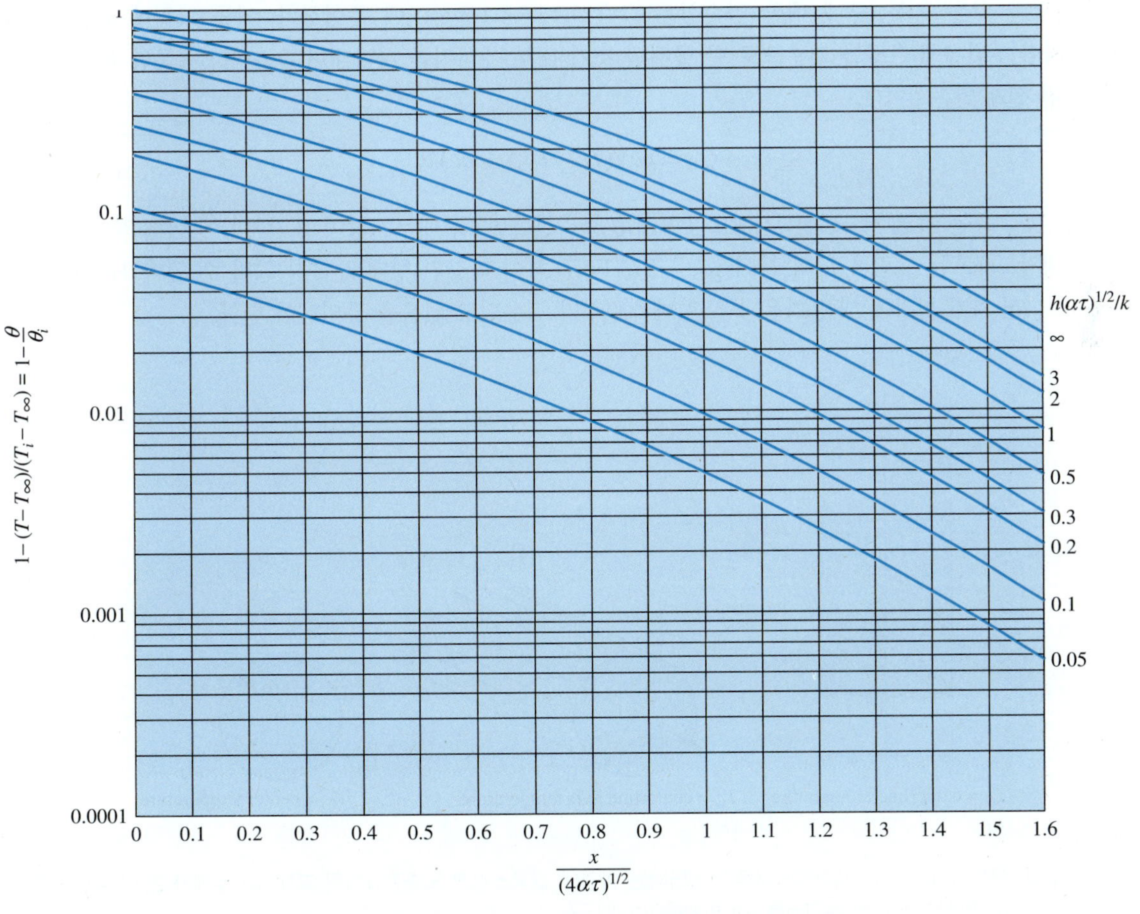

[그림 4.5] 대류경계조건을 갖는 반무한고체에서의 온도분포

4.6에 나타냈다. 모든 경우에 있어서 대류가 일어나는 주위 유체 온도를 T_∞로 표시하였고 $x = 0$ 또는 $r = 0$에서의 중심온도는 T_0로 표시하였다. $\tau = 0$, 즉 초기에 각 형상은 균일한 초기온도 T_i를 갖는다고 가정한다. 고체내의 온도분포는 시간과 위치의 함수로 그림 4.7에서부터 그림 4.13 사이에 주어졌다. 이 그림에서 사용된 온도차를 나타내는 변수의 정의는 다음과 같다.

$$\theta = T(x, \tau) - T_\infty \quad \text{또는} \quad T(r, \tau) - T_\infty$$
$$\theta_i = T_i - T_\infty$$
$$\theta_0 = T_0 - T_\infty$$

만약 중심온도를 구하고자 할 때는 단지 하나의 그림만을 사용하여 θ_0를 구한 뒤 T_0를 구하면 되고 중심이 아닌 다른 위치에서의 온도를 구할 때에는 두 개의 그림을 이용하여 다음과 같이 구할 수 있다.

$$\frac{\theta}{\theta_i} = \frac{\theta_0}{\theta_i}\frac{\theta}{\theta_0}$$

예를 들면 두 개의 그림(그림 4.7과 그림 4.10)을 사용하여 중심이 아닌 위치에서의 무한평판의 온도를 구할 수 있다.

무한평판, 무한 원통, 구에 대한 열손실은 그림 4.14~4.16 사이에 주어졌다. 이들 그림에서 Q_0는 식 (4.16)처럼 주위유체 온도를 기준으로 한 물체의 초기 내부 에너지를 나타내며 Q는 시간 τ동안 물체로부터 빠져나간 실제 열손실이다.

$$Q_0 = \rho c V(T_i - T_\infty) = \rho c V\theta_i \tag{4.16}$$

만일 냉각 또는 가열 시 고체를 집중열용량계로 고려한다면, 즉 내부저항이 표면저항에 비해 작다면, 그림 4-5의 냉각그래프는 그림 4-13과 같이 x축을 Bi · Fo로 하여 확장된 형태로 다시 그릴 수 있다. Heisler도표 사용 시 여러 가지 형상에 대해 다음과 같은 매개변수가 적용되고 있음을 유의해야 한다.

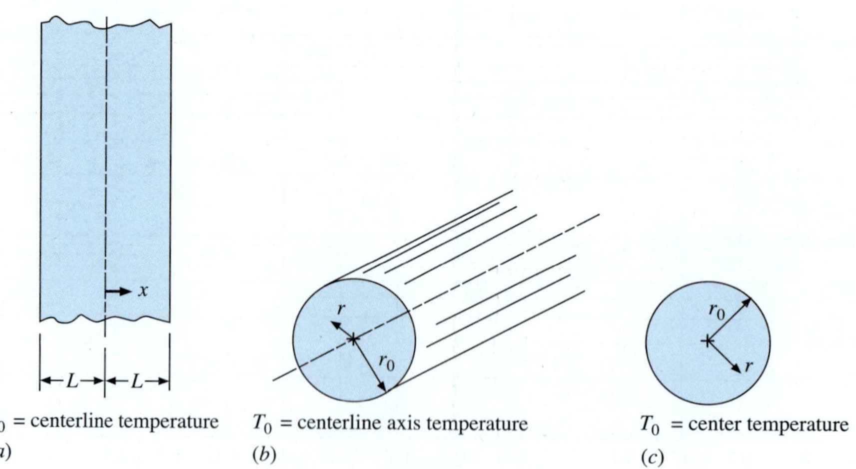

[그림 4.6] 온도가 T_∞인 주위유체와 대류가 일어나는 환경에 갑작스럽게 노출된 1차원 고체 (a) 두께가 $2L$인 무한평판 (b) 반지름이 r_0인 무한원통 (c) 반지름이 r_0인 구

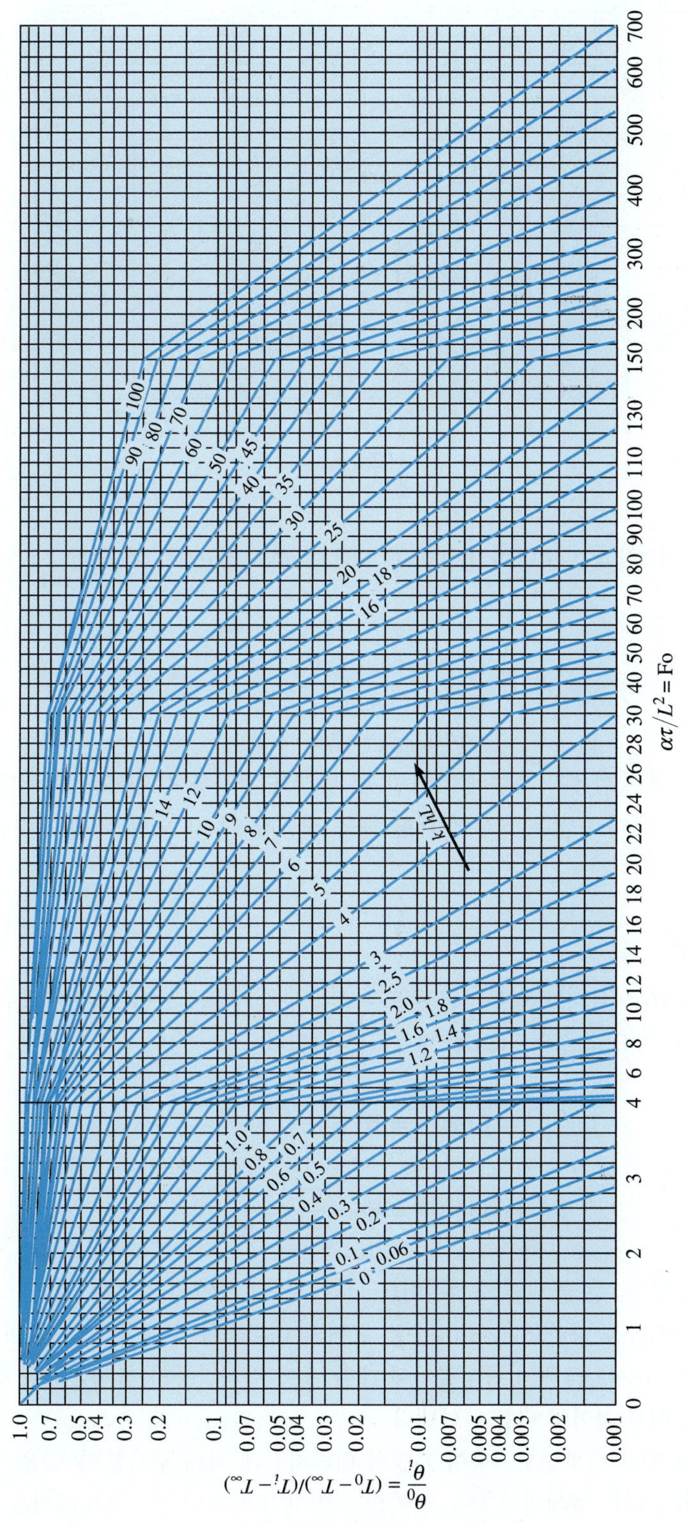

[그림 4.7] 두께가 $2L$인 무한평판의 중앙면 무차원 온도분포 (a) 1:1 척도

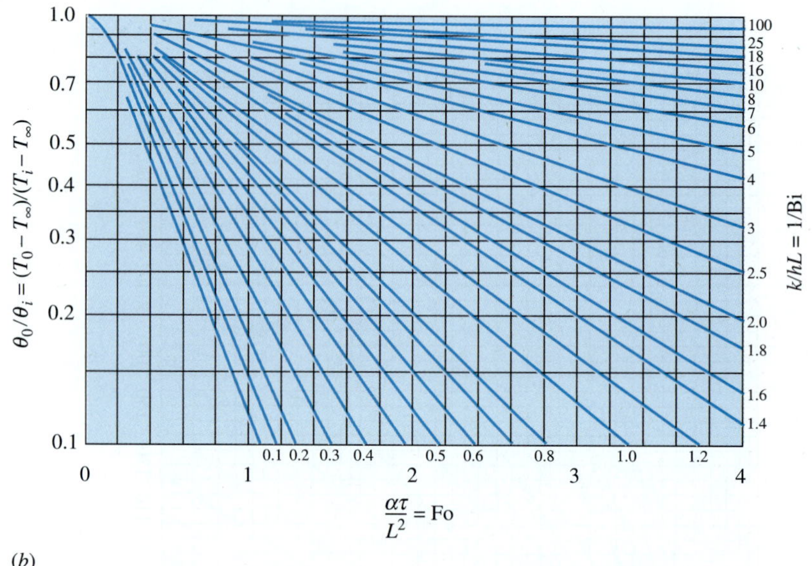

[그림 4.7] (*b*) 0 < Fo < 4에 대한 확장척도,참고문헌 [2] 참조

$$(A/V)_{\text{inf plate}} = 1/L$$
$$(A/V)_{\text{inf cylinder}} = 2/r_0$$
$$(A/V)_{\text{sphere}} = 3/r_0$$

위에서 언급한 형상 이외에도 실용적 측면에서 가열 및 냉각과 관련하여 관심을 끄는 많은 문제들이 있다. Schneider [7]는 도시적인 형태로 많은 경우에 대한 해를 제공하였는데 이에 대해 흥미를 느끼는 독자들은 참고문헌 [7]을 참조하라.

Biot 수와 Fourier 수

그림 4.5에서부터 그림 4.16을 살펴보면 무차원 온도분포와 무차원 열전달을 표현하기 위해 아래와 같이 정의된 2개의 무차원 매개변수, Biot 수와 Fourier 수를 사용하였다.

$$\text{Biot 수} = \text{Bi} = \frac{hs}{k}$$

$$\text{Fuorier 수} = \text{Fo} = \frac{\alpha\tau}{s^2} = \frac{k\tau}{\rho c s^2}$$

이 매개변수에 포함되어 있는 s는 물체의 특성길이를 나타내는데 평판의 경우는 두께의 1/2을 나타내고 원통이나 구의 경우에는 반지름을 나타낸다. Biot 수는 표면의 대류저항에 대한 물체의 내부전도저항의 상대적 크기를 나타내고 Fourier수는 물체의 특성길이에 대한 주어진 시간동안 물체내부로 전달된 근사적인 온도파(temperature-wave) 침투 깊이의 비를 나타낸다.

Biot 수가 매우 작다는 것은 내부전도저항이 표면의 대류저항에 비해 무시할 수 있을 정도로 작다는 것을 의미한다. 따라서 이런 경우에는 물체내의 온도가 거의 균일하기 때문에 집중용량해석을 사용할 수 있다. 만약 V/A를 특성길이 s로 취하면 식 (4.5)의 지수는 아래와 같이 Biot 수와 Fourier 수로 표시할 수 있다.

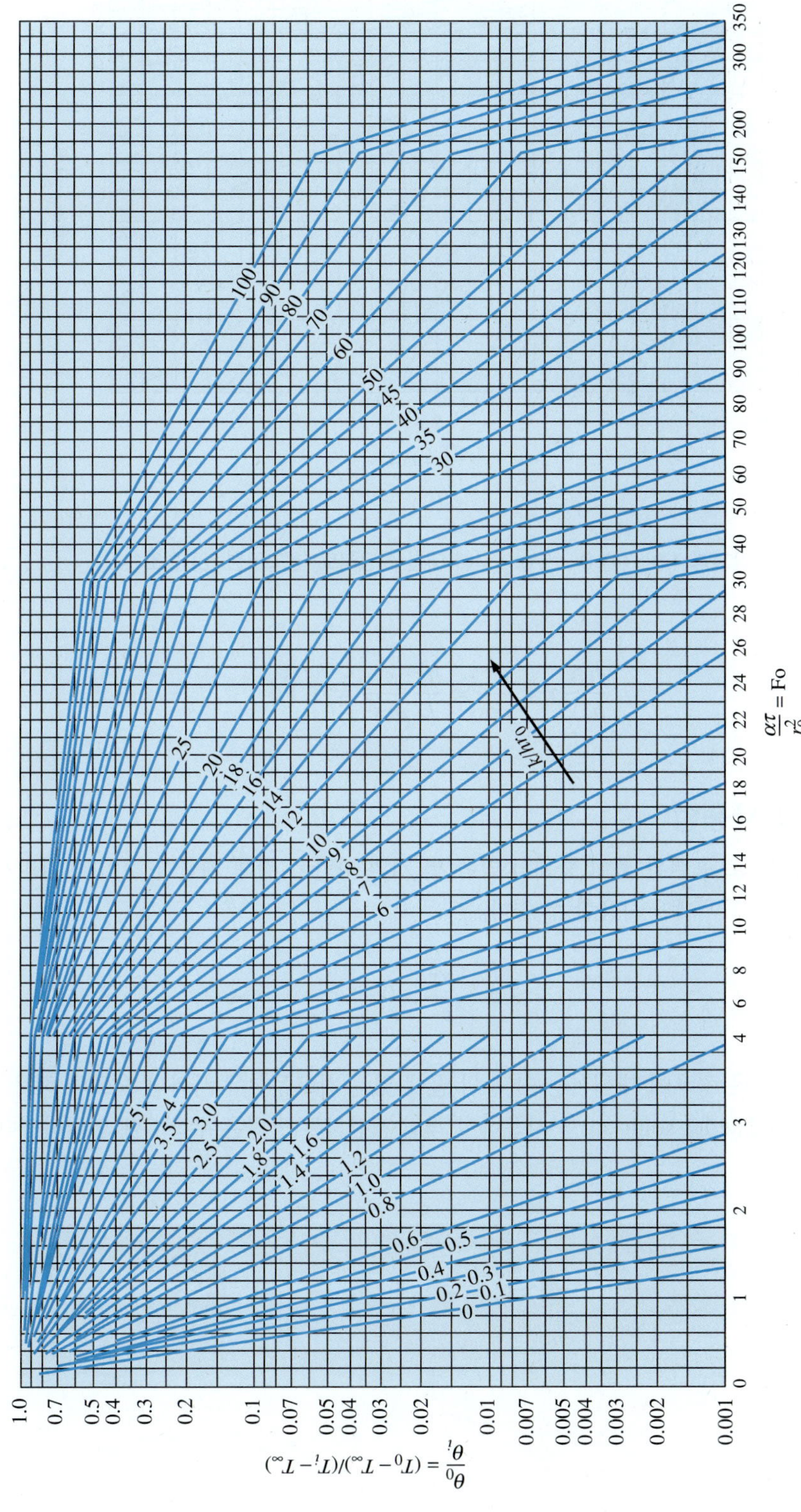

[그림 4.8] 반지름이 r_0인 무한원통의 중심축 무차원 온도분포 (*a*) 1:1 척도

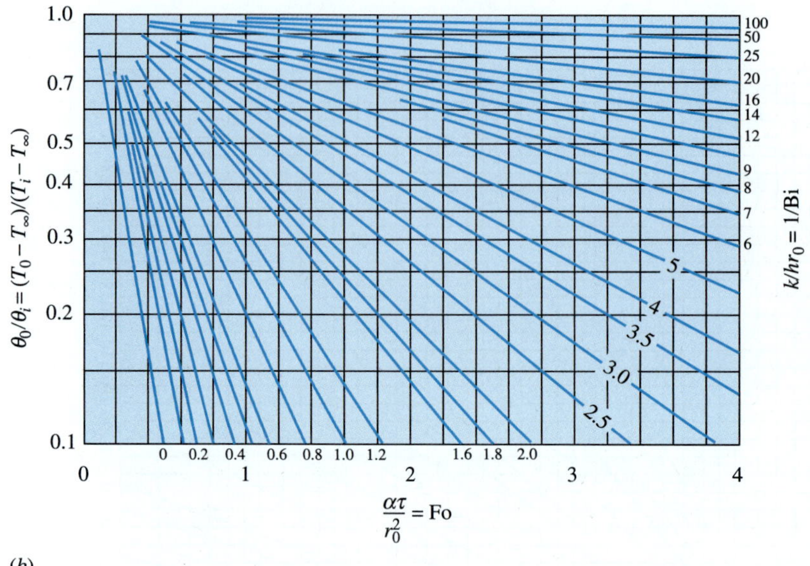

(b)

[그림 4.8] (b) 0 < Fo < 4에 대한 확장척도, 참고문헌 [2] 참조

$$\frac{hA}{\rho c V}\tau = \frac{h\tau}{\rho c s} = \frac{hs}{k}\frac{k\tau}{\rho c s^2} = \text{Bi Fo}$$

Heisler 도표의 사용법

Heisler 도표는 무한급수로 표현된 풀이 중에서 앞쪽 몇 개의 항만을 취해 계산한 것이다. 따라서 이 도표는 Fourier 수가 0.2보다 큰 경우에만 사용할 수 있다.

$$\text{Fo} = \frac{\alpha\tau}{s^2} > 0.2$$

Fourier 수가 0.2보다 작은 경우에 대해서는 이 장의 끝에 있는 참고문헌에 나타난 도표와 해를 참조하여라. 절사된 급수해(truncated series solution)를 사용하여 직접 계산하는 방법은 부록 C에 언급하였다.

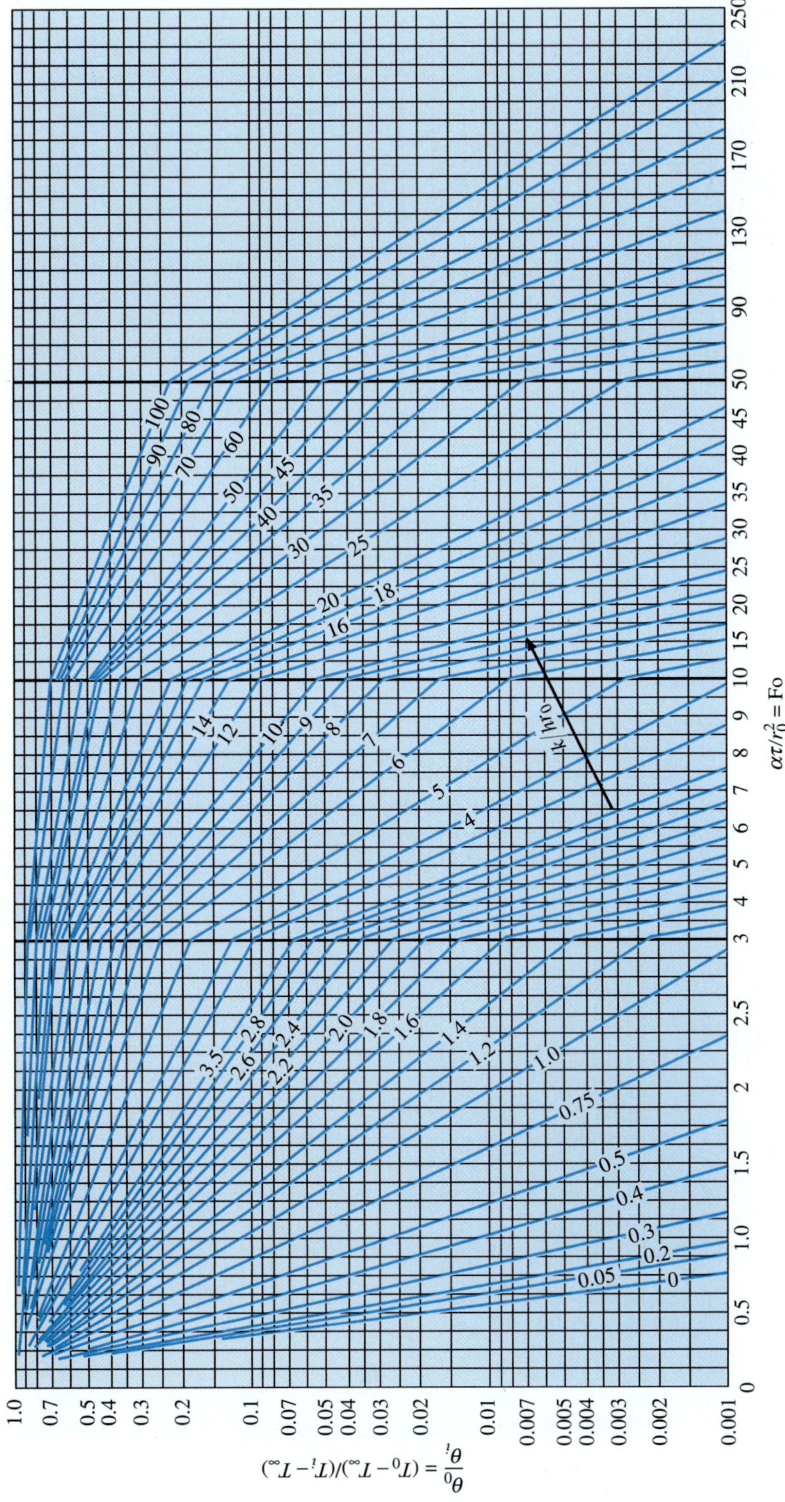

[그림 4.9] 반지름이 r_0인 구의 중심점 무차원 온도분포 (a) 1:1 척도

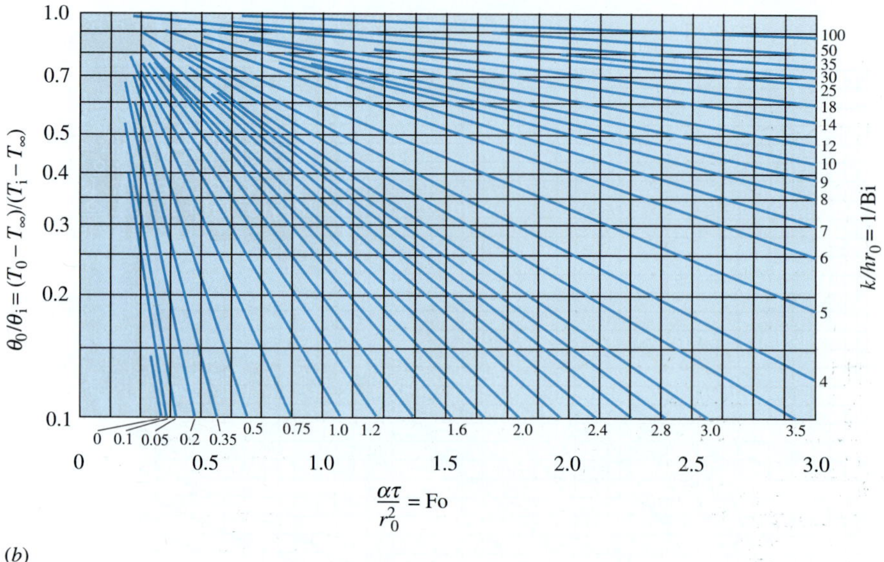

[그림 4.9] (*b*) 0 < Fo < 3에 대한 확장척도. 참고문헌 [2] 참조

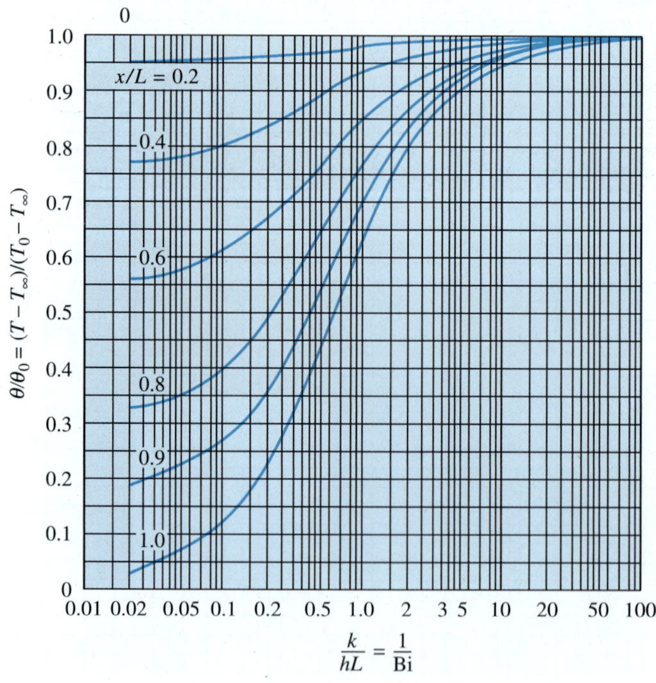

[그림 4.10] 두께가 $2L$인 무한평판에서 중심면 온도의 함수로 나타낸 무차원 온도분포. 참고문헌 [2] 참조

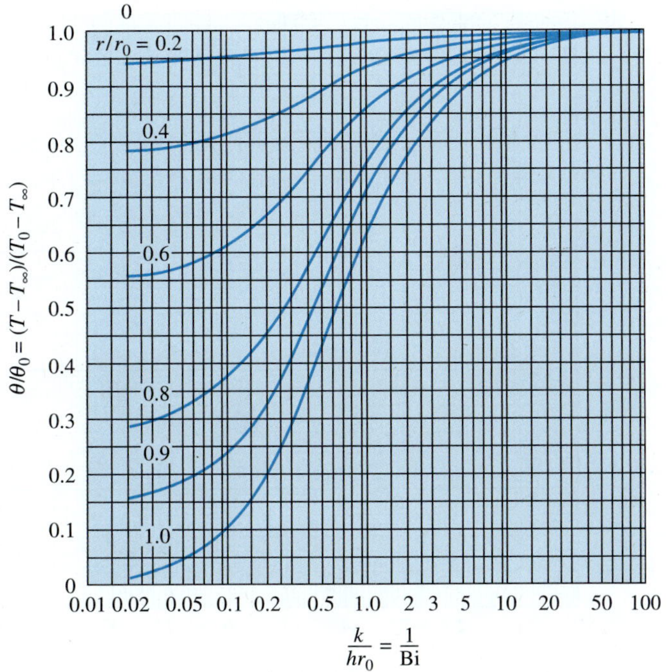

[그림 4.11] 반지름이 r_0인 무한 원통에서 중심축 온도의 함수로 나타낸 무차원 온도분포. 참고문헌 [2] 참조

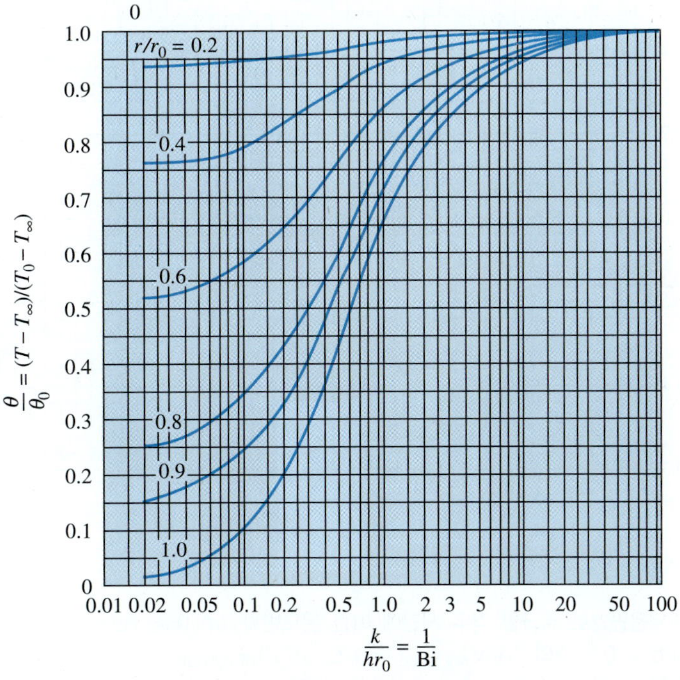

[그림 4.12] 반지름이 r_0인 구에서 중심점 온도의 함수로 나타낸 무차원 온도분포. 참고문헌 [2] 참조

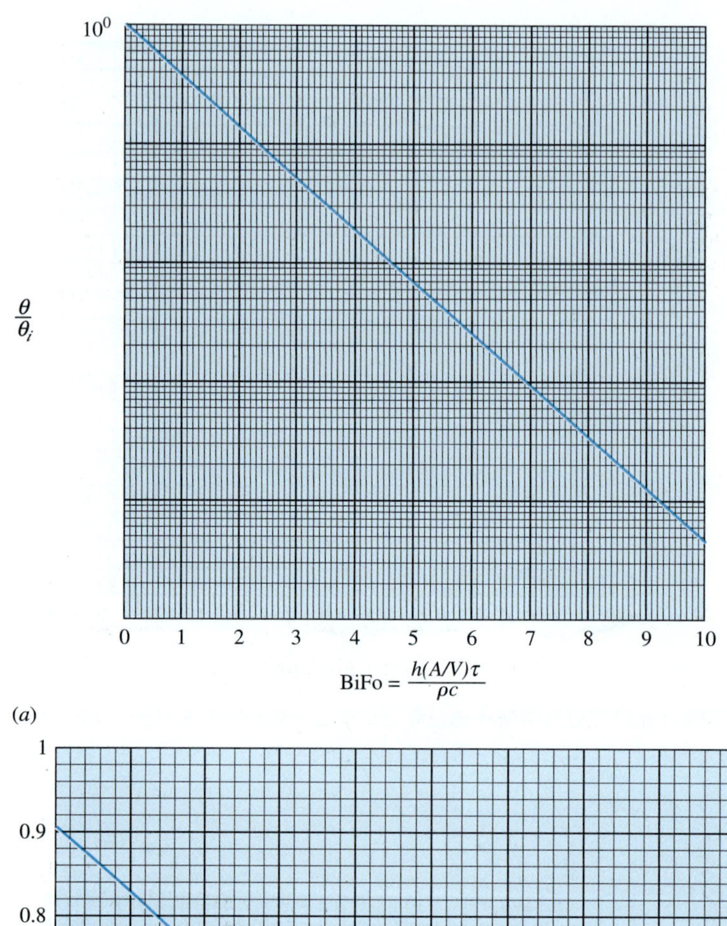

(*a*)

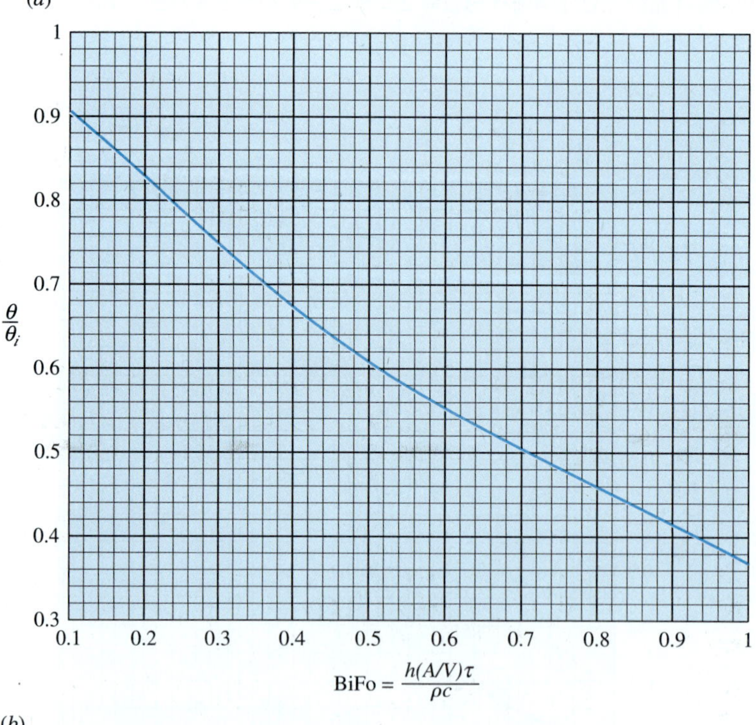

(*b*)

[그림 4.13] 고체를 집중열용량계로 취급할 경우 시간에 따른 온도변화: (*a*) $0 < \mathrm{BiFo} < 10$, (*b*) $0.1 < \mathrm{BiFo} < 1.0$, (*c*) $0 < \mathrm{BiFo} < 0.1$. 주의: $(A/V)_{\text{inf plate}} = 1/L$, $(A/V)_{\text{inf cylinder}} = 2/r_0$, $(A/V)_{\text{sphere}} = 3/r_0$. 식 (4-5) 및 (4-6)을 참조하라.

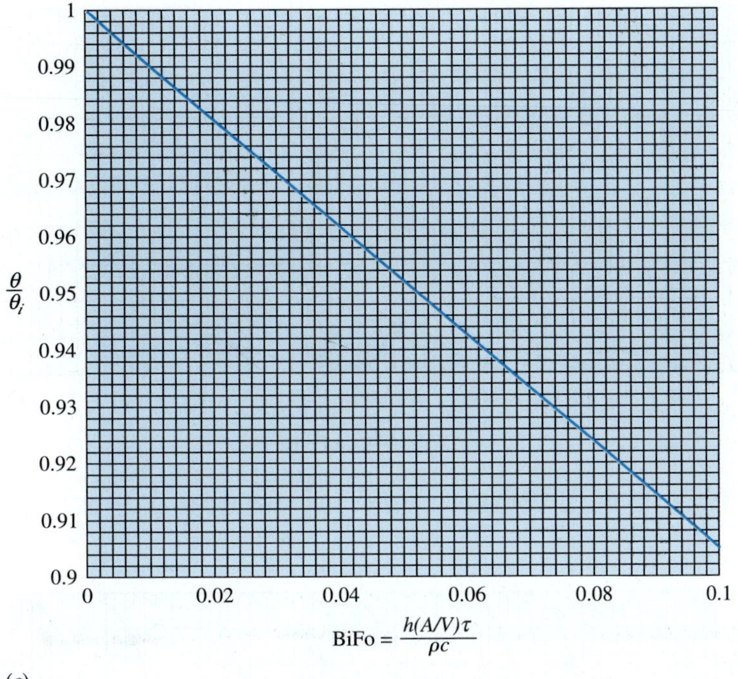

[그림 4.13] (계속)

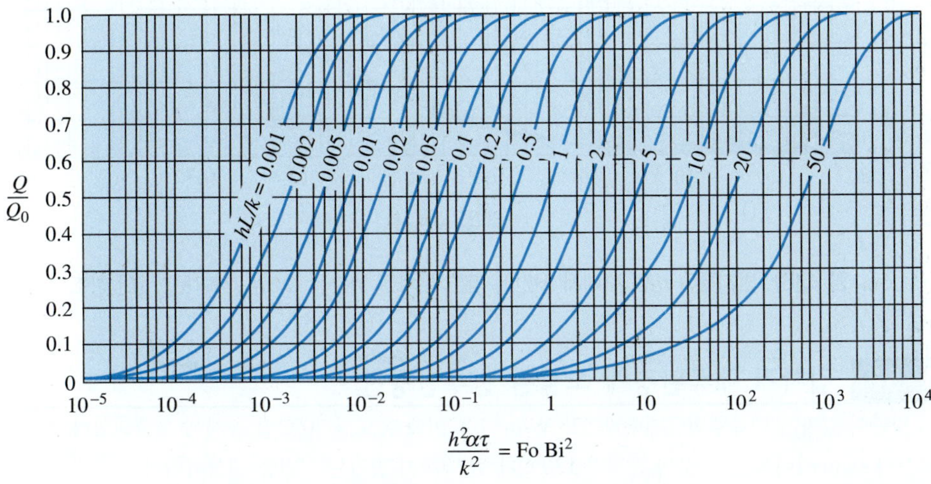

[그림 4.14] 두께가 $2L$인 무한평판에서 시간에 따른 무차원 열손실 Q/Q_0. 참고문헌 [6] 참조

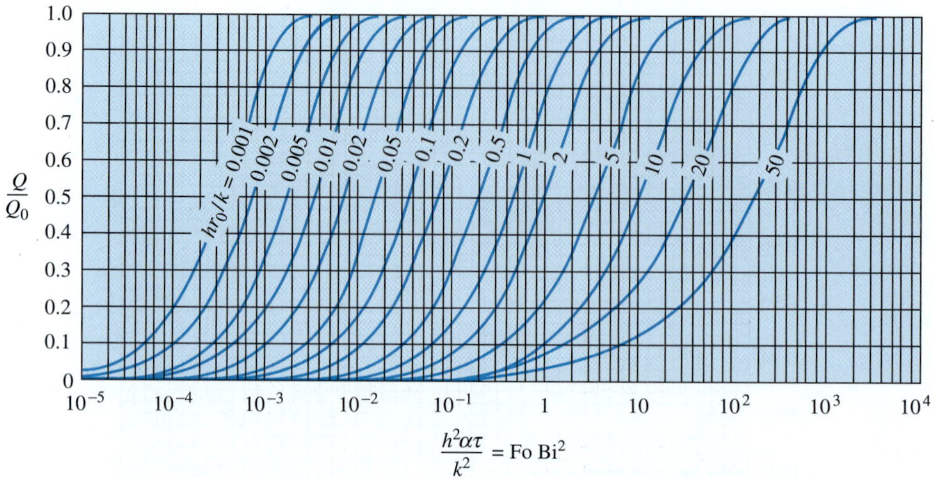

[그림 4.15] 반지름이 r_0인 무한원통에서 시간에 따른 무차원 열손실 Q/Q_0. 참고문헌 [6] 참조

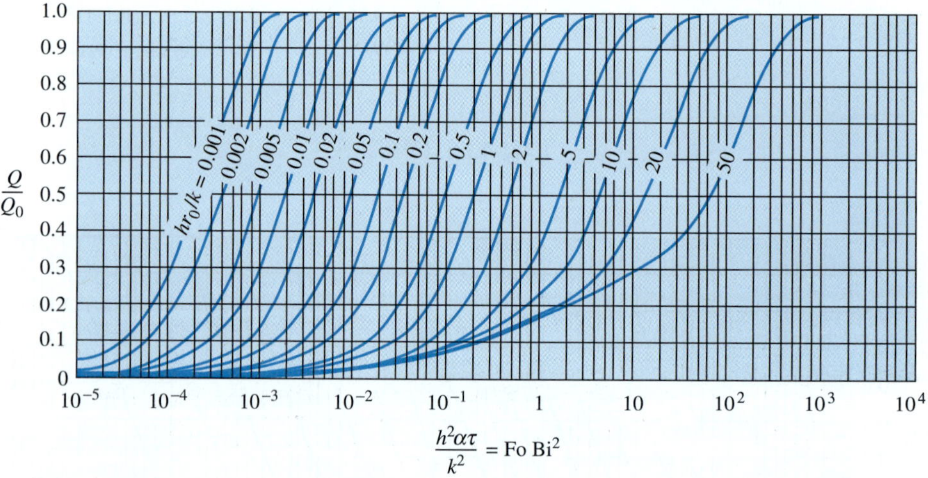

[그림 4.16] 반지름이 r_0인 구에서 시간에 따른 무차원 열손실 Q/Q_0. 참고문헌 [6] 참조

예제 4-5 갑자기 대류환경에 노출된 반무한평판

예제 4-4의 평판이 갑자기 대류열전달계수가 525 W/m^2 · ℃이고 온도가 70℃인 유체에 노출되었다. 이러한 대류경계표면으로부터 4 cm 깊이에 있는 곳의 온도가 120℃가 될 때까지 걸리는 시간을 계산하여라.

■ 풀이

이 문제의 해는 식 (4.15)나 그림 4.5를 사용해서 구할 수 있다. 시간을 나타내는 변수 τ가 두 항에 나타나기 때문에 그림 4.5를 이용하면 더 쉽다. 변수 $h\sqrt{\alpha\tau}/k$와 $x/(2\sqrt{\alpha\tau})$에 시간변수 $\tau\phi$가 포함되어 있기 때문에 반복법(iterative procedure)을 사용하여야 한다. 따라서 다음과 같은 식 (a)의 결과를 얻는데 필요한 τ값을 찾아야 한다.

$$\frac{T - T_i}{T_\infty - T_i} = \frac{120 - 200}{70 - 200} = 0.615 \qquad (a)$$

그러므로 τ값을 가정하여 식 (a)의 값과 일치할 때까지 그림 4.5로부터 온도값 $\left(\frac{T-T_i}{T_\infty - T_i}\right)$을 읽는다. 이러한 반복과정의 예를 표로 설명하면 아래와 같다. k와 α값은 예제 4-4의 값을 그대로 사용하였다.

τ, s	$\frac{h\sqrt{\alpha\tau}}{k}$	$\frac{x}{2\sqrt{\alpha\tau}}$	$\frac{T-T_i}{T_\infty - T_i}$
1000	0.708	0.069	0.41
3000	1.226	0.040	0.61
4000	1.416	0.035	0.68

그러므로 구하고자 하는 시간은 대략 3000초이다.

예제 4-6 갑자기 대류환경에 노출된 알루미늄 평판

온도가 200℃로 유지되는 두께가 5 cm인 매우 큰 알루미늄 평판이 예제 4-5에서와 동일한 조건의 대류열전달환경에 노출되었다. 1분이 경과한 후 표면으로부터 1.25 cm 깊이에서의 온도를 계산하여라. 이 시간 동안 평판으로부터 빠져나간 단위면적당 열전달량은 얼마인가?

■ 풀이

$$\theta_i = T_i - T_\infty = 200 - 70 = 130 \qquad \alpha = 8.4\times10^{-5}\ \mathrm{m^2/s}\quad [3.26\ \mathrm{ft^2/h}]$$
$$2L = 5.0\ \mathrm{cm} \qquad L = 2.5\ \mathrm{cm} \qquad \tau = 1\ \mathrm{min} = 60\ \mathrm{s}$$
$$k = 215\ \mathrm{W/m\cdot°C}\quad [124\ \mathrm{Btu/h\cdot ft\cdot °F}]$$
$$h = 525\ \mathrm{W/m^2\cdot°C}\quad [92.5\ \mathrm{Btu/h\cdot ft^2\cdot °F}]$$
$$x = 2.5 - 1.25 = 1.25\ \mathrm{cm}$$

그러므로

$$\frac{\alpha\tau}{L^2} = \frac{(8.4\times10^{-5})(60)}{(0.025)^2} = 8.064 \qquad \frac{k}{hL} = \frac{215}{(525)(0.025)} = 16.38$$
$$\frac{x}{L} = \frac{1.25}{2.5} = 0.5$$

그림 4.7로부터

$$\frac{\theta_0}{\theta_i} = 0.61$$
$$\theta_0 = T_0 - T_\infty = (0.61)(130) = 79.3$$

그림 4.10에서 $x/L = 0.5$일 때

$$\frac{\theta}{\theta_0} = 0.98$$

$$\theta = T - T_\infty = (0.98)(79.3) = 77.7$$
$$T = 77.7 + 70 = 147.7°\mathrm{C}$$

평판으로부터의 열손실은 그림 4.14를 사용하여 계산할 수 있다. 이 계산을 위해 다음과 같은 알루미늄의 물성값이 필요하다.

$$\rho = 2700\ \text{kg/m}^3 \qquad c = 0.9\ \text{kJ/kg}\cdot{}^\circ\text{C}$$

그림 4.14로부터

$$\frac{h^2\alpha\tau}{k^2} = \frac{(525)^2(8.4\times10^{-5})(60)}{(215)^2} = 0.03 \qquad \frac{hL}{k} = \frac{(525)(0.025)}{215} = 0.061$$

$$\frac{Q}{Q_0} = 0.41$$

단위면적에 대해서

$$\begin{aligned}\frac{Q_0}{A} &= \frac{\rho c V\theta_i}{A} = \rho c(2L)\theta_i \\ &= (2700)(900)(0.05)(130) \\ &= 15.8\times10^6\ \text{J/m}^2\end{aligned}$$

그러므로 단위면적당 제거된 열손실은

$$\frac{Q}{A} = (15.8\times10^6)(0.41) = 6.48\times10^6\ \text{J/m}^2 \quad [571\ \text{Btu/ft}^2]$$

예제 4-7 갑자기 대류환경에 노출된 긴 원통

온도가 200℃로 유지되는 지름이 5 cm인 대단히 긴 알루미늄 원통이 갑자기 대류열전달계수가 525 W/m^2 · ℃이고 온도가 70℃인 유체에 노출되었다. 1분이 경과한 후 반지름이 1.25 cm인 점에서의 온도와 원통의 단위길이당 열손실을 계산하여라.

■ 풀이

그림 4.8과 그림 4.11을 사용하여 예제 4-6과 같은 방법으로 해를 구할 수 있다.

$$\theta_i = T_i - T_\infty = 200 - 70 = 130 \qquad \alpha = 8.4\times10^{-5}\ \text{m}^2/\text{s}$$
$$r_0 = 2.5\ \text{cm} \qquad \tau = 1\ \text{min} = 60\ \text{s}$$
$$k = 215\ \text{W/m}\cdot{}^\circ\text{C} \qquad h = 525\ \text{W/m}^2\cdot{}^\circ\text{C} \qquad r = 1.25\ \text{cm}$$
$$\rho = 2700\ \text{kg/m}^3 \qquad c = 0.9\ \text{kJ/kg}\cdot{}^\circ\text{C}$$

계산하면

$$\frac{\alpha\tau}{r_0^2} = \frac{(8.4\times10^{-5})(60)}{(0.025)^2} = 8.064 \qquad \frac{k}{hr_0} = \frac{215}{(525)(0.025)} = 16.38$$
$$\frac{r}{r_0} = \frac{1.25}{2.5} = 0.5$$

그림 4.8로부터

$$\frac{\theta_0}{\theta_i} = 0.38$$

그림 4.11에서 $r/r_0 = 0.5$일 때

$$\frac{\theta}{\theta_0} = 0.98$$

그러므로

$$\frac{\theta}{\theta_i} = \frac{\theta_0}{\theta_i}\frac{\theta}{\theta_0} = (0.38)(0.98) = 0.372$$

$$\theta = T - T_\infty = (0.372)(130) = 48.4$$
$$T = 70 + 48.4 = 118.4°\text{C}$$

열손실을 계산하기 위해서

$$\frac{h^2\alpha\tau}{k^2} = \frac{(525)^2(8.4 \times 10^{-5})(60)}{(215)^2} = 0.03 \qquad \frac{hr_0}{k} = \frac{(525)(0.025)}{215} = 0.061$$

그림 4.15로부터

$$\frac{Q}{Q_0} = 0.65$$

단위길이에 대해

$$\frac{Q_0}{L} = \frac{\rho c V\theta_i}{L} = \rho c\pi r_0^2\theta_i = (2700)(900)\pi(0.025)^2(130) = 6.203 \times 10^5 \text{ J/m}$$

그러므로 실제 단위길이당 열손실은

$$\frac{Q}{L} = (6.203 \times 10^5)(0.65) = 4.032 \times 10^5 \text{ J/m} \quad [116.5 \text{ Btu/ft}]$$

4-5 다차원계

4.4절에서 언급한 Heisler 도표는 두께가 $2L$인 무한평판, 매우 긴 원통 또는 구에서 온도분포를 구하는데 사용할 수 있었다. 만약 평판의 높이와 폭의 길이가 두께에 비해 그다지 크지 않거나 원통의 길이가 지름에 비해 그다지 길지 않다면 위에서 언급한 도표를 더 이상 적용할 수 없으며 온도분포를 구하기 위해서는 별도의 부가적인 공간좌표가 필요하다. 그러나 다행스럽게도 다차원 문제의 해는 1차원 문제의 해를 조합하여 매우 쉽게 구할 수 있다.

그림 4.17에서 볼 수 있는 무한히 긴 사각형 막대는 두께가 각각 $2L_1$과 $2L_2$인 2개의 무한평판으로 이루어졌다고 생각할 수 있다. 이러한 경우 미분방정식은

$$\frac{\partial^2 T}{\partial x^2} + \frac{\partial^2 T}{\partial z^2} = \frac{1}{\alpha}\frac{\partial T}{\partial \tau} \tag{4.17}$$

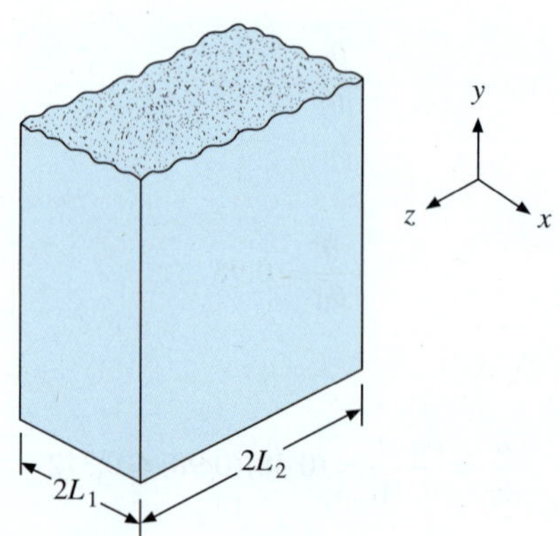

[그림 4.17] 무한히 긴 직사각형막대

해를 얻기 위해서 변수분리법을 사용한다면 해는 다음과 같은 형태라고 가정할 수 있다.

$$T(x, z, \tau) = X(x)Z(z)\Theta(\tau)$$

무한히 긴 사각막대에 대한 무차원 온도분포는 두께가 각각 $2L_1$과 $2L_2$인 두 개의 무한평판에 대한 해의 곱으로 표현됨을 증명할 수 있다.

$$\left(\frac{T - T_\infty}{T_i - T_\infty}\right)_{\text{막대}} = \left(\frac{T - T_\infty}{T_i - T_\infty}\right)_{2L_1\ \text{평판}} \left(\frac{T - T_\infty}{T_i - T_\infty}\right)_{2L_2\ \text{평판}} \quad \textbf{(4.18)}$$

여기서 T_i는 막대의 초기온도이고 T_∞는 주위유체의 온도이다.

x방향과 z방향에 대한 무한평판 각각의 미분방정식은 4.1절에서와 같이 식 (4.19)와 같은 형태로 표현된다.

$$\frac{\partial^2 T_1}{\partial x^2} = \frac{1}{\alpha}\frac{\partial T_1}{\partial \tau} \qquad \frac{\partial^2 T_2}{\partial z^2} = \frac{1}{\alpha}\frac{\partial T_2}{\partial \tau} \quad \textbf{(4.19)}$$

위 방정식의 해는 각각 다음과 같이 쓸 수 있을 것이다.

$$T_1 = T_1(x, \tau) \qquad T_2 = T_2(z, \tau) \quad \textbf{(4.20)}$$

이제 식 (4.17)의 해가 함수 $T_1(x, \tau)$과 $T_2(x, \tau)$의 곱의 형태로 나타낼 수 있다. 즉

$$T(x, z, \tau) = T_1(x, \tau)T_2(z, \tau) \quad \textbf{(4.21)}$$

식 (4.17)에 나타나 있는 각 항을 식 (4.21)로부터 아래와 같이 유도할 수 있다.

$$\frac{\partial^2 T}{\partial x^2} = T_2\frac{\partial^2 T_1}{\partial x^2} \qquad \frac{\partial^2 T}{\partial z^2} = T_1\frac{\partial^2 T_2}{\partial z^2}$$

$$\frac{\partial T}{\partial \tau} = T_1\frac{\partial T_2}{\partial \tau} + T_2\frac{\partial T_1}{\partial \tau}$$

식 (4.19)를 사용하면

$$\frac{\partial T}{\partial \tau} = \alpha T_1\frac{\partial^2 T_2}{\partial z^2} + \alpha T_2\frac{\partial^2 T_1}{\partial x^2}$$

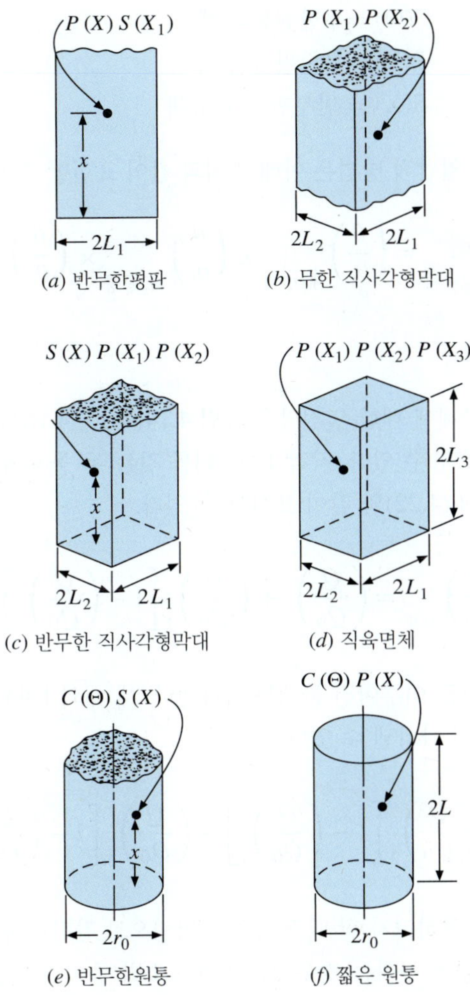

(*a*) 반무한평판 (*b*) 무한 직사각형막대

(*c*) 반무한 직사각형막대 (*d*) 직육면체

(*e*) 반무한원통 (*f*) 짧은 원통

[그림 4.18] 다차원계에서 1차원 해의 곱형태로 표시되는 온도해

이러한 관계식을 식 (4.17)에 대입하면

$$T_2\frac{\partial^2 T_1}{\partial x_2}+T_1\frac{\partial^2 T_2}{\partial z^2}=\frac{1}{\alpha}\left(\alpha T_1\frac{\partial^2 T_2}{\partial z^2}+\alpha T_2\frac{\partial^2 T_1}{\partial x^2}\right)$$

그러므로 식 (4.21)과 같이 가정한 해가 원래의 미분방정식인 식 (4.17)을 만족하고 있음을 볼 수 있다. 이것은 무한한 사각형 막대에 대한 무차원 온도분포가 식 (4.18)에서와 같이 두께가 각각 $2L_1$과 $2L_2$인 두 개의 무한평판에 대한 해의 곱으로 표현할 수 있음을 의미한다.

위에서 설명한 것과 비슷한 방법으로 3차원 직육면체에 대한 해는 직육면체의 세 면과 같은 두께를 갖는 세 개의 무한평판의 해를 곱한 형태로 나타낼 수 있다. 같은 방법으로 유한한 길이를 갖는 원통에 대한 해는 원통의 길이와 동일한 두께를 갖는 무한평판과 무한원통에 대한 해를 곱한 형태로 표현할 수 있다. 반무한막대나 원통에 대한 온도분포 역시 무한원통과 무한평판에 대한 해를 조합하여 구할 수 있다. 그림 4.18은 이들 해의 여러 가지 조합에 관하여 설명한 그림이다. 여기서

$$C(\Theta) = \text{무한원통의 해}$$
$$P(X) = \text{무한평판의 해}$$
$$S(X) = \text{반무한고체의 해}$$

그러므로 다차원계의 해를 구하는 일반적 방법은 아래의 식과 같이 표현할 수 있다.

$$\left(\frac{\theta}{\theta_i}\right)_{3\text{차원물체}} = \left(\frac{\theta}{\theta_i}\right)_{\text{제1방향}} \times \left(\frac{\theta}{\theta_i}\right)_{\text{제2방향}} \times \left(\frac{\theta}{\theta_i}\right)_{\text{제3방향}}$$

다차원계에서의 열전달

Langston [16]에 의하면 다차원 물체에 대한 열전달은 그림 4.14, 4.15, 4.16에 나타낸 것처럼 1차원 물체에 대한 열손실량을 서로 중첩하여 구할 수 있다. 각각 1차원해를 갖는 두 물체의 교차로 이루어졌다고 가정할 수 있는 물체에 대한 해석결과는 식 (4.22)와 같이 표현할 수 있다.

$$\left(\frac{Q}{Q_0}\right)_{\text{전체}} = \left(\frac{Q}{Q_0}\right)_1 + \left(\frac{Q}{Q_0}\right)_2 \left[1 - \left(\frac{Q}{Q_0}\right)_1\right] \tag{4.22}$$

여기서 하첨자는 두 물체의 교차로 이루어진 물체를 나타낸다. 세 개의 1차원계가 교차함으로서 형성되는 다차원물체의 열손실은 아래와 같이 나타낼 수 있다.

$$\left(\frac{Q}{Q_0}\right)_{\text{전체}} = \left(\frac{Q}{Q_0}\right)_1 + \left(\frac{Q}{Q_0}\right)_2 \left[1 - \left(\frac{Q}{Q_0}\right)_1\right] + \left(\frac{Q}{Q_0}\right)_3 \left[1 - \left(\frac{Q}{Q_0}\right)_1\right]\left[1 - \left(\frac{Q}{Q_0}\right)_2\right] \tag{4.23}$$

어떤 시간 동안에 일어난 열손실을 구하고자 할 때도 동일한 방법으로 간단히 구할 수 있다. 반면에 주어진 어떤 열량이 손실되는 데 걸리는 시간을 구하는 경우에는 시행착오법 즉 반복법을 사용해서 구하여야만 한다. 다음 예제는 다차원계에서 온도나 열전달을 계산할 때 필요한 여러 가지 도표 사용법을 잘 설명하고 있다.

예제 4-8 갑자기 대류환경에 노출된 반무한원통

온도가 200℃로 유지되는 지름이 5 cm인 알루미늄 원통이 갑자기 대류열전달계수가 525 W/m^2 · ℃이고 온도가 70 ℃인 유체에 노출되었다. 1분이 경과한 후 원통끝에서 10 cm 떨어진 축상의 점에서의 온도를 계산하여라.

■ **풀이**

그림 4.18(e)와 같은 경우로서 무한원통과 반무한평판에 대한 해의 조합으로 문제를 풀 수 있다.

$$x = 10\text{ cm} \qquad \alpha = 8.4 \times 10^{-5}\text{ m}^2/\text{s} \qquad k = 215\text{ W/m}\cdot{}^\circ\text{C}$$

그림 4.5에 사용된 매개변수는 아래와 같이 계산된다.

$$\frac{h\sqrt{\alpha\tau}}{k} = \frac{(525)[(8.4 \times 10^{-5})(60)]^{1/2}}{215} = 0.173$$

$$\frac{x}{2\sqrt{\alpha\tau}} = \frac{0.1}{(2)[(8.4\times10^{-5})(60)]^{1/2}} = 0.704$$

그림 4.5로부터

$$\left(\frac{\theta}{\theta_i}\right)_{반무한평판} = 1 - 0.036 = 0.964 = S(X)$$

무한원통에 대해서는 축온도비 $\left(\frac{\theta_0}{\theta_i}\right)$와 표면온도비 $\left(\frac{\theta}{\theta_i}\right)$ 둘 다 구하고자 한다. 그림 4.8에 사용된 매개변수와 축온도비는 다음과 같이 계산된다.

$$r_0 = 2.5\text{ cm} \qquad \frac{k}{hr_0} = 16.38 \qquad \frac{\alpha\tau}{r_0^2} = 8.064 \qquad \frac{\theta_0}{\theta_i} = 0.38$$

또한 그림 4.11에서 $\frac{r}{r_0} = 1.0$과 $\frac{k}{hr_0} = 16.38$에 대한 표면온도비를 구할 수 있다.

$$\frac{\theta}{\theta_0} = 0.97$$

그러므로

$$C(\Theta) = \left(\frac{\theta}{\theta_i}\right)_{무한원통} = \begin{cases} 0.38 & (r = 0\text{에서}) \\ (0.38)(0.97) = 0.369 & (r = r_0\text{에서}) \end{cases}$$

반무한평판과 무한원통에 대한 해를 조합하면

$$\begin{aligned}\left(\frac{\theta}{\theta_i}\right)_{반무한원통} &= C(\Theta)S(X) \\ &= (0.38)(0.964) = 0.366 \qquad (r = 0\text{에서}) \\ &= (0.369)(0.964) = 0.356 \qquad (r = r_0\text{에서})\end{aligned}$$

따라서 구하고자 하는 온도는

$$\begin{aligned} r = 0 \text{ 에서} \qquad & T = 70 + (0.366)(200-70) = 117.6 \\ r = r_0 \text{ 에서} \qquad & T = 70 + (0.356)(200-70) = 116.3 \end{aligned}$$

예제 4-9 갑자기 대류환경에 노출된 유한한 길이의 원통

온도가 200℃로 균일하게 유지되는 지름이 5 cm이고 길이가 10 cm인 알루미늄 원통이 갑자기 대류열전달계수가 525 W/m^2 · ℃이고 온도가 70℃인 유체에 노출되었다. 1분이 경과한 후 축중심으로부터 1.25 cm, 원통의 한쪽 끝면에서부터 0.625 cm 떨어진 곳에서의 온도를 계산하여라.

■ 풀이

무한원통과 무한평판에 대한 Heisler 도표를 사용해서 해를 구하고 그림 4.18(f)의 경우처럼 조합함으로써 이 문제의 해를 구할 수 있다. 무한평판문제로 고려할 경우 두께 $L = 5$ cm이고 평판중심으로부터의 거리 x는 다음과 같다.

$$x = 5 - 0.625 = 4.375 \text{ cm} \qquad \frac{x}{L} = \frac{4.375}{5} = 0.875$$

알루미늄에 대한 물성값은

$$\alpha = 8.4 \times 10^{-5} \text{ m}^2/\text{s} \qquad k = 215 \text{ W/m} \cdot {}^\circ\text{C}$$

그러므로

$$\frac{k}{hL} = \frac{215}{(525)(0.05)} = 8.19 \qquad \frac{\alpha\tau}{L^2} = \frac{(8.4 \times 10^{-5})(60)}{(0.05)^2} = 2.016$$

그림 4.7과 4.10으로부터

$$\frac{\theta_0}{\theta_i} = 0.75 \qquad \frac{\theta}{\theta_0} = 0.95$$

$$\left(\frac{\theta}{\theta_i}\right)_{\text{평판}} = (0.75)(0.95) = 0.7125$$

원통문제로 고려할 경우 $r_0 = 2.5$ cm이므로

$$\frac{r}{r_0} = \frac{1.25}{2.5} = 0.5 \qquad \frac{k}{hr_0} = \frac{215}{(525)(0.025)} = 16.38$$

$$\frac{\alpha\tau}{r_0^2} = \frac{(8.4 \times 10^{-5})(60)}{(0.025)^2} = 8.064$$

그림 4.8과 4.11로부터

$$\frac{\theta_0}{\theta_i} = 0.38 \qquad \frac{\theta}{\theta_0} = 0.98$$

그러므로

$$\left(\frac{\theta}{\theta_i}\right)_{\text{원통}} = (0.38)(0.98) = 0.3724$$

평판과 원통에 대한 해를 조합하면

$$\left(\frac{\theta}{\theta_i}\right)_{\text{짧은원통}} = (0.7125)(0.3724) = 0.265$$

그러므로

$$T = T_\infty + (0.265)(T_i - T_\infty) = 70 + (0.265)(200 - 70) = 104.5^\circ\text{C}$$

예제 4-10 유한한 길이의 원통에 대한 열손실

예제 4.9에 주어진 짧은 원통에 대한 열손실을 계산하여라.

■ 풀이

먼저 주어진 다차원 물체를 구성하고 있는 무한평판과 무한원통에 대한 열손실비를 계산하자. 평판의 경우 $L = 5$ cm $= 0.05$ m이며 예제 4.9에 주어진 알루미늄의 물성값을 사용하여 다음을 계산할 수 있다.

$$\frac{hL}{k} = \frac{(525)(0.05)}{215} = 0.122$$

$$\frac{h^2 \alpha \tau}{k^2} = \frac{(525)^2(8.4 \times 10^{-5})(60)}{(215)^2} = 0.03$$

그림 4.14로부터

$$\left(\frac{Q}{Q_0}\right)_{\text{평판}} = 0.22$$

원통에 대해서는 $r_0 = 2.5$ cm $= 0.025$ m이므로

$$\frac{hr_0}{k} = \frac{(525)(0.025)}{215} = 0.061$$

그림 4.15로부터

$$\left(\frac{Q}{Q_0}\right)_{\text{원통}} = 0.55$$

위의 두 열손실비를 식 (4.22)에 대입하면

$$\left(\frac{Q}{Q_0}\right)_{\text{전체}} = 0.22 + (0.55)(1 - 0.22) = 0.649$$

알루미늄의 비열은 0.896 kJ/kg · ℃, 밀도는 2707 kg/m^{3}이므로 Q_0는 다음과 같이 계산된다.

$$Q_0 = \rho c V \theta_i = (2707)(0.896)\pi(0.025)^2(0.1)(200 - 70)$$
$$= 61.9 \text{ kJ}$$

따라서 1분 동안 일어나는 실제 열손실은

$$Q = (61.9 \text{ kJ})(0.649) = 40.2 \text{ kJ}$$

4-6 비정상상태의 열전도에 대한 수치적 방법

위에서 설명한 도표들은 과도 열전달 조건에서 규칙적인 형상인 고체의 내부온도를 계산하는데 매우 유용하다. 그러나 불행하게도 실제적인 문제를 다루는 경우 물체의 형상이 규칙적인 경우는 거의 없으며 또한 시간에 따라 경계조건이 변하는 경우를 자주 만난다. 이러한 경우에는 수학적인 해를 구하는 것이 불가능하며, 즉 해석적인 방법으로 문제를 풀 수 없으며 컴퓨터를 이용한 수치적인 방법으로 해를 구하는 것이 최선의 방법이다. 따라서 이러한 방법에 대해 다루어 보자.

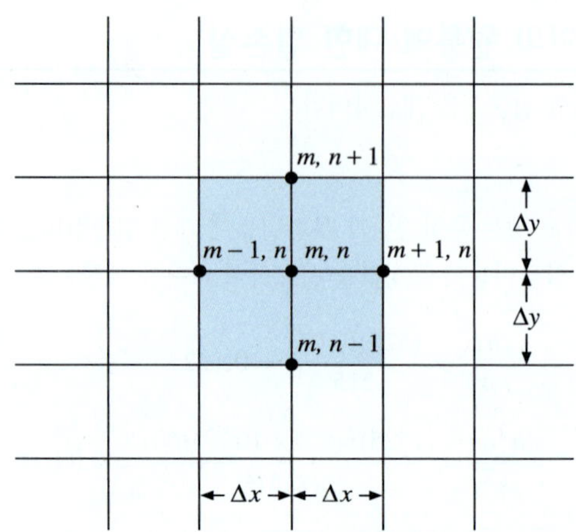

[그림 4.19] 2차원 비정상 상태 열전도 문제의 수치해에 대한 기호

설명을 쉽게 하기 위하여 해석대상을 2차원계로 한정하였으나 3차원계로 문제를 확장하는 것은 매우 쉽다. 그림 4.19에서와 같이 증분 Δx와 Δy로 분할되어 있는 2차원 물체를 고려하자. 하첨자 m은 x방향의 위치를 n은 y방향의 위치를 나타낸다. 물성값이 일정하다고 가정하면 물체 내의 열전달을 지배하는 미분방정식은 다음과 같이 표현된다.

$$k\left(\frac{\partial^2 T}{\partial x^2}+\frac{\partial^2 T}{\partial y^2}\right)=\rho c\,\frac{\partial T}{\partial \tau} \tag{4.24}$$

3장에서 다루었던 것처럼 2차 미분항은 아래와 같이 근사적으로 표현할 수 있다.

$$\frac{\partial^2 T}{\partial x^2}\approx\frac{1}{(\Delta x)^2}(T_{m+1,n}+T_{m-1,n}-2T_{m,n}) \tag{4.25}$$

$$\frac{\partial^2 T}{\partial y^2}\approx\frac{1}{(\Delta y)^2}(T_{m,n+1}+T_{m,n-1}-2T_{m,n}) \tag{4.26}$$

또한 식 (4.24)의 시간에 대한 미분항은 다음과 같은 근사식으로 쓸 수 있다.

$$\frac{\partial T}{\partial \tau}\approx\frac{T_{m,n}^{p+1}-T_{m,n}^{p}}{\Delta\tau} \tag{4.27}$$

위 식에서 상첨자는 시간증분을 나타낸다. 위의 관계식을 결합하면 식 (4.24)에 대한 차분방정식이 된다.

$$\frac{T_{m+1,n}^{p}+T_{m-1,n}^{p}-2T_{m,n}^{p}}{(\Delta x)^2}+\frac{T_{m,n+1}^{p}+T_{m,n-1}^{p}-2T_{m,n}^{p}}{(\Delta y)^2}=\frac{1}{\alpha}\,\frac{T_{m,n}^{p+1}-T_{m,n}^{p}}{\Delta\tau} \tag{4.28}$$

만약 어떤 특정한 시간에 여러 곳의 절점(node) 온도를 알고 있다면 시간증분 $\Delta\tau$ 후의 온도는 각 절점에 대해 식 (4.28)과 같은 방정식을 세우고 이로부터 $T_{m,n}^{p+1}$의 값을 구하면 된다. 더 많은 시간 증분이 경과한 후의 온도도 마찬가지 방법으로 위와 같은 과정을 반복함으로써 알 수 있을 것이다. x방향의 공간좌표 증분과 y방향의 공간좌표 증분이 같다면 $\Delta x = \Delta y$이므로 $T_{m,n}^{p+1}$에 대한 방정식은 식 (4.29)와 같다.

$$T_{m,n}^{p+1} = \frac{\alpha\,\Delta\tau}{(\Delta x)^2}\left(T_{m+1,n}^{p} + T_{m-1,n}^{p} + T_{m,n+1}^{p} + T_{m,n-1}^{p}\right) + \left[1 - \frac{4\alpha\,\Delta\tau}{(\Delta x)^2}\right]T_{m,n}^{p} \tag{4.29}$$

만약 시간증분과 거리증분의 관련식을 다음과 같이 선택하였다면

$$\frac{(\Delta x)^2}{\alpha\,\Delta\tau} = 4 \tag{4.30}$$

시간증분 $\Delta\tau$만큼 시간이 경과한 후, 절점(m, n)의 온도는 시간증분 $\Delta\tau = 0$인 초기 시점에서 절점(m, n) 주위에 있는 네 개의 주위 절점 온도를 대수적으로 평균한 값이 된다.

1차원계인 경우 식 (4.29)는 다음과 같이 된다.

$$T_{m}^{p+1} = \frac{\alpha\,\Delta\tau}{(\Delta x)^2}\left(T_{m+1}^{p} + T_{m-1}^{p}\right) + \left[1 - \frac{2\alpha\,\Delta\tau}{(\Delta x)^2}\right]T_{m}^{p} \tag{4.31}$$

만약 시간증분과 거리증분의 관련식을 다음과 같이 선택하였다면

$$\frac{(\Delta x)^2}{\alpha\,\Delta\tau} = 2 \tag{4.32}$$

시간증분 $\Delta\tau$만큼 시간이 경과한 후, 절점 m에서의 온도는 시간증분 $\Delta\tau = 0$인 초기 시점에서 절점 m 주위에 있는 두 개의 주위 절점 온도를 대수적으로 평균한 값이 된다.

이제 비정상 상태 열전도 문제의 해를 수치적 방법으로 구하는 것과 관련하여 몇 가지 일반적 사항을 살펴보자. 시간증분과 거리증분이 관련된 아래의 매개변수값을 어떻게 선택하느냐에 따라 수치해를 얻는 과정이 매우 용이하게 된다는 것을 이미 알고 있다.

$$M = \frac{(\Delta x)^2}{\alpha\,\Delta\tau}$$

즉 2차원계에서는 $M = 4$로 하고 1차원계에서는 $M = 2$로 하면 수치해를 얻는 과정이 매우 쉬워진다.

일단 거리증분과 M의 값을 정해주면 시간증분의 값은 고정되므로 Δx나 M의 값을 변화시키지 않고는 $\Delta\tau$의 값을 변화시킬 수 없다. Δx와 $\Delta\tau$의 값이 크면 클수록 해를 빨리 구할 수 있으며 반대로 이들 증분의 값이 작을수록 더욱 정확한 해를 얻을 수 있다. 얼핏 보기에 거리증분을 작게 하고 시간증분을 크게 하면 정확하면서도 신속하게 해를 구할 수 있을 것 같으나 사실은 그렇지 못하다. 왜냐하면 Δx의 값을 선택하면 $\Delta\tau$의 값이 고정되기 때문이다. 만약 식 (4.31)에서 $M < 2$이면 T_m^p의 계수는 0보다 작아지고 이는 열역학 제2법칙에 모순되는 결과를 초래한다. 예를 들어 인접한 주위 절점의 온도는 서로 같고 T_m^p보다는 작다고 가정하자. 시간증분 $\Delta\tau$만큼 지난 뒤에 T_m^p이 이들 주위 절점의 온도보다 더 낮아질 수는 없을 것이다. 만약 더 낮아진다면 열은 저온에서 고온으로 흘러야 하지만 불가능한 일이다. M이 2보다 작은 경우에는 이와 같이 열역학 2법칙을 위반하는 결과를 초래하므로 M의 값은 다음과 같이 제한되어야 한다.

$$\frac{(\Delta x)^2}{\alpha\,\Delta\tau} = \begin{cases} M \geq 2 & \text{1차원계} \\ M \geq 4 & \text{2차원계} \end{cases}$$

이와 같은 제한을 통해 일단 Δx값이 정해지면 자동적으로 $\Delta\tau$값의 한계가 정해진다.

앞에서는 물리적 의미를 통해 위와 같은 제한조건을 부과할 수 있었지만 수학적인 방법을 통해서도 또한 동일한 제한조건을 유도할 수 있다. 이러한 제한조건을 만족하지 않는다면 유한차분해(finite difference solution)는 결코 수렴하지 않는다는 사실을 알 수 있을 것이다. 수치해의 안정성 및 수렴에 관한 문제는 참고문헌 [7], [13], [15]에 잘 나타나 있다.

위에 주어진 미분방정식은 시간과 공간의 함수로 고체 내부의 온도를 구할 때 대단히 유용하다. 고체 경계면에서는 보통 대류저항이 존재하기 때문에 위에서 언급한 관계식을 더 이상 적용할 수 없다. 일반적으로 각각의 대류경계조건은 해석하고자 하는 특정한 기하학적 형상에 따라 개별적으로 다루어야 한다. 평면벽의 경우를 예로 들어보자.

그림 4.20에서 볼 수 있는 1차원계 대류경계면에서의 에너지평형은 다음과 같이 나타낼 수 있다.

$$-kA\,\frac{\partial T}{\partial x}\bigg]_{\text{벽}} = hA(T_w - T_\infty) \tag{4.33}$$

의 식을 유한차분법을 사용해 표현하면 다음과 같다.

$$-k\frac{\Delta y}{\Delta x}(T_{m+1} - T_m) = h\,\Delta y(T_{m+1} - T_\infty)$$

또는

$$T_{m+1} = \frac{T_m + (h\,\Delta x/k)T_\infty}{1 + h\,\Delta x/k}$$

이와 같은 조건을 적용하기 위해서는 각각의 시간 증분에서 고체표면의 온도 T_{m+1}을 계산한 다음 고체 내부 절점에 대한 방정식에 이 온도를 사용해야 한다. 이러한 방법을 통해 구한 해는 근사적인 값이 될 것이다. 왜냐하면 고체 경계면에 설정한 벽요소의 열용량을 무시했기 때문이다. 그러나 x방향으로의 증분이 매우 많

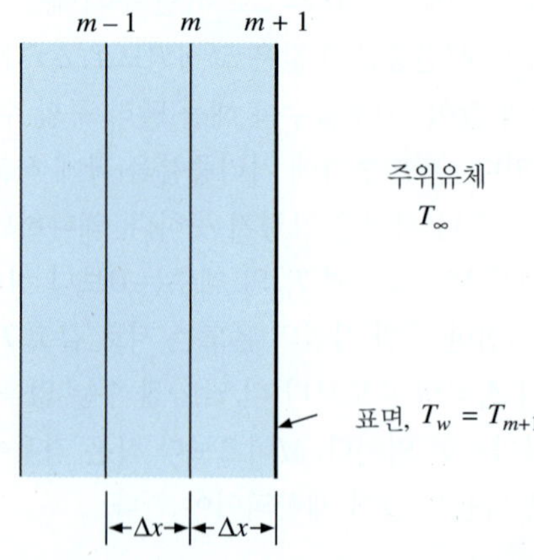

[그림 4.20] 대류경계조건을 가진 비정상상태 열전도 문제의 수치적 해법에 대한 기호

은 즉 절점의 수가 매우 많은 경우 무시된 열용량은 전체값에 비해 상당히 작기 때문에 근사값은 매우 정확할 것이다. 그림 3.7에서와 같이 대류경계조건에 노출된 2차원 벽에 대해서는 일반적인 방법으로 열용량에 대한 고려를 할 수 있기 때문에 편의상 그림 4.21에 다시 나타냈다. 전도 및 대류를 통해 절점 (m, n)으로 유입되는 에너지의 합이 그 절점의 내부에너지 증가와 같다는 비정상상태 에너지 평형식을 아래와 같이 세울 수 있다.

$$k\,\Delta y\;\frac{T^p_{m-1,n}-T^p_{m,n}}{\Delta x}+k\,\frac{\Delta x}{2}\frac{T^p_{m,n+1}-T^p_{m,n}}{\Delta y}+k\,\frac{\Delta x}{2}\frac{T^p_{m,n-1}-T^p_{m,n}}{\Delta y}$$
$$+h\,\Delta y(T_\infty-T^p_{m,n})=\rho c\,\frac{\Delta x}{2}\,\Delta y\,\frac{T^{p+1}_{m,n}-T^p_{m,n}}{\Delta\tau}$$

만약 $\Delta x=\Delta y$라면 $T^{p+1}_{m,n}$에 대한 식은 다음과 같이 된다.

$$T^{p+1}_{m,n}=\frac{\alpha\,\Delta\tau}{(\Delta x)^2}\Bigg\{2\frac{h\,\Delta x}{k}\,T_\infty+2T^p_{m-1,n}+T^p_{m,n+1}+T^p_{m,n-1}$$
$$+\left[\frac{(\Delta x)^2}{\alpha\,\Delta\tau}-2\frac{h\,\Delta x}{k}-4\right]T^p_{m,n}\Bigg\} \tag{4.34}$$

1차원계에 대해서는

$$T^{p+1}_m=\frac{\alpha\,\Delta\tau}{(\Delta x)^2}\left\{2\frac{h\,\Delta x}{k}T_\infty+2T^p_{m-1}+\left[\frac{(\Delta x)^2}{\alpha\,\Delta\tau}-2\frac{h\,\Delta x}{k}-2\right]T^p_m\right\} \tag{4.35}$$

이때 매개변수 $(\Delta x)^2/\alpha\,\Delta\tau$의 선택은 대류열전달 계수의 영향을 받기 때문에 내부 절점의 경우처럼 그렇게 간단하지 않다. 그러나 여전히 T^p_m와 $T^p_{m,n}$ 의 계수가 0이 되도록 매개변수의 값을 선택할 수 있다. 그러므로 매개변수의 값은 다음과 같이 될 것이다.

$$\frac{(\Delta x)^2}{\alpha\,\Delta\tau}=\begin{cases}2\left(\dfrac{h\,\Delta x}{k}+1\right) & \text{1차원인 경우}\\[2ex] 2\left(\dfrac{h\,\Delta x}{k}+2\right) & \text{2차원인 경우}\end{cases}$$

수치해의 수렴성을 확보하기 위해서는 매개변수 $(\Delta x)^2/\alpha\,\Delta\tau$의 선택범위가 다음과 같이 제한되어야 한다.

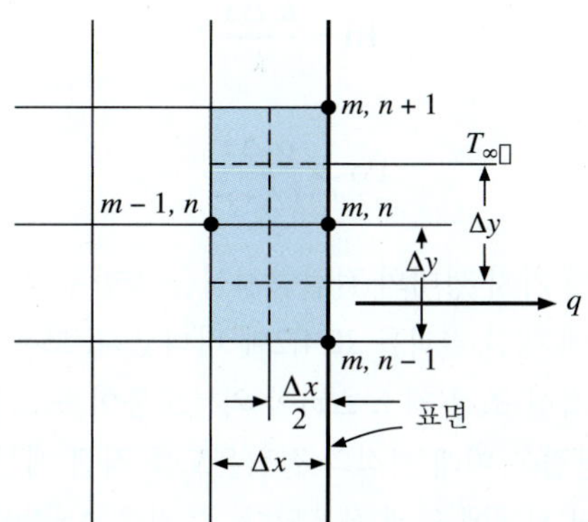

[그림 4.21] 대류경계조건을 갖는 절점방정식에 대한 기호

$$\frac{(\Delta x)^2}{\alpha\,\Delta\tau} \geq \begin{cases} 2\left(\dfrac{h\,\Delta x}{k}+1\right) & \text{1차원인 경우} \\ 2\left(\dfrac{h\,\Delta x}{k}+2\right) & \text{2차원인 경우} \end{cases}$$

전진 및 후진차분법

위의 방정식은 시간증분이 경과하지 않은 초기상태에서 주어진 주위 절점온도의 항으로 향후 구하고자 하는 시간증분 시점에서의 절점온도를 표현한 전진차분기법을 바탕으로 개발된 것이다. 전단계의 절점온도 T_m^p항으로 절점온도 $T_{m,n}^{p+1}$를 명확하게 표현하는 것이 가능하기 때문에 이러한 표현을 **양함수법**(*explicit formulation*) 또는 현시법이라고 부른다. 양함수법에서는 어떤 시간증분에서 다음 시간증분까지 온도가 변하는 과정에서 원하는 최종상태의 온도분포를 직접적인 계산을 통해 구할 수 있다.

$(p+1)$시간증분에서의 공간도함수를 온도의 항으로 계산함으로써 미분방정식을 수식화할 수 있다. 시간도함수를 후진방향으로, 즉 앞선 미래 시점의 온도값을 기준으로 과거 시점의 온도값을 표현하기 때문에 이러한 표현을 **후진차분식**(*backward-difference formulation*)이라고 부른다. 전진차분식으로 표현된 식 (4.28)에 대응하는 후진차분식은 식 (4.36)과 같다.

$$\frac{T_{m+1,n}^{p+1}+T_{m-1,n}^{p+1}-2T_{m,n}^{p+1}}{(\Delta x)^2}+\frac{T_{m,n+1}^{p+1}+T_{m,n-1}^{p+1}-2T_{m,n}^{p+1}}{(\Delta y)^2}=\frac{1}{\alpha}\frac{T_{m,n}^{p+1}-T_{m,n}^{p}}{\Delta\tau} \tag{4.36}$$

또한 식 (4.29)에 대응하는 식은 다음과 같다.

$$T_{m,n}^{p}=\frac{-\alpha\,\Delta\tau}{(\Delta x)^2}\left(T_{m+1,n}^{p+1}+T_{m-1,n}^{p+1}+T_{m,n+1}^{p+1}+T_{m,n-1}^{p+1}\right)+\left[1+\frac{4\alpha\,\Delta\tau}{(\Delta x)^2}\right]T_{m,n}^{p+1} \tag{4.37}$$

후진차분식에서는 T^p의 항으로 T^{p+1}를 명확하게 계산할 수 없음에 주의하라. 모든 절점에 대하여 방정식이 작성되어야 하고 이것들을 연립으로 동시에 품으로써 온도 T^{p+1}을 구할 수 있다. 그러므로 후진차분법은 비정상상태 해석에 있어서 미래 시점의 온도를 구하는 경우 **음함수식**(*implicit formulation*)으로 주어지며(암시법이라고도 한다) 3장에서 언급한 방법을 사용함으로써 이러한 방정식들의 해를 구할 수 있다.

수치해석적인 방법으로 문제를 푸는 경우 Biot 수와 Fourier 수는 다음과 같이 정의할 수 있다.

$$\mathrm{Bi}=\frac{h\,\Delta x}{k} \tag{4.38}$$

$$\mathrm{Fo}=\frac{\alpha\,\Delta\tau}{(\Delta x)^2} \tag{4.39}$$

이러한 정의를 사용하여 전형적인 몇 가지 형태의 절점방정식을 양함수식 및 음함수식으로 표 4.2와 4.3에 요약하여 나타냈다. Δx와 Δy인 경우에 대한 결과를 표 4.2에 나타냈다. 모든 대류 절점에 대해 같은 Bi 수를 갖는다고 가정하고 가장 제한적인 안정성 조건(최소 $\Delta\tau$)이 외부모퉁이 노드인 경우(d)에 나타났다.

양함수식형태의 전진차분식의 장점은 미래 시점의 절점온도를 직접 계산할 수 있다는 것이다. 그러나 이런 경우 계산의 안정성은 Δx와 $\Delta\tau$값의 선택에 의해 좌우된다. 즉 작은 Δx값을 선택하면 자동적으로 Δx에 대응하는 최대의 $\Delta\tau$값이 선택된다. 반면에 음함수식 형태의 방정식으로부터 해를 계산하는 경우엔 위와 같은 안정성과 관련된 제한이 없다. 이것은 계산속도를 빠르게 하기 위해서 시간증분을 크게 취할 수 있다는 것을 의미한다. 음함수법이 갖는 단점은 매 시간단계마다 많은 계산을 수행하여야 한다는 것이다. 그러나 절점이 매우 많은 문제의 경우에 음함수법을 사용하면 양함수법보다 오히려 최종해를 얻는 데까지 소요되는 총계산시간을 줄일 수 있다. 왜냐하면 양함수법에서는 안정성 요구조건을 만족시키기 위해서 시간증분을 매우 조금씩 증가시켜야만 하지만 음함수법에서는 이러한 제한조건의 규제를 받지 않기 때문에 해를 빨리 구하기 위해서 시간증분 $\Delta\tau$를 크게 할 수 있다.

대부분의 문제는 적당한 절점수를 해석할 수 있어 양함수법으로 만족스러운 해를 얻을 수 있다. 특히 다음 절에 주어진 일발화된 수식을 고려할 때 더욱 그렇다.

과도열전도 문제를 푸는데 수치해석을 적용한 다른 많은 응용사례에 관심이 있는 독자는 참고문헌 [4],

[표 4.2] 양함수식으로 표현된 절점방정식(점선은 요소체적을 나타냄)†

물리적 상태	절점방정식 $\Delta x = \Delta y$	안정성 조건
(a) 내부절점	$T_{m,n}^{p+1} = \text{Fo}\left(T_{m-1,n}^p + T_{m,n+1}^p + T_{m+1,n}^p + T_{m,n-1}^p\right) + [1-4(\text{Fo})]T_{m,n}^p$ $T_{m,n}^{p+1} = \text{Fo}\left(T_{m-1,n}^p + T_{m,n+1}^p + T_{m+1,n}^p + T_{m,n-1}^p - 4T_{m,n}^p\right) + T_{m,n}^p$	$\text{Fo} \le \frac{1}{4}$
(b) 대류경계의 절점	$T_{m,n}^{p+1} = \text{Fo}\,[2T_{m-1,n}^p + T_{m,n+1}^p + T_{m,n-1}^p + 2(\text{Bi})T_{\infty}^p] + [1-4(\text{Fo})-2(\text{Fo})(\text{Bi})]T_{m,n}^p$ $T_{m,n}^{p+1} = \text{Fo}\,[2\text{Bi}\,(T_{\infty}^p - T_{m,n}^p) + 2T_{m-1,n}^p + T_{m,n+1}^p + T_{m,n-1}^p - 4T_{m,n}^p] + T_{m,n}^p$	$\text{Fo}(2+\text{Bi}) \le \frac{1}{2}$
(c) 대류경계를 갖는 외부모퉁이	$T_{m,n}^{p+1} = 2(\text{Fo})\,[T_{m-1,n}^p + T_{m,n-1}^p + 2(\text{Bi})T_{\infty}^p] + [1-4(\text{Fo})-4(\text{Fo})(\text{Bi})]T_{m,n}^p$ $T_{m,n}^{p+1} = 2\text{Fo}\,[T_{m-1,n}^p + T_{m,n-1}^p - 2T_{m,n}^p + 2\text{Bi}(T_{\infty}^p - T_{m,n}^p)] + T_{m,n}^p$	$\text{Fo}(1+\text{Bi}) \le \frac{1}{4}$

(계속)

[표 4.2] (계속)

물리적 상태	절점방정식 $\Delta x = \Delta y$	안정성 조건
(*d*) 대류경계를 갖는 내부모퉁이	$T_{m,n}^{p+1} = \frac{2}{3}(\text{Fo})\,[2T_{m,n+1}^{p} + 2T_{m+1,n}^{p} + 2T_{m-1,n}^{p} + T_{m,n-1}^{p} + 2(\text{Bi})T_{\infty}^{p}] + [1 - 4(\text{Fo}) - \frac{4}{3}(\text{Fo})(\text{Bi})]T_{m,n}^{p}$ $T_{m,n}^{p+1} = (4/3)\text{Fo}\,[T_{m,n+1}^{p} + T_{m+1,n}^{p} + T_{m-1,n}^{p} - 3T_{m,n}^{p} + \text{Bi}\,(T_{\infty}^{p} - T_{m,n}^{p})] + T_{m,n}^{p}$	$\text{Fo}(3+\text{Bi}) \le \frac{3}{4}$
(*e*) 단열경계 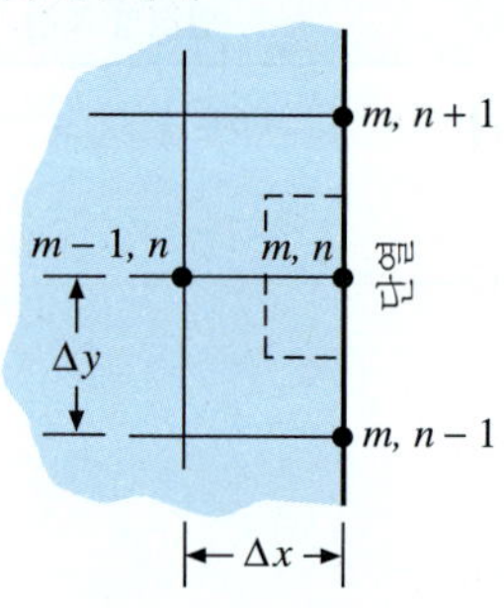	$T_{m,n}^{p+1} = \text{Fo}\,[2T_{m-1,n}^{p} + T_{m,n+1}^{p} + T_{m,n-1}^{p}] + [1 - 4(\text{Fo})]T_{m,n}^{p}$	$\text{Fo} \le \frac{1}{4}$

† 대류표면을 단열표면으로 바꿀 때에는 $h = 0\ (B_i = 0)$으로 하면 된다.

[표 4.3] 음함수식으로 표현된 절점방정식(점선은 요소체적을 나타냄)

물리적 상태	절점방정식 $\Delta x = \Delta y$
(*a*) 내부절점	$[1 + 4(\text{Fo})]T_{m,n}^{p+1} - \text{Fo}\left(T_{m-1,n}^{p+1} + T_{m,n+1}^{p+1} + T_{m+1,n}^{p+1} + T_{m,n-1}^{p+1}\right) - T_{m,n}^{p} = 0$

(계속)

[표 4.3] (계속)

물리적 상태	절점방정식 $\Delta x = \Delta y$
(*b*) 대류계의 절점 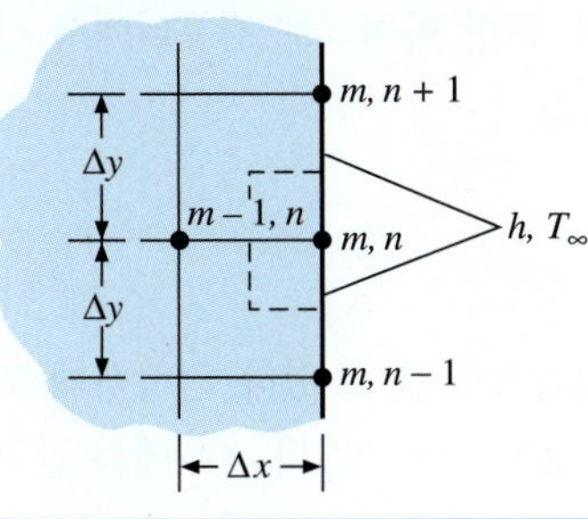	$[1+2(\text{Fo})(2+\text{Bi})]T_{m,n}^{p+1} - \text{Fo}\left[T_{m,n+1}^{p+1} + T_{m,n-1}^{p+1} + 2T_{m-1,n}^{p+1} + 2(\text{Bi})T_{\infty}^{p+1}\right] - T_{m,n}^{p} = 0$
(*c*) 대류경계를 갖는 외부모퉁이 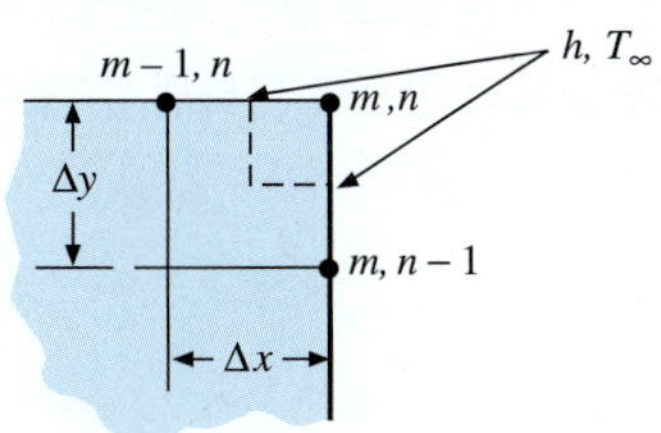	$[1+4(\text{Fo})(1+\text{Bi})]T_{m,n}^{p+1} - 2(\text{Fo})\left[T_{m-1,n}^{p+1} + T_{m,n-1}^{p+1} + 2(\text{Bi})T_{\infty}^{p+1}\right] - T_{m,n}^{p} = 0$
(*d*) 대류경계를 갖는 내부모퉁이 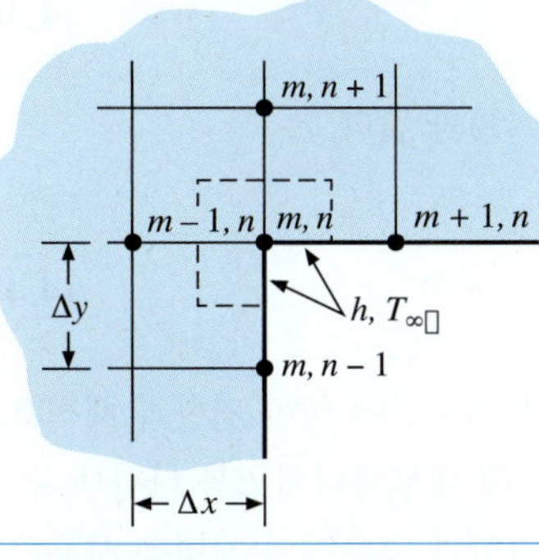	$\left[1+4(\text{Fo})\left(1+\frac{\text{Bi}}{3}\right)\right]T_{m,n}^{p+1} - \frac{2(\text{Fo})}{3} \times \left[2T_{m-1,n}^{p+1} + T_{m,n-1}^{p+1} + 2T_{m,n+1}^{p+1} + 2T_{m+1,n}^{p+1} + 2(\text{Bi})T_{\infty}^{p+1}\right] - T_{m,n}^{p} = 0$
(*e*) 단열경계 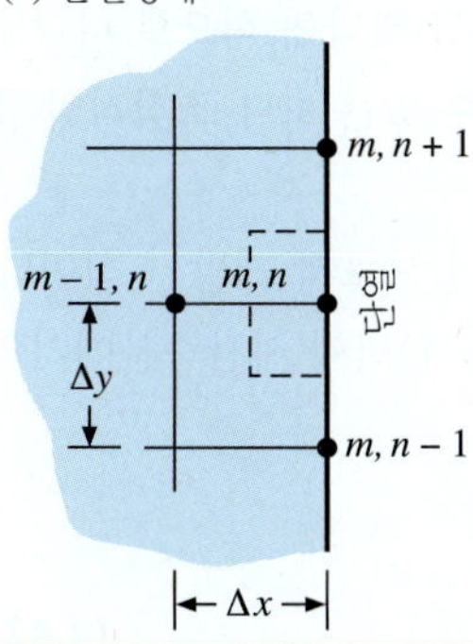	$[1+4(\text{Fo})]T_{m,n}^{p+1} - \text{Fo}\left(2T_{m-1,n}^{p+1} + T_{m,n+1}^{p+1} + T_{m,n-1}^{p+1}\right) - T_{m,n}^{p} = 0$

[8], [13], [14], [15]를 참조하여라.

약간의 인내와 주의를 요한다면 유한차분법은 거의 모든 상황에 적용할 수 있다. 대단히 복잡한 문제라도 대용량 디지털 컴퓨터를 사용하다면 매우 쉽게 풀 수 있다. 부록 D에는 마이크로소프트 엑셀을 사용하여 과도 열전달 문제의 해를 구하는 것에 대해 설명하고 있다. 유한요소법(finite element method)을 사용하여 전도 열전달 문제를 다룬 내용에 대해서는 참고문헌 [9]~[13]을 참조하여라. 또한 마이크로 컴퓨터에서 사용할 수 있는 많은 상업용 소프트웨어 패키지가 판매되고 있다.

4-7 열저항 및 열용량 수식화

3장에서처럼 각각의 체적요소를 인접한 요소와 열저항에 의해서 연결된 절점으로 볼 수 있다. 정상상태 조건에서 절점으로 들어가는 순 열전달량의 합은 0이지만 이 장에서 다루는 비정상상태 조건의 경우에는 절점으로 들어가는 순 열전달량은 체적요소 안에서 증가하는 내부에너지의 양과 같아야 한다. 각 체적요소는 마치 조그마한 집중열용량(themal capacity)과 같이 작용하며 과도 열전달 과정동안 모든 요소 간의 상호작용에 의해 고체내의 열적거동이 결정된다. 만일 절점 i에서의 내부에너지를 비열과 온도의 항으로 나타낼 수 있다면 내부에너지의 시간변화률은 근사적으로 다음과 같이 표현된다.

$$\frac{\Delta E}{\Delta \tau} = \rho c \Delta V \frac{T_i^{p+1} - T_i^p}{\Delta \tau}$$

여기서 ΔV는 체적요소이다. 만일 열용량을 식 (4.40)과 같이 정의하면

$$C_i = \rho_i c_i \, \Delta V_i \tag{4.40}$$

그러므로 한 절점에서 열평형에 대한 저항-용량의 일반적인 수식화는 식 (4.41)과 같다.

$$q_i + \sum_j \frac{T_j^p - T_i^p}{R_{ij}} = C_i \frac{T_i^{p+1} - T_i^j}{\Delta \tau} \tag{4.41}$$

여기서 우변의 모든 항들은 식 (3.31)에서와 같다. 다양한 기하학적 형상과 경계조건에 대한 저항과 체적요소는 표 3.3과 3.4에 있다. 상변화가 일어나는 경우 역시 위와 같은 수식화를 통해 내부에너지 E를 나타낼 수 있지만 학부수준의 교과 범위를 벗어나기 때문에 여기서 다루지는 않았다. 열저항과 열용량의 개념을 사용하면 모든 절점과 모든 경계조건에 대해서 전진차분방정식을 식 (4.41)과 같이 매우 간단한 하나의 식으로 나타낼 수 있다. 수치해를 구하기 위한 이러한 준비작업을 통해서 바로 전산해석에 적용할 수 있는 보다 조직적인 틀을 마련할 수 있다.

식 (4.41)은 각각의 T_i^{p+1}을 양함수식으로 표현하기 위해 전진차분 개념을 사용함으로서 개발된 식이다. 앞서 논의한 것처럼 후진차분법을 사용하여 i번째 절점으로 전달되는 열전달을 $(p+1)$번째 시간증분에서의 온도의 항으로 계산한 후 에너지 평형을 구하면 식 (4.42)와 같이 된다.

$$q_i + \sum_j \frac{T_j^{p+1} - T_i^{p+1}}{R_{ij}} = C_i \frac{T_i^{p+1} - T_i^p}{\Delta \tau} \tag{4.42}$$

이처럼 후진차분법으로 구한 식들은 음함수식으로 표현됨으로 T_i^{p+1} 등에 대한 해를 얻기 위해서는 연립으

로 풀어야만 한다. 3장에서 설명한 여러 방법을 사용하여 해를 구할 수 있다. 만약 Gauss-Seidel 반복법을 사용한다면 식 (4.42)를 T_i^{p+1}에 대해 풀어야 하는데 이 식을 다음과 같이 정리할 수 있다.

$$T_i^{p+1} = \frac{q_i + \sum_i (T_j^{p+1}/R_{ij}) + (C_i/\Delta\tau)T_i^p}{\sum_j (1/R_{ij}) + C_i/\Delta\tau} \quad \textbf{(4.43)}$$

흥미롭게도 $\Delta\tau \to \infty$의 정상상태조건에서 위 식은 반복해를 얻기 위해 사용된 3장의 식 (3.32)와 동일하게 된다.

식 (4.41)을 T_i^{p+1}에 대해 풀어봄으로써 양함수식에서의 안정성에 대한 요구조건을 살펴볼 수 있다.

$$T_i^{p+1} = \left(q_i + \sum_j \frac{T_j^p}{R_{ij}}\right)\frac{\Delta\tau}{C_i} + \left(1 - \frac{\Delta\tau}{C_i}\sum_j \frac{1}{R_{ij}}\right)T_i^p \quad \textbf{(4.44)}$$

안정성은 q_i의 값에 따라 영향을 받지만 $q_i = 0$에 대한 방정식의 거동을 관찰함으로써 안전한 범위의 값을 택할 수 있다. 식 (4.31)을 살펴보는 과정에서 언급하였던 동일한 열역학적 논의를 통해 T_i^p의 계수는 음의 값이 될 수 없음을 알 수 있다. 그러므로 안정성에 대한 최소한의 요구조건은 다음과 같다.

$$1 - \frac{\Delta\tau}{C_i}\sum_j \frac{1}{R_{ij}} \geq 0 \quad \textbf{(4.45)}$$

시간증분이 일정하지 않는 문제 등과 같은 다양한 경계조건을 가진 복잡한 수치문제를 푼다고 하자. 일단 모든 절점 저항과 열용량에 대한 수식을 세웠다면 시간증분 $\Delta\tau$를 결정해야 한다. 안정성을 만족시키기 위해서 $\Delta\tau$의 값은 식 (4.45)에서 구한 값과 같거나 작아야 한다.

식 (4.45)를 $\Delta\tau$에 대해 풀어보면

$$\Delta\tau \leq \left[\frac{C_i}{\sum_j (1/R_{ij})}\right]_{\text{최소}} \quad \textbf{(4.46)}$$

식 (4.44)는 허용할 수 있는 최대 시간증분값을 알아내는데 매우 유용하지만 컴퓨터를 사용하여 해를 구할 때 열저항이 작으면 반올림 오차 문제로 인해 해의 정확도에 영향을 줄 수 있다. 따라서 계산목적을 위해서는 다음과 같은 형태로 T_i^{p+1}을 표현한 식을 사용하는 것이 바람직하다.

$$T_i^{p+1} = \frac{\Delta\tau}{C_i}\left[q_i + \sum_j \frac{T_j^p - T_i^p}{R_{ij}}\right] + T_i^p \quad \textbf{(4.47)}$$

표 4.2에는 $\Delta x = \Delta y$인 경우에 대한 절점방정식들이 식 (4-44) 및 식 (4-47) 형식으로 주어져 있다. 이 방정식들은 열원항을 포함하지 않았다. 만약 열원항이 있다면 다음 항을 더해준다.

$$q_i = \dot{q}_i \, \Delta V_i$$

여기서 $\dot{q}_i$는 단위체적당 열발생율이고 ΔV_i는 표에서 점선으로 표시된 체적요소를 의미한다. 절점으로 복사열이 들어오는 경우에는

$$q_i = q''_{i,\,\text{rad}} \times \Delta A_i$$

여기서 $q''_{i,\text{rad}}$는 단위면적당 절점으로 들어오는 순 복사에너지이고 ΔA_i는 복사열교환이 일어나는 절점의 면적이다. 이 면적은 대류열전달이 일어난는 면적과 같을 수도 있지만 다른 경우도 있다.

열저항–용량 수식을 사용하면 열물성값이 온도에 따라 변하는 영향을 쉽게 반영할 수 있다. 즉 C_i와 R_{ij} 식에 포함된 ρ, c, k를 올바른 값으로 계산해 주면 된다. 문제의 특성과 요구되는 정확도에 따라 각 시간증분 때마다 C_i와 R_{ij}에 대한 새로운 값을 계산하는 것이 필요할 수도 있다. 예제 4.17을 통해 열전도계수가 변하는 경우에 나타나는 영향을 살펴볼 수 있다.

과도해의 한 극한의 경우로서의 정상상태 해

앞서 본 것처럼 식 (4.41)의 우변을 0으로 놓으면 정상상태에 대한 수치 방정식이 된다. 이것은 또한 비정상상태 방정식 식 (4.44) 또는 식 (4.47)에서 시간증분이 매우 큰 경우의 계산 결과와 같다. 정성상태 해를 얻는데 있어서 후자의 방법이 다소 귀찮은 것처럼 보이지만 컴퓨터를 사용할 경우 매우 신속하게 해를 구할 수 있다. 많은 컴퓨터 계산을 필요로 하는 정상상태 수치문제의 해를 구하는데 Gauss-Seidel 반복법을 사용하였다. 만일 열전도계수가 변하거나 대류 경계조건의 변화로 인해 열저항이 달라지는 경우에는 과도해의 극한으로 정상상태 해를 구하는 방법이 정상상태 방정식으로부터 직접 정상상태 해를 구하는 것에 비해 장점을 제공할 수 있다. 열저항이 변하는 경우 정상상태 절점방정식은 비선형방정식이 되며 이에 대한 해를 구하는 과정은 매우 지루할 수 있다. 그러한 경우 과도해를 구하기 위해서는 단지 각각의 시간증분 $\Delta\tau$마다 저항을 다시 계산하거나 또는 변수처럼 절점 방정식에 저항을 직접 기입할 수 있다. 그런 다음 더 이상 T_i^{p+1}가 큰 폭으로 변하지 않을 때까지 충분히 많은 시간증분 동안 계산을 수행하여 얻은 T_i값이 바로 정상상태 해가 된다.

부록 D-5D에는 마이크로소프트 엑셀 프로그램을 사용한 과도열전달 문제에 대한 수치해석과정 및 해법이 예제와 함께 주어져 있다. 또한 이 예제는 정상상태에 도달하기에 충분한 시간까지 진행된 과도열전달 해를 보여주고 있다.

예제 4–11 막대의 갑작스런 냉각

200°C로 유지되는 길이가 10 cm이고 지름이 3 mm인 강철봉[$k = 50$ W/m · °C]이 있는데 이 막대 한쪽 끝의 온도를 계속 200°C로 유지하면서 온도가 40°C이고 $h = 50$ W/m^2 · °C인 주위유체에 갑자기 담궜다. 100초가 경과한 후 강철봉의 온도분포를 구하여라. 강철봉의 밀도와 비열은 각각 7800 kg/m^3 · °C, 0.47 kJ/kg · °C이다.

$\frac{\Delta x}{2}$
1 2 3 4
T_0 = 200°C
T_∞ = 40°C
Δx Δx Δx Δx
Δx = 2.5 cm

[그림 예제 4.11]

■ **풀이**

예제 그림 4.11처럼 증분을 선택하자. 봉의 단면적은 $A = \pi(1.5)^2 = 7.069$ mm^{2}이고 절점 1, 2, 3에 대한 체적요소는

$$\Delta V = A\Delta x = (7.069)(25) = 176.725 \text{ mm}^3$$

절점 4의 체적은 위의 값의 절반인 88.36 mm^3이다. 양함수식을 사용하기 위해 절점 1, 2, 3에 대한 저항값과 용량을 계산해 보자.

$$R_{m+} = R_{m-} = \frac{\Delta x}{kA} = \frac{0.025}{(50)(7.069 \times 10^{-6})} = 70.731°\text{C/W}$$

$$R_\infty = \frac{1}{h(\pi d\ \Delta x)} = \frac{1}{(50)\pi(3 \times 10^{-3})(0.025)} = 84.883°\text{C/W}$$

$$C = \rho c\ \Delta V = (7800)(470)(1.7673 \times 10^{-7}) = 0.6479 \text{ J/°C}$$

절점 4에 대해서는

$$R_{m+} = \frac{1}{hA} = 2829°\text{C/W} \qquad R_{m-} = \frac{\Delta x}{kA} = 70.731°\text{C/W}$$

$$C = \frac{\rho c\ \Delta V}{2} = 0.3240 \text{ J/°C} \qquad R_\infty = \frac{2}{h\pi d\Delta x} = 169.77°\text{C/W}$$

안정성에 대한 요구조건을 결정하기 위해 다음과 같은 표를 만들어 보자.

절점	$\sum(1/R_{ij})$	C_i	$\frac{C_i}{\sum(1/R_{ij})}$, s
1	0.04006	0.6479	16.173
2	0.04006	0.6479	16.173
3	0.04006	0.6479	16.173
4	0.02038	0.3240	15.897

절점 4에서의 값이 최소값을 나타내므로 $\Delta\tau < 15.9$초로 선택하여야 한다. $\tau = 100$초에서의 온도분포를 알고자 하기 때문에 $\Delta\tau = 10$초로 해주고 식 (4.47)을 이용하여 10회 계산을 하면 다음 표와 같다. 물론 열원이 존재하지 않기 때문에 $q_i = 0$이다.

	절점온도			
시간 증분	T_1	T_2	T_3	T_4
0	200	200	200	200
1	170.87	170.87	170.87	169.19
2	153.40	147.04	146.68	145.05
3	141.54	128.86	126.98	125.54
4	133.04	115.04	111.24	109.70
5	126.79	104.48	98.76	96.96
6	122.10	96.36	88.92	86.78
7	118.53	90.09	81.17	78.71
8	115.80	85.23	75.08	72.34
9	113.70	81.45	70.31	67.31
10	112.08	78.51	66.57	63.37

막대 표면에서 대류에 의한 열손실량을 합산함으로써 100초 후의 열전달량을 계산할 수 있다. 그러므로

$$q = \sum_i \frac{T_i - T_\infty}{R_{i\infty}}$$

$$q = \frac{200 - 40}{(2)(84.883)} + \frac{112.08 + 78.51 + 66.57 - (3)(40)}{84.883} + \left(\frac{1}{169.77} + \frac{1}{2829}\right)(63.37 - 40)$$
$$= 2.704 \text{ W}$$

예제 4-12 음함수식

시간증분을 2개로 하여, 즉 $\Delta\tau = 50$초로 하여 예제 4.11을 음함수식으로 다시 풀어라.

■ **풀이**

이 문제를 풀기 위해서는 $\Delta\tau = 50$초로 하여 식 (4.43)을 사용하면 된다. 각 절점에 대해 다음과 같은 값을 구할 수 있다.

절점	$\frac{C_i}{\Delta\tau}$	$\sum_i \frac{1}{R_{ij}} + \frac{C_i}{\Delta\tau}$
1	0.01296	0.05302
2	0.01296	0.05302
3	0.01296	0.05302
4	0.00648	0.02686

이미 예제 4.11에서 R_{ij}값을 구했기 때문에 모든 절점에서 $T_i^p = 200$℃로 하고 이들 값을 식 (4.43)에 대입하여 첫 번째 시간증분 직후에서의 절점방정식을 쓸 수 있다. 시간증분 직후에서의 온도를 나타내기 위해 프라임(prime) 부호 "′"를 사용하자. 절점 1에 대하여

$$0.05302T_1' = \frac{200}{70.731} + \frac{T_2'}{70.731} + \frac{40}{84.833} + (0.01296)(200)$$

절점 2에 대하여

$$0.05302T_2' = \frac{T_1'}{70.731} + \frac{T_3'}{70.731} + \frac{40}{84.833} + (0.01296)(200)$$

절점 3과 4에 대하여

$$0.05302T_3' = \frac{T_2'}{70.731} + \frac{T_4'}{70.731} + \frac{40}{84.833} + (0.01296)(200)$$
$$0.02686T_4' = \frac{T_3'}{70.731} + \frac{40}{2829} + \frac{40}{169.77} + (0.00648)(200)$$

위 식들을 정리하면

$$\begin{aligned}
0.05302T_1' - 0.01414T_2' &= 5.8911 \\
-0.01414T_1' + 0.05302T_2' - 0.01414T_3' &= 3.0635 \\
-0.01414T_2' + 0.05302T_3' - 0.01414T_4' &= 3.0635 \\
-0.01414T_3' + 0.02686T_4' &= 1.5457
\end{aligned}$$

따라서 다음과 같은 값을 구할 수 있다.

$$T_1' = 145.81°C \quad T_2' = 130.12°C$$
$$T_3' = 125.43°C \quad T_4' = 123.56°C$$

두 번째 시간증분 직후의 온도를 이중프라임(double prime)부호 “″”를 사용하여 후진차분식으로 나타내면

$$0.05302T_1'' = \frac{200}{70.731} + \frac{T_2''}{70.731} + \frac{40}{84.833} + (0.01296)(145.81)$$
$$0.05302T_2'' = \frac{T_1''}{70.731} + \frac{T_3''}{70.731} + \frac{40}{84.833} + (0.01296)(130.12)$$
$$0.05302T_3'' = \frac{T_2''}{70.731} + \frac{T_4''}{70.731} + \frac{40}{84.833} + (0.01296)(125.43)$$
$$0.02686T_4'' = \frac{T_3''}{70.731} + \frac{40}{2829} + \frac{40}{169.77} + (0.00648)(123.56)$$

위 식으로부터 다음과 같은 값을 구할 수 있다.

$$T_1'' = 123.81°C \qquad T_2'' = 97.27°C$$
$$T_3'' = 88.32°C \qquad T_4'' = 85.59°C$$

이 값들은 예제 4.11의 결과와는 상당한 차이가 있음을 알 수 있다. 시간증분의 수를 더 많이 늘림으로써 보다 일치하는 결과를 얻을 수 있다. 절점의 수가 많을수록 양함수식을 사용하는 것보다 음함수식을 사용하는 것이 컴퓨터 소요시간을 줄일 수 있으며 이 예제에서는 그러한 계산이 어떻게 수행되는지를 볼 수 있다.

예제 4-13 세라믹의 냉각

단면이 1 × 2 cm인 매우 긴 세라믹 막대($k = 3.0$ W/m · ℃)가 그림과 같이 열전도계수가 대단히 큰 물질에 둘러싸여 있으며 측면의 온도는 300℃의 일정한 온도로 유지되고 있다. 또한 아랫면은 단열되어 있고 윗면은 $h = 2\,00$ W/m^2 · ℃와 $T_\infty = 50$℃의 대기에 노출되어 있다. 그리고 시간 $\tau = 0$에서 세라믹 막대의 온도는 300℃이다. $\tau = 12$초일 때 절점 1에서부터 9까지의 온도를 계산하고 이 시간동안 일어난 총열손실을 구하여라. 단, 세라믹 막대의 밀도와 비열은 각각 1600 kg/m^3, 0.8 kJ/kg · ℃이다.

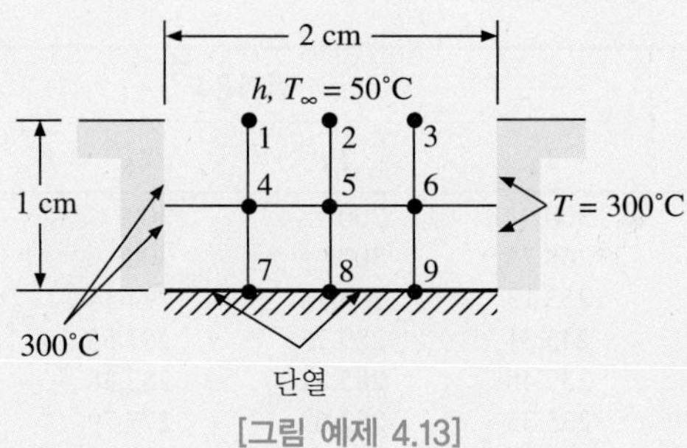

[그림 예제 4.13]

■ 풀이

$\Delta x = \Delta y = 0.5$ cm인 2차원 문제로 풀어보자. 대칭조건으로부터 $T_1 = T_3$, $T_4 = T_6$, $T_7 = T_9$이므로 단지 여섯 곳의 절점 온도만 구하면 된다. 절점의 저항과 용량을 계산해보자. 절점 4와 5에 대해서는

$$R_{m+} = R_{m-} = R_{n+} = R_{n-} = \frac{\Delta x}{kA} = \frac{0.005}{(3.0)(0.005)} = 0.3333$$

절점 1과 2에 대해서는

$$R_{m+} = R_{m-} = \frac{\Delta x}{kA} = \frac{(0.005)(2)}{(3.0)(0.005)} = 0.6667°\text{C/W} \qquad R_{n-} = 0.3333°\text{C/W}$$

$$R_{n+} = \frac{1}{h\,\Delta x} = \frac{1}{(200)(0.005)} = 1.0°\text{C/W}$$

절점 7과 8에 대해서는

$$R_{m+} = R_{m-} = 0.6667°\text{C/W} \qquad R_{n+} = 0.3333°\text{C/W} \qquad R_{n-} = \infty$$

절점 1, 2, 7 및 8에 대한 용량은

$$C = \frac{\rho c(\Delta x)^2}{2} = \frac{(1600)(800)(0.005)^2}{2} = 16\ \text{J/°C}$$

절점 4와 5에 대해서는

$$C = \rho c(\Delta x)^2 = 32\ \text{J/°C}$$

다음과 같은 표를 통해서 음함수 해에 대한 안정성 요구조건을 결정할 수 있다.

절점	$\sum \frac{1}{R_{ij}}$	C_i	$\frac{C_i}{\sum(1/R_{ij})}$, s
1	7	16	2.286
2	7	16	2.286
4	12	32	2.667
5	12	32	2.667
7	6	16	2.667
8	6	16	2.667

그러므로 2개의 대류 절점 1과 2에 의해서 안정성 요구조건이 $\Delta\tau \le 2.286$초로 정해지므로 $\Delta\tau = 2.0$초로 선택해서 식 (4.47)을 이용하여 6개의 시간증분에 대해 계산을 하여 보자. 여기서도 역시 주어진 문제의 대칭성에 의해 $T_1 = T_3$ 등을 고려하여 절점 2, 5, 8에서의 온도를 계산할 수 있다. 계산 결과는 다음 표와 같다.

	절점온도					
시간 증분	T_1	T_2	T_4	T_5	T_7	T_8
0	300	300	300	300	300	300
1	268.75	268.75	300	300	300	300
2	258.98	253.13	294.14	294.14	300	300
3	252.64	245.31	289.75	287.55	297.80	297.80
4	284.73	239.48	285.81	282.38	295.19	293.96
5	246.67	235.35	282.63	277.79	292.34	290.08
6	243.32	231.97	279.87	273.95	289.71	286.32

12초 동안의 총열손실은 초기온도 300℃에 대한 각 절점에서의 열손실 합으로 나타낼 수 있다. 그러므로

$$q = \sum C_i(300 - T_i)$$

여기서 q는 열손실이다. 일정 온도 경계조건인 경계절점에서는 온도의 변화가 없으므로 열손실을 계산할 때 고려할

필요가 없다. $T_1 = T_3, T_4 = T_6, T_7 = T_9$이므로 열손실은 다음과 같이 계산된다.

$$\begin{aligned}\sum C_i(300 - T_i) &= \text{절점}(1, 2, 3, 7, 8, 9) + \text{절점}(4, 5, 6)\\ &= 16[(6)(300) - (2)(243.2) - 231.97 - (2)(289.71)\\ &\quad - 286.32] + 32[(3)(300) - (2)(279.87) - 273.95]\\ &= 5572.3\ \text{J/m}\ (\text{단위길이당 열손실})\end{aligned}$$

따라서 12초 동안에 대한 평균 열손실은

$$\frac{q}{\Delta\tau} = \frac{5572.3}{12} = 464.4\ \text{W} \quad [1585\ \text{Btu/h}]$$

예제 4-14 비균일 대류열전달계수 조건에서 강철봉의 냉각

200℃로 유지되는 길이가 10 cm이고 지름이 2.0 cm인 니켈강봉이 있는데 이 막대 한쪽 끝의 온도를 계속 200℃로 유지시키면서 온도가 30℃인 대기중에 노출시켰다. 대류열전달계수는 다음 식으로부터 계산된다.

$$h = 9.0\ \Delta T^{0.175}\ \text{W/m}^2 \cdot {}^\circ\text{C}$$

여기서 ΔT는 봉과 주위공기의 온도차이다. 니켈강의 물성값은 $k = 12$ W/m · ℃, $c = 0.48$ kJ/kg · ℃, $\rho = 7800$ kg/m^3 · ℃이다. 수치적인 방법을 사용해서 (*a*) 250, 500, 750, 1000, 1250초가 경과한 후와 정상상태에서 봉의 온도 분포를 구하여라. (*b*) 대류열전달계수 h가 22.11 W/m^2 · ℃로 일정한 경우 정상상태 온도분포를 구하고 해석해(analytical solution)와 결과를 비교하여라.

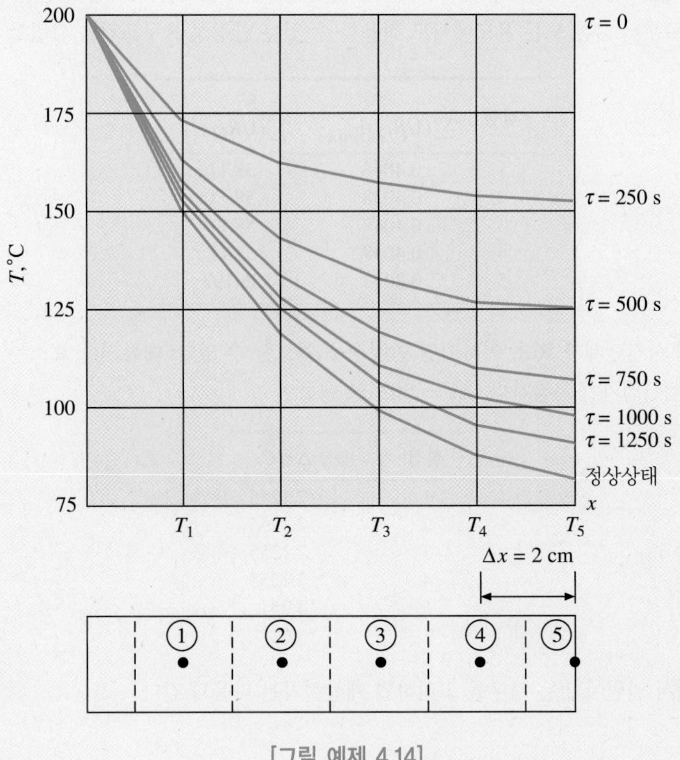

[그림 예제 4.14]

■ 풀이

$\Delta x = 2.0$ cm로 하면 그림과 같이 5개의 절점을 택할 수 있다. 따라서 용량은

$$C_1 = C_2 = C_3 = C_4 = \frac{(7800)(480)\pi(0.02)^2(0.02)}{4} = 23.524\ \text{J/°C}$$
$$C_5 = \tfrac{1}{2}C_1 = 11.762\ \text{J/°C}$$

절점 1, 2, 3, 4에 대한 저항은

$$\frac{1}{R_{m+}} = \frac{1}{R_{m-}} = \frac{kA}{\Delta x} = \frac{(12)\pi(0.02)^2}{(4)(0.02)} = 0.188496$$
$$\frac{1}{R_\infty} = hP\ \Delta x = (9.0)\pi(0.02)(0.02)(T-30)^{0.175} = (1.131\times10^{-2})(T-30)^{0.175}$$

절점 5에 대해서는

$$\frac{1}{R_{m-}} = 0.188496$$
$$\frac{1}{R_{m+}} = hA = 9.0\frac{\pi(0.02)^2}{4}(T-30)^{0.175} = (2.827\times10^{-3})(T-30)^{0.175}$$
$$\frac{1}{R_{5\infty}} = \frac{1}{2R_{1\infty}} = (5.655\times10^{-3})(T-30)^{0.175}$$

여기서 모든 절점에 대해서 $T_\infty = 30$°C 이다. $T = 200$°C에서 봉 전체에 대한 최악의 조건을 구하기 위해 아래와 같은 표를 작성해보면 이로부터 다른 모든 온도에서도 적용할 수 있는 안정성 요구조건을 확립할 수 있다.

절점	$\sum(1/R_{ij})\rvert_{\min}$	$\dfrac{C_i}{\sum(1/R_{ij})}$, s
1	0.4048	58.11
2	0.4048	58.11
3	0.4048	58.11
4	0.4048	58.11
5	0.2093	56.197

위 표에서 알 수 있듯이 시간단계가 56초 이하이면 안정성을 확보할 수 있다. 대류저항 요소는 각 시간단계마다 재계산되어야 하기 때문에 계산절차가 복잡하다. $\Delta\tau = 50$초로 택하면

절점	$\Delta\tau/C_i$
1	2.1255
2	2.1255
3	2.1255
4	2.1255
5	4.251

양함수식인 식 (4.47)에서 열원이 없는 경우를 고려하면 계산절차는 다음과 같다.

1. 초기조건에 대한 R_∞값을 계산한다.
2. 식 (4.47)을 사용하여 다음 시간증분에서의 온도를 계산한다.
3. 새로운 온도를 토대로 R_∞값을 다시 계산한다.
4. 원하는 시간에서의 온도분포가 구해질 때까지 반복해서 온도를 계산한다.

이러한 계산 결과를 그림 예제 4.14에서 볼 수 있다.

정상상태 온도분포를 구하기 위해서는 시간증분의 수를 매우 크게 한 비정상상태 해석방법을 사용하거나 정상상태 해석방법과 반복법을 사용하면 된다. 대류열전달계수가 변화하기 때문에 방정식은 비선형이 되고 따라서 반복법의 사용이 요구된다.

식 (3.31)에 주어진 저항식을 사용하면

$$\sum \frac{T_j - T_i}{R_{ij}} = 0$$

계산절차는 다음과 같다.

1. $T_i = 200°\text{C}$로 가정하여 모든 절점에 대한 R_∞값을 계산한다.
2. T_i에 대한 절점방정식을 세운다.
3. 적당한 방법으로 방정식을 푼다.
4. 3단계에서 구한 T_i값을 사용하여 R_∞값을 다시 계산한다.
5. T_i값의 변화가 작게 될 때까지 위의 절차를 반복한다.

반복하여 계산한 결과를 다음 표에 나타냈다.

반복횟수	T_1, °C	T_2, °C	T_3, °C	T_4, °C	T_5, °C
1	148.462	114.381	97.726	80.310	75.302
2	151.381	119.557	99.409	87.853	83.188
3	151.105	119.038	98.702	87.024	82.306
4	151.132	119.090	98.774	87.109	82.396

정상상태 온도분포를 과도온도분포와 함께 도시화하였다.

$T_i = 200°\text{C}$에 대한 h값은 22.11 W/m$^2 \cdot$ °C이므로 첫 번째 반복계산 결과는 일정한 ($h = 22.11$ W/m$^2 \cdot$ °C) 값을 사용해서 구한 값이다. 엄밀해는 아래 식처럼 식 (2.34)에 주어졌다.

$$\frac{\theta}{\theta_0} = \frac{T - T_\infty}{T_0 - T_\infty} = \frac{\cosh m(L-x) + [h/km]\sinh m(L-x)}{\cosh mL + [h/km]\sinh mL}$$

여기서 계산에 필요한 값은

$$m = \left(\frac{hP}{kA}\right)^{1/2} = \left[\frac{(22.11)\pi(0.02)}{(12)\pi(0.01)^2}\right]^{1/2} = 19.1964$$

$$mL = (19.1964)(0.1) = 1.91964$$

$$h/km = \frac{22.22}{(12)(19.1964)} = 0.09598$$

절점에서의 온도를 계산하여 수치해 결과와 비교한 것이 다음 표인데 매우 잘 일치함을 볼 수 있다.

절점	x, m	$(\theta/\theta_0)_{수치}$	$(\theta/\theta_0)_{해석}$	차이(%)
1	0.02	0.6968	0.6949	0.27
2	0.04	0.4964	0.4935	0.59
3	0.06	0.3690	0.3657	0.9
4	0.08	0.2959	0.2925	1.16
5	0.1	0.2665	0.2630	1.33

또한 식 (2.34)를 이용하여 열손실 값을 해석적으로 구할 수 있다. 계산에 필요한 값을 대입하여 엄밀해를 구하면

$$q_{해석} = 11.874 \text{ W}$$

수치적 모델에 대한 열손실은 200°C의 바탕 절점(가장 왼쪽에 존재하는 $\Delta x/2$ 길이의 요소)을 포함하여 6개의 절점에서 대류에 의해 일어나는 열손실을 합하면 된다. $h = 22.11 \text{ W/m}^2 \cdot {}^\circ\text{C}$와 1차 반복계산을 통해 구한 온도를 사용하여 열손실을 구하면

$$\begin{aligned} q &= (22.11)\pi(0.02)(0.02)\left[(200-30)\left(\tfrac{1}{2}\right) + (148.462-30)\right. \\ &\quad + (114.381-30) + (92.726-30) + (80.31-30) \\ &\quad \left. + (75.302-30)\left(\frac{1}{2}\right)\right] + (22.11)\pi(0.01)2(75.302-30) \\ &= 12.082 \text{ W} \end{aligned}$$

봉의 바탕을 통해 전도된 에너지량을 계산해봄으로써 더 잘 검토할 수 있다. 즉 이 에너지량은 절점 1로 전도된 에너지와 바탕절점에서 대류로 빠져나간 에너지의 합과 같다.

$$\begin{aligned} q &= (12)\pi(0.01)^2\frac{(200-148.462)}{0.02} + (22.11)\pi(0.02)(0.01)(200-30) \\ &= 12.076 \text{ W} \end{aligned}$$

이것은 대류계산과 매우 잘 일치하며 또한 두 값 모두 엄밀해와 1.8% 정도밖에 차이가 나지 않는다.

이 예제를 통해 다른 방법으로는 풀 수 없는 문제를 수치적인 방법을 사용하면 풀 수 있다는 사실과 이를 통해 수치적 방법의 강력함을 알 수 있다. 더욱이 충분히 정확한 해를 원하는 경우에 매우 많은 절점 수가 아니라 단지 적절한 절점 수에 따른 적절한 계산기의 사용이 요구될 수도 있다. 예를 들어 알고자 하는 대류열전달 계수 h값의 정확도는 전형적으로 ± 10~15% 정도이므로 여기서처럼 상대적으로 큰 절점을 사용함으로써 야기될 수 있는 부정확성 이 드러나지 않을 수 있다.

예제 4-15 복사 가열 및 냉각

그림 예제 14-5(a)에 나타낸 세라믹 벽은 두께가 3.0 cm이고 초기온도는 20°C이다. 벽의 오른쪽은 1000°C의 복사열원에 노출되어 있고 왼쪽은 20°C의 복사주위온도를 갖는 실내공기에 노출되어 있다. 세라믹 벽의 물성값은 $h = 3.0 \text{ W/m}^2 \cdot {}^\circ\text{C}$, $\rho = 1600 \text{ kg/m}^3$, $c = 0.8 \text{ kJ/kg}^2 \cdot {}^\circ\text{C}$이다. 온도가 T_r인 주위와의 복사열전달은 다음의 식으로부터 계산할 수 있다.

$$q_r = \sigma\epsilon A(T^4 - T_r{}^4) \quad \text{W} \tag{a}$$

여기서 $\sigma = 5.669 \times 10^{-8}$, $\epsilon = 0.8$이고 T는 K로 나타낸다. 벽 왼쪽에서의 대류열전달계수는

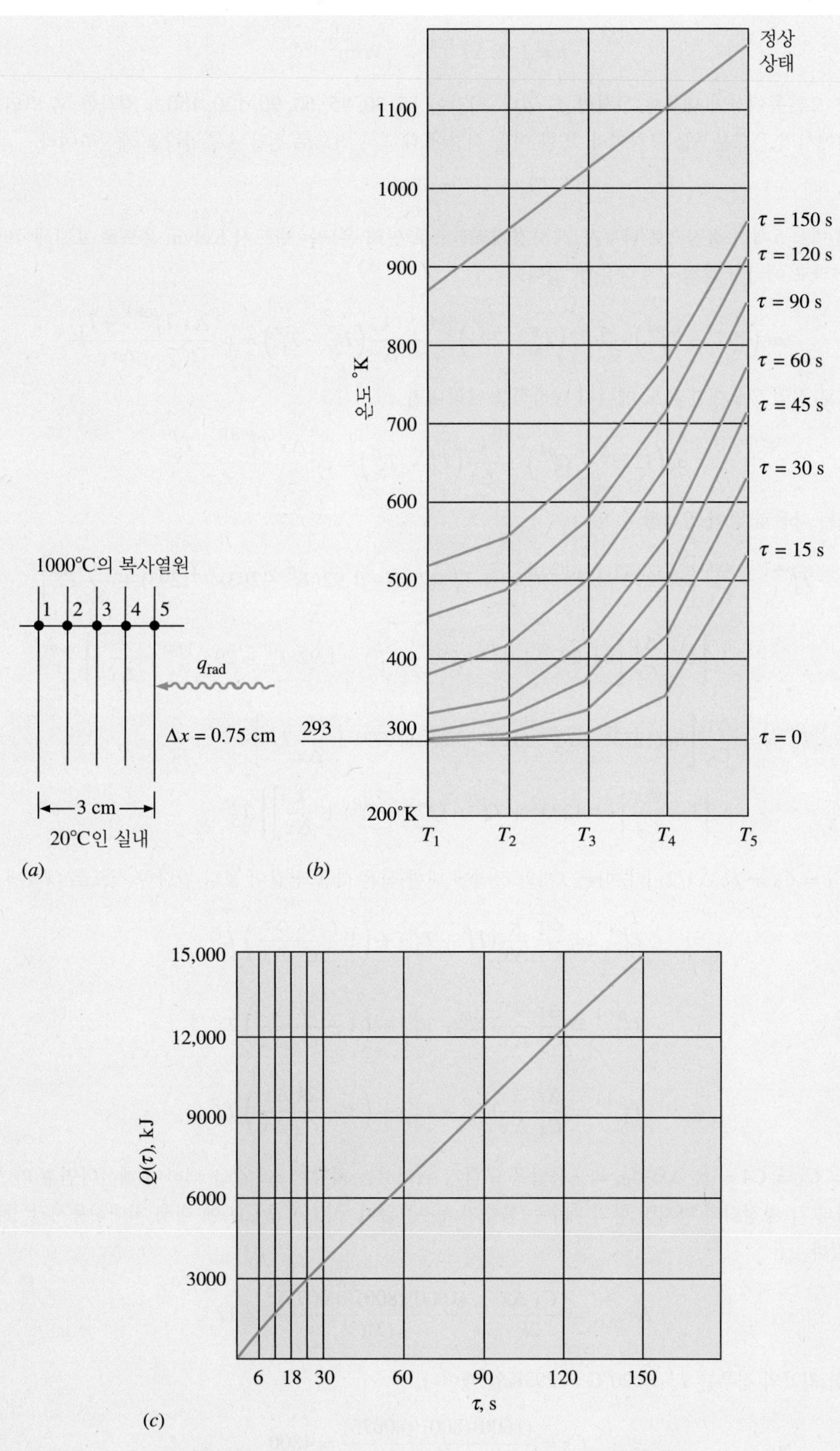

[그림 예제 4.15] (*a*) 절점계, (*b*) 과도응답, (*c*) 가해진 열량

$$h = 1.92 \Delta T^{1/4} \qquad \mathrm{W/m^2 \cdot °C} \tag{b}$$

로 주어지고 오른쪽에서의 대류는 무시할 수 있다. 시간이 15, 30, 45, 60, 90, 120, 150초 경과한 후 벽의 온도분포 및 정상상태에서의 온도분포를 구하여라. 또한 이들 시간에 대해서 벽으로 전달된 총열량을 계산하여라.

■ 풀이

그림과 같이 벽을 5개의 절점으로 나누자. 복사경계조건으로 인해 온도는 반드시 Kelvin 온도로 표시해야만 한다. 절점 1에 대한 과도 에너지 방정식은 다음과 같다.

$$\sigma\epsilon\left(293^4 - T_1^{p4}\right) - 1.92\left(T_1^p - 293\right)^{5/4} + \frac{k}{\Delta x}\left(T_2^p - T_1^p\right) = \rho c \frac{\Delta x}{2} \frac{T_1^{p+1} - T_1^p}{\Delta\tau} \tag{c}$$

같은 방법으로 절점 5에 대한 과도 에너지 방정식을 나타내면

$$\sigma\epsilon\left(1273^4 - T_5^{p4}\right) + \frac{k}{\Delta x}\left(T_4^p - T_5^p\right) = \rho c \frac{\Delta x}{2} \frac{T_5^{p+1} - T_5^p}{\Delta\tau} \tag{d}$$

식 (c)와 (d)는 다음과 같이 정리될 수 있다.

$$\begin{aligned} T_1^{p+1} = {} & \frac{\Delta\tau}{C_1}\left[\sigma\epsilon(293^2 + T_1^{p2})(293 + T_1^p)(293) - 1.92(T_1^p - 293)^{1/4}(293) + \frac{k}{\Delta x}T_2^p\right] \\ & + \left\{1 - \frac{\Delta\tau}{C_1}\left[\sigma\epsilon(293^2 + T_1^{p2})(293 + T_1^p) - 1.92(T_1^p - 293)^{1/4} + \frac{k}{\Delta x}\right]\right\} T_1^p \end{aligned} \tag{e}$$

$$\begin{aligned} T_5^{p+1} = {} & \frac{\Delta\tau}{C_5}\left[\sigma\epsilon(1273^2 + T_5^{p2})(1273 + T_5^p)(1273) + \frac{k}{\Delta x}T_4^p\right] \\ & + \left\{1 - \frac{\Delta\tau}{C_5}\left[\sigma\epsilon(1273^2 + T_5^{p2})(1273 + T_5^p) + \frac{k}{\Delta x}\right]\right\} T_5^p \end{aligned} \tag{f}$$

위 식에서 $C_1 = C_5 = \rho c\, \Delta x/2$이다. 다른 3개의 절점에 대한 식은 다음과 같이 보다 간단한 식으로 나타낼 수 있다.

$$T_2^{p+1} = \frac{\Delta\tau}{C_2}\frac{k}{\Delta x}(T_1^p + T_3^p) + \left(1 - \frac{2k\,\Delta\tau}{C_2\,\Delta x}\right)T_2^p \tag{g}$$

$$T_3^{p+1} = \frac{\Delta\tau}{C_3}\frac{k}{\Delta x}(T_2^p + T_4^p) + \left(1 - \frac{2k\,\Delta\tau}{C_3\,\Delta x}\right)T_3^p \tag{h}$$

$$T_4^{p+1} = \frac{\Delta\tau}{C_4}\frac{k}{\Delta x}(T_3^p + T_5^p) + \left(1 - \frac{2k\,\Delta\tau}{C_4\,\Delta x}\right)T_4^p \tag{i}$$

여기서 $C_2 = C_3 = C4 = \rho_c\,\Delta x$이다. 과도응답을 구하기 위해서는 적당한 $\Delta\tau$ 값을 택하여 계산하면 된다. 안정성 판별조건에 따라 각 방정식의 마지막 항의 계수는 음수가 될 수 없다. 식 (g), (h), (i)에 대해 최대허용시간 증분을 구하면 다음과 같다.

$$\Delta\tau_{\max} = \frac{C_3\,\Delta x}{2k} = \frac{(1600)(800)(0.0075)^2}{(2)(3)} = 12\ \mathrm{s}$$

식 (f)에 대한 최악의 경우는 $T_5^p = 20°\mathrm{C} = 293\mathrm{K}$일 때이다.

$$C_5 = \frac{(1600)(800)(0.0075)}{2} = 4800$$

이므로

$$\Delta\tau_{max} = \frac{4800}{(5.669\times10^{-8})(0.8)(1273^2+293^2)(1273+293)+3.0/0.0075}$$
$$= 9.43 \text{ s}$$

절점 1 [식 (e)]에 대해 가장 제한적인 조건은 $T_1^p = 293\text{K}$일 때이므로

$$C_1 = C_5 = 4800$$

이므로

$$\Delta\tau_{max} = \frac{4800}{(5.669\times10^{-8})(0.8)(293^2+293^2)(293+293)+3.0/0.0075}$$
$$= 11.86 \text{ s}$$

그러므로 위의 계산 결과로부터 절점 5가 가장 제한적이다. 따라서 반드시 $\Delta\tau < 9.43$초가 되도록 선택하여야 한다.

$\Delta\tau = 3.0$초로 선택하여 계산한 결과를 그림에 나타냈다. 직선은 정상상태에서 물체내의 온도분포를 나타낸 결과이다. 임의의 시간에 가해진 열량은 다음 식으로부터 계산할 수 있으며 결과를 예제 그림 예제 4.15(*b*), (*c*)에 나타냈다.

$$Q(\tau) = \sum C_i(T_i - 293) \tag{j}$$

예제 4-16 열원이 있는 과도 열전도

그림과 같이 평판벽은 50 MW/m^{3}의 내부열원과 $k = 19\text{W/m}\cdot{}^\circ\text{C}$ $\rho = 7800\text{ kg/m}^3$, C = 460 J/kg · °C의 물성값을 갖는다. 열원에서 열이 발생하지 않는 상태로 초기에 100°C로 유지되던 평판벽이 갑자기 열원의 영향을 받기 시작하였다. 예제 그림 4.16(*a*)에 나타냈듯이 대류 경계조건이 평판 벽 양쪽에서 일어난다. 어느 정도 시간이 경과한 후에 평판 벽의 온도분포를 계산하여라.

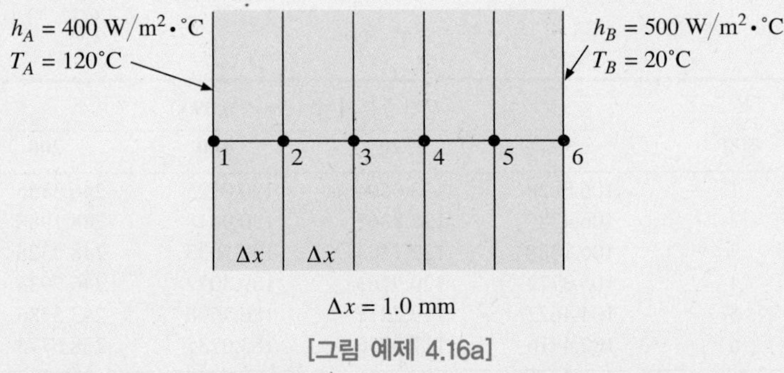

[그림 예제 4.16a]

■ 풀이

단위 면적에 대한 열저항과 열용량 식을 사용하면

$$1/R_{12} = kA/\Delta x = (19)(1)/0.001 = 19{,}000 \text{ W/}^\circ\text{C}$$

모든 전도열저항은 같은 값을 가지므로

$$1/R_{1A} = hA = (400)(1) = 400 \text{ W/}^\circ\text{C}$$
$$1/R_{1B} = hA = (500)(1) = 500 \text{ W/}^\circ\text{C}$$

열용량은

$$C_1 = C_6 = \rho(\Delta x/2)c = (7800)(0.001/2)(460) = 1794\ \text{J/°C}$$
$$C_2 = C_3 = C_4 = C_5 = \rho(\Delta x)c = 3588\ \text{J/°C}$$

이들 값을 표로 나타내면

절점	$\Sigma(1=R_{ij})$	C_i	$\frac{C_i}{\Sigma(1/R_{ij})}$
1	19,400	1794	0.092
2	38,000	3588	0.094
3	38,000	3588	0.094
4	38,000	3588	0.094
5	38,000	3588	0.094
6	19,500	1794	0.092

표에서 알 수 있듯이 시간증분 $\Delta\tau$를 0.09초보다 작게 하면 안정성을 만족한다. 절점방정식을 식 (4.47)과 같은 형태로 나타낸 후 컴퓨터를 사용하여 직접 계산을 할 수 있다.

열원 항은 다음과 같다.

$$q_i = \dot{q}\,\Delta V_i$$

그러므로

$$q_1 = q_6 = (50 \times 10^6)(1)(0.001/2) = 25{,}000\ \text{W}$$
$$q_2 = q_3 = q_4 = q_5 = (50 \times 106)(1)(0.001) = 50{,}000\ \text{W}$$

$\Delta\tau = 0.09$ s에서 다수의 시간증분 수에 대한 결과를 표에 나타내었다. 어떤 순간에서도 물체 내의 온도는 거의 균일하기 때문에 집중 열용량처럼 거동한다고 볼 수 있다. 절점 3의 온도를 시간의 함수로 나타내면 예제 그림 4.16(*b*)와 같다.

절감	시간증분의 수 ($\Delta\tau = 0.09$ s)			
	5	20	100	200
1	106.8826	123.0504	190.0725	246.3855
2	106.478	122.8867	190.9618	248.1988
3	106.1888	122.1404	190.7033	248.3325
4	105.3772	120.9763	189.3072	246.7933
5	104.4622	119.2217	186.7698	243.5786
6	102.4416	117.0056	183.0735	238.6773

절감	시간증분의 수 ($\Delta\tau = 0.09$ s)			
	500	800	1200	3000
1	320.5766	340.1745	346.0174	347.2085
2	323.6071	343.5267	349.4654	350.676
3	324.2577	344.3137	350.2931	351.512
4	322.5298	342.536	348.5006	349.7165
5	318.4229	338.1934	344.0877	345.2893
6	311.9341	331.2853	337.0545	338.2306

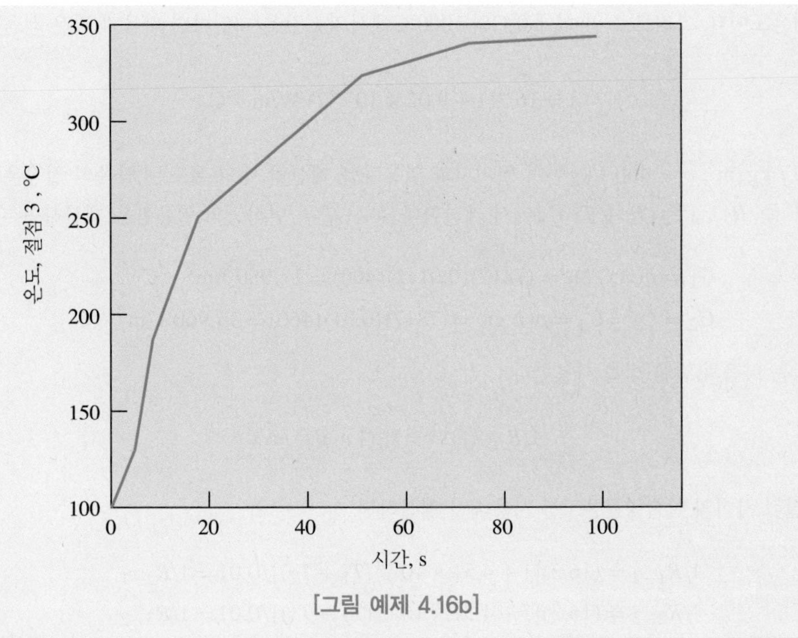

[그림 예제 4.16b]

예제 4-17 열전도계수가 온도에 따라 변하는 경우의 수치해석

두께가 4 cm인 스테인리스 강판(18%크롬, 8%니켈)이 그림 예제 4.17(*a*)처럼 왼쪽면이 완전하게 단열된 상태로 초기에 0°C 로 유지되고 있다. 오른쪽 표면의 온도를 강한 복사열원을 사용해 갑자기 1000°C로 증가시켰을 때 (*a*) 25초, (*b*) 50초, (*c*)1 00초, (*d*) 충분한 시간이 경과하여 정상상태에 근접했을 때의 온도분포를 열전도계수의 변화를 고려하여 계산하여라. 열전도계수는 부록 A의 값을 사용하여 선형적으로 변한다고 가정하여라. 또한 왼쪽 면이 단열조건이 아니고 0°C로 유지되는 경우에 대해서도 계산하여라.

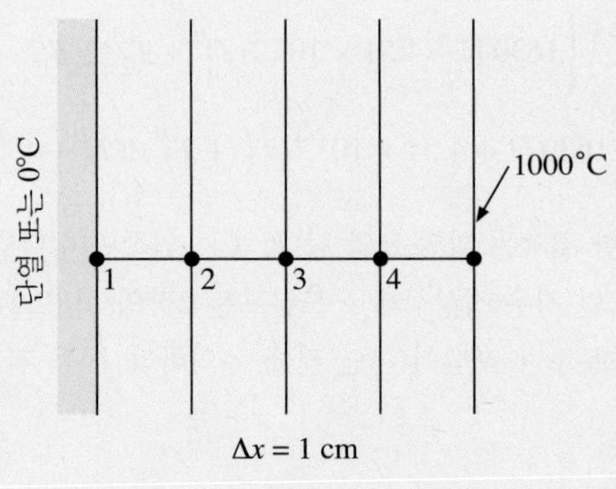

[그림 예제 4.17a]

■ 풀이

부록의 표 A-2로부터 0°C에서 $k = 16.3$ W/m · °C, 1000°C에서 $k = 31$ W/m · °C이다. k가 온도에 선형적으로 변한다는 가정으로부터 다음과 같은 식을 사용할 수 있다.

$$k = k_0(1 + \beta T)$$

여기서 T는 섭씨온도이다. 그러므로 위 식에 0°C와 1000°C에서의 k 값을 대입하면 다음과 같은 식을 얻을 수 있다.

$$k = 16.3(1 + 9.02 \times 10^{-4} T)\ \mathrm{W/m \cdot {}^\circ C}$$

여기서 $\rho = 7817\ \mathrm{kg/m^3}$, $c = 460\ \mathrm{J/kg}$이며 열저항과 열용량을 계산할 때의 온도는 양쪽의 절점온도를 산술평균한 값을 사용하여라. 즉, R_{3-4}는 $(T_3 + T_4)/2$에서 계산한다. 우선 단위 면적당의 열용량을 계산하면

$$C_1 = \rho(\Delta x/2)c = (7817)(0.01/2)(460) = 17{,}980\ \mathrm{J/m^2 \cdot {}^\circ C}$$
$$C_2 = C_3 = C_4 = \rho(\Delta x)c = (7817)(0.01)(460) = 35{,}960\ \mathrm{J/m^2 \cdot {}^\circ C}$$

열저항에 대해서는 다음과 같은 식을 사용한다.

$$1/R = k/\Delta x = k_0(1 + \beta T)/\Delta x$$

그러므로 양쪽 절점 사이의 산술평균온도를 사용해서 계산하면

$$1/R_{1-2} = (16.3)[1 + 4.51 \times 10^{-4}(T_1 + T_2)]/0.01 = 1/R_{2-1}$$
$$1/R_{2-3} = (16.3)[1 + 4.51 \times 10^{-4}(T_2 + T_3)]/0.01 = 1/R_{3-2}$$
$$1/R_{3-4} = (16.3)[1 + 4.51 \times 10^{-4}(T_3 + T_4)]/0.01 = 1/R_{4-3}$$
$$1/R_{4-1000} = (16.3)[1 + 4.51 \times 10^{-4}(T_4 + T_{1000})]/0.01 = 1/R_{1000-4}$$

절점 1에서의 열용량이 가장 낮기 때문에 이 절점에서의 안정성 요구조건이 가장 엄격하다. 그러므로 안정성을 좋게 하기 위해서 $k = 31\ \mathrm{W/m \cdot {}^\circ C}$를 선택할 수 있으며 이에 대한 시간증분을 구하면 다음과 같다.

$$\Delta\tau_{\max} = \frac{(17{,}980)(0.01)}{31} = 5.8\ \mathrm{s}$$

이제 절점방정식을 식 (4.47)형태로 나타낸 후 절점 2에 대해서 계산을 수행하면 다음과 같다.

$$T_2^{p+1} = \frac{\Delta\tau}{C_2}\left\{1630\,[1 + 4.51 \times 10^{-4}(T_1^p + T_2^p)](T_1^p - T_2^p) + 1630\,[1 + 4.51 \times 10^{-4}(T_3^p + T_2^p)](T_3^p - T_2^p)\right\} + T_2^p$$

$\Delta\tau = 5$초일 때 컴퓨터를 사용해 구한 결과는 위의 표와 같다. 물론 왼쪽면이 단열된 경우의 정상상태에서의 온도는 1000°C가 되고 왼쪽면의 온도가 0°C인 경우 정상상태 온도분포는 2장의 식 (2.2)에 대응된다. 열전도계수가 일정하지 않기 때문에 정상상태에서의 온도분포가 직선이 아닌 것에 유의하라. 이들 결과를 그림으로 나타내면 예제 그림 예제 4.17(b)와 같다.

왼쪽면이 0°C인 경우의 온도, $\Delta\tau = 5$ s

절점	25s	50s	100s	정상상태
1	0	0	0	0
2	94.57888	236.9619	308.2699	317.3339
3	318.7637	486.5802	565.7786	575.9138
4	653.5105	748.1359	793.7976	799.7735

왼쪽면이 단열된 경우의 온도, $\Delta\tau = 5$ s				
절점	25s	50s	100s	정상상태
1	30.55758	232.8187	587.021	1000
2	96.67601	310.1737	623.5018	1000
3	318.7637	505.7613	721.5908	1000
4	653.5105	752.3268	855.6965	1000

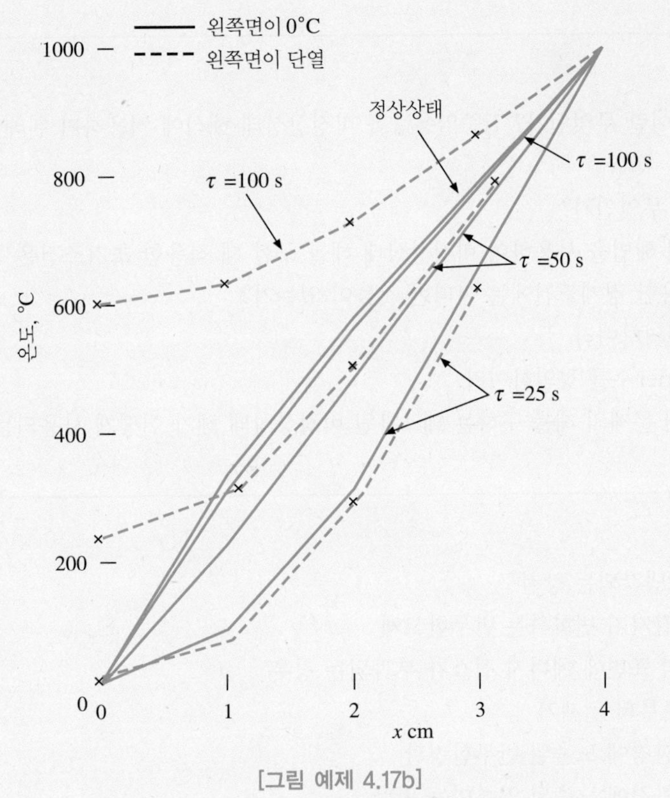

[그림 예제 4.17b]

이 예제의 목적은 물성값이 변하는 경우 열저항-열용량 수식을 어떻게 사용할 수 있는가를 보여주는데 있다. 이러한 물성값의 변화를 포함하여 해석하는 것은 경계조건의 불확실성을 고려해 볼 때 중요할 수도 있고 그렇지 않을 수도 있다.

4-8 요약

이 장에서는 아주 간단한 집중열용량계로부터 복잡한 컴퓨터수치해석법에 이르기까지 폭넓은 해석법을 다루었다. 비정상상태의 열전도문제를 풀이하기 위한 일반적인 해석방법을 요약하면 아래와 같다.

1. 우선 집중열용량법의 사용가능 여부를 검토하라. 만일 사용가능하다면 계산이 훨씬 용이하다.
2. Heisler 도표와 근사해법을 이용해 해석이 가능한 지를 검토하라.
3. 만약 해석적 풀이가 가능하더라도 너무 복잡하다면 주저없이 수치적 방법을 사용하라. 특히 반복적인

계산이 반드시 필요할 때는 더욱더 그렇다.

4. 수치적 해법을 사용할 때 대류나 복사 경계조건에는 불확실성이 상당히 내재되어 있음을 기억하라. 따라서 컴퓨터 계산시간이나 절점의 수를 증가시켜도 이러한 불확실성을 개선시킬 수 없으므로 절점의 수와 계산시간을 증가시키는데 너무 집착하지 말아라.
5. 마지막으로 대부분의 열전달 문제에서는 전도열전달만이 일어나는 경우는 매우 드물고 항상 대류와 복사열전달이 결합되어 전도열전달이 일어난다는 사실을 명심하라.

복습문제

1. 집중열용량법이란 무엇인가? 집중열용량을 비정상상태 해석에 적용하기 위해 요구되는 물리적 가정은 무엇인가?
2. 반무한고체란 무엇인가?
3. 장에서 도시적 해법을 사용하여 비정상상태 해를 구할 때 적용한 초기조건은 무엇인가?
4. 이 장에서 적용한 경계조건에는 어떠한 것들이 있는가?
5. 오차함수를 정의하여라.
6. Biot수와 Fourier수를 정의하여라.
7. 2차원과 3차원 문제의 해를 구하는 데 1차원 비정상상태 해가 어떻게 사용되는지를 기술하여라.

예제 목록

연습문제

4-1 초기온도가 T_0로 유지되는 구리로 만든 구를 유체 속에 넣었다. 유체 안에는 전기히터가 있어서 유체의 온도를 다음과 같이 주기적으로 변화시킬 수 있다.

$$T_\infty - T_m = A \sin \omega\tau$$

여기서 T_m은 시간 평균 유체온도이고, A는 온도 파형의 진폭이며, ω는 주파수이다. 유체와 구 사이의 열전달계수와 구의 온도를 시간의 함수로 나타내는 식을 유도하여라. 매 순간마다 구와 유체의 온도는 균일하다고 가정할 수 있으며 따라서 집중열용량법을 사용할 수 있다.

4-2 초기에 150°C로 유지되고 있는 2.5 cm의 두께를 가진 무한평판의 표면온도를 갑자기 30°C로 낮추었다. 평판의 열확산계수는 $1.8 \times 10^{-6}\ \mathrm{m^2/s}$이다. 1분 후의 판 중심 온도를 식 (4.3)의 0이 아닌 첫 4개의 항을 합하여 계산하고 Heisler 도표를 사용하여 위의 답을 검산하여라.

4-3 $\tau = 0$에서 $x = L$의 온도를 식 (4.3)의 첫 4개항을 사용해서 계산할 경우 오차는 얼마인가? (주의: $T = T_i$)

4-4 온도가 T_0인 물체를 매우 큰 방 안에 갑자기 집어넣었다. 방 안 공기의 온도는 T_∞이고 대류열전달계수는 h이며 물체의 표면을 흑체로 가정할 수 있다. 어떤 순간에 물체의 온도가 균일하다고 가정할 수 있다면 대류와 복사열전달을 모두 고려하여 시간의 함수로 온도변화를 구할 수 있는 미분방정식을 세워라.

4-5 두께가 5 cm이고 온도가 260°C인 20 × 20 cm의 구리 평판의 온도를 갑자기 35°C로 낮추었다. 열저항과 열용량 개념 그리고 집중열용량법을 이용하여 구리평판의 중심온도가 90°C로 되는데 걸리는 시간을 구하여라. 구리의 물성값은 다음과 같다.

$$\rho = 8900\ \mathrm{kg/m^3},\ c_\rho = 0.38\ \mathrm{kJ/kg \cdot {}^\circ C},\ k = 370\ \mathrm{W/m \cdot {}^\circ C}$$

4-6 초기온도가 300°C이고 무게가 6 kg인 알루미늄으로 만들어진 구를 항상 20°C로 유지되는 유체에 갑자기 집어넣었다. 대류열전달계수는 $58\ \mathrm{W/m^2 \cdot {}^\circ C}$이다. 집중열용량법을 사용하여 구의 온도가 90°C로 될 때까지 걸리는 시간을 계산하여라.

4-7 온도가 각각 425°C와 90°C이고 변의 길이가 7.5 cm인 크기가 똑같은 2개의 구리로 만든 정육면체를 접촉시켰다. 접촉하지 않은 모든 면은 단열되어 있기 때문에 열전달은 서로 접촉하고 있는 면에서만 일어나고 있으며 접촉저항은 무시할 수 있을 정도로 작다고 하고 집중열용량법을 사용하여 정육면체의 온도를 시간의 함수로 도시하여라.

4-8 온도가 425°C이고 변의 길이가 7.5 cm인 구리로 만든 정육면체가 온도가 90°C이고 동일한 크기의 강철로 만든 정육면체와 접촉하고 있는 경우 문제 4.7을 다시 풀어라. 또한 열회로를 그려라.

4-9 초기온도가 T_i인 두께 $2L$인 무한평판이 일정한 온도 T_s로 유지되는 복사열원체 또는 히트싱크(heat sink)에 갑자기 노출되었다. 평판의 각 표면으로부터의 복사열손실은 $q = \sigma\epsilon A(T^4 - T_s^4)$이다. 여기서 σ와 ε는 상수이고 A는 표면적이다. 평판을 집중열용량, 즉 $k \to \infty$라 가정하고 평판의 온도를 시간의 함수로 나타내어라.

4-10 초기온도가 25°C이고 지름이 6.4 mm인 스테인리스강(18% 크롬, 8% 니켈) 막대를 150°C의 액체 속에 갑자기 넣었다. 이때 $h = 120\ \mathrm{W/m^2 \cdot {}^\circ C}$이다. 집중열용량법을 사용하여 막대의 온도가 120°C 로 되는데 걸리는 시간을 계산하여라.

4-11 온도가 200°C이고 지름이 5 cm인 구리로 만든 구를 20°C의 유체에 갑자기 노출시켰다. 이때 열전달계수는 $28\ \mathrm{W/m^2 \cdot {}^\circ C}$이다. 집중열용량법을 사용하여 구의 온도가 90°C로 되는데 걸리는 시간을 계산하여라.

4-12 높이 1 m, 길이 3 m, 두께 0.5 m인 건축용 벽돌더미를 노안에서 300°C까지 가열한 후에 온도가 35°C인 실내에서 냉각했다. 실내 공기의 대류열전달계수 $h = 15\ \mathrm{W/m^2 \cdot {}^\circ C}$이다. 실내의 바닥면은 단열되어 있어서 벽돌더미의 바닥을 통한 열손실은 없다. 벽돌온도가 공기온도로 냉각될 때까지 일어난 열손실은 얼마인가? 또한 이 열손실의 50%가 일어날 때까지 걸리는 시간은 얼마이며 이때 벽돌더미의 기하학적 중심의 온도는 얼마인가?

4-13 지름이 3.0 cm이고 초기온도가 50°C인 구리로 만든 구가 $h = 15\ \mathrm{W/m^2 \cdot {}^\circ C}$인 10°C의 공기에 노출되었다. 구의 온도가 25°C로 냉각되는 데 걸리는 시간은 얼마인가?

4-14 지름이 5.0 cm이고 초기온도가 50°C인 알루미늄 구가 대류가 없는 절대온도 0 K의 외부복사공간에 갑자기 노출되었다. 알루미늄의 표면을 흑체로 가정할 수 있고 또한 집중열용량법이 적용된다는 가정 하에서 구의 온도가 −110°C로 냉각되는데 걸리는 시간을 구하여라.

4-15 체적이 약 350 $\mathrm{cm^3}$이고 온도가 1°C인 알루미늄 캔맥주를 20°C의 방 안에 놓았을 때 맥주의 온도가 15°C로 되는데 소요되는 시간을 집중열용량법을 이용하여 계산하여라. 단, 맥주캔과 공기 사이의 대류열전달계수는 $15\ \mathrm{W/m^2 \cdot {}^\circ C}$이며 맥주의 물성값은 물의 경우와 같다고 가정한다.

4-16 지름이 12 cm이고 온도가 400°C인 알루미늄 구를 $h = 10\ \mathrm{W/m^2 \cdot {}^\circ C}$이고 온도가 20°C인 공기에 노출했을 때 구의 중심온도가 200°C로 되는데 걸리는 시간을 계산하여라.

4-17 지름이 4 cm이고 온도가 200°C인 구리로 된 구를 $h = 20\ \mathrm{W/m^2 \cdot {}^\circ C}$이고 온도가 30°C인 유체에 노출했을 때 구의 중심온도가 80°C로 되는데 걸리는 시간을 계산하여라.

4-18 반무한물체의 표면온도가 sine파 함수로 변할 때 이 물체의 온도분포는 다음과 같다.

$$T_{x,\tau} - T_m = A \exp\left(-x\sqrt{\frac{\pi n}{\alpha}}\right) \sin\left(2\pi n\tau - x\sqrt{\frac{\pi n}{\alpha}}\right)$$

여기서

$T_{x,\tau}$ = τ시간만큼 경과한 뒤에 표면으로부터 x만큼 떨어진 곳의 온도
T_m = 표면온도의 평균값
n = 온도파의 주파수, 즉 단위시간당 사이클수
A = 표면에서 온도파의 진폭

대단히 큰 콘크리트 평판의 표면에 가해진 sine파의 온도가 35°C와 90 °C사이에서 변화하고 온도파의 주기가 15분일 때 2시간 후에 표면으로부터 5 cm 떨어진 면에서의 열유동량을 계산하여라.

4-19 문제 4-18의 온도분포를 이용하여 표면에서의 온도파의 최대값과 깊이 x에서의 온도파의 최대값 사이의 지연시간(time lag)이 다음과 같음을 증명하여라.

$$\Delta\tau = \frac{x}{2}\sqrt{\frac{1}{\alpha\pi n}}$$

4-20 초기온도가 54°C인 두꺼운 콘크리트벽에 10°C의 바람이 갑자기 불어오고 있다. 열전달계수는 10 W/m^2 · °C라 가정하고 30분 후에 벽표면에서 7 cm되는 곳의 온도를 구하여라.

4-21 초기온도가 300°C인 대단히 큰 구리평판의 표면온도를 갑자기 35°C로 낮추었다. 4분 후에 표면으로부터 7.5 cm되는 곳에서의 온도는 얼마인가?

4-22 한 여름 콘크리트 도로의 온도는 50°C까지 올라간다. 도로 위에 물을 끼얹었더니 표면 온도가 갑자기 10°C로 내려갔다. 콘크리트 표면에서 깊이가 5 cm되는 곳의 온도가 25°C로 되는데 걸리는 시간을 계산하여라.

4-23 초기온도가 20°C인 반무한 구리판이 대류열전달이 일어날 수 없는 진공상태의 공간에 있다. 구리판의 표면이 0.5 MW/m^2 · °C의 일정 열유속 조건에 있다면 5분 후 구리판 표면의 온도와 표면에서부터 15 cm 깊이에 있는 곳의 온도는 각각 얼마인가?

4-24 $k = 0.1$ W/m^2 · °C 및 $\alpha = 1.1 \times 10^{-7}$ m^2/s인 반무한슬라브(slab)가 초기에 20°C의 일정온도를 유지하고 있다. 100초 후 다음의 세 가지 경우에 대해 5 cm 깊이에서의 온도를 구하여라.(a) 표면온도를 갑자기 150°C로 높인 경우 (b) 표면이 갑자기 $h = 40$ W/m^2 · °C 및 150°C의 대류환경에 놓인 경우 (c) 표면이 갑자기 350 W/m^{2}의 일정열유속조건에 놓인 경우

4-25 두께가 10 cm인 벽돌벽이 초기에 25°C를 유지하고 있다. 한 쪽 면은 단열 되어 있고 다른 쪽 면은 갑자기 $T = 0$°C 및 $h = 200$ W/m^2 · °C의 대류환경에 놓이게 되었다. 적절한 방법을 사용하여 시간의 함수로서 단열면의 온도를 도시(plot)하여라. 어떻게 이 계산이 빌딩디자인에 적용될 수 있는가?

4-26 초기에 90°C의 균일한 온도로 유지되던 매우 큰 구리평판의 표면 온도를 갑자기 30°C로 낮추었다. 10초 후에 표면으로부터 7.5 cm 떨어진 곳을 통과하는 열전달률을 구하여라.

4-27 30°C의 균일한 온도로 유지되던 커다란 알루미늄판을 15 kW/m^{2}의 일정한 열유속 조건에 노출했다. 2분 후 표면에서 2.5 cm 깊이에서의 온도를 계산하여라.

4-28 문제 4-27에서 표면으로부터 2.5 cm 깊이 지점의 온도가 150°C로 되는데 걸리는 시간을 구하여라.

4-29 초기온도가 30°C인 두께가 상당히 두꺼운 도자기($k = 0.8$ W/m^2 · °C, $\rho = 2700$ kg/m^3 , $c = 0.8$ kJ/kg · °C)조각의 표면을 650 W/m^{2}의 일정한 열유속 조건에 노출했을 때 도자기 표면으로부터 1 cm 깊이에서의 온도를 시간의 함수로 도시하라.

4-30 지름이 5.6 cm인 알루미늄 구의 초기온도는 355°C이다. 이 구를 $T = 23$°C이고 대류열전달계수가 78 W/m^2 · °C 인 대류환경에 노출시켰을 때 구의 중심온도가 73°C가 되는데 걸리는 시간[s]을 계산하라.

4-31 두께가 두껍고 초기온도가 −20°C인 얼음의 표면온도가 갑자기 −1°C로 상승하였을 때 1.5 cm 깊이에서의 온도가 −11°C로 되는데 걸리는 시간을 계산하라. 얼음의 물성값은 다음과 같다. $\rho = 57$ lb$_m$/ft^3, $c_p = 0.46$ Btu/lb$_m$ · °F, $k = 1.28$ Btu/h · ft · °F, $\alpha = 0.048$ ft^2/h.

4-32 초기온도가 20°C인 대단히 큰 콘크리트(자갈1-2-4 혼합) 평판이 900 W/m^{2}의 복사열유속을 받았을 때 9시간 후에 평판표면으로부터 10 cm 떨어진 깊이에서의 온도를 계산하여라.

4-33 초기온도가 300°C인 매우 두꺼운 스테인리스강판(18% 크롬, 8% 니켈)의 표면온도를 갑자기 100°C로 낮추었을 때 강판의 표면으로부터 3 cm 깊이 되는 곳의 온도가 200°C로 되는데 걸리는 시간을 계산하여라.

4-34 초기온도가 40°C이고 일반적인 건축용 벽돌과 같은 물성값을 갖는 두꺼운 평판의 표면이 온도가 2 °C이고 대류열전달계수 $h = 25\ \mathrm{W/m^2 \cdot {}^\circ C}$인 유체에 갑자기 노출되었을 때 표면으로부터 8 cm 깊이 되는 곳의 온도가 20°C로 되는데 걸리는 시간을 계산하여라.

4-35 200°C의 크롬벽돌과 물성값이 같은 어떤 큰 블록의 온도가 30°C이다. 이 블록이 $3 \times 10^4\ \mathrm{W/m^2}$의 일정한 열유속에 노출되었을 때 10분이 경과한 후 표면으로부터 3 cm 깊이에서의 온도를 계산하여라. 또한 이때의 표면온도는 몇 도이겠는가?

4-36 두께가 3.0 cm이고 초기온도가 300°C인 구리판의 밑면은 단열되어 있고 윗면은 80°C의 주위에 갑자기 노출되었다. 6분 후에 표면의 온도가 140°C로 떨어진다. 이 경우 대류열전달계수의 값을 구하여라.

4-37 두께가 10 cm이고 초기온도가 400°C인 큰 알루미늄 평판이 온도가 90°C이고 대류열전달계수가 $h = 1400\ \mathrm{W/m^2 \cdot {}^\circ C}$인 주위 유체에 갑자기 노출되었다. 중심면의 온도가 180°C로 냉각되는데 걸리는 시간을 계산하여라.

4-38 초기온도가 250°C이고 두께가 10 cm인 수평으로 놓인 구리 평판의 아랫면은 단열되어 있고 윗면은 온도가 80°C인 유체에 노출되어 있다. 6분이 경과한 후 윗면의 온도가 150°C로 떨어졌다. 윗면에서의 대류열전달계수를 구하여라.

4-39 초기온도가 400°C이고 두께가 10 cm인 커다란 알루미늄 평판이 온도가 90°C이고 대류열전달계수 $h = 1400\ \mathrm{W/m^2 \cdot {}^\circ C}$인 유체에 갑자기 노출되었을 때 판의 중심온도가 180°C로 되는데 걸리는 시간을 계산하여라.

4-40 초기온도가 500°C이고 두께가 3cm인 스테인리스판(18%크롬, 8%니켈)이 온도가 40°C이고 대류열전달계수 $h = 150\ \mathrm{W/m^2 \cdot {}^\circ C}$인 유체에 노출되었을 때 판의 중심온도와 표면온도가 120°C로 되는데 걸리는 시간을 각각 구하여라.

4-41 온도가 300°C이고 지름과 길이가 각각 10 cm인 강철원통을 40°C의 기름통에 집어넣었다. 기름통 안의 대류열전달계수 $h = 280\ \mathrm{W/m^2 \cdot {}^\circ C}$일 때 다음을 구하여라. (*a*) 2분 후 강철 원통 중심의 온도 (*b*) 2분 후 강철 원통 끝 단면의 중심온도.

4-42 반무한고체가 표면에 Q_0/A의 세기를 갖는 주기적 에너지펄스에 갑자기 노출되었을 때 표면으로부터의 깊이가 x, 시간이 τ일 때 단위면적에 대한 열유속 식을 유도하여라.

4-43 다양한 구조로 이루어진 건물들은 기후조건에 따른 열적 변화에 서로 다 른 응답을 보인다. 두께 10 cm인 보통의 콘크리트 벽($c = 0.9\ \mathrm{kJ/kg \cdot {}^\circ C}$)이 갑자기 -10°C 및 $h = 65\ \mathrm{W/m^2 \cdot {}^\circ C}$의 한랭북풍의 대류환경에 처했다. 벽의 초기온도는 15°C이다. 벽면 온도가 5°C로 떨어지는데 걸리는 시간을 계산하라. 이때에 사용된 가정을 서술하시오.

4-44 초기에 20°C를 유지하고 있는 알루미늄 반무한고체에 특별한 화학재료 코팅을 하였다. 여기에 갑자기 자외선복사반응을 일으킨 결과 $1.0\ \mathrm{MJ/m^2}$의 에너지가 방출되었다. 2.3 cm 깊이에서 1.8초 후의 온도를 구하여라.

4-45 재질이 스테인레스 스틸(18% Cr, 8% Ni)인 반무한고체가 초기에 0°C의 균일한 온도를 유지하고 있다. 표면에 레이저 펄스로 주기적으로 에너지(10 MJ/m^2)가 부과된다. 3초 후 표면과 1 cm 깊이에서의 온도를 계산하여라.

4-46 1.0 cm의 깊이에서 경험되는 것과 같은 온도효과를 1.2 cm 깊이에서 얻고자 한다. 필요한 펄스의 강도는 얼마인가?

4-47 문제 4-45와 같은 조건에 대해서 $x = 1$ cm 및 $\tau = 3$초일 때 열유속을 구하여라.

4-48 재질이 알루미늄인 반무한고체의 표면에 레이저 펄스가 주어진다. 0.2초 후 2 mm 깊이에서 온도 600°C를 얻고자 한다. 고체의 초기온도가 30°C일 때 요구되는 펄스의 세기를 MJ/m^2의 단위로 계산하여라.

4-49 다결정 산화알루미늄 슬라브에 레이저 펄스를 가해, 0.2초 후 0.2 mm 깊이에서 900°C를 얻고자 한다. 슬라브의 초기 온도가 40°C일 때 요구되는 펄스의 세기를 MJ/m^2의 단위로 구하여라.

4-50 창유리에 대해 문제 4-49를 다시 풀어라.

4-51 온도가 300°C이고 지름이 11 cm인 알루미늄 봉이 온도가 50°C이고 대류열전달계수 $h = 1200$ MJ/m^2인 유체에 노출되었을 때 봉의 중심온도가 80°C가 되는데 걸리는 시간을 구하여라. 또한 봉의 단위길이당 열손실을 구하여라.

4-52 지름이 2.5 cm인 수정구의 열확산계수는 9.5×10^{-7} m^2/s이고 열전도계수는 1.52 W/m · °C이다. 온도 25°C인 수정구가 갑자기 대류열전달계수가 110 $W/m^2 \cdot °C$인 200°C의 대기에 노출되었다. 3분 후 구의 중심과 반지름이 6.4 mm 되는 곳에서의 온도를 각각 구하여라.

4-53 용융상태의 납방울을 100°C의 물에 떨어뜨려서 납탄을 만들 수 있다. 납방울의 성질은 300°C일 때의 고체 상태의 납의 성질과 같다. 물과 납방울 사이의 열전달계수 $h = 5000$ $W/m^2 \cdot °C$라고 했을 때, 납방울의 지름이 1.5 mm일 때 납방울의 중심온도가 120°C로 되는데 걸리는 시간을 계산하여라.

4-54 초기온도가 220°C이고 지름이 10 cm인 강철구를 온도가 10°C인 기름탱크에 넣었다.$h = 5000$ $W/m^2 \cdot °C$라 가정하고 구의 중심온도가 120°C로 되는데 걸리는 시간을 계산하여라.

4-55 온도가 200°C이고 지름이 15 mm인 유리구슬을 대류열전달계수는 14 $W/m^2 \cdot °C$이고, 온도가 20°C인 공기 안에 노출시켰다. 구슬의 중심온도가 50°C되는 데 걸리는 시간을 구하여라.

4-56 온도가 200°C이고 지름이 1.5 mm인 납으로 된 구를 대류열전달계수가 5000 $W/m^2 \cdot °C$이고 온도가 100°C인 유체 안에 노출시켰다. 구의 중심온도가 120°C로 되는데 걸리는 시간을 구하여라.

4-57 온도가 250°C이고 단면이 5 × 10 cm인 강철막대를 온도가 35°C인 유체에 갑자기 노출시켰다. 대류열전달계수를 23 $W/m^2 \cdot °C$라고 가정하고 수치해법을 사용하여 중심온도가 90°C로 되는데 걸리는 시간을 계산하고 구한 결과를 Heisler 도표를 사용해서 구한 결과와 비교하여라.

4-58 온도가 250°C이고 단면이 2.5 × 2.5 cm이고 길이가 7.5 cm인 250°C의 강철막대를 30°C의 기름통 안에 집어넣었다. 대류열전달계수가 570 $W/m^2 \cdot °C$라면 3분 후 막대의 중심온도를 계산하여라.

4-59 온도가 300°C이고 변의 길이가 10 cm인 알루미늄 정육면체를 100°C의 유체 속에 넣었다. 열전달계수가 900 $W/m^2 \cdot °C$일 때 1분 후 정육면체 표면 중심에서의 온도를 구하여라.

4-60 온도가 25°C이고 지름이 15 cm이고 길이가 30 cm인 콘크리트 원통을 0°C인 공기 중에서 냉각하

고 있다. 열전달계수를 17W/m^2 · °C라고 가정하고 원통의 중심온도가 10°C로 되는데 걸리는 시간을 계산하여라.

4-61 문제 3-39의 절점 m이 원형 봉에 대해 지름 2 cm, Δx = 1 cm 간격으로 주어졌다. 봉의 재질은 유리(k = 0.8 W/m^2 · °C, ρ = 2700 kg/m^3, c = 0.84 kJ/kg · °C)이고 주위 대류조건은 h = 50 W/m^2 · °C 및 T_∞ = 35°C이다. 절점 m에 대한 과도(transient) 절점방정식을 유도하고, 그에 따른 최대 허용가능한 시간증분(time increment)을 결정하여라.

4-62 한 변의 길이가 4.0 cm이고 초기온도가 450°C인 정육면체의 알루미늄을 대류열전달계수가 120 W/m^2 · °C이고 온도가 100°C인 유체에 갑자기 노출했다. 정육면체가 250°C로 냉각되는데 걸리는 시간을 계산하여라.

4-63 한 변의 길이가 11 cm이고 초기온도가 400°C인 정육면체의 알루미늄을 대류열전달계수가 1100 W/m^2 · °C이고 온도가 85°C인 기름에 집어넣었다. 1분이 경과한 후 표면 중심에서의 온도를 구하여라.

4-64 한 변의 길이가 5 cm이고 초기온도가 100°C인 정육면체의 알루미늄을 대류열전달계수가 20 W/m^2 · °C이고 온도가 25°C인 공기에 노출했을 때 알루미늄 중심의 온도가 50°C로 되는데 걸리는 시간을 계산하여라.

4-65 지름이 10 cm이고 길이가 15 cm인 200°C의 스테인리스(18% 크롬, 8% 니켈) 원통을 대류열전달계수가 200 W/m^2 · °C이고 온도가 30°C인 공기 중에 노출했을 때 10분 후 원통 중심에서의 온도를 구하여라. 또한 열손실을 계산하여라.

4-66 지름이 15 cm이고 길이가 30 cm인 300°C의 원통을 대류열전달계수가 35 W/m^2 · °C이고 온도 20°C인 유체에 갑자기 노출시켰다. 원통의 열전도계수는 2.3 W/m · °C이고 밀도는 300 kg/m^{3}이며 비열은 840 J/kg · °C이다. (a) 원통의 중심과 (b)원통 표면의 중심에서의 온도가 120°C로 되는데 걸리는 시간을 계산하여라. 또한 각 경우에서의 열손실을 계산하여라.

4-67 초기온도가 300°C이고 각 변의 길이가 15 cm × 10 cm × 20 cm인 직육면체의 내화벽돌을 대류열전달계수가 110 W/m^2 · °C이고 온도가 80°C인 유체에 노출했을 때 (a) 벽돌의 중심과 (b) 각 표면 중심에서의 온도가 120°C로 되는데 걸리는 시간을 계산하여라. 또한 각 경우에 대한 열손실을 계산하여라.

4-68 문제 4-45에서 두 경우에 대한 열손실을 계산하여라.

4-69 문제 4-58에서 막대의 단위길이당 열손실을 계산하여라.

4-70 문제 4-59에서 정육면체의 열손실을 계산하여라.

4-71 경계절점이 대류조건하에 있을 때 후진차분공식을 유도하고 표 4-3의 결과와 비교하여라.

4-72 초기온도가 50°C로 균일하게 유지되는 스테인레스 강판이 그림과 같이 단열 벽돌로 둘러 싸여 있는데 벽돌의 왼쪽 면은 대류열전달계수가 30 W/m^2 · °C이고 온도가 50°C인 유체와 접하고 있다. 이 판을 갑자기 20 kW/m^2 · °C의 복사 열유속에 노출했다. 시간 τ가 10초, 1분, 10분일 때 각 절점의 온도를 구하여라. 강판의 물성값은 k = 16 W/m · °C, ρ = 7800 kg/m^3, c = 0.46 kJ/kg · °C이다. 단, 모든 복사열이 흡

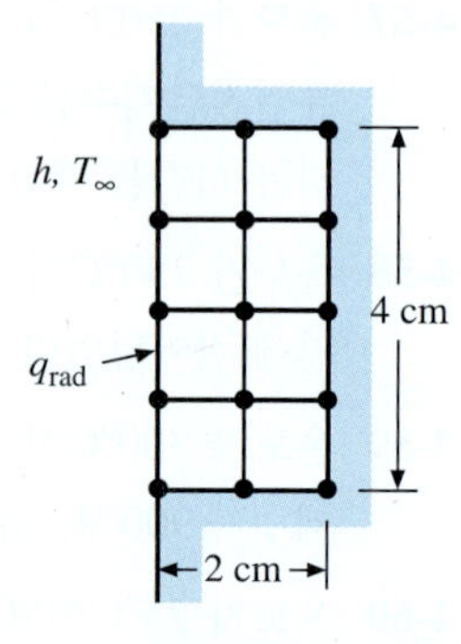

[그림 문제 4.72]

수된다고 가정한다.

4-73 그림과 같이 오른쪽 면이 단열된 복합벽이 100°C의 균일한 초기온도로 유지되고 있다. $\tau = 0$에서 왼쪽 면이 $T_\infty = 10$°C 및 $h = 70$ W/m^2 · °C의 대류경계조건에 노출될 때 시간이 1초, 10초, 1분 및 10분 경과한 후 각 절점에서의 온도를 계산하여라. 복합벽을 이루고 있는 각 재질의 성질은 아래 표와 같다.

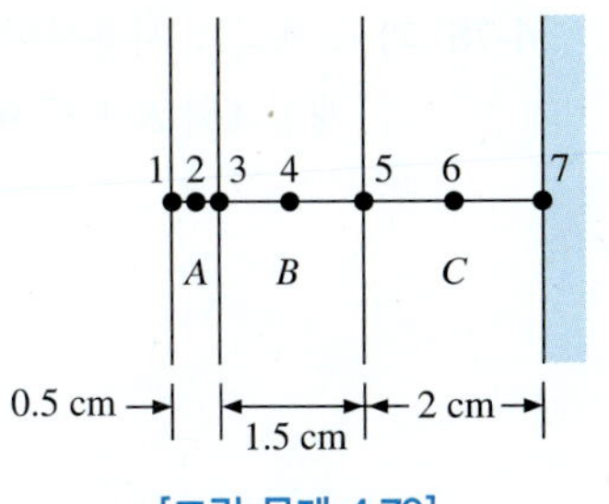

[그림 문제 4.73]

재질	k, W/m · °C	ρ, kg/m · °C	c,kJ/kg · °C
A	20	7800	0.46
B	1.2	1600	0.85
C	0.5	2500	0.8

4-74 그림에서 모서리는 200°C의 균일한 초기온도로 유지되고 있다가 갑자기 $T = 30$°C, $h = 50$W/m^2 · °C의 유체에 노출되었다. 이 물체의 물성값은 내화벽돌과 같다고 가정하여라. 절점 1,2,3,4를 검토하고 과도 수치계산을 사용하여 최대시간증분을 결정하여라.

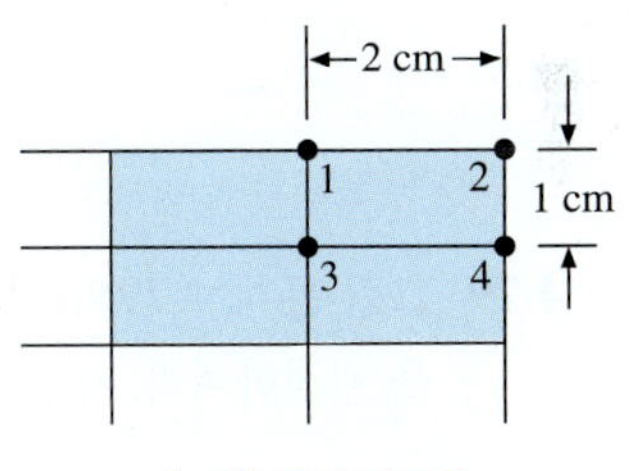

[그림 문제 4.74]

4-75 지름이 2.5 cm이고 길이가 20 cm인 알루미늄 봉이 온도 200°C인 벽에 부착되어 있다. 이 봉이 $h = 50$ W/m^2 · °C 및 $T_\infty = 20$°C의 대류환경에 노출되어 있다. $\Delta x = 4$ cm일 때 핀 끝의 절점에 대한 과도 절점방정식을 유도하고, 절점에 대한 최대 허용 시간증분을 구하여라.

4-76 과도 해석을 사용하여 그림의 절점 3에 대한 절점방정식을 세워라. 또한 이 절점에 대한 안정성 판별조건을 구하여라.

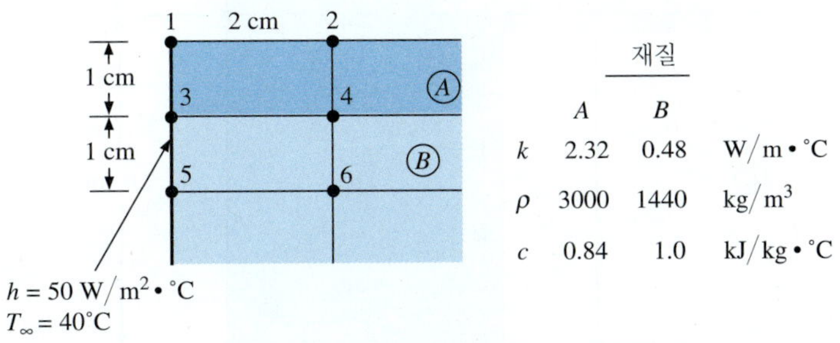

[그림 문제 4.76]

4-77 그림에서 과도 해석에 사용할 수 있도록 절점(m, n)에 대한 절점방정식을 세워라.

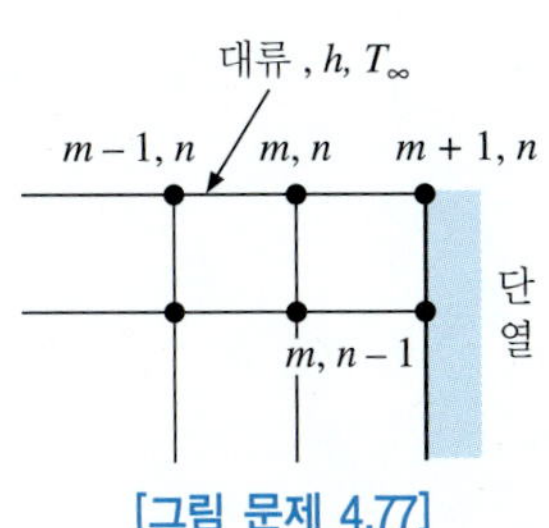

[그림 문제 4.77]

4-78 과도 해석을 사용하여 아래 그림의 절점 1에 대한 절점방정식을 세우고 안정성 판별조건을 구하여라. 재질 A와 B에 대한 물성값은 문제 4-73에 주어진 값을 사용하여라.

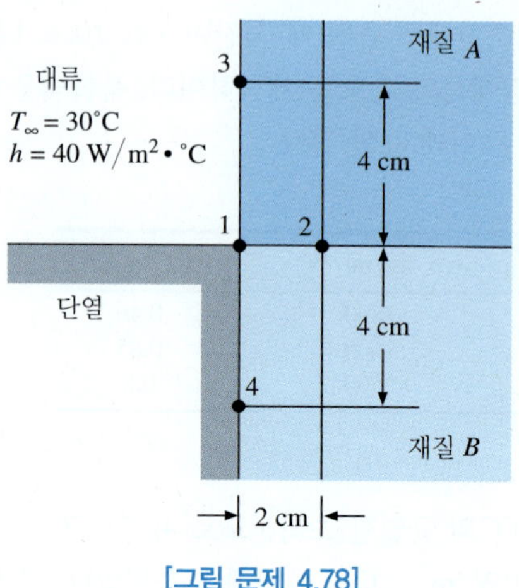

[그림 문제 4.78]

4-79 그림 문제 4-79의 절점 1에 대한 과도 절점방정식을 유도하고, 계산에 적용된 최대 허용 시간증분을 결정하여라. 재질 A,B 및 C의 물성값은 문제 4-73에 주어진 것과 같다.

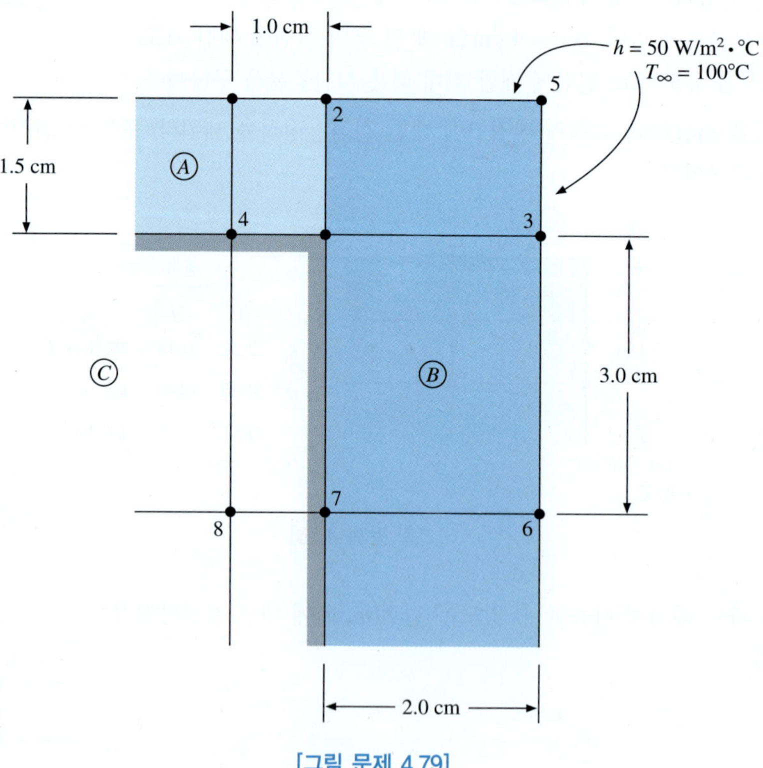

[그림 문제 4.79]

4-80 과도수치해석을 사용하여 그림에서 절점 5에 대한 최대시간증분을 계산하여라. 또한 이 절점에 대한 절점 방정식을 세워라.

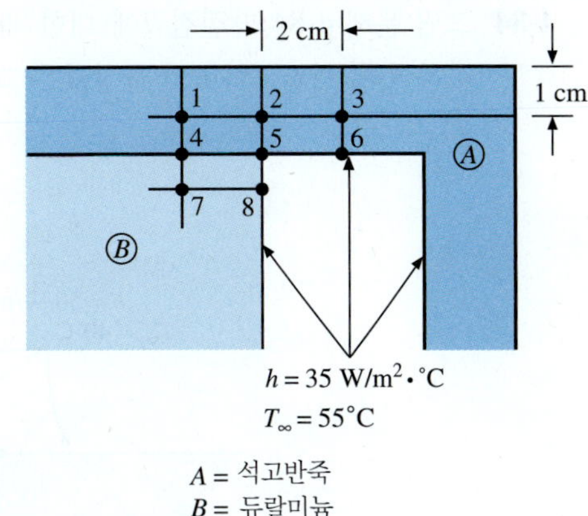

[그림 문제 4.80]

4-81 그림에서와 같이 초기온도가 300°C인 어떤 물체의 모서리가 $h = 60$ W/m^2 · °C이고 온도가 50°C인 유체에 노출되었다. 물체의 물성값은 내화벽돌의 성질과 같다고 가정하라. 절점 1, 2, 3, 4, 5를 검토하고 과도 수치해석에 사용할 수 있는 최대시간증분을 구하여라.

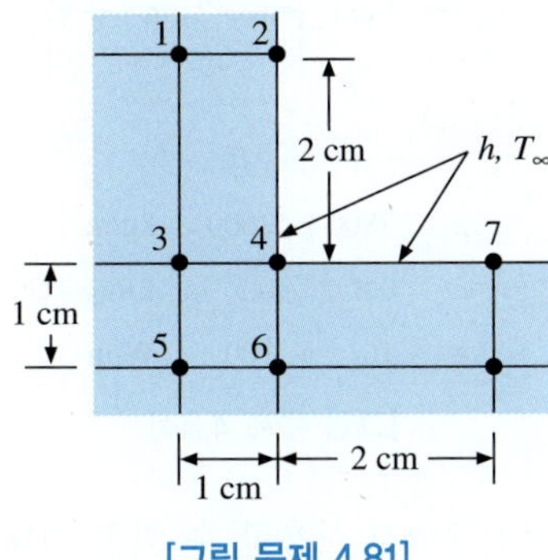

[그림 문제 4.81]

4-82 그림에서 물체의 폭을 단위 길이로 가정하고 절점 3에 대한 정상상태의 절점 방정식을 세워라. 물체의 열전도계수 $k = 15$ W/m · °C이고 대류열전달계수 $h = 25$ W/m^2 · °C이다.

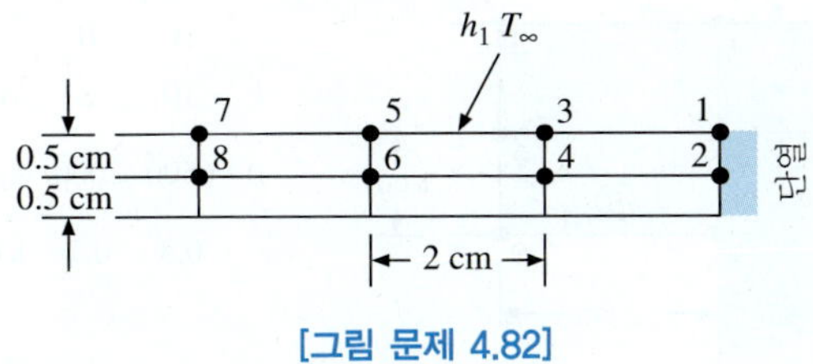

[그림 문제 4.82]

4-83 재료의 상변화를 고려한 경우의 절점방정식을 세워보아라. 단, 고체에서 액체로 또는 액체에서 고체로의 상변화 시 체적은 일정하다고 가정하며, 용해 또는 응고과정에서 요구되는 단위질량당 에너지는 u_{if}로 가정한다.

4-84 그림 문제 4-84의 절점 7에 대한 과도 절점방정식을 유도하고, 절점에 대한 최대 허용 시간증분을 구하여라. 재질 A와 B의 물성값은 그림에 주어져 있다.

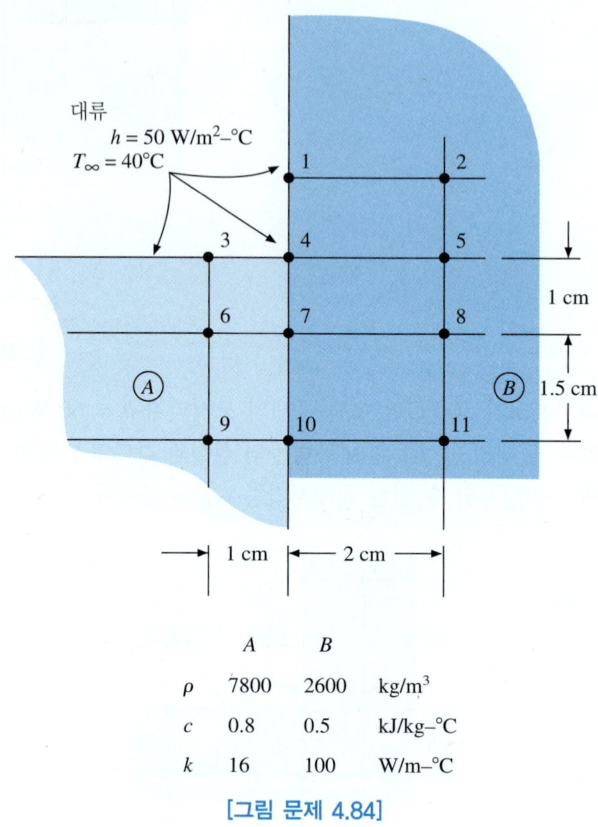

	A	B	
ρ	7800	2600	kg/m^3
c	0.8	0.5	kJ/kg–°C
k	16	100	W/m–°C

[그림 문제 4.84]

4-85 그림에서 과도수치해석으로 절점 2에서 사용할 수 있는 최대시간증분을 구하여라. 또한 이 절점에 대한 절점방정식을 세워라.

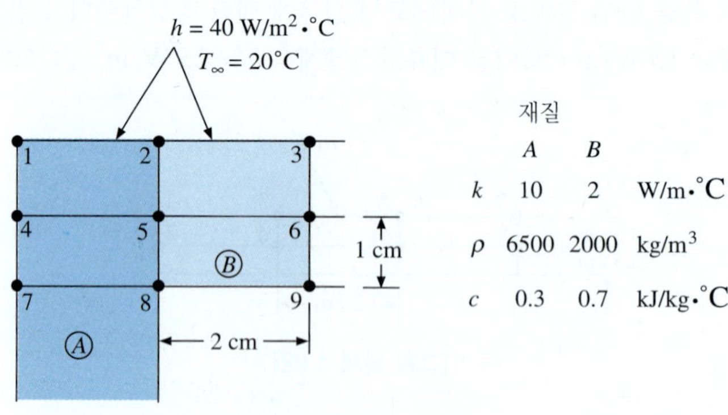

[그림 문제 4.85]

4-86 그림에서와 같이 복합재질 단면에 대하여 과도수치해석을 하고자 한다. 절점 5에 대한 최대시간증분을 계산하여라.

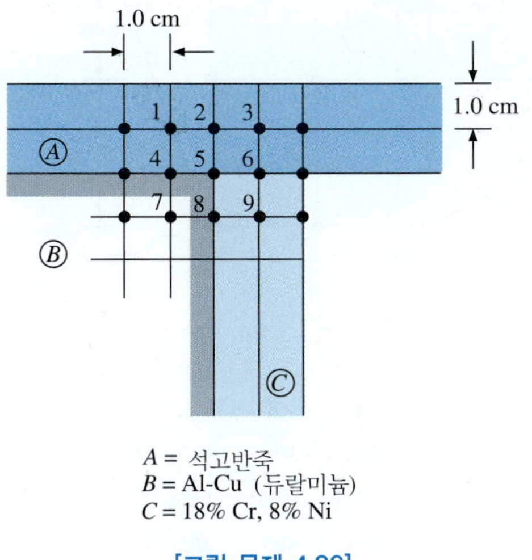

[그림 문제 4.86]

4-87 다음 그림과 같은 단면에 대해 과도수치해석을 할 때 절점 4에 대한 최대허용시간증분을 계산하고 또 이 절점에 대한 절점방정식을 세워라.

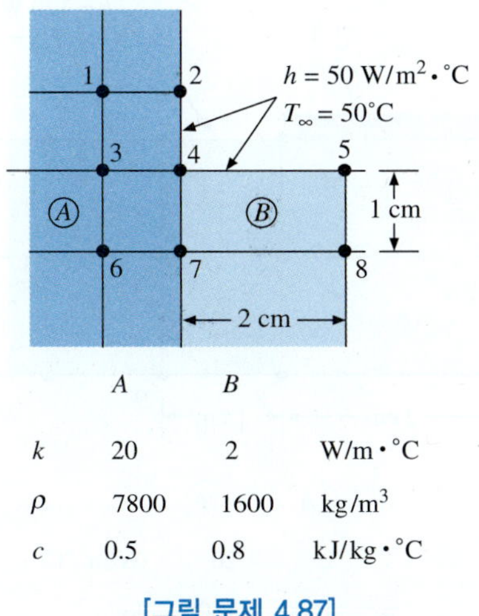

	A	B	
k	20	2	W/m · °C
ρ	7800	1600	kg/m³
c	0.5	0.8	kJ/kg · °C

[그림 문제 4.87]

4-88 그림 문제 4-88의 절점 1에 대한 과도 절점온도방정식을 유도하여라. 또한 절점에 대한 최대허용 시간증분을 결정하여라. 그림과 같이 오른쪽 면은 대류조건에 노출되어 있고 재질의 물성값은 그림에 주어져 있다.

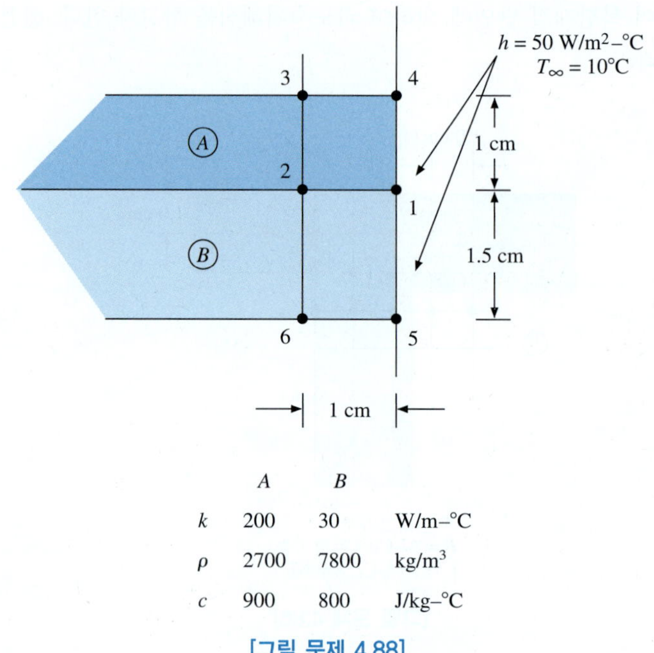

	A	B	
k	200	30	W/m–°C
ρ	2700	7800	kg/m³
c	900	800	J/kg–°C

[그림 문제 4.88]

4-89 그림 문제 4-89에서 절점 2의 과도 해석에 대한 절점방정식을 쓰고, 이 절점에 대한 안정성기준(stability criterion)을 구하라. 재질 A와 B에 대한 물성값은 그림에 주어져 있다.

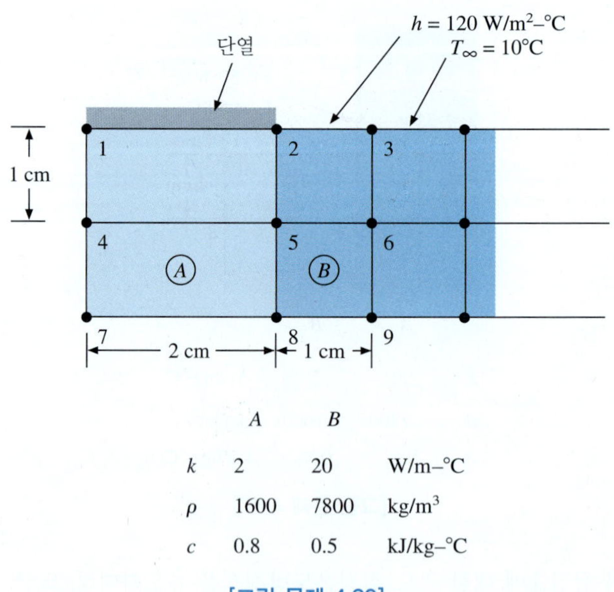

	A	B	
k	2	20	W/m–°C
ρ	1600	7800	kg/m³
c	0.8	0.5	kJ/kg–°C

[그림 문제 4.89]

4-90 표 3.2*d*에 표시된 절점에서 x와 y방향의 증분은 모두 1.0 cm이고 대류경계조건의 온도는 50°C, 대류열전달계수는 60 W/m^2 · °C이다. 고체 물질의 재질은 스테인리스강(18% 크롬, 8% 니켈)이다. 과도해석을 위한 열저항 및 열용량 공식을 사용하여 이 절점에 대한 절점방정식을 세우고 최대 허용시간증분을 구하여라.

4-91 문제 3-51의 고체는 초기에 10°C의 균일한 온도로 유지되고 있다. 시간 $\tau = 0$에서 오른쪽 면을 갑자기 38°C의 온도로 변화시켰으며 왼쪽 면은 대류경계조건에 노출했다. 절점 3과 6의 온도는 그대로 10°C로 유지했다. 적당한 $\Delta\tau$값을 선정하여 10개의 시간증분 후에 절점 1, 2, 4, 5에서의 온도를 계산하여라. 계산을 정상상태에 가까워질 때까지 진행하여라. 밀도와 비열은 각각 $\rho = 3000$ kg/m^3, $c = 840$ J/kg · °C이다.

4-92 문제 3-53에서 $k = 11$ W/m · °C이고 초기온도는 1000°C이며 $\tau = 0$에서 4개의 표면을 문제에 주어진 값으로 변화시켰다. 적당한 $\Delta\tau$ 값을 선정하여 10 개의 시간증분 후 절점 1, 2, 3, 4에서의 온도를 계산하여라. 또한 정상상태에서의 온도분포를 구하여라. 밀도와 비열은 각각 $\rho = 2800$ kg/m^3, $c = 940$ J/kg · °C이다.

4-93 문제 3-56에서 핀의 초기온도는 300°C이고 $\tau = 0$에서 핀을 대류가 일어나는 유체에 갑자기 노출시켰다. 적당한 $\Delta\tau$ 값을 선정하여 10개의 시간증분 후 각 절점에서의 온도를 구하여라. 밀도와 비열은 각각 $\rho = 2200$ kg/m^3, $c = 820$ J/kg · °C이다.

4-94 문제 3-57에서 핀의 초기온도는 200°C이고 $\tau = 0$에서 핀 바닥면의 온도를 계속해서 200°C로 유지시킨 채 문제에 주어진 대류유체에 갑자기 노출시켰다. 적당한 $\Delta\tau$ 값을 선정하여 10개 및 100개의 시간증분 후 각 절점에서의 온도를 구하여라. 밀도와 비열은 각각 $\rho = 7800$ kg/m^3, $c = 460$ J/kg · °C이다.

4-95 문제 3-58에서 100°C의 초기온도로 유지되는 물체를 갑자기 대류유체에 노출시켰다. 이때 오른쪽과 바닥면은 계속하여 100°C로 유지시켰다. 적당한 $\Delta\tau$ 값을 선정하여 10개의 시간증분 후 각 절점에서의 온도를 구하여라. 밀도와 비열은 각각 $\rho = 3000$ kg/m^3, $c = 800$ J/kg · °C이다.

4-96 문제 3-59에서 50°C의 초기온도로 유지되는 물체를 갑자기 대류유체에 노출시켰다. 적당한 $\Delta\tau$ 값을 선정하여 10개의 시간증분 후 각 절점에서의 온도를 구하여라. 밀도와 비열은 각각 $\rho = 2500$ kg/m^3, $c = 900$ J/kg · °C이다.

4-97 문제 3-60에서 300°C의 초기온도로 유지되는 물체를 갑자기 대류유체에 노출시켰다. 내부면은 계속해서 300°C로 유지했다. 적당한 $\Delta\tau$ 값을 선정하여 10개의 시간증분 후 각 절점에서의 온도를 구하여라. 밀도와 비열은 각각 $\rho_A = 2900$ kg/m^3 , $\rho_B = 7800$ kg/m^3, $c_A = 810$ J/kg · °C, $c_B = 470$ J/kg · °C이다.

4-98 문제 3-61에서 초기온도 200°C인 핀을 갑자기 대류유체에 노출시킴과 동시에 발열이 일어나도록 하였다. 적당한 $\Delta\tau$ 값을 선정하여 10개의 시간증분 후 각 절점에서의 온도를 구하여라. 밀도와 비열은 각각 $\rho = 7600$ kg/m^3, $c = 450$ J/kg · °C로 하고 바탕(base)온도는 계속하여 200°C가 유지된다고 가정하라.

4-99 문제 3-62에서 초기온도가 500°C인 고체를 갑자기 대류유체에 노출했다. 안쪽면은 계속하여 500°C로 유지시켰다. 적당한 $\Delta\tau$ 값을 선정하여 10개의 시간증분 후 각 절점에서의 온도를 구하여라. 밀도와 비열은 각각 $\rho = 500$ kg/m^3, $c = 810$ J/kg · °C이다.

4-100 문제 3-98의 강철 라이너에 대하여 문제 4-99를 다시 풀어라. 단 강철의 물성값은 $\rho = 7800$ kg/m^3, $c = 460$ J/kg · °C이다.

4-101 문제 3-63의 초기온도가 100°C로 균일한 판을 대류경계 조건에 갑자기 노출시켰다. 적당한 $\Delta\tau$ 값을 선정하여 10개의 시간증분 후 각 절점에서의 온도를 구하여라. 밀도와 비열은 각각 $\rho = 7500$ kg/m^3, $c = 440$ J/kg · °C이다.

4-102 문제 3-64에서 100°C의 균일한 초기온도로 유지되는 물체를 대류경계조건과 열원에 노출시켰다. 단 오른쪽 면의 온도는 계속해서 100°C로 유지했다. 적당한 $\Delta\tau$ 값을 선정하여 10개의 시간증분 후 각 절점에서의 온도를 구하여라. 밀도와 비열은 각각 $\rho = 7600$ kg/m^3, $c = 460$ J/kg · °C이다.

4-103 초기온도가 250°C인 지름이 12.5 mm이고 길이가 20 cm인 강철막대의 한쪽 끝 면을 250°C의 열원에 접촉시킨 채 대류열전달계수가 35 W/m^2 · °C인 30°C의 공기흐름에 갑자기 노출했다. 막대의 길이방향 중간지점에서의 온도가 190°C로 되는데 걸리는 시간을 계산하여라.

4-104 열전도계수가 0.87 W/m · °C이고 초기온도가 300°C인 15 cm 두께의 콘크리트 슬래브의 한쪽 면은 단열되어 있고 다른면은 주위유체에 노출되어 있다. 주위유체의 온도를 갑자기 90°C로 낮추었다. 대류열전달계수는 표면온도와 주위유체온도 차이의 1/4제곱에 비례하고 $\tau = 0$에서 11 W/m^2 · °C의 값을 갖는다. 주위유체의 온도를 선형적으로 증가시켜 20분 후에 200°C가 되었다. 수치적 방법을 사용하여 5, 10, 15, 20분 후의 슬래브 온도분포를 구하여라.

4-105 그림 3.6의 2차원 물체의 초기 표면온도는 그림에서와 같고 내부온도는 표 3-3에서와 같이 계산되었다. $\tau = 0$에서 500°C의 면을 갑자기 30°C로 낮추었다. $\Delta x = \Delta y = 15$ cm 및 $\alpha = 1.29 \times 10^{-5}$ m^2/s로 하여 30분 후의 절점 1, 2, 3, 4에서의 온도를 계산하여라. 전진 및 후진차분법을 모두 사용하되 후진차분법에서는 2개의 시간증분만을 사용하고 $k = 45$ W/m · °C로 가정하라.

4-106 열전도계수가 20 W/m · °C이고 단면이 사각형인 긴 막대를 50°C로 유지되는 등온 표면 위에 그림과 같이 놓았다. 시간 $\tau = 0$일 때 이 막대를 $T_\infty = 300$°C이고 $h = 40$ W/m^2 · °C인 공기흐름에 노출시켰다. 수치해석방법을 사용하여 1초, 10초, 1분 후 및 정상상태에서 절점 1에서 8까지의 온도를 계산하여라. 밀도와 비열은 각각 $\rho = 7000$ kg/m^3, $c = 0.5$ kJ/kg · °C이다.

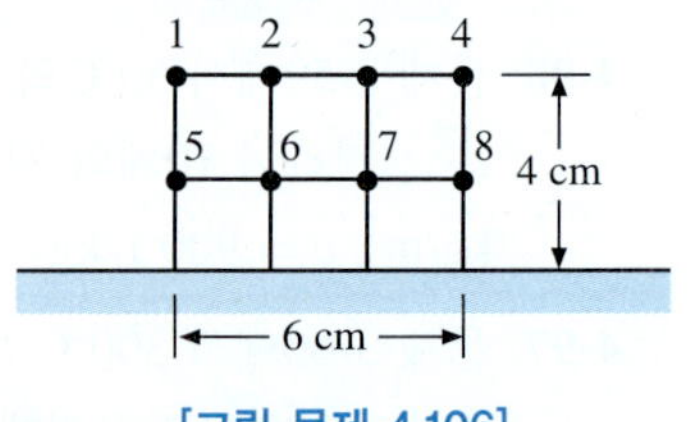

[그림 문제 4.106]

4-107 수치해석방법을 사용하여 문제 4-7과 4-8을 다시 풀어라.

4-108 수치해석방법을 사용하여 문제 4-103을 다시 풀어라.

4-109 지름이 10 cm이고 초기온도가 1000 K인 검정색 강철 구를 대류는 일어나지 않고 아래의 식에 의한 복사 열손실만 일어나는 바깥 공간에 갑자기 노출시켰다.

$$q_{복사} = \sigma A T^4 \qquad (T\text{의 단위는 Kelvin})$$
$$\sigma = 5.669 \times 10^{-8} \text{ W/ m}^2 \cdot \text{K}^4,$$

시간증분에 대하여 그림에 나타난 절점의 온도와 이에 해당하는 열손실을 계산하여라. 단 k,ρ, 및 c 값은 문제 4-72에 것을 사용하여라.

[그림 문제 4.109]

4-110 내부 지름과 외부 지름이 각각 0.5 m, 1.0 m이고 초기온도가 200°C인 중공 콘크리트 구($k = 1.3$ W/m · °C, $\alpha = 7 \times 10^{-7}$ m^2/s)의 바깥면이 갑자기 20°C로 냉각되었다. 내면은 단열된 것처럼 가정하고 여러 개의 시간증분에 대하여 아래 그림에 있는 절점의 온도를 계산하여라.

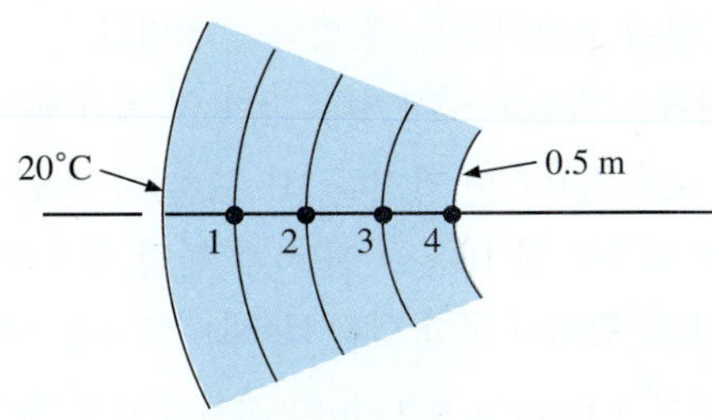

[그림 문제 4.110]

4-111 윗면의 복사 열손실이 아래에 주어진 식에 의해 일어난다고 할 때 문제 4-62를 다시 풀어라.

$$q_{복사} = \sigma A \epsilon (T^4 - T_\infty^4) \qquad (T\text{의 단위는 Kelvin})$$

$$\sigma = 5.669 \times 10^{-8}\ \mathrm{W/m^2 \cdot K^4},$$

$$\epsilon = 0.7$$

4-112 얇은 스테인레스 강판 사이에 석면이 느슨하게 채워진 방화금고가 있다. 벽의 내부와 외부는 각각 0.5 m, 1.0 m인 정육면체의 형상으로 제작되어 있다. 30°C의 초기온도로 유지하다가 벽의 외부를 $h = 100\ \mathrm{W/m^2 \cdot °C}$, $T = 600°C$의 주위유체에 갑자기 노출시켰다. 내부온도가 150°C로 되는데 걸리는 시간을 계산하여라. 이때 내부면은 단열되어 있고 스테인레스강의 열저항과 용량은 무시한다. 석면의 물성값은 $k = 0.16\ \mathrm{W/m \cdot °C}$, $\alpha = 3.5 \times 10^{-7}\ \mathrm{m^2/s}$이다.

4-113 문제 3-66의 반원통 물체의 초기온도는 300°C이다. 밑면을 300°C로 그대로 유지하면서 대류경계조건에 갑자기 노출했다. 여러 개의 시간증분에 대한 절점온도와 각 시간증분에서의 열손실을 구하여라. 단 $\alpha = 0.5 \times 10^{-5}\ \mathrm{m^2/s}$이다.

4-114 $k = 1.07\ \mathrm{W/m \cdot °C}$, $\alpha = 5.4 \times 10^{-7}\ \mathrm{m^2/s}$, 초기온도가 20°C인 벽돌의 한 면이 $4500\ \mathrm{W/m^2 \cdot °C}$의 균일한 열유속을 받고 있다. 표면온도를 시간의 함수로 구하고 도시하여라. 또한 표면온도가 150°C가 될 때 깊이가 2.0 cm인 곳에서의 열유속을 계산하여라.

4-115 두께가 2 cm이고 초기온도가 1000 K인 세라믹 판의 양면을 갑자기 300 K의 복사조건에 노출시켰다. 평판을 여덟 개의 요소로 나누고($\Delta x = 0.25$ cm) 수치적 방법을 사용하여 평판 중심의 온도와 표면온도를 시간의 함수로 그래프를 그리시오. 세라믹의 물성값은 $k = 1.2\ \mathrm{W/m \cdot °C}$, $\rho = 2500\ \mathrm{kg/m^3}$, $c = 0.9\ \mathrm{kJ/kg \cdot °C}$ 및 $\epsilon = 0.85$로 가정하여라.

4-116 문제 4-115에서 세라믹 판 대신에 지름이 2 cm인 긴 원통을 사용하기로 하자. 원통을 4개의 요소로 나누고($\Delta r = 0.25$ cm) 세라믹 원통의 중심온도와 표면온도를 시간의 함수로 나타낼 수 있는 온도값들을 구하여라.

4-117 초기온도가 120°C이고 지름이 15 cm인 구형의 화강암이 온도가 30°C이고 대류열전달계수가 $350\ \mathrm{W/m^2 \cdot °C}$인 주위유체에 갑자기 노출되어 21분이 지난 후 반지름이 4.5 cm되는 곳에서의 화강암 온도를 계산하여라. 또 이 시간동안 구로부터의 열손실을 구하여라. 화강암의 물성값은 다음과 같다.

$$k = 3.2\ \mathrm{W/m \cdot °C},\ \alpha = 13 \times 10^{-7}\ \mathrm{m^2/s}$$

4-118 초기온도가 80°C이고 두께가 10 cm인 건축용 벽돌로 된 벽이 온도가 20°C이고 대류열전달계수가

100 W/m^2 · °C인 주위유체에 노출되었을 때 벽의 중심면의 온도가 50°C가 되는데 걸리는 시간을 $\Delta x = 2.5$ cm로 하여 수치적 방법으로 구하여라. 또한 이 계산에서 최대시간증분을 구하여라.

4-119 두께가 10 cm이고 초기온도가 200°C인 강철판(1% 크롬)이 온도가 20°C이고 $h = 300$ W/m^2 · °C인 주위유체에 노출되었을 때 5분 및 10분이 지난 후 판의 중심면의 온도를 $\Delta x = 1$ cm로 하여 수치적 방법으로 구하여라. 또한 위에서 구한 답을 Heisler 도표를 사용해서 구한 답과 비교하여라.

4-120 초기온도가 20°C이고 단면이 4.1 cm × 9.2 cm인 직사각형의 긴 참나무 목재를 온도가 200°C이고 $h = 40$ W/m^2 · °C인 오븐 안에 넣었을 때 참나무 목재의 표면과 중심의 온도가 120°C로 되는데 걸리는 시간을 각각 구하여라.

4-121 초기온도가 200°C이고 $k = 1.4$ W/m · °C, $\alpha = 7 \times 10^{-7}$ m^2/s인 (a) 반무한고체와 (b)두께가 10 cm인 무한 평판을 온도가 25°C이고 $h = 40$ W/m^2 · °C인 주위유체에 노출했을 때 5, 10, 20 및 30분이 지난 후 무한평판의 중심면에서의 온도와 깊이가 $x = 5$ cm인 반무한고체 면에서의 온도를 계산하여라. 계산결과로부터 어떠한 결론을 얻을 수 있겠는가?

4-122 문제 4-121을 집중열용량법을 사용하여 다시 계산하고 그 결과에 대해 논평하여라.

4-123 그림과 같이 1/4원에 정사각형 형태의 격자망을 만들어 주었을 때 절점 3과 4에 대하여 과도 양함수 절점방정식(transient explicit nodal equation)을 세워라. 물성값은 $k = 10$ W/m · °C, $\rho = 2000$ kg/m^3 및 $c = 840$ J/kg · °C이며, 표 3.2와 3.4의 정보를 사용하여 각 절점에서의 최대허용시간증분을 구하여라.

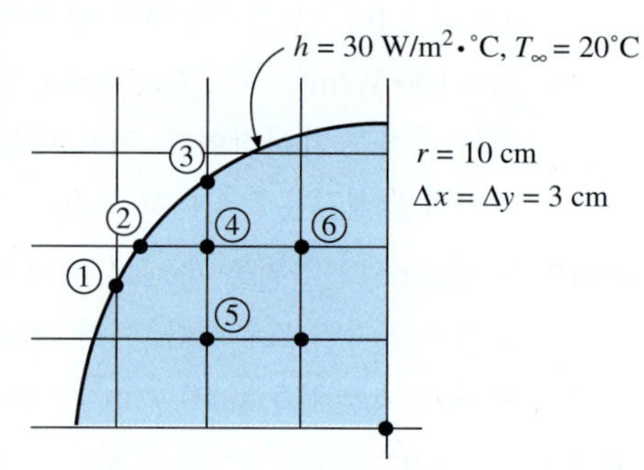

[그림 문제 4.123]

4-124 그림과 같은 경우를 표 3-2(f)의 특별한 경우로 생각하고 저항–용량공식과 표 3.4의 정보를 사용하여 절점 (m,n)과 절점 2에 대한 양함수 절점방정식을 세워라.

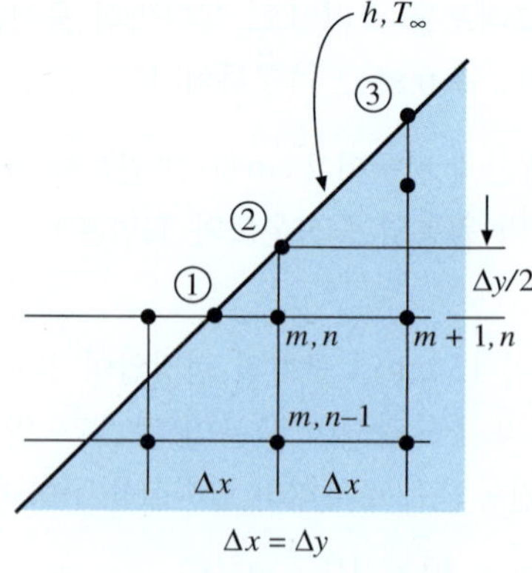

[그림 문제 4.124]

4-125 경사면을 (*a*) 단열 및 (*b*) T_∞의 등온면이라고 생각하고 문제 4-124를 다시 풀어라.

4-126 그림과 같이 두 물질 *A*와 *B*가 경사지게 접촉하고 있을 때 표 3.2(*f*)와 표 3.3(*f* 와 *g*)의 정보를 사용하여 절점 3, 4, 6에 대해 과도 절점방정식을 써보아라.

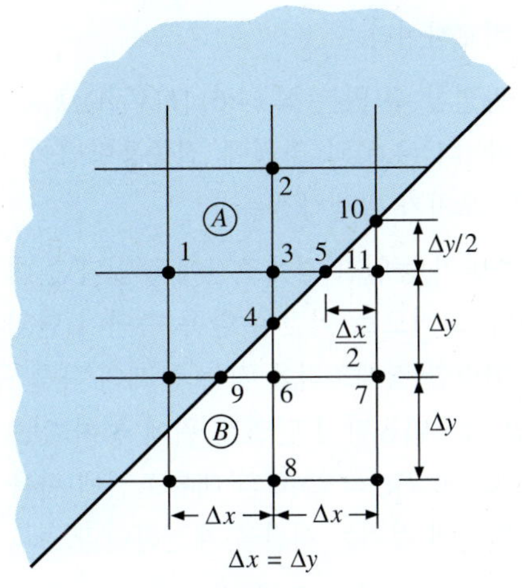

[그림 문제 4.126]

4-127 문제 3-74에서 언급한 고체가 초기온도 100°C로 유지되고 있다가 갑자기 두 표면의 온도를 각각 0°C 와 40°C로 낮추었다. 고체의 물성값이 $k = 20$ W/m · °C ,$\alpha = 5 \times 10^{-6}$ m^2/s일 때 각 절점에 대한 정상상태 온도와 1분이 경과했을 때의 온도를 구하여라.

4-128 문제 3-76에서 언급한 고체가 초기온도 150°C로 유지되다가 갑자기 $h = 50$ W/m^2 · °C, $T_\infty = 20$°C 인 경계조건에 노출되었다. 고체의 물성값이 $k = 61$ W/m · °C, $\alpha = 1.7 \times 10^{-5}$ m^2/s일 때 12개 절점에 대한 정상상태 온도와 10분이 경과했을 때의 온도를 구하여라.

4-129 문제 3-72에서 못형 핀이 200°C의 초기온도로 유지되다가 대류조건에 갑자기 노출되었다. (*a*) 대단히 긴 시간으로 가정한 과도해석방법을 사용하여 정상상태 온도분포를 구하고 (*b*) 시간을 (*a*)에서 대단히 긴 시간으로 선택한 시간의 1/2에 해당하는 시간에서의 온도분포를 구하여라.

4-130 문제 3-73의 고체가 100°C의 초기온도로 유지되다가 갑자기 $h = 100$ W/m^2 · °C , $T_\infty = 0$°C인 대류조건에 갑자기 노출되었다. 고체의 물성값이 $k = 2$ W/m · °C, $\alpha = 7 \times 10^{-7}$ m^2/s일 때 (*a*) 대단히 긴 시간으로 가정한 과도해석방법을 사용하여 정상상태 온도분포를 구하고 (*b*) 시간을 (*a*)에서 대단히 긴 시간으로 선택한 시간의 1/2에 해당하는 시간에서의 온도분포를 구하여라.

4-131 문제 2-123에서 언급한 절단된 원뿔의 옆면이 단열된 상태로 20°C의 초기온도로 유지되고 있다. 지름이 큰 끝 단면을 20°C로 유지시키면서 지름이 작은 끝 단면의 온도를 320°C로 갑자기 올렸을 경우 시간의 함수로서 원뿔내의 온도분포를 예측할 수 있는 5-절점 모델을 설정하고 계산을 수행하여라. 정상상태에 도달했을 경우에 대한 결과를 구하여 문제 2-123의 해석결과와 비교하여라.

4-132 문제 2-122에서 나타낸 일차원 물체를 20°C의 초기온도로 유지시키다가 한쪽 끝은 그대로 온도를 유지하고 다른 한쪽 끝단의 온도를 갑자기 70°C로 증가시켰다. 시간과 방사각의 함수로 원통 조각 내의 온도분포를 예측할 수 있는 5-절점 모델을 설정하고 계산을 수행하여라. 또한 정상상태에 도달했을 경우에 대한 결과를 구하여 문제 2-122의 해석결과와 비교하여라.

4-133 문제 2-130의 단열이 안된 원통 조각이 100°C의 초기온도로 유지되고 있다. 한쪽 끝면을 100°C로 유지시킨채 다른 한쪽 면을 50°C로 낮추면서 동시에 갑자기 30°C의 대류조건에 노출시켰다. 각도로 표현되는 5개의 절점 모델을 사용하여 시간의 함수로 온도거동을 예측하는데 사용할 수 있는 수치해석 모델을 설정하고 계산을 수행하여라. 또한 정상상태에 도달했을 경우에 대한 결과를 구하여 문제 2-130의 해석결과와 비교하여라.

4-134 집중열용량법 적용여부를 판별할 수 있는 식 (4.6) $[h(V/A)/k < 0.1]$을 Heisler 도표로 처리된 각각의 형상에 적용시켜 보아라. 식 (4.6)의 조건에 집중용량법이 가정되었다면 각각의 형상에 대해 θ/θ_0의 값에 몇 퍼센트 정도 오차가 발생하겠는가?

4-135 무한평판이 냉각될 때 양 측면이 동일한 경계조건에 놓인다면 대칭성 때문에 무한 평판 중심선에서의 온도구배 $\partial T/\partial x$는 0이다. 그러므로 이것은 한쪽 측면이 단열된 $(\partial T/\partial x = 0)$ 반쪽 크기의 무한평판으로 간주할 수 있다. 이러한 경계조건을 갖는 문제의 해를 구하기 위해서 Heisler 도표를 사용할 수 있다. 두께가 5 cm인 알루미늄판이 단열재 위에 놓여 있으며 200°C의 초기온도로 유지된다. 갑자기 $h = 5000\ \mathrm{W/m^2 \cdot {}^\circ C}$ 와 $T_\infty = 25°\mathrm{C}$의 대류조건에 판을 노출했을 경우 단열재와 접촉하고 있는 판의 뒷면이 90°C로 되는데 걸리는 시간을 계산하여라.

4-136 표면의 온도가 갑자기 25°C로 낮아진 경우에 대해(이것은 대류열전달계수 h가 ∞로 접근한 것과 같은 의미이다.) 문제 4-135를 다시 풀어라.

4-137 판이 집중용량계처럼 거동한다고 가정하고 문제 4-135를 다시 풀어라.

4-138 알루미늄판이 $x = 5$ cm에서 원하는 온도가 되는 반무한 고체처럼 거동한다고 가정하고 문제 4-135을 다시 풀어라. 또한 문제 4-136과 똑같은 계산을 하여라.

4-139 텍사스의 따뜻한 11월 어느날에 18 cm의 두께의 콘크리트 도로는 30°C의 균일한 온도를 갖는다. 차가운 강한 북풍이 불어오면 도로는 갑자기 $h = 23\ \mathrm{W/m^2 \cdot {}^\circ C}$와 $T_\infty = 0°\mathrm{C}$의 대류경계조건에 놓이게 된다. 도로표면의 온도가 5°C로 떨어지는데 걸리는 시간을 구하여라. 다른 가정들을 사용하여 문제를 두 가지 방법으로 풀어 보아라.

설계지향문제

4-140 초기온도가 70°F인 5 lb의 소고기 덩어리를 내부온도가 350°F로 유지되는 오븐 속에 넣었다. 열전달계수는 $2.5\ \mathrm{Btu/h \cdot ft^2 \cdot {}^\circ F}$이고 소고기의 열물성값은 물과 같다고 가정하라. 소고기 덩어리의 중심온도가 200°F로 될 때까지 걸리는 시간을 구하여라.

4-141 초기온도가 20°C이고 지름이 4.0 mm인 스테인리스 강선이 그림과 같이 왼쪽 반면은 단열되었고 오른쪽 반면은 $T_\infty = 20°\mathrm{C}$와 $h = 200\ \mathrm{W/m^2 \cdot {}^\circ C}$인 주위 유체에 노출되었다. 또한 강선에 전류를 흘려 $500\ \mathrm{MW/m^3}$의 균일한 열이 발생하고 있다. $\Delta r = 0.5$ mm 및 $\Delta\phi = \pi/4$로 하여 강선 내의 온도를 시간의 함수로 계산하기 위하여 절점방정식과 안정성 판별조건을 세워라. 이때 스테인레스강의 물성값은 $k = 16\ \mathrm{W/m \cdot {}^\circ C}$, $\rho = 7800\ \mathrm{kg/m^3}$ 및 $c = 0.46\ \mathrm{kJ/kg \cdot {}^\circ C}$로 가정하여라.

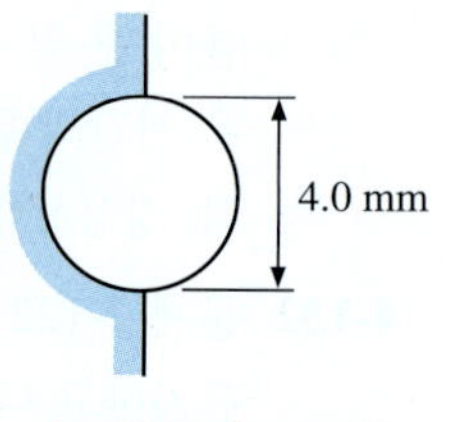

[그림 문제 4.141]

4-142 입력하는 물성값이 다른 경우에 대하여 예제 4.16을 풀 수 있는 컴퓨터 프로그램을 다음과 같은 기호를 사용하여 작성하여라. T(N) = 시간증분 시작 때의 절점 N의 온도, TP(N) = 시간증분 끝에서의 절점의 온도, X = 절점의 수, W = 평판의 폭, TA = 왼쪽 유체의 온도, HA = 왼쪽 유체의 대류열전달계수, HB = 오른쪽 유체의 대류열전달계수, DT = 시간증분, C = 비열, D = 밀도, K = 열전도계수, Q = 단위체적당 열발생률, TI = 전체시간. 새로운 시간에 대해서 프로그램 다시 쉽게 실행할 수 있고 또한 결과를 출력할 수 있도록 프로그램을 작성하여라.

4-143 그림과 같이 초기 온도가 150°C인 스테인레스 판을 30°C의 유체에 갑자기 노출시켰다. 이때 $h = 17\ \mathrm{W/m^2 \cdot {}^\circ C}$이다. 수치적방법을 사용해서 표면으로부터 6.4 mm 깊이의 온도가 65°C로 되는데 걸리는 시간을 계산하여라

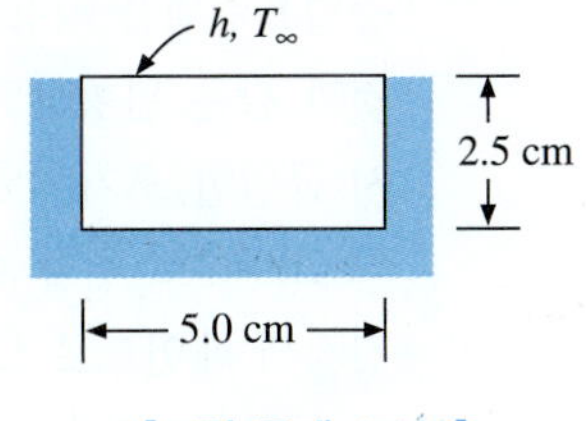

[그림 문제 4.143]

4-144 상부 표면이 아래와 같은 복사열전달 식에 의해 열손실이 일어나는 경우 문제 4-143을 다시 풀어라.

$$q_{복사} = \sigma A \epsilon (T^4 - T_\infty^4)\ (T\text{의 단위는 Kelvin})$$
$$\sigma = 5.669 \times 10^{-8}\ \mathrm{W/m^2 \cdot K^4},$$
$$\epsilon = 0.7$$

시간이 10분과 20분일 때 계산을 반복하여라.

4-145 초기온도가 25°C이고 지름이 3 in인 오렌지를 온도가 0°C이고 대류열전달계수가 45 $\mathrm{W/m^2 \cdot {}^\circ C}$인 주위 유체에 노출하여 3°C로 냉각하고자 한다. 오렌지의 물성값이 10°C 물의 물성값과 같다고 하면 3°C로 냉각하는데 걸리는 시간은 어떻게 되겠는가? 또 100개의 오렌지를 위와 같이 냉각하는데 소요되는 에너지와 시간을 계산하여라.

4-146 식품제조과정에서 식품의 열처리 과정은 매우 중요하다. 피자 제조시 200°C의 뜨거운 공기를 분사하여 $h = 75\ \mathrm{W/m^2 \cdot {}^\circ C}$의 대류열전달계수를 얻을 수 있다. 초기온도가 25°C인 1.2 cm 두께의 피자 양면에 위와 같은 뜨거운 공기를 불어넣었을 때 피자 중심면의 온도가 100°C로 되는데 걸리는 시간을 계산하여라. 피자의 물성값은 $k = 0.6\ \mathrm{W/m \cdot {}^\circ C}$, $\alpha = 1.5 \times 10^{-7}\ \mathrm{m^2/s}$인 물과 같다고 가정하라.

4-147 16 m × 35 m 크기의 저온 저장고가 15 cm 두께의 콘크리트 판 위에 세워져 있으며 콘크리트판은 지면과 접촉하고 있는 단열이 잘 되는 물질 위에 놓여 있다. 초기 기동시에 건물 안쪽은 $h = 20\ \mathrm{W/m^2 \cdot {}^\circ C}$와 $T = -15$°C의 공기에 노출되어 있으며 지면의 온도는 +15°C이다. 콘크리트 바닥 안쪽 면에서 0°C의 정상상태 온도를 얻을 수 있도록 설계하는 것이 목적이다. 다양한 단열재와 단열재 두께를 고려함으로써 합리적인 시간 안에 냉각시킬 수 있는 설계사양을 제시하여라. 단, 설계시 오직 건물의 바닥 판만을 고려하여라.

4-148 얇은 플라스틱 층을 가열 및 접착을 위한 프레스를 설계하려고 한다. 내부 채널에서 증기를 응축시킴으로써 30 cm × 60 cm 크기의 강판이 100°C까지 가열될 수 있도록 과도기적 작동방법이 제안된다. 그런 다음 판은 즉시 2장의 2.0 mm 두께의 플라스틱 층과 50°C에서 접착되도록 운반된다. 플라스틱이 폴리염화비닐(PVC)의 물성값을 갖는다고 가정하고 설계에 대한 의견을 제시하고 접착 온도에 도달하는데 걸리는 시간을 예측하여 보아라. 모든 가정을 명확히 언급하여라.

4-149 2.0 mm 두께의 폴리에틸렌 얇은 판이 뒷면이 완전하게 단열된 10 cm 두께의 고밀도 하드보드를 덮고 있다. 초기온도는 20°C이다. 만일 폴리에틸렌의 바깥 면이 갑자기 1300 W/m^{2}의 열유속에 노출되었다면 단열된 하드보드 뒷면의 온도가 50°C로 되는데 걸리는 시간을 구하여라. 사용한 가정을 언급하여라.

4-150 대기압에서 공기의 자연대류열전달 계수는 다음 식에 따라 변한다는 사실을 경험할 수 있다. $h = A(\Delta T)^n$, 여기서 ΔT는 표면과 주위공기 사이의 온도차이고 A는 상수이고 n은 지수이다. 실험과 집중열용량법을 사용하여 위의 식에 사용되는 지수와 상수를 결정할 수 있다. 그림 2-13에서 보여준 것과 같은 핀형상의 물체를 고려하자. 여기서 질량, 재질, 표면적은 결정할 수 있다. 적당한 오븐에서 균일한 초기온도를 주기 위해 핀형상 물체를 가열한 후 20°C의 실내에서 냉각했다. 초기온도는 약 200°C로 취할 수 있다. 핀형상의 온도는 내부에 열전대를 심어 측정할 수 있다. 핀형상 물체는 검정색 페인트로 도색되어 있어 방사율 $\epsilon = 1.0$을 대입하여 식 (1.12)에 따라 흑체처럼 주위 공동과 복사열교환을 한다. 위 식에 사용되는 온도 단위가 Kelvin 온도임에 주의하라. 대류와 복사 열손실을 모두 고려하여 물체의 냉각과정에 대한 유한차분식을 세워보라. 또한 상수 A와 지수 n을 결정하는데 물체의 냉각과정 동안 얻은 실험데이터를 어떻게 사용하는지 설명하 여라.

4-151 금고 안의 내용물이 600°C의 화재에 160°C 이하로 유지되면서 한 시간 동안 견딜 수 있도록 금고를 설계하고자 한다. 금고의 내부와 외부벽 모두 1%의 탄소강으로 제작되었으며 그 사이에는 단열재가 들어가 있다. 화재 온도에 견딜 수 있는 금고의 체적과 단열재를 선택하여라. 적절한 해석을 통해서 설계온도를 달성하기 위해 요구되는 단열재와 벽의 두께를 결정하여라.

참고문헌

1. Schnider, P.J.: "*Conduction Heat Transfer*," Addsion-Wesley Publishing Company, Inc., Reading, Mass., 1955.
2. Heisler, M.P.: Temperature Charts for Induction and Constant Temperature Heating, *Trans. ASME*, vol. 69, pp. 227-236, 1947.
3. Abramowitz, M., and I. Stegun(eds.): *Handbook of Mathematical Functions*, NBS AMS 55, U.S. Government Printing Office, 1964.
4. Dusinberre, G.M.:"*Heat Transfer Calculations by Finite Differences*," International Textbook Company, Scranton, Pa., 1961.
5. Jakob, M.:"*Heat Transfer,* "vol.1, John Wiley & Sons, Inc., New York, 1949.
6. Gröber, H., S. Erk, and U. Grigull: "*Fundamentals of Heat Transfer*, "McGraw-Hill Book Company, New York,1961.
7. Schneider, P.J.: "*Temperature Response Charts*," John Wiley & Sons,Inc.,New York,1963.
8. Schenck, H.; "*Fortran Methods in Heat Flow*," The Ronald Press Company, New York,1963,
9. Richardson, P.D.,and Y.M. Shum: Use of Finite-Element Methods in Solution of Transient Heat Conduction Problems, ASME Pap.69-WA/HT-36
10. Emery, A.F., and W.W. Carson: Evaluation of Use of the Finite Element Method in Computation of Temperature, *ASME pap*. 69-WA/HT-38.
11. Wilson, E.L., and R.E. Nickell: Application of the Finite Element Method to Heat Conduction Analysis, *Nucl. Eng*. Des., vol.4, pp.276-286, 1966.

12. Zienkiewicz, O.C.: "*The Finite Element Method in Structural and Continuum Mechanics,*" *McGraw-Hill Book Company*, New York, 1967.
13. Myers, G.E.: "*Conduction Heat Transfer,*" McGraw-Hill Book Company, New York,1972.
14. Arpaci, V.S.: "*Conduction Heat Transfer,*" Addison-Wesley Publishing Company, Inc., Reading, Mass.,1966.
15. Ozisik, M.N.: "*Boundary Value Problems of Heat Conduction,*" International Textbook Company, Scranton, Pa., 1968.
16. Langston, L.S.: Heat Transfer from Multidimensional Objects Using One-Dimensional Solutions for Heat Loss, Int. J. *Heat Mass Transfer*, vol. 25, p.149, 1982.
17. Colakyan, M.,R. Turton, and O. Levenspiel: Unsteady State Heat Transfer to Variously Shaped Objects, *Heat Transfer Engr.*, vol.5, p.82, 1984.
18. Chapra, S.C., and R.P. Canale: "*Numerical Methods for Engineers,*" 2d ed., McGraw-Hill,1987.
19. Constantinides, A.: "Applied Numerical Methods with Personal Computers," McGraw-Hill, 1987.
20. Patankar, S.V.: "*Numerical Heat Transfer and Fluid Flow,*" Hemisphere Publishing,1980.
21. Minkowycz, W.J., E.M. Sparrow, G.E. Schneider, and R.H.Pletcher: "*Handbook of Numerical Heat Transfer,*" Wiley, 1988.

Chapter 05

대류의 원리

5-1 서 론

4장까지는 열의 전도문제를 취급하였다. 열전도문제에서 유체의 대류유동의 효과는 다만 경계조건으로 고려하였을 뿐이다. 이제는 유체의 유동 또는 흐름을 고려하는 열전달, 즉 대류열전달을 계산하는 방법과 대류열전달계수 h를 어떻게 결정하는가를 배우게 될 것이다. 대류열전달의 이론적 해석은 흐름에 대한 운동방정식과 에너지방식을 고려하여야 한다. 이 장에서는 먼저 대류열전달의 기초적인 이해를 돕는데 대단히 중요한 역할을 하는 유체역학과 경계층 해석 사이의 간단한 관계식을 살펴본다. 그런 다음에는 흐름의 계에 에너지 보존의 법칙을 적용하여 유체의 흐름이 유체 내의 온도구배에 미치는 영향을 결정하고 마지막으로 온도분포를 구한 뒤에 가열면으로부터 유체로 흐르는 열전달률을 결정한다.

이 장에서는 주로 이론을 다루고 강제대류유동을 하는 계만을 취급한다. 강제대류유동에 대한 열전달계산과 실험적인 관계식 등은 다음 장에서 취급할 것이다. 그리고 자연대류, 비등 및 응축 열전달에 관한 것은 후에 소개할 것이다.

5-2 점성흐름

그림 5.1 및 5.2에서와 같이 유체가 평판 위를 흐르는 경우를 생각하자. 평판의 선단(leading edge)에서 시작하여 점성력이 영향이 미치는 영역이 형성된다. 유체가 점성을 가지기 때문에 나타나는 점성력은 유체층 사이의 전단응력 τ로 기술된다. 이 응력이 수직방향(y)의 속도기울기에 비례한다고 가정하면 점성을 정의하는 방정식은 다음과 같다.

$$\tau = \mu \frac{du}{dy} \tag{5.1}$$

비례상수 μ를 **점성계수**(*dynamic viscosity*)라고 하고 대표적 단위계의 점성계수의 단위는 N sec/m^{2}이다. 그러나 점성계수의 단위는 여러 가지가 쓰이고 있으므로 주의하여야 한다.

점성의 영향 때문에 평판의 선단에서 시작하여 형성되는 흐름의 영역을 **경계층**(*boundary layer*)이라고 한다. 경계층의 두께는 평판으로부터 속도가 자유흐름속도의 99%가 되는 곳까지의 거리 이다.

평판의 선단에서 시작하여 형성되는 경계층의 흐름은 **층류**(*laminar flow*)이지만 선단에서 충분히 먼 어느

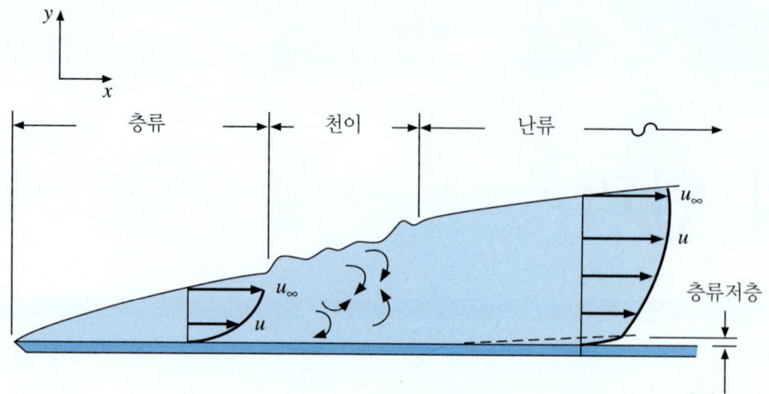

[그림 5.1] 평판 위에서의 여러 경계층의 영역

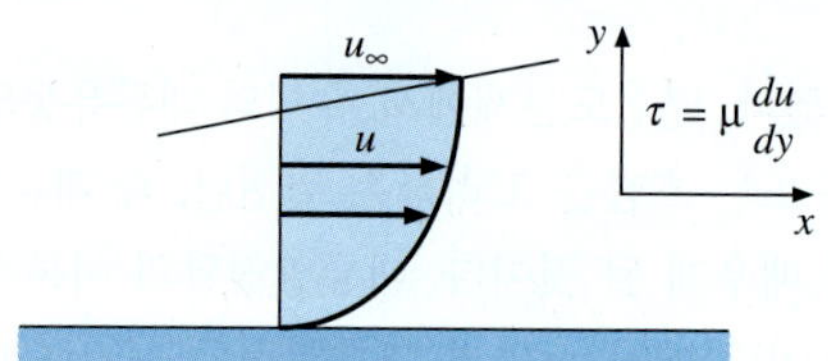

[그림 5.2] 평판 위에서의 층류속도의 분포

거리에서의 흐름에는 교란이 일어나기 시작한다. 이 교란은 점점 증폭되어 마침내 난류(turbulent flow)로 바뀐다. 난류는 유체가 큰 덩어리로 뭉쳐지고 이 덩어리들이 불규칙하게 모든 방향으로 유동하는 흐름현상이다. 층류로부터 난류로 바뀌는 천이(transition)는 아래 조건에서 일어난다.

$$\frac{u_\infty x}{\nu} = \frac{\rho u_\infty x}{\mu} > 5 \times 10^5$$

여기서

μ_∞ = 자유흐름의 속도

x = 선단으로부터의 거리

$\nu = \mu/\rho$ = 동점성계수, m^2/s

이다. 이 무차원의 수를 Reynolds 수라고 부른다. 즉,

$$\mathrm{Re}_x = \frac{u_\infty x}{\nu} \tag{5.2}$$

평판에서 층류로부터 난류로의 천이가 일어나는 임계 Reynolds 수는 보통 5×10^5이나 실제적으로 이 임계값은 평판의 표면상태와 자유흐름의 난류정도에 따라 크게 변한다. 천이가 일어나는 정상적인 Re_x의 범위는 5×10^5~10^6이다. 자유흐름 내에 큰 교란이 존재하면 Reynolds 수가 10^5에서 천이가 일어날 수 있으나 자유흐름 내에 교란이 거의 없는 경우에는 $\mathrm{Re}_x = 2 \times 10^6$ 또는 그 이상에서도 천이가 시작되지 않는다. 실제로 천이과정은 천이가 시작되어 끝남으로써 난류가 관측되는 모든 Reynolds 수를 포함하며 난류가 관측되는 Reynolds 수는 천이가 시작되는 Reynolds 수의 약 2배이다.

층류와 난류에서의 속도분포의 모양이 그림 5.1에 있다. 층류에서는 속도분포의 모양이 포물선형이나 난류에서는 평판 바로 근처에서 속도분포가 거의 선형적이다. 이와 같은 영역을 층류저층(laminar sublayer)이라고 부른다. 층류저층 외부의 속도분포는 층류의 속도분포에 비하면 y방향으로의 속도기울기가 편평하다.

점성에 대한 물리적 기구(mechanism)는 하나의 운동량 교환이다. 층류의 경우를 생각해 보자. 유체의 분자들은 유체의 속도에 해당하는 운동량을 가지고 한 층에서 다른 층으로 운동량이 전달되고 따라서 운동량의 전달로 인하여 유체의 속도방향으로 힘이 생기게 된다. 이 힘이 식 (5.1)로 표현된 전단응력이다.

단위시간당 일어나는 운동량전달은 단위시간당 유체층을 횡단하는 분자의 수에 관계된다. 기체인 경우 분자들은 절대온도의 제곱근에 비례하는 평균속도로 운동한다. 왜냐하면 기체운동론에 의하면 기체분자의 평균운동에너지는 절대온도에 비례하기 때문이다. 분자들의 운동속도가 클수록 더 큰 운동량을 전달할 것이다. 그러므로 기체의 점성계수는 근사적으로 절대온도의 제곱근에 비례할 것으로 기대할 수 있고 이 사실은 실험적으로 증명된다. 대표적인 유체의 점성계수가 부록 A에 실려 있다.

난류영역에서는 이미 서로 다른 유체층이란 존재하지 않는다. 그러므로 점성의 작용에 대하여 좀 다른 개념을 찾아야 된다. 난류과정은 개개의 분자 사이의 미시적 수송현상 대신에 거시적인 유체덩어리가 에너지와 운동량을 전달한다고 생각할 수 있다. 따라서 거시적인 유체덩어리는 개개의 분자보다 더 많은 에너지와 운동량을 전달한다고 생각할 수 있고, 난류에서는 층류에서보다 더 큰 점성응력과 또 더 큰 열전달률을 가질 것으로 예상된다. 이 예상은 실험적으로 확인할 수 있다. 난류에서는 점성작용이 더 크기 때문에 그림 5.1과 같은 편평한(flat) 속도분포를 나타내게 된다.

그림 5.3과 같은 관내의 흐름을 생각하자. 그림에 보인 바와 같이 경계층이 입구에서 형성되어 결국 경계층은 관 전체를 메우게 된다. 이때 흐름은 완전히 발달(fully developed)되었다고 한다. 만약 흐름이 층류이면 그림 5.3(a)에서와 같이 포물선의 속도분포가 나타난다. 흐름이 난류가 되면 그림 5.3(b)와 같이 좀 무딘 속도분포가 나타난다. 관에서의 흐름에서도 층류와 난류를 결정하는 기준으로 Reynolds 수가 사용된다.

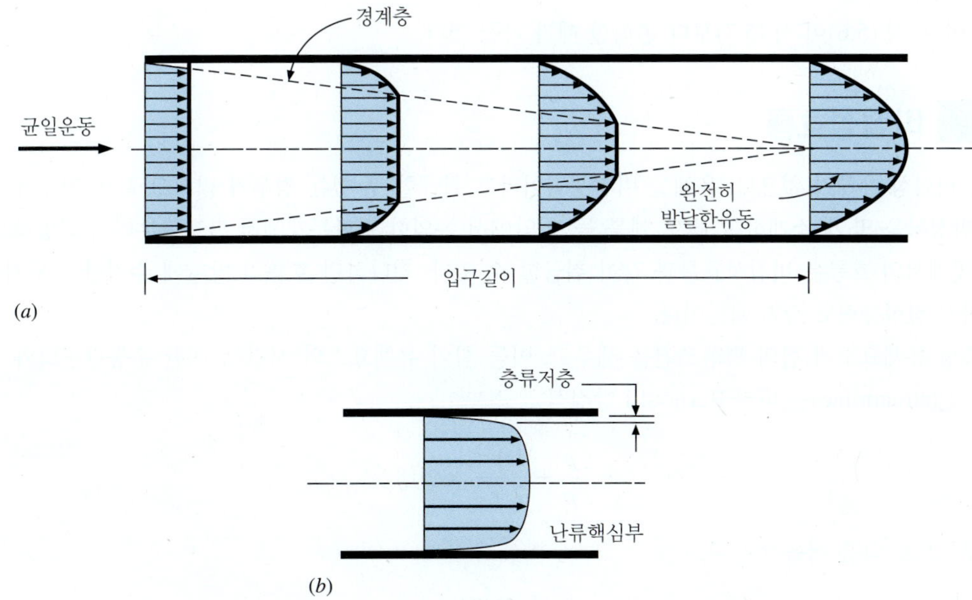

[그림 5.3] (a) 관내의 층류에서의 속도분포, (b) 관내의 난류에서의 속도분포

$$\mathrm{Re}_d = \frac{u_m d}{\nu} > 2300 \tag{5.3}$$

이면 흐름은 보통 난류이다. 여기서 u_m은 어느 단면에서의 평균속도를, d는 관지름을 나타낸다.

또 천이에 대한 Reynolds 수의 영역을 관측할 수 있다. 이때는 관의 조도(roughness)에 따라 천이 Reynolds 수가 달라진다. 조심스럽게 제어(control)된 실험실에서는 25,000의 Reynolds 수까지 층류가 유지되지만, 일반적으로

$$2000 < Re_\mathrm{d} < 4000$$

이 천이영역이라고 알려져 있다.

관내에서의 1차원흐름에 대한 연속방정식은 다음과 같다.

$$\dot{m} = \rho u_m A \tag{5.4}$$

여기서 $\dot{m}$ = 단위시간당 흐르는 질량(질량유량)

u_m = 평균속도

A = 단면적

질량속도를

$$\text{질량속도} = G = \frac{\dot{m}}{A} = \rho u_m \tag{5.5}$$

라고 정의하면 Reynolds 수는

$$\mathrm{Re}_d = \frac{Gd}{\mu} \tag{5.6}$$

로 쓸 수 있다. 식 (5.6)이 식 (5.3)보다 편리할 때가 가끔 있다.

5-3 비점성흐름

실제로는 비점성 유체가 없으나, 유체를 비점성적이라고 취급할 수 있는 경우가 많으므로 이 경우에 적용할 수 있는 방정식을 몇 개 소개하여 보자. 예를 들면, 앞에서 논의한 평판문제에서 판으로부터 수직방향으로 충분히 먼 곳에서의 흐름은 비점성흐름과 같이 취급할 수 있다. 왜냐하면 흐름의 방향에 수직한 속도기울기가 매우 작아서 점성응력도 작기 때문이다.

비압축성 유체요소에 힘의 평형조건을 세우고, 이들 힘이 유체요소의 시간에 대한 운동량변화와 같다고 놓으면 유선(streamline)을 따라 Bernoulli 방정식

$$\frac{p}{\rho} + \frac{1}{2}\frac{V^2}{g_c} = \text{일정} \tag{5.7a}$$

또는 미분형으로 다음 식을 얻는다.

$$\frac{dp}{\rho} + \frac{V\,dV}{g_c} = 0 \tag{5.7b}$$

여기서

$\rho =$ 유체밀도, kg/m^3

$p =$ 흐름의 특정한 점에서의 압력, Pa

$V =$ 그 점에서의 유체의 속도, m/s

Bernoulli 방정식은 에너지방정식으로도 생각할 수 있는데, 이것은 $V^2/2\,g_c$이 운동에너지를, 그리고 압력이 위치에너지를 나타내기 때문이다. 그러나 이 항들은 역학적인 해석으로 유도된 것이므로 방정식은 본질적으로 역학적인 방정식이다. 실제로 운동에너지의 개념도 역학에 그 기본을 둔 것이다.

유체가 압축성이면 계의 내부열에너지에 대응하는 온도의 변화를 고려하여 에너지방정식을 세워야 한다. 1차원에서 Bernoulli 방정식은 어떤 검사체적(control volume)에 관한 정상흐름의 에너지방정식이다.

$$i_1 + \frac{1}{2g_c}V_1^2 + Q = i_2 + \frac{1}{2g_c}V_2^2 + Wk \tag{5.8}$$

여기서 i는

$$i = e + pv \tag{5.9}$$

로 정의되는 엔탈피이고,

$e =$ 내부에너지

$Q =$ 검사체적에 가해진 열

$Wk =$ 과정 중 외부에 한 일

$v =$ 유체의 비체적

엔탈피는 대류열전달계수와 혼돈을 피하기 위하여 보통 엔탈피를 나타내는 기호 h대신에 i를 사용하였다. 하첨자 1과 2는 검사체적의 입구와 출구에서의 조건을 나타낸다. 압축성 유체의 흐름에서의 응력강하를 계산하려면 유체의 상태방정식을 알아야 한다. 즉 이상기체에 대해서는

$$p = \rho RT \quad \Delta e = c_v \Delta T \quad \Delta i = c_p \Delta T$$

주어진 기체에 대한 기체상수는 일반기체상수(universal gas constant) $\Re$ 로 나타낼 수 있다.

$$R = \frac{\Re}{M}$$

여기서 M은 분자량이고 $\Re$ = 8314.5 J/kg · mol · K이다. 공기를 이상기체로 가정하였을 때의 성질은 다음과 같다.

$$R_{\text{air}} = 287\ \text{J/kg}\cdot\text{K} \quad c_{p,\text{air}} = 1.005\ \text{kJ/kg}\cdot{}^\circ\text{C} \quad c_{v,\text{air}} = 0.718\ \text{kJ/kg}\cdot{}^\circ\text{C}$$

$R_{\text{공기}} = 287$ J/kg · K

$c_{p,\text{공기}} = 1.005$ kJ/kg · ℃

$c_{v,\text{공기}} = 0.718$ kJ/kg · ℃

특정한 문제를 풀기 위해서는 과정을 정해야 된다. 예컨대, 노즐(nozzle)을 통과하는 가역단열흐름(reversible adiabatic flow)에 대해서는 흐름의 어떤 점에서의 상태를 Mach 수 및 속도가 0이 되는 정체점(stagnation point)에서의 상태와 관련시켜 주는 다음과 같은 관계식이 성립한다.

$$\frac{T_0}{T} = 1 + \frac{\gamma - 1}{2} M^2$$

$$\frac{p_0}{p} = \left(1 + \frac{\gamma - 1}{2} M^2\right)^{\gamma/(\gamma-1)}$$

$$\frac{\rho_0}{\rho} = \left(1 + \frac{\gamma - 1}{2} M^2\right)^{1/(\gamma-1)}$$

여기서 $T_0, p_0, \rho_0 =$ 정체점에서의 성질

$\gamma =$ 비열비, c_p/c_v

$M =$ Mach 수

$$M = \frac{V}{a}$$

위 식에서 a는 국소음속(local velocity of sound)이고 이상기체에 대해서는 다음과 같이 표현된다.[†]

$$a = \sqrt{\gamma g_c RT} \tag{5.10}$$

공기를 이상기체로 가정하면 위 식은 다음과 같이 되며 여기서 T는 K로 나타내야 한다.

$$a = 20.045\sqrt{T} \quad \text{m/s} \tag{5.11}$$

예제 5-1 디퓨저 안의 물의 유동

20℃, 8 kg/s의 물이 그림에서와 같은 디퓨저(diffuser)를 통하여 흐른다. 단면 1에서의 지름은 3 cm이고 단면 2에서의 지름은 7 cm이다. 단면 1과 단면 2 사이에서의 정압의 증가를 결정하여라.

■ **풀이**

마찰이 없다고 가정한다.

$$A_1 = \frac{\pi d_1^2}{4} = \frac{\pi(0.03)^2}{4} = 7.069 \times 10^{-4} \text{ m}^2$$

단면 2에서는

$$A_2 = \frac{\pi d_2^2}{4} = \frac{\pi(0.07)^2}{4} = 3.848 \times 10^{-3} \text{ m}^2$$

† 등엔트로피 유동 공식은 참고문헌 [7, p.629] 참조

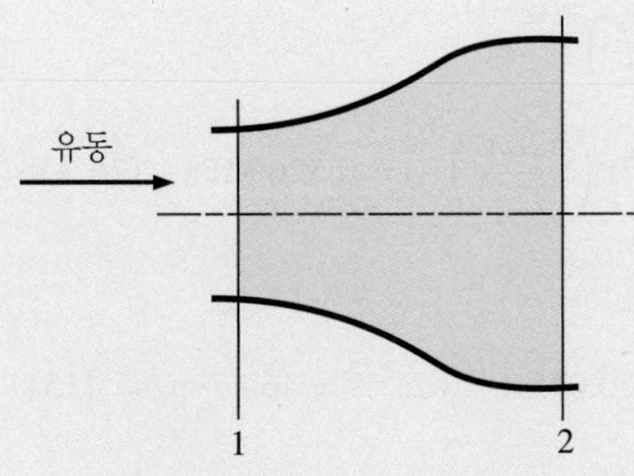

[그림 예제 5.1]

20℃에서의 물의 밀도는 1000 kg/m^{3}이므로 질량의 연속방정식으로부터 속도를 계산할 수 있다.

$$u = \frac{\dot{m}}{\rho A}$$

$$u_1 = \frac{8.0}{(1000)(7.069 \times 10^{-4})} = 11.32 \text{ m/s} \quad [37.1 \text{ ft/s}]$$

$$u_2 = \frac{8.0}{(1000)(3.848 \times 10^{-3})} = 2.079 \text{ m/s} \quad [6.82 \text{ ft/s}]$$

Bernoulli 방정식 (5.7a)에서 압력차를 계산할 수 있다.

$$\frac{p_2 - p_1}{\rho} = \frac{1}{2g_c}(u_1^2 - u_2^2)$$

$$p_2 - p_1 = \frac{1000}{2}[(11.32)^2 - (2.079)^2]$$

$$= 61.91 \text{ kPa} \quad [8.98 \text{ lb/in}^2 \text{ abs}]$$

예제 5-2 공기의 등엔트로피 팽창

300℃, 0.7 MPa의 공기가 탱크로부터 등엔트로피 과정으로 팽창하여 속도가 300 m/s로 되었다. 이때 공기의 온도, 압력 및 Mach 수를 구하여라. 단, 공기에 대해서 $\gamma = 1.4$이다.

■ **풀이**

초기 속도가 작고 단열과정이므로

$$i_1 = i_2 + \frac{u_2^2}{2g_c}$$

라고 쓸 수 있다. 이 식을 온도로 바꾸면

$$c_p(T_1 - T_2) = \frac{u_2^2}{2g_c}$$

$$(1005)(300 - T_2) = \frac{(300)^2}{(2)(1.0)}$$

$$T_2 = 255.2°\text{C} = 528.2 \text{ K} \quad [491.4°\text{F}]$$

압력은 등엔트로피 관계식을 사용하여 구할 수 있다.

$$\frac{p_2}{p_1} = \left(\frac{T_2}{T_1}\right)^{\gamma/(\gamma-1)}$$

$$p_2 = (0.7)\left(\frac{528.2}{573}\right)^{3.5} = 0.526 \text{ MPa} \quad [76.3 \text{ lb/in}^2 \text{ abs}]$$

조건 2에서의 음속은

$$a_2 = (20.045)(528.2)^{1/2} = 460.7 \text{ m/s} \quad [1511 \text{ ft/s}]$$

그러므로 Mach 수는

$$M_2 = \frac{u_2}{a_2} = \frac{300}{460.7} = 0.651$$

5-4 평판 위의 층류경계층

그림 5.4에 나타낸 검사체적을 생각하자. 이 검사체적에서 힘과 운동량의 평형조건을 사용하여 경계층의 운동방정식을 유도한다. 해석을 간단히 하기 위하여 다음과 같은 가정을 한다.

1. 유체는 비압축성이고, 흐름은 정상(steady)이다.
2. 평판에 수직한 방향으로는 압력변화가 없다.
3. 점성은 일정하다.
4. y방향으로의 점성전단력(viscous shear force)은 무시할 수 있다.

Newton의 제2법칙을 적용한다.

$$\sum F_x = \frac{d(mV)_x}{d\tau}$$

Newton의 제2법칙을 위의 모양으로 쓰면, 이것은 일정한 질량의 계에 적용할 때 편리하다. 그러나 유체역학에서는 질량요소(elements of mass)를 다루는 것보다는 그림 5.4에 나타낸 것과 같은 검사체적을 다루는 것이 편리하다. 이 검사체적은 공간에 고정되어 있고 그 단면을 통해서 질량의 유입 또는 유출이 가능하다. 이 계에 대해서 힘의 평형조건은

$$\sum F_x = x\text{방향의 운동량유속의 증가}$$

x방향의 운동량유속은 검사체적의 특정한 면을 통과하는 유체의 질량과 그 점에서의 속도의 x성분을 곱한 것이다.

단위시간당 검사체적의 왼쪽 면으로 들어오는 질량은 z방향의 단위깊이에 대하여

$$\rho u \, dy$$

따라서 단위시간당 왼쪽 면으로 들어오는 운동량은

$$\rho u \, dy \, u = \rho u^2 \, dy$$

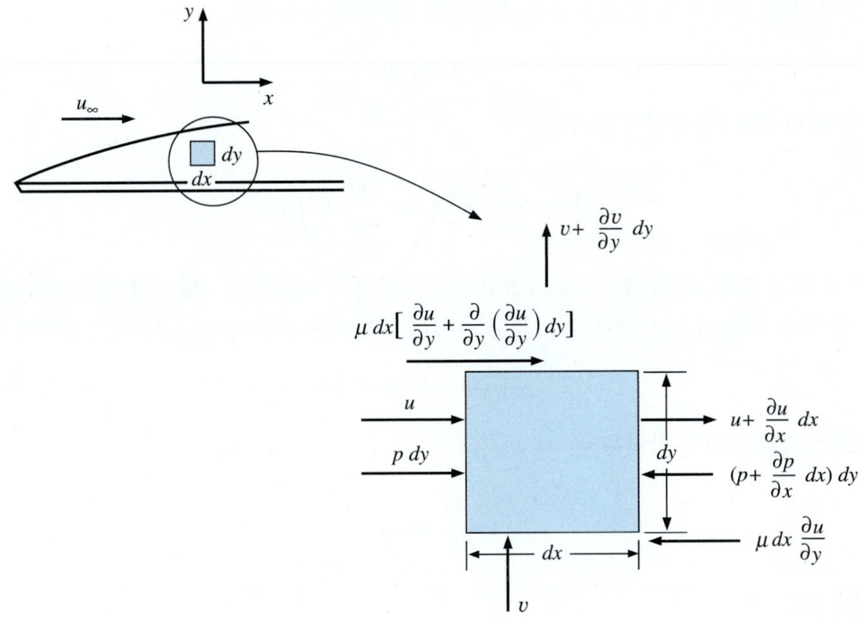

[그림 5.4] 층류경계층에서의 검사체적에서의 힘의 평형

단위시간당 오른쪽 면으로 나가는 유체의 질량은

$$\rho\left(u+\frac{\partial u}{\partial x}dx\right)dy$$

이고, 운동량은

$$\rho\left(u+\frac{\partial u}{\partial x}dx\right)^2 dy$$

이다. 단위시간당 밑면으로 들어오는 유체의 질량은

$$\rho v\, dx$$

윗면으로 빠져나가는 질량은

$$\rho\left(v+\frac{\partial v}{\partial y}dy\right)dx$$

검사체적에서의 질량보존을 생각하면

$$\rho u\, dy+\rho v\, dx=\rho\left(u+\frac{\partial u}{\partial x}dx\right)dy+\rho\left(v+\frac{\partial v}{\partial y}dy\right)dx$$

또는

$$\frac{\partial u}{\partial x}+\frac{\partial v}{\partial y}=0 \tag{5.12}$$

이 식이 경계층에 대한 연속방정식(continuity equation)이다.

다시 운동량에 대해 생각하자. 밑면을 통해 들어오는 x방향의 운동량은

$$\rho\, vu\, dx$$

이고, 윗면을 통해 나가는 x방향의 운동량은

$$\rho\left(v+\frac{\partial v}{\partial y}dy\right)\left(u+\frac{\partial u}{\partial y}dy\right)dx$$

여기서 생각하고 있는 힘은 x방향 뿐이므로 x방향의 운동량만을 고려한다. x방향의 힘은 검사체적에 미치는 점성전단력과 압력에 의한 힘으로 주어진다. 왼쪽 면에서의 압력에 의한 힘은 $p\,dy$이고, 오른쪽 면에서는

$$-[p+(\partial p/\partial x)dx]dy$$

이므로 운동방향으로의 압력의 합력은

$$-\frac{\partial p}{\partial x}dx\,dy$$

밑면에서의 점성전단력은

$$-\mu\frac{\partial u}{\partial y}dx$$

이고, 윗면에서는

$$\mu\, dx\left[\frac{\partial u}{\partial y}+\frac{\partial}{\partial y}\left(\frac{\partial u}{\partial y}\right)dy\right]$$

이다. 운동방향으로의 점성전단력의 합력은 위의 두 식의 합이 된다.

$$\text{점성전단력의 합력} = \mu\frac{\partial^2 u}{\partial y^2}dx\,dy$$

점성전단력과 압력의 힘을 x방향의 순 운동량전달(net momentum transfer)과 같다고 놓으면

$$\mu\frac{\partial^2 u}{\partial y^2}dx\,dy-\frac{\partial p}{\partial x}dx\,dy=\rho\left(u+\frac{\partial u}{\partial x}dx\right)^2dy-\rho u^2\,dy$$
$$+\rho\left(v+\frac{\partial v}{\partial y}dy\right)\left(u+\frac{\partial u}{\partial y}dy\right)dx-\rho vu\,dx$$

연속방정식 (5.12)를 쓰고, 2차 미분항을 무시하고 정리하면

$$\rho\left(u\frac{\partial u}{\partial x}+v\frac{\partial u}{\partial y}\right)=\mu\frac{\partial^2 u}{\partial y^2}-\frac{\partial p}{\partial x} \tag{5.13}$$

이 식이 유체의 밀도와 점성계수가 상수일 때의 층류경계층의 운동량방정식이다. 여러 경계조건에 대하여 엄밀하게 이 방정식을 쓸 수 있다. 풀이를 구하기 위한 여러 가지 방법이 Schlichting의 책 [1]에 잘 쓰여져 있고 부록 B에 평판상의 층류흐름에 대한 식 (5.13)의 엄밀해를 구하는 방법을 수록하였다. 이 장에서는 주

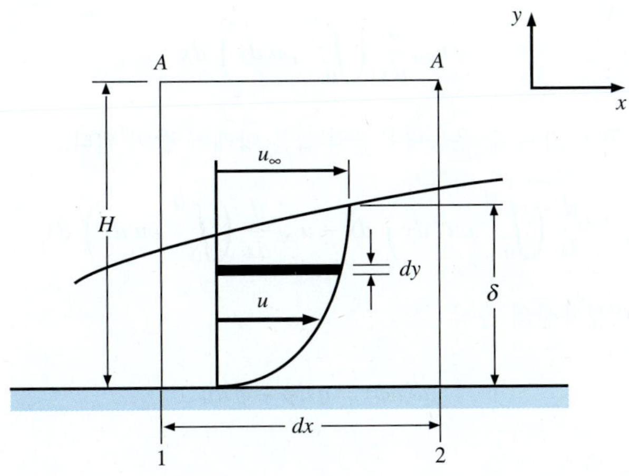

[그림 5.5] 층류경계층의 적분형 운동량 해석을 위한 검사체적

어진 문제의 물리적 특성을 잃지 않고 더 쉽게 풀이를 구할 수 있는 근사해법을 소개하겠다. 이 근사방법은 von Kármán [2]에 의한 것이다.

그림 5.5에 보인 경계층의 계를 생각하자. 경계층 바깥의 자유흐름(free stream)의 속도를 u_∞, 경계층 두께를 δ라 하자. 면 1, 2, $A-A$및 고체벽으로 둘러싸인 검사체적에 대해서 운동량과 힘의 평형을 생각하자. 벽에 수직한 속도성분은 무시하고 x방향의 속도성분만 고려한다. 검사체적의 높이가 충분히 커서 경계층이 그 속에 포함된다고 가정한다. 즉, $H > \delta$이다.

면 1을 통과하는 유체의 질량유량 및 운동량유량은

$$\int_0^H \rho u\, dy \qquad (a)$$

및

$$\int_0^H \rho u^2\, dy \qquad (b)$$

이다. 면 2를 지나는 운동량유량은

$$\int_0^H \rho u^2\, dy + \frac{d}{dx}\left(\int_0^H \rho u^2\, dy\right) dx \qquad (c)$$

이고 질량유량은

$$\int_0^H \rho u\, dy + \frac{d}{dx}\left(\int_0^H \rho u\, dy\right) dx \qquad (d)$$

이다. 질량보존법칙과 고체벽을 통해서는 질량이 들어올 수 없다는 사실을 고려하면 식 (d)와 (a)의 차이만큼의 부가적인 질량유량이 면 A–A를 통하여 들어와야 한다. 이 부가적인 질량유량은 다음과 같은 크기의 x 방향의 운동량을 경계층 내부에 전달한다.

$$u_\infty \frac{d}{dx}\left(\int_0^H \rho u\, dy\right) dx$$

따라서 검사체적에 들어오고 나가는 순 운동량유량의 합은 아래와 같이 된다.

$$\frac{d}{dx}\left(\int_0^H \rho u^2\, dy\right) dx - u_\infty \frac{d}{dx}\left(\int_0^H \rho u\, dy\right) dx$$

위의 표현을 다음과 같은 미분계산의 공식

$$d(\eta\phi) = \eta\, d\phi + \phi\, d\eta$$

또는

$$\eta\, d\phi = d(\eta\phi) - \phi\, d\eta$$

를 사용하여 좀더 유용한 모양으로 바꾸자. 앞에서 주어진 운동량 표현에서 적분

$$\int_0^H \rho u\, dy$$

를 함수 ϕ, u_∞를 함수 η라고 놓으면 다음과 같이 쓸 수 있다.

$$\begin{aligned} u_\infty \frac{d}{dx}\left(\int_0^H \rho u\, dy\right) dx &= \frac{d}{dx}\left(u_\infty \int_0^H \rho u\, dy\right) dx - \frac{du_\infty}{dx}\left(\int_0^H \rho u\, dy\right) dx \\ &= \frac{d}{dx}\left(\int_0^H \rho u u_\infty\, dy\right) dx - \frac{du_\infty}{dx}\left(\int_0^H \rho u\, dy\right) dx \end{aligned} \tag{5.14}$$

u_∞는 y의 함수가 아니기 때문에 y에 관한 적분에서는 상수로 취급할 수 있으므로 적분기호 안으로 들어갈 수 있다.

본래의 문제로 되돌아가자. 면 1에서의 압력에 의한 힘은 pH이고 면 2에서는 $[p + (\partial p/\partial x)\, dx]\, H$이다. 벽에서의 전단력은

$$-\tau_w\, dx = -\mu\, dx\, \left.\frac{\partial u}{\partial y}\right]_{y=0}$$

이고, A–A면에서는 전단력이 없다. 왜냐하면 경계층 밖에서는 속도기울기가 0이기 때문이다. 검사체적에 미치는 힘을 운동량의 증가와 같다고 놓고 정리하면

$$-\tau_w - \frac{dp}{dx}H = -\rho \frac{d}{dx}\int_0^H (u_\infty - u)u\, dy + \frac{du_\infty}{dx}\int_0^H \rho u\, dy \tag{5.15}$$

이 식을 경계층의 적분형 운동량방정식이라 한다. 흐르는 유체 내부의 어느 곳에서나 압력이 일정하다고 하면 압력과 자유흐름의 속도는 Bernoulli 방정식으로 관계가 맺어지므로 다음 식이 성립한다.

$$\frac{dp}{dx} = 0 = -\rho u_\infty \frac{du_\infty}{dx} \tag{5.16}$$

압력이 일정하다는 조건에서 적분형 경계층방정식은

$$\rho \frac{d}{dx} \int_0^\delta (u_\infty - u) u \, dy = \tau_w = \mu \left. \frac{\partial u}{\partial y} \right]_{y=0} \tag{5.17}$$

이 된다. 여기서 적분상한이 δ로 바뀐 것은 $y > \delta$일 때 $u = u_\infty$이므로 피적분함수가 0이 되기 때문이다.

속도분포를 알고 있으면 식 (5.17)에 적당한 함수를 대입하여 경계층의 두께를 구할 수 있다. 먼저 속도함수가 만족해야 할 조건을 써 보자.

$$y = 0 \text{ 에서} \quad u = 0 \tag{a}$$

$$y = \delta \text{ 에서} \quad u = u_\infty \tag{b}$$

$$y = \delta \text{ 에서} \quad \frac{\partial u}{\partial y} = 0 \tag{c}$$

압력이 일정할 때에는 식 (5.13)으로부터

$$y = 0 \text{ 에서} \quad \frac{\partial^2 u}{\partial y^2} = 0 \tag{d}$$

을 얻는다. 왜냐하면 $y = 0$에서 속도 u와 v가 0이기 때문이다. 또 모든 x의 위치에서 속도분포는 서로 같다고 하자. 즉, y좌표에 대하여 같은 함수관계를 갖는다고 가정하자. 이때 4개의 조건을 만족해야 한다. 이 조건들을 만족시키는 가장 간단한 함수는 4개의 임의상수를 갖는 다항식이다. 즉,

$$u = C_1 + C_2 y + C_3 y^2 + C_4 y^3 \tag{5.18}$$

4개의 조건 (***a***), (***b***), (***c***) 및 (***d***)를 적용하면

$$\frac{u}{u_\infty} = \frac{3}{2}\frac{y}{\delta} - \frac{1}{2}\left(\frac{y}{\delta}\right)^3 \tag{5.19}$$

이 속도분포를 식 (5.17)에 대입하면

$$\frac{d}{dx}\left\{\rho u_\infty^2 \int_0^\delta \left[\frac{3}{2}\frac{y}{\delta} - \frac{1}{2}\left(\frac{y}{\delta}\right)^3\right]\left[1 - \frac{3}{2}\frac{y}{\delta} + \frac{1}{2}\left(\frac{y}{\delta}\right)^3\right] dy\right\} = \mu \left.\frac{\partial u}{\partial y}\right]_{y=0}$$
$$= \frac{3}{2}\frac{\mu u_\infty}{\delta}$$

위 식을 적분하면

$$\frac{d}{dx}\left(\frac{39}{280}\rho u_\infty^2 \delta\right) = \frac{3}{2}\frac{\mu u_\infty}{\delta}$$

ρ와 u_∞는 상수이므로 변수분리를 하면

$$\delta\, d\delta = \frac{140}{13}\frac{\mu}{\rho u_\infty}dx = \frac{140}{13}\frac{\nu}{u_\infty}dx$$

가 되고

$$\frac{\delta^2}{2} = \frac{140}{13}\frac{\nu x}{u_\infty} + (\text{상수})$$

를 얻는다. $x = 0$ 에서 $\delta = 0$이므로

$$\delta = 4.64\sqrt{\frac{\nu x}{u_\infty}} \tag{5.20}$$

이 식은 Reynolds 수를 사용하여 다음과 같이 바꾸어 쓸 수 있다.

$$\frac{\delta}{x} = \frac{4.64}{\text{Re}_x^{1/2}}$$

여기서

$$\text{Re}_x = \frac{u_\infty x}{\nu} \tag{5.21}$$

경계층 방정식들에 대한 엄밀해는 부록 B에 주어져 있으며 그 결과는 다음과 같다.

$$\frac{\delta}{x} = \frac{5.0}{\text{Re}_x^{1/2}} \tag{5.21a}$$

예제 5-3 질량유동과 경계층 두께

27℃, 1대기압의 공기가 2 m/s의 속도로 평판 위를 흐르고 있다. 평판의 선단으로부터 20 cm와 40 cm 떨어진 곳의 경계층의 두께를 계산하라. 또한 x = 20 cm와 x = 40 cm 사이의 경계층으로 들어가는 질량유량을 계산하여라. 27℃일 때 공기의 점성계수는 1.85×10^{-5} kg/m · s 이다. z방향으로는 단위길이라고 가정하여라.

■ 풀이

$$\rho = \frac{p}{RT} = \frac{1.0132 \times 10^5}{(287)(300)} = 1.177\ \text{kg/m}^3 \quad [0.073\ \text{lb}_m/\text{ft}^3]$$

Reynolds 수는 x = 20 cm에서

$$\text{Re} = \frac{(1.177)(2.0)(0.2)}{1.85 \times 10^{-5}} = 25{,}448$$

x = 40 cm에서

$$\text{Re} = \frac{(1.177)(2.0)(0.4)}{1.85 \times 10^{-5}} = 50{,}897$$

경계층의 두께는 식 (5.21)을 사용하여 계산한다. x = 20 cm에서

$$\delta = \frac{(4.64)(0.2)}{(25{,}448)^{1/2}} = 0.00582\ \text{m} \quad [0.24\ \text{in}]$$

$x = 40$ cm에서

$$\delta = \frac{(4.64)(0.4)}{(50{,}897)^{1/2}} = 0.00823\ \text{m} \quad [0.4\ \text{in}]$$

$x = 20$ cm와 $x = 40$ cm 사이에서 자유흐름으로부터 경계층으로 들어오는 유체의 질량유량을 계산하려면 이 두 위치에서 경계층을 흐르는 질량의 차이를 구하면 된다. 임의 위치 x에서 단위시간당 경계층을 흐르는 유체의 질량유량은 적분

$$\int_0^\delta \rho u\, dy$$

로 주어진다. 여기서 속도 u는 식 (5.19)

$$u = u_\infty \left[\frac{3}{2}\frac{y}{\delta} - \frac{1}{2}\left(\frac{y}{\delta}\right)^3 \right]$$

으로 주어진다. 이 속도분포를 사용하여 적분을 계산하면

$$\int_0^\delta \rho u_\infty \left[\frac{3}{2}\frac{y}{\delta} - \frac{1}{2}\left(\frac{y}{\delta}\right)^3 \right] dy = \frac{5}{8}\rho u_\infty \delta$$

따라서 경계층으로 단위시간당 들어오는 질량유량은

$$\begin{aligned}\Delta m &= \tfrac{5}{8}\rho u_\infty(\delta_{40} - \delta_{20}) \\ &= (\tfrac{5}{8})(1.177)(2.0)(0.0082 - 0.0058) \\ &= 3.531 \times 10^{-3}\ \text{kg/s} \quad [7.78 \times 10^{-3}\ \text{lb}_m/\text{s}]\end{aligned}$$

5-5 경계층의 에너지방정식

5-4절에서는 층류경계층의 유체역학적인 면을 고려하였다. 이제 층류경계층에 대한 에너지방정식을 구하고 풀이를 구하는 방법을 논의하여 보자.

그림 5.6에 보인 검사체적을 생각하자. 해석을 간단히 하기 위해서

1. 비압축성, 정상흐름이고

2. 점성, 열전도계수 및 비열이 일정하며

3. 유체가 흐르는 x방향으로 열전도는 무시될 수 있다고 하자.

$$\frac{\partial T}{\partial x} \ll \frac{\partial T}{\partial y}$$

그러면 그림에 보인 검사체적에 대해서 에너지보존은 다음과 같이 쓸 수 있다.

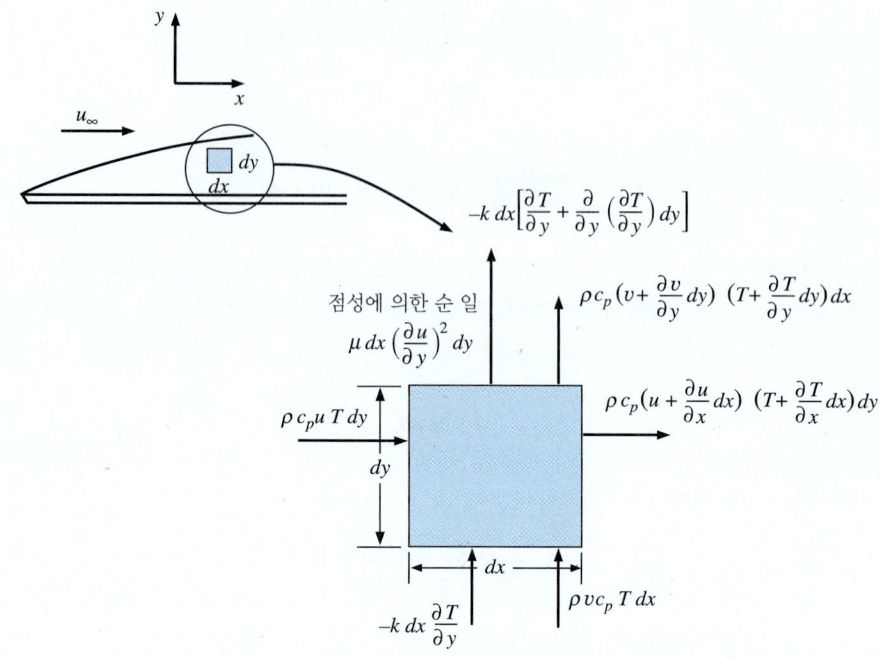

[그림 5.6] 층류경계층의 검사체적에 출입하는 에너지

(왼쪽 면에서 대류로 들어오는 에너지) + (밑면에서 대류로 들어오는 에너지)+ (밑면에서 전도되는 에너지)
+ (검사체적에 하여진 점성에 의한 순 일)
= (대류로 오른쪽 면으로 나가는 에너지) + (대류로 윗면으로 나가는 에너지)
+ (윗면에서 전도되어 나가는 에너지)

대류와 전도에 의한 에너지는 그림 5.6에 표시되어 있다. 또 점성에 의한 일은 다음과 같이 유도된다. 점성에 의한 일은 점성전단응력과 단위시간에 이 힘이 움직이는 거리의 곱으로 계산할 수 있다. 점성전단력은 전단응력과 면적 dx의 곱

$$\mu\frac{\partial u}{\partial y}dx$$

이고 검사체적 $dx\,dy$에 대해서 이 힘이 단위시간당 움직이는 거리는

$$\frac{\partial u}{\partial y}dy$$

이므로 체적요소에 전달되는 순 점성일은

$$\mu\left(\frac{\partial u}{\partial y}\right)^2 dx\,dy$$

이다. z방향으로 단위깊이를 가정하고 그림 5.6에 표시한 양에 대응하는 에너지보존법칙을 적용하고 2차 미분항을 무시하면

$$\rho c_p \left[u\frac{\partial T}{\partial x} + v\frac{\partial T}{\partial y} + T\left(\frac{\partial u}{\partial x} + \frac{\partial v}{\partial y}\right)\right] dx\,dy = k\frac{\partial^2 T}{\partial y^2} dx\,dy + \mu\left(\frac{\partial u}{\partial y}\right)^2 dx\,dy$$

를 얻는다. 연속방정식

$$\frac{\partial u}{\partial x} + \frac{\partial v}{\partial y} = 0 \tag{5.12}$$

을 이용하고 ρc_p로 양변을 나누면

$$u\frac{\partial T}{\partial x} + v\frac{\partial T}{\partial y} = \alpha\frac{\partial^2 T}{\partial y^2} + \frac{\mu}{\rho c_p}\left(\frac{\partial u}{\partial y}\right)^2 \tag{5.22}$$

이 식이 층류경계층의 에너지방정식이다. 좌변은 검사체적으로 들어오는 대류에너지전달을 나타내고, 우변은 검사체적에서 전도되어 나가는 열량과 검사체적에 하여진 점성력에 의한 일과의 합을 나타낸다. 점성력에 의한 일은 속도가 클 때만 중요하다. 왜냐하면 속도가 작은 흐름에 대해서는 그 값이 다른 항에 비하여 작기 때문이다. 이 사실은 식 (5.22)의 우변의 두 항의 크기를 비교하면 쉽게 알 수 있다. 크기를 비교할 때 속도는 자유흐름의 속도 u_∞정도이고 y는 δ정도의 크기라고 생각할 수 있다. 따라서

$$u \sim u_\infty \qquad \text{및} \qquad y \sim \delta$$

$$\alpha\frac{\partial^2 T}{\partial y^2} \sim \alpha\frac{T}{\delta^2}$$

이므로

$$\frac{\mu}{\rho c_p}\left(\frac{\partial u}{\partial y}\right)^2 \sim \frac{\mu}{\rho c_p}\frac{u_\infty^2}{\delta^2}$$

이들의 비가 매우 작으면, 즉

$$\frac{\mu}{\rho c_p \alpha}\frac{u_\infty^2}{T} \ll 1 \tag{5.23}$$

이면 점성력에 의한 일, 즉 점성에 의한 일은 전도에 비하여 매우 작다. 다음과 같이 정의되는 Prandtl 수를 사용하여 식 (5.23)을 정리하여 보자.

$$\text{Pr} = \frac{\nu}{\alpha} = \frac{c_p \mu}{k}$$

Prandtl 수에 대해서는 다음에 다시 논의하겠다. 식 (5.23)은 다음과 같이 된다.

$$\text{Pr}\frac{u_\infty^2}{c_p T} \ll 1 \tag{5.24}$$

예를 들어,

$$u_\infty = 70 \text{ m/s} \qquad T = 20℃ = 293 \text{ K} \qquad p = 1 \text{ 대기압}$$

의 공기의 흐름을 생각하자. 이 경우에 $c_p = 1005$ J/kg · ℃ 및 Pr $= 0.7$이기 때문에

$$\Pr\frac{u_\infty^2}{c_pT}=\frac{(0.7)(70)^2}{(1005)(293)}=0.012\ll 1.0$$

이 되고, 이것은 점성에 의한 일이 매우 작다는 것을 나타내고 있다. 따라서 속도가 작은 비압축성 흐름에 대해서 에너지방정식은 다음과 같이 쓸 수 있다.

$$u\frac{\partial T}{\partial x}+v\frac{\partial T}{\partial y}=\alpha\frac{\partial^2 T}{\partial y^2} \tag{5.25}$$

여기서 구한 에너지방정식은 간략화된 것으로, 크기가 작은 여러 항이 무시되었다. 지금까지는 최종적으로 간략화된 관계식을 구하기 위하여 귀찮은 소거과정을 거치지 않고 직접적으로 경계층 근사를 얻었다. 경계층 에너지방정식의 일반형을 유도하는 것은 매우 복잡하므로 여기서는 논의하지 않겠다. 흥미가 있는 독자는 Schlichting [1]과 White [5]의 책을 참조하기 바란다.

식 (5.25)와 일정압력의 운동량방정식

$$u\frac{\partial u}{\partial x}+v\frac{\partial u}{\partial y}=\nu\frac{\partial^2 u}{\partial y^2} \tag{5.26}$$

과는 현저한 유사성을 갖고 있다. 이 두 방정식의 풀이는 $\alpha=\nu$일 때 꼭 같은 형이 된다. 따라서 열확산계수(thermal diffusivity)와 동점성계수(kinematic viscosity)의 크기의 비는 대류열전달에 커다란 영향을 미치리라는 것을 예상할 수 있다. 그 이유는 열확산 계수와 동점성계수가 속도분포와 온도분포 사이의 관계를 맺어 주기 때문이다. 실제로 이 예상은 옳은 것이다. 다음에 이 계수들이 어떤 역할을 하는가를 논의할 것이다.

5-6 열경계층

유체역학적 경계층(hydrodynamic boundary layer)을 유체의 흐름에서 점성의 효과가 미치는 영향으로 정의한 것과 마찬가지로 열경계층을 유체의 흐름에서 온도구배가 있는 영역으로 정의한다. 이 온도구배는 유체와 벽 사이의 열교환 과정 때문에 나타난다.

그림 5.7에 보인 바와 같은 계를 생각하자. 여기서, 벽의 온도는 T_w, 열경계층 외부의 자유흐름의 온도

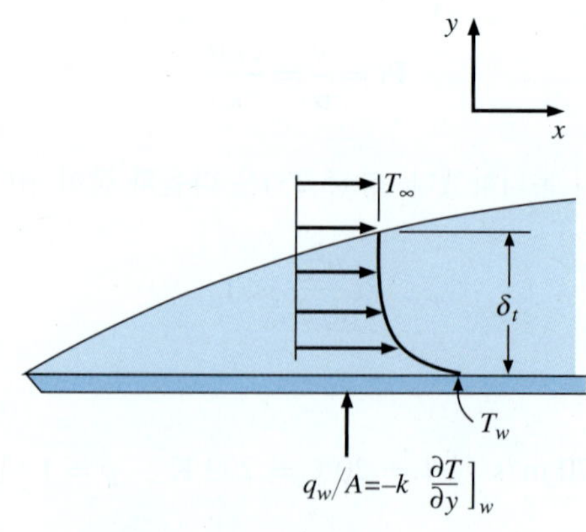

[그림 5.7] 열경계층에서의 온도분포

T_∞, 열경계층 두께는 δ_t이다. 벽에서의 유체속도는 0이기 때문에 벽에서의 열전달은 전도에 의해서만 일어난다고 할 수 있다. 따라서 단위면적당 국소열유속(local heat flux) q''는

$$\frac{q}{A} = q'' = -k \left.\frac{\partial T}{\partial y}\right]_{\text{wall}} \tag{5.27}$$

Newton의 냉각법칙[식 (1.8)]에서

$$q'' = h(T_w - T_\infty) \tag{5.28}$$

이다. 여기서 h는 대류열전달계수이다. 식 (5.27)과 (5.28)을 같다고 놓으면

$$h = \frac{-k(\partial T/\partial y)_{\text{wall}}}{T_w - T_\infty} \tag{5.29}$$

를 얻는다. 따라서 열전달계수를 계산하려면 벽에서의 온도구배만 알면 된다. 이것은 온도분포를 알아야 한다는 것을 의미한다. 온도분포를 구하기 위해서 경계층의 운동량해석에서 사용한 것과 비슷한 방법을 이용한다.

온도분포가 만족해야 할 조건은

$$y = 0\text{에서} \qquad T = T_w \tag{a}$$

$$y = \delta_t\text{에서} \qquad \frac{\partial T}{\partial y} = 0 \tag{b}$$

$$y = \delta_t\text{에서} \qquad T = T_\infty \tag{c}$$

점성에 의한 일이 없다고 하고 식 (5.25)를 $y = 0$에서 적용하면 벽에서는 속도가 0이기 때문에

$$\frac{\partial^2 T}{\partial y^2} = 0 \qquad \text{at } y = 0 \tag{d}$$

조건 (*a*)~(*d*)는 속도분포의 경우와 마찬가지로 3차 다항식으로 만족시킬 수 있고 그 결과는 아래와 같다.

$$\frac{\theta}{\theta_\infty} = \frac{T - T_w}{T_\infty - T_w} = \frac{3}{2}\frac{y}{\delta_t} - \frac{1}{2}\left(\frac{y}{\delta_t}\right)^3 \tag{5-30}$$

여기서 $\theta = T - T_w$이다. 이제 열경계층의 두께 δ_t의 표현을 구하는 것이 문제가 된다. 이것은 경계층 에너지 방정식의 적분해석으로 구할 수 있다.

그림 5.8에 보인 바와 같이 면 1, 2, A–A 및 고체벽으로 둘러싸인 검사체적을 생각하자. 그림에 보인 바와 같이 열경계층은 유체역학적 경계층보다 얇다고 가정한다. 벽의 온도를 T_w, 자유흐름의 온도를 T_∞, 길이 dx를 통하여 유체로 전달되는 열량을 dq_w라고 하자. 에너지보존법칙을 적용하면

(대류로 유입되는 에너지) + (검사체적 안에서의 점성에 의한 일)
+ (벽에서의 열전달) = (대류운동으로 유출되는 에너지) **(5.31)**

면 1을 통하여 대류에 의해서 유입되는 에너지는

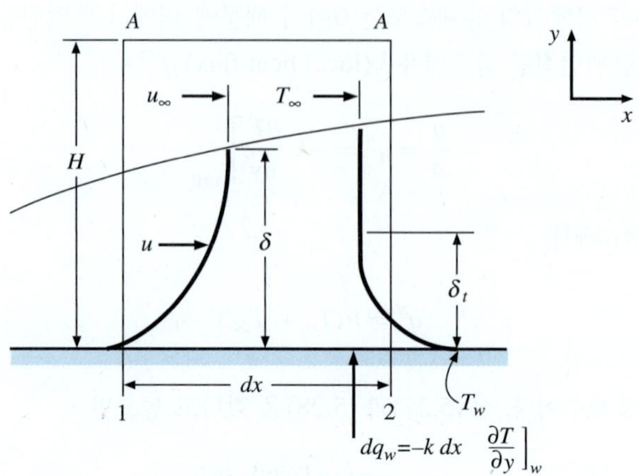

[그림 5.8] 층류경계층의 적분에너지해석에 관한 검사체적

$$\rho c_p \int_0^H uT\,dy$$

이고 면 2를 통해서 대류에 의해서 나가는 에너지는

$$\rho c_p \left(\int_0^H uT\,dy\right) + \frac{d}{dx}\left(\rho c_p \int_0^H uT\,dy\right) dx$$

이다. 단위시간당 면 $A-A$를 통과하는 질량유량은

$$\frac{d}{dx}\left(\int_0^H \rho u\,dy\right) dx$$

이고, 이것은

$$c_p T_\infty \frac{d}{dx}\left(\int_0^H \rho u\,dy\right) dx$$

만큼의 에너지를 운반한다. 체적요소 안에서 하여진 점성에 의한 순 일(net viscous work)은

$$\mu\left[\int_0^H \left(\frac{du}{dy}\right)^2 dy\right] dx$$

가 되고 벽에서의 열전달은

$$dq_w = -k\,dx\,\frac{\partial T}{\partial y}\Big]_w$$

이다. 위의 표현들을 식 (5.31)에 대입하고 간단히 하면

$$\frac{d}{dx}\left[\int_0^H (T_\infty - T)u\,dy\right] + \frac{\mu}{\rho c_p}\left|\int_0^H \left(\frac{du}{dy}\right)^2 dy\right| = \alpha\,\frac{\partial T}{dy}\Big]_w \qquad \textbf{(5.32)}$$

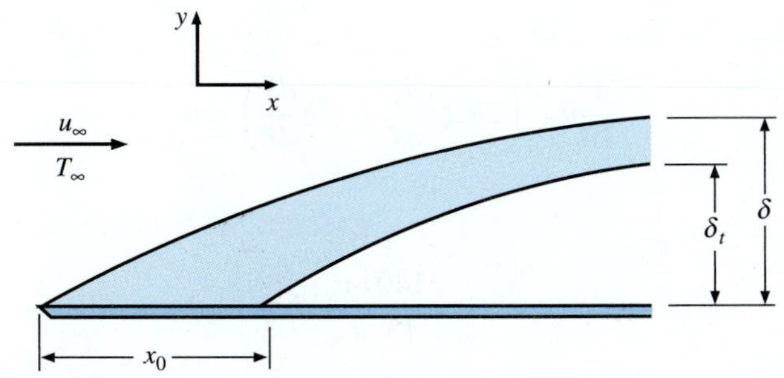

[그림 5.9] 평판 위에서의 유체역학적 경계층과 열경계층. 가열이 $x = x_0$에서 시작된다.

이 식은 유체의 성질이 일정하고, 온도 T_∞인 일정한 자유흐름의 경계층의 적분형 에너지방정식이다.

벽에서의 열전달을 계산하기 위해서 열경계층의 두께에 대한 식을 구하자. 열경계층의 두께를 알면 식 (5.29)와 (5.30)을 사용하여 열전달계수를 결정할 수 있다. 여기서 점성에 의한 일을 나타내는 항을 무시하자. 이 항은 흐름의 속도가 매우 크지 않으면 대단히 작다. 속도가 클 때의 열전달은 후에 생각하기로 한다.

지금 생각하고 있는 평판 전체가 가열될 필요는 없다. 그림 5.9에서 유체역학적 경계층은 선단에서부터 형성되지만 평판은 $x = x_0$로부터 가열된다고 하자.

온도분포[식 (5.30)]와 속도분포[식 (5.19)]를 식 (5.32)에 대입하고 점성에 의한 일을 무시하면

$$\begin{aligned}\frac{d}{dx}\left[\int_0^H (T_\infty - T)u\,dy\right] &= \frac{d}{dx}\left[\int_0^H (\theta_\infty - \theta)u\,dy\right]\\ &= \theta_\infty u_\infty \frac{d}{dx}\left\{\int_0^H \left[1 - \frac{3}{2}\frac{y}{\delta_t} + \frac{1}{2}\left(\frac{y}{\delta_t}\right)^3\right]\left[\frac{3}{2}\frac{y}{\delta} - \frac{1}{2}\left(\frac{y}{\delta}\right)^3\right] dy\right\}\\ &= \alpha \left.\frac{\partial T}{\partial y}\right]_{y=0} = \frac{3\alpha\theta_\infty}{2\delta_t}\end{aligned}$$

열경계층이 유체역학적 경계층보다 얇다고 가정하면 $y = \delta_t$까지만 적분하면 충분하다. 왜냐하면 피적분함수는 $y > \delta_t$일 때 0이 되기 때문이다. 적분을 하고 정리하면

$$\theta_\infty u_\infty \frac{d}{dx}\left[\delta\left(\frac{3}{20}\zeta^2 - \frac{3}{280}\zeta^4\right)\right] = \frac{3}{2}\frac{\alpha\theta_\infty}{\delta\zeta} \tag{5.33}$$

여기서 $\zeta = \delta_t/\delta$이다. $\delta_t < \delta$이므로 $\zeta < 1$이다. 따라서 ζ^4을 포함하는 항은 ζ^2항보다 매우 작으므로 ζ^4항을 무시하면

$$\frac{3}{20}\theta_\infty u_\infty \frac{d}{dx}(\delta\zeta^2) = \frac{3}{2}\frac{\alpha\theta_\infty}{\zeta\delta} \tag{5.34}$$

미분을 하면

$$\frac{1}{10}u_\infty\left(2\delta\zeta\frac{d\zeta}{dx} + \zeta^2\frac{d\delta}{dx}\right) = \frac{\alpha}{\delta\zeta}$$

또는

$$\frac{1}{10}u_\infty\left(2\delta^2\zeta^2\frac{d\zeta}{dx}+\zeta^3\delta\frac{d\delta}{dx}\right)=\alpha$$

한편

$$\delta\, d\delta=\frac{140}{13}\frac{\nu}{u_\infty}dx$$

따라서

$$\delta^2=\frac{280}{13}\frac{\nu x}{u_\infty}$$

이므로 위의 식은

$$\zeta^3+4x\zeta^2\frac{d\zeta}{dx}=\frac{13}{14}\frac{\alpha}{\nu} \tag{5.35}$$

가 된다.

$$\zeta^2\frac{d\zeta}{dx}=\frac{1}{3}\frac{d}{dx}\zeta^3$$

을 고려하면 식 (5.35)는 ζ^3에 관하여 1계 미분방정식이 되고, 그 풀이는

$$\zeta^3=Cx^{-3/4}+\frac{13}{14}\frac{\alpha}{\nu}$$

가 된다. 경계조건으로서

$$x=x_0\text{에서}\qquad \delta_t=0$$
$$x=x_0\text{에서}\qquad \zeta=0$$

을 적용하여 상수 C를 결정하면

$$\zeta=\frac{\delta_t}{\delta}=\frac{1}{1.026}\mathrm{Pr}^{-1/3}\left[1-\left(\frac{x_0}{x}\right)^{3/4}\right]^{1/3} \tag{5.36}$$

를 얻는다. 여기서

$$\mathrm{Pr}=\frac{\nu}{\alpha} \tag{5.37}$$

라고 놓았다. 비 ν/α를 경계층이론의 개념을 처음 도입한 독일 과학자 Ludwig Prandtl의 이름을 따라 Prandtl 수라고 부른다.

평판 전체가 가열될 때는 $x_0=0$이고

$$\frac{\delta_t}{\delta}=\zeta=\frac{1}{1.026}\mathrm{Pr}^{-1/3} \tag{5.38}$$

지금까지의 논의에서는 $\zeta < 1$이라고 가정하였다. 이 가정은 Prandtl 수가 약 0.7보다 큰 유체에 대해서 만족한다.[1] 대부분의 기체와 액체는 이 범위 속에 속하지만, 액체금속은 Prandtl 수가 0.01정도로서 예외가 된다.

Prandtl 수 ν/α는 유체역학적 경계층의 두께와 열경계층의 두께의 비를 결정하는 매개변수라는 것을 알았다. 유체의 동점성계수(kinematic viscosity)는 분자운동 때문에 유체를 통하여 운동량이 확산하는 율을, 열확산계수(thermal diffusivity)는 유체를 통하여 확산되는 열에 관한 지식을 제공한다. 따라서 이 두 성질의 비는 유체에서의 운동량의 확산과 열의 확산의 상대적인 크기를 표시한다. 그러나 이 확산율(diffusion rates)들은 주어진 유체의 흐름에 대해서 경계층의 두께가 얼마나 되는가를 결정해 주는 양들이다. 확산율이 크면 점성이나 온도의 영향이 흐름의 더 많은 부분에 미치게 된다. Prandtl 수는 속도장(velocity field)과 온도장(temperature field) 간의 관계를 맺어주는 매개변수이다.

Prandtl 수는 주어진 단위계에서 무차원이다.

$$\mathrm{Pr} = \frac{\nu}{\alpha} = \frac{\mu/\rho}{k/\rho c_p} = \frac{c_p \mu}{k} \tag{5.39}$$

SI단위계에서 μ는 kg/m · s, c_p는 kJ/kg · °C, k는 W/m · °C이다. 영국단위계에서는 μ는 $\mathrm{lb_m}$/h · ft, c_p는 Btu/$\mathrm{lb_m}$ · °F, k는 Btu/h · ft · °F이다.

본래의 문제로 되돌아가서 대류열전달계수 h를 구하자.

$$h = \frac{-k(\partial T/\partial y)_w}{T_w - T_\infty} = \frac{3}{2}\frac{k}{\delta_t} = \frac{3}{2}\frac{k}{\zeta\delta} \tag{5.40}$$

유체역학적 경계층의 두께[식 (5.21)]를 대입하고 식 (5.36)을 쓰면

$$h_x = 0.332k\,\mathrm{Pr}^{1/3}\left(\frac{u_\infty}{\nu x}\right)^{1/2}\left[1-\left(\frac{x_0}{x}\right)^{3/4}\right]^{-1/3} \tag{5.41}$$

을 얻는다. 이 식은 양변에 x/k를 곱하면 무차원으로 된다. 이때 좌변에 나타나는 무차원량

$$\mathrm{Nu}_x = \frac{h_x x}{k} \tag{5.42}$$

은 대류열전달 이론에 크게 공헌한 Wilhelm Nusselt의 이름을 따서 Nusselt 수라고 부른다. 결국

$$\mathrm{Nu}_x = 0.332\mathrm{Pr}^{1/3}\,\mathrm{Re}_x^{1/2}\left[1-\left(\frac{x_0}{x}\right)^{3/4}\right]^{-1/3} \tag{5.43}$$

을 얻는다. 또 만약 평판 전체를 가열했을 경우에는 $x_0 = 0$이고

$$\mathrm{Nu}_x = 0.332\mathrm{Pr}^{1/3}\,\mathrm{Re}_x^{1/2} \tag{5.44}$$

[1] 역자 주: 식 (5.38)에 의하여 정확히 계산하여 보면 Prandtl 수가 0.926보다 큰 유체에 대하여 만족된다. 그러나 대부분의 유체가 Pr > 0.7이기 때문에 이와 같이 표현한 것이다.

이 된다. 식 (5.41), (5.43) 및 (5.44)는 평판의 선단으로부터의 거리와 유체의 성질의 함수로 국소열전달계수를 나타내고 있다. 평균열전달계수와 평균 Nusselt 수는 평판의 길이에 대하여 적분하면 구할 수 있다.

$$\bar{h} = \frac{\int_0^L h_x\,dx}{\int_0^L dx} = 2h_{x=L} \tag{5.45a}$$

가열이 $x = x_0$에서 시작되는 평판인 경우 평균열전달계수는 다음과 같이 나타낼 수 있다.

$$\frac{\bar{h}_{x_0-L}}{h_{x=L}} = 2L\frac{1-(x_0/L)^{3/4}}{L-x_0} \tag{5.45b}$$

이 경우 평판에 대한 총 열전달은 다음과 같다.

$$q_{\text{total}} = \bar{h}_{x_0-L}(L-x_0)(T_w - T_\infty)$$

여기서 가열되는 구획에서 평판의 온도는 T_w로 일정하다. 평판의 전 구간에서 가열되는 경우에는

$$\overline{\text{Nu}}_L = \frac{\bar{h}L}{k} = 2\ \text{Nu}_{x=L} \tag{5.46a}$$

또는

$$\overline{\text{Nu}}_L = \frac{\bar{h}L}{k} = 0.664\ \text{Re}_L^{1/2}\text{Pr}^{1/3} \tag{5.46b}$$

여기에서

$$\text{Re}_L = \frac{\rho u_\infty L}{\mu}$$

독자들은 이 결과를 적분하여 실제로 확인해 보아라.

지금까지의 논의에서는 흐름 전체를 통하여 유체의 성질이 균일하다고 가정하였다. 벽과 자유흐름 사이에서 유체의 물성값이 현저하게 변하면 벽과 자유흐름의 온도의 산술평균값으로 정의되는 소위 막온도(*film temperature*)

$$T_f = \frac{T_w + T_\infty}{2} \tag{5.47}$$

에서의 성질을 사용하는 것이 보통이다. 에너지방정식의 엄밀해(exact solution)가 부록 B에 주어져 있다. 엄밀해석의 결과는 앞에 주어진 근사해석의 결과와 같다.

열유속이 일정한 경우

지금까지는 평판벽의 온도가 일정한 층류의 경우를 다루었다. 대부분의 실제문제에서는 표면 열유속이 일정

하므로 주어진 유동조건에 대하여 평판표면의 온도분포를 구하는 것이 문제가 된다. 일정한 열유속의 경우에 대한 국소 Nusselt 수는 다음과 같다.

$$\mathrm{Nu}_x = \frac{hx}{k} = 0.453\ \mathrm{Re}_x^{1/2}\ \mathrm{Pr}^{1/3} \tag{5.48}$$

이 식을 벽의 열유속과 온도차 항으로 표시하면

$$\mathrm{Nu}_x = \frac{q_w'' x}{k(T_w - T_\infty)} \tag{5.49}$$

이다. 평판을 따른 평균온도차는 다음과 같이 적분하여 구한다.

$$\begin{aligned}\overline{T_w - T_\infty} &= \frac{1}{L}\int_0^L (T_w - T_\infty)\,dx = \frac{1}{L}\int_0^L \frac{q_w'' x}{k\,\mathrm{Nu}_x}\,dx \\ &= \frac{q_w'' L/k}{0.6795\ \mathrm{Re}_L^{1/2}\ \mathrm{Pr}^{1/3}}\end{aligned} \tag{5.50}$$

또는

$$q_w'' = \tfrac{3}{2} h_{x=L}(\overline{T_w - T_\infty})$$

위 식들에서 q_w는 단위면적당 열유속이고 SI 단위에서는 W/m^2, 영국단위계에서는 Btu/h · ft^{2}으로 나타낸다. 열유속 $q_w = q/A$는 전체 평판 표면에서 일정하다고 가정한 사실에 주의하기 바란다.

기타 관계식

식 (5.44)는 Prandtl 수의 값은 0.6~50 사이일 때 적용된다. 그러나 액체금속과 같은 낮은 Prandtl 수의 유체나 중유 또는 실리콘과 같이 높은 Prandtl 수의 유체에는 적용되지 않는다. 넓은 범위의 Prandtl 수에 대해서는 Churchill과 Ozoe[9]가 등온평판 위의 층류흐름에 대한 많은 자료를 정리하여 다음과 같은 식을 제시하였다.

$$\mathrm{Nu}_x = \frac{0.3387\ \mathrm{Re}_x^{1/2}\ \mathrm{Pr}^{1/3}}{\left[1 + \left(\dfrac{0.0468}{\mathrm{Pr}}\right)^{2/3}\right]^{1/4}} \qquad \text{for } \mathrm{Re}_x\,\mathrm{Pr} > 100 \tag{5.51}$$

위 식에서 열유속이 일정한 경우에 대해서는 0.3387은 0.4637로, 0.0468은 0.0207로 바꾸어 사용한다. 또 모든 물성값은 막온도에서 계산한다.

예제 5-4 전체 길이에 대해 가열되는 등온평판

예제 5.3에 주어진 흐름에서 평판 전체가 온도 60℃로 가열되었다고 하자. 평판의 선단으로부터 (*a*) 20 cm와 (*b*) 40 cm 되는 곳까지의 열전달을 계산하여라.

■ **풀이**

이것을 구하려면 막온도에서의 유체의 성질을 사용하여 식 (5.44)와 (5.45)를 계산하면 된다. 막온도는

$$T_f = \frac{27+60}{2} = 43.5°\text{C} = 316.5\text{ K} \quad [110.3°\text{F}]$$

부록 A로부터 유체의 성질은

$$\begin{aligned}
\nu &= 17.36 \times 10^{-6}\text{ m}^2/\text{s} \quad [1.87 \times 10^{-4}\text{ ft}^2/\text{s}] \\
k &= 0.02749\text{ W/m}\cdot°\text{C} \quad [0.0159\text{ Btu/h}\cdot\text{ft}\cdot°\text{F}] \\
\text{Pr} &= 0.7 \\
c_p &= 1.006\text{ kJ/kg}\cdot°\text{C} \quad [0.24\text{ Btu/lb}_m\cdot°\text{F}]
\end{aligned}$$

(*a*) $x = 20$ cm 에서

$$\text{Re}_x = \frac{u_\infty x}{\nu} = \frac{(2)(0.2)}{17.36 \times 10^{-6}} = 23{,}041$$

$$\text{Nu}_x = \frac{h_x x}{k} = 0.332\text{Re}_x^{1/2}\text{Pr}^{1/3}$$

$$= (0.332)(23{,}041)^{1/2}(0.7)^{1/3} = 44.74$$

$$h_x = \text{Nu}_x\left(\frac{k}{x}\right) = \frac{(44.74)(0.02749)}{0.2}$$

$$= 6.15\text{ W/m}^2\cdot°\text{C} \quad [1.083\text{ Btu/h}\cdot\text{ft}^2\cdot°\text{F}]$$

평균열전달계수는 국소열전달계수의 2배이다.

$$\bar{h} = (2)(6.15) = 12.3\text{ W/m}^2\cdot°\text{C} \quad [2.17\text{ Btu/h}\cdot\text{ft}^2\cdot°\text{F}]$$

열흐름은

$$q = \bar{h}A(T_w - T_\infty)$$

z방향으로 단위길이를 가정하면

$$q = (12.3)(0.2)(60-27) = 81.18\text{ W} \quad [277\text{ Btu/h}]$$

(*b*) $x = 40$ cm

$$\text{Re}_x = \frac{u_\infty x}{\nu} = \frac{(2)(0.4)}{17.36 \times 10^{-6}} = 46{,}082$$

$$\text{Nu}_x = (0.332)(46{,}082)^{1/2}(0.7)^{1/3} = 63.28$$

$$h_x = \frac{(63.28)(0.02749)}{0.4} = 4.349\text{ W/m}^2\cdot°\text{C}$$

$$\overline{h} = (2)(4.349) = 8.698 \text{ W/m}^2 \cdot °\text{C} \quad [1.53 \text{ Btu/h} \cdot \text{ft}^2 \cdot °\text{F}]$$

$$q = (8.698)(0.4)(60 - 27) = 114.8 \text{ W} \quad [392 \text{ Btu/h}]$$

예제 5-5 일정 열유속을 갖는 평판

1.0 kw의 전열기가 일정한 열유속을 발생하는 전기도체막을 갖는 유리평판으로 구성되어 있다. 평판은 60 cm × 60 cm 이고 27℃, 1대기압, $u_\infty = 5$ m/s의 대기흐름 속에 놓여 있다. 평판을 따른 평균온도차와 평판의 끝단온도를 구하여라.

■ 풀이

자유흐름온도에서의 성질을 계산한다.

$$T_\infty = 27°\text{C} = 300 \text{ K}$$

$$\nu = 15.69 \times 10^{-6} \text{ m}^2/\text{s} \qquad \text{Pr} = 0.708 \qquad k = 0.02624 \text{ W/m} \cdot °\text{C}$$

$$\text{Re}_L = \frac{(0.6)(5)}{15.69 \times 10^{-6}} = 1.91 \times 10^5$$

식 (5.50)으로부터 평균온도차는

$$\overline{T_w - T_\infty} = \frac{[1000/(0.6)^2](0.6)/0.02624}{0.6795(1.91 \times 10^5)^{1/2}(0.708)^{1/3}} = 240°\text{C}$$

다시 문제의 앞부분으로 돌아가서 성질을 계산하면

$$T_f = \frac{240 + 27}{2} = 147°\text{C} = 420 \text{ K}$$

이므로

$$\nu = 28.22 \times 10^{-6} \text{ m}^2/\text{s} \qquad \text{Pr} = 0.687 \qquad k = 0.035 \text{ W/m} \cdot °\text{C}$$

$$\text{Re}_L = \frac{(0.6)(5)}{28.22 \times 10^{-6}} = 1.06 \times 10^5$$

$$\overline{T_w - T_\infty} = \frac{[1000/(0.6)^2](0.6)/0.035}{0.6795(1.06 \times 10^5)^{1/2}(0.687)^{1/3}} = 243°\text{C}$$

평판끝($x = L = 0.6$ m)에서 온도차는 식 (5.48)과 (5.50)으로부터 구할 수 있다.

$$(T_w - T_\infty)_{x=L} = \frac{(243.6)(0.6795)}{0.453} = 365.4°\text{C}$$

또 다른 해는 식 (5.51)의 Nusselt 수를 사용하여 구할 수 있다.

예제 5-6 비가열 선단부를 갖는 평판

1기압, 300 K의 공기가 20 m/s의 속도로 평판 위를 흐른다. 평판은 한 변이 20 cm인 정사각형이고, 평판의 후반부 반에 해당되는 영역만이 350 K의 일정온도로 가열된다. 평판에 의한 열손실을 계산하여라.

■ **풀이**

먼저 막온도(film temperature)를 구하면,

$$T_f = (T_w + T_\infty)/2 = 325\ \mathrm{K}$$

그리고 막온도에서의 물성값은

$$\nu = 18.23 \times 10^{-6}\,\mathrm{m^2/s} \quad k = 0.02814\ \mathrm{W/m \cdot {}^\circ C} \quad \mathrm{Pr} = 0.7$$

평판의 끝 지점에서 Re 수를 계산하면,

$$\mathrm{Re}_L = u_\infty L/\nu = (20)(0.2)/18.23 \times 10^{-6} = 2.194 \times 10^5$$

이 결과로부터 평판의 전체 길이에서 층류임을 알 수 있다.

평판은 후반부, 즉 $x_o = 0.1$ m지점부터 가열되므로 국소열전달계수는 식 (5.41)에 따라 다음과 같이 주어진다.

$$h_x = 0.332k\,\mathrm{Pr}^{1/3}(u_\infty/\nu x)^{1/2}[1 - (x_0/x)^{0.75}]^{-1/3} \qquad \textbf{(a)}$$

여기에 공기의 물성값과 $x_0 = 0.1$ m를 대입하면,

$$h_x = 8.6883x^{-1/2}(1 - 0.17783x^{-0.75})^{-1/3} \qquad \textbf{(b)}$$

평판의 폭이 0.2 m이므로 열전달은 가열길이($x_0 < x < L$)에 대해 적분함으로써 얻는다.

$$q = (0.2)(T_w - T_\infty)\int_{x_0=0.1}^{L=0.2} h_x dx \qquad \textbf{(c)}$$

식 (*b*)를 식 (*c*)에 대입하고 적분하면

$$q = (0.2)(8.6883)(0.4845)(350 - 300) = 421\ \mathrm{W} \qquad \textbf{(d)}$$

가열길이에 대한 평균열전달계수는 다음과 같으며

$$h = q/(T_w - T_\infty)(L - x_0)W = 421/(350 - 300)(0.2 - 0.1)(0.2) = 421\ \mathrm{W/m^2 \cdot {}^\circ C}$$

여기서 W는 평판의 폭이다.

평판의 가열 부위에 대한 평균열전달계수를 얻기 위해 식 (5.45*b*)을 사용하면 계산이 더 쉬워지며, 그 결과는 다음과 같다.

$$h = 425.66\ \mathrm{W/m^2 \cdot {}^\circ C} \quad \text{및} \quad q = 425.66\ \mathrm{W}$$

물론 여기서 적분과정에서 작은 오차가 발생했음을 알 수 있다.

예제 5-7 가열평판상의 오일유동

온도가 60℃이고 한 변의 길이가 20 cm인 정사각형 평판 위에 20℃의 엔진오일이 1.2 m/s의 속도로 흐르고 있을 때 평판으로부터의 열손실을 계산하여라.

■ 풀이

$$T_f = \frac{20+60}{2} = 40°C$$

이 온도에서의 엔진오일의 성질은

$$\rho = 876 \text{ kg/m}^3 \qquad \nu = 0.00024 \text{ m}^2/\text{s}$$
$$k = 0.144 \text{ W/m} \cdot °C \qquad \text{Pr} = 2870$$

Reynolds 수는

$$\text{Re} = \frac{u_\infty L}{\nu} = \frac{(1.2)(0.2)}{0.00024} = 1000$$

Prandtl 수가 대단히 크기 때문에 식 (5.51)을 사용하여 답을 구할 수 있다. 식 (5.51)을 식 (5.44)와 비교하여 보면 h_x는 $x^{-1/2}$에 비례함을 알 수 있고 따라서 평균열전달계수를 식 (5.45)에서와 같이 구하여 보면 국소열전달계수의 2배가 된다. $x = 0.2$에서 식 (5.51)을 계산하면

$$\text{Nu}_x = \frac{(0.3387)(1000)^{1/2}(2870)^{1/3}}{\left[1 + \left(\frac{0.0468}{2870}\right)^{2/3}\right]^{1/4}} = 152.2$$

$$h_x = \frac{(152.2)(0.144)}{0.2} = 109.6 \text{ W/m}^2 \cdot °C$$

평균열전달계수는

$$h = (2)(109.6) = 219.2 \text{ W/m}^2 \cdot °C$$

그러므로 열손실은 아래와 같다.

$$q = hA(T_w - T_\infty) = (219.2)(0.2)^2(60-20) = 350.6 \text{ W}$$

5-7 유체의 마찰과 열전달 사이의 관계

5-6절에서는 온도분포와 유체유동과의 관계에 대하여 논의하였다. 이제 마찰저항이 어떻게 열전달과 관련되는가를 살펴보자.

벽에서의 전단력은 표면마찰계수(friction coefficient) C_f로 표현할 수 있다.

$$\tau_w = C_f \frac{\rho u_\infty^2}{2} \tag{5.52}$$

식 (5.52)는 표면마찰계수를 정의하는 식이다. 또 전단력은

$$\tau_w = \mu \left.\frac{\partial u}{\partial y}\right]_w$$

를 써도 계산할 수 있다. 식 (5.19)로 주어진 속도분포를 쓰면

$$\tau_w = \frac{3}{2}\frac{\mu u_\infty}{\delta}$$

가 되고, 경계층의 두께에 대한 식을 사용하면

$$\tau_w = \frac{3}{2}\frac{\mu u_\infty}{4.64}\left(\frac{u_\infty}{\nu x}\right)^{1/2} \tag{5.53}$$

을 얻는다. 식 (5.52)와 (5.53)을 결합하면

$$\frac{C_{fx}}{2} = \frac{3}{2}\frac{\mu u_\infty}{4.64}\left(\frac{u_\infty}{\nu x}\right)^{1/2}\frac{1}{\rho u_\infty^2} = 0.332\ \mathrm{Re}_x^{-1/2} \tag{5.54}$$

경계층방정식의 엄밀해는 아래와 같다.

$$\frac{C_{fx}}{2} = 0.332\ \mathrm{Re}_x^{-1/2} \tag{5.54a}$$

그리고 식 (5.44)는 다음과 같이 쓸 수 있다.

$$\frac{\mathrm{Nu}_x}{\mathrm{Re}_x\ \mathrm{Pr}} = \frac{h_x}{\rho c_p u_\infty} = 0.332\ \mathrm{Pr}^{-2/3}\ \mathrm{Re}_x^{-1/2}$$

이 식의 좌변의 무차원 수를 Stanton 수라고 부른다.

$$\mathrm{St}_x = \frac{h_x}{\rho c_p u_\infty}$$

따라서

$$\mathrm{St}_x\ \mathrm{Pr}^{2/3} = 0.332\ \mathrm{Re}_x^{-1/2} \tag{5.55}$$

식 (5.54)와 (5.55)를 비교하면 상수가 약 3%의 차이가 있는 것을 제외하고는 식의 우변은 완전히 같다. 이 계수의 차이는 경계층의 적분해석의 근사적인 성질 때문이다.

이러한 근사를 고려하면

$$\mathrm{St}_x \mathrm{Pr}^{2/3} = \frac{C_{fx}}{2} \tag{5.56}$$

라 쓸 수 있다. 식 (5.56)을 *Reynolds-Colburn* 유사라 부르고 평판상의 층류에 대하여 유체의 마찰과 열전달 간의 관계를 나타내는 식이다. 따라서 열전달이 없는 상태에서 평판에 미치는 마찰저항을 측정하면 열전달 계수를 구할 수 있다.

식 (5.56)은 평판상의 난류흐름에 대해서도 사용할 수 있고 관 안의 난류흐름에 대해서는 수정하여 이용

할 수 있으나 관 안의 층류흐름에 대해서는 사용할 수 없다. 일반적으로 새로운 경우의 열전달-유체마찰의 유사성에 관련시킬 때에는 좀더 엄밀한 방법으로 방정식을 취급하여야 하고 항상 식 (5.56)과 같은 간단한 형태로 구할 수는 없다. 이 문제에 대하여 더 알고 싶은 학생은 Knudsen과 Katz [6]의 책을 참고하기 바란다. 이제 위에서 논의한 간단한 유사성을 통하여 대류과정을 물리적으로 이해하게 되었고 또한 열전달과 점성전달이 미시적 및 거시적으로 관계되어 있음을 알게 되었다.

예제 5-8 평면상의 항력

예제 5.4에 주어진 흐름에 대하여 유체저항과 열전달과의 유사성을 사용하여 평판의 선단에서 40 cm되는 곳의 항력(drag force)을 계산하여라.

■ 풀이

$$\overline{\mathrm{St}}\,\mathrm{Pr}^{2/3} = \frac{\overline{C}_f}{2} \qquad (a)$$

316.5 K에서의 밀도는

$$\rho = \frac{p}{RT} = \frac{1.0132 \times 10^5}{(287)(316.5)} = 1.115\ \mathrm{kg/m^3}$$

40 cm의 길이에 대하여

$$\overline{\mathrm{St}} = \frac{\bar{h}}{\rho c_p u_\infty} = \frac{8.698}{(1.115)(1006)(2)} = 3.88 \times 10^{-3}$$

식 (*a*)로부터

$$\frac{\overline{C}_f}{2} = (3.88 \times 10^{-3})(0.7)^{2/3} = 3.06 \times 10^{-3}$$

벽에서의 평균전단력은 식 (5.52)를 사용하여 계산한다.

$$\begin{aligned}\bar{\tau}_w &= \overline{C}_f \rho \frac{u_\infty^2}{2} \\ &= (3.06 \times 10^{-3})(1.115)(2)^2 \\ &= 0.0136\ \mathrm{N/m^2}\end{aligned}$$

항력은 전단응력과 면적의 곱이므로

$$D = (0.0136)(0.4) = 5.44\ \mathrm{mN} \quad [1.23 \times 10^{-3}\ \mathrm{lb}_f]$$

5-8 난류경계층 열전달

그림 5.10에 보인 것과 같은 난류경계층을 생각하자. 평판표면 근처의 매우 얇은 영역은 층류의 성격을 띠고 이 영역에서는 점성의 작용과 열전달이 층류처럼 나타난다. 평판으로부터 y방향으로 거리가 조금 커지면 난

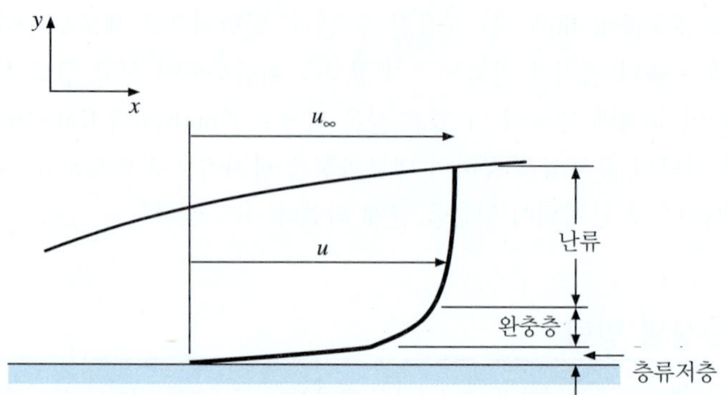

[그림 5.10] 평판 위에서의 난류경계층의 속도분포

류의 작용이 나타나지만, 이 영역에서는 층류와 마찬가지로 분자의 점성작용과 열전도가 중요성을 갖는다. 이 영역을 **완충층**(*buffer layer*)이라고 부른다. 완충층 바깥에서의 흐름은 완전난류가 되고, 이때 운동량과 열교환의 중요한 기구(mechanism)는 불규칙하게 유동하는 거시적인 유체덩어리(lumps of fluid)에 의한 운동량 및 열교환이다. 완전 난류영역(fully turbulent region)에서는 **와점성계수**(*eddy viscosity*)와 **와열전도계수**(*eddy thermal conductivity*)로 기술하는 것이 편리하다. 이 와점성계수나 와열전도계수는 보통 분자적인 값보다 약 10~20배 가량 크다.

보통의 열전도계수와 점성계수 대신에 와열전도계수와 와점성계수를 써야 한다는 것을 제외하고서는 난류에서의 열전달의 기구는 층류에서와 비슷하다. 난류를 해석적으로 다루는데 어려운 점은 와점성계수와 와열전도계수가 경계층의 각 점에서 달라진다는 것이다. 이 변화율은 실험적으로만 결정할 수 있음이 중요한 점이다. 난류현상을 기술하는 완전한 이론이 아직 없으므로 난류를 이해하기 위해서는 결국 실험적인 지식에 의존하여야 한다.

난류흐름에서의 순간적인 속도를 열선풍속계(hot-wire anemometer)나 기타 다른 정밀한 계기로 측정하여 보면 그림 5.11에 나타낸 것과 같이 평균속도를 중심으로 상당한 **요동**(*fluctuations*)을 관찰할 수 있다. 이 그림에서 $\bar{u}$는 평균속도이고 u'은 평균속도로부터의 요동을 나타낸다. 그러므로 순간속도는

$$u = \bar{u} + u' \tag{5.57}$$

정상흐름의 상태에서 일정한 기간 동안에 대한 요동속도 u'의 평균값은 영이 되어야 한다. 속도요동은 x방향에서뿐만 아니라 y방향에서도 존재하며 이것을 식으로 나타내면 다음과 같다.

$$v = \bar{v} + v' \tag{5.58}$$

속도의 요동은 그림 5.12에서 보는 바와 같이 난류전단응력을 증가시킨다.

*P-P*면의 단위면적을 통과하는 난류 질량 흐름률은 $\rho v'$이고 이 질량흐름과 관련된 속도 변화의 x성분은 u'이다. 이때 x방향으로의 단위면적당 순 운동량유량은 $\rho v'u'$이고 이것은 곧 이 면에서의 난류전단응력을 나타낸다. 난류의 질량덩어리가 위로 이동한다면(즉, $v' > 0$) 이것은 곧 $\bar{u}$의 값이 큰 구역으로 들어가는 것이기 때문에 속도요동 u'을 감소하는 효과를 가져오고, 즉 $u' < 0$가 된다. $v' < 0$에 대해서도 위와 같은 설명을 할 수 있기 때문에 난류전단응력의 평균값은 다음과 같이 나타낼 수 있다.

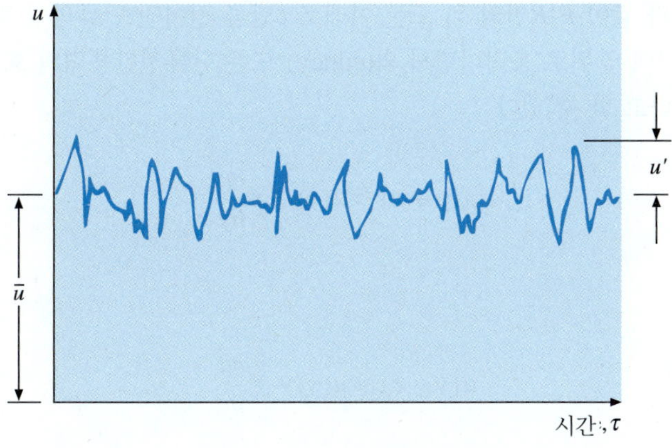

[그림 5.11] 난류 요동의 변화

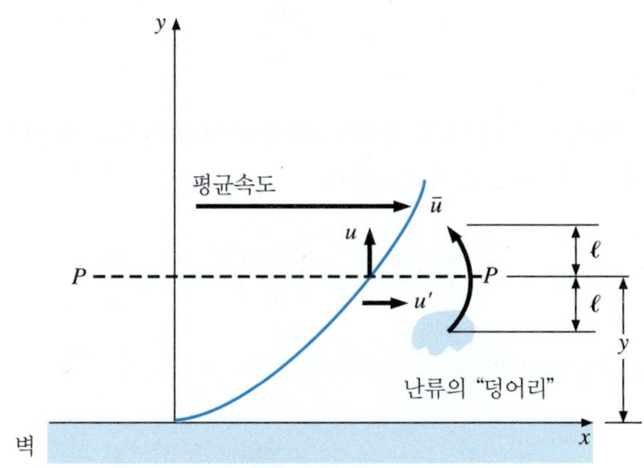

[그림 5.12] 난류전단응력과 혼합길이

$$\tau_t = -\overline{\rho v' u'} \tag{5.59}$$

여기에서 비록 $\overline{v'} = \overline{u'} = 0$일지라도 속도요동의 곱의 평균값 $\overline{v'u'}$는 영이 아님을 유의하여야 한다.

와점성계수와 혼합길이

와점성계수 혹은 운동량에 대한 와확산계수 ϵ_M을 다음과 같이 정의하자.

$$\tau_t = -\overline{\rho v' u'} = \rho \epsilon_M \frac{du}{dy} \tag{5.60}$$

이미 난류흐름에서의 열 및 운동량의 거시적인 이동현상을 층류에서의 열 및 운동량의 분자적인 이동현상과 비교하였기 때문에 식 (5.60)과 같이 쓸 수 있음은 당연한 일이라 하겠다. 분자의 운동을 해석할 때 (예를 들면 참고문헌 [7]의 p.369를 보라) 보통 분자충돌간의 평균 이동거리인 **평균자유행로**(*mean free path*)의 개념을 사용한다. Prandtl은 난류유동현상을 묘사하는데 *Prandtl*의 **혼합길이**(*mixing length*)를 사용하였는데 이 길이는 난류의 질량덩어리가 평균흐름과 수직방향으로 이동한 거리의 평균값이다.

그림 5.12에서 보인 바와 같이 P-P면의 위 또는 아래로 ℓ만큼 떨어진 난류의 질량덩어리를 생각하자. 이들 질량덩어리는 면을 통하여 앞뒤로 움직이면서 와(eddey) 또는 난류전단응력의 효과를 나타낸다. $y+\ell$에서 속도는 대략 다음과 같다고 할 수 있다.

$$u(y+\ell) \approx u(y) + \ell \frac{\partial u}{\partial y}$$

또한 $y-\ell$에서는

$$u(y-\ell) \approx u(y) - \ell \frac{\partial u}{\partial y}$$

Prandtl은 난류유동속도 u'이 위 두 값의 평균값에 비례한다고 가정하였다. 즉,

$$u' \approx \ell \frac{\partial u}{\partial y} \tag{5.61}$$

여기서 ℓ을 Prandtl의 혼합길이라고 부른다. 또한 Prandtl은 v'의 크기가 u'의 크기와 비슷하므로 식 (5.60)의 난류전단응력을 다음과 같이 쓸 수 있다고 가정하였다.

$$\tau_t = -\overline{\rho u' v'} = \rho \ell^2 \left(\frac{\partial u}{\partial y}\right)^2 = \rho \epsilon_M \frac{\partial u}{\partial y} \tag{5.62}$$

따라서 와점성계수 ϵ_M은 다음과 같이 된다.

$$\epsilon_M = \ell^2 \frac{\partial u}{\partial y} \tag{5.63}$$

이미 와성질(여기서는 혼합길이)은 경계층 내에서 변한다는 것을 지적하였다. 경계층 내에서의 혼합길이의 변화를 고려해 주기 위하여 많은 해석방법이 수년 동안 응용되어 왔었다. Prandtl의 가정은 혼합길이가 벽으로부터의 거리에 비례한다는 것이다. 즉,

$$\ell = Ky \tag{5.64}$$

여기서 K는 비례상수이다. 또한 벽 근방의 구역에서는 전단응력이 거의 일정하기 때문에 $\tau_t \approx \tau_w$라는 것을 추가적으로 가정하였다. 이 가정을 식 (5.64)에 적용하면 식 (5.62)는 다음과 같이 된다.

$$\tau_w = \rho K^2 y^2 \left(\frac{\partial u}{\partial y}\right)^2$$

위 식에 제곱근을 취하고 적분을 하면

$$u = \frac{1}{K}\sqrt{\frac{\tau_w}{\rho}} \ln y + C \tag{5.65}$$

여기서 C는 적분상수이다. 식 (5.65)는 벽에 대단히 가까운 구역을 제외하고는 실험적으로 구한 결과와 대단히 잘 부합하는데 벽에 가까운 구역에서는 층류저층이 일어나기 때문이고 이 구역에서는 속도가 직선적으로 변한다.

이제 앞에서 이미 논의한 난류경계층에 대한 성질을 양적으로 나타내기 위하여 전단응력을 분자부분과 난류부분의 합으로 나타내어 보자.

$$\frac{\tau}{\rho} = (\nu + \epsilon_M)\frac{\partial u}{\partial y} \tag{5.66}$$

다음과 같은 2개의 무차원의 좌표를 이용하여 소위 일반속도분포를 구할 수 있다.

$$u^+ = \frac{u}{\sqrt{\tau_w/\rho}} \tag{5.67}$$

$$y^+ = \frac{\sqrt{\tau_w/\rho y}}{\nu} \tag{5.68}$$

위의 무차원변수를 사용하고 τ를 일정하다고 가정하면 식 (5.66)을 다음과 같이 써 줄 수 있다.

$$du^+ = \frac{dy^+}{1 + \epsilon_M/\nu} \tag{5.69}$$

난류경계층 안의 여러가지 층에 대하여 이미 살펴본 내용을 다시 설명하여 보면 층류저층은 $\epsilon_M \sim 0$인 구역이고 완충층은 $\epsilon_M \sim \nu$인 층이며 난류층은 $\epsilon_M \gg \nu$인 층이 된다. 그러므로 식 (5.69)에서 $\epsilon_M = 0$으로 하고 적분하면

$$u^+ = y^+ + c$$

$y^+ = 0$의 벽에서는 $u^+ = 0$이기 때문에 $c = 0$이고 층류저층에서의 속도분포는 선형적으로 되며 다음과 같이 쓸 수 있다.

$$u^+ = y^+ \tag{5.70}$$

완전히 발달된 난류층에서는 $\epsilon_M/\nu \gg 1$이고 식 (5.65)로부터

$$\frac{\partial u}{\partial y} = \frac{1}{K}\sqrt{\frac{\tau_w}{\rho}}\frac{1}{y}$$

위 식과 식 (5.64)를 식 (5.63)에 대입하면

$$\epsilon_M = K\sqrt{\frac{\tau_w}{\rho}}y$$

또는

$$\frac{\epsilon_m}{\nu} = Ky^+ \tag{5.71}$$

이 식을 $\epsilon_M/\nu \gg 1$에 대하여 식 (5.69)에 대입하고 적분하면

$$u^+ = \frac{1}{K}\ln y^+ + c \tag{5.72}$$

완충층에 대해서도 위와 같은 형태의 관계식을 구할 수 있다. 각 층간의 경계는 위 식을 실험적으로 측정한 값과 비교하여 정하여 줄 수 있으며 일반적으로 다음과 같은 값들을 사용한다.

$$\begin{aligned} &\text{층류저층:} \quad && 0 < y^+ < 5 \quad && u^+ = y^+ \\ &\text{완충층:} \quad && 5 < y^+ < 30 \quad && u^+ = 5.0 \ln y^+ - 3.05 \\ &\text{난류층:} \quad && 30 < y^+ < 400 \quad && u^+ = 2.5 \ln y^+ + 5.5 \end{aligned} \tag{5.73}$$

식 (5.73)으로 나타낸 관계식을 일반속도분포라 하며 이들은 실험값과 대단히 잘 맞는다. 그러나 이들 관계식에 나타낸 상수들은 실험적으로 측정한 속도의 값을 사용하여 정해야 한다는 사실을 다시 한번 유의하기 바란다. 간단한 Prandtl의 혼합길이의 모형을 사용하여 실험값과 대단히 잘 일치하는 식을 구했다는 것은 만족스러운 결과라 하겠다.

난류열전달은 난류 운동량전달과 유사하다. 식 (5.59)와 같이 가정된 난류운동량유속은 온도구배에 비례하는 난류에너지 요동을 수반하게 된다. 따라서 식 (5.62)와 유사하게 다음과 같은 관계식을 쓸 수 있다.

$$\left(\frac{q}{A}\right)_{\text{난류}} = -\rho c_p \epsilon_H \frac{\partial T}{\partial y} \tag{5.74}$$

또는 분자 및 난류에너지전달이 다 같이 중요한 구역에 대해서는

$$\frac{q}{A} = -\rho c_p(\alpha + \epsilon_H)\frac{\partial T}{\partial y} \tag{5.75}$$

유체의 마찰유사에 근거를 둔 난류열전달

난류경계층에서의 열전달을 구하기 위하여 위의 일반속도분포를 사용한 방법과 유사한 많은 해석방법이 연구되었으며 이들 해석방법은 성공적인 결과를 나타냈지만 이 교과서의 범위에서는 유체의 마찰과 열전달 간의 Colburn 유사성이 사용하기에 훨씬 간단하고 또한 실험값과 만족스럽게 부합되는 결과를 구할 수 있다.

$\epsilon_M \gg \nu$및 $\epsilon_H \gg \alpha$인 난류구역에 대하여 난류 Prandtl 수를 다음과 같이 정의한다.

$$\mathrm{Pr}_t = \frac{\epsilon_M}{\epsilon_H} \tag{5.76}$$

만약 와운동량 전달과 와에너지 전달이 모두 층류에서의 전달과 비교하여 같은 비율로 증가한다면 층류일 때 사용한 보통 Prandtl 수를 식 (5.56)에 사용하여 열전달계수를 계산해낼 수 있다. 사실은 유체마찰의 유사성을 이용하여 계산한 열전달값과 실험값과 잘 부합하기 때문에 가정은 옳다는 것이 증명되었다. 따라서 난류에서의 열전달을 구하기 위해서는 난류에서의 C_f값에 대한 실험값을 알아야 한다.

평판이 난류흐름에 대한 마찰계수의 측정값은 Schlichting[1]이 요약하였으며 이 내용을 열전달계산에서 이용할 수 있도록 다음에 제시한다. Reynolds 수가 5×10^5과 10^7사이에서 국소표면마찰계수는

$$C_{fx} = 0.0592\ \mathrm{Re}_x^{-1/5} \tag{5.77}$$

더 큰 Reynolds 수(10^7과 10^9 사이)에 대해서는 다음과 같은 Schultz- Grunow [8]의 공식이 잘 맞는다.

$$C_{fx} = 0.370(\log \mathrm{Re}_x)^{-2.584} \tag{5.78}$$

층류와 난류의 경계인 임계 Reynolds 수와 $\mathrm{Re}_L = 10^9$ 사이의 평판흐름에서의 **평균마찰계수**는

$$\overline{C}_f = \frac{0.455}{(\log \mathrm{Re}_L)^{2.584}} - \frac{A}{\mathrm{Re}_L} \qquad \mathrm{Re}_L < 10^9 \tag{5.79}$$

이때 A값은 표 5.1과 같이 $\mathrm{Re}_{임계}$의 함수이다. 더 낮은 Reynolds 수에 대해서는 다음과 같이 좀더 간단한 식을 사용할 수 있다.

$$\overline{C}_f = \frac{0.074}{\mathrm{Re}_L^{1/5}} - \frac{A}{\mathrm{Re}_L} \qquad \mathrm{Re}_L < 10^7 \tag{5.80}$$

[표 5.1] 단열재의 종류와 적용분야

Re_{crit}	3×10^5	5×10^5	10^6	3×10^6
A	1055	1742	3340	8940

식 (5.79)와 (5.80)은 실험값과 대단히 잘 부합하고 실제로는 계산의 편의를 고려하여 두 식 중 한 가지를 적당히 선택하여 사용하고 있다.

유체마찰의 유사성 $\mathrm{St}\,\mathrm{Pr}^{2/3} = C_f/2$를 이용하여 난류에서의 국소열전달을 나타내면 다음과 같다.

$$\mathrm{St}_x\,\mathrm{Pr}^{2/3} = 0.0296\ \mathrm{Re}_x^{-1/5} \qquad 5 \times 10^5 < \mathrm{Re}_x < 10^7 \tag{5.81}$$

또는

$$\mathrm{St}_x\,\mathrm{Pr}^{2/3} = 0.185(\log \mathrm{Re}_x)^{-2.584} \qquad 10^7 < \mathrm{Re}_x < 10^9 \tag{5.82}$$

층류-난류의 전체 경계층에 대한 평균열전달은

$$\overline{\mathrm{St}}\,\mathrm{Pr}^{2/3} = \frac{\overline{C}_f}{2} \tag{5.83}$$

이며, $\mathrm{Re}_{임계} = 5 \times 10^5$및 $\mathrm{Re}_L < 10^7$인 경우에는 식 (5.80)을 사용하여

$$\overline{\mathrm{St}}\,\mathrm{Pr}^{2/3} = 0.037\ \mathrm{Re}_L^{-1/5} - 871\ \mathrm{Re}_L^{-1} \tag{5.84}$$

$\overline{\mathrm{St}} = \overline{\mathrm{Nu}}\,(\mathrm{Re}_L\,\mathrm{Pr})$의 관계를 이용하여 식 (5.84)를 다시 쓰면

$$\overline{\mathrm{Nu}}_L = \frac{\bar{h}L}{k} = \mathrm{Pr}^{1/3}(0.037\,\mathrm{Re}_L^{0.8} - 871) \tag{5.85}$$

평균 열전달계수는 국소 열전달계수를 평판의 전체길이를 따라 적분하여 구할 수 있고 다음과 같이 된다.

$$h = \frac{1}{L}\left(\int_0^{x_{\mathrm{crit}}} h_{\mathrm{lam}}\,dx + \int_{x_{\mathrm{crit}}}^{L} h_{\mathrm{turb}}\,dx\right)$$

임계 Reynolds 수를 5×10^5으로 하여 층류부에 대해서는 식 (5.55)를 사용하고 난류부에 대해서는 식 (5.81)을 사용하면 결과는 식 (5.85)와 같이 된다. 더 큰 Reynolds 수의 범위인 $10^7 < \mathrm{Re}_L < 10^9$에 대해서는 식 (5.79)에 주어진 마찰계수값을 사용하여 다음과 같은 식을 사용할 수 있다.

$$\mathrm{Nu}_L = \frac{\bar{h}L}{k} = [0.228\mathrm{Re}_L(\log \mathrm{Re}_L)^{-2.584} - 871]\mathrm{Pr}^{1/3} \tag{5.85a}$$

만약 임계 Reynolds 수를 5×10^5이 아닌 다른 수를 사용하게 되면 식 (5.84)와 식 (5.85)를 바꾸어 주어야 한다. Whitaker [10]는 점성계수의 비를 삽입하여 다음과 같은 식을 제안하였는데 이 식은 어떤 액체에 대해서는 더 좋은 결과를 가져올 수 있다.

$$\overline{\mathrm{Nu}}_L = 0.036\,\mathrm{Pr}^{0.43}(\mathrm{Re}_L^{0.8} - 9200)\left(\frac{\mu_\infty}{\mu_w}\right)^{1/4} \tag{5.86}$$

식 (5.86)을 사용할 수 있는 범위는 아래와 같다.

$$0.7 < \mathrm{Pr} < 380$$
$$2 \times 10^5 < \mathrm{Re}_L < 5.5 \times 10^6$$
$$0.26 < \frac{\mu_\infty}{\mu_w} < 3.5$$

식 (5.86)에서 μ_w는 벽온도에서의 값이고 다른 모든 물성값은 자유유동온도에서의 값을 사용할 것이며 기체인 경우는 점성계수의 비는 없애고 모든 물성값은 막온도에서의 값을 사용하여야 한다.

일정한 열유속

참고문헌 [11]에 따르면 난류에서 벽에서의 열유속이 일정하면 국소 Nusselt 수는 벽온도가 일정한 경우에 비하여 약 4%정도 크게 나타난다고 하였다. 즉

$$\mathrm{Nu}_x = 1.04\,\mathrm{Nu}_x\Big]_{T_w=\mathrm{const}} \tag{5.87}$$

난류경계층의 열전달에 관한 더 자세한 방법은 Churchill [11]이 제시하였다.

예제 5-9 등온평판상의 난류열전달

20℃, 대기압의 공기가 평판 위를 35 m/s의 속도로 흐른다. 평판은 길이가 75 cm이고 60℃의 온도로 유지되고 있다고 하자. z방향으로는 단위깊이라고 가정하고 평판으로부터의 열전달을 계산하여라.

■ 풀이

$$T_f = \frac{20+60}{2} = 40°\mathrm{C} = 313\ \mathrm{K}$$

$$\rho = \frac{p}{RT} = \frac{1.0132\times10^5}{(287)(313)} = 1.128\ \mathrm{kg/m^3}$$

$$\mu = 1.906\times10^{-5}\ \mathrm{kg/m\cdot s}$$

$$\mathrm{Pr} = 0.7 \qquad k = 0.02723\ \mathrm{W/m\cdot °C} \qquad c_p = 1.007\ \mathrm{kJ/kg\cdot °C}$$

Reynolds 수는

$$\mathrm{Re}_L = \frac{\rho u_\infty L}{\mu} = \frac{(1.128)(35)(0.75)}{1.906\times10^{-5}} = 1.553\times10^6$$

이다. Reynolds 수가 5×10^5보다 크므로 경계층은 난류이다. 그러므로 평균 열전달을 계산하기 위하여 식 (5.85)를 사용한다.

$$\overline{\mathrm{Nu}}_L = \frac{\bar{h}L}{k} = \mathrm{Pr}^{1/3}(0.037\ \mathrm{Re}_L^{0.8} - 871)$$

$$= (0.7)^{1/3}[(0.037)(1.553\times10^6)^{0.8} - 871] = 2180$$

$$\bar{h} = \overline{\mathrm{Nu}}_L\frac{k}{L} = \frac{(2180)(0.02723)}{0.75} = 79.1\ \mathrm{W/m^2\cdot °C}\quad [13.9\ \mathrm{Btu/h\cdot ft^2\cdot °F}]$$

$$q = \bar{h}A(T_w - T_\infty) = (79.1)(0.75)(60-20) = 2373\ \mathrm{W}\quad [8150\ \mathrm{Btu/h}]$$

5-9 난류경계층의 두께

층류저층 밖 난류구역에서의 속도분포는 많은 실험에 의하여 1/7제곱의 항으로 나타낼 수 있음이 입증되었다. 즉,

$$\frac{u}{u_\infty} = \left(\frac{y}{\delta}\right)^{1/7} \tag{5.88}$$

여기서 δ는 앞에서와 같이 경계층의 두께를 나타낸다. 층류저층의 두께는 대단히 얇기 때문에 운동량의 적분은 식 (5.88)에서 구할 수 있으나 벽에서의 전단응력은 $y=0$에서 무한대가 되기 때문에 이 식으로 계산될 수 없다.

난류경계층의 두께를 구하기 위하여 적분형 운동량방정식인 식 (5.17)을 이용하고 이미 설명한 표면마찰에 대한 실험식으로부터 구한 벽에서의 전단응력을 계산하여야 한다. 식 (5.52)에 의하여

$$\tau_w = \frac{C_f\rho u_\infty^2}{2}$$

이며, $\text{Re}_x < 10^7$에 대하여 식 (5.77)로부터

$$\tau_w = 0.0296 \left(\frac{\nu}{u_\infty x}\right)^{1/5} \rho u_\infty^2 \tag{5.89}$$

이제 속도분포와 벽에서의 전단응력을 식 (5.17)에 대입하면

$$\frac{d}{dx}\int_0^\delta \left[1-\left(\frac{y}{\delta}\right)^{1/7}\right]\left(\frac{y}{\delta}\right)^{1/7} dy = 0.0296\left(\frac{\nu}{u_\infty x}\right)^{1/5}$$

위 식을 적분하여 정리하면

$$\frac{d\delta}{dx} = \frac{72}{7}(0.0296)\left(\frac{\nu}{u_\infty}\right)^{1/5} x^{-1/5} \tag{5.90}$$

위 식을 다음과 같은 두 경우에 대하여 적분하여야 한다.

1. 평판의 선단으로부터 난류경계층이 형성되는 경우

2. 평판의 선단에서 $\text{Re}_{\text{임계}} = 5 \times 10^5$이 되는 지점까지는 층류로 되었다가 그 이후에 난류가 형성되는 경우

첫째 경우에 대해서는 $x = 0$에서 $\delta = 0$인 경계조건을 가지고 식 (5.89)를 적분하여 주면

$$\frac{\delta}{x} = 0.381\ \text{Re}_x^{-1/5} \tag{5.91}$$

둘째 경우에 대해서는 다음과 같은 경계조건이 성립한다.

$$x_{\text{임계}} = 5 \times 10^5 \frac{\nu}{u_\infty} \text{ 에서} \qquad \delta = \delta_{\text{층류}} \tag{5.92}$$

$\delta_{\text{층류}}$는 식 (5.21a)로부터 계산된다.

$$\delta_{\text{층류}} = 5.0\ x_{\text{임계}}\ (5 \times 10^5)^{-1/2} \tag{5.93}$$

식 (5.89)를 적분하면

$$\delta - \delta_{\text{층류}} = \frac{72}{7}(0.0296)\left(\frac{\nu}{u_\infty}\right)^{1/5} \frac{5}{4}\left(x^{4/5} - x_{\text{임계}}^{4/5}\right) \tag{5.94}$$

위의 여러 가지 관계식을 조합하여 정리하면

$$\frac{\delta}{x} = 0.381\ \text{Re}_x^{-1/5} - 10{,}256\ \text{Re}_x^{-1} \tag{5.95}$$

위 식은 $5 \times 10^5 < \text{Re}_x < 10^7$의 범위에 대해서만 사용할 수 있다.

예제 5-10 난류경계층 두께

난류경계층이 (*a*) 평판의 선단에서부터 생기는 경우 (*b*) $\mathrm{Re}_{임계} = 5 \times 10^5$되는 지점으로부터 생기는 경우에 대하여 예제 5.9의 평판상의 흐름에서 난류경계층의 두께를 계산하여라.

■ 풀이

$\mathrm{Re}_L = 1.553 \times 10^6$임을 이미 계산하였으므로 이 값과 $x = L = 0.75$ m를 식 (5.91)과 식 (5.95)에 대입하면 된다.

$$(a)\ \delta = (0.75)(0.381)(1.553 \times 10^6)^{-0.2} = 0.0165\ \mathrm{m} = 16.5\ \mathrm{mm}\ [0.65\ \mathrm{in}]$$

$$(b)\ \delta = (0.75)[(0.381)(1.553 \times 10^6)^{-0.2} - 10{,}256(1.553 \times 10^6)^{-1}] = 0.0099\ \mathrm{m} = 9.9\ \mathrm{mm}\ [0.39\ \mathrm{in}]$$

두 경우의 차이는 40%이다.

국소 및 평균열전달계수의 전체적인 거동이 그림 5.13에 나타나 있다. 대기압의 공기가 $u_\infty = 30$ m/s의 속도로 등온 평판 위를 흐르고, 계산은 식 (5.55), (5.81), (5.85)를 사용하였다. 임계 Re 수는 $\mathrm{Re}_{crit} = 5 \times 10^5$로 가정하였으며 이에 대응하는 임계길이 $x_{crit} = 0.2615$ m이고 평판의 길이는 $\mathrm{Re} = 10^7$일 때 5.23 m이다. 또한 이에 따른 경계층두께를 그림 5.14에 나타내었다. 이미 앞에서 살펴본 바와 같이 열전달계수는 경계층두께에 반비례하고, 난류가 시작될 때 열전달의 증가를 보인다.

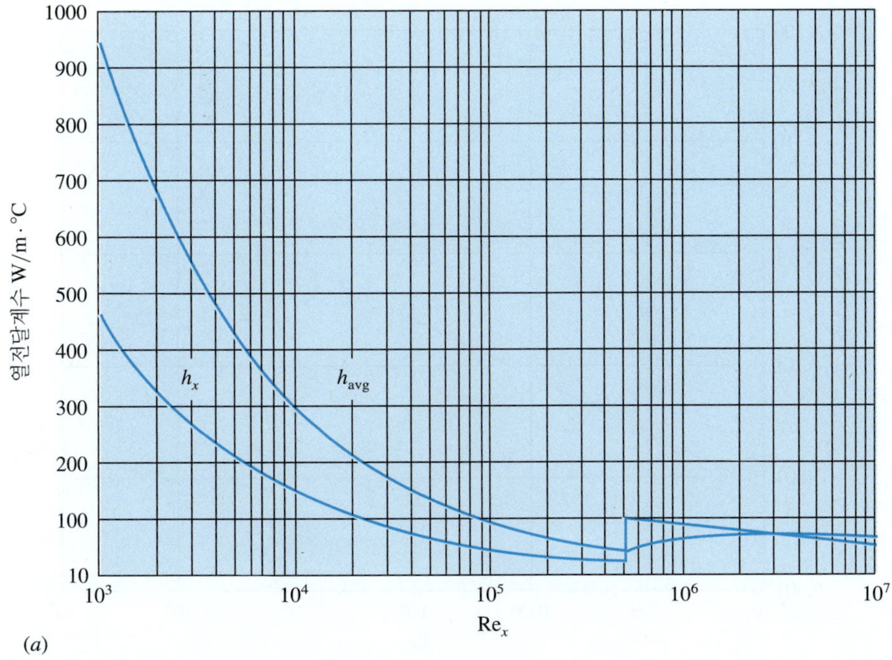

[그림 5.13] 대기압의 공기가 $u_\infty = 30$ m/s의 속도로 등온 평판 위를 흐르는 경우 국소 및 평균열전달계수
(*a*) semi-log 눈금, (*b*) log 눈금

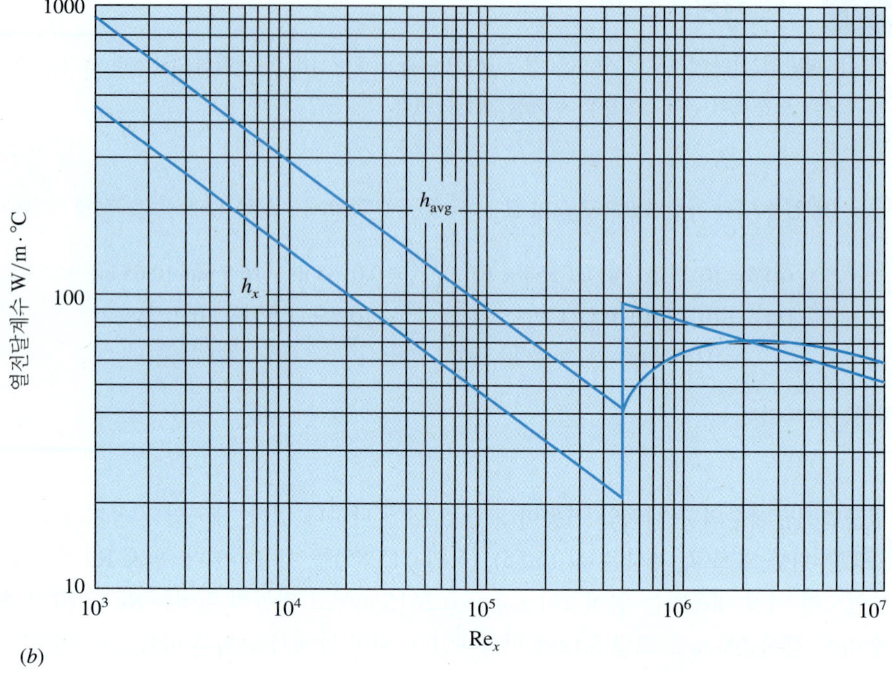

[그림 5.13] (계속)

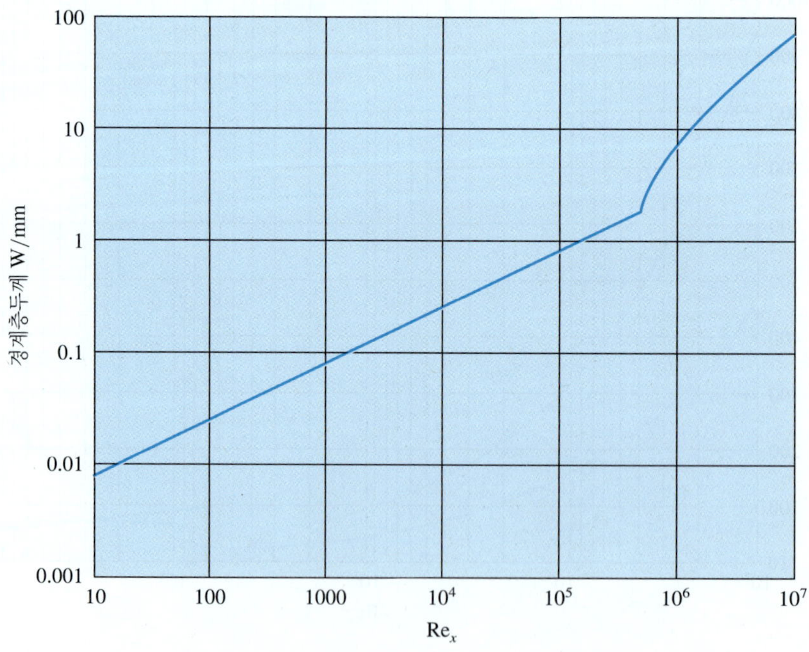

[그림 5.14] u_∞ = 30 m/s인 대기압의 공기에 대한 경계층두께

5-10 관내의 층류열전달

그림 5.15와 같은 관내의 흐름을 생각하자. 흐름이 층류일 때 완전히 발달된 흐름의 조건에서 열전달을 계산한다. 벽의 온도는 T_w, 관의 반지름은 r_0, 관의 중심에서의 속도는 u_0이고, 임의의 단면에서 압력은 일정하다고 가정한다. 속도분포는 그림 5.16에 보인 유체요소를 고려하면 구할 수 있다. 압력에 의한 힘은 점성전단력과 평형을 이루어야 하므로

$$\pi r^2\, dp = -\tau 2\pi r\, dx = 2\pi r\mu\, dx\,\frac{du}{dr}$$

또는

$$du = \frac{1}{2\mu} r \frac{dp}{dx}\, dr$$

따라서

$$u = \frac{1}{4\mu}\frac{dp}{dx} r^2 + \text{일정} \tag{5.96}$$

이다. 경계조건은 $r = r_0$에서 $u = 0$이므로

$$u = \frac{1}{4\mu}\frac{dp}{dx}(r^2 - r_o^2)$$

이고 관 중심에서의 속도 u_0는

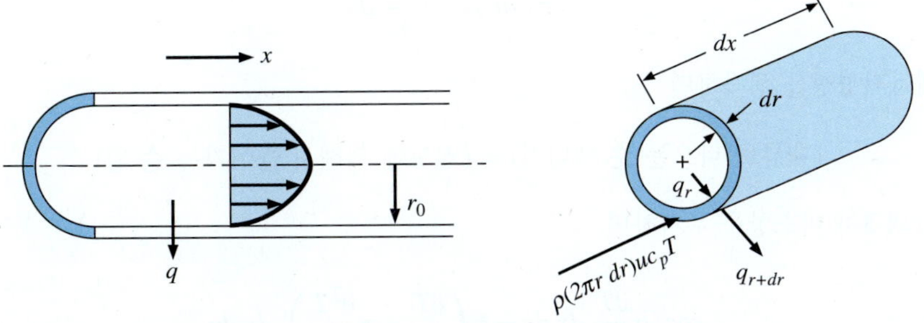

[그림 5.15] 관내의 흐름에서 에너지해석을 위한 검사체적

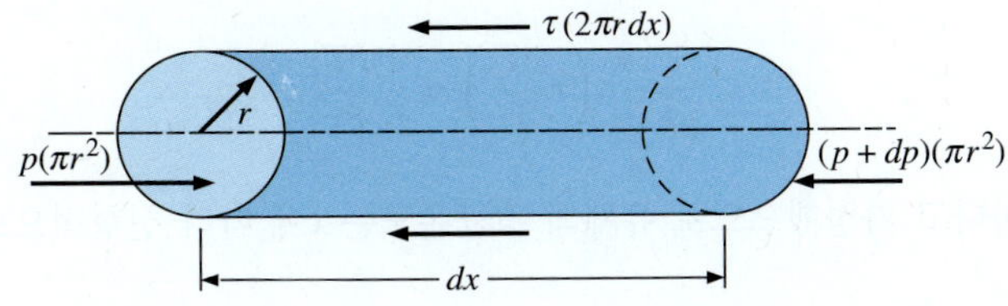

[그림 5.16] 관내의 흐름에서 유체요소에 관한 힘의 평형

$$u_0 = -\frac{r_o^2}{4\mu}\frac{dp}{dx} \tag{5.97}$$

로 주어지므로 속도분포를

$$\frac{u}{u_0} = 1 - \frac{r^2}{r_o^2} \tag{5.98}$$

이라 쓸 수 있다. 이 식은 널리 알려진 관내의 층류흐름에서의 포물선형 속도분포이다. 이제 이 흐름의 열전달과정을 고찰하자. 설명을 간단히 하기 위해서 관의 벽에서 일정한 열량이 전달되는 것으로 가정한다. 즉, 열유속(heat flux)이 일정하다는 조건은

$$\frac{dq_w}{dx} = 0$$

환상체적요소(annular element)로 전도되어 들어가는 열량은

$$dq_r = -k2\pi r\, dx\, \frac{\partial T}{\partial r}$$

이고 전도되어 나오는 열은

$$dq_{r+dr} = -k2\pi(r+dr)\, dx \left(\frac{\partial T}{\partial r} + \frac{\partial^2 T}{\partial r^2}\, dr\right)$$

이다. 체적요소로부터 대류운동에 의해서 빠져나오는 열은

$$2\pi r\, dr\, \rho c_p u \frac{\partial T}{\partial x}\, dx$$

로 주어진다. 에너지평형을 생각하면

(대류로 나오는 순 에너지) = (전도에 의해서 들어가는 순 열)

이 되고, $dr dx dr$의 3차 미소항을 무시하면

$$r\rho c_p u \frac{\partial T}{\partial x}\, dx\, dr = k\left(\frac{\partial T}{\partial r} + r\frac{\partial^2 T}{\partial r^2}\right) dx\, dr$$

이 된다. 이 식을 다시 쓰면 다음과 같다.

$$\frac{1}{ur}\frac{\partial}{\partial r}\left(r\frac{\partial T}{\partial r}\right) = \frac{1}{\alpha}\frac{\partial T}{\partial x} \tag{5.99}$$

벽에서의 열유속이 일정하다고 가정했으므로 유체의 평균온도는 x에 따라 선형적으로 증가해야 한다. 즉,

$$\frac{\partial T}{\partial x} = \text{상수}$$

이 식은 온도분포가 관을 따라 측정한 거리 x의 여러 값에 대해서 서로 같다는 것을 의미한다. 식 (5.99)에 대한 경계조건은

$$r = 0 \text{ 에서 } \quad \frac{\partial T}{\partial r} = 0$$

$$k\frac{\partial T}{\partial r}\bigg]_{r=r_o} = q_w = \text{ 상수}$$

로 주어진다. 미분방정식 (5.99)의 풀이를 얻으려면 식 (5.98)로 주어진 속도분포를 대입한다. 여기서는 속도분포를 계산하는 데 온도구배가 속도분포에 아무런 영향을 미치지 않는다고 가정한다. 이 가정은 유체의 성질이 흐름 전체를 통하여 일정하다고 가정하는 것과 같다. 식 (5.98)로 주어지는 속도분포를 식 (5.99)에 대입하면

$$\frac{\partial}{\partial r}\left(r\frac{\partial T}{\partial r}\right) = \frac{1}{\alpha}\frac{\partial T}{\partial x}u_0\left(1 - \frac{r^2}{r_o^2}\right)r$$

한번 적분하면

$$r\frac{\partial T}{\partial r} = \frac{1}{\alpha}\frac{\partial T}{\partial x}u_0\left(\frac{r^2}{2} - \frac{r^4}{4r_o^2}\right) + C_1$$

다시 이것을 적분하면

$$T = \frac{1}{\alpha}\frac{\partial T}{\partial x}u_0\left(\frac{r^2}{4} - \frac{r^4}{16r_o^2}\right) + C_1 \ln r + C_2$$

를 얻는다. 첫 번째 경계조건을 적용하면 $C_1 = 0$이 되고 두 번째 경계조건은 축방향의 온도구배 $\partial T/\partial x$가 일정하다는 것을 상기하면 이미 만족되고 있다. 관의 중심온도 T_c를 사용하여 온도분포를 표현하면

$$r = 0\text{에서} \quad T = T_c\text{이므로} \quad C_2 = T_c$$

따라서

$$T - T_c = \frac{1}{\alpha}\frac{\partial T}{\partial x}\frac{u_0 r_o^2}{4}\left[\left(\frac{r}{r_o}\right)^2 - \frac{1}{4}\left(\frac{r}{r_o}\right)^4\right] \tag{5.100}$$

체적온도

관내의 흐름에서는 대류열전달계수를 보통

$$\text{국소 열유속} = q'' = h(T_w - T_b) \tag{5.101}$$

으로 정의한다. 여기서 T_w는 관벽의 온도이고 T_b는 다음과 같이 계산되는 소위 체적온도(*Bulk Temperature*) 또는 평균 유체온도이다.

$$T_b = \overline{T} = \frac{\int_0^{r_o} \rho 2\pi r\, dr\, u c_p T}{\int_0^{r_o} \rho 2\pi r\, dr\, u c_p} \tag{5.102}$$

관내의 흐름에 대한 열전달계수의 정의에서 체적온도를 사용하는 이유는 다음과 같이 설명할 수 있다. 관내의 흐름에서는 평판흐름에서와 같은 자유흐름을 쉽게 분간할 수 없고 관의 중심온도 T_c역시 입구에서의 변수나 열전달의 항으로 쉽게 나타낼 수 없다. 대부분의 관류 또는 다른 형태의 단면을 가진 개수로 안에서의 흐름문제에 대하여 주 초점은 관의 단위길이당 또는 관의 전체길이에서의 총에너지전달을 구하는 일이다. 식 (5.102)의 분자는 관을 통한 총에너지흐름을 나타내고 분모는 질량흐름과 비열의 곱을 단면적에 관하여 적분한 값이다. 따라서 체적온도는 관내의 축방향의 어떤 위치에서 그 단면의 흐름의 총에너지를 나타내게 된다. 이때문에 체적온도를 때때로 혼합용기온도라고도 불리는데, 이것은 체적온도가 유체를 혼합용기 (mixing cup)에 넣었을 때의 유체의 온도와 같기 때문이다. 식 (5.100)으로 주어진 온도분포에 대하여 관벽에서의 열유속이 일정하므로 체적온도는 x의 1차함수가 된다. 식 (5.102)에서 체적온도를 계산하면

$$T_b = T_c + \frac{7}{96}\frac{u_0 r_o^2}{\alpha}\frac{\partial T}{\partial x} \tag{5.103}$$

가 되고, 관벽의 온도

$$T_w = T_c + \frac{3}{16}\frac{u_0 r_o^2}{\alpha}\frac{\partial T}{\partial x} \tag{5.104}$$

로 주어진다. 열전달계수는 다음 식에서 계산될 수 있다.

$$q = hA(T_w - T_b) = kA\left(\frac{\partial T}{\partial r}\right)_{r=r_o}$$

$$h = \frac{k(\partial T/\partial r)_{r=r_o}}{T_w - T_b} \tag{5.105}$$

온도구배는

$$\left.\frac{\partial T}{\partial r}\right]_{r=r_o} = \frac{u_0}{\alpha}\frac{\partial T}{\partial x}\left(\frac{r}{2} - \frac{r^3}{4r_o^2}\right)_{r=r_o} = \frac{u_0 r_o}{4\alpha}\frac{\partial T}{\partial x} \tag{5.106}$$

이다. 식 (5.103), (5.104) 및 (5.106)을 식 (5.105)에 대입하면

$$h = \frac{24}{11}\frac{k}{r_o} = \frac{48}{11}\frac{k}{d_o}$$

를 얻는다. 이것을 Nusselt 수로 나타내면

$$\mathrm{Nu}_d = \frac{hd_o}{k} = 4.364 \tag{5.107}$$

를 얻는데 이것은 Sellars, Tribus 및 Klein [3]이 온도분포가 발달되는 과정을 고려한 정확한 계산값과 일치

한다. 관내의 층류흐름에서의 열전달을 계산하는 몇 가지 실험식을 6장에서 소개하겠다.

이제 어떤 온도의 유체가 관 안으로 흘러 들어간다고 할 때 이 온도는 체적온도를 말한다는 것을 알았다. 체적온도는 계의 전체적인 에너지평형에 대하여 사용된다.

5-11 관내의 난류

관내의 난류의 속도분포는 그림 5.17에 보인 바와 같이 나타난다. 층류저층 또는 막이 표면 가까이의 공간을 차지하고 흐름의 중심부분은 난류이다. 이 경우 열전달을 해석적으로 결정하기 위해서는 흐름의 온도분포를 알아야 한다. 온도분포를 구하려면 열전달과 운동량전달에서의 난류와동(turbulent eddy)의 효과를 고려해야 한다. 이제 열전도와 열수송(transport of heat)을 흐름의 운동량수송(transport of momentum), 즉 점성효과와 관계지어지는 근사해법을 쓰기로 한다. 층류에서의 유체요소를 통하여 단위시간당 흐르는 열량은

$$\frac{q}{A} = -k\,\frac{dT}{dy}$$

로 표현된다. 양변을 ρc_p로 나누면

$$\frac{q}{\rho c_p A} = -\alpha\,\frac{dT}{dy}$$

가 된다. 여기서 α는 분자열확산계수(molecular diffusivity)이다. 난류에서의 열수송은

$$\frac{q}{\rho c_p A} = -(\alpha + \epsilon_H)\frac{dT}{dy} \tag{5.108}$$

라고 쓸 수 있다. 여기서 ϵ_H는 열의 와확산계수(eddy diffusivity)이다.

식 (5.108)은 총열전도를 분자전도(molecular conduction)와 거시적인 와전도(eddy conduction)의 합으로 나타낸 방정식이다. 같은 생각으로 난류의 전단응력도

$$\frac{\tau}{\rho} = \left(\frac{\mu}{\rho} + \epsilon_M\right)\frac{du}{dy} = (\nu + \epsilon_M)\frac{du}{dy} \tag{5.109}$$

이라 쓸 수 있다. 여기서 ϵ_M은 운동량의 와확산계수를 나타낸다. 이제 열과 운동량이 같은 율로 수송된다고 가정한다. 즉, $\epsilon_M = \epsilon_H$및 $\nu = \alpha$또는 $\mathrm{Pr} = 1$이라고 가정하자.

식 (5.108)을 식 (5.109)로 나누면

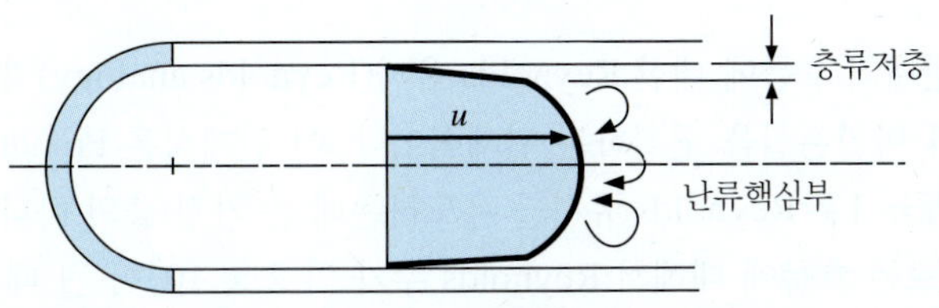

[그림 5.17] 관내의 난류에 대한 속도분포

$$\frac{q}{c_p A \tau} du = -dT$$

또 단위면적당의 열전달과 전단응력과의 비가 흐름 전체를 통하여 일정하다고 가정하자. 이 가정은 열과 운동량이 같은 율로 수송된다는 가정과 부합된다. 따라서

$$\frac{q}{A\tau} = \text{일정} = \frac{q_w}{A_w \tau_w} \tag{5.110}$$

식 (5.110)을 벽에서의 값으로부터 체적평균값까지 적분하면

$$\frac{q_w}{A_w \tau_w c_p} \int_{u=0}^{u=u_m} du = \int_{T_w}^{T_b} -dT$$

$$\frac{q_w u_m}{A_w \tau_w c_p} = T_w - T_b \tag{5.111}$$

를 얻는다. 한편 벽에서의 열전달은

$$q_w = h A_w (T_w - T_b)$$

이고 전단응력을 계산하면

$$\tau_w = \frac{\Delta p (\pi d_o^2)}{4\pi d_o L} = \frac{\Delta p}{4} \frac{d_o}{L}$$

로 된다. 또 압력강하 Δp를 마찰계수(friction factor) f로 나타내면

$$\Delta p = f \frac{L}{d_o} \rho \frac{u_m^2}{2} \tag{5.112}$$

따라서

$$\tau_w = \frac{f}{8} \rho u_m^2 \tag{5.113}$$

이 된다. τ_w와 q_w의 식을 식 (5.111)에 대입하면

$$\text{St} = \frac{h}{\rho c_p u_m} = \frac{\text{Nu}_d}{\text{Re}_d \, \text{Pr}} = \frac{f}{8} \tag{5.114}$$

를 얻는다. 식 (5.114)를 관내의 흐름에 대한 Reynolds 유사(Reynolds analogy)라고 부른다. 이 식은 관내의 흐름에 대해서 열전달률과 마찰손실을 연결하는 관계식이다. 이 관계식은 Prandtl 수가 1에 가까운 기체를 쓴 실험과 잘 일치한다. ($\text{Pr} = 1$은 Reynolds 유사를 유도하는데 쓴 가정 중의 하나이다.)

매끄러운 관 내부를 흐르는 흐름에 대해서 Reynolds 수가 약 2×10^5이 될 때까지의 난류마찰계수에 대한 실험식은

$$f = \frac{0.316}{\mathrm{Re}_d^{1/4}} \tag{5.115}$$

으로 주어진다. 식 (5.115)를 식 (5.114)에 대입하면

$$\frac{\mathrm{Nu}_d}{\mathrm{Re}_d\ \mathrm{Pr}} = 0.0395\ \mathrm{Re}_d^{-1/4}$$

을 얻는다. Prandtl 수를 1이라고 가정하였으므로 이 식은

$$\mathrm{Nu}_d = 0.0395\ \mathrm{Re}_d^{3/4} \tag{5.116}$$

이 된다. 그러나 매끄러운 관 안에서의 난류열전달관계에 대하여 위와 같이 유도된 식은 $\mathrm{Pr} \approx 1.0$이란 가정 때문에 사용할 때에는 많은 제한이 있다. 5.7절의 열전달과 유체마찰 사이의 유사성에서 언급한 바와 같이 평판문제에서의 Prandtl 수에 관한 의존도는 $\mathrm{Pr}^{2/3}$에 비례하게 되는데 이 관계가 관내의 난류흐름에서도 잘 맞는다는 것이 판명되었다. 따라서 식 (5.114)와 (5.116)은 다음과 같이 수정된다.

$$\mathrm{St}\ \mathrm{Pr}^{2/3} = \frac{f}{8} \tag{5.114a}$$

$$\mathrm{Nu}_d = 0.0395\ \mathrm{Re}_d^{3/4}\ \mathrm{Pr}^{1/3} \tag{5.116a}$$

식 (5.116*a*)는 실험값보다 좀 더 큰 열전달계수를 나타내게 됨을 6장에서 알게 될 것이다. 그러나 여기서 이와 같은 관계식에 관한 유도과정을 논의하는 목적은 아주 간단한 해석적인 방법을 사용하여도 난류열전달에 대한 관계식을 유도할 수 있다는 것이다. 이미 지적한 바와 같이 열전달과 유체마찰 사이의 Reynolds 유사성을 이론적으로 설명하는 것은 이 교과서의 범위를 벗어나는 일이므로 여기서는 다만 물리적 과정의 일반적인 성질을 설명하기 위하여 간단한 해설만을 소개하였다.

매끈한 관 안에서의 난류흐름에 대한 정확한 관계식은 식 (6.4*a*) 인데 학생들이 우선 비교하여 볼 수 있도록 미리 써 본다면 다음과 같다.

$$\mathrm{Nu}_d = 0.023\ \mathrm{Re}_d^{0.8}\ \mathrm{Pr}^{0.4} \tag{6.4a}$$

식 (6.4*a*)에서 모든 성질은 체적온도에서 구하여야 한다.

5-12 고속유동에서의 열전달

5.6절에서 경계층 열전달을 논의할 때 경계층 내에서 점성소산(viscous dissipation)은 무시하였다. 그러나 고속비행기의 경우와 같이 자유흐름의 속도가 매우 클 때에는 이 효과를 고려해야 된다. 먼저 단열적인 경우, 즉 완전히 단열된 벽의 경우를 생각한다. 이때 열전달은 일어나지 않으나 벽의 온도는 자유흐름의 온도보다 훨씬 높다. 벽의 온도가 높은 이유는 다음과 같다. (1) 유체가 평판에서 정지되어 흐름의 운동에너지가 내부열에너지로 변환되기 때문에 생기는 유체온도의 증가 (2) 점성소산에 의한 가열효과 첫째 이유에 대하여 고찰

하여 보자. 기체가 정지하게 되면 기체의 운동에너지는 열에너지로 바뀌는데 이 과정은 단열과정에 대한 정상흐름의 에너지방정식

$$i_0 = i_\infty + \frac{1}{2g_c}u_\infty^2 \tag{5.117}$$

으로 기술될 수 있다. 여기서 i_0는 기체의 정체엔탈피(stagnation enthalpy)이다. 이 방정식을 온도로 표시하면

$$c_p(T_0 - T_\infty) = \frac{1}{2g_c}u_\infty^2$$

이 된다. 여기서 T_0는 정체온도, T_∞는 자유흐름의 정온도(Static temperature)이다. 자유흐름의 Mach수로 T_0와 T_∞와의 관계를 나타내면

$$\frac{T_0}{T_\infty} = 1 + \frac{\gamma - 1}{2}M_\infty^2 \tag{5.118}$$

을 얻는다. 여기서 M_∞는 Mach 수이고 $M_\infty = u_\infty/a$로 정의된다. a는 음속을 나타낸다. 이상기체에 대해서 R을 기체상수라고 하면

$$a = \sqrt{\gamma g_c RT} \tag{5.119}$$

를 사용하여 a를 계산할 수 있다.

경계층문제의 실제 경우에서 점성의 작용은 열역학적 의미에서 비가역과정이므로 유체를 가역적으로 정지상태에 이르게 할 수는 없다. 또 자유흐름의 운동에너지 전부를 열에너지로 바꿀 수 없다 일부는 열로, 또 일부는 점성일의 형태로 소산된다. 경계층의 흐름에서 비가역성을 고려에 넣기 위하여 회복인자(recovery factor)를 다음과 같이 정의한다.

$$r = \frac{T_{aw} - T_\infty}{T_0 - T_\infty} \tag{5.120}$$

여기서 T_{aw}는 실제 단열벽의 온도를 나타내며 T_∞는 자유흐름의 정온도를 나타낸다. 회복인자는 실험적으로 결정할 수 있으며 몇몇 경우에는 해석적으로 계산할 수도 있다.

경계층 에너지방정식

$$u\frac{\partial T}{\partial x} + v\frac{\partial T}{\partial y} = \alpha\frac{\partial^2 T}{\partial y^2} + \frac{\mu}{\rho c_p}\left(\frac{\partial u}{\partial y}\right)^2$$

은 고속흐름의 경우 점성가열(viscous heating)항을 고려하면 풀 수 있다. 완전한 해는 복잡하지만 최종결과는 매우 간단하다. 여기서는 그 결과만 나타내고 이 결과를 어떻게 응용하는가를 공부하겠다. 식 (5.22)의 더 정확한 해를 구하려면 부록 B를 참조하기 바란다. Eckert의 연구보고서 [4]에 고속흐름의 열전달이 잘 요약되어 있다. 고속흐름일 때 단열벽의 전형적인 경계층에서의 온도분포는 그림 B.3에 그려 있다.

고속흐름의 열전달이론의 본질적인 결론을 평균열전달계수를

$$q = \bar{h}A(T_w - T_{aw}) \tag{5.121}$$

로 정의할 때 고속흐름의 열전달률을 저속 비압축성 유체의 경우와 똑같은 관계식을 사용하여 계산할 수 있다는 것이다. 이 정의에서 단열벽온도와 실제 벽온도와의 차이를 사용했으므로 식 (5.121)은 벽온도가 단열벽온도와 같을 때 열전달의 값이 0이다. Prandtl 수가 1에 가까운 기체에 대하여 회복인자는 다음과 같은 관계식을 만족한다.

$$\text{층류:} \quad r = \text{Pr}^{1/2} \tag{5.122}$$

$$\text{난류:} \quad r = \text{Pr}^{1/3} \tag{5.123}$$

이 회복인자를 식 (5.120)과 같이 쓰면 단열벽온도를 얻을 수 있다.

고속흐름의 경계층에서는 온도구배가 매우 커져서 경계층을 지나면 유체의 성질이 매우 달라진다. 그러나 Eckert가 추천한 기준온도 T^*에서의 유체의 성질을 쓰면 일정한 성질의 열전달 방정식을 그대로 사용할 수 있다. 기준온도 T^*는 다음과 같이 정의된다.

$$T^* = T_\infty + 0.50(T_w - T_\infty) + 0.22(T_{\alpha w} - T_\infty) \tag{5.124}$$

열전달과 유체마찰[식 (5.56)]과의 유사성도 마찰계수를 알면 쓸 수 있다. 고속흐름의 열전달계산에 쓰이는 관계식을 요약하면

층류경계층 $\text{Re}_x < 5 \times 10^5$):

$$\text{St}_x^* \, \text{Pr}^{*2/3} = 0.332 \, \text{Re}_x^{*-1/2} \tag{5.125}$$

난류경계층 $5 \times 10^5 < \text{Re}_x < 10^7$):

$$\text{St}_x^* \, \text{Pr}^{*2/3} = 0.0296 \, \text{Re}_x^{*-1/5} \tag{5.126}$$

난류경계층 $(10^7 < \text{Re}_x < 10^9)$

$$\text{St}_x^* \, \text{Pr}^{*2/3} = 0.185(\log \text{Re}_x^*)^{-2.584} \tag{5.127}$$

위 식에서 위첨자 (*)는 식 (5.124)에서 계산된 기준온도에서 유체의 성질을 계산했다는 것을 나타낸다.

평균열전달계수를 구하려면 앞에서 쓴 표현을 평판의 길이에 대해서 적분하면 된다. Reynolds 수가 식 (5.127)을 써야 하는 범위$(10^7 < \text{Re}_x < 10^9)$에 속하면 해석적으로 적분할 수 없기 때문에 수치적분법을 써야 한다. 고속흐름의 열전달을 계산할 때 기준온도가 경계층의 층류부분과 난류부분에 따라 다른데, 이와 같이 기준온도가 다른 이유는 식 (5.122)와 (5.123)에서 처럼 층류와 난류에 대해서 회복인자가 다르기 때문이다.

흐름속도가 매우 클 때 단열벽온도가 고온으로 되어 기체의 해리(dissociation)가 생기고 이때 경계층에서는 유체의 성질에 매우 큰 변화가 나타난다. 이 경우 Eckert [4]는 엔탈피 차이를 사용하여 정의한 열전달계수를 쓰도록 추천하고 있다. 즉,

$$q = h_i A(i_w - i_{aw}) \tag{5.128}$$

이때 엔탈피 회복인자를

$$r_i = \frac{i_{aw} - i_\infty}{i_0 - i_\infty} \tag{5.129}$$

(여기서 i_{aw}는 단열벽에서의 엔탈피)로 정의하면 앞에서 나온 관계식을 사용하여 회복인자와 열전달을 계산할 수 있다. 이때 유체의 성질은

$$i^* = i_\infty + 0.5(i_w - i_\infty) + 0.22(i_{aw} - i_\infty) \tag{5.130}$$

로 정의되는 기준엔탈피 i^*에서의 값을 쓴다. 이때 Stanton 수는

$$\mathrm{St}_i = \frac{h_i}{\rho u_\infty} \tag{5.131}$$

로 정의된다. 식 (5.125), (5.126) 또는 식 (5.127)에 위의 Stanton 수를 대입하여 열전달계수를 계산한다. 위의 관계식에 쓰인 엔탈피는 총엔탈피라는 것을 주의해야 한다. 즉, 내부에너지뿐만 아니라 해리의 화학에너지도 포함되어야 한다. 기준엔탈피의 방법은 고속흐름의 열전달을 계산하는데 10% 이내의 오차로 실험과 잘 맞는다는 것이 증명되었다.

예제 5-11 평판상의 고속유동

길이가 70 cm, 폭이 1.0 cm인 평판이 흐름의 상태가 $M = 3$, $p = \frac{1}{20}$ 기압, $T = -40$℃인 풍동 속에 놓여 있다. 평판의 온도를 35℃로 유지하기 위해서는 얼마만큼의 냉각이 필요한가?

■ 풀이

열전달을 계산할 때 필요한 회복인자, 따라서 단열 벽온도가 층류와 난류에 대해서 다르기 때문에 층류영역과 난류영역을 따로 생각하고 문제를 풀어야 한다. 그러나 이 문제에서는 그 차이가 매우 작지만 일반적인 경우에 적용되는 식을 사용하여 문제를 풀기로 한다. 자유흐름의 음속은

$$a = \sqrt{\gamma g_c R T_\infty} = [(1.4)(1.0)(287)(233)]^{1/2} = 306 \text{ m/s} \quad [1003 \text{ ft/s}]$$

이므로 자유흐름의 속도는

$$u_\infty = (3)(306) = 918 \text{ m/s} \quad [3012 \text{ ft/s}]$$

가 된다. 최대 Reynolds 수는 자유흐름이 갖는 상태에서의 유체의 성질을 사용하여 계산한다.

$$\rho_\infty = \frac{(1.0132 \times 10^5)(\frac{1}{20})}{(287)(233)} = 0.0758 \text{ kg/m}^3 \quad [4.73 \times 10^{-3} \text{ lb}_m/\text{ft}^3]$$

$$\mu_\infty = 1.434 \times 10^{-5} \text{ kg/m} \cdot \text{s} \quad [0.0347 \text{ lb}_m/\text{h} \cdot \text{ft}]$$

$$\mathrm{Re}_{L,\infty} = \frac{(0.0758)(918)(0.70)}{1.434 \times 10^{-5}} = 3.395 \times 10^6$$

최대 Reynolds 수가 5×10^5보다 크기 때문에 층류열전달과 난류열전달을 다같이 고려해야 한다. 먼저 층류와 난류 때의 기준온도를 구하고 이 온도에서 유체의 성질을 계산한다.

층류영역:

$$T_0 = T_\infty \left(1 + \frac{\gamma - 1}{2} M_\infty^2\right) = (233)[1 + (0.2)(3)^2] = 652 \text{ K}$$

Prandtl 수를 약 0.7이라고 가정하면

$$r = \mathrm{Pr}^{1/2} = (0.7)^{1/2} = 0.837$$
$$r = \frac{T_{aw} - T_\infty}{T_0 - T_\infty} = \frac{T_{aw} - 233}{652 - 233}$$

그리고 $T_{\alpha w} = 584$ K = 311℃ (592℉)이다. 식 (5.123)에서 기준온도를 계산하면

$$T^* = 233 + (0.5)(35 + 40) + (0.22)(584 - 233) = 347.8 \text{ K}$$

이 온도에서 Prandtl 수를 구하여 보면

$$\mathrm{Pr}^* = 0.697$$

이 되므로 위에서 한 계산이 옳다는 것을 알 수 있다. 만약 Pr^*과 회복인자를 계산할 때 쓴 Prandtl 수의 차이가 많이 나면 이 두 값이 일치할 때까지 반복하여 계산해야 한다.

층류열전달을 계산하는데 쓰이는 유체의 다른 성질은

$$\rho^* = \frac{(1.0132 \times 10^5)(1/20)}{(287)(347.8)} = 0.0508 \text{ kg/m}^3$$
$$\mu^* = 2.07 \times 10^{-5} \text{ kg/m} \cdot \text{s}$$
$$k^* = 0.03 \text{ W/m} \cdot {}^\circ\text{C} \quad [0.0173 \text{ Btu/h} \cdot \text{ft} \cdot {}^\circ\text{F}]$$
$$c_p{}^* = 1.009 \text{ kJ/kg} \cdot {}^\circ\text{C}$$

난류영역:

Pr = 0.7이라고 가정하면

$$r = \mathrm{Pr}^{1/3} = 0.888 = \frac{T_{aw} - T_\infty}{T_0 - T_\infty} = \frac{T_{aw} - 233}{652 - 233}$$
$$T_{aw} = 605 \text{ K} = 332^\circ\text{C}$$
$$T^* = 233 + (0.5)(308 - 233) + (0.22)(605 - 233) = 352.3 \text{ K}$$
$$\mathrm{Pr}^* = 0.695$$

Pr^*와 가정한 Prandtl 수와는 매우 잘 일치한다. 난류열전달을 계산하는데 필요한 유체의 성질은

$$\rho^* = \frac{(1.0132 \times 10^5)(1/20)}{(287)(352.3)} = 0.0501 \text{ kg/m}^3$$
$$\mu^* = 2.09 \times 10^{-5} \text{ kg/m} \cdot \text{s}$$
$$k^* = 0.0302 \text{ W/m} \cdot {}^\circ\text{C} \qquad c_p{}^* = 1.009 \text{ kJ/kg} \cdot {}^\circ\text{C}$$

층류열전달:

$$\mathrm{Re}^*_{\text{crit}} = 5 \times 10^5 = \frac{\rho^* u_\infty x_c}{\mu^*}$$
$$x_c = \frac{(5 \times 10^5)(2.07 \times 10^{-5})}{(0.0508)(918)} = 0.222 \text{ m}$$

$$\overline{\mathrm{Nu}^*} = \frac{\bar{h}x_c}{k^*} = 0.664\left(\mathrm{Re}^*_{\mathrm{crit}}\right)^{1/2}\ \mathrm{Pr}^{*1/3}$$
$$= (0.664)(5\times 10^5)^{1/2}(0.697)^{1/3} = 416.3$$
$$\bar{h} = \frac{(416.3)(0.03)}{0.222} = 56.25\ \mathrm{W/m^2\cdot{}^\circ C}\quad [9.91\ \mathrm{Btu/h\cdot ft^2\cdot{}^\circ F}]$$

지금 층류경계층에 대한 평균열전달계수를 $\bar{h}$를 구하였으므로 열전달은

$$q = \bar{h}A(T_w - T_{aw})$$
$$= (56.26)(0.222)(308 - 584)$$
$$= -3445\ \mathrm{W}\quad [-11{,}750\ \mathrm{Btu/h}]$$

따라서 평판의 층류영역에서는 z방향으로 1 m의 폭당 3445 W의 냉각이 필요하다.

난류열전달:

난류열전달을 계산하기 위해서는

$$\mathrm{St}^*_x\ \mathrm{Pr}^{*2/3} = 0.0296\ \mathrm{Re}_x^{*-1/5}$$

에서 국소열전달계수에 대한 식을 얻은 후, $x = 0.222$ m에서 $x = 0.7$ m까지 적분하여 총 열전달을 결정한다.

$$h_x = \mathrm{Pr}^{*-2/3}\rho^* u_\infty c_p(0.0296)\left(\frac{\rho^* u_\infty x}{\mu^*}\right)^{-1/5}$$

$$h_x = 94.34x^{-1/5}$$

평균열전달계수는

$$\bar{h} = \frac{\int_{0.222}^{0.7} h_x\,dx}{\int_{0.222}^{0.7} dx} = 111.46\ \mathrm{W/m^2\cdot{}^\circ C}\quad [19.6\ \mathrm{Btu/h\cdot ft^2\cdot{}^\circ F}]$$

이다. 이 값을 사용하여 평판의 난류경계층에서의 열전달을 계산할 수 있다.

$$q = \bar{h}A(T_w - T_{aw})$$
$$= (111.46)(0.7 - 0.222)(308 - 605)$$
$$= -15{,}823\ \mathrm{W}\quad [-54{,}006\ \mathrm{Btu/h}]$$

냉각에 필요한 총 열량은 경계층의 층류부분과 난류부분에서의 열전달의 합과 같다.

$$\text{총냉각열량} = 3445 + 15{,}823 = 19{,}268\ \mathrm{W}\ \ [65{,}761\ \mathrm{Btu/h}]$$

이들 계산에서 z방향으로의 폭은 1 m로 가정하였다.

5-13 요 약

이 장의 대부분은 수평평판 및 그와 연관된 열전달에 대해 살펴보았다. 독자의 편의를 위해 열전달, 경계층두께, 그리고 마찰계수 식들을, 조건 및 변수의 적용범위에 따라, 표 5.2에 요약하였다. 현재의 시점에서 대류열전달이 완전하게 다 취급된 것은 아니며, 6장 및 7장에서 더 깊이 있게 다루어질 것이다. 비록 그렇더라도 여기서 대류열전달문제의 해 구하는 과정을 살펴 보면 다음과 같다.

[표 5.2] 평판 위의 흐름에 대한 열전달공식의 요약. 다른 언급이 없는 한 성질값은 $T_f = (T_w + T_\infty)/2$에서 구할 것.

유동영역	제한조건	공식	식 번호
		열전달	
층류, 국소	$T_w = \text{일정}, \mathrm{Re}_x < 5 \times 10^5$, $0.6 < \mathrm{Pr} < 50$	$\mathrm{Nu}_x = 0.332\,\mathrm{Pr}^{1/3}\mathrm{Re}_x^{1/2}$	(5-44)
층류, 국소	$T_w = \text{일정}, \mathrm{Re}_x < 5 \times 10^5$, $\mathrm{Re}_x\,\mathrm{Pr} > 100$	$\mathrm{Nu}_x = \dfrac{0.3387\,\mathrm{Re}_x^{1/2}\,\mathrm{Pr}^{1/3}}{\left[1+\left(\dfrac{0.0468}{\mathrm{Pr}}\right)^{2/3}\right]^{1/4}}$	(5-51)
층류, 국소	$q_w = \text{일정}, \mathrm{Re}_x < 5 \times 10^5$, $0.6 < \mathrm{Pr} < 50$	$\mathrm{Nu}_x = 0.453\,\mathrm{Re}_x^{1/2}\,\mathrm{Pr}^{1/3}$	(5-48)
층류, 국소	$q_w = \text{일정}, \mathrm{Re}_x < 5 \times 10^5$	$\mathrm{Nu}_x = \dfrac{0.4637\,\mathrm{Re}_x^{1/2}\,\mathrm{Pr}^{1/3}}{\left[1+\left(\dfrac{0.0207}{\mathrm{Pr}}\right)^{2/3}\right]^{1/4}}$	(5-51)
층류, 평균	$\mathrm{Re}_L < 5 \times 10^5, T_w = \text{일정}$	$\overline{\mathrm{Nu}}_L = 2\,\mathrm{Nu}_{x=L} = 0.664\,\mathrm{Re}_L^{1/2}\,\mathrm{Pr}^{1/3}$	(5-46)
층류, 국소	$T_w = \text{일정}, \mathrm{Re}_x < 5 \times 10^5$, $\mathrm{Pr} \ll 1$ (액체금속)	$\mathrm{Nu}_x = 0.564(\mathrm{Re}_x\,\mathrm{Pr})^{1/2}$	
층류, 국소	$T_w = \text{일정}$, $x = x_0, \mathrm{Re}_x < 5 \times 10^5$, $0.6 < \mathrm{Pr} < 50$	$\mathrm{Nu}_x = 0.332\,\mathrm{Pr}^{1/3}\,\mathrm{Re}_x^{1/2}\left[1-\left(\frac{x_0}{x}\right)^{3/4}\right]^{-1/3}$	(5-43)
층류, 국소	$T_w = \text{일정}, 5 \times 10^5 < \mathrm{Re}_x < 10^7$	$\mathrm{St}_x\,\mathrm{Pr}^{2/3} = 0.0296\,\mathrm{Re}_x^{-0.2}$	(5-81)
층류, 국소	$T_w = \text{일정}, 10^7 < \mathrm{Re}_x < 10^9$	$\mathrm{St}_x\,\mathrm{Pr}^{2/3} = 0.185(\log \mathrm{Re}_x)^{-2.584}$	(5-82)
층류, 국소	$q_w = \text{일정}, 5 \times 10^5 < \mathrm{Re}_x < 10^7$	$\mathrm{Nu}_x = 1.04\,\mathrm{Nu}_{x\,T_w=\text{일정}}$	(5-87)
층류-난류, 평균	$T_w = \text{일정}, \mathrm{Re}_x < 10^7$, $\mathrm{Re}_{\text{crit}} = 5 \times 10^5$	$\overline{\mathrm{St}}\,\mathrm{Pr}^{2/3} = 0.037\,\mathrm{Re}_L^{-0.2} - 871\,\mathrm{Re}_L^{-1}$ $\overline{\mathrm{Nu}}_L = \mathrm{Pr}^{1/3}(0.037\,\mathrm{Re}_L^{0.8} - 871)$	(5-84) (5-85)
층류-난류, 평균	$T_w = \text{일정}, \mathrm{Re}_x < 10^7$, 액체, μ at T_∞, μ_w at T_w	$\overline{\mathrm{Nu}}_L = 0.036\,\mathrm{Pr}^{0.43}(\mathrm{Re}_L^{0.8} - 9200)\left(\frac{\mu_\infty}{\mu_w}\right)^{1/4}$	(5-86)
고속유동	$T_w = \text{일정}$, $q = hA(T_w - T_{aw})$ $r = (T_{aw} - T_\infty)/(T_o - T_\infty)$ $=$ 회복인자 $= \mathrm{Pr}^{1/2}$ (층류) $= \mathrm{Pr}^{1/3}$ (난류)	성질은 아래의 기준온도에서 구하고 공식은 저속유동에서와 같음 $T^* = T_\infty + 0.5(T_w - T_\infty) + 0.22(T_{aw} - T_\infty)$	(5-124)
		경계층의 두께	
층류	$\mathrm{Re}_x < 5 \times 10^5$	$\frac{\delta}{x} = 5.0\,\mathrm{Re}_x^{-1/2}$	(5-21a)
난류	$\mathrm{Re}_x < 10^7$, $\delta = 0$ at $x = 0$	$\frac{\delta}{x} = 0.381\,\mathrm{Re}_x^{-1/5}$	(5-91)
난류	$5 \times 10^5 < \mathrm{Re}_x < 10^7$, $\mathrm{Re}_{\text{crit}} = 5 \times 10^5$, $\delta = \delta_{\text{lam}}$ at $\mathrm{Re}_{\text{crit}}$	$\frac{\delta}{x} = 0.381\,\mathrm{Re}_x^{-1/5} - 10{,}256\,\mathrm{Re}_x^{-1}$	(5-95)
		마찰계수	
층류, 국소	$\mathrm{Re}_x < 5 \times 10^5$	$C_{fx} = 0.332\,\mathrm{Re}_x^{-1/2}$	(5-54)
난류, 국소	$5 \times 10^5 < \mathrm{Re}_x < 10^7$	$C_{fx} = 0.0592\,\mathrm{Re}_x^{-1/5}$	(5-77)
난류, 국소	$10^7 < \mathrm{Re}_x < 10^9$	$C_{fx} = 0.37(\log \mathrm{Re}_x)^{-2.584}$	(5-78)
난류, 평균	$\mathrm{Re}_{\text{crit}} < \mathrm{Re}_x < 10^9$	$\overline{C}_f = \frac{0.455}{(\log \mathrm{Re}_L)^{2.584}} - \frac{A}{\mathrm{Re}_L}$ A값은 표 5.1 참조	(5-79)

1. 상황을 기하학적으로 묘사한다; 지금까지는 주로 수평평판 유동에 국한하였다.
2. 관련 유체를 결정하고 유체의 물성값을 구한다; 일반적으로 막온도에서 구한다.
3. 경계조건을 세운다(즉, 일정온도 또는 일정열유속 조건).
4. Re 수의 크기에 따라 유동형태(regime)를 결정한다.
5. 유동형태 및 유체의 물성값 적용범위를 고려하여 적절한 식을 선택한다.
6. 대류열전달계수 및 열전달을 계산한다.

7장의 결론부분에서는 모든 대류문제에 대한 일반적인 해석 과정이 제시될 것이며, 표 5.2에 나타나 있는 정보는 전반적인 대류문제 해결에 있어 필요한 기본자료들을 포함하고 있다. 관심있는 독자는, 이러한 정보에 대한 사전 검토를 위해 그리고 5장의 내용과는 좋은 상관관계가 있음을 인식하기 위해, 7-14절과 그림 7.15를 미리 참조해 보기 바란다.

복습문제

1. 유체역학적 경계층이란 무엇인가?
2. Reynolds 수를 정의하여라. 왜 이 수가 중요한가?
3. 점성효과의 물리적 현상을 설명하여라.
4. 물리적인 의미에서 층류 및 난류흐름을 구분하여라.
5. 평판의 층류경계층에 대한 운동량방정식은 어떻게 되는가? 이 방정식을 유도할 때 어떤 가정이 필요한가?
6. 경계층의 두께는 어떻게 정의되는가?
7. 평판 위에서의 층류경계층에 대한 에너지방정식은 어떻게 되는가? 이 방정식을 유도할 때 어떤 가정이 필요한가?
8. 열경계층은 무엇을 의미하는가?
9. Prandtl 수를 정의하여라. 왜 이 수가 중요한가?
10. 대류의 물리적 현상을 기술하여라. 대류열전달계수는 이 현상에 어떻게 관계되는가?
11. 흐름마찰과 열전달의 관계를 설명하여라.
12. 체적온도를 정의하여라. 이 온도는 어떻게 사용되는가?
13. 고속흐름에 대한 열전달을 계산할 때 열전달계수는 어떻게 정의되는가?

예제 목록

5-1 디퓨저 안의 물의 유동
5-2 공기의 등엔트로피 팽창
5-3 질량유동과 경계층 두께
5-4 전체 길이에 대해 가열되는 등온평판
5-5 일정 열유속을 갖는 평판
5-6 비가열 선단부를 갖는 평판

5-7 가열평판상의 오일유동
5-8 평판상의 항력
5-9 등온평판상의 난류열전달
5-10 난류경계층 두께
5-11 평판상의 고속유동

연습문제

5-1 어떤 노즐이 공기를 1.38 MPa, 200℃의 정체상태에서 0.138 MPa의 상태로 팽창시키도록 설계되어 있다. 유동의 질량유량은 4.5 kg/s가 되도록 설계되어 있다. 이 노즐이 풍동과 연결되어 완전히 빈 탱크로 공기를 분사한다고 하자. 탱크 내의 압력이 0.138 MPa일 때 탱크 내의 공기온도는 얼마가 되는가? 단, 탱크는 완전히 단열되어 있고 공기는 이상기체이며 노즐에서의 팽창은 등엔트로피 과정이라고 가정한다.

5-2 평판 위의 흐름에 대하여 선형속도분포

$$\frac{u}{u_\infty} = \frac{y}{\delta}$$

를 사용하여 경계층의 두께를 x의 함수로 나타내어라.

5-3 연속방정식

$$\frac{\partial u}{\partial x} + \frac{\partial v}{\partial y} = 0$$

및 속도분포

$$\frac{u}{u_\infty} = \frac{3}{2}\frac{y}{\delta} - \frac{1}{2}\left(\frac{y}{\delta}\right)^3$$

그리고 경계층의 두께를 나타내는 관계식

$$\frac{\delta}{x} = \frac{4.64}{\sqrt{\mathrm{Re}_x}}$$

를 사용하여 y성분 속도 v를 x와 y의 함수로 나타내어라. 예제 5-3과 같은 조건하에 선단으로부터의 거리가 6 in 및 12 in되는 곳에서의 경계층의 끝(outer edge), 즉 $y = \delta$에서의 v값을 계산하여라.

5-4 문제 5-2와 같은 선형속도분포에 대해서 문제 5-3을 풀어라.

5-5 문제 5-2의 선형속도분포와 식 (5.30)으로 주어지는 온도분포를 사용하여 평판 위의 층류 경계층에 대해서 열전달계수를 Reynolds 수의 함수로 구하여라.

5-6 20 kPa, 5℃의 공기가 1.5 m/s의 속도로 지름 2.5 cm의 관으로 들어온다. 평판인 경우에 사용한 원리를 사용하여 입구로부터 흐름이 완전히 발달된(fully developed) 곳까지의 거리를 구하여라.

5-7 2기압, 2℃의 산소가 30 m/s의 속도로 한 변이 50 cm인 정사각형 평판 위를 흐른다. 평판의 온도가 127℃를 유지하고 있을 때 평판으로부터의 전체 열손실을 구하여라.

5-8 유체가 두 평행평판 사이를 흐른다. 흐름이 완전히 발달되었을 때 속도분포를 두 평판 사이의 중심선으로부터의 거리의 함수로 나타내어라.

5-9 식 (5.32)로 주어진 에너지방정식을 사용하여 다음과 같은 조건하에서 열전달계수를 결정하여라.

$$u = u_\infty = \text{일정} \quad \frac{T - T_w}{T_\infty - T_w}$$

여기서 δ_t는 열경계층의 두께이다.

5-10 $\mu = \mu_\infty$(일정)인 조건하에서 평판의 층류경계층에서의 열전달에 대한 식을 유도하라. 온도분포는 식 (5.30)으로 주어진다고 가정한다. 이 풀이는 평판 위를 흐르는 액체 금속에서 관측되는 조건과 비슷하다.

5-11 압력기울기가 없는 평판 위의 비압축성 층류경계층에서 $y = 0$일 때 $\partial^3 u/uy^3 = 0$임을 증명하여라.

5-12 이 장의 해석적인 전개를 복습하고 식 (5.25), (5.26), (5.44), (5.46), (5.85), (5.107)에 적용되는 제한조건을 나열하여라.

5-13 아래와 같은 유체에 대하여 유체역학적 경계층의 두께에 대한 열경계층 두께의 비를 계산하여라. (*a*) 1기압, 20℃의 공기, (*b*) 20℃의 물, (*c*) 1기압, 20℃의 헬륨, (*d*) 20℃의 액체암모니아, (*e*) 20℃의 글리세린.

5-14 평판 위를 3 m/s의 속도로 흐르는 15℃의 물에 대하여 평판의 선단으로부터 5 cm되는 곳의 경계층을 통하여 흐르는 유체의 질량을 계산하여라.

5-15 90℃, 1기압의 공기가 30 m/s의 속도로 평판 위를 흐른다. 평판의 선단으로부터 2.5 cm되는 곳에서의 경계층의 두께는 얼마인가?

5-16 20 kPa, 20℃의 공기가 일정속도 20 m/s로 평판 위를 흐른다. 평판은 선단으로부터7.5 cm되는 곳에서부터 75℃로 가열된다. 선단에서부터 35 cm되는 곳까지의 총 열전달을 계산하여라.

5-17 15℃의 물이 두 평행평판 사이를 1.5 m/s의 속도로 흐른다. 이때 평판은15 mm의 간격으로 떨어져 있다. 선단에서 흐름이 완전히 발달되는 곳까지의 거리를 계산하여라.

5-18 1기압, 27℃의 공기가 평판 위를 20 m/s의 속도로 흐른다. 평판은 한 변의 길이가 60 cm인 정사각형이고 97℃의 일정온도로 유지되어 있다. 평판으로부터의 열전달을 계산하여라.

5-19 7 kPa, 35℃인 공기가 7.5 m/s의 속도로 한 변의 길이가 50 cm인 정사각형판 위를 흐르고 있다. 판의 온도가 65℃로 유지되고 있을 때 판으로부터의 열손실은 얼마인가?

5-20 1기압, 90℃이 공기가 60 m/s의 속도로 수평한 판 위를 흐른다. 판은 한 변의 길이가 60 cm인 정사각형이고 균일한 온도 10℃로 유지되고 있다. 총열전달은 얼마인가?

5-21 2기압, 500 K인 질소가 25 m/s의 속도로 한 변이 40 cm인 정사각형 평판 위를 흐르게 하여 평판을 냉각시켜 주고 있다. 평판이 300 K의 일정온도를 유지하고 있을 때 평판으로부터의 열손실을 구하여라.

5-22 다음 각 조건에서 길이가 1 m인 평판 위를 흐르는 흐름에 대하여 열전달계수 대 길이의 그래프를 그려라.

(*a*) 1 lb/in^2 abs, 80℉의 헬륨, $u_\infty = 10$ ft/s(3.048 m/s)

(b) 1 lb/in^2 abs, 80℉의 수소, $u_\infty = 10$ ft/s

(c) 1 lb/in^2 abs, 80℉의 공기, $u_\infty = 10$ ft/s

(d) 80℉의 물, $u_\infty = 10$ ft/s

(e) 20 lb/in^2 abs, 80℉의 헬륨, $u_\infty = 10$ ft/s

5-23 한 변의 길이가 20 cm인 정사각형 판 위를 35℃, 14 kPa이 공기가 흐를 때 열전달을 계산하여라. 여기서 판의 온도는 250℃이고 자유흐름의 속도는 6 m/s이다.

5-24 20 kPa, 20℃의 공기가 길이 60 cm인 평판 위를 흐른다. 자유흐름의 속도는 30m/s이고, 평판은 55℃의 온도로 유지되고 있다. $x = 30$ cm에서 μ가 22.5 m/s로 되는 y의 값을 구하여라.

5-25 문제 5-24에서 평판의 선단으로부터의 거리가 15 cm되는 곳에서 마찰계수는 얼마인가?

5-26 압력, 온도, 유속이 각각 200 kPa, 27℃, 30 m/s인 공기가 정방형 수평 평 판 위를 흐른다. 평판은 57℃로 등온을 유지하고 있으며, 평판의 끝단 (edge)에서 Re 수가 10^6일 때 열전달을 계산하여라.

5-27 문제 5-26에서 평판 끝단에서 경계층두께를 계산하여라. 필요한 가정을 써 보라.

5-28 5℃, 70 kPa의 공기가 평판 위를 6 m/s로 흐른다. 길이 2.5 cm의 열원조각이 선단으로부터의 거리가 15 cm되는 평판 위에 놓여 있다. 열원의 온도가 65℃일 때 평판의 단위폭당 열원조각에서 소비되는 열량을 구하여라.

5-29 1기압, 27℃인 공기가 폭이 15 m인 긴 콘크리트 표면에 흐르고 있으며 이때 콘크리트의 온도는 55℃이다. 공기의 속도가 4.5 m/s라면 콘크리트 표면으로부터의 단위 길이당 대류열손실은 얼마인가?

5-30 온도가 400 K이고 한 변의 길이가 1 m인 정사각형 평판 위를 300 K 및 75 kPa의 공기가 45m/s의 속도로 흐르고 있을 때 평판으로부터의 열손실을 계산하여라.

5-31 온도가 50℃이고 한 변의 길이가 50 cm인 정사각형 수평평판 위를 50 kPa및 10℃의 공기가 20 m/s의 속도로 흐르고 있을 때 평판으로부터의 열손실을 계산하여라.

5-32 한 변의 길이가 20 cm인 정사각형 평판 위를 10℃ 및 0.2기압의 공기가 5m/s의 속도로 흐르고 있다. 평판은 열유속이 일정하게 유지되도록 히터 장치가 되어 있고 평판의 평균온도는 100℃가 되도록 하였다. 평판의 열유속과 $x = 10$ cm되는 곳의 h값을 계산하여라.

5-33 한 변의 길이가 1 m인 정사각형 평판 위에 아래와 같은 유체가 흐를 때 Reynolds 수가 10^7이 될 수 있는 자유흐름속도를 계산하여라. (a) 20℃의 물, (b) 1대기압 및 20℃의 공기, (c) 20℃의 프레온 12, (d) 20℃의 암모니아, (e) 20℃의 헬륨.

5-34 문제 5-31에서 모든 유체의 성질은 20℃의 것을 사용하여 각 경우에 대한 평균대류열전달계수를 계산하여라.

5-35 문제 5-33에서 각 경우에 대하여 평판의 끝에서의 경계층두께를 계산하여라.

5-36 한 변의 길이가 25 cm인 정사각형 평판의 앞면은 흑색페인트를 칠하여 태양에 노출되어 800 W/m^{2}의 일정한 열유속을 받고 있고 뒷면은 단열되어 있기 때문에 흡수된 모든 에너지는 평판 위를 3 m/s로 흐르고 있는 1대기압, 25℃의 공기 안으로 소산된다. 평판의 평균온도와 평판끝의 온도를 계산하여라.

5-37 0.5기압, 27℃의 공기가 20 m/s의 속도로 한 변이 34 cm인 정사각형 평판 위를 흐른다. 평판의 온도가 127℃를 유지하고 있을 때 평판으로부터의 열손실을 계산하여라.

5-38 3기압, 73℃의 헬륨이 표면온가 113℃인 정사각형 평판(35 × 35 cm)위를 흐른다. 자유 흐름 속도가 50 m/s일 때 평판으로부터의 열손실을 구하여라.

5-39 한 변의 길이가 50 cm인 정사각형평판 위에 1대기압, 300 K의 공기가 평판 끝에서 Reynolds 수가 1.1×10^5이 되는 속도로 불어오고 있다. 평판은 선단에서부터 가열된 것이 아니고 $x = 25$ cm되는 곳부터 400 K로 가열되어 있다. 평판으로부터의 열전달을 계산하여라.

5-40 20℃, 14 kPa 공기가 150℃ 일정온도로 유지되고 있는 평판 위를 150 m/s의 속도로 흐른다. 이때 평판의 길이는 1 m이다. 평판의 단위면적당 평균열전달률은 얼마인가?

5-41 임계 Reynolds 수가 3×10^5, 10^6 및 3×10^6인 경우 식 (5.85)에 해당하는 식을 유도하여라.

5-42 평판 위의 흐름에서 국소열전달계수가 식 (5.81)로 표시되고 경계층은 평판의 선단에서 시작된다고 가정하고 평균열전달계수의 식을 구하여라.

5-43 한 변의 길이가 10 cm인 정사각형 평판 안에 히터를 설치하여 일정한 열유속을 발생하도록 하였고 이 평판 위에 10℃의 물이 3 m/s의 속도로 흐르고 있다. 평판의 온도가 80℃를 초과하지 않고 물속으로 소산될 수 있는 총열량은 얼마인가?

5-44 문제 5-41을 1기압, 300 K의 공기에 대하여 다시 풀어라.

5-45 한 변의 길이가 1 m이고 온도가 500 K인 정사각형의 평판 위를 1기압, 300 K의 헬륨을 50 m/s로 흐르게 하여 평판을 냉각시켜 주고 있다. 평판으로부터의 열손실을 계산하여라. 또 한 헬륨의 흐름이 평판을 떠날 때의 경계층의 두께를 구하여라.

5-46 어떤 여름날 높이가 3.7 m이고 폭이 6.1 m인 건물 주위에 1기압, 27℃의 바람이 시속 10마일의 속도로 불어오고 있으며 건물벽에 부는 바람은 평판상의 흐름과 같이 벽에 평행하다고 가정하라. 건물의 벽은 347 W/m^{2}의 태양열을 모두 대류에 의하여 주위공기로 보내주는 평형상태에 도달하였다고 하고 벽의 평균온도를 구하여라.

5-47 길이가 10 ft이고 폭이 3 ft의 바닥면을 가진 콘칩(corn-chip)을 만드는 냄비의 바닥온도는 420℃로 유지하고 이 냄비 바닥 위를 흐르는 기름의 속도는 1 ft/s이며 자유흐름의 온도는 400℉이다. 기름에 전달되는 열전달과 최대경계층의 두께를 구하여라. 기름의 성질은 $\nu = 2 \times 10^{-6}$ m^2/s, $k = 0.12$ W/m · °C 및 Pr = 40으로 하여라.

5-48 27℃, 1기압의 공기가 한 변의 길이가 4 m이고 온도가 77℃인 정사각형평판위에 40 m/s의 속도로 불어오고 있을 때 평판으로부터의 열전달을 계산하여라.

5-49 건물의 지붕(30 m × 60 m)이 태양으로부터 열을 받아 대기의 온도가 0℃일 때에 300 K가 된다. 지붕($L = 30$ m)에 5 mi/h의 바람이 불 때에 지붕으로부터의 열손실을 계산하여라.

5-50 한 변의 길이가 15 cm인 정사각형평판 위에 1대기압, 30℃의 공기가 10 m/s 의 속도로 불고 있을 때 최대경계층두께를 계산하여라.

5-51 1기압, 300 K의 질소가 33 m/s의 속도로 수평 평판 위를 흐른다. 평판은 400 K의 일정표면온도를

유지한다. 평판의 크기가 60 cm × 30 cm(흐름방향 길이가 60 cm)일 때 평판으로부터의 열손실을 W 단위로 계산하여라.

5-52 대기압, 30℃인 헬륨이 15 m/s의 속도로 정방형 평판 위를 흐른다. $\mathrm{Re}_x = 2.5 \times 10^5$인 지점에서 경계층두께를 계산하여라.

5-53 문제 5-52에서 Re 수($\mathrm{Re}_x = 2.5 \times 10^5$)가 평판의 끝단에서의 값이라고 하고 평 판의 온도가 60℃를 유지한다고 할 때 평판으로부터 열손실을 구하여라.

5-54 온도가 150℃이고 한 변의 길이가 0.5 m인 정사각형평판 위에 0.2 MPa, 25℃의 공기가 60 m/s의 속도로 불고 있을 때 평판으로부터의 열손실을 계산하여라.

5-55 온도가 100℃이고 한 변의 길이가 1 m인 정사각형평판 위에 150 kPa, 20℃의 헬륨이 50m/s의 속도로 불 때 평판으로부터의 열손실을 계산하여라.

5-56 온도가 350 K이고 한 변의 길이가 2 m인 정사각형평판 위에 40 kPa, 250 K의 공기가 20 m/s의 속도로 불 때 평판으로부터의 열손실을 계산하여라.

5-57 온도가 400 K이고 길이가 1.2 m인 직사각형 평판 위에 50 kPa, 300 K의 질소가 100 m/s의 속도로 흐르고 있을 때 평판으로부터의 열손실을 계산하 여라.

5-58 온도가 139℃이고 한 변의 길이가 1m인 정사각형 평판 위에 2대기압, 15℃의 수소가 6m/s의 속도로 흐르고 있을 때 평판으로부터의 열손실을 계산하여라.

5-59 온도가 50℃이고 한 변의 길이가 40 cm인 정사각형 평판 위에 10℃의 액체암모니아가 5 m/s의 속도로 흐르고 있을 때 평판으로부터의 열손실을 계산하여라.

5-60 온도가 136℃이고 한 변의 길이가 1 m인 정사각형 평판 위에 45 kPa, 50℃의 헬륨이 50 m/s의 속도로 흐르고 있을 때 평판으로부터의 열손실을 계산하여라.

5-61 온도가 100℃이고 한 변의 길이가 80 cm인 정사각형 평판 위에 0.1대기압, 10℃의 공기가 300 m/s의 속도로 흐르고 있을 때 평판으로부터의 열손실을 계산하여라.

5-62 온도가 54℃이고 한 변의 길이가 30 cm인 정사각형 평판 위에 21℃의 물이 6 m/s의 속도로 흐르고 있을때 평판으로부터의 열손실을 구하여라.

5-63 평판 위에 1기압, 300 K의 공기가 30 m/s의 속도로 흐르고 있을 때 임계 Reynolds 수를 5×10^5으로 잡고 반–대수 그래프용지에 h_x대 x의 그래프를 작성하여라. 이때 x의 값은 $\mathrm{Re} = 10^9$에 해당하는 값까지 작성하여라. 또한 동일한 x범위에 대하여 평균대류열전달계수 대 x의 그래프를 작성하여라.

5-64 1기압, 350°K의 공기가 30 m/s의 속도로 평판 위에 흐르고 있을때 $\mathrm{Re}_x = 10^6$과 10^7에 해당하는 x위치 사이의 경계층을 통한 질량유량을 계산하여라.

5-65 한 변의 길이가 20 cm인 정사각형 평판 위에 50 kPa, 300 K의 공기가 6 m/s의 속도로 흐르고 있고 평판 안에는 히터를 설치하여 열유속이 일정하게 해 주었다. 평판의 온도가 600 K를 초과하지 않는 범위 안에서 평판으로부터 공기로 소산될 수 있는 총열량은 얼마가 되는가?

5-66 관 전체에서 속도가 일정한 흐름을 관의 서진류(slug flow)라 한다. 벽에서의 열유속이 일정하다는 조건하에서 이 흐름에 대한 열전달계수를 구하고 5-10절의 결과와 비교하라. 이때 차이가 생기는 이유를 물리적인 관점에서 논하여라.

5-67 아래의 3가지 상황에 대한 평균열전달계수를 서로 비교하시오.

(*a*) 1기압, 300 K의 공기가 $\mathrm{Re}_L = 10^5$로 평판 위를 흐를 때

(*b*) 1기압, 300 K의 헬륨이 (*a*)에서와 같은 ρu_∞ 및 L값으로 평판 위를 흐를 때

(*c*) 300 K의 물이 (*a*)에서와 같은 ρu_∞ 및 L값으로 평판 위를 흐를 때

단, 모든 물성값은 300 K일 때로 한다. 이 비교로부터 얻는 결론은 무엇인가?

5-68 1.2기압, 27°C의 공기가 40 m/s의 속도로 한 변이 60 cm인 정사각형 평판 위를 흐른다. 평판이 일정온도 177°C를 유지하고 있을 때 평판의 한 면으로부터의 열손실을 구하여라.

5-69 50.66 kPa, −23°C의 공기가 77°C의 일정온도를 유지하고 있는 정사각형 평판 위를 불어 오고 있다. 공기의 자유 흐름속도는 30 m/s이고 평판의 한 변 길이는 30cm이다. 평판으로부터의 열손실[W]을 구하여라.

5-70 200 kPa, −18°C의 헬륨이 20 m/s의 속도로 평판 위를 흐른다. 평판은 93°C의 일정온도를 유지하고 있다. 평판은 한 변의 길이가 30 cm인 정사각형일 때 열손실[W]을 계산하여라.

5-71 관내의 흐름에서 난류 핵심부(turbulent core)의 속도분포는

$$\frac{u}{u_c} = \left(1 - \frac{r}{r_o}\right)^{1/7}$$

u_c: 중심에서의 속도, r_0: 관의 반지름)으로 주어진다. 층류저층의 속도는 반지름에 따라 선형적으로 변한다고 가정하고 식 (5.115)로 주어지는 마찰계수를 사용하여 층류저층의 두께를 결정하는 방정식을 유도하여라. 이 문제에서 평균속도는 난류 속도분포만을 사용하여 계산할 수 있다.

5-72 문제 5-71의 속도분포를 사용하여 운동량의 와확산계수(eddy diffusivity)를 반지름의 함수로 구하여라.

5-73 열교환기를 만들때 압력강하에 제한을 두고 열전달의 요구를 만족시키는 것이 중요할 때가 많다. 관을 통할 때 압력강하가 고정되어 있을 뿐만 아니라 벽의 온도와 유체의 체적온도의 차이도 고정되어 있고 총열전달량도 고정되어 있을 때 관의 길이와 반지름과의 관계를 구하여라. 여기서 관내의 흐름은 Prandtl 수가 1에 가까운 기체의 난류라고 가정한다.

5-74 물이 2.5 cm지름의 파이프를 통하여 흐른다. 지름으로부터 계산되는 Reynolds 수는 1500이고 흐름은 층류이다. 물의 평균체적온도는 35°C이다. 관에서의 물의 최대속도를 계산하여라($u_m = 0.5u_0$임을 상기하라). 만일 관벽이 일정한 열유속에 있도록 유지된다면 열전달계수는 얼마인가? 단, 온도 및 속도분포는 완전히 발달된 것으로 가정하고 체적온도에서 유체의 성질을 구하여라.

5-75 어떤 동심원통 사이를 흐르는 유체의 유동이 서진 흐름이다. 내부 및 외부원통은 각각 일정한 열유속으로 유지되고 있다. 동심원통의 입구로부터 측방향으로 측정한 거리를 x라고 하자. 같은 x의 거리에서는 내부원통과 외부원통의 온도가 같다고 할 때 온도분포를 나타내는 식을 유도하여라. 단, 유체의 성질은 일정하고 흐름은 층류라고 가정한다.

5-76 3 lb/in^2 abs, 0°F의 공기가 Mach 수 4의 속도로 평판 위를 흐른다. 판은 200°F의 일정 온도로 유지되어 있다. 판의 길이가 18 in이면 200°F의 온도를 유지시키는 데 얼마만큼의 냉각이 필요한가?

5-77 15°C, 7 kPa의 공기가 일정온도 65°C로 유지되고 있는 등온평판 위를 흐른다. 공기의 속도는 600 m/s이다. 판의 길이가 1 m일 때 평균열전달계수를 구하여라.

5-78 7 kPa, −40°C의 공기가 Mach 수 4의 속도로 평판 위를 흐른다. 평판의 온도는 35°C이고 길이는 60 cm이다. 층류경계층 부분의 단열벽온도를 계산하여라.

5-79 Mach수가 2.8이고 $T_\infty = -40°\text{C}$이며 $p = 0.05$기압의 흐름조건을 나타낼 수 있는 풍동장치를 만들려고 한다. 이와 같은 조건에 대한 정체온도는 얼마인가? 또한 평판경계층의 층류 및 난류부분에 대한 단열벽온도는 얼마가 되어야 하느냐? 만약 $\text{Re}_L = 10^7$이 되도록 풍동 안에 평판을 설치하였다면 평판의 온도가 0°C가 되기 위한 열전달은 얼마가 되어야 하는가?

5-80 문제 5-22에서 주어진 계에서 평판의 항력(drag force)을 계산하여라.

5-81 30°C의 글리세린이 1.5 m/s의 속도로 한 변의 길이가 30 cm인 정사각형 평판을 지나 흐른다. 이때 항력이 8.9 N(판의 양면 합하여)이었다. 이 흐름에 대하여 열전달계수를 계산하여라.

5-82 문제 5-23에서 열전달이 없을 때 판에 작용하는 항력(점성마찰에 의한)을 계산하여라. 이 계산에서 유체의 마찰과 열전달과의 유사성을 쓰지 말고 벽에서 점성전단력을 구하여 항력을 계산하여라.

5-83 1기압, 20°C의 질소가 3 m/s의 속도로 130 cm × 130 cm의 평판 위에 흐르고 있고, 평판은 일정한 온도 100°C로 유지되어 있다. 이때 평균표면마찰계수와 평판으로부터의 열전달을 구하여라.

5-84 관 내의 완전히 발달된 층류에 대한 속도분포를 사용하여 식 (5.112)로 정의되는 마찰계수에 관한 식을 구하여라.

5-85 10°C의 엔진오일이 15 cm × 15 cm의 평판 위 $u_\infty = 0.5$ m/s의 속도로 흐르고 있고 평판에는 10 kW/m^{2}의 일정한 열유속이 흐른다. (*a*) 평균온도차, (*b*) 평판선단에서의 온도차, (c) 평균열전달계수를 구하여라. Churchill의 관계식 (5.51)을 이용하여라.

5-86 평판의 끝단온도와 같은 평판의 일정한 표면온도에 대하여 문제 5-85을 풀어라. 또한 총열전달은 얼마인가?

5-87 25°C, 1기압의 공기가 45 m/s의 속도로 평판에 평행하게 유동하고 있을 때 Reynolds 수가 5×10^5 및 10^8이 되기 위한 평판의 길이를 구하여라. 또한 이 Reynolds 수에서 경계층의 두께는 얼마가 되겠는가?

5-88 평판 상에 다음 유체가 $\text{Re} = 5 \times 10^5$으로 평행으로 흐르고 있을 때 경계층의 두께를 구하여라. (*a*) 1기압, 10°C의 공기 (*b*) 10°C의 포화액체상태의 물, (*c*) 1기압, 10°C의 수소 (*d*) 10°C의 포화액체상태의 암모니아 (*e*) 10°C의 포화액체상태의 프레온 12

5-89 평판상에 평행한 유동에 대한 대부분의 열전달 관계식은 다음과 같은 형태 이다.

$$\text{Nu}_x = \frac{h_x x}{k} = C\ \text{Re}_x^n f(\text{Pr})$$

$\overline{h}_L / h_{x=L}$에 대한 관계식을 상수 C와 n의 항으로 나타내어라.

5-90 Reynolds 수가 10,000이고 온도가 20°C인 엔진오일에 대하여 식 (5.51)과 (5.44)를 비교하여라.

5-91 한 변의 길이가 75 cm이고 온도가 350 K의 정사각형 평판 위에 300 K 및 1기압의 공기가 45 m/s

의 속도로 흐르고 있다. 평판의 한 표면으로부터의 열전달과 항력을 계산하여라. 또한 경계층의 층류부분으로부터의 열전달을 구하여라.

5-92 문제 5-87에서 임계 Reynolds 수를 5×10^5으로 하여 임계 Reynolds 수가 되는 점에서의 경계층의 두께를 구하여라. 또, 아래 두 경우에 대하여 평판의 후단(tailing edge)에서의 경계층의 두께를 계산하여라. (*a*) 임계 Reynolds 수까지는 층류경계층이 형성되고 그 이후에는 난류경계층이 되는 경우 (*b*) 평판의 선단으로부터 바로 난류경계층이 형성되는 경우

5-93 문제 5-91에서 평판의 온도만 500 K로 높여주고 자유유동조건은 같다고 하였을 때 아래의 각 온도에서의 물성값을 사용하여 열전달을 계산하고 결과를 토의하라. (*a*) 자유유동온도 (*b*) 막온도 (*c*) 벽온도

5-94 700 W/m^{2}의 일정한 열유속으로 가열되고 있는 한 변의 길이가 30 cm인 정사각형 평판상에 250 K, 1기압의 공기가 10 m/s의 속도로 흐르고 있을때 평판의 선단으로부터 $x = 1, 5, 10, 20$ 및 30 cm되는 곳의 온도를 구하여라.

5-95 온도가 40℃로 유지되고 한 변의 길이가 20 cm인 정사각형 평판상에 20℃의 엔진오일이 10 m/s의 속도로 흐르고 있을 때 평판의 한쪽 표면으로부터의 열손실과 항력을 계산하여라.

5-96 온도가 77℃로 유지되고 길이와 폭이 각각 4 m 및 1 m인 평판상에 27℃, 1기압의 공기가 30 mi/h의 속도로 흐르고 있을 때 평판으로부터의 총열손실을 계산하여라. 또 평판의 선단으로부터 $x = 30$ cm, 50 cm, 1 m 및 4 m 되는 것의 단위면적당 열유속(W/m^2)을 계산하여라.

5-97 한 변의 길이가 10 cm인 정사각형 평판 상에 1기압, 300 K의 공기가 30 m/s로 흐르고 있다. 평판은 선단으로부터 $x = 5$ cm되는 곳까지는 가열되지 않았고 그 이후부터 가열되어 400 K를 유지하고 있을 때 평판으로부터의 열손실을 계산하여라.

5-98 문제 5-97의 평판과 유동조건에서 폭이 0.5 cm, 온도가 400 K의 가열된 조각이 $x = 5$ cm되는 곳부터 유동방향으로 평판의 중앙에 설치되어 있을 때 이 가열된 조각으로부터의 열손실을 계산하여라.

5-99 한 변의 길이가 20 cm인 정사각형 평판 두 개가 서로 3 cm 떨어져서 평행하게 놓여 있고 이 사이에 1기압, 300°K의 공기가 15 m/s의 속도로 흘러 들어오고 있을때 두 경계층이 서로 만날 수 있겠는가?

5-100 한 변의 길이가 20 cm인 정사각형 평판에 15.6℃의 물이 2 m/s로 흐르고 있다. 폭 5 mm의 얇은 판이 선단으로부터 10 cm거리에 있다. 판이 37.8℃로 가열되었을 때 판에서의 열손실을 계산하여라.

5-101 300 K, 4기압의 공기가 한 변의 길이가 10 cm인 정사각형 평판 위를 35 m/s로 흐르고 있다. 평판은 400 K으로 유지되고 있다. 판으로부터의 열손실을 계산하여라.

5-102 문제 5-97에서 판 위의 공기의 흐름은 같고 판 위에 전기히터를 사용하여 1000 W/m^{2}의 일정 열유속이 유지되고 있다. 평판의 최고온도는 얼마인가?

5-103 평판 위의 임계 Reynolds 수는10^6이다. 300 K, 1기압의 공기가 400 K의 등온 평판 위를 10 m/s으로 흐르고 있다. 판 끝에서의 Reynolds 수는 5×10^6이다. 이때 평균 열전달계수는 얼마인가? 평판으로부터의 열손실은 얼마인가?

5-104 문제 5-103의 유동 상태에서 임계 Reynolds 수가 5×10^5일 때의 평균 열전달계수를 계산하여라. 이 상태에서 평판의 열손실은 얼마인가?

5-105 10℃의 글리세린이 한 변의 길이가 30 cm인 정사각형 평판 위를 2 m/s로 흐르고 있다. 평판은 30℃로 유지되어 있다. 평판으로부터의 열손실을 계산하여라.

5-106 20℃의 에틸렌글리콜이 0℃로 유지된 평판 위를 흐르고 있다. 정사각형 평판의 한 변의 길이는 20 cm이고 평판 끝에서의 Reynolds 수는 100,000이다. 평판으로의 열전달은 얼마인가?

설계지향문제

5-107 $\mathrm{Re}_x = 10^7$이하에서 경계층에 관한 실험을 하기 위하여 1기압, 25℃의 공기가 흐르고 최고속도 30 m/s가 되도록 작동하는 저속풍동장치를 설계하고자 한다. 요구되는 Reynolds 수를 얻기 위한 시험부평판의 길이는 얼마로 하여야 하며 이때 최대경계층 두께는 얼마인가? 또한 공기흐름의 속도가 7 m/s 및 12 m/s일 때 최대경계층 두께를 구하여라.

5-108 국소열전달에 대한 식 (5.55), (5.81) 및 (5.82)를 사용하고 임계 Reynolds 수를 5×10^5으로 하여 $5 \times 10^5 < \mathrm{Re}_L < 10^9$의 범위에서 사용할 수 있는 평균열전달계수 또는 평균 Nusselt 수에 관한 식을 구하여라. 필요한 적분을 수행하기 위하여 수치적 방법을 사용하고 결과를 간략하게 하기 위하여 커브 피팅(curve fitting)을 하여라.

5-109 한 변의 길이가 30 cm이고 온도가 50℃인 정사각형 평판 위에 10℃의 물이 흐를 때 평판으로부터의 열손실을 측정하는 실험장치를 설계하고자 한다. (*a*) Reynolds 수의 범위가 10^4에서 10^7까지가 되기 위한 물의 속도범위를 계산하고 (*b*) 위의 범위 안의 몇 가지 Reynolds 수에 대하여 열전달계수와 열전달률을 계산하여라.

5-110 평판 위에 1기압의 공기 흐름이 층류이다. 일정 자유흐름온도가 20℃이고 일정 자유흐름속도일 때의 표면의 온도가 각각 50, 100, 150, 250과 350℃인 5가지 경우에 응용하여 열전달계수에 온도의 영향을 분석하여라. 분석의 결론은 무엇이며 결과로부터 1기압 공기의 절대온도에 대한 열전달계수의 변화를 어림적으로 고찰하여라.

참고문헌

1. Schlichting, H.:"*Boundary Layer Theory*,"7th ed.,McGraw-Hill Book Company, New York, 1979
2. von Kármán, T.: über laminaire und turbulente Reibung, *Angew. Math.Mech.*, vol. 1, pp. 233-252,1921; also *NACA Tech.Mem*. 1092,1946
3. Sellars, J.R., M. Tribus, and J.S. Klein: Heat Transfer to Laminar Flows in a Round Tube or Flat Conduit; The Graetz Problem Extended, *Trans. ASME*, vol. 78, p. 441,1956
4. Eckert, E. R. G.: Survey of Boundary Layer Heat Transfer at High Velocities and High Temperatures, *WADC Tech. Rep.* , pp. 59-624, April 1960
5. White, F. M.:"*Viscous Fluid Flow*," McGraw-Hill Book Company, New York, 1974
6. Knudsem, J. D. , and D.L. Katz: "*Fluid Dynamics and Heat Transfer*, New York, 1958
7. Holman, J. P.: "*Theodynamics*," 3d ed., McGraw-Hill Book Company, New York, 1980
8. Schultz-Grunow, F.: Neues Widerstandsgesetz fur glatte Platten, *Luftfahrtforschung*, vol,17. p. 239,1940 ; also NACA Tech. Mem 956,1941

9. Churchill, S. W. and H. Ozee: Correlations for Laminar Forced Convection in Flow over an Isotheal Flat Plate and in Developing and Fully Developed Flow in an Isotheal Tube, *J. Heat Transfer*, vol. 95, p. 46.1973
10. Whitaker, S.: Forced Convection Heat Transfer Correlation for Flow in Pipes, Past Flat Plates, Single Cylinders, Single Spheres, and for Flow in Packed Beds and Tube Bundles, *AIChE J*,.vol. 18, p. 361. 1972
11. Churchill, S. W.: A. Comprehensive Correlating Equation for Forced Convection from Flat Plates, *AIChEJ*.,vol., 22. p. 264. 1976.

Chapter 06

강제대류열전달에 대한 실험적 및 실용적 관계

6-1 서론

5장에서는 몇 가지 흥미있는 강제대류열전달 계산법을 보여주었다. 그러나 취급된 문제들은 해석적인 방법으로 풀릴 수 있는 경우였다. 이런 방법으로 주로 물리적인 기구의 분명한 이해를 위주로 대류 과정의 원리와 유체역학과의 관계를 밝혔다. 유감스럽게도 모든 대류 문제의 해석적인 해를 얻는 것은 불가능하다. 따라서 열전달 과정의 물리적 이해를 증가시키는 데이터를 많이 확보하는 동시에 설계 정보를 얻기 위해 실험적인 방법에 의존해야만 한다.

실험 데이터의 결과는 최대한 보편적으로 활용하기 위해 실험 공식이나 도표로 표현된다. 이것은 실험 결과를 일반화하려는 과정, 즉 실험적 상관관계의 형태를 얻는 과정으로 많은 어려움이 따른다. 만약 비슷한 문제에 대해 해석적인 풀이가 가능하다면, 최종 함수 형태를 추정할 수 있으므로 데이터의 상관관계는 매우 쉽다. Reynolds 수나 Prandtl 수와 같은 주요 변수들에 대한 상수나 지수를 얻기 위해 실험 데이터를 사용한다. 만약 비슷한 문제에 대해 해석적 풀이가 불가능하다면, 차원 해석이나 대표적 크기 평가 방법에 근거하여 유동과정의 미분방정식으로부터 유추할 수 있는 문제의 물리적 이해나 현명한 추론에 기초한 직관에 의존해야만 한다. 어떤 경우에는 물리적 통찰력이나 이해만으로 해결하여야 한다.

미분방정식으로부터 중요한 함수관계를 얻기 위해 새로운 문제를 분석하는 과정을 보여주기 위해, 평판 위 유동의 수력학적 경계층 두께를 결정하는 문제를 고려하자. 이 문제는 5장에서 이미 풀었지만, 여기서는 해의 함수 형태를 구하기 위해 미분방정식에 대표적 크기(order-of magnitude) 평가 방법을 사용하려고 한다. 운동량방정식

$$u\frac{\partial u}{\partial x}+v\frac{\partial u}{\partial y}=\nu\frac{\partial^2 u}{\partial y^2}$$

을 연속방정식

$$\frac{\partial u}{\partial x}+\frac{\partial v}{\partial y}=0$$

과 함께 풀어야 한다. 경계층 안에서 속도 u는 자유흐름속도 u_∞와 같은 정도의 크기로 볼 수 있다. 마찬가지로 y의 크기는 경계층 두께 δ 정도이다. 따라서,

$$u \sim u_\infty$$
$$y \sim \delta$$

이고, 연속방정식

$$\frac{\partial u}{\partial x} + \frac{\partial v}{\partial y} = 0$$

을 근사 형태로 다음과 같이 쓸 수 있다.

$$\frac{u_\infty}{x} + \frac{v}{\delta} \approx 0$$

또는

$$v \sim \frac{u_\infty \delta}{x}$$

따라서, v의 크기에 대한 표현을 사용하면 운동량방정식

$$u\frac{\partial u}{\partial x} + v\frac{\partial u}{\partial y} = \nu\frac{\partial^2 u}{\partial y^2}$$

을 다음과 같이 쓸 수 있다.

$$u_\infty\frac{u_\infty}{x} + \frac{u_\infty\delta}{x}\frac{u_\infty}{\delta} \approx \nu\frac{u_\infty}{\delta^2}$$

따라서

$$\delta^2 \sim \frac{\nu x}{u_\infty}$$
$$\delta \sim \sqrt{\frac{\nu x}{u_\infty}}$$

무차원 형태로 나타내기 위해 x로 나누면

$$\frac{\delta}{x} \sim \sqrt{\frac{\nu}{u_\infty x}} = \frac{1}{\sqrt{\mathrm{Re}_x}}$$

Reynolds 수 및 x 위치에 따른 경계층 두께의 함수 형태는 5-4절에서 얻은 것과 동일하다. 비록 이러한 해석이 직접적이고 정확한 결과를 주었지만, 더 복잡한 문제, 특히 난류나 박리유동 영역을 포함하는 문제에서는 대표적 크기 방법은 항상 잘 맞지는 않는다. 그럼에도 불구하고 다루고자 하는 특정 문제에 대한 지배 미분방정식의 각 항의 크기 평가를 통해 중요한 정보와 물리적 통찰력을 자주 얻을 수 있다.

실험 데이터의 상관관계를 구하는데 사용되는 일반적인 방법은 차원 해석(dimensional analysis)으로 단순히 차원과 유동 특성을 고려하여 Reynolds 수나 Prandtl 수와 같은 적절한 무차원 군을 얻는 것이다. 물론 기하학적으로 상사인 가열면에 대해 유동장과 온도분포의 상사성을 가정한다. 일반적으로 새로운 문제에 차

원 해석을 적용하는 것은 미리 어느 정도의 해석적 풀이가 가능하지 않으면 매우 어렵다. 지배 미분방정식을 알고 있을때는 앞에서와 같이 대표적 크기 평가 방법을 사용하려는 것이 일반적이다. 이런 방법으로 실험 데이터의 상관관계를 나타내는 주요 무차원 변수들을 결정할 수 있다. 복잡한 유동이나 열전달 문제에서는 과정에 대한 분명한 물리적 모형을 쉽게 얻을 수 없고, 이런 경우 실험 데이터의 상관관계를 구하기 전에 먼저 물리적인 모형을 만들어야 한다.

Schlichting [6], Giedt [7]와 Kline [28]은 상사성에 대한 고찰과 경계층 및 열전달 문제에서의 상사성의 적용에 대해 검토하였다.

지금까지의 논의는 문제를 푸는 새로운 방법을 제안하거나 강조하는 것이 목적이 아니라, 오히려 직관적인 물리적 논리를 어려운 문제에 적용할 필요성을 지적하고 가능한 모든 정보를 사용하는 것이 유리하다는 것을 나타낸다. 아직 해석하지 못한 상황에 대한 실험 데이터의 상관관계를 구하는 경우에는 우회적인 방법을 사용해야 하는 경우가 많다.

6-2 파이프와 관 유동에 대한 실험적 관계

5-10절은 완전히 발달된 관 내의 층류유동을 해석적으로 푸는 방법에 대해 보여준다. 완전히 발달되지 않은 층류유동이나 유체의 성질이 온도에 따라 크게 변하는 유동, 그리고 난류유동은 상당히 복잡하지만 열교환기나 열전달 관련 장비의 설계에서 실질적으로 중요한 부분이다. 이러한 복잡한 문제들은 가끔 해석적으로 풀릴 수 있으나 풀린다 하더라도 그 풀이 과정은 매우 지루하다. 설계나 공학적인 목적을 위해서는 실험적 상관관계가 훨씬 큰 유용성을 갖는다. 이 절에서는 몇 가지 중요하고 유용한 실험식을 다루고 각 실험식의 적용 한계를 지적하고자 한다.

체적온도

우선 폐수로 내 유동을 포함하는 모든 열전달 문제에서 중요한 체적온도(Bulk Temperature)의 개념에 대해 좀더 고찰하여 보자. 5장에서 체적온도는 에너지의 평균 또는 혼합용기의 조건을 나타내는 것을 알았다. 따라서 그림 6.1과 같은 관 유동에서 전체길이에 대해 c_p가 일정하다면, 가해진 총에너지는 체적온도차의 항으로 나타낼 수 있다.

$$q = \dot{m} c_p (T_{b_2} - T_{b_1}) \tag{6.1}$$

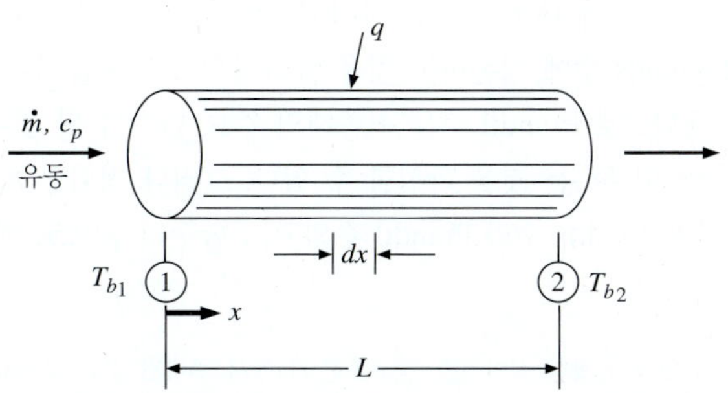

[그림 6.1] 체적온도차의 항으로 나타낸 총 열전달

미소 길이 dx에 가해진 열량 dq는 체적온도차의 항이나 열전달계수의 항으로 나타낼 수 있다.

$$\mathrm{Nu}_d = 0.023\,\mathrm{Re}_d^{0.8}\mathrm{Pr}^n \tag{6.2}$$

여기서 T_w와 T_b는 임의의 위치 x에서의 벽온도 및 체적온도이다. 총 열전달은 다음과 같이 나타낼 수 있다.

$$q = hA(T_w - T_b)_{\mathrm{av}} \tag{6.3}$$

여기서 A는 열전달이 일어나는 총 표면적이다. T_w와 T_b는 관의 길이를 따라 변할 수 있기 때문에 식 (6.3)을 사용하려면 적당한 평균온도를 구하는 과정이 요구된다. 이 장에서는 주로 대류열전달계수 h를 결정하는 방법에 대해 논의한다. 10장에서는 열교환기에서 온도변화를 적절하게 고려하는 다른 방법에 대해 논의할 것이다.

매끈한 관 내부를 흐르는 완전히 발달된 난류 유동에서 열전달을 계산하는 관계식으로 Dittus와 Boelter [1]는 다음 식을 추천하였다.*

$$\mathrm{Nu}_d = 0.023\,\mathrm{Re}_d^{0.8}\mathrm{Pr}^n \tag{6.4a}$$

이 식에서 유체의 성질은 평균 유체 체적온도에서 구하고 지수 n은 다음의 값을 갖는다.

$$n = \begin{cases} 0.4 & \text{유체가 가열되는 경우} \\ 0.3 & \text{유체가 냉각되는 경우} \end{cases}$$

식 (6.4)는 Prandtl수가 0.6에서 100 사이의 범위이고 벽과 유체 사이에 적당한 온도차 조건을 갖는 유체가 매끈한 관 내를 흐르는 완전히 발달된 난류유동에 대해 유효하다. Gnielinski [45]는 매끈한 관 내의 난류유동에 대해 다음 식을 제안하여 더 좋은 결과를 보여준다.

$$\mathrm{Nu} = 0.0214\left(\mathrm{Re}^{0.8} - 100\right)\mathrm{Pr}^{0.4} \tag{6.4b}$$

사용 범위는 $0.5 < \mathrm{Pr} < 1.5$, $10^4 < \mathrm{Re} < 5 \times 10^6$이다. 또는

$$\mathrm{Nu} = 0.012\left(\mathrm{Re}^{0.87} - 280\right)\mathrm{Pr}^{0.4} \tag{6.4c}$$

사용 범위는 $1.5 < \mathrm{Pr} < 500$, $3000 < \mathrm{Re} < 10^6$이다.

식 (6.4)의 함수 형태를 갖는 이유에 대해 의문을 가질 수 있다. 5장의 해석에서 얻은 경험에 근거하여 열전달 과정이 유동장에, 즉 Reynolds 수에 의존하는 것을 물리적으로 추론할 수 있다. 열과 운동량의 상대적인 확산비는 Prandtl 수에 관계되므로 Prandtl 수는 최종해의 주요 변수가 될 것이 예상된다. 따라서 열전달이 Reynolds 수와 Prandtl 수에 의존하는 것을 확신할 수 있다. 그러나 정확한 함수형태에 대해서는 의문이 제기된다, 즉 반드시 열전달이 Reynolds 수와 Prandtl 수의 지수함수의 곱으로 예상되는가? 해답은 5장에서

---

* 식 (6-4a)는 대류 열전달의 연보에 있는 유명한 식이지만, 참고문헌 [1]에서 주어진 값과 Colburn [15]이 제한된 것을 결합하여 McAdams [10, 2nd ed., 1942]에 의해 실제로 추천되어 상수 0.023과 지수 0.4와 0.3이 나타났다. [47]

구한 평판에서의 해석적 풀이뿐만 아니라 난류유동의 Reynolds 유사에서 지수함수 형태가 나타나므로 이런 함수형태를 가정할 수 있다. 더욱이 아래에서 기술하는 바와 같이 이런 형태의 함수관계는 실험 데이터의 상관관계를 구하는데 사용하기 편리하다.

매끈한 관 내를 흐르는 난류유동에서 여러 온도조건하에서 여러 유체의 열전달률을 측정하는 실험을 수행한다고 생각하자. 질량유량의 변화와 더불어 Reynolds 수의 범위를 변화시키기 위해 다른 지름을 갖는 관을 사용할 수 있다. 모든 데이터를 나타내는 하나의 실험식을 구하여 이러한 실험 결과를 일반화하고자 한다. 앞에서 기술한 바와 같이, 열전달 데이터는 Reynolds 수와 Prandtl 수에 의존하리라 예상할 수 있다. 아마도 가장 사용하기 간단한 형태의 관계가 각각의 변수의 지수함수이다. 따라서

$$\mathrm{Nu}_d = C\mathrm{Re}_d{}^m \mathrm{Pr}^n$$

여기서 C, m 및 n은 실험 데이터로부터 결정되는 상수이다.

열전달과 Reynolds 수의 관계를 평가하기 위해, 즉 지수 m의 근사값을 구하기 위해 먼저 한 유체에 대해서 Nu_d와 Re_d의 log-log 그래프를 그린다. 이 그림은 일정 온도를 갖는 한 유체에 대해 그려졌고 Prandtl 수는 한 유체에 대해 거의 일정하므로 Prandtl 수의 영향은 작을 것이다. 이렇게 처음 평가한 지수 m을 사용하여, 모든 유체에 대한 실험 데이터를 $\log(\mathrm{Nu}_d/\mathrm{Re}_d{}^m)$과 log Pr에 대하여 도표를 그리면 지수 n이 결정된다. 그러면 이 값 n을 사용하여 모든 실험 데이터를 다시 $\log(\mathrm{Nu}_d/\mathrm{Pr}^n)$과 $\log(\mathrm{Re}_d)$의 도표로 그리면 상수 C뿐만 아니라 지수 m의 최종값이 결정된다. 실험 데이터를 이렇게 처리한 최종 예를 그림 6.2에 나타냈다. 최종 상관식은 보통 ±25% 이내에서 실험 데이터를 나타낸다.

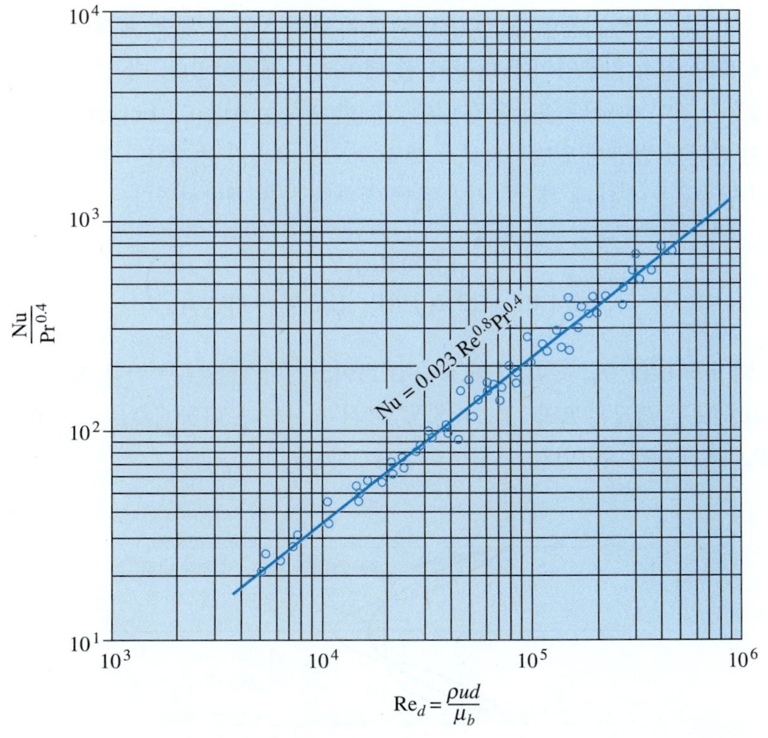

[그림 6.2] 매끈한 관, 난류유동에서 강제대류에 대한 대표적인 실험 데이터 상관관계

대류열전달현상에 관한 실제 경험식들은 앞에서 언급된 것 같이 간결하고 분명하지만은 않다는 점을 독자들은 알아야 한다. 그림 6.2에서 보인 데이터 점들은 전적으로 가상적인 것으로써, 보통 실제로 얻어지는 실험데이터들보다 더 일관성있게 나타낸 것이다. 최종 자료정리 시 발생할 수 있는 실험적 불확실성을 최소화하기 위해서는 실험계획에 있어 주의력이 요구된다. 매끈한 관 내 대류열전달 계측 시 실험계획에 대한 상세한 언급이 참고문헌 [51]에 나타나 있다. 또한 실험적 불확실성의 전파 정도를 예측하는 기술과 실험데이터에 적절한 최상의 관계식을 얻는 방법에 대해서도 폭넓게 언급되어 있다.

유동에서 큰 온도차가 존재하면, 관벽과 중심부분의 유동 사이에 유체의 성질이 상당히 변할 수 있다. 이러한 성질의 변화는 그림 6.3에 나타낸 속도 분포의 변화로 입증할 수 있다. 그림에 나타난 것처럼 등온유동에 해당하는 속도분포로부터의 변화는 기체의 점성은 온도에 따라 증가하고, 반면에 액체의 점성은 온도에 따라 감소한다는 사실로부터 얻어진다.

유체의 성질 변화를 고려하여 Sieder와 Tate [2]는 다음 관계식을 추천하였다.

$$\mathrm{Nu}_d = 0.027\,\mathrm{Re}_d^{0.8}\mathrm{Pr}^{1/3}\left(\frac{\mu}{\mu_w}\right)^{0.14} \tag{6.5}$$

여기서 μ_w는 벽온도에서의 값이고 나머지 성질은 체적온도 조건에서 구한다.

식 (6.4)와 (6.5)는 관 내의 완전히 발달된 난류유동에 적용된다. 유동이 완전히 발달되지 않은 입구 영역에서 Nusselt[3]은 다음 식을 추천하였다.

$$\mathrm{Nu}_d = 0.036\,\mathrm{Re}_d^{0.8}\mathrm{Pr}^{1/3}\left(\frac{d}{L}\right)^{0.055} \qquad \text{for } 10 < \frac{L}{d} < 400 \tag{6.6}$$

여기서 L은 관의 길이, d는 관의 지름이다. 식 (6.6)에서 유체의 성질은 평균 체적온도에서 구한다. Hartnett [24]은 물과 기름에 대한 열적 입구영역에 대한 실험 데이터를 제공하였다. 매끈한 관 내에 물이 흐르고 벽에서의 열유속이 일정한 경우에 난류 열전달에 대한 상세한 연구는 Allen과 Eckert [25]에 의해 주어진다.

위 식들은 계산이 간단한 반면에 일반적으로 ±25% 정도의 오차가 존재한다. Petukhov [42]는 매끈한 관 내의 완전히 발달된 난류유동에 대해 복잡하지만 좀더 정확한 식을 개발하였다.

$$\mathrm{Nu}_d = \frac{(f/8)\,\mathrm{Re}_d\mathrm{Pr}}{1.07 + 12.7(f/8)^{1/2}\left(\mathrm{Pr}^{2/3} - 1\right)}\left(\frac{\mu_b}{\mu_w}\right)^n \tag{6.7}$$

여기서 $T_w > T_b$일 때 $n = 0.11$, $T_w < T_b$일 때 $n = 0.25$이고 일정한 열유속이나 기체에 대해서는 $n = 0$이다. μ_b와 μ_w를 제외한 모든 성질은 $T_f = (T_w + T_b)/2$에서 계산한다. 마찰계수는 그림 6.4 또는 매끈한 관에 대해서는 다음 식으로부터 구할 수 있다.

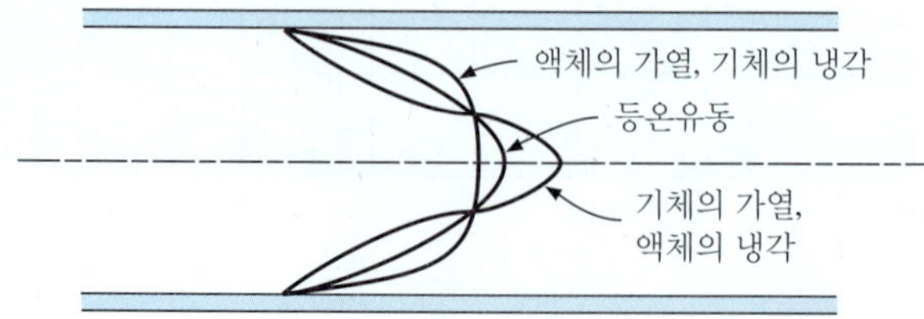

[그림 6.3] 관 내 층류유동에서 속도분포에 미치는 가열의 영향

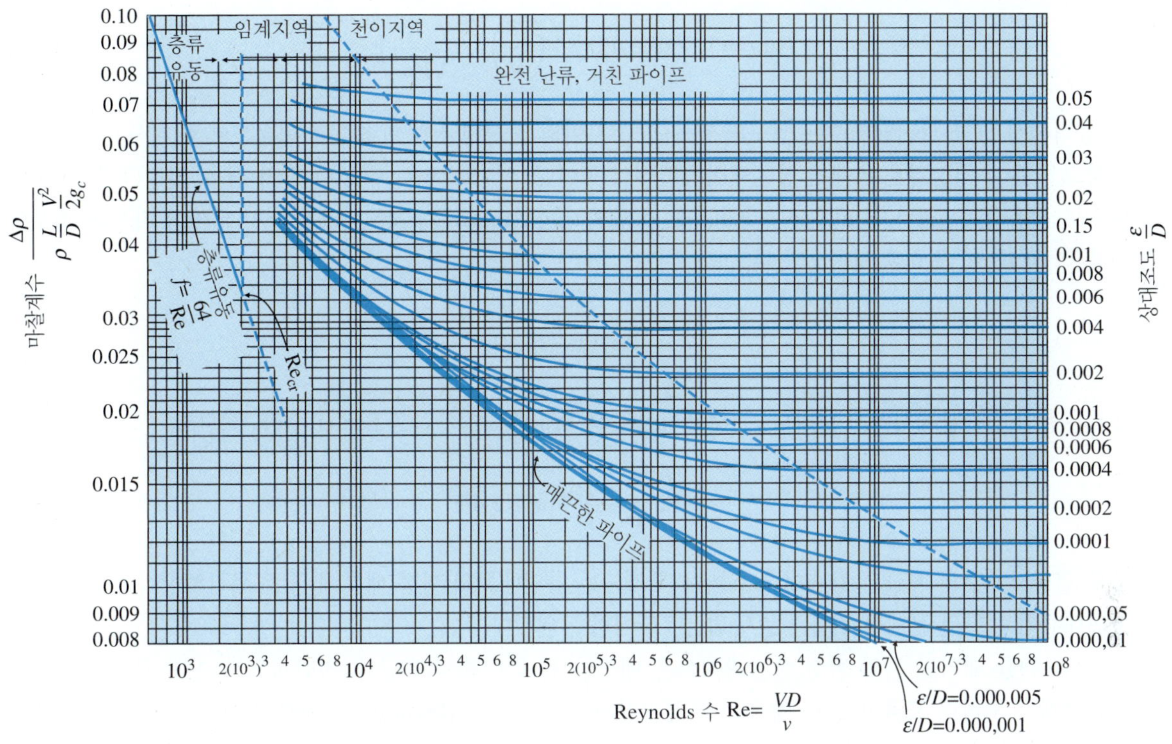

[그림 6.4] 파이프에서의 마찰계수, 참고문헌 [5]에서 인용

$$f = (1.82 \ \log_{10} \mathrm{Re}_d - 1.64)^{-2} \tag{6.8}$$

식 (6.7)은 다음 범위에서 사용할 수 있다.

$0.5 < \mathrm{Pr} < 200$ 정확도 6%

$0.5 < \mathrm{Pr} < 2000$ 정확도 10%

$10^4 < \mathrm{Re}_d < 5 \times 10^6$

$0.8 < \mu_b / \mu_w < 40$

Hausen [4]은 일정한 벽온도에서 관 내의 완전히 발달된 층류유동에 대해 다음의 실험식을 제안하였다.

$$\overline{\mathrm{Nu}}_d = 3.66 + \frac{0.0668(d/L)\,\mathrm{Re}_d\mathrm{Pr}}{1 + 0.04[(d/L)\,\mathrm{Re}_d\mathrm{Pr}]^{2/3}} \tag{6.9}$$

이 관계식으로부터 계산된 열전달계수는 관의 총길이에 대한 평균값이다. 관이 충분히 길면 Nusselt 수가 일정한 값 3.66에 접근하는 것을 주의하라. 이 경우는 벽온도가 길이를 따라 선형적으로 변하지 않고 일정하다는 것을 제외하고 5장에서 해석한 일정한 열유속 문제[식 (5.107)]와 비슷하다. Nusselt 수가 일정한 값으로 접근하면 온도분포는 완전히 발달된다.

관 내의 층류 열전달에 대해 Sieder와 Tate [2]는 좀더 간단한 실험식을 제안하였다.

$$\overline{\text{Nu}}_d = 1.86(\text{Re}_d\text{Pr})^{1/3}\left(\frac{d}{L}\right)^{1/3}\left(\frac{\mu}{\mu_w}\right)^{0.14} \quad \textbf{(6.10)}$$

이 공식에서 평균 열전달계수는 입구와 출구온도 차이의 산술평균에 기초하고 벽온도에서 계산된 μ_w를 제외하고 모든 유체성질은 유체의 평균체적온도에서 구한다. 식 (6.10)은 매우 긴 관의 경우, 열전달계수가 0이 되므로 사용할 수 없다. Knudsen과 Katz [9, p.377]가 식 (6.10)을 다른 관계식과 비교하여 다음의 경우에 대해 식 (6.10)이 유효한 것을 보였다.

$$\text{Re}_d\text{Pr}\frac{d}{L} > 10$$

층류유동의 상관관계식에서 나타나는 Reynolds 수와 Prandtl 수의 곱을 Peclet 수라 부른다.

$$\text{Pe} = \frac{du\rho c_p}{k} = \text{Re}_d\text{Pr} \quad \textbf{(6.11)}$$

층류 열전달계수의 계산은 강제대류 효과에 부가되는 자연대류의 영향 때문에 종종 복잡해진다. 강제대류와 자연대류가 결합된 문제를 취급하는 방법은 7장에서 논의된다.

식 (6.7)을 제외한 위의 실험 상관관계식은 매끈한 관에 대해 적용된다. 일반적으로 거친 관에 적용되는 상관관계는 오히려 드물고 이런 경우는 유체마찰과 열전달간의 Reynolds 유사를 사용하는 것이 적절하다. Stanton 수의 항으로 나타내면

$$\text{St}_b\,\text{Pr}_f^{2/3} = \frac{f}{8} \quad \textbf{(6.12)}$$

마찰계수 f는 다음과 같이 정의된다.

$$\Delta p = f\frac{L}{d}\rho\frac{{u_m}^2}{2g_c} \quad \textbf{(6.13)}$$

여기서 u_m은 평균속도이다. 조도 조건에 따른 마찰계수의 값은 그림 6.4에 주어져 있다. 거친관에 대한 마찰계수 경험식은 참고문헌 [49, 50]에 다음과 같이 주어진다.

$$f = 1.325/\left[\ln(\varepsilon/3.7d) + 5.74/\text{Re}_d^{0.9}\right]^2 \quad \textbf{(6.13a)}$$

$10^{-6} < \varepsilon/d < 10^{-3}$, $5000 < \text{Re}_d < 10^8$.

식 (6.12)는 여러 유체의 열적 성질의 변화를 고려하기 위해 Stanton 수에 $\text{Pr}^{2/3}$을 곱한 것을 제외하고 식 (5.114)와 같다. 이러한 수정은 Colburn [15]의 추천을 따른 것으로 관 유동에서 유체마찰과 열전달이 평판 유동[식 (5.56)]과 같이 Prandtl 수에 의존하리라는 이유에 근거를 둔다. 식 (6.12)에서 Stanton 수는 체적온도에서 구하고 반면에 Prandtl 수와 마찰계수는 막온도에서 구한 성질로 계산한다. 관의 조도가 열전달에 미치는 영향에 대한 좀더 자세한 정보는 참고문헌 [27],[29],[30],[31]을 참조하라.

유체가 흐르는 덕트가 원형단면이 아닌 경우, 열전달 상관관계는 다음과 같이 정의되는 수력학적 지름, D_H를 사용하는 것을 추천한다.

$$D_H = \frac{4A}{P} \tag{6.14}$$

여기서 A는 유동의 단면적, P는 접수 주변길이(wetted perimeter)이다. 이 식을 원형단면에 적용하면 물리적인 지름(physical diameter)의 값을 얻게 되므로 이렇게 정의되는 식이 사용된다. Nusselt 수와 Reynolds 수를 계산하거나 Reynolds 유사를 사용하기 위해 마찰계수를 계산할 때는 수력학적 지름을 사용해야 한다.

수력학적 지름의 개념을 사용하여 많은 실제 문제에서 유체마찰과 열전달에 대해 만족스러운 결과를 얻지만, 이 방법이 잘 맞지 않는 예외도 존재한다는 것을 주의하여야 한다. 비원형단면을 갖는 채널에서의 열전달을 포함하는 문제는 Irvine [20] 및 Knudsen과 Katz [9]가 요약해 놓았다.

Shah와 London [40]은 여러 가지 단면을 갖는 덕트에서 완전히 발달된 층류유동에 대해 유체마찰과 열전달 정보를 수집하였고 표 6.1에 결과 관계식 중에 일부를 나타냈다. 이 표에서는 다음과 같은 기호가 적용되고, Nusselts 수와 Reynolds 수는 유동 단면적의 수력학적 지름을 사용한다.

[표 6.1] 여러 단면을 갖는 덕트에서 완전히 발달된 층류유동에 대한 열전달과 유체마찰. 평균 Nusselt 수는 단면의 수력학적 지름을 사용한다.

형상 ($L/D_h > 100$)	Nu_H	Nu_T	$f\,ReD_H/4$
정삼각형 (60°), $\frac{b}{a} = \frac{\sqrt{3}}{2}$	3.111	2.47	13.333
정사각형, $\frac{b}{a} = 1$	3.608	2.976	14.227
육각형	4.002	3.34	15.054
직사각형, $\frac{b}{a} = \frac{1}{2}$	4.123	3.391	15.548
원형	4.364	3.657	16.000
직사각형, $\frac{b}{a} = \frac{1}{4}$	5.331	4.44	18.23
직사각형, $\frac{b}{a} = \frac{1}{3}$	4.79	3.96	17.25
직사각형, $\frac{b}{a} = \frac{1}{8}$	6.490	5.597	20.585
$\frac{b}{a} = 0$	8.235	7.541	24.000
가열 / 단열, $\frac{b}{a} = 0$	5.385	4.861	24.000

$\overline{\text{Nu}}_H$ = 특정 유동단면에서 유동방향으로 열유속이 일정하고 벽면 온도가 일정할 때의 평균 Nusselt 수)

$\overline{\text{Nu}}_T$ = 벽면온도가 일정할 때의 평균 Nusselt 수)

$f\,\text{Re}_{DH}/4$ = 수력학적 지름을 사용한 Reynolds 수와 마찰계수의 곱)

Kays [36]와 Sellars, Tribus와 Klein(5장의 참고문헌 [3])은 완전히 발달된 속도분포를 갖는 경우에 원형관의 층류 입구영역에 대한 국소 및 평균 Nusselt수를 계산하였다. 이 해석의 결과를 Graetz 수의 역수로 그림 6.5에 나타냈다.

$$\text{Graetz 수} = \text{Gz} = \text{Re Pr}\frac{d}{x} \tag{6.15}$$

난류유동에서 입구의 영향

관에서 난류에 대한 입구의 영향은 층류보다 더 복잡하고 Graetz 수의 단순한 함수형태로 나타낼 수 없다. Kays [36]는 Reynolds 수와 Prandtl 수의 몇 가지 값에 대해 영향를 계산하여 그림 6.6에 그 결과를 요약하였다. 세로축은 입구로부터 아주 먼 곳 또는 완전히 발달된 열적 조건에서의 Nusselt 수에 대한 국소 Nusselt 수의 비이다. 일반적으로 Prandtl 수가 커짐에 따라 입구길이는 더 짧아진다. 층류보다 난류에서 열적 입구길이가 훨씬 짧은 것을 알 수 있다.

관이나 채널유동에서 유용한 많은 열전달 상관관계는 Kakac, Shah와 Aung [46]에 의해 상세하게 조사되어 있다.

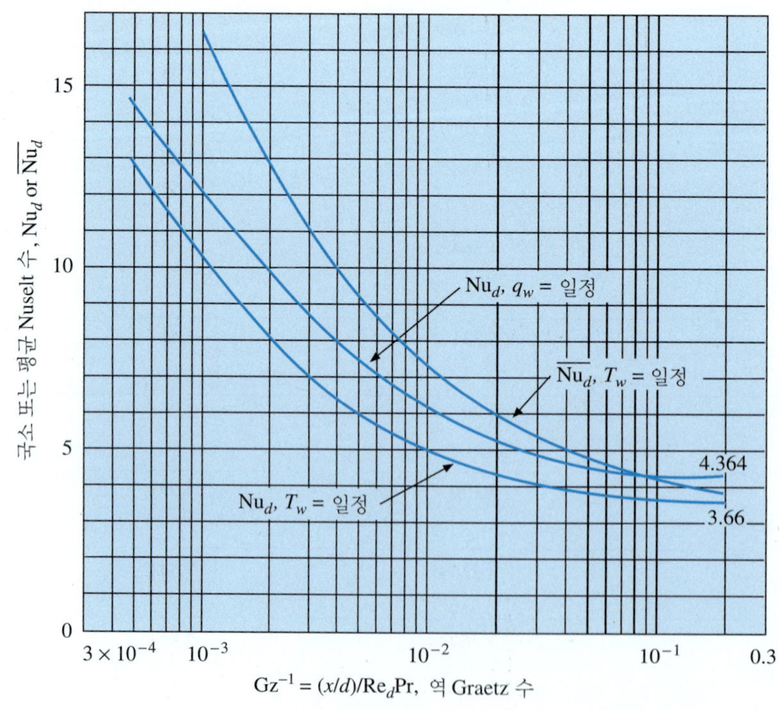

[그림 6.5] 완전히 발달된 층류유동에서 원형관 열적 입구영역에 대한 국소 및 평균 Nusselt 수

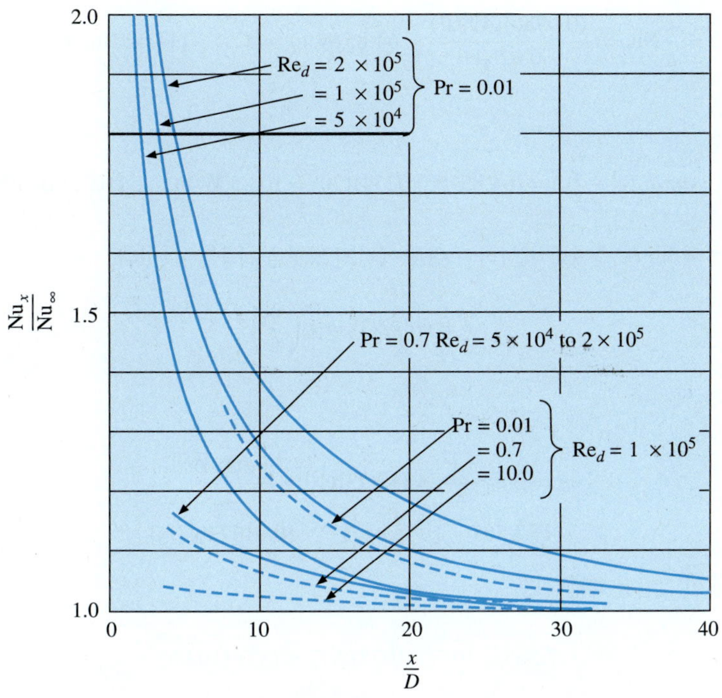

[그림 6.6] 'q_w가 일정한 원형관에서 난류 열적 입구 Nusselt 수

예제 6-1 관에서의 난류열전달

2대기압, 200°C의 공기가 10 m/s의 속도로 지름 1 in(2.54 cm)의 관을 통하여 흐르며 가열된다. 벽에서 일정한 열유속 조건이 유지되고 관의 길이를 따라 모든 위치에서 벽온도가 공기온도보다 20°C 높다면, 관의 단위길이당 열전달을 계산하여라. 관의 길이 3 m에 대해 체적온도의 증가를 계산하여라.

■ 풀이

먼저 유동이 층류인가 또는 난류인가를 결정하기 위해 Reynolds 수를 계산하고, 열전달을 계산하기 위해 적절한 실험 상관식을 선택한다. 체적온도 200°C에서 공기의 성질은

$$\rho = \frac{p}{RT} = \frac{(2)(1.0132 \times 10^5)}{(287)(473)} = 1.493 \text{ kg/m}^3 \qquad [0.0932 \text{ lb}_m/\text{ft}^3]$$

$$\text{Pr} = 0.681$$

$$\mu = 2.57 \times 10^{-5} \text{ kg/m} \cdot \text{s} \qquad [0.0622 \text{ lb}_m/\text{h} \cdot \text{ft}]$$

$$k = 0.0386 \text{ W/m} \cdot {}^\circ\text{C} \qquad [0.0223 \text{ Btu/h} \cdot \text{ft} \cdot {}^\circ\text{F}]$$

$$c_p = 1.025 \text{ kJ/kg} \cdot {}^\circ\text{C}$$

$$\text{Re}_d = \frac{\rho u_m d}{\mu} = \frac{(1.493)(10)(0.0254)}{2.57 \times 10^{-5}} = 14{,}756$$

따라서 유동은 난류이다. 그러므로 열전달계수를 계산하기 위하여 식 (6.4a)를 사용한다.

$$\text{Nu}_d = \frac{hd}{k} = 0.023\,\text{Re}_d^{0.8}\,\text{Pr}^{0.4} = (0.023)(14{,}756)^{0.8}(0.681)^{0.4} = 42.67$$

$$h = \frac{k}{d}\mathrm{Nu}_d = \frac{(0.0386)(42.67)}{0.0254} = 64.85\ \mathrm{W/m^2 \cdot {}^\circ C} \qquad [11.42\ \mathrm{Btu/h \cdot ft^2 \cdot {}^\circ F}]$$

단위길이당 열흐름은

$$\frac{q}{L} = h\pi d(T_w - T_b) = (64.85)\pi(0.0254)(20) = 103.5\ \mathrm{W/m} \qquad [107.7\ \mathrm{Btu/ft}]$$

관의 길이 3 m에 대해 체적온도 증가를 계산하기 위해 에너지 평형을 사용할 수 있다.

$$q = \dot{m}c_p\Delta T_b = L\left(\frac{q}{L}\right)$$

또한

$$\dot{m} = \rho u_m \frac{\pi d^2}{4} = (1.493)(10)\pi\frac{(0.0254)^2}{4}$$
$$= 7.565 \times 10^{-3}\ \mathrm{kg/s} \qquad [0.0167\ \mathrm{lb}_m/\mathrm{s}]$$

따라서 에너지 평형에 이 값들을 대입하면

$$(7.565 \times 10^{-3})(1025)\Delta T_b = (3.0)(103.5)$$

그러므로

$$\Delta T_b = 40.04^\circ\mathrm{C} \qquad [104.07^\circ\mathrm{F}]$$

예제 6-2 관 내 층류유동에서 물의 가열

지름 1 in(2.54 cm)인 관에 평균 유동속도 2 cm/s로 60°C의 물이 들어간다. 관의 길이가 3 m이고 벽 온도가 80°C로 일정하다면 출구에서의 물의 온도를 계산하여라.

■ 풀이

먼저 유동영역을 결정하기 위하여 입구 체적온도에서 Reynolds 수를 계산한다. 60°C에서 물의 성질은

$$\rho = 985\ \mathrm{kg/m^3} \qquad c_p = 4.18\ \mathrm{kJ/kg \cdot {}^\circ C}$$
$$\mu = 4.71 \times 10^{-4}\ \mathrm{kg/m \cdot s} \qquad [1.139\ \mathrm{lb}_m/\mathrm{h \cdot ft}]$$
$$k = 0.651\ \mathrm{W/m \cdot {}^\circ C} \qquad \mathrm{Pr} = 3.02$$
$$\mathrm{Re}_d = \frac{\rho u_m d}{\mu} = \frac{(985)(0.02)(0.0254)}{4.71 \times 10^{-4}} = 1062$$

따라서 유동은 층류이다. 추가 변수를 계산하면,

$$\mathrm{Re}_d\mathrm{Pr}\frac{d}{L} = \frac{(1062)(3.02)(0.0254)}{3} = 27.15 > 10$$

따라서 식 (6.10)을 적용할 수 있다. 아직 물의 성질을 구해야 하는 평균 체적온도를 모르기 때문에 우선 60°C를 기준으로 계산하여 출구에서의 체적온도를 결정하고 다음에 더 정확한 값을 구하기 위해 두 번째 반복계산을 수행한다. 입구와 출구조건을 하첨자 1과 2로 표시하여 에너지 평형에 대입하면,

$$q = h\pi dL\left(T_w - \frac{T_{b_1}+T_{b_2}}{2}\right) = \dot{m}c_p\left(T_{b_2}-T_{b_1}\right) \tag{a}$$

벽온도 80°C에서

$$\mu_w = 3.55\times10^{-4}\ \mathrm{kg/m\cdot s}$$

식 (6.10)으로부터

$$\mathrm{Nu}_d = (1.86)\left[\frac{(1062)(3.02)(0.0254)}{3}\right]^{1/3}\left(\frac{4.71}{3.55}\right)^{0.14} = 5.816$$

$$h = \frac{k\mathrm{Nu}_d}{d} = \frac{(0.651)(5.816)}{0.0254} = 149.1\ \mathrm{W/m^2\cdot °C} \qquad [26.26\ \mathrm{Btu/h\cdot ft^2\cdot °F}]$$

질량유량은

$$\dot{m} = \rho\frac{\pi d^2}{4}u_m = \frac{(985)\pi(0.0254)^2(0.02)}{4} = 9.982\times10^{-3}\ \mathrm{kg/s}$$

h와 $\dot{m}$값과 그리고 $T_{b1} = 60°\mathrm{C}$, $T_w = 80°\mathrm{C}$를 식 (a)에 대입하면,

$$(149.1)\pi(0.0254)(3.0)\left(80 - \frac{T_{b_2}+60}{2}\right) = (9.982\times10^{-3})(4180)\left(T_{b_2}-60\right) \tag{b}$$

이 식을 풀면

$$T_{b2} = 71.98°\mathrm{C}$$

따라서 다시 평균 체적온도를 구하면

$$T_{b,\mathrm{mean}} = \frac{71.98+60}{2} = 66°\mathrm{C}$$

이 온도에서 물의 성질을 구하면

$$\rho = 982\ \mathrm{kg/m^3} \qquad c_p = 4185\ \mathrm{J/kg\cdot °C} \qquad \mu = 4.36\times10^{-4}\ \mathrm{kg/m\cdot s}$$

$$k = 0.656\ \mathrm{W/m\cdot °C} \qquad \mathrm{Pr} = 2.78$$

$$\mathrm{Re}_d = \frac{(1062)(4.71)}{4.36} = 1147$$

$$\mathrm{Re\,Pr}\frac{d}{L} = \frac{(1147)(2.78)(0.0254)}{3} = 27.00$$

$$\mathrm{Nu}_d = (1.86)(27.00)^{1/3}\left(\frac{4.36}{3.55}\right)^{0.14} = 5.743$$

$$h = \frac{(0.656)(5.743)}{0.0254} = 148.3\ \mathrm{W/m^2\cdot °C}$$

h의 값을 다시 식 (a)에 대입하면

$$T_{b_2} = 71.88°\mathrm{C} \qquad [161.4°\mathrm{F}]$$

이 문제에서는 반복 계산을 하여도 차이가 크지 않다. 만약 체적온도 차이가 크다면 성질 변화에 따른 영향이 더 컸을 것이다.

예제 6-3 일정 열유속 조건을 갖는 층류 관 유동에서의 공기 가열

1대기압, 27°C의 공기가 지름 5 mm의 매끈한 관으로 속도 3 m/s로 들어간다. 관의 길이는 10 cm이다. 관 벽에는 열유속이 일정하게 작용된다. 만약 출구 체적온도가 77°C라면 열전달을 계산하여라. 또한 출구에서 h의 값과 출구 벽온도를 계산하여라.

■ 풀이

먼저 유동 영역을 평가해야 한다. 평균 체적온도에서 성질을 구하면,

$$\overline{T}_b = \frac{27+77}{2} = 52°\text{C} = 325\ \text{K}$$

$$\nu = 18.22 \times 10^{-6}\ \text{m}^2/\text{s} \qquad \text{Pr} = 0.703 \qquad k = 0.02814\ \text{W/m}\cdot°\text{C} \tag{a}$$

$$\text{Re}_d = \frac{ud}{\nu} = \frac{(3)(0.005)}{18.22 \times 10^{-6}} = 823$$

따라서 유동은 층류이다. 관 길이가 짧으므로 열적 입구영향을 고려하여 그림 6.5를 참고한다. Graetz 수의 역수를 구하면

$$\text{Gz}^{-1} = \frac{1}{\text{Re}_d\text{Pr}}\frac{x}{d} = \frac{0.1}{(823)(0.703)(0.005)} = 0.0346$$

그러므로, 벽에서 열유속이 일정하다는 조건(q_w = 일정)에 대해 그림 6.5로부터 출구에서 Nusselt 수를 구하면

$$\text{Nu} = \frac{hd}{k} = 4.7 = \frac{q_w d}{(T_w - T_b)k} \tag{b}$$

총 열전달은 전체에 대한 에너지 평형에서 구해진다.

$$q = \dot{m}c_p\left(T_{b_2} - T_{b_1}\right)$$

입구에서 $\rho = 1.1774\ \text{kg/m}^3$이므로 질량유속은

$$\dot{m} = (1.1774)\pi(0.0025)^2(3.0) = 6.94 \times 10^{-5}\ \text{kg/s}$$

그리고

$$q = (6.94 \times 10^{-5})(1006)(77-27) = 3.49\ \text{W}$$

따라서 벽온도나 h의 값을 실제로 구하지 않고도 열전달을 알 수 있다. 그러나 T_w를 계산하기 위해서는 식 (b)에 필요한 q_w를 구해야 한다.

$$q = q_w\pi dL = 3.49\ \text{W}$$

그리고

$$q_w = 2222\ \text{W/m}^2$$

식 (b)로부터

$$(T_w - T_b)_{x=L} = \frac{(2222)(0.005)}{(4.7)(0.02814)} = 84°\mathrm{C}$$

따라서 출구에서의 벽온도는

$$T_w]_{x=L} = 84 + 77 = 161°\mathrm{C}$$

그리고 열전달계수는

$$h_{x=L} = \frac{q_w}{(T_w - T_b)_{x=L}} = \frac{2222}{84} = 26.45\ \mathrm{W/m^2 \cdot °C}$$

예제 6-4 관 벽이 등온인 경우 공기의 가열

벽 온도가 일정한 경우에 대해 예제 6-3을 다시 풀어라.

■ 풀이

앞에서 처럼 유체의 성질을 구하고 T_w가 일정할 때 $\overline{\mathrm{Nu}}_d$를 결정하기 위해 그림 6.5를 사용한다. $\mathrm{Gz}^{-1} = 0.0346$일 때

$$\mathrm{Nu}_d = 5.15$$

따라서 평균열전달계수를 계산하면

$$h = (5.15)\left(\frac{k}{d}\right) = \frac{(5.15)(0.02814)}{0.005} = 29.98\ \mathrm{W/m^2 \cdot °C}$$

평균 체적온도 52℃에 대해 열전달은

$$q = \overline{h}\pi dL(T_w - \overline{T_b}) = 3.49\ \mathrm{W}$$

그리고

$$T_w = 76.67 + 52 = 128.67°\mathrm{C}$$

예제 6-5 거친 관에서의 열전달

상대 조도 0.001을 갖는 지름 2.0 cm의 관이 벽온도가 90℃로 일정하게 유지된다. 물이 40℃로 관에 들어가고 60℃로 나간다. 입구속도가 3 m/s일 때 가열에 필요한 관의 길이를 계산하여라.

■ 풀이

먼저 열전달을 계산하면

$$q = \dot{m}c_p\Delta T_b = (989)(3.0)\pi(0.01)^2(4174)(60 - 40) = 77{,}812\ \mathrm{W}$$

거친 관에 대해 Petukhov의 관계식 (6.7)을 사용할 수 있다. 평균막온도는

$$T_f = \frac{90+50}{2} = 70°C$$

유체성질은

$$\rho = 978\ \text{kg/m}^3 \qquad \mu = 4.0 \times 10^{-4}\ \text{kg/m}\cdot\text{s}$$
$$k = 0.664\ \text{W/m}\cdot°C \qquad \Pr = 2.54$$

또한

$$\mu_b = 5.55 \times 10^{-4}\ \text{kg/m}\cdot\text{s}$$
$$\mu_w = 2.81 \times 10^{-4}\ \text{kg/m}\cdot\text{s}$$

따라서 Reynolds 수는

$$\text{Re}_d = \frac{(978)(3)(0.02)}{4\times 10^{-4}} = 146,700$$

그림 6.4를 사용하여 마찰계수를 구하면

$$f = 0.0218 \qquad f/8 = 0.002725$$

$T_w > T_b$이므로, $n = 0.11$을 취하면

$$\begin{aligned}\text{Nu}_d &= \frac{(0.002725)(146,700)(2.54)}{1.07+(12.7)(0.002725)^{1/2}(2.54^{2/3}-1)}\left(\frac{5.55}{2.81}\right)^{0.11}\\ &= 666.8\end{aligned}$$

$$h = \frac{(666.8)(0.664)}{0.02} = 22138\ \text{W/m}^2\cdot°C$$

관 길이는 에너지 평형으로부터 구해진다.

$$q = \bar{h}\pi dL(T_w - \overline{T_b}) = 77,812\ \text{W}$$
$$L = 1.40\ \text{m}$$

예제 6–6 짧은 관에서의 난류열전달

300 K, 1기압의 공기가 지름 2 cm, 길이 10 cm인 매끈한 관 내를 40 m/s의 속도로 흐른다. 관 내 유동의 결과 공기의 온도가 5°C 상승하였다면 관 표면에서의 일정열유속은 얼마인가? 이 경우 필요한 평균관벽온도는 얼마인가?

■ 풀이

L/d의 값이 $L/d = 10/2 = 5$로 상대적으로 작기 때문에 이 유동장은 열적 입구효과를 고려해야 한다. 먼저, 300 K일 때 공기의 물성값을 구하면 다음과 같다.

$$\nu = 15.69 \times 10^{-6}\ \text{m}^2/\text{s} \qquad k = 0.02624\ \text{W/m}\cdot°C \qquad \Pr = 0.7$$
$$c_p = 1006\ \text{J/kg}\cdot°C \qquad \rho = 1.18\ \text{kg/m}^3$$

Re 수를 구하면

$$Red = ud/\nu = (40)(0.02)/15.69 \times 10^{-6} = 50,988$$

따라서 유동은 난류이다. 이 Re_d값, $Pr = 0.7$, 및 $L/d = 5$를 그림 6.6에 적용하면 다음을 얻는다.

$$Nu_x/Nu_\infty \cong 1.15$$

또는 열전달계수는 열적으로 발달된 유동일 때의 값보다 약 15% 더 큰 값을 보인다고 말할 수 있다. 발달된 유동에 대한 열전달계수는 다음 식을 사용하여 구할 수 있다.

$$\begin{aligned} Nu_d &= 0.023\, Re_d^{0.8} Pr^{0.4} \\ &= 0.023(50988)^{0.8}(0.7)^{0.4} = 116.3 \end{aligned}$$

그리고

$$h = kNu_d/d = (0.02624)(116.3)/0.02 = 152.6\ \mathrm{W/m^2 \cdot {}^\circ C}$$

이 값보다 15% 크므로

$$h = (1.15)(152.6) = 175.5\ \mathrm{W/m^2 \cdot {}^\circ C}$$

질량유동은

$$\dot{m} = \rho u A_c = (1.18)(40)\pi(0.02)^2/4 = 0.0148\ \mathrm{kg/s}$$

따라서 총 열전달은

$$q = \dot{m} c_p \Delta T_b = (0.0148)(1006)(5) = 74.4\ \mathrm{W}$$

이 열전달은 아래의 관 표면적으로부터 대류로 전해지는 값이다.

$$A = \pi dL = \pi(0.02)(0.1) = 0.0628\ \mathrm{m^2}$$

따라서 열유속은

$$q/A = 74.4/0.0628 = 11841\ \mathrm{W/m^2} = h(T_w - T_b)$$

평균유체온도는

$$\overline{T}_b = (300 + 305)/2 = 302.5\ \mathrm{K}$$

결국 평균관벽온도는

$$\overline{T}_w = \overline{T}_b + 11841/175.5 = 302.5 + 67.5 = 370\ \mathrm{K}$$

6-3 원통 및 구를 지나는 유동

공학자들은 관내유동 혹은 평판위 유동에 따르는 열전달 특성에 주로 관심을 많이 갖는다. 그러나 그림 6.7과 같은 원통주위 직교유동에 의한 열전달문제도 비슷한 정도로 중요하다. 예상되는 것처럼 원통에 형성되는 경계층이 열전달 특성을 결정한다. 경계층이 층류로 유지되면, 5장에서 다룬 경계층 해석과 비슷한 방법으로 열전달을 계산할 수 있다. 그러나 해석에 압력구배를 포함하여야 한다. 왜냐하면 압력구배가 경계층 속도분포에 큰 영향을 미치기 때문이다. 사실, 자유흐름 속도가 충분히 클 때 원통의 후면에 박리유동(separated flow) 영역을 형성시키는 것이 압력구배이다.

경계층 박리현상을 그림 6.8에 나타냈다. 이 현상을 정성적으로 설명해 주는 물리적 논리는 다음과 같다. 경계층 이론과 일치되게, 경계층을 통한 압력은 물체 위의 임의의 위치 x에서 본질적으로 일정하다. 원통의 경우, 원통의 전면 정체점으로부터 거리 x를 측정할 수 있다. 따라서 경계층 내의 압력은 사용된 가정이 경계층 내부에 적용해야 하는 기본원리와 모순되지 않는다면 원통 주위의 포텐셜 유동의 자유흐름 압력을 따르게 된다. 유동이 원통 앞면을 따라 진행되면 압력은 감소하고 원통의 후면에서는 증가한다. 따라서 원통 앞면에서 자유흐름속도는 증가하고 후면에서는 감소한다. 횡단속도(transverse velocity: 표면에 평행한 속도)는 경계층 밖의 속도 u_∞에서 표면의 속도 0으로 감소하게 된다. 유동이 원통 후면으로 진행하면 압력증가는 경계층 전체와 자유흐름의 속도 감소를 가져온다. 압력증가와 속도감소는 유선을 따라 Bernoulli 방정식에 의해 다음과 같은 관계이다.

$$\frac{dp}{\rho} = -d\left(\frac{u^2}{2g_c}\right)$$

압력은 경계층을 통해 일정하다고 가정하였기 때문에 표면 근처 경계층에서 역류가 시작될 수 있는 것을 주의하자. 즉, 표면 근처 유체층의 운동량은 압력증가를 극복할만큼 충분히 크지 못하다. 표면에서 속도구배가 0이 될 때, 유동은 박리점(separation point)에 다다랐다고 말한다.

$$\text{박리점에서}\quad \left.\frac{\partial u}{\partial y}\right]_{y=0} = 0$$

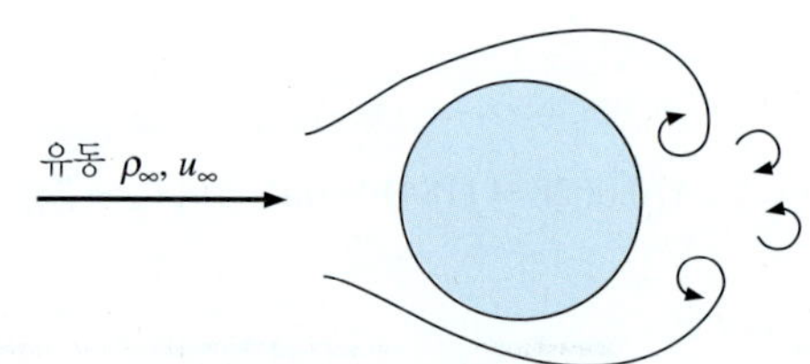

[그림 6.7] 원통주위 직교유동

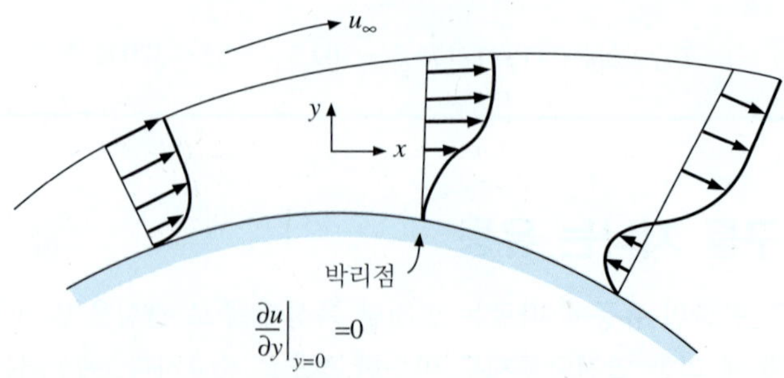

[그림 6.8] 직교유동 내의 원통에서 유동박리를 나타내는 속도분포

가 되고 이 박리점을 그림 6.8에 나타내었다. 유동이 박리점을 지나 진행하면, 그림 6.8에 나타낸 것처럼 역류 현상이 일어난다. 결과적으로 원통 후면의 박리유동 영역은 난류가 되고 불규칙운동이 된다.

뭉툭한 물체(bluff body)에 대한 항력계수(drag coefficient)는 다음과 같이 정의된다.

$$\text{항력} = F_D = C_D A \frac{\rho u_\infty{}^2}{2g_c} \tag{6.16}$$

여기서 C_D는 항력계수이고 A는 유동에 노출된 물체의 **투영면적**으로 원통의 경우 지름과 길이의 곱이다. 원통과 구에 대한 항력계수는 그림 6.9와 6.10에 Reynolds 수의 함수로 주어진다.

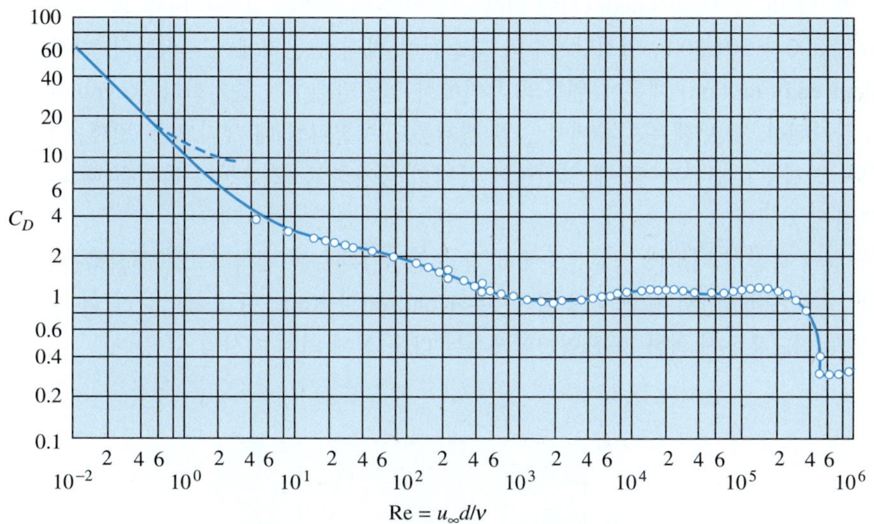

[그림 6.9] Reynolds 수의 함수로 나타낸 원통의 항력계수 [6]

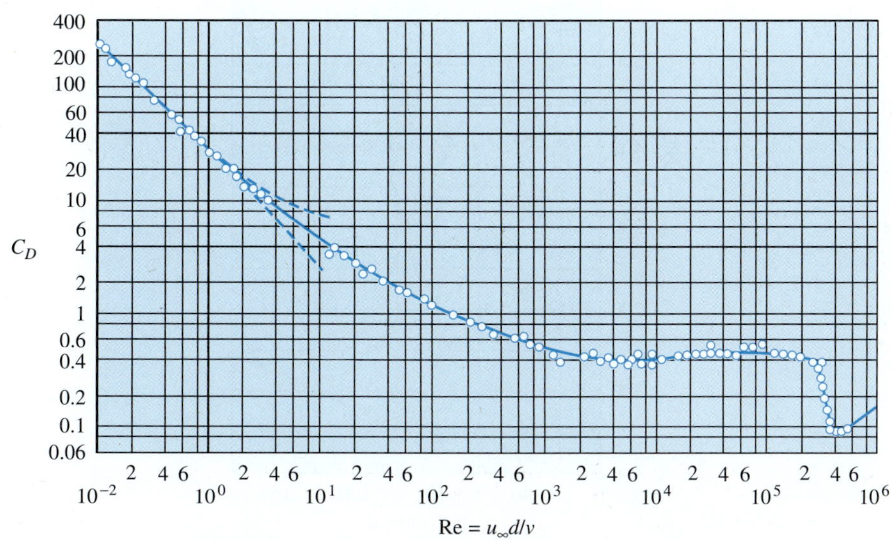

[그림 6.10] Reynolds 수의 함수로 나타낸 구의 항력계수 [6]

원통에 작용하는 항력은 마찰저항과 유동 박리과정에 의해 원통 후면에 생성되는 저압영역으로부터 야기되는 소위 압력항력의 조합의 결과로 나타난다. Reynolds 수가 1 정도의 크기를 갖는 경우에는, 유동의 박리가 일어나지 않고 모든 항력은 점성마찰에 기인한다. Reynolds 수가 10 정도의 크기이면, 마찰항력과 형상항력(form drag)은 같은 정도의 크기이다. 반면에 Reynolds 수가 1000보다 크면 난류 박리유동영역에서 야기되는 형상항력이 지배하게 된다. 지름을 사용한 Reynolds 수가 약 10^5이 되면, 경계층 유동은 난류가 되어 속도분포는 더욱 급격해지고 유동박리가 대단히 늦추어진다. 결과적으로, 형상항력은 감소하고 이것은 Re = 3×10^5에서 항력계수곡선의 갑작스런 변화로 나타난다. 구의 경우도 원통과 같은 논리가 적용된다. 타원 원통이나 익형(airfoils)과 같은 다른 뭉툭한 물체에서도 같은 현상이 관찰된다.

위에서 논의한 유동과정은 분명히 가열된 원통으로부터 유체 흐름으로의 열전달에 영향을 미친다. 가열된 원통으로부터 공기로의 열전달은 Giedt [7]에 의해 관찰되었고, 결과를 그림 6.11에 요약하였다. Reynolds 수가 작은 경우(70,800과 101,300), 열전달계수의 최소점이 박리점 근처에서 나타난다. 박리유동에서의 난류 와운동(turbulent eddy motion) 때문에 원통의 후면에서 열전달계수가 증가한다. Reynolds 수가 더 커지면 최소점이 2개 관찰된다. 첫 번째는 층류에서 난류 경계층으로 천이될 때 생기고 두 번째는 난류 경계층이 박리될 때 생긴다. 경계층이 난류가 될 때 열전달이 급격히 증가하고 또 유동이 박리될 때 와운동이 증가하여 열전달이 급격하게 커진다.

유동 박리과정의 복잡성 때문에 직교유동에서 평균 열전달계수를 해석적으로 계산하는 것은 불가능하다, 그러나 기체의 경우 Hilpert [8]가, 액체에 대해서는 Knudsen과 Katz [9]가 제안한 실험 데이터의 상관관계에 의하면 원통의 직교유동에 의한 평균 열전달계수는 다음 식에 의해 계산될 수 있다.

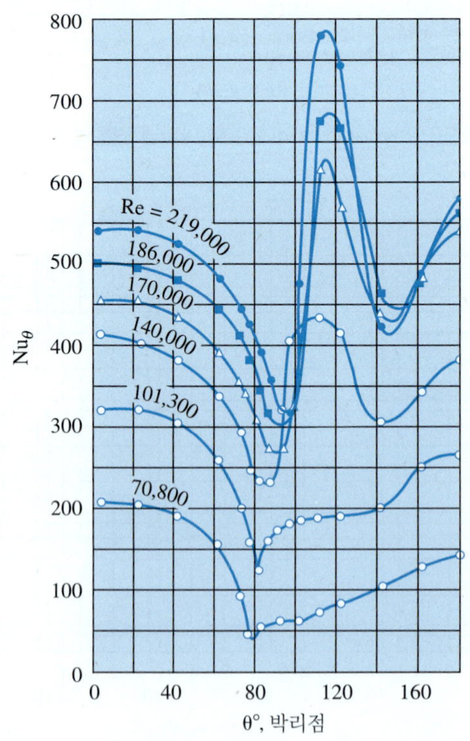

[그림 6.11] 직교유동에서 원통으로부터의 열전달에 대한 국소 Nusselt 수 [7]

$$\text{Nu}_{df} = \frac{hd}{k_f} = C\left(\frac{u_\infty d}{\nu_f}\right)^n \text{Pr}_f^{1/3} \tag{6.17}$$

여기서 상수 C와 n은 표 6.2에 나타나 있다. 공기에 대한 열전달 데이터는 그림 6.12에 도시하였다. 식 (6.17)에 사용된 성질은 하첨자 f로 나타낸 막온도에서 구한다.

표 6.2의 상관관계식 상수를 결정할 때, 공기 데이터만을 사용하여 그림 6.12와 같은 log.log 도표에 부분별로 직선을 끼워 맞춰 결정하였다. 이 경우 Prandtl 수는 약 0.72로 거의 일정하다. 참고문헌 9에서는 액체에 대해 인자 $\text{Pr}^{1/3}$을 도입하고$(0.72)^{1/3}$으로 나누거나 1.11를 곱하여 같은 상관관계를 얻을 수 있다고 추론하였다. 이러한 추론은 실제 사용되고 있다.

그림 6.13은 직교류 공기 속에 위치한 가열된 원통 주위의 온도분포를 보여준다. 검은 선은 등온선으로 간섭계를 사용하여 나타낼 수 있다. Reynolds 수가 클 때 원통 후면에 발달되는 박리유동 영역과 이 영역에 나타나는 난류장을 주의하라.

[표 6.2] 식 (6.17)의 상수 [8, 9]

Re_{df}	C	n
0.4-4	0.989	0.330
4-40	0.911	0.385
40-4000	0.683	0.466
4000-40,000	0.193	0.618
40,000-400,000	0.0266	0.805

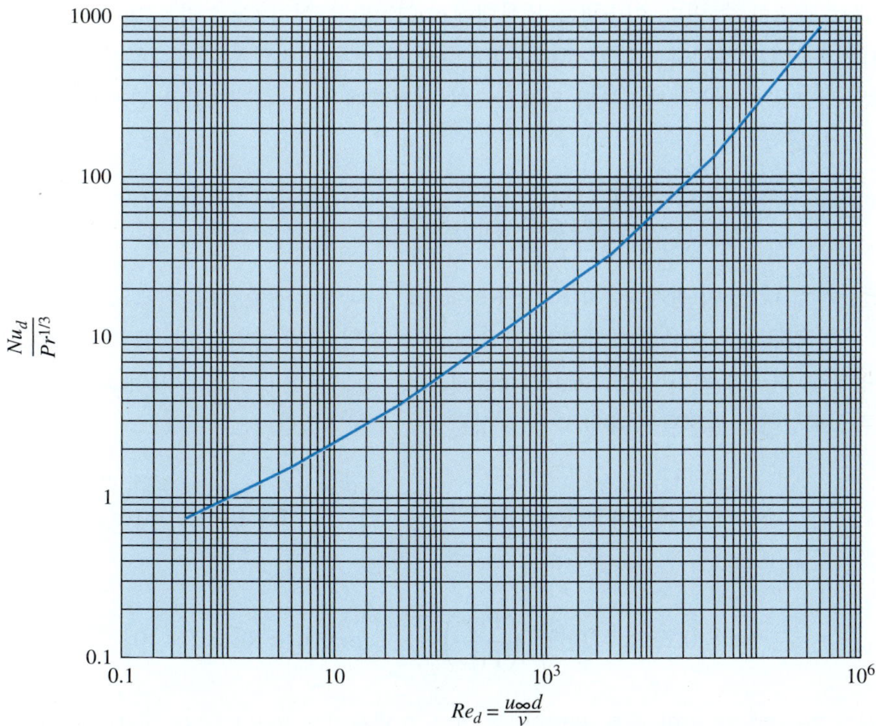

[그림 6.12] 원통에 직교로 흐르는 공기의 냉각과 가열에 대한 측정값

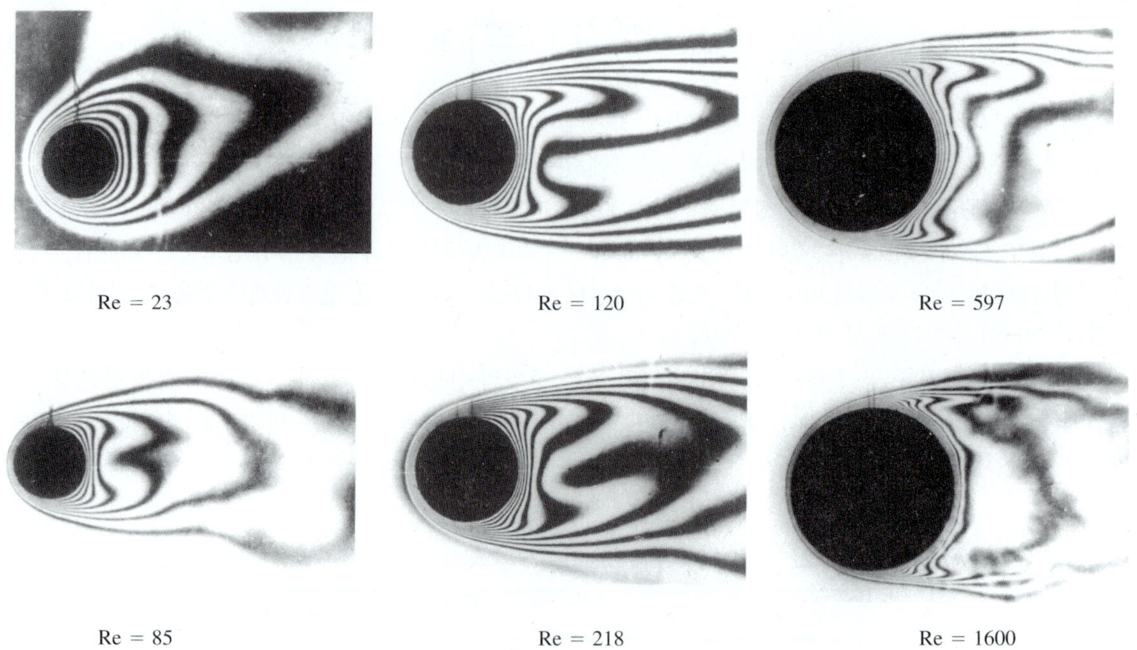

[그림 6.13] 공기의 직교흐름 속에 위치한 가열된 수평원통 주위의 등온선을 나타내는 간섭계 사진 (*E. Soehngen*의 사진.)

또한 Re 수가 가장 작은 값인 Re = 23일 때의 거동을 주목하기 바란다. 원통 후류쪽 간섭무늬가 부력의 영향 때문에 상승되고 있는데, 이는 강제대류유동속도와 크기의 정도가 비슷한 자연대류유동이 서로 중첩되어 나타난 결과로 관찰할 수 있다. 이러한 유동형태에서 열전달은 역시 Gr 수라는 변수에 의존하며, 이 무차원수에 대해서는 7장에서 자세히 고찰할 것이다. Re 수가 큰 경우 열전달은 강제대류에 의해 지배된다.

Fand [21]은 직교유동에서 액체로부터 원통으로의 열전달계수가 다음과 같은 관계로 보다 잘 맞게 나타낼 수 있음을 보였다.

$$\mathrm{Nu}_f = (0.35 + 0.56\,\mathrm{Re}_f^{0.52})\mathrm{Pr}_f^{0.3} \tag{6.18}$$

자유흐름에 난류가 없다면, 이 관계식은 $10^{-1} < \mathrm{Re}_f < 10^5$ 영역에서 유효하다.

어떤 경우, 특히 컴퓨터를 이용하여 계산할 때 Reynolds 수의 적용 범위가 더 크다면 식 (6.17)보다 더 복잡한 식을 사용해도 편리할 것이다. Eckert와 Drake [34]는 참고문헌 [33]과 [39]의 충분한 연구를 통해 직교유동 내의 관으로부터의 열전달에 대한 다음의 상관식을 추천하였다.

$$\mathrm{Nu} = (0.43 + 0.50\,\mathrm{Re}^{0.5})\mathrm{Pr}^{0.38}\left(\frac{\mathrm{Pr}_f}{\mathrm{Pr}_w}\right)^{0.25} \quad \text{for } 1 < \mathrm{Re} < 10^3 \tag{6.19}$$

$$\mathrm{Nu} = 0.25\,\mathrm{Re}^{0.6}\mathrm{Pr}^{0.38}\left(\frac{\mathrm{Pr}_f}{\mathrm{Pr}_w}\right)^{0.25} \quad \text{for } 10^3 < \mathrm{Re} < 2\times 10^5 \tag{6.20}$$

기체에 대해서는 Prandtl 수 비의 항을 생략할 수 있고 유체성질은 막온도에서 계산한다. 액체에 대해서는

Prandtl 수 비의 항은 포함되고 유체성질은 자유흐름 온도에서 계산한다. 식 (6.19)와 (6.20)의 결과는 식 (6.17)을 사용하여 얻은 결과와 5~10%의 오차범위에서 맞는다.

Churchill과 Bernstein [37]은 유용한 데이터의 전체영역에 대해 적용할 수 있는 더 포괄적인 상관식을 제안하였다.

$10^2 < \mathrm{Re}_d < 10^7$; $\mathrm{Pe}_d > 0.2$일 때

$$\mathrm{Nu}_d = 0.3 + \frac{0.62\,\mathrm{Re}^{1/2}\mathrm{Pr}^{1/3}}{\left[1+(0.4/\mathrm{Pr})^{2/3}\right]^{1/4}}\left[1+\left(\frac{\mathrm{Re}}{282{,}000}\right)^{5/8}\right]^{4/5} \tag{6.21}$$

이 관계식은 Reynolds 수가 20,000과 400,000 사이의 중간 영역에서 다소 작게 예측하므로 이 영역에서는 다음 식을 사용하도록 제안하였다.

$20{,}000 < \mathrm{Re}_d < 400{,}000$; $\mathrm{Pe}_d > 0.2$일 때

$$\mathrm{Nu}_d = 0.3 + \frac{0.62\,\mathrm{Re}_d^{1/2}\mathrm{Pr}^{1/3}}{\left[1+(0.4/\mathrm{Pr})^{2/3}\right]^{1/4}}\left[1+\left(\frac{\mathrm{Re}_d}{282{,}000}\right)^{1/2}\right] \tag{6.22}$$

식 (6.21)과 (6.22)를 유도하기 위해 사용된 열전달 데이터는 공기, 물과 액체 나트륨 등을 포함한다. Whitaker [35]는

$$\mathrm{Nu} = \frac{\bar{h}d}{k} = (0.4\,\mathrm{Re}^{0.5} + 0.06\,\mathrm{Re}^{2/3})\mathrm{Pr}^{0.4}\left(\frac{\mu_\infty}{\mu_w}\right)^{0.25} \tag{6.23}$$

$40 < \mathrm{Re} < 10^5$, $0.65 < \mathrm{Pr} < 300$, $0.25 < \mu_\infty/\mu_w < 5.2$에 대해 다음과 같은 또 다른 식을 제안하였다. 모든 유체의 성질은 자유흐름 온도에서 구하고 μ_w 만 벽온도에서 구한다.

Pe_d가 0.2보다 작을 때 Nakai와 Okazaki [38]는 다음 식을 제안하였다.

$$\mathrm{Nu}_d = \left[0.8237 - \ln\left(\mathrm{Pe}_d^{1/2}\right)\right]^{-1} \quad \text{for } \mathrm{Pe}_d < 0.2 \tag{6.24}$$

식 (6.21), (6.22)와 (6.24)에서 성질들은 막온도에서 구한다.

원통을 지나는 직교유동에 사용되는 식의 선택

원통을 지나는 직교유동에 사용되는 식의 선택은 추측하는 수밖에 없다. 분명히, 식 (6.17)은 계산하는 입장에서 가장 사용하기 쉽고 식 (6.21)은 매우 포괄적이다. 컴퓨터를 사용하는 경우 더 포괄적인 관계식이 유체와 Reynolds 수의 적용범위가 넓기 때문에 선호된다. 예를 들면, 식 (6.21)은 공기에서 액체 나트륨에 이르는 범위에 대해 데이터를 상관시키는 경우 좋은 결과를 얻을 수 있다. 식 (6.17)은 액체 금속에 대해서는 사용할 수 없다. 공기에 대해서는 두 식이 다 만족된다.

비원형단면을 갖는 통

Jakob [22]은 비원형단면을 갖는 통으로부터의 열전달에 대한 실험결과를 요약하였다. 식 (6.17)은 기체에

대한 경험적 상관식을 얻기 위해 사용되고 이 식에 사용되는 상수들을 표 6.3에 정리하였다. 표 6.3에 사용된 실험 데이터는 Pr 수가 0.7 근처인 기체이고 표 6.2의 자료에 사용된 것과 같은 인자 1.11 $\mathrm{Pr}^{1/3}$를 사용하여 수정하였다.

구

McAdams [10]은 구로부터 유동하는 기체로의 열전달에 대해 다음의 상관식을 추천하였다.

$$17 < \mathrm{Re}_d < 70{,}000 \text{ 일 때} \qquad \frac{hd}{k_f} = 0.37\left(\frac{u_\infty d}{\nu_f}\right)^{0.6} \tag{6.25}$$

Achenbach [43]는 Pr = 0.71인 공기에 대해 Reynolds 수의 적용범위가 더 넓은 다음의 관계식을 얻었다.

$$\mathrm{Nu} = 2 + (0.25\,\mathrm{Re} + 3 \times 10^{-4}\mathrm{Re}^{1.6})^{1/2} \quad \text{for } 100 < \mathrm{Re} < 3 \times 10^5 \tag{6.26}$$

$$\mathrm{Nu} = 2 + (0.25\,\mathrm{Re} + 3 \times 10^{-4}\mathrm{Re}^{1.6})^{1/2} \quad \text{for } 100 < \mathrm{Re} < 3 \times 10^5 \tag{6.27}$$

여기서

$$a = 5 \times 10^{-3} \qquad b = 0.25 \times 10^{-9} \qquad c = -3.1 \times 10^{-17}$$

구를 지나는 액체유동에 대해 Kramers [11]의 실험 데이터를 사용하여 다음과 같은 상관식을 얻을 수 있다.

$$1 < \mathrm{Re}_d < 2000 \text{ 일 때} \qquad \frac{hd}{k_f}\mathrm{Pr}_f^{-0.3} = 0.97 + 0.68\left(\frac{u_\infty d}{\nu_f}\right)^{0.5} \tag{6.28}$$

Vliet와 Leppert [19]는 Reynolds 수가 1에서 200,000의 확장된 영역에서 구로부터 물과 기름으로의 열전달에 대해 다음의 식을 추천하였다.

[표 6.3] 비원형 통으로부터의 열전달을 계산하는 식 (6.17)에 사용되는 상수 [22]

형태	Re_{df}	C	n
u_∞ → d	$5 \times 10^3 - 10^5$	0.246	0.588
u_∞ → d	$5 \times 10^3 - 10^5$	0.102	0.675
u_∞ → d	$5 \times 10^3 - 1.95 \times 10^4$ $1.95 \times 10^4 - 10^5$	0.16. 0.0385	0.638 0.782
u_∞ → d	$5 \times 10^3 - 10^5$	0.153	0.638
u_∞ → d	$4 \times 10^3 - 1.5 \times 10^4$	0.228	0.731

$$\mathrm{Nu}\,\mathrm{Pr}^{-0.3}\left(\frac{\mu_w}{\mu}\right)^{0.25} = 1.2 + 0.53\,\mathrm{Re}_d^{0.54} \tag{6.29}$$

여기서 모든 성질은 자유흐름 조건에서 구한 것이고, μ_w만 구의 표면온도에서 구한 값이다. 식 (6.26)은 참고문헌 [11]의 실험 데이터뿐만 아니라 참고문헌 [19]의 더 최근 데이터도 나타낸다.

위의 모든 데이터를 사용하여 Whitaker [35]는 구를 지나는 기체와 액체에 대한 단일 방정식을 개발하였다.

$$\mathrm{Nu} = 2 + \left(0.4\,\mathrm{Re}_d^{1/2} + 0.06\,\mathrm{Re}_d^{2/3}\right)\mathrm{Pr}^{0.4}\,(\mu_\infty/\mu_w)^{1/4} \tag{6.30}$$

유효한 적용범위는 $3.5 < \mathrm{Re}_d < 8 \times 10^4$과 $0.7 < \mathrm{Pr} < 380$이다. 식 (6.30)에서 성질들은 자유흐름 온도에서 구한다.

예제 6-7 등온 원통을 지나는 공기유동

1대기압 35°C의 공기가 50 m/s의 속도로 지름 5 cm의 원통을 지나 흐른다. 원통의 표면온도가 150°C로 유지될 때, 원통의 단위길이당 열손실을 계산하여라.

■ 풀이

먼저 Reynolds 수를 결정하고 식 (6.17)에 사용할 상수를 표 6.2에서 구한다. 공기의 성질은 막온도에서 구한다.

$$T_f = \frac{T_w + T_\infty}{2} = \frac{150+35}{2} = 92.5°\mathrm{C} = 365.5\ \mathrm{K}$$

$$\rho_f = \frac{p}{RT} = \frac{1.0132\times10^5}{(287)(365.5)} = 0.966\ \mathrm{kg/m^3}\quad [0.0603\ \mathrm{lb}_m/\mathrm{ft}^3]$$

$$\mu_f = 2.14\times10^{-5}\ \mathrm{kg/m\cdot s}\quad [0.0486\ \mathrm{lb}_m/\mathrm{h\cdot ft}]$$

$$k_f = 0.0312\ \mathrm{W/m\cdot °C}\quad [0.018\ \mathrm{Btu/h\cdot ft\cdot °F}]$$

$$\mathrm{Pr}_f = 0.695$$

$$\mathrm{Re}_f = \frac{\rho u_\infty d}{\mu} = \frac{(0.966)(50)(0.05)}{2.14\times10^{-5}} = 1.129\times10^5$$

표 6.2로부터

$$C = 0.0266 \qquad n = 0.805$$

따라서 식 (6.17)에서

$$\frac{hd}{k_f} = (0.0266)(1.129\times10^5)^{0.805}(0.695)^{1/3} = 275.1$$

$$h = \frac{(275.1)(0.0312)}{0.05} = 171.7\ \mathrm{W/m^2\cdot °C}\qquad [30.2\ \mathrm{Btu/h\cdot ft^2\cdot °F}]$$

따라서 단위길이당 열전달은

$$\begin{aligned}\frac{q}{L} &= h\pi d(T_w - T_\infty)\\ &= (171.7)\pi(0.05)(150-35)\\ &= 3100\ \mathrm{W/m}\quad [3226\ \mathrm{Btu/ft}]\end{aligned}$$

예제 6-8 전기적으로 가열된 전선으로부터의 열전달

지름 3.94×10^{-5} m의 가느다란 전선에 수직하게 50 m/s의 속도로 흐르는 1대기압, 25°C의 공기유동에 놓여 있다. 전류가 전선에 흘러 표면온도가 50°C 상승하였다. 단위길이당 열손실을 계산하여라.

■ 풀이

먼저 막온도에서 유체의 성질을 구하면

$$T_f = (25 + 50)/2 = 37.5°\text{C} = 310 \text{ K}$$
$$\nu_f = 16.7 \times 10^{-6} \text{ m}^2/\text{s} \qquad k = 0.02704 \text{ W/m} \cdot °\text{C}$$
$$\text{Pr}_f = 0.706$$

Reynolds 수는

$$\text{Re}_d = \frac{u_\infty d}{\nu_f} = \frac{(50)(3.94 \times 10^{-5})}{16.7 \times 10^{-6}} = 118$$

Peclet 수는 Pe = Re Pr = 83.3이고 식 (6.17), (6.21) 또는 (6.19)를 적용할 수 있다. 가장 간단한 식 (6.17)과 가장 복잡한 식 (6.21)로 계산하고 결과를 비교하자.

식 (6.17)를 사용하고 $C = 0.683$과 $n = 0.466$를 대입하면,

$$\text{Nu}_d = (0.683)(118)^{0.466}(0.705)^{1/3} = 5.615$$

열전달계수는

$$h = \text{Nu}_d\left(\frac{k}{d}\right) = 5.615\frac{0.02704}{3.94 \times 10^{-5}} = 3854 \text{ W/m}^2 \cdot °\text{C}$$

단위길이당 열전달은

$$q/L = \pi\, dh(T_w - T_\infty) = \pi(3.94 \times 10^{-5})(3854)(50 - 25)$$
$$= 11.93 \text{ W/m}$$

식 (6.21)을 사용하여 Nusselt 수를 계산하면

$$\text{Nu}_d = 0.3 + \frac{(0.62)(118)^{1/2}(0.705)^{1/3}}{\left[1 + (0.4/0.705)^{2/3}\right]^{1/4}}\left[1 + (118/282{,}000)^{5/8}\right]^{4/5}$$
$$= 5.593$$

그리고

$$h = \frac{(5.593)(0.02704)}{3.94 \times 10^{-5}} = 3838 \text{ W/m}^2 \cdot °\text{C}$$

그리고

$$q/L = (3838)\pi(3.94 \times 10^{-5})(50 - 25) = 11.88 \text{ W/m}$$

여기서 식 (6.21)로부터 계산한 값을 정확하다고 가정하면 두 상관식의 차이는 0.4%이고 평균값과는 0.2% 차이가 나는 것을 알 수 있다. 그림 6.12를 검토하면 데이터 범위가 ±15% 안에 들어가는 것은 비정상이 아님을 알 수 있다.

예제 6-9 구로부터의 열전달

1대기압 27°C의 공기가 자유흐름속도 4 m/s로 지름 12 mm의 구를 지나 흐른다. 구 내의 작은 히터가 표면온도를 77°C로 유지해 준다. 구로부터의 열손실을 계산하여라.

■ 풀이

식 (6.30)을 사용하고 Reynolds 수는 자유흐름 온도에서 구한다. 따라서 다음의 성질들이 필요하다. $T_\infty = 27°\text{C} = 300\text{ K}$에서

$$\nu = 15.69 \times 10^{-6}\ \text{m}^2/\text{s} \qquad k = 0.02624\ \text{W/m}\cdot°\text{C},$$
$$\text{Pr} = 0.708 \qquad \mu_\infty = 1.8462 \times 10^{-5}\ \text{kg/m}\cdot\text{s}$$

$T_w = 77°\text{C} = 350\text{ K}$에서

$$\mu_w = 2.075 \times 10^{-5}$$

따라서 Reynolds 수는

$$\text{Re}_d = \frac{(4)(0.012)}{15.69 \times 10^{-6}} = 3059$$

식 (6.30)으로부터

$$\begin{aligned}\overline{\text{Nu}} &= 2 + [(0.4)(3059)^{1/2} + (0.06)(3059)^{2/3}](0.708)^{0.4}\left(\frac{1.8462}{2.075}\right)^{1/4}\\ &= 31.40\end{aligned}$$

그리고

$$\bar{h} = \overline{\text{Nu}}\left(\frac{k}{d}\right) = \frac{(31.4)(0.02624)}{0.012} = 68.66\ \text{W/m}^2\cdot°\text{C}$$

따라서 열전달은

$$q = \bar{h}A(T_w - T_\infty) = (68.66)(4\pi)(0.006)^2(77 - 27) = 1.553\ \text{W}$$

비교를 위해 식 (6.25)를 사용하여 열전달계수를 계산하여 보자. 막온도는 $T_f = (350 + 300)/2 = 325\text{ K}$ 이므로

$$\nu_f = 18.23 \times 10^{-6}\ \text{m}^2/\text{s} \qquad k_f = 0.02814\ \text{W/m}\cdot°\text{C}$$

따라서 Reynolds 수는

$$\text{Re}_d = \frac{(4)(0.012)}{18.23 \times 10^{-6}} = 2633$$

식 (6.25)로부터

$$\text{Nu}_f = (0.37)(2633)^{0.6} = 41.73$$

따라서

$$\bar{h} = \text{Nu}\left(\frac{k_f}{d}\right) = \frac{(41.73)(0.02814)}{0.012} = 97.9\ \text{W/m}^2\cdot°\text{C}$$

앞에서 계산한 결과보다 42% 더 크다.

6-4 관군을 지나는 유동

많은 열교환장치에서 여러 열의 관을 포함하므로 관군(tube banks)의 열전달 특성은 실용적인 면에서 매우 중요하다. 엇갈리게(staggered) 놓이거나 정렬된(in-line) 관군의 열전달 특성은 Grimson [12]에 의해 연구되었고, 여러 연구자가 구한 상관관계에 기초해서 그는 실험 데이터를 식 (6.17)의 형태로 나타낼 수 있었다. 초기 데이터는 Pr이 대략 0.7인 기체였고 액체에 대해 사용할 수 있도록 확장하기 위해 표 6.2와 6.3에 사용된 것과 같은 인자 1.11 $\mathrm{Pr}^{1/3}$을 사용하여 수정하였다. 상수 C와 지수 n의 값은 관의 배치를 기술하는데 사용되는 기하변수의 항으로 표 6.4에 주어져 있다. Reynolds 수는 관군에서의 최대속도, 즉 최소 유동면적에서의 속도를 사용한다. 이 면적은 기하학적 관 배치에 의존할 것이다. 표 6.4에 사용한 기호는 그림 6.14에 나타나 있다. 표 6.4의 데이터는 유동방향으로 관의 열이 10개 또는 그 이상 존재할 때 적용된다. 더 작은 열에 대해서는 10열에 대한 열전달계수와 N열에 대한 열전달계수의 비가 표 6.5에 주어져 있다.

[표 6.4] 유동방향으로 관군이 10개 이상인 경우 열전달 계산을 위해 식 (6.17)과 사용되는 Grimson의 수정 상관관계 [12]

$\frac{S_p}{d}$	$\frac{S_n}{d}$ = 1.25		1.5		2.0		3.0	
	C	n	C	n	C	n	C	n
정렬 배치								
1.25	0.386	0.592	0.305	0.608	0.111	0.704	0.0703	0.752
1.5	0.407	0.586	0.278	0.620	0.112	0.702	0.0753	0.744
2.0	0.464	0.570	0.332	0.602	0.254	0.632	0.220	0.648
3.0	0.322	0.601	0.396	0.584	0.415	0.581	0.317	0.608
어긋난 배치								
0.6	–	–	–	–	–	–	0.236	0.636
0.9	–	–	–	–	0.495	0.571	0.445	0.581
1.0	–	–	0.552	0.558	–	–	–	–
1.125	–	–	–	–	0.531	0.565	0.575	0.560
1.25	0.575	0.556	0.561	0.554	0.576	0.556	0.579	0.562
1.5	0.501	0.568	0.511	0.562	0.502	0.568	0.542	0.568
2.0	0.448	0.572	0.462	0.568	0.535	0.556	0.498	0.570
3.0	0.344	0.592	0.395	0.580	0.488	0.562	0.467	0.574

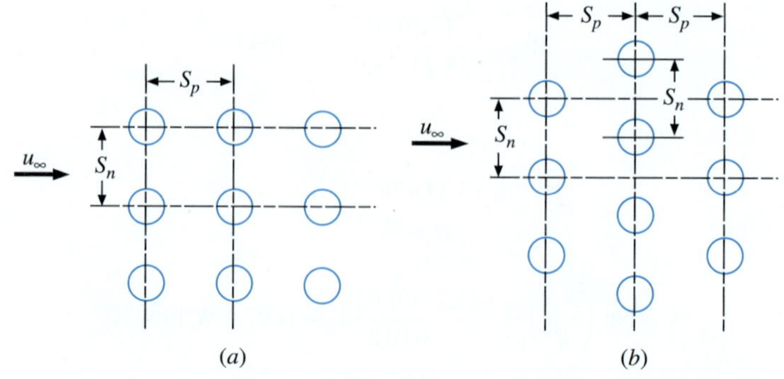

[그림 6.14] 표 6.4에 사용되는 기호 (a) 정렬배치, (b) 엇갈린 배치

[표 6.5] 유동방향으로 10개 열에 대한 N개 열의 열전달계수(h) 비 [17]

N	1	2	3	4	5	6	7	8	9	10
어긋난 배치관에 대한 비	0.68	0.75	0.83	0.89	0.92	0.95	0.97	0.98	0.99	1.0
정렬 배치관에 대한 비	0.64	0.80	0.87	0.90	0.92	0.94	0.96	0.98	0.99	1.0

참고문헌 [17].

최대 유동속도의 결정

정렬 관군에 수직인 유동의 경우, 최대유동속도는 들어오는 자유흐름속도 u_∞에 대해 최소전면면적$(S_n - d)$를 통해 일어난다. 따라서

$$u_{\max} = u_\infty [S_n/(S_n - d)] \qquad (\text{정렬 배치})$$

엇갈린 배열의 경우, 관군 입구에 수직인 면적이 최소 유동면적이면 최대유동속도를 갖게 된다. 이것은 S_p가 작아짐에 따라 평행한 방향으로 간극이 가까워지면 해당되지 않는다. 엇갈린 관군의 경우, 유동은 관군을 면적 $(S_n - d)$를 통해 들어가지만 면적이 $[(S_n/2)^2 + S_p^2]^{1/2} - d$인 두 곳으로 분리된다. 만약 이 두 곳의 면적의 합이 $(S_n - d)$ 보다 작으면 이 곳이 최소 유동면적을 나타내며 관군에서의 최대속도는

$$u_{\max} = \frac{u_\infty (S_n/2)}{[(S_n/2)^2 + S_p^2]^{1/2} - d}$$

가 되고 u_∞는 관군을 들어가는 자유흐름속도이다.

관군을 지나는 기체유동에 대한 압력 강하는 단위가 파스칼로 표현되는 식 (6.31)로 계산할 수 있다.

$$\Delta p = \frac{2 f' G_{\max}^2 N}{\rho} \left(\frac{\mu_w}{\mu_b} \right)^{0.14} \tag{6.31}$$

여기서

$G_{\max}$ = 최소유동면적에서의 질량속도, $\text{kg/m}^2 \cdot \text{s}$
ρ = 자유흐름조건에서 구한 밀도, kg/m^3
N = 횡열(transverse row)의 수
μ_b = 평균자유흐름 점성

마찰계수 f'는 Jakob [18]에 의해 실험적으로 다음과 같이 주어진다. 엇갈린 배치에 대해

$$f' = \left\{ 0.25 + \frac{0.118}{[(S_n - d)/d]^{1.08}} \right\} \text{Re}_{\max}^{-0.16} \tag{6.32}$$

정렬 배치에 대해

$$f' = \left\{ 0.044 + \frac{0.08 S_p/d}{[(S_n - d)/d]^{0.43} + 1.13 d/S_p} \right\} \text{Re}_{\max}^{-0.15} \tag{6.33}$$

[표 6.6] 유동방향으로 관군이 20개 이상인 경우에 대한 Zukauskas 열전달 상관식 (6.34)의 상수 [39]

형태	$Re_{d,max}$	C	n
정렬 배치	$10-100$	0.8	0.4
	$100-10^3$	개인적인 관으로 취급	
	$10^3-2\times10^5$	0.27	0.63
	$>2\times10^5$	0.21	0.84
어긋난 배치	$10-00$	0.9	0.4
	$100-10^3$	개별적인 관으로 취급	
	$10^3-2\times10^5$	$0.35\left(\frac{S_n}{S_L}\right)^{0.2}$ for $\frac{S_n}{S_L}<2$	0.60
	$10^3-2\times10^5$	0.40 for $\frac{S_n}{S_L}>2$	0.60
	$>2\times10^5$	0.022	0.84

[표 6.7] 유동방향으로 20개 열인 경우에 대한 N개 열인 경우의 열전달계수(h) 비 [참고문헌 39 및 식 (6.34) 사용시]

N	2	3	4	5	6	8	10	16	20
정렬 배치	0.77	0.84	0.89	0.92	0.94	0.97	0.98	0.99	1.0
어긋난 배치	0.70	0.80	0.90	0.92	0.94	0.97	0.98	0.99	1.0

Zukauskas [39]는 넓은 범위의 Reynolds 수와 성질 변화를 고려하여 관군에 대한 추가적인 정보를 제시하였다. 상관관계식은 다음의 형태이다.

$$\mathrm{Nu}=\frac{\bar{h}d}{k}=C\mathrm{Re}_{d,\max}^{n}\mathrm{Pr}^{0.36}\left(\frac{\mathrm{Pr}}{\mathrm{Pr}_w}\right)^{1/4} \tag{6.34}$$

여기서 Pr_w을 제외한 모든 성질은 T_∞에서 구하고 모든 상수값은 관의 열이 20보다 많은 경우는 표 6.6에 주어진다. 이 식은 $0.7<\mathrm{Pr}<500$과 $10<\mathrm{Re}_{d,\max}<10^6$ 범위에서 적용된다. 기체의 경우 Prandtl 수는 영향이 작으므로 빠지게 된다. Reynolds 수는 관군에서의 최대속도를 사용하는 것을 다시 한번 주의하라. 유동방향으로 열의 수가 20보다 작은 경우 표 6.7의 수정인자를 적용하여야 한다. 근본적으로는 Grimson 상관식과 동일하다. 추가적인 정보는 Morgan [44]에 의해 주어진다. 압력강하에 대한 자세한 내용은 참고문헌 [39]에 주어진다.

이러한 관계식은 실험 데이터와 비교하여 약 ±25%의 정확도가 연관되어 있다.

예제 6-10 관군 내에서의 공기 가열

1대기압 10°C의 공기가 유동방향으로 5열, 유동에 수직인 방향으로 15열이 되는 관군을 지나 흐른다. 공기가 관군에 들어가기 전에 속도는 7 m/s로 측정되었다. 관의 표면은 65°C로 유지되고 관의 지름은 1 in[2.54 cm]이다, 관이 정렬 배열을 이루어 유동에 수직한 방향과 평행한 방향으로 간격이 1.5 in[3.81 cm]이다. 관군의 단위길이당 총열손실과 출구 공기온도를 계산하여라.

■ 풀이

식 (6.17)에 사용되는 상수들을 다음 관계를 사용하여 표 6.4에서 얻을 수 있다.

$$\frac{S_p}{d} = \frac{3.81}{2.54} = 1.5 \qquad \frac{S_n}{d} = \frac{3.81}{2.54} = 1.5$$

따라서

$$C = 0.278 \qquad n = 0.620$$

공기의 성질은 막온도에서 구하고, 관군의 입구에서는

$$T_{f_1} = \frac{T_w + T_\infty}{2} = \frac{65 + 10}{2} = 37.5°\text{C} = 310.5\text{ K} \quad [558.9°\text{R}]$$

따라서

$$\rho_f = \frac{p}{RT} = \frac{1.0132 \times 10^5}{(287)(310.5)} = 1.137\text{ kg/m}^3$$
$$\mu_f = 1.894 \times 10^{-5}\text{ kg/m} \cdot \text{s}$$
$$k_f = 0.027\text{ W/m} \cdot °\text{C} \quad [0.0156\text{ Btu/h} \cdot \text{ft} \cdot °\text{F}]$$
$$c_p = 1007\text{ J/kg} \cdot °\text{C} \quad [0.24\text{ Btu/lb}_m \cdot °\text{F}]$$
$$\text{Pr} = 0.706$$

최대속도를 계산하기 위해 최소유동면적을 구해야 한다. 그림 6.14로부터 총전면면적에 대한 최소유동면적의 비는 $(S_n - d)/S_n$ 이다. 따라서 최대속도는

$$u_{\max} = u_\infty \frac{S_n}{S_n - d} = \frac{(7)(3.81)}{3.81 - 2.54} = 21\text{ m/s} \quad [68.9\text{ ft/s}] \tag{a}$$

여기서 u_∞는 관군 입구에 들어오기 전의 속도이다. 최대속도를 사용하여 Reynolds 수를 구하면

$$\text{Re} = \frac{\rho u_{\max} d}{\mu} = \frac{(1.137)(21)(0.0254)}{1.894 \times 10^{-5}} = 32{,}020 \tag{b}$$

열전달계수는 식 (6.17)을 사용하여 계산한다.

$$\frac{hd}{k_f} = (0.278)(32{,}020)^{0.62}(0.706)^{1/3} = 153.8 \tag{c}$$

$$h = \frac{(153.8)(0.027)}{0.0254} = 164\text{ W/m}^2 \cdot °\text{C} \quad [28.8\text{ Btu/h} \cdot \text{ft}^2 \cdot °\text{F}] \tag{d}$$

이 값은 유동방향으로 10개의 관 열이 존재할 때 얻는 열전달계수이다. 그러나 5개의 열만 존재하므로 표 6.5로부터 구해지는 인자 0.92를 곱해야 한다.

열전달 총 표면적은 관의 단위길이를 고려하면

$$A = N\pi d(1) = (15)(5)\pi(0.0254) = 5.985\text{ m}^2/\text{m}$$

여기서 N은 관의 총개수이다.

열전달을 계산하기 전에 공기가 관군을 통해 흐르는 동안 공기온도가 증가하는 것을 인식하여야 한다. 그러므로, 다음 식을 사용하여 열전달을 계산할 때 이것을 고려하여야 한다.

$$q = hA(T_w - T_\infty) \qquad (e)$$

좋은 근사값으로 T_∞의 산술 평균값을 사용할 수 있고 에너지 평형을 쓰면*

$$q = hA\left(T_w - \frac{T_{\infty,1} + T_{\infty,2}}{2}\right) = \dot{m}c_p(T_{\infty,2} - T_{\infty,1}) \qquad (f)$$

여기서 하첨자 1과 2는 관군의 입구와 출구를 나타낸다. 15개 관의 입구에서의 질량 유량은

$$\dot{m} = \rho_\infty u_\infty (15) S_n$$

$$\rho_\infty = \frac{p}{RT_\infty} = \frac{1.0132 \times 10^5}{(287)(283)} = 1.246 \text{ kg/m}^3 \qquad (g)$$

$$\dot{m} = (1.246)(7)(15)(0.0381) = 4.99 \text{ kg/s} \quad [11.0 \text{ lb}_m/\text{s}]$$

따라서 식 (*f*)는

$$(0.92)(164)(5.985)\left(65 - \frac{10 + T_{\infty,2}}{2}\right) = (4.99)(1006)(T_{\infty,2} - 10)$$

이 식을 풀면

$$T_{\infty,2} = 19.08°\text{C}$$

열전달은 식 (*f*)의 우변항으로부터 계산된다.

$$q = (4.99)(1005)(19.08 - 10) = 45.6 \text{ kW/m}$$

공기의 성질을 T_∞의 평균값에서 구하면 향상된 답을 얻을 수 있지만 그 향상 정도는 작고 이 값은 충분히 식 (6.17)의 실험적 열전달 상관식의 정확도 내이다.

* 한가지 더 좋은 접근방법이 있는데, 이는 대수평균온도차(LMTD)라고 하는 열전달에 기초하는 것이다. 이 방법은 10-5절에서 열교환기와 관련하여 자세히 논의될 것이다. 이 예제에서는 산술적 온도차 개념으로도 충분하다.

예제 6-11 다른 계산 방법

예제 6-10에서 얻은 값과 식 (6.34)를 사용해서 계산한 열전달 계수를 비교하여라.

■ **풀이**

식 (6.34)에 사용되는 성질들은 자유흐름 조건인 10°C에서 구한다. 따라서

$$\nu = 14.2 \times 10^{-6} \qquad \text{Pr} = 0.712 \qquad k = 0.0249 \qquad \text{Pr}_w = 0.70$$

Reynolds 수는

$$\text{Re}_{d,\max} = \frac{(21)(0.0254)}{14.2 \times 10^{-6}} = 37{,}563$$

따라서 식 (6.34)의 상수 $C = 0.27$ 그리고 $n = 0.63$이다.

이 값을 대입하면,

$$\frac{\bar{h}d}{k} = (0.27)(37{,}563)^{0.63}(0.712)^{0.36}(0.712/0.7)^{1/4} = 206.5$$

그리고

$$h = \frac{(206.5)(0.0249)}{0.0254} = 202.4 \text{ W/m}^2 \cdot {}^\circ\text{C}$$

관 열이 5개이므로 표 6.7로부터 인자 0.92를 취해서 수정하면

$$h = (0.92)(202.4) = 186.3 \text{ W/m}^2 \cdot {}^\circ\text{C}$$

이 값은 예제 6-10에서 구한 값보다 13% 더 크다. 양쪽 값 모두 상관식의 오차 범위 내이다.

6-5 액체금속의 열전달

최근 액체금속 열전달에 많은 관심이 집중되고 있는데 이는 액체금속을 사용하면 큰 열전달률을 얻을 수 있기 때문이다. 이러한 큰 열전달률은 다른 유체와 비교해 액체금속의 열전도계수가 크기 때문이다, 따라서 특히 원자로 같은 상대적으로 작은 공간으로부터 큰 에너지를 제거하는 경우에 적용될 수 있다. 또한 액체금속은 물이나 여러 가지 유기 냉각제와 같은 일반 유체와 달리 훨씬 높은 온도까지 액체로 유지된다. 이것이 고밀도 열교환기 설계를 가능하게 해준다. 액체금속은 부식성과 물이나 공기와 접촉할 때 격렬한 반응을 일으키므로 다루기가 매우 어렵다, 그렇다 할지라도 열전달장치에서 액체금속의 장점은 결점을 보상하고도 남기 때문에 액체금속을 다루는 적절한 기술이 개발되고 있다.

먼저 평판 위를 흐르는 액체금속을 생각하자. 액체금속의 Prandtl 수는 크기가 0.01 정도로 대단히 작다. 따라서 열경계층 두께는 유체역학적 경계층 두께보다 훨씬 크다. 이것은 액체금속의 열전도계수가 매우 크기 때문이고 그림 6.15에 도시하였다. δ/δ_t가 작기 때문에 열경계층 내의 속도분포는 거의 균일하다. 따라서, 첫 번째 근사로 열전달 계산을 위해 서진유동(slug flow)의 모형을 가정한다, 즉, 적분형 에너지 방정식 (5-6절)에서 에너지 전달항을 계산하기 위해 다음 식을 사용한다.

$$u = u_\infty \tag{6.35}$$

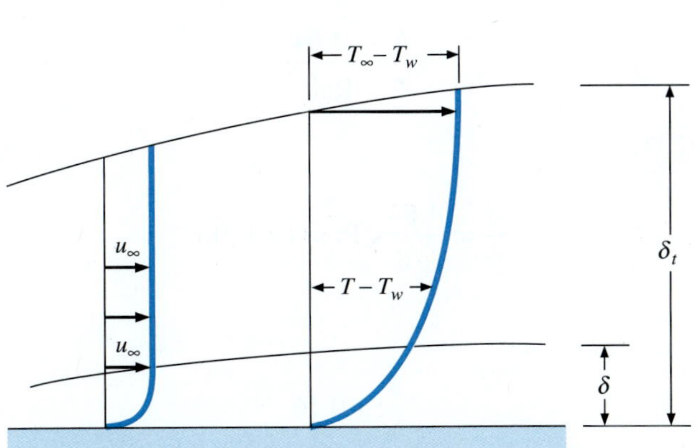

[그림 6.15] 액체금속 열전달 해석을 위한 경계층 영역

$$\frac{d}{dx}\left[\int_0^{\delta_t}(T_\infty - T)u\,dy\right] = \alpha\frac{\partial T}{\partial y}\bigg]_w \tag{6.36}$$

온도분포에 대한 조건은 5-6절과 마찬가지로 하여 3차의 포물선 분포를 사용한다.

$$\frac{\theta}{\theta_\infty} = \frac{T - T_w}{T_\infty - T_w} = \frac{3}{2}\frac{y}{\delta_t} - \frac{1}{2}\left(\frac{y}{\delta_t}\right)^3 \tag{6.37}$$

식 (6.35)와 (6.37)을 (6.36)에 대입하면

$$\theta_\infty u_\infty \frac{d}{dx}\left\{\int_0^{\delta_t}\left[1 - \frac{3}{2}\frac{y}{\delta_t} + \frac{1}{2}\left(\frac{u}{\delta_t}\right)^3\right]dy\right\} = \frac{3\alpha\theta_\infty}{2\delta_t} \tag{6.38}$$

적분하면

$$2\delta_t d\delta_t = \frac{8\alpha}{u_\infty}dx \tag{6.39}$$

평판의 전체 길이가 가열되었을 때 이 미분방정식의 해는

$$\delta_t = \sqrt{\frac{8\alpha x}{u_\infty}} \tag{6.40}$$

열전달계수는

$$h_x = \frac{-k(\partial T/\partial y)_w}{T_w - T_\infty} = \frac{3k}{2\delta_t} = \frac{3\sqrt{2}}{8}k\sqrt{\frac{u_\infty}{\alpha x}} \tag{6.41}$$

이 관계식은 다음과 같이 무차원 형태로 나타낼 수 있다.

$$\mathrm{Nu}_x = \frac{h_x x}{k} = 0.530(\mathrm{Re}_x\mathrm{Pr})^{1/2} = 0.530\mathrm{Pe}^{1/2} \tag{6.42}$$

유체역학적 경계층의 두께에 대한 식 (5.21)로부터

$$\frac{\delta}{x} = \frac{4.64}{\mathrm{Re}_x^{1/2}} \tag{6.43}$$

따라서 δ/δ_t를 계산할 수 있다.

$$\frac{\delta}{\delta_t} = \frac{4.64}{\sqrt{8}}\sqrt{\mathrm{Pr}} = 1.64\sqrt{\mathrm{Pr}} \tag{6.44}$$

$\mathrm{Pr} \sim 0.01$이므로

$$\frac{\delta}{\delta_t} \sim 0.16$$

이는 서진유동 모형의 가정과 잘 일치한다.

위에서 논의한 유동모형은 액체금속 열전달의 일반적 성질을 설명해 주고, 열전달이 Peclet 수에 의존하는 중요한 사실을 보여준다. 실험적 상관식은 보통 Peclet 수의 항으로 표현되고 아래에 4가지를 보여준다.

액체금속에 대한 방대한 자료는 참고문헌 [13]에 주어지고 열전달 특성은 참고문헌 [23]에 요약되어 있다. Lubarsky와 Kaufman [14]은 벽에서 균일 열유속을 갖는 매끈한 관에서 액체금속이 완전히 발달된 난류 유동인 경우의 열전달계수를 계산하기 위한 다음의 상관식을 추천하였다.

$$\mathrm{Nu}_d = \frac{hd}{k} = 0.625(\mathrm{Re}_d\mathrm{Pr})^{0.4} \tag{6.45}$$

식 (6.45)에 사용되는 모든 성질은 체적온도에서 구한다. 식 (6.45)는 $10^2 < \mathrm{Pe} < 10^4$과 $L/d > 60$ 에서 유효하다. Seban과 Shimazaki [16]는 일정한 벽온도를 갖는 관에서 액체금속으로의 열전달을 계산하기 위해 다음의 관계식을 제안하였다.

$$\mathrm{Nu}_d = 5.0 + 0.025(\mathrm{Re}_d\mathrm{Pr})^{0.8} \tag{6.46}$$

여기서 모든 성질은 체적온도에서 구한다. 식 (6.46)은 $\mathrm{Pe} > 10^2$과 $L/d > 60$에서 유효하다.

나트륨-칼륨의 혼합물에 대한 Skupinshi, Tortel 및 Vautrey [26]의 최근 데이터는 일정 열유속 조건에 대해 다음의 관계식이 식 (6.45)보다 더 좋다는 것을 보여준다.

$$\mathrm{Nu} = 4.82 + 0.0185\,\mathrm{Pe}^{0.827} \tag{6.47}$$

이 관계식은 $3.6 \times 10^3 < \mathrm{Re} < 9.05 \times 10^5$과 $10^2 < \mathrm{Pe} < 10^4$에서 유효하다.

Witte [32]는 강제대류에 의해 구로부터 액체나트륨으로 전달되는 열전달을 측정하여 다음의 상관식을 얻었다.

$$\mathrm{Nu} = 2 + 0.386(\mathrm{Re\,Pr})^{0.5} \tag{6.48}$$

Reynolds 수의 적용범위는 $3.56 \times 10^4 < \mathrm{Re} < 1.525 \times 10^5$이다.

Kalish와 Dwyer [41]는 관군에서 액체금속의 열전달에 대하여 연구를 하였다.

일반적으로 액체금속의 열전달에 대해서는 많은 의문점이 존재한다. 더 자세한 내용은 참고문헌 [13]과 [23]을 참조하여라.

예제 6-12 관에서 액체 비스무트의 가열

액체 비스무트(bismuth)가 지름 5 cm의 스테인레스 강관을 4.5 kg/s의 율로 흐른다. 비스무트는 415°C로 관을 들어가고 가열되어 나갈 때는 440°C의 온도가 된다. 관을 따라 일정한 열유속이 유지되고 관 벽의 온도가 비스무트의 체적온도보다 20°C 높다면 이와 같은 열전달을 얻기 위해 필요한 관의 길이를 계산하여라.

■ 풀이

일정한 열유속이 유지되므로 열전달계수를 계산하기 위해 식 (6.47)을 사용할 수 있다. 비스무트의 성질은 평균 체적온도 $(415 + 440)/2 = 427.5$°C에서 구한다.

$$\mu = 1.34 \times 10^{-3}\ \text{kg/m}\cdot\text{s} \quad [3.242\ \text{lb}_m/\text{h}\cdot\text{ft}]$$
$$c_p = 0.149\ \text{kJ/kg}\cdot{}^\circ\text{C} \quad [0.0356\ \text{Btu/lb}_m\cdot{}^\circ\text{F}]$$
$$k = 15.6\ \text{W/m}\cdot{}^\circ\text{C} \quad [9.014\ \text{Btu/h}\cdot\text{ft}\cdot{}^\circ\text{F}]$$
$$\text{Pr} = 0.013$$

총 열전달은

$$q = \dot{m}c_p\Delta T_b = (4.5)(149)(440-415) = 16.76\ \text{kW} \quad [57{,}186\ \text{Btu/h}] \qquad (a)$$

Reynolds 수와 Peclet 수를 계산하면

$$\text{Re}_d = \frac{dG}{\mu} = \frac{(0.05)(4.5)}{[\pi(0.05)^2/4](1.34\times10^{-3})} = 85{,}520 \qquad (b)$$
$$\text{Pe} = \text{Re}\,\text{Pr} = (85{,}520)(0.013) = 1111$$

열전달계수는 식 (6.47)로부터 계산된다.

$$\text{Nu}_d = 4.82 + (0.0185)(1111)^{0.827} = 10.93 \qquad (f)$$
$$h = \frac{(10.93)(15.6)}{0.05} = 3410\ \text{W/m}^2\cdot{}^\circ\text{C} \quad [600\ \text{Btu/h}\cdot\text{ft}^2\cdot{}^\circ\text{F}]$$

필요한 관의 총 표면적은 다음 식에서 구할 수 있다.

$$q = hA(T_w - T_b) \qquad (d)$$

이 식에서 온도차가 20°C이므로,

$$A = \frac{16{,}760}{(3410)(20)} = 0.246\ \text{m}^2 \quad [2.65\ \text{ft}^2]$$

이 면적은 관의 길이 항으로 표현할 수 있다.

$$A = \pi dL \text{ 따라서 } L = \frac{0.246}{\pi(0.05)} = 1.57\ \text{m} \quad [5.15\ \text{ft}]$$

6-6 요약

주로 해석적이었던 5장과 달리, 이 장은 대류열전달을 계산하는데 사용되는 경험식을 거의 대부분 다루었다. 일반적인 계산과정은 다음과 같다.

1. 기하학적 상황을 설정한다.
2. 적당한 유체성질을 예비단계로 결정한다.
3. Reynolds 수와 Peclet 수를 계산하여 유동영역을 설정한다.
4. 형태와 유동영역에 적합한 식을 선택하고 필요하다면 방정식과 조건에 따라 성질을 다시 계산한다.
5. h의 값이나 열전달률을 계산한다.

실험식이 기초한 데이터는 온도와 유동변수들을 주의해서 조절할 수 있는 실험실조건에서 대부분 얻어진 것임을 명심해야 한다. 실제 응용에서는 그러한 주의 깊은 조절은 존재할 수 없고 여기 주어진 관계식으로부터 계산되는 열전달률과는 차이가 존재할 수 있다. 그러나 간단한 관계식이 데이터를 나타내는데 큰 오차를 보여도 좀더 복잡한 식에 비해 간단한 식을 사용하는 것이 더 만족스러운 경우가 때때로 존재한다는 것을 지적하고 싶다. 따라서 선택할 수 있는 가능한한 많은 식들을 제공하는 것이 목적이다.

마지막으로 손쉽게 참고할 수 있도록 이 장의 가장 중요한 관계식들을 표 6.8에 수록하였다.

대류에 관한 내용이 완전하게 끝난 것이 아니다. 7장에서는 자연대류와 강제대류가 조합, 혹은 혼합된 대류뿐 아니라 자연대류열전달 계산에 사용되는 관계식에 대해 살펴보게 될 것이다. 7장의 결론 부분에서 비로소 모든 대류열전달문제를 포괄하는 일반화된 해석과정을 제시할 것인데, 이는 앞에서 언급한 바 있는 5단계 해석과정의 영역을 확대하는 것이 된다. 강제대류시스템의 각종 관계식을 표 5.2 및 6.8에 요약해 놓은 것 같이 자연대류시스템에 대한 관계식을 표 7.5에 요약해서 정리해 놓으니, 대류열전달 해석 과정 시 이용하기 바란다.

[표 6.8] 강제대류 관계식의 요약(물성값 계산은 교과서 참조)

하첨자: b= 체적온도, f = 막온도, ∞ = 자유유동온도, w = 벽온도

형태	공식	제한조건	공식번호
관류	$\mathrm{Nu}_d = 0.023\,\mathrm{Re}_d^{0.8}\,\mathrm{Pr}^n$	완전히 발달한 난류 $n = 0.4$ 가열시 $n = 0.3$ 냉각시 $0.6 < \mathrm{Pr} < 100$, $2500 < \mathrm{Re} < 1.25 \times 10^5$	(6.4a)
관류	$\mathrm{Nu} = 0.0214\,(\mathrm{Re}^{0.8} - 100)\,\mathrm{Pr}^{0.4}$	$0.5 < \mathrm{Pr} < 1.5$ $10^4 < \mathrm{Re} < 5 \times 10^6$	(6.4b)
	$\mathrm{Nu} = 0.012\,(\mathrm{Re}^{0.87} - 280)\,\mathrm{Pr}^{0.4}$	$1.5 < \mathrm{Pr} < 500$, $3000 < \mathrm{Re} < 10^6$	(6.4c)
관류	$\mathrm{Nu}_d = 0.027\,\mathrm{Re}_d^{0.8}\mathrm{Pr}^{1/3}\left(\frac{\mu}{\mu_w}\right)^{0.14}$	완전히 발달한 난류	(6.5)
관류	$\mathrm{Nu}_d = 0.036\,\mathrm{Re}_d^{0.8}\mathrm{Pr}^{1/3}\left(\frac{d}{L}\right)^{0.055}$	난류	(6.6)
입구영역	그림 6.5, 6.6 참조	$10 < \frac{L}{d} < 400$	
관류	Retukov 관계식	완전히 발달한 난류 $0.5 < \mathrm{Pr} < 2000$, $10^4 < \mathrm{Re}_d < 5 \times 10^6$, $0 < \frac{\mu_b}{\mu_w} < 40$	(6.7)
관류	$\mathrm{Nu}_d = 3.66 + \frac{0.0668(d/L)\,\mathrm{Re}_d\mathrm{Pr}}{1+0.04[(d/L)\,\mathrm{Re}_d\mathrm{Pr}]^{2/3}}$	층류 T_w = 일정	(6.9)
관류	$\mathrm{Nu}_d = 1.86(\mathrm{Re}_d\mathrm{Pr})^{1/3}\left(\frac{d}{L}\right)^{1/3}\left(\frac{\mu}{\mu_w}\right)^{0.14}$	완전히 발달한 난류 T_w = 일정 $\mathrm{Re}_d\mathrm{Pr}\frac{d}{L} > 10$	(6.10)
거친 관	$\mathrm{St}_b\mathrm{Pr}_f^{2/3} = \frac{f}{8}$ 또는 식 (6.7)	완전히 발달한 난류	(6.12)
비원형덕트	수력지름으로 Reynold 수 계산 $D_H = \frac{4A}{P}$	관류의 경우와 같음	(6.14)

[표 6.8] (계속)

하첨자: b= 체적온도, f = 막온도, ∞ = 자유유동온도, w = 벽온도

형태	공식	제한조건	공식번호
	A = 유동단면적 P = 접수길이		
원통직교류	$Nu_f = C\mathrm{Re}_{df}^{n}\ \mathrm{Pr}^{1/3}$ C와 n은 표 6.2에서 구함.	$0.4 < \mathrm{Re}_{df} < 400{,}000$	(6.17)
원통직교류	$Nu_{df} = 0.3 + \dfrac{0.62\,\mathrm{Re}_f^{1/2}\,\mathrm{Pr}^{1/3}}{\left[1+\left(\dfrac{0.4}{\mathrm{Pr}}\right)^{2/3}\right]^{1/4}}\left[1+\left(\dfrac{\mathrm{Re}_f}{282{,}000}\right)^{5/8}\right]^{4/5}$	$10^2 < \mathrm{Re}_f < 10^7$, $\mathrm{Pe} > 0.2$	(6.21)
원통직교류		교과서 참조	(6.18)-(6.20) (6.22)-(6.24)
비원통직류	$\mathrm{Nu} = C\,\mathrm{Re}_{df}^{n}\mathrm{Pr}^{1/3}$ C 와 n 은 표 6.3을 보라.		(6.17)
구형직교류	$\mathrm{Nu}_{df} = 0.37\,\mathrm{Re}_{df}^{0.8}$	Pr~0.7(기체) $17 < \mathrm{Re} < 70{,}000$	(6.25)
	$\mathrm{NuPr}^{-0.3}\,(\mu_w/\mu)^{0.25} = 1.2 + 0.53\,\mathrm{Re}_d^{0.54}$	물과 기름 $1 < \mathrm{Re} < 200{,}000$ T_∞에서의 물성값	(6.29)
	$\mathrm{Nu} = 2 + (0.4\,\mathrm{Re}_d^{1/2} + 0.06\,\mathrm{Re}_d^{2/3})\mathrm{Pr}^{0.4}\,(\mu_\infty/\mu_w)^{1/4}$	$0.7 < \mathrm{Pr} < 380$, $3.5 < \mathrm{Re} < 80{,}000$, T_∞에서의 물성값	(6.30)
관군유동	$\mathrm{Nu}_f = C\,\mathrm{Re}_{f,\max}^{n}\,\mathrm{Pr}_f^{1/3}$ C와 n은 표 6.4에서 구함.	교과서 참조	(6.17)
관군유동	$\mathrm{Nu}_d = C\mathrm{Re}_{d,\max}^{n}\,\mathrm{Pr}^{0.36}\left(\dfrac{\mathrm{Pr}}{\mathrm{Pr}_w}\right)^{1/4}$	$0.7 < \mathrm{Pr} < 500$, $10 < \mathrm{Re}_{d,\max} < 10^6$	(6.34)
액체금속		교과서 참조	(6.37)-(6.48)
마찰계수	$\Delta p = f(L/d)\rho u_m^2/2g_c$, $u_m = \dot{m}/\rho A_c$		(6.13)

복습문제

1. Dittus-Boelter 식이란 무엇인가? 언제 이 식이 적용되는가?

2. 거친 파이프 내의 유동에 대해 열전달계수는 어떻게 계산될 수 있는가?

3. 수력학적 지름이란 무엇인가? 언제 사용되는가?

4. 원통과 뭉툭한 물체 위의 유동에 대한 열전달계수를 계산하는데 사용되는 식은 어떤 형태인가?

5. 서진유동 모형이 액체금속 열전달에 적용될 때 합리적인 결과를 얻는 이유는 무엇인가?

6. Peclet 수는 무엇인가?

7. Graetz 수는 무엇인가?

예제 목록

6-2 관 내 층류유동에서 물의 가열
6-3 일정 열유속 조건을 갖는 층류 관 유동에서의 공기 가열
6-4 관 벽이 등온인 경우 공기의 가열
6-5 거친 관에서의 열전달
6-6 짧은 관에서의 난류열전달
6-7 등온 원통을 지나는 공기유동
6-8 전기적으로 가열된 전선으로부터의 열전달
6-9 구로부터의 열전달
6-10 관군 내에서의 공기 가열
6-11 다른 계산 방법
6-12 관에서 액체 비스무트의 가열

연습문제

6-1 120℃의 엔진 오일이 지름 5.0 mm의 관으로 들어간다. 관 벽은 50℃ 로 유지되고 입구 Reynolds 수는 1000이다. 관의 길이가 10, 20, 50 cm인 경우에 대해 열전달, 평균 열전달계수 그리고 출구 오일온도를 계산하여라.

6-2 평균 체적온도 80℉의 물이 벽온도가 180℉로 유지되는 매끈한 수평관 내를 흐른다. 관의 길이는 2 m, 지름은 3 mm이다. 유동 속도는 0.04 m/s이다. 열전달률을 계산하여라.

6-3 공기의 관내유동 시 Re 수가 1.5×10^4이 될 때 공기의 유량(flow rate)을 구하여라. 관의 지름은 2.5 cm이고 공기는 1기압, 300 K이다. 300 K의 물일 때에 대해서도 구하여라.

6-4 액체 암모니아가 한 변의 길이가 1.0 cm인 정삼각형 단면을 갖는 덕트 내를 흐른다. 평균 체적온도는 20℃이고 덕트의 벽온도는 50℃이다. Reynolds 수가 1000이면 완전히 발달된 층류가 된다. 덕트의 단위길이당 열전달을 계산하여라.

6-5 물이 평균 체적온도 20℃로 5 × 10 mm의 단면을 갖는 덕트 내를 흐른다. 덕트의 벽온도가 60℃로 일정하고 완전히 발달된 층류유동이라면 단위길이당 열전달을 계산하여라.

6-6 물이 3 kg/s로 5 cm의 내부 지름을 갖는 구리관을 지나면서 5℃에서 15℃로 가열된다. 관의 벽온도는 90℃로 유지된다. 관의 길이는 얼마인가?

6-7 물이 0.8 kg/s로 표면 온도가 90℃인 2.5 cm의 지름을 갖는 관을 지나면서 35℃에서 40℃로 가열된다. 이러한 가열이 이루어지기 위해 필요한 관의 길이는 얼마인가?

6-8 물이 1.0 kg/s로 길이 1.5 m, 내부 지름 2.5 cm의 파이프를 통해 흐른다. 1.5 m 길이에 대한 압력강하는 7 kPa이다. 파이프 벽온도는 증기 응축에 의해 일정 온도 50℃로 유지되고 입구에서 물의 온도는 20℃이다. 출구에서 물의 온도를 계산하여라.

6-9 물이 지름 2.5 cm인 관내를 1.3 kg/s의 질량유동으로 흐른다. 관 벽은 일정온도 40℃를 유지하고 있고 물의 온도는 60℉에서 100℉로 증가한다. 이 가열과정에 요구되는 관의 길이를 구하여라.

6-10 물을 1 kg/s로 내부 지름 2.5 cm의 관을 통해 흐르게 한다. 입구에서 물의 온도는 15℃이고 출구에

서는 물의 온도가 50°C이다. 관의 길이를 따라 관 벽온도가 물 온도보다 14°C 더 높다. 관의 길이는 얼마인가?

6-11 38°C의 엔진 오일이 길이 3 m, 지름 1.25 cm의 관으로 들어간다. 관의 벽온도는 65°C로 유지되고 유동속도는 30 cm/s이다. 오일로 전달되는 총 열전달과 오일의 출구 온도를 계산하여라.

6-12 1기압 15°C의 공기가 7.5 × 15 cm의 단면을 갖는 긴 직사각형 덕트를 통해 흐른다. 길이가 1.8 m 되는 단면까지는 120°C의 온도가 유지되고 이 지점에서 출구까지 공기의 평균온도는 65°C이다. 공기 유량과 총 열전달을 계산하여라.

6-13 물을 0.5 kg/s의 율로 길이 15 m, 내부 지름 2.5 cm의 매끈한 관을 통해 흐르게 한다. 입구에서 물의 온도는 10°C이고 관의 벽온도는 관의 전 길이를 따라 물의 온도보다 15°C 더 높다. 출구온도는 얼마인가?

6-14 평균온도 300 K의 물이 길이 6 m, 지름 2.5 cm의 관을 0.7 kg/s로 흐른다. 압력 강하는 2 kPa로 측정된다. 열유속은 일정하고 평균 벽온도는 55°C이다. 물의 출구온도를 계산하여라.

6-15 $\Pr = 1960$, $\rho = 860\ \mathrm{kg/m^3}$, $\nu = 1.6 \times 10^{-4}\ \mathrm{m^2/s}$ 그리고 $k = 0.14\ \mathrm{W/m \cdot {}^\circ C}$인 기름이 길이 60 cm, 지름 2.5 mm인 관으로 들어간다. 입구에서 오일 온도는 20°C이고, 평균 유동속도는 30 cm/s, 그리고 관의 벽온도는 120°C이다. 열전달률을 계산하여라.

6-16 액체 암모니아가 0.4 kg/s의 율로 길이 2.5 m, 지름 2.5 cm의 매끈한 관을 통해 흐른다. 암모니아는 10°C로 들어가고 38°C로 출구를 나온다. 관의 벽은 일정한 열유속으로 유지된다. 이러한 열전달이 일어나기 위한 평균 벽온도를 계산하여라.

6-17 액체 프레온 12가 3 m/s의 속도로 1.25 cm 지름을 갖는 관내를 흐른다. 체적온도 10°C에 대해 열전달계수를 계산하여라. 이것을 같은 조건에서의 물과 비교하면 어떻게 되는가?

6-18 평균온도 10°C의 물이 0.4 kg/s의 율로 길이 6 m, 지름 2.5 cm의 관 내를 흐른다. 압력강하는 3 kPa로 측정된다. 일정 열유속 조건이고 평균 벽온도는 50°C이다. 물의 출구온도를 계산하여라.

6-19 물이 0.4 kg/s의 율로 71°C에서 32°C로 냉각된다. 물을 4°C의 일정 온도로 유지되는 지름 12.5 mm의 파이프로 흐르게 하는 것과 20°C로 일정하게 유지되는 지름 25 mm의 파이프를 통해 흐르게 하는 것 중에서 어느 것이 압력강하가 작겠는가?

6-20 1400 kPa의 공기가 길이 6 m, 지름 7.5 cm의 덕트를 0.5 kg/s로 들어간다. 덕트 벽은 평균 온도 500 K로 유지된다. 덕트에서 평균 공기온도는 550 K이다. 공기가 덕트를 지나면서 발생하는 온도 감소를 계산하여라.

6-21 100°C, 300 kPa의 공기가 안지름이 1.2 cm인 관내를 흐르며, 이때 Re 수는 15,000이다. 관의 외부는 100 kPa, 30°C, 20 m/s의 공기유동과 직교류 하고 있다. 관의 두께가 1.0 mm일 때 이 시스템에 대한 총괄열전달계수를 구하여라. 또 관의 cm길이 당 관내 공기의 온도 강하는 얼마인가?

6-22 매끈한 관 내에서 60°F 물이 120°F 로 가열된다. 관 벽은 전기적으로 가열되어 일정 열유속조건을 가지며, 관 벽의 온도는 물의 체적온도보다 항상 30°F 높게 유지된다. 열전달계수 계산에 사용되는 Re 수는 100,000이다. 관의 지름이 0.5 cm일 때 필요한 관의 길이[m]를 계산하여라.

6-23 환형관이 지름 4 cm와 5 cm의 지름을 갖는 동심관 사이의 영역으로 구성된다. 이 영역에서 에틸렌글

리콜이 6.9 m/s의 속도로 흐른다. 입구온도는 20℃이고 출구온도는 40℃이다. 내부 관만 가열 표면이고 80℃로 일정하게 유지된다. 이러한 열전달이 일어나는데 필요한 환형관의 길이를 계산하여라.

6-24 공기조화용 덕트가 45 × 90 cm의 단면을 갖는다. 1기압 300 K의 공기가 7.5 m/s의 속도로 덕트 내를 흐른다. 이 장치의 열전달계수와 단위길이당 압력강하를 계산하여라.

6-25 상대 조도 0.002이고 지름 3 cm인 관 내로 물이 흐르고 벽온도는 80℃로 일정하게 유지된다. 입구에서 물의 온도가 20℃라면 Reynolds수가 10^5인 경우 대류열전달계수를 계산하여라.

6-26 액체 프레온 12가 지름 3.5 mm의 관을 0℃로 들어가고 입구에서 Reynolds 수가 700이 되게 유량이 흐른다. 관의 벽온도가 40℃로 일정하다면 유체온도를 20℃ 높히는 데 필요한 관의 길이를 계산하여라.

6-27 공기가 한 변의 길이가 3.0 mm인 정삼각형 단면을 갖는 작은 덕트 내로 들어간다. 입구와 출구에서 온도는 각각 27℃와 77℃이다. 유량은 5×10^{-5} kg/s이고 관 길이는 30 cm이다. 이러한 열전달이 일어나기 위한 관의 벽온도를 계산하라. 또 압력강하를 계산하여라. 단, 압력은 1기압이다.

6-28 90 kPa, 27℃의 공기가 지름 4 mm인 관으로 7×10^{-5} kg/s의 질량 유량으로 들어간다. 관의 표면에는 열유속이 일정하게 유지되어 관의 벽온도가 유체 체적온도보다 70℃ 높다. 관의 길이가 12 cm인 경우에 대해 공기의 출구온도를 계산하여라.

6-29 110 kPa 그리고 40℃의 공기가 지름 6 mm의 관으로 8×10^{-5}kg/s의 질량유량으로 들어간다. 관의 벽온도는 140℃로 일정하게 유지된다. 관의 길이가 14 cm인 경우 공기의 출구온도를 계산하여라.

6-30 40℃의 엔진오일이 입구에서 Reynolds 수가 50이 되도록 지름 1 cm의 관으로 들어간다. 관의 길이는 8 cm이고 관의 벽온도가 80℃로 일정한 경우에 대해 출구에서 오일 온도를 계산하여라.

6-31 물이 8 m/s로 지름 2 cm의 관 내를 흐른다. 관의 길이는 10 m이고 물이 20℃로 관을 들어가고 30℃로 관을 나온다면 관의 평균 벽온도를 계산하여라.

6-32 20℃의 엔진오일이 1.2 m/s로 지름 2.0 mm의 관으로 들어간다. 관의 벽온도는 60℃ 로 일정하고 관의 길이는 1 m이다. 출구에서 오일온도를 계산하여라.

6-33 물이 평균 유동속도 3.0 m/s로 매끈한 관 내를 흐른다. 관의 지름은 25 mm이고 관의 벽에 열유속이 일정하게 유지되어 관의 온도는 물의 온도보다 항상 20℃ 높다. 물은 30℃로 관 내로 들어가고 50℃로 관을 나온다. 이러한 열전달이 일어나기 위해 필요한 관의 길이를 계산하여라.

6-34 10℃ , 1기압의 액체암모니아가 5 m/s의 속도로 수평원통과 직교류한다. 원통의 지름은 2.5 cm이고 길이는 125 cm이며 30℃를 유지하고 있을 때 원통에 의한 열손실을 구하여라.

6-35 물이 지름 3 mm의 관을 21℃로 들어가고 32℃로 나온다. 유량은 Reynolds 수가 600이 되도록 흐른다. 관의 길이는 10 cm이고 온도는 60℃로 일정하게 유지된다. 물의 유량을 계산하여라.

6-36 물이 지름 3 cm의 관을 15℃로 들어가고 38℃로 나온다. 유량은 1 kg/s이고 관의 벽온도는 60℃이다. 관의 길이를 계산하여라.

6-37 글리세린이 지름 5 mm의 관을 Reynolds 수가 10이 되게 흐른다. 글리세린은 관을 10℃로 들어가고 30℃로 나온다. 관의 벽온도는 40℃로 일정하게 유지된다. 관의 길이를 계산하여라.

6-38 지름이 5 cm이고 온도가 80℃로 유지되는 원통이 2기압, 10℃의 질소 유동 내에 놓여 있다. 질소가

5 m/s의 속도로 원통을 지나 직교로 흐른다. 원통의 단위길이당 열손실을 계산하여라.

6-39 1기압, 10℃의 공기가 지름 4 cm이고 표면 온도가 54℃로 유지되는 원통을 지나 직교로 흐른다. 공기 속도는 25 m/s이다. 원통의 단위길이당 열손실을 계산하여라.

6-40 200 kPa에서 10℃의 공기가 25 m/s의 속도로 지름 20 cm의 원통을 지나 직교로 흐른다. 원통은 일정온도 80℃로 유지된다. 단위길이당 열전달과 항력을 계산하여라.

6-41 43℃의 물이 6 kg/s로 상대조도가 0.002인 내부지름 5 cm의 파이프로 들어간다. 파이프의 길이가 9 m이고 온도가 71℃로 유지된다면 출구에서의 물온도와 총 열전달을 계산하여라.

6-42 지름이 6.4 mm이고 길이가 15 cm인 짧은 관이 있다. 38℃의 물이 1.5 m/s로 관으로 들어간다. 열유속이 일정하게 유지되어 관의 벽온도가 물의 체적온도보다 28℃ 높게 유지된다. 열전달과 출구에서 물의 온도를 계산하여라.

6-43 에틸렌글리콜이 지름 3 cm의 관에서 65℃에서 40℃로 냉각된다. 관의 벽온도는 20℃로 일정하게 유지된다. 글리콜이 10 m/s의 속도로 관 내로 들어간다. 이러한 냉각이 이루어지는데 필요한 관의 길이를 계산하여라.

6-44 70 kPa, 20℃의 공기가 지름 5 cm의 원통을 지나 15 m/s로 직교로 흐른다. 원통에 작용하는 항력을 계산하여라.

6-45 지름이 2.5 cm이고 450 K로 가열된 원통이 1기압, 325 K의 공기유동 내에 위치한다. 공기속도는 30 m/s이다. 원통의 단위길이당 열손실을 계산하여라.

6-46 사람을 표면온도가 24℃인 지름 30 cm, 높이 1.1 m의 원통으로 가정할 수 있다면, 온도 0℃인 30 mi/h의 바람 속에 서 있을 때 잃게 되는 열을 계산하여라.

6-47 직교유동 내의 원통으로부터의 열전달의 반은 원통의 앞면 반에서 일어난다고 가정한다. 이 가정에 기초해서 직교유동 내의 원통으로부터의 열전달과 원통의 정체점으로부터의 거리와 같은 길이를 갖는 평판으로부터의 열전달을 비교하고 검토하여라.

6-48 15.56℃의 물이 내부지름 2 mm인 관 내부를 흘러서 관의 출구에서 온도가 26.67℃로 상승되었다. 관의 벽 온도는 48.99℃를 유지하며 물의 입구 유입속도는 0.3 m/s이다. 필요한 관의 길이[m]를 구하고, 또한 관으로부터의 총 열전달[W]을 계산하여라.

6-49 지름이 2 cm, 50℃를 유지하고 있는 원통이 헬륨 유동장에 놓여 있다. 헬륨은 200 kPa, 20 ℃, $u_\infty =$ 25 m/s일 때 원통길이 50 cm에 대한 열손실을 계산하여라.

6-50 지름 0.13 mm의 전선이 −30℃ 및 54 kPa의 공기 유동에 노출되어 있다. 유동 속도는 230 m/s이다. 전선은 전기적으로 가열되고 길이는 12.5 mm이다. 전선 표면온도를 175℃로 유지하는데 필요한 전력을 계산하여라.

6-51 90℃, 1기압의 공기가 6 m/s로 지름 1.5 mm의 가열된 전선을 따라 흐른다. 전선은 150℃로 가열된다. 전선의 단위길이당 열전달을 계산하여라.

6-52 지름이 0.025 mm이고 길이가 15 cm인 가는 전선이 공기유동 속에 위치할 때 전선으로부터 소산되는 전열량을 측정하여 유동속도를 감지하는데 사용된다. 전선의 저항은 70 $\mu\Omega \cdot$ cm이다. 전선의 온도는 기준온도 T_0에 대한 전기저항을 측정하여 다음 식을 사용하여 결정할 수 있다.

$$R = R_0 [1 + a(T - T_0)]$$

이러한 특수 전선에 대해 온도계수인 a의 값은 0.006℃$^{-1}$이다. 저항은 전선에 흐르는 전류와 전선에 가해진 전압으로부터 결정할 수 있다. 즉,

$$R = \frac{E}{I}$$

공기의 온도는 20℃이고 속도는 10 m/s, 그리고 전선의 온도는 40℃에서 측정이 수행된다고 가정하자. R_0가 $T_0 = 20$℃에서의 값이라면 위 조건에서 측정된 전압 및 전류의 값은 얼마인가? 같은 전선 온도에서 속도가 15, 20 m/s일 때 측정되는 전압과 전류의 값은 얼마인가?

6-53 1기압 325 K의 헬륨이 425 K로 가열된 지름 3 mm의 원통을 따라 흐른다. 유동속도는 9 m/s이다. 전선의 단위길이당 열전달을 계산하여라. 같은 조건에서 공기의 경우 열전달을 구하고 비교하여라.

6-54 65℃로 유지되는 지름 0.025 mm의 원통 위로 지나는 유동에 대해 단위길이당 열전달률을 다음 각 경우에 대해 계산하여라. (*a*) 20℃, 1기압의 공기 (*b*) 20℃의 물, $u_\infty = 6$ m/s

6-55 Reynolds 수가 10^3, 10^4, 그리고 10^5이고 막온도가 90℃ 인 경우 물에 대해 식 (6.17)과 (6.18)의 열전달 결과를 비교하여라.

6-56 북극지방에서 50℃인 고온의 오일을 파이프라인으로 수송한다. −35℃의 강한 북극 바람이 13 m/s로 지름 50 cm의 파이프를 지나 흐른다. 파이프의 단위길이당 열손실을 계산하여라.

6-57 지름 4 cm인 관과 한 변의 길이가 4 cm인 정사각형 관을 지나 1기압 27℃의 공기가 20 m/s로 직교로 유동한다. 관 벽의 온도가 50℃로 유지된다면 각 경우에 대해 열전달을 계산하여라.

6-58 지름이 3 cm인 원통이 200℃ , 1기압의 이산화탄소의 유동에 직교로 놓여 있다. 원통은 일정온도 50 ℃로 유지되고 이산화탄소의 속도는 40 m/s이다. 단위길이당 원통으로의 열전달을 계산하여라.

6-59 평균체적온도가 100℉인 물이 지름 1.25 cm인 매끈한 관내를 흐른다. 유량은 Re 수로 100,000이고 관의 평균 벽 온도는 160℉를 유지한다. 관의 길이가 1.5 m일 때 출구에서의 물의 체적온도[℃]를 구하여라.

6-60 적절한 컴퓨터 소프트웨어 패키지를 사용하여, 각각의 Re 수에 대한 평균 대류열전달계수를 구하기 위해 그림 6.11의 국소열전달계수를 적분하여라. 그 결과를 표 6.2를 사용한 계산 값과 비교해 보라. 필요하면 참고문헌 [7]을 참조하여라.

6-61 150 kPa, 20℃의 헬륨을 50 m/s의 속도로 길이 6 m, 지름 30 cm의 수평 원통을 직교로 흐르게 한다. 표면온도가 100℃로 일정하게 유지된다면 원통으로부터의 열손실을 계산하여라.

6-62 지름 0.25 in의 원통이 일정 온도 300℃로 유지되고 100 kPa, 30℃의 이산화탄소 유동에 직교로 위치한다. 이산화탄소의 속도가 35 m/s라면 길이 4.5 m의 원통으로부터의 열손실을 계산하여라.

6-63 지름 20 cm의 원통이 1기압, 300 K의 이산화탄소 흐름에 직교로 위치한다. 원통은 일정온도 400 K로 유지되고 이산화탄소의 속도는 50 m/s이다. 단위길이당 원통으로부터의 열손실을 계산하여라.

6-64 공기가 12 m/s로 한변의 길이가 4 cm인 정사각형 통을 직교로 흐른다. 표면온도는 85℃로 유지되고 공기의 자유흐름 조건은 20℃, 0.6기압이다. 단위길이당 통으로부터의 열손실을 계산하여라.

6-65 물이 5 m/s로 지름 3 mm의 구 위를 지나 흐른다. 자유흐름온도는 38℃이고 구는 93℃로 유지된다.

열전달률을 계산하여라.

6-66 지름 1.3 mm인 구형의 물방울이 1기압, 20℃의 공기중에서 정지상태로부터 떨어진다. 30, 60, 300 m 떨어진 후에 물방울이 갖는 속도를 계산하여라.

6-67 지름 4 m의 구형 탱크가 표면온도 40℃로 유지된다. 1기압, 20℃의 공기가 6 m/s로 탱크를 가로질러 흐른다. 열손실을 계산하여라.

6-68 지름 3 cm인 가열된 구가 일정온도 90℃로 유지되고 20℃인 물의 유동 속에 위치한다. 물의 유동속도는 3.5 m/s이다. 구로부터의 열손실을 계산하여라.

6-69 지름 6 mm인 작은 구가 내부에 전기 가열코일을 장착하여 표면온도가 220℃로 유지된다. 구는 20 m/s의 속도를 갖는 1기압, 20℃의 공기흐름에 노출되어 있다. 구에 공급해야 할 열량을 계산하여라.

6-70 3기압의 공기가 75 m/s로 평판 위를 흐른다. 평판은 200℃로 유지되고 자유흐름온도는 30℃이다. 한 변의 길이가 1 m인 정사각형 평판으로부터의 열손실을 계산하여라.

6-71 3.5 MPa, 38℃ 의 공기가 외부지름 1.25 cm인 관이 400개 엇갈리게 배열된 관군을 지나 흐른다. 관은 흐름과 수직한 방향으로 20열이고 $S_p = 3.75$ cm, $S_n = 2.5$ cm이다. 관군으로 들어오는 속도는 9 m/s이고 관의 벽온도는 관 내부에서 증기를 응축시켜 20℃로 일정하게 유지한다. 관의 길이는 1.5 m이다. 관군을 떠날 때의 공기의 온도를 계산하여라.

6-72 지름 6.33 mm의 관들이 정렬배치로 $S_n = S_p = 1.9$ cm 되게 관군을 구성한다. 위로 50개의 관을 쌓은 6열의 관군이다. 관의 표면온도는 90℃로 일정하고 20℃의 대기압공기가 관군을 따라 흐르도록 하였고 관군에 들어오기 전의 입구속도는 4.5 m/s이다. 관군에 대한 단위길이당 총 열전달을 계산하여라. 이러한 배열에 대해 압력강하를 계산하여라.

6-73 1기압, 300 K의 공기가 정렬배치된 관군주위를 흐른다. 관군은 수직방향 10열, 흐름방향 10열인 정사각형 배열이다. 관의 지름은 2 cm이고 관의 중심간의 거리는 수평 및 수직방향으로 4 cm로 서로 같다. 유입되는 자유흐름속도가 10 m/s이고 물성값은 자유흐름조건의 값으로 한다면 이 상황에 대한 대류열전달계수를 계산하여라.

6-74 S_p와 S_n은 같고 엇갈린 배열의 관군에 대해 문제 6-73을 반복하여라.

6-75 5 m/s로 관군에 직교로 들어가는 3기압, 35℃의 이산화탄소를 가열하기 위해 관군 내부에 150℃의 응축증기가 사용된다. 관군은 외부지름 1.25 cm인 100개의 관으로 구성되며 정사각형의 정렬배열로 $S_n = S_p = 1.875$ cm이다. 관의 길이는 60 cm이다. 관의 외벽온도는 150℃로 일정하다고 가정하고 이산화탄소로의 총 열전달과 출구온도를 계산하여라.

6-76 정렬배열인 관군이 높이 15열, 깊이 7열로 지름 2.5 cm인 관으로 구성된다. 관은 90℃로 유지되고 대기압의 공기가 20℃, $u_\infty = 12$ m/s로 직교로 흐른다. $S_p = 3.75$ 그리고 $S_n = 5.0$ cm의 배열이다. 단위길이당 관군으로부터의 열전달을 계산하여라. 또 압력 강하를 계산하여라.

6-77 300 K, 1기압의 공기가 각 10개의 관으로 높이 5열로 구성된 정렬배치된 관군으로 들어간다. 관의 지름은 2.5 cm이고 $S_n = S_p = 5.0$ cm이다. 관군에 들어가는 속도는 10 m/s이고 관의 벽온도는 350 K로 일정하다. 출구에서의 공기온도를 계산하여라.

6-78 20℃의 대기압 공기가 15 m/s로 한 변의 길이가 5 m인 정사각형 단면의 막대를 따라 흐른다. 유동

은 막대의 한 표면에 수직이다. 표면온도가 90°C인 경우에 대해 단위길이당 열전달을 계산하여라.

6-79 가정용 전기히터는 열을 소산시키기 위해 얇은 금속전선을 사용한다. 전선은 폭이 6 mm이고 팬에 의해 생성되는 공기흐름에 수직으로 위치한다. 공기속도는 2 m/s이고 길이가 35 cm인 7개의 전선을 사용한다. 전선이 870°C까지 가열된다면 20°C의 방 안 공기로 전달되는 총 대류열전달을 계산하여라.(이러한 히터에서 총 열전달의 대부분은 열복사에 의해 일어나는 것을 명심하라.)

6-80 30 × 30 cm인 정사각형 덕트가 일정온도 30°C로 유지되고 50°C, 1기압의 공기가 6 m/s로 직교로 흐르게 한다. 덕트가 얻는 열량을 계산하여라. 유동속도가 반으로 줄면 열량은 얼마나 줄어드는가?

6-81 서진유동 모형을 사용하여 4-3절의 반무한고체에 대한 경계층 에너지 방정식이 비정상 전도방정식과 같은 형태가 됨을 보여라. 이 방정식을 풀고 6-5절의 적분해석의 결과와 비교하여라.

6-82 400°C의 액체 비스무트가 1 kg/s의 질량유속으로 지름 2.5 cm인 스테인레스강의 파이프로 들어간다. 관의 벽온도는 450°C로 일정하게 유지된다. 관의 길이가 60 cm라면, 출구에서 비스무트의 온도를 계산하여라.

6-83 2.3 kg/s로 흐르는 액체 나트륨이 120°C에서 149°C로 가열된다. 지름 2.5 cm의 전기적으로 가열되는 관을 사용한다(일정 열유속). 관의 벽온도가 200°C를 넘지 않게 하려면, 필요한 최소 길이를 계산하여라.

6-84 평판 위를 지나는 액체금속의 평균 Nussel 수에 대한 식을 결정하여라. 식 (6.42)를 사용하여 시작하여라.

6-85 93°C의 물이 0.8 kg/s의 질량유속으로 내부지름 5 cm의 구리관을 적당한 속도로 흐르게 한다. 벽두께는 0.8 mm이다. 15°C, 대기압의 공기가 관 축에 수직한 방향으로 15 m/s의 속도로 관 외부를 지나 흐르게 한다. 관의 단위길이(m)당 열손실은 얼마인가?

6-86 1기압, 350 K의 공기가 지름 1.25 cm의 관으로 35 g/s의 율로 들어간다. 관의 표면온도는 300 K이고 길이는 12 m이다. 공기로의 열손실과 출구에서의 공기온도를 계산하여라.

6-87 공기가 지름 5 cm의 매끈한 관을 자유흐름 조건 20°C, 1기압으로 $u_\infty = 25$ m/s로 직교로 흐른다. 관의 표면온도가 120°C라면, 단위길이당 열손실을 계산하여라.

6-88 20°C 의 엔진오일이 길이 8 m의 관으로 들어간다. 관의 지름은 20 mm이고 질량유량은 0.4 kg/s이다. 관의 표면온도가 80°C로 유지된다면 출구에서의 오일 온도를 계산하여라.

6-89 1기압, 300 K의 공기가 길이 250 cm, 10 × 20 cm의 직사각형 단면을 갖는 덕트로 0.2 kg/s의 율로 들어간다. 덕트의 표면온도가 400 K로 유지된다면, 공기로의 열전달과 출구에서의 공기온도를 계산하여라.

6-90 1기압, 300 K의 공기가 지름 1.5 mm의 매끈한 관 내부로 Reynolds 수가 1200이 되게 흐른다. 관의 길이가 1, 10, 20 그리고 100 cm의 경우에 대해 열전달계수를 계산하여라.

6-91 평균 체적온도 10°C의 물이 한 변의 길이가 2.5 cm인 정삼각형 단면의 채널 내부로 흐른다. Reynolds 수가 50,000이 되게 유량이 흐른다. 관의 벽온도가 물의 체적온도보다 15°C 높게 유지된다면, 체적온도를 10°C 증가시키기 위해 필요한 관의 길이를 계산하여라. 이 조건하에서 총 열전달은 얼마인가?

6-92 1기압, 300 K의 공기가 정사각형 단면을 갖는 통에 직교로 Reynolds 수가 10^4이 되게 흐른다. 이때의 열전달과 정사각형 단면의 한 변 길이와 같은 지름을 갖는 원통에 대한 열전달을 비교하여라. 표 6.3의 첫째, 셋째 그리고 넷째의 경우에 대해 계산을 반복하여라.

6-93 1기압, 300 K의 공기가 Reynolds 수가 50,000이 되게 구를 지나 흐른다. 이 조건에 대해 식 (6.25)와 (6.26)을 비교하여라. 또 식 (6.30)의 결과도 비교하여라.

6-94 10℃의 물이 자유흐름속도 4 m/s로 지름 2.5 cm의 구를 지나 흐른다. 구의 표면온도가 60℃라면, 열손실을 계산하여라.

6-95 관군이 정렬배열로 정사각형 형태로 144개의 관으로 구성된다. 관의 지름은 1.5 cm이고 길이는 1.0 m이다. 관의 중심 사이의 거리는 2.0 cm이다. 관의 표면온도가 350 K로 유지되고 1기압, 300 K의 공기가 $u_\infty = 6$ m/s로 들어간다면, 관으로부터의 열손실을 계산하여라.

6-96 비록 사소한 실수로 분류되지만, 대류계산 문제에서 정확한 기하학적 형태를 선택하지 못하는 경우가 자주 발생한다. 1기압, 300 K의 공기가 다음의 3가지 기하 형태에 대해 Reynolds 수가 50,000이 되게 흐른다고 생각하자. (*a*) 지름 10 cm의 원통을 직교로 흐르는 유동 (*b*) 지름 10 cm의 관 내로 흐르는 유동 (*c*) 길이 10 cm의 평판을 따른 유동. 각 경우에 대하여 열전달계수를 계산하고 결과를 토의하라.

6-97 평균온도 60℉인 물이 매끈한 관내를 10 ft/s의 속도로 흐른다. 관의 지름은 2.5 cm이고 관의 벽온도가 150℉를 유지한다. 물의 체적온도를 10℃ 상승시키기 위한 필요한 관의 길이를 구하여라.

6-98 대류열전달은 유체의 성질, 즉 유체의 온도에 의존하는 것을 주의하자. 1대기압의 공기가 지름 2.5 cm의 매끈한 관 내를 0.012 kg/s의 율로 흐른다. Dittus-Boelter 관계식[식 (6.4*a*)]을 적용할 수 있다고 가정하여 300, 400, 500 그리고 800 K에서 구한 물성값을 사용하여 평균 열전달계수를 계산하여라.

6-99 같은 질량유속으로 흐르는 대기압의 헬륨에 대해 255, 477, 700 K에서 구한 물성값을 사용하여 문제 6-98을 반복하고 결과를 토의하여라.

6-100 300 K의 공기가 지름 5 mm의 관 내를 Reynolds 수가 50,000이 되게 흐른다. 관의 길이는 50 mm이다. 벽에서의 열유속을 일정하다고 가정하여 평균 열전달계수를 계산하여라.

6-101 15.6℃의 물이 길이 50 mm, 지름 5 mm의 관 내로 흐른다. Peclet 수가 1000이 되게 질량유량이 흐른다. 관의 벽온도가 49℃로 일정하게 유지된다면, 출구에서의 물의 온도를 계산하여라.

6-102 공기가 30 cm × 60 cm의 크기를 갖는 직사각형 덕트 내를 흐른다. 평균 유동속도는 평균 체적온도 300 K에서 7.5 m/s이다. 덕트의 벽온도가 325 K로 일정하다면, 덕트 길이 30 m에 대해 공기의 온도 증가를 계산하여라.

6-103 10℃의 글리세린이 길이 1 m, 1 cm × 8 cm의 직사각형 덕트 내를 흐른다. Reynolds 수가 250이 되게 질량유량이 흐른다. 등온 벽조건에 대해 평균 열전달계수를 계산하여라.

6-104 300 K의 공기가 600 K로 유지되는 6 mm의 가열된 전선에 수직으로 흐른다. 공기속도는 Reynolds 수가 15,000이 되게 흐른다. 길이 50 cm의 전선에 대해 열손실을 계산하여라.

6-105 한 변의 길이가 6 mm인 정사각형 막대에 수직하게 흐르는 경우에 대해 문제 6-104를 반복하여라.

6-106 6 mm 전선에 평행하게 흐르는 유동에 대해 문제 6-104를 반복하여라.(전선의 양 면에 대해 열전달을 계산하여라.)

6-107 대기압의 공기가 길이 50 cm, 지름 6 mm의 관 400개가 정렬배열된 정사각형 형태의 관군에 직교로 흐른다. $S_n = S_p = 9$ mm이다. 300 K의 공기는 입구에서의 최대속도와 입구에서의 물성값을 사용한 Reynolds 수가 50,000이 되는 속도로 관군에 들어간다. 관의 외부 벽온도가 400 K라면, 유동이 관군을 지나면서 공기가 얻게 되는 온도 증가를 계산하여라.

6-108 관의 크기와 관군으로의 자유흐름 입구속도가 같고 엇갈린 배열을 갖는 관군에 대해 문제 6-107를 반복하여라.

6-109 300 K에서 매끈한 관 내의 공기를 Reynolds 수 50,000과 100,000으로 공기를 가열하는 경우에 대해 식 (6.4*a*), (6.4*b*)와 (6.4*c*)로 계산한 Nusselt 수 결과를 비교하라. 이 결과들로부터 어떤 결론을 내릴 수 있는가?

6-110 21℃에서 물을 가열하는 경우에 대해 문제 6-109를 반복하여라.

6-111 1기압, 300 K의 공기가 400 K로 유지되는 원통을 Reynolds 수 50,000과 100,000으로 직교로 흐르는경우,식 (6.17), (6.21), (6.22)와 (6.23)을 사용하여 얻은 결과를 비교하여라. 이 결과들로부터 어떤 결론을 내릴 수 있는가?

6-112 1 의 물이 32.2℃로 유지되는 원통을 직교로 흐르는 경우에 대해 문제 6-111을 반복하여라. 이 결과들로부터 어떤 결론을 내릴 수 있는가?

설계지향문제

6-113 그림 6.11에 주어진 국소 Nusselt 수의 값을 사용하여 평균 Nusselt 수의 값을 Reynolds 수의 함수로 구하여라. 결과를 log Nu과 log Re로 도시하라. 그리고 모든 데이터를 나타내 주는 방정식을 구하여라. 이 상관식을 식 (6.17)과 표 6.2에 의해 주어지는 결과와 비교하여라.

6-114 700 K인 고온의 연소가스가 벽 두께 1.6 mm, 내부 지름 2.5 cm의 구리관 내부로 흐르게 열교환기를 제작한다. 5 cm의 관이 지름 2.5 cm 관 주위에 위치하고 150℃인 고압의 물이 관 사이의 환형관으로 흐른다. 물의 질량유량이 1.5 kg/s이고 총 열전달이 17.5 kW라면 가스의 질량유량 0.8 kg/s에 대해 열교환기의 길이를 계산하여라. 연소가스의 성질은 대기압 700 K의 공기와 같다고 가정한다.

6-115 Pr = 0.7인 가스에 대해 Reynolds 수가 다음과 같은 경우, 식 (6.19), (6.20), (6.21)의 결과를 식 (6.17)의 결과와 비교하여라. (*a*) 500, (*b*) 1000, (*c*) 2000, (*d*) 10,000, (e) 100,000

6-116 문제 6-72에서 더 밀집된 형태의 관군을 관의 수는 같게 유지하고 S_p와 S_n의 크기는 줄여서 얻을 수 있다. S_p와 S_n을 반으로 줄여 즉, $S_p = S_n = 0.95$ cm로 할 때 영향을 관찰하여라. 새로운 배열에 대한 열전달과 압력강하를 계산하여라.

6-117 Reynolds수가 100보다 작은 경우, 구에 대한 항력계수는 $C_D = b\mathrm{Re}^{-1}$로 근사될 수 있다. 여기서 b는 상수이다. 열전달과 유체마찰 사이의 Colburn 유사를 적용하여 온도 T_∞인 유체 내에서 정지상태에서 떨어지는 지름 d, 온도 T_s인 구로부터의 열손실에 대한 식을 유도하여라. (구가 떨어져서 어떤 속도 v가 되는 시간 사이에 잃은 열전달에 대한 식을 구하여라. 이 시간 동안 Reynolds 수는 100

보다 작고 구는 일정한 온도로 유지된다고 가정한다.)

6-118 Dittus-Boelter 관계식[식 (6.4*a*)]을 발달된 난류유동 조건하에서 매끈한 관 내의 난류유동에 적용하여 보자. 임의로 선택된 일정한 질량유량과 관 지름에 대해서 평균 체적온도 20, 50, 100, 200과 300℃의 경우 h의 값을 계산하여 열전달계수에 대한 체적온도의 영향을 관찰하여라. 이 계산으로부터 어떤 결론을 내릴 수 있는가? 이 결과로부터 공기에 대해 절대온도에 대한 열전달계수의 의존도를 평가하여라.

6-119 대류 전기오븐은 전기적 열요소로부터의 복사열에 추가하여 음식을 가로질러 공기를 흐르게 하는 팬을 사용하는 장치다. 175℃와 230℃로 입력된 두 개의 오븐 온도를 고려하자. 이러한 두 가지 온도조건하에서 대류의 유무에 따른 오븐의 열성능을 평가하기 위해 공기 유동속도에 대해 가정을 하자. 요리되는 음식의 형태는 마음대로 가정한다. 어떤 사람은 대류를 사용하면 복사 모델만 사용하는 경우 걸리는 요리 시간의 반이면 요리가 된다고 주장한다. 이 주장에 대해 어떻게 평가하는가? 오븐 제작자에게 현명하게 무엇을 추천하겠는가? 구체적인 예로 감사절에 25파운드의 칠면조 요리를 생각하자. 계산을 검토하는데 적당하다고 생각하면 무슨 요리책이나 참조하라. 이러한 문제에 대해 까다로운 전형적인 가정 요리사가 받아들일 수 있는 추천을 하라.

6-120 판에 일정한 열유속을 생성하기 위해 매끈한 유리판에 특수한 전기적인 전도막 코팅이 사용된다. 평균온도 65℃로 유지되는 길이 0.5 m의 정사각형 판으로부터 1기압, 20℃의 공기로 열을 소산하여 850 W의 열을 제거하기 위해 필요한 공기 유동속도를 계산하여라. 판은 흑체 표면처럼 20℃의 주변에 복사를 한다고 가정한다. 이러한 조건하에서 850 W를 소산하는데 필요한 유동속도는 얼마인가?

참고문헌

1.Dittus, F.W., and L. M. K. Boelter: *Univ. Calif.* (*Berkeley*) *Pub. Eng.*, Vol. 2, p. 443, 1930.
2. Sieder, E.N., and .E. Tate: Heat Transfer and Pressure Drop of Liquids in Tubes, *Ind. Eng. Chem.*, vol. 28, p. 1429. 1936.
3. Nesselt, W.: Der Wrmeaustaush zwishen Wand und Wasser im Rohr, *Forsch. Geb. Ingenieurwes.*, vol. 2, p. 309, 1931.
4. Hsusen, H.: Darstellung des Wrmeuberganges in Rohres durch verallgemeinerte Potenzbeziehungen, *VDIZ.*, no. 4, p. 91, 1943.
5. Moody, F.F.: Friction Factors for Pipe Flow, *Trans. ASME*, vol. 66, p. 671, 1944
6. Schlichting, H.: "*Boundary Layer Theory*," 7th ed., McGraw-Hill Book Company, New York, 1979.
7. Giedt, W.H.: Investingation of Variation of Point Unit-Heat-Transfer Coefficient around a Cylinder Normal to an Air Stream, *Trans. ASME*, vol. 71, pp. 375-381, 1949.
8. Hilpert, R.: Wrmeabgabe von geheizen Drahten und Rohren, *Forsch. Geb. Ingenieurwes.*, vol. 4, p. 220, 1933.
9. Knudsen, J.D., and D.L. Katz: "*Fluid Dynamics and Heat Transfer*," McGraw-Hill Book Company, New York, 1958.
10. McAdams, W.H.: "*Heat Transmission*," 3d ed., McGraw-Hill Book Company, New York, 1954.
11. Kramers, H.: Heat Transfer from Spheres to Flowing Media, *Physica*, vol. 12, p. 61, 1946.
12. Grimson, E.D.: Correlation and Utilization of New Data on Flow Resistance and Heat Transfer for Cross Flow of Gases over Tube Banks, *Trans. ASME*, vol. 59, pp. 583-594, 1937.

13. Lyon, R.D.(ed.): *"Liquid Metals Handbook,"* 3d ed., Atomic Energy Commision and U.S. Navy Department, Washing, D.C., 1952.

14. Lubarsky, B., and S.J. Kaufman: Review of Experimental Investigation of Liquid-Metal Heat Transfer, *NACA Tech. Note* 3336, 1955.

15. Colburnm A.P.: A Method of Correlating Forced Convection Heat Transfer Data and a Comparison with Fluid Friction, *Trans, AIChE*, vol. 29, p. 174, 1933.

16. Seban, R.A., and T.T. Shimazaki: Heat Transfer to a Fluid Flowing Turbulently in a Smooth Pipe with Walls at Constant Temperature, *Trans, ASME*, vol. 73, p. 803, 1951.

17. Kays, W.M., and R.K. Lo: Basic Heat Transfer and Flow Friction Data for Gas Flow Normal to Banks of Staggered Tubes: Use of a Transient Technique, *Stanford Univ. Tech. Rep.* 15, Navy Contract N6-ONR251 T.O. 6, 1952.

18. Jackb. M.: Heat Transfer and Flow Resistance in Cross Flow of Gases over Tube Banks, *Trans. ASME*, vol. 60, p. 384, 1938.

19. Vliet, G.C., and G. Leppert: Forced Convection Heat Transfer from an Isothermal Sphere to Water, *J. Heat Transfer*, serv. C, vol. 83, p. 163, 1961

20. Irvine, T.R.: Noncircular Duct Convection Heat Transfer, in W. Ibele(ed.), *"Modern Developments in Heat Transfer,"* Academic Press, Inc., New York, 1963.

21. Fand, R.M.: Heat Transfer by Forced Convection from a Cylinder to Water in Crossflow, *Int, J. Heat Mass Transfer*, vol. 8, p. 995, 1965.

22. Jackb, M.: *"Heat Transfer,"* vol. 1, John Wiley & Sons, Inc., New York, 1949.

23. Stein, R.: Liquid Metal Heat Transfer, *A dv. Heat Transfer*, vol. 3, 1966.

24. Hartnett, J.P.: Experimental Determination of the Thermal Entrance Length for the Flow of Water and of Oil in Circular Pipes, *Trans. ASME*, vol. 77, p. 1211, 1955.

25. Allen R.W., and E.R.G. Eckert: Friction and Heat Transfer Measurements to Turbulent Pipe Flow of Water(Pr = 7 and 8) at Uniform Wall Heat Flux, *J. Heat transfer*, ser. C, vol. 86, p. 301, 1964.

26. Skupinshi, E., J. Tortel, and L. Vautrey: Dtermination des cofficients de convection a' un alliage sodium-potassium dans un tube circulaire, *Int. J. Heat Mass Transfer*, vol. 8, p. 937, 1965.

27. Dipprey, D.F., and R.H. Scbersky: Heat and Momentum Trans fer in Smooth and Rough Tubes at Various Prandtl Numbers, *Int. J. Hrat Mass Transfer*, vol. 6, p. 329, 1963.

28. Kline, S.J.: *"Similitude and Approximation Theory,"* McGraw-Hill Book 1965.

29. Townes, H.W., and R.H. Sabersky: Experiments on the Flow over a Rough Surface, *Int, J. Heat Mass Transfer*, vol. 9, p. 729, 1966.

30. Gowen, R.A., and J.W. Smith: Turbulent Heat Transfer from Smoth and Rough Surfaces, *Int. J. Heat Mass Transfer*, vol. 11, p. 1657, 1968.

31. Sheriff, N., and p. Gumley: Heat Transfer and Friction Properties of Surfaces with Discrete Roughness, *Int. J. Heat Mass Transfer*, vol. 9, P. 1297, 1966.

32. Witte, L.C.: An Experimental Study of Forced-Convection Heat Transfer from a Sphere to Liquid Sodium, *J. Heat Transfer*, vol. 90, 1968.

33. Zukauskas, A.A., V. Makarevicius, and A. Schlanciauskas: *"Heat Transfer in Banks of Tubes in Crossflow of Fluid,"* Vintius, Lithuania, 1968.

34. Eckert, E.R.G., and R.M. Drake: *"Analysis of Heat and Mass Transfer,"* McGraw-Hill Book Company, New York, 1972.

35. Whitaker, S.: "Forced Convection Heat-Transfer Correlations for Flow in Pives, Past Flat Plates, Single

Cylinders, Single Spheres, and Flow in Packed Bids and Tube Bundles," *AIChEJ*., vol. 18, p. 361, 1972.

36. Kays, W.M.: "*Convective Heat and Mass Transfer*." pp. 187-190, McGraw-Hill Book Company, New York, 1966.
37. Churchill, S.W., and M. Bernstein: A Correlating Equation for Forced Convection from Gases and Liquids to a Circular Cylinder in Crossflow, *J. Heat Transfer*, vol. 99, pp. 300-306, 1977.
38. Nakai, S., and T. Okazaki: Heat Transfer from a Horizontal Circular Wire at Small Reynolds and Grashof Numbers 1 Pure Convection, *Int. J. Heat Mass Transfer*, vol. 18, p. 387, 1975.
39. Zukauskas, A.: Heat Transfer from Tubes in Cross Flow, *Adv. Heat Transfer*, vol. 8, pp. 93-160, 1972.
40. Sh, R.K., and A.L. London: "*Laminar Flow: Forced Convection in Ducts*," Academic Press, New York, 1978.
41. Kalish, S., and O.E. Dwyer: Heat Transfer to NaK Flowing through Unbaffled Rod Bundles, *Int. J. Heat Mass Transfer*, vol. 10, p. 1533, 1967.
42. Petukhov, B.S.: Heat Transfer and Friction in Turbulent Pipe Flow with Variable Physical Properties, in J.P. Hartnett and T.F. Irvine, (eds.), "*Advance in Heat Transfer*," Academic Press, Inc., New York, pp. 504-564, 1970.
43. Achenbach, E.: Heat Transfer from Spheres up to Re $= 6 \times 10^6$, Proc. *Sixth Int. Heat Trans. Conf.*, vol. 5, Hemisphere Pub. Co., Washington, D.C., pp. 341-346, 1978.
44. Morgan, V.T.: The Overall Convective Heat Transfer from Smooth Circular Cylinders, in T.F. Irvine and J.P. Hartnett, (eds.), "*Advances in Heat Transfer*," vol. 11, Academic Press, Inc. 1975.
45. Gnielinski, V.: "New Equations for Heat and Mass Transfer in Turbulent Pipe and Channel Flow," *Int. Chem. Engng*., vol. 16, pp. 359-368, 1976.
46. Kakac, S.,R.K.Shah, and W. Aung: "*Handbook of Single-Phase Convection Heat Transfer,*" *John Wiley*, New York, 1987.
47. Winterton, R.H.S., "Where Did the Dittus and Boelter Equation Come From?," *Int. J. Heat and Mass Transfer*, vol. 41, p.809, 1998.
48. Sleicher, C.A., and M.W.Roase, "A Convenient Correlation for Heat Transfer in Constant and Variable Pro perty Fluids in Turbulent Flow," *Int. J. Heat and Mass Transfer*, vol. 18, p.677, 1975.
49. Charchill, S.W., "Empirical Expressions for the Shear stress in Turbulent Flow in Commercial Pipe," *AIChEJ*., vol. 19, p.375, 1973.
50. Swanee, P.K., and A.K.Jain, "Explicit Equations for Pipe Flow Problems," *J.H.Proc. ASCE*, p.657, May 1976.
51. Holman, J. P. *Experimental Methods for Engineers*, 7th ed. chapters 3 and 9. McGraw-Hill, New York, 2001.

Chapter 07

자연대류계

7-1 서론

지금까지 다룬 대류열전달은 유체의 유동을 열전달표면에 인위적으로 부여함으로 일어나는 강제대류계만을 취급하였다. 유체를 가열할 경우 밀도의 변화로 인해 유체의 유동이 발생하는데, 이러한 대류현상을 자연대류라 한다. 방을 따뜻하게 하기 위해 사용하는 난방기는 자연대류로 열을 전달하는 실제장치의 한 예이다. 자연대류에서 유체의 운동은, 유체가 기체 또는 액체이든지 간에, 가열과정의 결과로 열전달 표면 근처에서 밀도가 감소할 때 유체에 미치는 부력(buoyancy force)에 의해 발생한다. 비록 중력이 자연대류 흐름을 생성할 수 있는 유일한 형태의 힘은 아니지만, 유체에 중력과 같은 외력이 작용하지 않으면 부력은 나타나지 않는다, 회전하는 기계 속에 들어 있는 유체는 원심력을 받고, 따라서 유체와 접촉된 하나 또는 그 이상의 표면이 가열되면 자연대류 흐름을 발생시킬 수 있다. 자연대류 흐름을 일으키는 부력을 **체적력**(*body force*)이라 부른다.

7-2 수직평판에서의 자연대류 열전달

그림 7.1에 나타낸 수직평판을 고려하자. 판을 가열하면 그림처럼 자연대류 경계층이 형성된다. 이 경계층 내에서의 속도분포는 강제대류 경계층에서의 그것과 아주 다르다. 벽에서는 비활조건(no-slip condition) 때문에 속도는 0이다. 자연대류계에서 자유흐름은 정지상태이므로 속도는 어떤 최대값까지 증가하다가 경계층의 끝부분에서 0으로 줄어든다. 초기에 형성되는 경계층은 층류이지만, 선단으로부터 멀어지면 난류와동이 형성되어 난류경계층으로의 천이가 시작된다. 판을 따라 더 멀리 올라가면 완전히 발달된 난류가 된다.

열전달문제를 해석하기 위해 우선 경계층에 대한 운동 미분방정식을 구해야 한다. 이를 위해 5장과 마찬가지로 x축을 판에 평행하게 y축을 판에 수직하게 선택한다. 유도과정에서 고려해야 할 새로운 힘은 유체요소의 무게뿐이다. 전과 같이 x방향 외력의 합과 검사체적 $dx\,dy$를 통과하는 운동량유속의 변화를 같게 놓으면 다음과 같은 식을 얻는다.

$$\rho\left(u\frac{\partial u}{\partial x}+v\frac{\partial u}{\partial y}\right)=-\frac{\partial p}{\partial x}-\rho g+\mu\frac{\partial^2 u}{\partial y^2} \tag{7.1}$$

여기서 $-\rho g$항은 유체요소에 작용하는 무게를 나타낸다. x방향으로의 압력구배는 판을 따른 높이의 변화 때문에 생긴다. 따라서

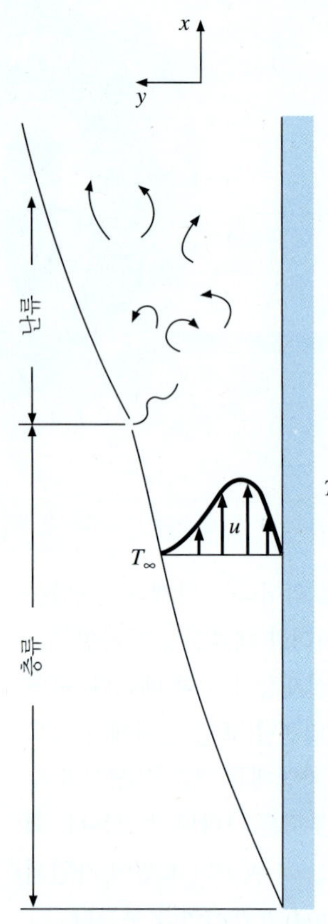

[그림 7.1] 수직평판에서의 경계층

$$\frac{\partial p}{\partial x} = -\rho_\infty g \tag{7.2}$$

즉, 높이 dx에 대한 압력변화는 유체요소의 단위면적당 무게와 같다. 식 (7.2)를 식 (7.1)에 대입하면

$$\rho\left(u\frac{\partial u}{\partial x} + v\frac{\partial u}{\partial y}\right) = g(\rho_\infty - \rho) + \mu\frac{\partial^2 u}{\partial y^2} \tag{7.3}$$

밀도차($\rho_\infty - \rho$)는 체적팽창계수 β의 항으로 나타낼 수 있다.

$$\beta = \frac{1}{V}\left(\frac{\partial V}{\partial T}\right)_p = \frac{1}{V_\infty}\frac{V - V_\infty}{T - T_\infty} = \frac{\rho_\infty - \rho}{\rho(T - T_\infty)}$$

따라서

$$\rho\left(u\frac{\partial u}{\partial x} + v\frac{\partial u}{\partial y}\right) = g\rho\beta(T - T_\infty) + \mu\frac{\partial^2 u}{\partial y^2} \tag{7.4}$$

이것이 자연대류 경계층의 운동방정식이다. 속도분포를 구하려면 온도분포를 알아야 한다는 것을 주의하여라. 자연대류계의 에너지 방정식은 저속에서의 강제대류계의 에너지 방정식과 같다.

$$\rho c_p\left(u\frac{\partial T}{\partial x} + v\frac{\partial T}{\partial y}\right) = k\frac{\partial^2 T}{\partial y^2} \tag{7.5}$$

체적팽창계수 β는 고려하는 유체 성질에 대한 표로부터 결정할 수 있다. 이상기체의 경우 다음과 같이 계산될 수 있다(문제 7-3을 보라.).

$$\beta = \frac{1}{T}$$

여기서 T는 기체의 절대온도이다.

비록 유체운동이 밀도변화로 일어나지만 변화가 매우 작기 때문에 비압축성 유동, 즉 ρ가 일정하다고 가정하여도 만족스러운 해를 얻을 수 있다. 운동방정식의 해를 구하기 위해 제5장의 강제대류에서 사용한 것과 비슷한 적분해석법을 사용한다. 자세한 경계층 해석은 참고문헌 [13], [27], [32]를 참조하기 바란다.

자연대류계에 대해, 적분형 운동량방정식은

$$\begin{aligned}\frac{d}{dx}\left(\int_0^\delta \rho u^2\,dy\right) &= -\tau_w + \int_0^\delta \rho g\beta(T - T_\infty)\,dy \\ &= -\mu\left.\frac{\partial u}{\partial y}\right]_{y=0} + \int_0^\delta \rho g\beta(T - T_\infty)\,dy\end{aligned} \tag{7.6}$$

이 방정식의 해를 구하기 위해서는 속도분포와 온도분포의 함수 형태를 알아야 한다. 이 함수들을 얻기 위해 5장과 같은 방법으로 진행한다. 온도분포에 대해서는 다음 조건을 적용한다.

$$y = 0\text{에서} \qquad T = T_w$$
$$y = \delta\text{에서} \qquad T = T_\infty$$
$$y = \delta\text{에서} \qquad \frac{\partial T}{\partial y} = 0$$

따라서 온도분포는

$$\frac{T - T_\infty}{T_w - T_\infty} = \left(1 - \frac{y}{\delta}\right)^2 \tag{7.7}$$

속도분포에 대한 3가지 조건은

$$y = 0\text{에서} \qquad u = 0$$
$$y = \delta\text{에서} \qquad u = 0$$
$$y = \delta\text{에서} \qquad \frac{\partial u}{\partial y} = 0$$

식 (7.4)로부터 또 다른 조건을 얻을 수 있다.

$$y = 0\text{에서} \qquad \frac{\partial^2 u}{\partial y^2} = -g\beta \frac{T_w - T_\infty}{\nu}$$

강제대류문제의 적분해석에서처럼, 속도분포가 판을 따라 여러 x위치에서 기하학적으로 비슷한 형태를 갖는다고 가정한다. 자연대류문제에 대해 속도를 y의 다항식과 x의 어떤 임의함수의 곱으로 나타낼 수 있다고 가정하자. 즉,

$$\frac{u}{u_x} = a + by + cy^2 + dy^3$$

여기서 u_x는 x의 함수로 가상적인 속도이다. 4개의 조건이 만족되어야 하므로 사용할 수 있는 가장 간단한 형태의 함수로 3차의 다항식 형태를 선택한다. 4가지 조건을 위의 함수 형태에 적용하면,

$$\frac{u}{u_x} = \frac{\beta\delta^2 g(T_w - T_\infty)}{4u_x\nu}\frac{y}{\delta}\left(1 - \frac{y}{\delta}\right)^2$$

온도차, δ^2 그리고 u_x는 함수 u_x 속에 통합할 수 있고 따라서 가정되는 최종 속도분포는

$$\frac{u}{u_x} = \frac{y}{\delta}\left(1 - \frac{y}{\delta}\right)^2 \tag{7.8}$$

식 (7.8)을 그림 7.2에 나타낸다. 식 (7.7)과 (7.8)을 식 (7.6)에 대입하고 적분과 미분을 수행하면

$$\frac{1}{105}\frac{d}{dx}(u_x^2\delta) = \frac{1}{3}g\beta(T_w - T_\infty)\delta - \nu\frac{u_x}{\delta} \tag{7.9}$$

자연대류계에 대한 적분형 에너지방정식은

$$\frac{d}{dx}\left[\int_0^\delta u(T - T_\infty)dy\right] = -\alpha \left.\frac{dT}{dy}\right]_{y=0} \tag{7.10}$$

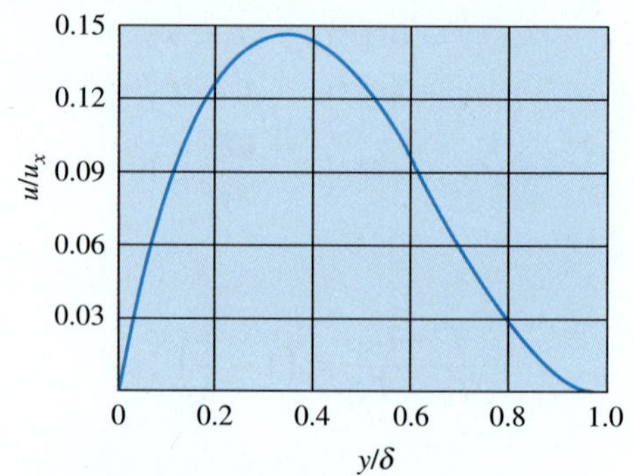

[그림 7.2] 식 (7.8)로 주어지는 자연대류 속도분포

가정한 속도분포와 온도분포를 이 방정식에 대입하고 계산하면

$$\frac{1}{30}(T_w - T_\infty)\frac{d}{dx}(u_x\delta) = 2\alpha\frac{T_w - T_\infty}{\delta} \tag{7.11}$$

식 (7.8)을 유도한 논리로부터 다음이 분명하다.

$$u_x \sim \delta^2 \tag{7.12}$$

식 (7.9)에 이 관계를 대입하면

$$\delta \sim x^{1/4} \tag{7.13}$$

그러므로 u_x와 δ에 대해 다음과 같은 지수함수를 가정할 수 있다.

$$u_x = C_1 x^{1/2} \tag{7.14}$$

$$\delta = C_2 x^{1/4} \tag{7.15}$$

이 식들을 식 (7.9)와 (7.11)에 대입하면

$$\frac{5}{420}C_1^2 C_2 x^{1/4} = g\beta(T_w - T_\infty)\frac{C_2}{3}x^{1/4} - \frac{C_1}{C_2}\nu x^{1/4} \tag{7.16}$$

그리고

$$\frac{1}{40}C_1 C_2 x^{-1/4} = \frac{2\alpha}{C_2}x^{-1/4} \tag{7.17}$$

이 두 식을 C_1과 C_2에 대해 풀면

$$C_1 = 5.17\nu\left(\frac{20}{21} + \frac{\nu}{\alpha}\right)^{-1/2}\left[\frac{g\beta(T_w - T_\infty)}{\nu^2}\right]^{1/2} \tag{7.18}$$

$$C_2 = 3.93\left(\frac{20}{21} + \frac{\nu}{\alpha}\right)^{1/4}\left[\frac{g\beta(T_w - T_\infty)}{\nu^2}\right]^{-1/4}\left(\frac{\nu}{\alpha}\right)^{-1/2} \tag{7.19}$$

경계층 두께에 대한 최종식은

$$\frac{\delta}{x} = 3.93\,\mathrm{Pr}^{-1/2}(0.952 + \mathrm{Pr})^{1/4}\mathrm{Gr}_x^{-1/4} \tag{7.20a}$$

$$u_x \frac{x}{\nu} = 5.17(0.952 + \mathrm{Pr})^{-1/2}\mathrm{Gr}_x^{1/2} \tag{7.20b}$$

그림 7.2에 나타난 속도분포는 $y/\delta = 1/3$에서 최대값 $u_{\max} = (4/27)u_x = 0.148u_x$를 가진다. 임의의 위치 x에서 경계층을 통한 질량유량은 아래와 같이 구할 수 있다.

$$\dot{m} = \int \rho u dy = \int_0^\delta \rho u_x \frac{y}{\delta}\left(1 - \frac{y}{\delta}\right)^2 dy = \frac{1}{12}\rho u_x \delta = 0.083\rho u_x \delta = \frac{9}{16}\rho u_{\max}\delta \tag{7.20c}$$

여기서 Prandtl 수 $\mathrm{Pr} = \nu/\alpha$가 새로운 무차원수 *Grashof* 수 Gr_x와 함께 도입된다.

$$\mathrm{Gr}_x = \frac{g\beta(T_w - T_\infty)x^3}{\nu^2} \tag{7.21}$$

열전달계수는 다음 식으로부터 계산할 수 있다.

$$q_w = -kA \left.\frac{dT}{dy}\right]_w = hA(T_w - T_\infty)$$

식 (7.7)의 온도분포를 사용하면,

$$h = \frac{2k}{\delta} \qquad \text{또는} \qquad \frac{hx}{k} = \mathrm{Nu}_x$$

따라서 열전달계수에 대한 무차원식은

$$\mathrm{Nu}_x = 0.508\,\mathrm{Pr}^{1/2}(0.952 + \mathrm{Pr})^{-1/4}\mathrm{Gr}_x^{1/4} \tag{7.22}$$

식 (7.22)는 수직평판을 따른 국소 열전달계수의 변화를 보여준다. 평균 열전달계수는 적분하여 얻을 수 있다.

$$\overline{h} = \frac{1}{L}\int_0^L h_x dx \tag{7.23}$$

식 (7.22)를 사용하면 평균 열전달계수는

$$\overline{h} = \tfrac{4}{3}h_{x=L} \tag{7.24}$$

Grashof 수는 물리적으로 자연대류 유동계에서 점성력에 대한 부력의 비를 나타내는 무차원수로 해석할 수 있다. 강제대류계에서의 Reynolds 수와 비슷한 역할을 하고 층류에서 난류경계층으로 바뀌는 천이를 결정하는 기준으로 사용되는 중요한 변수이다. 자연대류가 일어나는 수직평판에서 공기의 경우, 임계 Grashof 수

[그림 7.3] 주기적으로 펄스를 가한 경우 수직평판위 자연대류경계층. 알파벳 문자간의 거리 = 5 cm.

는 대략 4×10^8인 것으로 Eckert와 Soehngen [1]에 의해 관찰되었다. 다른 유체에 대해서도 임계 Grashof 수가 10^8에서 10^9 사이의 값이 관찰되었다.

자연대류 경계층의 안정성과 천이에 대한 완전한 조사가 Gebhart 등 [13~15]에 의해 이루어졌다.

수직평판에서 자연대류 열전달에 대한 지금까지의 해석은 수학적으로 다룰 수 있는 가장 간단한 경우지만 모든 자연대류 문제에서 중요한 새로운 무차원수인 Grashof 수†를 도입하게 하였다. 그러나 강제대류 문제처럼, 다른 경우에는 열전달에 대한 관계식을 얻기 위해서 실험적인 측정에 의존해야만 한다. 이러한 경우 보통 온도분포와 속도분포를 해석적으로 예측하기 어렵다. 난류 강제대류와 마찬가지로 난류 자연대류는 실험적인 데이터가 요구되는 분야의 중요한 예이다. 그러나 자연대류 유동계가 보통 속도가 작아서 측정하기 어렵기 때문에 강제대류계보다 더 어렵다. 실험상의 어려움에도 불구하고 수소기포 기법 [26], 열선 풍속계 [28]와 수정섬유(quartz-fiber) 풍속계 등을 사용하여 속도를 측정한다. 온도장은 Zehnder-Mach 간섭계를 사용해 측정된다. 레이저 풍속계 [29]는 유동장을 교란하지 않으므로 자연대류 측정에 특히 유용하다.

간섭계는 유체 유동장에서 밀도가 일정한 선을 보여준다. 저압에서 자연대류 운동하는 기체에 대해 밀도가 일정한 선은 등온선과 같다. 일단 온도장이 구해지면, 자연대류 표면으로부터의 열전달은 표면에서의 온도 기울기와 기체의 열전도를 사용하여 계산할 수 있다. 자연대류에 대해 간섭계를 사용한 몇 가지 연구 [1.3]가 수행되었고, 그림 7.3은 실내온도 $T_\infty = 20°\text{C}$인 방안에 $T_W = 48°\text{C}$의 수직평판주위에 형성되는 공기의 자연대류경계층에 대한 등온선을 보여준다. 수평표시선의 간격은 약 2.5 cm이며, 각각의 위치에서의 경계층두께를 나타내고 있다. 그림에는 보이지 않으나 A점은 평판의 선단을 나타낸다. 그림에서 주의해 관찰할 것은 평판의 표면근처에서 등온선의 간격이 촘촘하게 나타나는데, 이는 고온 수직평면근처에서 큰 온도구배가 형성되고 있음을 보여준다. 그림에서 경계층내 등온선이 주기적인 진동 또는 파동형태를 보이고 있는데, 이것은 $x = 2.5$ cm지점에 설치된 가는 선으로부터 2.5 Hz 주기의 열펄스(heat pulse)를 가했기 때문이다. 이때 펄스는 대략 경계층속도로 평판을 따라 상승하게 되며, 경계층의 속도분포는 그림 7.4와 같이 등온선의 최대점들을 연결함으로서 얻어질 수 있다. Gr 수가 대략 Gr $= 10^8 - 10^9$의 값일 때 경계층내의 작은 진동은 점차 증폭되다가 결국은 난류경계층으로 변하게 된다. 그림 7.3에 보인 경계층은 모두 층류이다.

많은 참고문헌들이 자연대류 문제의 이론과 실험적인 면을 취급한다. 가장 광범위한 논의가 Gebhart 등 [13]에 의해 수행되었고 더 많은 정보는 참고문헌을 참조하기 바란다.

---

† 역사는 분명하지 않으나 Grashof 수는 1863년경 Karlsruhe의 응용역학 교수이고 1855년 *Verein deutscher Ingenieure*의 창시자 중의 한 분인 Franz Grashof의 이름을 딴 것으로 알려져 있다. 그는 증기유동 공식을 개발하였지만 자연대류에 대한 상당한 공헌은 하지 않았다[36].

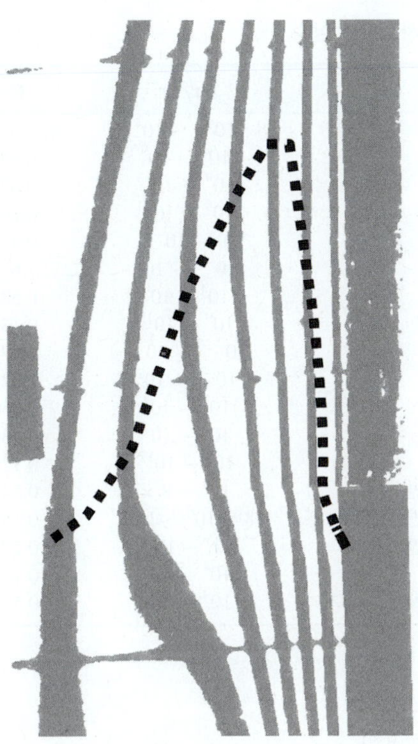

[그림 7.4] 그림 7.3에서 수직경계층의 등온선의 최대점들을 연결함으로서 얻어진 자연대류경계층의 속도분포. (H점 부근의 속도로 보인다.)

7-3 자연대류의 실험적 관계

오랜 기간의 연구를 통해 평균 자연대류 열전달계수는 여러 경우에 대해 다음과 같은 함수 형태로 나타낼 수 있다고 알려졌다.

$$\overline{\mathrm{Nu}}_f = C(\mathrm{Gr}_f\,\mathrm{Pr}_f)^m \tag{7.25}$$

여기서 하첨자 f는 무차원수에 사용되는 유체의 성질을 막온도에서 구한다는 것을 나타 낸다.

$$T_f = \frac{T_\infty + T_w}{2}$$

Grashof 수와 Prandtl 수의 곱을 Rayleigh 수라 부른다.

$$\mathrm{Ra} = \mathrm{Gr}\,\mathrm{Pr} \tag{7.26}$$

특성길이

Nusselt 수와 Grashof 수에 사용되는 특성길이(Characteristic Dimensions)는 문제의 기하형태에 좌우된다. 수직평판의 경우 평판의 높이 L을, 수평 원통의 경우 지름 d를 사용한다. 자연대류에 대한 실험 데이터는 여러 참고문헌에 나와 있는데 서로 상반되는 결과도 보여준다. 다음 절의 목적은 이러한 결과들을 요약하여 계산을 쉽게 할 수 있도록 하는 것이다. 대부분의 경우에 식 (7.25)의 함수 형태가 사용되고, 각 경우에 대해 C

[표 7.1] 등온표면에 대해 식 (7.25)에 사용되는 상수

형태	$Gr_f Pr_f$	C	m	참고문헌 번호
수직평판과 원통	$10^{-1}-10^{4}$	그림 7.5 사용	그림 7.5 사용	4
	$10^{4}-10^{9}$	0.59	1/4	4
	$10^{9}-10^{13}$	0.021	2/5	30
	$10^{9}-10^{13}$	0.10	1/3	22, 16†
수평원통	$0-10^{-5}$	0.4	0	4
	$10^{-5}-10^{4}$	그림 7.6 사용	그림 7.6 사용	4
	$10^{4}-10^{9}$	0.53	1/4	4
	$10^{9}-10^{12}$	0.13	1/3	4
	$10^{-10}-10^{-2}$	0.675	0.058	46†
	$10^{-2}-10^{2}$	1.02	0.148	76†
	$10^{2}-10^{4}$	0.850	0.188	76
	$10^{4}-10^{7}$	0.480	1/4	76
	$10^{7}-10^{12}$	0.125	1/3	76
가열된 판의 윗면 또는 냉각된 판의 아랫면	$2\times10^{4}-8\times10^{6}$	0.54	1/4	44, 52
가열된 판의 윗면 또는 냉각된 판의 아랫면	$8\times10^{6}-10^{11}$	0.15	1/3	44, 52
가열된 판의 아랫면 또는 냉각된 판의 윗면	$10^{5}-10^{11}$	0.27	1/4	44, 37, 75
수직원통 높이 = 지름 = 특성길이	$10^{4}-10^{6}$	0.775	0.21	77
불규칙 물체, 특성길이 = 경계층 내의 유체의 이동거리	$10^{4}-10^{9}$	0.52	1/4	78

† 이 경우의 결과가 더 좋다.

와 m의 값이 주어진다. 표 7.1은 여러 기하형태에 대해 이러한 상관식 상수의 값을 요약한 것이다. 다음 절에서 더 자세하게 상관식에 대해 논의하겠다.

독자의 편의를 위해 그림 7.5 및 7.6에 등온수직평판 및 등온수평원통에 대한 열전달계수의 관계를 그래프로 나타내었다. 이 그림들은 열전달성능을 급히 구하고자 할 때 관계식 대신 사용될 수 있다.

7-4 수직평판과 원통에서의 자연대류

등온표면

수직표면에 대해 Nusselt 수와 Grashof 수는 특성길이로 표면의 높이 L을 사용하여 정의된다. 만약 경계층 두께가 원통의 지름과 비교해 크지 않다면, 열전달은 수직평판에 사용되는 상관식으로 계산될 수 있다. 수직원통을 수직 평판으로 취급할 수 있는 일반적인 기준은 다음과 같다.

$$\frac{D}{L} \geq \frac{35}{\mathrm{Gr}_L^{1/4}} \tag{7.27}$$

여기서 D는 원통의 지름이다. 수직원통이 매우 작아서 식 (7.27)의 조건을 만족시킬 수 없는 경우는 참고문헌 [84]의 해석에 따른다. 즉 $\mathrm{Pr} = 0.7$을 갖는 기체일 경우 평판에 대한 평균열전달계수에 곡률을 고려한 인자 F를 곱해준다. 여기서 F는 다음과 같다.

$$F = 1.3[(L/D)/\mathrm{Gr}_D]^{1/4} + 1.0 \tag{7.27a}$$

등온표면에 대해 상수의 값들이 참고문헌과 함께 표 7.1에 주어진다. 난류의 경우($\mathrm{Gr}_f\,\mathrm{Pr}_f > 10^9$)에 대해 주

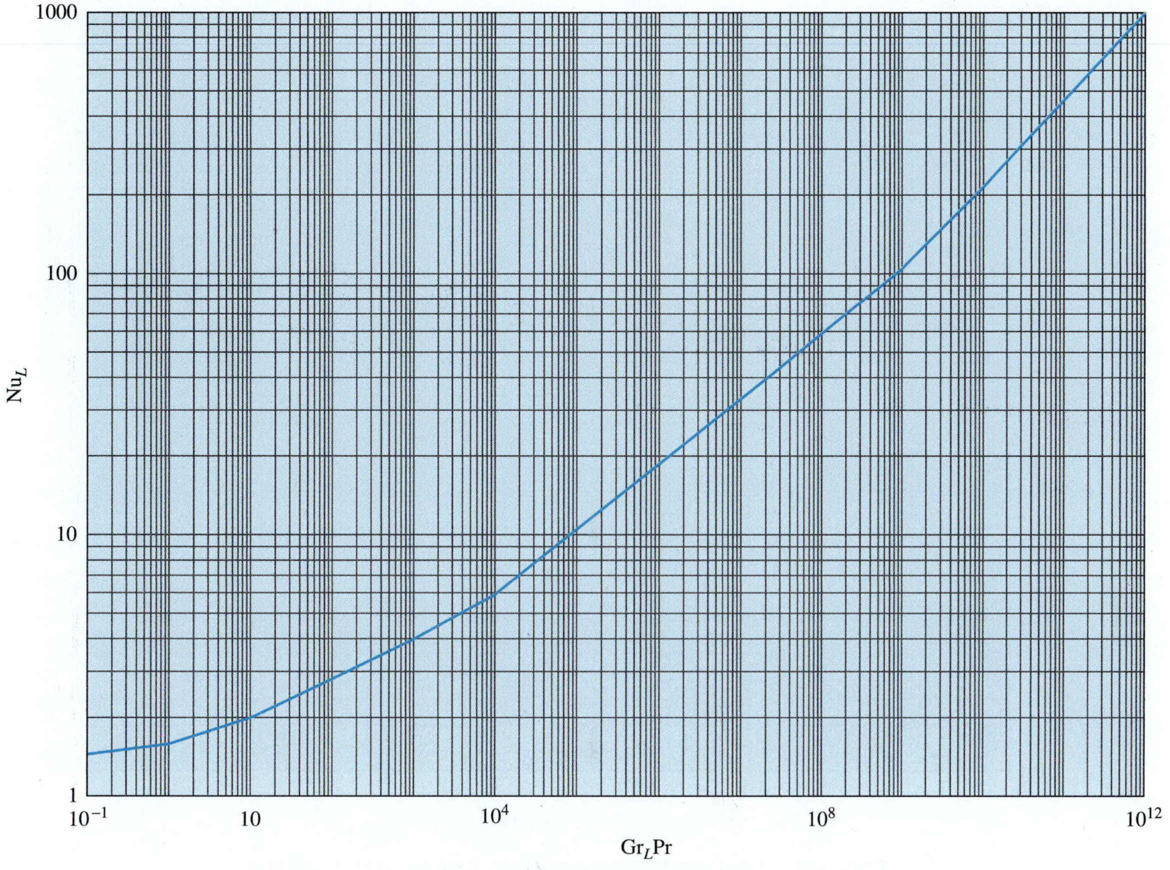

[그림 7.5] 수직등온평판으로부터의 자연대류 열전달 상관관계

어진 두 가지의 상수값을 주의하자. 비록 이러한 상수들 사이에 확실한 차이가 존재하더라도, Warner와 Arpac [22]가 실험 데이터를 사용하여 서로 다른 상수값을 사용한 양쪽 경우를 비교하여 모두 잘 맞는 것을 보여주었다.

참고문헌 [22]의 열유속 측정과 Bayley [16]의 해석적 연구는 다음과 같은 관계식이 유용한 것을 보여준다.

$$\mathrm{Nu}_f = 0.10(\mathrm{Gr}_f\,\mathrm{Pr}_f)^{1/3}$$

넓은 범위의 Reynolds 수에서 적용될 수 있는 더 복잡한 관계식이 Churchill과 Chu [71]에 의해 제시되었다.

$$\overline{\mathrm{Nu}} = 0.68 + \frac{0.670\ \mathrm{Ra}^{1/4}}{[1+(0.492/\mathrm{Pr})^{9/16}]^{4/9}} \qquad \mathrm{Ra}_L < 10^9 \tag{7.28}$$

$$\overline{\mathrm{Nu}}^{1/2} = 0.825 + \frac{0.387\ \mathrm{Ra}^{1/6}}{[1+(0.492/\mathrm{Pr})^{9/16}]^{8/27}} \qquad 10^{-1} < \mathrm{Ra}_L < 10^{12} \tag{7.29}$$

식 (7.28)은 일정한 열유속에 대해서도 만족된다. 이 식들에 사용되는 물성값은 막온도에서 구한다.

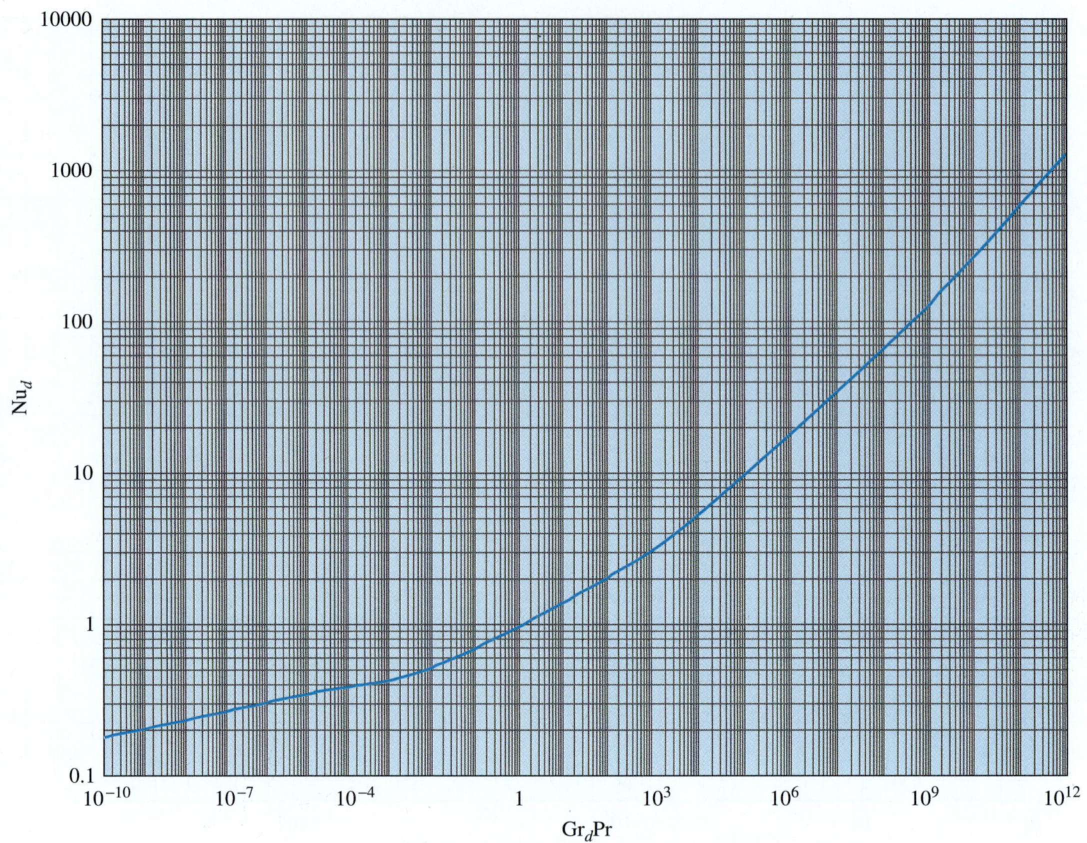

[그림 7.6] 가열된 수평등온원통으로부터의 자연대류 열전달 상관관계

일정한 열유속 표면

일정한 열유속 조건에서 수직과 경사면으로부터 물로 전달되는 자연대류에 대해 많은 실험이 참고문헌 [25], [26], [39]에 보고되어 있다. 이러한 실험에서, 결과는 수정된 Grashof 수, Gr^*의 항으로 주어진다.

$$\mathrm{Gr}_x^* = \mathrm{Gr}_x\,\mathrm{Nu}_x = \frac{g\beta q_w'' x^4}{k\nu^2} \tag{7.30}$$

여기서 $q''_w = q/A$은 벽에서 열유속으로 단위는 $\mathrm{W/m^2}$이다.

국소 열전달계수는 층류 범위에서 다음 관계로 구해진다.

$$\mathrm{Nu}_{xf} = \frac{hx}{k_f} = 0.60(\mathrm{Gr}_x^*\,\mathrm{Pr}_f)^{1/5} \qquad 10^5 < \mathrm{Gr}_x^*\,\mathrm{Pr} < 10^{11};\ q_w'' = \text{일정} \tag{7.31}$$

Gr_x^*의 항으로 나타낸 층류유동의 기준은 Gr_x의 항으로 나타낸 것과 같지 않다는 것을 주의하라. 경계층 천이는 $Gr_x^*\,Pr = 3 \times 10^{12}$과 4×10^{13} 사이에서 시작하고 2×10^{13}과 10^{14} 사이에서 끝난다. 완전히 발달된 난류유동은 $Gr_x^*\,Pr = 10^{14}$에서 존재하며 실험적으로는 $Gr_x^*\,Pr = 10^{16}$까지 확대된다. 난류영역에 대해 국소 열전달계수는 다음과 같은 상관관계로 나타낼 수 있다.

$$\mathrm{Nu}_x = 0.17(\mathrm{Gr}_x^* \mathrm{Pr})^{1/4} \qquad 2 \times 10^{13} < \mathrm{Gr}_x^* \mathrm{Pr} < 10^{16};\ q_w'' = \text{일정} \tag{7.32}$$

식 (7.31)과 (7.32)에서 모든 성질은 국소 막온도에서 구한다. 비록 이러한 실험이 물에 대해 수행되었지만 결과식은 공기에 대해서도 잘 적용할 수 있다. 일정한 열유속의 경우, 평균 열전달계수는 식 (7.24)로 계산할 수 없지만 식 (7.23)을 따로 적용하여 구할 수 있다. 따라서 층류 영역에 대해 식 (7.31)을 사용하여 h_x를 계산하면,

$$\bar{h} = \frac{1}{L}\int_0^L h_x dx$$
$$\bar{h} = \tfrac{5}{4}h_{x=L} \qquad q_w'' = \text{일정}$$

여기서 식 (7.25)의 상관식과 $\mathrm{Gr}_x^* = \mathrm{Gr}_x\,\mathrm{Nu}_x$의 항으로 나타낸 상관식의 관계를 살펴보자. 식 (7.25)를 국부 열전달 형태로 쓰면

$$\mathrm{Nu}_x = C(\mathrm{Gr}_x \mathrm{Pr})^m \tag{7.33}$$

$\mathrm{Gr}_x = \mathrm{Gr}_x^*/\mathrm{Nu}_x$를 대입하면

$$\mathrm{Nu}_x^{1+m} = C(\mathrm{Gr}_x^* \mathrm{Pr})^m$$

또는

$$\mathrm{Nu}_x = C^{1/(1+m)}(\mathrm{Gr}_x^* \mathrm{Pr})^{m/(1+m)} \tag{7.34}$$

따라서 층류와 난류에 대한 m의 특성값을 Gr_x^*의 지수와 비교하면

층류, $m = \frac{1}{4}$: $\qquad \frac{m}{1+m} = \frac{1}{5}$

난류, $m = \frac{1}{3}$: $\qquad \frac{m}{1+m} = \frac{1}{4}$

일정 열유속의 경우에 대해 Gr^* 공식이 사용하기가 더 쉽지만, 등온표면의 관계식에도 특성지수는 잘 맞는 것을 알 수 있다.

또한 두 특성 영역에서 x에 따라 h_x가 어떻게 변하는지를 살펴보는 것도 흥미 있다. 층류 범위에서 $m = \frac{1}{4}$, 그리고 식 (7.25)로부터

$$h_x \sim \frac{1}{x}(x^3)^{1/4} = x^{-1/4}$$

난류영역에서 $m = \frac{1}{3}$, 따라서

$$h_x \sim \frac{1}{x}(x^3)^{1/3} = x\text{에 따라 일정}$$

따라서 난류 자연대류에서는 국소 열전달계수가 x에 따라 변하지 않고 일정하다.

Churchill과 Chu [71]는 평균 Nusselt 수가 벽의 열유속과 판의 중심($x = L/2$)에서의 온도차에 기인하는 경우, 식 (7.28)을 일정한 열유속에 대해 적용하기 위해 수정할 수 있음을 보였다. 그 결과는

$$\overline{\text{Nu}}_L^{1/4}(\overline{\text{Nu}}_L - 0.68) = \frac{0.67(\text{Gr}_L^* \text{Pr})^{1/4}}{[1 + (0.492/\text{Pr})^{9/16}]^{4/9}} \tag{7.35}$$

여기서 $\overline{\text{Nu}}_L = q_w L/(k\overline{\Delta T})$, 그리고 $L/2 - T_\infty$에서 $\overline{\Delta T} = T_w - T_\infty$이다.

예제 7-1 수직평판에서의 일정한 열유속

어떤 공장에서 노 근처의 높이 3.5 m, 폭 2 m의 수직 금속판이 800 W/m^{2}의 복사에너지를 받는다. 금속의 뒷면은 단열되고 검게 페인트칠을 하여 복사에 의해 들어온 열은 30°C의 주위 공기에 자연대류로 잃게 된다. 판의 평균온도는 얼마인가?

■ 풀이

이 문제는 표면의 열유속이 일정한 경우로 취급된다. 표면온도를 모르기 때문에 T_f를 결정하고 공기 성질을 구해야 한다. 자연대류 문제에서 h의 근사값은 10 W/m^2 · °C이다. 따라서 근사적으로,

$$\Delta T = \frac{q_w}{h} \approx \frac{800}{10} = 80°\text{C}$$

따라서

$$T_f \approx \frac{80}{2} + 30 = 70°\text{C} = 343 \text{ K}$$

70°C에서 공기의 성질은

$$\nu = 2.043 \times 10^{-5} \text{ m}^2/\text{s} \qquad \beta = \frac{1}{T_f} = 2.92 \times 10^{-3} \text{ K}^{-1}$$

$$k = 0.0295 \text{ W/m} \cdot °\text{C} \qquad \text{Pr} = 0.7$$

식 (7.30)으로부터 $x = 3.5$ m에서

$$\text{Gr}_x^* = \frac{g\beta q_w'' x^4}{k\nu^2} = \frac{(9.8)(2.92 \times 10^{-3})(800)(3.5)^4}{(0.0295)(2.043 \times 10^{-5})^2} = 2.79 \times 10^{14}$$

그러므로 h_x를 계산하기 위해 식 (7.32)를 사용할 수 있다.

$$\begin{aligned} h_x &= \frac{k}{x}(0.17)(\text{Gr}_x^* \text{Pr})^{1/4} \\ &= \frac{0.0295}{3.5}(0.17)(2.79 \times 10^{14} \times 0.7)^{1/4} \\ &= 5.36 \text{ W/m}^2 \cdot °\text{C} \ [0.944 \text{ Btu/h} \cdot \text{ft}^2 \cdot °\text{F}] \end{aligned}$$

식 (7.32)로 지배되는 난류 열전달에서,

$$\text{Nu}_x = \frac{hx}{k} \sim (\text{Gr}_x^*)^{1/4} \sim (x^4)^{1/4}$$

따라서 h_x는 x에 따라 변하지 않으므로 이 값을 평균값으로 취할 수 있다. h의 값은 5.36 W/m^2 · °C로 T_f를 구하기 위해 사용한 근사값보다 작다. ΔT를 다시 계산하면,

$$\Delta T = \frac{q_w}{h} = \frac{800}{5.36} = 149°\text{C}$$

따라서 막온도는

$$T_f = 30 + \frac{149}{2} = 104.5°\text{C}$$

104.5°C에서 공기의 성질은

$$\nu = 2.354 \times 10^{-5}\ \text{m}^2/\text{s} \qquad \beta = \frac{1}{T_f} = 2.65 \times 10^{-3}/\text{K}$$
$$k = 0.0320\ \text{W/m} \cdot °\text{C} \qquad \text{Pr} = 0.695$$

따라서

$$\text{Gr}_x^* = \frac{(9.8)(2.65 \times 10^{-3})(800)(3.5)^4}{(0.0320)(2.354 \times 10^{-5})^2} = 1.75 \times 10^{14}$$

h_x를 계산하면

$$\begin{aligned} h_x &= \frac{k}{x}(0.17)(\text{Gr}_x^* \text{Pr})^{1/4} \\ &= \frac{(0.0320)(0.17)}{3.5}[(1.758 \times 10^{14})(0.695)]^{1/4} \\ &= 5.17\ \text{W/m}^2 \cdot °\text{C}\ [-0.91\ \text{Btu/h} \cdot \text{ft}^2 \cdot °\text{F}] \end{aligned}$$

새로운 온도차를 계산하면

$$\Delta T = (T_w - T_\infty)_{\text{av}} = \frac{q_w}{h} = \frac{800}{5.17} = 155°\text{C}$$

그러므로 평균 벽온도는

$$T_{w,\text{av}} = 155 + 30 = 185°\text{C}$$

T_f에 대한 또 다른 반복계산이 정확도를 향상시킨다고 보장할 수는 없다.

예제 7-2 등온 수직평판에서의 열전달

높이 4.0 m의 큰 수직평판이 60°C로 유지되고 10°C의 대기압 공기에 노출된다. 평판의 폭이 10 m일 때 열전달을 계산하여라.

■ **풀이**

먼저 막온도를 구하면

$$T_f = \frac{60+10}{2} = 35°\text{C} = 308\text{ K}$$

따라서 공기의 성질은

$$\beta = \frac{1}{308} = 3.25 \times 10^{-3} \qquad k = 0.02685$$
$$\nu = 16.5 \times 10^{-6} \qquad \text{Pr} = 0.7$$

그리고

$$\begin{aligned}\text{Gr Pr} &= \frac{(9.8)(3.25 \times 10^{-3})(60-10)(4)^3}{(16.5 \times 10^{-6})^2} 0.7 \\ &= 2.62 \times 10^{11}\end{aligned}$$

식 (7.29)를 사용하면

$$\begin{aligned}\overline{\text{Nu}}^{1/2} &= 0.825 + \frac{(0.387)(2.62 \times 10^{11})^{1/6}}{[1+(0.492/0.7)^{9/16}]^{8/27}} \\ &= 26.75 \\ \overline{\text{Nu}} &= 716\end{aligned}$$

따라서 열전달계수는

$$\bar{h} = \frac{(716)(0.02685)}{4.0} = 4.80\text{ W/m}^2 \cdot °\text{C}$$

열전달은

$$\begin{aligned}q &= \bar{h}A(T_w - T_\infty) \\ &= (4.80)(4)(10)(60-10) = 9606\text{ W}\end{aligned}$$

다른 방법으로 간단한 관계식을 사용할 수 있다.

$$\begin{aligned}\text{Nu} &= 0.10(\text{Gr Pr})^{1/3} \\ &= (0.10)(2.62 \times 10^{11})^{1/3} = 639.9\end{aligned}$$

이 값은 식 (7.29)를 사용해서 구한 값보다 약 10% 작다.

7-5 수평원통에서의 자연대류

상수 C와 m의 값은 참고문헌 [4]와 [76]으로부터 표 7.1에 주어진다. Gr Pr이 대략 10^{-5}인 경우 Morgan(표 7.1의 참고문헌 [76])의 예측을 가장 신뢰할 수 있다. 더 넓은 범위의 Gr Pr에 대해 사용할 수 있는 더 복잡한 관계식은 Churchill과 Chu [70]에 의해 주어진다.

$$\overline{\text{Nu}}^{1/2} = 0.60 + 0.387\left\{\frac{\text{Gr Pr}}{[1+(0.559/\text{Pr})^{9/16}]^{16/9}}\right\}^{1/6} \qquad 10^{-5} < \text{Gr Pr} < 10^{12} \tag{7.36}$$

더 간단한 식이 참고문헌 [70]에 제시되지만 $10^{-6} < \mathrm{GrPr} < 10^9$의 층류 범위로 사용이 제한된다.

$$\mathrm{Nu}_d = 0.36 + \frac{0.518(\mathrm{Gr}_d\,\mathrm{Pr})^{1/4}}{[1+(0.559/\mathrm{Pr})^{9/16}]^{4/9}} \tag{7.37}$$

식 (7.36)과 (7.37)에서 유체의 성질은 막온도에서 구한다.

수평원통으로부터 액체금속으로의 열전달은 참고문헌 [46]에서 계산할 수 있다.

$$\mathrm{Nu}_d = 0.53(\mathrm{Gr}_d\,\mathrm{Pr}^2)^{1/4} \tag{7.38}$$

예제 7-3 물 속 수평관에서의 열전달

지름 2 cm의 수평 가열기가 표면온도 38°C로 유지되고 27°C의 물 속에 잠겨 있다. 가열기의 단위길이당 자연대류에 의한 열손실을 계산하여라.

■ 풀이

막온도는

$$T_f = \frac{38+27}{2} = 32.5°\mathrm{C}$$

부록 A에서 물의 성질을 구하면

$$k = 0.630\ \mathrm{W/m\cdot °C}$$

그리고 다음 항에 $d^3\Delta T$를 곱하면 Gr Pr을 구하는 데 매우 유용하다.

$$\frac{g\beta\rho^2 c_p}{\mu k} = 2.48\times 10^{10} \qquad [1/\mathrm{m^3\cdot °C}]$$

$$\mathrm{Gr\,Pr} = (2.48\times 10^{10})(38-27)(0.02)^3 = 2.18\times 10^6$$

표 7.1을 사용하면, $C = 0.53$ 그리고 $m = \frac{1}{4}$이므로

$$\mathrm{Nu} = (0.53)(2.18\times 10^6)^{1/4} = 20.36$$

$$h = \frac{(20.36)(0.63)}{0.02} = 642\ \mathrm{W/m^2\cdot °C}$$

따라서 열전달은

$$\frac{q}{L} = h\pi d(T_w - T_\infty)$$
$$= (642)\pi(0.02)(38-27) = 443\ \mathrm{W/m}$$

예제 7-4 공기 중의 가는 전선에서의 열전달

지름 0.02 mm의 가는 전선에 전류가 흘러 일정온도 54°C로 유지된다. 전선은 0°C, 1대기압의 공기에 노출되어 있다. 전선의 길이가 50 cm일 때 전선의 온도를 유지하는데 필요한 전력을 계산하여라.

■ 풀이

막온도가 $T_f = (54 + 0)/2 = 27°C = 300$ K이므로 공기의 성질은

$$\beta = 1/300 = 0.00333 \qquad \nu = 15.69 \times 10^{-6}\ \mathrm{m^2/s}$$
$$k = 0.02624\ \mathrm{W/m \cdot °C} \qquad \mathrm{Pr} = 0.708$$

따라서 Gr Pr을 구하면

$$\mathrm{Gr\,Pr} = \frac{(9.8)(0.00333)(54-0)(0.02 \times 10^{-3})^3}{(15.69 \times 10^{-6})^2}(0.708) = 4.05 \times 10^{-5}$$

표 7.1에서 $C = 0.675$ 그리고 $m = 0.058$이다. 따라서

$$\overline{\mathrm{Nu}} = (0.675)(4.05 \times 10^{-5})^{0.058} = 0.375$$

그리고

$$\bar{h} = \overline{\mathrm{Nu}}\left(\frac{k}{d}\right) = \frac{(0.375)(0.02624)}{0.02 \times 10^{-3}} = 492.6\ \mathrm{W/m^2 \cdot °C}$$

따라서 열전달 또는 요구되는 전력은

$$q = \bar{h}A\,(T_w - T_\infty) = (492.6)\pi(0.02 \times 10^{-3})(0.5)(54-0) = 0.836\ \mathrm{W}$$

예제 7-5 공기 중의 가열된 수평 파이프

지름 1 ft(0.3048 m)의 수평 파이프가 주위 공기의 온도가 15°C인 방에서 250°C로 유지된다. 단위길이당 자연대류에 의한 열손실을 계산하여라.

■ 풀이

먼저 Grashof-Prandtl 수의 곱을 구하고 식 (7.25)를 사용하기 위해 표 7.1에서 적절한 상수값을 선택한다. 막온도에서 공기의 성질을 구하면.

$$T_f = \frac{T_w + T_\infty}{2} = \frac{250 + 15}{2} = 132.5°\mathrm{C} = 405.5\ \mathrm{K}$$

$$k = 0.03406\ \mathrm{W/m \cdot °C} \qquad \beta = \frac{1}{T_f} = \frac{1}{405.5} = 2.47 \times 10^{-3}\ \mathrm{K^{-1}}$$
$$\nu = 26.54 \times 10^{-6}\ \mathrm{m^2/s} \qquad \mathrm{Pr} = 0.687$$

$$\begin{aligned}\mathrm{Gr}_d\,\mathrm{Pr} &= \frac{g\beta(T_w - T_\infty)d^3}{\nu^2}\mathrm{Pr} \\ &= \frac{(9.8)(2.47 \times 10^{-3})(250-15)(0.3048)^3(0.687)}{(26.54 \times 10^{-6})^2} \\ &= 1.571 \times 10^8\end{aligned}$$

표 7.1로부터, $C = 0.53$ 그리고 $m = \frac{1}{4}$, 따라서

$$\text{Nu}_d = 0.53(\text{Gr}_d\,\text{Pr})^{1/4} = (0.53)(1.571 \times 10^8)^{1/4} = 59.4$$

$$h = \frac{k\text{Nu}_d}{d} = \frac{(0.03406)(59.4)}{0.3048} = 6.63\ \text{W/m}^2 \cdot {}^\circ\text{C} \quad [1.175\ \text{Btu/h} \cdot \text{ft}^2 \cdot {}^\circ\text{F}]$$

단위길이당 열전달을 계산하면

$$\frac{q}{L} = h\pi\, d(T_w - T_\infty) = 6.63\pi(0.3048)(250 - 15) = 1.49\ \text{kW/m} \quad [1560\ \text{Btu/h} \cdot \text{ft}]$$

다른 방법으로 좀더 복잡한 식 (7.36)을 사용하여 문제를 풀 수 있다. Nusselt 수를 계산하면

$$\overline{\text{Nu}}^{1/2} = 0.60 + 0.387 \left\{ \frac{1.571 \times 10^8}{[1 + (0.559/0.687)^{9/16}]^{16/9}} \right\}^{1/6}$$

$$\text{Nu} = 64.7$$

이 값은 약 8% 더 크다.

7-6 수평평판에서의 자연대류

등온표면

수평평판에서의 평균 열전달계수는 식 (7.25)와 표 7.1에 주어진 상수로 계산된다. 이 관계식에서 사용되는 특성길이는 정사각형에서는 한 변의 길이를, 직사각형 표면에서는 두 변의 길이의 평균을, 원판에서는 $0.9d$를 택한다[4]. 참고문헌 [52]와 [53]은 다음과 같은 특성길이로 계산하면 실험 데이터와 더 잘 맞을 수 있다는 것을 보여준다.

$$L = \frac{A}{P} \tag{7.39}$$

여기서 A는 단면적이고 P는 표면의 주변길이이다. 이 특성길이는 비대칭 평면에 대해서도 적용할 수 있다.

일정 열유속

참고문헌 [44]의 실험에 의해 열유속이 일정한 수평평판에 대해 다음의 상관식이 제시되었다. 가열된 표면이 위를 향한 경우

$$\overline{\text{Nu}}_L = 0.13(\text{Gr}_L\,\text{Pr})^{1/3} \qquad \text{Gr}_L\,\text{Pr} < 2 \times 10^8 \tag{7.40}$$

그리고

$$\overline{\text{Nu}}_L = 0.16(\text{Gr}_L\,\text{Pr})^{1/3} \qquad 2 \times 10^8 < \text{Gr}_L\,\text{Pr} < 10^{11} \tag{7.41}$$

가열된 표면이 아래를 향하는 경우는

$$\overline{\text{Nu}}_L = 0.58(\text{Gr}_L\,\text{Pr})^{1/5} \qquad 10^6 < \text{Gr}_L\,\text{Pr} < 10^{11} \tag{7.42}$$

위 식에서 β를 제외한 모든 성질은 다음과 같이 정의된 온도 T_e에서 구하고

$$T_e = T_w - 0.25(T_w - T_\infty)$$

T_w은 다음과 같이 열유속과 관련된 **평균** 벽온도이다.

$$\bar{h} = \frac{q_w}{T_w - T_\infty}$$

앞에서와 같이 Nusselt 수는

$$\overline{\text{Nu}}_L = \frac{\bar{h}L}{k} = \frac{q_w L}{(T_w - T_\infty)k}$$

7-7절에서 이 식을 경사표면에 응용하는 것을 다룬다.

불규칙한 물체

불규칙한 물체에 적용할 수 있는 일반 상관식은 존재하지 않는다. 참고문헌 [77]의 연구결과는 높이와 지름이 같은 수직원통의 경우 $C = 0.775$와 $m = 0.208$의 값으로 식 (7.25)를 사용할 수 있다고 제안한다. Nusselt 수와 Grashof 수는 특성길이로 지름을 사용하여 계산된다. Lienhard [78]는 층류 영역에서 특성길이는 경계층 내의 유체 입자의 이동거리로 하고 $C = 0.52$와 $m = 1/4$의 값을 사용하여 식 (7.25)를 사용하는 방법을 제시하였다. 이것은 특정한 기하 형태에 대해 구체적인 정보가 없는 경우, 열전달계수를 평가하는 데 사용될 수 있다. 종횡비가 1인 물체에 대해서는 참고문헌 [81]에서 광범위하게 연구되었다.

예제 7-6 공기 중에서 정육면체의 냉각

한 변의 길이가 20 cm인 정육면체가 60°C로 유지되고 10°C의 대기 공기에 노출되어 있을 때 열전달을 계산하여라.

■ **풀이**

불규칙한 물체로 특정 상관식이 존재하지 않으므로 표 7.1에 마지막에 기재된 정보를 사용한다. 유체의 성질은 예제 7-2에서 구한 값과 같다.

$$\beta = 3.25 \times 10^{-3} \qquad k = 0.02685$$
$$\nu = 17.47 \times 10^{-6} \qquad \text{Pr} = 0.7$$

특성길이는 경계층에서 입자가 이동한 거리로 아랫면을 따른 $L/2$, 옆면을 따른 L, 윗면을 따른 $L/2$을 합하면 $2L =$ 40 cm이다. 따라서 Gr Pr의 곱을 구하면

$$\text{Gr Pr} = \frac{(9.8)(3.25 \times 10^{-3})(60 - 10)(0.4)^3}{(17.47 \times 10^{-6})^2}(0.7) = 2.34 \times 10^8$$

표 7.1의 마지막 항에서 $C = 0.52$ 그리고 $m = 1/4$이므로 Nusselt 수를 계산하면

$$\text{Nu} = (0.52)(2.34 \times 10^8)^{1/4} = 64.3$$

그리고

$$\overline{h} = \mathrm{Nu}\frac{k}{L} = \frac{(64.3)(0.02685)}{(0.4)} = 4.32\ \mathrm{W/m^2 \cdot {}^\circ C}$$

정육면체는 6개의 면을 가지므로 면적은 $6(0.2)^2 = 0.24\ \mathrm{m}^2$이고 열전달은

$$q = \overline{h}A(T_w - T_\infty) = (4.32)(0.24)(60 - 10) = 51.8\ \mathrm{W}$$

7-7 경사표면에서의 자연대류

Fujii와 Imura [44]는 물 속의 가열평판이 여러 가지의 경사각도를 갖는 경우에 대해 많은 실험을 수행하였다. 그림 7.7과 같이 평판이 수직면과 이루는 각도를 θ로 나타내고 가열 표면이 아래를 향하고 있을 때를 양의 각으로 표시한다. 대략 일정한 열유속을 갖고 가열표면이 아래를 향한 경사평판에 대해, 다음과 같은 평균 Nusselt 수에 대한 상관식이 얻어진다.

$$\overline{\mathrm{Nu}}_e = 0.56(\mathrm{Gr}_e\,\mathrm{Pr}_e \cos\theta)^{1/4} \qquad \theta < 88^\circ;\ 10^5 < \mathrm{Gr}_e\,\mathrm{Pr}_e \cos\theta < 10^{11} \tag{7.43}$$

식 (7.43)에서 β를 제외한 모든 성질은 다음과 같이 정의되는 기준온도 T_e에서 구한다.

$$T_e = T_w - 0.25(T_w - T_\infty) \tag{7.44}$$

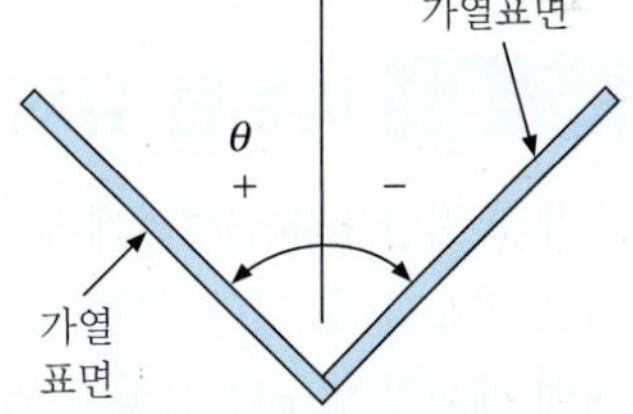

[그림 7.7] 경사진 평판의 좌표계

여기서 T_w는 평균 벽온도이고 T_∞는 자유흐름온도이다. β는 $T_\infty + 0.50(T_w - T_\infty)$에서 계산한다. 가열표면이 아래를 향한 거의 수평인 평판, 즉 $88^\circ < \theta < 90^\circ$인 경우에는 다음과 같은 식이 얻어진다.

$$\overline{\mathrm{Nu}}_e = 0.58(\mathrm{Gr}_e\,\mathrm{Pr}_e)^{1/5} \qquad 10^6 < \mathrm{Gr}_e\,\mathrm{Pr}_e < 10^{11} \tag{7.45}$$

가열표면이 위를 향하는 경사평판의 경우 실험 상관식은 더 복잡해진다. 각도가 -15°와 -75° 사이의 경우, 적절한 상관식은 다음과 같다.

$$\overline{\mathrm{Nu}}_e = 0.14[(\mathrm{Gr}_e\,\mathrm{Pr}_e)^{1/3} - (\mathrm{Gr}_c\,\mathrm{Pr}_e)^{1/3}] + 0.56(\mathrm{Gr}_e\,\mathrm{Pr}_e \cos\theta)^{1/4} \tag{7.46}$$

이 식의 적용범위는 $10^5 < \mathrm{Gr}_e\,\mathrm{Pr}_e \cos\theta < 10^{11}$이다. Gr_c는 임계 Grashof 수로 Nusselt 수가 식 (7.43)의 층류 관계로부터 이탈되기 시작하는 것을 나타내고 다음 표에 주어진다.

θ, 온도	Gr_c
−15	5×10^9
−30	2×10^9
−60	10^8
−75	10^6

$\mathrm{Gr}_e < \mathrm{Gr}_c$인 경우, 식 (7.46)의 첫째 항은 생략된다. 더 자세한 정보는 Vliet [39] 그리고 Pera와 Gebhart [45]에 의해 주어진다. 위의 관계식들이 표면온도가 일정한 경우에도 적용될 수 있음이 증명되었다.

일정 열유속 표면에 대한 공기의 실험 측정 [51]은 식 (7.31)이 가열면이 위 그리고 아래를 향하는 경우

모두에 대해 Gr_x^*를 $\mathrm{Gr}_x^* \cos\theta$로 대체하면 층류 영역에서 적용될 수 있음을 보여준다. 난류 영역에서 공기의 경우, 다음의 관계식이 얻어졌다.

$$\mathrm{Nu}_x = 0.17(\mathrm{Gr}_x^* \,\mathrm{Pr})^{1/4} \qquad 10^{10} < \mathrm{Gr}_x^* \,\mathrm{Pr} < 10^{15} \tag{7.47}$$

여기서 Gr_x^*는 가열표면이 위로 향하면 수직평판의 값과 같고 가열표면이 아래로 향하면 Gr_x^*는 $\mathrm{Gr}_x^* \cos^2\theta$로 대체된다. 식 (7.47)은 등온 수직평판에 대해 표 7.1에 추천된 관계식과 대략 같아진다.

경사원통의 경우 참고문헌 [73]의 데이터로부터 일정 열유속 조건에서 층류 열전달은 다음의 관계식으로 계산될 수 있다.

$$\mathrm{Gr}_L \,\mathrm{Pr} < 2\times10^8 \text{일 때} \quad \mathrm{Nu}_L = [0.60 - 0.488(\sin\theta)^{1.03}](\mathrm{Gr}_L \,\mathrm{Pr})^{\frac{1}{4}+\frac{1}{12}(\sin\theta)^{1.75}} \tag{7.48}$$

여기서 θ는 수직선과 원통이 이루는 각도, 즉 0°는 수직원통을 나타낸다. 성질은 주위조건에서 구해진 β를 제외하고 막온도에서 구한다.

경사표면에 대한 자연대류의 예측은 아직도 불확실성이 존재하고 위에 제시한 상관식에서 실험 데이터가 ± 20%의 차이가 나는 것은 보통이다.

7-8 비뉴턴 유체

유체의 전단응력 점성관계가 식 (5.1)의 간단한 뉴턴 표현을 따르지 않을때 자연대류 열전달에 대한 위 방정식은 적용할 수 없다. 특히 점성이 큰 폴리머나 윤활유는 비뉴턴 특성을 갖는 유체의 예이다. 이러한 유체에 대해 해석적 연구나 실험적 연구가 성공적으로 수행되었지만 결과는 매우 복잡하다. 이 분야에 대한 자세한 정보는 참고문헌 [48]~[50]을 참조하여라.

7-9 공기에 대한 단순화된 방정식

대기압과 상온에서 여러 표면으로부터 공기로의 열전달계수에 대한 단순화된 방정식이 표 7.2에 주어진다. 이러한 관계식은 다음의 인자들을 곱하여 더 높거나 낮은 압력으로 확장할 수 있다.

$$\left(\frac{p}{101.32}\right)^{1/2} \text{ 층류의 경우}$$

$$\left(\frac{p}{101.32}\right)^{2/3} \text{ 난류의 경우}$$

여기서 p는 kPa로 표시된 압력이다. 이 단순화된 식들은 앞에서 언급한 더 정확한 식의 근사적 표현이므로 사용할 때는 주의하여야 한다.

표 7.2를 사용하려면 Grashof-Prandtl 수의 곱한 값을 알아야 한다는 것을 명심하라. 이것은 또 다른 계산이 요구되므로 자명적인 것처럼 보이나 약간의 경험으로 여러 기하학적-물리적 상황에서 Gr Pr의 범위를 예측할 수 있으므로 단순화된 식은 문제를 빨리 풀 수 있는 편리한 방법일 뿐이고, 표 7.1의 내용을 대신할 수는 없음을 유의하기 바란다.

[표 7.2] 여러 가지 표면에서 대기압의 공기로의 자연대류를 나타내는 단순화된 방정식(표 7.1로부터 보정된 것임)

표면	층류 $10^4 < \mathrm{Gr}_f \mathrm{Pr}_f < 10^9$	난류 $\mathrm{Gr}_f \mathrm{Pr}_f > 10^9$
수직평판 또는 원통	$h = 1.42 \left(\frac{\Delta T}{L}\right)^{1/4}$	$h = 1.31(\Delta T)^{1/3}$
수평원통	$h = 1.32 \left(\frac{\Delta T}{d}\right)^{1/4}$	$h = 1.24(\Delta T)^{1/3}$
수평평판:		
위를 향한 가열판, 또는 아래를 향한 냉각판	$h = 1.32 \left(\frac{\Delta T}{L}\right)^{1/4}$	$h = 1.52(\Delta T)^{1/3}$
아래를 향한 가열판 또는 위를 향한 냉각판	$h = 0.59 \left(\frac{\Delta T}{L}\right)^{1/4}$	
가열정육면체; $L =$ 한변길이, 면적 $= 6L^2$	$h = 1.052 \left(\frac{\Delta T}{L}\right)^{1/4}$	
	여기서 $h =$ 열전달계수, $\mathrm{W/m^2 \cdot {}^\circ C}$ $\Delta T = T_w - T_\infty$, °C $L =$ 수직 또는 수평길이, m $d =$ 지름, m	

예제 7-7 단순화된 식을 사용한 계산

예제 7.5의 조건에 대해 표 7.2의 단순화된 관계식을 사용하여 열전달을 계산하 여라.

■ 풀이

예제 7-5에서 표면과 공기 사이에 기본 온도차를 갖는 더 큰 파이프에서 Gr Pr의 곱이 $1.57 \times 10^8 < 10^9$이므로 표 7.2에서 층류 방정식이 선택된다. 열전달계수는 다음 식으로 계산된다.

$$h = 1.32\left(\frac{\Delta T}{d}\right)^{1/4} = 1.32\left(\frac{250-15}{0.3048}\right)^{1/4}$$
$$= 6.96\ \mathrm{W/m^2 \cdot {}^\circ C}$$

따라서 열전달은

$$\frac{q}{L} = (6.96)\pi(0.3048)(250-15) = 1.57\ \mathrm{kW/m}$$

단순화된 관계식이 식 (7.25)보다 약 4% 더 큰 값을 보여준다.

7-10 구에서의 자연대류

Yuge [5]는 구에서 공기로 전달되는 자연대류 열전달에 대해 다음의 실험식을 추천하였다.

$$\mathrm{Nu}_f = \frac{\bar{h}d}{k_f} = 2 + 0.392\ \mathrm{Gr}_f^{1/4} \qquad 1 < \mathrm{Gr}_f < 10^5 \tag{7.49}$$

이 방정식은 Prandtl 수를 도입하여 다음과 같이 수정될 수 있다.

$$\mathrm{Nu}_f = 2 + 0.43(\mathrm{Gr}_f\ \mathrm{Pr}_f)^{1/4} \tag{7.50}$$

성질은 막온도에서 구한다. 이 관계식은 원래 기체에서의 자연대류 계산에 적용될 수 있지만, 더 자세한 정보가 없는 경우 액체에서도 사용할 수 있다. Grashof-Prandtl 수의 곱한 값이 매우 작은 경우 Nusselt 수가 2에 접근하는 것을 알 수 있다. 이것은 표 3.1에서 얻어진 것처럼 구 주위의 무한한 정지 유체를 통해 전도에 의해서만 얻어지는 값이다.

Rayleigh 수가 큰 경우에 대해, Amato와 Tien [79]이 물을 사용한 실험을 통해 다음의 상관식을 제안하였다.

$$\mathrm{Nu}_f = 2 + 0.50(\mathrm{Gr}_f\ \mathrm{Pr}_f)^{1/4},\ 3\times10^5 < \mathrm{Gr\,Pr} < 8\times10^8 \tag{7.51}$$

Churchill [83]은 더 넓은 범위의 Rayleigh 수에 대해 구에 적용할 수 있는 일반적인 공식을 제안하였다.

$$\mathrm{Nu} = 2 + \frac{0.589\mathrm{Ra}_d{}^{1/4}}{[1+(0.469/\mathrm{Pr})^{9/16}]^{4/9}},\ \mathrm{Ra}_d < 10^{11},\ \mathrm{Pr} > 0.5 \tag{7.52}$$

7-11 밀폐된 공간에서의 자연대류

밀폐된 공간 내에서의 자연대류 유동현상은 매우 복잡한 유체계의 흥미있는 예로 해석적, 실험적 그리고 수치적 해를 구할 수 있다. 그림 7.8과 같이 거리가 만큼 떨어진 두 수직 평판 사이에 들어 있는 유체계를 생각하자. 온도차 $\Delta T_w = T_1 - T_2$가 유체에 가해지면 MacGregor와 Emery [18]에 의한 그림 7.11에 나타낸 것처럼 근사 유동영역에 따라 열전달이 다르게 일어난다. 이 그림에서 Grashof 수는 다음과 같이 계산된다.

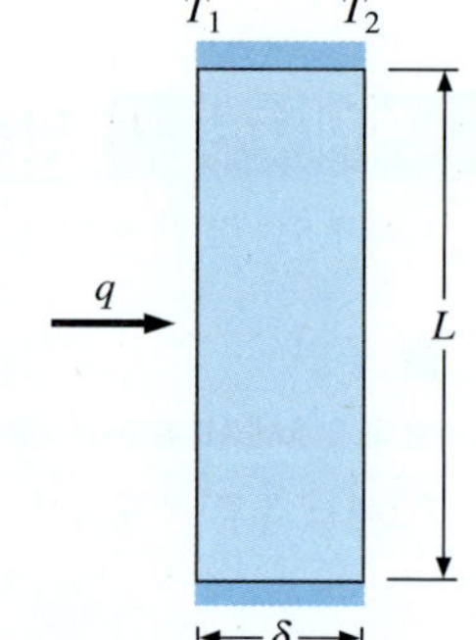

[그림 7.8] 밀폐된 수직 공간에서 자연대류에 대한 기호

$$\mathrm{Gr}_\delta = \frac{g\beta(T_1 - T_2)\delta^3}{\nu^2} \tag{7.53}$$

Grashof 수가 매우 작은 경우, 자연대류 흐름은 매우 작고 열전달은 주로 유체층을 가로질러 전도에 의해 일어난다. Grashof 수가 증가함에 따라 그림에서처럼 다른 유동영역이 되고 다음의 Nusselt 수로 표시되는 열전달이 점차로 증가한다.

$$\mathrm{Nu}_\delta = \frac{h\delta}{k}$$

비록 아직 해결하지 못한 문제가 남아 있지만, 참고문헌 [18]의 실험은 일정 열유속 조건에서 여러 액체로의 열전달을 예측하는데 사용될 수 있다. 구해진 실험 상관식은 다음과 같다.

$$\mathrm{Nu}_\delta = 0.42(\mathrm{Gr}_\delta\ \mathrm{Pr})^{1/4}\mathrm{Pr}^{0.012}\left(\frac{L}{\delta}\right)^{-0.30} \qquad q_w = \text{일정} \tag{7.54}$$

$$10^4 < \mathrm{Gr}_\delta\,\mathrm{Pr} < 10^7$$
$$1 < \mathrm{Pr} < 20{,}000$$
$$10 < L/\delta < 40$$

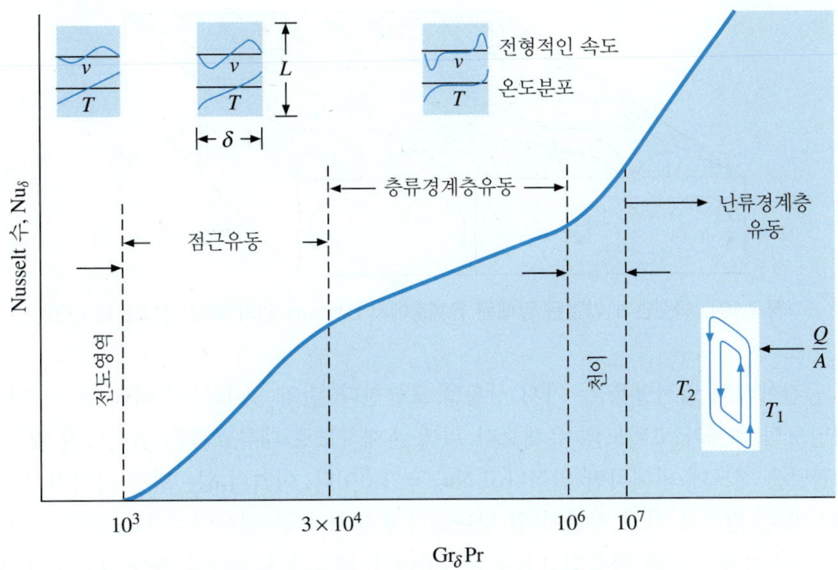

[그림 7.9] 참고문헌 [18]을 따른 수직 대류층에 대한 유동영역과 모형도

$$\mathrm{Nu}_\delta = 0.46\,(\mathrm{Gr}_\delta\,\mathrm{Pr})^{1/3} \qquad q_w = \text{일정} \tag{7.55}$$

$$10^6 < \mathrm{Gr}_\delta\,\mathrm{Pr} < 10^9$$
$$1 < \mathrm{Pr} < 20$$
$$1 < L/\delta < 40$$

열유속을 계산하면

$$\frac{q}{A} = q_w = h(T_1 - T_2) = Nu_\delta \frac{k}{\delta}(T_1 - T_2) \tag{7.56}$$

위 식은 다음과 같이 정의되는 유효(*effective*) 또는 겉보기 열전도계수(*apparent thermal conductivity*) k_e로 자주 표시된다.

$$\frac{q}{A} = k_e \frac{T_1 - T_2}{\delta} \tag{7.57}$$

식 (7.56)과 (7.57)을 비교하면

$$\mathrm{Nu}_\delta \equiv \frac{k_e}{k} \tag{7.58}$$

건축업계에서는 공기 틈새를 통한 열전달을 자주 R값의 항으로 표시한다(2-3절을 보라). 따라서

$$\frac{q}{A} = \frac{\Delta T}{R}$$

식 (7.57)로부터

$$R = \frac{\delta}{k_e} \tag{7.59}$$

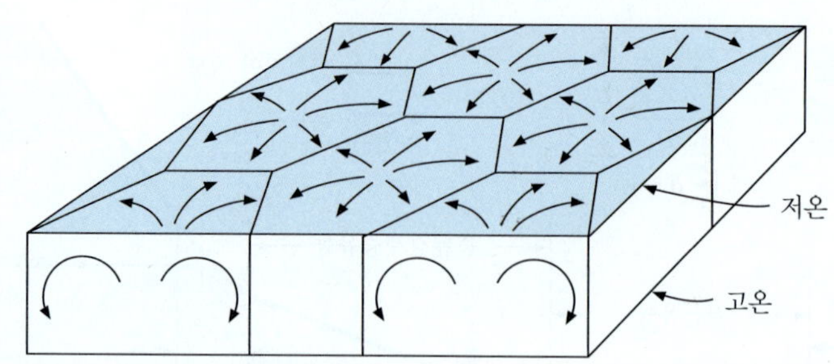

[그림 7.10] 아랫면이 가열된 밀폐된 유체층에서 Benard 셀의 모양 (참고문헌 [33])

밀폐된 수평 공간에서의 열전달은 두 가지 상황을 포함한다. 만약 윗 평판이 아래 평판보다 더 높은 온도로 유지되면 저밀도의 유체가 고밀도의 유체보다 위에 존재하므로 대류흐름은 일어나지 않는다. 이 경우에 공간을 통한 열전달은 전도에 의해서만 일어나고 $\mathrm{Nu}_\delta = 1.0$이다. 여기서 δ는 평판 사이의 떨어진 거리이다. 두 번째는 더 흥미있는 경우로 아래 평판이 위 평판보다 온도가 높은 경우이다. Gr_δ 값이 약 1700보다 작은 경우에는 아직도 순수하게 전도만 관찰되고 $\mathrm{Nu}_\delta = 1.0$이다. 대류가 시작됨에 따라 그림 7.10에 나타낸 것처럼 육방체셀(hexagonal cell) 모양이 형성된다. 이러한 모양을 Benard 셀[33]이라 한다. Gr_δ 값이 대략 50,000에서 난류가 시작되고 셀형태는 파괴된다.

경사진 밀폐계에서의 자연대류는 Dropkin과 Somerscales [12]에 의해 연구되었다. Evans와 Stefany [9]는 수직 또는 수평으로 놓인 밀폐된 원통 공극에서의 자연대류에 의한 과도적 가열과 냉각을 다음 식으로 계산할 수 있음을 보여주었다.

$$\mathrm{Nu}_f = 0.55(\mathrm{Gr}_f\,\mathrm{Pr}_f)^{1/4} \tag{7.60}$$

적용범위는 $0.75 < L/d < 2.0$이다. Grashof 수는 원통의 길이 L로 계산한다.

참고문헌 [43]의 해석과 실험은 동심구 사이의 유체에 대한 유효 열전도계수를 다음과 같이 나타낼 수 있다고 제안하였다.

$$\frac{k_e}{k} = 0.228(\mathrm{Gr}_\delta\,\mathrm{Pr})^{0.226} \tag{7.61}$$

여기서 간극 $\delta = r_o - r_i$이다. 식 (7.61)에 주어진 유효 열전도계수는 구형 셀에서 정상상태 전도를 계산하는데 사용된다.

$$q = \frac{4\pi k_e r_i r_o \Delta T}{r_o - r_i} \tag{7.62}$$

식 (7.61)은 $0.25 \le \delta/r_i \le 1.5$ 및 아래 범위에서 유효하다.

$$1.2 \times 10^2 < \mathrm{Gr\,Pr} < 1.1 \times 10^9,\ 0.7 < \mathrm{Pr} < 4150$$

성질은 다음과 같이 정의되는 체적평균온도 T_m에서 구한다.

$$T_m = \frac{(r_m^3 - r_i^3)T_i + (r_o^3 - r_m^3)T_o}{r_o^3 - r_i^3} \tag{7.63}$$

여기서 $r_m = (r_i + r_o)/2$이다. 식 (7.61)은 참고문헌 [43]에 기술된 것처럼 좌표변환을 한 편심구에 대해서도 사용할 수 있다.

밀폐된 공간에서 자연대류에 대한 실험결과는 항상 일치하지는 않지만 다음과 같은 일반 형태로 표현할 수 있다.

$$\frac{k_e}{k} = C(\mathrm{Gr}_\delta \, \mathrm{Pr})^n \left(\frac{L}{\delta}\right)^m \tag{7.64}$$

표 7.3은 여러 물리적 경우에 대한 상수 C, n 그리고 m의 값을 보여준다. 이 값들은 고려되는 형태나 유체에 대해 상세한 데이터가 없는 경우 설계목적으로 사용될 수 있다. 표 7.3에 나타낸 데이터 상관식 중 일부는 자연대류의 층류와 난류영역에서 특성지수 $\frac{1}{4}$과 $\frac{1}{3}$를 맞추기 위해 인위적으로 Holman [74]이 조정한 값임을 주의하자. 그러나 이러한 인위적 조정에 따른 오차가 다른 실험 관찰 사이의 차이보다 현저히 크지 않은 것으로 나타났다. 더 자세한 정보를 얻으려면 참고문헌을 참조하여라.

환형관 공간에 대한 열전달은

$$q = \frac{2\pi k_e L \Delta T}{\ln(r_o/r_i)} \tag{7.65}$$

여기서 L은 환형관의 길이이고 공극 $\delta = r_o - r_i$이다.

원통, 육면체 그리고 구형 물체 사이와 여러 기하 형태의 밀폐된 간극 사이의 자연대류에 대한 방대한 상관식이 Warrington과 Powe [80]에 의해 주어진다. 이 상관식들은 다양한 유체를 포함한다.

[표 7.3] 밀폐공간내 자연대류 경험식의 요약. 식 (7-64) 형태이며 Holman [74]에 의한 상수임.

유체	기하학적 형상	$\mathrm{Gr}_\delta\,\mathrm{Pr}$	Pr	$\frac{L}{\delta}$	C	n	m	참고문헌
기체	수직평판, 등온	< 2000	$k_e/k = 1.0$					6, 7, 55, 59
		6000~200,000	0.5~2	11~42	0.197	$\frac{1}{4}$	$-\frac{1}{9}$	
		$200{,}000\sim1.1 \times 10^7$	0.5~2	11~42	0.073	$\frac{1}{3}$	$-\frac{1}{9}$	
	수평평판, 등온 아래면에서 가열	< 1700	$k_e/k = 1.0$					
		1700~7000	0.5~2	—	0.059	0.4	0	6, 7, 55, 59, 62, 63
		$7000\sim3.2 \times 10^5$	0.5~2	—	0.212	$\frac{1}{4}$	0	66
		$> 3.2 \times 10^5$	0.5~2	—	0.061	$\frac{1}{3}$	0	
액체	수직평판, 일정한 열유속 또는 등온	<2000	$k_e/k = 1.0$					
		$10^4 - 10^7$	1~20,000	10–40	Eq. 7-52	—	—	18, 61
		$10^6 - 10^9$	1~20	1–40	0.046	$\frac{1}{3}$	0	
	수직평판, 등온 아랫면에서 가열	< 1700	$k_e/k = 1.0$	—				
		7, 8, 58, 63, 66						
		1700~6000	1~5000	—	0.012	0.6	0	
		6000~37,000	1~5000	—	0.375	0.2	0	
		$37{,}000\sim10^8$	1~20	0.13	0.3	0		
		$> 10^8$	1~20		0.057	$\frac{1}{3}$	0	
기체 또는 액체	수직환상공간	수직평판과 동일						
	수평환상공간, 등온	$6000\sim10^6$	1~5000	—	0.11	0.29	0	56, 57, 60
		$10^6\sim10^8$	1~5000	—	0.40	0.20	0	
	구형 환상공간	$120\sim1.1 \times 10^9$	0.7~4000	—	0.228	0.226	0	43

비뉴턴 유체의 수직평면층을 통한 자연대류는 참고문헌 [38]에서 논의되지만 결과는 매우 복잡해서 여기서 소개하지는 않는다.

더 구체적인 설계정보가 없는 경우 경사진 밀폐공간에서의 열전달은 Grashof 수에서 g를 다음과 같이 표현되는 g'으로 대체해서 계산할 수 있다.

$$g' = g\cos\theta \tag{7.66}$$

여기서 θ는 가열표면이 수평면과 이루는 각도이다. 이 변형은 경사각이 60°까지 유효하고 가열표면이 위로 향한 경우만 적용될 수 있다. 더 자세한 정보는 Hollands 등[66, 67, 69, 82]을 참조하여라.

간극에 대한 복사 R-값

전도 열전달에서 본 것처럼 복사 경계조건은 총 열전달 문제에서 중요한 역할을 할 수 있다. 이것은 특히 자연대류 상황에 해당되는데 자연대류 열전달률이 전형적으로 작기 때문이다. 두 개의 큰 평행한 평면의 떨어진 간극을 통한 복사 전달은 8-7절에서 나타낼 다음과 같은 식 (8.42)로 계산할 수 있다.

$$q/A = \frac{\sigma\left(T_1^4 - T_2^4\right)}{1/\epsilon_1 + 1/\epsilon_2 - 1} \tag{7.67}$$

여기서 온도는 절대온도이고 ϵ는 각 표면의 방사율이다. 2.3절에서 논의한 R-값의 개념을 사용하면,

$$(q/A)_{\mathrm{rad}} = \Delta T/R_{\mathrm{rad}}$$

따라서 식 (7.67)로부터 복사 열전달에 대한 R-값을 결정할 수 있다. 이 값은 온도에 크게 의존하고, 다음과 같이 구할 수 있는 간극을 통한 대류에 의한 R-값과 같이 작용한다.

$$(q/A)_{\mathrm{conv}} = k_e\Delta T/\delta = \Delta T/R_{\mathrm{conv}}$$

따라서

$$R_{\mathrm{conv}} = \delta/k_e$$

간극을 통한 복사와 대류에 의해 조합된 총 R-값은 다음과 같이 쓸 수 있다.

$$R_{\mathrm{tot}} = \frac{1}{1/R_{\mathrm{rad}} + 1/R_{\mathrm{conv}}}$$

제한된 공간에서의 복사와 대류의 조합 개념은 건축응용에서 중요하다.

예제 7-8 수직 공기간극을 통한 열전달

대기압에서 공기가 서로 15 mm 떨어진 한 변의 길이가 0.5 m인 수직평판 사이에 들어 있다. 평판의 온도는 각각 100°C와 40°C이다. 공기 간극을 통한 자연대류에 의한 열전달을 계산하여라. 또한 양쪽 표면에서 $\epsilon = 0.2$라면 공기 간극을 통한 복사 열전달을 계산하여라.

■ 풀이

두 평판 사이의 평균온도에서 공기 성질을 구하자.

$$T_f = \frac{100+40}{2} = 70°\text{C} = 343\ \text{K}$$

$$\rho = \frac{p}{RT} = \frac{1.0132 \times 10^5}{(287)(343)} = 1.029\ \text{kg/m}^3$$

$$\beta = \frac{1}{T_f} = \frac{1}{343} = 2.915 \times 10^{-3}\ \text{K}^{-1}$$

$$\mu = 2.043 \times 10^{-5}\ \text{kg/m} \cdot \text{s} \qquad k = 0.0295\ \text{W/m} \cdot °\text{C} \qquad \text{Pr} = 0.7$$

Grshof-Prandtl 수의 곱을 구하면

$$\text{Gr}_\delta \text{Pr} = \frac{(9.8)(1.029)^2(2.915 \times 10^{-3})(100-40)(15 \times 10^{-3})^3}{(2.043 \times 10^{-5})^2} 0.7$$
$$= 1.027 \times 10^4$$

$L = 0.5$ m, $\delta = 0.015$ m로 하여 식 (7.64)와 표 7.3의 상수를 사용하여 유효 열전도계수를 계산하면.

$$\frac{k_e}{k} = (0.197)(1.027 \times 10^4)^{1/4} \left(\frac{0.5}{0.015}\right)^{-1/9} = 1.343$$

이제 식 (7.57)를 사용하여 열전달을 계산할 수 있다. 면적은 $(0.5)^2 = 0.25\ \text{m}^2$이다. 따라서

$$q = \frac{(1.343)(0.0295)(0.25)(100-40)}{0.015} = 39.62\ \text{W} \qquad [135.2\ \text{Btu/h}]$$

복사 열유속은 식 (7.67)로 계산된다. $T_1 = 373$ K, $T_2 = 313$ K 그리고 $\epsilon_1 = \epsilon_2 = 0.2$, $\sigma = 5.669 \times 10^{-8}\ \text{W/m}^2 \cdot \text{K}^4$를 대입하면

$$(q/A)_{\text{rad}} = \frac{(5.669 \times 10^{-8})(373^4 - 313^4)}{[1/0.2 + 1/0.2 - 1]} = 61.47\ \text{W/m}^2$$

따라서

$$q_{\text{rad}} = (0.5)^2(61.47) = 15.37\ \text{W}$$

즉, 공간을 통한 대류 열전달의 대략 반 정도이다. $\epsilon = 0.05$인 작은 값에 대해 다시 계산하면 복사 열전달은 3.55 W로 줄어든다. $\epsilon = 0.8$인 큰 값에 대해서 열전달은 92.2 W이다. 어느 경우든 이런 문제에서 복사 열전달은 중요한 인자가 될 수 있다.

예제 7-9 수평 공기간극을 통한 열전달

거리가 1 cm 떨어진 한 변의 길이가 20 cm인 수평 평판 사이에 1대기압의 공기가 차 있다. 아래 평판의 온도는 100°C이고 위 평판의 온도는 40°C이다. 공기간극을 통한 열전달을 계산하여라.

■ **풀이**

성질은 예제 7-8에서와 같다.

$$\rho = 1.029\ \text{kg/m}^3 \qquad \beta = 2.915 \times 10^{-3}\ \text{K}^{-1}$$

$$\mu = 2.043 \times 10^{-5}\ \text{kg/m}\cdot\text{s} \qquad k = 0.0295\ \text{W/m}\cdot{}^\circ\text{C}$$
$$\text{Pr} = 0.7$$

떨어진 거리를 기준으로 Gr Pr의 곱을 구하면

$$\text{Gr Pr} = \frac{(9.8)(1.029)^2(2.915 \times 10^{-3})(100-40)(0.01)^3}{(2.043 \times 10^{-5})^2}(0.7) = 3043$$

표 7.3으로부터 $C = 0.059$, $n = 0.4$ 그리고 $m = 0$이므로

$$\frac{k_e}{k} = (0.059)(3043)^{0.4}\left(\frac{0.2}{0.01}\right)^0 = 1.46$$

그리고

$$q = \frac{k_e A(T_1 - T_2)}{\delta} = \frac{(1.460)(0.0295)(0.2)^2(100-40)}{0.01} = 10.34\ \text{W}$$

예제 7-10 물 층을 통한 열전달

한 변의 길이가 50 cm인 두 수평평판이 1 cm만큼 떨어져 있다. 아래 평판은 온도가 100°F로 일정하게 유지되고 위 평판은 80°F로 일정하다. 대기압의 물이 평판 사이의 공간에 차 있다. 아래 평판에서의 열손실을 계산하여라.

■ 풀이

평균온도 90°F에서 물에 대한 성질을 구하면,

$$k = 0.623\ \text{W/m}\cdot{}^\circ\text{C} \qquad \frac{g\beta\rho^2 c_p}{\mu k} = 2.48 \times 10^{10}$$

특성길이로 평판 사이의 간극을 사용하여 Grashof-Prandtl 수의 곱을 계산하면

$$\text{Gr Pr} = (2.48 \times 10^{10})(0.01)^3(100-80)(5/9) = 2.76 \times 10^5$$

표 7.3에서 $C = 0.13$, $n = 0.3$ 그리고 $m = 0$이고 식 (7.64)를 사용하면

$$\frac{k_e}{k} = (0.13)(2.76 \times 10^5)^{0.3} = 5.57$$

따라서 유효 열전도계수는

$$k_e = (0.623)(5.57) = 3.47\ \text{W/m}\cdot{}^\circ\text{C}$$

그리고 열전달은

$$q = k_e A \Delta T/\delta = \frac{(3.47)(0.5)^2(100-80)(5/9)}{0.01} = 964\ \text{W}$$

물 간극을 통한 열전달이 공기 간극[예제 7-9]을 통한 열전달보다 훨씬 큰 것을 알 수 있다. 이것은 물이 더 큰 열전도계수를 갖기 때문이다.

예제 7-11 공기틈새에서 대류의 감소

두 개의 수직 유리창 사이의 공기틈새(air gap)를 진공(완전진공이 아님)으로 처리할 때 기본적으로 대류가 제거되고 공기는 순수 전도체와 같이 거동한다. 지금 공기의 평균온도가 300 K이고 유리면의 온도차가 20℃이다. 두 유리면의 거리가 1 및 2 cm일 때 필요한 진공을 계산하여라.

■ 풀이

표 7.3을 참고하면 기체의 경우 순수 전도거동을 갖는 시스템이 되기 위해서는 $\mathrm{Gr}_\delta\,\mathrm{Pr}$ 값이 $\mathrm{Gr}_\delta\,\mathrm{Pr} < 2000$을 만족해야한다. 300 K일 때 공기의 물성값은

$$k = 0.02624\ \mathrm{W/m\cdot{}^\circ C} \qquad \mathrm{Pr} = 0.7 \qquad \mu = 1.846\times10^{-5}\ \mathrm{kg/m\cdot s} \qquad \beta = 1/300$$

그리고

$$\rho = p/RT = p/(287)(300)$$

$\mathrm{Gr}_\delta\,\mathrm{Pr}$값을 계산하면

$$\begin{aligned}\mathrm{Gr}_\delta\,\mathrm{Pr} &= g\beta\rho^2\Delta T\delta^3\mathrm{Pr}/\mu^2 = 2000\\ &= (9.8)(1/300)[p/(287)(300)]^2(20)\delta^3(0.7)/(1.846\times10^{-5})^2\end{aligned}$$

그리고 $p^2\delta^3 = 7773$. 따라서 간격 $\delta = 1$ cm일 때

$$p = [7773/(0.01)^3]^{1/2} = 88200\ \mathrm{Pa}$$

또는, 진공도 $= p_{\mathrm{atm}} - p = 101320 - 88200 = 13120$ Pa. 간격 $\delta = 2$ cm일 때 $p = 31190$ Pa이고, (진공도) = 70130 Pa이다. 이 정도의 진공도는 보통의 값으로서 실제로 쉽게 얻을 수 있다.

희박(저밀도)공간

밀폐된 공간에서의 자연대류에 대해 제시된 방정식에서 $\mathrm{Gr}_\delta\,\mathrm{Pr}$이 충분히 작을 때, 즉 보통 2000 정도보다 작을 때, 유체층은 순수하게 전도만 포함된 것으로 행동하고 따라서 $k_e/k \to 1.0$ 이 된다. 이것은 자연대류 유동속도가 작은 것을 의미한다. 작은 Gr_δ 값은 유체 압력(밀도)을 낮추거나 간극 δ를 줄이면 얻게 된다. 만약 기체의 압력이 충분히 줄어들면, 저밀도 문제라 부르는 상황이 되고, 분자 충돌이나 분자의 평균자유행로(mean free path)에 의해 영향을 받는다.

많은 실용적 상황은 고체표면과 저밀도 기체 사이의 열전달을 포함된다. **저밀도**(*low density*)란 용어는 기체분자의 평균자유행로가 열전달 표면의 특성길이와 비교해 작지 않음을 의미한다. **평균자유행로** λ는 분자가 충돌할 때까지 이동하는 평균 거리이다. 이 거리가 커질수록 가열표면의 온도를 그것과 접촉한 기체로 전달하는데 요구되는 거리가 길어진다. 이것은 경계층 해석처럼 표면에 바로 이웃한 기체가 가열된 표면과 같은 온도를 갖는 것으로 가정할 수는 없다는 것이다. 결과적으로 주요 변수는 물체의 특성길이에 대한 평균자유행로의 비가 된다. 이런 무차원수를 Knudsen 수라 부른다.

$$\mathrm{Kn} = \frac{\lambda}{L} \tag{7.68}$$

기체 운동론에 따르면, 평균자유행로는 다음과 같이 계산된다.

$$\lambda = \frac{0.707}{4\pi r^2 n} \tag{7.69}$$

여기서 r은 분자의 충돌 유효반지름이고 n은 분자밀도이다. 공기분자의 평균자유행로는 근사적으로 다음과 같이 주어진다.

$$\lambda = 2.27 \times 10^{-5} \frac{T}{p} \text{ (m)} \tag{7.70}$$

여기서 T는 절대온도이고 p의 단위는 Pa이다.

저밀도 열전달의 첫 번째 예로 그림 7.11에 나타낸 두 개의 평행한 무한히 큰 평판을 생각하자. 평판은 서로 다른 온도로 유지되고 기체 매질에 의해 분리되어 있다. 우선 밀도 또는 평판 간극이 매우 작아서 자연대류 효과를 무시할 수 있다고 고려하자. 그러나 기체 밀도가 충분히 커지면 $\lambda \to 0$이 되고 기체 내의 온도분포는 그림에서 λ_1으로 표시된 것과 같이 선형 분포가 될 것이다. 기체 밀도가 작아질수록 더 커진 평균자유

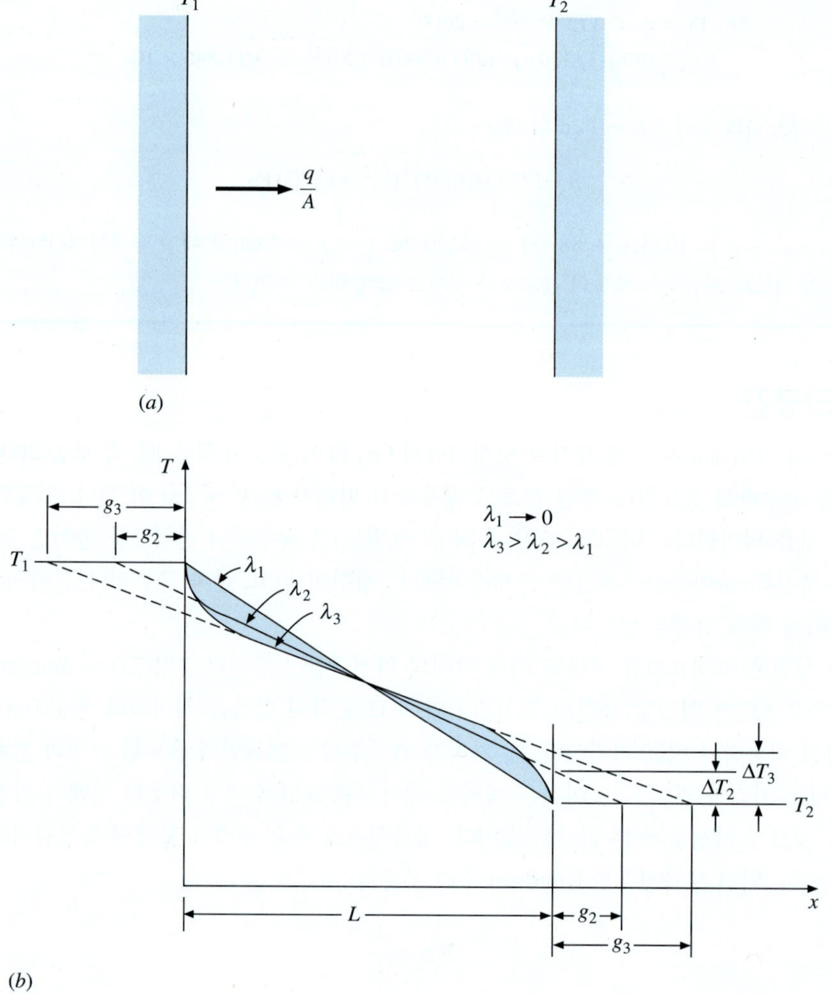

[그림 7.11] 평행 평판 사이의 전도 열전달에 대한 평균자유행로의 영향 (a) 물리적 모형 (b) 예상되는 온도분포

행로는 기체가 표면온도를 따라가기 위해 열전달 표면으로부터 더 많은 거리를 이동하도록 요구한다. 예상되는 온도 형상을 그림 7.11*b*에 나타냈다. 저밀도 곡선의 직선부분을 벽까지 외삽하면 다음의 에너지 평형으로부터 계산될 수 있는 "온도도약" ΔT가 얻어진다.

$$\frac{q}{A} = k\frac{T_1 - T_2}{g + L + g} = k\frac{\Delta T}{g} \tag{7.71}$$

이 식에서 외삽거리 g는 양 평판표면에 대해 같다고 가정한다. 일반적으로 온도도약은 표면의 형태에 의존하고, 외삽거리는 재질이 같지 않는 한 동일하지 않다. 재질이 다른 경우,

$$\frac{q}{A} = k\frac{T_1 - T_2}{g_1 + L + g_2} = k\frac{\Delta T_1}{g_1} = k\frac{\Delta T_2}{g_2} \tag{7.72}$$

여기서 ΔT_1과 ΔT_2는 두 열전달 표면에서의 온도도약이고 g_1과 g_2는 대응되는 외삽거리이다. 따라서 두 표면이 동일할 때의 온도도약은 다음과 같이 표현된다.

$$\Delta T = \frac{g}{2g + L}(T_1 - T_2) \tag{7.73}$$

동심 원통 사이의 저밀도 전도에 대해서도 비슷한 식을 유도할 수 있다. 열전달률을 예측하기 위해서는 여러 종류의 기체-고체 경계면들 사이의 온도도약에 대한 관계가 필요하다.

온도도약 효과는 평균자유행로가 물체의 특성길이와 비슷할 때 분자가 표면온도를 따라가지 못하기 때문에 일어난다고 이미 언급하였다. 이러한 성질을 나타내는 변수를 조화계수(*accommodation coefficient*) α라 부르고 다음과 같이 정의한다.

$$\alpha = \frac{E_i - E_r}{E_i - E_w} \tag{7.74}$$

여기서 E_i = 표면에 입사하는 분자의 에너지
E_r = 표면으로부터 반사하는 분자의 에너지
E_w = 벽온도 T_w와 같은 온도를 갖는 분자의 에너지

조화계수의 값들은 반드시 실험으로부터 결정되며 표 7.4에 대표적인 값들이 주어져 있다.

[표 7.4] 저압에서 여러 표면과 접촉하는 공기에 대한 열조화계수

표면	조화계수, α
흑색 라커를 칠한 청동표면	0.88~0.89
광을 낸 청동표면	0.91~0.94
기계 가공한 청동표면	0.89~0.93
에칭한 청동표면	0.93~0.95
광을 낸 주철표면	0.87~0.93
기계 가공한 주철표면	0.87~0.88
에칭한 주철표면	0.89~0.96
광을 낸 알루미늄표면	0.87~0.95
기계가공한 알루미늄표면	0.95~0.97
에칭한 알루미늄표면	0.89~0.97

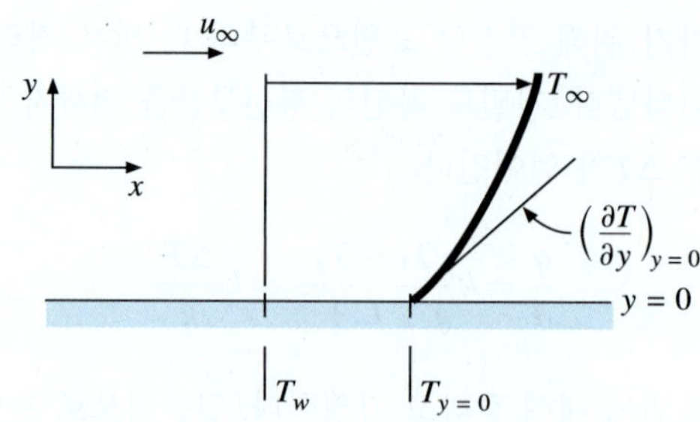

[그림 7.12] 식 (7.75)에 사용하는 기호

표면에서의 온도도약은 기체 운동론과 α값을 사용하여 구할 수 있다. 해석 결과는

$$T_{y=0} - T_w = \frac{2-\alpha}{\alpha}\frac{2\gamma}{\gamma+1}\frac{\lambda}{\Pr}\frac{\partial T}{\partial y}\bigg]_{y=0} \tag{7.75}$$

식 (7.75)의 기호는 그림 7.12에 표시한다. 온도도약은 그림 7.11에서 ΔT로 표시되고 온도구배는 다음과 같다.

$$\frac{T_1 - T_2 - 2\Delta T}{L}$$

매우 저밀도(고진공)인 경우, 평균자유행로는 평판 사이의 떨어진 거리에 비해 대단히 크고 전도-대류 열전달은 0으로 접근한다. 그러나 간극 공간을 통한 총 열전달은 전도-대류와 복사 열전달의 합인 것을 주의하여야 한다. 8장에서 복사 열전달을 자세히 논의하겠지만 평행한 두 평판 사이의 복사 열전달을 계산하는 관계식 (7.67)은 이미 제공되었다. 흡수율이 높은 표면은 ϵ이 1로 접근하고 반사율이 높은 표면은 ϵ이 작은 값을 갖게 되는 것을 주의하자. 예제 7-12는 간극을 통한 열전달 계산에 저밀도 관계를 응용하는 경우를 보여준다.

예제 7-12 희박 공간을 통한 열전달

두 개의 윤이 나는 알루미늄 평판($\epsilon = 0.06$)이 압력이 10^{-6} 대기압인 공기중에서 2.5 cm만큼 떨어져 있다. 평판은 각각 100°C와 30°C로 유지된다. 공기 간극을 통한 전도 열전달을 계산하여라. 이 값을 1 대기압의 공기에 대한 복사 열전달 및 전도 열전달과 비교하여라.

■ 풀이

먼저 저밀도 효과가 중요한지 결정하기 위해 평균자유행로를 계산한다. 식 (7.70)으로부터 평균온도 65°C = 338 K에서,

$$\lambda = \frac{(2.27\times 10^{-5})(338)}{(1.0132\times 10^{+5})(10^{-6})} = 0.0757 \text{ m} = 7.57 \text{ cm} \quad [0.248 \text{ ft}]$$

평판 사이의 간극은 2.5 cm이므로 저밀도 효과가 중요하다고 예상할 수 있다. 평균 공기온도 65°C에서 성질을 구하면,

$$k = 0.0291 \text{ W/m}\cdot{}^\circ\text{C} \quad [0.0168 \text{ Btu/h}\cdot\text{ft}\cdot{}^\circ\text{F}]$$

$$\gamma = 1.40 \qquad \Pr = 0.7 \qquad \alpha \approx 0.9 \qquad (\text{표 7.4로부터})$$

식 (7.75)와 중심 온도구배 관계를 조합하면

$$\Delta T = \frac{2-\alpha}{\alpha}\frac{2\gamma}{\gamma+1}\frac{\lambda}{\mathrm{Pr}}\frac{T_1 - T_2 - 2\Delta T}{L}$$

성질값들을 대입하면

$$\Delta T = \frac{2-0.9}{0.9}\frac{2.8}{2.4}\frac{0.0757}{0.7}\frac{100-30-2\Delta T}{0.025}$$
$$= 32.38°\mathrm{C} \qquad [58.3°\mathrm{F}]$$

따라서 전도 열전달은

$$\frac{q}{A} = k\frac{T_1 - T_2 - 2\Delta T}{L} = \frac{(0.0291)(70-64.76)}{0.025}$$
$$= 6.099\ \mathrm{W/m^2} \qquad [1.93\ \mathrm{Btu/h \cdot ft^2}]$$

1 대기압에서 전도 열전달은

$$\frac{q}{A} = k\frac{T_1 - T_2}{L} = 81.48\ \mathrm{W/m^2} \qquad [25.8\ \mathrm{Btu/h \cdot ft^2}]$$

복사 열전달은 식 (8.42)로 계산되고, 윤을 낸 알루미늄의 $\epsilon_1 = \epsilon_2 = 0.06$으로 하면

$$\left(\frac{q}{A}\right)_{\mathrm{rad}} = \frac{\sigma(T_1^4 - T_2^4)}{2/\epsilon - 1} = \frac{(5.669 \times 10^{-8})(393^4 - 303^4)}{2/0.06 - 1}$$
$$= 27.05\ \mathrm{W/m^2} \qquad [8.57\ \mathrm{Btu/h \cdot ft^2}]$$

따라서, 저밀도 조건에서 복사 열전달은 고광택 표면이라 하더라도 전도 열전달보다 대략 5배 정도 크다.

7-12 자연 및 강제대류의 조합

많은 실제 상황은 순수하게 강제대류나 자연대류가 아닌 대류 열전달을 포함한다. 유체가 매우 작은 속도로 가열된 표면 위를 강제로 흐르는 경우가 한 예이다. 가열표면 근처의 유체밀도의 감소로 야기되는 부력에 의해 생성되는 대류속도는 강제유동속도와 조합된다.

Metais와 Eckert [10]는 관 내에서 강제대류와 자연대류가 조합되는 경우의 영향을 요약하였다. 그림 7.13은 수직관 내에서 조합대류에 대한 영역을 나타내고 두 가지의 서로 다른 조합을 보여준다. **병류**(*aiding flow*)는 강제대류와 자연대류의 흐름이 같은 방향이고, 반면에 **향류**(*opposing flow*)는 반대방향임을 의미한다. 약어 UWT는 균일한 벽온도, UHF는 균일한 열유속을 나타낸다. 이 그림을 정성적으로 예측하기는 매우 쉽다. 큰 Reynolds 수는 강제속도가 큰 것을 의미하므로 자연대류 흐름의 영향은 작다. Grashof-Prandtl 수의 곱한 값이 클수록 자연대류의 영향이 커지는 것을 예측할 수 있다.

그림 7.14는 수평관 내에서 조합대류의 영역을 나타낸다. 그림에서 Graetz 수는 다음과 같이 정의된다.

$$\mathrm{Gz} = \mathrm{Re}\,\mathrm{Pr}\frac{d}{L} \qquad \textbf{(7.76)}$$

그림 7.13과 7.14의 적용범위는 다음과 같다.

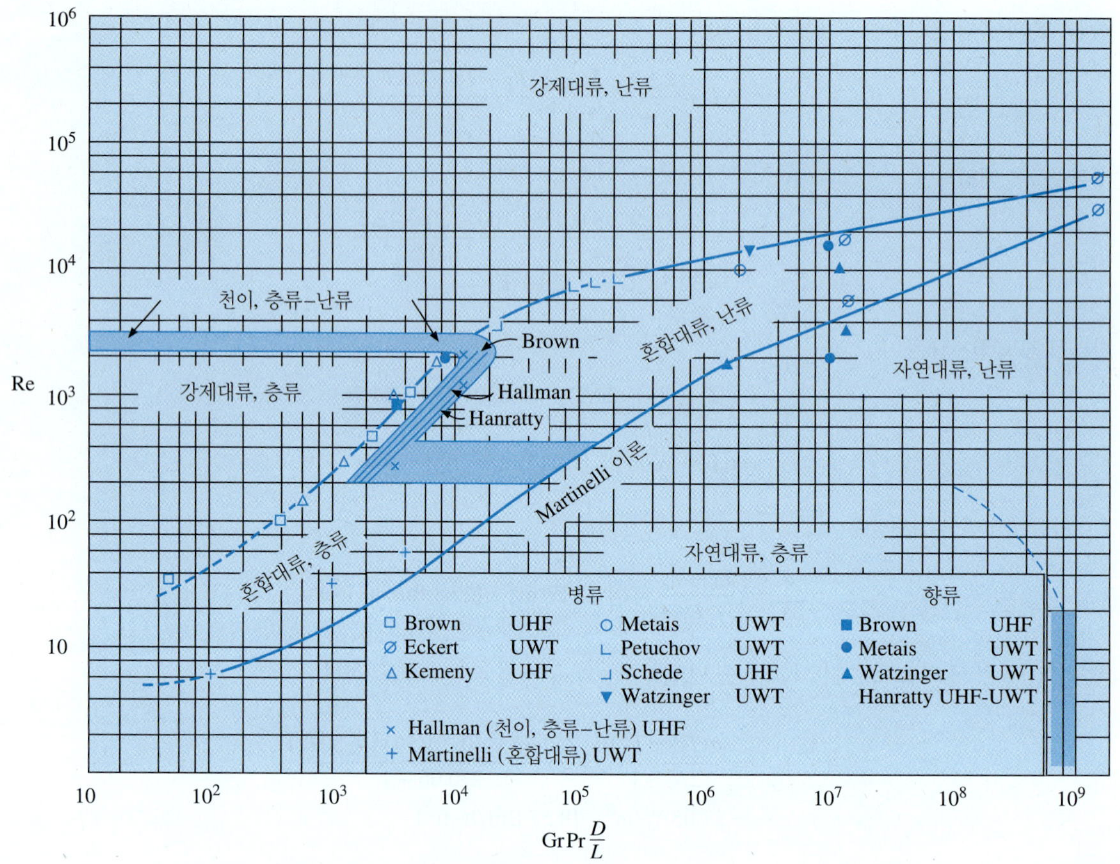

[그림 7.13] 수직관을 흐르는 유동에 대한 자연, 강제 및 조합대류의 영역(참고문헌 [10])

$$10^{-2} < \mathrm{Pr}\left(\frac{d}{L}\right) < 1$$

그림에서 나타낸 상관식은 벽온도가 일정한 경우이다. 모든 성질은 막온도에서 구한다. Brown과 Gauvin [17]은 그림 7.14의 조합대류 및 층류유동 영역에 대해 더 잘 맞는 상관식을 개발하였다.

$$\mathrm{Nu} = 1.75\left(\frac{\mu_b}{\mu_w}\right)^{0.14}[\mathrm{Gz} + 0.012(\mathrm{Gz\,Gr}^{1/3})^{4/3}]^{1/3} \tag{7.77}$$

여기서 μ_b는 체적온도에서 구해진다. 이 관계식은 그림 7.14에 나타낸 식보다 더 좋은 결과를 보여준다. 더 자세한 내용은 참고문헌 [68]을 참조하라. 수평원통에서의 자연대류와 강제대류의 조합문제는 Fand와 Keswani [47]에 의해 상세히 다루어졌다.

자연 또는 강제대류의 기준

조합대류를 해석하는데 적용되는 일반적 통념은, 어떤 조합대류 형태가 되는가 하는 것은 거기에 관련된 유체의 속도에 의해 결정된다는 사실이다. 예를 들어 유체속도가 30 m/s인 강제대류 상황은 일반 중력장에서 생기는 대부분의 자연대류 효과를 압도할 것으로 예상된다. 왜냐하면 자연대류 흐름의 속도는 30 m/s에 비해

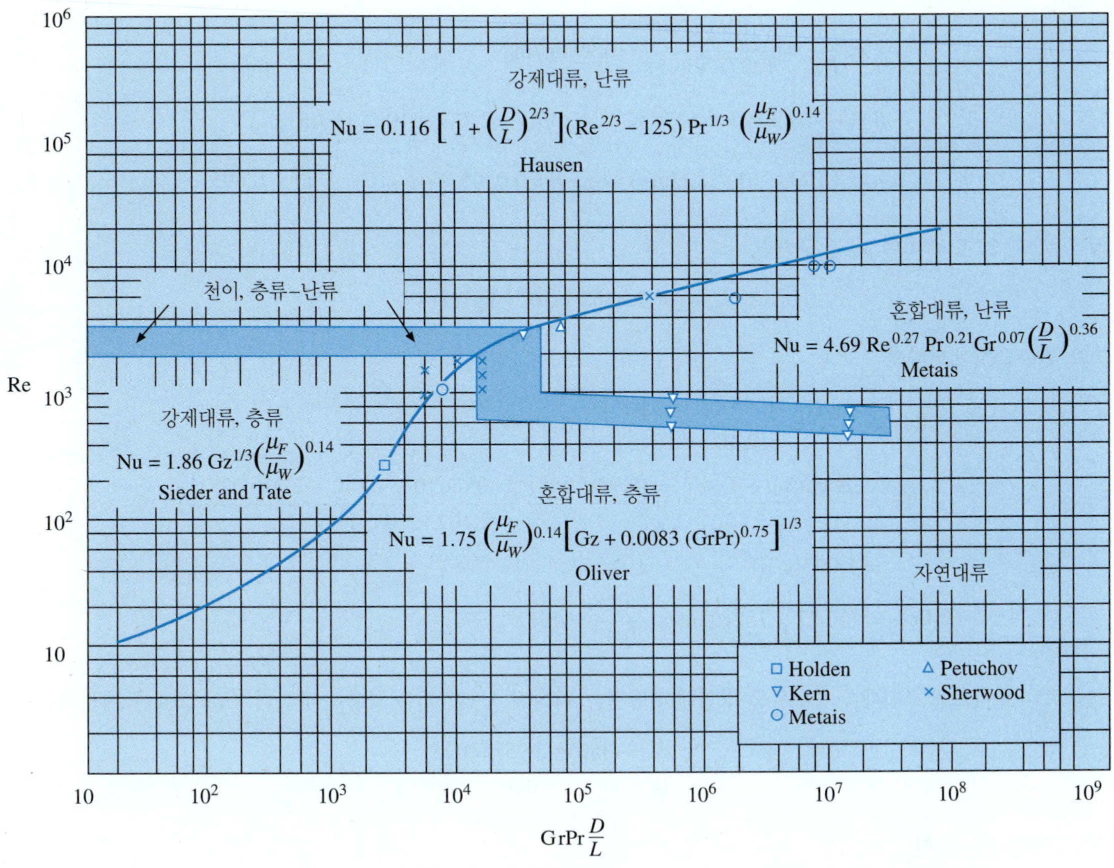

[그림 7.14] 수평관을 흐르는 유동에 대한 자연, 강제 및 조합대류의 영역(Metais 와 Eckert [10])

작기 때문이다. 반면에 매우 작은 속도(~0.3 m/s)를 갖는 강제대류 상황은 자연대류 흐름의 영향을 현저하게 받는다. 자연대류 경계층 방정식에 대한 크기 평가해석(order-of-magnitude)을 통해, 자연대류효과가 지배적인지의 여부를 결정해주는 일반적인 기준을 나타낼 수 있다. 다음과 같은 조건에서는 자연대류가 중요해진다.

$$Gr/Re^2 > 10 \tag{7.78}$$

이 결과는 그림 7.13 및 7.14와 일치한다.

예제 7-13 공기에서 자연대류와 강제대류의 조합

1 대기압, 27°C의 공기를 평균속도 30 cm/s로 지름 25 mm의 수평관을 흐르게 한다. 관의 벽은 140°C로 일정하게 유지된다. 관의 길이가 0.4 m일 때 열전달계수를 계산하여라.

■ 풀이

막온도에서 유체의 성질을 구하면

$$T_f = \frac{140+27}{2} = 83.5°C = 356.5 \text{ K}$$

$$\rho_f = \frac{p}{RT} = \frac{1.0132 \times 10^5}{(287)(356.5)} = 0.99 \text{ kg/m}^3$$

$$\beta = \frac{1}{T_f} = 2.805 \times 10^{-3} \text{ K}^{-1} \qquad \mu_w = 2.337 \times 10^{-5} \text{ kg/m} \cdot \text{s}$$

$$\mu_f = 2.102 \times 10^{-5} \text{ kg/m} \cdot \text{s} \qquad k_f = 0.0305 \text{ W/m} \cdot {}^\circ\text{C} \qquad \text{Pr} = 0.695$$

체적온도를 27°C로 하여 μ_b를 구하면,

$$\mu_b = 1.8462 \times 10^{-5} \text{ kg/m} \cdot \text{s}$$

중요 변수들을 계산하면

$$\text{Re}_f = \frac{\rho u d}{\mu} = \frac{(0.99)(0.3)(0.025)}{2.102 \times 10^{-5}} = 3.53$$

$$\begin{aligned} \text{Gr} &= \frac{\rho^2 g\beta(T_w - T_b)d^3}{\mu^2} = \frac{(0.99)^2(9.8)(2.805 \times 10^{-3})(140 - 27)(0.025)^3}{(2.102 \times 10^{-5})^2} \\ &= 1.007 \times 10^5 \end{aligned}$$

$$\text{Gr Pr}\frac{d}{L} = (1.077 \times 10^5)(0.695)\frac{0.025}{0.4} = 4677$$

그림 7.14에 따르면 조합대류 층류유동 영역에 해당된다. 따라서 식 (7.77)을 사용해야 한다. Graetz 수를 계산하면

$$\text{Gz} = \text{Re Pr}\frac{d}{L} = \frac{(353)(0.695)(0.025)}{0.4} = 15.33$$

식 (7.77)을 계산하면

$$\begin{aligned} \text{Nu} &= 1.75\left(\frac{1.8462}{2.337}\right)^{0.14} \{15.33 + (0.012)[(15.33)(1.077 \times 10^5)^{1/3}]^{4/3}\}^{1/3} \\ &= 7.70 \end{aligned}$$

평균 열전달계수는

$$\bar{h} = \frac{k}{d}\text{Nu} = \frac{(0.0305)(7.70)}{0.025} = 9.40 \text{ W/m}^2 \cdot {}^\circ\text{C} \quad [1.67 \text{ Btu/h} \cdot \text{ft}^2 \cdot {}^\circ\text{F}]$$

이 값을 순수한 층류 강제대류로 가정하여 얻은 결과와 비교하는 것은 흥미 있는 일이다. Sider-Tate[식 (6.10)] 관계를 적용하면

$$\begin{aligned} \text{Nu} &= 1.86(\text{Re Pr})^{1/3}\left(\frac{\mu_f}{\mu_w}\right)^{0.14}\left(\frac{d}{L}\right)^{1/3} \\ &= 1.86 \text{ Gz}^{1/3}\left(\frac{\mu_f}{\mu_w}\right)^{0.14} \\ &= (1.86)(15.33)^{1/3}\left(\frac{2.102}{2.337}\right)^{0.14} \\ &= 4.55 \end{aligned}$$

그리고

$$\bar{h} = \frac{(4.55)(0.0305)}{0.025} = 5.55\ \text{W/m}^2 \cdot {}^\circ\text{C} \quad [0.977\ \text{Btu/h} \cdot \text{ft}^2 \cdot {}^\circ\text{F}]$$

따라서 순수한 층류 강제대류에 근거한 계산은 −41%의 오차를 가져온다.

7-13 요약

지금까지 자연대류계에 대한 실험적 상관식이 대단히 많은 것을 알게 되었을 것이다. 이 절의 목적은 (1) 주의해야 할 사항을 나타내고 (2) 상관식을 요약하는 편리한 표를 제공하는 것이다.

대부분의 자연대류 데이터는 정지 상태의 공기나 물 등에 대하여 실험실 조건에서 구한 것이다. 실제 자연대류 문제는 이렇게 평이하지 않고 경계층이 강제대류 효과를 어느 정도 포함시킬 수 있다. 더욱이 실제 표면은 등온이나 일정 열유속이 아니므로 이러한 조건에 대해 실험실 데이터로부터 개발된 상관식은 엄밀하게는 적용할 수 없다. 물론 공학자는 열전달계수의 계산값이 실제값과 ±25% 정도 변할 수 있다는 것을 인정하여야 한다.

자연대류 문제를 풀기 위해서는 6장에서 강제대류에 대해 주어진 것과 비슷한 과정을 따라야 한다.

[표 7.5] 자연대류 열전달 관계식의 요약, 대부분의 경우, 유체 성질은 $T_f = (T_w + T_\infty)/2$에서 구한다.

형태	공식	제한조건	공식정보
여러 가지 등온표면	$\text{Nu}_f = C(\text{Gr}_f \text{Pr}_f)^m$ C 및 m은 표 7.1에서 구한다.	그림 7.1 참조	(7-25)
수직 등온표면	$\overline{\text{Nu}}^{1/2} = 0.825 + \frac{0.387\ \text{Ra}^{1/6}}{[1+(0.492/\text{Pr})^{9/16}]^{8/27}}$	$10^{-1} < \text{Ra}_L < 10^{12}$ 그림 7.5 참조	(7-29)
수직 등열유속표면 국소 h값	$\text{Nu}_{xf} = C(\text{Gr}_x^* \text{Pr}_f)^m$	$C = 0.60,\ m = \frac{1}{5}$ for $10^5 < \text{Gr}_x^* \text{Pr} < 10^{11}$ $C = 0.17,\ m = \frac{1}{4}$ for $2 \times 10^{13} < \text{Gr}^* \text{Pr} < 10^{16}$	(7-31) (7-32)
수직 등온원통	$\overline{\text{Nu}}^{1/2} = 0.60 + 0.387 \left\{ \frac{\text{Gr Pr}}{[1+(0.559/\text{Pr})^{9/16}]^{16/9}} \right\}^{1/6}$	$10^{-5} < \text{Gr Pr} < 10^{13}$ 그림 7.6 참조	(7-36)
수평 등열유속 표면		교과서 참조	(7-39)~(7-42)
경사표면	7-7절 참조	교과서 참조	
구	$\text{Nu} = 2 + 0.43(\text{Gr Pr})^{1/4}$ $\text{Nu} = 2 + 0.5(\text{Gr Pr})^{1/4}$ $\text{Nu} = 2 + \frac{0.589(\text{Gr Pr})^{1/4}}{[1+(0.469/\text{Pr})^{9/16}]^{4/9}}$	$1 < \text{Gr Pr} < 10^5$ 물, $3 \times 10^5 < \text{Gr Pr} < 8 \times 10^8$ $0.5 < \text{Pr}$ $\text{Gr Pr} < 10^{11}$	(7-50) (7-51)
밀폐공간	$q = k_e A(\Delta T/\delta)$ $\frac{k_e}{k} = C(\text{Gr}_\delta \text{Pr})^n (L/\delta)^m$	C, m, n값은 표 7.3에서 구할 것 $\text{Gr}_\delta \text{Pr} < 2000$에 대하여 순수 열전도	(7-57) (7-64)
진공공간	대부분은 복사에 의한다.		

7-14 모든 대류문제에 대한 해석과정 요약

6장의 마지막 부분에서 간략하게 대류열전달 계산과정을 살펴본 바 있다. 이제는 자연대류열전달을 포함한 보다 확장된 위치에서 토의가 가능해졌으며 그 과정은 다음과 같다.

1. 관련된 유체를 명확히 하고 그 유체의 물성값을 구할 준비를 한다. 이것은 별로 중요해 보이지 않으나, 실제상황에서 물 대신 공기를 유체로 잘못 선택한다면 대단히 큰 실수가 아닐 수 없다.

2. 문제의 기하학적 형태를 명확히 인식한다. 이것도 대수롭지 않아 보이나 역시 중요하다. 관 내부를 흐르는 유동인가, 관 외부를 직교류하는 유동인가, 또는 관의 길이방향을 따라 흐르는 유동인가? 내부유동인가 또는 외부유동인가?

3. 자연대류문제인가 또는 강제대류문제인가를 결정하라. 채널 또는 가열면을 통해 유체에 부과되는 힘이 없다면 자연대류로 추정해도 좋을 것이다. 그러나 유동속도 또는 질량 유량이 분명히 언급된다면 강제대류로 가정해야 한다. 관련된 강제 유동속도가 매우 작을 때는 자연 및 강제대류가 혼합된 조합대류가 나타나며, 이때는 Re 수와 Gr 수의 상대적인 크기를 따져보는 것이 필요하다.

4. 위의 단계가 끝났으면 다음은 유체의 물성값을 구하기 위한 온도를 결정해야 한다. 채널 내 강제유동일 때는 보통 평균체적온도를 사용하고, 표면외부의 자연대류 또는 강제 대류유동인 경우는 막온도 $T_f = (T_\infty + T_{\text{surface}})/2$를 사용한다. 대류열전달계수($h$)에 관한 대류관계를 구하고자 할 때는 계산상의 약간의 수정이 필요할 수 있다.

5. 자연대류문제일 경우 Gr Pr 수 또는 강제대류문제일 경우 Re 수를 계산하여 유동형태(flow regime)를 결정한다. **이들 무차원수 계산시 올바른 특성길이 선택에 특별히 주의해야 한다.** 실제로 앞의 제2단계 결과에 따라, 무차원수 계산을 잘못하여 실제로 실수를 범하는 경우가 매우 많다. 지금 문제에서 평균 또는 국소 열전달계수가 요구되는지를 결정한다. 필요에 따라 Gr Pr 수 또는 Re 수 계산을 다시 실시한다.

6. 위에서 계산된 무차원수들을 사용하여 h에 대한 적절한 관계식을 선택한다. 선택된 식이 유동상황 및 문제의 기하학적 형태에 적합한지를 확인한다. 만일 선택된 식이 온도-물성값 계산을 수정해야할 필요성을 갖는다면 제4 및 제5단계 계산을 다시 해야 한다.

7. 문제에 필요한 h값을 계산한다. 계산이 기하학적 형태, 유체, 흐름의 타입, 및 문제에 대한 유동형태와 잘 맞는지를 다시 한번 점검한다.

8. 문제에 대한 대류열전달량을 구한다. 대류열전달은 일반적으로 외부유동장의 자연 및 강제 대류에 대해서는,

$$q = hA_{\text{surface}}\,(T_{\text{surface}} - T_{\text{free stream}})$$

의 형태의 식으로 계산된다. 그리고 강제대류 내부유동장에 대해서는

$$q = hA_{\text{surface}}\,(T_{\text{surface}} - T_{\text{bulk}})$$

의 형태의 식으로 계산된다. 열전달 계산 시 A_{surface} 값을 사용하는데 주의하여라. 이는 **h값 계산 시 유체와 접하고 있는 표면적을 나타낸다.** 예를 들면, 관내 강제대류인 경우 A_{surface}는 유동단면적인 $\pi d_i^2/4$이 아니라 $\pi d_i L$이다. 반면 관 외부 직교류 또는 자유대류인 경우 A_{surface}는 $\pi d_o L$이다. 이때 d_i와 d_o는 관의 내경 및 외경을 각각 나타낸다. 그림 2.14와 같이 복잡한 핀구조물에 대한 표면적은 주변유체(보통은 공기)와 접하고 있는 총 핀의 면적이 될 것이다. 이 과정은 그림 7.15에 요약되어 있다.

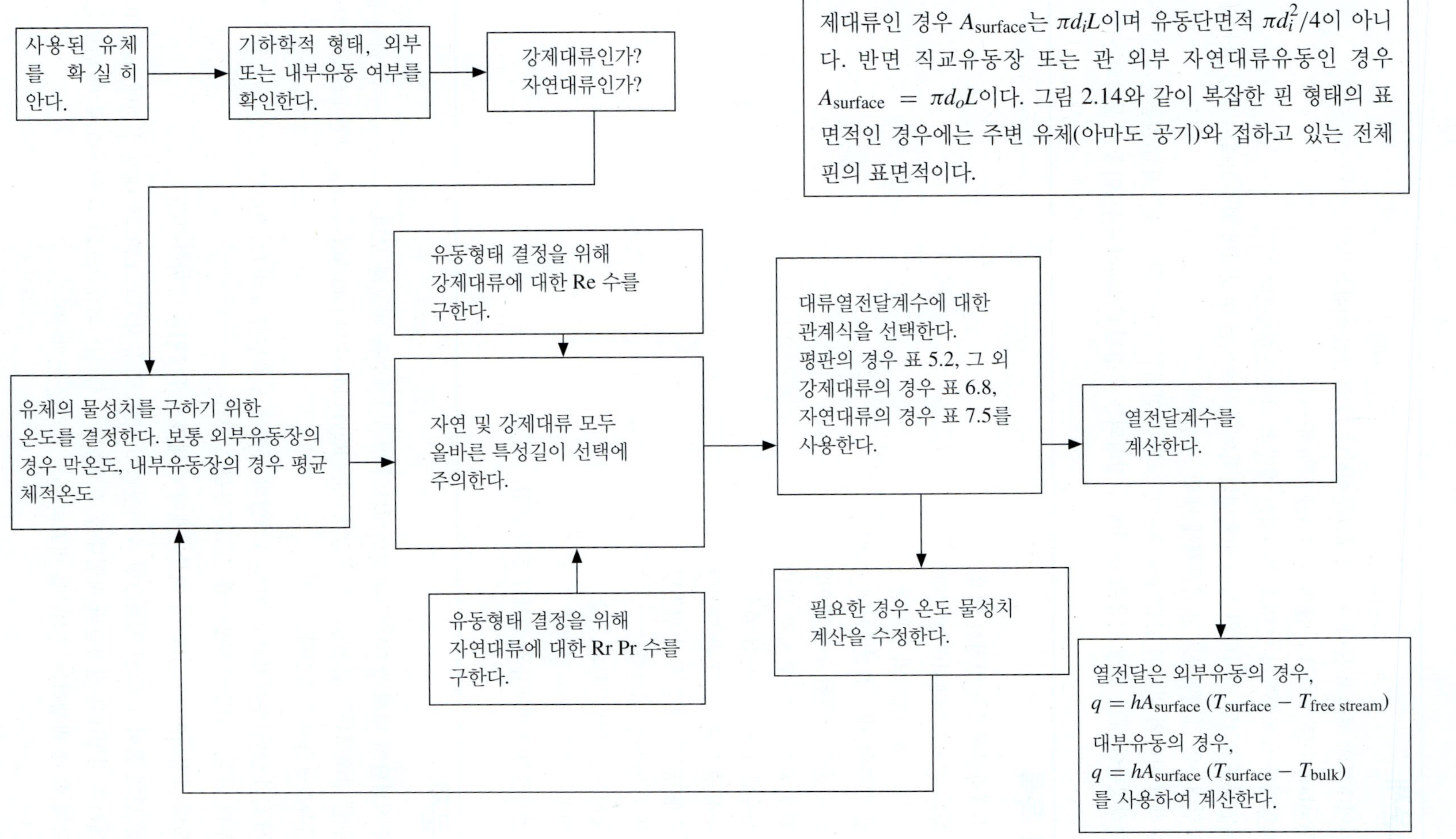

[그림 7.15] 대류계산과정에 대한 요약

복습문제

1. 자연대류의 해석적 풀이가 강제대류문제보다 더 복잡한 이유는 무엇인가?
2. Grashof 수를 정의하고 물리적 의미를 설명하여라.
3. 자연대류 경계층에서 난류로 천이하는 개략적 기준은 무엇인가?
4. 자연대류열전달 데이터의 상관식에 일반적으로 사용되는 방정식의 함수형태는 무엇인가?
5. 자연대류와 강제대류의 조합문제에 대해 논하여라.
6. 수직벽 사이의 밀폐된 공간에서 순수 전도와 자연대류를 구분하는 개략적인 기준은 무엇인가?
7. 수직평판에 대한 일정 열유속 조건에서 정의되는 수정된 Grashof 수는 어떻게 정의되는가?

예제 목록

7-1 수직평판에서의 일정한 열유속
7-2 등온 수직평판에서의 열전달
7-3 물 속 수평관에서의 열전달
7-4 공기 중의 가는 전선에서의 열전달
7-5 공기 중의 가열된 수평 파이프
7-6 공기 중에서 정육면체의 냉각
7-7 단순화된 식을 사용한 계산
7-8 수직 공기간극을 통한 열전달
7-9 수평 공기간극을 통한 열전달
7-10 물 층을 통한 열전달
7-11 공기틈새에서 대류의 감소
7-12 희박 공간을 통한 열전달
7-13 공기에서 자연대류와 강제대류의 조합

연습문제

7-1 수직평판에 대해 강제대류와 자연대류의 열전달계수를 비교해 보려고 한다. 순수한 자연대류와 순수한 강제대류의 열전달계수가 같게 되는 Reynolds 수와 Grashof 수의 근사관계식을 구하여라. 단, 층류유동으로 가정한다.

7-2 93℃의 등온 수직평판이 20℃, 1기압의 공기에 노출된다. x가 15, 30, 45 cm인 위치에서 평판으로부터 거리의 함수로 자연대류 속도분포를 그려라.

7-3 상태 방정식이 $p = \rho RT$인 이상기체에 대해 $\beta = 1/T$임을 증명하여라.

7-4 한 변의 길이가 1ft인 정사각형 수직평판이 65℃로 유지되고 15℃의 대기 공기에 노출된다. 이 판에서의 자연대류 열전달과 자연대류 경계층에서 생기는 최대속도와 같은 속도로 판 위로 공기를 흐르게 할 때 발생하는 열전달을 비교하여라. 결과를 논의하여라.

7-5 표면온도 350 K를 유지하고 있는 수직평판이 300 K, 1기압인 공간에 놓여 있다. 자연대류에 의한 경계층두께가 2.0 cm가 되기 위한 수직평판의 높이를 구하여라.

7-6 80℃로 유지되는 수직평판이 대기압, 15℃의 공기에 노출된 경우에 대해 자연대류 경계층 두께를 x의 함수로 도시하여라. 단, 층류 부분만 고려한다.

7-7 65℃인 두 개의 수직평판이 25℃의 물 탱크 속에 위치한다. 판의 높이가 30 cm라면, 자연대류 경계층의 간섭을 막는 최소 간격은 얼마인가?

7-8 지름이 2.0 cm인 원통이 70℉의 물 속에 수평으로 잠겨있다. 원통표면의 온도가 130℉로 유지될 때 단위길이[m]당 원통에 의한 열손실을 구하여라.

7-9 길이 30 cm인 수직원통이 100℃로 유지되고 15℃의 방 공기에 노출된다. 수직평판과 같은 효과를 갖기 위한 원통의 최소 지름을 계산하여라.

7-10 한 변의 길이가 1 m인 정사각형 수직평판이 300℃로 가열되고 25℃의 방 안 공기에 놓여 있다. 판 한쪽으로부터의 열손실을 계산하여라.

7-11 수직평판이 일정 온도 120℉로 유지되고 70℉의 대기 공기에 노출된다. 평판의 선단으로부터 14 in 거리에서 경계층 두께는 1.0 in이다. 선단으로부터 24 in 떨어진 거리에서의 경계층 두께를 계산하여라.

7-12 1기압의 응축수증기가 높이 20 cm, 폭이 3.0 m인 수직 평판을 100℃로 유지하기 위하여 사용된다. 수직평판은 20℃인 실내에 놓여 있다. 이 가열과정으로부터 발생되는 공기의 유량(자연대류에 의한)은 얼마가 되겠는가? 또 실내공기에 공급되는 총 열량은 얼마인가?

7-13 높이가 10 cm이고 폭이 1.0 m인 수직평판이 310 K를 유지하고 있다. 이 평판을 290 K의 물 속에 넣었을 때 평판에 의한 자연대류 열손실을 구하고 가열 평판에 의해 발생하는 자연대류 유량(free convection flow rate)을 구하여라.

7-14 높이 1.8 m, 지름 7.5 cm인 수직원통이 30℃의 대기 중에서 93℃의 온도로 유지된다. 이 원통에서 자연대류에 의한 열손실을 계산하여라. 이 계산을 위해 원통을 수직평판으로 취급할 수 있다.

7-15 높이 6 m인 건물의 바깥벽이 태양으로부터 1100 W/m^{2}의 평균 복사 열유속을 받는다. 95 W/m^{2}가 벽을 통해 전도된다면, 바깥 벽온도를 계산하여라. 단, 건물 바깥쪽 대기 공기의 온도는 20℃로 가정한다.

7-16 사람을 지름 30 cm, 높이 2 m인 수직원통으로 생각할 수 있다고 가정한다. 표면온도가 24℃이고 주위 공기가 20℃라면 자연대류에 의한 열손실을 계산하여라.

7-17 한 변의 길이가 30 cm인 정사각형 수직평판이 전기적으로 가열되어 총열손실 30 W로 일정 열유속 조건이 유지된다. 주위 공기는 1기압, 20℃이다. 높이 15 cm와 30 cm에서 열전달계수를 계산하여라. 판의 평균 열전달계수를 계산하여라.

7-18 한 변의 길이가 0.3 m인 정사각형 수직평판이 55℃로 유지되고 1기압, 20℃의 방 공기에 노출된다. 판 양쪽으로부터의 열손실을 계산하여라.

7-19 한 변의 길이가 0.61 m인 정사각형 수직평판이 100℃로 유지되고 2기압, 20℃의 헬륨에 노출될 때, 자연대류에 의한 열손실을 계산하여라.

7-20 높이 6.1 m, 폭 1.22 m의 큰 수직평판이 일정온도 57℃로 유지되고 4℃의 대기압 공기에 노출된다. 판에서의 열손실을 계산하여라.

7-21 한 변의 길이가 1 m인 정사각형 수직평판이 49℃로 유지되고 21℃의 방 공기에 노출된다. 판에서의 열손실을 계산하여라.

7-22 표준상태의 공기에서 $\Delta T = 10$℃ 그리고 Rayleigh 수가 10^{12}이 되는데 필요한 수직거리는 얼마인가?

7-23 25 × 25 cm인 수직평판이 일정 열유속 1000 W/m^{2}을 생산하는 전기 히터로 적합하다. 판은 15℃의 물에 잠겨 있다. 판의 평균온도와 열전달계수를 계산하여라. 이 평균온도의 등온표면에서 열손실은 얼마인가?

7-24 수평원통에서 자연대류에 의한 열전달 중에 반은 대칭성을 고려하면 원통의 반쪽 면에서 일어난다고 가정할 수 있다. 이 가정을 사용하여 원통 반쪽 면의 열전달과 원통의 아래 정체점에서 위 정체점까지의 원주길이와 같은 높이를 갖는 수직평판의 열전달과 비교하고 결과를 논하여라.

7-25 지름이 2 cm인 수평원통 히터가 22%의 나트륨을 갖는 나트륨-칼륨 혼합물 속에 놓여 있다. 혼합물은 120℃이고 히터 표면은 200℃로 일정하다. 히터 길이가 40 cm일 때 열손실을 계산하여라.

7-26 높이가 15 cm, 폭이 50 cm, 표면온도 325 K를 유지하고 있는 수직평판이 큰 헬륨탱크(압력 2.2 기압, 온도 0℃) 안에 놓여 있다. 평판에 의한 열손실과 자연대류에 의한 유량을 계산하여라.

7-27 지름 3 cm, 길이 1 m인 수평 가열봉이 20℃의 포화 액체 암모니아 속에 놓여 있다. 히터는 일정 표면온도 70℃로 유지된다. 열전달률을 계산하여라.

7-28 120℃의 응축증기가 어떤 작업 지역에 주위 공기온도가 20℃가 되도록 난방을 위해 지름 7.5 cm인 수평 파이프 내에서 사용된다. 요구되는 총열량은 29.3 kW이다. 이 난방을 위해 필요한 파이프 길이는 얼마인가?

7-29 길이 10 cm, 지름 0.4 mm의 백금 전선이 38℃의 물 용기 안에 수평으로 놓여 있고 전기적으로 가열되어 표면온도는 93℃로 유지된다. 전선에서의 열손실을 계산하여라.

7-30 90℃의 물이 0.8 kg/s의 율로 내부지름 2.5 cm, 외부지름 3 cm의 강철파이프를 통해 흐른다. 파이프의 바깥 표면온도는 85℃이고 주위 공기온도는 20℃이다. 방의 압력은 1기압이고 파이프 길이는 15 m이다. 자연대류에 의한 열손실은 얼마인가?

7-31 지름 8 cm인 수평 파이프가 방 안의 25℃의 대기압 공기에 놓여 있다. 파이프의 표면 온도는 140℃이다. 파이프의 단위길이당 자연대류에 의한 열손실을 계산하여라.

7-32 외부지름 1.25 cm인 수평관이 표면온도 250℃로 가열되고 방 안의 20℃, 1기압 공기에 노출된다. 관의 단위길이당 자연대류에 의한 열손실은 얼마인가?

7-33 지름 2.5 cm인 수평 전기 히터가 93℃의 경유조(light-oil bath) 내에 잠겨 있다. 히터 표면온도는 150℃로 유지된다. 히터의 단위길이(m)당 열손실을 계산하여라.

7-34 한 변의 길이가 0.3 m인 정사각형 공기조화용 덕트가 표면온도가 15.6℃가 유지되도록 찬 공기를 운반한다. 덕트는 27℃의 방 공기에 노출된다. 덕트의 단위길이(m)당 얻는 열량을 계산하여라.

7-35 지름이 0.001 in(0.0254 mm)인 전선이 전류가 흘러 가열되고 3기압, 10℃의 헬륨을 포함하는 방 안에 수평으로 놓여 있다. 전선의 표면온도가 240℃를 초과하지 않는다면, 단위길이당 공급되는 전력을 계산하여라.

7-36 표면온도 93℃, 지름 10 cm, 길이 2.0 m인 가열된 수평원통이 1기압, −18℃인 헬륨에 노출되어 있다. 원통에 의한 열손실을 구하여라.

7-37 지름이 3 m인 큰 원형 덕트가 250℃의 고온 기체를 운반한다. 덕트의 바깥은 1기압, 20℃의 방 공기에 노출된다. 덕트의 단위길이당 열손실을 계산하여라.

7-38 지름 2.0 cm의 원통 가열기가 20℃의 글리세린 탱크 속에 놓여 있다. 히터의 표면온도는 60℃이고 길이는 60 cm이다. 열전달을 계산하여라.

7-39 지름 3.5 cm의 원통이 표면에서 일정한 열유속 1500 W/m^{2}을 유지하기 위해 전기 히터를 포함한다. 원통이 수평면과 35°를 이루고 20℃의 방 공기에 노출된다면, 평균 표면온도를 계산하여라.

7-40 지름 30 cm의 수평 파이프가 일정온도 25℃로 유지되고 20℃의 방 안 공기에 놓여 있다. 파이프의 단위길이당 자연대류에 의한 열손실을 계산하여라.

7-41 지름이 12.5 cm인 덕트가 내부의 뜨거운 연소가스로 인해 260℃의 일정온도를 유지하고 있다. 덕트는 주위온도가 20℃인 작은 저장창고 내에 수평으로 놓여 있다. 37 kW의 대류난방 효과를 얻기 위한 덕트의 길이를 구하여라.

7-42 지름 5 cm, 길이 3 m의 수평원통이 180℉로 유지되고 60℉의 물 속에 잠겨 있다. 통에서의 열손실을 계산하여라.

7-43 지름 2 m의 수평원통이 일정온도 77℃로 유지되고 27℃의 큰 창고 공간에 노출된다. 원통의 길이는 20 m이다. 원통에서의 열손실을 계산하여라.

7-44 지름 30 cm의 구가 90℃로 유지되고 20℃의 대기 공기에 노출될 때 자연대류에 의한 열손실률을 계산하여라.

7-45 35℃인 지름 2.5 cm의 구가 10℃의 물 속에 잠겨 있다. 자연대류에 의한 열손실률을 계산하여라.

7-46 지름 2.4 m의 구형 기구비행선을 주위 압력 1.4 kPa 그리고 주위 온도 −50℃의 높이까지 띄운다. 구의 표면온도는 대략 0℃이다. 구의 표면으로부터 자연대류에 의한 열손실을 계산하여라. 자유 흐름속도가 30 cm/s로 작은 경우, 구에서 강제대류에 의한 열손실과 위의 자연대류 경우의 값을 비교하면 어떻게 되겠는가?

7-47 지름 4.0 cm의 구가 38℃로 유지되고 15℃의 물 속에 잠겨 있다. 이 조건에서 열전달률을 계산하여라.

7-48 표 7.1의 마지막 항에 나타낸 상수값을 구에서의 자연대류에 적용하고 식 (7.50)과 비교하여라.

7-49 표 7.1의 자료와 표 7.2의 단순화된 관계식을 사용하여 구로부터 1대기압의 공기로의 자연대류를 계산하기 위해 식 (7.50) 대신에 사용할 수 있는 단순화된 관계식을 구하여라.

7-50 지름이 30 cm이고 204℃의 일정온도를 유지하고 있는 수평 관을 3기압, 93℃인 헬륨에 노출시켰다. 관의 길이가 10.4 m일 때 관으로부터의 열손실[W]을 구하여라.

7-51 지름이 30 cm이고 길이가 100 m인 큰 덕트가 표면에 단열재를 씌우지 않은 채로 실내조건이 20℃, 1기압인 어떤 공장 내부를 수평으로 가로지르고 있다. 덕트 내부에는 저압의 증기가 유동하므로 덕트의 표면온도는 120℃를 유지하고 있다. 덕트로부터 실내로 대류에 의한 총열손실을 구하여라.

7-52 지름이 15 cm인 원형 판이 20℃의 대기 중에서 150℃의 고온으로 유지된다. 판이 수평 위치일 때 자연대류에 의한 열손실을 계산하여라.

7-53 엔진오일 히터는 용기 바닥에 정사각형 판의 전기 히터 표면을 갖는 큰 용기로 구성된다. 히터 판은 30 × 30 cm이고 일정온도 60℃로 유지된다. 오일 온도가 20℃일 때 열전달률을 계산하여라.

7-54 폭이 6 mm인 작은 전기 히터 조각이 수평으로 위치한다. 조각은 500℃로 유지되고 20℃의 방 공기에 노출된다. 조각은 위와 아래 양면을 통해 열을 소산한다고 가정한다. 자연대류에 의해 2 kW의 열을 소산하기 위해 요구되는 선의 길이를 구하여라.

7-55 크기가 10 × 10 m인 수평평판의 윗면 온도가 25℃로 일정하게 유지되고 28℃의 방온도에 노출된다. 열전달을 계산하여라.

7-56 4 × 4 m의 수평 히터가 15℃의 방 공기중에 놓여 있다. 위 표면과 아래 표면이 50℃로 가열된다. 자연대류에 의한 총열손실을 계산하여라.

7-57 온도가 400 K로 일정하고 한 변의 길이가 45 cm인 정삼각형 형태의 수평평판이 300 K의 대기에 노출된다. 판에서의 열손실을 계산하여라.

7-58 20 × 20 cm의 가열된 평판이 수평면과 60° 경사지게 물 속에 놓여 있다. 판에서 일정한 열유속이 가정되어 평판의 평균온도는 40℃이고 가열표면은 아래를 향한다. 물온도는 20℃이다. 판에서의 열손실을 계산하여라.

7-59 가열표면이 위를 향하는 경우에 대해 문제 7-58을 다시 풀어라.

7-60 이중 유리창문이 1.25 cm의 간극으로 제조되고 공기가 차 있다. 유리의 크기는 1.2 × 1.8 m이다. 온도차는 30℃이고 $T_1 = 20$℃일 때 공간(air space) 통한 자연대류에 열전달률을 계산하여라.

7-61 한 변의 길이가 1 m인 정사각형의 태양열 집열판이 수평면과 20°의 각도로 기울어져 있다. 160℃의 고온표면은 압력이 0.1기압으로 낮춰진 밀폐된 공간에 위치한다. 고온표면 위에 표면에 평행하게 투명한 유리창이 태양으로부터 복사 에너지를 받는다. 고온표면과 유리창은 8 cm의 거리가 떨어져 있다. 주위로의 대류 열전달에 의해 창문 온도는 40℃로 유지된다. 고온표면과 투명 유리창 사이의 자연대류에 의한 열전달을 계산하여라.

7-62 1 × 1 m의 평판이 수평면과 30° 경사지고 30℃, 1기압의 공기에 노출된다. 판은 태양으로부터 700 W/m^{2}의 복사에너지를 받고 자연대류에 의해 주위에 열을 소산한다. 평판의 평균온도는 얼마인가?

7-63 지름 5 cm의 수평원통은 방사율이 0.5이고 벽온도가 35℃로 유지되는 큰 방 속에 놓여 있다. 원통은 $h = 6.5$ W/m^2 · ℃으로 자연대류에 의해 열을 잃는다. 원통 표면에 설치한 열전대로 측정한 온도는 30℃이다. 방 안의 공기 온도는 얼마인가?

7-64 10 × 10 cm의 판이 80℃로 유지되고 수평면과 45° 경사져 있다. 판의 양면으로부터 20℃의 방 안 공기로의 열손실을 계산하여라.

7-65 5 × 5 cm의 판이 50℃로 유지되고 수평면과 60° 경사져 있다. 판의 양면으로부터 20℃ 물로의 열손실을 계산하여라.

7-66 1기압, 38℃의 공기를 평균속도 30 m/s로 지름 6.5 mm의 수평관을 통해 흐르게 한다. 관의 벽은 540℃로 유지되고 관의 길이는 30 cm이다. 평균 열전달계수를 계산하여라. 관의 벽온도 800℃, 속도 30 m/s에 대해 반복하여라.

7-67 밑면이 2.5 × 2.5 cm인 정사각형이고 수직 높이가 5 cm인 작은 구리 블록이 1기압, 15℃의 방에서 냉각된다. 블록은 100℃의 등온으로 유지된다. 열전달률을 계산하여라.

7-68 한 변의 길이가 40 cm인 정삼각형 형태의 수평평판이 일정온도 55℃로 유지되고 25℃의 대기에 노출된다. 판의 위 표면에서의 열손실을 계산하여라.

7-69 조그만 수평 히터가 지름 3 cm의 원판 형태이다. 원판의 온도는 70℃로 유지되고 30℃의 대기에 노출된다. 열손실을 계산하여라.

7-70 400℃인 고온의 도자기 벽돌이 15 × 15 cm의 단면과 8 cm의 높이를 갖고 27℃의 방 공기에 노출된다. 자연대류에 의한 열손실을 계산하여라.

7-71 한 변의 길이가 15 cm인 정육면체 상자 안에 자기증폭기가 들어 있고 20℃인 주위 공기에 50 W의 열을 발산한다. 상자의 표면온도를 계산하여라.

7-72 유리 온도계가 벽의 온도가 10℃로 유지되는 큰 방 안에 위치한다. 온도계와 방 공기 사이의 대류계수는 5 W/m^2 · ℃이고 온도계는 30℃의 온도를 나타낸다. 방 안 공기의 온도를 결정하여라. 방사율 $\epsilon = 1$로 가정한다.

7-73 가로가 30 cm, 세로가 15 cm인 수평으로 놓인 공기조화용 덕트가 45℃로 유지되고 20℃의 대기에 노출된다. 덕트의 단위길이당 열손실을 계산하여라.

7-74 한 변이 30 cm인 정사각형의 두 수직평판이 1.25 cm의 거리만큼 떨어져 있고 사이에는 물이 차 있다. 판에 일정 열유속 조건이 부가되어 한 쪽의 평균온도는 38℃이고 다른 쪽은 60℃이다. 이 조건 하에서 열전달률을 계산하여라. 성질은 평균온도에서 구하여라.

7-75 밀폐된 공간이 1.3기압의 헬륨을 포함하고 온도가 각각 80℃, 20℃로 유지되는 두 개의 수직 가열 표면을 갖는다. 수직표면은 40 × 40 cm이고 2.0 cm의 간극으로 떨어져 있다. 수직표면 사이에서 자연대류에 의한 열전달을 계산하여라.

7-76 내부지름과 외부지름이 각각 8 cm, 10 cm인 수평 환형관에 물이 차 있다. 내부표면과 외부표면이 각각 40℃, 20℃로 유지된다. 단위길이(m)당 환형 공간을 통한 열전달을 계산하여라.

7-77 두 개의 동심구가 온도가 −10℃인 내부 구 안에 소금물을 저장하도록 배열된다. 내부 구의 지름은 2 m이고 외부 구와의 간극은 5 cm이다. 외부 구는 30℃로 유지되고 간극 공간의 압력은 0.05기압이다. 간극을 통해 자연대류에 의해 전달되는 열전달을 계산하여라.

7-78 음식 공정에 사용되는 큰 통이 400℉ 고온의 오일로 차 있다. 통 주위의 측면에 수직으로 140℉로 냉각된 셀이 위치한다. 통과 셀 사이에 공기로 채워진 공간은 높이가 35 cm이고 두께는 3 cm이다. 단위표면적(m^2)당 자연대류에 의한 열손실을 계산하여라.

7-79 한 변의 길이가 30 cm인 정사각형의 두 수직평판이 1기압의 공기 중에서 2.5 cm의 거리만큼 떨어져 있다. 두 판은 각각 200℃, 90℃의 온도로 유지된다. 공기 간극을 통한 열전달률을 계산하여라.

7-80 수평으로 공기 공간이 1.6 mm의 거리만큼 떨어져 있다. 한 쪽 판의 온도가 90℃이고 온도차가 165℃일 때 단위면적당 열전달률을 계산하여라.

7-81 물이 차 있는 공간에 대해 문제 7-80을 다시 풀어라.

7-82 높이가 4 ft인 수직 공간내의 대기가 300 K에서 20℃의 온도차를 갖는다. k_e/k와 R의 값을 간극이 0에서 10 in인 경우에 대해 계산하고 도시하라. R의 값이 최대가 되는 대략의 간극 거리를 구하여라.

7-83 50 × 50 cm의 두 수직평판이 4 cm의 간극만큼 떨어져 있고 물로 차 있다. 판의 온도는 50℃와 20℃이다. 간극을 통한 열전달을 계산하여라.

7-84 아래 평판이 50℃의 온도이고 수평 위치를 갖는 경우에 대해 문제 7-83을 다시 풀어라.

7-85 1.1 × 1.1 m의 두 수직평판이 4 cm만큼 떨어져 있고 사이에 공기가 차 있다. 두 표면의 온도는 300과 350 K이다. 공간을 통한 열전달은 공기의 압력을 줄여서 감소시킬 수 있다. k_e/k와 R의 값을 압력의 함수로 계산하고 도시하여라. $k_e/k = 1.0$이 되기 위해서는 압력을 얼마로 줄여야 하는가?

7-86 아래 평판의 온도가 350 K인 두 개의 수평평판들에 대해 문제 7-85를 다시 풀어라.

7-87 어떤 건물벽 내에 두께 10 cm, 높이 2 m의 공간이 있고 공기가 차 있다. 온도차가 17℃인 경우 이 공간을 통해 전달되는 자연대류에 의한 열전달을 계산하여라.

7-88 어떤 수직 밀폐공간에 2기압의 공기가 들어 있다. 공간의 높이는 3 m, 깊이는 2 m이고 두 수직 평판 사이의 거리는 6 cm이다. 한 쪽 평판은 300 K, 다른 평판은 400 K의 온도를 유지하고 있다. 두 수직평판간의 대류열전달을 계산하여라.

7-89 공기 중에서 수직평판 사이의 열전달을 최소로 하기 위한 최적간극을 나타내는 식을 유도하여라. $\mathrm{Gr}_\delta < 2000$에서 열전달은 전도에 의해서만 일어난다고 가정한다. 이 최적간 극을 1대기압의 공기에 대해 온도차의 함수로 도시하여라.

7-90 대기압의 공기가 100℃와 20℃로 유지되는 두 개의 수직평판 사이에 들어 있다. 판은 한 변의 길이가 1.0 m 정사각형이고 8 cm 만큼 서로 떨어져 있다. 공기 공간을 통한 대류 열전달을 계산하여라.

7-91 절연 유리의 특수 부분은 한 변의 길이가 30 cm이고 서로 1 cm만큼 공기 공간으로 떨어진 두 개의 정사각형 유리판으로 만들어진다. 온도차가 30℃인 수직평판에서의 자연대류와 이러한 배열에서 계산되는 열전달을 비교하여 감소율을 계산하여라.

7-92 수평으로 놓인 태양열 집열기에서 자연대류 열손실을 줄이는 한 가지 방법은 태양 에너지를 받아들이는 유리판과 그 밑의 흑색 흡수판 사이에 존재하는 공간에서의 압력을 감소시키는 것이다. 바닥표면은 120℃이고 윗면의 온도는 20℃라고 가정한다. 간극이 1, 2, 5, 10 cm인 경우에 대해 대류를 제거하는데 필요한 압력을 계산하여라.

7-93 20℃, 1기압의 공기가 지름 2.5 cm, 길이 30 cm인 수직관을 통해 위로 흐른다. 유동속도는 45 cm/s이고 관 벽이 200℃로 유지될 때 총열전달률을 계산하여라.

7-94 수평관이 표면온도 55℃로 유지되고 27℃의 대기에 노출된다. 단위길이(m)당 175 W을 생산하는 전기히터에 의해 관에 열이 공급된다. 표면온도를 83℃로 상승시키는데 필요한 열 입력을 계산하여라.

7-95 큰 수직평판이 표면온도 140℉로 유지되고 1기압, 70℉의 공기에 노출된다. 난류 경계층이 시작되는 판의 수직위치를 구하여라. 이 위치까지의 평균 q/A는 얼마인가? 이 위치에서 경계층 내 최대속도는 얼마인가?

7-96 태양열 집열기 위에 2.5 cm의 간극을 갖는 수평 공기 공간이 존재한다. 아래 판은 70℃로 유지되고 윗판은 30℃이다. 1기압의 공기에 대해 공간을 통한 자연대류를 계산하여라. 간극이 1 cm로 줄면, 열전달은 얼마로 변하겠는가?

7-97 태양열 집열기는 간극에서의 공기 압력을 자연대류 효과를 없애기에 충분한(즉, $\mathrm{Gr}\,\mathrm{Pr} < 1700$) 압력으로 낮추는 방법을 사용한다. 문제 7-96의 공기 공간에 대해 대류를 없애는 압력을 계산하여라.

7-98 지름이 2.5 cm인 구가 표면온도 120℉로 유지되고 80℉의 유체에 노출된다. 다음의 경우에 대해 열손실을 비교하여라. (*a*) 공기(*b*) 물

7-99 1기압의 공기가 지름이 10 cm과 8 cm이고 온도가 300 K과 400 K로 유지되는 동심구 사이에 들어 있다. 공기 간극을 통한 자연대류 열전달을 계산하여라.

7-100 어떤 통조림 제품을 300 K의 방 온도에서 275 K의 냉장고에 넣어 냉각시킨다. 통조림의 지름과 높이는 8 cm이다. 냉각률을 계산하여라. 내용물이 물의 성질을 갖는다면 통조림의 온도가 290 K로 떨어지는데 걸리는 시간은 대략 얼마인가?

7-101 지름 5.0 cm의 수평원판이 120°F로 유지되고 80°F의 물 속에 잠겨 있다. 원판의 상부와 하부로부터의 열손실을 계산하여라.

7-102 아랫면의 온도가 400 K로 유지되는 한 변이 10 cm인 정사각형 판이 1기압, 300 K의 공기에 노출된다. 판은 수직면과 45° 경사져 있다. 판 바닥면에서의 열손실을 계산하여라.

7-103 가열면이 위를 향하는 경우에 대해, 문제 7-102의 판에서의 열전달을 계산하여라.

7-104 높이가 50 cm인 수직원통이 400 K로 유지되고 1기압, 300 K의 공기에 노출된다. 열전달을 계산하는데 수직평판 관계식이 사용될 수 있는 최소 지름은 얼마인가? 이 지름에 대한 열전달은 얼마인가?

7-105 저밀도 공기층을 통해 전도되는 열과 $\lambda = 0$의 경우 전도되는 열의 비를 나타내는 식을 유도하여라. $\alpha = 0.9$ 그리고 공기의 성질은 35℃에서 구하여 앞에서 구한 비와 λ/L의 관계를 도시하여라.

7-106 초절연물질이 0.8 mm의 거리만큼 떨어져 배열된 윤이 나는 알루미늄판 들로 제조된다. 판들 사이의 공간은 봉하고 압력을 10^{-5}대기압으로 낮추었다.4개의 판이 사용된다. 두 개의 바깥판은 35와 90℃로 유지되고 두께는 0.75 mm이고 반면에 안쪽 판들의 두께는 0.18 mm이다. 단위면적당 층을 통과하는 전도와 복사 열전달을 계산하여라. 이 계산을 위해 복사 열전달을 결정하기 위해 안쪽 판들은 떠 있다고 가정한다. 성질은 65℃에서 구하여라.

7-107 두 개의 윤이 나는 큰 평판이 1.3 mm만큼 떨어져 있고 공간의 압력은 10^{-5} 기압으로 낮추었다. 판의 표면 성질은 $\alpha_1 = 0.87$, $\epsilon_1 = 0.08$, $\alpha_2 = 0.95$, $\epsilon_2 = 0.23$이고 α는 조화계수(accomodation coefficient)이다. 평판의 온도는 $T_1 = 70$℃ 그리고 $T_2 = 4$℃이다. 두 평판 사이의 저밀도 전도와 복사에 의한 총 열전달을 계산하여라.

7-108 매끈한 유리판에 전도성을 갖는 특수 코팅제로 코팅하여 일정 열유속 조건을 만들 수 있다. 이러한 표면중의 하나가 한 변의 길이가 0.5 m인 정사각형으로 20℃의 방공기에 수직으로 달려 있다. 평판 양면의 평균 표면온도가 65℃로 유지되는데 필요한 전력 입력과 열유속은 얼마인가? 평판 표면은 거의 흑체처럼 복사한다고 가정한다. 같은 평균 표면온도에 대해 소산되는 열량은 얼마인가?

7-109 한 변의 길이가 20 cm인 정사각형 수직평판이 30℃로 가열되고 10℃의 글리세린 속에 잠겨 있다. 평판 양면에서의 열손실을 계산하여라.

7-110 높이 30 cm, 지름 30 cm인 수직원통이 표면온도 43.3℃로 유지되고 10℃ 물 속에 잠겨 있다. 원통의 총표면적으로부터의 열손실을 계산하여라.

7-111 지름 1.0 cm, 일정표면온도 400 K를 유지하고 있는 수평 원통을 300 K, 1.5기압의 산소에 노출시켰다. 원통의 길이가 125 cm일 때 원통에 의한 열손실을 구하여라.

7-112 공기가 2 cm 떨어진 두 개의 수직평판 사이에 차 있고 공간의 압력을 낮추어 평균자유행로가 판의 간극과 같게 되었다. 한 쪽 판은 온도가 400 K, $\epsilon = 0.1$이고, 반면에 다른 판은 온도가 300 K, $\epsilon = 0.15$이다. 표면에 대한 조화계수는 0.9이다. 두 판 사이의 열전달을 계산하여라.

7-113 지름 40 cm의 구가 400 K로 유지되고 20℃의 방 공기에 노출된다. 구로부터 자연대류에 의한 열손실을 계산하라. 표면에서 $\epsilon = 0.9$라면, 구로부터 복사에 의한 열손실을 계산하여라.

7-114 한 변의 길이가 20 cm인 두개의 정사각형 판이 350과 400 K로 유지되고 2 cm의 거리만큼 떨어져 있다. 판 사이의 공간에는 2기압의 헬륨이 차 있다. 간극 공간을 통한 열전달을 계산하여라.

7-115 한 변의 길이가 30 cm인 정사각형의 수평평판이 1기압, 25℃의 공기에 노출된다. 판의 표면은 양쪽 모두 125℃로 유지된다. 판에서 자연대류에 의한 열손실을 계산하여라.

7-116 수평으로 놓인 지름 1 mm의 스테인레스강 전선이 $k = 16$ W/m · ℃이고 저항률이 70 $\mu\Omega \cdot$ cm로 1기압, 20℃의 공기에 노출된다. 전선 길이는 1 m이다. 전선에서 발생하는 최대온도와 표면온도 134℃를 얻기 위해 필요한 전압은 얼마인가?

7-117 지름 10.5 cm, 높이 30 cm의 수직원통 표면이 1기압, 15℃의 공기에 노출된다. 원통 표면은 100℃로 유지된다. 원통표면에서 자연대류에 의한 열손실을 계산하여라. 사용한 가정을 기술하여라.

7-118 지름 0.025 mm의 전선이 1기압, 300 K의 방 공기 중에 수평위치로 놓여 있다. 전선에 전압을 가하여 표면온도를 865 K가 되게 하였다. 전선의 표면 방사율은 0.9이다. 전선의 단위길이당 자연대류와 복사에 의한 열손실을 계산하여라.

7-119 한 변의 길이가 20 cm인 정삼각형 형태의 평평한 표면이 400 K로 유지되고1기압, 300 K의 공기에 노출된다. 삼각형 위 표면에서의 열손실을 계산하여라.

7-120 지름 10 cm의 수평 원판이 49℃로 유지되고 1기압, 10℃의 물에 잠겨 있다. 원판의 위 표면에서 자연대류에 의한 열손실을 계산하여라.

설계지향문제

7-121 300 K의 방 공기에 10,000 kJ/h의 열을 발산하는 자연대류 히터를 설계하려고 한다. 히터 표면온도는 350 K를 초과하지 말아야 한다. 네 가지 다른 방법을 고려한다.

(*a*) 여러 개의 수직표면 (*b*) 한 개의 수직표면

(*c*) 한 개의 수평표면 (*d*) 여러 개의 수평원통표면

이 방법들을 검토하고 설계내용을 제안하여라.

7-122 특수 이중 절연 판유리가 공기 간극에 의해 분리된 두 개의 유리판으로 제조된다. 판은 60 × 60 cm의 정사각형이고 각 판의 온도가 −10℃와 +20℃로 사용되게 설계된다. 간극 내의 공기는 1기압으로 가정하고 간극을 통한 자연대류를 수직창의 간극 공간에 대한 함수로 계산하고 도시하라. 설계 관점에서 이 그림을 통해 어떤 결론을 내릴 수 있는가?

7-123 공휴일 저녁 만찬을 위해 수직형 갈비로스구이가 오븐에서 구워지고 있다.120℃가 되면 오븐에서 꺼내어 300 K인 실내에서 자연대류와 복사에 의해 식힌다. 필요한 참고 자료들을 사용하여, 갈비구이의 온도가 50℃가 되는데 걸리는 시간을 계산하여라.

7-124 아래 면이 고온 표면인 수평창에 대해 문제 7-122를 다시 풀어라.

7-125 에너지 보존 옹호자는 덧문이 기본적으로 에너지 손실을 줄일 수 있다고 주장한다. 공기 간극 2.5

cm로 덧문에 의해 덮힌 한 변의 길이가 1 m인 수직창문을 고려하자. 창문 내부는 15℃이고 덧문 바깥 쪽은 −10℃이다. 간극에 대한 R값을 계산하라. 같은 두께를 갖는 유리섬유 피복재에 대한 R값은 얼마인가?

7-126 감압에 의한 단열을 설계하기 위해 여러 층의 반사판($\epsilon = 0.04$)을 만들고 각 판 사이는 부분적으로 감압되고 간극 δ를 충분히 작게 하여 $k_e/k = 1.0$이 되게 공기로 분리한다. 단열은 온도차 0℃에서 200℃에 대해 작동되도록 설계된다. 1, 2, 3 또는 4개의 간극 공간을 사용하는 경우에 대해 관찰하고 설계에 영향을 미치는 다른 인자, 즉 간극공간 크기나 $k_e/k = 1.0$을 만드는데 필요한 감압에 대해 논하여라.

7-127 Maude 아주머니는 종종 겨울에 뉴욕 아파트의 창문 곁에 앉아 있는 동안 외풍을 불평하고 발이 시리다고 말한다. 아주머니는 창문에서 겨울에는 찬 공기가 새지만 여름에는 더운 공기가 새지는 않는 것 같다고 말한다(아주머니는 에어컨을 가지고 있어서 여름에는 창문을 닫는다). 적절한 가정을 사용하여 외풍 문제를 분석하고 설명하여라. 또 외풍이 얼마나 될지 정량적 평가를 하여라. 그녀의 발이 시린 것을 어떤 해석으로 설명하겠는가?

7-128 원형 냉동기 덕트가 5℃의 찬 공기를 운반하고 외부지름 18 cm이고 두께 0.2 mm인 1% 탄소강으로 제조된다. 덕트는 수평위치이고 20℃ 방 공기로부터 열을 얻는다. 덕트에서 평균 공기속도가 7.5 m/s라면, 덕트 길이 30 m에 대해 상승된 공기 온도를 계산하여라. 답을 구하기 위해 사용한 가정을 분명하게 기술하라.

7-129 구로부터 자연대류 열전달계수를 측정하기 위해 여러 지름을 갖는 알루미늄 구를 초기온도까지 예열하고, 방 공기 중에서 구를 냉각시키며 온도 반응를 측정하는 실험이 설계된다. Biot 수가 작기 때문에(4장) 구는 집중용량으로 움직인다고 가정할 수 있다. 또한 구는 검게 만들어 외부표면으로부터 복사 손실이 $q_{\text{rad}} = \sigma A_{\text{surf}}(T^4 - T_{\text{surr}}^4)$으로 주어지게 되고 온도는 절대온도이다. 이 장에서의 정보로부터 지름 5 mm, 25 mm 그리고 50 mm의 230℃ 알루미늄 구가 방의 공기 20℃에서 냉각되는 냉각 곡선의 특성을 예측하여라. 구와 방 온도를 얼마나 자주 측정하라고 충고하겠는가? 실험에서 관찰되리라 예상되는 Rayleigh 수의 범위는 얼마인가? 데이터를 중요 무차원 군의 항으로 상관시킬 수 있는 방법을 제안할 수 있는가?

7-130 텔레비전 일기예보에서 체감온도(wind chill factor)라는 용어가 종종 사용된다. 실제로 이 인자는 경험 데이터에 근거한다. 6장과 7장에 나타낸 정보에 기초하여 체감온도에 대한 식이 요청된다. 이 관계를 얻기 위해 다음과 같이 가정할 수 있다. (1) 사람은 지름 30 cm, 높이 1.8 m의 수직원통으로 근사화될 수 있다. (2) 체감온도는 원통이 주위온도 및 속도 u_∞의 공기에 강제대류에 의해 열을 잃을 때와 같게 자연대류에서 경험하는 상응되는 공기 온도로 표현된다. (3) 원통에서 강제대류에 의한 열손실은 식 (6.17)과 적절한 C와 n의 값을 사용하여 얻을 수 있다. (4) 수직원통에서의 자연대류는 표 7.2의 간략화된 식에서 얻을 수 있다. 이러한 가정에 근거하여, 주위온도 −12℃와 +10℃ 사이 그리고 바람속도 5 mi/h와 40 mi/h (1 mi/h = 0.447m/s) 사이에 대해 체감온도를 예측하는 관계식을 유도하라. 위에 기술한 내용에 더하여 다른 가정이 사용되어야 한다. 체감온도에 대한 관계식을 유도하는데 사용한 가정을 주의하자. 가능하다면 결과를 증명할 수 있는 다른 출처의 정보를 검토하라. 지금 겨울이라면, 결과를 텔레비전 일기예보와 비교하여라.

참고문헌

1. Eckert, E.R.G., and E. Soehngen: Interferometric Studies on the Stability and Transition to Turbulence of a Free Convection Boundary Layer, *Proc. Gen. Discuss. Heat Transfer ASME-IME, London*, 1951.
2. Eckert, E.R.G., and E. Soehngen: Studies on Heat Transfer in Laminar Free Convection with the Zehnder-Mach Interferometer, *USAF Tech. Rep*. 5747, December 1948.
3. Holman, J.P., H.E. Gartrell, and E.E. Soehngen: An Interferometric Method of Studying Boundary Layer Oscillations, *J. Heat Transfer,* ser. C, vol. 80, August 1960.
4. McAdams, W.H.: *"Hrat Transmission,"* 3d ed., McGraw-Hill Book Company, New Yo, 1954.
5. Yuge, T.: Experiments on Heat Transfer from Spheres Including Combined Natural and Forced Convection, *J. Heat Transfer*, ser. C, vol. 82, p. 214, 1960.
6. Jakob, M.: Free Convection through Enclosed Gas Layers, *Trans. ASME*, vol. 68, p. 189, 1946.
7. Jakob, M.: *Heat Transfer*, vol. 1, New York: John Wiley, 1949.
8. Globe, S., and D. Dropkin: *J. Heat Transfer*, Febuary 1959, pp. 24–28.
9. Evans, L.B., and N.E. Stefany: An Experimental Study of Transient Heat Transfer to Liquids in Cylindrical Enclosures, *AIChE Pap. 4, Heat Transfer Conf Los Angeles*, August 1965.
10. Metais, B., and E.R.G. Eckert: Forced, Mixed, and Free Convection Regimes, *J. Heat Transfer*, ser. C, vol. 86, p. 295, 1964.
11. Bishop, E.N., L. R. Mack, and J. A. Scanlan: Heat Transfer by Natural Convection between Concectric Spheres, *Int. J. Heat Mass Transfer*, vol.9, p. 649, 1966.
12. Dropkin, D., and E. Somerscales: Heat Transfer by Natural Convection in Liquids Confined by Two Parallel Plates Which Are Inclined at Various Angles with Respect to the Horizontal, *J. Heat Transfer*., vol. 87, p. 71, 1965.
13. Gebhart, B., Y. Jaluria, R. L. Mahajan, and B. Sammakia: *Buoyancy Induced Flows and Transport*, New Yor: Hemisphere Publishing Corp., 1988.
14. Gebhart, B.: Natural Convection Flow, Instability, and Transition, *ASME Pap*. 69-HT-29, August 1969.
15. Mollendorf, J.C., and B. Gebhart: An Experimental Study of Vigorous Transient Natural Convection, *ASME Pap*. 70-HT-2, May 1970.
16. Bayley, F. J.: An Analysis of Turbulent Free Convection Heat Fransfer, *Proc. Inst. Mech. Eng*., vol. 169, no. 20, p. 361, 1955.
17. Brown, C. K., and W. H. Gauvin: Combined Free and Forced Convection, I. II, *Can. J. Chem. Eng*., vol. 43, no. 6, pp. 306, 313, 1965.
18. MacGregor, R.K., and A.P. Emery: Free Convection through Vertical Plane Layers: Moderate and Hogh Prantl Number Fluids, *J. Heat Transfer*, vol. 91, p. 391, 1969.
19. Newell, M.E., and F.W. Schmidt: Heat Transfer by Laminar Natural Convection within Rectangular Enclosures, *J. Heat Transfer*, vol 92, pp. 159–168, 1970.
20. Husar, R.B., and E.M. Sparrow: Patterns of Free Convection Flow Adjacent to Horizontal Heated Surfaces, *Int. J. Heat Mass Trans*., vol. 11, p. 1206, 1968.
21. Habne, E.W. P.: Heat Transfer and Natural Convection Patterns on a Horizontal Circular Plate, *Int. J. Heat Mass Transfer*, vol. 12, p. 651, 1969.
22. Warner, C.Y., and V.S. Arpaci: An Experimental Investigation of Turbulent Natural Convection in Air at Low Pressure along a Vertical Heated Flat Plate, *Int. J. Heat Mass Transfer*, vol. 11, p. 397, 1968.
23. Gunness, R.C., Jr., and B. Gebhart: Stability of Transient Convection, *Phys. Fluids*, vol. 12, p. 1968, 1969.
24. Rotern, Z., and L. Claassen: Natural Convection above Unconfined Horizontal Surfaces, *J. Fluid Mech*., vol. 39, pt. 1, p. 173, 1969.

25.Vliet, G.C.: Natural Convection Local Heat Transfer on Constant Heat Flux Inclined Surfaces, *J. Heat Transfer*, vol. 91, p. 511, 1969.

26.Vliet, G.C., and C.K. Lin: An Experimental Study of Turbulent Natural Convection Boundary Layers, *J. Heat Transfer*, vol. 91, p. 517, 1969.

27.Ostrach, S.: An Analysis of Laminar-Free-onvection Flow and Heat Transfer about a Flat Plate Parallel to the Direction of the Generating Body Force, *NACA Tech. Rep.* 1111, 1953.

28.Cheesewright, R.: Turbulent Natural Convection from a Vertical Plane Surface, *J. Heat Transfer*, vol. 90, p. 1, February 1968.

29.Flack, R.D., and C.L. Witt: Velocity Measurements in Two Natural Convection Air Flows Using a Laser Veldcimeter, *J. Heat Transfer*, vol. 101, p. 256, 1979.

30.Eckert, E.R.G., and T.W. Jackson: Analysis of Turbulent Free Convection Boundary Layer on a Flat Plate, *NACA Rep*. 1015, 1951.

31.King, W.J.: The Basic Laws and Data of Heat Transmission, *Mech. Eng*., vol. 54, p. 347, 1932.

32.Sparrow, E.M., and J.L. Gregg: Laminar Free Convection from a Vertical Flat Plate, *Trans. ASME*, vol. 78, p. 435, 1956.

33.Benard, H.: Les Tourbillons cellulaires dans une nappe liquide transportant de la chaleur par convection en rgime permanent, *Ann. Chim. Phys*., vol. 23, pp. 62-144, 1901.

34.*Progress in Heat and Mass Transfer*, vol. 2, Eckert Presentation Volume, New York: Pergamon Press, 1969.

35.Gebhart, B., T. Audunson, and L. Pera: *Fourth Int. Heat Transfer Conf., Paris*, August 1970.

36.Sanders, C.J., and J.P. Holman: Franz Grashof and the Grashof Number, *Int. J. Heat Mass Transfer*, vol. 15, p. 562, 1972.

37.Clifton, J. V., and A. J. Chapman: Natural Convection on a Finite-Size Horizontal Plate, *Int. J. Heat Mass Transfer*, vol. 12, p. 1573, 1969.

38.Emery, A.F., H.W. Chi, and J.D. Dale: Free Convection through Vertical Plane Layers of Non-Newtonian Power Law Fluids, *ASME Pad*. 70-WA/HT-1.

39.Vliet, G.C.: Natural Convection Local Heat Transfer on Constant Heat Flux Inclined Surfaces, *Trans. ASME*, vol. 91C, p. 511, 1969.

40.Bergles, A.E., and R.R. Simonds: Combined Forced and Free Convection for Laminar Flow in Horizontal Tubes with Uniform Heat Flux, *Int. J. Heat Mass Transfer*, vol. 14, p. 1989, 1971.

41.Aihara, T., Y. Yamada, and S. Endo: Free Convection along the Downward-facing Surface of a Heated Horizontal Plate, *Int. J. Heat Mass Transfer*, vol. 15, p. 2535, 1972.

42.Saunders, O.A., M. Fishenden, and H. D. Mansion: Some Measurement of Convection by an Optical Method, *Engineering*, p. 483. May 1935.

43.Weber, N., R.E. Rowe, E. Rowe, H.E. Bishop, and J.A. Scanlan: Heat Transfer by Natural Convection between Vertically Eccentric Spheres, *ASME Pap*. 72-WA/HT-2.

44.Fujii, T., and H. Imura: Natural Convection Heat Transfer from a Plate with Arbitrary Inclination, *Int. J. Heat Mass Transfer*, vol. 15, p. 755, 1972.

45.Pera, L., and B. Gebhart: Natural Convection Boundary Layer Flow over Horizontal and Slightly Inclined Surfaces, *Int. J. Heat Mass Transfer*, vol. 16, p. 1131, 1973.

46.Hyman, S. C., C. F. Bonilla, and S.W. Ehrlich: Heat Transfer to Liquid from Horizontal Cylinders, *AiChE Symp. Heat Transferm Atlantic City*, 1953, p. 21.

47.Fand, R.M., and K.K. Keswani: Combined Natural and Forced Convection Heat Transfer from Horizontal Cylinders to Water, *Int. J. Heat Mass Transfer*, vol. 16, p. 175, 1973.

48.Dale, J.D., and A.F. Emery: The Free Convection of Heat from a Vertical a Vetical Plate to Several Non-Newtonian Pseudoplastic Fluids, *ASME Pap*. 71-HT-S.

49.Fujii, T., O. Miyatake, M. Fujii, H. Tanaka, and K. Murakami: Natural Convective Heat Transfer from a Vertical Isothermal Surface to a Non-Newtonian Sutterby Fluid, *Int. J. Heat Mass Transfer*, vol. 16, p. 2177, 1973.

50.Soehngen, E.E.: Experimental Studies on Heat Transfer at Very High Prandtl Numbers, *Prog. Heat Mass Transfer*, vol. 2, p. 125, 1969.

51.Vliet, G.C., and D.C. Ross: Turbulent Natural Convection on Upward and Downward Facing Inclined Constant Heat Flux Surfaces, *ASME Pap.* 74-WA/HT-32.

52.Llyod, J.R., and W.R. Moran: Natural Convection Adjacent to Horizontal Surface of Various Planforms, *ASME Pap.* 74-WA/HT-60.

53.Goldstein, R.J., E.M. Sparrow, and D.C. Jones: Natural Convection Mass Transfer Adjacent to Horizontal Plates, *Int. J. Heat Transfer*, vol. 16, p. 1025, 1973.

54.Holman, J.P., and J.H. Boggs: Heat Transfer to Freon 12 near the Critical State in a Natural Circulation Loop, *J. Heat Transfer*, vol. 80, p. 221, 1960

55.Mull, W., and H. Reiher: Der Wrmeschutz von Luftschichten, *Beit. Gesund. Ing.*, ser. 1, no. 28, 1930.

56.Krasshold, H.: Wrmeabgabe von zylindrischen Flussigkeitsschten bei natrlichn Konvektion, *Forsch. Geb. Ingenieurwes*, vol. 2, p. 165, 1931.

57.Beckmann, W., Die Wrmebertragung in zylindruschen Gasschochten Gasschichten bei natrlicher Konvektion, *Forsch. Geb. Ingenieurwes*, vol. 2, p. 186, 1931.

58.Schmidt, E.: Free Convection in Horizontal Fluid Spaces Heated from Below. *Proc. Int. Heat Transfer Conf., Bounder*, Col., ASME, 1961.

59.Graff, J.G.A., and E.F.M. Van der Held: The Relation between the Heat Transfer and Convection Phenomena in Enclosed Plain Air Players, *Appl. Sci. Res.*, ser. A, vol. 3, p. 393, 1952.

60.Liu, C.Y., W.K. Mueller, and F. Landis: Natural Convection Heat Transfer in Long Horizontal Cylinderical Annuli, *Int. Dev. Heat Transfer*, pt. 5, pap. 117, p. 976, 1961.

61.Emery, A., and N.C. Chu: Heat Transfer across Vertical Layers, *J. Heat Transfer*, vol. 87, p. 110, 1965.

62.O' Toole, J., and P.L. Silveston: Correlation of Convective Heat Transfer in Confined Horizontal Layers, *Chem. Eng. Prog. Symp.*, vol. 57, no. 32, p. 81, 1961.

63.Goldstein, R.J., and T.Y. Chu: Thermal Convection in a Horizontal Layer of Air, *Prog. Heat Mass Transfer*, vol. 2, p. 55, 1969.

64.Singh, S.N., R.C. Birkebak, and R.M. Drake: Laminar Free Convection Heat Transfer from Downward-facing Horizontal Surfaces of Finite Dimensions, *Prog. Heat Mass Transfer*, vol. 2, p. 87, 1969.

65.McDonald, J.S., and T.J. Connally: Investigation of Natural Convection Heat Transfer in Liquid Sodium, *Nucl Sci. Eng.*, vol. 8, p. 369, 1960.

66.Hollands, K.G.T., G.D. Raithby, and L. Konicek: Correlation Equations for Free Convection Heat Transfer in Horizontal Layers of Air and Water, *Int. J. Heat Mass Transfer*, vol. 18, p. 879, 1975.

67.Hollands, K.G.T., T.E. Unny, and G.D. Raithby: Free Convection Heat Transfer across Inclined Air Layers, *ASME Pap.* 75-HT-55, August 1975.

68.Depew, C.A., J.L. Framklin, and C.H. Ito: Combined Free and Forced Convection in Horizontal, Uniformly Heated Tubes, *ASME Pap.* 75-HT-19, August 1975.

69.Raithby, G.D., and K.G.T. Hollands: A General Method of Obtainintg Approximate Solutions to Laminar and Turbulent Free Convection Problems, *Advances in Heat Transfer*, New York: Academic Pree, 1974.

70.Churchill, S.W., and H.H.S. Chu: Correlating Equations for Laminar and Turbulent Free Convection from a Horizontal Cylinder, *Int. J. Heat Mass Transfer*, vol. 18, p. 1049, 1975.

71.Churchill, S.W., and H.H.S. Chu: Correlating Equations for Laminar and Turbulent Free Convection from a Vertical Plate, *Int. J. Heat Transfer*, vol. 18, p. 1323, 1975.

72.Churchill, S.W.: A Comprehensive Correlating Equation for Laminar, Assisting, Forced and Free Convection, *AiChE J.*, vol. 23, no. 1, p. 10, 1977.

73.Al-Arabi, M., and Y.K. Salman: Laminar Natural Convection Heat Transfer from an Inclined Cylinder *Int. J. Heat Mass Transfer*, vol. 23, pp. 45-51, 1980.

74.Holman, J.P.: *Heat Transfer*, 4th ed., McGraw-Hill Book Co., New-York, 1976.

75.Hatfield, D.W., and D.K. Edwards: Edge and Aspect Ratio Effects on Natural Convection from the Horizontal Heated Plate Facing Downwards, *Int. J. Heat Mass Transfer*, vol. 24, p. 1019, 1981.

76.Morgan, V.T.: *The Overall Convective Heat Transfer from Smooth Circular Cylinders, Advances in Heat Transfer* (T.F. Irvine and J.P. Harnett, eds.), vol.11, Academic Press, Inc., New York, 1975.

77.Sparrow, E.M., and M.A. Ansari: A Refutation of King' s Rule for Multi-Dimensional External Natural Convection, *Int. J. Heat Mass Transfer*, vol. 26, p. 1357, 1983.

78.Lienhard, J.H.: On the Commonality of Equations for Natural Convection from Immersed Bodies, *Int. J. Heat Mass Transfer*, vol. 16, p. 2121, 1973.

79.Amato, W.S., and C.L. Tien: Free Convection Heat Transfer from Isothermal Spheres in Water *Int, J. Heat Mass Transfer*, vol. 15, p. 327, 1972.

80.Warrington, R.O., and R.E. Powe: The Transfer of Heat by Natural Convection Between Bodies and Their Enclosures, *Int. J. Heat Mass Transfer*, vol. 28, p. 319, 1985.

81.Sparrow, E.M., and A.J. Stretton: Natural Convection from Bodies of Unity Aspect Ratio, *Int. J. Heat Mass Transfer*, vol. 28, p. 741, 1985.

82.EI Sherbing, S.M., G.D. Raithby, and K.G.T. Hollands: Heat Transfer across Verical and Inclined Air Layers, *J. Heat Transfer*, vol. 104C, p. 96, 1982.

83.Churchill, S.W.: Free Convection Around Immersed Bodies, p. 2.5.7–24, in G.F. Hewitt(ed.), *Heat Exchanger Design Handbook*, Washington, D.C.: Hemisphere Publishing Corp., 1983.

84.Minkowycz, W.J., and E.M. Sparrow. "Local Nonsimilar Solutions for Natural Convection on a Vertical Cylinder," *J. Heart Transfer*, vol. 96, p. 178, 1974.

Chapter 08

복사 열전달

8-1 서론

전도와 대류 열전달을 수학적 해석과 경험적 자료의 도움으로 어떻게 계산할 수 있는가를 앞에서 공부하였다. 이제 세 번째 열의 전달 방식인 복사에 대해서 알아보고자 한다. 열복사란 온도에 의해 물체에서 방사되는 전자기적인 복사이다. 이 장에서는 먼저 복사의 성질과 복사와 관련된 물질의 특성에 대해서 서술한 후 다음은 공간을 통한 복사의 전달을 다루고 끝으로 총에너지의 교환에 미치는 물질의 성질과 물체의 기하학적 배치의 영향을 포함한 복사 열전달의 전반적인 문제를 다루겠다.

8-2 물리적 기구

전자기 복사에는 여러 가지 종류가 있으며 열복사는 그 하나에 불과하다. 복사는 종류와 관계없이 빛의 속도 3×10^8 m/s로 전파된다. 이 속도는 복사의 파장과 진동수의 곱과 같다.

$$c = \lambda \nu$$

여기서

c = 빛의 속도

λ = 파장

ν = 주파수

λ의 단위는 센티미터, 옹스트롬 또는 마이크로미터를 쓴다. 전자기파 스펙트럼의 한 부분이 그림 8.1에 나타나 있다. 스펙트럼의 가시광선 영역이 0.35 μm에서 0.75 μm 사이의 매우 좁은 범위인 반면에 열복사의 파장은 약 0.1 μm에서 100 μm 사이에 걸쳐 있다. 열복사의 전파는 불연속적인 양자(量子, quantum)들의 형태로 일어나고, 각 양자가 갖는 에너지는

$$E = h\nu \tag{8.1}$$

이며 여기서 h는 Planck 상수로서 그 값은 다음과 같다.

$$h = 6.625 \times 10^{-34} \text{ J} \cdot \text{s}$$

기체의 분자를 생각하듯이 각 양자를 에너지, 질량 그리고 운동량을 지닌 입자로 생각한다면 복사전파의 개

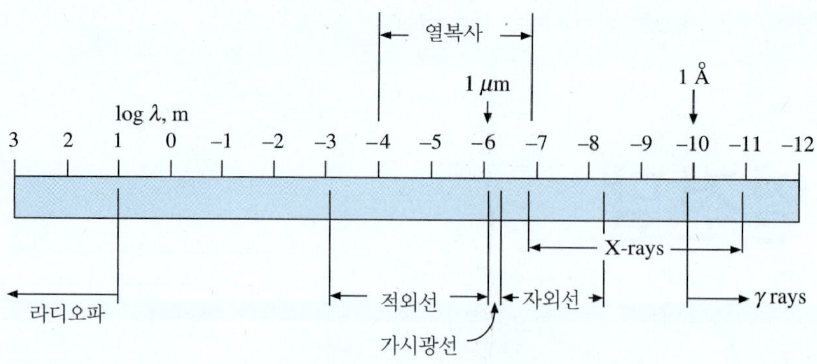

[그림 8.1] 전자기 스펙트럼

략적인 물리적 묘사를 할 수 있다. 그래서 어떤 의미로는 복사를 한 곳에서 다른 곳으로 흐르는 광자기체(光子氣體, photon gas)로 생각할 수도 있다. 질량과 에너지의 상대론적 관계를 이용하여 그러한 '입자'의 질량과 운동량은 다음과 같이 표현할 수 있다.

$$E = mc^2 = h\nu$$

$$m = \frac{h\nu}{c^2}$$

$$(\text{운동량}) = c\frac{h\nu}{c^2} = \frac{h\nu}{c}$$

복사를 그러한 기체로 여긴다면 양자-통계열역학의 원리가 단위 부피와 단위 파장당 복사의 에너지 밀도를 나타내는 데에 적용될 수 있다.

$$u_\lambda = \frac{8\pi hc\lambda^{-5}}{e^{hc/\lambda kT} - 1} \tag{8.2}$$

식에서 k는 Boltzmann 상수로서 1.38066×10^{-23} J /molecule · K이다. 에너지 밀도를 모든 파장에 대해서 적분하면, 방출된 총에너지는 절대온도의 네 제곱에 비례한다.[1)]

$$E_b = \sigma T^4 \tag{8.3}$$

식 (8.3)은 Stefan-Boltzmann 법칙이라고 한다. E_b는 단위 시간동안 단위 면에서 이상 복사체에서 방사되는 에너지이고 σ는 Stefan-Boltzmann 상수이다.

$$\sigma = 5.669 \times 10^{-8}\ \text{W/m}^2 \cdot \text{K}^4 \quad [0.1714 \times 10^{-8}\ \text{Btu/h} \cdot \text{ft}^2 \cdot {}^\circ\text{R}^4]$$

여기서 E_b는 단위 평방미터당 와트의 단위를 사용하고, T는 Kelvin 온도를 사용한다. 열역학적 해석에서 에너지의 밀도는 단위 면적과 단위 시간 동안 표면에서 방출되는 에너지의 양과 관련이 있다. 따라서 가열된 닫힌 공간 내부의 표면에서는 그 공간 내부에 열복사로 인한 어떤 양의 에너지 밀도를 생성한다. 우리는 표면들 사이의 열복사에 관심이 있기 때문에 온도의 함수로 표면으로부터의 열복사량을 표현하는 이유이다.

[1)] 참고: J.P. Holman, *Thermodynamics*, 4th ed. New York: McGraw-Hill, 1988, p. 350

식 (8.3)의 하첨자 b는 이것이 흑체(黑體)에서 발생하는 복사임을 나타낸다. 위의 법칙을 따르는 물체가 우리의 눈에 검게 보이기 때문에 이것을 **흑체 복사**라고 부른다. 물체가 검게 보이는 것은 어떤 복사파에 대해서도 반사를 하지 않기 때문이다. 즉 흑체는 입사되는 모든 복사를 흡수하는 물체로 생각할 수 있다. E_b는 흑체의 **방사도**(*emissive power*)라고 한다.

이 시점에서 표면이 열복사에 대해 '검다'는 것을 시각적 관점에서 분별하기 어렵다는 것을 언급한다. 그을음으로 입혀진 표면은 검게 보이고 열복사 스펙트럼에서도 검게 나타난다. 반면에, 눈과 얼음은 눈에는 분명히 밝게 나타나지만, 장파의 열복사에 대해서는 본질적으로 '흑체'이다. 많은 흰색 도료의 경우도 그러하다. 이 점에 대해서는 나중에 더 자세히 다룰 것이다.

8-3 복사의 성질

복사에너지가 물체의 표면에 입사할 때 그림 8.2에서 보이듯이 일부는 반사되고 일부는 흡수된다. 그리고 또 다른 일부는 투과된다. 반사율을 ρ, 흡수율을 α, 투과율을 τ라고 정의한다. 그러면

$$\rho + \alpha + \tau = 1 \tag{8.4}$$

대부분의 고체가 열복사를 투과하지 않으므로 많은 응용문제에서 투과율은 0으로 간주된다.

$$\rho + \alpha = 1$$

복사가 표면을 때릴 때에 두 가지의 반사현상이 관찰된다. 입사각이 반사각과 동일한 경우를 **정반사**(*specular reflection*)라 하고 입사파가 균등하게 모든 방향으로 균일하게 분포되는 경우의 반사를 **난반사**(*diffuse*)라고 한다. 이 두 종류의 반사가 그림 8.3에 도시되어 있다. 실제 표면에서는 완전한 정반사도 완전한 난반사도 일어나지 않는다. 보통 거울은 가시광선에 대해서는 대체로 정반사를 일으키지만 열복사의 모든 영역의 파장에 대해서 반드시 그렇지는 않다. 보통 거친 표면이 매끈한 표면보다 난반사를 잘 일으킨다. 마찬가지로 매끈한 표면이 거친 표면에 비해 정반사를 잘 일으킨다. 물질의 열복사의 성질에 미치는 표면의 거친 정도의 영향은 중요한 관심사이고 계속해서 연구되고 있다.물체의 방사도 E는 단위 시간동안 단위 공간당 물체에서 방사되는 에너지로 정의한다. 물체의 방사도와 위에서 정의한 물질의 성질 사이의 관계를 유추할 수 있을 것이다. 그림 8.4에서 나타낸 것처럼 모든 입사파를 흡수할 수 있는 완벽한 흑체인 닫혀진 공간이 있다고 하자. 이 공간 역시 Stefan-Boltzmann 법칙에 의해 복사를 방출할 것이다. 공간 안의 어느 지점에 도달하는 복사에너지가 T^4라고 하자. 이제 어떤 물체가 공간 안에 놓이고 그 공간과 열평형 상태에 도달한다고 가정하자. 열평형 상태에서 그 물체가 흡수하는 에너지는 방사되는 에너지와 동일해야 한다. 그렇지 않으

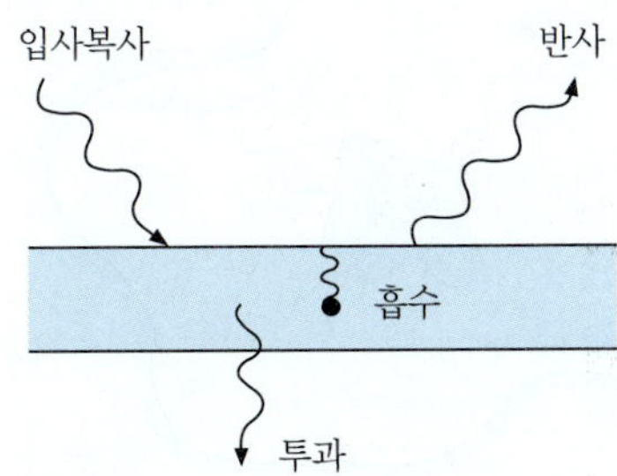

[그림 8.2] 입사 복사파의 영향을 나타내는 개략도

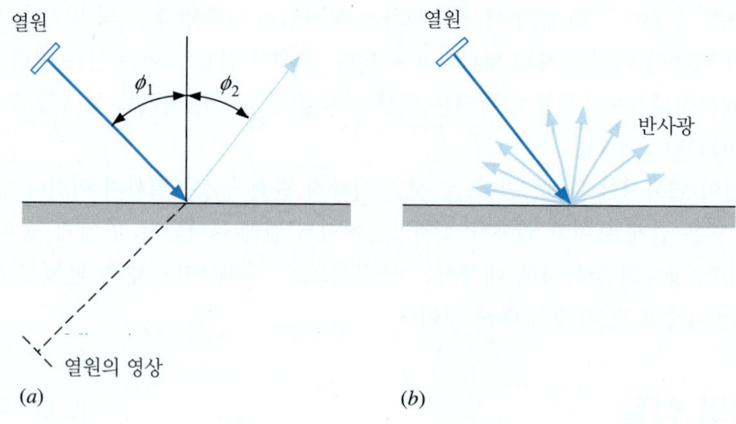

[그림 8.3] (a) 정반사 (b) 난반사

면 들어오거나 나가는 에너지가 존재하여 그것의 온도를 증가 또는 감소시킬 것이다. 열평형 상태에서는 다음과 같은 식이 성립한다.

$$EA = q_i A\alpha \tag{8.5}$$

만약 그 물체를 크기와 모양이 똑같은 흑체로 대체하고 같은 온도에서 열평형에 도달하게 한다면 흑체의 흡수율은 1이므로 다음과 같은 식이 얻어진다.

$$E_b A = q_i A(1) \tag{8.6}$$

식 (8.5)를 식 (8.6)으로 나누면

$$\frac{E}{E_b} = \alpha$$

여기서 동일한 온도에서 흑체의 방사도에 대한 물체의 방사도의 비율이 물체의 흡수율과 일치함을 알 수 있다. 이 비를 물체의 **방사율** ϵ이라고 정의한다.

$$\epsilon = \frac{E}{E_b} \tag{8.7}$$

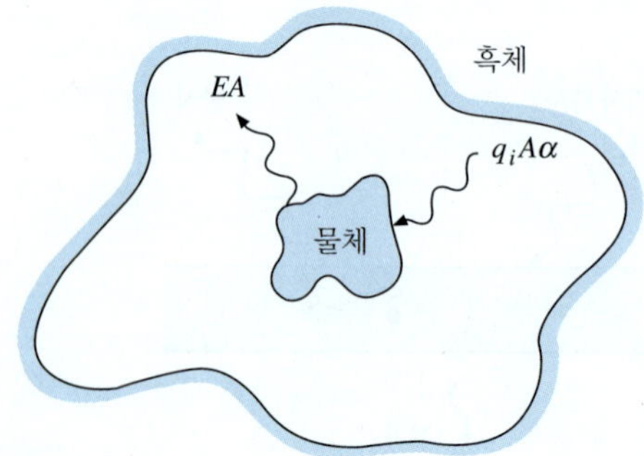

[그림 8.4] Kirchhoff 등가법칙을 유도하기 위한 모델의 개략도

즉

$$\epsilon = \alpha \tag{8.8}$$

식 (8.8)은 Kirchhoff의 등가법칙(Kirchhoff's identity)이라고 한다. 이 시점에서 여기까지 논의한 흡수율과 방사율이라는 것이 특정 물체의 총괄적인 성질임을 언급하려고 한다. 즉, 그들은 전 파장에 걸친 총체적인 물질의 거동을 나타낸다. 실제의 물질은 그 방사율로 알게 되듯이 흑체면보다 적은 복사를 방출한다. 사실 물체의 방사율은 복사의 온도와 파장에 따라서 변화한다.

회색체

어떤 물체의 단색방사율(單色放射率) ϵ_λ이 파장에 무관할 때 그것을 **회색체**(*gray body*)라고 정의한다. 그리고 **단색 방사율**은 동일한 온도와 파장에서 흑체의 방사도에 대한 그 물체의 방사도의 비율로 정의된다. 즉,

$$\epsilon_\lambda = \frac{E_\lambda}{E_{b\lambda}}$$

물체의 전방사율(全放射率)과 단색방사율과의 관계는 다음과 같다.

$$E = \int_0^\infty \epsilon_\lambda \, E_{b\lambda} \, d\lambda \quad \text{그리고} \quad E_b = \int_0^\infty E_{b\lambda} \, d\lambda = \sigma T^4$$

그러므로

$$\epsilon = \frac{E}{E_b} = \frac{\int_0^\infty \epsilon_\lambda \, E_{b\lambda} \, d\lambda}{\sigma T^4} \tag{8.9}$$

여기서 $E_{b\lambda}$는 단위 파장당 흑체의 방사도이다. 여기에 회색체의 조건이 주어진다면, 즉 $\epsilon_\lambda =$ (일정)이라면, 식 (8.9)는 다음과 같이 줄일 수 있다.

$$\epsilon = \epsilon_\lambda \tag{8.10}$$

여러 가지 물질의 방사율은 파장과 온도 그리고 표면의 상태에 따라 크게 변한다. 여러 가지 표면의 총괄적인 방사율의 몇 가지 전형적인 값들이 부록 A에 주어져 있다. 표에 정리한 이 값들은 실험을 통해서 얻은 것임을 주의하여야 한다. 복사 성질의 매우 완벽한 조사가 참고문헌 [14]에 주어져 있다.

$E_{b\lambda}$의 함수관계는 전자기적 에너지에 양자의 개념을 도입함으로써 Planck에 의해 도출되었다. 이제 그 유도식은 보통 통계 열역학의 방법에 의해 이루어지고, $E_{b\lambda}$는 식 (8.2)의 에너지 밀도와 다음 관계가 있음을 보인다.

$$E_{b\lambda} = \frac{u_\lambda c}{4} \tag{8.11}$$

또는

$$E_{b\lambda} = \frac{C_1 \lambda^{-5}}{e^{C_2/\lambda T} - 1} \tag{8.12}$$

여기서

$\lambda =$ 파장, μm
$T =$ 온도, K

$$C_1 = 3.743 \times 10^8\ \mathrm{W} \cdot \mu/\mathrm{m}^2 \quad [1.187 \times 10^8\ \mathrm{Btu} \cdot \mu\mathrm{m}^4/\mathrm{h} \cdot \mathrm{ft}^2]$$

$$C_2 = 1.4387 \times 10^4\ \mu\mathrm{m} \cdot \mathrm{K} \quad [2.5896 \times 10^4\ \mu\mathrm{m} \cdot {}^\circ\mathrm{R}]$$

$E_{b\lambda}$를 온도와 파장의 함수로 나타낸 것이 그림 8.5(*a*)에 도시되어 있다. 그래프의 정점이 온도가 높을수록 짧은 파장쪽으로 이동함을 주목하라. 복사곡선의 정점들은 Wien의 변위법칙과 관계된다.

$$\lambda_{\max} T = 2897.6\ \mu\mathrm{m} \cdot \mathrm{K} \quad [5215.6\ \mu\mathrm{m} \cdot {}^\circ\mathrm{R}] \tag{8.13}$$

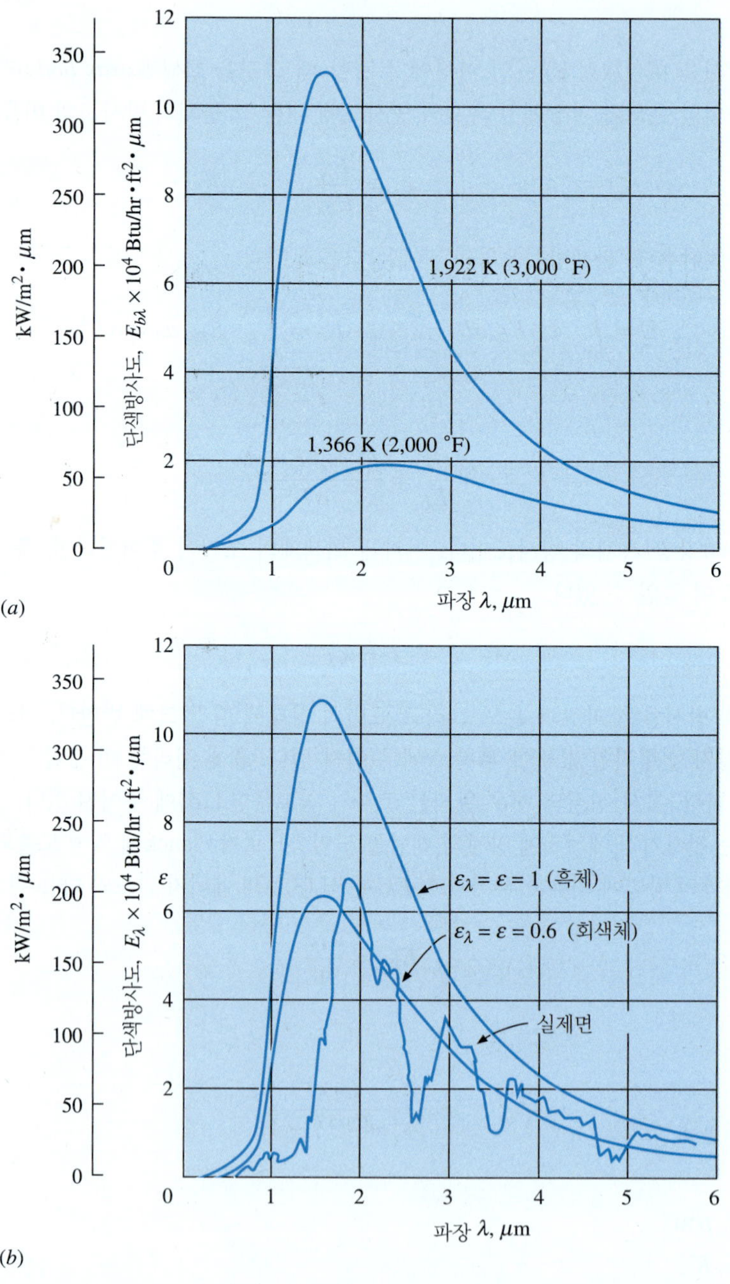

[그림 8.5] (*a*) 파장과 온도의 함수인 흑체의 복사도; (*b*) 이상적인 흑체, 회색체 및 실제면의 복사도 비교

그림 8.5(*b*)는 3000°F에서 흑체와 거기에 상응하는 0.6의 방사율을 갖는 이상적인 회색체의 상대적인 복사 스펙트럼을 보여주고 있다. 또한 곡선은 이상적인 흑체나 회색체와는 뚜렷하게 구분되는 실제 표면의 근사적인 거동을 나타낸다. 해석의 목적상 표면은 적분평균값을 방사율로 갖는 회색체로 간주된다.

복사 곡선에서의 정점의 변화는 물체가 가열되면서 그 색깔이 변화하는 것을 설명한다. 가시광선에 대한 파장의 대역이 0.3과 0.7 μm 사이이기 때문에 낮은 온도에서는 아주 적은 양의 복사 에너지가 눈에 감지되는 것이다. 물체가 가열되면서 최고 강도가 짧은 파장 쪽으로 이동하며 온도 상승의 첫 표시는 암적색이다. 물체의 온도가 계속 증가함에 따라서 색깔은 점점 밝은 적색 그리고 밝은 황색, 마침내는 흰색으로 바뀐다. 온도가 더 높이 올라가면 더 많은 부분의 복사가 가시 영역으로 들어오기 때문에 물질은 더욱 밝게 보인다. 우리는 어떤 정해진 파장의 범위에서 흑체에서 방출되는 에너지의 총량에 대해서 가끔 관심을 갖는다. 0과 λ 사이에서 복사된 에너지 총량의 비율은 다음과 같이 주어진다.

$$\frac{E_{b_{0-\lambda}}}{E_{b_{0-\infty}}} = \frac{\int_0^{\lambda} E_{b\lambda}\, d\lambda}{\int_0^{\infty} E_{b\lambda}\, d\lambda} \tag{8.14}$$

식 (8.12)는 양변을 T^5으로 나누어서 다음과 같이 다시 쓸 수 있다.

$$\frac{E_{b\lambda}}{T^5} = \frac{C_1}{(\lambda T)^5 (e^{C_2/\lambda T} - 1)} \tag{8.15}$$

이제, 특정한 온도에서 식 (8.14)의 적분은 λT만의 함수로 표현된다. 식 (8.14)의 비율은 그림 8.6에 도시되

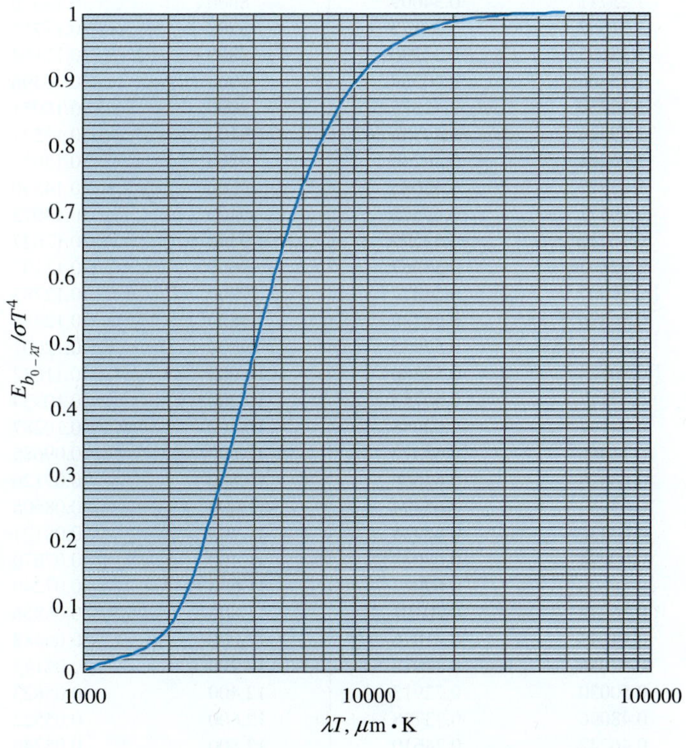

[그림 8.6] 파장영역에서 흑체 방사의 비율

[표 8.1] 복사함수

λT $\mu m \cdot K$	$E_{b\lambda}/T^5$ $\frac{W}{m^2 \cdot K^5 \cdot \mu m} \times 10^{11}$	$\frac{E_{b_{0-\lambda T}}}{\sigma T^4}$	λT $\mu m \cdot K$	$E_{b\lambda}/T^5$ $\frac{W}{m^2 \cdot K^5 \cdot \mu m} \times 10^{11}$	$\frac{E_{b_{0-\lambda T}}}{\sigma T^4}$
1000	0.02110	0.00032	6300	0.42760	0.76180
1100	0.04846	0.00091	6400	0.41128	0.76920
1200	0.09329	0.00213	6500	0.39564	0.77631
1300	0.15724	0.00432	6600	0.38066	0.78316
1400	0.23932	0.00779	6700	0.36631	0.78975
1500	0.33631	0.01285	6800	0.35256	0.79609
1600	0.44359	0.01972	6900	0.33940	0.80219
1700	0.55603	0.02853	7000	0.32679	0.80807
1800	0.66872	0.03934	7100	0.31471	0.81373
1900	0.77736	0.05210	7200	0.30315	0.81918
2000	0.87858	0.06672	7300	0.29207	0.82443
2100	0.96994	0.08305	7400	0.28146	0.82949
2200	1.04990	0.10088	7500	0.27129	0.83436
2300	1.11768	0.12002	7600	0.26155	0.83906
2400	1.17314	0.14025	7700	0.25221	0.84359
2500	1.21659	0.16135	7800	0.24326	0.84796
2600	1.24868	0.18311	7900	0.23468	0.85218
2700	1.27029	0.20535	8000	0.22646	0.85625
2800	1.28242	0.22788	8100	0.21857	0.86017
2900	1.28612	0.25055	8200	0.21101	0.86396
3000	1.28245	0.27322	8300	0.20375	0.86762
3100	1.27242	0.29576	8400	0.19679	0.87115
3200	1.25702	0.31809	8500	0.19011	0.87456
3300	1.23711	0.34009	8600	0.18370	0.87786
3400	1.21352	0.36172	8700	0.17755	0.88105
3500	1.18695	0.38290	8800	0.17164	0.88413
3600	1.15806	0.40359	8900	0.16596	0.88711
3700	1.12739	0.42375	9000	0.16051	0.88999
3800	1.09544	0.44336	9100	0.15527	0.89277
3900	1.06261	0.46240	9200	0.15024	0.89547
4000	1.02927	0.48085	9300	0.14540	0.89807
4100	0.99571	0.49872	9400	0.14075	0.90060
4200	0.96220	0.51599	9500	0.13627	0.90304
4300	0.92892	0.53267	9600	0.13197	0.90541
4400	0.89607	0.54877	9700	0.12783	0.90770
4500	0.86376	0.56429	9800	0.12384	0.90992
4600	0.83212	0.57925	9900	0.12001	0.91207
4700	0.80124	0.59366	10,000	0.11632	0.91415
4800	0.77117	0.60753	10,200	0.10934	0.91813
4900	0.74197	0.62088	10,400	0.10287	0.92188
5000	0.71366	0.63372	10,600	0.09685	0.92540
5100	0.68628	0.64606	10,800	0.09126	0.92872
5200	0.65983	0.65794	11,000	0.08606	0.93184
5300	0.63432	0.66935	11,200	0.08121	0.93479
5400	0.60974	0.68033	11,400	0.07670	0.93758
5500	0.58608	0.69087	11,600	0.07249	0.94021
5600	0.56332	0.70101	11,800	0.06856	0.94270
5700	0.54146	0.71076	12,000	0.06488	0.94505
5800	0.52046	0.72012	12,200	0.06145	0.94728
5900	0.50030	0.72913	12,400	0.05823	0.94939
6000	0.48096	0.73778	12,600	0.05522	0.95139
6100	0.46242	0.74610	12,800	0.05240	0.95329
6200	0.44464	0.75410	13,000	0.04976	0.95509

(계속)

[표 8.1] 복사함수 (계속)

λT $\mu m \cdot K$	$E_{b\lambda}/T^5$ $\frac{W}{m^2 \cdot K^5 \cdot \mu m} \times 10^{11}$	$\frac{E_{b_{0-\lambda T}}}{\sigma T^4}$	λT $\mu m \cdot K$	$E_{b\lambda}/T^5$ $\frac{W}{m^2 \cdot K^5 \cdot \mu m} \times 10^{11}$	$\frac{E_{b_{0-\lambda T}}}{\sigma T^4}$
13,200	0.04728	0.95680	19,800	0.01151	0.98515
13,400	0.04494	0.95843	20,000	0.01110	0.98555
13,600	0.04275	0.95998	21,000	0.00931	0.98735
13,800	0.04069	0.96145	22,000	0.00786	0.98886
14,000	0.03875	0.96285	23,000	0.00669	0.99014
14,200	0.03693	0.96418	24,000	0.00572	0.99123
14,400	0.03520	0.96546	25,000	0.00492	0.99217
14,600	0.03358	0.96667	26,000	0.00426	0.99297
14,800	0.03205	0.96783	27,000	0.00370	0.99367
15,000	0.03060	0.96893	28,000	0.00324	0.99429
15,200	0.02923	0.96999	29,000	0.00284	0.99482
15,400	0.02794	0.97100	30,000	0.00250	0.99529
15,600	0.02672	0.97196	31,000	0.00221	0.99571
15,800	0.02556	0.97288	32,000	0.00196	0.99607
16,000	0.02447	0.97377	33,000	0.00175	0.99640
16,200	0.02343	0.97461	34,000	0.00156	0.99669
16,400	0.02245	0.97542	35,000	0.00140	0.99695
16,600	0.02152	0.97620	36,000	0.00126	0.99719
16,800	0.02063	0.97694	37,000	0.00113	0.99740
17,000	0.01979	0.97765	38,000	0.00103	0.99759
17,200	0.01899	0.97834	39,000	0.00093	0.99776
17,400	0.01823	0.97899	40,000	0.00084	0.99792
17,600	0.01751	0.97962	41,000	0.00077	0.99806
17,800	0.01682	0.98023	42,000	0.00070	0.99819
18,000	0.01617	0.98081	43,000	0.00064	0.99831
18,200	0.01555	0.98137	44,000	0.00059	0.99842
18,400	0.01496	0.98191	45,000	0.00054	0.99851
18,600	0.01439	0.98243	46,000	0.00049	0.99861
18,800	0.01385	0.98293	47,000	0.00046	0.99869
19,000	0.01334	0.98340	48,000	0.00042	0.99877
19,200	0.01285	0.98387	49,000	0.00039	0.99884
19,400	0.01238	0.98431	50,000	0.00036	0.99890
19,600	0.01193	0.98474			

었고, 식 (8.15)의 비율과 함께 표 8.1에서 표로 나타내었다. 파장 λ_1와 λ_2 사이에서 방사된 복사 에너지를 구하면 다음과 같다.

$$E_{b_{\lambda 1-\lambda 2}} = E_{b_{0-\infty}} \left(\frac{E_{b_{0-\lambda 2}}}{E_{b_{0-\infty}}} - \frac{E_{b_{0-\lambda 1}}}{E_{b_{0-\infty}}} \right) \tag{8.16}$$

여기서 $E_{b_{0-\infty}}$는 전 파장에 걸친 총 방사에너지이다.

$$E_{b_{0-\infty}} = \sigma T^4 \tag{8.17}$$

그리고 그것은 식 (8.12)의 Planck의 분포공식을 전 파장에서 적분하여 구할 수 있다.

태양 복사는 5800 K에서의 흑체와 유사한 스펙트럼을 나타낸다. 보통의 창유리는 2.5 μm까지의 복사를 투과한다. 표 8.1을 이용해 $\lambda T = (2.5)(5800) = 14{,}500$ $\mu m \cdot K$을 찾아보면 태양 복사 스펙트럼에서 2.5

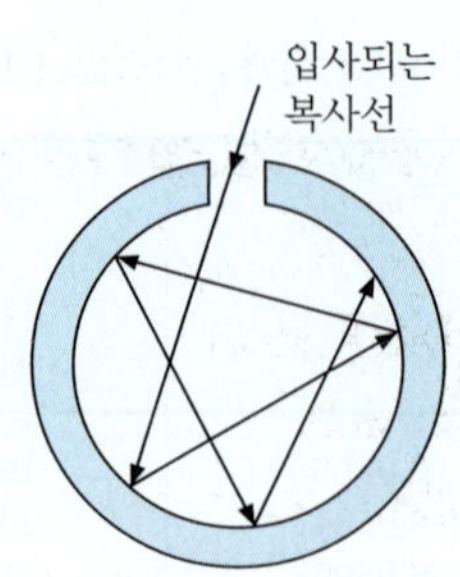

[그림 8.7] 흑체 공동을 만드는 법

μm 이하의 비율이 0.97에 달하는 것을 알 수 있다. 그러므로 그 유리는 입사하는 태양 복사의 대부분을 투과하는 것이다. 반대로 300 K 근처에서 2.5 μm–이하의 실복사는 $\lambda T = (2.5)(300) = 700$ μm의 값을 갖고 상당히 적은 비율의(0.001%에도 못미치는) 복사가 그 유리를 통해서 투과될 것이다.

유리는 가시광선에 대해서는 분명히 투명하지만 보통의 방 온도에서 방출되는 열복사에 대해서는 거의 완벽하게 불투명한 것이다.

흑체

흑체의 개념은 이상적인 것이다. 다시 말해서 완전한 흑체는 존재하지 않고 모든 표면은 아무리 적더라도 어느 정도는 복사를 반사한다. 그러나 다음 방법으로 정밀하게 흑체에 가깝게 만들 수 있다. 그림 8.7에서 보이는 것처럼 한 쪽에 열린 구멍에 비해 상당히 커다란 공동을 만든다. 입사한 광선에너지는 내부에서 여려 차례 반사된 후에야 마침내 열린 구멍을 통해서 나올 수 있다. 반사될 때마다 공동 내부의 흡수율에 상응하는 비율의 에너지가 흡수된다. 여러 번 흡수되는 동안 실제로 구멍으로 입사된 복사는 모두 흡수된다. 그림 8.7의 공동은 흡수체인 동시에 흑체 복사에 근접한 거동을 하는 것이다.

예제 8-1 유리판에서의 투과와 흡수

한 변의 길이가 30 cm인 유리판이 노에서 방사되는 복사를 받도록 설치되어 있다. 유리의 투과율은 0.2 μm부터 3.5 μm까지는 0.5이다. 방사율은 3.5까지는 0.3 그리고 그 위로는 0.9라고 가정한다. 유리의 투과율은 0.2 μm에서 3.5 μm의 범위 밖에서는 0이다. 노가 2000℃에서는 흑체라는 가정하에 유리에서 흡수된 에너지와 투과된 에너지를 계산하여라.

$$T = 2000°\text{C} = 2273 \text{ K}$$
$$\lambda_1 T = (0.2)(2273) = 454.6 \ \mu\text{m} \cdot \text{K}$$
$$\lambda_2 T = (3.5)(2273) = 7955.5 \ \mu\text{m} \cdot \text{K}$$
$$A = (0.3)^2 = 0.09 \text{ m}^2$$

표 8.1에서

$$\frac{E_{b0-\lambda 1}}{\sigma T^4} = 0 \qquad \frac{E_{b0-\lambda 2}}{\sigma T^4} = 0.85443$$

$$\sigma T^4 = (5.669 \times 10^{-8})(2273)^4 = 1513.3 \text{ kW/m}^2$$

총 입사 에너지는

$$0.2\ \mu m < \lambda < 3.5\ \mu m = (1.5133 \times 10^6)(0.85443 - 0)(0.3)^2$$
$$= 116.4\ kW \quad [3.97 \times 10^5\ Btu/h]$$

총 투과 에너지는 $(0.5)(116.4) = 58.2\ kW$

$$\text{흡수된 복사에너지} = \begin{cases} (0.3)(116.4) = 34.92\ kW & (0 < \lambda < 3.5\ \mu m) \\ (0.9)(1 - 0.85443)(1513.3)(0.09) = 17.84\ kW & (3.5\ \mu m < \lambda < \infty) \end{cases}$$

총 흡수 복사에너지 $= 34.92 + 17.84 = 52.76\ kW \quad [180{,}000\ Btu/h]$

8-4 복사형태계수

그림 8.8에서 보듯이 A_1과 A_2의 두 흑체면이 있다고 생각하자. 두 표면이 서로 다른 온도를 유지하고 있을 때에 그 두 표면 사이에서 교환되는 에너지를 일반적으로 표현하고자 한다. 한 표면으로부터 방사되어 다른 표면에 이르게 되는 에너지의 양을 결정하는 것이 본질적인 문제가 된다. 이 문제를 해결하기 위해 **복사형태계수**(*radiation shape factor*)들은 다음과 같이 정의된다.

$F_{1-2} =$ 1면을 출발하여 2면에 이르는 에너지의 비율

$F_{2-1} =$ 2면을 출발하여 1면에 이르는 에너지의 비율

$F_{m-n} =$ m면을 출발하여 n면에 이르는 에너지의 비율

형태계수(*shape factor*)에 대한 다른 명칭으로는 **투영계수**(*view factor*), **각도계수**(*angle factor*), 및 **형상계수**(*configuration factor*) 등이 있다. 표면 1을 출발하여 표면 2에 이르는 에너지는 다음과 같다.

$$E_{b1}A_1F_{12}$$

그리고 표면 2를 출발하여 표면 1에 이르는 에너지는 다음과 같다.

$$E_{b2}A_2F_{21}$$

표면이 흑체이기 때문에 모든 입사파는 흡수되며 순 교환 에너지는 다음과 같다.

$$E_{b1}A_1F_{12} - E_{b2}A_2F_{21} = Q_{1-2}$$

두 평면이 같은 온도라면, 에너지의 교환은 없다. 즉, $Q_{1-2} = 0$이고 또 $T_1 = T_2$인 경우

$$E_{b1} = E_{b2}$$

그러므로

$$A_1F_{12} = A_2F_{21} \tag{8.18}$$

그러므로 순 열교환 에너지는 다음과 같다.

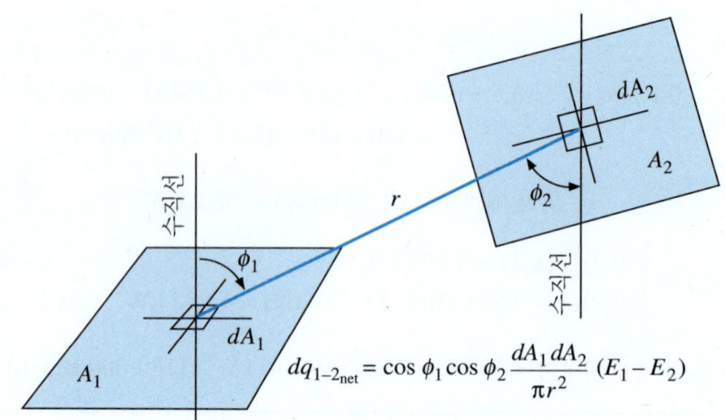

[그림 8.8] 복사형태계수를 유도하기 위한 개략도

$$Q_{1-2} = A_1 F_{12}(E_{b1} - E_{b2}) = A_2 F_{21}(E_{b1} - E_{b2}) \tag{8.19}$$

식 (8.19)는 형태계수의 호환관계(reciprocity relation)로 알려져 있다. 그리고 어떠한 두 평면 i, j 사이에서 일반적으로 다음과 같이 적용된다.

$$A_i F_{ij} = A_j F_{ji} \tag{8.18a}$$

비록 그 관계가 흑체면에서 도출되었지만 난반사가 되는 다른 표면에서도 성립한다.

이제는 F_{12}(또는 F_{21})의 일반적인 식을 결정하자. 이것을 위해서 그림 8.8에 도시된 면적요소 dA_1과 dA_2을 고려한다. 각도 ϕ_1와 ϕ_2는 표면의 수직선과 면적요소들을 잇는 선 r사이의 값이다. 면의 중심을 잇는 선을 따른 면 dA_1의 투영면적은 다음과 같다.

$$dA_1 \cos\phi_1$$

이것은 투영면을 나타낸 그림 8.9에서 더 분명히 보일 것이다. 표면들은 난반사를 하는 것으로 가정하자. 즉, 복사의 강도는 모든 방향으로 동일하다. 강도(intensity)란 특정한 방향으로의 단위면적당 그리고 단위입체각당 방사되는 복사량을 말한다. 여기서 면적 요소 dA_1로부터 특정한 방향으로 방사된 에너지는 그 방향으로 dA_1의 투영면적과 복사의 강도를 곱한 것이 된다. 그러므로 각도 ϕ_1로 주어진 방향으로 dA_1를 나가는 에너지는

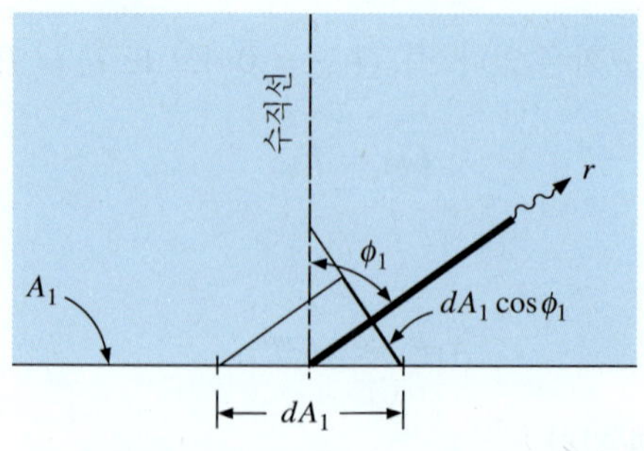

[그림 8.9] 그림 8.8에 보인 면의 투영면

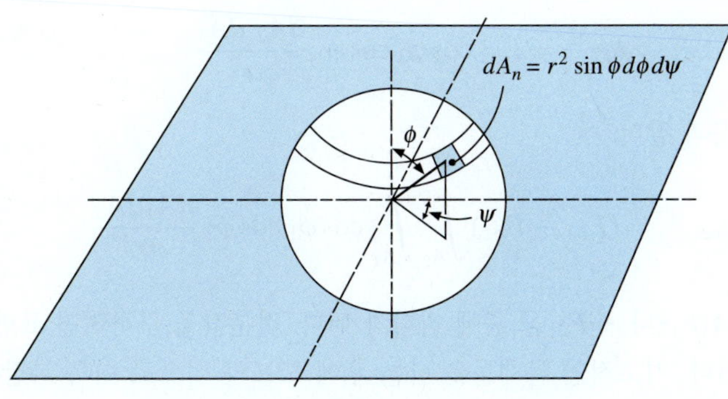

[그림 8.10] 복사형태계수의 유도에 사용된 구좌표계

$$I_b\, dA_1 \cos\phi_1 \qquad (a)$$

이고, 여기서 I_b는 흑체의 강도이다. A_1에서 거리가 r만큼 떨어진 어떤 부분 면적 dA_n에 도달하는 복사는 다음과 같다.

$$I_b\, dA_1 \cos\phi_1 \frac{dA_n}{r^2} \qquad (b)$$

여기서 dA_n는 반지름 방향벡터에 수직한 면적이다. dA_n/r^2는 면적 dA_n에 대한 입체각을 나타낸다. 강도는 면적요소 dA_1을 둘러싸는 반구체 전체에 대해 식 (b)를 적분 함으로써 방사도의 함수로 구해질 수 있다. 그림 8.10의 구좌표계와 같은 경우에는

$$dA_n = r^2 \sin\phi\, d\psi\, d\phi$$

이고,

$$\begin{aligned} E_b\, dA_1 &= I_b\, dA_1 \int_0^{2\pi}\int_0^{\pi/2} \sin\phi\cos\phi\, d\phi\, d\psi \\ &= \pi I_b\, dA_1 \end{aligned}$$

이므로,

$$E_b = \pi I_b \qquad \mathbf{(8.20)}$$

이제 그림 8.8에서 제시된 에너지 교환문제로 돌아가자. 면적 요소 dA_n는 다음과 같이 주어진다.

$$dA_n = \cos\phi_2\, dA_2$$

그러므로 dA_1를 떠나서 dA_2에 도달하는 에너지는 다음과 같다.

$$dq_{1-2} = E_{b1} \cos\phi_1 \cos\phi_2 \frac{dA_1\, dA_2}{\pi r^2}$$

dA_2를 떠나서 dA_1에 도달하는 에너지는 다음과 같다.

$$dq_{2-1} = E_{b2} \cos\phi_2 \cos\phi_1 \frac{dA_2\, dA_1}{\pi r^2}$$

그리고 순 에너지 교환은 다음과 같다.

$$q_{\text{net}_{1-2}} = (E_{b1} - E_{b2}) \int_{A_2}\int_{A_1} \cos\phi_1 \cos\phi_2 \frac{dA_1 dA_2}{\pi r^2} \qquad \textbf{(8.21)}$$

위 식의 적분은 식 (8.19)의 A_1F_{12}나 A_2F_{21}둘 중에 하나가 된다. 적분값을 구하려면 표면 A_1과 A_2의 특정한 기하학적 성질이 알려져야 한다. 기초적인 문제들을 다룬 후에 도표와 식으로 더욱 복잡한 기학학적 형상에 관한 결과를 제시할 것이다.

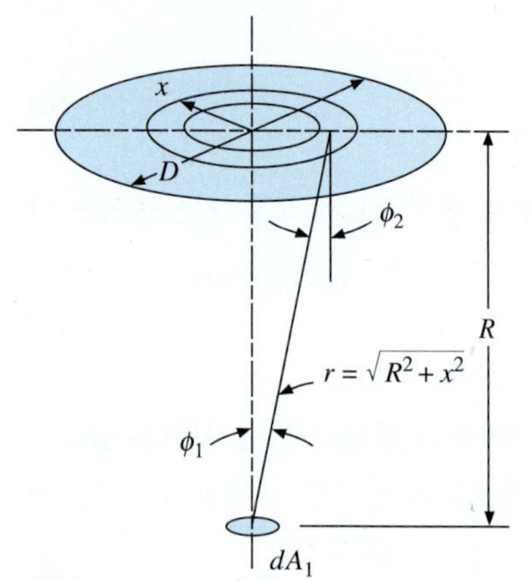

[그림 8.11] 미세요소에서 원판으로의 복사

그림 8.11에서 작은 면적 dA_1에서 원판 A_2로 전달되는 복사를 고려하자. 면적 요소 dA_2를 반지름 x의 원형고리라 하면 다음과 같다.

$$dA_2 = 2\pi dx$$

$\phi_1 = \phi_2$임을 고려하여 식 (8.21)을 적용하여 면적 A_2에 대해 적분을 하자.

$$dA_1\ F_{dA_1-A_2} = dA_1 \int_{A_2} \cos^2\phi_1 \frac{2\pi x\, dx}{\pi r^2}$$

$r = (R^2 + x^2)^{1/2}$ 그리고 $\cos\phi_1 = \dfrac{R}{(R^2 + x^2)^{1/2}}$ 를 대입하면 다음과 같은 식을 얻는다.

$$dA_1\ F_{dA_1-A_2} = dA_1 \int_0^{D/2} \frac{2R^2 x\, dx}{(R^2 + x^2)^2}$$

적분을 실행하면 다음과 같이 계산된다.

$$dA_1\ F_{dA_1-A_2} = -dA_1 \left(\frac{R^2}{R^2 + x^2}\right)\Bigg]_0^{D/2} = dA_1 \frac{D^2}{4R^2 + D^2}$$

그러므로

$$F_{dA_1-A_2} = \frac{D^2}{4R^2 + D^2} \qquad \textbf{(8.22)}$$

형태계수를 계산하는 일은 참고문헌 [3], [5], [24], [32]에서 기술하고 있는 것처럼 좀더 복잡한 형태로 확장될 수 있다. 참고문헌 [32]은 형태 계수의 매우 완벽한 해석식과 그래프의 목록을 제시한다. 여기서는 목적상 그림 8.12부터 8.16에 나오는 몇몇 형태에 관한 결과만 제시한다. 이 형태들에 관한 해석식들은 표 8.2에 있다.

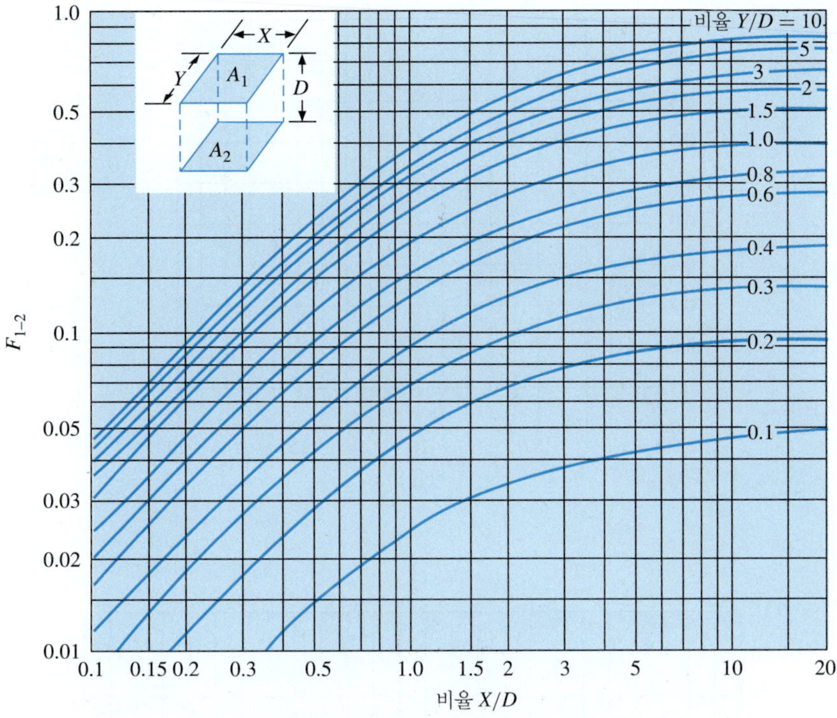

[그림 8.12] 평행 사각판 사이의 복사형태계수

실제 표면의 거동

실제 표면은 앞에서 설명한 이상적인 표면과 흥미로운 차이를 보인다. 예를 들어 실제 표면은 완벽하게 난반사를 일으키지 못하므로 방사되는 복사가 모든 방향에 대해 일정한 강도를 지니지 않는다. 그림 8.17에 여러 형태의 표면에 대한 방사의 방향적 특성이 나타나 있다. 이 곡선들은 전기도체와 부도체가 특성적으로 다른 거동을 보여준다. 도체는 넓은 방위각을 갖고서 한 방향으로 많은 복사를 방출한다. 이 거동은 기초 전자기파 이론으로 만족스럽게 설명된다(참고문헌 24). 이러한 도체와 부도체의 기초적인 거동의 결과로 그림 8.18에 나온 것처럼 백열 온도까지 가열된 구체의 모습을 기대할 수 있다. 도체인 구는 커다란 각도 ϕ로 더 많은 에너지가 방출되기 때문에 가장자리 둘레가 밝게 나타날 것이다. 부도체 물질로 만들어진 구는 반대로 가운데가 밝게 빛나고 가장자리 둘레에 어두운 색을 나타낼 것이다.

실제 표면에서 복사파의 반사와 흡수는 표면 자체만이 아니라 주위 환경의 함수이기도 하다. 이 성질들은 입사파의 방향과 파장에 의존한다. 그러나 입사파의 강도 분산과 파장은 주위를 구성하는 표면들의 성질과 온도의 아주 복잡한 함수가 된다. 단위시간, 단위면적, 단위파장당 총 입사파를 G_λ라 표시하자. 그러면 총 흡수율은 표면의 총 입사 에너지에 대한 총 흡수 에너지의 비율이 된다. 즉, 다음과 같이 쓸 수 있다.

$$\alpha = \frac{\int_0^\infty \alpha_\lambda G_\lambda \, d\lambda}{\int_0^\infty G_\lambda \, d\lambda} \tag{8.23}$$

회색체($\epsilon_\lambda = \epsilon =$ 일정)에 대한 경우 매우 간단하게 된다. Kirchhoff의 법칙이 단색 복사의 경우 다음과 쓰여

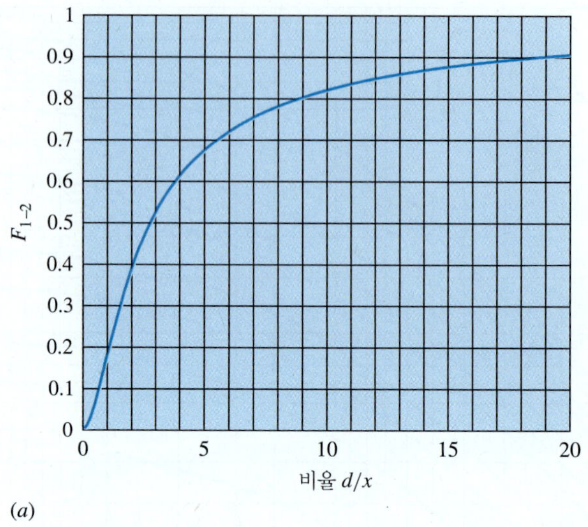

(*a*)

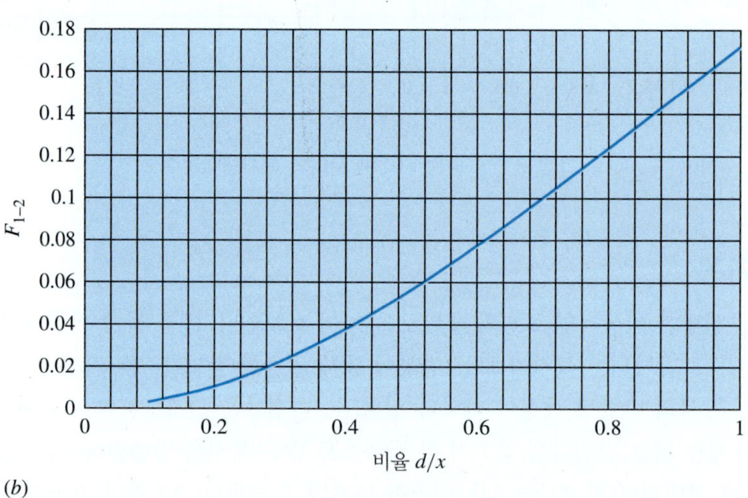

(*b*)

[그림 8.13] 평행이고 크기가 같으며 동일 축을 갖는 두 원판 간의 복사형태계수

질 수 있다.

$$\epsilon_\lambda = \alpha_\lambda \tag{8.24}$$

그러므로 회색체의 경우 $\alpha_\lambda = (\text{일정})$이고, 식 (8.23)은 총흡수율도 역시 일정하고 입사파의 파장 분포에 무관함을 보여준다. 나아가서 회색체의 방사율과 흡수율이 모든 파장에 걸쳐서 일정하므로 온도에도 역시 무관해야 한다. 불행하게도 실제 표면이 언제나 회색체의 성질을 가지는 것은 아니며 회색체의 거동을 가정하면 커다란 오류가 따르게 된다. 반면에 실제 표면을 이용한 에너지 교환의 해석은 매우 복잡하기 때문에 회색체 가

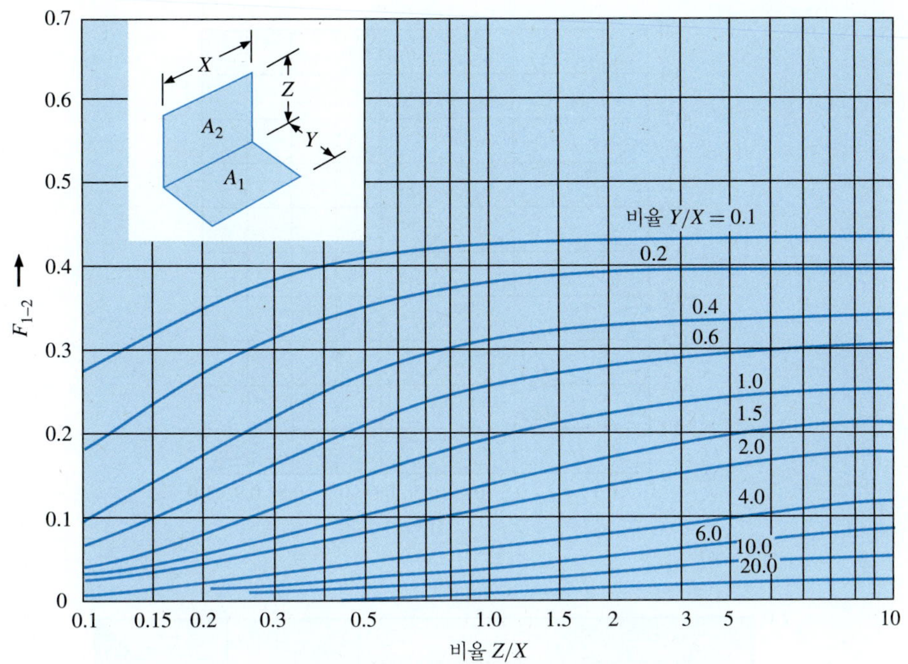

[그림 8.14] 직각으로 접하는 사각판 사이의 복사형태계수

정은 편의상 정당화되고 있다. 참고문헌 [10], [11], [24]에서는 회색체와 비회색체에 기초하여 양쪽 경우에 열교환 계산을 비교하여 보여주고 있다.

예제 8-2 흑체 표면 사이의 열교환

가로, 세로의 길이가 0.5 m, 1.0 m인 두 평행한 흑체 표면이 0.5 m의 거리를 두고 떨어져 있다. 한 표면은 1000℃로 유지되고 있고 다른 표면은 500℃로 유지되고 있다. 두 표면 사이에서 일어나는 순 복사 열교환량은 얼마인가?

■ 풀이

그림 8.12에 사용할 비율

$$\frac{Y}{D} = \frac{0.5}{0.5} = 1.0 \qquad \frac{X}{D} = \frac{1.0}{0.5} = 2.0$$

그러므로 $F_{12} = 0.285$이고 열교환량은 다음과 같이 얻어진다.

$$\begin{aligned} q &= A_1 F_{12}(E_{b1} - E_{b2}) = \sigma A_1 F_{12}(T_1^4 - T_2^4) \\ &= (5.669 \times 10^{-8})(0.5)(0.285)(1273^4 - 773^4) \\ &= 18.33 \text{ kW} \quad [62{,}540 \text{ Btu/h}] \end{aligned}$$

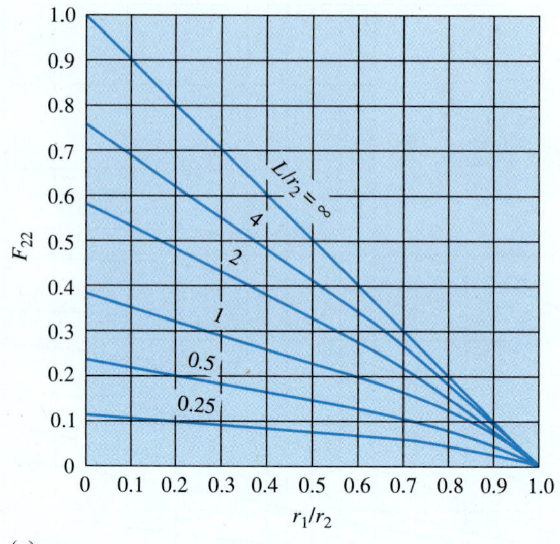

(a)

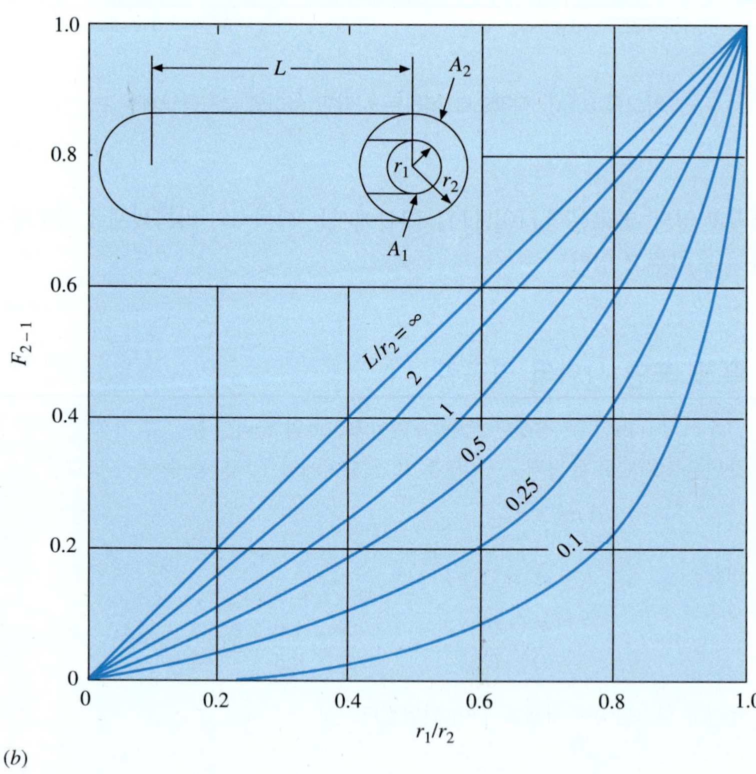

(b)

[그림 8.15] 유한한 길이의 동심원통 사이의 복사형태계수 (a) 바깥 원통 사이 (b) 바깥 원통에서 안쪽 원통으로

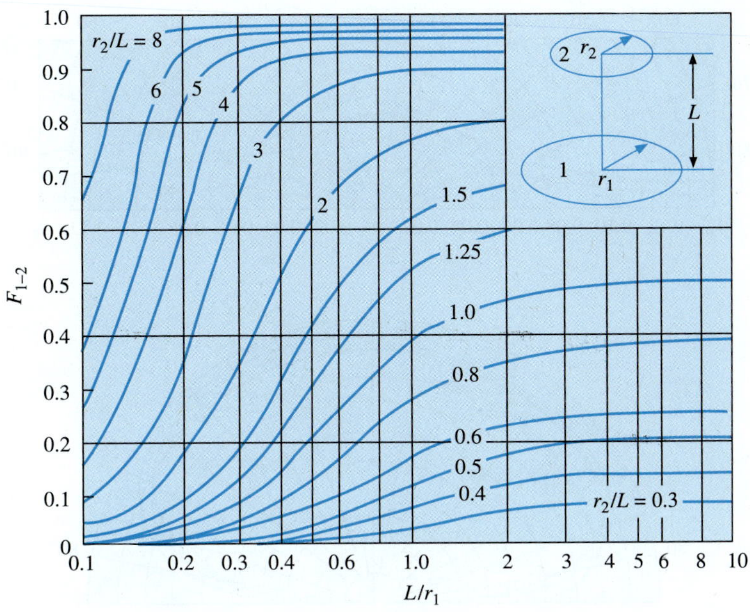

[그림 8.16] 평행한 동심 원판 사이의 복사형태계수

[표 8.2] 복사형태계수 관계식.

두 물체의 배치	형태 계수
1. 평행사각판 (그림 8.12) $x = X/D,\ y = Y/D$	$F_{1-2} = (2/\pi xy)\{\ln[(1+x^2)(1+y^2)/(1+x^2+y^2)]^{1/2} + x(1+y^2)^{1/2}\tan^{-1}[x/(1+y^2)^{1/2}]$ $+ y(1+x^2)^{1/2}\tan^{-1}[y/(1+x^2)^{1/2}] - x\tan^{-1}x - y\tan^{-1}y\}$
2. 평행원판 (그림 8.13) $R = d/2x,\ X = (2R^2+1)/R^2$	$F_{1-2} = [X - (X^2-4)^{1/2}]/2$
3. 직각으로 접하는 사각판 (그림 8.14) $H = Z/X,\ W = Y/X$	$F_{1-2} = (1/\pi W)(W\tan^{-1}(1/W) + H\tan^{-1}(1/H) - (H^2+W^2)^{1/2}\tan^{-1}[1/(H^2+W^2)^{1/2}]$ $+ (1/4)\ln\{[(1+W^2)(1+H^2)/(1+W^2+H^2)] \times [W^2(1+W^2+H^2)/(1+W^2)$ $(W^2+H^2)]^{W^2} \times [H^2(1+H^2+W^2)/(1+H^2)(H^2+W^2)]^{H^2}\})$
4. 유한길이의 동심원통 (그림 8.15) $A = X^2+Y^2-1$ $B = Y^2-X^2+1$	$F_{2-1} = (1/X) - (1/\pi X)\{\cos^{-1}(B/A) - (1/2Y)[(A^2+4A-4X^2+4)^{1/2}\cos^{-1}(B/XA)$ $+ B\sin^{-1}(1/X) - \pi A/2]\}$ $F_{2-2} = 1 - (1/X) + (2/\pi X)\tan^{-1}[2(X^2-1)^{1/2}/Y]$ $- (Y/2\pi X)([\sqrt{(4X^2+Y^2)}/Y]\sin^{-1}\{[4(X^2-1)+(Y/X)^2(X^2-2)]/[Y^2+4(X^2-1)]\}$ $- \sin^{-1}[(X^2-2)/X^2] + (\pi/2)[(4X^2+Y^2)^{1/2}/Y - 1])$
5. 평행 동심원판 (그림 8.16) $R_1 = r_1/L$ $R_2 = r_2/L$ $X = 1 + (1+R_2^2)/R_1^2$	$F_{1-2} = \{X - [X^2 - 4(R_2/R_1)^2]^{1/2}\}/2$

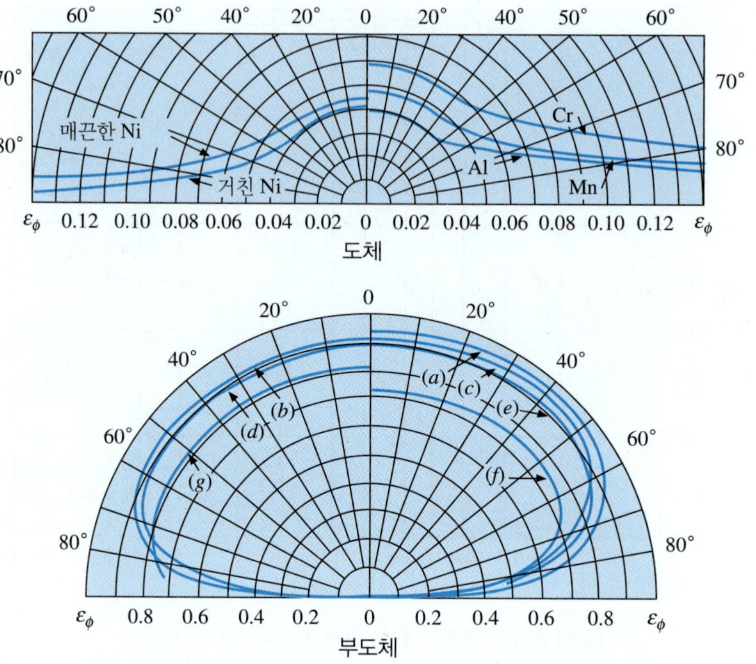

[그림 8.17] 전기도체와 부도체 방사율의 대표적인 방향 특성, ϵ_ϕ는 면에 수직에 대한 각도 ϕ에서 방사율이다. (*a*) 젖은 얼음 (*b*) 나무 (*c*) 유리 (*d*) 종이 (*e*) 진흙 (*f*) 산화구리 (*g*) 산화알루미늄

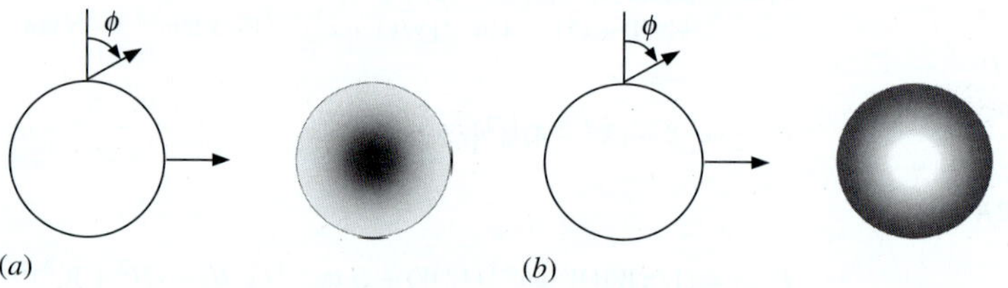

[그림 8.18] 백열구의 형상에 미치는 방사율의 방향특성의 영향 (*a*) 전기 도체 (*b*) 전기 부도체

8-5 형태계수 사이의 관계

그림 8.19에 나타난 시스템을 고려하면 형태계수들 사이의 유용한 관계를 얻을 수 있다. A_3에서 조합면적 $A_{1,2}$로의 복사에 대한 형태계수를 구하자. 이 형태계수들은 다음과 같이 매우 간단하게 주어질 수 있다.

$$F_{3-1,2} = F_{3-1} + F_{3-2} \tag{8.25}$$

즉, 총형태계수는 부분값들의 합이다. 또한 식 (8.25)를 다음과 같이 나타낼 수 있다.

$$A_3 F_{3-1,2} = A_3 F_{3-1} + A_3 F_{3-2} \tag{8.26}$$

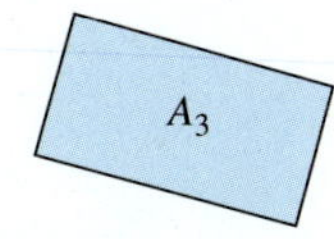

$$F_{3-1,2} = F_{3-1} + F_{3-2}$$
$$A_3 F_{3-1,2} = A_3 F_{3-1} + A_3 F_{3-2}$$
$$A_{1,2} F_{1,2-3} = A_1 F_{1-3} + A_2 F_{2-3}$$

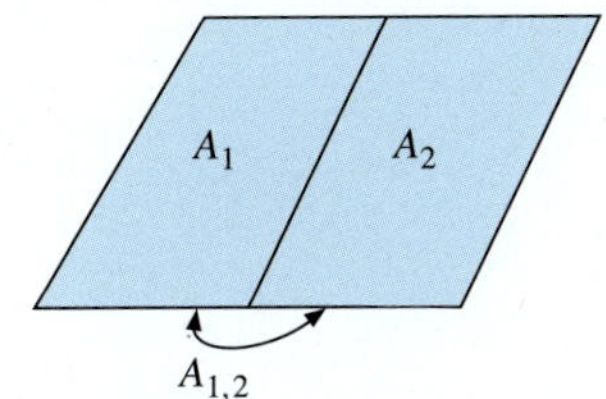

[그림 8.19] 형태계수 사이의 관계를 나타내는 개략도

그리고 호환관계를 이용하면 다음과 같다.

$$A_3 F_{3-1,2} = A_{1,2} F_{1,2-3}$$
$$A_3 F_{3-1} = A_1 F_{1-3}$$
$$A_3 F_{3-2} = A_2 F_{2-3}$$

이것은 다음과 같이 다시 표현된다.

$$A_{1,2} F_{1,2-3} = A_1 F_{1-3} + A_2 F_{2-3} \quad \textbf{(8.27)}$$

이것은 간단히 표면 3에 이르는 총 복사량이 표면 1과 2에서 방사되는 복사량의 합임을 의미한다. 그림 8.20에 나오는 표면의 형태계수 F_{1-3}를 모서리를 공유하여 수직을 이루는 직사각형면 사이의 알려진 형태계수에 관한 함수로 나타내어 보자. 다음과 같이 식 (8.25)와 동일하게 나타낼 수 있다.

$$F_{1-2,3} = F_{1-2} + F_{1-3}$$

그림 8.14에서 $F_{1-2,3}$와 F_{1-2}를 구할 수 있고, 따라서 수치가 주어지면 F_{1-3}는 간단히 구해진다. 이제 조금 더 복잡한 그림 8.21에 나타난 상황을 보자. 공통의 모서리를 지니는 수직인 직사각형들의 형태계수의 함수로 형태계수 F_{1-4}를 구하려 한다. 식 (8.25)와 같이 다음 식으로 나타낼 수 있다.

$$A_{1,2} F_{1,2-3,4} = A_1 F_{1-3,4} + A_2 F_{2-3,4} \quad \textbf{(a)}$$

$F_{1,2-3,4}$와 $F_{2-3,4}$모두 다 그림 8.14에서 구할 수 있고 $F_{1-3,4}$는 다음과 같이 표현된다.

$$A_1 F_{1-3,4} = A_1 F_{1-3} + A_1 F_{1-4} \quad \textbf{(b)}$$

또한,

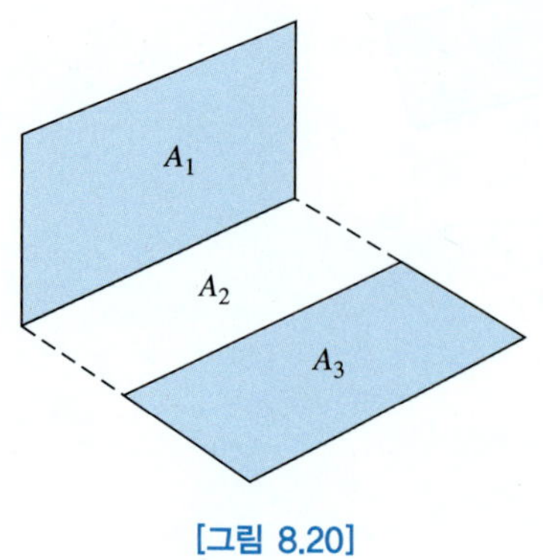

[그림 8.20]

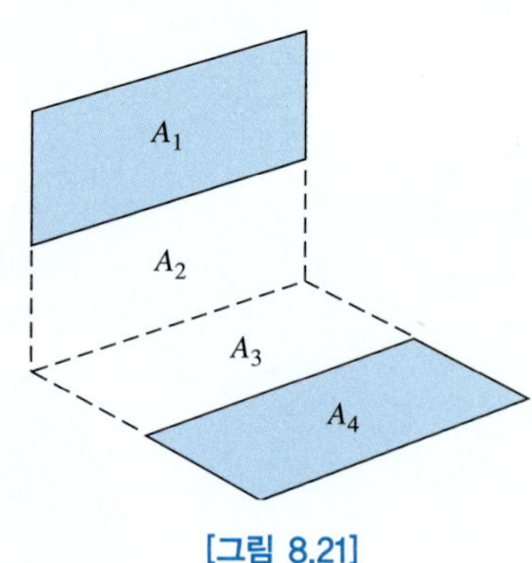

[그림 8.21]

$$A_{1,2}F_{1,2-3} = A_1F_{1-3} + A_2F_{2-3} \tag{c}$$

(*c*)에서 A_1F_{1-3}를 구한 후에 그것을 (*b*)에 대입하고 그리고 $A_1F_{1-3,4}$의 결과를 다시 (*a*)에 대입하면 다음 식이 얻어진다.

$$A_{1,2}F_{1,2-3,4} = A_{1,2}F_{1,2-3} - A_2F_{2-3} + A_1F_{1-4} + A_2F_{2-3,4} \tag{d}$$

그림 8.14에서 F_{1-4}를 제외한 모든 형태계수들이 결정됨을 유의하라. 그러므로 다음 식을 구할 수 있다.

$$F_{1-4} = \frac{1}{A_1}(A_{1,2}F_{1,2-3,4} + A_2F_{2-3} - A_{1,2}F_{1,2-3} - A_2F_{2-3,4}) \tag{8.28}$$

앞의 논의에서는 여러 가지 물체들이 스스로는 보지 못하는 것을 암묵적으로 가정하였다. 즉,

$$F_{11} = F_{22} = F_{33} = 0 \cdots$$

완벽하게 일반적이기 위해서는 오목하게 휘어진 서로를 마주 볼 수 있는 면들을 포함해야 한다. 그러므로 일반적인 관계식은 다음과 같다.

$$\sum_{j=1}^{n} F_{ij} = 1.0 \tag{8.29}$$

여기서 F_{ij}는 표면 i를 떠나서 j에 이르는 총 에너지의 비율이다. 그러므로 세 면으로 이루어진 공동에서는 다음과 같다.

$$F_{11} + F_{12} + F_{13} = 1.0$$

그리고 F_{11}는 표면 1을 출발하여 표면 1에 이르는 에너지의 비율을 나타낸 것이다. 곡면 표면들 사이에서의 복사 교환을 해석하는 데에는 어느 정도 주의가 필요하다.

Hamilton과 Morgan[5]은 평행하고 수직인 직사각형들을 그림 8.12에서 8.14까지에서 얻을 수 있는 형태계수에 관한 일반화된 식을 제시하였다. 그림 8.22와 8.23에 두 흥미로운 경우가 도시되어 있다. 그림 8.22

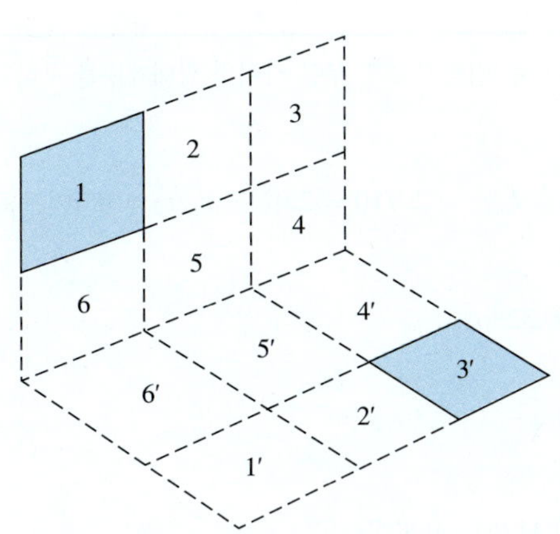

[그림 8.22] 일반화된 직각사각형 배열

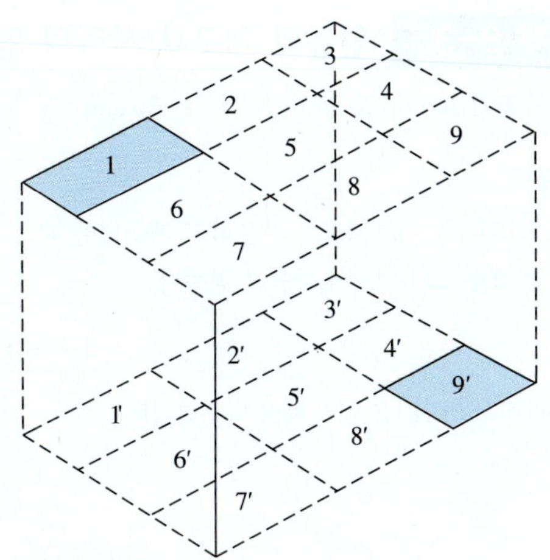

[그림 8.23] 일반화된 평행사각면의 배열

의 두 수직 직사각형에 대해서 다음과 같은 호환관계가 성립한다.

$$A_1 F_{13'} = A_3 F_{31'} = A_{3'} F_{3'1} = A_{1'} F_{1'3} \tag{8.30}$$

이러한 상호관계식을 이용하면 복사형태계수 $F_{13}{}'$는 다음과 같이 표현된다.

$$\begin{aligned} A_1 F_{13'} = \tfrac{1}{2}\big[& K_{(1,2,3,4,5,6)^2} - K_{(2,3,4,5)^2} - K_{(1,2,5,6)^2} + K_{(4,5,6)^2} - K_{(4,5,6)-(1',2',3',4',5',6')} \\ & - K_{(1,2,3,4,5,6)-(4',5',6')} + K_{(1,2,5,6)-(5',6')} + K_{(2,3,4,5)-(4',5')} + K_{(5,6)-(1',2',5',6')} \\ & + K_{(4,5)-(2',3',4',5')} + K_{(2,5)^2} - K_{(2,5)-5'} - K_{(5,6)^2} - K_{(4,5)^2} - K_{5-(2',5')} + K_{5^2} \big] \end{aligned} \tag{8.31}$$

여기서 K는 다음과 같이 정의된다.

$$K_{m\text{–}n} = A_m F_{m\text{–}n} \tag{8.32}$$

$$\mathrm{K}_{(m)^2} = A_m F_{m\text{–}m'} \tag{8.33}$$

일반적인 평행한 직사각형의 기하학적 배치가 그림 8.23에 표시되어 있다. 이 경우에 적용되는 호환관계는 참고문헌 [5]에서 다음과 같이 주어진다.

$$A_1 F_{19'} = A_3 F_{37'} = A_9 F_{91'} = A_7 F_{73'} \tag{8.34}$$

이 호환관계를 이용하면 형태계수 $F_{19'}$을 다음과 같이 도출하는 것이 가능하다.

$$\begin{aligned} A_1 F_{19'} = \tfrac{1}{4}\big[& K_{(1,2,3,4,5,6,7,8,9)^2} - K_{(1,2,5,6,7,8)^2} - K_{(2,3,4,5,8,9)^2} - K_{(1,2,3,4,5,6)^2} \\ & + K_{(1,2,5,6)^2} + K_{(2,3,4,5)^2} + K_{(4,5,8,9)^2} - K_{(4,5)^2} - K_{(5,8)^2} - K_{(5,6)^2} \\ & - K_{(4,5,6,7,8,9)^2} + K_{(5,6,7,8)^2} + K_{(4,5,6)^2} + K_{(2,5,8)^2} - K_{(2,5)^2} + K_{(5)^2} \big] \end{aligned} \tag{8.35}$$

K의 정의는 식 (8.32)와 (8.33)에 주어진 것과 동일하다.

예제 8-3 원통의 개구부 사이의 형태계수

지름이 각각 10 cm, 20 cm이고, 길이는 20 cm인 두 동심 원통이 있다. 두 원통의 열린 부분 사이의 형태계수를 구하여라.

■ 풀이

그림 8.15와 동일한 기호를 사용하고 개구면을 각각 3과 4로 정하자. $L/r_2 = 20/10 = 2.0$이고 $r_1/r_2 = 0.5$이므로 그림 8.15 또는 표 8.2에서 다음을 얻는다.

$$F_{21} = 0.4126 \quad F_{22} = 0.3286$$

호환관계식 (8.18)을 사용하면 다음과 같다.

$$A_1F_{12} = A_2F_{21}$$

$$F_{12} = (d_2/d_1)F_{21} = (20/10)(0.4126) = 0.8253$$

표면 2에 대해서 다음과 같다.

$$F_{21} + F_{22} + F_{23} + F_{24} = 1.0$$

대칭성에서 $F_{23} = F_{24}$이므로

$$F_{23} = F_{24} = \left(\frac{1}{2}\right)(1 - 0.4126 - 0.3286) = 0.1294$$

호환관계식을 다시 사용하면

$$A_2F_{23} = A_3F_{32}$$

그리고

$$F_{32} = \frac{\pi(20)(20)}{\pi(20^2 - 10^2)/4}0.1294 = 0.6901$$

$F_{11} = F_{33} = F_{44} = 0$임을 알 수 있고 표면 3에 대해서 다음과 같다.

$$F_{31} + F_{33} + F_{34} = 1.0 \qquad (a)$$

그러므로 F_{31}가 결정된다면 F_{34}의 값을 구할 수 있다. 표면 1에 대해서

$$F_{12} + F_{13} + F_{14} = 1.0$$

그리고 대칭성에서 $F_{13} = F_{14}$이므로

$$F_{13} = \left(\frac{1}{2}\right)(1 - 0.8253) = 0.0874$$

호환관계식을 사용하면

$$A_1F_{13} = A_3F_{31}$$

$$F_{31} = \frac{\pi(10)(20)}{\pi(20^2 - 10^2)/4}0.0874 = 0.233$$

그리고 식 (a)를 이용하면 다음과 같다.

$$F_{34} = 1 - 0.233 - 0.6901 = 0.0769$$

예제 8-4 끝이 잘린 원뿔의 형태계수

끝이 잘린 원뿔의 위쪽 원과 아래쪽 원의 지름이 각각 10 cm, 20 cm이고 높이는 10 cm이다. 윗면과 측면 사이의 복사형태계수를 구하고, 또 측면 자체에 관한 형태계수를 구하여라.

■ **풀이**

그림 8.16을 사용하여 윗면은 2, 아랫면은 1, 그리고 옆면은 3으로 정하자. 그러면 구하고자 하는 값들은 F_{23}과 F_{33}이다. F_{23}과 F_{33}의 값들을 갖고 있으므로 그림 8.16에서 다음과 같다. $L/r_1 = 10/10 = 1.0$, $r_2/L = 5/10 = 0.5$이므로 그림 8.16에서

$$F_{12} = 0.12$$

호환관계식 (8.18)에서

$$A_1F_{12} = A_2F_{21}$$
$$F_{21} = (20/10)^2(0.12) = 0.48$$

그리고

$$F_{22} = 0$$

그러므로

$$F_{21} + F_{23} = 1.0$$

그리고

$$F_{23} = 1 - 0.48 = 0.52$$

표면 3에 대해서

$$F_{31} + F_{32} + F_{33} = 1.0 \tag{a}$$

그러므로 F_{33}을 계산하기 위해 F_{31}와 F_{32}를 구해야 한다. $F_{11} = 0$이므로 다음을 얻는다.

$$F_{12} + F_{13} = 1.0 \quad \text{그리고} \quad F_{13} = 1 - 0.12 = 0.088$$

호환관계식을 이용하면

$$A_1F_{13} = A_3F_{31} \tag{b}$$

측면의 면적은

$$A_3 = \pi(r_1 + r_2)\left[(r_1 - r_2)^2 + L^2\right]^{1/2}$$
$$= \pi(5 + 10)(5^2 + 10^2)^{1/2} = 526.9\ \text{cm}^2$$

그러므로 식 (*b*)에 의해서

$$F_{31} = \frac{\pi(10^2)}{526.9}0.88 = 0.525$$

똑같은 과정을 표면 2에 적용하면 다음과 같다.

$$F_{32} = \frac{\pi(5)^2}{526.9} 0.52 = 0.0775$$

마지막으로 식 (a)에 의해

$$F_{33} = 1 - 0.525 - 0.0775 = 0.397$$

예제 8-5 원통형 반사체의 형태계수

긴 반원통형의 지름은 60 cm이고 가운데에는 한 변이 20 cm인 정사각형 기둥이 있다. 모두 커다란 방안에 둘러싸여 있다. 그림의 기호에 대하여 F_{11}, F_{12}, F_{13}을 구하여라.

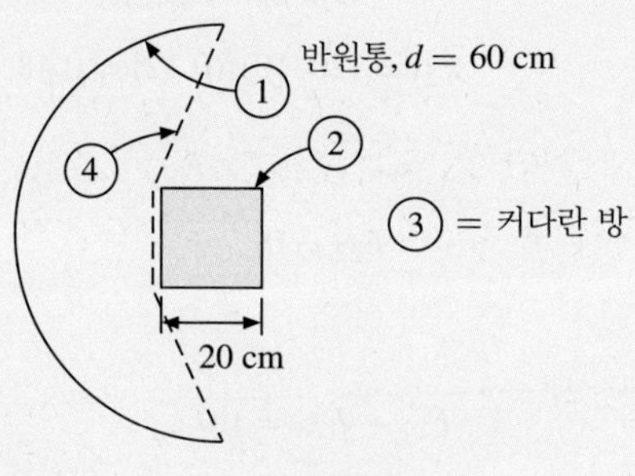

[그림 예제 8.5]

■ 풀이

대칭성에 의해

$$F_{21} = F_{23} = 0.5 \qquad (a)$$

일반적으로 $F_{11} + F_{12} + F_{13} = 1.0$이다. 해석에 도움을 위하여 그림의 점선으로 나타낸 가상표면 4를 만들면 이제 표면 1을 떠나는 모든 복사는 표면 2나 3에 도달한다. 표면 4에 대해 $F_{41} = 1.0$이다. 마찬가지로 가상면 4에도 도달한다. 그러므로

$$F_{14} = F_{12} + F_{13} \qquad (b)$$

호환관계에 의해

$$A_1 F_{14} = A_4 F_{41}$$

단위길이당 면적은

$$A_1 = \pi d/2 = \pi(0.6)/2 = 0.942$$
$$A_4 = 0.2 + (2)[(0.1)^2 + (0.2)^2]^{1/2} = 0.647$$
$$A_2 = (4)(0.2) = 0.8$$

그러므로

$$F_{14} = \frac{A_4}{A_1} F_{41} = \frac{(0.647)(1.0)}{0.942} = 0.686 \qquad (c)$$

호환관계를 통해 다음을 얻을 수 있다.

$$A_2F_{21} = A_1F_{12}$$

그래서

$$F_{12} = \frac{A_2}{A_1}F_{21} = \frac{(0.8)(0.5)}{0.942} = 0.425 \qquad (d)$$

(*b*), (*c*) 및 (*d*)를 조합하면

$$F_{13} = 0.686 \cdot 0.425 = 0.261$$

끝으로

$$F_{11} = 1 - F_{12} - F_{13} = 1 - 0.425 - 0.261 = 0.314$$

이 예제는 복사형태계수를 계산하는데 기하학적 형상의 지혜로운 고려를 사용하는 예를 보여준다.

8-6 비흑체 사이에서의 열교환

흑체표면 사이에서의 복사열 교환의 계산은 표면에 도달하는 모든 복사에너지가 흡수되었기 때문에 계산하기 비교적 쉬웠다. 중요한 문제는 기하학적 형태계수를 결정하는 것이었으나 일단 이것이 해결되면 열교환을 계산하는 것은 쉬운 일이었다. 비흑체가 관여되면 상황은 복잡하다. 표면에 부딪히는 에너지가 모두 흡수되지 않기 때문이다. 일부는 다른 열복사면으로 되돌아 갈 것이고 또 일부는 완전히 계에서 밖으로 반사되기도 할 것이다. 문제가 복잡해지는 것은 복사 에너지가 표면들 사이에서 여러 번 반사될 수 있기 때문이다. 정확한 결과를 얻기 위해서는 이러한 다중반사에 대한 고려가 있어야 한다.

여기서 다루어지는 모든 표면들은 난반사를 하고 온도가 균일하게 유지되며 또 반사와 방사의 성질이 그 면에서 일정하다고 가정한다. 두 새로운 기호들이 다음과 같이 정의 된다.

G = 조사(照射, irradiation)
= (단위시간당, 단위면적당 표면에 입사한 총 복사량)
J = 출사(出射, radiosity)
= (단위시간당, 단위면적당 표면에서 방출되는 총 복사량)

위에서 가정한 것들 외에도 각각의 표면에 대해서 출사와 조사가 각 면에서 균일함을 가정한다. 이 가정은 이상적인 회색체 난반사 표면에 대해서도 엄격하게 옳은 것이 아니지만 이러한 해석적 제한이 없다면 문제는 지나치게 복잡하게 된다. Sparrow와 Cess [10]은 이러한 문제들에 대해 논하였다. 그림 8.24에 나타난 것처럼 에너지가 투과되지 않은 경우 출사는 방사된 에너지와 반사된 에너지의 합으로 나타난다. 즉,

$$J = \epsilon E_b + \rho G \qquad \textbf{(8.36)}$$

여기서 ϵ는 방사율이고 E_b는 흑체의 방사도이다. 투과율은 0으로 간주되었기 때문에 반사율은 다음과 같이 표현된다.

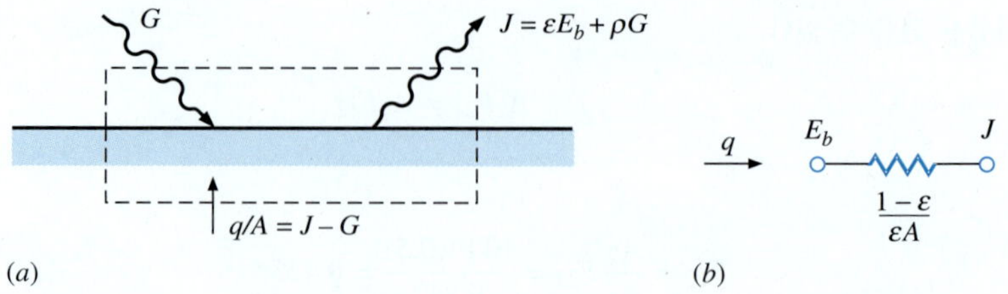

[그림 8.24] (*a*) 불투명체의 표면에너지 균형; (*b*) 복사망 해석에서 표면저항

$$\rho = 1 - \alpha = 1 - \epsilon$$

그러므로

$$J = \epsilon E_b + (1 - \epsilon)G \tag{8.37}$$

표면을 떠나는 순 에너지는 출사와 조사의 차이이다.

$$\frac{q}{A} = J - G = \epsilon E_b + (1 - \epsilon)G - G$$

식 (8.37)에서 G를 J에 관한 함수로 풀어내면 다음과 같다.

$$q = \frac{\epsilon A}{1 - \epsilon}(E_b - J)$$

또는

$$q = \frac{E_b - J}{(1 - \epsilon)/\epsilon A} \tag{8.38}$$

여기서 식 (8.38)에 대한 매우 유용한 해석을 소개하겠다. 우변의 분모를 열 교환에 대한 표면 저항으로 분자를 퍼텐셜로 그리고 열의 흐름을 전류로 가정한다면 그림 8.24(*b*)와 같이 회로망을 나타낼 수 있다. 이것이 Oppenheim [20]에서 비롯된 회로망 해석법의 첫 단계이다.

이제 그림 8.25에 나타난 두 표면 A_1와 A_2의 복사에너지 교환을 고려하자. 표면 1을 떠나는 총 복사량 중에서 표면 2에 도달하는 양은 다음과 같다.

$$J_1 A_1 F_{12}$$

그리고 표면 2를 떠나는 총 복사량 중에서 표면 1에 도달하는 양은 다음과 같다.

$$J_2 A_2 F_{21}$$

두 표면 사이에서의 순 교환량은 다음과 같다.

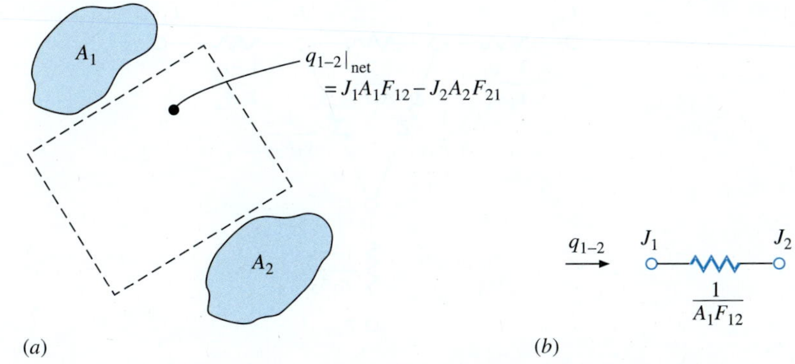

[그림 8.25] (a) 두 표면 사이의 공간 에너지 교환; (b) 복사망 해석에서 공간저항.

$$q_{1-2} = J_1A_1F_{12} - J_2A_2F_{21}$$

그러나

$$A_1F_{12} = A_2F_{21}$$

이므로

$$q_{1-2} = (J_1 - J_2)A_1F_{12} = (J_1 - J_2)A_2F_{21}$$

또는

$$q_{1-2} = \frac{J_1 - J_2}{1/A_1F_{12}} \quad \textbf{(8.39)}$$

그러므로 식 (8.39)를 표현하는 회로망 요소를 그림 8.25(b)와 같이 구성할 수 있다. 그림 8.24와 8.25에 나타난 두 가지 회로망 요소는 복사 회로망법의 핵심을 나타낸다. 특정한 복사 열 교환의 문제에 대한 회로망을 구성하기 위해서는 다만 표면 저항 $(1-\epsilon)/\epsilon A$을 각 표면에 연결하고 공간 저항 $1/A_iF_{ij}$을 출사 사이에 연결하는 것이 필요하다. 예를 들어 둘 사이에서만 열복사를 교환하는 두 표면은 그림 8.26과 같은 회로망으로 나타내어진다. 이러한 경우에 순 열 교환은 총 퍼텐셜 차를 저항들의 합으로 나눈 것이다.

$$\begin{aligned} q_{net} &= \frac{E_{b1} - E_{b2}}{(1-\epsilon_1)/\epsilon_1A_1 + 1/A_1F_{12} + (1-\epsilon_2)/\epsilon_2A_2} \\ &= \frac{\sigma(T_1^4 - T_2^4)}{(1-\epsilon_1)/\epsilon_1A_1 + 1/A_1F_{12} + (1-\epsilon_2)/\epsilon_2A_2} \end{aligned} \quad \textbf{(8.40)}$$

q_{net} E_{b_1} J_1 J_2 E_{b_2}

$\frac{1-\varepsilon_1}{\varepsilon_1A_1}$ $\frac{1}{A_1F_{12}}$ $\frac{1-\varepsilon_2}{\varepsilon_2A_2}$

[그림 8.26] 두 표면 사이에서만 복사가 일어나는 경우의 복사회로망

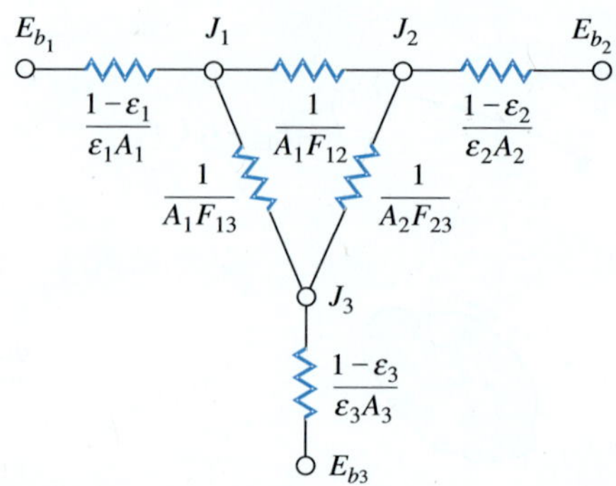

[그림 8.27] 세 표면 사이에서만 복사가 일어나는 경우의 복사회로망

세 물체 문제에 대한 회로망이 그림 8-27에 나타나 있다. 이러한 경우에는 각각의 표면이 다른 두 표면과 열 에너지를 교환한다. 물체 1과 물체 2 사이의 열 교환은 다음과 같다.

$$q_{1-2} = \frac{J_1 - J_2}{1/A_1F_{12}}$$

그리고 물체 1과 물체 3 사이에서는 다음과 같다.

$$q_{1-3} = \frac{J_1 - J_3}{1/A_1F_{13}}$$

이러한 유형의 문제에서 열의 흐름을 결정하려면 출사량의 값들이 계산되어야 한다. 이것은 직류회로에서 사용되는 해석법을 이용할 때에 가능하다. 가장 편리한 방법은 Kirchhoff의 전류법칙을 회로에 적용하는 것인데 이 법칙은 절점으로 들어오는 전류의 총합은 0이라는 것이다. 예제 8-6에서 세 물체 문제에 사용되는 방법을 예시하였다.

단열된 표면과 넓은 면적의 표면

앞에서 보았듯이 $(E_b - J)$는 표면저항 $(1 - \epsilon)/\epsilon A$을 통과하는 열 흐름의 퍼텐셜 차이를 나타낸다. 만약 표면이 완전히 단열되어 있는 상태라면, 즉 입사되는 모든 에너지를 재복사한다면 그 표면의 열흐름은 없고 표면저항에 걸리는 퍼텐셜 차이는 0이다. 결과적으로 $J = E_b$이다. 그러나 그 단열된 표면의 표면저항이 0이라는 것은 아니다. 사실 회로망에서 J절점은 떠있는 것이다. 즉, 어떠한 전류도 만들지 않는다. 반면에 광범위한 면적을 지니는 표면은 0에 가까운 표면저항을 갖게 되어 흑체에 근접한 거동을 보인다. 또한 그것은 0에 가까운 표면저항 때문에 $J = E_b$를 갖는다. 그러므로 이런 두 경우 단열면이나 넓은 면적의 표면 모두 서로 다른 이유로 $J = E_b$가 된다. 이러한 특이한 경우를 여러 예에 이용할 것이다.

회로망으로 간단히 풀리는 문제는 두 평면이 완전히 단열된 제3의 표면에 연결되어서 서로 열을 교환하는 경우이다. 단열임에도 불구하고 이 세 번째 표면은 열을 흡수하고 재복사(열을 교환하는 두 표면으로)하기 때문에 열 교환의 진행에 영향을 끼친다. 이 계에 관한 회로망이 그림 8.28에 있다. 표면 3이 에너지를 교환하지 않기 때문에 절점 J_3이 복사 표면 저항에 연결되지 않음을 주의하여라. 표면 저항 $(1- \epsilon)/\epsilon A$은 존재한다. 그러나 열의 흐름이 없기 때문에 퍼텐셜의 차이도 없고, $J_3 = E_{b_3}$이다. 또한 표면 3이 나머지 두 표면

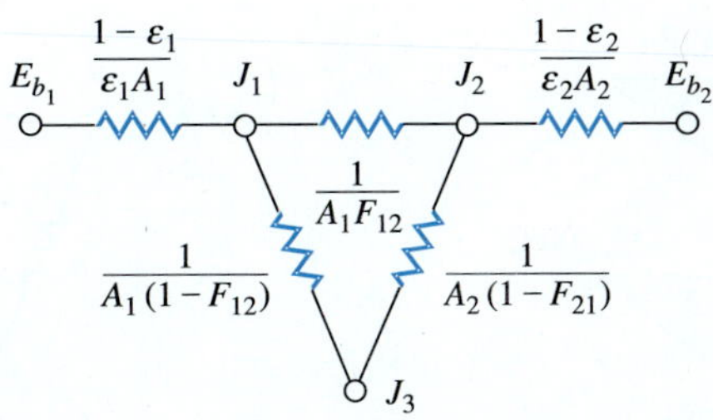

[그림 8.28] 단열된 제3면으로 둘러싸인 두 평면 또는 볼록면에 대한 복사회로망

을 완전히 감싸고 있기 때문에 공간 저항에 관련된 값이 다음과 같이 나타내어짐을 주의하라.

$$F_{13} = 1 - F_{12}$$
$$F_{23} = 1 - F_{21}$$

표면 *1*과 *2*가 볼록한 특수한 경우, 즉 서로 마주 보지 못하는 경우에 $F_{11} = F_{22} = 0$이다. 그림 8.28은 간단한 직병렬 회로망으로 열 흐름에 관해서 풀면 다음과 같다.

$$q_{\text{net}} = \frac{\sigma A_1(T_1^4 - T_2^4)}{\dfrac{A_1 + A_2 - 2A_1F_{12}}{A_2 - A_1(F_{12})^2} + \left(\dfrac{1}{\epsilon_1} - 1\right) + \dfrac{A_1}{A_2}\left(\dfrac{1}{\epsilon_2} - 1\right)} \tag{8.41}$$

식을 간단히 하기 위해서

$$A_1F_{12} = A_2F_{21}$$

의 호환관계가 적용되었다. 여기서 다시 한 번 주의할 것은 표면들이 서로 보지 못하는 경우, 즉 $F_{11} = F_{22} = 0$인 경우에만 식 (*8.41*)이 적용된다는 것이다. 만약 이러한 조건들이 적용되지 않는다면 각각의 형태계수를 결정하여서 그에 따라 회로망을 풀어야 한다. 예제 8.7에 단열된 표면에 관계된 문제의 적절한 실례가 있다.

이 회로망과 다음에 나오는 다른 회로망들은 열교환이 복사에 의해서만 일어남을 가정하고 대류와 전도는 무시한다.

예제 8-6 실내에 있는 가열판

그림 예제 8.6에서와 같이 두 평행한 평판이 있는데 가로와 세로가 각각 0.5 m, 1.0 m이고 서로 0.5 m의 간격을 두고 있다. 한 평판은 1000℃이고 다른 하나는 500℃로 유지된다. 평판의 방사율은 각각 0.2, 0.5이다. 평판은 벽면이 27℃로 유지되는 커다란 방에 놓여 있다. 평판들은 서로 복사를 교환하기도 하고 벽면과 교환하기도 하지만 여기에서는 서로 마주 보는 면들만 고려할 것이다. 각 판과 방으로의 순 열전달을 구하여라.

■ 풀이

이것은 두 평판과 실내 벽면으로 된 세 표면에 관한 문제이다. 그러므로 복사 회로망은 그림 8.27과 같다. 이 문제의 자료들로부터

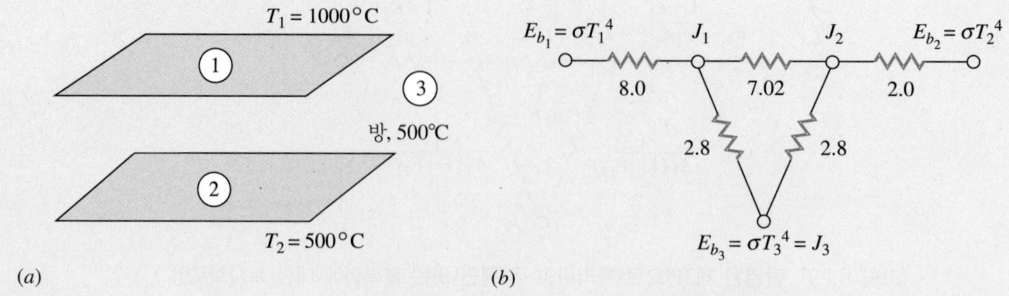

[그림 예제 8.6] (*a*) 개략도 (*b*) 회로망

$$T_1 = 1000°C = 1273\ K \qquad A_1 = A_2 = 0.5\ m^2$$
$$T_2 = 500°C = 773\ K \qquad \epsilon_1 = 0.2$$
$$T_3 = 27°C = 300\ K \qquad \epsilon_2 = 0.5$$

실내 면적 A_3이 매우 크기 때문에 저항 $(1 - \epsilon_3)/\epsilon_3 A_3$은 0으로 간주될 수 있고 $E_{b_3} = J_3$가 된다. 형태계수들은 예제 8-2에 주어졌다.

$$F_{12} = 0.285 = F_{21}$$
$$F_{13} = 1 - F_{12} = 0.715$$
$$F_{23} = 1 - F_{21} = 0.715$$

회로망의 저항들은 다음과 같이 계산된다.

$$\frac{1-\epsilon_1}{\epsilon_1 A_1} = \frac{1-0.2}{(0.2)(0.5)} = 8.0 \qquad \frac{1-\epsilon_2}{\epsilon_2 A_2} = \frac{1-0.5}{(0.5)(0.5)} = 2.0$$
$$\frac{1}{A_1 F_{12}} = \frac{1}{(0.5)(0.285)} = 7.018 \qquad \frac{1}{A_1 F_{13}} = \frac{1}{(0.5)(0.715)} = 2.797$$
$$\frac{1}{A_2 F_{23}} = \frac{1}{(0.5)(0.715)} = 2.797$$

저항 $(1 - \epsilon_3)/\epsilon_3 A_3$을 0으로 간주함으로써 그림과 같은 회로망이 된다. 각 표면에서의 열의 흐름을 계산하기 위해서 출사 J_1와 J_2를 결정해야 한다. 절점 J_1와 J_2에 들어가는 열흐름의 합을 0이라고 놓으면 회로망이 풀린다.

절점 J_1:

$$\frac{E_{b_1} - J_1}{8.0} + \frac{J_2 - J_1}{7.018} + \frac{E_{b_3} - J_1}{2.797} = 0 \qquad \textbf{(a)}$$

절점 J_2:

$$\frac{J_1 - J_2}{7.018} + \frac{E_{b_3} - J_2}{2.797} + \frac{E_{b_2} - J_2}{2.0} = 0 \qquad \textbf{(b)}$$

이제

$$E_{b_1} = \sigma T_1^4 = 148.87\ kW/m^2 \quad [47{,}190\ Btu/h \cdot ft^2]$$
$$E_{b_2} = \sigma T_2^4 = 20.241\ kW/m^2 \quad [6416\ Btu/h \cdot ft^2]$$
$$E_{b_3} = \sigma T_3^4 = 0.4592\ kW/m^2 \quad [145.6\ Btu/h \cdot ft^2]$$

E_{b_1}와 E_{b_2}그리고 E_{b_3}의 값들을 식 (a)와 (b)에 대입하면 두 연립방정식과 두 미지수 J_1와 J_2를 갖게 되는데 다음과 같이 풀린다.

$$J_1 = 33.469\ \text{kW/m}^2 \quad J_2 = 15.054\ \text{kW/m}^2$$

평판 1에 의해 잃는 총 열량은 다음과 같다.

$$q_1 = \frac{E_{b_1} - J_1}{(1-\epsilon_1)/\epsilon_1 A_1} = \frac{148.87 - 33.469}{8.0} = 14.425\ \text{kW}$$

그리고 평판 2에 의해 잃는 총 열량은 다음과 같다.

$$q_2 = \frac{E_{b_2} - J_2}{(1-\epsilon_2)/\epsilon_2 A_2} = \frac{20.241 - 15.054}{2.0} = 2.594\ \text{kW}$$

실내 벽면이 얻는 총 열량은 다음과 같다.

$$\begin{aligned} q_3 &= \frac{J_1 - J_3}{1/A_1 F_{13}} + \frac{J_2 - J_3}{1/A_2 F_{23}} \\ &= \frac{33.469 - 0.4592}{2.797} + \frac{15.054 - 0.4592}{2.797} = 17.020\ \text{kW} \quad [58{,}070\ \text{Btu/h}] \end{aligned}$$

전체적인 균형을 위해 다음 관계가 성립해야 한다.

$$q_3 = q_1 + q_2$$

왜냐하면 양 평판에 의해 잃은 순 에너지는 실내로 흡수되기 때문이다.

예제 8-7 복사 평형상태에 있는 면

가로, 세로가 50 cm인 두 정사각형이 수직으로 접하고 있다. 한 표면은 $T_1 = 1000$ K, $\epsilon_1 = 0.6$이고, 다른 표면은 단열되어 300 K의 커다란 방과 복사 평형을 이루고 있다. 단열된 표면의 온도와 1000 K의 표면에서 잃는 열량을 구하여라.

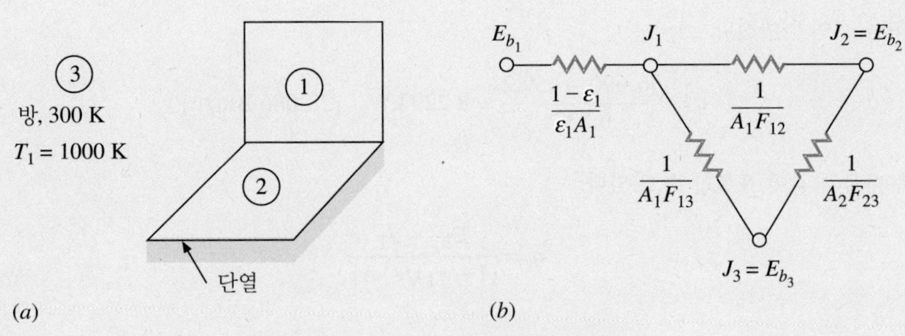

[그림 예제 8.7] (a) 개략도, (b) 회로망

■ **풀이**

이 문제는 열을 교환하는 두 표면과 단열된 한 표면에 관한 문제이지만, 열을 교환하는 표면의 하나인 방이 볼록한 면이 아니기 때문에 식 (8.41)은 계산에 적용될 수 없다. 복사 회로도가 그림 예제 8.7에 함께 제시되어 있는데 여기서

표면 3은 방이고 표면 2는 단열된 표면이다. 방의 크기가 크고 $(1-\epsilon_3)/\epsilon_3 A_3$가 0에 근접하기 때문에 $J_3 = E_{b_3}$임을 주목하라. 표면 2가 단열되어 있기 때문에 열전달은 0이고 $J_2 = E_{b_2}$이다. 회로망에서 J_2는 떠있고(float) 총체적인 복사 평형에 의해서 결정된다. 그림 8.14에서 형태계수는 다음과 같다.

$$F_{12} = 0.2 = F_{21}$$

$F_{11} = 0$ 그리고 $F_{22} = 0$이므로 다음과 같다.

$$F_{12} + F_{13} = 1.0 \quad \text{그리고} \quad F_{13} = 1 - 0.2 = 0.8 = F_{23}$$
$$A_1 = A_2 = (0.5)^2 = 0.25 \text{ m}^2$$

저항들은 다음과 같다.

$$\frac{1-\epsilon_1}{\epsilon_1 A_1} = \frac{0.4}{(0.6)(0.25)} = 2.667$$
$$\frac{1}{A_1 F_{13}} = \frac{1}{A_2 F_{23}} = \frac{1}{(0.25)(0.8)} = 5.0$$
$$\frac{1}{A_1 F_{12}} = \frac{1}{(0.25)(0.2)} = 20.0$$

또한

$$E_{b_1} = (5.669 \times 10^{-8})(1000)^4 = 5.669 \times 10^4 \text{ W/m}^2$$
$$J_3 = E_{b_3} = (5.669 \times 10^{-8})(300)^4 = 459.2 \text{ W/m}^2$$

총체적인 회로는 직렬-병렬 연결이고, 열전달은 다음과 같다.

$$q = \frac{E_{b_1} - E_{b_3}}{R_{\text{equiv}}}$$

다음의 값

$$R_{\text{equiv}} = 2.667 + \frac{1}{\frac{1}{5} + 1/(20+5)} = 6.833$$

을 대입하면 다음 값이 얻어진다.

$$q = \frac{56{,}690 - 459.2}{6.833} = 8.229 \text{ kW} \quad [28{,}086 \text{ Btu/h}]$$

이 열전달량은 다음과 같이 표현할 수도 있다.

$$q = \frac{E_{b_1} - J_1}{(1-\epsilon_1)/\epsilon_1 A_1}$$

대입하면

$$J_1 = 34{,}745 \text{ W/m}^2$$

J_2의 값은 J_1와 J_3 사이의 저항의 비교로부터 구할 수 있다. 즉,

$$\frac{J_1 - J_2}{20} = \frac{J_1 - J_3}{20 + 5}$$

그리고

$$J_2 = 7316 = E_{b_2} = \sigma T_2^4$$

마지막으로 다음과 같이 단열된 표면의 온도를 구할 수 있다.

$$T_2 = \left(\frac{7316}{5.669 \times 10^{-8}}\right)^{1/4} = 599.4\ \text{K} \quad [619°\text{F}]$$

■ **해설**

이 문제에서 $J = E_b$의 관계를 두 번 사용했으나 다른 이유로 사용했음을 다시 유의하라. $J_2 = E_{b_2}$인 이유는 표면 2가 단열되어 있고 표면 저항을 통한 열흐름이 0이기 때문이다. 반면 $J_3 = E_{b_3}$인 이유는 표면 3의 저항이 $A_3 \to \infty$에 따라 표면 저항이 0에 근접하기 때문이다.

8-7 무한 평행면

두 무한 평행면을 고려하면 A_1과 A_2는 동일하다. 그리고 한 표면에서 방사되는 모든 복사가 다른 표면에 도달하기 때문에 형태계수는 1이다. 회로망은 그림 8.26과 같고 단위면적당 열의 흐름은 식 (8.40)에서 $A_1 = A_2$ 이고 $F_{12} = 1.0$로 놓음으로써 얻어질 수 있다. 즉,

$$\frac{q}{A} = \frac{\sigma(T_1^4 - T_2^4)}{1/\epsilon_1 + 1/\epsilon_2 - 1} \tag{8.42}$$

그림 8.29에 나오는 동심의 긴 두 원통이 열을 교환할 때 다시 식 (8.40)을 적용할 수 있다. 식을 다시 쓰고 $F_{12} = 1.0$임을 고려하면 다음과 같다.

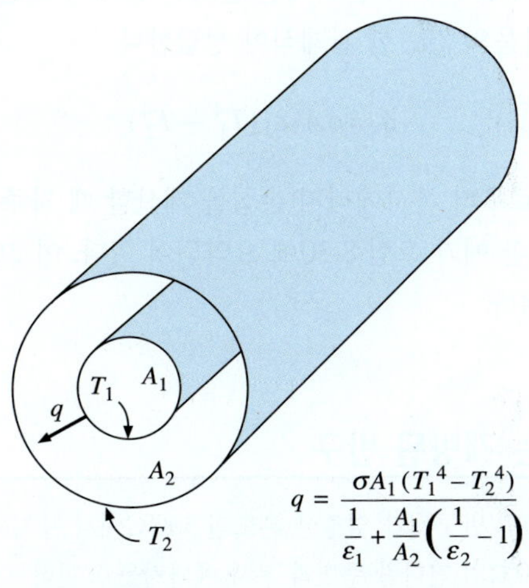

[그림 8.29] 두 원통면 사이의 복사 열전달

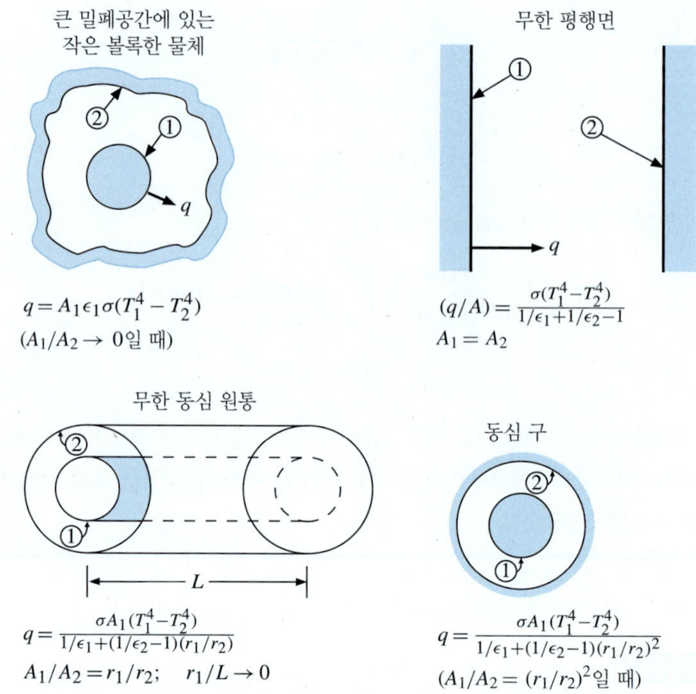

[그림 8.30] 난반사하는 두 회체 사이의 복사열전달. 모든 경우 $F_{12}=1.0$

$$q=\frac{\sigma A_1(T_1^4-T_2^4)}{1/\epsilon_1+(A_1/A_2)(1/\epsilon_2-1)} \tag{8.43}$$

원통형의 물체에 관한 한 면적비 A_1/A_2는 지름의 비율인 d_1/d_2로 대체하여 사용할 수 있다.

커다란 오목면에 둘러싸인 볼록한 물체

식 (8.43)은 커다란 오목 표면에 의해 완전히 둘러싸인 볼록한 물체의 극한적인 조건일 때 특별히 중요하다. 이러한 경우에 $A_1/A_2\to 0$이고 다음의 간단한 관계식이 성립한다.

$$q=\sigma A_1\epsilon_1(T_1^4-T_2^4) \tag{8.43a}$$

이 식은 커다란 실내의 고온 물체로부터 복사에너지 손실을 계산할 때 자주 사용된다.

두 물체에 관한 몇 가지의 열교환 예가 그림 8.30에 요약되어 있다. 이 그림에서 양쪽 표면 모두 다 회색체이고 난반사를 하는 것으로 간주된다.

예제 8-8 큰 방에 있는 개방된 반구

그림 예제 8.8과 같이 지름이 30 cm인 반구체가 일정한 온도인 500℃에서 유지되고 있고 뒤쪽이 단열되어 있다. 표면 방사율은 0.4이다. 열린 부분은 30℃의 커다란 주변과 복사 에너지를 교환하고 있다. 순 열교환량을 구하여라.

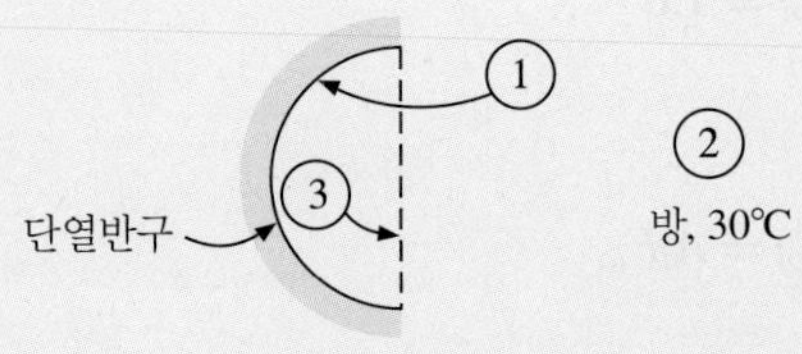

[그림 예제 8.8]

■ 풀이

이것은 커다란 방으로 완벽하게 둘러싸인 물체이지만 반구의 안쪽면은 볼록하지 않다. 즉, 서로 마주 보고 있다. 그러므로 식 (8.43a)를 사용할 수 없다. 이 그림에서 구의 안쪽을 표면 1로, 방을 표면 2로 지정한다. 또한 가상의 표면인 표면 3이 구의 열린 부분을 막고 있다고 가정한다. 실제로 두 표면(표면 1과 2) 문제이므로 식 (8.40)을 이용해 열교환량을 구할 수 있다. 즉,

$$\begin{aligned} E_{b_1} &= \sigma T_1^4 = \sigma(773)^4 = 20{,}241 \text{ W/m}^2 \\ E_{b_2} &= \sigma T_2^4 = \sigma(303)^4 = 478 \text{ W/m}^2 \\ A_1 &= 2\pi r^2 = (2)\pi(0.15)^2 = 0.1414 \text{ m}^2 \\ \frac{1-\epsilon_1}{\epsilon_1 A_1} &= \frac{0.6}{(0.4)(0.1414)} = 10.61 \\ A_2 &\to \infty \end{aligned}$$

그러므로

$$\frac{1-\epsilon_2}{\epsilon_2 A_2} \to 0$$

여기서 표면 1을 떠나서 표면 2에 도달할 모든 복사가 또한 가상의 표면 3을 지남을 생각할 수 있다. 즉, $F_{12} = F_{13}$이다. 또한 다음 관계에서

$$A_1 F_{13} = A_3 F_{31}$$

$F_{31} = 1.0$이므로

$$F_{13} = F_{12} = \frac{A_3}{A_1} = \frac{\pi r^2}{2\pi r^2} = 0.5$$

그리고 $1/A_1F_{12} = 1/(0.1414)(0.5) = 14.14$이므로 이 값을 식 (8.40)에 대입함으로써 열교환량을 다음과 같이 구할 수 있다.

$$q = \frac{\sigma A_1(T_1^4 - T_2^4)}{1/\epsilon_1 + (A_1/A_2)(1/\epsilon_2 - 1)}$$

공동의 겉보기방사율

그림 8.31과 같은 공동(Cavity)이 있다. 공동은 내부가 오목한 면적 A_i 및 방사율 ϵ_i를 가지며, 개방된 면적 A_o를 통해 외부로 복사에너지를 방출한다. 이 공동은 온도가 T_s이고 개방면적과 비교하여 충분히 큰 면적을 갖는 주위와 복사에너지를 교환한다. 위의 변수들을 사용하여 개방면적의 겉보기방사율(Apparent Emissivity)에 대한 관계식을 구해보고자 한다. 만일 가상면적 A_o가 공동의 면적 A_i와 열교환을 한다고 생각하면

$$F_{oi} = 1.0$$

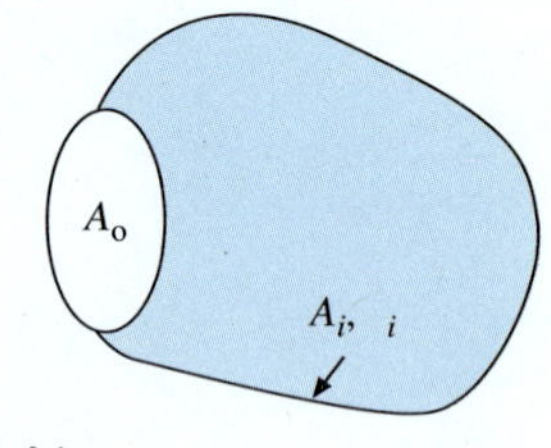

[그림 8.31] 공동의 겉보기방사율

그리고 두 면간의 상호성으로부터

$$A_o F_{oi} = A_i F_{io}$$

그러나 $F_{io} = F_{is}$이므로

$$A_i F_{is} = A_o \quad \textbf{(8.44)}$$

면적 A_i와 둘러싸인 주위면적 A_s간의 순 복사교환은 다음과 같이 주어진다.

$$q_{i-s} = (E_{bi} - E_{bs})/[(1-\epsilon_i)/\epsilon_i A_i + 1/A_i F_{is}] \quad \textbf{(8.45)}$$

그리고 겉보기방사율 ϵ_a를 갖는 가상면적 A_o와 큰 주위 사이의 순 복사열교환은 식 (8.43a)에 의해 다음과 같고, 여기서 면 A_o의 온도는 공동의 면적 A_i의 온도와 같다.

$$q_{o-s} = \epsilon_a A_o (E_{bi} - E_{bs}) \quad \textbf{(8.46)}$$

식 (8.44)를 식 (8.45)에 대입하고, 식 (8.45)와 (8.46)을 같게 놓은 후 정리하면

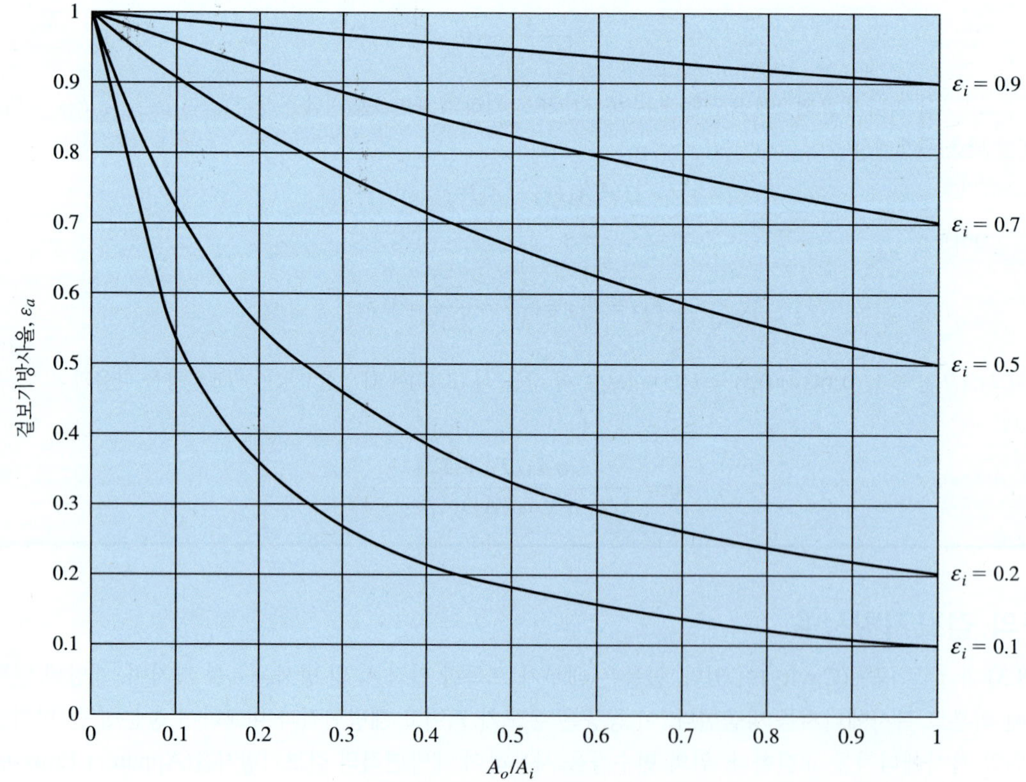

[그림 8.32] 공동의 겉보기방사율

$$\epsilon_a = \epsilon_i A_i / [A_o + \epsilon_i (A_i - A_o)] \tag{8.47}$$

극한상황의 경우 ϵ_a는 다음과 같이 되는 것을 관찰할 수 있다:

$A_o = A_i$인 경우(또는 전혀 공동이 아닌 경우)에 대해 $\epsilon_a = \epsilon_i$

그리고 $A_i \gg A_o$인 경우(또는 공동이 매우 큰 경우)

$$\epsilon_a \rightarrow 1.0$$

식 (8.47)에 대한 그래프가 그림 8.32에 주어져 있다.

겉보기방사율 개념은 집중열용량계로 볼 수 있는 과도문제 해석에도 역시 사용된다. 그러한 예제가 부록 D(D-6)에서 토의된다. 가열된 전자부품상자와 주위간의 열교환은 대류와 복사가 복합되어 나타나는데, 이러한 열교환문제에 적용된 복합집중열용량계해석 예제도 주어져 있다.

예제 8-9 핀이 달린 면의 유효방사율

그림 예제 8.9의 보조그림에 보인 바와 같이 여러 개의 핀이 반복적으로 부착된 면은 평평한 면으로 있는 것보다는 더 높은 유효방사율을 얻고자할 때 이용된다. 면의 방사율이 0.2, 0.5, 및 0.8인 경우 핀끝과 열려진 공동의 조합에 따른 유효방사율을 계산하여라.

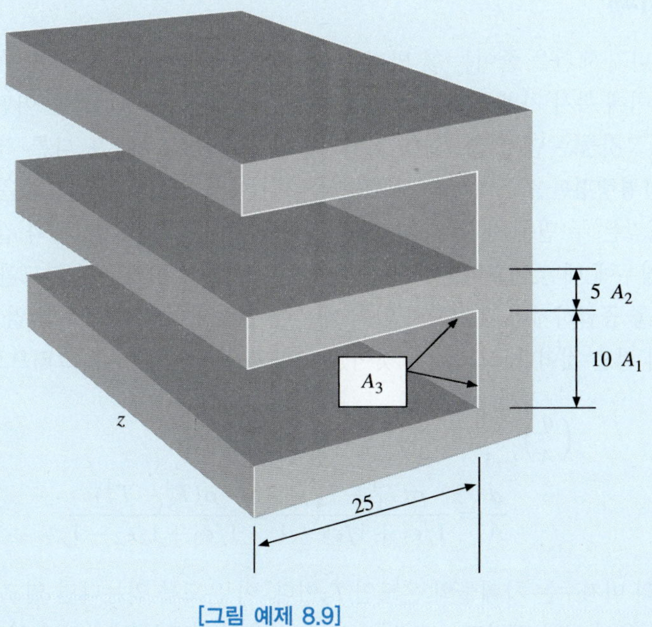

[그림 예제 8.9]

■ 풀이

z–방향의 단위 길이에 대해

$$A_1 = 10,\ A_2 = 5,\ A_3 = (2)(25) + 10 = 60$$

열려진 공동의 면적 A_1에 대한 겉보기방사율은 식 (8.47)에 의해

$$\epsilon_{a1} = \epsilon A_3/[A_1 + \epsilon(A_3 - A_1)] = 60\epsilon/(10 + 50\epsilon) \tag{a}$$

일정표면방사율일 때 전체면적 $A_1 + A_2$로부터 방사된 에너지는

$$(\epsilon_{a1}A_1 + \epsilon A_2)E_b \tag{b}$$

그리고 그 전체면적에 대한 단위면적당 방출에너지는

$$[(\epsilon_{a1}A_1 + \epsilon A_2)/(A_1 + A_2)]E_b \tag{c}$$

E_b의 계수는 평면과 개방된 공동의 조합에 따른 유효방사율 ϵ_{eff}이다. 식 (*a*)를 식 (*c*)에 대입함으로써 다음의 값을 얻는다.

$\epsilon = 0.2$에 대해 $\epsilon_{eff} = 0.4667$

$\epsilon = 0.5$에 대해 $\epsilon_{eff} = 0.748$

$\epsilon = 0.8$에 대해 $\epsilon_{eff} = 0.907$

적용가능한 주위면적의 복사물성값과 관련하여 이러한 유효값은 이처럼 핀이 부착된 면의 복사성능을 계산하는데 사용할 수 있다.

8-8 복사 차폐

두 표면 사이의 복사에너지 교환을 줄이는 한 방법은 상당히 반사율이 높은 물질을 사용하는 것이다. 또 다른 방법은 두 복사표면 사이에 복사 차폐물(shield)을 사용하는 것이다. 이 차폐물은 어떤 경우에도 열을 공급하거나 제거하지 않는다. 그것들은 단지 열교환이 지체되도록 열전달 경로에 또 다른 저항을 놓을 뿐이다. 그림 8.33(*a*)에 보인 두 무한평행평판을 고려하자. 이 표면들 사이에서 일어나는 열교환은 식 (8.42)로 계산할 수 있음을 보였다. 이제 똑같은 두 면를 생각하자. 그러나 그 사이에는 그림 8.33(*b*)와 같이 복사 차폐물이 설치되어 있다. 이 후자의 경우에 대한 열교환량을 계산하여 차폐물이 없는 경우의 열교환량과 비교하여 보자.

차폐물이 계에서 열을 공급하거나 제거하지 않기 때문에 판 1과 차폐물 사이의 열교환량은 판 2와 차폐물 사이에서의 열교환량과 같을 것이다. 그리고 그것이 열교환의 전부인 셈이다. 그러므로

$$\left(\frac{q}{A}\right)_{1-3} = \left(\frac{q}{A}\right)_{3-2} = \frac{q}{A}$$
$$\frac{q}{A} = \frac{\sigma(T_1^4 - T_3^4)}{1/\epsilon_1 + 1/\epsilon_3 - 1} = \frac{\sigma(T_3^4 - T_2^4)}{1/\epsilon_3 + 1/\epsilon_2 - 1} \tag{8.48}$$

식 (8.48)에서 단 하나의 미지수는 차폐물의 온도인 T_3이다. 이 온도를 얻는다면 열교환량은 쉽게 구할 수 있다. 만약 세 표면의 방사율이 모두 같다면($\epsilon_1 = \epsilon_2 = \epsilon_3$), 다음의 간단한 관계식이 얻어진다.

$$T_3^4 = \frac{1}{2}(T_1^4 + T_2^4) \tag{8.49}$$

그리고 열교환량은

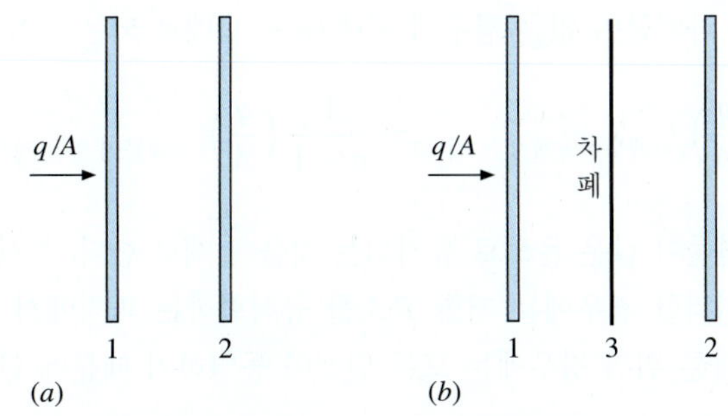

[그림 8.33] 복사 차폐 유무에 따른 무한 평행면 사이의 복사

$$\frac{q}{A} = \frac{\frac{1}{2}\sigma(T_1^4 - T_2^4)}{1/\epsilon_1 + 1/\epsilon_3 - 1}$$

그러나 $\epsilon_3 = \epsilon_2$이기 때문에 이 열교환량은 차폐물이 없는 경우의 절반에 해당함을 알 수 있다. 그림 8.33(*b*)에 해당하는 복사회로망은 그림 8.34에 주어져 있다.

그림 8.34의 회로망을 보면 세 개의 저항(차폐물에 대해 하나의 공간 저항과 두 표면 저항)의 삽입에 의하여 단지 두 면만이 마주 보고 있는 경우에 비해 복사열 교환이 더 저항을 많이 받는 것을 알 수 있다. 차폐물의 반사율이 클수록, 즉 방사율이 작을수록 더 많은 표면 저항이 삽입된다. $\epsilon = 1$이고 표면 저항이 0인 흑체 차폐물의 경우에도 회로망에 삽입되는 별도의 공간 저항이 있다. 결과적으로 복사 경로에 끼여드는 어떠한 표면 삽입도 그 방사율 정도에 관계없이 어느 정도 열전달의 감소를 야기한다.

다중 복사 차폐 문제는 위에서 살펴본 같은 방법으로 다룰 수 있다. 모든 표면들의 방사율이 다른 경우에 총괄적인 열교환은 그림 8.34의 회로처럼 적절한 수의 요소들로 이루어진 직렬 복사 회로망을 사용함으로써 가장 쉽게 구할 수 있다. 만약 모든 표면의 방사율이 동일하다면 무한 평행표면 사이에서 열전달에 관한 다소 간단한 관계가 유도될 것이다. 차폐물의 수를 n이라고 놓자. 계의 복사망을 고려하면 방사율이 동일하기 때문에 모든 표면 저항이 같을 것이다. 하나의 차폐물당 이러한 저항이 두 개 있을 것이고 하나의 열 교환 표면에는 하나씩 있을 것이다. $(n + 1)$의 공간 저항이 있을 것이고 무한히 평행한 평판에 대해 복사형태계수가 1이므로 그 값은 1이다. 그러므로 회로망에서 총저항은 다음과 같다.

$$R(n\text{개의 차폐물}) = (2n+2)\frac{1-\epsilon}{\epsilon} + (n+1)(1) = (n+1)\left(\frac{2}{\epsilon} - 1\right)$$

차폐물이 하나도 없는 경우의 저항은 다음과 같다.

$$R(\text{차폐물이 없는 경우}) = \frac{1}{\epsilon} + \frac{1}{\epsilon} - 1 = \frac{2}{\epsilon} - 1$$

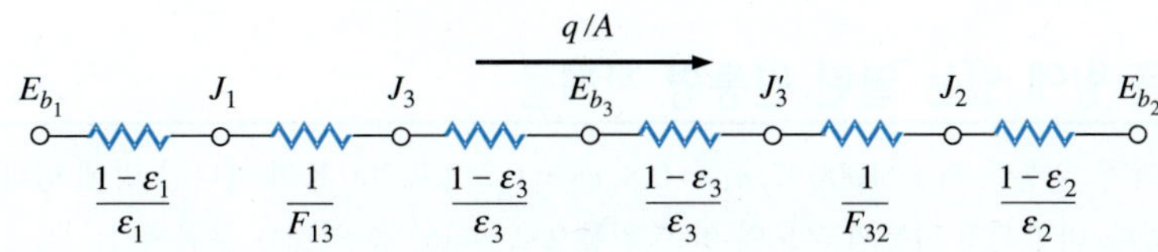

[그림 8.34] 평행한 두 무한 평판 사이에 복사 차폐물이 한 개 있는 경우의 복사회로망

차폐물이 있는 경우에 저항은 차폐물이 없는 경우에 비해 $(n + 1)$배로 되는 것을 알 수 있다. 즉,

$$\left(\frac{q}{A}\right)_{(\text{차폐물이 } n\text{개 있는 경우})} = \frac{1}{n+1}\left(\frac{q}{A}\right)_{(\text{차폐물이 없는 경우})} \quad \textbf{(8.50)}$$

이것은 양쪽 모두 열복사 표면들이 같은 온도로 유지되는 것을 전제로 한다. 복사 회로망법은 원통형계에 대한 차폐문제에도 적용된다. 이러한 경우에는 저항 요소를 공식화하는 과정에서 적절한 면적 관계식이 사용되어야 한다. 무한 평행면을 다룬 위의 경우에는 모든 면적이 동일하기 때문에 단위면적에 대해 전술한 해석이 이루어졌음을 유의하라.

예제 8-10 평행 평판 차폐에 의한 열전달 감소

방사율이 0.3, 0.8인 두 커다란 평행면이 열을 교환한다. 두 면 사이에 연마된 알루미늄 복사 차폐물(0.04)이 설치되었을 때 열복사 감소율을 구하여라.

■ 풀이

복사 차폐가 없는 경우의 열교환량은 다음과 같다.

$$\frac{q}{A} = \frac{\sigma(T_1^4 - T_2^4)}{1/\epsilon_1 + 1/\epsilon_2 - 1} = 0.279\sigma(T_1^4 - T_2^4)$$

차폐가 있는 이 문제의 복사 회로망은 그림 8.34와 같다. 저항들은

$$\frac{1-\epsilon_1}{\epsilon_1} = \frac{1-0.3}{0.3} = 2.333$$

$$\frac{1-\epsilon_3}{\epsilon_3} = \frac{1-0.04}{0.04} = 24.0$$

$$\frac{1-\epsilon_2}{\epsilon_2} = \frac{1-0.8}{0.8} = 0.25$$

총 저항은

$$2.333 + (2)(24.0) + (2)(1) + 0.25 = 52.583$$

그리고 열교환량은

$$\frac{q}{A} = \frac{\sigma(T_1^4 - T_2^4)}{52.583} = 0.01902\sigma(T_1^4 - T_2^4)$$

그러므로 열교환량은 93.2% 감소한다.

예제 8-11 큰 방에 있는 열린 원통형 차폐물

예제 8-3에서의 동심의 두 원통은 $T_1 = 1000$ K, $\epsilon_1 = 0.8$, $\epsilon_2 = 0.2$이고 300 K의 커다란 방에 있다. 바깥쪽의 원통은 복사 평형의 상태에 있다. 바깥쪽의 원통의 온도와 안쪽 원통으로부터의 총 열량을 구하여라.

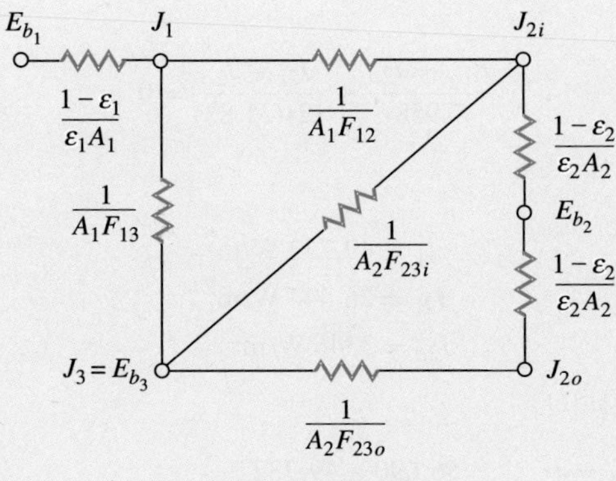

[그림 예제 8.11]

■ 풀이

이 문제의 회로망을 다음과 같이 나타낼 수 있다. 방을 표면 3으로 표시하고 $J_3 = E_{b_3}$. 왜냐하면 방이 상당히 커서 표면저항이 매우 작기 때문이다. 이 문제에서 표면 2의 안쪽과 바깥쪽을 고려해야 하므로 각각에 대하여 첨자 i와 o를 사용하였다. 형태계수는 예제 8-3에서 다음과 같이 얻을 수 있다.

$$F_{12} = 0.8253 \quad F_{13} = 0.1747$$
$$F_{23i} = (2)(0.1294) = 0.2588 \quad F_{23o} = 1.0$$

또한,

$$A_1 = \pi(0.1)(0.2) = 0.06283 \text{ m}^2$$
$$A_2 = \pi(0.2)(0.2) = 0.12566 \text{ m}^2$$
$$E_{b_1} = (5.669 \times 10^{-8})(1000)^4 = 5.669 \times 10^4 \text{ W/m}^2$$
$$E_{b_3} = (5.669 \times 10^{-8})(300)^4 = 459.2 \text{ W/m}^2$$

그리고 저항들은 다음과 같이 계산된다.

$$\frac{1-\epsilon_1}{\epsilon_1 A_1} = 3.979 \qquad \frac{1-\epsilon_2}{\epsilon_2 A_2} = 31.83$$
$$\frac{1}{A_1F_{12}} = 19.28 \qquad \frac{1}{A_2F_{23i}} = 30.75$$
$$\frac{1}{A_2F_{23o}} = 7.958 \qquad \frac{1}{A_1F_{13}} = 91.1$$

회로망은 직병렬 회로로 풀 수 있지만 어느 경우든 출사를 알아야 하므로 J_1, J_{2i}, J_{2o}를 구하기 위해 세 절점 방정식을 세운다. 각 절점으로 모이는 전류를 합하여 0으로 놓는다.

절점 J_1 :

$$\frac{E_{b_1} - J_1}{3.979} + \frac{E_{b_3} - J_1}{91.1} + \frac{J_{2i} - J_1}{19.28} = 0$$

절점 J_{2i}:

$$\frac{J_1 - J_{2i}}{19.28} + \frac{E_{b_3} - J_{2i}}{30.75} + \frac{J_{2o} - J_{2i}}{(2)(31.83)} = 0$$

절점 J_{2o}:

$$\frac{E_{b_3}-J_{2o}}{7.958}+\frac{J_{2i}-J_{2o}}{(2)(31.83)}=0$$

이 방정식을 풀면 다음과 같다.

$$J_1 = 49,732 \text{ W/m}^2$$
$$J_{2i} = 26,444 \text{ W/m}^2$$
$$J_{2o} = 3346 \text{ W/m}^2$$

따라서 열교환량은 다음과 같이 계산된다.

$$q=\frac{E_{b_1}-J_1}{(1-\epsilon_1)/\epsilon_1 A_1}=\frac{56,690-49,732}{3.979}=1749 \text{ W} \quad [5968 \text{ Btu/h}]$$

회로망으로부터

$$E_{b_2}=\frac{J_{2i}+J_{2o}}{2}=\frac{26,444+3346}{2}=14,895 \text{ W/m}^2$$

그리고

$$T_2=\left(\frac{14,895}{5.669\times 10^{-8}}\right)^{1/4}=716 \text{ K} \quad [829°\text{F}]$$

만약 바깥쪽의 원통이 차폐의 역할을 하지 않았더라면 원통 1에서의 열손실량은 식 (8.43*a*)에 의해 다음과 같이 계산될 수 있다.

$$q=\epsilon_1 A_1(E_{b_1}-E_{b_3})$$
$$=(0.8)(0.06283)(56,690-459.2)=2826 \text{ W} \quad [9644 \text{ Btu/h}]$$

8-9 기체 복사

기체와 열교환 표면 사이에 복사 교환은 앞에서 설명한 상황에 비해 좀더 복잡하다. 대부분의 고체와는 다르게 기체는 보통 복사에 대해 투명하다. 기체가 흡수나 방사할 때 대부분의 경우 특정한 좁은 파장의 대역에서만 그렇게 한다. N_2, O_2와 같은 기체와 무극성(nonpolar)인 대칭구조의 분자로 이루어진 기체는 낮은 온도에서 본질적으로 투명하다. 반면에 CO_2와 H_2O또는 여러 가지 탄화 수소 기체들은 어느 정도 복사를 한다.

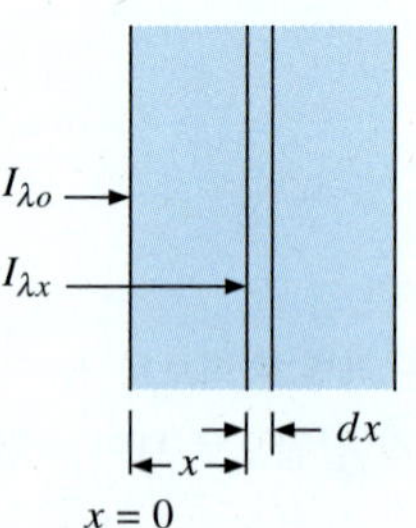

[그림 8.35] 기체층에서의 흡수

기체층의 복사 흡수는 그림 8.35에 도시된 계를 고려하면 다음과 같은 방법으로 해석할 수 있다. 강도 I_λ를 지니는 단색광의 복사가 두께 dx의 기체층을 충돌한다. 층에서의 흡수로 인한 강도의 저하는 층의 두께와 복사의 강도에 비례하는 것으로 가정한다. 따라서,

$$dI\lambda = -a\lambda I\lambda dx \tag{8.51}$$

여기서 비례상수 a_λ는 단색 흡수계수라고 한다. 이 식을 적분하면 다음과 같다.

$$\int_{I_{\lambda 0}}^{I_{\lambda x}} \frac{dI_\lambda}{I_\lambda} = \int_0^x -a_\lambda \, dx$$

또는

$$\frac{I_{\lambda x}}{I_{\lambda 0}} = e^{-a_\lambda x} \tag{8.52}$$

식 (8.52)는 Beer의 법칙이라 불리고 흡수를 다루는 여러 종류의 복사 해석에서 경험한 익숙한 지수감소의 공식을 나타낸다. 8-3절의 정의에 의하면 단색 투과율은 다음과 같이 주어진다.

$$\tau_\lambda = e^{-\alpha_\lambda x} \tag{8.53}$$

기체가 반사를 하지 않는다면

$$\tau_\lambda + \alpha_\lambda = 1$$

그리고

$$\alpha_\lambda = 1 - e^{-\alpha_\lambda x} \tag{8.54}$$

앞에서 언급했듯이 기체는 종종 좁은 파장의 띠만 흡수한다. 예를 들어 수증기는 1.4 μm에서 1.5 μm 사이에서 약 0.7의 흡수율을 지니고, 1.6 μm에서 1.8 μm 사이에서는 약 0.8의 흡수율을 그리고 2.6 μm에서 2.8 μm 사이에서는 약 1.0의 흡수율을 지닌다. 또는 5.5 μm와 7.0 μm에서 약 1.0의 흡수율을 지닌다. 식 (8.54)에서 보았듯이 흡수율 역시 기체층의 두께의 함수이며 온도의 영향도 있다.

기체 복사 물성값 계산은 매우 복잡하므로 자세한 사항은 참고문헌 [23]~[25]를 참조한다.

8-10 흡수와 투과매질에 대한 복사열교환

앞에서는 완전히 투명한 매질에 의해 분리된 표면들 사이의 복사 열교환을 계산하는데 쓰이는 방법들에 대해 설명하였다. 이러한 유형의 문제들을 해결하는데 복사 회로망법이 매우 유용하게 사용되었다.

실제의 많은 문제에서는 흡수하면서도 투과하는 매질을 통한 복사열의 교환이 포함된다. 여러 종류의 유리 물질이 이러한 매질의 예이며, 기체도 그러하다. 이제는 기체가 포함된 많은 문제들을 유의하면서 흡수-투과 계에서의 복사 회로망법을 살펴보자. 0.5 μm $< \lambda <$ 2.5 μm 파장 범위에서의 몇몇 유리들에 대한 투과도를 표 8.3에 나타내었다.

먼저 서로 마주 보는 다른 물체와 마주하지 않는 비투과적인 표면들의 경우를 고려해 보자. 나아가서 그 표면들 사이를 흡수-투과 매질로 채우자. 실제의 문제는 흡수적인 기체이거나 투과적인 유리나 플라스틱으로 분리된 두 면일 것이다. 그림 8.36에 이러한 상황이 도시적으로 나타나 있다. 투과 매질은 첨자 m으로 표시되어 있다. 매질은 반사를 하지 않는다고 가정하고 Kirchhoff의 정의를 적용하면 다음과 같다.

$$\alpha_m + \tau_m = 1 = \epsilon_m + \tau_m \tag{8.55}$$

매질이 반사를 하지 않는다는 가정은 기체의 경우에 유효한 것이다. 유리나 플라스틱의 경우 이것은 반드시 옳지는 않고 많은 유리 물질은 보통 0.1의 반사율을 갖는다. 거기에다 유리의 투과 특성은 0.2 μm에서 4

[표 8.3] 20°C의 창유리의 투과율 근사값

유리		$\tau(0.5\ \mu m < \lambda < 2.5\ \mu m)$
소다 석회 유리, 두께	= 1.6 mm	0.9
	= 6.4 mm	0.75
	= 9.5 mm	0.7
	= 12.7 mm	0.65
소다 석회 유리, 두께	= 12.7 mm	0.85
붕규산	= 12.7 mm	0.8
용융규산	= 12.7 mm	0.85
파이렉스	= 12.7 mm	0.65

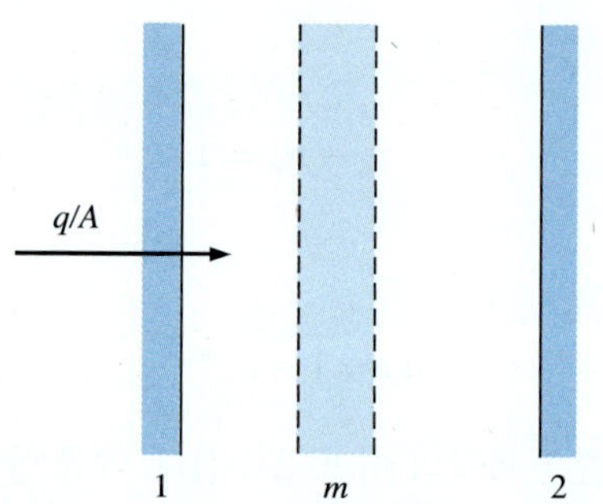

[그림 8.36] 두 면 사이의 투과 매질을 고려한 복사계

μm 사이의 좁은 파장의 대역에 국한된다. 따라서 지금부터 시작하는 해석들은 상당히 이상적인 것으로서 투과가 고려된 문제해결의 출발점을 제공하는데 주로 기여하게 된다.

기체에 관한 다른 복잡한 문제들은 나중에 언급된다. 반사와 흡수가 모두 고려될 때는 8-12절에서 논의될 해석기법을 사용해야 한다.

다시 해석으로 돌아와서 매질은 한 표면에서 다른 표면으로 복사를 방사하고 투과할 수 있음을 유의하자. 이제 할 일은 이러한 두 가지 유형의 교환 과정을 기술하는데 사용되는 회로망의 요소들을 결정하는 것이다. 투과된 에너지는 다음과 같이 해석된다. 표면 1을 떠나 매질을 투과하여 표면 2에 도달하는 에너지는 다음과 같다.

$$J_1 A_1 F_{12} \tau_m$$

그리고 표면 2에서 표면 1로 가는 에너지는 다음과 같다.

$$J_2 A_2 F_{21} \tau_m$$

그러므로 이 투과 과정에서의 순 교환량은 다음과 같이 얻어진다.

$$q_{1-2_{\text{transmitted}}} = A_1 F_{12} \tau_m (J_1 - J_2)$$

$$q_{1-2_{\text{transmitted}}} = \frac{J_1 - J_2}{1/A_1 F_{12}(1 - \epsilon_m)} \tag{8.56}$$

그리고 이러한 과정을 기술하는 회로망 요소들은 그림 8.37에 도시되어 있다.

[그림 8.37] 매질을 통한 투과 복사를 위한 회로망 요소　[그림 8.38] 매질과 표면 사이의 복사 열교환의 회로망 요소

이제 표면 1과 투과매질 사이의 교환 과정을 고려하자. 매질이 반사를 하지 않는다는 가정을 했기 때문에 매질을 떠나는 에너지(이미 고려한 투과된 에너지를 제외함)는 매질이 방사한 바로 그 에너지이다.

$$J_m = \epsilon_m E_{bm}$$

그리고 매질을 떠나는 에너지 가운데 표면 1에 도달하는 양은 다음과 같다.

$$A_m F_{m1} J_m = A_m F_{m1} \epsilon_m E_{bm}$$

표면 1을 떠나는 에너지 가운데 투과매질에 도달하는 양은 다음과 같다.

$$J_1 A_1 F_{1m} \alpha_m = J_1 A_1 F_{1m} \epsilon_m$$

여기서 매질의 흡수는 입사된 복사가 매질에 도달함을 의미함을 유의하자. 위의 관계들과 일관되게 매질과 표면 1 사이의 순 에너지의 교환은 매질에서 표면 1을 향해 방사된 에너지의 양과 표면 1에서 방사되어 매질에 흡수된 에너지의 양의 차이이다. 그러므로

$$q_{m-1_{\text{net}}} = A_m F_{m1} \epsilon_m E_{bm} - J_1 A_1 F_{1m} \epsilon_m$$

호환관계를 적용하면

$$A_1 F_{1m} = A_m F_{m1}$$

다음과 같은 결과를 얻는다.

$$q_{m-1_{\text{net}}} = \frac{E_{bm} - J_1}{1/A_1 F_{1m} \epsilon_m} \tag{8.57}$$

이 열교환 과정은 그림 8.38에 회로망 요소들에 의해 나타내어진다. 그림 8.36의 물리적인 상황에 대한 총괄적인 회로망이 그림 8.39에 나타나 있다.

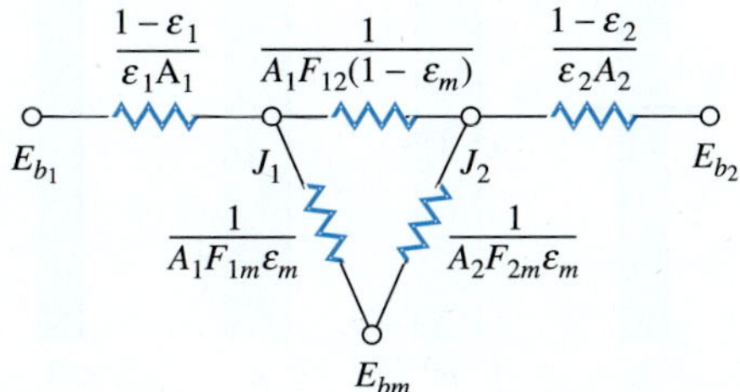

[그림 8.39] 그림 8.36의 계에 대한 총 회로망

투과매질이 어떤 고정된 온도로 유지된다면 퍼텐셜 E_{bm}은 다음 식에 의해 고정된다.

$$E_{bm} = \sigma T_m^4$$

한편, 어떠한 에너지도 매질로 전달되지 않는다면 E_{bm}은 떠 있는(floating)의 절점이 되고 다른 회로망 요소에 의해 그 퍼텐셜이 결정된다.

실제로 복사형태계수인 $F_{1\text{-}2}$, $F_{1\text{-}m}$와 $F_{2\text{-}m}$는 이 예에 있어서 1이며 따라서, 열 흐름에 관한 식이 어느 정도 간략하게 된다. 그러나 이러한 형태계수들은 해석의 일반성을 위해 회로망의 저항에 포함시킨다.

회색체 표면들 사이에서 흡수 기체를 통과하는 열 교환에 관한 문제를 취급할 때 가장 어려운 문제는 그 기체의 투과율과 방사율을 결정하는 일이다. 이 수치들은 기체의 온도뿐만 아니라 기체층의 두께의 함수가 된다. 즉, 얇은 기체층이 두꺼운 기체층에 비해 더 많은 복사를 투과한다. 실제의 문제들은 위의 예에서 보듯이 거의 대부분 둘 이상의 표면들을 포함한다. 결과적으로 그 표면들의 기하학적 배치에 따라서 여러 복사 표면들 사이의 투과율은 매우 다를수 있다. 기체의 온도는 일정하지 않으므로 기체의 위치에 따라서 방사율과 투과율이 변할 것이다. 이러한 상황을 해결하는 방법은 기체를 여러 층으로 나누어서 복사회로망을 구성하여 여러 절점들의 퍼텐셜을 떠 있게(float) 하고 기체 온도 분포를 구할 것이다. 이 방법을 사용하더라도 기체의 복사성질이 알려지지 않은 떠 있는(floating) 퍼텐셜 함수이기 때문에 반복적인 방법이 결국 도입되어야 한다. 자연히 기체의 온도가 균일하다면 문제는 훨씬 쉬워진다.

복잡한 기체 복사 문제에 대한 해답은 제시하지 않을 것이다. 왜냐하면 그러한 문제를 해결하는데 필요한 지루한 수고는 지금의 논의를 벗어나는 일이기 때문이다. 그러나 복잡한 문제를 풀어내는데 적용이 될 수 있는 일반적인 사고기법을 보여주기 위해 두 층의 투과 계를 해석하는 것은 도움이 된다.

그림 8.40에 나타난 물리적인 상황을 보자. 두 복사 및 흡수 표면이 두 층의 투과 흡수 매질에 의해 분리되어 있다. 이 두 층은 해석의 목적상 두 장의 유리와 같은 투명한 매질을 대표하거나 두 층으로 분리된 기체층을 나타낼 수도 있다. 두 투과 흡수층을 첨자 m과 n으로 표시하면 표면 1과 m사이의 에너지 교환량은 다음과 같이 주어진다.

$$q_{1-m} = A_1 F_{1m} \epsilon_m J_1 - A_m F_{m1} \epsilon_m E_{bm} = \frac{J_1 - E_{bm}}{1/A_1 F_{1m} \epsilon_m} \qquad \textbf{(8.58)}$$

그리고 표면 2와 n 사이는 다음과 같다.

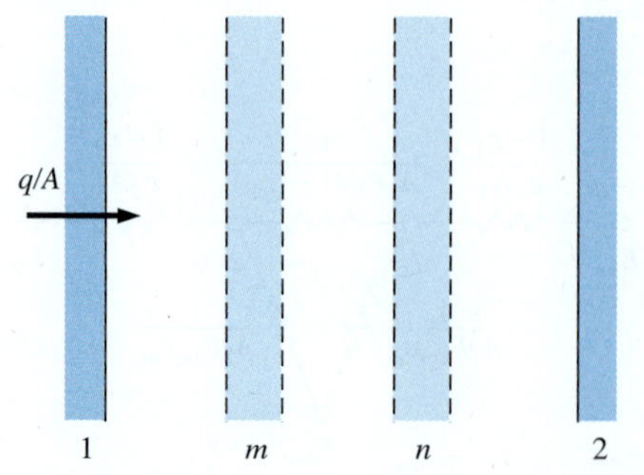

[그림 8.40] 두 면 사이에 있는 두 투과층으로 구성된 복사계

$$q_{2-n} = A_1 F_{2n} \epsilon_n J_2 - A_n F_{n2} \epsilon_n E_{bn} = \frac{J_2 - E_{bn}}{1/A_2 F_{2n} \epsilon_n} \tag{8.59}$$

표면 1을 떠나 표면 2에 도달하는 에너지는

$$q_{1-2} = A_1 F_{12} J_1 \tau_m \tau_n = A_1 F_{12} J_1 (1 - \epsilon_m)(1 - \epsilon_n)$$

그리고 표면 2를 떠나 표면 1에 도달하는 에너지는

$$q_{2-1} = A_2 F_{21} J_2 \tau_n \tau_m = A_2 F_{12} J_2 (1 - \epsilon_n)(1 - \epsilon_m)$$

그러므로 투과를 통해 표면 1과 2 사이에 교환된 순 에너지는

$$q_{1-2_{\text{transmitted}}} = A_1 F_{12}(1 - \epsilon_m)(1 - \epsilon_n)(J_1 - J_2) = \frac{J_1 - J_2}{1/A_1 F_{12}(1 - \epsilon_m)(1 - \epsilon_n)} \tag{8.60}$$

그리고 이 투과를 나타내는 회로망 요소가 그림 8.41에 도시되어 있다. 표면 1을 떠나 표면 n에 흡수되는 에너지의 양은

$$q_{1-n} = A_1 F_{1n} J_1 \tau_m \epsilon_n = A_1 F_{1n} J_1 (1 - \epsilon_m) \epsilon_n$$

또한

$$q_{n-1} = A_n F_{n1} J_n \tau_m = A_n F_{n1} \epsilon_n E_{bn} (1 - \epsilon_m)$$

왜냐하면

$$J_n = \epsilon_n E_{bn}$$

이기 때문이다. 그러므로 표면 1과 n 사이의 순 교환량은

$$q_{1-n_{\text{net}}} = A_1 F_{1n}(1 - \epsilon_m)\epsilon_n (J_1 - E_{bn}) = \frac{J_1 - E_{bn}}{1/A_1 F_{1n}(1 - \epsilon_m)\epsilon_n} \tag{8.61}$$

그리고 이 상황을 나타내는 회로망 요소가 그림 8.42에 도시되어 있다. 이러한 방식으로 표면 2와 m사이의 순 교환량을 구하면 다음과 같다.

$$q_{2-m_{\text{net}}} = \frac{J_2 - E_{bm}}{1/A_2 F_{2m}(1 - \epsilon_n)\epsilon_m}$$

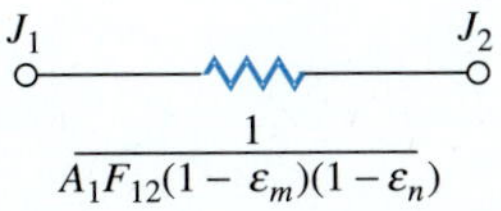

J_1 ——/\/\/\—— J_2

$$\frac{1}{A_1 F_{12}(1 - \varepsilon_m)(1 - \varepsilon_n)}$$

[그림 8.41] 두 면 사이의 투과 복사에 대한 회로망 요소

J_1 ——/\/\/\—— E_{bn}

$$\frac{1}{A_1 F_{1n}(1 - \varepsilon_m)\varepsilon_n}$$

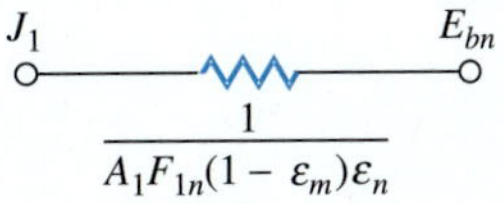

[그림 8.42] 매질 n에서 면 1로의 투과 복사에 대한 회로망 요소

표면 m을 떠나서 n에 흡수되는 복사량은

$$q_{m-n} = J_m A_m F_{mn} \alpha_n = A_m F_{mn} \epsilon_m \epsilon_n E_{bm}$$

그리고

$$q_{n-m} = A_n F_{nm} \epsilon_n \epsilon_m E_{bn}$$

그러므로 m과 n사이의 순 에너지 교환량은 다음과 같다.

$$q_{m-n_{\text{net}}} = A_m F_{mn} \epsilon_m \epsilon_n (E_{bm} - E_{bn}) = \frac{E_{bm} - E_{bn}}{1/A_m F_{mn} \epsilon_m \epsilon_n} \tag{8.62}$$

그리고 이 에너지 교환을 나타내는 회로망 요소가 그림 8.43에 도시되어 있다.

표면 저항이 추가된 총괄적인 열 교환 과정에 대한 최종 회로망이 그림 8.44에 도시되어 있다. 만약 두 투과층인 m과 n이 주어진 온도에서 일정하게 유지된다면 여러 열 흐름량을 구하기 위해 미지 퍼텐셜인 J_1와 J_2만 결정하면 되기 때문에 회로망의 해는 비교적 쉽게 얻어질 수 있다. 이 경우에 두 투과층은 일정량의 에너지를 온도에 따라서 흡수하거나 방출할 것이다.

어떠한 에너지도 투과층으로 전달되지 않는다면 절점 E_{bm}와 E_{bn}은 해석에서 떠 있는(floating) 상태로 남아 있어야 한다. 그리고 이러한 특수한 계에 대해 네 개의 절점방정식이 문제를 푸는데 요구된다.

E_{bm} ——— $\frac{1}{A_m F_{mn} \varepsilon_m \varepsilon_n}$ ——— E_{bn}

[그림 8.43] 두 투명층 사이의 복사 교환에 대한 회로망 요소

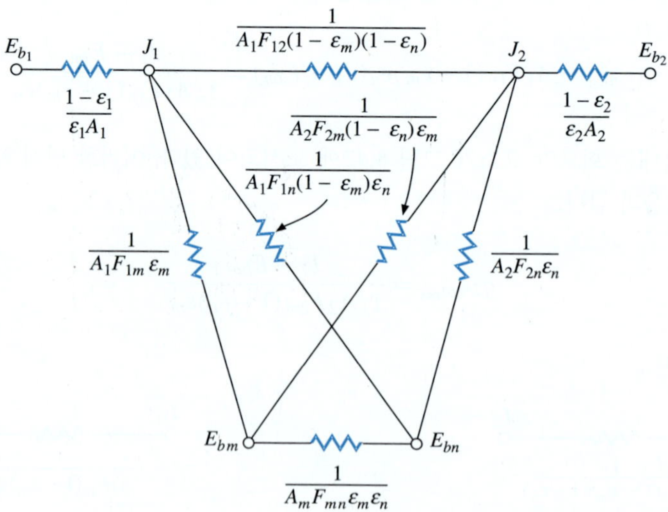

[그림 8.44] 그림 8.40의 계에 대한 총 복사회로망

예제 8-12 평행 평판 사이의 기체복사에 관한 회로망

커다란 두 개의 평행면이 $T_1 = 800$ K, $\epsilon_1 = 0.3$, $T_2 = 400$ K, $\epsilon_2 = 0.7$이고 $\epsilon_g = 0.2$, $\tau_g = 0.8$인 회색체 기체에 의해 격리되어 있다. 복사회로망을 이용하여 두 면 사이의 열교환율과 기체의 온도를 구하여라. 기체가 없는 경우의 열교환량과 비교하여라.

■ 풀이

그림 8.39에 도시된 회로망이 이 문제에 적용된다. 커다란 면들에 대해 모든 형태계수는 1이고 모든 저항들은 다음과 같이 단위면적당으로 계산할 수 있다.

$$\frac{1-\epsilon_1}{\epsilon_1} = \frac{0.7}{0.3} = 2.333 \qquad \frac{1}{F_{12}(1-\epsilon_g)} = \frac{1}{1-0.2} = 1.25$$

$$\frac{1-\epsilon_2}{\epsilon_2} = \frac{0.3}{0.7} = 0.4286 \qquad \frac{1}{F_{1g}\epsilon_g} = \frac{1}{F_{2g}\epsilon_g} = \frac{1}{0.2} = 5.0$$

$$E_{b_1} = \sigma T_1^4 = 23{,}220 \text{ W/m}^2 \qquad E_{b_2} = \sigma T_2^4 = 1451 \text{ W/m}^2$$

중심 '삼각형' 의 등가저항은

$$R = \frac{1}{1/1.25 + 1/(5.0+5.0)} = 1.1111$$

따라서, 총체적인 열교환량은 다음과 같다.

$$\frac{q}{A} = \frac{E_{b_1} - E_{b_2}}{\sum R} = \frac{23{,}200 - 1451}{2.333 + 1.111 + 0.4286} = 5616 \text{ W/m}^2$$

만약 기체가 없다면 열교환량은 식 (8.42)에 의해서 구할 수 있다.

$$\frac{q}{A} = \frac{23{,}200 - 1451}{1/0.3 + 1/0.7 - 1} = 5781 \text{ W/m}^2$$

출사는 다음 식으로 계산된다.

$$\frac{q}{A} = (E_{b_1} - J_1)\left(\frac{\epsilon_1}{1-\epsilon_1}\right) = (J_2 - E_{b_2})\left(\frac{\epsilon_2}{1-\epsilon_2}\right) = 5616 \text{ W/m}^2$$

그러면 $J_1 = 10{,}096$ W/m^{2}이고 $J_2 = 3858$ W/m^{2}가 된다. 회로망에서 E_{bg}는 다만 이들 값의 평균값이다.

$$E_{bg} = \frac{1}{2}(10{,}096 + 3858) = 6977 = \sigma T_g^4$$

그러므로 기체의 온도는 다음과 같다.

$$T_g = 592.3 \text{ K}$$

8-11 정반사 표면의 복사열교환

앞의 모든 논의들은 난반사 표면에 관한 것이었다. 어떠한 복사도 방향의 치우침이 고려되지 않았기 때문에 실제로 식 (8.21)에 정의된 형태계수들은 난반사의 경우에만 적용이 된다. 이 절에서는 정반사를 나타내는 표면을 포함하는 간단한 기하적인 배치를 고려하기 위하여 해석을 확장할 것이다. 어떠한 실제 표면도 완전한 난반사 혹은 정반사를 일으키지는 않는다. 그러나 여기서는 모든 표면들이 난반사를 하고 반사의 경우에는 부분적으로 난반사와 정반사를 일으키는 것으로 가정하자. 따라서 반사율은 정반사와 난반사 성분의 합으로 나타낸다.

$$\rho = \rho_s + \rho_D \tag{8.63}$$

Kirchhoff의 식이 여전히 적용된다고 하면 다음과 같다.

$$\epsilon = \alpha = 1 - \rho \tag{8.64}$$

표면에서 순 열손실은 방사 에너지와 흡수 에너지의 차이이다.

$$q = A(\epsilon E_b - \alpha G) \tag{8.65}$$

난반사 출사 J_D를 단위시간당 그리고 단위 면적당표면을 떠나는 총 난반사 에너지로 정의하자. 즉,

$$J_D = \epsilon E_b + \rho_D G \tag{8.66}$$

식 (8.66)에서 조사 G를 구하여 식 (8.65)에 대입하면 다음과 같다.

$$q = \frac{\epsilon A}{\rho_D}[E_b(\epsilon + \rho_D) - J_D]$$

또는 다른 형식으로 나타내면

$$q = \frac{E_b - J_D/(1-\rho_s)}{\rho_D/[\epsilon A(1-\rho_s)]} \tag{8.67}$$

여기서 $(1 - \rho_s)$는 $(\epsilon + \rho_D)$로 대체되었다. 그림 8.45에 보이는 회로망 요소들로 식 (8.67)이 나타내어짐을 쉽게 알 수 있다. 간단히 살펴보면 난반사를 하는, 즉 $\rho_s = 0$인 표면의 경우에 대해서 회로망의 요소들이 그림 8.24와 같이 간략화됨을 알 수 있다.

이제 두 정반사-난반사 표면들 사이에서의 복사 교환량을 산정하자. 여기서 표면들은 그림 8.46에서 보이는 것처럼 배치되어 있다고 가정하자. 이러한 배치에서는 표면 1에서 난반사되어 표면 2에서 정반사되는 어떠한 복사도 다시 1로 돌아오지 않는다. 이러한 반사를 제외한다면 두 표면 사이에 직접적인 난반사 교환만 고려하면 되기 때문에 이러한 사실은 매우 중요한 점이다. 정반사를 어떻게 다루어야 하는지는 다음에 알아볼 것이다. 그림 8.46의 면에 대해서 난반사 교환은 다음과 같이 구할 수 있다.

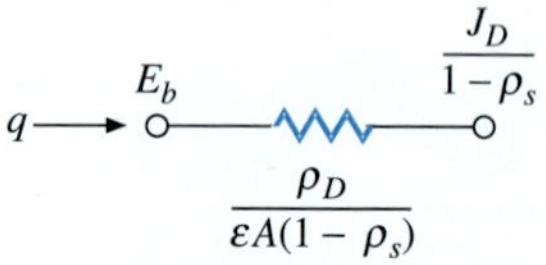

[그림 8.45] 식 (8.67)을 나타내는 회로망 요소

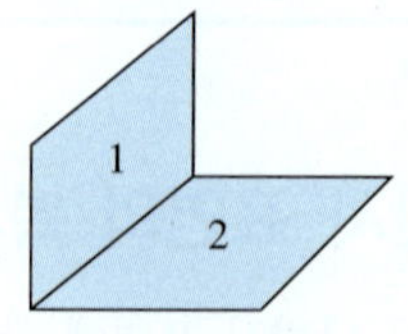

[그림 8.46]

$$q_{1\to 2} = J_{1D} A_1 F_{12}(1-\rho_{2s}) \tag{8.68}$$

$$q_{2\to 1} = J_{2D} A_2 F_{21}(1-\rho_{1s}) \tag{8.69}$$

식 (8.68)은 표면 1을 떠나서 표면 2에 도달하고 또 표면 2의 난반사 출사에 기여할 수 있는 난반사 복사를 나타내고 있다. 계수 $(1-\rho_s)$는 흡수된 율과 난반사적으로 반사된 율을 더하여 나타낸다. 지금은 직접 난반사 교환만을 고려하고 있기 때문에 이 계수를 포함하는 것은 매우 중요하고 정반사의 기여는 우선 뒤로 해야 한다. 순 교환량은 참고문헌 [21]에 따라서 식 (8.68)과 (8.69)의 차이로 나타낸다.

$$q_{12} = \frac{J_{1D}/(1-\rho_{1s}) - J_{2D}/(1-\rho_{2s})}{1/[A_1 F_{12}(1-\rho_{1s})(1-\rho_{2s})]} \tag{8.70}$$

식 (8.70)을 나타내는 회로망 요소가 그림 8.47에 도시되어 있다.

정반사를 검토하기 위해서 참고문헌 [12]와 [13]에서 제시된 기술들을 이용해야 한다. 그림 8.48에서 보는 것처럼 네 기다란 표면으로 둘러싸인 계를 생각하자. 표면 1, 2, 4는 난반사를 한다. 반면에 표면 3은 난반사와 정반사의 반사성분을 모두 지닌다. 점선은 표면 1, 2, 4에 대한 표면 3에서의 상을 나타낸다.(정반사는 상을 만든다). 2(3)이라는 기호는 표면 2의 표면 3에서의 상을 뜻한다.

이제 표면 2를 떠나서 표면 1에 도달하는 복사를 고려하자. 여기에 다음과 같은 직접적인 난반사 복사가 있다.

$$(q_{2\to 1})_{\text{diffuse}}^{\text{direct}} = J_2 A_2 F_{21} \tag{8.71}$$

표면 2에서 나오는 난반사 복사의 일부는 표면 3에서 정반사를 일으켜 표면 1에 부딪힌다. 이 정반사된 복사는 상표면 2(3)에서 오는 난반사 에너지처럼 행동한다. 그러므로 다음과 같이 표현할 수 있다.

$$(q_{2\to 1})_{\text{reflected}}^{\text{specular}} = J_2 A_{2(3)} F_{2(3)1} \rho_{3s} \tag{8.72}$$

복사형태계수 $F_{2(3)1}$는 표면 2(3)과 표면 1 사이의 값이다. 반사율 ρ_{3s}이 삽입된 이유는 그 만큼의 비율만 면 1에 도달하기 때문이다. 물론 $A_2 = A_{2(3)}$이므로 다음과 같은 식을 얻는다.

$$q_{2\to 1} = J_2 A_2 (F_{21} + \rho_{3s} F_{2(3)1}) \tag{8.73}$$

마찬가지로

$$q_{1\to 2} = J_1 A_1 (F_{12} + \rho_{3s} F_{1(3)2}) \tag{8.74}$$

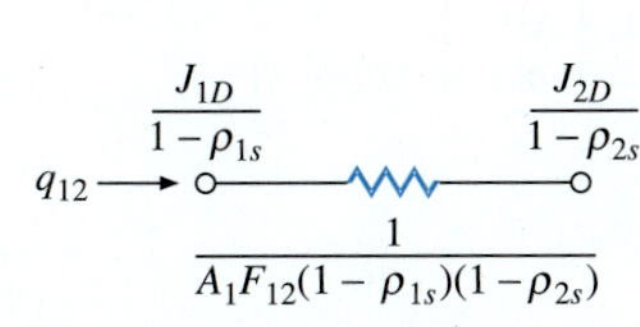

[그림 8.47] 식 (8.70)에 대한 회로망 요소

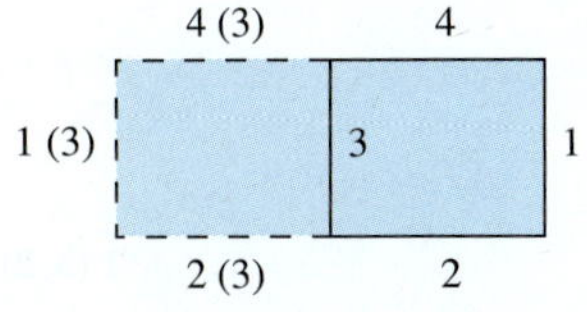

[그림 8.48] 한 개의 정반사-난반사 면을 갖는 계

식 (8.73)과 (8.74)를 조합하여 호환관계 $A_1F_{12} = A_2F_{21}$을 이용하면 다음 식이 얻어진다.

$$q_{12} = \frac{J_1 - J_2}{1/[A_1(F_{12} + \rho_{3s}F_{1(3)2})]} \tag{8.75}$$

식 (8.75)에 관한 회로망 요소가 그림 8.49에 도시되어 있다.

그림 8.48의 다른 표면들 사이에서 유사한 회로망 요소들이 개발될 수 있으므로 최종적으로 완전한 회로망이 그림 8.50과 같이 그려진다. $\rho_{1s} = \rho_{2s} = \rho_{4s} = 0$이므로 J_{3D}에 연결된 요소들은 그림 8.47에 나오는 것을 간단히 변경한 것임을 알 수 있다. 이 회로망에서 $\rho_{3D} = 0$인 경우에 흥미로운 관찰을 할 수 있다. 이 경우에 표면 3은 완전히 정반사를 하며 알려지지 않은 것은 J_1 ,J_2, J_4 뿐이다.

이제 주변이 그림 8.51과 같이 두 정반사-난반사 표면으로 싸여 있다고 가정하여 더 복잡한 문제에 접근하자. 이 경우에 보이는 바와 같이 다중의 상이 생기게 된다. 표면 1(3,2)는 처음에 표면 3을 다음에 표면 2를

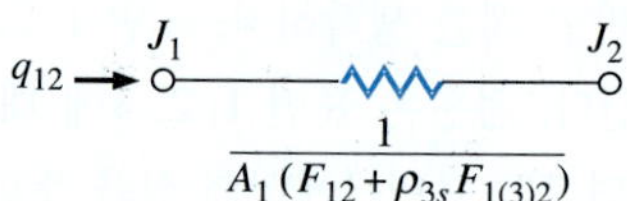

[그림 8.49] 식 (8.75)에 대한 회로망 요소

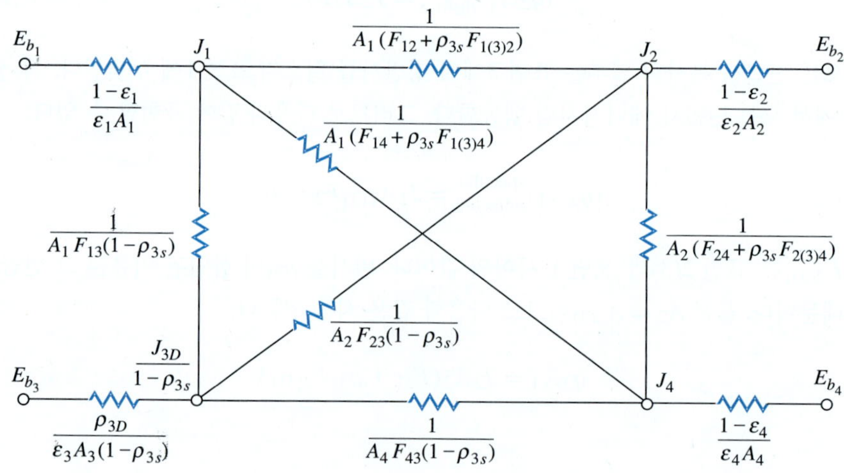

[그림 8.50] 그림 8.48 계에 관한 완전한 복사 회로망

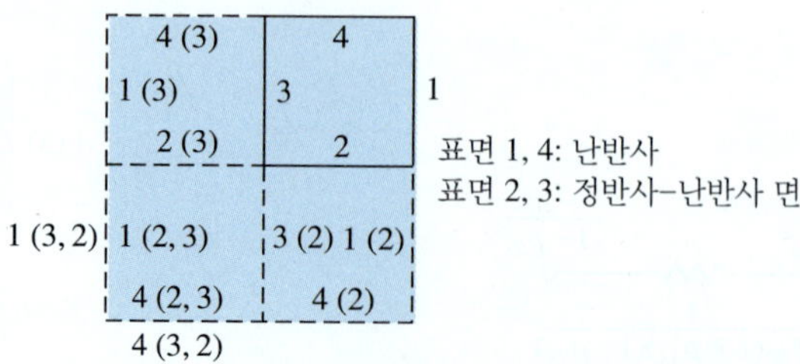

[그림 8.51] 두 정반사–난반사 면들을 갖는 계

통과하여 보여지는 표면 1의 상을 지시한다. 다시 말해서 그것은 표면 1(3)의 거울 2에 대한 상이다. 같은 위치에 면 1(2)의 거울 3에 대한 상인 표면 1(2,3)이 있다.

$$J_{3D} = \epsilon_3 E_{b_3}$$

이 문제는 다중 정반사가 고려되어야 하기 때문에 복잡해진다. 표면 1과 4 사이의 교환을 생각해 보면 1을 떠나는 난반사 에너지가 4에 도달하는 방법은 다음과 같이 다섯 가지가 된다.

직접적인 이동:	$J_1 A_1 F_{14}$	
표면 *2*만을 통한 반사:	$J_1 A_1 F_{1(2)4} \rho_{2s}$	
표면 *3*만을 통한 반사:	$J_1 A_1 F_{1(3)4} \rho_{3s}$	**(8.76)**
처음에 표면 *2*, 다음에 표면 *3*을 통한 반사:	$J_1 A_1 \rho_{3s} \rho_{2s} F_{1(2,3)4}$	
처음에 표면 *3*, 다음에 표면 *2*를 통한 반사:	$J_1 A_1 \rho_{2s} \rho_{3s} F_{1(3,2)4}$	

마지막 형태계수인 $F_{1(3,2)4}$는 표면 1(3, 2)가 표면 2를 통해서 표면 4를 볼 수 없기 때문에 0이다. 반면에 $F_{1(2,3)4}$는 표면 1(2, 3)이 표면 3을 통해서 표면 4를 볼 수 있기 때문에 0이 아니다. 위에 있는 항들의 합은 다음과 같다.

$$q_{1\to4} = J_1 A_1 (F_{14} + \rho_{2s} F_{1(2)4} + \rho_{3s} F_{1(3)4} + \rho_{3s} \rho_{2s} F_{1(2,3)4}) \tag{8.77}$$

마찬가지로

$$q_{4\to1} = J_4 A_4 (F_{41} + \rho_{2s} F_{4(2)1} + \rho_{3s} F_{4(3)1} + \rho_{3s} \rho_{2s} F_{4(3,2)1}) \tag{8.78}$$

이 두 식을 빼서 일반적인 호환 관계를 적용하면 그림 8.52에 보이는 회로망요소를 구할 수 있다.

이제 표면 1과 3 사이에 일어나는 난반사 교환을 생각하자. 표면 1을 떠나는 에너지 가운데 표면 3의 난반사 출사에 기여하는 양은 다음과 같다.

$$q_{1\to3} = J_1 A_1 F_{13}(1 - \rho_{3s}) + J_1 A_1 \rho_{2s} F_{1(2)3}(1 - \rho_{3s}) \tag{8.79}$$

처음 항은 직접적인 교환을 의미하고 뒤의 항은 표면 2에서 정반사된 후의 교환을 의미한다. 앞에서와 같이 표면 3에서의 정반사를 무시하기 위해 계수 $(1 - \rho_{3s})$가 삽입되었다. 이 반사 역시 다른 항으로 고려되어 있다. 표면 3에서 1로의 난반사 에너지는 다음과 같다.

$$q_{3\to1} = J_{3D} A_3 F_{31} + J_{3D} A_3 \rho_{2s} F_{3(2)1} \tag{8.80}$$

첫 항은 직접적인 복사이고 둘째 항은 표면 2에서 정반사를 일으킨 복사다. 식 (8.79)와 식 (8.80)을 조합하면 그림 8.53의 회로망 요소를 얻는다. 위의 두 요소는 그림 8.51의 계에서 전형적인 것이고 다른 요소들은

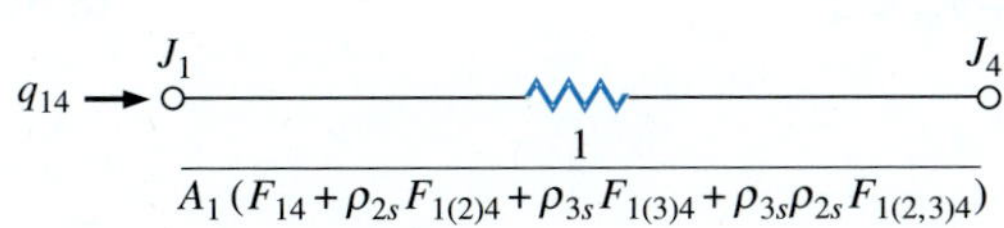

[그림 8.52] 그림 8.51의 두 면 1과 4 사이의 교환을 표현하는 회로망 요소

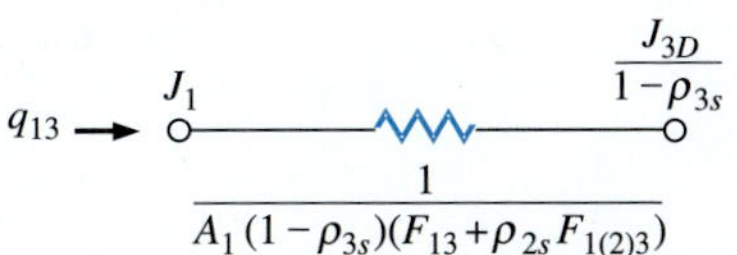

[그림 8.53] 그림 8.51의 두 면 1과 3 사이의 교환을 표현하는 회로망 요소

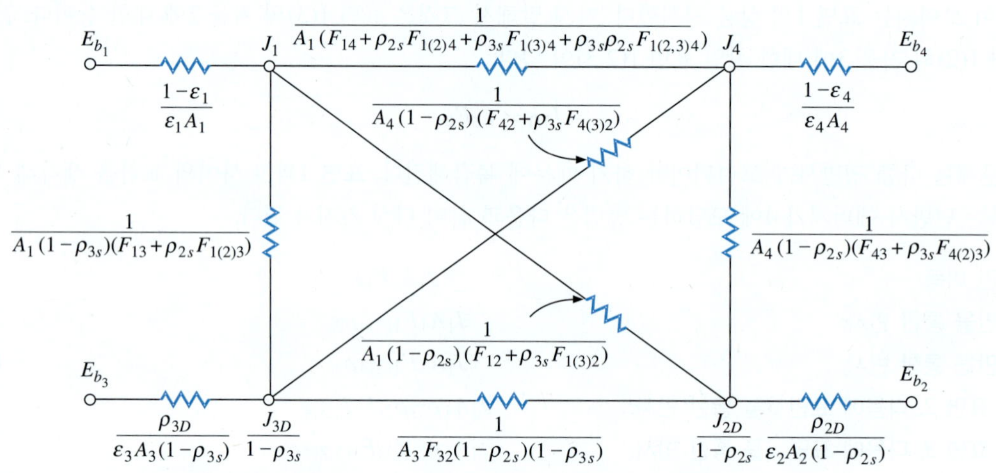

[그림 8.54] 그림 8.51계에 대한 완전한 복사 회로망

상사를 고려하면 얻어진다. 그러므로 최종적인 회로망이 그림 8.54로 주어진다. 만약 표면 2와 3이 모두 정반사만을 한다면 즉,

$$\rho_{2D} = \rho_{3D} = 0$$

이라면 다음과 같다.

$$J_{2D} = \epsilon_2 Eb_2 \qquad J_{3D} = \epsilon_3 E_{b3}$$

그리고 회로망은 이러한 조건 아래에서 J_1와 J_4만을 미지수로 갖는다.

정반사를 하는 표면들을 서로 마주보게 설치하면 훨씬 문제를 어렵게 만들 수 있다. 이렇게 하면 무한수의 상이 생기게 되고 일련의 계산과정이 필요할 것이다. 그러나 이러한 문제들은 비교적 빨리 수렴하게 된다. 독자들은 정반사 면 사이의 복사 교환에 대한 정보를 얻기 위해서 참고문헌 [13]을 참고할 수 있다.

8-12 투과, 반사, 흡수 매질과 복사열교환

이제 투과, 반사, 흡수가 모두 중요한 매질을 해석하기 위하여 8-10절과 8-11절에서 다루었던 것들을 단순히 확장하여 고려하자. 8-10절에서 그랬던 것처럼 흡수, 투과, 반사가 모두 가능한 매질을 사이에 두고 있는 두 평행한 난반사 표면으로 이루어진 계를 해석할 것이다. 일반성을 위해서 투과매질의 표면이 난반사와 정반사의 성분을 모두 지닌 것으로 간주하겠다. 이러한 계가 그림 8.55에 도시되어 있다.

투과매질인 m에 대해서

$$\alpha_m + \rho_{mD} + \rho_{ms} + \tau_m = 1 \tag{8.81}$$

또한

$$\epsilon_m = \alpha_m$$

매질의 특정한 표면의 난반사 출사는 다음과 같이 정의한다.

$$J_{mD} = \epsilon_m E_{bm} + \rho_{mD} G \tag{8.82}$$

여기서 G는 특정 표면으로의 조사이다. J_{mD}는 더 이상 표면을 떠나는 총 난반사 에너지를 나타내지 않음을 주의하라. 이제 이것은 단지 방사와 난반사를 의미한다. 투과된 에너지는 별도의 항으로 해석된다. 앞에서와 같이 열교환은 다음과 같다.

$$q = A(\epsilon E_b - \alpha G) \tag{8.83}$$

식 (8.82)에서 G를 푼 다음 식 (8.81)을 이용하면

$$q = \frac{E_{bm} - J_{mD}/(1-\tau_m-\rho_{ms})}{\rho_{mD}/[\epsilon_m A_m(1-\tau_m-\rho_{ms})]} \tag{8.84}$$

식 (8.84)를 나타내는 회로망 요소가 그림 8.56에 도시되어 있다. 여기서 투과율을 고려해야 한다는 점을 제외하면 이 요소들은 그림 8.45의 그것과 매우 유사하다.

표면 1과 2 사이에서 투과된 열교환은 8-10절과 같다. 즉,

$$q = \frac{J_1 - J_2}{1/A_1 F_{12}\tau_m} \tag{8.85}$$

표면 1과 m 사이의 열교환은 다음과 같은 방법으로 계산된다. 표면 1을 떠나는 에너지 가운데 표면 m에 도달하고 또 그것의 난반사 출사에 영향을 끼치는 양은 다음과 같다.

$$q_{1\to m} = J_1 A_1 F_{1m}(1-\tau_m-\rho_{ms}) \tag{8.86}$$

표면 m을 떠나 1에 도달하는 난반사 에너지는 다음과 같다.

$$q_{m\to 1} = J_{mD} A_m F_{m1} \tag{8.87}$$

식 (8.86)에서 식 (8.87)을 빼고 아래의 호환 관계식

$$A_1 F_{1m} = A_m F_{m1}$$

을 적용하면 다음 식을 얻는다.

$$q_{1m} = \frac{J_1 - J_{mD}/(1-\tau_m-\rho_{ms})}{1/[A_1 F_{1m}(1-\tau_m-\rho_{ms})]} \tag{8.88}$$

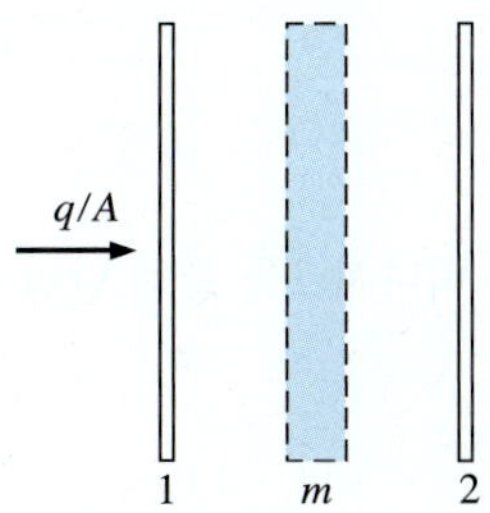

[그림 8.55] 투과 및 반사층 해석을 위한 물리적인 계

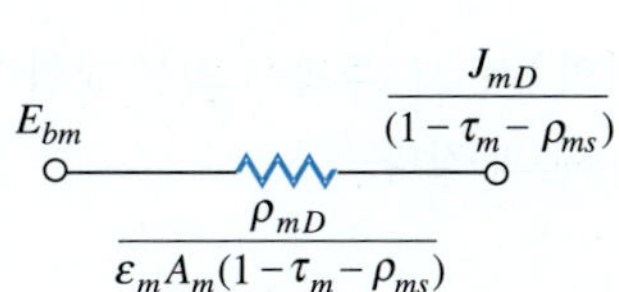

[그림 8.56] 식 (8.84)를 나타내는 회로망 요소

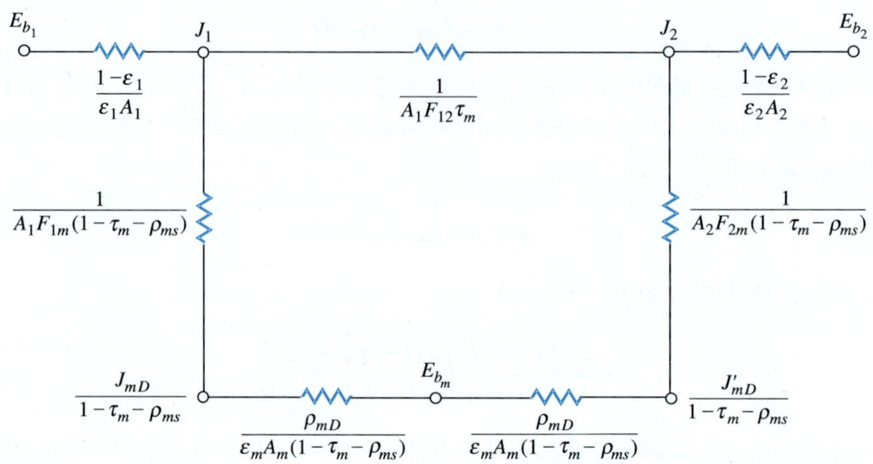

[그림 8.57] 그림 8.55의 계에 대한 완전한 복사회로망

식 (8.89)에 해당하는 회로망 요소는 그림 8.50에 나타난 것과 매우 유사하다. 표면 m과 2 사이의 복사 교환에 대해서 식 (8.89)와 유사한 방정식을 쓸 수 있다. 최종적으로 완전한 회로망이 그림 8.57에 도시되어 있다. J'_{mD}이 m의 오른쪽의 난반사 출사를 나타내는 반면 J_{mD}은 m의 왼쪽의 난반사 출사를 나타냄을 주의하자.

만약 m이 고정된 온도로 유지된다면 회로망에 대해 절점 식을 풀어서 J_1와 J_2를 구해야 한다. 한편 어떠한 순 에너지도 m으로 전달되지 않는다면 E_{bm}는 떠 있는(floating) 절점이 될 것이고 회로망은 간단한 직렬-병렬 회로로 바뀌게 된다. 이 후자의 경우에 m의 온도는 E_{bm}에 대한 회로망을 풀어서 구할 수 있다.

정반사 투과와 난반사 투과를 구분하는 문제를 더 확장할 수 있다. 정반사 투과는 입사된 복사가 일직선으로 물질을 뚫고 지나가는 것이다. 난반사 투과는 복사가 물질을 지나면서 흩어지고 무질서한 방향성을 가지고 다른 쪽으로 나오는 것이다. 반사된 에너지에 관해서는 투과율이 정반사 요소와 난반사 요소의 합으로 나타내어진다는 가정이 성립한다.

$$\tau = \tau_s + \tau_D \tag{8.89}$$

난반사 출사는 여전히 식 (8.82)에서와 같이 정의되고 투과 표면들 사이의 순 에너지 교환은 식 (8.84)에 의해 주어진다. 그러나 다른 표면들과의 에너지 교환은 다른 방법으로 다루어져야 한다.

예를 들어 그림 8.58의 배치를 고려하자. 두 불투명한 난반사 표면들이 정반사-난반사 투과 및 반사 면에 의해 분리되어 있다. 이 예에서 모든 면들은 넓이가 무한하다는 가정을 하자. 표면 1과 3 사이에 정반사–투과에 의한 교환량은 다음과 같다.

$$(q_{13})_{\text{: 정반사–투과}} = \frac{J_1 - J_3}{1/A_1 F_{13}\tau_{2s}} \tag{8.90}$$

면 1과 3 사이의 난반사–투과에 의한 교환량은 더욱 복잡하다. 표면 1을 떠나서 2를 통해 난반사적으로 투과된 에너지는 다음과 같다.

$$J_1 A_1 F_{12}\tau_{2D}$$

이러한 2를 통해 투과된 양 가운데 3에 이르는 것은 다음과 같다.

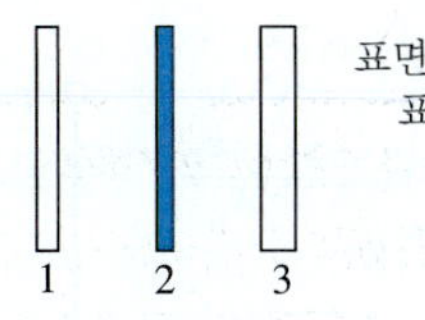

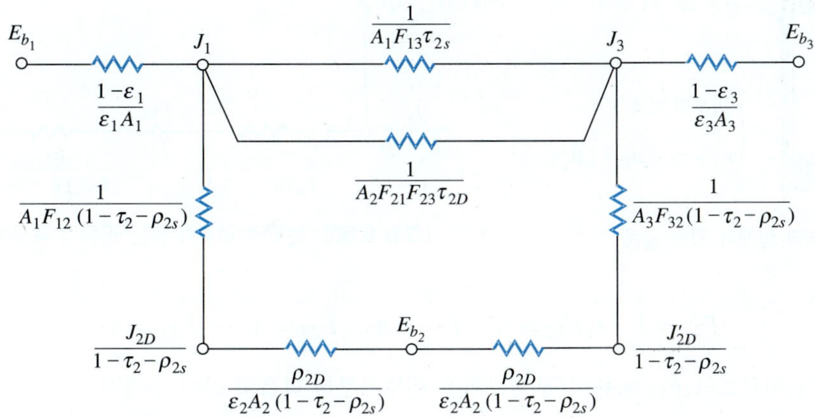

[그림 5.58] 한 개의 정반사–난반사 투과면에 의해 분리된 무한 평행면에 대한 복사 회로망

$$(q_{13})_{\text{난반사–투과}} = J_1 A_1 F_{12} \tau_{2D} F_{23} \tag{8.91}$$

마찬가지로 표면 3을 떠나서 표면 1에서 난반사적으로 투과된 양은 다음과 같다.

$$(q_{13})_{\text{난반사–투과}} = J_3 A_3 F_{32} \tau_{2D} F_{21} \tag{8.92}$$

이제 호환 관계식 $A_1F_{21} = A_2F_{21}$과 $A_3F_{32} = A_2F_{23}$을 이용해서 식 (8.91)에서 (8.92)를 빼면 다음 식이 주어진다.

$$(q_{31})_{\text{순 난반사–투과}} = \frac{J_1 - J_3}{1/A_1 F_{21} F_{23} \tau_{2D}} \tag{8.93}$$

투명한 덮개를 가진 공동의 겉보기방사율

공동의 겉보기방사율에 대해 식 (8.47)을 얻을 수 있었던 것과 비슷한 이치를 이용하여, 투명한 덮개가 ϵ_a에 미치는 영향을 생각한다. 덮개를 가진 공동이 그림 8.59에 나타나 있으며 그 덮개의 특성은 다음과 같다.

$$\epsilon_2 + \rho_2 + \tau_2 = 1.0$$

이 공동이 온도 T_s의 매우 큰 주위와 열교환을 할 때 그에 상응하는 복사회로가 그림 8.60에 주어져 있다. 식 (8.47)에서와 같이 주위와의 순 복사교환 형태로 공동의 겉보기방사율을 나타내면

$$q = \epsilon_a A_2 (Eb_1 - E_{bs}) \tag{8.94}$$

복사회로에서 형태계수는 다음과 같이 결정된다.

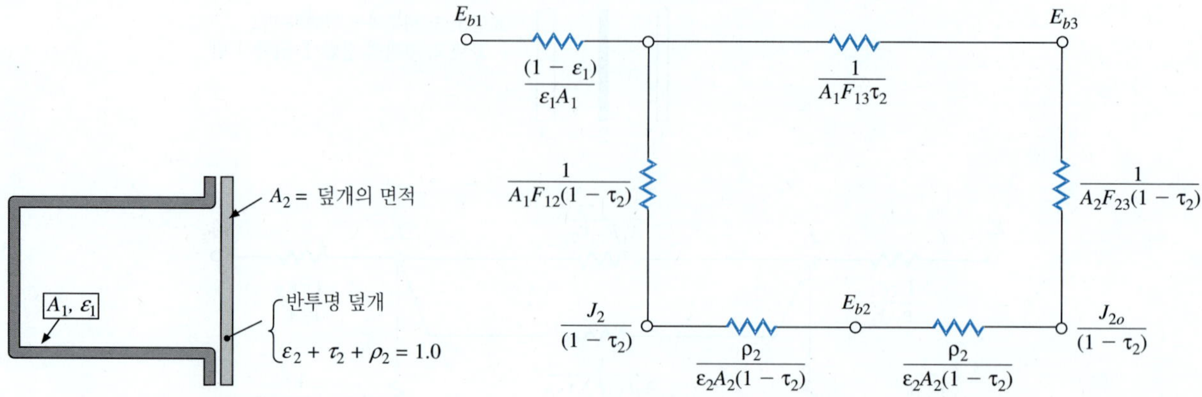

[그림 8.59] 반투명 덮개가 있는 공동

[그림 8.60] 반투명 덮개가 있는 공동의 복사회로망

$$F_{21} = 1,\ \ A_1F_{12} = A3 \quad F_{21} = A_2,\ \ F_{23} = 1,\ \ A_2F_{23} = A_2$$

그러나, $F_{12} = F_{13}$이므로 $A_1F_{13} = A_2$이다. 열교환은 회로로부터 다음과 같이 구해지고

$$q = (E_{b1} - E_{bs})/\Sigma R \tag{8.95}$$

여기서 ΣR은 직렬-병렬회로에 대한 상당저항(equivalent resistance)이다. ΣR을 구하기 위해 필요한 수식 조작을 수행하고, 열전달을 나타내는 식 (8.95)와 식 (8.94)를 같다고 놓으면 겉보기방사율에 관한 식

$$\epsilon_a = \frac{(\tau_2 + \epsilon_2/2)K}{[(A_2/A_1)(1-\epsilon_1) + K]} \tag{8.96}$$

을 얻으며 여기서

$$K = \epsilon_1/(\tau_2 + \epsilon_2/2) \tag{8.96a}$$

3가지 극한 조건(limiting conditions)에 대한 아래와 같은 거동을 주의해야 한다.

1. $\tau_2 \to 1$일 때, 개방 공동이 되고 그 거동은 식 (8.47)에 근접한다.

2. $\tau_2 \to 1$및 $A_2 = A_1$일 때, 더 이상 공동도 덮개도 갖지 못하고 $\epsilon_a \to \epsilon_1$한다.

3. $A_1 \gg A_2$일 때, $\epsilon_a \to \tau_2 + \epsilon_2/2$인 매우 큰 공동이 된다.

ϵ_a의 거동이 그림 8.61에 그래프로 나타나 있다.

예제 8-13 투명한 덮개를 가진 공동

예제 8-9에서 핀과 핀간의 직각 공동이 $\epsilon_1 = 0.5$이고 둘레방향의 열려진 면을 따라 덮개를 설치하였다. 이 덮개의 물성값이

$$\tau_2 = 0.5,\ \ \rho_2 = 0.1,\ \ \epsilon_2 = 0.4$$

일 때 덮개의 겉보기방사율을 구하여라.

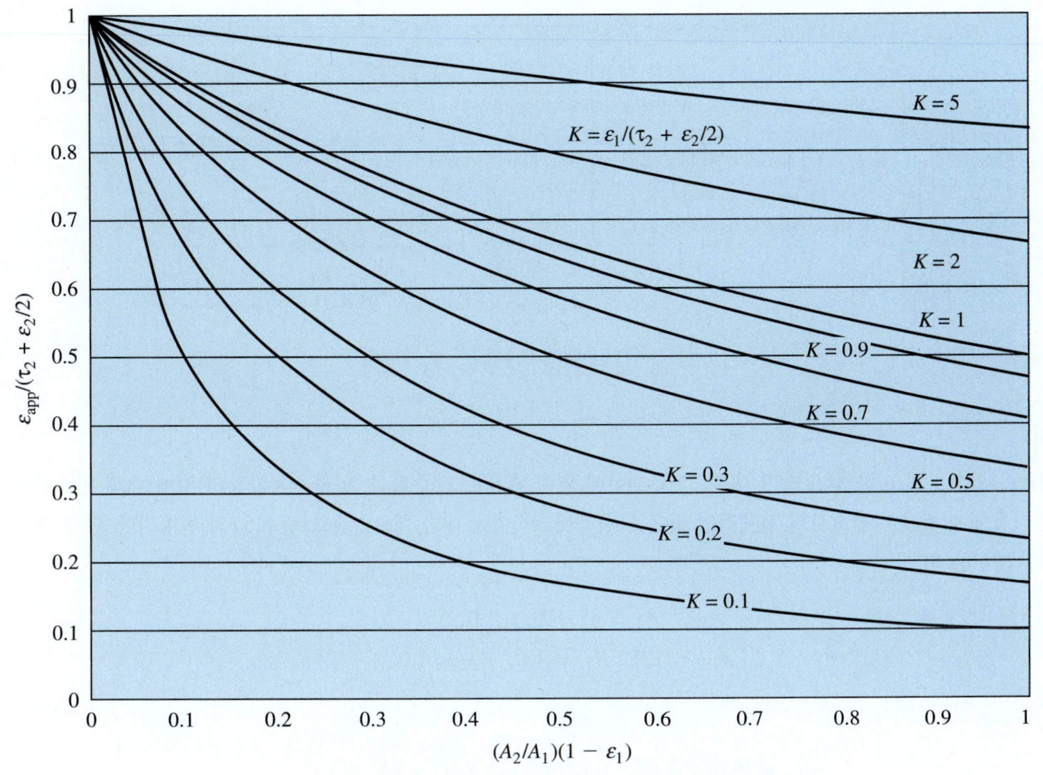

[그림 8.61] 반투명 덮개가 있는 공동의 겉보기 방사율

■ **풀이**

z–방향 단위 깊이에 대해 $A_1 = 25 + 25 + 10 = 60$이고 $A_2 = 10$이다. 식 (8.96a)로부터 K를 구하면

$$K = 0.5/(0.5 + 0.4/2) = 5/7$$

식 (8.96)으로부터 ϵ_a값을 계산하면

$$\epsilon_a = (0.5 + 0.4/2)(5/7)/[(10/60)\ (1 - 0.5) + 5/7] = 0.6269$$

만일 덮개가 없다면 ϵ_a값은 식 (8.47)에 따라 다음과 같이 얻어진다.

$$\epsilon_a = (0.5)(60)/[10 + (0.5)(60 - 10)] = 0.8571$$

$\tau_2 < 1.0$인 덮개를 설치함으로서 열전달이 감소되는 것이 분명하다.

예제 8-14 노의 개구부에 대한 투과 및 반사 시스템

1000℃의 노의 한쪽 구멍이 석영으로 된 창으로 덮여 있는데 창은 다음과 같은 성질을 갖는다.

$$0 < \lambda < 4\ \mu\text{m},\quad \tau = 0.9,\quad \epsilon = 0.1,\quad \rho = 0$$
$$4 < \lambda < \infty,\quad \tau = 0,\quad \epsilon = 0.8,\quad \rho = 0.2$$

노의 안쪽 면은 흑체로 간주될 경우 창을 통해 30℃의 방으로의 복사량을 계산하여라. 난반사 표면 거동을 가정할 수 있다.

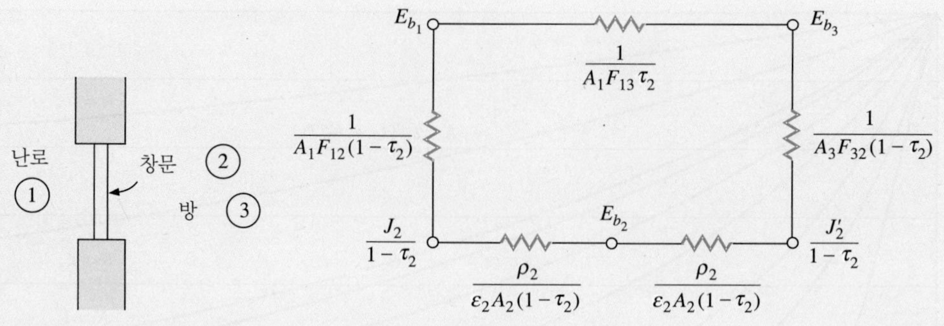

[그림 예제 8.14]

■ 풀이

이 문제를 그림으로 도시하였다. 방이 매우 크기 때문에 역시 흑체로 간주될 수 있다. 각 파장의 띠에 대해 열교환량을 구한 다음에 이것을 합함으로써 전체적인 값을 구하겠다. 각 띠에 대한 회로망은 그림 8.57의 변형이다. 단위 면적에 대해서 계산을 하면

$$A_1 = A_2 = A_3 = 1.0$$
$$F_{12} = 1.0, \quad F_{13} = 1.0, \quad F_{32} = 1.0$$

총 방사도는 다음과 같다.

$$E_{b_1} = (5.669 \times 10^{-8})(1273)^4 = 1.4887 \times 10^5 \text{ W/m}^2$$
$$E_{b_3} = (5.669 \times 10^{-8})(303)^4 = 477.8 \text{ W/m}^2$$

각 파장 띠의 복사 비율을 결정하기 위해 다음을 계산한다.

$$\lambda T_1 = (4)(1273) = 5092\ \mu\text{m}\cdot\text{K}$$
$$\lambda T_3 = (4)(303) = 1212\ \mu\text{m}\cdot\text{K}$$

표 8.1을 참고하면

$$E_{b_1}(0-4\ \mu\text{m}) = 0.6450E_{b_1} = 96{,}021 \text{ W/m}^2$$
$$E_{b_3}(0-4\ \mu\text{m}) = 0.00235E_{b_3} = 1.123 \text{ W/m}^2$$
$$E_{b_1}(4-\infty) = (1-0.6450)E_{b_1} = 52{,}849 \text{ W/m}^2$$
$$E_{b_3}(4-\infty) = (1-0.00235)E_{b_3} = 476.7 \text{ W/m}^2$$

이제 이 수들을 단위 면적에 관하여 두 파장 띠에 대한 회로망에 대입한다.

$$\frac{1}{F_{13}\tau_2} = \frac{1}{0.9} \qquad \frac{1}{F_{32}(1-\tau_2)} = \frac{1}{0.1} = \frac{1}{F_{12}(1-\tau_2)}$$
$$\frac{\rho_2}{\epsilon_2(1-\tau_2)} = 0$$

회로망의 순 열교환량은 다음과 같다.

$$q = \frac{E_{b_1} - E_{b_3}}{R_{\text{equiv}}} = \frac{96{,}021 - 1.123}{1.0526} = 91{,}219 \text{ W/m}^2 \qquad 0 < \lambda < 4\ \mu\text{m}$$

$4\ \mu\text{m} < \lambda < +\infty$:

$$\frac{1}{F_{13}\tau_2} = \infty \qquad \frac{1}{F_{32}(1-\tau_2)} = \frac{1}{F_{12}(1-\tau_2)} = 1.0$$

$$\frac{\rho_2}{\epsilon_2(1-\tau_2)} = \frac{0.2}{0.8} = 0.25$$

회로망에서의 순 열교환량은 다음과 같다.

$$q = \frac{E_{b_1} - E_{b_3}}{1 + 0.25 + 0.25 + 1} = \frac{52{,}849 - 476.7}{2.5} = 20{,}949\ \text{W/m}^2 \qquad 4 < \lambda < \infty$$

그러면 총체적인 열손실은 다음과 같다.

$$q_{\text{total}} = 91{,}219 + 20{,}949 = 112{,}168\ \text{W/m}^2 \quad [35{,}560\ \text{Btu/h}\cdot\text{ft}^2]$$

창이 전혀 없다면 열전달은 흑체 방사도의 차가 되었을 것이다.

$$q - E_{b_1} - E_{b_3} = 1.4887 \times 10^5 - 477.8 = 1.4839 \times 10^5\ \text{W/m}^2 \quad [47{,}040\ \text{Btu/h}\cdot\text{ft}^2]$$

8-13 수치 해를 위한 공식

복사 문제를 해결하기 위해 다루었던 회로망법은 표면 사이의 복사 교환을 가시화하는데 매우 효과적인 것이었다. 많지 않은 수의 표면들과 관계되는 간단한 문제들에 대해서 회로방법은 비교적 쉽게 얻어지는 답을 주었다. 많은 수의 복사 표면이 관계되는 경우에는 절점 방정식을 세워서 푸는 것이 유리하다. 이러한 과정에 대해 오직 불투명, 회색체, 난반사적인 표면만을 고려한다. 독자들은 투과적이고 정반사적인 표면에 관한 정보를 얻기 위해 참고문헌 [10]을 찾아보아야 한다. 특정한 불투명 표면의 복사 에너지 균형은 다음과 같이 쓸 수 있다.

$$\text{표면이 잃은 순 열} = \text{방사된 에너지} - \text{흡수된 에너지}$$

또는 회색체의 가정에 근거하여 단위면적당

$$\frac{q}{A} = \epsilon E_b - \alpha G$$

i번째 표면을 고려하면 총조사는 j표면에 대한 모든 조사 G_j합으로 나타낸다. 그러므로 $\epsilon = \alpha$에 대해

$$\frac{q_i}{A_i} = \epsilon_i \left(E_{b_i} - \sum_j G_j \right) \tag{8.97}$$

그러나 조사는 다음과 같이 쓸 수 있다.

$$A_j J j F_{ji} = G_j A_i \tag{8.98}$$

호환 관계식을 이용하면

$$A_jF_{ji} = A_iF_{ji}$$

그러므로 식들을 조합하여 다음 식을 얻는다.

$$\frac{q_i}{A_i} = \epsilon_i \left(E_{b_i} - \sum_j F_{ij} J_j \right) \tag{8.99}$$

각 표면에서의 열 교환은 이제 조사 J_j로 계산된다. 이 매개변수들은 열 교환이 다음과 같이 표현될 수 있음을 상기할 때에 얻어진다.

$$\frac{q_i}{A_i} = J_i - G_i = J_i - \sum_j F_{ij} J_j \tag{8.100}$$

식 (8.99)와 (8.100)을 조합하면

$$J_i - (1-\epsilon_i) \sum_j F_{ij} J_j = \epsilon_i E_{b_i} \tag{8.101}$$

위에 나오는 식들에서 합은 주변의 모든 표면들에 대해서 이루어져야 함을 유의하자. $i = 1$을 갖는 세 표면 주변에 대해서 합은 다음과 같다.

$$\sum_j F_{ij} J_j = F_{11} J_1 + F_{12} J_2 + F_{13} J_3 \qquad \text{s}$$

물론 표면 1이 볼록하다면 $F_{11} = 0$이고 더욱 간단하게 쓸 수 있다.

조사에 대한 절점 방정식은 그림 8.62에 나오는 회로 식의 절점에 대해 도출될 수 있다. 각 J_i절점에서 에너지의 균형은 다음과 같다.

$$\frac{\epsilon_i}{1-\epsilon_i}(E_{b_i} - J_i) + \sum_j F_{ij}(J_j - J_i) = 0 \tag{8.102}$$

또한, 식 (8.101)과 완전히 동일한 각 J_i에 관한 식이 얻어진다. 모든 식들이 쓰여지고 나면 다음과 같은 행렬식으로 표현될 수 있다.

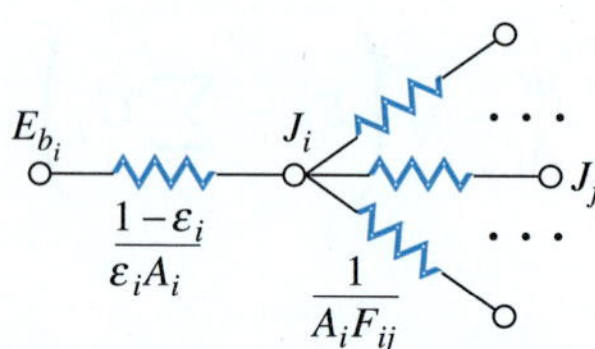

[그림 8.62] 절점 J_i에서의 복사 회로망

$$[A][J] = [\mathrm{C}] \tag{8.103}$$

여기서

$$[A] = \begin{bmatrix} a_{11} & a_{12} & \cdots & a_{1i} \\ a_{21} & a_{22} & \cdots & a_{2i} \\ \cdots & \cdots & \cdots & \cdots \\ a_{i1} & a_{i2} & \cdots & a_{ii} \end{bmatrix} \qquad [J] = \begin{bmatrix} J_1 \\ J_2 \\ \vdots \\ J_i \end{bmatrix} \qquad [C] = \begin{bmatrix} C_1 \\ C_2 \\ \vdots \\ C_i \end{bmatrix}$$

조사의 계산은 다음과 같이 $[A]$의 역행렬을 얻음으로써 가능하다.

$$[J] = [A]^{-1}[C]$$

역행렬 $[A]^{-1}$은 다음과 같이 표현된다.

$$[A]^{-1} = \begin{bmatrix} b_{11} & b_{12} & \cdots & b_{1i} \\ b_{21} & \cdot & \cdot & \cdot \\ \cdot & \cdot & \cdot & \cdot \\ b_{i1} & b_{i2} & \cdots & b_{ii} \end{bmatrix}$$

그러므로 미지의 출사는 다음과 같다.

$$J_1 = b_{11}C_1 + b_{12}C_2 + \cdots + b_{1i}C_i$$
$$\cdots\cdots\cdots\cdots\cdots\cdots$$
$$J_i = b_{i1}C_1 + b_{i2}C_2 + \cdots + b_{ii}C_i$$

역행렬을 얻거나 J_i의 최종 계산을 수행하는데에는 표준 컴퓨터 부프로그램들이 유용하다. A_i의 넓이를 갖는 각 i 번째 표면에서의 열전달률은 다음 식으로 얻어진다.

$$\frac{q_i}{A_i} = \frac{\epsilon_i}{1-\epsilon_i}(E_{b_i} - J_i) \tag{8.104}$$

절점 방정식을 도출하는 과정에서 단열된 표면, 즉 순 열교환이 없는 표면에 대한 식 (8.104)의 결과를 유의해야 한다. 그러므로 식 (8.110)는 단열된 표면에 대해 다음을 요구 한다.

$$E_{bi} = J_i \tag{8.105}$$

실용적 관점에서 Gauss-Seidel의 반복법이 J_i에 대한 방정식을 푸는데 가장 효과적인 방법일 수도 있다. Gauss-Seidel 법을 사용하기 위해서는 위의 방정식이 J_i에 대해서 양함수 형태로 정리되어야 한다. 식 (8.101)에서 J_i를 구해서 F_{ii}항을 분리하면 다음과 같다.

$$J_i = (1-\epsilon_i)\sum_{j\neq i} F_{ij}J_j + (1-\epsilon_i)F_{ii}J_i + \epsilon_i E_{b_i}$$

$$J_i = \frac{1}{1-F_{ii}(1-\epsilon_i)}\left[(1-\epsilon_i)\sum_{j\neq i} F_{ij}J_j + \epsilon_i E_{b_i}\right] \tag{8.106}$$

복사 평형을 이룬 평면에서 $q_i/A_i = 0$과 $J_i = E_{bi}$가 식 (8.106)에 치환될 수 있으므로

$$J_i = \frac{1}{1 - F_{ii}} \sum_{j \neq i} F_{ij} J_j \tag{8.107}$$

만약 문제 공식에 하나의 i번째 표면의 특정한 열플럭스 q_i/A_i를 포함한다면 식 (8.104)에서 E_{bi}를 풀기 위하여 다음과 같은 식을 얻을 수 있다.

$$E_{b_i} = J_i + \frac{1 - \epsilon_i}{\epsilon_i} \frac{q_i}{A_i} \tag{8.108}$$

이 값을 식 (8.101)에 대입시키고 J_i를 구하면 다음과 같다.

$$J_i = \frac{1}{1 - F_{ii}} \left(\sum_{j \neq i} F_{ij} J_j + \frac{q_i}{A_i} \right) \tag{8.109}$$

많은 경우에 복사 계산은 i번째 표면에서 전도와 대류를 고려해야 한다. 그러면 정상상태에서 적절한 에너지 균형은

표면으로 전도된 열 + 표면으로 대류된 열 = 표면에서 방출된 복사열

또는

$$q_{\text{cond},\, i} + q_{\text{conv},\, i} = q_{i,\, rad} \tag{8.110}$$

이 에너지 균형은 J_i에 관한 적절한 절점 방정식을 얻기 위해 식 (8.109)와 결합하여 사용할 수 있다.

위의 공식들이 보기에는 다소 번거롭게 보이지만 컴퓨터 상에서 역행렬과 반복법을 이용하면 간단하게 풀린다. 많은 실용적인 복사 문제에서 식의 수는 적으며 계산을 위해 프로그램이 가능한 계산기가 이용되기도 한다. 대부분의 경우에 표면 성질들(ϵ_i)을 몇 퍼센트 이내의 정확도로는 알 수 없으므로 불합리한 정확도에 이르기까지 반복적인 계산이 수행될 필요는 없다. 요약하여 난반사 회색체 면들 사이의 열복사 교환의 수식적 해결을 위한 계산 과정을 소개한다.

1. 모든 표면에 대한 F_{ij}와 ϵ_i를 계산한다.

2. 특정한 온도에서의 모든 표면의 E_{b_i}를 계산한다.

3. 다음을 이용하여 J_i에 대한 절점 방정식을 도출한다.

  a. 특정한 온도 T_i에서의 표면에 대한 식 (8.106)

  b. 복사 평형을 이룬 표면에 대한 식 (8.107)($J_i = Eb_i$)

  c. q_i가 주어진 표면에 대한 식 (8.109)

4. J_i에 관한 식을 푼다.

5. 다음을 이용하여 q_i와 T_i를 구한다.

  a. q_i는 특정한 온도에서 회색체에 대한 식 (8.104)와 흑체에 대한 식 (8.99)에서 구한다.

  b. T_i는 복사 평형을 이룬 표면에 대한 $J_i = E_{b_i} = \sigma T_i^4$를 이용하여 구한다.

c. T_i는 E_{bi}가 주어진 표면에 대한 식 (8.108)에서 얻어진 q_i를 사용함으로써 구할 수도 있다.

물론 반복법이 아닌 역행렬이 선호된다면 위의 식들은 다음 식으로 놓을 수 있다.

$$J_i[1 - F_{ii}(1 - \epsilon_i)] - (1 - \epsilon_i)\sum_{j \neq i} F_{ij} J_j = \epsilon_i E_{b_i} \quad \textbf{(8.106}\textbf{\textit{a}}\textbf{)}$$

$$J_i(1 - F_{ii}) - \sum_{j \neq i} F_{ij} J_j = 0 \quad \textbf{(8.107}\textbf{\textit{b}}\textbf{)}$$

$$J_i(1 - F_{ii}) - \sum_{j \neq i} F_{ij} J_j = \frac{q_i}{A_i} \quad \textbf{(8.109}\textbf{\textit{c}}\textbf{)}$$

표면의 온도와 열교환의 계산은 위의 5단계와 같다.

단열된 표면과 넓은 면적의 표면

회로망법을 적용하여 단열된 표면이 마치 완전히 반사를 하여 ($\epsilon \to 0$) $J = E_b$인 것처럼 거동하는 것을 보았다. 식 (8.106a)에 $\epsilon = 0$를 대입하면 식 (8.107a)가 됨을 유의하라. 식들이 J에 관해 풀리면 $T = (E_b/\sigma)^{1/4} = (J/\sigma)^{1/4}$으로부터 단열된 표면의 온도를 구할 수 있다. 계에서 다른 표면에 비해 매우 넓은 면적의 표면이 관계된다면 표면 저항이 낮으므로 $\epsilon \to 0$로 흑체와 비슷한 거동을 보이게 된다. 그러한 거대한 표면이 오목하다면 $F_{ii} \to 1.0$그리고 모든 $F_{ij} \to 0$인 것 같은 거동을 보일 것이다.

예제 8-15 큰 방 안에서의 수치 계산

예제 8-5와 같은 기하학적 배치에서 표면 2는 $\epsilon = 0.5$로 난반사를 하고 표면 1은 완벽하게 단열되어 있다. $T_2 = 1000$ K이고 $T_3 = 300$ K이다. 표면 2에서 방으로의 단위길이당 열 손실량을 수식적으로 계산하여라. 또한 단열된 표면의 온도를 계산하여라.

■ 풀이

단위 길이에 대해

$$E_{b_2} = \sigma T_2^4 = 5.669 \times 10^4 \qquad E_{b_3} = \sigma T_3^4 = 459$$
$$A_1 = (4)(0.2) = 0.8 \text{ m}^2/\text{m} \qquad A_2 = \pi(0.60)/2 = 0.94 \text{ m}^2/\text{m}$$

수치 계산을 사용할 것이다. 예제 8-5에서 그림의 기호를 사용해서 다음 값을 구한다. $F_{11} = 0.314$, $F_{12} = 0.425$, $F_{13} = 0.261$, $F_{121} = 0.5$, $F_{22} = 0$, $F_{23} = 0.5$, $F_{31} \to 0$, $F_{32} \to 0$, $F_{33} \to 0$,이제 방정식을 쓰자. 표면 1은 단열이므로 식 (8.107a)를 사용할 수 있다.

$$J_1(1 - 0.314) - 0.425J_2 - 0.261J_3 = 0$$

표면 2는 온도가 일정하므로 식 (8.106a)를 사용한다.

$$J_2(1 - 0) - (1 - 0.5)[0.5J_1 + 0.5J_3] = (0.5)(56{,}690)$$

표면 3은 매우 크므로

$$J_3 = E_{b_3} = 459 \text{ Wm}^2$$

방정식을 다시 정리하면 다음과 같다.

$$0.686J_1 - 0.425J_2 = 119.8$$
$$-0.25J_1 + J_2 = 28{,}460$$

다음과 같이 해가 얻어진다.

$$J_1 = 21{,}070 \text{ W/m}^2$$
$$J_2 = 33{,}727 \text{ W/m}^2$$

그러므로 열교환량은

$$q = \frac{E_{b_2} - J_2}{\dfrac{1-\epsilon_2}{\epsilon_2 A_2}} = \frac{56{,}690 - 33{,}727}{(1-0.5)/(0.5)(4)(0.2)} = 18{,}370 \text{ W/m length}$$

표면 1은 단열되어 있으므로 $J_1 = E_{b_1}$이며 다음과 같이 온도를 구할 수 있다.

$$T_1 = \left(\frac{21{,}070}{5.669 \times 10^{-8}}\right)^{1/4} = 781 \text{ K}$$

이 문제에 대해 회로망법을 사용하는 것이 더 간편할 것이다. 왜냐하면 그것은 단지 간단한 직병렬 회로로 되기 때문이다.

예제 8-16 평행 평판에 대한 수치 계산

한 변이 1 m인 두 정사각형 표면이 1 m의 간격을 두고 떨어져 있는데 $T_1 = 1000$ K, $T_2 = 400$ K, $\epsilon_1 = 0.8$, $\epsilon_1 = 0.5$이다. (*a*) 두 평판들이 온도 300 K의 커다란 방에 에워싸인 경우 (*b*) 두 표면이 완벽하게 단열된 재복사 벽으로 연결되어 있는 경우 두 경우의 이 시스템에 대한 수치 해를 구하여라. 이 예제의 부분(*a*)는 예제 8-6에서의 회로망법에 의해 풀리는 문제와 원리상 같다.

■ **풀이**

그림 8.12를 참고하면 다음과 같다.

$$F_{12} = 0.2 \qquad F_{21} = 0.2 \qquad F_{11} = 0 = F_{22}$$
$$F_{13} = 0.8 \qquad F_{23} = 0.8$$
$$A_1 = A_2 = 1 \text{ m}^2$$

(표면 3은 주위거나 단열된 표면이다). 부분 (*a*)에 대해서

$$E_{b_1} = \sigma T_1^4 = 56.69 \text{ kW/m}^2 \quad [17{,}970 \text{ Btu/h} \cdot \text{ft}^2]$$
$$E_{b_2} = \sigma T_2^4 = 1.451 \text{ kW/m}^2$$
$$E_{b_3} = \sigma T_3^4 = 0.459 \text{ kW/m}^2$$

$A_3 \rightarrow \infty$이고 F_{31}, F_{32}이기 때문에 $A_1F_{31} = A_3F_{31}$와 $A_2F_{23} = A_3F_{32}$는 0으로 근접한다. 전체 절점 방정식이 식

(8.107)의 형태로 쓰여진다.

$$\begin{aligned}
&\text{표면 } 1: \quad J_1 - (1-\epsilon_1)(F_{11}J_1 + F_{12}J_2 + F_{13}J_3) = \epsilon_1 E_{b_1} \\
&\text{표면 } 2: \quad J_2 - (1-\epsilon_2)(F_{21}J_1 + F_{22}J_2 + F_{23}J_3) = \epsilon_2 E_{b_2} \\
&\text{표면 } 3: \quad J_3 - (1-\epsilon_3)(F_{31}J_1 + F_{32}J_2 + F_{33}J_3) = \epsilon_3 E_{b_3}
\end{aligned} \tag{a}$$

F_{31}와 F_{32}가 0에 근접하기 때문에 F_{33}는 1.0이 되어야 한다.

각 항에 수치를 대입하면

$$\begin{aligned}
J_1 - (1-0.8)[(0)J_1 + (0.2)J_2 + (0.8)J_3] &= (0.8)(56.69) \\
J_2 - (1-0.5)[(0.2)J_1 + (0)J_2 + (0.8)J_3] &= (0.5)(1.451) \\
J_3 - (1-\epsilon_3)[(0)J_1 + (0)J_2 + (1.0)J_3] &= \epsilon_3(0.459)
\end{aligned} \tag{b}$$

세 번째 방정식의 결과는 $J_3 = 0.459\ \text{k W/m}^2 \cdot \text{K}$이다. 방의 크기가 매우 크기 때문에 흑체와 같은 거동을 보인다. 그러나 열교환량이 0은 아니다.

최종적으로 방정식은 다음의 간단한 형태로 정리된다.

$$\begin{aligned}
J_1 - 0.04J_2 - 0.16J_3 &= 45.352 \\
-0.1J_1 + J_2 - 0.4J_3 &= 0.7255 \\
J_3 &= 0.459
\end{aligned} \tag{c}$$

물론 여기서 남는 미지수는 J_1와 J_2뿐이다.

부분 (*b*)에 대해서 에워싸는 벽의 면적은 4.0 m^{2}이고, 표면 3이 단열되어 있으므로 $J_3 = E_{b_3}$이다. 호환관계를 통해

$$A_1F_{13} = A_3F_{31} \qquad F_{31} = \frac{(1.0)(0.8)}{4.0} = 0.2$$

$$A_2F_{23} = A_3F_{32} \qquad F_{32} = \frac{(1.0)(0.8)}{4.0} = 0.2$$

그러면 $F_{31} + F_{32} + F_{33} = 1.0$로부터 $F_{33} = 0.6$를 얻는다.

(*a*)의 일련의 방정식들은 여전히 적용되므로 수치값들을 대입하면 다음과 같다.($J_3 = E_{b_3}$)

$$\begin{aligned}
J_1 - (1-0.8)[(0)J_1 + (0.2)J_2 + (0.8)J_3] &= (0.8)(56.69) \\
J_2 - (1-0.5)[(0.2)J_1 + (0)J_2 + (0.8)J_3] &= (0.5)(1.451) \\
J_3 - (1-\epsilon_3)[(0.2)J_1 + (0.2)J_2 + (0.6)J_3] &= \epsilon_3 J_3
\end{aligned} \tag{d}$$

(*d*)의 식들 가운데 세 번째는 다음과 같이 쓸 수 있음을 유의하라.

$$J_3(1-\epsilon_3) - (1-\epsilon_3)[(0.2)J_1 + (0.2)J_2 + (0.6)J_3] = 0$$

그러므로 $(1 - \epsilon_3)$는 제거되고 최종 연립방정식은 다음과 같이 된다.

$$\begin{aligned}
J_1 - 0.04J_2 - 0.16J_3 &= 45.352 \\
-0.1J_1 + J_2 - 0.4J_3 &= 0.7255 \\
-0.2J_1 - 0.2J_2 + 0.4J_3 &= 0
\end{aligned} \tag{e}$$

열교환량을 얻기 위해서 방정식들은 출사에 대해 우선 풀려야 한다. (*c*)에 대해,

$$J_1 = 45.644 \text{ kW/m}^2$$
$$J_2 = 5.474 \text{ kW/m}^2$$
$$J_3 = 0.459 \text{ kW/m}^2$$

식 (8.104)에 의해 열교환량은

$$q_1 = \frac{A_1\epsilon_1}{1-\epsilon_1}(E_{b_1} - J_1) = \frac{(1.0)(0.8)}{1-0.8}(56.69 - 45.644) = 44.184 \text{ kW} \quad [150{,}760 \text{ Btu/h}]$$
$$q_2 = \frac{A_2\epsilon_2}{1-\epsilon_2}(E_{b_2} - J_2) = \frac{(1.0)(0.5)}{1-0.5}(1.451 - 5.474) = -4.023 \text{ kW} \quad [-13{,}730 \text{ Btu/h}]$$

방에 의해 흡수된 순 열은 q_1와 q_2의 합이다.

$$q_{3,\text{ absorbed}} = 44.184 - 4.023 = 40.161 \text{ kW} \quad [137{,}030 \text{ Btu/h}]$$

부분 (b)에 대해 (e)를 풀면

$$J_1 = 51.956 \text{ kW/m}^2 \qquad J_2 = 20.390 \text{ kW/m}^2 \qquad J_3 = 36.173 \text{ kW/m}^2$$

열교환량은

$$q_1 = \frac{A_1\epsilon_1}{1-\epsilon_1}(E_{b_1} - J_1) = \frac{(1.0)(0.8)}{1-0.8}(56.69 - 51.965) = 18.936 \text{ kW}$$
$$q_2 = \frac{A_2\epsilon_2}{1-\epsilon_2}(E_{b_2} - J_2) = \frac{(1.0)(0.5)}{1-0.5}(1.451 - 20.390) = -18.936 \text{ kW}$$

물론 이들 열교환량은 부호만 다르고 양은 같다. 왜냐하면 단열된 벽면은 어떤 열도 교환하지 않기 때문이다. 단열된 벽면의 온도는 다음 식으로 구할 수 있다.

$$J_3 = E_{b_3} = \sigma T_3^4 = 36.173 \text{ kW/m}^2$$

그리고

$$T_3 = 894 \text{ K} \quad [621^\circ\text{C}, 1150^\circ\text{F}]$$

예제 8-17 가변 출사를 갖는 구멍으로부터의 복사

복사열전달의 수치 해의 또 다른 예제를 위하여 그림 예제 8.17에 보인 바와 같은 지름 2 cm에 길이 3 cm인 구멍을 생각하자. 구멍은 큰 금속덩이에 가공되어 있고 온도는 1000℃이며 표면 방사율은 0.6이다. 커다란 방의 온도는 20℃이다. 가열된 내부의 표면 전체에 걸쳐서 출사가 일정하다는 가정을 하면 문제는 더욱 쉽게 접근할 수 있다. 실제로 출사는 면에 따라 다르고 해석상 부분 1(구멍의 바닥), 2, 3, 4로 나눈다.

커다란 방은 20℃의 흑체의 거동을 보이므로 해석의 편의상 20℃의 가상의 흑체 표면 5가 구멍을 에워싸고 있다고 가정할 수 있다. 출사량에 대한 수치해를 구할 수 있도록 문제를 만들고 열전달량을 계산하도록 하자. 그 후에 이와 동일한 기하학적 배치 상황에 대해 단열된 표면의 경우를 검토해 보겠다.

■ 풀이

모든 형태계수들이 그림 8.13과 가상 디스크 표면 6, 7의 도움으로 얻어진다.

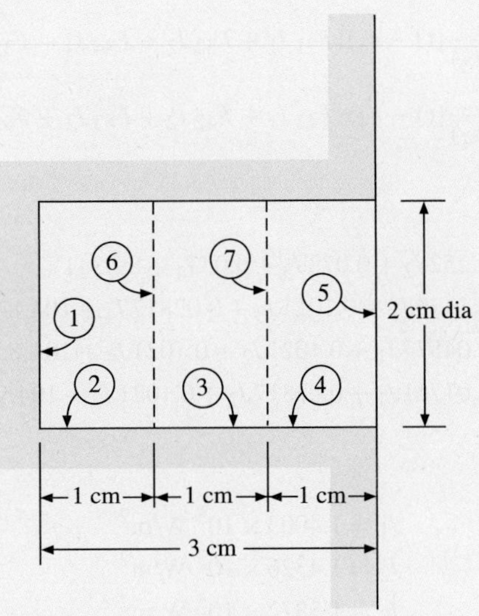

[그림 예제 8.17]

$$
\begin{aligned}
E_{b_1} &= \sigma T_1^4 = (5.669\times10^{-8})(1273)^4 = 1.48874\times10^5\ \mathrm{W/m^2} \\
&= E_{b_2} = E_{b_3} = E_{b_4} \\
E_{b_5} &= \sigma T_5^4 = (5.669\times10^{-8})(293)^4 = 417.8\ \mathrm{W/m^2} \\
\epsilon_1 &= \epsilon_2 = \epsilon_3 = \epsilon_4 = 0.6 \qquad \epsilon_5 = 1.0 \\
A_1 &= A_5 = \pi(1)^2 = \pi\ \mathrm{cm^2} = A_6 = A_7 \\
A_2 &= A_3 = A_4 = \pi(2)(1) = 2\pi \\
F_{11} &= F_{55} = 0 \qquad F_{16} = 0.37 \qquad F_{17} = 0.175 \qquad F_{15} = 0.1 \\
F_{12} &= 1 - F_{16} = 0.63 = F_{54} \\
F_{13} &= F_{16} - F_{17} = 0.195 = F_{53} \\
F_{14} &= F_{17} - F_{15} = 0.075 = F_{52} \\
F_{21} &= F_{26} = F_{16}\frac{A_1}{A_2} = 0.315 = F_{45} = F_{36} = F_{37} \\
F_{22} &= 1 - F_{21} - F_{26} = 0.37 = F_{33} = F_{44} \\
F_{31} &= F_{13}\frac{A_1}{A_3} = 0.0975 \\
F_{32} &= F_{36} - F_{31} = 0.2175 = F_{34} = F_{43} = F_{23} \\
F_{27} &= F_{26} - F_{23} = F_{21} - F_{23} = 0.0975 = F_{46} \\
F_{41} &= F_{14}\frac{A_1}{A_4} = 0.0375 = F_{25} \\
F_{42} &= F_{46} - F_{41} = 0.06 = F_{24}
\end{aligned}
$$

출사에 관한 방정식들은 $F_{11} = 0$과 $J_5 = E_{b_5}$에 주의하여 다음과 같이 식 (8.106)의 형태로 나타낼 수 있다.

$$
\begin{aligned}
J_1 &= (1-\epsilon_1)(F_{12}J_2 + F_{13}J_3 + F_{14}J_4 + F_{15}E_{b_5}) + \epsilon_1 E_{b_1} \\
J_2 &= \frac{1}{1 - F_{22}(1-\epsilon_2)}[(1-\epsilon_2)(F_{21}J_1 + F_{23}J_3 + F_{24}J_4 + F_{25}E_{b_5}) + \epsilon_2 E_{b_2}]
\end{aligned}
$$

$$J_3 = \frac{1}{1 - F_{33}(1-\epsilon_3)}[(1-\epsilon_3)(F_{31}J_1 + F_{32}J_2 + F_{34}J_4 + F_{35}E_{b_5}) + \epsilon_3 E_{b_3}]$$

$$J_4 = \frac{1}{1 - F_{44}(1-\epsilon_4)}[(1-\epsilon_4)(F_{41}J_1 + F_{42}J_2 + F_{43}J_3 + F_{45}E_{b_5}) + \epsilon_4 E_{b_4}]$$

모든 수치 값들은 대입하면

$$\begin{aligned} J_1 &= 0.252J_2 + 0.078J_3 + 0.03J_4 + 89{,}341 \\ J_2 &= 0.1479J_1 + 0.1021J_3 + 0.02817J_4 + 104{,}848 \\ J_3 &= 0.04577J_1 + 0.1021J_2 + 0.1021J_4 + 104{,}859 \\ J_4 &= 0.01761J_1 + 0.02817J_2 + 0.1021J_3 + 104{,}902 \end{aligned}$$

이들 방정식을 풀면

$$\begin{aligned} J_1 &= 1.4003 \times 10^5 \text{ W/m}^2 \\ J_2 &= 1.4326 \times 10^5 \text{ W/m}^2 \\ J_3 &= 1.3872 \times 10^5 \text{ W/m}^2 \\ J_4 &= 1.2557 \times 10^5 \text{ W/m}^2 \end{aligned}$$

열교환량은 식 (8.104)에 의해 다음과 같이 계산된다.

$$\begin{aligned} q_i &= \frac{\epsilon_i A_i}{1-\epsilon_i}(E_{b_i} - J_i) \\ q_1 &= \frac{(0.6)(\pi \times 10^{-4})}{1-0.6}(1.4887 - 1.4003)(10^5) = 4.1658 \text{ W} \\ q_2 &= \frac{(0.6)(2\pi \times 10^{-4})}{1-0.6}(1.4887 - 1.4326)(10^5) = 5.2873 \text{ W} \\ q_3 &= \frac{(0.6)(2\pi \times 10^{-4})}{1-0.6}(1.4887 - 1.3872)(10^5) = 9.5661 \text{ W} \\ q_4 &= \frac{(0.6)(2\pi \times 10^{-4})}{1-0.6}(1.4887 - 1.2557)(10^5) = 21.959 \text{ W} \end{aligned}$$

총체적인 열교환량은 이들 네 값의 합으로 나타난다.

$$q_{\text{total}} = 40.979 \text{ W} \quad [139.8 \text{ Btu/h}]$$

이 열교환량을 뜨거운 표면의 출사가 일정하다는 가정하에 얻게 되는 값과 비교하는 것은 흥미로운 일이다. 그러면 다음과 같은 값을 갖는 두 물체 문제가 된다.

$$A_1 = \pi + 3(2\pi) = 7\pi \text{ cm}^2 \qquad A_5 = \pi \qquad F_{51} = 1.0 \qquad \epsilon_1 = 0.6 \qquad \epsilon_5 = 1.0$$

이제 적절히 기호를 바꾸어서 식 (8.43)에 의해서 열교환량을 계산할 수 있다:

$$\begin{aligned} q &= \frac{(E_{b_1} - E_{b_5})A_5}{1/\epsilon_5 + (A_5/A_1)(1/\epsilon_1 - 1)} = \frac{(\pi \times 10^{-4})(1.4887 \times 10^5 - 417.8)}{1 + \left(\frac{1}{7}\right)(1/0.6 - 1)} \\ &= 42.581 \text{ W} \quad [145.3 \text{ Btu/h}] \end{aligned}$$

그러므로 균일한 출사라는 간단한 가정을 하면 뜨거운 표면을 네 부분으로 나누어 계산을 하는 경우보다 3.9% 높은 값을 얻게 된다. 이러한 사실은 균일 출사 가정이 공학적 계산에 더욱 적합하다는 것을 보여준다.

표면 1이 여전히 1000°C에서 $\epsilon = 0.6$으로 방사를 하고 있으나 옆면인 2, 3, 4는 단열된 경우를 생각해 보자. 물론 큰 방은 20°C에 있다. J_1에 대한 절점 방정식은 전과 같으나 J_2와 J_3그리고 J_4에 관한 방정식은 식 (8.107)의 형태로 써야 한다. 다음에 수치 값들이 대입되면 다음과 같다.

$$\begin{aligned}
J_1 &= 0.252J_2 + 0.078J_3 + 0.03J_4 + 89{,}341 \\
J_2 &= 0.5J_1 + 0.3452J_3 + 0.09524J_4 + 24.869 \\
J_3 &= 0.1548J_1 + 0.3452J_2 + 0.3452J_4 + 64.66 \\
J_4 &= 0.05952J_1 + 0.0952J_2 + 0.3452J_3 + 208.9
\end{aligned}$$

이 방정식들을 풀면

$$\begin{aligned}
J_1 &= 1.1532 \times 10^5 \text{ W/m}^2 \quad [36{,}560 \text{ Btu/h} \cdot \text{ft}^2] \\
J_2 &= 0.81019 \times 10^5 \text{ W/m}^2 \\
J_3 &= 0.57885 \times 10^5 \text{ W/m}^2 \\
J_4 &= 0.34767 \times 10^5 \text{ W/m}^2
\end{aligned}$$

표면 1에서의 열교환량은 다음과 같다.

$$\begin{aligned}
q_1 &= \frac{\epsilon_1 A_1}{1-\epsilon_1}(E_{b_1} - J_1) = \frac{(0.6)(\pi \times 10^{-4})}{1-0.6}(1.4887 - 1.1532)(10^5) \\
&= 15.81 \text{ W} \quad [53.95 \text{ Btu/h}]
\end{aligned}$$

단열된 표면 요소들의 온도는 다음과 같이 구할 수 있다.

$$\begin{aligned}
J_i &= E_{b_i} = \sigma T_i^4 \\
T_2 &= 1093 \text{ K} = 820°\text{C} \quad [1508°\text{F}] \\
T_3 &= 1005 \text{ K} = 732°\text{C} \quad [1350°\text{F}] \\
T_4 &= 895 \text{ K} = 612°\text{C} \quad [1134°\text{F}]
\end{aligned}$$

위의 열교환량과 표면 2, 3, 4의 온도와 출사가 균일하다는 가정에서 얻은 결과를 비교하는 것은 흥미로운 일이다. 식 (8.41)은 이 경우에 적용된다:

$$q = \frac{A_1(E_{b_1} - E_{b_5})}{\dfrac{A_1 + A_2 + 2A_1F_{15}}{A_5 - A_1(F_{15})^2} + \left(\dfrac{1}{\epsilon_1} - 1\right) + \dfrac{A_1}{A_5}\left(\dfrac{1}{\epsilon_5} - 1\right)}$$

그리고

$$q = \frac{(\pi \times 10^{-4})(1.4887 \times 10^5 - 417.8)}{\dfrac{\pi + \pi - 2\pi(0.1)}{\pi - \pi(0.1)^2} + \dfrac{1}{0.6} - 1} = 18.769 \text{ W} \quad [64.04 \text{ Btu/h}]$$

이 경우에 단열된 표면에서의 균일 출사 가정은 표면 1(구멍의 바닥)을 포함한 총 열교환량을 너무 높은 18.7%나 증가시킨다.

예제 8-18 일정한 열유속과 주변 차폐를 갖는 히터

도시한 그림에서 표면 1에 전기 가열기가 설치되어 있어서 표면에서 100 kW/m^{2}의 일정 열유속이 가해진다. 주변의 네 표면은 표면 1℃ 및 20℃의 큰 방과 복사 평형을 이루고 있다. 표면 성질은 다음과 같다. $\epsilon_1 = 0.8$, $\epsilon_2 = \epsilon_3 = \epsilon_4 = \epsilon_5 = 0.4$. 모든 표면의 온도를 결정하여라. 표면 1의 뒤쪽은 단열되어 있다. 또, 표면 2, 3, 4, 5가 온도가 동일한 하나의 표면이라는 가정을 하고 다시 풀어라.

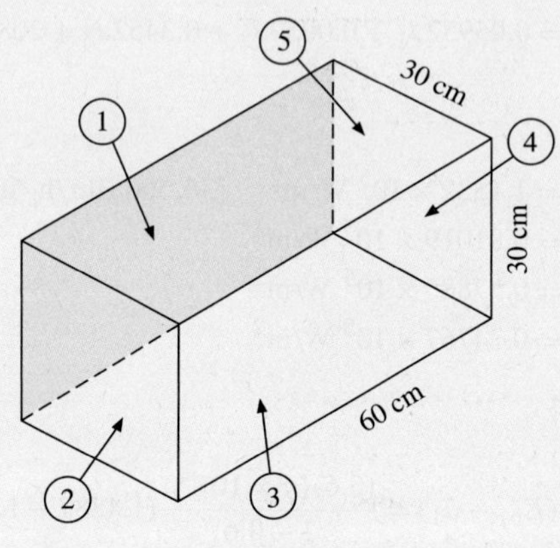

[그림 예제 8.18]

■ 풀이

실제로 표면 2, 3, 4, 5는 각각 안쪽과 바깥쪽 표면의 두 표면을 갖는다. 그러므로 아홉 개의 표면과 하나의 방을 합하면 열 개의 표면이 내포된 대칭성에 의해 $T_2 = T_4$와 $T_3 = T_5$임을 알 수 있으나 일반적인 수치계산 식으로 문제를 정립하겠다. 커다란 방은 표면 6으로 지정하고 $\epsilon_6 = 1.0$의 거동을 나타낸다고 하자. 그러므로 마치 열린 부분이 20℃의 흑체 표면으로 에워싸여 있는 것과 같다. 내부 표면의 형태계수들은 그림 8.12와 8.14로부터 얻을 수 있다.

$$F_{16} = F_{61} = 0.285 \qquad F_{13} = F_{15} = 0.24 = F_{31} = F_{51}$$
$$F_{12} = F_{14} = 0.115 \qquad F_{24} = F_{42} = 0.068$$
$$F_{35} = F_{53} = 0.285 \qquad F_{32} = F_{52} = F_{34} = 0.115$$
$$F_{25} = F_{23} = F_{45} = F_{43} = F_{21} = F_{41} = F_{26} = F_{46} = 0.23$$
$$F_{11} = F_{22} = F_{33} = F_{44} = F_{55} = 0$$

바깥 표면에 대해서는

$$F'_{26} = F'_{36} = F'_{46} = F'_{56} = 1.0$$

여기서 프라임은 바깥쪽 표면임을 나타내는 것이다. 또한 바깥쪽 표면의 출사를 표기하기 위해서도 프라임을 사용할 것이다. 방에 대해서 $J_6 = E_{b_6} = (5.669 \times 10^{-8})(293)^4 = 417.8$ W/m^{2}이다.

일정한 열유속을 갖는 표면 1에 대해서 식 (8.109*a*)를 사용하여 나타내면 다음과 같다.

$$J_1 - (F_{12}J_2 + F_{13}J_3 + F_{14}J_4 + F_{15}J_5 + F_{16}J_6) = 1.0 \times 10^5 \qquad (a)$$

복사 평형의 조건으로부터

$$(J_2 - E_{b_2})\frac{\epsilon_2 A_2}{1-\epsilon_2} = (E_{b_2} - J'_2)\frac{\epsilon_2 A_2}{1-\epsilon_2}$$

그리고

$$E_{b_2} = \frac{J_2 + J_2'}{2} \tag{b}$$

여기서 프라임은 바깥쪽 출사를 의미한다. 표면 3, 4, 5에 관해서도 유사한 관계식이 적용된다. 그러므로 안쪽 표면 2에 대해 식 (8.106*a*)를 이용하면

$$J_2 - (1-\epsilon_2)(F_{21}J_1 + F_{23}J_3 + F_{24}J_4 + F_{25}J_5 + F_{26}J_6) = \frac{\epsilon_2}{2}(J_2 + J_2') \tag{c}$$

그리고 바깥쪽 표면 2에 대해서는

$$J_2' - (1-\epsilon_2)(F_{26}'J_6) = \frac{\epsilon_2}{2}(J_2 + J_2') \tag{d}$$

(*c*) 및 (*d*)와 같은 방정식들은 표면 3, 4뿐만 아니라 5에 대해서도 쓰이고 형태계수와 방사율을 대입하면 다음의 방정식들을 얻는다.

$$\begin{aligned}
J_1 - 0.115J_2 - 0.24J_3 - 0.115J_4 - 0.24J_5 &= 1.0012\times10^5\\
-0.138J_1 + 0.8J_2 - 0.2J_2' - 0.138J_3 - 0.0408J_4 - 0.138J_5 &= 57.66\\
0.2J_2 - 0.8J_2' &= -250.68\\
-0.144J_1 - 0.069J_2 + 0.8J_3 - 0.2J_3' - 0.069J_4 - 0.05J_5 &= 60.16\\
0.2J_3 - 0.8J_3' &= -250.68\\
-0.138J_1 - 0.0408J_2 - 0.138J_3 + 0.8J_4 - 0.2J_4' - 0.138J_5 &= 57.66\\
0.2J_4 - 0.8J_4' &= -250.68\\
-0.144J_1 - 0.069J_2 - 0.057J_3 - 0.069J_4 + 0.8J_5 - 0.2J_5' &= 60.16\\
0.2J_5 - 0.8J_5' &= -250.68
\end{aligned}$$

그러므로 아홉 개의 방정식과 아홉 개의 미지수를 갖게 되고 풀면 다음과 같다.

$$\begin{aligned}
J_1 &= 1.24887\times10^5\ \mathrm{W/m^2}\\
J_2 &= J_4 = 37{,}549\\
J_2' &= J_4' = 9701\\
J_3 &= J_5 = 33{,}605\\
J_3' &= J_5' = 8714
\end{aligned}$$

온도는 식 (*b*)로부터 계산된다.

$$E_{b_2} = \frac{37{,}549 + 9701}{2} = 23{,}625 \qquad T_2 = T_4 = 803.5\ \mathrm{K}$$
$$E_{b_3} = \frac{33{,}605 + 8714}{2} = 21{,}160 \qquad T_3 = T_5 = 781.6\ \mathrm{K}$$

표면 1에서 다음 식이 성립한다.

$$\frac{q}{A} = \frac{\epsilon}{1-\epsilon}(E_{b_1} - J_1)$$

그러므로

$$E_{b_1} = \frac{(1.0\times10^5)(1-0.8)}{0.8} + 1.24887\times10^5 = 1.49887\times10^5$$

그리고

$$T_1 = 1275 \text{ K}$$

문제의 대칭성을 발견하고 $J_2 = J_4$과 $J_2' = J_4'$ 등으로 놓았음을 다시 유의하자. 그렇게 하여 다섯 개의 미지수를 갖는 오직 다섯 개의 방정식이 남게 된다.

■ 하나의 면 위의 표면 2, 3, 4, 5

이제 돌아가서 표면 2, 3, 4, 5를 하나의 표면인 표면 7로 놓자. 그러면 형태계수들은 다음과 같다.

$$F_{16} = F_{61} = 0.285 \qquad F_{17} = 1 - 0.285 = 0.715$$
$$A_1 = 2.0 \qquad A_7 = 6.0$$

그러므로

$$F_{71} = (0.715)\left(\frac{2}{6}\right) = 0.2383 = F_{76}$$
$$F_{77} = 1 - (2)(0.2383) = 0.5233 \qquad F_{76}' = 1.0$$

그러면 표면 1에 대해서 식 (8.109*a*)를 사용하여

$$J_1 - (F_{17}J_7 + F_{16}J_6) = 1.0 \times 10^5$$

$E_{b7} = (J_7 + J_7')/2$임을 사용하여 안쪽 표면 7에 대하여

$$J_7[1 - F_{77}(1 - \epsilon_7)] - (1 - \epsilon_7)(F_{71}J_1 + F_{76}J_6) = \frac{\epsilon_7}{2}(J_7 + J_7')$$

한편 바깥쪽에 대하여

$$J_7' - (1 - \epsilon_7)F_{76}'J_6 = \frac{\epsilon_7}{2}(J_7 + J_7')$$

수치 값들을 대입하면 세 개의 연립방정식을 얻게 된다.

$$J_1 - 0.715J_7 = 1.0012 \times 10^5$$
$$-0.143J_1 + 0.486J_7 - 0.2J_7' = 59.74$$
$$0.2J_7 - 0.8J_7' = -250.68$$

이를 풀면 다음과 같다.

$$J_1 = 1.31054 \times 10^5 \text{ W/m}^2$$
$$J_7 = 43{,}264$$
$$J_7' = 11{,}129$$

온도는 앞에서와 같이 계산할 수 있다.

$$E_{b_7} = \frac{43{,}264 + 11{,}129}{2} = 27{,}197 \qquad T_7 = 832.2 \text{ K}$$

$$E_{b_1} = \frac{(1.0 \times 10^5)(1 - 0.8)}{0.8} + 1.31054 \times 10^5 = 1.65054 \times 10^5$$
$$T_1 = 1306 \text{ K}$$

그러므로 두 방식 사이는 약 30K의 온도차가 생긴다.

■ 해설

이러한 작은 해의 차이로 각 면의 출사를 다르게 가정하여 생기는 복잡성에 대한 노력의 가치가 없다고 결론지을 수 있다. 특별히 표면의 방사율의 불확실성을 인식하면 더욱 그러하다. 이것은 균일한 조사와 출사의 가정이 비록 엄밀하게는 정확하지 않지만 상당히 만족할만한 결과를 준다는 것을 의미한다.

예제 8-19 대류와 복사가 혼합된 비선형계에 관한 수치해석

가로, 세로가 0.5 m인 평판이 1300 K의 온도로 유지되어서 주변온도 300 K의 대류와 복사환경에 노출되어 있다. 그림에서 보는 바와 같이 윗부분에는 가로, 세로가 0.5 m인 복사 차폐가 부착되었다. 모든 표면의 대류 열전달 계수는 50 W/m^2 · K이고 $\epsilon_1 = 0.8$, $\epsilon_2 = 0.3 = \epsilon_3$이다. 1300 K의 표면에서 유실된 총열량과 차폐물의 온도를 구하여라.

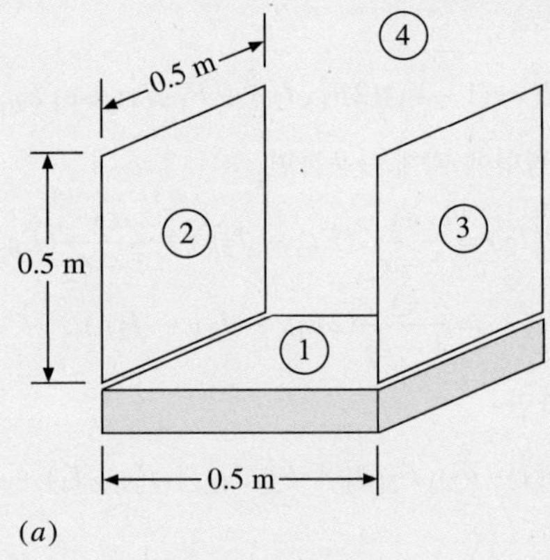

(a)

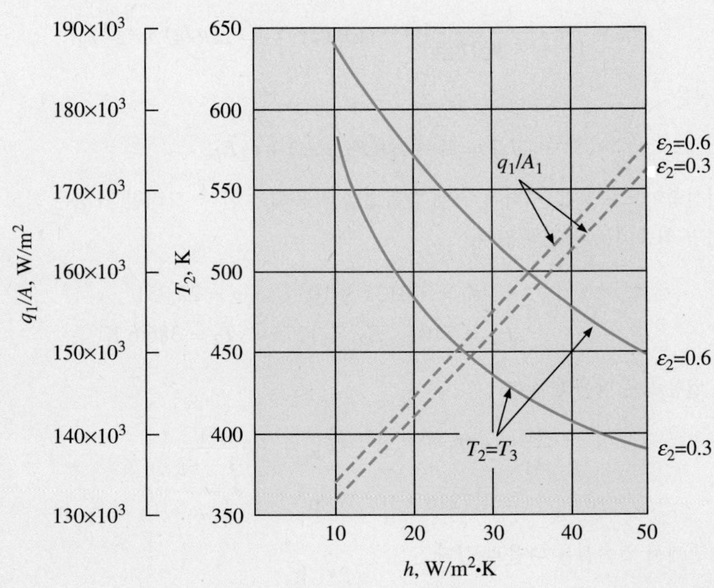

[그림 예제 8.19]

■ 풀이

이 예제는 어떻게 대류-복사 문제를 수치 공식과 반복적 계산 과정으로 푸는 것이 가능한지를 보여주는 예이다. 그림에 기호들이 도시되어 있다. 그림 8.12와 8.14를 이용해 형태계수들을 구하면 다음과 같다.

$$F_{12} = F_{13} = 0.2 \qquad F_{14} = 1 - 0.2 - 0.2 = 0.6$$
$$F_{23} = F_{32} = 0.2 \qquad F_{24L} = F_{34R} = 1.0$$
$$F_{21} = F_{12} = F_{31} = 0.2 \qquad F_{24R} = F_{34L} = 0.6$$
$$F_{11} = F_{22} = F_{33} = 0$$
$$J_{2R} = J_{3L} \qquad J_{2L} = J_{3R} \text{ 대칭성으로부터}$$
$$J_4 = E_{b_4}$$

이제 식 (8.105)를 사용해서 J_1의 관계식을 구하면

$$J_1 = (1 - \epsilon_i)[F_{12}J_{2R} + F_{13}J_{3L} + F_{14}J_4] + \epsilon_1 E_{b_1}$$

그러나 $J_{2R} = J_{3L}$ 이고 $F_{12} = F_{13}$ 이므로

$$J_1 = (1 - \epsilon_1)(2F_{13}J_{2R} + F_{14}J_4) + \epsilon_1 E_{b_1} \tag{a}$$

식 (8.108)을 표면 2의 전체적 에너지 평형에 대해 사용하면

$$\begin{aligned} 2h(T_\infty - T_2) &= \frac{\epsilon_2}{1-\epsilon_2}(E_{b_2} - J_{2R}) + \frac{\epsilon_2}{1-\epsilon_2}(E_{b_2} - J_{2L}) \\ &= \frac{\epsilon_2}{1-\epsilon_2}(2E_{b_2} - J_{2R} - J_{2L}) \end{aligned} \tag{b}$$

식 (8.105)를 표면 J_{2R}에 대해서 사용하면

$$J_{2R} = (1 - \epsilon_2)(F_{21}J_1 + F_{23}J_{3L} + F_{24R}J_4) + \epsilon_2 E_{b_2}$$

그러나 $J_{2R} = J_{3L}$이므로

$$J_{2R} = \frac{1}{1 - (1-\epsilon_2)F_{23}}[(1 - \epsilon_2)(F_{21}J_1 + F_{24R}J_4) + \epsilon_2 E_{b_2}] \tag{c}$$

표면 J_{2L}에 대한 방정식은

$$J_{2L} = (1 - \epsilon_2)(F_{24L}J_4) + \epsilon_2 E_{b_2} \tag{d}$$

식 (*b*)는 E_b에 대해 비선형이므로 해를 구하기 위해 반복법을 사용해야 한다. 그러한 과정은 참고문헌 [34]에 나와 있다. 반복기법을 적용하면 최종해는 다음과 같다.

$$J_1 = 1.3135 \times 10^5 \qquad J_{2R} = 22{,}051$$
$$J_{2L} = 710 \qquad E_{b_2} = 1275 \qquad T_2 = 386.6 \text{ K}$$

표면 1에서 방출된 총 열유속은 다음과 같다.

$$\begin{aligned} \frac{q_1}{A_1} &= h(T_1 - T_\infty) + (E_{b_1} - J_1)\frac{\epsilon_1}{1-\epsilon_1} \\ &= 1.7226 \times 10^5 \text{ W/m}^2 \end{aligned} \tag{e}$$

가로, 세로 0.5 m인 표면에서 열손실은 다음과 같다.

$$q_1 = (1.7226 \times 10^5)(0.5)^2 = 43{,}065 \text{ W}$$

다른 경우들도 계산될 수 있으며 h와 ϵ_2가 결과에 미치는 영향이 그림에 도시되어 있다.

■ 해설

이 예제는 반복법에 의하여 대류와 복사가 복합된 비선형 방정식을 푸는 예를 보인 것이다. 표면의 방사율과 대류 계수에 관련된 불확실성을 인정한다면 몇 번의 반복만으로도 수용할 만한 결과를 얻게 된다.

8-14 태양복사

태양복사는 열복사의 한 형태로서 특정한 파장 분포를 나타낸다. 그것의 강도는 대기의 조건, 연중 시기 그리고 광선의 지표면으로의 입사 각도에 크게 의존한다. 지구가 태양으로부터 평균거리에 있을때 대기권 바깥 끝에서의 총괄적인 태양 조사는 1395 W/m^{2}이다. 이 수치는 **태양 상수**라고 불리고 측정의 정밀도에 따라 변경될 수 있다.

대기 중의 이산화탄소와 수증기가 흡수하기 때문에 태양상수의 에너지가 모두 지표면에 도달하는 것은 아니다. 또한 태양복사의 지구표면 입사량은 먼지나 오염물과 같은 대기 안의 물질과도 관계가 있다. 태양 복사가 지표면에 수직으로 입사할 때 가장 많은 에너지가 도달하는데 그 이유는 (1) 들어오는 태양 열유속에 대해 투영면이 넓고 (2) 연직선에 대한 경사각이 크게 입사하는 경우에 비해 대기중을 통과하는 광선의 거리가 짧아서 중간에서 흡수가 적어지기 때문이다. 그림 8.63은 보통의 이물질과 수증기를 포함한 맑은 날 해발 기준면 부근에서의 대기 흡수 효과를 나타낸다.

지구표면에 도달하는 태양복사는 이상적인 회색체로부터의 복사와 같은 거동을 하지 않는 반면 대기권 밖에서 에너지 분포는 이상적인 형태를 더 많이 따르는 것이 그림 8.63에서 명백해진다. 태양 복사에 해당하는 등가의 흑체 온도를 구하기 위해 스펙트럼의 최대 강도에서의 파장(그림 8.63에서 약 0.5 μm)과 식 (8.13)의 Wien의 변위 법칙을 사용할 수 있다. 계산하면 다음과 같다.

$$T \approx \frac{2987.6}{0.5} = 5795 \text{ K} \qquad (10{,}431°\text{R})$$

그러므로 열복사에 상응하는 태양 온도는 약 5800 K(10,000°R)이다.

만약 모든 물질들이 회색체의 거동을 나타낸다면 태양 복사의 해석이 특별한 문제를 만들지는 않는다. 그러나 긴 파장의 지구 복사와는 달리 태양 복사가 짧은 파장에 집중되어 있기 때문에 특이한 물질은 두 유형의 복사에 대해 완전히 다른 흡수와 투과를 나타낼 수 있다. 이러한 거동의 고전적인 예가 온실이다. 보통의 유리는 2 μm 이하의 파장에 대해 복사파를 매우 잘 투과시킨다. 그러므로 입사하는 태양 복사의 대부분을 투과한다. 그러나 이 유리는 3 μm 또는 4 μm 이상의 장파장에 대해서는 완전히 불투명이다. 실제로 온실 내부의 물체들에서 방사되는 낮은 온도의 복사는 모두 이러한 장파장의 특성을 지니므로 온실에 갇혀있게 된다. 그러므로 유리는 달아나는 양보다 더 많은 양을 받아들여서 친숙한 온실효과를 일으킨다. 온실 내부의 물체가 받아들인 태양 복사는 궁극적으로 온실 바깥쪽의 표면에서 대류를 통해서 방출되어야 한다.

불투명 금속과 페인트로 칠해진 표면에서의 복사는 저온 방사와는 다르게 위와 유사한 거동이 태양 복사의 흡수와 반사에서도 일어난다.

많은 경우에 태양 복사의 총흡수율은 25°C와 같은 보통온도에서 흑체 복사에 대한 흡수율과는 전혀 다를 수 있다. 표 8.4에 태양 복사와 저온 복사 양쪽에 대한 표면의 흡수율들을 간략히 비교해 놓았다. 다소 커다란 차이가 생길 수 있음을 유의하라.

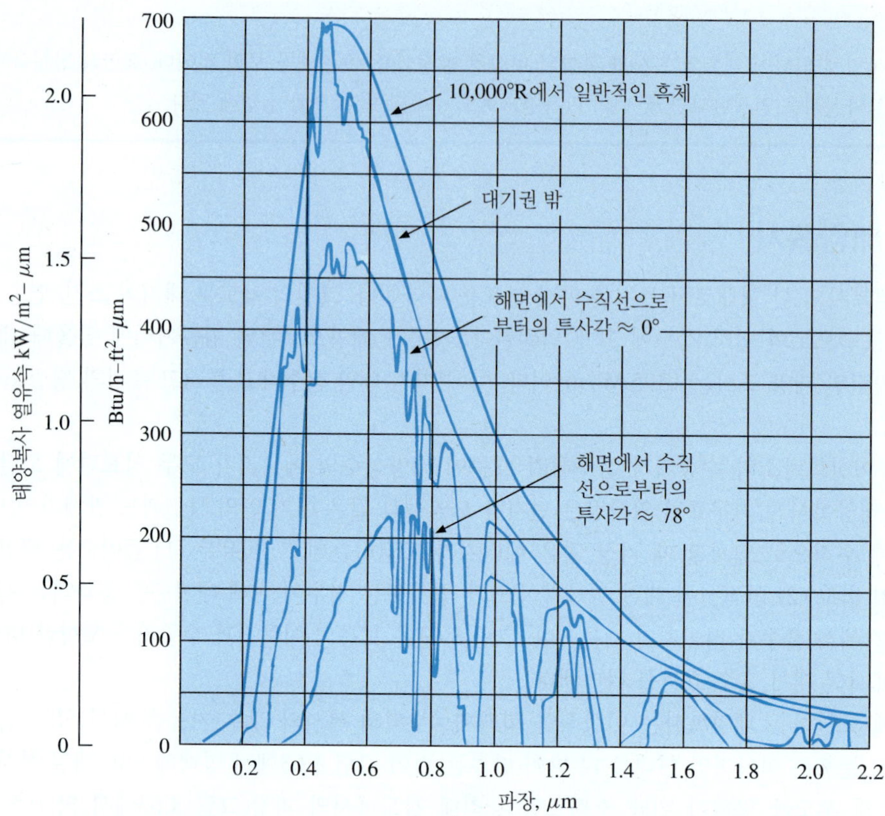

[그림 8.63] 대기조건과 입사각의 함수로 나타낸 태양복사의 스펙트럼 분포 참고문헌 [15]

[표 8.4] 참고문헌 [14]에서 얻은 태양과 저온 열복사에 대한 각종 표면의 흡수율 비교

표면	흡수율	
	태양복사 (λ~0.5 μm)	**저온(25°C) 복사 (λ~10 μm)**
윤이 나는 알루미늄	0.15	0.04
윤이 나는 구리	0.18	0.03
녹슨 구리	0.65	0.75
주철	0.94	0.21
스테인레스강 no. 301(윤이 나는)	0.37	0.60
백색대리석	0.46	0.95
아스팔트	0.90	0.90
적별돌	0.75	0.93
자갈	0.29	0.85
검은레커칠	0.96	0.95
백색페인트	0.120~0.16	0.90~0.95

태양 복사에 관한 이상의 간략한 논의는 이해되지 않을 수도 있다. 하지만 여기서의 목적은 태양 복사에 관한 계산을 수행할 때 몇 가지 성질에 관한 정보에 대해 주의를 환기시키려는 것이다.

예제 8-20 태양–환경 평형온도

만약 표면이 (*a*) 흰색 페인트 또는 (*b*) 광택이 없는 검은 래커로 칠이 되어 있다면 700 W/m^{2}의 태양열유속과 25℃ 온도의 주위 환경에 노출된 평판의 복사 평형온도를 계산하여라. 단, 대류는 무시한다.

■ **풀이**

복사 평형에서는 태양으로부터 흡수한 순 에너지는 주위와의 장파장 복사 교환량과 같아야 된다. 즉,

$$\left(\frac{q}{A}\right)_{\text{태양}} \alpha_{\text{태양}} = \alpha_{\text{저온}}\sigma(T^4 - T_{\text{surr}}^4) \qquad (a)$$

표 8.4에서 흰색 페인트는

$$\alpha_{\text{태양}} = 0.12 \qquad \alpha_{\text{저온}} = 0.9$$

그러므로 식 (*a*)는

$$(700)(0.12) = (0.9)(5.669 \times 10^{-8})(T^4 - 298^4)$$

그리고

$$T = 312.5\ \text{K} = 39.5℃ \quad [103℉]$$

검은 래커에 대해서는

$$\alpha_{\text{태양}} = 0.96 \qquad \alpha_{\text{저온}} = 0.95$$

그러므로 식 (*a*)는

$$(700)(0.96) = (0.95)(5.669 \times 10^{-8})(T^4 - 298^4)$$

그리고

$$T = 377.8\ \text{K} = 104.8℃ \quad [220.6℉]$$

이 예제에서 처음부터 알고 있었을 수도 있는 태양 광선에서는 흰색 표면이 검은 색 표면보다 온도가 낮다는 결론을 내릴 수 있다.

예제 8-21 대류열전달이 태양 평형온도에 미치는 영향

예제 8-20의 표면들은 복사 환경뿐만 아니라 $h = 10\ \text{W/m}^2 \cdot ℃$를 갖고 25℃의 대류환경에도 노출될 수 있다. 이런 한 조건 아래에서 복사–대류 평형온도를 구하여라.

■ **풀이**

이 경우에 태양에서 흡수된 태양 복사 에너지는 복사와 대류를 통해 주위로 열전달 양의 합과 같아야 한다. 즉,

$$(q/\text{A})_{\text{태양}}\alpha_{\text{태양}} = \alpha_{\text{저온}}\sigma(T^4 - T_{\text{주변}}^4) + h(T - T_{\text{주변}}) \qquad (a)$$

흰색 페인트의 경우 예제 8-20과 같이 표면 성질을 사용하면

$$(700)(0.12) = (0.9)(5.669 \times 10^{-8})(T^4 - 298^4) + (10)(T - 298)$$

풀면 다음과 같다.

$$T = 303.4\ \text{K} = 30.4℃ \quad [86.7℉]$$

검은 평판의 경우에 식 (a)에 물성값을 대입하면 다음과 같다.

$$(700)(0.96) = (0.95)(5.669 \times 10^{-8})(T^4 - 298^4) + (10)(T - 298)$$

상응하는 해는 다음과 같다.

$$T = 337.8\ \text{K} = 64.8℃ \quad [149℉]$$

예제 8-20에서와 같이 태양 복사 아래에서 검은 표면이 흰색 표면에 비해 더 뜨겁다. 그러나 대류에 의한 손실이 온도를 상당히 떨어뜨린다. 독자들은 대류열전달 $h = 10\ \text{W/m}^2 \cdot ℃$는 자연대류에 대하여 7장의 식으로 계산한 고온 면으로부터의 대략적인 값인 것을 알 것이다.

예제 8-22 평판형 태양열 집열기

그림과 같이 평판 태양열 집열기가 설치되어 있다. 유리판이 단열된 검은 표면을 덮고 있다. 750 W/m^2의 태양에너지가 유리를 투과하여 검은 표면으로 흡수된다. 표면은 가열되어 유리로 복사하고 또한 $k_e/k = 1.4$로 틈새의 공기를 통한 대류에 의해 열을 잃는다. 유리의 바깥쪽 면은 30℃의 주위로 복사-대류를 통해 $h = 20\ \text{W/m}^2 \cdot ℃$로 열을 잃는다. 유리는 어떠한 열복사도 통과시키지 않고 $\epsilon = 0.9$로 가정한다. 검은 표면은 모든 복사파에 대해 $\epsilon = 1.0$으로 가정한다. 유리와 안쪽면의 온도를 구하여라.

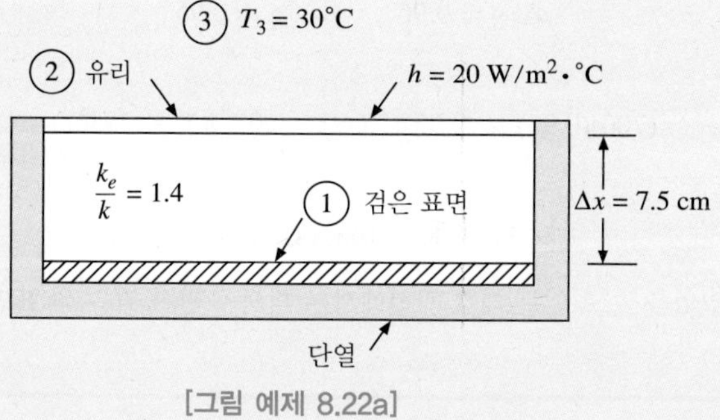

[그림 예제 8.22a]

■ 풀이

이것은 복사와 대류의 열전달 해석이 혼합된 흥미로운 예이다. 검은 판을 표면 1, 유리를 표면 2, 그리고 주위를 표면 3으로 지정한다. 유리에서의 태양에너지 흡수는 고려하지 않는다.

검은 판의 경우

$$J_1 = E_{b1}$$

표면 1로 전해진 대류와 태양에너지는

$$\left.\frac{q}{A}\right]_1 = \frac{k_e}{\Delta x}(T_2 - T_1) + \left.\frac{q}{A}\right]_s \qquad (a)$$

만약 식 (8.109)가 적용되면

$$E_{b1} - F_{12}J_{2i} = \frac{k_e}{\Delta x}(T_2 - T_1) + \left.\frac{q}{A}\right]_s \qquad (b)$$

여기서 J_{2i}는 유리의 안쪽 출사이다. 표면 2에 대한 전체적 에너지 평형은 다음과 같다.

$$\frac{\epsilon_2}{1-\epsilon_2}(2E_{b2} - J_{2i} - J_{2o}) = \frac{k_e}{\Delta x}(T_1 - T_2) + h(T_3 - T_2) \qquad (c)$$

여기서 J_{2o}는 유리의 바깥쪽 출사이다.

전체적 시스템에 대해 흡수된 태양 에너지는 결국 유리의 바깥쪽 표면으로부터 대류와 방사를 통해 방출되어야 한다. 그러므로

$$\left.\frac{q}{A}\right]_s = h(T_2 - T_3) + \epsilon_2(E_{b2} - E_{b3}) \qquad (d)$$

끝으로 바깥쪽 유리에서 잃은 복사량은 두 가지 방법으로 나타낼 수 있다.

$$\left.\frac{q}{A}\right]_{\text{복사}} = \epsilon_2(E_{b2} - E_{b3}) = (E_{b2} - J_{2o})\frac{\epsilon_2}{1-\epsilon_2} \qquad (e)$$

집열기의 면적은 간격에 비해 매우 크므로 $F_{12} \approx 1.0$이다. 이제 네 개의 방정식과 E_{b1}, E_{b2}, J_{2i} 그리고 J_{2o}의 네 미지수를 갖게 된다. 물론 T_1과 T_2는 E_{b1}와 E_{b2}를 이용하여 나타낼 수 있다.

위의 방정식은 대수적으로 다음과 같이 다시 정렬할 수 있다.

$$E_{b1} = \sigma T_1^4$$
$$E_{b2} = \sigma T_2^4$$
$$\epsilon_2(E_{b1} + E_{b3} - 2E_{b2}) + \frac{k_e}{\Delta x}(T_1 - T_2) + h(T_3 - T_2) = 0$$
$$\epsilon_2(E_{b2} - E_{b1}) + \frac{k_e}{\Delta x}(T_2 - T_1) + \frac{q}{A}_{\text{solar}} = 0$$

이를 풀면 다음의 값을 얻는다.

$$T_1 = 401.4 \text{ K}$$
$$T_2 = 331.3 \text{ K}$$

태양열 입사량(750 W/m^2)이 여러 가지로 변할 때 온도 T_1과 T_2는 그때마다 다시 계산되며, 이 결과는 그림 예제 8.22에서 보인 것과 같고 이는 집열판의 성능곡선이 된다. 여기서 주의할 점은 단열조건, 즉 부하가 0일 때 집열판의 온도는 401.4 K가 된다. 태양열 집열판에 대한 추가적인 정보에 대해서는 참고문헌 [31]을 참조하기 바란다.

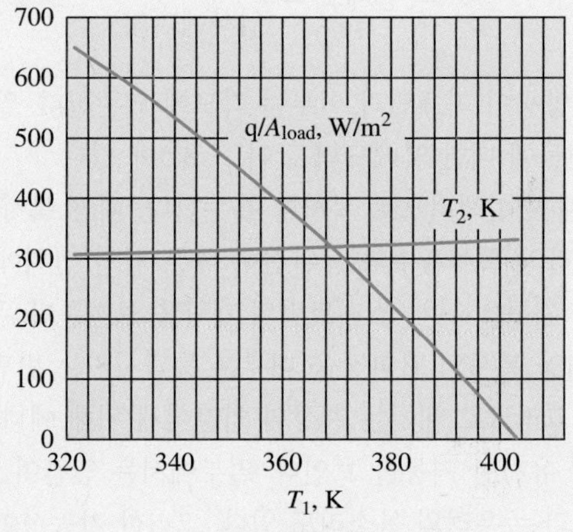

[그림 예제 8.22b]

8-15 지구환경의 복사 물성값

우리는 이미 태양의 복사 스펙트럼을 설명하였고 태양 에너지의 대부분이 단파장에 집중되어 있음을 알았다. 이러한 스펙트럼의 결과로 실제 지표면은 지표면의 장파장 복사보다 태양 복사에 근본적으로 다른 흡수 성질을 나타냄을 알게 되었다.

기상학자와 수문학자들은 단위시간당 그리고 단위면적당 지표면에 입사한 태양 직사광선의 강도를 나타내는 말로 **일사**(*insolation*)라는 용어를 사용한다. 그리고 이것을 나타내는 기호는 I이다. 일사라는 말은 입사한 복사를 위해 쓰이는 조사라는 기호와 유사하다.

비록 다른 단위들을 강조하겠지만 기상 문서에 나오는 다음과 같은 단위를 언급하는 것도 도움이 될 것이다.

$$1\ \text{랭글리 (Ly)} = 1\ \text{cal/cm}^2 \quad [41.86\ \text{kJ/m}^2]$$

일사와 복사의 강도는 가끔 단위시간당 랭글리(langley)라는 단위로 나타낸다. 즉, Stefan-Boltzmann의 상수는 다음과 같다.

$$\sigma = 0.826 \times 10^{-10}\ \text{Ly/min} \cdot \text{K}^4$$

환경 복사 열교환은 대기와 자연 표면들의 흡수, 산란 그리고 반사 성질에 지배된다. 대기에는 두 가지 종류의 산란이 있다. 분자의 산란은 개별 분자의 작용에 의한 복사로 인하여 관찰된다. **하늘의 파란색**은 보라빛 파장에 대한 공기 분자의 산란에 의한 결과이다. 복사가 공기에 떠 있는 여러 종류의 입자들과에 의한 복사에 의해 대기에서 입자 산란이 일어난다. **먼지나 스모그** 또는 수증기가 모두 입자산란의 중심이 되는 중요 요소들이다. 산란의 과정은 복사파의 파장에 비교한 입자의 크기에 주된 지배를 받는다. 최대의 산란은 복사파의 파장의 길이와 입자의 크기가 동일한 경우이고 파장이 길어질수록 점진적으로 산란이 감소한다. 입자의 크기에 비해 파장이 짧은 복사는 반사되는 경향이 있다.

대기에서의 반사현상은 입자에 비해 파장이 짧은 경우에 일어나고 그러한 범위 내에서는 파장의 길이에 영향을 거의 받지 않는다. **알베도**(*albedo*)라는 기호가 표면의 반사 성질을 나타내는데 사용되고 있으며 다음과 같이 정의된다.

$$A = \text{알베도} = \frac{\text{반사에너지}}{\text{입사에너지}} \tag{8.111}$$

표면의 알베도는 입사하는 태양광이 지표면과 이루는 각도에 의존한다. 알베도라는 기호는 반사율이라고도 할 수 있다. 몇 가지 자연 표면들에 대한 알베도의 값이 표 8.5에 있다.

대기는 좁은 파장의 띠에서 매우 선택적으로 복사를 흡수한다. 태양 복사의 흡수는 두 종류 복사의 스펙트럼이 다르기 때문에 지구로부터의 복사흡수와는 완전히 다른 띠의 범위에서 일어난다. 그림 8.64는 몇몇 주요 흡수 띠를 부가하여 태양과 지구의 복사 스펙트럼의 개략을 보여준다. 두 커브의 눈금의 차이를 주목하라. 이 두 곡선을 보면 대기는 태양 복사의 단파장을 대부분 통과시키는 반면에 지구에서 돌아 나오는 복사는 대부분 흡수함을 알 수 있다. 그러므로 대기는 지상의 인간에게 위해 에너지를 공급하고 열기를 공급하기 위해 태양 복사를 가두는 온실과 유사한 거동을 보인다. 일부에서는 인간이 대기를 지나치게 오염시켜 지구의 에너지 균형을 망가뜨릴 것이라는 우려의 목소리도 있다. 그러한 가능성이 있기는 하지만 이 책의 논의에는 벗어나는 얘기이다.

[표 8.5] 천연 표면에 대한 알베도

표면	알베도
물	0.03~0.4
검은 마른 흙	0.14
검은 젖은 흙	0.08
회색 마른 흙	0.25~0.30
회색 젖은 흙	0.10~0.12
사막의 양토	0.29~0.31
반짝이는 가는 모래	0.37
눈	0.4~0.85
빙하	0.36~0.50
봄밀	0.10~0.25
초록색 풀	0.26
솜	0.20~0.22
양상추	0.22
감자	0.19

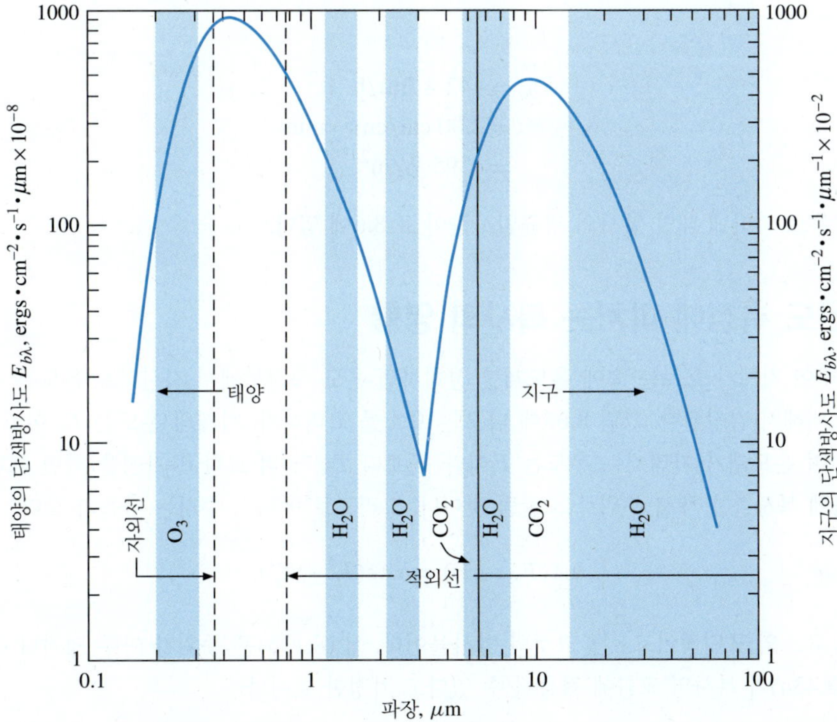

[그림 8.64] 음영처리된 주요 흡수대역을 갖는 태양과 지구에 대한 열복사 스펙트럼 눈금이 서로 다름을 주의하라. 1 erg/ cm^2 · s = 1 mW/m^2

대기권 밖에서의 일사는 다음과 같이 태양 상수 E_{b_o}에 의하여 표현된다.

$$I_o = E_{b_o} \sin\alpha \tag{8.112}$$

여기서 α는 태양광이 수평면과 이루는 각도이고 태양상수는 다음과 같이 주어졌다.

[표 8.6] 평균 대기조건하에서 수평면 상의 평균 일사량

태양의 고도 α(도)	총평균일사량	
	Ly/h	W/m^2
5	3.6	41.9
10	9.7	112.8
15	17.2	200.0
20	25.0	290.7
25	32.8	381.4
30	40.6	472.1
35	47.7	554.6
40	54.7	636.0
45	61.1	710.4
50	67.2	781.4
60	77.5	901.1
70	85.3	991.8
80	89.7	1043
90	91.4	1063

$$E_{bo} = 442.4\ \text{Btu/h} \cdot \text{ft}^2$$
$$= 2.00\ \text{cal/cm}^2 \cdot \text{min}$$
$$= 1395\ \text{W/m}^2$$

태양 고도의 함수로 나타낸 태양 복사의 평균일사량이 표 8.6에 있다.

8-16 온도 측정에 미치는 복사의 영향

온도측정을 위하여 기체가 흐르는 속에 온도계를 설치하면 온도 측정부에서 지시하는 온도는 감지부 총괄적 에너지 균형에 의해서 결정된다. 그림 8.65에 나오는 요소를 고려하자. 기체의 온도는 T_∞이고 유효 복사 주위 온도는 T_s이며 온도계가 가리키는 온도는 T_t이다. T_s보다 T_∞가 더 크다고 가정을 하면 에너지는 온도계로 대류된 다음에 복사를 통해서 주위로 소산될 것이다. 그러므로 에너지 수지는 다음과 같다.

$$hA(T_\infty - T_t) = \sigma A\epsilon(T_t^4 - T_s^4) \qquad \textbf{(8.113)}$$

여기서 A는 그 요소의 표면적이고 ϵ는 그것의 방사율이다. 식 (8.113)은 주위가 아주 넓거나 흑체라는 가정을 하여서 식 (8.43a)가 복사열 교환에 적용될 수 있다고 가정한 것이다.

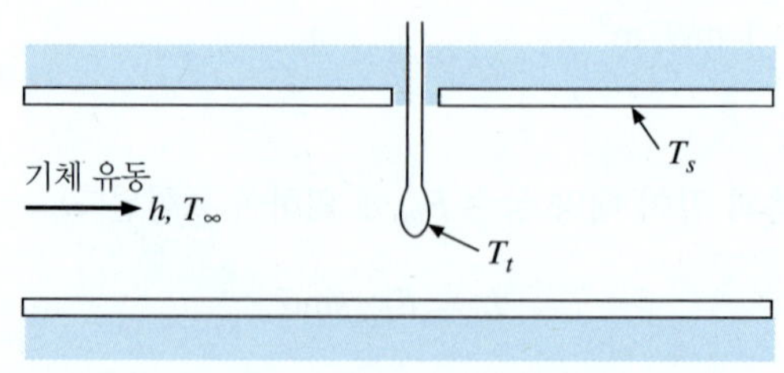

[그림 8.65] 유체의 흐름 중에 있는 온도계

이러한 에너지 수지를 통해서 온도계가 지시하는 온도는 기체의 실제 온도가 아니라 어떤 복사–대류 평형의 온도라는 것을 알 수 있다. 이 에너지 수지를 적절히 고려하지 않는다면 온도 측정에 있어서 매우 커다란 오차가 발생할 수 있다. 복사 차폐가 이러한 어려움을 완화하기 위해 가끔 이용된다.

예제 8-23 복사에 의한 온도 측정의 오차

$\epsilon = 0.9$인 수은 온도계가 금속 건물에 걸려서 20°C의 온도를 나타내고 있다. 건물의 벽면은 단열이 잘 되지 않은 상태이고 5°C의 온도를 지닌다. 온도계에 대한 h값이 8.3 W/m^2 · °C일 때 실제 공기의 온도를 구하여라.

■ **풀이**

식 (8.119)을 이용하면

$$h(T_\infty - T_t) = \sigma\epsilon(T_t^4 - T_s^4)$$

$T_t = 20°\mathrm{C} = 293$ K, $T_s = 5°\mathrm{C} = 278$ K의 수치 값들을 대입하면

$$(8.3)(T_\infty - 293) = (5.669 \times 10^{-8})(0.9)(293^4 - 278^4)$$

그리고

$$T_\infty = 301.6\ \mathrm{K} = 28.6°\mathrm{C} \quad [83.5°\mathrm{F}]$$

이 간단한 예제에서 온도계는 8.6°C [15.5°F]의 오차를 나타낸다.

8-17 복사열전달계수

앞 장에서 대류 열전달을 전개하면서 열전달계수를 다음과 같이 나타내는 것이 편리함을 알았다.

$$q_{\mathrm{conv}} = h_{\mathrm{conv}} A(T_w - T_\infty)$$

종종 복사 열교환 문제가 대류 문제와 종종 관련이 되고 대류와 복사에 의한 총괄적인 열교환량이 해석의 목적이기 때문에 복사열전달계수 h_r를 다음과 같이 정의하여 양자를 같이 다루는 것은 가치있는 일이다.

$$q_{\mathrm{rad}} = h_r A_1(T_1 - T_2)$$

여기서 T_1와 T_2는 복사열을 교환하는 두 물체의 온도를 나타낸다. 만약 두 번째 열교환 표면이 주변이고 유체와 같은 온도를 유지한다고 가정하면 총괄적인 열전달은 대류와 복사를 합한 것이다.

$$q = (h_c + h_r)A_1(T_w - T_\infty) \qquad \textbf{(8.114)}$$

만일 두 번째 열교환 표면이 둘러 쌓여져 있고 유체와 같은 온도라면 식 (8.114)는 타당하다. 예를 들면 방을 통해 흐르는 뜨거운 스팀 파이프로부터 자연대류와 복사에 의한 열손실은 식 (8.114)를 통해서 계산할 수 있다. 여러 환경 조건들에 의해 노출되고 둘러 쌓여져 있는 표면들을 위한 총괄열전달계수는 핸드북을 통해 구할 수 있다.

많은 경우에 대류열전달계수는 온도에 그다지 의존하지 않는다. 그러나 복사열전달계수는 그렇지 않다. 식 (8.43)에 대응하는 h_r의 값은 다음과 같이 계산된다.

$$\frac{q}{A_1} = \frac{\sigma(T_1{}^4 - T_2{}^4)}{1/\epsilon_1 + (A_1/A_2)(1/\epsilon_2 - 1)} = h_r(T_1 - T_2)$$
$$h_r = \frac{\sigma(T_1{}^2 + T_2{}^2)(T_1 + T_2)}{1/\epsilon_1 + (A_1/A_2)(1/\epsilon_2 - 1)} \qquad \textbf{(8.115)}$$

대응하는 R의 값은 다음과 같다.

$$R_{\text{rad}} = \frac{1}{h_r}$$

그리고 이것은 건물에 적용된 문제에서 틈새의 공간을 통한 복사열전달을 계산할 때 종종 이용된다. 이러한 계산은 밀폐된 공간에서의 자연대류에 대해 7-11절에 나오는 정보들을 연계하여 수행된다. 분명히 복사계수는 온도에 커다란 영향을 받는 함수이다.

여러분은 식 (8.115)와 같은 개념을 사용하여 3장과 4장의 예제들에 '복사 저항'을 얻었음을 상기할 수 있을 것이다.

8-18 요약

이 장에서 복사 열전달을 해석하는 여러 가지 방법을 검토하였다. 회색체 가정은 비록 엄격하게 정확하지는 않지만 열복사 계산에 유력한 방법이다. 표면에서 출사와 조사가 균일하다는 가정도 역시 엄격하게 정확하지는 않지만 표면 성질에 대한 지식의 정밀도 범위에 충분히 들어가는 결과를 제공한다. 표 8.7에서 자주 사용되는 몇 가지 공식을 정리해 놓았다.

[표 8.7] 복사 공식 요약

형태	공식	식 번호
흑체가 방출하는 에너지	$E_b = \sigma T^4 \quad \text{W/m}^2$	(8.3)
형태계수의 호환관계	$A_i F_{ij} = A_j F_{ji}$	(8.18*a*)
회체색체 표면이 잃은 순 에너지	$q = \frac{E_b - J}{(1-\epsilon)/\epsilon A} \quad \text{W}$	(8.38)
볼록표면 1과 커다란 방 2 사이의 순복사열전달	$q = \sigma A_1 \epsilon_1 (T_1^4 - T_2^4) \quad \text{W}$	(8.43*a*)
i 표면의 균일온도에 대한 복사평형방정식	$J_i[1 - F_{ii}(1-\epsilon_i)] - (1-\epsilon_i)\sum_{j\neq i} F_{ij} J_j = \epsilon_i E_{bi}$	(8.106*a*)
복사평형을 이루는 $(q/A = 0)$ 표면적에 대한 복사평형방정식	$J_i(1 - F_{ii}) - \sum_{j\neq i} F_{ij} J_j = 0$	(8.107*a*)
열유속이 주어진 표면에 대한 복사평형방정식	$J_i(1 - F_{ii}) - \sum_{j\neq i} F_{ij} J_j = \frac{q_i}{A_i}$	(8.109*a*)

복습문제

1. 열복사가 다른 전자파 복사와 어떻게 다른가?
2. Stefan-Boltzmann 법칙은 무엇인가?
3. 정반사면과 난반사면을 구별하여 보라.
4. 복사강도를 정의하여라.
5. Kirchoff의 등가법칙이란 무엇이며 언제 적용되는가?
6. 회색체란 무엇인가?
7. 복사의 형태계수란 무엇을 의미하는가?
8. 조사와 출사를 정의하여라.
9. Beer의 법칙은 무엇인가?
10. 태양복사에 대하여 표면마다 흡수가 다른 이유는 무엇인가?
11. 온실효과를 설명하여라.
12. 하늘이 푸른 이유를 설명하여라.
13. albedo를 정의하여라.
14. 대기의 온실효과는 무슨 의미인가?

예제 목록

8-20 태양-환경 평형온도

8-21 대류열전달이 태양 평형온도에 미치는 영향

8-22 평판형 태양열 집열기

8-23 복사에 의한 온도 측정의 오차

연습문제

8-1 석영은 0.2 μm와 4 μm의 범위에서 입사하는 열복사를 90% 투과한다. 다음 온도의 열원을 석영창을 통하면 얼마나 투과할 것인지 와트 단위로 계산하여라. (*a*) 800°C, (*b*) 550°C, (*c*) 250°C, (*d*) 70°C

8-2 0.2 μm와 5.5 μm 사이에서 투과율이 0.85인 사파이어에 대하여 위의 문제를 반복하여라.

8-3 0.3 μm와 52 μm 사이에서 투과율이 0.92에 근접하는 세슘 아이오다이드에 대하여 문제 8-1을 반복하여라.

8-4 4 μm와 15 μm 사이에서 $\epsilon = 0.6$인 회색체가 100°F에 있을 때 방출하는 에너지를 계산하여라.

8-5 1100°C로 유지되는 검은 내벽을 가진 노가 한 쪽에 다음과 같은 성질을 지닌 유리창으로 덮힌 구멍이 있다.

$$0 < \lambda < 3\ \mu\text{m}: \quad \tau = 0.8 \quad \epsilon = 0.2 \quad \rho = 0$$
$$3\ \mu\text{m} < \lambda < \infty: \quad \tau = 0 \quad \epsilon = 0.8 \quad \rho = 0.2$$

난반사 거동을 가정하고 25°C의 커다란 방으로 유리창을 통해 방출되는 복사열량을 구하여라.

8-6 특정한 표면이 다음과 같은 흡수 성질을 갖고 있다.

$$\alpha_\lambda = 0.05 \qquad 0 < \lambda < 1.2\ \mu\text{m}$$
$$\alpha_\lambda = 0.5 \qquad 1.2 < \lambda < 3\ \mu\text{m}$$
$$\alpha_\lambda = 0.4 \qquad 3 < \lambda < 6\ \mu\text{m}$$
$$\alpha_\lambda = 0.2 \qquad 6 < \lambda < 20\ \mu\text{m}$$
$$\alpha_\lambda = 0 \qquad 20 < \lambda < \infty\ \mu\text{m}$$

다음의 온도에서 흑체 복사로 조사될 때 표면의 총흡수율을 구하여라. (*a*) 300 K, (*b*) 500 K, (*c*) 1000 K, (*d*) 2000 K, (*e*) 5000 K

8-7 태양 복사가 5795 K에서의 흑체와 같다고 가정할 때 다음 파장에 대하여 복사에너지의 비율을 계산하여라. (*a*) 0 μm에서 0.2 μm, (*b*) 0.2 μm에서 0.4 μm, (*c*) 0.4 μm에서 1.0 μm, (*d*) 1.0 μm에서 2.0 μm, (*e*) 2.0 μm, 이상

8-8 칼라 사진 필름은 일광과 실내 백열광과 같은 특별한 파장에 반응하도록 만들어졌다. 일광이 5800 K에서 흑체와 근사한 거동을 나타내는 한편 실내 백열 전구는 3200 K에서 흑체에 근접하게 복사를 한다. 필름이 의도된 빛 종류와 다른 곳에서 사용되었을 때, 즉 실내등에서 일광 필름을 사용하였을 때와 같은 경우에 어떠한 결과가 나올 것인지 몇 가지 계산을 해보아라.

8-9 지름 2.5 cm인 파이프가 101 kPa의 응축수증기를 공급하고 있다. 이 파이프는 두께 5 cm, $k = 0.1$ W/m · °C를 갖는 무한 평판의 중앙을 통과하며, 무한평판의 양면은 27°C 및 $h = 5.1$ W/m^2 · °C인 대류환경에 노출되어 있으며 검정색페인트가 분사되고 있다. 단위길이(m) 당 수증기파이프에 의한 열손실을 구하여라. 검정색 수증기 파이프에 의해 손실되는 열량과 비교하여라.

8-10 흑체 표면이 800℃의 온도를 유지하고 있다. (*a*) 1 μm과 2 μm, (*b*) 2 μm와 3 μm, (*c*) 3 μm과 4 μm, (*d*) 5 μm와 6 μm, 사이에서 방사되는 총에너지의 비율을 계산하여라.

8-11 흑체 복사 원이 1100℃의 상태에 있다. 각각 총복사의 (*a*) 25, (*b*) 50, (*c*) 75, (*d*) 98% 이상을 방사하는 파장을 구하여라.

8-12 특정한 표면이 1400 K를 유지하고 있는데 다음과 같은 스펙트럼 방사 성질을 갖고 있다. 표면의 방사도를 계산하여라.

$$\epsilon_\lambda = 0.08 \qquad 0 < \lambda < 0.6\ \mu\text{m}$$
$$\epsilon_\lambda = 0.4 \qquad 0.6 < \lambda < 5\ \mu\text{m}$$
$$\epsilon_\lambda = 0.7 \qquad 5 < \lambda < \infty$$

8-13 표면의 방사 특성이 다음 그림과 같고 2000 K로 유지되고 있는 표면에 대한 방사도를 계산하여라.

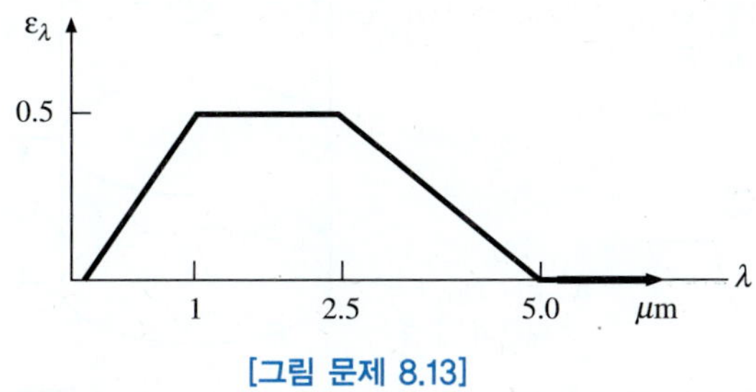

[그림 문제 8.13]

8-14 다음 그림과 같은 경우 형태계수 $F_{1\text{-}2}$를 구하여라.

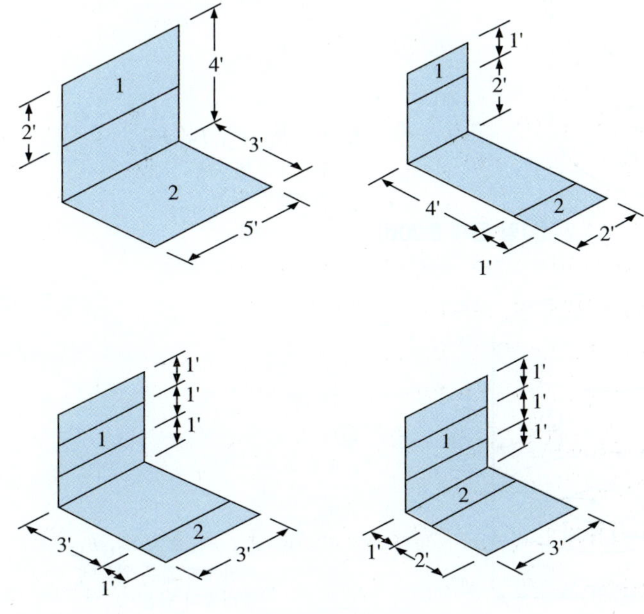

[그림 문제 8.14]

8-15 두 평행한 동축인 원판의 지름이 $d_1 = 10$ cm, $d_2 = 5$ cm이며 10 cm 떨어져 있다. F_{12}와 F_{21}를 결정하여라.

8-16 10 cm 지름의 원판이 25 cm 지름의 반구의 중심에 동축으로 놓여 있다. 반구를 표면 1, 원판을 표면 2, 주변의 커다란 방을 표면 3이라고 할 때, 모든 형태계수를 계산하여라.

8-17 두 동축의 원통들이 지름이 10 cm과 25 cm이고 길이가 7 cm일 때에 열린 끝 부분 사이의 형태계수를 계산하여라.

8-18 두 평행한 한 변이 30 cm인 사각판이 15 cm의 간격으로 떨어져 있으나 아래쪽 판의 모서리가 위쪽 판의 모서리 사이의 가운데에 있다. 형태계수를 구하여라.

8-19 지름이 50 cm인 두 평행한 원판들이 10 cm의 간격으로 떨어져 있다. 한 쪽에 20 cm 지름의 구멍이 나 있다. 구멍이 없는 원판에서 있는 원판으로의 형태계수를 계산하여라.

8-20 다음 그림의 형상들에 대한 형상계수들을 계산하여라.

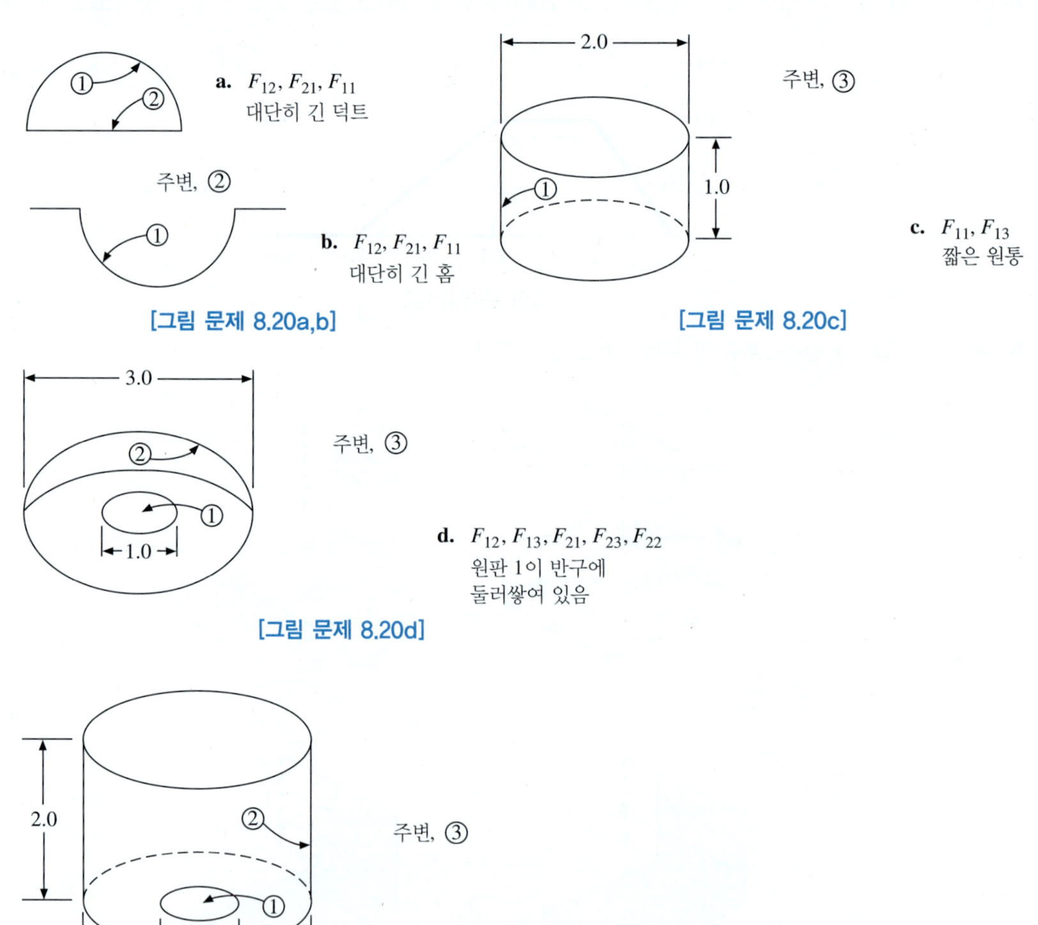

[그림 문제 8.20a,b]

[그림 문제 8.20c]

[그림 문제 8.20d]

[그림 문제 8.20e]

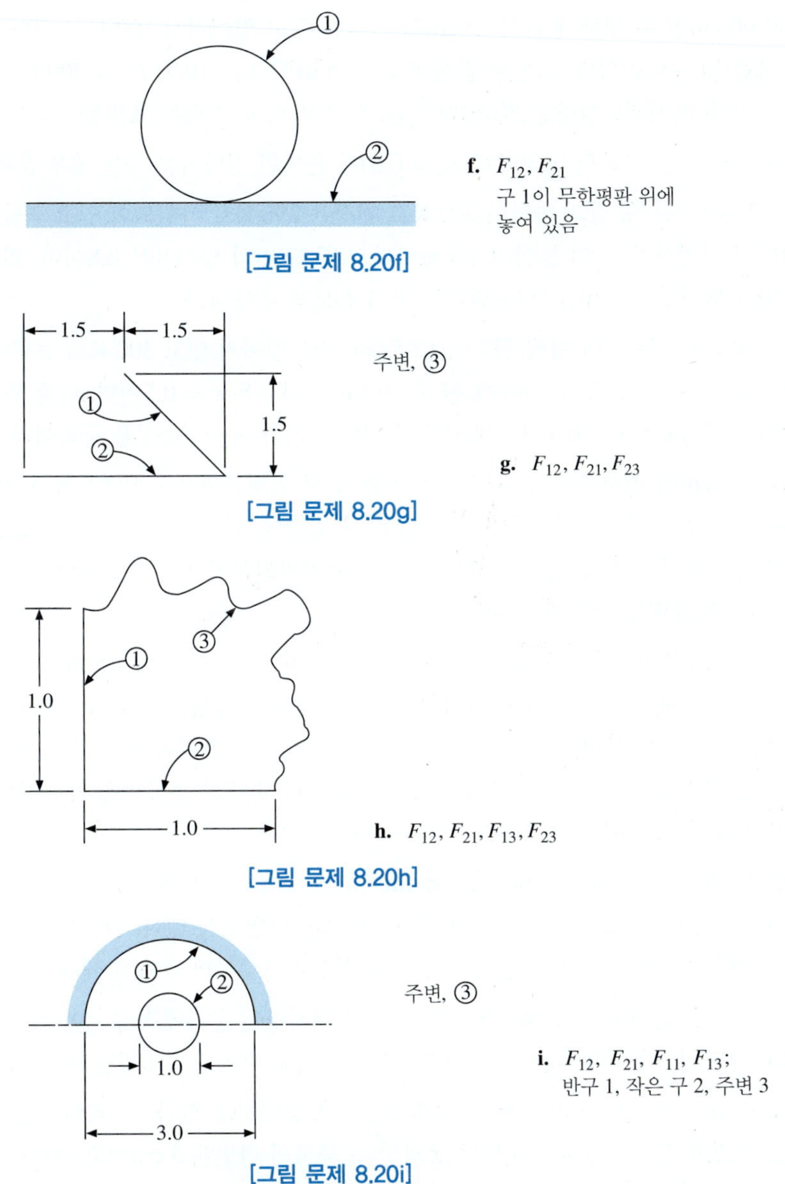

[그림 문제 8.20f]

[그림 문제 8.20g]

[그림 문제 8.20h]

[그림 문제 8.20i]

8-21 정육면체 내부의 모든 형태계수를 계산하여라.

8-22 정사면체의 면은 정삼각형이다. 모든 형상계수들을 구하여라.

8-23 4 m × 4 m × 3 m(가로 × 세로 × 높이)의 방의 한쪽 벽이 260°C의 온도를 유지하고 있다. 바닥은 90°C의 온도를 유지하고 있고 나머지 네 면은 완벽하게 단열되어 있다. 모든 면들이 흑체라고 가정하고 뜨거운 벽면과 차가운 바닥 사이의 순 복사열교환량을 계산하여라.

8-24 크기가 1.2 m × 1.2 m인 완전한 흑체인 두 판이 1.2 m 간격으로 평행하게 놓여 있다. 한 판은 800 K이고 다른 한 판은 500 K이며 판들은 벽이 300 K인 커다란 방안에 놓여 있다. 판들 사이의 순 복사열교환량은 얼마인가?

8-25 지름이 60 cm인 두 평행 원판이 15 cm의 간격을 두고 떨어져서 100°C의 커다란 방 안에서 완전히 닫힌 계를 형성하고 있다. 표면의 값들은 $T_1 = 540°C$, $\epsilon_1 = 0.7$, $T_2 = 300°C$, $\epsilon_2 = 0.5$이다. 각 표면들 간의 순 복사열교환량은 얼마인가?(단, 서로 마주 보고 있는 표면들 간의 교환만 고려한다.)

8-26 문제 8-24에서 원판 2($T_2 = 300°C$, $\epsilon_2 = 0.5$)가 완벽한 정반사를 하는 경우 문제를 다시 풀어라.

8-27 3 m × 3 m의 사각형 방의 바닥이 300 K로 천장은 290 K로 가열되어 있고 벽들은 완벽하게 단열되어 있다고 가정하자. 방의 높이는 2.5 m이다. 모든 표면의 방사율은 0.8이다. 회로망 해석법을 사용하여 바닥과 천장 사이의 순 열교환량과 벽의 온도를 구하여라.

8-28 지름이 50 cm인 두 개의 평행 원판이 12.5 cm 서로 떨어져 있고 300 K의 큰방에 의해 둘러싸여 있다. 한 개의 원판은 일정온도 800°C를 유지하고 방사율은 $\epsilon = 0.5$이며, 다른 원판은 완전하게 단열되어 있고 방사율이 $\epsilon = 0.1$이다. 800°C의 원판에 의한 복사열손실을 구하여라.

8-29 한 변이 50 cm인 정사각형 수직 평판의 양쪽 면이 일정표면온도 127°C를 유지하고 있다. 지금 이 평판이 1.7기압 및 27°C의 공기가 들어 있는 큰 방안에 놓여 있다. 방의 벽온도는 22°C를 유지하고 있으며, 수직평판의 양쪽 면은 둘 다 검정색으로 처리되어 방사율은 1.0이다. 수직평판의 양면에 의한 전체 열손실[W]을 계산하여라.

8-30 한 우주선에서 다른 우주선으로 에너지를 전달하고자 한다. 한 변이 1.5 m인 정사각형의 판이 이 일을 수행하기 위해 각 우주선에 준비되어 있다. 이 판들이 평행하게 그리고 30 cm의 간격을 두고 떨어져 있다. 한 판은 800°C로 그리고 다른 판은 280°C로 가열되어 있다. 방사율은 각각 0.5, 0.8이다. (*a*)우주선 간의 순 열교환량을 구하고 (*b*)판으로부터 방출된 총열량을 계산하여라(와트단위). 외계는 0 K의 흑체라고 가정하자.

8-31 평행한 두 판이 가로, 세로가 90 cm, 60 cm이고 60 cm의 간격을 두고 떨어져 있다. 한 판은 800 K의 온도에서 유지되고 방사율이 0.6이다. 다른 판은 단열되어 있다. 판들은 290 K로 유지되고 있는 커다란 방에 위치해 있다. 단열된 면의 온도와 가열판으로부터 방출된 에너지를 계산하여라.

8-32 지름이 5 cm인 긴 파이프가 방안에서 20°C이고 대기압인 공기에 노출되어 있다. 파이프의 표면온도는 93°C이고 방사율이 0.6이라고 가정하고 단위길이당 파이프에서 방출되는 복사열을 계산하여라.

8-33 지름 2.5 cm인 파이프가 101 kPa의 응축수증기를 공급하고 있다. 이 파이프는 $k = 0.04$ W/m · °C를 갖는 정방형 단열재블록의 중앙을 통과한다. 블록의 한면은 5 cm이고 길이는 2 cm이며, 27°C 및 $h = 5.1$ W/m^2 · °C인 대류환경에 노출되어 있다. 단열재의 외부는 검정색으로 가정하고 스팀파이프에 의한 열손실을 계산하여라.

8-34 20°C, 1기압의 공기가 들어 있는 큰 방 안에 높이가 60 cm이고 폭이 30 cm이며 온도가 95°C인 수직평판이 있다. 평판의 방사율이 0.8일 때 평판으로부터의 열손실을 구하여라. 방안의 벽의 온도는 20°C이다.

8-35 온도가 150°C이고 길이 및 지름이 6 m와 12.5 cm인 수평관이 20°C와 1기압의 공기가 들어 있는 방안에 있다. 관의 방사율이 0.7일 때 대류와 복사로 인한 관의 열손실을 구하여라. 방의 벽온도는 38°C이다.

8-36 그림 문제 8.36과 같이 벨트 위에서 놓인 페인트를 칠한 금속조각을 말리는 데 사용하는 복사열을 가진 오븐이 있다. 가열부의 길이는 3 m이고 열원의 온도는 425°C이다. 양쪽벽은 단열되어 있고 운

반벨트와 금속조각의 온도가 120°C가 된다는 것이 실험적으로 측정되었다. 벨트와 금속조각의 방사율은 0.8이고 복사열원 표면의 $\epsilon = 0.7$이다. 열원에 공급된 에너지를 구하여라. 이때 오븐의 양쪽 끝에서의 복사손실을 고려해 주어야 하고, 주위는 25°C의 흑체라고 생각한다.

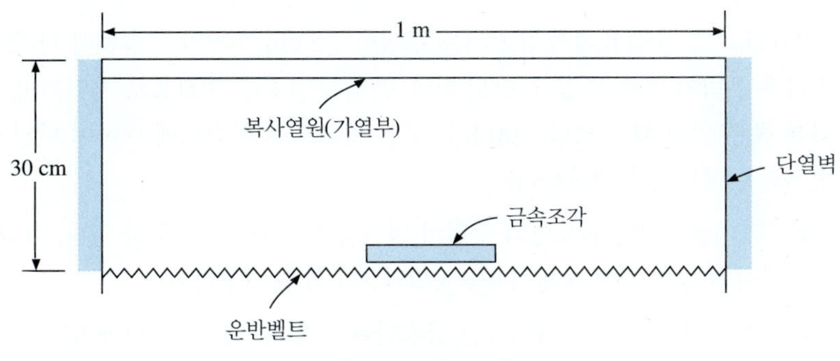

[그림 문제 8.36]

8-37 예제 8-4에서 꼭지가 잘린 원추의 윗면은 $T_1 = 1200$ K, $\epsilon = 0.75$이고 옆면은 단열되어 있으며 $\epsilon = 0.3$이다. 아랫면은 열려 있으며 30°C의 큰 방에 놓여 있을 때 옆면의 온도와 방으로 방출되는 열을 계산하여라.

8-38 지름이 2 cm인 긴 원통이 온도 600°C를 유지하며 방사율은 0.4이다. 이 원통의 외부 주위에 지름이 6 cm인 긴 원통이 동심이 되도록 설치되어 있다. 이 외부 큰 원통은 벽의 두께가 얇고 내외면의 방사율은 둘 다 0.2이다. 두 개의 동심원통이 27°C의 큰 방 안에 놓여 있을 때 지름 2 cm인 내부 원통의 단위길이당 순 복사열손실을 구하여라. 또한 외부 원통의 온도를 구하여라.

8-39 두 동축의 원통이 있는데 길이가 30 cm이다. 내부 원통은 지름이 8.0 cm이다. 내부 원통을 표면 1이라고 할 때에 $F_{12} = 0.8$이 되기 위해서는 외부 원통의 지름이 얼마가 되어야 하겠는가?

8-40 지름 30 cm이고 평행한 두 개의 원판이 10 cm 떨어져 있고 300 K의 큰 방안에 놓여 있다. 디스크는 검정색페인트로 스프레이 되어 표면은 기본적으로 흑색이다. 두 원판의 온도가 각각 1200 K 및 500 K라고 할 때 각각의 원판에 의한 열손실을 계산하여라.

8-41 문제 8-40의 두 개의 원판이 300 K의 같은 방에 놓여 있다. 그러나 500 K였던 원판이 양면을 통해 열교환이 이루어 져서 1200 K의 원판 및 방과 복사평형에 도달하였다. 원판의 양면이 흑색 페인트로 칠해졌을 때 1200 K의 면에 의한 열손실을 구하고 복사평형이 이루어졌을 때 온도를 구하라.

8-42 원통형의 노의 바닥 면에 지름 75 cm에 대하여 일정한 열유속 7 kW/m^{2}의 열을 방출하는 전기 가열기가 있다. 옆의 벽들은 50 cm 높이이고 단열, 재복사하는 것으로 간주한다. 바닥은 $\epsilon = 0.8$을 갖는다. 위에는 $\epsilon = 0.6$의 면이 400 K로 유지되어 있다. 바닥과 옆면들의 온도를 구하여라.

8-43 $\epsilon = 0.8$의 기다란 막대가 980°C의 온도로 유지되고 있고 반원통의 반사체 근처에 다음 그림과 같이 위치해 있다. 막대의 지름은 7.5 cm이고 반사체의 반지름은 50 cm이다. 반사체는 단열되어 있고 가열체와 반사체 조합은 벽이 15°C인 커다란 방에 위치하여 있다. 가열체 막대에 대해 단위길이당 복사 열손실을 계산하여라. 반사체가 없는 경우와 어떻게 비교되는가?

단열반사체
가열막대

[그림 문제 8.43]

8-44 방사율 0.5인 금속 덩어리에 원뿔형의 구멍이 나 있다. 표면에서 구멍의 지름은 2.5 cm이고 깊이가 7.5 cm이다. 만약 금속 덩어리가 800 K로 가열될 경우 열린 부분과 같은 면적을 갖고 내부의 면과 동일한 온도를 갖는 흑체에 의해 방사될 에너지에 대한 구멍에서 방사되는 에너지의 비율로 정의되는 구멍의 겉보기 방사율의 값을 계산하여라.

8-45 지름이 2.5 cm이고 550 K에서 유지되는 구멍이 7.5 cm 두께의 금속판에 나 있다. 구멍에 방사율이 0.07인 얇은 은박지가 붙어 있다. 판의 한쪽 면에 구멍 위로 700 K로 가열된 방사율이 0.5인 면으로 막고 다른 쪽은 열린 채로 있다. 700 K인 면은 판으로부터 전도에 대하여 단열되어 있다. 열린 구멍에서 방사되는 에너지를 계산하여라.

8-46 깊이가 x이고 지름이 d인 원통형의 구멍이 방사율 인 금속 조각에 나 있다. 식 (8.47)에서 주어진 정의를 이용하여 구멍의 겉보기 방사율을 x/d와 ϵ의 함수로 구하여라.

8-47 지름이 d인 원통형 구멍이 두께가 x인 금속판에 나있다. 판의 각 면에 있는 구멍을 통해 방사되는 복사는 전적으로 판의 온도에 의한 것이라고 가정하고 구멍의 겉보기 방사율을 x/d와 판 물질의 방사율 ϵ에 관한 함수로 나타내어라.

8-48 지름 1 m, 길이 1 m이고 800 K의 온도로 유지된 원통이 0.65의 방사율을 갖고 있다. 지름이 2 m이고 길이가 1 m인 다른 원통이 앞의 원통을 동심으로 에워싸고 있고 완벽하게 단열되어 있다. 두 원통 모두 300 K의 커다란 방에 위치해 있다. 내부의 원통에 의해 방출되는 열량을 계산하여라.

8-49 높이가 10 cm인 두 개의 정사각형 수직 평판이 흑색페인트로 코팅처리되어면의 방사율이 $\epsilon \approx 1.0$이 되었다. 한 개의 평판은 400 K를 유지하고 있으며 큰 방 안에 놓여 있다. 두 평판은 5 cm 떨어져 있다. 자연대류열전달계수는 표 7-2의 단순화된 식에 따라 계산되고 방안의 공기는 1기압 300 K이며, 또 다른 평판은 복사 및 대류 평형을 이루고 있다고 가정한다. 400 K 평판에 의한 열손실과 다른 평판의 온도를 계산하여라.

8-50 온도가 700°C이고 방사율이 0.8인 가열된 판이 그림과 같이 30°C의 커다란 방 안에 놓여 있고 각 벽은 단열되어 있다. 네 벽이 하나의 표면과 같다고 가정하고(단열되어 있음), 이 문제에 관한 회로망을 그리고 방으로 전달되는 열량을 구하여라.

[그림 문제 8.50]

8-51 온도가 30°C인 커다란 방 안에서 지름이 3 cm이고 온도가 1000°C이며 방사율이 0.6인 구 주위에 지름이 9 cm이고 방사율이 0.3인 구가 동심으로 둘러싸고 있다. 안쪽 구로부터의 열손실을 계산하여라.

8-52 온도가 30°C인 커다란 방 안에 한 변의 길이가 60 cm인 두 정사각형평판이 서로 수직으로 가장자리가 접하도록 놓여 있다. 한 평판의 온도는 600°C이고 방사율은 0.65이며 다른 평판은 단열되어 있고 방사율은 0.45이다. 단열판의 온도와 600°C의 평판으로부터의 열손실을 계산하여라.

8-53 길이가 10 cm이고 지름이 각각 10 cm과 20 cm인 두 동심원통이 30°C로 유지되는 커다란 방 안에 놓여 있다. 내부원통의 온도는 700°C이고 방사율은 0.6이며 외부원통은 단열되어 있고 방사율은 0.7이다. 내부원통으로부터의 열손실을 계산하여라.

8-54 크기가 5 × 5 m이고 높이가 4 m인 방에서 천장은 온도가 28°C이고 방사율이 0.62이며 바닥은 온

도가 20°C이고 방사율이 0.75이며 사방의 벽은 단열되어 있다. 천장으로부터 바닥으로의 열전달과 벽의 온도를 계산하여라.

8-55 반 원통이 내부 온도 1000 K로서 커다란 방 안에 있다. 표면의 방사율은 0.7이고, 지름은 50 cm이며 길이는 매우 길다고 가정한다. 원통의 뒷면은 단열되어 있다. 방의 온도가 300 K일 때 단위 길이당 열 손실을 계산하여라.

8-56 두 개의 큰 평행 평판이 각각 400°C 및 600°C를 유지하고 있고 면의 방사율은 둘 다 0.6이다. 두 평판의 중간 위치에 $\epsilon = 0.1$인 복사차폐막이 한 장 설치되어 있다. 평판-차폐막 구조물을 통한 단위표면적[m^2]에 대한 복사열전달을 구하여라.

8-57 크기가 1 m × 1 m인 두 평행 평판이 1 m 거리로 떨어져 있다. 한 평판은 온도 800 K를 유지하며 0.5의 방사율을 갖는다. 다른 한 평판은 양면이 둘 다 방사율 0.2이고, 첫 번째 평판 및 300 K를 유지하고 있는 큰 밀폐된 방과 복사평형을 이루고 있다. 이 문제에 대한 복사회로를 그리고 회로의 모든 저항을 구하여라. 고온의 면으로부터 열손실을 구하는데 필요한 식들을 쓰고, 열손실[W]에 대해 풀어라.

8-58 지름이 50 cm인 두 평행한 원판이 12.5 cm의 간격으로 떨어져 300 K의 커다란 방에 위치해 있다. 한 원판은 1000 K이고 다른 판은 500 K로 유지되어 있다. 두 원판 모두 방사율은 0.8이다. 각 원판에 대한 열전달량을 계산하여라.

8-59 그림에서와 같이 30°C로 유지되는 커다란 방안에 지름이 50 cm이고 온도가 600°C이며 방사율이 0.55인 원판이 있고 원파으로부터 방사율이 0.1인 복사차폐물이 돌출되어 있다. 원판으로부터의 열손실과 차폐물의 온도를 계산하여라.

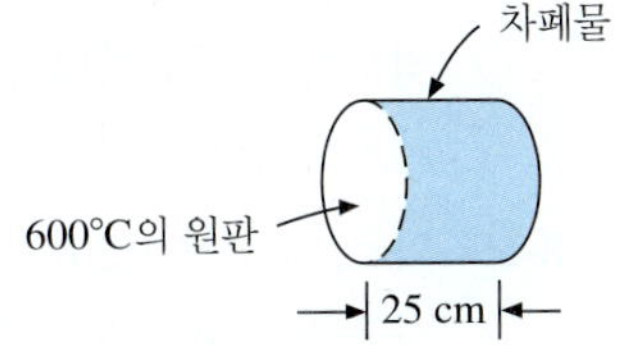

[그림 문제 8.59]

8-60 $d_1 = 20$ cm, $\epsilon_1 = 0.6$, $T_1 = 500$°C와 $d_2 = 40$ cm, $\epsilon_2 = 0.7$, $T_2 =$ 100°C인 두 동심원통이 20°C인 커다란 방안에 놓여 있다. 10%의 오차범위 안에서 열전달을 계산하기 위한 식 (8.43)을 사용할 수 있는 원통의 길이를 계산하여라.

8-61 크기가 30 × 30 cm이고 방사율이 0.5인 평판을 우주선의 측면에 부착시켜 내부와 완전히 단열시켜 주고 있다. 우주선의 바깥공간을 0 K인 흑체라 가정하고 태양으로부터의 복사열유속이 1500 W/m^2인 공간에서의 평판의 평형온도를 구하여라. 단, 회색체라 가정한다.

8-62 지름이 1 m인 인공위성이 400 km 높이에서 지구주위를 회전하고 있다. 지구의 지름은 12.9 Mm이며 인공위성의 표면은 윤이 나는 알루미늄이라 가정하고 인공위성이 지구의 어두운 쪽에 있을 때 인공위성의 복사평형온도를 계산하여라. 지구를 15°C의 흑체로 보고 외계공간을 0 K의 흑체로 가정하라. 위성으로부터 지구로의 형태계수는 위성으로부터의 전체 입체각에 대한 위성으로부터 지구로 연결된 입체각의 비율이다. 위성이 지구의 밝은 쪽에 있을 때 태양으로부터 약 1400 W/m^2의 복사열을 받는다. 이때 위성의 평형온도를 다시 계산하여라. 태양으로부터 복사열을 받을 때는 위성을 원판으로 생각하고 외계공간으로 복사열을 방출할 때는 구로 생각하라.

8-63 주철 블록에 드릴작업을 하여 깊이 3 cm, 지름 2 cm인 구멍을 내었다. 실내 온도가 20°C일 때 드릴 구멍의 겉보기방사율(apparent emissivity)을 평가하라. 블록이 930°C로 가열될 때 구멍의 겉보기 방사율을 예측해 보아라.

8-64 문제 8-63에서 드릴 구멍에 검정색 래커(black shiny lacquer)를 칠하였다. 이때 구멍의 겉보기방사율을 구하라.

8-65 가로, 세로가 30 cm인 두 수직 판들이 10 cm의 거리를 두고 20°C의 방에 위치해 있다. 한 판은 150 °C로 유지되어 있고 다른 판은 150°C의 판과 주변과의 복사 및 대류 에너지 교환에 의하여 결정되는 온도를 갖는다. 두 판 모두 $\epsilon = 0.8$이다. 7장에 나오는 근사적인 자연대류 관계식들을 이용하여 다른 판의 온도를 계산하여라.

8-66 가열된 막대가 우주선 밖으로 나와 있고 막대는 외계로 복사를 통해 열을 잃고 있다. 막대의 방사율이 ϵ이고 막대를 출발하는 그 어떤 복사파도 반사되지 않는다고 가정할 때 막대의 온도 분포에 대한 미분방정식을 구하여라. 그리고 미분방정식이 만족해야 하는 경계 조건을 설정하라. 단, 막대의 길이는 L이고, 단면적은 A이며 둘레 길이는 P이고 처음 온도는 T_0이다. 외계는 0 K의 흑체라고 가정한다.

8-67 평행한 무한 판들이 그림과 같이 배열되어 있다. 판 1은 1200 K로 유지되어 있고 판 3은 300 K으로 유지되어 있다. $\epsilon_1 = 0.2$, $\epsilon_2 = 0,5$ 그리고 $\epsilon_3 = 0.8$이다. 판 2는 외부 열원으로부터 어떠한 열도 받아들이지 않는다면 판 2의 온도는 몇 도인가?

1 2 3

[그림 문제 8.67]

8-68 두 커다란 평행 판들이 각각 0.3, 0.5의 방사율을 갖고 있고 900 K와 400 K의 온도로 유지되어 있다. 양면의 방사율이 모두 0.05인 복사 차폐평판이 두 판 사이에 위치해 있다. (*a*) 차폐평판이 없을 경우의 단위면적당 열전달률 (*b*) 차폐평판이 있을 경우의 단위면적당 열전달률 (*c*) 차폐물의 온도를 계산하여라.

8-69 가로, 세로가 1.2 m인 두 평행한 판이 1.2 m의 거리를 두고 떨어져 있다. 판들은 각각 0.4, 0.6의 방사율을 갖고 온도는 760°C, 300°C이다. 가로, 세로가 1.2 m이고 양쪽이 모두 0.05의 방사율을 갖는 복사 차폐판이 두 판 사이의 중앙에 위치해 있고 판 주위의 방은 40°C로 유지되고 있다. (*a*) 차폐판이 없을 경우의 각 판들 간의 열전달량 (*b*) 차폐판이 있을 경우의 각 판 간의 열전달량 (*c*) 차폐판의 온도를 계산하여라.

8-70 지름이 2.5 cm인 긴 원통형의 가열체가 500°C로 유지되고 있고 0.8의 표면 방사율을 갖고 있다. 가열체는 벽의 온도가 25°C인 커다란 방에 있다. 이 가열체가 지름이 30 cm이고 방사율이 0.2인 알루미늄 복사 차폐물에 의해 에워싸일 경우 가열체의 복사 열전달은 얼마나 감소할 것인가? 차폐물의 온도는 얼마인가?

8-71 지름이 각각 4 cm와 8 cm인 두 개의 긴 동축의 원통이 있다. 내부의 원통은 800°C이고 외부의 원통은 100°C이다. 내부와 외부의 방사율은 각각 0.8, 0.4이다. 만약 두 원통 사이에 방사율이 0.3이고 지름이 6 cm인 원통형의 복사 차폐물이 있다면 열전달이 몇 퍼센트 감소할 것인가?

8-72 길이가 10 cm인 두 동심 원통이 20°C의 커다란 방에 있다. 내부원통은 지름이 5.0 cm이고 외부원통은 10 cm이다. 내부원통은 주철로 되어 있고 400°C의 온도로 유지되고 있으며 외부원통은 1110°F에서 산화된 모넬메탈이다. 내부원통에서 방출된 열량을 계산하여라.

8-73 두 개의 평행한 원판의 지름은 각각 50 cm 및 25 cm이고 서로 25 cm 떨어져 있다. 큰 원판은 온도 800°C, 방사율 0.6이고 작은 원판은 온도 400°C, 방사율 0.4이다. 이들 원판은 진공인 큰 방에 둘러

싸여 있다. 방의 벽온도는 −250°C(23 K)로 저온을 유지한다고 할 때 큰 원판에 의한 복사열손실을 구하여라.

8-74 사람은 근사적으로 높이 1.8 m이고 지름 30 cm인 원통으로 가정할 수 있다. 신체표면온도를 추정해 보기 위한 자신만의 실험을 실행하여 보라. 그리고 신체와 큰 주위(흑체이며 0°C, 10°C, 20°C, 30°C, 그리고 40°C) 사이의 복사열전달을 예측해보라.

8-75 지름 3 cm이고 평행하며 크기가 같은 2개의 원판이 60 cm 떨어져 있다. 원판은 둘 다 검정색이며 −10°C인 큰 방 안에 놓여 있다. 한 원판은 100°C이고 다른 원판은 0°C이다. 적합한 기술을 사용하여 차가운 원판으로부터의 순 복사열교환양[W]을 측정하고자한다. 1% 이내의 정확성을 갖기 위해 그 측정법은 얼마나 정교해야(sensitive)할 것인가?

8-76 두 원판간의 거리가 6 cm와 120 cm일 때 문제 8-75의 풀이를 반복하라.

8-77 동심원통 사이에 방사율과 투과율이 각각 0.3, 0.7인 가스가 가득차 있다. 안쪽 지름은 30 cm, 바깥 지름은 60 cm이고, 안쪽과 바깥쪽 방사율은 각각 0.5, 0.3이다. 안쪽 표면 온도는 760°C이고 바깥 표면은 370°C를 유지한다. 뜨거운 표면으로부터 차가운 표면으로의 단위길이당 열전달과 가스의 온도를 계산하여라. 단, 대류열전달은 무시하여라.

8-78 문제 8-77에서 $\epsilon_m + \tau_m = 1$로 가정하고 단위길이당 순 열전달을 가스의 방사율의 함수로 도시하여라.

8-79 온도 및 방사율이 문제 8-77과 동일한 무한히 큰 두 평행 평판에서 평행 평판의 단위면적당 열전달률을 구하여라.

8-80 문제 8-77의 가스가 동심원통 사이를 속도 6.0 m/s, 온도 1100°C로 흐르고 있다. 가스의 성질은 다음과 같다.

$$\rho = 1.6\ \text{kg/m}^3 \qquad c_p = 1.67\ \text{kJ/kg}\cdot{}^\circ\text{C}$$
$$\mu = 5.4\times10^{-5}\ \text{kg/m}\cdot\text{s} \qquad k = 0.11\ \text{W/m}\cdot{}^\circ\text{C}$$

문제 8-68의 온도와 방사율로 가정할 때, 이 온도를 유지하기 위하여 얼마나 가열 또는 냉각해야 하는가? 이때 대류열전달계수는 Dittus-Boelter 방정식 (6.4)를 사용하라.

8-81 긴 동심원통이 두 개 있는데 $T_1 = 900$ K, $\epsilon_1 = 0.4$, $d_1 = 5$ cm 그리고 $T_2 = 400$ K, $\epsilon_2 = 0.6$, $d_2 = 10$ cm이다. 원통 사이에는 $\epsilon_g = 0.15$, $\tau_g = 0.85$인 회색체 가스가 채워져 있다. 복사회로망법을 사용해서 원통 사이의 열전달률과 가스의 온도를 계산하여라.

8-82 지름 2 mm, 길이 12 mm인 핀 핀(pin fins)이 한 바탕면에 정사각형배열로 부착되어 있다. 이 핀들은 중심간의 거리가 4 mm로 정렬배치(inline)를 하고 있다. 만일 모든 면의 방사율이 0.3이라면 큰 주위환경과 복사열교환을 위한 이 설비의 겉보기 방사율을 계산하여라. 또 필요한 가정을 말해 보라.

8-83 400개의 공동으로 이루어진 정사각형배열의 허니콤(honeycomb)구조가 있다. 공동은 표면가공된 알루미늄 박판이며 개방부(openings)의 크기가 6 × 6 mm이고 깊이는 10 mm이다. 표면의 방사율이 0.1이라면 큰 주위환경과 복사교환을 위한 구조물의 겉보기 방사율을 구하여라.

8-84 흑체의 원천(source) 역할을 할 수 있도록 한 공동을 설계하려고 한다. 제안된 모양은 25 mm의 개

방부를 갖고 바탕에서의 지름이 6 mm인 원뿔형 구멍 형태이다. 만일 공동의 표면방사율을 0.9라 할 때 겉보기방사율이 0.98이 되기 위한 필요한 공동의 깊이를 계산하여라.

8-85 지름이 30 cm인 구가 그 내부에 지름이 6 cm인 구멍으로부터 복사를 하고 있다. 구내부 표면 방사율이 0.5라면 구멍의 겉보기방사율을 구하여라.

8-86 크기가 25 × 25 mm이고 깊이가 10 cm인 한 공동이 반투명재질($\epsilon = 0.5$, $\tau = 0.4$, $\rho = 0.1$)의 덮개로 씌워져 있다. 내부 면은 $\epsilon = 0.6$이다. 큰 주위환경과 복사교환을 위한 공동의 겉보기방사율을 구하여라.

8-87 지름이 10 cm인 두 개의 평행원판이 2.5 cm의 간격을 두고 떨어져 있다. 한 원판은 540°C를 유지하고, 완전한 난반사 표면을 가지며, 방사율은 0.3이다. 다른 하나의 원판은 260°C로 유지되며 $\rho_D = 0.2$, $\rho_s = 0.4$인 정반사–난반사이다. 주변의 온도가 20°C로 유지될 때 각 원판의 안쪽 표면에 의한 열손실을 계산하여라.

8-88 문제 8-87을 540°C평면이 정반사를 한다고 하고 다시 풀어라. 이때 단열된 평면은 난반사를 한다고 가정하라.

8-89 정반사–난반사 표면이 이 표면을 둘러싸고 있는 커다란 용기로 복사열을 잃고 있을 때의 회로망을 그려라. 이 경우에 열전달을 나타내는 식을 유도하여라. 이때 표면의 방사율은 동일하고 완전한 난반사 평면이라면 열전달은 어떻게 달라지겠는가?

8-90 $\epsilon = 0.6$을 갖는 30 × 60 cm 크기의 평판이 큰 방 안에 있고 370°C의 온도로 가열되어 있다. 평판의 한 면만이 열교환을 한다. 같은 크기의 반사($\rho_D = 0.1$, $\rho_s = 0.7$) 평판을 위의 평판에 수직으로 놓았다. 방 안의 온도는 90°C이다. 이때 반사판이 있을 때와 없을 때 370°C 평판의 에너지 손실을 계산하여라. 반사판의 온도는 얼마인가? 단, 대류는 무시한다.

8-91 스테인레스스틸($\epsilon = 0.6$)로 제작된 5 × 5 × 2.5 cm의 공동(cavity)이 260°C로 가열되어 있고 위에는 5 × 5 cm의 크기로 특수유리창($\rho_s = 0.1$, $\rho_D = 0.1$, $\tau_D = 0.3$, $\tau_s = 0.3$, $\epsilon = 0.2$)을 올려 놓았다. 20°C의 아주 큰 방 안에서의 열손실을 구하고, 유리창이 없을 때와 손실에너지를 비교하여라.

8-92 특수유리창이 완전난반사하고 정투과이고, $\rho_D = 0.2$, $\tau_s = 0.6$, $\epsilon = 0.2$일 때 문제 8-91을 다시 풀어라.

8-93 문제 8-91에서의 공동위에 석영으로 만든 유리창을 달고, 공동으로부터 주위로의 전도와 대류는 전혀 없다고 가정하자. 공동은 900 W/m^{2}의 태양복사열을 받고 있다. 석영이 반사를 전혀 하지 않는다고 가정하고 $\tau = 0.9$일 때 공동의 안쪽 표면의 평형상태 온도를 계산하여라. 석영의 복사투과의 파장범위는 0.2~4 μm이다. 창으로부터의 대류손실은 무시하고 주변은 20°C로 가정한다.

8-94 원통형 공동이 지름 5 cm, 깊이 1.4 cm, 방사율 0.8로 되어 있다. 공동은 200°C를 유지하고, 입구는 $\tau = 0.7$, $\epsilon = 0.3$, $\rho = 0$인 투명물질로 덮여 있다. 투명 물질의 바깥면은 대류열전달계수가 17 W/m^2 · °C이다. 주변 공기와 방의 온도가 20°C일 때 공동의 순 열손실량을 계산하고, 투명덮개의 온도를 구하여라.

8-95 두 개의 무한평행평판의 온도는 800°C와 35°C이고, 방사율은 0.5와 0.8이다. 열전달률을 줄이기 위해 양면이 정반사를 하는 복사차폐물($\rho_D = 0.4$, $\rho_s = 0.4$)을 두 평판 사이에 넣었다. 차폐물이 있을 때와 없을 때의 열전달량을 구하여라. 이 결과와 복사차폐물이 $\rho = 0.8$로 완전한 난반사를 할 때의 결과와 비교하여라.

8-96 식 (8.43)으로 나타낸 문제에 식 (8.99)와 (8.101)을 적용해 보라. 이들 식을 직접 사용해서 매우 큰 오목한 면으로 완전히 싸여있는 볼록한 물체에 대한 식 (8.43*a*)를 구하여라.

8-97 식 (8.106)과 (8.109)를 사용하여 예제 8-10을 다시 풀어라.

8-98 식 (8.106)과 (8.109)를 사용하여 문제 8-27을 다시 풀어라. 단열된 표면에 대해서는 $J = E_b$ 임을 명심하여라.

8-99 두 개의 가로 10 cm, 세로 30 cm 사각형 평판이 10 cm 간격으로 떨어져 있고 이들 두 평판은 4개의 단열된 재복사벽으로 연결되어 있다. 평판온도는 1000°C와 300°C를 유지하고 방사율은 0.6과 0.4이다. 수치해법을 사용하여 다음과 같은 가정하에서 순 열전달을 구하여라. (*a*) 4개의 재복사 표면을 하나의 표면으로 취급하고 일정한 출사를 갖는다. (*b*) 4개의 재복사 표면은 다른 모든 표면과의 복사평형으로부터 결정되는 출사를 갖는다. 온도 1000°C와 300°C의 표면에는 일정한 출사를 갖는다고 가정한다. 위의 각각의 경우에 대해서 재복사 표면의 온도를 구하여라.

8-100 지름이 30 cm인 두 개의 평행한 원판이 20°C의 큰 방 안에 5 cm의 거리를 두고 떨어져 있다. 한 원판은 일정한 열유속 100 W/m^{2}가 생기는 전열기를 가지고 있고, 상대원판에 대한 표면방사율은 $\epsilon = 0.9$이며 뒷면은 단열되어 있다. 다른 원판은 양쪽면의 방사율이 $\epsilon = 0.5$이고 원판과 방은 복사평형상태에 있다. 두 원판의 온도를 계산하여라.

8-101 긴 덕트의 단면이 정삼각형 모양을 하고 있다. 표면상태는 $T_1 = 900$ K, $\epsilon_1 = 0.6$, $T_2 = 1500$ K, $\epsilon_2 = 0.8$, $(q/A)_3 = 1000$ W/m^2, $\epsilon_3 = 0.7$이다. 표면 1과 2에서의 열유속과 표면 3의 온도를 구하여라.

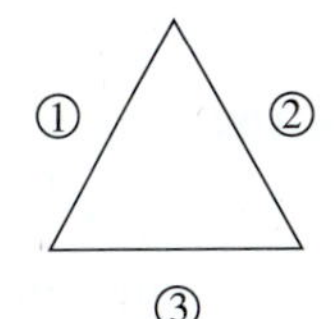

[그림 문제 8.101]

8-102 30°C로 유지되는 커다란 방 안에 한 변의 길이가 1 m인 두 개의 정사각평판이 수직으로 연결되어 있다. 두 평판 중 하나는 300°C의 온도로 유지되고 $\epsilon = 0.5$이며 다른 하나는 완전히 단열되어 있고 $\epsilon = 0.7$이다. 이때 300°C 평판의 열손실과 단열된 평판의 온도를 수치해법으로 구하여라.

8-103 문제 8-25를 수치해법으로 풀어라.

8-104 각각 1 m의 지름을 갖는 2개의 평행한 원판이 25 cm의 간격을 두고 떨어져 있다. 한 원판은 300°C의 온도로 유지되고 다른 원판은 뒤쪽이 단열상태이다. 두 원판의 방사율은 모두 0.5이고 30°C로 유지되는 큰 방안에 놓여 있다. 이때 300°C 원판의 복사에너지손실을 계산하여라.

8-105 각각 50 cm의 지름을 갖는 두 개의 평행한 원판이 10 cm의 거리를 두고 떨어져 있다. 전기 히터가 10 W/m^{2}의 일정한 열유속을 한 원판에 공급하고 다른 원판은 350 K의 일정한 온도로 유지되어 있으며 두 원판은 단열판으로 연결되어 있다. 두 원판의 표면 방사율은 0.6이다. 수치해법으로 방정식을 세우고 뜨거운 원판과 단열된 표면의 온도를 계산하여라.

8-106 그림 문제 8.106에서 원판표면 1로부터의 복사열손실과 구표면 2로 들어오는 복사열전달을 계산하여라. 단, 표면 3은 단열되어 있다.

8-107 10 cm 크기의 흑체 원판이 500°C의 온도로 지름이 10 cm이고 높이가 10 cm인 원통 끝에 설치되어 있다. 원통의 방사율은 안쪽과 바깥쪽 표면 모두 0.3이다. 원통의 열린 끝단은 40°C의 큰 공간에 노출되어 있을 때 500°C 원판에 의한 에너지 손실을 계산하여라.

$d_1 = 1\,\text{m}$
$d_2 = d_3 = 4\,\text{m}$

$T_1 = 900\,\text{K}$
$T_2 = 300\,\text{K}$
$\varepsilon_1 = 0.5 \quad \varepsilon_2 = 0.8$

원판 ③
② 구
원판 ①

[그림 문제 8.106]

8-108 그림 문제 8.108과 같은 '집광(focusing)'이라는 복사히터가 방사율이 0.55이고, 지름은 0.5 m, 표면온도는 1000°C이다. 히터 주위의 벽은 단열이고 $\epsilon = 0.4$이다. 히터가 20°C의 큰 방에 노출되어 있을 때 이 히터로부터의 열전달을 계산하여라.

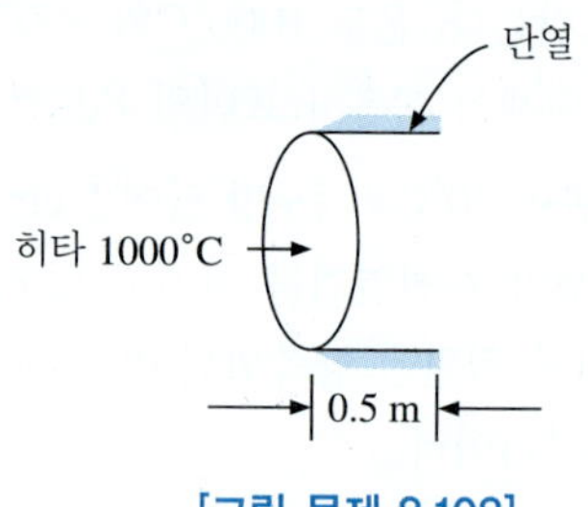

[그림 문제 8.108]

8-109 속이 비어 있는 금속 쉘(shell)이 있다. 쉘 내부는 방사율 $\epsilon = 0.45$, 온도 800 K를 유지하고 있다. 쉘은 포물선형태의 모양이며 내부면적은 156 cm^{2}이고 지름 7.1 cm의 원형 개방구(opening)를 갖고 있다. 뜨거운 쉘 내부로부터 큰 방(300 K)으로 복사가 이루어지고 있다. 쉘에 의한 순 복사에너지손실[W]을 구하여라.

8-110 단열블록에 점점 가늘어지는 구멍을 깊이 3 cm로 뚫었다. 하부지름이 1 cm, 상부지름이 2 cm이다. 하부구멍에 방사율 0.6인 금속판을 설치하고 전기히터를 달아서 온도는 500°C를 유지한다. 상부원의 주변 온도는 30°C이다, 단열이 완벽하다고 가정하고 히터에서 공급되는 동력을 계산하여라. 단열블록의 방사율은 0.3이다.

8-111 정육면체의 한 변의 길이가 1 m이다. 위쪽 표면온도 $T = 100$°C, $\epsilon = 0.7$, 바닥의 표면온도 $T = 40$°C, $\epsilon = 0.5$이고, 4개의 옆 벽면은 모두 $\epsilon = 0.6$이고 서로 마주보고 있는 두 벽의 온도는 70°C이며 두 벽의 온도는 60°C이다. 수치방법으로 각각의 면의 복사열전달을 구하여라.

8-112 두 개의 동심 평행원판의 지름이 각각 10 cm와 20 cm이고 원판 사이의 간격이 10 cm이다. 작은 원판은 온도 $T = 700$ K, $\epsilon = 0.8$, 반면에 큰 원판은 양쪽면이 $\epsilon = 0.4$이고 작은 원판은 주변과 복사평형을 이루고 있다. 주변의 온도는 25°C이다. 작은 원판의 열손실과 큰 원판의 온도를 구하여라.

8-113 두 평행한 원판의 지름이 50 cm, 간격이 12.5 cm이다. 한 원판은 600°C를 유지하고 $\epsilon = 0.63$인 반면에 다른 원판은 일정한 열유속, 80 kW/m^{2}을 가지고 $\epsilon = 0.75$이다. 원판의 주변온도가 30°C일 때 공간으로 흡수되는 열량을 계산하고 열유속이 원판의 온도를 구하여라.

8-114 문제 8-113에서 600°C의 원판을 일정한 열유속 100 kW/m^2, $\epsilon = 0.63$인 원판으로 대치하여 다시 풀어라. 이 상태에서 두 원판의 온도는 얼마인가?

8-115 동축의 두 원통에서 $d_1 = 10$ cm, $\epsilon_1 = 0.4$, $d_2 = 20$ cm, $\epsilon_2 = 0.6$ kW이다. 길이는 10 cm이고, 실린더의 한쪽 끝에 $\epsilon = 0.8$인 히터를 설치하고 다른 끝은 뚜껑을 덮었다. 히터의 열유속은 90 kW/m^{2}이다. 주변공간의 온도를 30°C라고 할 때, 회로망법과 수치해법을 모두 사용하여 두 원통의 온도를 계산하여라.

8-116 문제 8-61에서 평판이 표 8.4에 주어진 복사특성을 가진 윤이 나는 알루미늄 평판으로 되어 있을 때 문제를 다시 풀어라.

8-117 하얀 색의 대리석 슬래브가 태양열복사량 1070 W/m^{2}에 노출되어 있다. 대기의 유효복사 온도가 −70°C라 가정할 때, 슬래브의 복사평형온도를 계산하여라. 이때 표 8.4를 이용하라. 이 계산에서 대류와 전도손실은 무시한다.

8-118 긴 파장에 대해서는 흡수율 $\alpha = 0.6$이고 태양복사에 대해서는 $\alpha = 0.95$인 큰 표면이 있다. 뒷면은 단열되어 있고 윗면은 태양복사 열유속 950 W/m^{2}에 노출되어 있다. 주위온도는 300 K, 열전달계수 $h = 12$ W/m^2 · °C 일 때 표면의 복사평형온도를 계산하여라.

8-119 25°C의 주위공기에 노출되어 있는 주철평판이 800 W/m^{2}의 태양복사열을 받고 있다. 대류열전달을 무시하고 평판의 복사평형온도를 계산하여라.

8-120 한 온도계가 외부 방사율이 0.3인 금속 쉘에 둘러싸여 있다. 이 온도계가 $h = 25$ W/m · °C이고 $T_\infty = 105$°C인 투명한 유체에 노출되어 있다. 이 온도계를 어떤 큰 밀폐공간에 위치시켰을 때 98°C를 가리켰다. 이 밀폐공간의 온도[°C]를 계산하여라.

8-121 관 안에 흐르고 있는 기체의 온도를 측정하기 위하여 열전대(thermocouple)를 관 안에 설치하였다. 판벽의 온도는 425°C이고 열전대가 지시하고 있는 온도는 170°C이다. 기체와 열전대 사이의 열전달계수는 150 W/m^2 · °C이고 열전대의 방사율은 0.43이다. 기체의 온도를 구하여라.

8-122 고속기체가 평판 위를 흐르고 있다고 하자. 만일 평판이 단열되어 있다면 기체의 흐름으로 인한 공기역학적인 가열에 의하여 흡수되는 에너지가 복사에 의하여 평판으로부터 주위로 방출되는 에너지와 같을 때 평판의 온도를 복사평형온도라고 한다. 즉,

$$hA(T_w - T_{aw}) = -\sigma A\epsilon(T_w^4 - T_s^4)$$

여기서 주위 유체는 무한하고 온도는 T_s, 그리고 ϵ은 평판 표면의 방사율이라고 하자. 표면의 방사율을 0.8이라고 할 때 예제 5-9에서의 유동상태에 대한 복사평형 온도를 계산하여라. 주위 유체의 유효복사온도는 −40°C로 하여라.

8-123 맑은 밤하늘의 유효 복사 온도는 −70°C로 택한다. 바람이 없다고 가정하고 공기와 풀에 맺힌 이슬 사이의 대류열전달계수는 28 W/m^2 · °C라고 하여 공기가 서리를 맺지 못할 최저온도를 구하여라. 이슬의 증발은 무시하고 또한 풀은 지면과 단열되어 있으며 물의 방사율은 1로 하자.

8-124 방사율 0.6이고 지름 3.2 mm인 스테인레스 봉에 들어있는 열전대온도계를 공기온도를 측정하기 위해 노 안에 수평으로 넣었다. 노의 벽온도는 650°C이고, 공기온도는 560°C이다. 열전대가 나타낼 온도는 얼마인가? 열전대와 공기에 일어나는 대류는 자연대류라고 가정한다.

8-125 문제 8-124의 열전대를 공기조화가 잘된 방에 수평으로 놓았다. 그 방의 벽 온도는 32°C이고 방 안 공기의 온도는 20°C이다. 열전대가 가리킬 온도는 얼마인가? 열전대를 윤이 나는 알루미늄으로 복사차폐한다면 열전대가 가리키는 온도는 얼마인가?

8-126 지름 3 mm, 방사율 0.6인 금속열전대를 7 m/s로 흐르는 공기의 온도를 측정하기 위해서 관 안에 수평으로 설치하였다. 관 벽은 400°C이고 열전대는 100°C의 온도를 가리킨다. 6장의 대류관계식을 써서 기체의 실제 온도를 계산하여라.

8-127 예제 8-11에서 외부원통의 바깥쪽 표면부터 공간으로의 대류에 의한 열손실을 $h = 50\ \mathrm{W/m^2 \cdot {}^\circ C}$으로 가정하자. 다른 표면에서의 대류를 무시할 때 외부 원통의 온도와 내부 원통에 의한 총 열손실을 결정하여라.

8-128 열전대가 전기로 내부 공기의 온도를 측정하기 위해서 쓰인다. 열전대의 표면의 방사율은 0.7이고, 대류열전달계수는 $20\ \mathrm{W/m^2 \cdot {}^\circ C}$이다. 열전대는 700°C의 온도를 가리킨다. 이때 공기의 실제 온도는 650°C이다. 노의 벽온도를 계산하여라.

8-129 흐르는 유체의 온도를 측정하기 위해 수은온도계가 관 안에 놓여있다. 온도계가 55°C를 가리키고 덕트 벽면의 온도가 90°C일 때 6장의 방법을 사용하여 공기와 온도계 사이의 대류열전달계수 값을 $30\ \mathrm{W/m^2 \cdot {}^\circ C}$로 측정하였다. 공기의 실제온도를 계산하여라.

8-130 20°C의 공기가 지름 50 cm인 원통에 직교로 흐르고 있다. 속도는 25 m/s, 원통의 온도는 150°C를 유지하고 표면의 방사율은 0.7이다. 주위 유체의 유효복사온도가 20°C라고 가정할 때 원통의 단위 길이당 총열손실량을 계산하여라.

8-131 텅스텐 필리멘트가 3400 K에서 작동하고 있다. 가시광선의 파장 0.4 μm와 0.7 μm 사이의 복사열은 총복사열의 몇 %가 되는가?

8-132 문제 8-131의 텅스텐 필라멘트에서 400 W의 전력이 소모되고 모든 가시광선은 필라멘트를 둘러싸고 있는 유리로 된 전구를 통하여 투과된다고 할 때 총 400 W의 복사에너지를 모두 소진하기 위한 필라멘트의 표면적을 구하여라. 또 전구의 효율을 계산하여라.

8-133 어떤 재질의 방사율이 0 μm에서 2 μm 사이에서는 0.6이고 2 μm에서 8 μm 사이에서는 0.2일 때 이 재질의 온도를 3000 K로 유지하기 위한 방사력을 계산하여라.

8-134 Stefan-Blotzmann 상수가 아래와 같이 복사상수 C_1, C_2로 표현됨을 보여라.

$$\sigma = \left(\frac{\pi}{C_2}\right)^4 \left(\frac{C_1}{15}\right)$$

8-135 유리창의 태양에너지 투과율을 줄이기 위해 착색한 플라스틱 코팅이 사용된다. 코팅이 없을 때 투과율이 파장 0.25 μm와 2.5 μm 사이에서 0.9이고, 반면에 코팅을 하였을 때 0.5 μm와 1.5 μm 사이에서 투과율은 0.5이다. 태양복사를 5800 K의 흑체복사로 가정하고 위의 각 유리를 통하여 투과한 태양복사에너지의 부분율을 계산하여라. 또 각 유리를 통하여 투과한 가시광선(0.4 μm에서 0.7 μm 사이) 범위의 에너지를 계산하여라.

8-136 한 변이 0.2 m인 정사각형 평판의 윗면에 400 K의 공기가 흘러서 대류열전달계수는 $12\ \mathrm{W/m^2 \cdot {}^\circ C}$가 되고 이 평판의 아랫면은 단열되어 있다. 이 평판에 $2200\ \mathrm{W/m^2}$의 복사열이 입사하여 그 가운데 $450\ \mathrm{W/m^2}$는 반사되고 표면온도는 510 K이며 방사력이 $1100\ \mathrm{W/m^2}$일 때 평판표면의 방사율과 출사를 계산하여라.

8-137 한 변이 3 m인 정육면체의 바닥의 온도가 550 K, $\epsilon = 0.5$이고 위 표면의 온도가 300 K, $\epsilon = 0.7$이며 다른 네 면은 완전히 단열되어 있다. 바닥으로부터의 열전달량을 계산하여라.

8-138 지름 10 cm, 온도 700 K, $\epsilon = 0.6$인 원판이 높이 15 cm인 단열된 원통의 바닥에 놓여있다. 원통 위에는 지름 10 cm의 반구가 있고 $T = 300$ K, 및 $\epsilon = 0.3$이다. 원판으로부터의 열손실량을 계산하여라.

8-139 지름이 5 cm, 온도 $T = 800$ K, $\epsilon = 0.7$의 긴 원통이 온도 300 K의 큰 방 안에 있다. 이 원통이 지름이 10 cm이고 안쪽과 바깥 표면의 $\epsilon = 0.2$인 복사차폐물로 덮여있다면 원통의 복사열손실은 몇 W/m로 감소하겠는가?

8-140 지름과 길이가 모두 50 cm인 수직원통형 노의 아래원판은 $T = 450$ K 및 $\epsilon = 0.5$이고 위쪽 원판은 $T = 600$ K 및 $\epsilon = 0.6$이며 원통의 수직면은 $T = 1000$ K 및 $\epsilon = 0.7$일 때 세 면의 방사력, 출사, 조사 및 열손실을 각각 구하여라.

8-141 문제 8-140에서 위쪽 원판을 들어내고 300 K의 커다란 방에 노출했을 때 문제를 다시 풀어라.

8-142 바깥쪽은 방사율이 0.11인 알루미늄층이고, 안쪽은 방사율이 0.04인 세 개의 윤이 나는 알루미늄 차폐물이 2 mm 간격으로 되어 있는 진공 단열체가 있다. 바깥 쪽 알루미늄층의 두께를 무시한 전체 두께는 8 mm이다. 300 K와 85 K의 온도에서 이 단열체를 통해 전달되는 복사열교환을 계산하여라. 또한 이들 온도에서 유효열전도계수 R값을 계산하여라.

8-143 지름이 40 cm이고 높이가 30 cm인 원통의 바닥면은 온도가 750 K이고, 방사율은 0.75이다. 원통의 수직면은 완전히 단열되어 있다. 원통 윗면원판은 가운데 20 cm의 지름을 갖는 구멍을 갖고 있고, 표면 온도는 600 K, $\epsilon = 0.4$이다. 개방된 구멍은 300 K 온도의 큰 방에 노출되어 있다. 이때 방사력과 출사, 조사 및 열손실을 세 표면에 대해서 계산하고 원통 수직면의 온도를 계산하여라.

8-144 'E값'은 때때로 큰 평행한 표면 사이에서 단위면적당 열교환량으로 정의되며 $q/A = E\sigma(T_1^4 - T_2^4)$로 주어진다. $\epsilon = 0.9$, 0.8, 0.5, 0.2, 0.1 및 0.05 로 주어질 때 두 표면의 E값을 계산하여라.

8-145 단열된 표면에 의해 연결된 평판사이의 복사에 관한 식 (8.41)이 판의 표면이 매우 클 때 무한히 큰 평행한 평판의 식 (8.42)로 됨을 보여라.

8-146 두 동심 원통의 지름이 각각 30 cm, 100 cm이고, 높이는 2 m로 같다. 안쪽과 바깥쪽 원통의 방사율이 각각 0.2와 0.4이고 표면온도는 각각 800 K, 400 K이다. (*a*) 온도가 300 K인 큰 공간에 둘러싸인 각각의 원통으로부터 방사되는 열손실을 구하고 (*b*) 원통의 열린쪽을 단열된 덮개로 닫았을때 방사되는 열손실을 계산하여라.

8-147 예제 8-4와 같이 끝이 잘린 원뿔의 위아래면 모두 $\epsilon = 0.8$의 값을 갖는 얇은 구리로 만들어져 있다. 윗면은 $\epsilon = 0.2$, $T = 700$ K의 값을 갖는 표면으로 덮여 있고, 바닥은 $\epsilon = 0.6$, $T = 500$ K의 값을 갖는 표면으로 덮여져서 온도가 300 K인 큰 공간에 놓여 있다. 이때 두 표면에서 열손실을 계산하여라.

8-148 문제 8-147의 구리표면에서 $h = 25\ \mathrm{W/m^2 \cdot {}^\circ C}$로 대류 열전달이 있을 때 각각의 표면의 열손실량을 계산하여라.

8-149 지름이 10 cm인 구가 한쪽 반구의 방사율이 0.5이고 다른쪽 반구의 방사율이 0.8이다. 구 전체가 800°C의 일정한 온도로 유지되고 20°C의 커다란 방 안에 있을 때 구로부터의 열손실을 구하여라.

8-150 태양열유속 700 W/m^{2}에 노출되어 있고 주위의 온도가 25°C, $h = 0$인 주물평판의 복사평형온도를 계산하여라.

8-151 문제 8-150에서 $h = 7.5$ W/m$^2 \cdot$ °C로 하여 표면에서의 대류열손실을 계산하여라.

8-152 $\epsilon = 0.8$, 지름이 5 cm의 구리로 된 구가 0°C의 주변 온도하에서 300°C에서 50°C로 냉각된다. 집중열용량법에 기초한 수치해석으로 구가 (*a*) 200°C (*b*) 100°C (*c*) 50°C에 도달하는 시간을 구하여라(부록 D-6 참고).

8-153 국소 공기 온도를 측정하는 유리 수은 온도계가 야외에 수직으로 놓여 있다. 이 온도계는 매우 큰 수직 금속 벽 옆의 그늘진 곳에 위치하고 있으며, 수직 금속 벽의 뒷면은 태양열복사에 의해 40°C로 가열되고 있다. 온도계 주위에 3 m/s의 가벼운 바람이 불고 있다. 열린 주변 공기(the open-air surroundings)는 주위온도(the ambient air temperature)를 유지하고 있다. 만일 실제(true) 공기온도가 20°C라면 온도계가 가리키는 온도를 추정하여라. 또한 어떤 가정이 필요한지 말하여라.

설계지향문제

8-154 흑체 공동을 만드는 방법으로는 금속평판에 드릴로 구멍을 뚫는다. 구멍내면에서는 반복적인 반사를 하기 때문에 자유공간에 면한 평판표면에 비해서 방사율이 더 클 것이다. 이와 같은 공동을 해석할 때는 내면으로의 조사량이 균일하지 않다는 사실을 알아야 한다. 따라서 표면이 어느정도 흑체에 가까운지 알기 위해서는 복사측정기가 바라보는 측정면이 정해져야 한다. 지름 1.25 cm, 깊이 2.5 cm의 구멍을 고려해보자. 안쪽부분을 3부분으로 나누고, 조사량이 세 부분에서 일정하고 온도와 방사율 또한 일정하다. 복사측정기는 표면에서 나오는 총 복사에너지인 출사량을 탐지한다. $\epsilon = 0.6$일 때 등분된 세 표면의 J/E_b을 계산하여라. 외부에서의 복사는 무시할 수 있다.

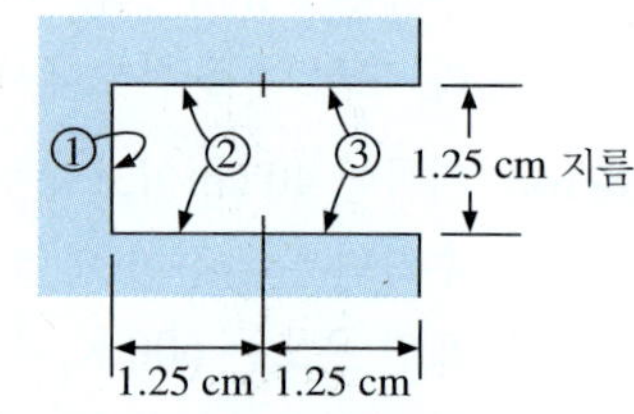

[그림 문제 8.154]

8-155 공동의 온도를 120°C, 주위온도를 93°C로 가정하고 문제 8-154를 다시 풀어라.

8-156 폭이 30 cm이고 무한히 긴 두 개의 판이 10 cm의 간격으로 떨어져 있다. 판의 표면방사율은 각각 0.25와 0.5 그리고 표면의 온도는 200°C와 1000°C로서 일정하다. 두 판의 주위는 0°C이다. 수치해법을 사용하여, 각 판을 3개의 부분으로 나누고 순 열전달량을 계산하여라. 출사가 일정하다고 가정한다면 각각의 판의 열전달량은 얼마인가? 회색체로 가정하라.

8-157 하나의 얇은 판은 1000°C, $\epsilon = 0.6$의 값을 갖고 다른 하나의 얇은 판은 완전 단열이고 $\epsilon = 0.25$로 주어질 때 문제 8-156을 다시 풀어라.

8-158 $\epsilon_2 = \epsilon_3 = 0.6$이고 $h = 25$ W/m$^2 \cdot$ °C 일 때 예제 8-18의 결과를 증명하여라.

8-159 25°C로 유지되는 커다란 방 안에 $d_1 = 2$ cm, $\epsilon_1 = 0.75$, $T_1 = 600$ K인 긴 원통 주위에 $d_2 = 5$ cm이고 양면에서 $\epsilon_2 = 0.8$ 인 긴 원통이 동심으로 놓여 있다. 또한 외부원통에 $T_\infty = 35$°C인 바람이 직교로 불어서 대류열전달계수가 180 W/m$^2 \cdot$ °C을 이루고 있다. 내부원통의 단위길이당 열손실과 외부원통의 온도를 계산하여라.

8-160 300 K로 유지되는 커다란 방 안에 다음 그림과 같은 물체가 있다. 표면 1은 $T_1 = 500$ K, $\epsilon_1 = 0.8$이고 표면 2는 대단히 얇은데 $\epsilon_2 = 0.4$이고 표면 1과 복사평형을 이루고 있다. 온도가 균일하다고 가정하고 표면 2의 온도를 구하여라.

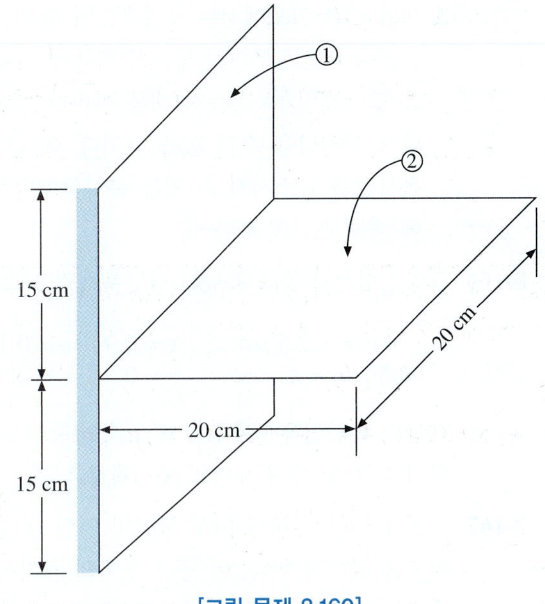

[그림 문제 8.160]

8-161 문제 8-160에서 표면 2가 $T = 300$ K, $h = 10$ W/m^2 · °C의 대류에 노출되어 있을 때 표면 2의 온도분포를 구하여라. 또한 $h = 50$ W/m^2 · °C인 경우 문제를 다시 풀어라. 표면이 대단히 얇아서 전도는 무시할 수 있다.

8-162 문제 8-160에서 표면 2가 산화구리로 되어 있고 $\epsilon = 0.78$이며 두께는 0.5 mm라 하자. 표면 1은 $T_1 = 1000$ K, $\epsilon_1 = 0.5$이고 방의 온도는 300 K, $h = 75$ W/m^2 · °C이다. 전도 열전달을 고려하여 핀의 온도분포를 계산하여라. 전도 열전달은 3장을 참조하라.

8-163 예제 5-4의 평판이 한 변이 30 cm인 정사각형이고 흰 페인트로 칠해져 있다. 페인트의 태양 흡수율은 0.16이고 저온 흡수율은 0.09이다. 이 평판은 1100 W/m^{2}의 태양열복사에 노출되어서 주위로의 대류와 열평형이 이루어지고 있다. 평판의 밑면은 단열되었다고 가정하고 평판의 평형온도를 계산하여라.

8-164 얇은 구리원판이 단열재질로 된 두꺼운 슬래브(slab) 위에 위치하고 있다. 슬래브는 고 반사 물질로 코팅되어 있다. 구리원판의 외부 면은 흑색 페인 트로 칠해져 있어 복사열을 거의 완벽하게 흡수한다. 원판의 바닥에는 원판의 온도를 측정하기 위해 가느다란 열전대(thermocouple)가 한 개 심어져 있다. 이러한 장치는 면에 가해지는 열복사를 측정할 수 있는 설비로 사용된다. 이를 위해 어떤 참고자료가 필요한지 토의하고, 합당한 측정치 산출에 필요한 계산을 수행해 보아라.

8-165 우주개발 프로그램 초기에는 우주비행사의 우주복 및 다른 생존 장비에 대한 시험은 우주비행사를 특별히 제작된 곤돌라 기구에 태우고 지상 24,000~30,000 m 높이로 올려 보내 실시하였다. 필요한 자료를 사용하여 이 실험에 관련된 열전달 문제를 해석하여라. 해석 시 제한 조건은 없으나 다음의 사항을 따라 수행하여라.

1. 곤돌라 외부에 칠해진 페인트는, 태양열 복사에 있어, 긴 파장의 지상 복사라기보다는 아마도 다른 흡수 성질을 갖게 될 것이다.
2. 곤돌라 내부 페인트는 곤돌라 안의 우주비행사와 복사열교환 시 회색체(gray-body) 거동을 보일 것이다.
3. 지상 24,000~30,000 m 높이에서는 태양과의 복사 열교환 시 구름과 같은 중간물질은 없을 것이다.
4. 지상 24,000~30,000 m 사이의 여러 높이에 대한 온도와 압력 결정시 표준 대기압(standard atmosphere) 데이터를 사용하라.

5. 위와 같은 고도에서는 공기온도가 매우 낮고 밀도도 낮다. 따라서 우주복 외부로의 대류열손실은 곤돌라 벽으로부터의 복사 열획득에 대항할 수가 없을 것이다. 이러한 경우 우주복으로의 복사열을 감소시킬 수 있는 대책을 마련하여 사람이 생존할 수 있도록 대비하지 않으면 우주비행사는 타서 살아남을 수가 없을 것이다. 이 문제를 완화시키는 방법은 곤돌라 내면에서 우주복으로의 복사열을 감소시킬 수 있는 복사차폐막을 설치하는 것이다. 이러한 복사차폐막을 설치하는 방안에 대해 제안해 보아라.

8-166 태양열집기가 유리로 덮힌 단열흑체면으로 구성되어 있다. 유리판의 성질은 다음과 같다.

$$0 < \lambda < 2.5\ \mu\text{m}: \quad \tau = 0.9 \quad \epsilon = 0.1 \quad \rho = 0$$
$$2.5\ \mu\text{m} < \lambda < \infty: \quad \tau = 0 \quad \epsilon = 0.95 \quad \rho = 0.05$$

태양의 복사열유속이 700 W/m^2, 파장이 2.5 μm 이내에 있다고 가정하라. 대류를 무시하고 주위온도가 35°C일 때 흑체면의 복사평형온도를 계산하여라.

8-167 문제 1-37을 통하여 이제 사람이 열린 냉장고의 내벽면과의 복사교환에 의하여 시원함을 느낀다는 사실을 알아야 한다. 이 냉각 효과의 크기를 결정하기 위하여 필요한 가정은 무엇인가? 또, 방의 유효온도는 얼마나 낮아지겠는가? 5, 6, 7장에서의 적절한 대류열전달 관계식을 사용하여라.

8-168 문제 1-39을 보면 쾌적한 온도에 관한 느낌의 차이는 학생과 벽 사이의 복사 열전달에 기인하는 것을 알 수 있다. 벽은 겨울보다 여름에 더 따뜻하게 느끼게 마련이다. 이를 해석하는 데 필요한 복사형태계수, 방사특성, 벽 온도와 형상, 대류열전달계수에 관하여 가정을 세우고 그 쾌적온도에 관한 경험을 뒷받침하는 만족할 만한 설명을 해보아라.

8-169 어떤 빌딩의 측면이 콘크리트 슬래브와 접해 있고 여름철에 햇빛에 노출되어 있다. 경험에 비추어 볼 때 콘크리트는 태양빛에 가열되면 잔디밭보다 더 높은 온도를 나타내는 것을 알 수 있다. 그 결과 슬래브는 인접해 있는 빌딩벽에 재복사를 함으로써 빌딩이 잔디밭으로 쌓여 있을 때보다 더 높은 조사를 받게 된다. 콘크리트에 의한 조사량의 증가를 구하기 위한 복사특성, 태양복사와 대류에 관한 적절한 가정을 세워 보라. 콘크리트 슬래브는 적어도 건물 높이의 두 배의 폭을 갖는 것으로 가정하라.

8-170 20°C의 창고공간을 위한 복사전열기가 약 15 kW의 열량을 공급하도록 설계되어 있다. 히터의 표면은 가스 불꽃을 사용하여 약 900°C의 온도로 유지되고, 히터 표면의 표면방사율은 0.5에서 0.8의 범위이다. 이 전열기의 표면은 그림 문제 8.45에 보인 것과 같이 알맞게 잘 단열된 4개의 벽으로 둘러싸인 정사각형이다. 이 정사각 박스(히터)는 방, 즉 창고공간으로 열려 있다. 부록 D의 컴퓨터프로그램을 사용하여 15 kW라는 가열 목표를 도달하기 위한 형상을 결정하는데 필요한 적어도 8개의 서로 다른 형상과 (또는) 표면 조건을 고려하여 보라. 프로그램에서 단열면은 방사율이 매우 작은 값으로 다루게 됨을 기억하고 선정된 형상에 관하여 단열면의 추정온도를 구하여라.

8-171 어떤 상자 안에 든 장치로부터 200 W의 열을 방출하는 전자 패키지가 있다. 전자장치가 견딜수 있는 최대온도는 80°C이고 박스 외부는 20°C 대기에 노출되어 있다. 그만한 열을 방출하기 위한 직사각형모양 상자의 적당한 치수을 구하여라. 상자재료, 벽두께, 상자 안에 있는 전자장치의 크기, 장치로부터 상자벽까지의 온도 하강 그리고 적당한 다른 인자들에 대해서 가정하라. 전체 에너지가 상자 외부표면으로부터 자연대류와 복사에 의해서 방출된다고 가정하라. 복사는 선택된 상자재료에 대하여 표 A.10으로부터 얻은 방사율을 사용하고 식 (8.43*a*)를 이용해서 계산할 수 있다.

8-172 복사 패널히터가 그림에서와 같이 가변 복사차폐물로 이루어져 있다. 흑색패털 표면은 반대편의 응축수증기로 인해 100°C상태를 유지된다. 차폐부분은 25°C의 주변 공간으로 도달하는 복사량을 변화시키기 위하여 회전이 가능하다. 차폐부의 양면은 모두 $\epsilon = 0.1$이다. 적절한 가정과 해석기법을 사용하여 흑색패널에서 방으로의 복사 열전달량을 차폐부의 회전각의 함수로 계산하여라. 흑색패널이 그것과 차폐부 사이의 거리에 비하여 충분히 크다고 가정하라. 패널과 차폐부에서의 자연대류가 있을 때와 없을 때에 대하여 각각 설계를 하라. 이 설계에 대한 유의사항을 요약하라.

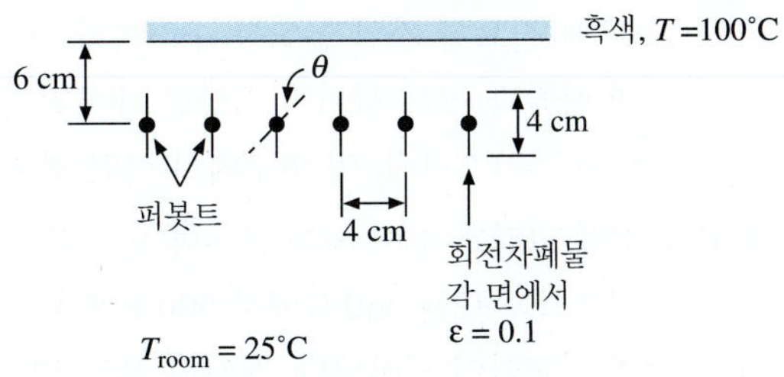

[그림 문제 8.172]

8-173 다음 그림과 같은 장치를 사용한 어떤 태양열 담수화 장치가 제안되었다. 태양에너지는 2.5 μm 까지는 투명체지만 보다 긴 파장에서는 불투명성을 띠는 유리면을 통해 투과된다. 바닷물이 잘 단열된 바닥부분에 흐르고 있다. '잡힌' 복사열의 결과로 물은 증발하여 주변공기에 노출되어 있는 경사진 유리표면과 맞닿을 때 응축된다. 그런 다음 표면을 따라 흘러내려 양쪽 홈에 고이게 된다. 이 고안된 디자인에 대하여 평가를 하여라. 물의 응축계수나 유리밖의 강제대류열전달계수, 그밖에 필요한 다른 매개변수를 사용하여 이 장치를 통해 시간당 얻을 수 있는 담수량을 계산하여라. 유입되는 수온이 25°C이고 주변공기온도를 32°C로 가정하고 사용한 가정들과 계산결과에 대하여 설명하라.

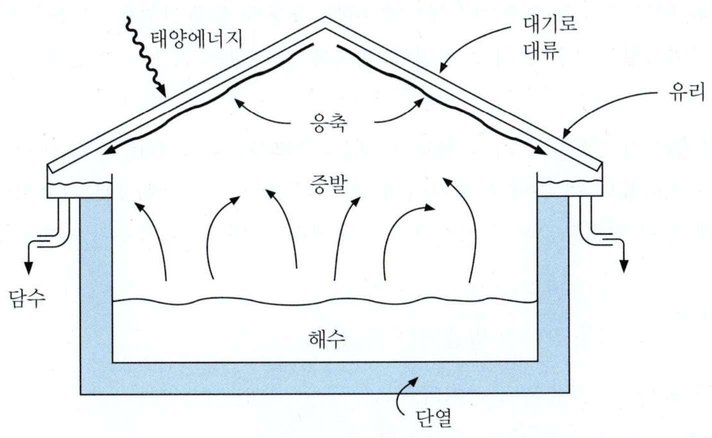

[그림 문제 8.173]

8-174 그림 2.14에서 보여지는 바와 같이 전자 냉각장치에서의 핀의 성능은 보통 실험에 의해 결정되어야 한다. 만약 그러한 핀이 알루미늄으로 만들어져 있다면 주변공기에 자연대류에 의해 냉각될 때 보통 집중 열용량계로 거동한다. 핀에 먼저 열을 가하여 일정온도까지 이르게 한 후 방안공기 중에서 냉각되게 함으로써 이런 핀의 자연대류냉각 거동을 구하기 위한 실험장치를 설계할 수 있다. 이 실험에서 핀의 복사방열을 구하는 방법을 제안하라. 어떻게 실험 데이터를 핀의 대류거동에 관한 일반식에 상관을 지을 것인지 답하여라.

8-175 콜로라도의 어떤 콘도에서는 천장에 전열기를 이용하여 실내 난방을 하고 있다. 방 안의 사람이 방의 육면벽을 똑같이 '본다' 고 가정하자. 수용할 만한 쾌적 조건을 가정하고 천장 치수가 4 m × 5 m

일 때 필요한 가열 온도를 구하여라. 이 계산을 위하여 같은 쾌적감을 20°C인 방에서 느낄 수 있으며 사람과 공간 사이의 적당한 대류열전달계수를 가정하라. 또한 두 벽이 적당한 온도를 갖는 외벽이라고 가정하라. 이 연구에서 어떤 결론을 내리겠는가?

8-176 아래 그림과 같이 사각 공동에 반투명한 덮개가 덮혀 있다. 공동 내부의 온도는 350 K에서 500 K까지 변화하고, 300 K의 큰 방과 열교환이 일어난다. 제시된 온도 범위에서 일정한 순 복사열전달이 일어나도록 가변 투과율을 갖는 덮개를 만드는 것이 가능하다고 가정한다. 덮개에 대한 적절한 복사 특성을 설계하기 위한 해석을 수행하고 모든 가정을 기술하라.

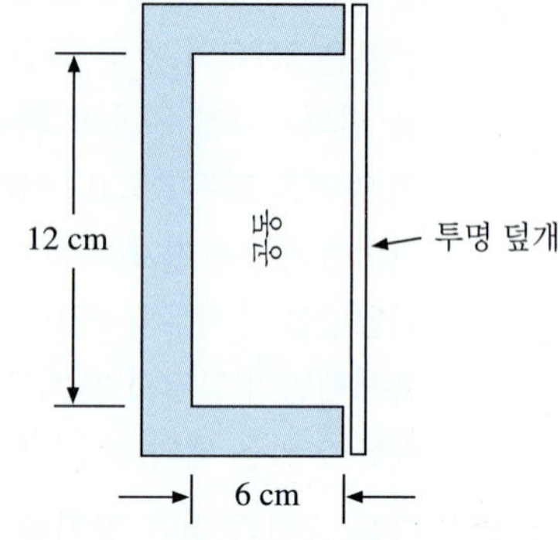

[그림 문제 8.176]

8-177 단열재 납품업자가 다락방의 단열재 위에 반사코팅을 사용하면 열이동을 확실히 줄일 수 있다고 주장한다. 여러분이 이 주장을 평가하도록 요청을 받았다고 하자. 적절한 재료와 두께를 선택하고 그 주장을 뒷받침하기 위한 다락방 온도를 구할 계산법을 정하라. 단, 다음의 두 가지 경우를 고려하라. (1) 한 층의 단열재를 천장 위에 두고 반사코팅이 되어 있는 경우와 그렇지 않는 경우 (2) 두 층의 단열 층이 하나는 천장 위에 그리고 다른 한 층은 지붕 아래에 있으며 반사코팅이 있는 경우와 없는 경우. 만약 여러분이 반사코팅을 하는 것이 더 좋다면 얼마 정도의 돈을 더 들여도 그 가치가 있다고 생각하는가? 또 이 비싼 가격은 어떤 에너지 비용의 절감에 기초하는가? 가격 산정에 고려할 또 다른 요소는 없는가? 해석에 대한 가정과 불확실성을 논하라. 만약 여러분이 이 단열재 회사의 영업담당자라면 결과를 어떻게 제시해 보이겠는가? 반사코팅재가 더 높은 *R*값을 갖는다고 하면 이치에 맞는가?

8-178 2개의 평행한 사각평판이 $T_1 = 800$ K, $T_2 = 500$ K, $\epsilon_1 = 0.6$, $\epsilon_2 = 0.4$의 조건에서 놓여있다. 이 두 평판은 300 K의 큰 방에 둘러싸여 있다. 부록 D의 프로그램 *J*를 사용하여 무차원화한 평판 거리의 함수로써 각 평판으로부터 열전달을 구하여라. 또한 같은 무차원 매개변수의 함수를 이용하여

$$\text{Eff} = \frac{\text{차가운 판으로 유입되는 순 열}}{\text{뜨거운 판에서 방출되는 순 열}}$$

로 정의된 복사전달효율을 구하여라.

8-179 문제 8-178에서 만약 두 평판이 검은색이면 효율은 어떻게 되는가?

8-180 전기적으로 가열된 얇은 금속 판들이 그림 예제 8.180에서처럼 평행하게 놓여 있다. 팬이 10 m/s의 속도로 판을 통해서 20°C의 공기를 불어낸다. 판들은 또한 20°C에서 실내로 열을 복사한다. 대류와 복사를 통해서 3 kW를 방출하는 적당한 형상을 고안하라. 판의 길이와 수, 온도 그리고 복사특성을 정하고 모든 가정들을 명시하라.

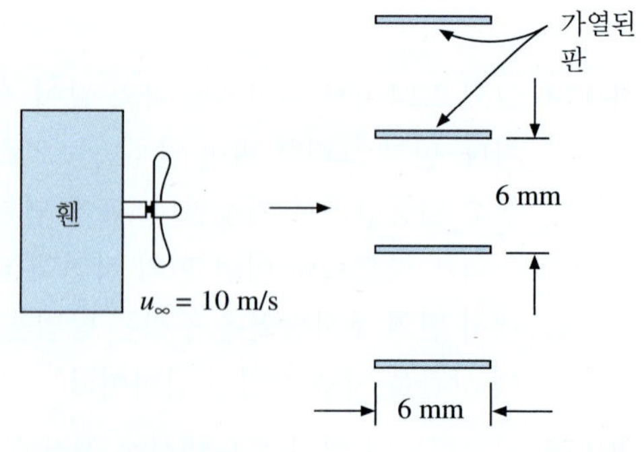

[그림 문제 8.180]

8-181 어떤 사람이 $h = 8\ \text{W/m}^2 \cdot {}^\circ\text{C}$의 대류열전달계수를 갖고 20°C의 실내 온도로 유지되는 작은 방에 있다. 방벽이 0°C이고 사람의 몸 표면온도가 25°C라면 대류와 복사에 의하여 사람으로부터 방출되는 열에너지를 계산하여라. 벽온도가 20°C일 때 위 질문에 대해 답하라. 벽이 반사물질로 코팅되어 있다고 가정하면 계산에 어떤 영향을 주는가? 이번에는 사람의 옷이 반사물질로 코팅되어있다고 가정하고 계산해 보라. 모든 가정을 반드시 명시하라.

참고문헌

1. Sears, F.W.: *"Introduction to Thermodynamics, Kinetic Theory, and Statistical Mechanics,"* pp.123–124, Reading, Mass.: Addison-Wesley,1953.
2. Dunkle, R.V.: Thermal Radiation Tables and Applications, *Trans. ASME*, vol. 76, p.549, 1954.
3. Mackey, C.O., L.T. Wright, Jr., R.E. Clark, and N.R. Gay: Radiant Heating and Cooling, part I, *Cornell Univ. Eng. Exp. Stn. Bull.*, vol. 32, 1943.
4. Chapman, A. J.: *"Heat Transfer,"* pp. 319–323, New York: The Macmillan Company, 1960.
5. Hamilton, D.C., and W.R. Morgan: Radiant Interchange Configuration Factors, *NACA Tech. Note* 2836, 1952.
6. Eckert, E.R.G., and R.M. Drake: *"Heat and Mass Transfer,"* 2d ed., pp. 381-393, New York: McGraw-Hill, 1959.
7. McAdams, W.H.: *"Heat Transmission,"* 3d ed., chap.2, New York: McGraw-Hill, 1954.
8. Schmidt, E.: Messung der Gesamtstrahlung das Wasserdampfes bei Temperaturen bis 1000C, *Forsch. Geb. Ingenieurwes.*, vol.3, p.57, 1932.
9. Schmidt, E., and E.R.G. Eckert: Über die Richtungsverteilung der Wärmestrahung von Oberflachen, *Forsch. Geb. Ingenieurews.*, vol.6,p. 175,1935.
10. Sparrow, E.M., and R.D.Cess: *"Radiation Heat Transfer,"* Englewood Cliffs, N.J.: Wadsworth Publishing Co., 1966.
11. Wiebelt, J.A.: *"Engineering Radiaton Heat Transfer,"* New York: Holt, Rinehart and Winston, 1966.
12. Eckert, E.R.G., and E.M. Sparrow: Radiative Heat Exchange between Surfaces with Specular Reflection, *Int. J. Heat Mass Transfer*, vol.3,pp. 43–54, 1961.
13. Sparrow, E.M., E.R.G. Eckert, and V.K. Jonsson: An Enclosure Theory for Radiative Exchange between Specular and Diffusely Reflecting Surfaces, *J. Heat Transfer*, ser. C., vol. 84, pp. 294–299, 1962.
14. Gubareff, G.G., J.E. Janssen, and R.H. Torborg: *"Thermal Radiation Properties Survey,"* 2d ed., Minneapolis, Minn.: Minneapolis Honeywell Regulator Co., 1960.
15. Threlkeld, J.L., and R.C. Jordan: Direct Solar Radiation Available on Clear Days, *ASHAE Trans.*, vol. 64, pp. 45–56, 1958.
16. Jakob, M.: *"Heat Transfer,"* vol.2, New York: John Wiley & Sons, 1957.
17. Birkebak, R.D., and E.R.G. Eckert: Effects of Roughness of Metal Surfaces on Angular Ditribution of Monochromatic Radiation, *J.Heat Transfer*, vol.87, p.85, 1965.
18. Torrance, K.E., and E.M. Sparrow: Off Specular Peaks in the Directional Distribution of Reflected Thermal Radiation, *J.Heat Transfer*, vol.88, p.223, 1966.
19. Hering, R.G., and T.F.Smith: Surface Roughness Effects on Radiant Transfer between Surfaces, *Int.J.Heat mass Transfer*, vol.13, p.725, 1970.
20. Oppenheim,A.K.: Radiation Analysis by the Network Method, *Trans. ASME*, vol.78, pp.725-735, 1956.
21. Holman, J.P. "Radiation Networks for Specular-Diffuse Transmitting and Reflecting Surfaces," *ASME Pap.* 66 WA/HT-9, December 1996.

22. Hottel, H.C.: Radiant Heat Transmission, chap.4, in W.H. McAdams, *"Heat Transmission,"* 3d ed., New York: McGraw-Hill, 1954.
23. Hottel, H.C., and A.F. Sarofim: *"Radiative Transfer,"* New York: McGraw-Hill, 1967.
24. Siegel, R., and J.R.Howell: *"Thermal Radiation Heat Transfer,"* 2d ed., New York: McGraw-Hill, 1980.
25. Eckert, E.R.G., and R.M.Drake: *"Analysis of Heat and Mass Transfer,"* New York: McGraw-Hill 1972.
26. Dunkle,R.V.: "Geometric Mean Beam Lengths for Radiant Heat Transfer Calculations," *J.Heat Transfer*, vol.86, p.75, February 1964.
27. Edwards,D.K., and K.E.Nelson, "Rapid Calculation of Radiant Energy Transfer between Nongray Walls and Isothermal H_2O and CO_2 Gas," *J.Heat Transfer*, vol.84, p.273, 1962.
28. Edwards,D.K.: Radiation Interchange in a Nongray Enclosure Containing an Isothermal Carbon Dioxide-Nitrogen Gas Mixture, *J.Heat Transfer*, vol.84, p.1, 1962.
29. Hottel, H.C., and R.B.Egbert: Radiant Heat Transmission from Water Vapor, *Trans. AIChE*, vol.38, p.531, 1942.
30. Kondratyev,K.Y.: *"Radiative Heat Exchange in the Atmosphere,"* New York: Pergamon Press, 1965.
31. Duffie,J.A., and W.A.Beckman: *"Solar Energy Thermal Process,"* New York: John Wiley & Son, 1974.
32. Howell, J.R.: *"A Catalog of Radiation Configuration Factors,"* New York: McGraw-Hill, 1982.
33. Modest, M.F.*Radiative Heat Transfer*. New York: McGraw-Hill, 1993.
34. Holman, J.P. *What Every Engineer Should Know About EXCEL*, Chap.5. Boca Raton, FL:CRC Press, 2006.

Chapter 09

응축 및 비등 열전달

9-1 서론

앞장에서는 균질한 단상계에서의 대류 열전달에 대해서만 고찰하였다. 그러나 유체의 상 변화와 관련된 대류 현상도 중요하다. 물론 고체 기체 상 변화에 관련된 열전달 현상도 많은 응용 분야가 있어 중요하지만 이외에도 두 가지 중요한 예로 응축 및 비등 현상을 들 수 있다.

많은 형태의 동력 혹은 냉동 사이클 중에서 증기에서 액체로의 변화 또는 액체에서 증기로의 변화는 아주 흥미롭다. 이 변화들은 비등이나 응축에 의해 일어나는데, 엔지니어가 적절한 열전달 장비를 설계하기 위해서는 이 과정들에 대해서 잘 이해해야 한다. 비등 및 응축을 이용하면 높은 열전달률을 얻을 수 있으므로 동력 사이클뿐만 아니라 고밀도 열교환기(compact heat exchanger) 설계에 가열 또는 냉각 목적으로 이 현상을 이용하고 있다.

9-2 응축 열전달 현상

응축 가능한 증기에 노출된 수직 평판을 생각해 보자. 만일 평판의 온도가 증기의 포화 온도보다 낮으면 평판 표면 위에 응축이 일어나고 중력에 의해 평판을 따라 아래로 흘러내릴 것이다. 액체가 표면을 적시면 매끄러운 막이 형성되고 이와 같은 과정을 **막 응축**(*film condensation*)이라고 한다. 만일 액체가 표면을 충분히 적시지 못하면 방울(droplet)형태로 표면 위를 불규칙하게 굴러 떨어지게 되고 이와 같은 과정을 **물방울 응축**(*dropwise condensation*)이라고 한다. 막 응축에서 표면은 액체 막으로 덮히고 아래쪽으로 갈수록 막의 두께는 두꺼워진다. 이 막 내에 온도 구배가 존재하게 되어 이 막은 열전달에 대한 열저항이 된다. 물방울 응축에서는 판의 많은 부분이 증기에 직접 노출된다. 따라서 열 흐름에 대한 막 저항이 존재하지 않아서 높은 열전달률을 갖는다. 실제로 물방울 응축에서의 열전달률은 막 응축에 비해 10배 이상 높다.

이와 같은 높은 열전달률로 인해 물방울 응축이 막 응축보다 유리하나 실제로 일정 시간동안 응축이 일어나면 표면이 젖게 되어 물방울 응축을 유지하는 것은 극히 어렵다. 따라서 물방울 응축을 유지하기 위해 여러 종류의 표면 코팅 혹은 증기에 첨가물을 넣는 방법을 시도하였으나 아직까지 일반적으로 성공하지는 못하였다. 물방울 응축에 대한 초기 연구가 Schmidt [26]에 의해 행해졌고 전반적인 문제점들이 참고문헌 [27]에 잘 요약되어 있다. 참고문헌 [37]의 실험 결과는 대기압 이상에서의 열 흐름에 대한 주요 저항은 물방울 전도(drop conduction)임을 보여주고 있다. 많은 연구자들에 의해 매끄러운 표면 위에서 생기는 방울의 밀도는 cm^2당 10^8 정도이고 열전달률은 170~290 $kW/m^2 \cdot °C$(30,000~50,000 $Btu/h \cdot ft^2 \cdot °F$) 임이 밝혀졌다.

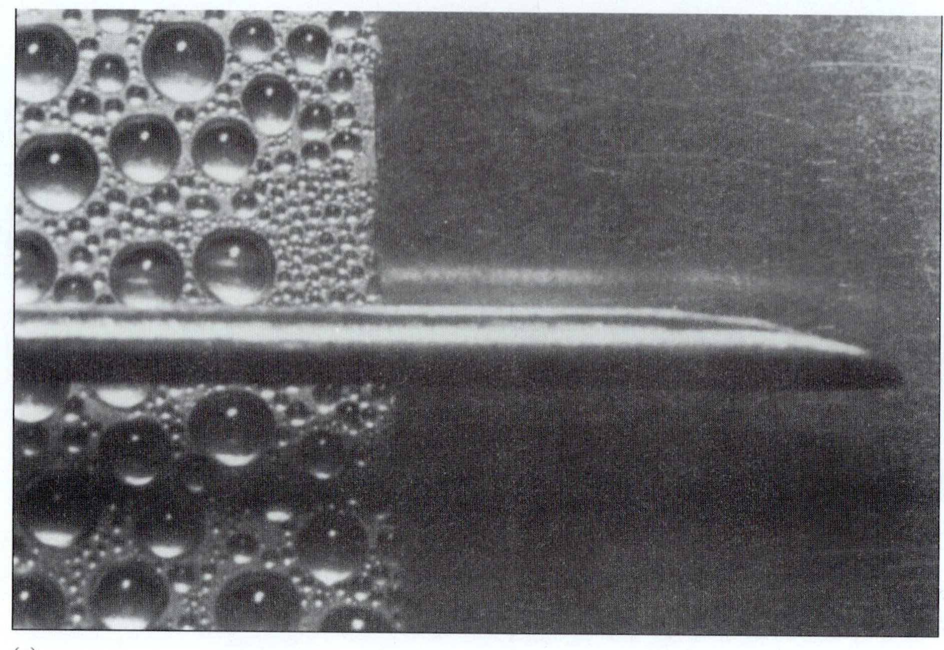

(*a*)

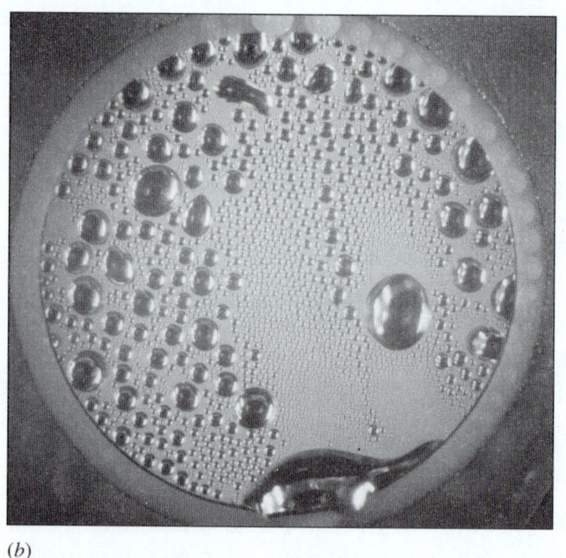

(*b*)

[그림 9.1] (*a*) 구리판 위의 수증기 응축: 평판의 오른쪽은 깨끗한 구리판 위에 수증기가 막 응축한 형태를 보여주고 있고 왼쪽은 cupric oleate으로 코팅하여 물방울 응축이 일어나고 있다. 가운데의 수평체는 지름 1.7 mm의 열전대이다. 이 경우에 막 응축에 비해 물방울 응축의 경우가 7배 정도 높은 열전달률을 얻었다. (*b*) 대기압일 때 금으로 도금한 수직구리표면 위에서 수증기의 물방울 응축. 표면의 지름은 25 mm이고 도금된 금의 두께는 0.2 μm이다. 중앙부가 깨끗하게 보이는 것은 물방울들이 서로 합쳐져서 하단중앙의 홈으로 흘러 내렸기 때문이다. (Univ. of Illinois, Urbana의 J.W. Westwater 교수의 사진을 인용)

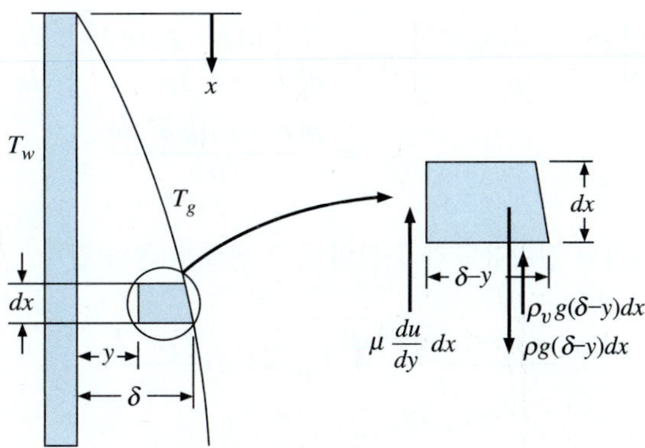

[그림 9.2] 수직평판 위의 막 응축

그림 9.1은 물방울 응축과 막 응축의 차이 및 그 현상에 대해 설명하고 있다. 수직 평판 위의 막 응축은 Nusselt[1]이 처음 제안한 다음과 같은 방법으로 해석할 수 있다. 그림 9.2에 주어진 좌표계를 고려해보자. 평판의 온도는 T_w를 유지하고 있고 액체 막 가장자리에서의 증기 온도는 증기의 포화온도 T_g이다. 막의 두께를 로 표시하고 x축의 양의 방향을 아래쪽으로 잡는다. $y = \delta$에서의 증기의 점성 전단력은 무시할만 하다고 가정한다. 또한 벽과 증기 사이의 온도 분포는 선형 분포를 갖는다고 가정한다. 그림에서처럼 y와 δ 사이의 두께 dx에 해당하는 유체 요소의 무게는 y에서의 전단력과 치환된 증기에 의한 부력과 평형을 이룬다.

$$\rho g(\delta - y)\, dx = \mu \frac{du}{dy}\, dx + \rho_v g(\delta - y)\, dx \tag{9.1}$$

적분하고, $y = 0$에서 $u = 0$ 경계 조건을 사용하면

$$u = \frac{(\rho - \rho_v)g}{\mu}\left(\delta y - \tfrac{1}{2}y^2\right) \tag{9.2}$$

막의 임의의 x 위치에서 단위 깊이에 대한 응축액(condensate)의 질량 유량은 다음과 같다.

$$\begin{aligned} \text{질량 유량} = \dot{m} &= \int_0^{\delta} \rho \left[\frac{(\rho - \rho_v)g}{\mu}\left(\delta y - \tfrac{1}{2}y^2\right)\right] dy \\ &= \frac{\rho(\rho - \rho_v)g\,\delta^3}{3\mu} \end{aligned} \tag{9.3}$$

벽 면적 dx에서 열전달량은 온도 분포를 선형 분포로 가정하였으므로 다음과 같다.

$$qx = -k\, dx \left.\frac{\partial T}{\partial y}\right]_{y=0} = k\, dx \frac{T_g - T_w}{\delta} \tag{9.4}$$

유체가 x에서 $x + dx$로 흐르면 막 두께는 부가적인 응축액의 유입으로 δ 에서 $\delta + d\delta$로 증가한다. x와 $x + dx$ 사이에 더해진 응축액의 양은 다음과 같다.

$$\frac{d}{dx}\left[\frac{\rho(\rho-\rho_v)g\,\delta^3}{3\mu}\right]dx = \frac{d}{d\delta}\left[\frac{\rho(\rho-\rho_v)g\,\delta^3}{3\mu}\right]\frac{d\delta}{dx}\,dx$$
$$= \frac{\rho(\rho-\rho_v)g\,\delta^2\,d\delta}{\mu}$$

벽면에서 제거된 열은 위의 증가된 질량유량과 증기의 응축 잠열의 곱과 같다.

$$\frac{\rho(\rho-\rho_v)g\,\delta^2\,d\delta}{\mu}h_{fg} = k\,dx\frac{T_g-T_w}{\delta} \tag{9.5}$$

식 (9.5)를 적분하고 경계조건 $x=0$에서 $\delta=0$을 대입하면

$$\delta = \left[\frac{4\mu kx(T_g-T_w)}{gh_{fg}\rho(\rho-\rho_v)}\right]^{1/4} \tag{9.6}$$

열전달계수는 다음과 같이 표현된다. 즉

$$h\,dx(T_w-T_g) = -k\,dx\frac{T_g-T_w}{\delta}$$

즉

$$h = \frac{k}{\delta}$$

그래서

$$h_x = \left[\frac{\rho(\rho-\rho_v)gh_{fg}k^3}{4\mu x(T_g-T_w)}\right]^{1/4} \tag{9.7}$$

Nusselt 수를 사용하여 무차원화된 형태로 표현하면 다음과 같다.

$$\mathrm{Nu}_x = \frac{hx}{k} = \left[\frac{\rho(\rho-\rho_v)gh_{fg}x^3}{4\mu k(T_g-\overline{T}_w)}\right]^{1/4} \tag{9.8}$$

평균 열전달계수값은 평판 전체의 길이에 대해 적분하여 얻어진다.

$$\overline{h} = \frac{1}{L}\int_0^L h_x dx = \frac{4}{3}h_{x=L} \tag{9.9}$$

즉

$$\overline{h} = 0.943\left[\frac{\rho(\rho-\rho_v)gh_{fg}k_f^3}{L\mu_f(T_g-T_w)}\right]^{1/4} \tag{9.10}$$

막 응축에 대한 좀더 세밀한 해석이 Rohsenow [37]에 의해 구해졌다. 이 해석의 가장 큰 차이는 비선형 온도 분포를 사용하였고 에너지 평형 식에서 포화온도 이하로 막이 냉각될 때 필요한 에너지를 포함시켰다. 이 두 가지 효과를 고려하여 h_{fg}를 다음 $h'fg$, 로 대치한다.

$$h'_{fg} = h_{fg} + 0.68c(T_g - T_w) \tag{9.11}$$

여기서 c는 액체의 비열이다. 한편 식 (9.7)과 (9.10) 내의 물성값은 아래 식으로 주어지는 막 온도에서 구한 값이다.

$$T_f = \frac{T_g + T_w}{2}$$

위와 같은 치환으로 식 (9.10)은 $\mathrm{Pr} > 0.5$이고 $cT/h_{fg} \leq 1.0$인 경우에 수직 평판 및 원관에 적용할 수 있다.

Nusselt는 수평 원관 주위의 층류 막 응축에 대해서 다음과 같은 관계식을 얻었다.

$$\bar{h} = 0.725 \left[\frac{\rho(\rho - \rho_v) g h_{fg} k_f^3}{\mu_f d(T_g - T_w)} \right]^{1/4} \tag{9.12}$$

여기서 d는 원관의 지름이다. 수직방향으로 놓인 n개의 수평 원관 군에 응축이 일어날 때의 열전달계수는 식 (9.12)의 지름 대신에 nd를 대입함으로써 구할 수 있다. 참고문헌 [48]의 해석에 의하면 식 (9.12)의 상수 0.725를 0.815로 대치하면 위 식을 등온의 구에 대해서도 적용할 수 있다.

응축이 일어나는 평판이 충분히 크거나, 응축액의 양이 많을 때는 응축 막에서의 유동이 난류가 된다. 이 난류 현상으로 인해 열전달률이 커지게 된다. 강제 대류 유동에서처럼 유동이 난류인지 혹은 층류인지 결정하는 기준은 Reynolds 수이다. 응축계에 대해 Reynolds 수는 다음과 같이 정의된다.

$$\mathrm{Re}_f = \frac{D_H \rho V}{\mu_f} = \frac{4A\rho V}{P\mu_f}$$

여기서

D_H =수력 지름
A = 유동 면적
P = 액체와 접촉한 접수 길이
V = 유동의 평균속도

$$\dot{m} = \rho A V$$

$$\mathrm{Re}_f = \frac{4\dot{m}}{P\mu_f} \tag{9.13}$$

여기서 $\dot{m}$은 응축 막을 통과하는 질량유량을 나타낸다. 단위깊이의 수직 평판에 대해 $P = 1$이고 수직 원관에 대해서는 $P = \pi d$이다. 임계 Reynolds 수는 대략 1800이고 이 값보다 높은 Reynolds 수에서는 열전달에 대한 난류 관계식을 사용하여야 한다. Reynolds 수는 때로는 단위깊이당 질량 유동 Γ로 표현하기도 한다.

$$\mathrm{Re}_f = \frac{4\Gamma}{\mu_f} \tag{9.14}$$

Reynolds 수를 계산할 때 질량 유량은 총 열전달량 및 열전달계수와 다음의 함수관계를 갖는다.

$$q = \bar{h}A(T_{\text{sat}} - T_w) = \dot{m}h_{fg} \tag{9.15}$$

여기서 A는 총 열전달이 일어나는 표면적이다. 따라서

$$\dot{m} = \frac{q}{h_{fg}} = \frac{\bar{h}A(T_{\text{sat}} - T_w)}{h_{fg}}$$

$$\mathrm{Re}_f = \frac{4\bar{h}A(T_{\text{sat}} - T_w)}{h_{fg}P\mu_f} \tag{9.16}$$

$$A = LW \qquad \text{그리고} \qquad P = W$$

여기서 L과 W는 각각 평판의 높이와 폭이다.

$$\mathrm{Re}_f = \frac{4\bar{h}A(T_{\text{sat}} - T_w)}{h_{fg}P\mu_f} \tag{9.17}$$

위의 층류 응축 방정식은 액막이 매끄러운 경우에는 실험결과와 잘 일치한다. 실제로 Reynolds 수가 30~40 정도로 낮을 때는 액 막에 물결 무늬가 생기는 것이 밝혀졌다. 이런 현상이 일어날 때 평균 열전달계수 $\bar{h}$의 실험값은 식 (9.12)에 의해 예측된 결과보다 20% 정도 높게 나타났다. 이런 현상은 자주 일어나므로 McAdams [3]은 설계를 위해서는 20% 높은 값을 사용할 것을 제안하였다. 여기서 우리의 논의에서는 이러한 증가 없이 그냥 식 (9.10)을 사용하고자 한다. 이와 같이 하면 설계 문제에서 안전율을 고려한 것이 된다. 만약 20% 높은 열전달계수를 사용하고자 한다면 수직 평판에 대한 평균 열전달계수의 식은 다음과 같다.

$$\bar{h} = 1.13\left[\frac{\rho(\rho - \rho_v)gh_{fg}k^3}{L\mu(T_g - T_w)}\right]^{1/4} \tag{9.18}$$

만일 응축된 증기가 과열되고 열 흐름이 그 계의 압력에 해당하는 포화 온도와 표면 온도 사이의 온도차에 의해 계산된다면, 위 방정식은 열전달계수를 계산하는데 사용될 수 있다. 비응축 기체가 증기와 함께 섞여 있을 때는 증기가 표면에 응축하기 전에 기체를 통해 확산되어야 하기 때문에 열전달에 방해가 된다. 독자는 이 주제에 대해서 참고문헌 [3]과 [4]에서 더 많은 정보를 얻을 수 있을 것이다.

경사면

만약 평판이나 원통이 수평과 각도 ϕ 만큼 경사졌다면 위 해석의 결과에서 중력을 경사진 열전달 면에 평행한 중력 성분으로 대치하면 된다. 즉

$$g' = g \sin \phi \tag{9.19}$$

그러므로 층류에서 경사진 면에서의 열전달은 식 (9.19)의 중력 항을 식 (9.18)에 대치하여 간단히 구할 수 있다.

9-3 응축 수

막 Reynolds 수가 응축상태를 결정하는데 중요하므로 열전달계수를 표시하는 데 직접 Reynolds 수를 사용하는 것이 편리하다. 경사면의 효과를 포함하여 열전달 식을 다시 쓰면

$$\bar{h} = C\left[\frac{\rho(\rho-\rho_v)k^3 g \sin\phi\, h_{fg}}{\mu L(T_g - T_w)}\right]^{1/4} \tag{9.20}$$

여기서 상수 C는 평판 혹은 원관 형태에 따라 결정되는 상수이다. 식 (9.15)에서 $T_g - T_w$를 구하면

$$T_g - T_w = \frac{\dot{m} h_{fg}}{\bar{h} A} \tag{9.21}$$

여기서 A는 열전달 면적을 나타낸다. 식 (9.21)을 식 (9.20)에 대입하고 $\bar{h}$를 구하면 다음과 같다.

$$\bar{h}^{3/4} = C\left[\frac{\rho(\rho-\rho_v) g \sin\phi\, k^3\ A/L}{\mu \dot{m}}\right]^{1/4} \tag{9.22}$$

이 식을 다시 정리하면 다음과 같다.

$$\bar{h}^{3/4} = C\left[\frac{\rho(\rho-\rho_v) g k^3}{\mu^2}\frac{\mu P}{4\dot{m}}\frac{4\sin\phi\ A/P}{L}\right]^{1/4}$$

위 식에서 $\bar{h}$를 구하면

$$\bar{h} = C^{4/3}\left[\frac{\rho(\rho-\rho_v) g k^3}{\mu^2}\frac{\mu P}{4\dot{m}}\frac{4\sin\phi\ A/P}{L}\right]^{1/3} \tag{9.23}$$

새로운 무차원수, 응축 수(*Condensation number*)를 다음과 같이 정의한다.

$$\mathrm{Co} = \bar{h}\left[\frac{\mu^2}{k^3 \rho(\rho-\rho_v) g}\right]^{1/3} \tag{9.24}$$

식 (9.23)은 다음과 같이 표현할 수 있다.

$$\mathrm{Co} = C^{4/3}\left(\frac{4\sin\phi\ A/P}{L}\right)^{1/3}\mathrm{Re}_f^{-1/3} \tag{9.25}$$

$A/PL = 1.0$인 수직 평판에 대해서 식 (9.10)의 상수를 사용하여 정리하면

$$\mathrm{Co} = 1.47\ \mathrm{Re}_f^{-1/3} \quad (\mathrm{Re}_f < 1800) \tag{9.26}$$

$A/PL = \pi$인 수평으로 놓인 원통에 대해서는 다음과 같다.

$$\mathrm{Co} = 1.514\ \mathrm{Re}_f^{-1/3} \quad (\mathrm{Re}_f < 1800) \tag{9.27}$$

응축 막에서 난류 유동이 발생할 경우에는 다음과 같은 Kirkbride [2]의 실험식을 사용할 수 있다.

$$\mathrm{Co} = 0.0077\ \mathrm{Re}_f^{0.4} \quad (\mathrm{Re}_f > 1800) \tag{9.28}$$

9-4 수평관 내에서의 막응축

지금까지 논의된 막응축은 증기와 응축액의 흐름이 유로 채널 크기의 영향을 받지 않는 외부 표면에 대한 것이었다. 관내의 응축은 냉동 혹은 공기조화 시스템에서 응용되므로 상당히 실용적인 문제이다. 그러나 불행하게도 이 현상들은 아주 복잡하여서 단순하게 해석적인 방법으로는 구할 수 없다. 강제 대류-응축 시스템에서는 전체 증기 유동량이 열전달률에 크게 영향을 미치고 또한 열전달률은 벽위의 액체 응축 누적률의 영향을 받는다. 이러한 복잡한 유동 현상으로 인해 여기서는 단지 두 실험식만 제시하고자 한다. 더 자세한 정보를 얻기 위해서는 Rohsenow [37]을 참고하기 바란다.

Chato [38]은 수평으로 놓인 관 속을 증기가 낮은 속도로 흐를 때 냉매의 응축에 대한 다음 관계식을 얻었다.

$$\bar{h} = 0.555 \left[\frac{\rho(\rho - \rho_v) g k^3 h'_{fg}}{\mu d (T_g - T_w)} \right]^{1/4} \tag{9.29}$$

여기서 증발 엔탈피의 변화는 다음과 같다.

$$h'_{fg} = h_{fg} + 0.375 c_{p,l} (T_g - T_w)$$

식 (9.29)는 다음과 같이 낮은 증기 Reynolds 수의 유동에 제한적으로 사용된다.

$$\mathrm{Re}_v = \frac{d G_v}{\mu_v} < 35{,}000 \tag{9.30}$$

여기서 Re_v는 관의 입구 조건 아래서 계산된 값이다. 더욱 큰 유량에 대해서는 Akers, Deans 및 Crosser [39]가 대략적으로 구한 다음의 실험식을 사용한다.

$$\frac{\bar{h} d}{k_f} = 0.026\ \mathrm{Pr}_f^{1/3}\ \mathrm{Re}_m^{0.8} \tag{9.31}$$

여기서 Re_m은 다음과 같이 정의되는 혼합 Reynolds 수이다.

$$\mathrm{Re}_m = \frac{d}{\mu_f} \left[G_f + G_v \left(\frac{\rho_f}{\rho_v} \right)^{1/2} \right] \tag{9.32}$$

액체 및 증기의 질량속도(mass velocity) G_f와 G_v는 각 유체가 전체의 유동 면적을 흐르는 것처럼 계산한다. 식 (9.31)은 실험 결과들과 다음 조건 아래서 50% 이내의 오차 범위 내에서 일치한다.

$$\text{Re}_v = \frac{dG_v}{\mu_v} > 20{,}000 \qquad \text{Re}_f = \frac{dG_f}{\mu_f} > 5000$$

예제 9-1 수직 평판 위의 응축

30 × 30 cm인 정사각형 평판이 대기압하에서 수증기 속에 수직으로 놓여 있다. 평판의 온도는 98°C이다. 열전달률 및 응축된 수증기의 질량유량을 계산하여라.

■ 풀이

응축막에서의 유동이 층류인지 난류인지를 판정하기 위해 Reynolds 수를 계산한다. 물리적 성질들의 값은 막 온도에서의 값을 사용한다.

$$T_f = \frac{100+98}{2} = 99°\text{C} \qquad \rho_f = 960\ \text{kg/m}^3$$

$$\mu_f = 2.82\times10^{-4}\ \text{kg/m}\cdot\text{s} \qquad k_f = 0.68\ \text{W/m}\cdot°\text{C}$$

이 문제에서 증기의 밀도는 액체의 밀도에 비해 아주 작다. 따라서 다음과 같이 치환해서 사용할 수 있다.

$$\rho_f(\rho_f-\rho_v)\approx\rho_f^2$$

Reynolds 수는 응축액의 질량유량의 함수이고 또한 질량유량은 Reynolds 수에 따라 변하는 열전달계수의 함수이다. 따라서 이 문제를 해결하기 위해서는 먼저 층류 혹은 난류로 가정하여 열전달계수를 계산한 후에 Reynolds 수를 계산하여 우리의 가정이 맞았는지 검토한다. 먼저 층류 막응축으로 가정한다. 대기압 하에서

$$T_{\text{sat}} = 100°\text{C} \qquad h_{fg} = 2255\ \text{kJ/kg}$$

$$\begin{aligned}\bar{h} &= 0.943\left[\frac{\rho_f^2 g h_{fg} k_f^3}{L\mu_f(T_g-T_w)}\right]^{1/4}\\ &= 0.943\left[\frac{(960)^2(9.8)(2.255\times10^6)(0.68)^3}{(0.3)(2.82\times10^{-4})(100-98)}\right]^{1/4}\\ &= 13{,}150\ \text{W/m}^2\cdot°\text{C} \quad [2316\ \text{Btu/h}\cdot\text{ft}^2\cdot°\text{F}]\end{aligned}$$

식 (9.17)을 사용하여 Reynolds 수를 계산하면

$$\begin{aligned}\text{Re}_f &= \frac{4\bar{h}L(T_{\text{sat}}-T_w)}{h_{fg}\mu f}\\ &= \frac{(4)(13{,}150)(0.3)(100-98)}{(2.255\times10^6)(2.82\times10^{-4})} = 49.6\end{aligned}$$

따라서 처음의 층류 유동 가정이 맞았음을 알 수 있다. 열전달률은 다음 식으로부터 계산된다.

$$q = \bar{h}A(T_{\text{sat}}-T_w) = (13{,}150)(0.3)^2(100-98) = 2367\ \text{W} \quad [8079\ \text{Btu/h}]$$

총 응축된 질량유량은 다음과 같다.

$$\dot{m} = \frac{q}{h_{fg}} = \frac{2367}{2.255 \times 10^6} = 1.05 \times 10^{-3} \text{ kg/s} = 3.78 \text{ kg/h} \quad [8.33 \text{ lb}_m\text{/h}]$$

예제 9-2 관군 위의 응축

지름 0.5 인치(1.2 cm)인 100개의 관들이 정사각형으로 배열되어 대기압하에서 수증기에 노출되어 있다. 관 벽의 온도가 98°C일 때 관의 단위길이당 응축된 수증기양을 계산하여라.

■ 풀이

응축수의 물성값은 예제 9-1에서의 값을 사용한다. 식 (9.12)에 d대신에 nd를 대입하여 평균 열전달계수를 구한다. 여기서 $n = 10$이다.

$$\bar{h} = 0.725\left[\frac{\rho_f^2 g h_{fg} k_f^3}{\mu_f n d(T_g - T_w)}\right]^{1/4}$$
$$= 0.725\left[\frac{(960)^2(9.8)(2.255 \times 10^6)(0.68)^3}{(2.82 \times 10^{-4})(10)(0.0127)(100-98)}\right]^{1/4}$$
$$= 12{,}540 \text{ W/m}^2 \cdot {}^\circ\text{C} \quad [2209 \text{ Btu/h} \cdot \text{ft}^2 \cdot {}^\circ\text{F}]$$

총 표면적은

$$\frac{A}{L} = n\pi d = (100)\pi(0.0127) = 3.99 \text{ m}^2\text{/m}$$

단위길이당 열전달률은

$$\frac{q}{L} = h\frac{A}{L}(T_g - T_w)$$
$$= (12{,}540)(3.99)(100-98) = 100.07 \text{ kW/m}$$

응축된 총 질량유량은 다음과 같다.

$$\frac{\dot{m}}{L} = \frac{q/L}{h_{fg}} = \frac{1.0007 \times 10^5}{2.255 \times 10^6} = 0.0444 \text{ kg/s} = 159.7 \text{ kg/h} \quad [352 \text{ lb}_m\text{/h}]$$

9-5 비등 열전달

어떤 표면이 액체에 노출되어 있고 그 액체의 포화 온도보다 높을 때 비등이 일어나고 열유속은 표면 온도와 포화 온도의 차이에 의존하게 된다. 가열된 표면이 액체의 자유 표면 아래에 잠겨 있을 때 이러한 과정을 풀 비등(*pool boiling*)이라고 한다. 만일 액체의 온도가 포화 온도보다 낮을 때를 과냉각 비등(*subcooled boiling*) 혹은 국소 비등(*local boiling*)이라고 한다. 만일 액체가 포화 온도를 유지한다면 이러한 과정을 포화 비등(*saturated boiling*) 혹은 체적 비등(*bulk boiling*) 이라고 한다.

각각의 비등 영역이 그림 9.3에 주어져 있다. 이 그림에서 물 속에 잠겨 있는 가열된 백금선으로부터의 열 유속이 포화 온도보다 초과한 정도인 $T_w - T_{sat}$에 대해 주어져 있다. 영역 I에서는 자연 대류에 의해 표면 근처에 유동이 형성된다. 이 영역에서 가열 표면 주위의 유체는 약간 가열되어서 표면으로 상승하면서 증발하게 된다. 이 영역에서의 열전달은 제7장에서 주어진 관계식을 사용하여 계산할 수 있다. 영역 II에서는 백금선의 표면 위에 **기포**(*bubble*)가 형성되고 이 기포가 표면으로부터 분리되어 액체 속에서 없어진다. 이 영역에서 **핵 비등**(*nucleate boiling*)이 시작된다. 영역 III에서는 포화 온도와 금속 표면 온도 차이가 커질수록 기포가 더욱 빠르게 형성되고 액체의 표면 위까지 올라가서 없어진다. 결국에는 기포들이 아주 급격히 생성되어 가열 표면 위를 덮게 되고 새로운 액체가 가열 표면 위로 유입되는 것을 방해하게 된다. 여기서는 기포들이 서로 합쳐져서 증기 막을 형성하여 가열 표면 위를 덮게 된다. 따라서 열이 액체에 전달되어 액체를 비등시키기 전에 먼저 이 막을 통해 전도되어야만 한다. 이 막의 열 저항은 결국 열 유속을 감소시킨다. 이와 같은 현상이 영역 IV, 즉 **막 비등**(*film boiling*)영역으로 나타나 있다. 이 영역은 핵 비등으로부터 막 비등으로의 천이영역으로서 불안정하다. 결국은 영역 V에서 안정된 막 비등이 일어난다. 안정된 막 비등을 유지하기 위한 표면 온도는 아주 높아서 한번 이 조건에 도달하게 되면 표면에서 잃는 열의 상당 부분은 영역 VI에 표시된 것처럼 복사에 의해서 잃는다.

전기적으로 가열된 선은 a점에서 불안정해진다. 왜냐하면 이 점에서 ΔT_x가 조금 증가하면 비등 열 유속이 감소하게 된다. 가열선은 같은 열 유속을 방출하여야만 하고 표면 온도가 더 높아지지만 비등 곡선은 더욱 떨어진다. 결국에는 막 비등 영역의 b점에서 다시 평형 상태가 이루어진다. 이 온도는 일반적으로 금속의 용융점보다 높아서 선이 타버리게 된다. 만일 이 시스템이 a점에 도달할 때 갑자기 전기 에너지를 줄인다면 부분적인 핵 비등과 불안정한 막 냉각을 볼 수 있다.

핵 비등에서 기포들은 표면 위의 작은 기공(cavity)에 있는 기체나 증기의 팽창에 의해 형성된다. 이 기포들은 액체-기체 접촉면의 표면 장력, 온도, 압력에 따라 어느 정도까지는 커지게 된다. 이 기포들은 가열 면

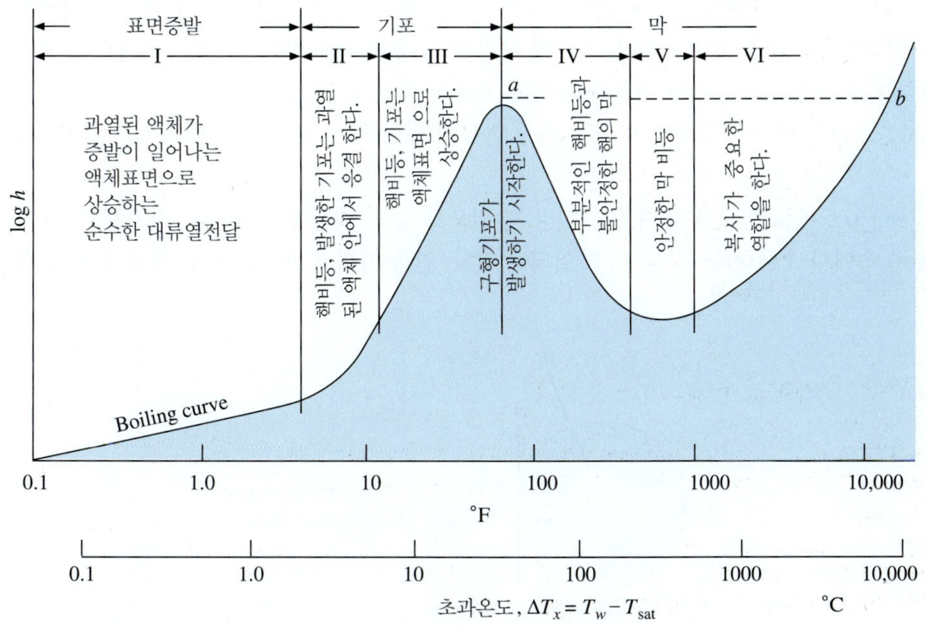

[그림 9.3] 전기적으로 가열된 백금 선으로부터의 열 유속 자료, Farber와 Scorah [9]

온도와 액체 온도의 차이에 따라 표면 위에서 없어지거나 혹은 팽창하여 표면으로부터 떨어져나가서 액체 속에서 없어지거나 충분히 높은 온도차에서는 액체 표면 위까지 올라가서 소산된다. 국소 비등 조건 아래에서는 주요 열전달은 높은 열을 발산하는 금속 표면에서의 심한 교반 작용에 의한 것으로 여겨진다. 포화, 즉 체적 비등에서는 기포들이 부력에 의해 금속면을 떠나서 액체 속으로 흘러들어 간다. 이 경우에는 열전달률이 기포에 의한 교반 작용과 증기에 의한 에너지 수송의 영향을 받게 된다.

실험 결과들은 이 기포들이 항상 주위의 액체들과 열적 평형을 이루고 있는 것은 아님을 보여주고 있다. 즉 기포 내부의 증기는 반드시 주위 액체의 온도와 같은 것은 아니다. 그림 9.4와 같은 구형 기포를 고려해 보면 액체와 증기의 압력들은 접촉면에서 표면 장력과 균형을 이루어야 한다. 압력은 면적 πr^2에 작용하고 있고 표면 장력은 접촉면의 길이인 $2\pi r$에 작용하고 있어 힘의 균형을 고려하면

$$\pi r^2(p_v - p_l) = 2\pi r\sigma$$

$$q_r = -kA_r \frac{dT}{dr} \tag{9.32a}$$

여기서

p_v = 기포 내의 증기압

p_l = 액체 압력

σ = 증기–액체 접촉면의 표면장력

이제 압력 평형 상태에 있는 기포, 즉 더 커지거나 깨지지 않는 기포를 생각해 보자. 기포내의 증기 온도를 증기압력 p_v에서의 포화 온도라고 가정한다. 만일 액체가 압력 p_l에 해당하는 포화 온도 상태에 있다면 이 온도는 기포내부의 온도보다 낮다. 결국 열은 기포로부터 전도되고 기포내부에서 응축이 일어나면서 기포는 깨지게 된다. 기포가 금속 표면 위에서나 액체 속에서 깨지는 것은 이러한 현상에 의해서이다. 기포가 커지고 금속 표면 위를 떠나기 위해서는 반드시 액체로부터 열을 받아야 한다. 즉 액체가 과열 상태에서 액체의 온도가 기포 내부의 온도보다 높아야 한다. 이것이 준안정 상태(metastable) 상태로서 실험적으로 관측이 가능하고 핵 비등에서 가열면 위를 떠나 기포가 성장하는 것을 설명해 준다.

Westwater 등 [17, 40, 41]에 의해 얻어진 비등 현상에 대한 많은 사진들이 여러 비등 영역들을 보여 주고 있다.

그림 9.5는 여러 비등 영역을 보여주고 있다. 수평으로 놓인 지름 6.1 mm의 구리 관이 아이소프로파놀(isopropanol) 속에서 오른쪽 끝에서부터 가열되고 있다. 관을 따라서 생기는 온도 구배에 따라 여러 비등 영

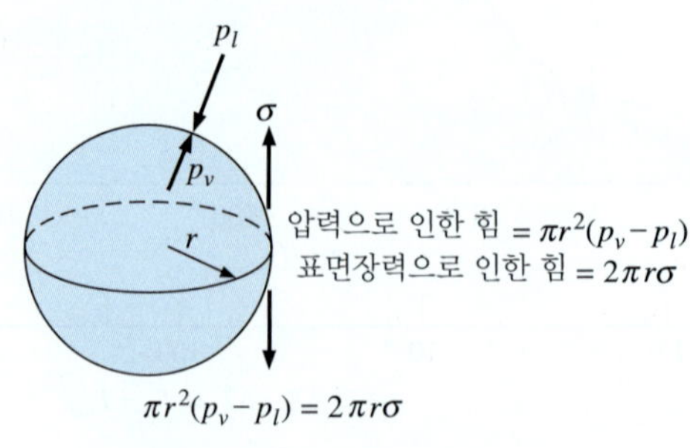

[그림 9.4] 증기 기포에 대한 힘 균형

[그림 9.5] 6.1 mm 지름의 구리관이 아이소프로파놀(isopropanol) 속에서 오른쪽 편이 가열되고 있는 사진. 비등 영역이 관의 왼쪽 끝에서부터 자연 대류 비등, 핵 비등, 천이 비등과 마지막으로 오른쪽 끝에서 막 비등이 일어나는 것을 보여주고 있음. (Univ. of Illinois, Urbana의 J.W.Westwater 교수의 사진을 인용)

역을 동시에 관찰할 수 있다. 관의 왼쪽 끝에서는 표면 온도가 유체의 평균 온도보다 약간 높아서 자연대류 비등이 관측된다. 그보다 오른쪽에서는 높은 표면 온도로 인한 핵 비등이 일어나고 있다. 더 오른쪽으로 가면 천이 비등이 일어나고 있다. 마지막으로 벽에서는 막 비등이 관측된다.

관의 오른쪽 위를 증기 막이 덮고 있는 것을 볼 수 있다. 메탄올을 사용한 다른 비등 영역들에 대한 좀더 자세한 사진들이 그림 9.6에 있다. 그림 9.6(a)는 핵 비등이 활발히 일어나고 있음을 보여주고 있다. 그림 9.6(b)에서는 높은 표면 온도에서 기포들이 합쳐지기 시작하고 천이 비등이 관측된다. 마침내 열전달면이 증기 막으로 완전히 둘러싸이게 되고 큰 증기 기포들이 표면 위를 떠나게 된다. 그림 9.7에서는 수직관 주위의 메탄올에서의 좀더 활발한 막 비등 현상을 보여주고 있다. 증기 막이 표면까지 떠오르고 표면에서 아주 강한 난류 특성을 보여주고 있음을 알 수 있다.

기포 성장 과정은 상당히 복잡한 현상이지만 그 물리적 현상을 간단히 정량적으로 다음과 같이 설명할 수 있다. 열이 액체로부터 액체-증기 접촉면으로 전도될 때 기포는 커지고 접촉면에서는 증발이 일어난다. 따라서 총 증기 체적은 증가하게 된다. 액체의 압력이 일정하다고 가정하면 식 (9.32a)로부터 기포내의 압력은 줄어드는 것을 알 수 있다. 기포 내의 압력이 줄어들면 증기온도도 감소하게되어 기포가 액체 내에 같은 위치에 그대로 존재하려면 액체와 증기의 온도 차이가 더 커지게 된다. 그러나 기포들은 가열 면으로부터 위로 올라가려는 경향이 있고 위로 올라 갈수록 액체의 온도는 점점 낮아져서 액체의 온도가 증기의 온도보다 낮

(*a*)

(*b*)

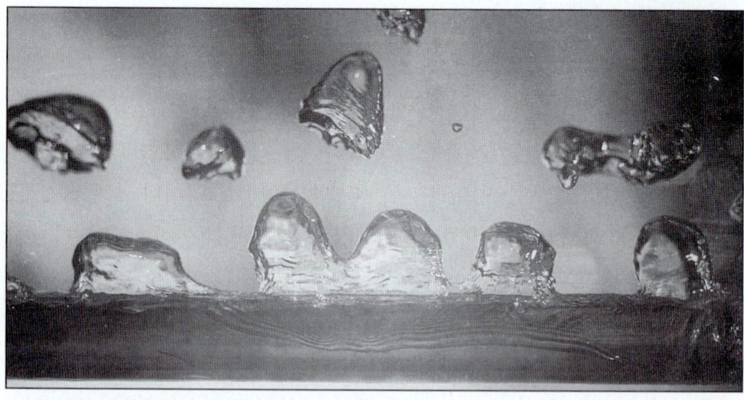

(*c*)

[그림 9.6] 수증기 응축에 의해 내부가 가열되는 수평으로 놓인 지름 9.53 mm의 구리 관 주위의 메탄올 비등
(*a*) $\Delta T_x = 37°C$, $q/A = 242.5$ kW/m^2, 핵 비등
(*b*) $\Delta T_x = 62°C$, $q/A = 217.6$ kW/m^2, 천이 비등
(*c*) $\Delta T_x = 82°C$, $q/A = 40.9$ kW/m^2, 막 비등
(Univ. of Illinois, Urbana 의 J.W.Westwater교수의 사진을 인용)

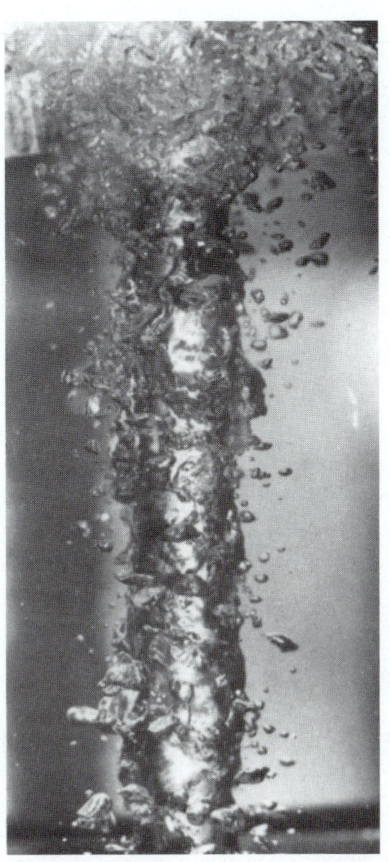

[그림 9.7] 메탄올 속에 수직으로 놓인 지름 19.05 mm의 구리관 주위의 난류 막 비등
(Univ. of Illinois, Urbana의 J.W.Westwater교수의 사진을 인용)

은 영역에 도달하면 반대로 열이 기포로부터 액체로 전도된다. 따라서 기포는 깨지게 된다. 따라서 기포 성장 과정은 액체 내의 어떤 한 지점에서 평형을 이루게 된다. 만일 액체가 충분히 과열되었다면 기포들은 액체 표면 위까지 올라가서 없어지게 된다.

기포들이 처음에 가열 면 위에서 어떻게 생성되는가에 대해서는 상당한 논란이 있다. 표면 조건(조도와 표면 물질의 종류)이 기포 생성의 중요한 역할을 할 수 있다. 그러나 그 의문점은 아직 완전히 풀리지 않았고 앞으로 더욱 깊이 연구되어야 할 문제로 남아 있다. 비등 열전달에 대한 현재까지의 연구 결과 요약이 참고문헌 [18], [23], [49], [50]에 잘 나타나있다. 관심있는 독자는 이 장에서 논의된 것보다 더 자세한 정보를 위 문헌에서 얻을 수 있을 것이다. 2상 유동에서의 열전달 문제는 Wallis [28]에 의해 논의되었다.

비등 열전달을 계산하기 위한 특정의 관계식을 표현하기 전에 독자는 먼저 앞의 논의된 내용을 잘 검토하고 비등에 대한 몇 가지 간단한 실험 결과들과 이 관계식을 서로 관련시키기를 권한다. 이런 목적으로 부엌의 난로 위에서 냄비 속의 물이 증발하는 과정에 대한 연구는 크게 도움이 될 수 있다.

Rohsenow [5]는 풀 핵 비등(nucleate pool boiling)에 대한 실험 결과들로부터 다음 관계식을 얻었다.

$$\frac{C_l \Delta T_x}{h_{fg}\ Pr_l^s} = C_{sf}\left[\frac{q/A}{\mu_l h_{fg}}\sqrt{\frac{g_c \sigma}{g(\rho_l - \rho_v)}}\right]^{0.33} \tag{9.33}$$

여기서

C_l = 포화 액의 비열
ΔT_x = 온도차이
h_{fg} = 증발 잠열
Pr_l = 포화 액의 Prandtl 수
q/A = 단위 면적 당 열유속
μ_l = 액체의 점성계수
σ = 액체-증기 접촉면의 표면장력
g = 중력 가속도
ρ_l = 포화 액의 밀도
ρ_v = 포화 증기의 밀도
C_{sf} = 실험 결과로부터 결정되는 상수
s = 물에 대해서는 1.0, 다른 액체에 대해서는 1.7

표면 장력의 값들이 참고 문헌 [10]에 주어져 있고 대표적으로 물에 대한 증기-액체의 표면장력에 대한 값이 표 9.1에 있다.

식 (9.33)의 함수 식은 기포의 성장 및 소산에서 중요한 역할을 하는 변수들을 분석하여 얻어졌다. 백금선 위에서의 물의 핵 비등에 대한 실험 결과들이 그림 9.8에 주어져 있고 이 데이터로부터 얻어진 Rohsenow 식이 그림 9.9에 나타나 있는데 서로 잘 일치하고 있다. 물-백금에 대한 상수 C_{sf}의 값은 0.013이다. 다른 유체-가열면의 조합에 대한 C_{sf} 값은 표 9.2에 주어져 있다. 식 (9.33)은 가열선이 수평으로 놓인 경우 이외의 다른 형상에 대해서도 적용할 수 있고 풀 비등의 열전달을 측정하는데 가열면이 놓인 기하학적 형상이 중요

[표 9.1] 물에 대한 액체. 증기 표면

포화온도		표면장력	
°F	°C	σ, mN = m	$\sigma \times 10^4$, lb_f/ft
32	0	75.6	51.8
60	15.56	73.3	50.2
100	37.78	69.8	47.8
140	60	66.0	45.2
200	93.33	60.1	41.2
212	100	58.8	40.3
320	160	46.1	31.6
440	226.67	32.0	21.9
560	293.33	16.2	11.1
680	360	1.46	1.0
705.4	374.1	0	0

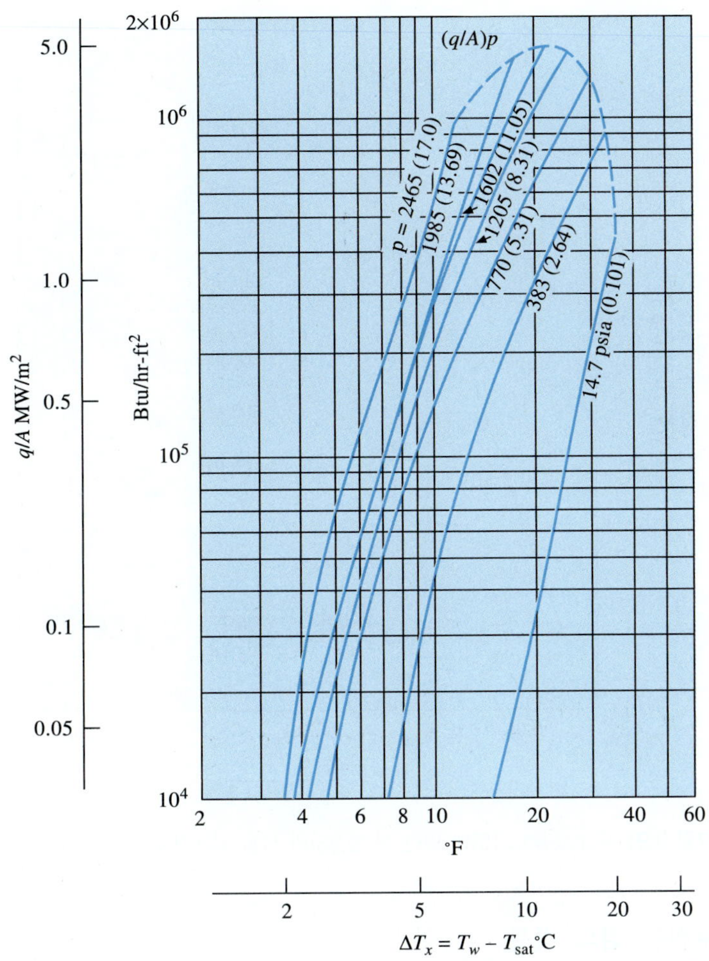

[그림 9.8] 백금선 위에서 끓는 물에 대한 참고문헌 [3]의 열 유속 자료
(괄호 속의 숫자는 MPa 단위의 압력을 나타낸다.)

한 인자가 아니라는 것이 밝혀졌다. 이것은 열전달이 주로 표면 형상이 아니라 표면적 넓이에 의존하는 기포 생성 및 교반 현상에 의존하기 때문이다. Vachon, Nix, Tanger [29]는 많은 경우의 가열면-유체 조합들에 대한 Rohsenow방정식의 상수들을 구하였다. 참고문헌 [57]에서 밝힌 부가적인 정보에 의하면, 표면의 크기와 형상뿐 아니라 유체의 두께가 Rohsenow 식에 사용된 상수들의 값에 영향을 미친다.

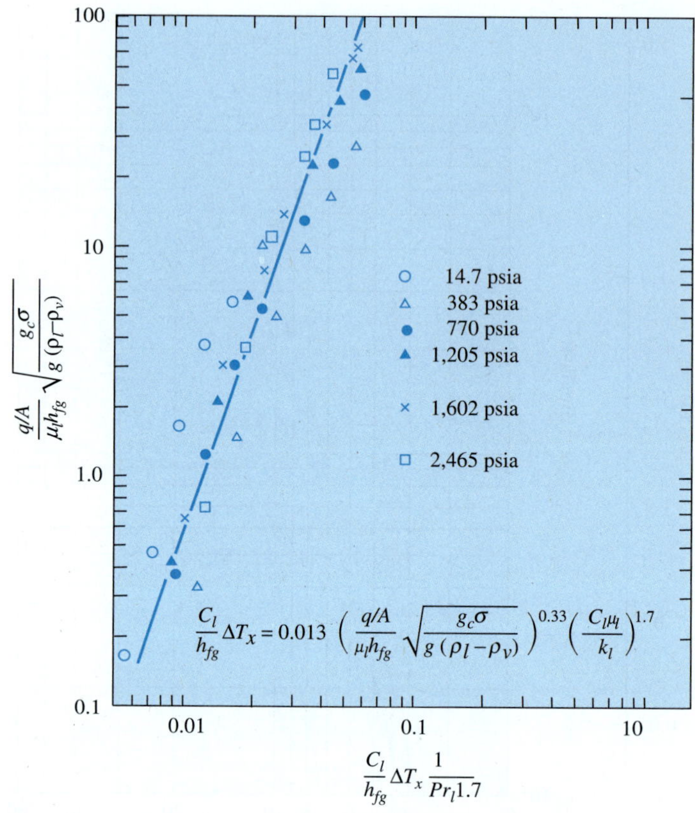

[그림 9.9] Rohsenow [5]에 의한 식 (9.33)의 푸울 비등자료에 대한 상관관계

예제 9-3 구리판 위의 비등

가열된 구리판을 대기압 하에서 물을 담은 그릇 속에 넣었다. 구리판의 온도는 242°F이다. 이 구리판의 단위면적당 열전달률을 구하여라.

■ 풀이

이 문제는 식 (9.33)에 사용되고 있는 모든 물성값을 구한 뒤 열유속을 구할 수 있다. 또 다른 방법은 표 9.2와 그림 9.8의 자료를 사용하여 구할 수 있다. 임의의 주어진 온도 및 압력에서 액체의 물성값은 가열면의 종류에 관계없이 항상 같으므로 식 (9.33)에서 물과 어떤 특정한 가열 면의 조합에 대한 열 유속이 구해지면 다른 가열 면에 대한 열 유속은 두 표면에 대한 상수 C_{sf}를 사용하여 쉽게 구할 수 있다. 그림 9.8에서 물-백금 조합에 대한 열 유속은

$$\frac{q}{A} = 3 \times 10^5 \text{ Btu/h}\cdot\text{ft}^2 \quad [946.1 \text{ kW/m}^2]$$

그러므로

$$T_w - T_{\text{sat}} = 242 - 212 = 30°\text{F} \quad [16.7°\text{C}]$$

표 9.2에서

$$C_{sf} = \begin{cases} 0.013 & \text{물-백금의 경우} \\ 0.006 & \text{물-놋쇠의 경우} \end{cases}$$

따라서

$$\frac{(q/A)_{물-놋쇠}}{(q/A)_{물-백금}} = \left(\frac{C_{sf\,물-백금}}{C_{sf물-놋쇠}}\right)^3$$

$$\left(\frac{q}{A}\right)_{물-놋쇠} = (3\times10^5)\left(\frac{0.013}{0.006}\right)^3$$
$$= 3.4\times10^6\ \mathrm{Btu/h\cdot ft^2}\quad [1.072\times10^7$$

[표 9.2] 여러 액체-가열면 조합에 대한 계수 C_{sf}의 값들

액체와 가열면의 조합	C_{sf}
물-구리 [11]†	0.013
물-백금 [12]	0.013
물-놋쇠 [13]	0.0060
물-금강사연마 구리 [29]	0.128
물-연마스테인리스스틸 [29]	0.0080
물-화학적으로 연마된 스테인리스스틸 [29]	0.0133
물-기계적으로 연마된 스테인리스스틸 [29]	0.0132
물-금강사연마되고 파라핀 처리된 구리 [29]	0.0147
물-긁힌 자국이 있는 구리 [29]	0.0068
물-테플론이 박혀 있는 스테인리스스틸 [29]	0.0058
카본테트라클로라이드-구리 [11]	0.013
카본테트라클로라이드-금강사연마 구리 [29]	0.0070
벤젠-크롬 [14]	0.010
n-부틸알코올-구리 [11]	0.00305
에틸알코올-크롬 [14]	0.027
아이소프로필알코올-구리 [11]	0.00225
n-펜탄-크롬 [14]	0.015
n-펜탄-금강사연마구리 [29]	0.0154
n-펜탄-금강사연마니켈 [29]	0.0127
n-펜탄-랩연마구리 [29]	0.0049
n-펜탄-금강사로 문지른 구리 [29]	0.0074
35% K_2CO_3-구리 [11]	0.0054
50% K_2CO3-구리 [11]	0.0027

†괄호 안의 숫자는 인용된 참고 문헌을 의미함

액체가 액체의 포화온도보다 높은 온도로 유지되고 있는 채널 속이나 표면 위를 지나갈 때 강제 대류 비등이 일어난다. 매끄러운 관속에서의 강제 대류 비등의 경우에 대해 Rohsenow와 Griffith [6]는 강제 대류 효과를 6장의 Dittus-Boelter 식 (6.4)를 사용해서 구하고 이 효과를 식 (9.33)에서 계산된 비등 열 유속에 더할 것을 제안하였다.

$$\left(\frac{q}{A}\right)_{전체} = \left(\frac{q}{A}\right)_{비등} = \left(\frac{q}{A}\right)_{강제대류} \tag{9.34}$$

또한 강제 대류 효과를 계산하는데 Dittus-Boelter 식의 상수 0.023 대신에 0.019를 사용하는 것이 바람직하다. 벽 온도와 액체의 체적온도 차이가 강제 대류 효과를 구하는데 사용된다.

강제대류 열 유속과 비등 열 유속을 더하는 개념은 참고문헌 [46]에서 더욱 개발되었고 좋은 결과를 얻었다. 그러나 여기서 논의하기에는 방정식 내의 항들이 너무 복잡해서 관심있는 독자는 위 문헌을 참조하기 바란다.

강제 대류 비등은 항상 식 (9.34)처럼 간단한 것은 아니다. 이 식은 일반적으로 유체의 체적온도가 아냉각(subcooling)된 경우, 즉 국소 강제 대류 비등인 경우에만 적용 가능하다. 포화 비등 조건에 도달하자마자 상황은 급격히 변한다. 결국에는 유속이나 강제 대류 효과와는 무관한 완전 발달된 핵 비등 현상이 나타나게 된다. 완전 발달된 핵 비등에서의 열 유속을 구하는 여러 다양한 관계식들이 발표되었다. McAdams 등 [21]은 낮은 압력에서의 물이 비등하는 경우에 대해 다음 식을 제안하였다.

$$\frac{q}{A} = 2.253(\Delta T_x)^{3.96} \text{ W/m}^2 \qquad (0.2 < p < 0.7 \text{ MPa}) \tag{9.35}$$

높은 압력에 대해서는 Levy [22]는 다음 식을 추천하였다.

$$\frac{q}{A} = 283.2 p^{4/3}(\Delta T_x)^3 \text{ W/m}^2 \qquad (0.7 < p < 14 \text{ MPa}) \tag{9.36}$$

이 식에서 ΔT_x의 단위는 °C이고 p의 단위는 MPa이다.

만약 비등이 관내에서 상당히 길게 계속된다면 유동 면적의 대부분은 증기로 채워질 것이다. 이런 상황에서 증기는 관의 중심 부분을 급속히 흐르게 되고 액체 막은 관의 바깥면을 따라 증발하게 된다. 이런 현상을 **강제 대류 증발**(*forced-convection vaporization*)이라고 하고 일반적으로 이상 대류 및 열전달에서 하나의 주제로 다루어진다. 이 흥미로운 주제는 상당히 복잡하고 많은 연구 결과들이 Tong [23]과 Wallis [28]에 의해 요약되었다.

핵 풀 비등에서 최고 열 유속은 그림 9.3에서 a점으로 표시되어 있고 그림 9.8에서는 점선으로 나타나 있다. Zuber [7]는 증기 막과 액체의 접촉면에서의 안정 조건을 고려하여 핵 비등의 최대 열 유속에 대한 다음과 같은 해석적인 관계식을 얻었다. 최대

$$\left(\frac{q}{A}\right)_{\text{최대}} = \frac{\pi}{24} h_{fg} \rho_v \left[\frac{\sigma g(\rho_l - \rho_v)}{\rho_v^2}\right]^{1/4} \left(1 + \frac{\rho_v}{\rho_l}\right)^{1/2} \tag{9.37}$$

여기서 σ는 증기-액체 경계 면의 표면장력이다. 이 관계식은 실험 결과와 잘 일치한다. 일반적으로 가열면의 물질 종류는 최대 열 유속에 영향을 미치지 않지만 가열면의 청결도는 영향을 미친다. 더러운 표면인 경우 최대 열 유속 값은 약 15% 정도 증가한다. 급격한 증기의 발생은 최대 열 유속에 크게 영향을 미치는 2상 유동 시스템이 되어 유동 비등(flow boiling)에서의 최대 열 유속을 구하는 것은 아주 복잡한 문제이다.

가열면 주위에 과열된 액체의 얇은 층이 형성되고 그 위에 기포와 액체로 이루어진 층이 형성된다. 흐름의 중심 부분은 대부분 증기로 차 있다. 벽에서의 열전달은 주로 경계층 발달의 영향을 받고 또한 증기와 기포의 반경 방향 확산률의 영향을 받는다. 또한 특정한 조건에서 발생하는 유동의 진동 현상으로 인해 더욱 복잡해진다. Gambill [24]는 식 (9.34)에 제안된 방식과 같이 강제 대류 효과와 풀 비등에 대한 최대 열 유속 [식 (9.37)]을 더하여 유동 비등에서의 최대 열 유속을 구하는 방법을 제안하였다. Levy [25]는 유동 비등에서 최대 열 유속을 구하는데 증기의 확산 효과를 고려하였고 Tong [23]은 이 주제에 대한 여러 유용한 자료들을 요약하였다.

뜨거운 표면 위에 액적이 충돌할 때 흥미로운 최대 열 유속 현상이 관측되었다. 물, 아세톤, 알코올, 프레온으로 행한 실험에서 모든 액체에 대해서 최대 열전달이 약 165°C 높은 경우에서 얻어졌다. 최대 열 유속은 유체의 물성값과 충돌 속도의 수직 성분의 함수이다. 참고문헌 [30]에서 주어진 실험 관계식은 다음과 같다.

$$\frac{Q_{\text{최대}}}{\rho L d^3 \lambda} = 1.83 \times 10^{-3} \left(\frac{\rho_L{}^2 V^2 d}{\rho_{vf} \sigma g_c} \right)^{0.341} \tag{9.38}$$

여기서

$Q_{\text{최대}}$ = 액적당 최대 열전달량

ρ_L = 액적의 밀도

V = 충돌 속도의 수직 성분

ρ_{vf} = 막온도$(T_w + T_{\text{포화}})/2$ 에서의 증기 밀도

σ = 표면 장력

d = 액적 지름

λ = 다음 식에 의해 정의된 증발열

$$\lambda = h_{fg} + c_{pv} \left(\frac{T_w - T_{\text{포화}}}{2} \right)$$

이 식으로 바로 알 수는 없으나 액적 충돌에서의 열전달률은 아주 높고, 충돌하고 튕겨 나오는 아주 짧은 시간 동안 액적의 약 50%가 증발한다. 충돌 속도가 0인 경우를 *Leidenfrost* 현상 [31]이라고 하는데, 뜨거운 판 위에서 물방울들이 지글거리는 현상이 이 경우에 해당한다. 액체 분류가 이 액체의 포화 온도보다 아주 높은 온도에서 유지되고 있는 뜨거운 표면 위에 충돌할 때 아주 높은 열전달률이 얻어진다. 이 경우에 핵 비등 및 막 비등이 동시에 관측되고 열전달률을 계산하는 관계식이 참고문헌 [36]에 있다.

Sun과 Lienhard [34]는 수평으로 놓인 원통 위에서의 최대 비등 열 유속을 구하는 관계식을 제시하였고 이 식의 결과는 실험 값들과 잘 일치한다. 이 관계식은 다음과 같다.

$$\frac{q''_{\text{최대}}}{q''_{\text{최대}_F}} = 0.89 + 2.27 \exp(-3.44\sqrt{R'}) \qquad \text{for } 0.15 < R' \tag{9.39}$$

여기서 R'은 다음 식에 의해 정의되는 무차원화된 반경이다.

$$R' = R \left[\frac{g(\rho_l - \rho_v)}{\sigma} \right]^{1/2}$$

또한 $q''_{\text{최대}_F}$는 참고문헌 [33]에서 유도된 무한 수평 평판 위의 최대 열 유속을 나타낸다.

$$q''_{\text{최대}_F} = 0.131\sqrt{\rho_v}\, h_{fg} [\sigma g(\rho_l - \rho_v)]^{1/4} \tag{9.40}$$

여기서 σ는 표면장력이다.

Bromley [8]은 수평으로 놓인 원관 위에서 안정된 막 비등 영역에서의 열전달계수를 구하는 관계식을 제시하였다.

$$h_b = 0.62 \left[\frac{k_g^3 \rho_v (\rho_l - \rho_v) g (h_{fg} + 0.4 c_{pv} \Delta T_x)}{d \mu_v \, \Delta T_x} \right]^{1/4} \tag{9.41}$$

여기서 d는 원관 지름이다. 이 열전달계수는 단지 막을 통한 전도만 고려하였고 복사의 영향은 고려하지 않았다. 총 열전달계수는 다음 실험식으로부터 계산할 수 있다.

$$h = h_b \left(\frac{h_b}{h} \right)^{1/3} + h_r \tag{9.42}$$

여기서 h_r은 복사 열전달계수로서 액체에 대한 방사율 $\epsilon = 1$로 가정하여 계산한 값이다. 따라서

$$h_r = \frac{\sigma \epsilon (T_w^4 - T_{포화}^4)}{T_w - T_{포화}} \tag{9.43}$$

여기서 σ는 Stefan-Boltzman 상수이고 ϵ는 표면 방사율이다. 식 (9.42)는 총 열전달계수에 대해 반복계산법을 사용해야 한다. 식 (9.41) 속의 증기의 물성값들은 다음 식에 의해 정의되는 막 온도에서의 값을 사용한다.

$$T_f = \frac{1}{2}(T_w = T_{포화})$$

그러나 증발잠열 h_{fg}는 포화온도에서의 값을 사용한다.

9-6 물의 비등 열전달에 대한 단순화된 관계식

물의 비등 열전달계수를 예측하기 위한 많은 실험 관계식들이 개발되었다. 이 중에서 대기압 조건에서(표 9.3) 물 속에 잠긴 가열면 위의 물 비등에 대한 아주 단순화된 식들이 Jakob과 Hawkins [15]에 의해 제안되었다. 이 열전달계수들은 다음과 같이 실험 결과들을 이용하여 압력의 영향을 고려한 관계식으로 변형할 수 있다.

$$h_p = h_1 \left(\frac{p}{p_1} \right)^{0.4} \tag{9.44}$$

여기서

h_p = 계의 압력 p에서의 열전달계수
h_1 = 표 9.3에서 구해진 대기압 조건에서의 열전달계수

[표 9.3] 대기압 조건에서 물의 비등 열전달에 대한 단순화된 관계식들, $\Delta T_x = T_w - T_{포화}$, °C

표면	$\frac{q}{A}$, kW/m²	h, W/m²·°C	ΔT 의 범위, °C	h의 범위, W/m²·°C
수평	$\frac{q}{A} < 16$	$1042(\Delta T_x)^{1/3}$	0–7.76	0–2060
	$16 < \frac{q}{A} < 240$	$5.56(\Delta T_x)^3$	7.32–14.4	2180–16,600
수직	$\frac{q}{A} < 3$	$537(\Delta T_{ax})^{1/7}$	0–4.51	0–670
	$3 < \frac{q}{A} < 63$	$7.96(\Delta T_x)^3$	4.41–9.43	680–6680

p = 계의 압력

p_1 = 표준 대기압

수직으로 놓인 원관 내부에서의 강제 대류 국소 비등에 대해서 다음 관계식[16]을 추천한다.

$$h = 2.54(\Delta T_x)^3 e^{p/1.551} \text{ W/m}^2 \cdot {}^\circ\text{C} \tag{9.45}$$

이 식에서 ΔT_x는 가열면과 포화액 사이의 온도차이고 단위는 ℃이며 압력 p의 단위는 MPa이다. 열전달계수의 단위는 $\text{W/m}^2 \cdot$ ℃이다. 식 (9.45)는 압력 범위가 5에서 170 대기압 사이에서 적용 가능하다.

예제 9-4 유동 비등

5대기압 상태에서의 물이 지름 1 in (2.54 cm)인 원관 속을 국소 비등 조건아래서 흐르고 있다. 원관 벽의 온도는 포화 온도보다 10℃가 높다. 이 원관 길이 1 m에서의 열전달량을 구하여라.

■ 풀이

이 계산을 위해 식 (9.45)를 사용한다.

$$\Delta T_x = 10^\circ\text{C}$$

$$p = (5)(1.0132 \times 10^5 \text{ N/m}^2) = 0.5066 \text{ MPa}$$

열전달계수는 다음 식에 의해 계산된다.

$$h = (2.54)(10)^3 e^{0.5066/1.551}$$

$$= 3521 \text{ W/m}^2 \cdot {}^\circ\text{C} \quad [620 \text{ Btu/h} \cdot \text{ft}^2 \cdot {}^\circ\text{F}]$$

길이 1 m에 대한 원관의 표면적은

$$A = \pi dL = \pi(0.0254)(1.0) = 0.0798 \text{ m}^2$$

따라서 열전달률은

$$q = hA\,(T_w - T_{\text{포화}})$$

$$= (3251)(0.0798)(10) = 2810 \text{ W/m}$$

예제 9-5 냄비에서의 물 비등

1대기압 상태의 물이 스테인리스강으로 만들어진 냄비 속에서 $\Delta T_x = 8$℃ 조건 아래서 비등하고 있다. 이때 얻어지는 열 유속을 예측하라. 0.17 Mpa 압력 아래서 압력 요리기구를 사용하는 경우에 열 유속은 몇 % 증가할 것으로 예상되는가?

■ 풀이

열 유속 예측을 위해 표 9.3의 단순화된 관계식을 사용한다. q/A의 값이 주어지지 않았으므로 표에서 수평면에 대한 두 관계식 중에서 한 식을 선택해야만 한다. 핵 비등이 일어난다고 가정하고 열전달계수를 선택하면

$$h = 5.56(\Delta \text{T}_x)^3 = 5.56(8)^3 = 2847 \text{ W/m}^2 \cdot {}^\circ\text{C}$$

열 유속은

$$q/A = h\Delta T = (2847)(8) = 22{,}770\ \mathrm{W/m^2} = 22.8\ \mathrm{kW/m^2}$$

이 값은 사용된 관계식의 적용범위($16 < q/A < 240\ \mathrm{kW/m^2}$) 이내에 들어간다. 표 9.2로부터 백금-물 또는 스테인리스 스틸-물 조합에 대한 C_{sf}의 값은 대략 0.013이므로 그림 9.8에 도시된 열유속도 스테인리스 스틸의 경우에 대략 같을 것이다. $\Delta T_x = 8°\mathrm{C}$ 조건에서 그림 9.8에 외삽법(extrapolation)을 사용하여 열 유속을 구하면 대략 위에서 구한 2.8 $\mathrm{kW/m^2}$과 일치한다.

압력 요리 기구를 사용할 경우에는 식 (9.44)를 사용하여 열전달계수 h를 구한다.

$$hp = h_1(p/p_1)^{0.4} = (2847)(0.17/0.101)^{0.4} = 3506\ \mathrm{W/m^2 \cdot °C}$$

이 값은 1기압인 경우에 얻어진 값보다 23% 증가한 값이다. 따라서 이 경우에 열 유속은

$$q/A = h\ \Delta T = (3506)(8) = 28\ \mathrm{kW/m^2}$$

9-7 히트 파이프

그림 9.10에는 수평으로 놓인 상변화에서의 열전달을 이용하는 장치인 히트 파이프가 예시되어 있다. 그림에서처럼 원형 관은 중심 부분은 비어 있고 관 표면 안쪽은 윅(wick) 층으로 덮여 있다. 응축 가능한 유체가 관내에 있고, 액체는 모세관 작용에 의해 윅층 물질에 스며든다. 열이 관의 한쪽 끝(증발기)에 가해지면 액체는 윅 안에서 증발하고 증발한 증기는 관 중심부로 이동한다. 관의 다른 쪽 끝에서는 열이 제거(응축기)되고 증기는 다시 윅 안에서 응축된다. 액체는 모세관 작용에 의해 증발기 부분으로 공급된다.

이와 같은 기본 개념은 중력의 도움 없이도 작동하게 되어 있으나 히트 파이프는 응축기 부분이 증발기 부분보다 약간 높도록 경사지게 설치한다.

이와 같이 하면 중력은 윅을 통해 액체가 아래쪽으로 흐르는 속도를 빠르게 할 수 있다. 이것을 **호의적인 경사**(*favorable tilt*)라고 한다. 반대로 응축기 부분이 증발기 부분보다 낮게 위치하면 중력은 윅 내에서 액체의 흐름을 방해하게 되어 이를 **반대의 경사**(*adverse tilt*)라고 한다.

여러 종류의 유체와 관 재료가 히트 파이프를 구성하는데 사용되고 있고 표 9.4에서는 전형적인 작동 특성들이 요약되어 있다. 히트 파이프를 이용하여 아주 높은 열 유속을 얻을 수 있어 많은 연구들이 최적 윅 설

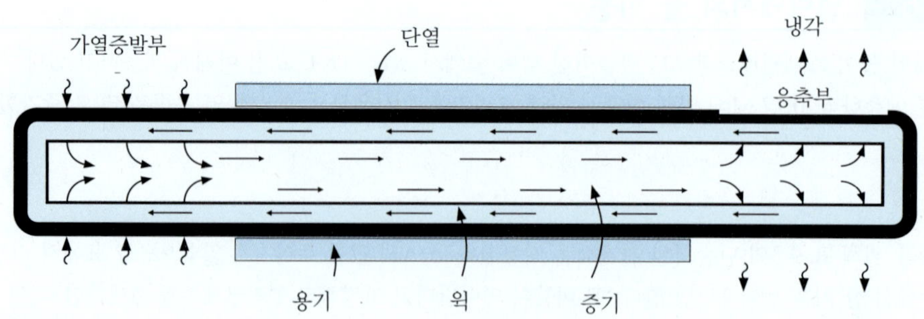

[그림 9.10] 수평으로 놓인 기본적인 히트 파이프: 증발기에 열이 가해지면 윅에서 증기가 발생한다. 응축기에서 열이 제거되면 증기가 응축하게 되어 모세관 현상에 의해 윅을 통해 액체상태로 증발기로 흘러간다.

[표 9.4] 히트 파이프에 대한 전형적인 열 유속

온도, °C	유체	파이프재질	축방향열유속, kW/cm^2
−160	액체질소	스테인리스강	0.067
−70에서 +60	액체암모니아	스테인리스강	0.3
−100	메타놀	동	0.45
200	물	동	0.67
750	칼륨	니켈, 스테인리스강	5.6
850	나트륨	니켈, 스테인리스강	9.3

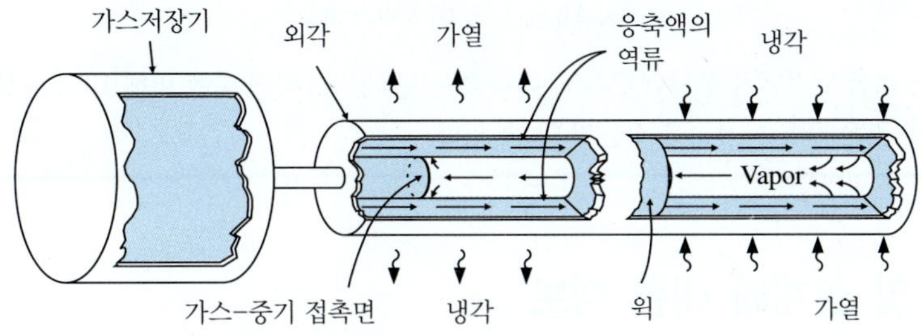

[그림 9.11] 가변-전도 히트 파이프: 비응축 가스 저장기가 온도 조절 장치 역할을 한다.

계, 특수한 응용을 위한 새로운 배치 등에 대해 진행되고 있다. 철망(mesh screen), 스테인레스 스틸 파이버, sintered fibers와 powders, etched microgroove/channel 등의 다양한 종류의 윅 재질들이 실용화를 위해 적용되고 있다.

그림 9.10에 예시된 히트 파이프는 하나의 응축유체를 사용할 때는 열 저항이 열 부하에 중요한 역할을 하지 않으므로 고정-전도 히트 파이프라고 한다. 이 기본 설계는 그림 9.11에 주어진 것 같은 가변-전도 히트 파이프로 작동하도록 변형할 수 있다.

비응축 기체를 넣은 저장기는 히트 파이프의 열 제거 부분(응축기)에 연결되어 있다. 이 기체는 증기와 접촉면을 형성하게 되어 윅으로의 응축을 일부 방해한다. 그러나 증발기 부분에 더 많은 열이 가해지면 더 많은 증기가 발생하게 되어 증기압이 증가하게 된다. 따라서 비응축 기체는 저장소 쪽으로 밀리게 되어 응축기 부분의 면적이 넓어지게 되어 더 많은 열을 제거할 수 있게 된다. 만일 가해지는 열이 줄어들면 반대 현상이 일어난다. 만일 열원의 온도가 어떤 특정 온도보다 낮아지면 히트 파이프 내의 특정한 액체와 기체의 조합에 의해 히트 파이프 작동을 완전히 멈추게 할 수 있다. 이와 같은 제어 특성은 특히 빠른 워밍 응용에 및 변동 부하에서 온도 조절역할로 사용하기에 유용하다.

히트 파이프는 특히 뜨거운 기체로부터 공기 예열이나 부가적인 가열 장치로 폐열 회수를 하는 에너지 전환 장비에 유용하게 사용된다. 때로는 히트 파이프는 값비싼 펌프, 배관, 이중 열교환기 구성을 대치할 수 있다. 히트 파이프이론 및 설계에 대한 더욱 자세한 정보는 참고문헌 [51]~[56]에서 얻을 수 있다.

예제 9-6 열 유속 비교

표 9.4의 자료를 이용하여 약 200°C에서 물을 작동유체로 사용하는 히트 파이프와 온도차 100°C인 경우에 8 cm 길이의 구리 막대에서의 열 유속을 비교하여라.

■ **풀이**

단위면적당 열 유속은 다음 식과 같다.

$$q/A = -k(\Delta T/\Delta x)$$

표 A.2에서 구리의 열전도계수는 374 W/m · °C이므로 8 cm에 대한 열 유속은

$$q/A = -(374)(-100)/0.08 = 467.5\ \text{kW/m}^2 = 0.04675\ \text{kW/cm}^2$$

표 9.4로부터 전형적인 물을 사용한 히트 파이프에 대한 열 유속은

$$(q/A)_{\text{axial}} = 0.67\ \text{kW/cm}^2$$

따라서 히트 파이프에 의한 열전달이 상당한 온도 구배가 있는 구리 막대의 경우에 비해 10배 이상이 된다. 이 예제로부터 왜 히트 파이프가 많은 응용 가능성을 갖는지 알 수 있다.

9-8 요약 및 설계에 대한 정보

앞에서 보인 것처럼 비등과 응축 현상은 아주 복잡하다. 여기서 제시된 관계식들은 여러 기하학적 형상 및 유체-가열면 조합들에 대해 열전달계수들을 구하는데 사용될 수 있다. 많은 사전 설계 응용에서는 단지 대략적인 열 유속 혹은 열전달계수의 값이 필요하다. 표 9.5에서 9.7은 그 같은 정보를 요약한 표들이다. 물론 열교환 장치의 최종 설계를 위해서는 좀더 정확한 값들이 얻어져야 할 것이다.

[표 9.5] 1대기압 상태의 증기에 대한 대략적인 응축 열전달계수[참고문헌 3,45]

유체	기하학적 형태	h		$T_g - T_w$
		$\text{W/m}^2 \cdot {}^\circ\text{C}$	$\text{Btu/h} \cdot \text{ft}^2 \cdot {}^\circ\text{F}$	°C
수증기	수직면	4000-11,300	700-2000	22-3
	수평관, 지름 15~76 mm	9600-24,400	1700-4300	20-2
디페닐	수직면 지름 3.66 mm	680-2400	120-430	72-13
	수평관, 지름 43 mm	1280-2270	225-400	15-5
도우덤A	수직면, 난류 3.66 m	680-3060	120-540	40-20
에탄올	수직면, 152 mm	1130-2000	200-350	55-11
	수평관, 지름 51 mm	1800-2550	320-450	22-6
프로판올	수평관, 지름 51 mm	1400-1700	250-300	26-13
부탄올	수평관, 지름 51 mm	1400-1700	250-300	26-13
벤젠	수평관, 지름 15-33 mm	1300-2150	230-380	45-13

[표 9.6] 1대기압 상태에서 물과 비교한 여러 유체들의 핵비등 열전달계수

유체	$h_{유체}/h_{물}$	유체	$h_{유체}/h_{물}$
물	1.0	아이소 프로파놀	0.70
20% 설탕	0.87	메타놀	0.53
10% Na_2SO_4	0.94	톨루민	0.36
26% 글리세린	0.83	카본 테트라클로라이드	0.35
55% 글리세린	0.75	n-부타놀	0.32
24% NaCl	0.61		

[표 9.7] 1대기압 상태에서의 대략적인 파괴 열유속(burnout heat flux)[참고문헌 3,43,44]

유체-표면 조합	$(q/A)_{max}$ kW/m^2	$(q/A)_{max}$ Btu/h · ft^2 × 10^{-3}	ΔT_x, °C
물-구리	620-850	200-270	
구리-크롬도금	940-1260	300-400	23-28
강철	1290	410	30
벤젠-구리	130	43.5	
알루미늄	160	50.5	
프로파놀-니켈도금의 구리	210-340	67-110	42-50
부타놀-니켈도금의 구리	250-330	79-105	33-39
에타놀, 알루미늄	170	55	
구리	250	80.5	
메타놀, 구리	390	125	
크롬도금의 구리	350	111	
강철	390	125	
액체 H_2	30	9.53	2
액체 N_2	100	31.7	11
액체 O_2	150	47.5	11

복습문제

1. 왜 막 응축보다 방울 응축에서 더 높은 열전달률을 얻을 수 있나?
2. 막 응축에서 Reynolds 수는 어떻게 정의되는가?
3. 아냉각 비등과 포화 비등을 구분하여 설명하라.
4. 핵 비등과 막 비등을 구분하여 설명하라.
5. 강제 대류 비등은 어떻게 계산하는가?
6. 막 비등 열전달에서 복사는 어떤 중요한 역할은 하는지 설명하라.

예제 목록

9-1 수직 평판 위의 응축
9-2 관군 위의 응축
9-3 구리판 위의 비등
9-4 유동 비등
9-5 냄비에서의 물 비등
9-6 열 유속 비교

연습문제

9-1 식 (9.28)로부터 시작하여 난류 응축 상태에서의 평균 열전달계수를 단지 유체 물성값, 판의 길이 및 온도 차이의 함수로 나타내어라. 즉, 층류 응축에 대한 식 (9.10)과 비슷한 관계식을 얻기 위해 식 (9.28)에서 Reynolds 수를 소거하여라.

9-2 수직 평판에서의 층류 응축에 대한 응축 Reynolds 수가 다음과 같이 표시됨을 보여라.

$$\mathrm{Re}_f = 3.77\left[\frac{L^3(T_g - T_w)^3\rho_f(\rho_f - \rho_v)gk_f^3}{\mu_f^5 h_{fg}^3}\right]^{1/4}$$

9-3 난류 막응축의 경우에 총 응축 유동(total condensate flow)을 유체의 물성값, 온도 차이, 평판의 길이 등을 사용하여 표시하여라.

9-4 식 (9.26)과 (9.28)을 아래에 나타낸 값 대 Re_f의 그래프로 그리고 이 그래프에 대해 논의하라.

$$\log\left\{\bar{h}\left[\frac{\mu_f^2}{k_f^3\rho_f(\rho_f - \rho_v)g}\right]^{1/3}\right\}$$

9-5 폭이 30 cm이고 높이가 1.2 m인 평판이 80°C로 유지되고 있고 1기압 상태의 수증기 속에 수직으로 놓여 있다. 열전달률 및 단위시간당 응축된 총 수증기량을 구하여라.

9-6 40 cm × 40 cm의 평판이 수직면과 30°C로 기울어져 있고 대기압 상태의 수증기에 노출되었다. 평판은 98°C를 유지하고 있을때 열전달률 및 응축 질량 유량을 구하여라.

9-7 50 cm × 50 cm의 정사각형 수직 평판이 95°C로 유지되고 있고 1기압 상태의 수증기에 노출되었다. 단위시간당 응축된 수증기양을 구하여라.

9-8 1.5 m × 1.5 m의 정사각형 수직 평판이 40°F로 유지되고 있고 55°F의 포화 수증기에 노출되었을 때 응축률을 구하여라. 단 55°F에서의 증발 잠열 $h_{fg} = 2376$ kJ/kg이다.

9-9 40 cm × 40 cm의 정사각형 수직 평판이 30°C로 유지되고 있고 38°C의 암모니아 포화 증기에 노출되었을 때 응축률을 구하여라. 단 38°C에서의 암모니아의 증발 잠열은 $h_{fg} = 1111$ kJ/kg이다.

9-10 식 (9-36)의 결과를 표 9-3의 결과와 비교하여라.

9-11 100 lb/in^2 상태에서 포화 수증기가 지름 1 in의 수평 원관 외부에서 응축하고 있다. 관 벽의 온도는 280°F를 유지하고 있다. $T_{\text{포화}} = 328$°F이고 $h_{fg} = 889$ Btu/lb일 때 열전달계수 및 원관 단위길이당 응축 유동량을 구하여라.

9-12 2°C의 냉수를 공급하는 단열되지 않은 파이프가 상대 습도 80%이고 온도가 35°C인 습하고 더운 공장 지역을 통과하고 있다. 파이프의 지름이 5 cm이고 노출된 부분의 길이가 7.5 m일 때 파이프 표면에서 응축되는 물의 양을 구하여라. 단 파이프가 공기 속의 수증기 분압에서의 포화 수증기에 노출된 것으로 가정하라.

9-13 어떤 압력 요리 기구가 20 lb/in^2 게이지 압력 아래서 작동하도록 설계되었다. 이런 기구를 사용하면 고압에서의 높은 수증기압으로 인해 음식 요리가 빨리 된다. 이 요리 기구 속에 있는 어떤 음식물을 95°C로 유지되고 있는 지름 4 in의 수평 원관으로 가정하여 이 음식물이 표준 대기압 아래 있을 때 비해 이 압력 요리 기구 속에서 열전달률이 몇 %정도 증가하는지 계산하여라.

9-14 지름 1 in의 수평 원관 외부에서 690 Kpa 절대 압력 상태의 포화 수증기가 응축하고 있다. 벽의 온도는 138°C를 유지하고 있다. 열전달계수 및 원관 단위길이당 응축 유동량을 구하여라.

9-15 표면 온도가 95°C인 지름 30 cm의 수평 원관 외부에서 대기압 상태의 포화 수증기가 응축하고 있다. 원관의 길이는 15 m이다. 단위시간당 응축되는 수증기의 양을 구하여라.

9-16 표면 온도가 15°C인 지름 10 cm의 수평 원관 외부에서 20°C의 이산화탄소 가스가 응축하고 있다. 20°C 에서h_{fg} = 153.2 kJ/kg 일 때 원관 단위길이당 응축률을 구하여라.

9-17 지름 6.35 mm인 400개의 원관이 정사각형으로 배열되어 있고 그 주위에서 대기압 상태의 수증기가 응축되고 있다. 원관 벽의 온도는 원관 내부를 흐르는 냉각수에 의해 88°C를 유지하고 있다. 원관 단위길이 및 단위시간당 응축된 수증기양을 구하여라.

9-18 대기압 상태의 포화 수증기가 지름 5 cm이고 1.5 m 길이의 원관 속을 흐르고 있다. 관의 벽 온도가 98°C일 때 응축량을 구하여라.

9-19 지름 2.54 cm 인 10 × 10 수평 원관군 주위에서 대기압 상태의 수증기가 응축되고 있다. 원관의 표면 온도는 95°C이다. 길이 0.61 m의 원관 주위에서 응축된 수증기양을 계산하여라.

9-20 지름 2.54 cm이고 길이가 0.9 m인 100개의 원관들이 정사각형으로 배열되어 있다. 원관들의 중심간의 거리는 45.7 mm이고 관벽의 온도는 97°C이다. 이 관들이 1기압 하의 수증기에 노출되었을 때 단위시간당 응축률을 계산하여라.

9-21 암모니아를 냉매로 사용하는 큰 냉동창고에서 29.4°C에서 암모니아를 응축시키기 위해서 1.2×10^7 kJ/h의 열량을 제거하기 위해 표면 온도가 25.6°C인 원관 배열을 사용한다. 이 원관들의 지름, 길이, 배열 크기들을 결정하라. 29°C에서 암모니아의 응축열은 h_{fg} = 1148 kJ/kg 이다.

9-22 지름 6.35 mm이고 길이가 0.305 m인 원관들이 20 × 20으로 배열된 암모니아 응축기가 있다. 암모니아는 32.2°C에서 응축하고 원관 벽의 온도는 27.8°C를 유지하고 있다. 32.2°C에서 암모니아의 응축열 h_{fg} = 1135 kJ/kg일 때 암모니아의 응축률을 구하여라.

9-23 냉매 R-12(CCl_2F_2)를 37.8°C에서 10,000 kg/h의 율로 응축시키는 응축기를 설계하고자 한다. 지름 12 mm인 원관들을 25 25°C 정사각형으로 배열하고자 한다. 원관의 벽은 32.2°C를 유지한다. 원관의 길이를 결정하여라. 단 7.8°C에서 응축열 h_{fg} = 130 kJ/kg이다.

9-24 냉매 R-12(CCl_2F_2)가 수평으로 놓인 12 mm 원관 속을 아주 낮은 속도로 흐르면서 응축되고 있다. 응축온도는 32.2°C이고 원관 벽의 온도는 26.7°C이다. 32.2°C에서 R-12의 응축열h_{fg} = 133.5 kJ/kg 이면 원관 단위길이당 응축되는 냉매의 질량을 구하여라.

9-25 107°C로 가열된 수직 평판이 대기압 상태의 물탱크 속에 잠겨 있다. 물의 온도는 100°C이고 수직 평판의 표면에서는 비등이 일어나고 있다. 평판의 면적이 0.3 m^{2}이라면 이 평판에서 잃는 열량은 몇 watt인가?

9-26 212° 에서 물의 표면장력은 증기와 액체의 접촉 상태에서 58.8dyn/cm이다. 기포 내부의 포화 증기의 온도가 213°F 이고 주변 유체는 212°F의 포화액 상태라고 가정했을 때 이 기포의 크기를 계산하여라.

9-27 문제 9-25의 기포가 액체 속을 4.5 m/s의 속도로 움직인다고 가정하고 구면 주위에 대한 열전달계수를 계산하여라. 또한 4장에서 논의된 집중 열용량법을 사용하여 이 기포를 0.3°C 냉각하는데 필요한 시간을 예측하여라.

9-28 30 × 30 cm 인 정사각형 구리판으로 된 냄비 속에 1기압 상태의 물이 들어 있다. 이 냄비 바닥의 온도가 119°C를 유지할 때 이 바닥을 통해 시간당 전달되는 열량의 크기를 구하여라.

9-29 표 9.3에 의해 계산된 열 유속과 대기압 상태에서의 그림 9.8에서 얻어지는 열 유속의 값을 비교하여라. 두세 가지 경우에 대해 초과 온도를 변화시키면서 비교해 보라.

9-30 4기압 상태의 물이 2 cm 지름의 관 속을 국소 비등상태에서 흐르고 있다. 관의 벽 온도는 포화 온도보다 12°C 높다. 관의 길이가 60 cm일 때 열전달량을 구하여라.

9-31 물의 핵 비등에 대해서 그림 9.8에서 얻어진 값과 표 9.3의 관계식에서 구해진 값들을 비교하여라.

9-32 식 (9.14) 및 (9.7)을 사용하여 식 (9.26)을 유도하여라.

9-33 백금선이 5.3 MPa 기압상태에서 포화된 물 속에 잠겨 있다. 초과 온도가 10°C일 때 열유속을 구하여라.

9-34 1 기압 상태의 물이 1.2 m/s의 속도로 지름 1.25 cm인 동관 속을 흐르고 있다. 관의 벽은 110°C를 유지하고 있고 물의 평균 체적온도는 96°C이다. 관의 단위길이당 열전달량을 구하여라.

9-35 바닥의 지름이 30 cm인 냄비로 대기압 상태의 물을 시간당 2.3 kg 씩 끓이고자 한다. 이를 위해서 냄비 바닥의 온도는 얼마를 유지하여야 하는가?

9-36 지름이 5 mm의 구리 전열봉이 대기압 상태의 물에 잠겨 있다. 초과 온도가 11°C일 때 구리관의 단위길이당 손실되는 열량을 구하여라.

9-37 대기압 상태에서 수평으로 놓인 관 주위에서 물이 비등하는 경우와 수증기가 응축하는 경우의 열전달계수를 비교하여라.

9-38 어떤 보일러가 길이가 1 m이고 지름 2 cm인 100개의 가열관으로 이루어져 있다. 이 보일러로 $\Delta T_x = 10°C$ 상태에서 3 MPa의 물을 비등시킨다. 이때의 포화 증기량 및 총 열전달률을 구하여라.

9-39 지름 3 mm이고 길이가 7.5 cm인 관이 1.6 기압 상태의 물 속에 잠겨 있다. 0.2 MW/m^{2}의 열유속을 발생시키기 위한 관 표면 온도를 구하여라.

9-40 핵 풀 비등으로 34 KPa의 계기압 상태의 수증기를 발생시키기 위해 지름 2.5 cm의 전기로 가열되는 구리 막대를 사용한다. $\Delta T_x = 4°C$일 때 908kg/h의 포화 수증기를 발생시키는 데 필요한 구리관의 길이를 구하여라.

9-41 대기압 상태의 물–26% 글리세린 혼합액이 $\Delta T_x = 15°C$ 상태의 구리면과 접촉했을 때 발생하는 핵 풀 비등의 열전달계수를 구하여라.

9-42 식 (9.35) 및 (9.36)을 식 (9.45)와 비교하여라.

9-43 대기압 상태의 물이 연마된 스테인레스 강과 $\Delta T_x = 17°C$의 상태에서 접촉하였을때 발생하는 핵 풀 비등의 열 유속를 구하여라.

9-44 수평으로 놓인 바깥 지름 OD = 1.25 cm인 원관이 대기압 상태의 물을 비등시킬 때의 최대 열 유속을 구하여라. Lienhard 관계식을 사용하여라.

9-45 지름 1.0 mm이고 길이 12 cm인 백금선이 대기압 상태의 물 속에 잠겨 있을 때 백금선의 표면 온도가 110°C라면 백금선으로부터의 열손실률을 구하여라.

9-46 표면 온도가 94°C인 관이 대기압 상태에서 100°C인 수증기 속에 수평으로 놓여 있다. 이 관의 지름이 4.0 cm 일 때 이 관의 단위길이당 응축률을 구하여라.

9-47 대기압 상태의 물이 수평으로 놓인 지름 2.5 cm이고 표면 온도가 110°C인 동관 속을 흐르고 있다. 물의 온도가 98°C이고 Reynolds수가 40,000일 때 열전달계수를 구하여라.

9-48 지름 1.25 cm이고 5 cm 길이의 강관을 1200°C의 용광로에서 꺼내 대기압 상태의 물 속에 넣었다. 처음에 물 속에 넣었을 때 강관으로부터의 열전달률을 구하여라.

9-49 대기압 상태에서 물이 비등할 때의 최대 열 유속을 구하여라.

9-50 비등 열전달계수는 일반적으로 대류 열전달계수에 비해 크다. 지름 6.5 mm인 구리관 내를 물이 흐를 때, $\Delta T_x = 16.7$°C, $p = 690$ KPa 상태의 풀 비등과 같은 정도의 대류 열전달계수를 얻기 위한 물의 속도를 구하여라. 문제 9-11에 주어진 물성값을 사용하여라.

9-51 바깥 지름 OD = 1.25 cm인 관이 1 기압, 100°C의 물 속에 잠겨 있다. 관의 표면 온도가 (*a*) 540°C, (*b*) 650°C, (*c*) 800°C 일 때의 열 유속을 구하여라. $\epsilon = 0.8$로 가정하고 식 (9.41)을 사용하여라.

9-52 280°C 의 표면을 냉각시키기 위해 25°C의 물을 지름 0.4 mm의 액적 형태로 1.0 litter/h의 비율로 뿌리고 있다. 이 액적의 충돌 속도가 3 m/s일 때 얻을 수 있는 최대 열전달량을 구하여라.

9-53 지름 1.25 cm인 196°C 개의 관을 정사각형으로 배열하여 1 기압 상태의 수증기를 응축시키고 있다. 관 표면의 온도가 92°C를 유지하고 각 관의 길이가 2.0 m일 때 응축률을 계산하여라.

9-54 표면 온도 91°C의 평판이 1기압의 포화 수증기 속에 수직으로 놓여져 있다. Reynolds 수가 1800이라면 이 평판의 길이는 얼마인가? 이 상태에서의 응축률을 구하여라.

9-55 1기압 상태에서 초과 온도가 15°C인 물-연마된 스테인레스 강철판 사이의 비등 열 유속을 구하여라.

9-56 수직으로 놓인 관내에서 5기압 상태의 물이 초과 온도 10°C로 비등하고 있을 때 강제 대류 국소 비등에 대한 열전달계수를 구하여라.

9-57 94 °C를 유지하고 있는 지름 30 cm의 원관 주위에서 1기압 상태의 포화 수증기의 응축율을 계산하여라.

9-58 93°C를 유지하고 있는 20 cm × 20cm의 정사각형 평판이 1기압 상태의 포화 수증기 속에 수직으로 놓여 있다. 평판 하단에서의 막 두께 및 응축률을 구하여라.

9-59 문제 2-121의 휜이 달린 구리 관이 1대기압 상태의 물 속에 잠겨 있고 관의 바탕 온도가 108°C, 111°C, 117°C일 때 각각의 열전달량을 구하여라.

9-60 바닥의 지름이 25 cm인 스테인레스 냄비 속에 물이 담겨 있다. 냄비 바닥 표면의 온도가 104°C를 유지할 때의 열전달량을 구하여라.

9-61 가스를 사용하여 바닥의 지름이 12.5 cm이고 높이가 5 cm인 스테인레스 냄비 속의 물을 가열하고 있다. 물은 냄비속에 2.5 cm 깊이만큼 차있고 균일한 가열이 이루어지고 있다고 가정한다. 냄비의 바닥 표면 온도가 104°C를 유지하기 위한 물로의 열전달률을 예측하라.

9-62 수평으로 놓인 테플론을 입힌 스테인레스 강관으로부터 물로의 열전달계수를 구하여라. 이때 물의 초과 온도는 17°C이고 대기압 상태이다. 지름 1 cm이고 길이 1 m인 관에서의 열전달률을 구하여라.

9-63 세로로 10열이고 가로로 15열인 수평으로 놓인 관군이 있다. 각 관들의 지름은 12 mm이고 이 열교

환기를 사용하여 관군 밖의 1기압 상태의 수증기를 응축시키고자 한다. 관 벽의 온도가 86°C를 유지한다면 관 길이 1 m당 응축률을 구하여라.

9-64 표면 온도가 85°C인 폭 25 cm, 높이 50 cm의 평판이 1기압 상태의 수증기 속에 수직으로 놓여 있다. 응축율을 kg/h 단위로 나타내어라. 또한 평판 바닥에서 막 두께를 구하여라.

설계지향문제

9-65 대기압 상태에서 1.3 kg/s의 수증기를 응축시키기 위한 응축기를 설계하고자 한다. 바깥 지름 OD = 1.25 cm인 관들을 정사각형으로 배열하고 관 벽의 온도는 93°C를 유지한다. 관 중심들 사이의 간격은 1.9 cm이고 관의 길이는 정사각형 한 변의 길이의 3배이다. 이 응축기에 몇 개의 관이 필요한가? 또한 이 열교환기 한 변의 길이를 구하여라.

9-66 대기압 상태에서 600 kg/h의 수증기를 응축시키기 위한 열교환기를 설계하고자 한다. 지름이 1.0 cm인 400개의 관들을 정사각형으로 배열하고 관 벽의 온도는 97°C를 유지한다. 필요한 관의 길이를 구하여라.

9-67 문제 8-173의 담수화시스템에 대한 설계상황은 태양광선투과재질에서부터 내부 공기-증기혼합물까지의 응축열전달계수에 의존하는 것이 분명하다. 유리창의 경사각을 40°C라 가정할 때 내부의 여러 가지 값과 표면온도에 대해 응축계수를 계산하라. 응축과정은 혼합물의 온도에서 공기 없이 포화수증기만의 응축이라고 가정하라. (이것은 부분적으로 좋은 가정은 아니다. 응축은 공기를 통한 확산에 의해 영향을 받기 때문이다.) 경사면의 길이에 대해 서로 다른 값을 가정하여라.

참고문헌

1. Nusselt, W.: Die Oberflachenkondensation des Wasserdampfes. *VDI Z*,. vol. 60. p.541, 1916.
2. Kirkbride, C. G.: Heart Transfer by Condensing Vapors on Vertical Tubes, *Trans. AIChE*. vol.30, P. 170, 1934.
3. McAdams, W.H.: *"Heat Transmission,"* 3d ed., New York: McGraw-Hill, 1954.
4. Kern, D. Q.: *"Process Heat Transfer,"* New York: McGraw-Hill, 1950.
5. Rohsenow, W. M.: A Method of Correlating Heat Transfer Data for Surface Boiling Liquids, *Trans. ASME*, vol. 74, p.969, 1952.
6. Rohsenow, W. M., and P. Griffith: Correlation of Maximum Heat Flux Data for Boiling of Saturated Liquids, *AIChE-ASME Heat Transfer Symp*., Louisville, ky., 1955.
7. Zuber, N.: On the Stability of Boiling Heat Transfer, *Trans. ASME*, vol. 80, p.711, 1958.
8. Bromley, L. A.: Heat Transfer in Stable Film Boiling, *Chem. Eng. Prog*., vol. 46, p. 221, 1950.
9. Farber, E. A., and E. L. Scorah: Heat Transfer to Water Boiling under Pressure, *Trans. ASME*, vol. 70,p.369, 1948.
10. *"Handbook of Chemistry and Physics,"* Chemical Rubber Publishing Company, Cleveland, Ohio, 1960.
11. Piret, E. L., and H. S. Isbin: Natural Circulation Evaporation Two-Phase Heat Transfer, *Chem. Eng. Prog*., vol. 50,P. 305 1945.
12. Addoms, J. N.:Heat Transfer at High Rates to Water Boiling outside Cylinders, Sc.D. thesis, Massachusetts Institute of Technology, Cambridge, Mass., 1948.
13. Cryder, D. S., and A. C. Finalbargo: Heat Transmission from Metal Surfaces to Boiling Liquids: Effect of

Temperature of the Liquid: Effect of Temperature of the Liquid on Film Coefficient, *Trans. AIChE*, vol. 33,P. 346, 1937.

14. Cichelli, M. T., and C. F. Bonilla: Heat Transfer to Liquids Boiling under Pressure, *Trans. AIChE*, vol. 41,P. 755, 1945.
15. Jakob, M., and G. Hawkins: *"Elements of Heat Transfer,"* 3rd ed., New York: John Wiley & Sons, 1957.
16. Jakob, M.: *"Heat Transfer,"* vol. 2<p. 584. New York: John Wiley & Sons, 1957.
17. Haley, K. W., and J. W. Westwater: Heat Transfer from a Fin to a Boiling Liquid, *Chem. Eng. Sci.*, vol. 20,p. 711, 1965.
18. Rohsenow, W. M. (ed.):*"Developments in Heat Transfer,"* The M.I.T Press, Cambridge, Mass., 1964.
19. Leppert, G., and C.C Pitts: Boiling, *Adv. Heat Transfer*, vol. 1, 1964.
20. Gebhart, C.: *"Heat Transfer,"* New York: McGraw-Hill, 1961.
21. McAdams, W. H., et al.: Heat Transfer at High Rates to Water with Surface Boiling, *Ind. Eng. Chem.*, vol. 41,pp. 1945-1955, 1949.
22. Levy, S.: Generalized Correlation of Boiling Heat Transfer, J. Heat Transfer, *J. Heat Transfer*, vol. 81C, pp. 37-42, 1959.
23. Tong, L. S.: "Boiling Heat Transfer and Two-Phase Flow," New Yrok: John Wiley & Sons, 1965.
24. Gambill, W. R.: Generalized Prediction of Burnout Heat Flux for Flowing, Sub-cooled, Wetting Liquids, AIChE Rep. 17, *5th Nat. Heat Transfer Conf.*, Houston, 1962.
25. Levy, S.: Prediction of the Critical Heat Flux in Forced Convection Flow, *USAEC Rep*. 3961, 1962.
26. Schmidt, E., W. Schuring, and W. Sellscho: Versuche ber die Kondensation von Wasserdampf in Film und Tropfenform, *Tech. Mech. Thermodyn. Bul*l., vol. 1,p. 53. 1930.
27. Citadoglu, E., and J. W. Rose: Dropwise Condensation:Some Factors Influencing the Validity of Heat Transfer Measurements, *Int. J. Heat Mass Transfer*, vol. 11,p. 523, 1968.
28. Wallis, G. B.: *"One-Dimensional Two-Phase Flow,"* New York: McGraw-Hill, 1969.
29. Vachon, R. I., G. H. Nix, and G. E. Tanger: Evaluation of Constants for the Rohsenow Pool-Boiling Correlation, *J. Heat Transfer*, vol. 90,p. 239, 1968.
30. McGinnis, F. K., and J. P. Holman: Individual Droplet Heat Transfer Rates for Splattering on Hot Surfaces, Int. *J. Heat Mass Transfer*, vol. 12,p. 95, 1969.
31. Bell, K. J.: The Leidenfrost Phenomenon: A Survey, *Chem. Eng. Prog. Symp. Ser.*, no. 79,p. 73, 1967.
32. Rohsenow, W. N.: Nucleation with Boiling Heat Transfer, *ASME Pap*. 70-HT-18.
33. Zuber, N., M. Tribus, and J. W. Westwater: The Hydrodynamic Crises in Pool Boiling of Saturated and Subcooled Liquids, *Int. Dev. Heat Transfer*,pp. 230-235, 1963.
34. Sun, K. H., and J. H. Lienhard: The Peak Boiling Heat Flux on Horizontal Cylinders, *Int. J. Heat Mass Trans.*, vol. 13,p. 1425, 1970.
35. Graham, C., and P. Griffith, Drop Size Distributions and Heat Transfer in Dropwise Condensation, *Int. J. Heat Mass Transfer*, vol. 16,p. 337. 1973.
36. Ruch, M. A., and J. P. Holman: Boiling Heat Transfer to a Freon-113 Jet Impinging Upward onto a Flat Heated Surface, *Int. j. Heat Mass Transfer*, vol. 18,p. 51, 1974.
37. Rohsenow, W. M.: Film Condensation. chap. 12 in *"handbook of Heat Transfer."* New York: McGraw-Hill, 1973.
38. Chato. J. C.: *J. Am. Soc. Refrig. Air Cond. Eng.*, February 1962,p. 52.
39. Akers, W. W., H. A. Deans, and O. K. Crosser: Condensing .Heat Transfer Within Horizontal Tubes, *Chem. Eng. Prog. Symp. Ser.*, vol. 55,no. 29,p. 171, 1958.

40. Westwater, J. W., and J. G. Santangelo: *Ind. Eng. Chem*, vol. 47,p. 1605, 1955.
41. Westwater, J. W.: *Am. Sci.*, vol. 47,p.427, 1959, photo by Y.Y.Hsu.
42. Fritz, W.: Verdampfen und Dondensieren, *Z. VDI, Beih, Verfahrenstech.*, no. 1. 1943.
43. Sauer, E. T., H. B. Cooper, and W. H. McAdams: Heat Transfer to Boiling Liquids, *Mech. Eng.*, vol. 60,p. 669, 1938.
44. Weil, L.: changes thermiques dans les liquides bouillants, *Fourth Int. Congr. Ind. Heating*, group I, sec. 13, Rep. 210, Paris, 1952.
45. Chilton, T. H., A. P. Colburn, R. P. Genereaux, and H. C. Vernon: *Trans. ASME*, Pet. Mech. Eng., vol. 55,p. 7, 1933.
46. Bjorge, R. W., G. R. Hall, and W. M. Rohsenow: Correlations of Forced Convection Boiling Heat Transfer Data, *Int. J. Heat Mass Transfer*, vol. 25,p. 753, 1982.
47. Westwater, J. W.: "Gold Surfaces for CondensationHeat Transfer," *Gold Bulletin*, bol. 14,pp. 95-101, 1981.
48. Dhir, V. K., and J. H. Lienhard: Laminar Film Condensation on Plane and Axisymmetric Bodies in Non-Uniform Gravity, *J. Heat Trans.*, vol. 93,p. 97, 1971.
49. Rohsenow, W. M., and J. P. Hartnett (eds), "*Handbook of Heat Transfer*," Chap. 13, New York: McGraw-Hill, 1973.
50. Lienhard, J. H.: "A Heat Transfer Textbook," chap. 10, Prentice-Hall, Inc., Englewood Cliffs, N. J., 1981.
51. Peterson, G. P.: "*Introduction to Heat Pipes*," New York: John Wiley, 1994.
52. Feldman, K. T., and G. H. Whiting: Applications of the Heat Pipe, *Mech. Eng.*, vol. 90,p. 48, Nevember 1968.
53. Dutcher, C. H., and M. R. Burke: Heat Pipes: A Cool Way of Cooling Circuits, *Electronics*. pp. 93-100, February 16, 1970.
54. Grover, G. M., T. P. Cotter, and G. F. Erickson: Structres of Very High Thermal Conductance, *J. Appl. Phys.*, vol. 35,p. 1990, 1964.
55. Tien, C. L. Fluid Mechanics of Heat Pipes, *Ann. Rev. Fluid Mechanics*, vol. 7, p. 167, 1975.
56. Chi, S. W.: "*Heat Pipe Theory and Practice*," New York: Hemisphere Publishing Co., 1976.
57 Pioro, I.L., "Experimental evaluation of constants for the Rohsenow pool boiling correlation," *Int. J. Heat and Mass Transfer*, vol. 42, pp. 2003-13, 1999.

Chapter 10

열교환기

10-1 서론

특정한 공학적인 목적을 달성하기 위해 장비 설계에 열전달 법칙을 적용하는 것은 아주 중요하다. 이를 통해 경제적인 이익을 얻기 위한 제품을 개발할 수 있기 때문이다. 결국에는 경제성이 열교환 장비를 선택하고 설계하는데 중요한 역할을 하게 되어 엔지니어들은 어떤 새로운 열교환 문제에 부딪혔을 때는 경제성을 염두에 두어야 한다. 항공 우주 분야에서 사용되는 열교환기는 경제성 고려보다 무게 및 크기가 더 중요한 변수이다. 그러나 전체적으로는 무게 및 크기 역시 가격을 결정짓는 중요한 인자이므로 결국 무게와 크기도 경제적인 변수로 고려할 수 있다.

어떤 특정한 응용은 경제성 고려, 크기, 무게 등 최적 설계를 하기 위해 따라야 할 법칙들을 제시할 것이다. 이러한 모든 인자들에 대한 해석은 이 책의 범위를 벗어나지만 실제 설계에서는 이 모든 것들이 고려되어야 한다는 것을 명심해야 한다. 이 장에서의 열교환기에 대한 논의는 기술적인 해석에 국한될 것이다. 즉 열교환기 성능을 예측하는 방법 및 어떤 특정한 목적을 달성하기 위한 열교환기 크기 및 타입을 예측하는 방법들에 대해 논의할 것이다. 이러한 관점에서 우리는 전도와 대류가 주요 열전달 방식인 열교환기에 대해서만 논의하고자 한다. 이것이 복사가 열교환기 설계에 중요하지 않다는 것을 의미하는 것은 아니다. 복사는 우주선내의 응용에서 효과적인 열전달을 위한 주요 수단으로 사용된다. 복사 열교환기 설계에 대한 상세한 고찰은 Siegal과 Howell [1], Sparrow와 Cess [2]에 의한 논의를 참고하기 바란다.

10-2 총괄열전달계수

총괄열전달계수(overall heat transfer coefficient)에 대해서는 이미 2-4절에 논의한 바 있다. 그림 10.1의 평판을 통한 열전달률은 다음과 같이 표시된다.

$$q = \frac{T_A - T_B}{1/h_1 A + \Delta x/kA + 1/h_2 A} \tag{10.1}$$

여기서 T_A와 T_B는 벽의 양쪽에서의 유체 온도이다. 총괄열전달계수 U는 다음 식에 의해 정의된다.

$$q = UA\,\Delta T_{\text{총괄}} \tag{10.2}$$

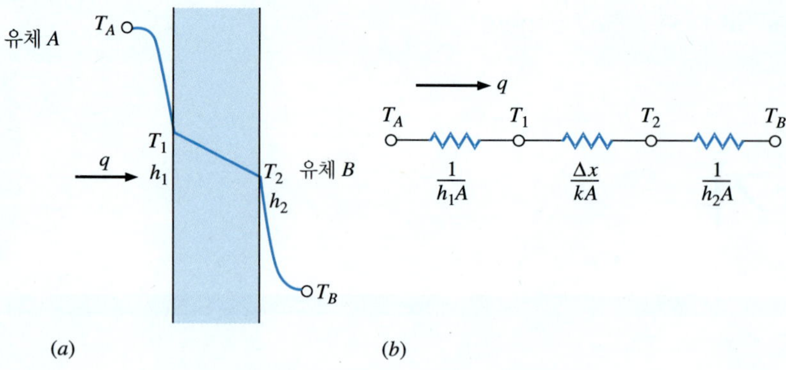

[그림 10.1] 평판을 통한 총괄열전달계수

열교환기 설계 관점에서 볼 때 평판 벽은 별로 이용되지 않는 경우이다. 더욱 중요한 응용 분야는 그림 10.2와 같은 이중관 열교환기이다. 이 경우에 한 유체는 작은 관 내부를 흐르고 또 다른 유체는 두 관 사이의 환상 공간(annular space) 사이를 흐른다. 대류 열전달계수는 앞장에서 제시된 방법에 의해 계산되고 총괄열전달계수는 그림 10.2*b*의 열저항 회로망으로부터 얻어진다.

$$q = \frac{T_A - T_B}{\dfrac{1}{h_i A_i} + \dfrac{\ln(r_o/r_i)}{2\pi kL} + \dfrac{1}{h_o A_o}} \tag{10.3}$$

여기서 아래 첨자 i와 o는 내부관의 내부 및 외부를 나타낸다. 총괄열전달계수는 설계자의 선택에 따라 내부 및 외부 면적을 기준으로 할 수 있다.

$$U_i = \frac{1}{\dfrac{1}{h_i} + \dfrac{A_i \ln(r_o/r_i)}{2\pi kL} + \dfrac{A_i}{A_o}\dfrac{1}{h_o}} \tag{10.4a}$$

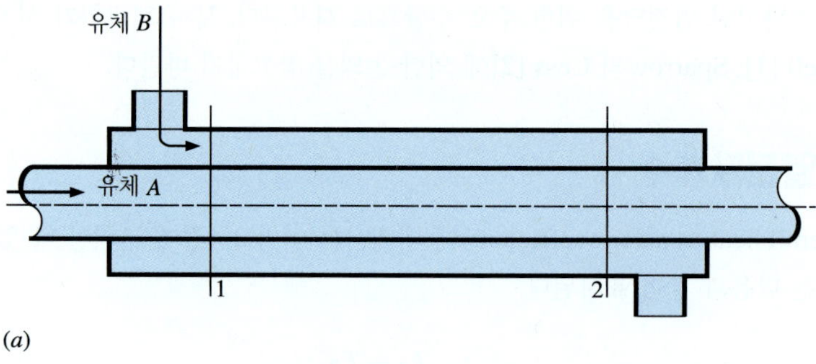

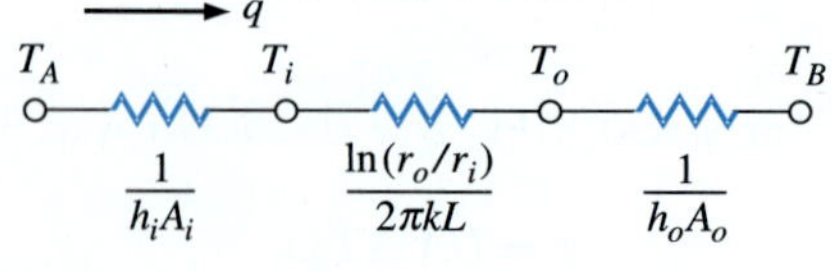

(b)

[그림 10.2] 이중관 열교환기 (*a*) 개략도 (*b*) 총괄열전달계수를 구하기 위한 열저항 회로망

[표 10.1] 여러 경우에 대한 대략적인 총괄열전달계수

물리적 상황	U	
	Btu/h · ft² · °F	W/m² · °C
외부벽은 벽돌, 내부벽은 회칠을 함, 단열되지 않음.	0.45	2.55
외부벽은 목조, 내부벽은 회칠을 함, 단열되지 않음.	0.25	1.42
석면으로 단열됨.	0.07	0.4
유리창문	1.10	6.2
2중유리창문	0.40	2.3
증기응축기	200~1000	1100~5600
물이 순환하는 가열기	200~1500	1100~8500
물을 냉각수로 쓰는 Freon 12의 응축기	50~1500	280~850
물–물의 열교환기	150~300	850~1700
핀이 장치된 열교환기, 관 내부에는 물, 관을 횡단하는 유체는 공기	5~10	25~55
물–기름의 열교환기	20~60	110~350
증기–경유	30~60	170~340
증기–중유	10~30	56~170
증기–등유 또는 휘발유	50~200	280~1140
핀이 장치된 열교환기, 관 내부에는 물, 관을 횡단하는 유체는 공기	5~50	28~280
암모니아 응축기, 관 내부에는 물	150~250	850~1400
알코올 응축기, 관 내부에는 물	45~120	255~680
가스–가스 열교환기	2~8	10~40

$$U_o = \frac{1}{\dfrac{A_o}{A_i}\dfrac{1}{h_i} + \dfrac{A_o \ln(r_o/r_i)}{2\pi kL} + \dfrac{1}{h_o}} \tag{10.4b}$$

최종 열교환기 설계는 정확한 U의 계산에 근거하지만 실제로 부딪치는 여러 상황에서의 총괄열전달계수 값을 표로 만들어 놓으면 유용하다. 이러한 종류의 포괄적인 정보가 참고문헌 [5]와 [6]에 나와 있으며 표 10.1에 몇 가지 경우에 대한 U의 값이 있다. 특히 U의 값이 많은 경우에 대류 열전달계수중의 하나에 의해서만 결정되는 것에 주의해야 한다. 대부분의 실제 문제에서 전도 저항은 대류 저항에 비해 작다. 대류 열전달계수 h 값 중의 하나가 다른 것에 비해 두드러지게 작다면 이 항이 U의 식에서 중요 역할을 하게 된다. 예제 10-1과 10-2는 이 개념을 설명하고 있다.

예제 10–1 대기 속에 있는 파이프에서의 총괄열전달계수

98°C의 뜨거운 물이 2-in 스케줄 40강관(schedule 40 steel pipe)(k = 54 W/m · °C) 내를 흐르고 있고 이 강관은 20°C의 대기 중의 공기 속에 수평으로 놓여 있다. 물의 속도는 25 cm/s이다. 이 상황에서 파이프의 바깥 면적을 기준으로 한 총괄열전달계수 U를 구하여라.

■ 풀이

부록 A로부터 2-in 스케줄 40 강관의 제원은 다음과 같다.

$$\text{ID} = 2.067 \text{ in} = 0.0525 \text{ m}$$
$$\text{OD} = 2.375 \text{ in} = 0.06033 \text{ m}$$

관 내측의 물 유동에 대한 열전달계수는 체적 온도에서 계산된 물성값을 사용한 유동 조건에 의해 결정된다. 관 외측의 자연 대류 열전달계수는 관 표면과 주위 공기의 온도차에 의존한다. 이 온도차는 전체적인 에너지 평형에 의해 결

정된다. 먼저 h_i를 구하고 반복 계산 과정을 통해 h_o를 정한다. 98°C 인 물의 물성값은 다음과 같다.

$$\rho = 960\ \text{kg/m}^3 \qquad \mu = 2.82 \times 10^{-4}\ \text{kg/m}\cdot\text{s}$$
$$k = 0.68\ \text{W/m}\cdot{}^\circ\text{C} \qquad \text{Pr} = 1.76$$

Reynolds 수는 다음과 같다.

$$\text{Re} = \frac{\rho u d}{\mu} = \frac{(960)(0.25)(0.0525)}{2.82 \times 10^{-4}} = 44{,}680 \tag{a}$$

난류 유동이므로 식 (6.4)를 사용한다.

$$\text{Nu} = 0.023\,\text{Re}^{0.8}\,\text{Pr}^{0.4}$$
$$= (0.023)(44{,}680)^{0.8}(1.76)^{0.4} = 151.4$$
$$h_i = \text{Nu}\frac{k}{d} = \frac{(151.4)(0.68)}{0.0525} = 1961\ \text{W/m}^2\cdot{}^\circ\text{C} \quad [345\ \text{Btu/h}\cdot\text{ft}^2\cdot{}^\circ\text{F}] \tag{b}$$

관 단위길이당 강철의 열저항은 다음과 같다.

$$R_s = \frac{\ln(r_o/r_i)}{2\pi k} = \frac{\ln(0.06033/0.0525)}{2\pi(54)} = 4.097 \times 10^{-4} \tag{c}$$

관 단위길이당 관 내측의 열저항은 다음과 같다.

$$R_i = \frac{1}{h_i A_i} = \frac{1}{h_i 2\pi r_i} = \frac{1}{(1961)\pi(0.0525)} = 3.092 \times 10^{-3} \tag{d}$$

관 외측의 열저항은 아직 구해지지 않았으나 단위길이당 다음과 같이 표현할 수 있다.

$$R_o = \frac{1}{h_o A_o} = \frac{1}{h_o 2\pi r_o} \tag{e}$$

표 7.2로부터 층류 유동인 경우에 h_o에 대해 단순화된 식은 다음과 같다.

$$h_o = 1.32\left(\frac{\Delta T}{d}\right)^{1/4} = 1.32\left(\frac{T_o - T_\infty}{d}\right)^{1/4} \tag{f}$$

여기서 관 바깥 표면의 온도 T_o는 미지수이다. 관 안쪽 표면 온도를 T_i, 물의 온도를 T_w로 나타내면 에너지 평형으로부터 다음 관계를 얻게 된다.

$$\frac{T_w - T_i}{R_i} = \frac{T_i - T_o}{R_s} = \frac{T_o - T_\infty}{R_o} \tag{g}$$

식 (*e*)와 (*f*)로부터

$$\frac{T_o - T_\infty}{R_o} = 2\pi r_o \frac{1.32}{d^{1/4}}(T_o - T_\infty)^{5/4} \tag{h}$$

이 관계식을 식 (*g*)에 대입하면 두 미지수 T_i와 T_o에 대한 두 방정식을 얻게 된다.

$$\frac{98-T_i}{3.092\times10^{-3}}=\frac{T_i-T_o}{4.097\times10^{-4}}$$

$$\frac{T_i-T_o}{4.097\times10^{-4}}=\frac{(\pi)(0.06033)(1.32)(T_o-20)^{5/4}}{(0.06033)^{1/4}}$$

반복 계산법에 의해 위 비선형 식의 해를 구하면 다음과 같다.

$$T_o=97.6°\text{C} \qquad T_i=97.65°\text{C}$$

이 결과를 사용하여 외측 열전달계수 및 열저항을 구하면 다음과 같다.

$$h_o=\frac{(1.32)(97.6-20)^{1/4}}{(0.06033)^{1/4}}=7.91\ \text{W/m}^2\cdot°\text{C} \quad [1.39\ \text{Btu/h}\cdot\text{ft}^2\cdot°\text{F}]$$

$$R_o=\frac{1}{(0.06033)(7.91)\pi}=0.667$$

위 계산 결과는 R_o가 R_i나 R_s에 비해 훨씬 크므로 자연 대류가 총 열전달을 좌우하는 것을 보여주고 있다. 바깥 면적을 기준으로 한 총괄열전달계수는 이 저항들에 의해 다음 식으로 표현된다.

$$U_o=\frac{1}{A_o(R_i+R_s+R_o)} \tag{i}$$

수치를 대입하면

$$U_o=\frac{1}{\pi(0.06033)(3.092\times10^{-3}+4.097\times10^{-4}+0.667)}$$
$$=7.87\ \text{W/Area}\cdot°\text{C}$$

이 계산에서 1 m 길이에 대한 바깥 면적으로 다음 값이 사용되었다.

$$A_o=\pi(0.06033)=0.1895\ \text{m}^2/\text{m}$$
$$U_o=7.87\ \text{W/m}^2\cdot°\text{C}$$

총괄열전달계수는 거의 h_o의 값에 의해 결정됨을 알 수 있다. 이와 같은 결과는 공기에 대한 자연 대류 열전달계수 값이 액체에 의한 강제 대류 열전달계수 값보다 아주 작다는 경험으로부터도 충분히 예측할 수 있다.

예제 10-2 증기 속에 놓인 관에 대한 총괄열전달계수

예제 10-1의 뜨거운 물이 흐르는 관이 대기압 100°C의 증기에 노출되었다. 이 상황에 대해서 관의 바깥 면적을 기준으로 한 총괄열전달계수를 구하여라.

■ 풀이

예제 10-1에서 이미 관 내측의 대류 열전달계수를 구하였다.

$$h_i=1961\ \text{W/m}^2\cdot°\text{C}$$

관 외측의 응축 열전달계수는 식 (9.12)를 사용하여 구한다.

$$h_o = 0.725 \left[\frac{\rho(\rho - \rho_v) g h_{fg} k_f^3}{\mu_f d(T_g - T_o)} \right]^{1/4} \qquad (a)$$

여기서 T_o는 관 바깥 표면의 온도이다. 수막의 물성값들은 다음과 같다.

$$\rho = 960 \text{ kg/m}^3 \qquad \mu_f = 2.82 \times 10^{-4} \text{ kg/m}\cdot\text{s}$$
$$k_f = 0.68 \text{ W/m}\cdot{}^\circ\text{C} \qquad h_{fg} = 2255 \text{ kJ/kg}$$

식 (a)는 다음과 같이 구해진다.

$$h_o = 0.725 \left[\frac{(960)^2(9.8)(2.255 \times 10^6)(0.68)^3}{(2.82 \times 10^{-4})(0.06033)(100 - T_o)} \right]^{1/4}$$
$$= 17{,}960(100 - T_o)^{-1/4} \qquad (b)$$

단위길이당 관 바깥측 열저항은

$$R_o = \frac{1}{h_o A_o} = \frac{(100 - T_o)^{1/4}}{(17{,}960)\pi(0.06033)} = \frac{(100 - T_o)^{1/4}}{3403} \qquad (c)$$

에너지 평형으로부터 다음 식이 얻어진다.

$$\frac{100 - T_o}{R_o} = \frac{T_o - T_i}{R_s} = \frac{T_i - T_w}{R_i} \qquad (d)$$

예제 10-1로부터

$$R_i = 3.092 \times 10^{-3} \qquad R_s = 4.097 \times 10^{-4} \qquad T_w = 98^\circ\text{C}$$

식 (c) 및 (d)로부터

$$3403(100 - T_o)^{3/4} = \frac{(T_o - T_i)}{4.097 \times 10^{-4}}$$

$$\frac{T_o - T_i}{4.097 \times 10^{-4}} = \frac{T_i - 98}{3.092 \times 10^{-3}}$$

위 비선형 방정식을 반복 계산법에 의해 풀면 다음과 같다.

$$T_o = 99.91^\circ\text{C} \qquad T_i = 99.69^\circ\text{C}$$

관 외측 열전달계수 및 열저항을 구하면 다음과 같다.

$$h_o = 17{,}960(100 - 99.91)^{-1/4} = 32{,}790 \text{ W/m}^2\cdot{}^\circ\text{C} \qquad (e)$$

$$R_o = \frac{(100 - 99.91)^{1/4}}{3403} = 1.610 \times 10^{-4} \qquad (f)$$

관 단위길이당 총괄열전달계수는 다음과 같다.

$$U_o = \frac{1}{A_o(R_i + R_s + R_o)}$$
$$= \frac{1}{\pi(0.06033)(3.092 \times 10^{-3} + 4.097 \times 10^{-4} + 1.610 \times 10^{-4})}$$
$$= 1441 \text{ W/°C} \cdot \text{Area} \tag{g}$$

A_o 및 R's는 모두 단위길이당에 대한 값이다.

$$U_o = 1441 \text{ W/m}^2 \cdot \text{°C} \qquad [254 \text{ Btu/h} \cdot \text{ft}^2 \cdot \text{°F}]$$

이 문제에서는 응축 과정에 대한 관 외측 열전달계수 h_o가 아주 큰 값이어서 총괄열전달계수는 주로 물 측의 대류 열전달계수에 의해 결정된다. 실제로 관 외측 열저항은 강관의 전도 열저항보다도 작다. 이 저항들의 대략적인 상대 크기는 다음과 같다.

$$R_o \sim 1 \qquad R_s \sim 2.5 \qquad R_i \sim 19$$

10-3 불결 계수

열교환기를 장시간 사용하면 유동 유체 속에 존재하는 여러 물질들이 열교환기의 열전달 면 위에 침전하거나 열교환기 제작에 사용된 물질과 유체와의 상호 작용으로 열전달 표면이 부식하게 된다. 이러한 경우에 이러한 침전 또는 부식이 열 흐름을 방해하게 되어 열교환기 성능을 감소시킨다. 이러한 효과를 **불결 계수** (*fouling factor*) 또는 불결 저항 R_f로 나타내고 이 항은 총괄열전달계수를 구하는데 다른 열저항들과 함께 포함되어야 한다.

불결 계수는 깨끗한 상태와 더러운 상태의 열교환기에 대한 총괄열전달계수 U의 값을 실험적으로 구하여 얻어진다. 불결 계수는 다음 식과 같이 정의된다.

$$R_f = \frac{1}{U_{\text{불결할 때}}} - \frac{1}{U_{\text{깨끗할 때}}}$$

여러 종류의 유체에 대한 불결 계수의 값이 표 10.2에 주어져 있고 좀더 자세한 내용이 참고문헌 [9]에 있다.

[표 10.2] 일반적인 불결 계수(참고문헌 [2])

유체	불결 계수 h · ft² · °F/Btu	m² · °C/W
125°F 이하의 바닷물	0.0005	0.00009
125°F 이상의 바닷물	0.001	0.0002
125°F 이상에서의 보일러를 순환하는 물	0.001	0.0002
연료기름(fuel oil)	0.005	0.0009
냉각기름(quenching oil)	0.004	0.0007
알코올 증기	0.0005	0.00009
증기(non-oil-bearing)	0.0005	0.00009
공기(industrial air)	0.002	0.0004
냉동액체	0.001	0.0002

예제 10-3 불결 계수의 영향

예제 10-2의 물이 125°F 이상의 바닷물이고 불결 계수는 0.0002 $m^2 \cdot °C/W$이라고 가정한다. 이 경우에 대류 열전달계수는 몇 % 감소하겠는가?

■ 풀이

불결 계수는 관 내의 열전달계수에 영향을 미친다.

$$R_f = 0.0002 = \frac{1}{h_{\text{dirty}}} - \frac{1}{h_{\text{clean}}}$$

$h_{\text{clean}} = 1961\ W/m^2 \cdot °C$를 사용하여 계산하면

$$h_i = 1409\ W/m^2 \cdot °C$$

불결 계수로 인해 열전달계수의 값이 28% 감소한다.

10-4 열교환기 종류

그림 10.2에 주어진 이중관 배열의 열교환기는 이미 언급되었다. 이런 종류의 열교환기에서는 대향류 또는 병행류 유동 방식이 사용되고 환상 공간 사이로 뜨겁거나 차가운 유체가 흐르고 내부 관의 안쪽으로 다른 유체가 흐르게 된다.

화학 공정 산업에서 널리 쓰이는 열교환기 종류는 그림 10.3에 주어진 바와 같은 셀–관 열교환기(shell and tube heat exchanger)이다. 유체가 관 내부를 흐르고 다른 유체는 관 밖으로 셀 내부를 흐르게 된다. 셀 내부를 흐르는 유체가 가능하면 관 사이를 가로질러 지나가서 높은 열전달 효과를 얻도록 조절판(baffle)을 셀 내부에 그림과 같이 설치한다. 열교환기 끝에 있는 헤드 배열에 따라 하나 또는 몇 개의 통로를 사용한다. 그림 10.3(*a*)에서는 하나의 통로가 사용되고 있고, 그림 10.3(*b*)에서는 두 개의 통로에 대한 해드 배열을 보여주고 있다.

쉘–관 열교환기는 또한 생물공학분야에서 특별히 적용할 수 있도록 소형화하여 이용 되기도 한다. 1쉘 통로와 1관 통로(1 shell pass and 1 tube pass)를 갖는 이러한 소형 열교환기가 그림 10.3(*c*)에 나타나 있고, 내부의 관 구조모양은 그림 10-3(*d*)에서 보여준다. 크기가 작은 이중관(double pipe) 혹은 튜브인튜브(tube in tube) 열교환기는 그림 10.3(*e*)에서 보여주는 바와 같이 코일형상으로 제작되어 있고, 입–출구 유동 연결부를 확대한 모양이 그림 10.3(*f*)에 나타나 있다.

공기 또는 가스의 가열 및 냉각에는 직교류형 열교환기가 주로 쓰이고 있다. 그림 10.4에 이와 같은 관군 직교류형 열교환기의 예가 있다. 가스는 관군을 가로질러 흘러가고 다른 유체는 관 내부를 지나면서 냉각되거나 가열된다. 이와 같은 열교환기에서 관 위를 가로질러 흐르는 가스를 혼합 흐름(mixed stream)이라 하고 관 내를 지나는 유체를 비혼합 흐름(*unmixed* stream)이라고 한다. 즉 가스는 열교환 과정에서 관과 관 사이를 자유로이 이동할 수 있기 때문에 혼합된다. 반면에 다른 유체는 열교환기 내에서 분리된 관 통로 속을 지나가므로 열전달 과정동안 서로 혼합될 수 없다.

다른 형태의 직교류형 열교환기가 그림 10.5에 나타나 있다. 이 경우에 가스는 핀이 달린 관군 주위를 가로질러 지나갈 때 핀 사이의 분리된 통로로 지나가게 되어 서로 혼합되지 않는다. 이러한 종류의 열교환기는 공기 조화 장치에 널리 쓰이고 있다.

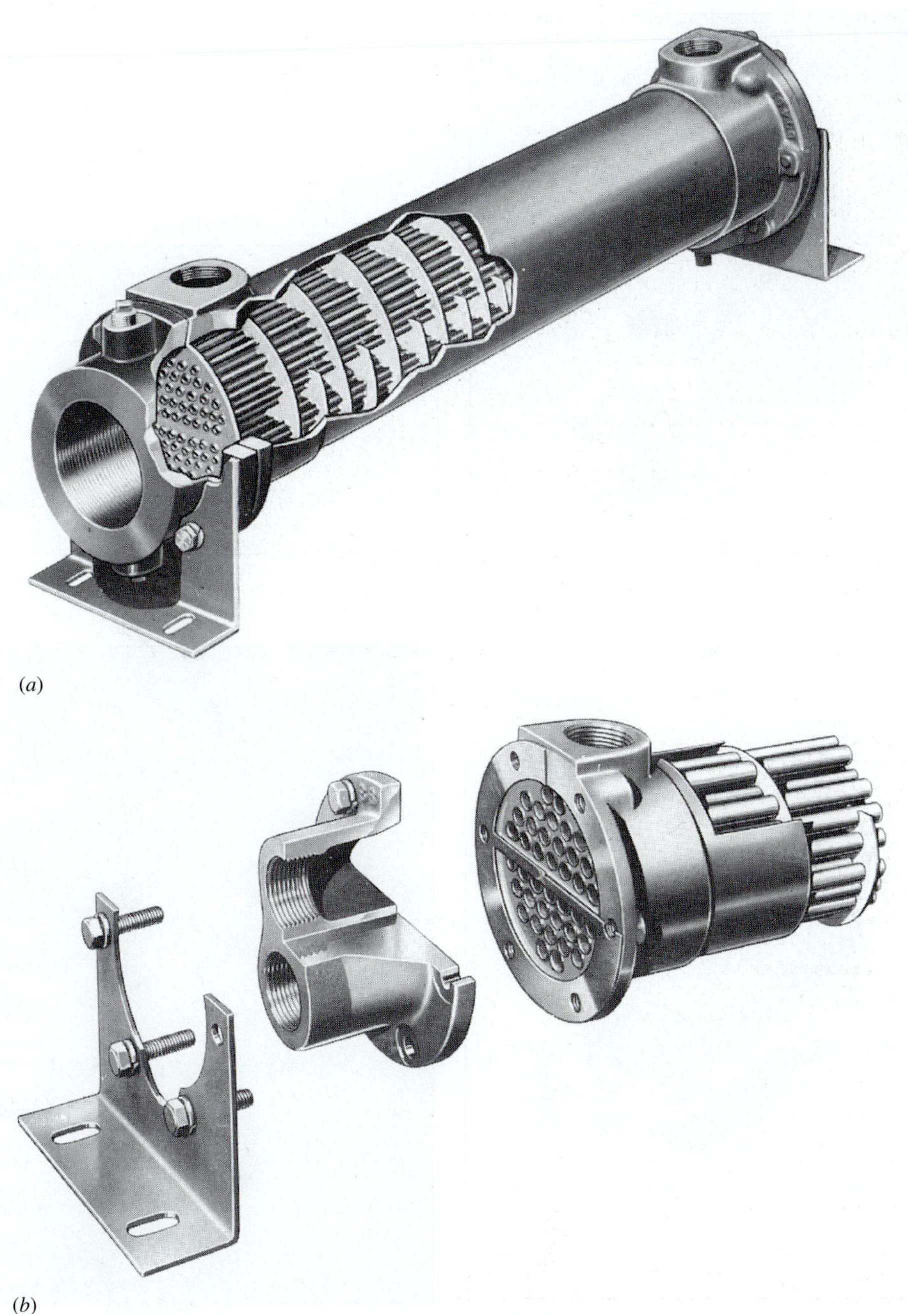

[그림 10.3] 상업용 열교환기의 사진 (*a*) 1관 통로를 갖는 쉘-튜브 열교환기 (*b*) 2관 통로를 갖는 열교환기의 헤드부 배열 (*c*) 1쉘 통로와 1관 통로를 갖는 소형 쉘-튜브 열교환기 (*d*) 소형 열교환기의 내부 구조 (*e*) 소형 코일 튜브인 튜브 열교환기 (*f*) 소형 튜브인튜브 열교환기의 유체 입출구부 상세도. [제공: (*a*), (*b*) Young Radiator Company, Racine,Wisconsin; (*c*)~(*f*) Exergy, Inc., Hanson, MA.]

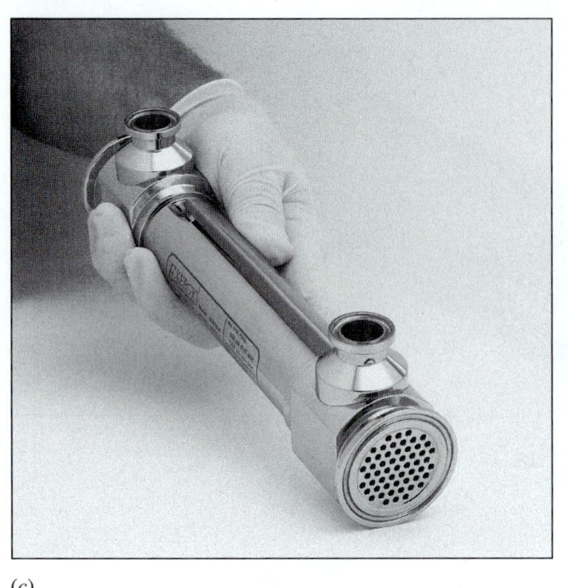

(*c*)

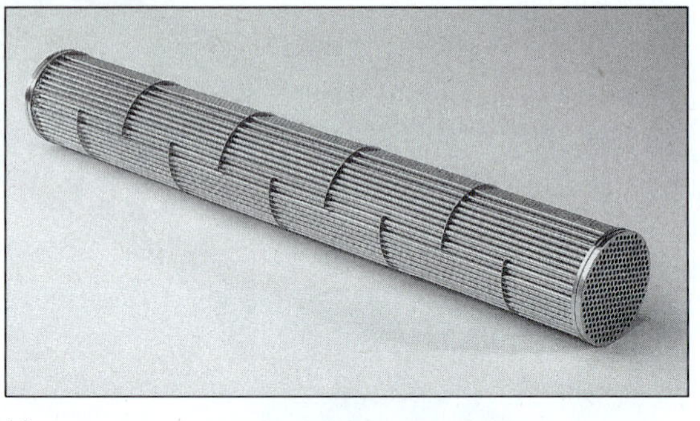

(*d*)

(*e*)

(*f*)

[그림 10.3] (계속)

유체가 혼합되지 않으면 유체 흐름 방향에 평행 및 수직 방향으로 온도 구배가 존재한다 반면에 유체가 혼합되면 흐름에 수직인 방향으로는 온도가 같아지는 경향이 있다. 그림 10.5의 경우에 대한 열교환기 내의 대략적인 온도 분포가 그림 10.6에 주어져 있다. 가스가 열교환기 내를 지나면서 가열되는 것으로 가정하였다. 유체가 섞이는지 혹은 안 섞이는지 하는 것은 열교환기 내의 총괄열전달계수에 영향을 미친다. 왜냐하면

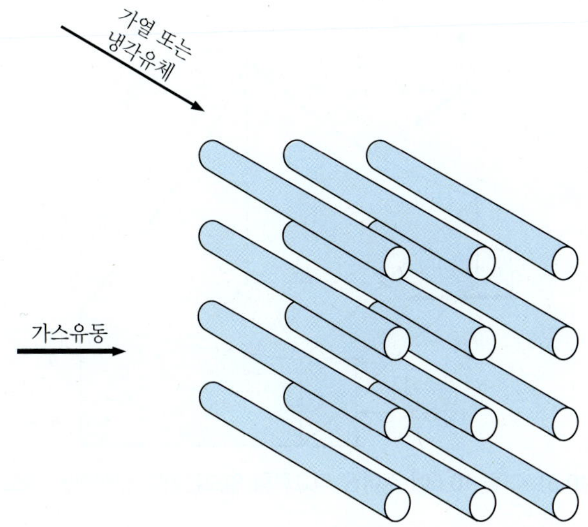

[그림 10.4] 관군 직교류형 열교환기(한 유체는 혼합되고 다른 유체는 혼합되지 않는 경우)

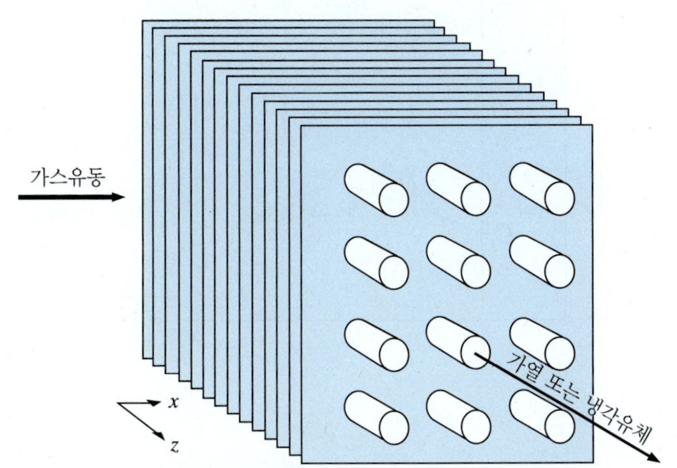

[그림 10.5] 핀-관군 직교류형 열교환기(두 유체 모두 혼합되지 않는 경우)

이와 같은 열전달은 뜨거운 유체와 차가운 유체의 온도 차이에 의존하기 때문이다. 우리의 논의의 정도를 벗어나지만 열교환기 내의 유동이 부분적으로 혼합된 흐름(partially mixed)인 경우도 있다. 이러한 경우는 참고문헌 [11]에 논의되어 있다. 또한 고밀도 열교환기(compact heat exchanger) 라고 불리우는 형태의 열교환기들은 주로 총괄열전달계수가 낮은 가스 유동계에서 사용되며 작은 체적 내에서 큰 전열 면적을 얻을 수 있다. 이러한 종류의 열교환기는 일반적으로 단위 체적 1 m^3당 650 m^2 이상의 전열 면적을 갖는다. 상세한 내용은 10-7절에서 다시 논의될 것이다.

10-5 대수 평균 온도차

그림 10.2에 주어진 이중관 열교환기에서 유체는 서로 평행하게 흐르거나 반대 방향으로 흐른다. 이 두 경

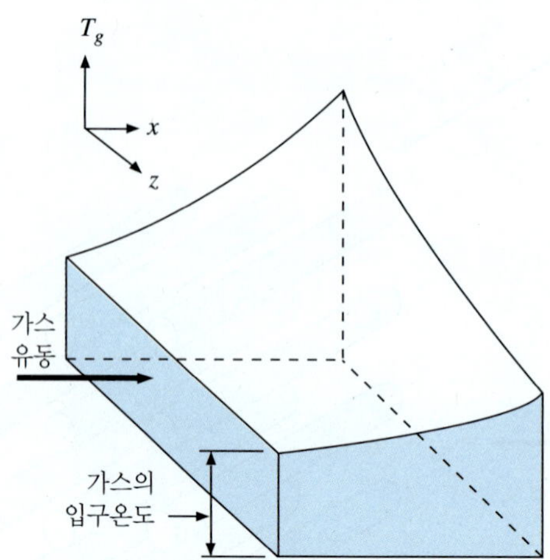

[그림 10.6] 그림 10.5에 주어진 직교류형 열교환기의 전형적인 온도 분포

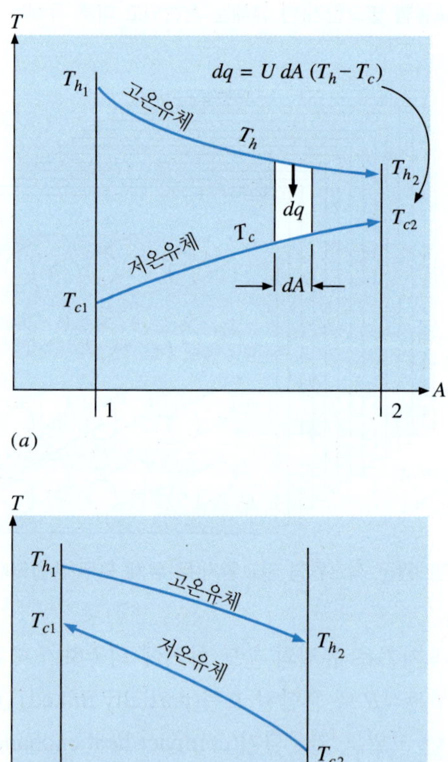

[그림 10.7] 이중관 열교환기에서의 온도분포 (*a*) 평행류 (*b*) 대향류

우에 대한 온도 분포는 그림 10.7에 있다. 이와 같은 이중관 배열에서의 열전달률은 다음 식에 의해 구할 수 있다.

$$q = UA\,\Delta T_m \tag{10.5}$$

여기서

U = 총괄열전달계수
A = U의 정의에 일치하는 열전달 면적
ΔT_m = 열교환기 내에서의 적절한 평균 온도차

그림 10.7은 뜨거운 유체와 차가운 유체 사이의 온도차가 입구와 출구 사이에서 계속 변하는 것을 보여 주고 있다. 따라서 식 (10.5)에 사용할 평균 온도차를 결정해야 한다. 그림 10.7에서의 평행류 열교환기에 대해서 미소 면적 dA를 통한 열전달률은 다음과 같다.

$$dq = -\dot{m}_h c_h dT_h = \dot{m}_c c_c dT_c \tag{10.6}$$

여기서 하첨자 h와 c는 각각 뜨거운 유체 및 차가운 유체를 나타낸다. 열전달률은 다음 식에 의해 표시된다.

$$dq = U(T_h - T_c)dA \tag{10.7}$$

식 (10.6)으로부터

$$dT_h = \frac{-dq}{\dot{m}_h c_h}$$
$$dT_c = \frac{dq}{\dot{m}_c c_c}$$

여기서 $\dot{m}$은 질량유량을 나타내고 c는 유체의 비열이다.

$$dT_h - dT_c = d(T_h - T_c) = -dq\left(\frac{1}{\dot{m}_h c_h} + \frac{1}{\dot{m}_c c_c}\right) \tag{10.8}$$

식 (10.7)로부터 dq를 구하고 식 (10.8)에 대입하면 다음 관계식을 얻는다.

$$\frac{d(T_h - T_c)}{T_h - T_c} = -U\left(\frac{1}{\dot{m}_h c_h} + \frac{1}{\dot{m}_c c_c}\right)dA \tag{10.9}$$

이 미분방정식을 그림 10.7에 주어진 상태 1에서 2까지 적분하면

$$\ln\frac{T_{h2} - T_{c2}}{T_{h1} - T_{c1}} = -UA\left(\frac{1}{\dot{m}_h c_h} + \frac{1}{\dot{m}_c c_c}\right) \tag{10.10}$$

식 (10.6)으로 돌아가서 $\dot{m}_c c_c$ 및 $\dot{m}_h c_h$를 총 열전달률 q 및 뜨거운 유체와 차가운 유체의 총 온도차로 나타내면 다음과 같다.

$$\dot{m}_h c_h = \frac{q}{T_{h1} - T_{h2}}$$
$$\dot{m}_c c_c = \frac{q}{T_{c2} - T_{c1}}$$

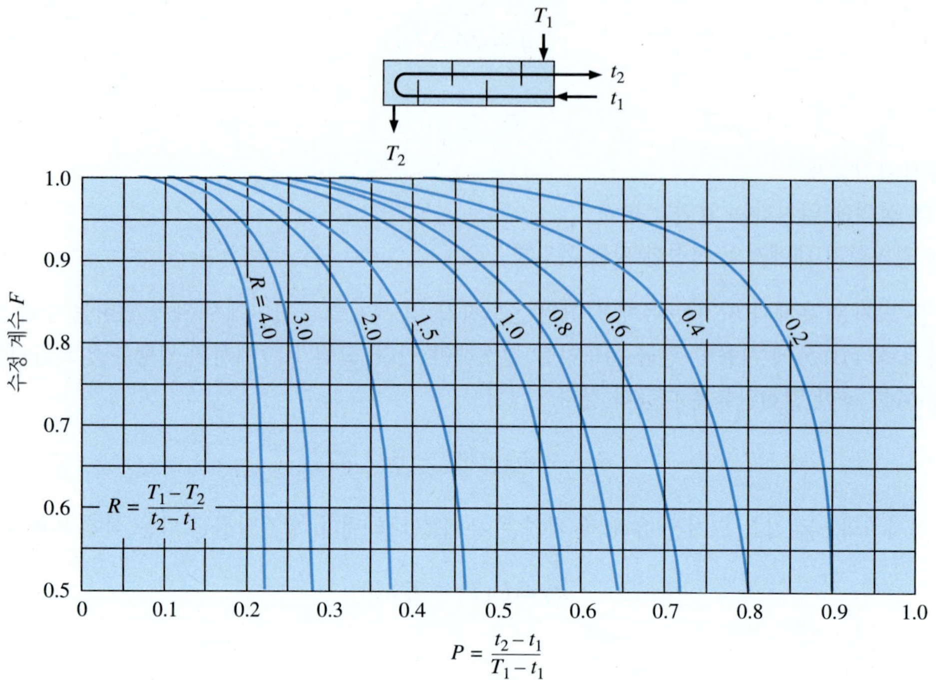

[그림 10.8] 1쉘 통로와 2, 4 혹은 다중관 통로를 갖는 쉘-관 열교환기에 대한 수정 계수

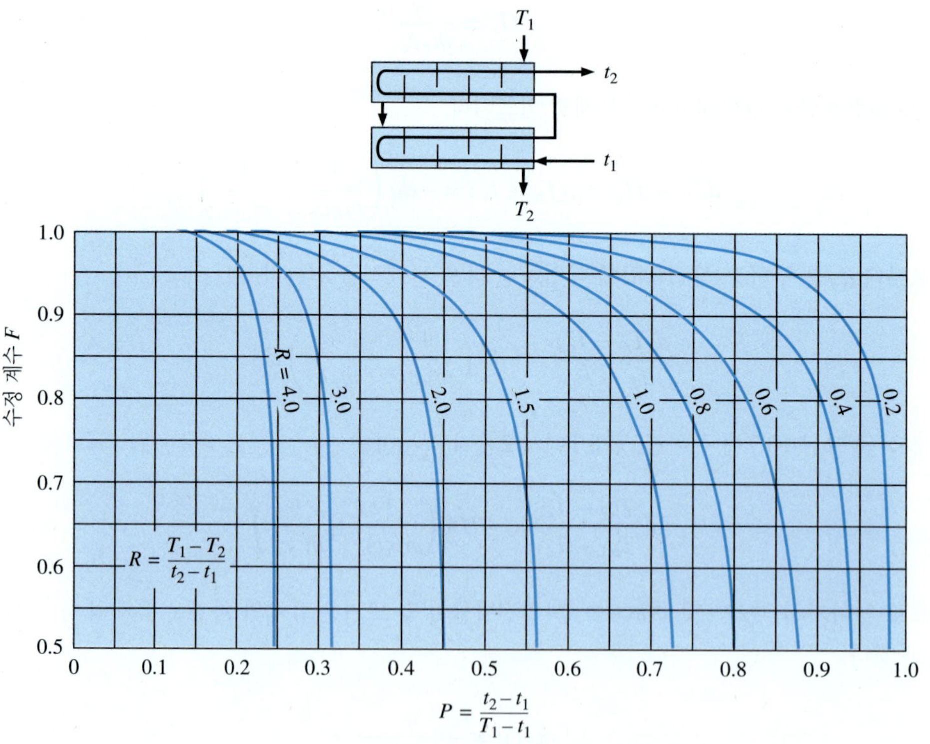

[그림 10.9] 2쉘 통로와 4, 8 혹은 다중관 통로의 쉘-관 열교환기에 대한 수정 계수

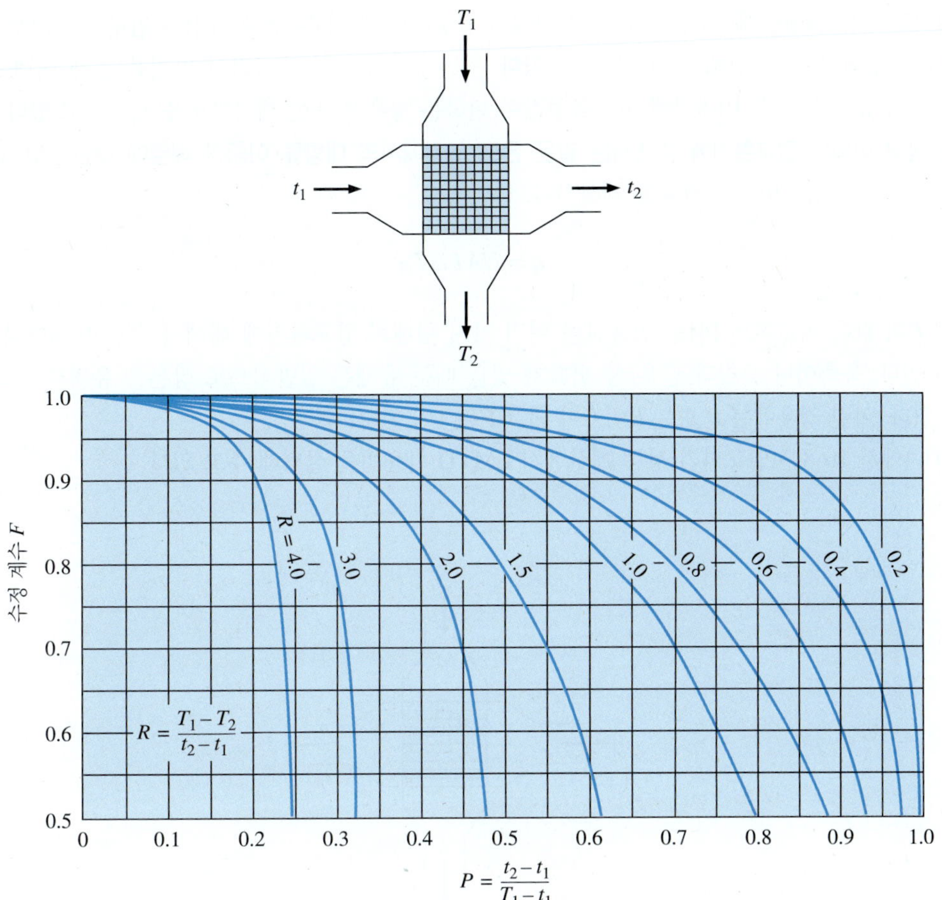

[그림 10.10] 두 유체가 모두 비혼합 흐름이고 단일 통로 직교유동 열교환기에 대한 수정 계수

이 관계식을 식 (10.10)에 대입하면

$$q = UA\frac{(T_{h2} - T_{c2}) - (T_{h1} - T_{c1})}{\ln[(T_{h2} - T_{c2})/(T_{h1} - T_{c1})]} \tag{10.11}$$

식 (10.11)을 식 (10.5)와 비교해 보면 평균 온도차를 다음 식으로 정의할 수 있다.

$$\Delta T_m = \frac{(T_{h2} - T_{c2}) - (T_{h1} - T_{c1})}{\ln[(T_{h2} - T_{c2})/(T_{h1} - T_{c1})]} \tag{10.12}$$

이 온도차를 **대수 평균 온도차**(LMTD; *log mean temperature difference*)라고 한다. 말로 표현하면 LMTD는 한쪽 끝에서의 온도차에서 다른 쪽 끝의 온도차를 뺀 다음 이 값을 이 두 온도차의 비에 대해 자연 로그를 취한 값으로 나눈 것이다. 이 관계식이 대향류의 LMTD를 구하는 경우에도 적용될 수 있다는 것을 보이는 것은 독자 여러분에게 연습문제로 남겨 둔다.

LMTD에 대한 위 유도는 두 가지 중요한 가정을 포함하고 있다. 즉, (1) 유체의 비열은 온도에 따라 변하지 않는다. (2) 대류 열전달계수 h는 열교환기 내에서 일정하다. 특히 두 번째 가정은 입구 효과, 액체의 점성, 열전도계수의 변화 등으로 인해 맞지 않을 수 있다. 일반적으로 수치 해석적인 방법을 통해 이런 효과들에 의한 오차를 교정해야 한다. 10-8절에서는 물성값이 변하는 경우에 대한 해석방법을 제시하고 있다.

이중관 형태 이외의 열교환기에 대해서는 같은 온도 조건에서의 대향류 이중관 배열에 대한 LMTD에 아래와 같이 수정계수를 곱하여 열전달률을 계산한다.

$$q = UAF\Delta T_m \tag{10.13}$$

수정 계수 F의 값은 참고문헌 [4]를 인용하여 여러 가지 형태의 열교환기에 대해서 그림 10.8에서 10.11까지 주어져 있다. 응축이나 증발과 같은 상 변화가 있을 때는 유체는 일반적으로 상온을 유지하고 그 관계식은 단순화된다. 이런 경우에는 P 또는 R이 0이 되고 F는 1이 된다.

예제 10-4에서 10-8은 열교환기 성능 계산에서 LMTD 사용법을 설명해 주고 있다.

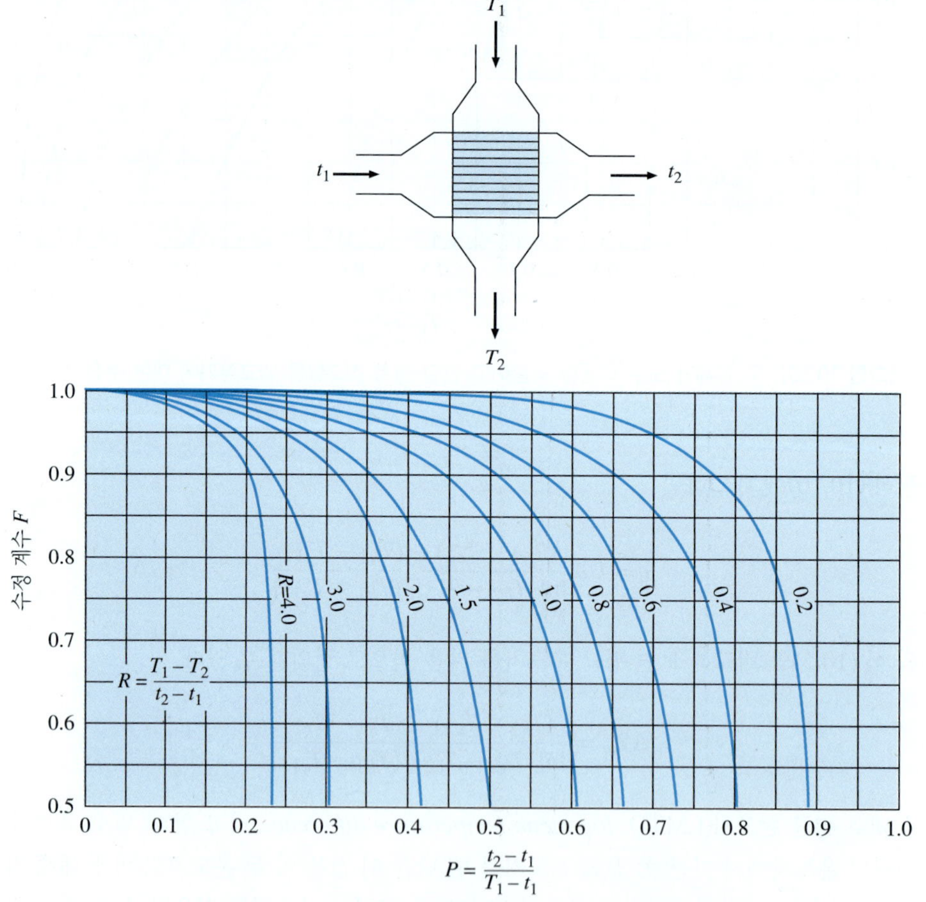

[그림 10.11] 한 유체가 혼합 흐름이고 다른 유체는 비혼합 흐름인 단일 통로 직교유동 열교환기에 대한 수정 계수

예제 10-4 주어진 온도 조건에서 열교환기 크기 계산

68 kg/min의 율로 흐르는 물이 대향류 이중관 열교환기 내에서 오일(C_p = 1.9 kJ/kg · °C)에 의해 35°C에서 75°C로 가열되고 있다. 오일은 열교환기를 110°C로 들어가서 75°C가 되어 나온다. 이 열교환기의 총괄열전달계수는 320 W/m^2 · °C 이다. 열교환기 면적을 계산하여라.

■ 풀이

총 열전달률은 물에 의해 흡수된 에너지 양으로부터 구해진다.

$$\begin{aligned} q = \dot{m}_w c_w \Delta T_w &= (68)(4180)(75-35) = 11.37\ \text{MJ/min} \\ &= 189.5\ \text{kW} \qquad [6.47 \times 10^5\ \text{Btu/h}] \end{aligned} \tag{a}$$

모든 유체의 온도들은 주어졌으므로 그림 10.7*b*의 온도기호를 사용하여 계산하면

$$\Delta T_m = \frac{(75-35)-(110-75)}{\ln[(75-35)/(110-75)]} = 37.44°\text{C} \tag{b}$$

$q = UA\Delta T_m$이므로

$$A = \frac{1.895 \times 10^5}{(320)(37.44)} = 15.82\ \text{m}^2 \quad [170\ \text{ft}^2]$$

예제 10-5 쉘-관 열교환기

예제 10.4의 이중관 열교환기 대신에 물에 대해서는 1-쉘 통로, 오일에 대해서는 2-관 통로인 쉘-관 열교환을 사용하였다. 총괄열전달계수는 그대로 320 W/m^2 · °C 인 것으로 가정하고 이 열교환기에 요구되는 열전달 면적을 구하여라.

■ 풀이

이 문제를 풀기 위해서는 그림 10.8에서 수정 계수를 구해야 한다. 그림 10.8의 기호에 따른 변수들은 다음과 같다.

$$T_1 = 35°\text{C} \qquad T_2 = 75°\text{C} \qquad t_1 = 110°\text{C} \qquad t_2 = 75°\text{C}$$

$$P = \frac{t_2 - t_1}{T_1 - t_1} = \frac{75-110}{35-110} = 0.467$$

$$R = \frac{T_1 - T_2}{t_2 - t_1} = \frac{35-75}{75-110} = 1.143$$

수정 계수는 다음과 같다.

$$F = 0.81$$

열전달률은

$$q = UAF\,\Delta T_m$$

따라서

$$A = \frac{1.895 \times 10^5}{(320)(0.81)(37.44)} = 19.53\ \text{m}^2 \quad [210\ \text{ft}^2]$$

예제 10-6 쉘-관 열교환기 설계

30,000 lb_m/h(3.783kg/s)의 율로 흐르는 물이 쉘-관 열교환기 내에서 100°F에서 130°F (37.78°C에서 54.44°C)로 가열되고 있다. 가열 유체로서 15,000 lb_m/h(1.892 kg/s)율로 흐르는 물이 쉘 측의 단일 통로로 지나간다. 가열 유체의 입구 온도는 200°F(93.33°C)이다. 이 열교환기의 총괄열전달계수는 250Btu/h · ft^2 · °F(1419 W/m^2 · °C)이고 관의 지름은 3/4 in(1.905 cm)이며 관내의 유체의 속도는 1.2 ft/s(0.366 m/s)이다. 설치 공간의 제약으로 인해 관 길이는 8 ft(2.438 m)보다 길면 안 된다. 이 제약 조건을 만족하도록 관 통로 수, 통로 당 관의 수, 관의 길이를 계산하여라.

■ 풀이

먼저 단일 관 통로로 가정하고 이 경우에 이 문제의 제약 조건을 만족하는지 체크한다. 뜨거운 물의 출구 온도는 다음 식에서 계산된다.

$$q = \dot{m}_c c_c \,\Delta T_c = \dot{m}_h c_h \,\Delta T_h$$

$$\Delta T_h = \frac{(30{,}000)(1)(130-100)}{(15{,}000)(1)} = 60°\text{F} = 33.33°\text{C} \qquad (a)$$

$$T_{h,\text{출구}} = 93.33 - 33.33 = 60°\text{C}$$

필요한 총 열전달률은 차가운 액체에 대한 식 (*a*)로부터 얻어진다.

$$q = (3.783)(4182)(54.44-37.78) = 263.6\text{ kW} \quad [8.08 \times 10^5 \text{ Btu/h}]$$

주어진 온도에 대한 대향류 열교환기에 대해서

$$\text{LMTD} = \Delta T_m = \frac{(93.33-54.44)-(60-37.78)}{\ln[(93.33-54.44)/(60-37.78)]} = 29.78°\text{C}$$

$$q = UA\,\Delta T_m$$

$$A = \frac{2.636 \times 10^5}{(1419)(29.78)} = 6.238 \text{ m}^2 \quad [67.1 \text{ ft}^2] \qquad (b)$$

관내의 평균 물 유속 및 질량 유량을 사용하여 총 유동면적을 구하면 다음과 같다.

$$\dot{m}_c = \rho A u$$

$$A = \frac{3.783}{(1000)(0.366)} = 0.01034 \text{ m}^2 \qquad (c)$$

이 면적은 관의 수와 관당유동 면적의 곱과 같다.

$$0.01034 = n\frac{\pi d^2}{4}$$

$$n = \frac{(0.01034)(4)}{\pi(0.01905)^2} = 36.3$$

즉 $n = 36$관이다. 관 단위길이당 표면적은 다음과 같다.

$$\pi d = \pi(0.01905) = 0.0598 \text{ m}^2/\text{tube} \cdot \text{m}$$

식 (*b*)에서 단일 통로 열교환기의 경우에 총 열전달 면적이 6.238 m^{2}이었으므로 아래 식으로부터 이 형태의 열교환기에 대한 관 길이를 계산할 수 있다.

$$n\pi d\ L = 6.238$$

$$L = \frac{6.238}{(36)(0.0598)} = 2.898\ \text{m}$$

이 길이는 허용치인 2.438 m보다 크므로 우리는 더 많은 통로 유동을 사용해야 한다. 통로 수를 증가시키면 수정 계수 F로 인해 LMTD가 줄어들게 되어 총열전달 면적을 증가시켜야 한다. 두 번째로 관 통로가 2개인 경우에 대해서 계산해 보면 그림 10.8에서 $F = 0.88$이다. 따라서

$$A_{\text{전체}} = \frac{q}{UF\Delta T_m} = \frac{2.636 \times 10^5}{(1419)(0.88)(29.78)} = 7.089\ \text{m}^2$$

속도 제약 조건으로 인해 통로당 관의 수는 이 경우에도 36개이다. 2-관 통로 열교환기의 경우에 총열전달 면적은 다음과 같다.

$$A\text{전체} = 2n\pi dL$$

따라서

$$L = \frac{7.089}{(2)(36)(0.0598)} = 1.646\ \text{m} \quad [5.4\ \text{ft}]$$

이 길이는 2.438 m 제약 조건 내에 있다. 따라서 최종 설계 선택은 다음과 같다.

(통로당 관의 수) = 36
(통로의 수) = 2
(통로당 관의 길이) = 1.646 m (5.4 ft)

예제 10-7 한 유체가 혼합인 직교류형 열교환기

그림 10.4와 같은 열교환기가 관내의 오일(c = 1.9 kJ/kg · °C)을 15°C에서 85°C로 가열하는 데 사용되고 있다. 관 바깥쪽으로 5.2 kg/s 율의 수증기가 130°C로 들어와 110°C로 나가면서 관을 가열한다. 총괄열전달계수는 275 W/m^2 · °C이고 수증기에 대한 c는 1.86 kJ/kg · °C 이다. 이 열교환기의 열전달 면적을 계산하여라.

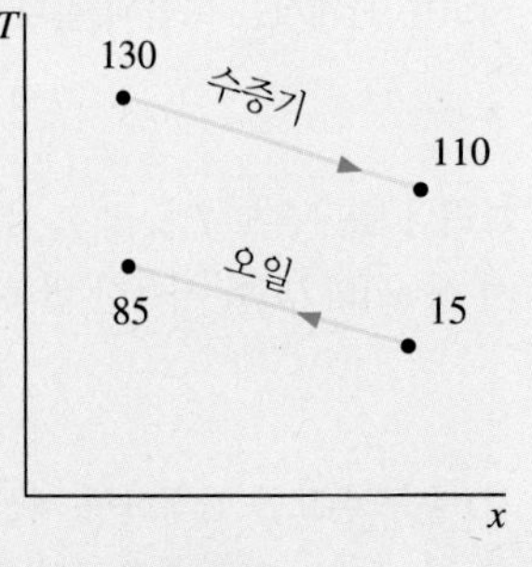

[그림 예제 10.7]

■ 풀이

총 열전달률은 수증기에 대한 에너지 평형식으로부터 구할 수 있다.

$$q = \dot{m}_s c_s\ \Delta T_s = (5.2)(1.86)(130 - 110) = 193\ \text{kW}$$

식 (10.13)을 사용하여 열전달 면적을 구한다. ΔT_m의 값은 그림에서처럼 이 열교환기가 대향류 이중관인 것으로 가정하여 구한다.

$$\Delta T_m = \frac{(130 - 85) - (110 - 15)}{\ln\left(\dfrac{130 - 85}{110 - 15}\right)} = 66.9°\text{C}$$

그림 10.11에서 t_1 및 t_2는 비혼합 유체(오일)의 온도를 나타내고 T_1 및 T_2는 혼합 유체(수증기)의 온도를 나타내므로

$$T_1 = 130 \qquad T_2 = 110 \qquad t_1 = 15 \qquad t_2 = 85°C$$

R 및 P의 값은 다음과 같다.

$$R = \frac{130 - 110}{85 - 15} = 0.286 \qquad P = \frac{85 - 15}{130 - 15} = 0.609$$

그림 10.11로부터

$$F = 0.97$$

열전달 면적은 다음 식으로부터 계산된다.

$$A = \frac{q}{UF\,\Delta T_m} = \frac{193{,}000}{(275)(0.97)(66.9)} = 10.82\ \text{m}^2$$

예제 10-8 | 예제 10-7에서의 열교환기에 대한 탈-설계 유량 효과

예제 10-7의 열교환기에서 수증기의 유량은 그대로 유지되나 오일 유량은 절반으로 줄어들었을 때 이 열교환기의 열전달 성능을 검토하여라. 단 $U = 275\ \text{W/m}^2 \cdot °\text{C}$.

■ 풀이

예제 10-7에서 오일 유량을 구하지 않았으나 아래 식을 사용하여 구할 수 있다.

$$q = \dot{m}_O c_O\,\Delta T_O$$

$$\dot{m}_O = \frac{193}{(1.9)(85 - 15)} = 1.45\ \text{kg/s}$$

따라서 이 문제의 유량은 0.725 kg/s가 된다. 수증기의 입구 온도가 130°C, 오일은 15°C로 가정하면 열전달에 대한 새로운 관계식은 다음과 같다.

$$q = \dot{m}_O c_O (T_{e,o} - 15) = \dot{m}_S c_{p_S} (130 - T_{e,s}) \qquad \textbf{(a)}$$

그러나 출구온도 $T_{e,o}$ 및 $T_{e,s}$는 미지수이고 ΔT_m 또한 구할 수 없으므로 그림 10.11의 R, P의 값도 알 수 없다. 따라서 식 (*a*)와 (*b*)를 사용한 반복 계산을 통하여 출구 온도를 구한다.

$$q = UAF\Delta T_m \qquad \textbf{(b)}$$

즉, 출구 온도를 가정하여 계산한 후 위의 식 (*a*)와 (*b*)의 q값이 일치할 때까지 출구 온도값을 보정한다.

이 예제는 입구나 출구의 온도가 주어지지 않았거나 쉽게 구할 수 없을 때는 반복 계산이 필요함을 보여주고 있다. 그러나 10-6절의 방법을 사용하면 이와 같은 반복 계산이 필요없게 된다.

10-6 유효도-NTU 방법

열교환기 해석에 대한 LMTD 접근 방식은 입구 및 출구 온도가 알려졌거나 쉽게 구할 수 있을때 유용하다. 이 경우에는 LMTD가 쉽게 계산되어 열전달률, 전열 면적, 총괄열전달계수를 구할 수 있다. 그러나 주어진 열교환기에서 입구나 출구 온도가 주어지지 않은 경우에는 위 예제에서처럼 반복 계산을 수행해야 한다. 이 경우에는 주어진 양의 열을 전달하는 열교환기의 유효도에 기초를 둔 방법을 활용하면 쉽게 해석할 수 있다. 이러한 유효도 방법은 어떤 주어진 열교환 목적을 수행하는데 가장 적합한 열교환기를 선택하기 위해 여러 열교환기 종류들을 서로 비교할 때 편리한 점이 많다.

열교환기의 유효도는 다음과 같이 정의된다.

$$\text{유효도} = \epsilon = \frac{\text{실제 열전달}}{\text{최대 가능 열전달}}$$

실제 열전달률은 뜨거운 유체에서 빠져나간 에너지 또는 차가운 유체가 얻은 에너지로부터 계산된다. 그림 10.7에 주어진 바와 같은 평행류 및 대향류 열교환기에 대해서 고려해 보자. 평행류 열교환기의 경우에는

$$q = \dot{m}_h c_h (T_{h_1} - T_{h_2}) = \dot{m}_c c_c (T_{c_2} - T_{c_1}) \tag{10.14}$$

대향류 열교환기의 경우에는

$$q = \dot{m}_h c_h (T_{h_1} - T_{h_2}) = \dot{m}_c c_c (T_{c_1} - T_{c_2}) \tag{10.15}$$

이 열교환기에 대해서 최대로 가능한 열전달률은 한 유체가 이 열교환기에서 나타나는 최대 온도차, 즉 뜨거운 유체와 차가운 유체의 입구 온도차만큼 온도가 변한다고 가정하여 계산한다. 이와 같이 최대 온도차만큼 변하는 유체는 최소의 $\dot{m}c$ 값을 갖는다. 왜냐하면 에너지 평형으로부터 한 유체가 받은 에너지 양은 다른 유체가 내어놓은 에너지 양과 같기 때문이다. 즉 $\dot{m}c$가 큰 유체가 최대 온도 변화를 한다면 $\dot{m}c$가 작은 유체는 더 큰 온도변화를 하여야 하므로 이는 불가능하다. 따라서 최대로 가능한 열전달률은 다음과 같이 표현할 수 있다.

$$q_{\max} = (\dot{m}c)_{\min} (T_{h_{\text{inlet}}} - T_{c_{\text{inlet}}}) \tag{10.16}$$

$\dot{m}c$가 최소인 유체는 질량 유량 및 비열에 따라 뜨거운 유체거나 차가운 유체가 될 수 있다. 평행류 열교환기의 경우에

$$\epsilon_h = \frac{\dot{m}_h c_h (T_{h_1} - T_{h_2})}{\dot{m}_h c_h (T_{h_1} - T_{c_1})} = \frac{T_{h_1} - T_{h_2}}{T_{h_1} - T_{c_1}} \tag{10.17}$$

$$\epsilon_c = \frac{\dot{m}_c c_c (T_{c_2} - T_{c_1})}{\dot{m}_c c_c (T_{h_1} - T_{c_1})} = \frac{T_{c_2} - T_{c_1}}{T_{h_1} - T_{c_1}} \tag{10.18}$$

유효도의 아래첨자는 $\dot{m}c$가 최소인 유체를 나타낸다. 대향류 열교환기의 경우에 대해서는

$$\epsilon_h = \frac{\dot{m}_h c_h (T_{h_1} - T_{h_2})}{\dot{m}_h c_h (T_{h_1} - T_{c_2})} = \frac{T_{h_1} - T_{h_2}}{T_{h_1} - T_{c_2}} \tag{10.19}$$

$$\epsilon_c = \frac{\dot{m}_c c_c (T_{c_1} - T_{c_2})}{\dot{m}_c c_c (T_{h_1} - T_{c_2})} = \frac{T_{c_1} - T_{c_2}}{T_{h_1} - T_{c_2}} \tag{10.20}$$

일반적으로 유효도는 다음과 같이 표현된다.

$$\epsilon = \frac{\Delta T(\text{최소 유체})}{\text{열교환기 내에서의 최대 온도차}} \tag{10.21}$$

평행류의 유효도를 나타내는 식은 다음과 같이 유도된다.
식 (10.10)을 다시 쓰면

$$\ln \frac{T_{h_2} - T_{c_2}}{T_{h_1} - T_{c_1}} = -UA\left(\frac{1}{\dot{m}_h c_h} + \frac{1}{\dot{m}_c c_c}\right) = \frac{-UA}{\dot{m}_c c_c}\left(1 + \frac{\dot{m}_c c_c}{\dot{m}_h c_h}\right) \tag{10.22}$$

$$\frac{T_{h_2} - T_{c_2}}{T_{h_1} - T_{c_1}} = \exp\left[\frac{-UA}{\dot{m}_c c_c}\left(1 + \frac{\dot{m}_c c_c}{\dot{m}_h c_h}\right)\right] \tag{10.23}$$

차가운 유체가 최소 유체이면

$$\epsilon = \frac{T_{c_2} - T_{c_1}}{T_{h_1} - T_{c_1}}$$

식 (10.23)의 온도 비를 다시 쓰면

$$\frac{T_{h_2} - T_{c_2}}{T_{h_1} - T_{c_1}} = \frac{T_{h_1} + (\dot{m}_c c_c/\dot{m}_h c_h)(T_{c_1} - T_{c_2}) - T_{c_2}}{T_{h_1} - T_{c_1}} \tag{10.24}$$

위 식에는 식 (10.6)으로부터 얻어지는 다음 식을 대입하였다.

$$T_{h_2} = T_{h_1} + \frac{\dot{m}_c c_c}{\dot{m}_h c_h}(T_{c_1} - T_{c_2})$$

식 (10.24)를 다시 정리하여 쓰면

$$\frac{(T_{h_1} - T_{c_1}) + (\dot{m}_c c_c/\dot{m}_h c_h)(T_{c_1} - T_{c_2}) + (T_{c_1} - T_{c_2})}{T_{h_1} - T_{c_1}} = 1 - \left(1 + \frac{\dot{m}_c c_c}{\dot{m}_h c_h}\right)\epsilon$$

이 관계식을 식 (10.23)에 대입하면 다음과 같은 유효도에 대한 식을 얻는다.

$$\epsilon = \frac{1 - \exp[(-UA/\dot{m}_c c_c)(1 + \dot{m}_c c_c/\dot{m}_h c_h)]}{1 + \dot{m}_c c_c/\dot{m}_h c_h} \tag{10.25}$$

뜨거운 유체가 최소 유체일 때도 $\dot{m}_c c_c$ 대신에 $\dot{m}_h c_h$로 바뀌는 것을 제외하고는 똑같은 관계식이 얻어진다. 따라서 유효도는 일반적으로 다음과 같이 표현할 수 있다.

$$\epsilon = \frac{1 - \exp[(-UA/C_{\min})(1 + C_{\min}/C_{\max})]}{1 + C_{\min}/C_{\max}} \tag{10.26}$$

여기서 $C = \dot{m}c$로 정의되는 용량비이다.

대향류의 경우에도 비슷한 해석을 적용하여 정리하면 다음과 같은 유효도에 대한 관계식을 얻는다.

$$\epsilon = \frac{1 - \exp[(-UA/C_{\min})(1 - C_{\min}/C_{\max})]}{1 - (C_{\min}/C_{\max})\exp[(-UA/C_{\min})(1 - C_{\min}/C_{\max})]} \tag{10.27}$$

$UA/C_{\min}$는 전달단위수(*number of transfer units:* NTU)라고 하며 열교환기의 크기를 나타낸다.

Kays와 London[3]은 여러 종류의 열교환기 배열에 대한 유효도 비를 구하였고 이중의 일부가 그림 10.12부터 10.17까지 그래프 형태로 나타나 있다. 예제 10-9에서 10-14까지는 열교환기 해석에서 유효도-NTU 방법을 사용하는 방법을 다루고 있다.

유효도-NTU 그래프는 열교환기 설계에서 아주 유용하지만 때로는 그래프로 값을 읽는 것보다 더 높은 정밀도가 요구되는 경우가 있다. 이와 같은 경우에는 이 곡선들을 함수식으로 나타내어 컴퓨터를 사용하여 계산하여 좀 더 정확한 설계과정을 거쳐야 한다. 표 10.3은 유효도 관계식을 요약한 것이다. 어떤 경우에는 이 해석의 목적이 NTU를 결정하는 데 있다. 그리고 NTU는 유효도와 용량비의 양함수(explicit relation)형태로 나타낼 수 있다. 이와 같은 관계식들이 표 10.4에 주어져 있다.

1-셀 통로에 대해 관 통로 수가 2, 4, 6인 경우에 대한 관계식은 엄격히 말하면 관 통로수가 2일 때만 정확하고 그 이상의 통로수에 대해서는 작은 오차가 생긴다. 이 오차는 통상적으로 C가 0.5보다 작고 N이 3.0보다 작은 경우에는 1% 이내이다. 이 공식은 $N = 6.0$, $C = 1.0$인 경우에 6.5% 정도 높게 예측하고 있다. 더 자세한 정보는 Kraus 와 Kern [10]을 참고하기 바란다.

보일러와 응축기

앞 장에서 비등 또는 응축 과정에서 유체의 온도는 일정한 온도를 유지하여 유체가 무한대의 비열값을 갖는 것과 같이 행동한다고 언급하였다. 이 경우에 $C_{\min}/C_{\max} \to 0$이고 열교환기 유효도 관계식은 다음의 단순화된 식으로 나타난다.

$$\epsilon = 1 - e^{-\mathrm{NTU}}$$

이 식은 표 10.3의 마지막 항에 있다. 이 경우

$$q = C_{\min}(T_{h,\mathrm{inlet}} - T_{c,\mathrm{inlet}})[1 - \exp(-UA/C_{\min})]$$

여기서

$$C_{\min} = \dot{m}_c c_c\text{: 응축기의 경우(응축되는 유체가 열을 잃음)}$$
$$= \dot{m}_h c_h\text{: 보일러의 경우(끓는 유체가 열을 얻음)}$$

유효도와 열전달률

열교환기 유효도의 물리적 의미를 잘못 이해하고 있는 독자들은 주의하기 바란다. 한 열교환기가 단지 어떤 유동조건에서 높은 유효도를 갖는다고 해서 낮은 유효도 조건보다 열전달률이 더 높다는 것을 의미하지는 않는다. 높은 값을 갖는다는 것은 고온유체와 저온유체간의 온도차가 작다는 것을 뜻하는 반면, 높은 열전달

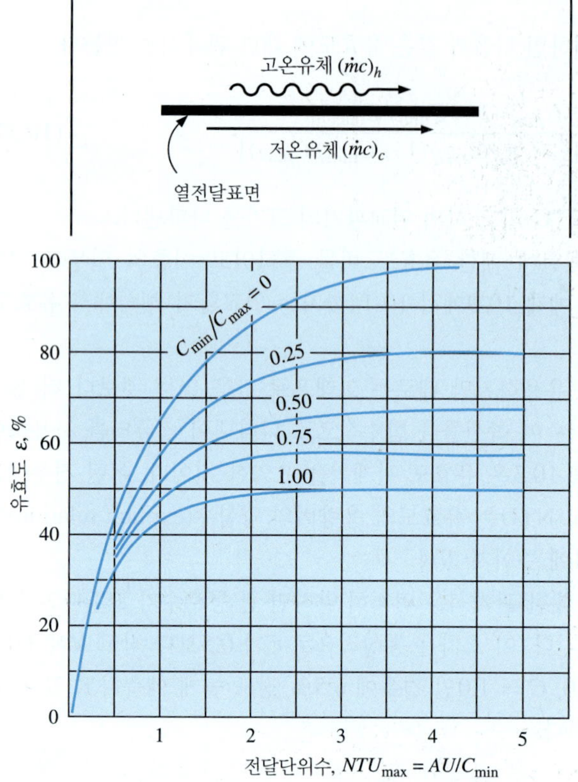

[그림 10.12] 평행류 열교환기 성능에 대한 유효도

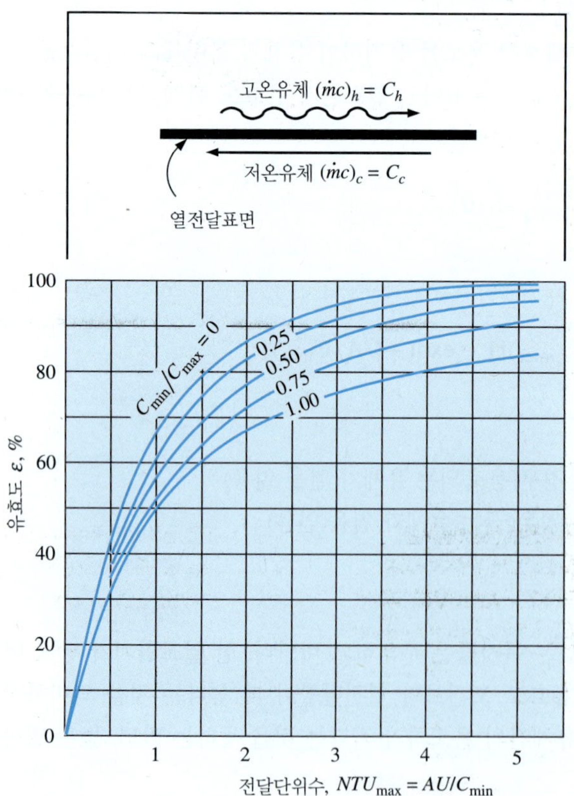

[그림 10.13] 대향류 열교환기 성능에 대한 유효도

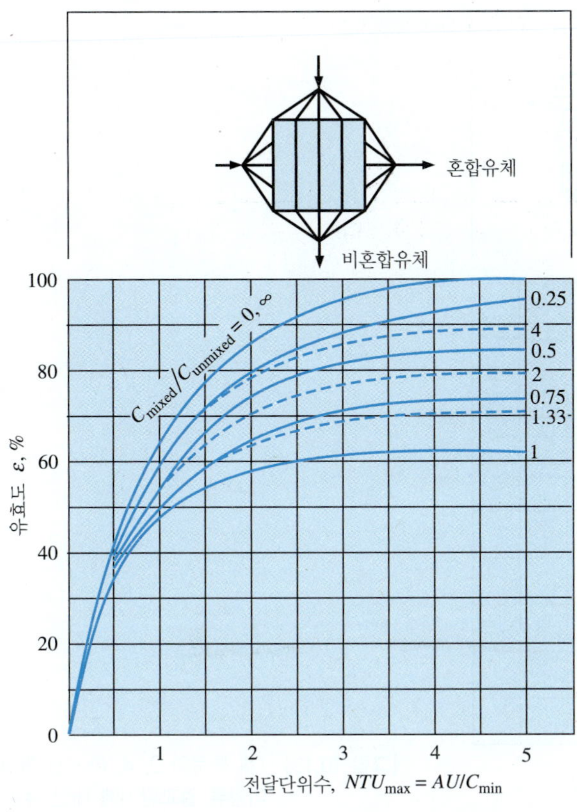

[그림 10.14] 단일혼합 유체의 직교류형 열교환기의 유효도

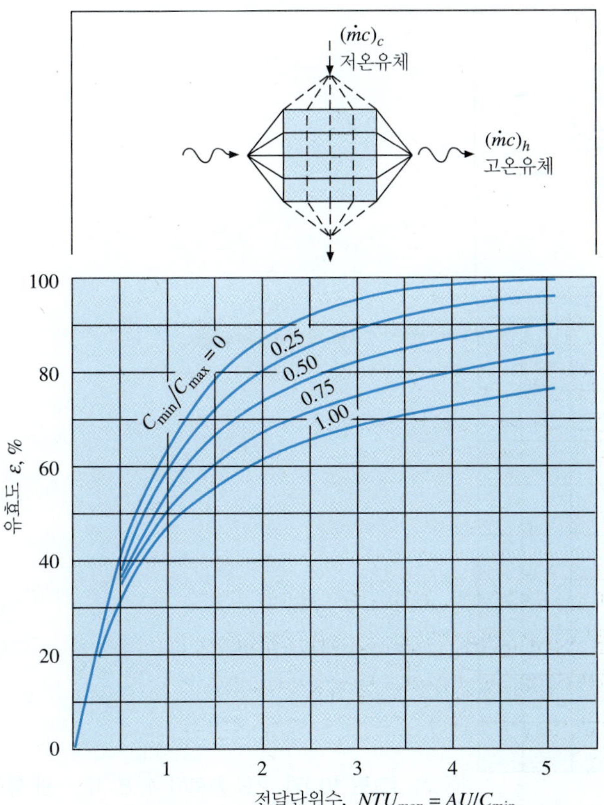

[그림 10.15] 비혼합 유체의 직교류형 열교환기의 유효도

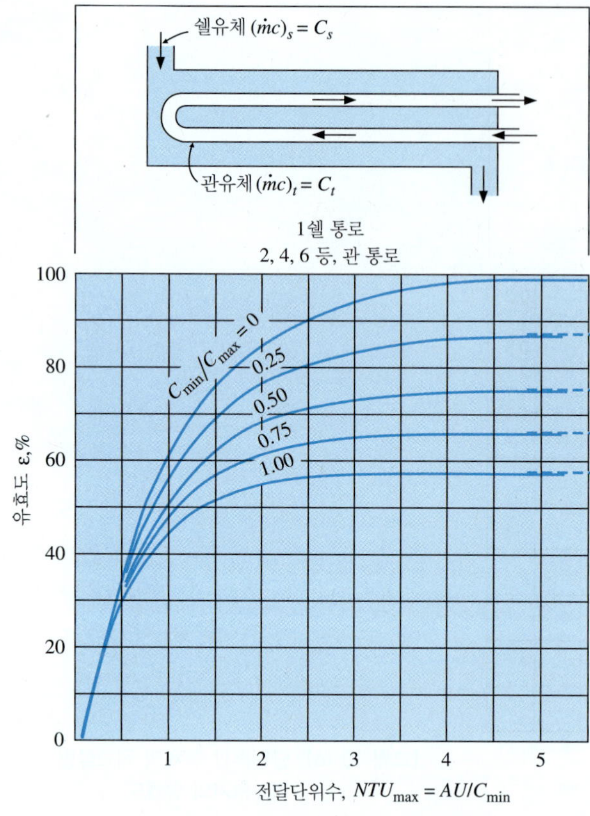

[그림 10.16] 1쉘 통로와 2, 4, 6⋯ 관 통로의 대향류 열교환기에 대한 유효도

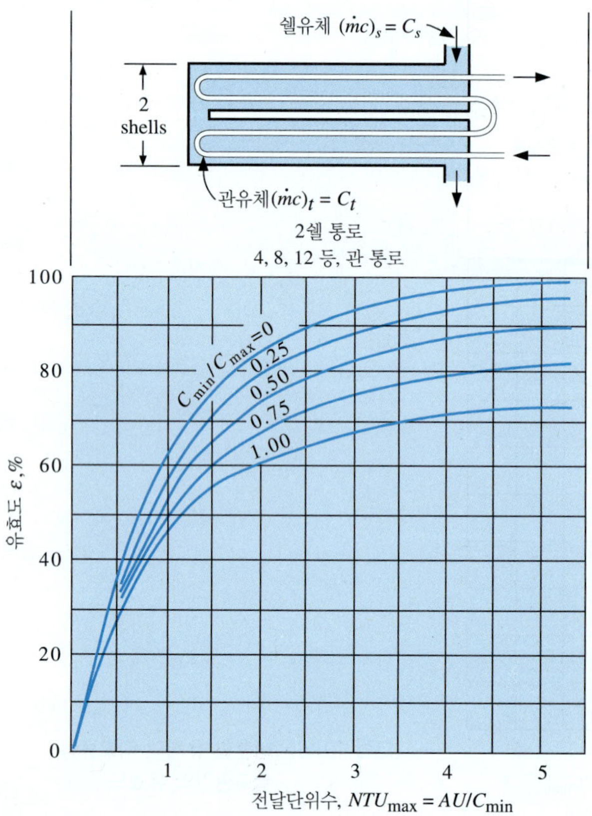

[그림 10.17] 2쉘 통로와 4, 8, 12⋯ 관 통로의 대향류 열교환기에 대한 유효도

[표 10.3] 열교환기 유효도 관계식

$N = \text{NTU} = \dfrac{UA}{C_{min}}$ $\quad C = \dfrac{C_{min}}{C_{max}}$	
유동형태	**관계식**
이중관:	
병행류	$\epsilon = \dfrac{1 - \exp[-N(1+C)]}{1+C}$
대향류	$\epsilon = \dfrac{1 - \exp[-N(1-C)]}{1 - C\exp[-N(1-C)]}$
대향류, $C = 1$	$\epsilon = \dfrac{N}{N+1}$
직교유동:	
두 유체 모두 비혼합	$\epsilon = 1 - \exp\left[\dfrac{\exp(-NCn) - 1}{Cn}\right]$ $n = N^{-0.22}$
두 유체 모두 혼합	$\epsilon = \left[\dfrac{1}{1-\exp(-N)} + \dfrac{C}{1-\exp(-NC)} - \dfrac{1}{N}\right]^{-1}$
C_{max}혼합, C_{min} 비혼합	$\epsilon = (1/C)\{1 - \exp[-C(1-\exp^{-N})]\}$
C_{max} 비혼합, C_{min}혼합	$\epsilon = 1 - \exp\{-(1/C)[1 - \exp(-NC)]\}$
셸–관:	
1셸통로, 2, 4, 6관통로	$\epsilon = 2\left\{1 + C + (1+C^2)^{1/2} \times \dfrac{1+\exp[-N(1+C^2)^{1/2}]}{1-\exp[-N(1+C^2)^{1/2}]}\right\}^{-1}$
다중셸통로 2n, 4n, 6n 관통로 ($\epsilon_p =$ 각 셸통로의 유효도, $n =$ 셸통로의 수)	$\epsilon = \dfrac{[(1-\epsilon_p C)/(1-\epsilon_p)]^n - 1}{[(1-\epsilon_p C)/(1-\epsilon_p)]^n - C}$
$C = 1$인 경우	$\epsilon = \dfrac{n\epsilon_p}{1 + (n-1)\epsilon_p}$
$C = 0$인 모든 열교환기	$\epsilon = 1 - e^{-N}$

[표 10.4] 열교환기 NTU 관계식

$C = C_{min}/C_{max}$ $\quad \epsilon =$ **효과** $\quad N = \text{NTU} = UA/C_{min}$	
유동형태	**관계식**
이중관:	
병행류	$N = \dfrac{-\ln[1-(1+C)\epsilon]}{1+C}$
대향류	$N = \dfrac{1}{C-1}\ln\left(\dfrac{\epsilon - 1}{C\epsilon - 1}\right)$
직교류, $C = 1$	$N = \dfrac{\epsilon}{1-\epsilon}$
직교유동:	
C_{max}혼합, C_{min} 비혼합	$N = -\ln\left[1 + \dfrac{1}{C}\ln(1 - C\epsilon)\right]$
C_{max} 비혼합, C_{min}혼합	$N = \dfrac{-1}{C}\ln[1 + C\ln(1-\epsilon)]$
셸–관:	
1-셸통로, 2, 4, 6관통로	$N = -(1+C^2)^{-1/2} \times \ln\left[\dfrac{2/\epsilon - 1 - C - (1+C^2)^{1/2}}{2/\epsilon - 1 - C + (1+C^2)^{1/2}}\right]$
$C = 0$인 모든 열교환기	$N = -\ln(1-\epsilon)$

률은 두 유체간의 온도차가 클 때(즉, 구동력이 클 때) 얻어진다. 열역학적 의미로 보면, 높은 유효도를 갖는다는 것은 열역학적 비가역성을 감소시키고 엔트로피의 증가를 낮추는 것을 뜻한다. 열전달과 유효도의 값을 둘 다 높이기 위해서는 UA 값을 증가시켜야 하는데, UA 값의 증가는 열교환기의 크기를 증가시키던가(비용 증가) 또는 열교환기 내 유체의 유동속도를 높임으로서 대류열전달계수를 증가시켜야 한다. 또는 UA 값을 증가시키기 위해서는 소위 열전달 촉진기술을 도입해야 한다. 그러한 기술은 Bergles [12-14]와 Webb [17]의 연구결과에서 폭넓게 다루어지고 있다. 많은 경우 압력감소와 펌핑(pumping)에 소요되는 경비는 열교환기의 설계와 선택에 있어 중요한 인자가 되고 있다.

예제 10-9 ϵ-NTU 방법을 사용한 탈-설계 조건시의 계산

예제 10-8을 유효도 방법을 사용하여 해석하라.

■ 풀이

수증기에 대해서

$$C_s = \dot{m}_s c_s = (5.2)(1.86) = 9.67\ \mathrm{kW/°C}$$

오일에 대해서

$$C_o = \dot{m}_o c_o = (0.725)(1.9) = 1.38\ \mathrm{kW/°C}$$

따라서 오일이 최소 유체이다.

$$C_{\min}/C_{\max} = 1.38/9.67 = 0.143$$

$$\mathrm{NTU} = UA/C_{\min} = (275)(10.82)/1380 = 2.156$$

$C_{\min}$(오일)은 비혼합이고 $C_{\max}$(수증기)는 혼합 흐름이므로 표 10.3의 6번째 관계식을 적용하여 ϵ을 계산하면

$$\epsilon = (1/0.143)\{1 - \exp[-(0.143)(1 - e^{-2.156})]\} = 0.831$$

표 10.3 대신에 그림 10.14를 사용하면 $C_{\text{mixed}}/C_{\text{unmixed}} = 9.67/1.38 = 7.01$이므로 그래프로부터 $\epsilon = 0.831$의 값을 얻는다. 유효도를 사용하여 최소 유체(오일)의 온도차를 다음과 같이 결정한다.

$$\Delta T_o = \epsilon(\Delta T_{\max}) = (0.831)(130 - 15) = 95.5°\mathrm{C}$$

따라서 열전달률은

$$q = \dot{m}_o c_o\, \Delta T_o = (1.38)(95.5) = 132\ \mathrm{kW}$$

이 문제에서 오일 유량을 50% 줄였을 때 열전달률은 단지 32%만 감소하는 것을 알 수 있다.

예제 10-10 예제 10-4에서의 열교환기에 대한 탈-설계조건에서의 계산

예제 10-4의 열교환기가 물을 가열하는데 사용되고 있다. 입구에서의 유체 온도는 예제 10-4와 같고 같은 양의 오일이 사용된다. 다만 물의 양이 40 kg/min로 줄었을 때 출구에서의 물의 온도와 총 열전달률을 구하여라.

■ 풀이

오일의 유량은 예제 10-4의 에너지 평형식으로부터 구할 수 있다.

$$\dot{m}_h c_h \, \Delta T_h = \dot{m}_c c_c \, \Delta T_c \qquad (a)$$

$$\dot{m}_h = \frac{(68)(4180)(75-35)}{(1900)(110-75)} = 170.97 \text{ kg/min}$$

새로운 물의 유량 조건에 대한 용량비는 다음과 같이 계산된다.

$$\dot{m}_h c_h = \frac{170.97}{60}(1900) = 5414 \text{ W/°C}$$

$$\dot{m}_c c_c = \frac{40}{60}(4180) = 2787 \text{ W/°C}$$

물(차가운 유체)이 최소 유체이므로

$$\frac{C_{\min}}{C_{\max}} = \frac{2787}{5414} = 0.515$$

$$\text{NTU} = \frac{UA}{C_{\min}} = \frac{(320)(15.82)}{2787} = 1.816 \qquad (b)$$

여기서 면적 15.82 m^2는 예제 10-4에서 구해진 값이다. 그림 10.13 혹은 표 10.3으로부터 유효도를 구하면

$$\epsilon = 0.744$$

냉각 유체가 최소 유체이므로 다음과 같이 쓸 수 있다.

$$\epsilon = \frac{\Delta T_{\text{cold}}}{\Delta T_{\max}} = \frac{\Delta T_{\text{cold}}}{110-35} = 0.744$$

$$\Delta T_{\text{cold}} = 55.8\text{°C} \qquad (c)$$

따라서 출구 온도는

$$T_{w,\text{exit}} = 35 + 55.8 = 90.8\text{°C}$$

새로운 조건에 대한 총 열전달률은 다음과 같다.

$$q = \dot{m}_c c_c \Delta T_c = \frac{40}{60}(4180)(55.8) = 155.5 \text{ kW} \quad [5.29 \times 10^5 \text{ Btu/h}] \qquad (d)$$

이 경우에 유량은 41%(68 kg/min에서 40 kg/min)로 줄었으나 열전달률은 단지 18%(189.5 kW에서 155.5 kW)감소하였다. 그 이유는 열교환기가 유량이 적을수록 더욱 효율적이기 때문이다.

예제 10-11 두 유체 모두 비혼합인 직교유동 열교환기

그림 10.5와 같은 핀이 달린 열교환기가 1대기압하에서 유량 5000 ft^3/min로 흐르는 공기를 60°F에서 85°F (15.55°C에서 29.44°C)로 가열하는데 사용되고 있다. 뜨거운 물이 관 속으로 180°F (82.22°C)로 들어가고 공기가 관을 가로질러 흐르고 있다. 이때의 총괄열전달계수는 40 Btu/h · ft^2 · °F (227 W/m^2 · °C)이고 총열전달 면적은 100 ft^2(9.29 m^2)이다. 열교환기 출구에서의 물의 온도 및 열전달률을 구하여라.

■ 풀이

열전달률은 공기에 대한 에너지 평형식으로부터 구해진다. 열교환기 입구에서의 공기의 밀도는

$$\rho = \frac{p}{RT} = \frac{1.0132 \times 10^5}{(287)(288.7)} = 1.223 \text{ kg/m}^3$$

공기(차가운 유체)의 질량유량은

$$\dot{m}_c = (2.36)(1.223) = 2.887 \text{ kg/s}$$

따라서 열전달률은

$$\begin{aligned} q &= \dot{m}_c c_c \, \Delta T_c = (2.887)(1006)(29.44 - 15.55) \\ &= 40.34 \text{ kW} \quad [1.38 \times 10^5 \text{ Btu/h}] \end{aligned} \tag{a}$$

문제에서 주어진 조건만으로는 우리는 공기와 물 중에서 어떤 유체가 최소 유체인지 결정할 수 없다. 만일 공기가 최소 유체라면 즉시 NTU를 계산하고 그림 10.15를 사용하여 물의 유량을 구하여 물의 출구 온도를 결정할 수 있다. 그러나 물이 최소 유체라면 그림 10.15 혹은 표 10.3을 사용할 때 시행 착오법을 사용해야 한다. 먼저 공기가 최소 유체라고 가정하고 이 가정이 옳은지 조사해 본다.

$$\dot{m}_c c_c = (2.887)(1006) = 2904 \text{ W/°C}$$

$$\text{NTU}_{\max} = \frac{UA}{C_{\min}} = \frac{(227)(9.29)}{2904} = 0.726$$

공기를 최소 유체라고 했을 때의 유효도는

$$\epsilon = \frac{\Delta T_{\text{air}}}{\Delta T_{\max}} = \frac{29.44 - 15.55}{82.22 - 15.55} = 0.208 \tag{b}$$

그림 10.15에서 그림에 있는 곡선과 이 양을 일치시킬 수 없다. 따라서 뜨거운 액체(오일)이 최소 유체임을 알 수 있다. 먼저 물의 유량을 가정한 후에 그림 10.15나 표 10.3의 값과 일치할 때까지 물의 유량을 수정한다.

$$C_{\max} = \dot{m}_c c_c = 2904 \text{ W/°C} \tag{c}$$

$$\text{NTU}_{\max} = \frac{UA}{C_{\min}} \tag{d}$$

$$\epsilon = \frac{\Delta T_h}{\Delta T_{\max}} = \frac{\Delta T_h}{82.22 - 15.55} \tag{e}$$

$$\Delta T_h = \frac{4.034 \times 10^4}{C_{\min}} = \frac{4.034 \times 10^4}{C_h} \tag{f}$$

반복 계산은 다음과 같다.

				ϵ	
$\frac{C_{\min}}{C_{\max}}$	$C_{\min} = \dot{m}_h c_h$	$\text{NTU}_{\max}$	ΔT_h	그림 10.5 또는 표 10.3	식 (e)로부터 계산
0.5	1452	1.452	27.78	0.65	0.417
0.25	726	2.905	55.56	0.89	0.833
0.22	639	3.301	63.13	0.92	0.947

따라서 물의 유량은

$$\dot{m}_h c_h = 660 \text{ W/°C}$$

$$\dot{m}_h = \frac{660}{4180} = 0.158 \text{ kg/s}$$

로 예측되고 출구에서의 물의 온도는 다음과 같다.

$$T_{w,\text{exit}} = 82.22 - \frac{4.034 \times 10^4}{660} = 21.1\text{°C}$$

다른 풀이 방법으로서, 식 (c, d, e, f)를 다시 정리하면 다음을 얻는다.

$$N = 0.7762/C \qquad \textbf{(g)}$$

$$\epsilon = 0.22084/C \qquad \textbf{(h)}$$

여기서 N과 C는 표 10.3과 같이 정의된다. 표 10.3(직교류, 두 유체 모두 비혼합)으로부터 적합한 유효도 식은

$$\epsilon = 1 - \exp\{[\exp(-NCn) - 1]/Cn\}$$

여기서 $n = N^{-0.22}$이다.

식 (g)와 (h)를 식 (i)에 대입하면 열용량비 C에 대한 하나의 식을 얻고 여기서 C에 대해 풀면,

$$C = 0.23 \qquad (i)$$

이제 $C_{\min}$값은

$$C_{\min} = 2904 \times C = (2904)(0.23) = 668 \text{ W/°C}$$

이 되어, 위의 첫 번째 반복계산에 의한 방법으로 구한 값과 약간의 차이를 보이고 있다. 따라서 출구에서의 물의 온도는 다음과 같다.

$$T_{w,\text{exit}} = 82.22 - 40{,}340/668 = 21.8\text{°C}$$

예제 10-12 한 개의 열교환기와 두 개의 열교환기의 비교

1.25 kg/s의 율로 흐르는 물이 대향류 이중관 열교환기 내에서 오일(c_p = 2.0 kJ/kg · °C)에 의해 35°C에서 80°C로 가열되고 있다. 오일은 열교환기를 150°C로 들어가서 85°C가 되어 나온다. 총괄열전달계수는 150 Btu/h · ft^2 · °F 이다. 비슷한 조건의 열교환기를 다른 공장에 설치하고자 한다. 먼저 1개의 대향류형 열교환기의 성능과 그림에서와 같이 2개의 작은 대향류형 열교환기가 물쪽은 직렬방식으로, 오일쪽은 병렬 방식으로 연결된 열교환기의 성능을 서로 비교하고자 한다. 오일 유동은 두 열교환기로 똑같은 양이 분배되고 두 개의 작은 열교환기의 총괄열전달계수는 큰 열교환기의 총괄열전달계수와 같다고 가정한다. 만일 작은 열교환기를 설치하는데 단위 표면적당 20% 비용이 더 든다고 하면 한 개의 큰 열교환기와 같은 크기의 작은 두 개의 열교환기 중에 어느 것이 경제적이겠는가?

■ 풀이

두 가지 경우에 대해서 필요한 열전달 면적을 계산하고 각각의 가격을 비교해 보자. 한 개의 큰 열교환기에 대해서

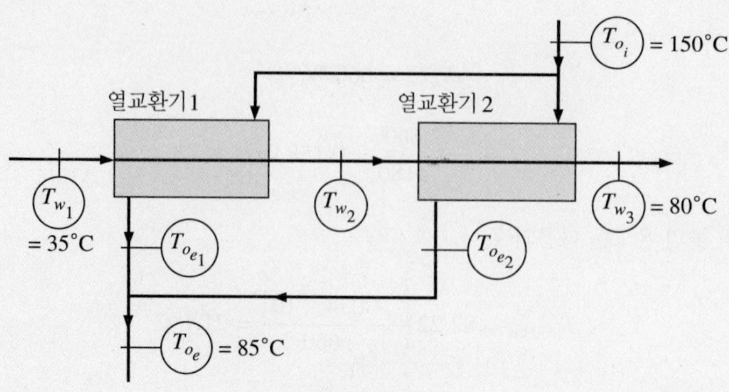

[그림 예제 10.12]

$$
\begin{aligned}
q &= \dot{m}_c c_c \, \Delta T_c = \dot{m}_h c_h \, \Delta T_h \\
&= (1.25)(4180)(80-35) = \dot{m}_h c_h (150-85) \\
&= 2.351 \times 10^5 \text{ W} \quad [8.02 \times 10^5 \text{ Btu/h}]
\end{aligned}
$$

$$\dot{m}_c c_c = 5225 \text{ W/°C} \qquad \dot{m}_h c_h = 3617 \text{ W/°C}$$

따라서 오일이 최소 유체이다.

$$\epsilon_h = \frac{\Delta T_h}{150-35} = \frac{150-85}{150-35} = 0.565$$

$$\frac{C_{\min}}{C_{\max}} = \frac{3617}{5225} = 0.692$$

그림 10.13 또는 표 10.4로부터 $\text{NTU}_{\max} = 1.09$이다.

$$A = \text{NTU}_{\max} \frac{C_{\min}}{U} = \frac{(1.09)(3617)}{850} = 4.649 \text{ m}^2 \quad [50.04 \text{ ft}^2]$$

다음에 그림에서와 같은 두 개의 작은 열교환기에 필요한 면적을 계산한다.

$$\dot{m}_h c_h = \frac{3617}{2} = 1809 \text{ W/°C}$$

$$\dot{m}_c c_c = 5225 \text{ W/°C}$$

$$\frac{C_{\min}}{C_{\max}} = \frac{1809}{5225} = 0.347$$

각 열교환기에 대해서 UA와 $C_{\min}$이 같으므로 NTU값은 각 열교환기에 대해서 같다. 따라서 각 열교환기의 유효도도 같다.

$$\epsilon_1 = \frac{T_{oi} - T_{oe,1}}{T_{oi} - T_{w,1}} = \epsilon_2 = \frac{T_{oi} - T_{oe,2}}{T_{oi} - T_{w,2}}$$

$$\epsilon_1 = \frac{150 - T_{oe,1}}{150-35} = \epsilon_2 = \frac{150 - T_{oe,2}}{150 - T_{w,2}} \tag{a}$$

여기서 표시한 온도의 기호는 그림에 설명되어 있다. 오일의 유동은 각 열교환기에서 같기 때문에 오일의 평균 출구

온도는 85°C이어야 한다.

$$\frac{T_{oe,1}+T_{oe,2}}{2}=85 \tag{b}$$

두 번째 열교환기에 대한 에너지 평형식으로부터

$$\begin{aligned}(5225)(T_{w3}-T_{w2}) &= (1809)(T_{oi}-T_{oe,2})\\ (5225)(80-T_{w2}) &= (1809)(150-T_{oe,2})\end{aligned} \tag{c}$$

따라서 세 미지수 $T_{oe,1}$, $T_{oe,2}$, T_{w2}에 대한 세 개의 방정식 (*a*), (*b*), (*c*)가 얻어졌다. 이 방정식들의 해를 구하면

$$T_{oe,1}=76.98°\text{C}$$
$$T_{oe,2}=93.02°\text{C}$$
$$T_{w2}=60.26°\text{C}$$

유효도는 다음과 같이 계산된다.

$$\epsilon_1=\epsilon_2=\frac{150-76.98}{150-35}=0.635$$

그림 10.13 또는 표 10.4로부터 $\text{NTU}_{max}=1.16$이다. 따라서

$$A=\text{NTU}_{max}\frac{C_{min}}{U}=\frac{(1.16)(1809)}{850}=2.47\ \text{m}^2$$

각각의 작은 열교환기에 대해서 필요한 면적은 2.47 m^2이므로 총 열전달 면적은 4.94 m^2이다. 이 값은 1개의 열교환기를 사용할 때의 4.649 m^2보다 크고 단위면적당 설치비도 비싸므로 한 개의 큰 열교환기를 사용하는 것이 더 경제적이다. 그러나 작은 두 개의 열교환기 경우가 오일 펌핑 비용이 적게 들기 때문에 펌핑 비용이 상당히 큰 경제적 인자 역할을 할 경우에는 작은 두 개의 열교환기를 쓰는 것이 유리한 결정일 수도 있다.

예제 10-13 공기 가열기로 사용되는 쉘-관 열교환기

100°C의 뜨거운 오일이 쉘-관 열교환기에서 공기를 가열하는데 사용되고 있다. 오일은 6개의 관통로로 흐르고 공기는 하나의 쉘 통로로 흐른다. 2.0 kg/s의 공기가 20°C에서 80°C로 가열되고 있다. 오일의 비열은 2100 J/kg · °C이고 유량은 3.0 kg/s이다.총괄열전달계수 $U=200\ \text{W/m}^2\cdot°\text{C}$인 열교환기에 대해서 필요한 전열 면적을 구하여라.

■ 풀이

에너지 평형식에서

$$\dot{m}_o c_o\,\Delta T_o=\dot{m}_a c_{pa}\,\Delta T_a$$

$$(3.0)(2100)(100-T_{oe})=(2.0)(1009)(80-20)$$
$$T_{oe}=80.78°\text{C}$$

$$\dot{m}_h c_h=(3.0)(2100)=6300\ \text{W/°C}$$
$$\dot{m}_c c_c=(2.0)(1009)=2018\ \text{W/°C}$$

따라서 공기가 최소 유체이고

$$C = \frac{C_{\min}}{C_{\max}} = \frac{2018}{6300} = 0.3203$$

유효도는

$$\epsilon = \frac{\Delta T_c}{\Delta T_{\max}} = \frac{80 - 20}{100 - 20} = 0.75$$

그림 10.16 혹은 표 10.4를 사용하여 NTU를 구한다. 표의 관계식을 사용한 경우

$$\begin{aligned} N &= -(1+0.3203^2)^{-1/2} \ln\left[\frac{2/0.75 - 1 - 0.3203 - (1+0.3203^2)^{1/2}}{2/0.75 - 1 - 0.3203 + (1+0.3203^2)^{1/2}}\right] \\ &= 1.99 \end{aligned}$$

$U = 200$일 때 면적을 계산하면

$$A = \text{NTU}\frac{C_{\min}}{U} = \frac{(1.99)(2018)}{200} = 20.09 \text{ m}^2$$

예제 10-14 암모니아 응축기

쉘-관 열교환기가 50°C의 암모니아를 응축시키는 암모니아 응축기로 사용되고 있다. 물은 단일 통로로 20°C로 들어가고 필요한 총열전달률은 200 kW이다. 표 10.1로부터 예측된 총괄열전달계수는 1000 W/m^2 · °C이다. 물의 출구온도가 40°C이고 열교환기의 유효도가 60%가 되기 위한 열전달 면적을 구하여라. 만일 열전달 면적 및 총괄열전달계수 U는 그대로 유지하면서 물의 유량만 절반으로 감소시켰을 때 몇 %의 열전달률이 감소하겠는가?

■ 풀이

물의 질량 유량은 다음 열전달률로부터 구해진다.

$$q = 200 \text{ kW} = \dot{m}_w c_w \, \Delta T_w$$

$$\dot{m}_w = \frac{200}{(4.18)(40-20)} = 2.39 \text{ kg/s}$$

이 열교환기는 응축기이므로 물이 최소 유체이다.

$$C_{\min} = \dot{m}_w c_w = (2\ 39)(4\ 18) = 10 \text{ kW/°C}$$

NTU 값은 표 10.4의 마지막 항으로부터 얻어진다. 즉 $\epsilon = 0.6$

$$N = -\ln(1-\epsilon) = -\ln(1-0.6) = 0.916$$

면적은 다음과 같다.

$$A = \frac{C_{\min} N}{U} = \frac{(10{,}000)(0.916)}{1000} = 9.16 \text{ m}^2$$

물의 유량이 절반으로 감소하였을 때 새로운 NTU 값은

$$N = \frac{UA}{C_{\min}} = \frac{(1000)(9.16)}{(10{,}000/2)} = 1.832$$

새로운 유효도는 표 10.3의 마지막 항으로부터 얻어진다.

$$\epsilon = 1 - e^{-N} = 0.84$$

새로운 물의 온도차는 다음과 같다.

$$\Delta T_w = \epsilon(\Delta T_{\max}) = (0.84)(50 - 20) = 25.2°\mathrm{C}$$

새로운 열전달률은

$$q = C_{\min}\,\Delta T_w = \left(\frac{10{,}000}{2}\right)(25.2) = 126\ \mathrm{kW}$$

따라서 유량을 절반으로 감소시켜서 열전달률은 200 kW에서 126 kW로 37% 감소하였다.

예제 10-15 에너지변환장치로서의 직교유동 열교환기

에너지관리의 한 수단으로 사용되는 열회수기는 두 유체가 비혼합인 직교류 열교환기를 적용하며, 그림 예제 10-15에 이를 보여주고 있다. 열교환기는 25°C의 공기를 1200 kg/min으로 유입시키므로써 210 kW의 열을 제거하도록 설계되어 있다. 이 에너지는 동일한 유량의 0°C 외기를 예열하는데 사용되고 예열공기는 건물 난방에 이용된다. U의 설계값은 30 W/m · °C이다. 다음을 계산하여라.

1. 열교환기의 설계면적
2. 공기의 유량이 50% 감소하고 입구온도와 U는 일정할 때 열전달률의 감소량[%]
3. 공기의 유량이 50% 감소하고 U가 질량유량의 0.8승($m^{0.8}$)에 따라 변할 때 열전달률의 감소량[%](단 입구온도는 일정하다.)

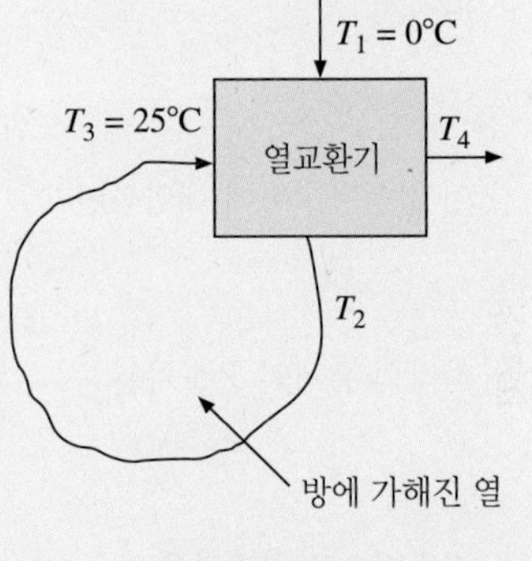

[그림 예제 10.15]

■ 풀이

1. 고온 및 저온 유체는 유량이 같으며

$$\dot{m}_h = \dot{m}_c = 1200/60 = 20\,\mathrm{kg/s}$$

그리고 표 10.3을 사용하면

$$C_h = C_c = (20)(1005) = 20{,}100\ \mathrm{W/°C};\ C_{\min}/C_{\max} = 1.0 = C$$

에너지평형으로부터

$$q = 210{,}000 = C_h\,\Delta T_h = C_c\,\Delta T_c$$

그리고

$$\Delta T_h = \Delta T_c = 210{,}000/20{,}100 = 10.45°\mathrm{C}$$

열교환기 유효도는

$$\varepsilon = \Delta T_{\text{min fluid}} / \Delta T_{\text{max HX}} = 10.45/(25-0) = 0.4179 \qquad (a)$$

두 유체가 모두 비혼합인 직교류 열교환기에 대해 표 10.3을 참고하고 $C = 1.0$ 값을 대입하면 다음과 같다.

$$\epsilon = 1 - \exp\{N^{0.22}[\exp(-N^{0.78}) - 1]\} \qquad (b)$$

$\varepsilon = 0.4179$를 대입하고 식 (b)를 N에 대해 풀면

$$N = 0.8 = UA/C_{\text{min}} = (30)A/20,100$$

그리고

$$A = 536\,\text{m}^2$$

이것이 열교환기의 설계면적이다.

2. 이제 입구온도와 U가 일정하고 유량이 반으로 감소할 때의 영향을 살펴보자. 두 유체는물리적으로 같으므로 유체의 유량이 둘 다 감소된다는 점에 유의하라. 이것은 $C_{\text{min}}/C_{\text{max}}$값이 여전히 1.0이라는 것을 의미하며, 유효도 계산을 위해 위의 식 (b)을 그대로 사용한다. 새로운 C_{min}값은

$$C_{\text{min}} = (1/2)(20,100) = 10,050\,\text{W/°C}$$

따라서

$$\text{NTU} = N = UA/C_{\text{min}} = (30)(536)/10050 = 1.6$$

이 값을 식 (b)에 대입하면

$$\epsilon = 0.5713$$

각각의 유체의 온도차는

$$\Delta T = \epsilon \Delta T_{\text{max HX}} = (0.5713)(25-0) = 14.28\text{°C}$$

결과적으로 열전달은

$$q = \dot{m}c\Delta T = (10,050)(14.28) = 143.5\,\text{kW}$$

이 결과는 유량이 50% 감소할 때 열전달은 32% 감소함을 보여준다.

3. 마지막으로 총괄열전달계수의 감소와 결부된, 유량이 50% 감소할 때의 효과를 살펴본다. U에 대해 다음과 같은 가정을 한다.

U는 $\dot{m}^{0.8}$ 에 따라 변한다(이것은 또한 U가 $C_{\text{min}}^{0.8}$ 에 따라 변하는 것을 의미함)

면적이 일정할 때 NTU는 다음과 같이 변하는 것을 알 수 있다.

$$\text{NTU} = N = UA/C_{\text{min}} \approx C^{0.8} \times C^{-1} = C^{-0.2}$$

이들 조건에서 새로운 N 값은

$$N = (0.8)(10,050/20,100)^{-0.2} = 0.919$$

이 값을 식 (*b*)에 대입하면 유효도는

$$\epsilon = 0.4494$$

각각의 유체의 온도차는

$$\Delta T = \epsilon \Delta T_{\text{max HX}} = (0.4494)(25 - 0) = 11.23°\text{C}$$

열전달은 다음과 같이 계산된다.

$$q = \dot{m} c \Delta T = (10{,}050)(11.23) = 112.9\,\text{kW}$$

이 결과는 100% 유량일 때의 열전달 210 kW에 비해 46%가 감소되었다. 낮은 질량유량으로 인해 총괄열전달계수가 감소할 것이라는 예상과 결부되어, 고온 및 저온 유체 유량의 축소로 인한 열전달 감소효과가 더욱 현저해짐을 주목하기 바란다.

■ 해설

1단계에서 살펴본 설계조건의 결과 따뜻한 실내 공기로부터 210 kW의 열을 회수하였다. 만일 열교환기가 사용되지 않았다면 그 에너지는 다른 열원(아마도 탄화수소연료)으로부터 공급받아야 하며, 그 비용은 $\$10/10^9$ J 또는 시간당 약 $7.50 정도로 되어 보인다. 이러한 적용으로서 열교환기 설치를 위해 자본을 지출하는 것은 비교적 타당해 보인다.

10-7 고밀도 열교환기

앞 절에서는 열교환기의 표면적에 대해서 논의하지 않았으나 단위 체적당 아주 큰 전열면적을 갖는 고밀도 열교환기(Compact heat exchanger)가 많은 주목을 받고 있다. 이들 열교환기는 가스 유동 및 열전달계수 h가 작은 경우에 가장 적합하다. Kays와 London [3]은 이와 같은 열교환기에 대해 심도 있게 연구하였다. 그림 10.18에는 네 가지 전형적인 고밀도 열교환기 형태가 있다. 그림 10.18(*a*)는 핀이 있는 평평한 관형의 열교환기이고 그림 10.18(*b*)는 핀이 달린 원형과 열교환기이다. 그림 10.18(*c*) 및 (*d*)는 열교환기 양측에 큰 전열 면적을 갖게 하는 방법을 보여주고 있는데 이들은 작동 유체가 가스–가스인 열교환기에 유용하다.

그림 10.19 및 10.20에는 전형적인 고밀도 열교환기에서의 열전달 및 마찰 계수를 보여주고 있다. 여기서 Stanton 수 및 Reynolds 수는 수력 지름 및 최소 유동 면적에서의 질량 유량에 기초하고 있다.

$$G = \frac{\dot{m}}{A_c} \tag{10.28}$$

전면 면적에 대한 자유 흐름 면적의 비는 아래 식과 같고 그림에 주어져 있다.

$$\sigma = \frac{A_c}{A} \tag{10.29}$$

따라서

$$\text{St} = \frac{h}{Gc_p} \qquad \text{Re} = \frac{D_h G}{\mu}$$

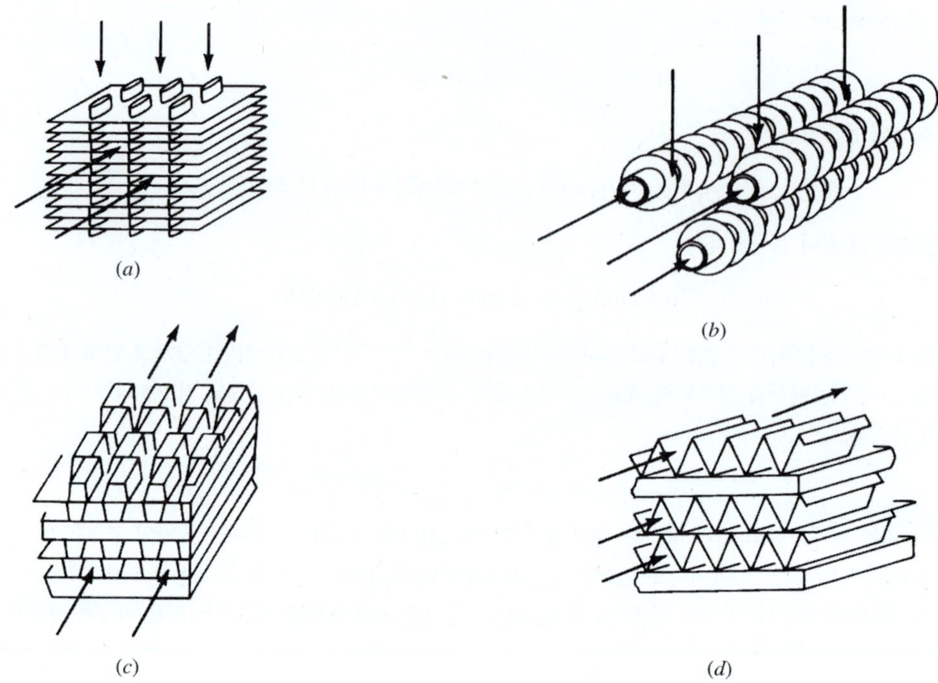

[그림 10.18] 고밀도 열교환기 예

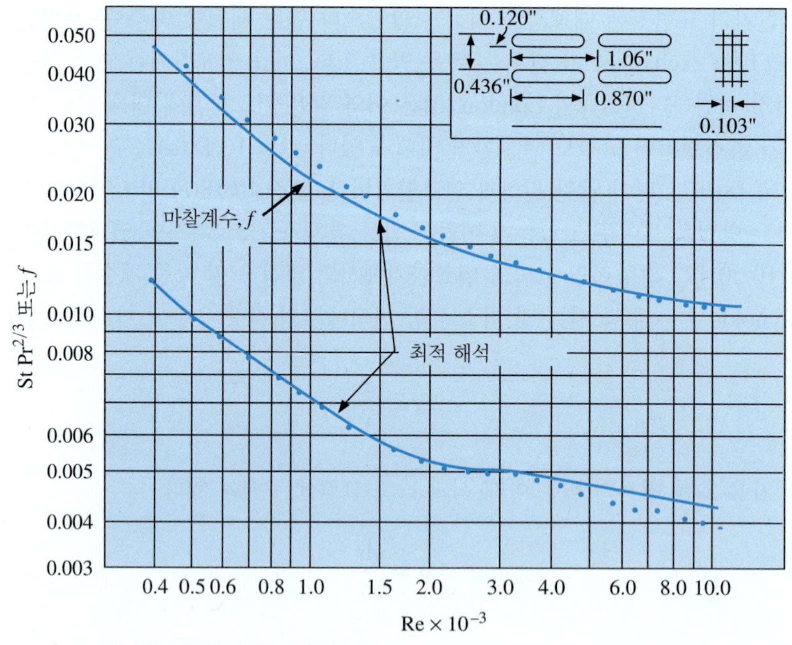

핀피치 = 9.68 per in. (3.81/cm)
흐름의 수역학적 지름, D_h = 0.01180 ft (3.6 mm)
핀의 두께 = 0.004 in., (0.102 mm), copper
자유흐름면적/전역 면적, σ = 0.697
총 연전달면적/총 체적, α = 229 ft^2/ft^3 (751 m^2/m^3)
핀면적/총 면적 = 0.795

[그림 10.19] 핀이 달린 평관 열교환기에서의 열전달 및 마찰계수 [3]

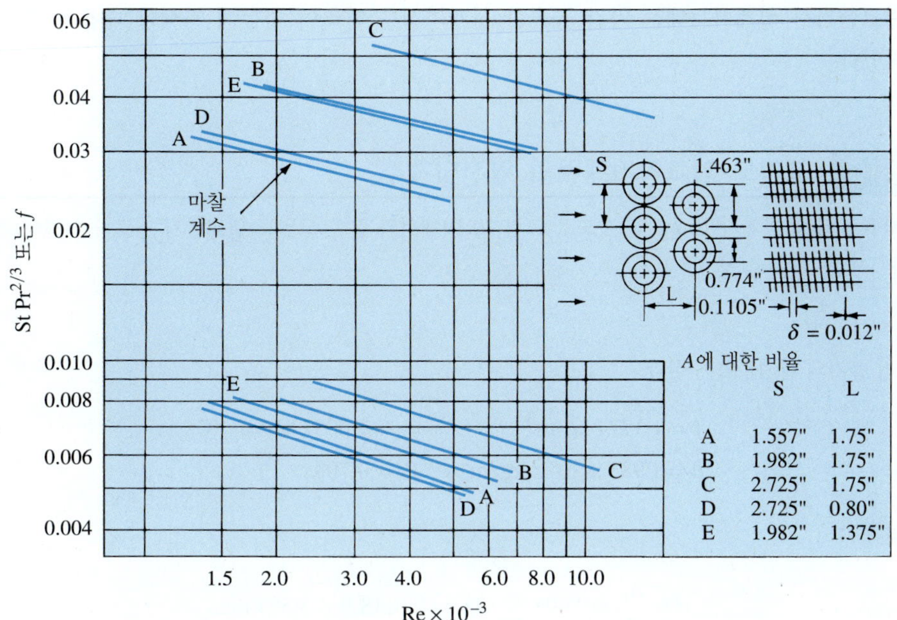

핀의 피치 = 0.774 in. (1.93 cm)
관의 외부지름 = 9.05 per in. (3.56/cm)
핀두께 = 0.012 in. (0.305/mm)
핀면적/총 면적 = 0.835

	A	*B*	*C*	*D*	*E*
흐름의 수역학적 지름, D_h =	0.01681	0.02685	0.0445	0.01587	0.02108 ft
	5.12	8.18	13.56	4.84	6.43 mm
자유흐름면적/전면면적, σ =	0.455	0.572	0.688	0.537	0.572
총 열전달면적/총체적, α =	108	85.1	61.9	135	108 ft^2/ft^3
	354	279	203	443	354 m^2/m^3

주: 최소단면적이 대각선방향이 되는 *D* 의 경우를 제외하고는 모든 경우의 최소자유유동 면적은 유동의 수직방향으로의 공간면적이 된다.

[그림 10.20] 핀이 달린 원형관 열교환기에서의 열전달 및 마찰계수 [3]

유체의 물성값은 평균 체적 온도에서의 값을 사용한다. 튜브 내의 열전달 및 유동 마찰은 6장에서 논의된 바와 같이 수력 지름 방법을 사용하여 얻어진다. 압력 강하는 다음 관계식 및 그림에서의 마찰 계수를 사용하여 계산된다.

$$\Delta p = \frac{v_1 G^2}{2g_c}\left[(1+\sigma^2)\left(\frac{v_2}{v_1}-1\right)+f\frac{A}{A_c}\frac{v_m}{v_1}\right] \tag{10.30}$$

여기서 v_1 및 v_2는 입구 및 출구에서의 비체적이고 v_m은 통상적으로 $v_m = (v_1 + v_2)/2$인 열교환기 내에서의 평균 비체적이다.

고밀도 열교환기를 설계하는데는 약간 꼼꼼한 설계과정을 따라야 하는데 자세한 내용은 참고문헌 [3]에 자세히 나와 있다.

예제 10-16 고밀도 열교환기에서의 열전달계수

1대기압 300 K 상태의 공기가 15 m/s의 속도로 그림 10.19에서와 같은 고밀도 열교환기 내로 들어간다. 열전달계수를 구하여라.

■ 풀이

표 A.5로부터 공기의 물성값을 구한다.

$$\rho = 1.1774 \text{ kg/m}^3 \qquad c_p = 1.0057 \text{ kJ/kg}\cdot{}^\circ\text{C}$$
$$\mu = 1.983 \times 10^{-5} \text{ kg/m}\cdot\text{s} \qquad \text{Pr} = 0.708$$

그림 10.19로부터

$$\sigma = \frac{A_c}{A} = 0.697 \qquad D_h = 0.0118 \text{ ft} = 3.597 \text{ mm}$$

질량속도는 다음과 같다.

$$G = \frac{\dot{m}}{A_c} = \frac{\rho u_\infty A}{A_c} = \frac{(1.1774)(15)}{0.697} = 38.18 \text{ kg/m}^2\cdot\text{s}$$

Reynolds 수는

$$Re = \frac{D_h G}{\mu} = \frac{(3.597\times10^{-3})(38.18)}{1.983\times10^{-5}} = 6.926\times10^3$$

그림 10.19로부터

$$\text{St}\,\text{Pr}^{2/3} = 0.0036 = \frac{h}{Gc_p}\text{Pr}^{2/3}$$

따라서 열전달계수는 다음과 같다.

$$h = (0.0036)(38.18)(1005.7)(0.708)^{-2/3}$$
$$= 174 \text{ W/m}^2\cdot{}^\circ\text{C} \quad [30.64 \text{ Btu/h}\cdot\text{ft}^2\cdot{}^\circ\text{F}]$$

10-8 물성값이 변하는 경우의 해석

열전달계수는 고려 대상인 유체에 따라 달라진다. 따라서 작동 유체의 물성값이 온도에 따라 크게 변하는 유체일 경우에 열교환기에 대한 총괄열전달계수도 상당히 변하게 된다. 이와 같은 상황 아래서는 수치 해석, 즉 유한 차분법에 의해서 해석하는 것이 바람직하다. 이 방법을 설명하기 위해서 먼저 10-5절의 단순한 병행류 이중관 열교환기에 대해 고려해 보자. 열교환기를 미소증분 면적 ΔA_j로 나눈다. 이 증분 면적에 대한 고온 및 저온을 각각 T_{hj}, T_{cj}라고 하고 열관류계수를 이 온도들의 함수로 표현할 수 있다고 가정한다.

$$U_j = U_j(T_{hj}, T_{cj}) \tag{10.31}$$

식 (10.6)으로부터 ΔA_j에서의 열전달 증가량은

$$\Delta q_j = -(\dot{m}_h c_h)_j (T_{hj+1} - T_{hj}) = (\dot{m}_c c_c)_j (T_{cj+1} - T_{cj}) \tag{10.31}$$

$$\Delta q_j = U_j \Delta A_j (T_h - T_c)_j \tag{10.32}$$

식 (10.9)에 해당하는 유한 차분방정식은 다음과 같다.

$$\begin{aligned} \frac{(T_h - T_c)_{j+1} - (T_h - T_c)_j}{(T_h - T_c)_j} &= -U_j \left[\frac{1}{(\dot{m}_h c_h)_j} + \frac{1}{(\dot{m}_c c_c)_j} \right] \Delta A_j \\ &= -K_j (T_h, T_c) \Delta A_j \end{aligned} \tag{10.33}$$

식 (10.33)에 K_j가 정의되어 있다. 식 (10.33)을 정리하면

$$\frac{(T_h - T_c)_{j+1}}{(T_h - T_c)_j} = 1 - K_j \Delta A_j \tag{10.34}$$

입구에서의 온도 및 유동 조건이 주어지면 아래와 같은 수치해석 과정을 통해 총 열전달률을 구할 수 있다.

1. 이 해석을 위해 편리한 미소 면적 증분 ΔA_j를 선택한다.
2. 입구 조건에 대한 U 값 및 초기 ΔA의 증가에 대한 U 값을 구한다.
3. 식 (10.32)로부터 이 증가에 따른 열전달률을 계산한다.
4. 식 (10.31) 및 (10.34)를 사용하여 다음 ΔA 증가에 대한 T_h, T_c 및 $(T_h - T_c)$의 값을 구한다.
5. 모든 ΔA의 증가에 대해서 위 과정을 반복한다.

총 열전달률은 다음 식으로부터 계산된다.

$$q_{\text{전체}} = \sum_{j=1}^{n} \Delta q_j$$

이 식에서 n은 ΔA의 증분수이다.

위에서 논의된 수치해석은 컴퓨터를 사용하여 쉽게 수행할 수 있다. 물성값의 변화를 고려한 해석으로부터 구한 열전달률은 물성값을 상수로 취급한 경우의 해석 결과와 크게 다를 수 있다. 이 해석에서 가장 어려운 부분은 열전달계수 h 값을 결정하는데 있다. 복잡하지만 중요한 이 문제에 대해서 관심있는 독자는 부가적인 정보를 다른 참고문헌에서 얻기를 권장한다.

예제 10-17 축열시스템의 과도응답

다음 그림과 같은 축열계가 뜨거운 공기에서 열을 얻어 후에 사용하기 위해 저장하고 있다. 표면은 전체 열저항 R 이 2 h · °F · ft²/Btu인 자갈통으로 덮혀 있다. 입구 유동 면적은 $5 \times 5 = 25$ ft²이고 자갈통의 길이는 10 ft이다. 이 암석의 물성값은 다음과 같다.

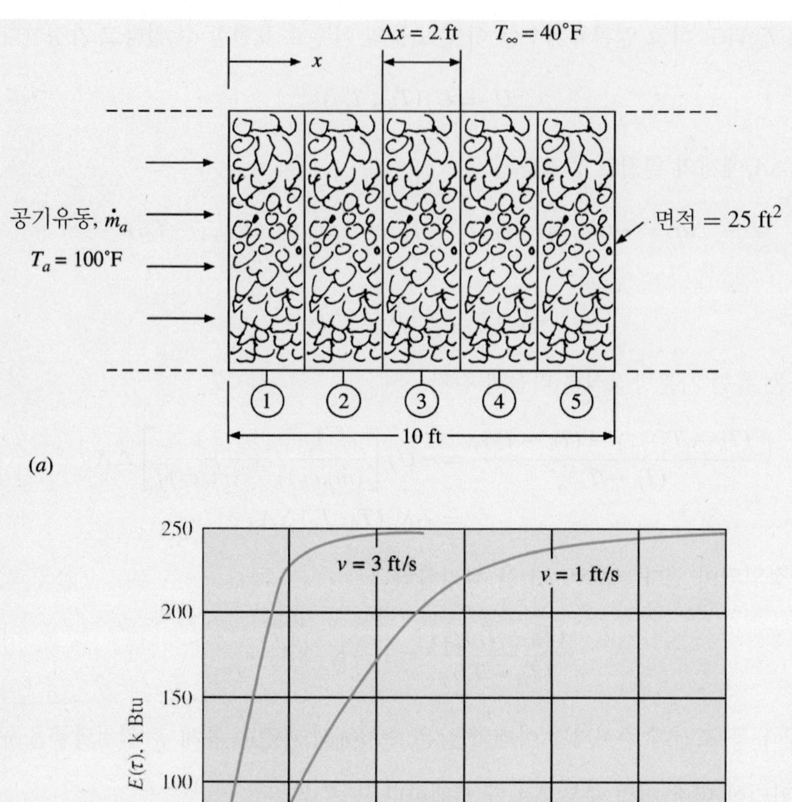

[그림 예제 10.17] (a) 개략도 (b) 시간에 따른 에너지 저장량 (c) $v = 1$ ft/s일 때 온도-시간 응답

$$\rho_r = 80 \text{ lb}_m/\text{ft}^3 \quad [1281.4 \text{ kg/m}^3]$$
$$c_r = 0.21 \text{ Btu/lb}_m \cdot {}^\circ\text{F} \quad [0.880 \text{ kJ/kg} \cdot {}^\circ\text{C}]$$
$$k_r = 0.5 \text{ Btu/h} \cdot \text{ft} \cdot {}^\circ\text{F} \quad [0.87 \text{ W/m} \cdot {}^\circ\text{C}]$$

공기가 이 자갈 사이를 흐를때 공기와 자갈 사이의 접촉을 통해 모든 x지점에서 공기와 자갈의 온도는 같다고 가정한다.

이 자갈은 처음에 40°F이었고 공기는1기압, 100°F 상태로 들어간다. 주변 온도는 40°F를 유지하고 있다. 입구에서의 공기 속도가 1.0 및 3.0 ft/s일 때 시간에 대한 함수 형태로 40°F를 기준으로 한 축열량을 계산하여라.

■ 풀이

축 방향의 에너지 전도는 공기 유동에 의한 에너지 전달에 비해 작다. 2 ft 길이에 대해 60°F의 온도차가 있을 때 전도되는 에너지 전달률은

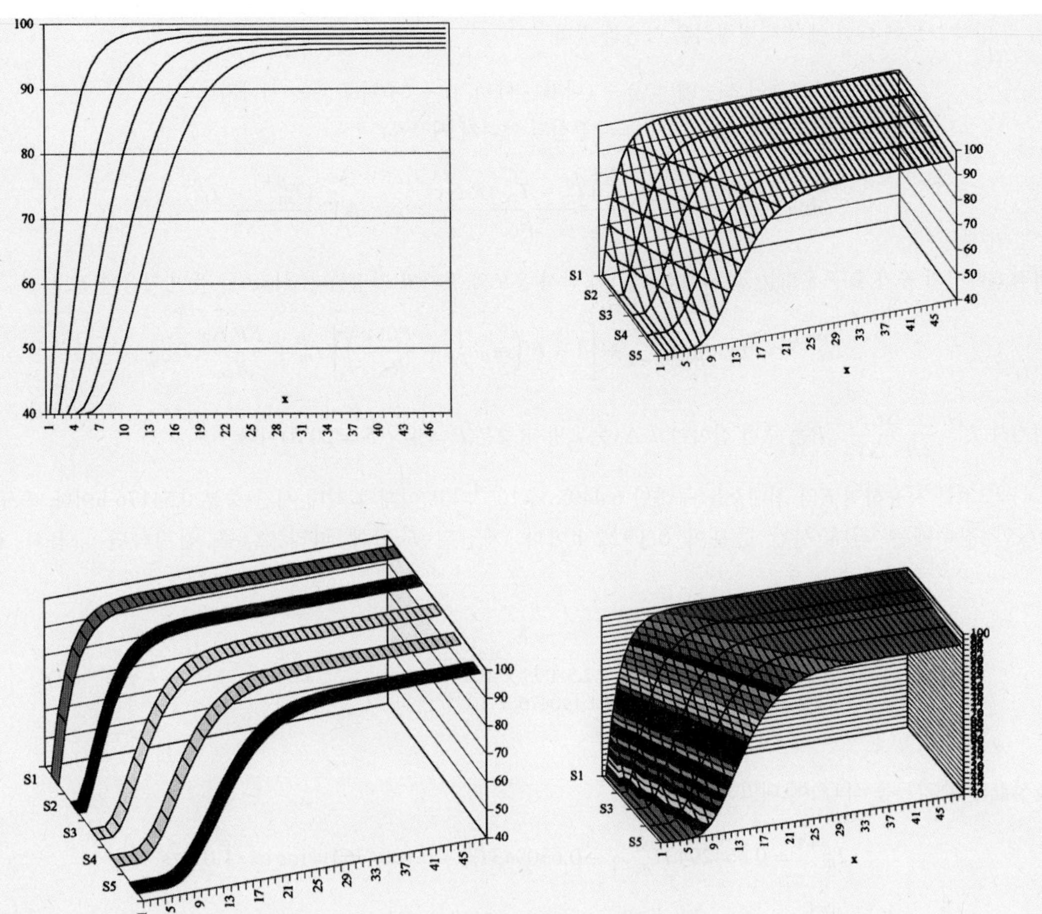

[그림 예제 10.17] (계속)

$$q_{\text{cond}} = kA\frac{\Delta T}{\Delta x} = (0.5)(25)\frac{60}{2} = 375 \text{ Btu/h} \quad [109.9 \text{ W}] \tag{a}$$

100°F에서 공기의 밀도는

$$\rho_a = \frac{(14.696)(144)}{(53.35)(560)} = 0.07083 \text{ lb}_m/\text{ft}^3 \quad [1.1346 \text{ kg/m}^3] \tag{b}$$

1.0 ft/s 속도인 경우의 질량유량은

$$\begin{aligned} \dot{m}_a &= \rho A v = (0.07083)(25)(1.0) = 1.7708 \text{ lb}_m/\text{s} \\ &= 6375 \text{ lb}_m/\text{h} \quad [2891.7 \text{ kg/h}] \end{aligned} \tag{c}$$

60°F의 온도차가 있을때 공기 유동에 의한 에너지 전달률은

$$q = \dot{m}c_{pa}\,\Delta T = (6375)(0.24)(60) = 91,800 \text{ Btu/h} \quad [26,904 \text{ W}] \tag{d}$$

따라서 식 (a)에서의 값보다 훨씬 크다.

축 방향 노드에 대한 에너지 평형식은 다음과 같다.

(들어오는 에너지) − (나가는 에너지) − (주위로 잃는 에너지)
= (절점의 에너지 저장률)

$$\dot{m}_a c_{p_a}(T^p_{m-1} - T^p_m) - \frac{(T^p_m - T_\infty)P\,\Delta x}{R_\infty} = \rho_r c_r \Delta V_r \frac{(T^{p+1}_m - T^p_m)}{\Delta\tau} \tag{e}$$

절점 m에서의 공기 출구 온도는 같은 절점(T^p_m)의 암석 온도와 같다고 가정한다. 식 (e)를 풀면 다음과 같다.

$$T^{p+1}_m = F\dot{m}_a c_{p_a} T^p_{m-1} + \left[1 - F\left(\dot{m}_a c_{p_a} + \frac{P\,\Delta x}{R_\infty}\right)\right] T^p_m + \frac{FP\,\Delta x}{R_\infty} T_\infty \tag{f}$$

여기서 $F = \dfrac{\Delta r}{\rho_r c_r\,\Delta V_r}$. P는 주변 길이이고 Δx는 x 방향 증분($P = 4 \times 5 = 20$ ft)이다.

$\Delta x = 2$ ft를 사용하여 F의 최대값을 구하면 6.4495×10^{-4}이고 이때의 최대 시간 증분 0.54176 h이다. 속도가 3 ft/s인 경우에는 최대 시간 증분이 0.1922 h이다. 계산된 F 값에 따라 $\Delta\tau$를 선택하면 다음과 같다.

v	$\Delta\tau$, h	F
1.0	0.2	2.38095×10^{-4}
3.0	0.1	1.190476×10^{-4}

물성값과 이 값들을 식 (f)에 대입하면

$$T^{p+1}_m = 0.3642943T^p_{m-1} + 0.630943T^p_m + 0.1904762 \quad \text{for } v = 1.0 \text{ ft/s} \tag{g}$$

$$T^{p+1}_m = 0.546430633T^p_{m-1} + 0.451188T^p_m + 0.0952381 \quad \text{for } v = 3.0 \text{ ft/s} \tag{h}$$

40°F를 기준으로 저장된 에너지는 다음 식으로부터 시간에 대한 함수로 계산된다.

$$E(\tau) = \sum_{m=1}^{5} \rho_r c_r\,\Delta V_r[T_m(\tau) - 40] \tag{i}$$

계산 과정은 다음과 같다.

1. 시간 증분에 대해 모든 T_m을 40°F, 절점 1에 대한 T_{m-1}을 100°F로 초기화한다.
2. 온도가 정상 상태에 이를 때까지 식 (g) 또는 (h)를 사용하여 시간 증분에 따른 새로운 T_m 값을 계산한다.
3. 계산된 T_m 값을 사용하여 식 (i)로부터 $E(\tau)$를 계산한다.

계산 결과가 그림 예제 10.17(b) 및 10.17(c)에 있다. $v = 3.0$ ft/s인 경우에 약 $\tau = 1.5$ h에서 정상 상태에 도달한다. 반면에 $v = 1.0$ ft/s 인 경우에는 약 $\tau = 5.5$ h에서 정상 상태에 도달한다. $v = 1.0$ft/s인 경우에 정상 상태에서의 E의 값이 $v = 3.0$ ft/s 인 경우보다 작음에 주의하라. 왜냐하면 소요 시간이 길어서 더 많은 에너지가 절연면을 통해서 빠져나가기 때문이다.

이 예제는 조금 복잡한 문제도 수치 해석을 통해 쉽게 풀 수 있다는 것을 보여주고 있다. 실제 계산은 부록 D(D-5)에서 논의된 바와 같이 과도 엑셀 해석을 사용하여 매우 간단히 수행된다. $v = 1$ ft/s일 때 온도–시간 분포를 나타내는 결과가 그림 예제 10.17(c)에 주어져 있다.

예제 10-18 덕트형 가열기에서의 물성값 변화를 고려한 해석

지름이 1 ft이고 길이 600 ft인 덕트가 창고 안을 가열하는 데 쓰이고 있다. 800°F의 뜨거운 공기가 덕트 내로 들어가고 덕트의 바깥 표면의 방사율은 0.6이다. 공기 유량이 0.3 lb_m/s, 1.0 lb_m/s, 1.5 lb_m/s일 때 덕트를 따라서 외부로의 열 유속, 덕트 내의 공기 온도, 덕트 벽 온도를 결정하라. 공기의 물성값의 변화를 고려하라. 대류 및 복사에 대한 실내 온도는 70°F이다.

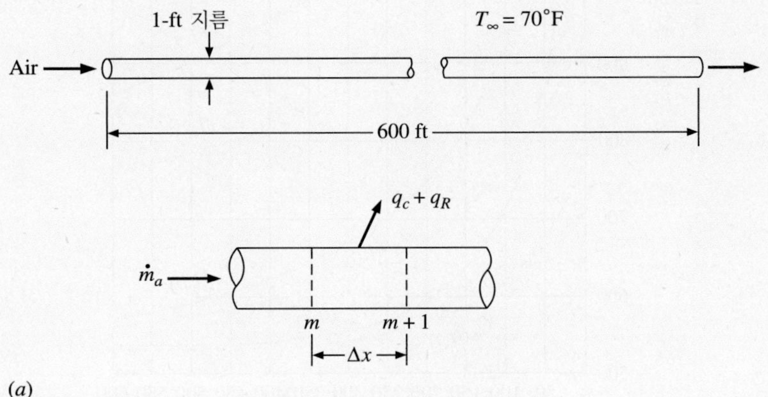

[그림 예제 10.18a] 개략도

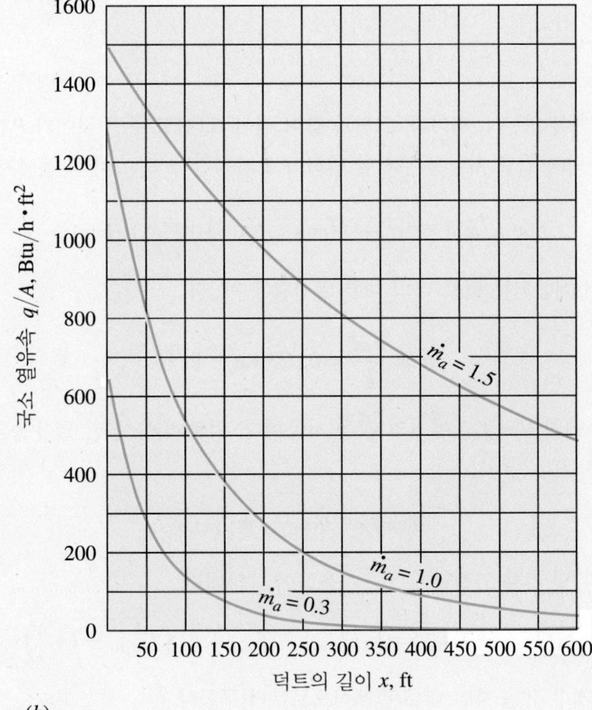

[그림 예제 10.18b] 열유속

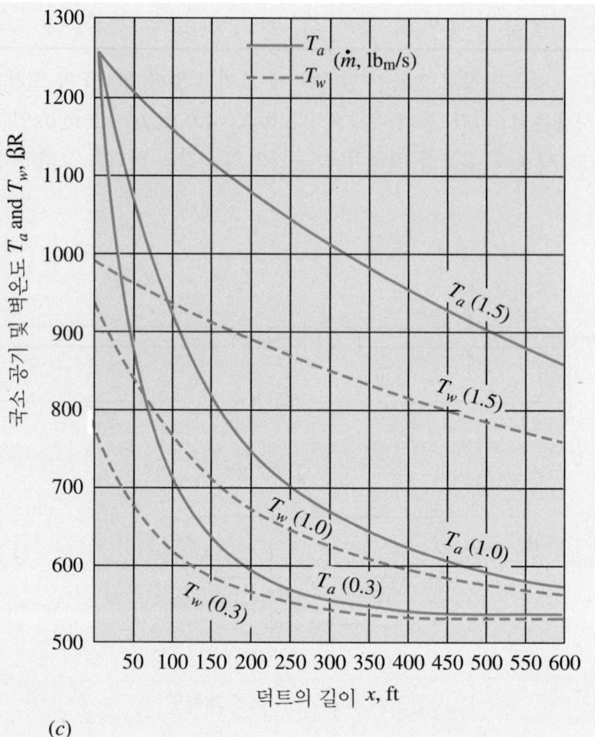

(c)

[그림 예제 10.18c] 온도 분포

■ 풀이

이 문제는 수치 해석을 적용해야 하는 문제이다. 그림과 같이 길이 Δx이고 주변 길이가 P인 덕트의 단면을 택하여 에너지 평형식을 세운다. 덕트 벽의 전도 저항은 무시할 만하다고 가정한다. 덕트 내의 에너지 평형식은 다음과 같다.

$$\dot{m}_a c_p T_{m,a} = h_i P \Delta x (T_{m,a} - T_{m,w}) + \dot{m}_a c_p T_{m+1,a} \tag{a}$$

여기서 h_i는 아래 식으로부터 계산되는 덕트 내의 대류 열전달계수이다.

$$Nu = \frac{h_i d}{k} = 0.023\,\mathrm{Re}_d^{0.8}\,\mathrm{Pr}^{0.3} \tag{b}$$

위 식에서 물성값은 공기의 체적온도 $T_{m,a}$에서의 값을 사용한다. 덕트 벽을 통한 열유동의 에너지 평형식은 다음과 같다.

$$q_{\mathrm{conv},i} = q_{\mathrm{conv},o} + q_{\mathrm{rad},o}$$

단위 면적당 대류 열전달계수 및 복사 열전달계수를 사용하여 나타내면

$$h_i(T_{m,a} - T_{m,w}) = h_c(T_{m,w} - T_\infty) + \sigma\epsilon\left(T_{m,w}^4 - T_\infty{}^4\right) \tag{c}$$

위 식에서 외측 대류 열전달계수 값은 자연 대류 관계식으로부터 구한다.

$$h_c = 0.27\left(\frac{T_{m,w} - T_\infty}{d}\right)^{1/4} \qquad \mathrm{Btu/h \cdot ft^2 \cdot {}^\circ F} \tag{d}$$

이 관계식을 식 (c)에 대입하면

$$h_i(T_{m,a} - T_{m,w}) = \frac{0.27}{d^{1/4}}(T_{m,w} - T_\infty)^{5/4} + \sigma\epsilon\left(T_{m,w}^4 - T_\infty{}^4\right) \qquad (e)$$

$T_{m+1,a}$에 대해 식 (a)를 풀면 다음과 같다.

$$T_{m+1,a} = \left(1 - \frac{h_i P\Delta x}{\dot{m}_a c_p}\right)_m T_{m,a} + \left(\frac{h_i P\Delta x}{\dot{m}_a c_p}\right)_m T_{m,w} \qquad (f)$$

위의 식들에 대해 아래와 같은 계산 과정을 세울 수 있다. 이 식에서 복사항 때문에 모든 온도는 R의 단위로 나타내야 함을 주의하라.

1. Δx를 선정한다.
2. 입구 $x = 0$에서 시작하여 $T_{m,a}$에서 계산된 물성값을 사용하여 식 (b)로부터 내부 대류 열전달계수 hi`를 구한다(입구에서 $T_{m,a} = 800°F = 1260°R$).
3. 반복 계산에 의해 식 (e)로부터 $T_{m,w}$를 구한다.
4. 식 (f)로부터 $T_{m+1,a}$를 구한다.
5. x를 증가시켜 가면서 덕트의 끝($x = 600$ ft)에 도달할 때까지 위의 계산을 반복한다.
6. x의 증가에 따른 열손실은 다음과 같다.

$$q = P\Delta x h_i(T_{m,a} - T_{m,w})$$

즉 열 유속은

$$\frac{q}{A} = h_i(T_{m,a} - T_{m,w}) \qquad (g)$$

7. $T_{m,a}$, $T_{m,w}$ 및 $(q/A)_m$에 대한 결과들은 그림과 같다.

위 계산에서 x = 50 ft로 선정하였다. 낮은 유량(0.3 lb_m/s)에 대해서 공기의 온도는 덕트의 중간지점쯤에서 실내온도까지 떨어지는 것에 주의하라. 따라서 그 이후에는 실내가 거의 가열되지 않는다. 1.0 lb_m/s인 경우에는 덕트 끝에서도 아주 작은 양이지만 가열이 된다. 1.5 lb_m/s인 경우에는 덕트 전체를 통하여 가열이 이루어진다. 예제 10-17에서와 같이, 계산은 부록 D(D-5)에 주어진 것처럼 엑셀 과도해석법을 사용함으로써 아주 쉽게 구해질 수 있다.

예제 10-19 수증기 응축기의 성능

쉘–관 열교환기가 대기압에서 100°C의 포화수증기를 포화수로 응축하는데 사용된다. 냉각수로 사용되는 물은 35°C로 관측을 흐른다. 이 열교환기의 성능 특성을 냉각수 유량의 함수로 나타내어라. 그리고 총 열전달(따라서 응축된 수증기 총 량)이 냉각수 질량유량에 크게 함수관계에 있지 않는 작동영역이 존재하는지에 대해 조사하여라. 여기서 U와 A값은 각각 2000 W/m^2 · °C 및 1.1 m^{2}이라고 가정한다.

■ 풀이

이 문제에서는 표 10.3의 관계식을 사용한다. 응축수증기는 유효비열이 매우 크기 때문에 냉각수가 항상 최소유체가 되며, $C = C_{min}/C_{max} \approx 0$. 따라서 $C = 0$인 모든 열교환기에 대해 다음과 같은 관계식을 사용한다.

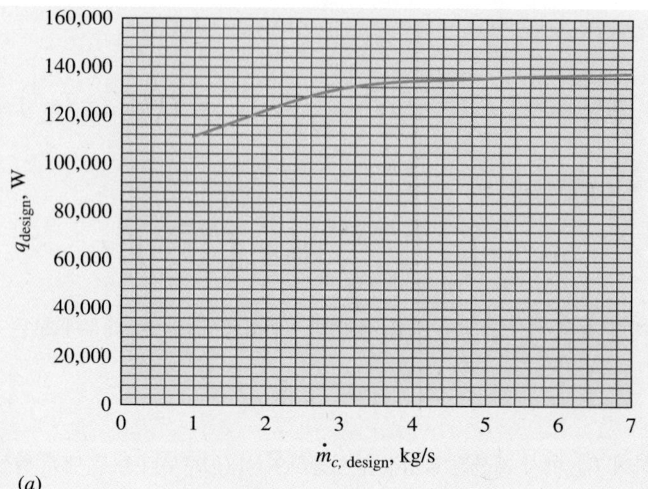

[그림 예제 10.19a] 온도 분포

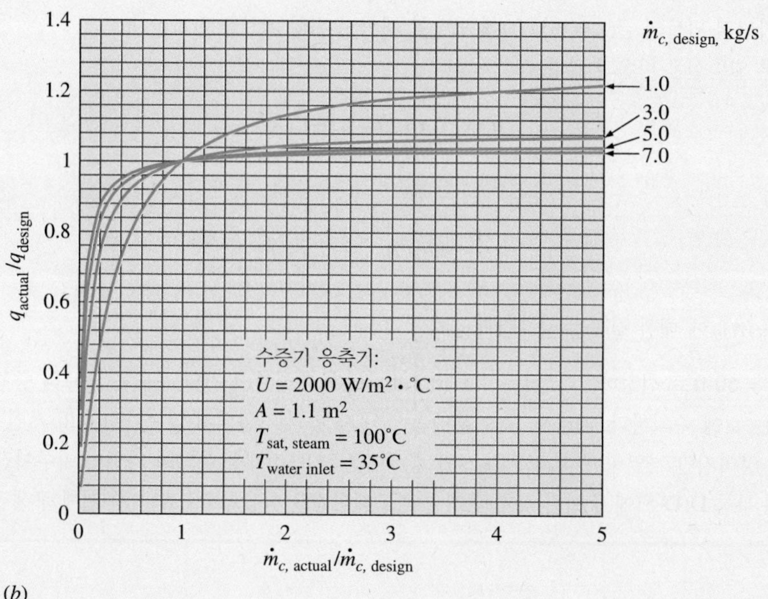

[그림 예제 10.19b] 온도 분포

$$\epsilon = 1 - e^{-N} \tag{a}$$

$$N = \text{NTU} = \left(\frac{UA}{C_{\min}}\right) \tag{b}$$

$$C_{\min} = \dot{m}_c c_c \tag{c}$$

$$q = C_{min}\,\Delta T_{\max\ HX} \times \epsilon = \dot{m}_c c_c (100 - 35) \times \epsilon \tag{d}$$

이 문제의 목적은 열교환기의 거동이 냉각수 유량과 어떤 함수관계를 갖는 지를 알아보는 것이므로 이것을 주 설계변수로 선택하자. $c_c = 4180$ J/kg · °C를 사용하고 선택된 냉각수 유량 값에 대해 열전달은 그림 예제 10.19*a*와 같이 그려진다. 냉각수유량이 3 kg/s 이상인 영역에서는 열전달률의 변화가 ± 2.5% 이내를 보이고 있음에 유의하기 바란다.

이제 몇 가지 유량을 선택하고 유량의 변화가 열전달에 미치는 영향에 대해 조사해 보자. 식 (*a*)~(*d*)를 다시 한 번 더 이용하고 결과를 그림 예제 10.19*b*에 그려보았다. 보다시피 가로축은 $\dot{m}_{c,\text{actual}}/\dot{m}_{c,\text{design}}$ 로, 수직축은 $q_{\text{actual}}/q_{\text{design}}$로 나타내었으며, 4가지 설계 유량 값은 1, 3, 5, 및 7 kg/s이다. 설계유량이 3이상이고 유량 비가 $0.7 < \dot{m}_{c,\text{actual}}/\dot{m}_{c,\text{design}} < 5$의 범위인 경우 곡선은 대략 5%이내에서 매우 평탄한 모습을 보인다. 이러한 경향을 보이는 영역은 수직축 근처를 제외한 거의 대부분의 유동영역이다. 따라서 냉각수 유량이 3 kg/s를 유지하는 한 총 열전달률 및 응축 수증기양의 변화는 크지 않다고 결론지을 수 있다. 또한 이 결과로부터 이러한 시스템에 적용되는 제어시스템도 그만큼 간결해 질 수 있을 것으로 판단된다.

이 해석에서 *U*값을 가정한 것에 대해 의문이 생길 수 있다. 냉각수에 대한 대류열전달계수 값은 관 지름의 변화(곧 Re 수의 변화)로 조정될 수 있으며, 몇 가지 변화에 따른 거동을 조사해 보면 앞의 그림과 비슷하게 관찰될 것이다. 이 예제의 목적은, 특정 문제 적용 시 효과적(또는 비효과적)인 결과를 예측하는데 있어, 표 10.3의 해석적 관계식의 유용성을 보여주기 위함이다.

10-9 열교환기 설계에서 고려해야 할 점

공정 및 동력산업 또는 이와 관련된 업체에서는 열교환기를 구매하는데 여러 제조업체가 제공하는 가격 및 제품 규격을 참조하여 기성제품들을 구매한다. 항공 산업이나 전자 산업 등과 같이 좀더 전문화된 경우에는 특수한 설계가 요구된다. 열교환기가 생산 설비의 일부분일 경우에는 표준 품목을 구매할 수도 있다. 혹은 가격 문제나 생산량이 충분히 보장된다면 특별히 설계하여 제작할 수도 있다. 열교환기를 구매하기 위해 기성제품을 선택하거나 특별한 응용을 위해 설계하거나 모든 경우에 항상 다음 사항들을 고려하여야 한다.

1. 열전달 요구조건
2. 가격
3. 크기
4. 압력 강하 특성

열전달 요구 조건은 열교환기 설계나 선택에 있어 반드시 만족해야 하는 조건이다. 2~4번의 조건은 상대적인 비중을 갖는 조건이다. 유체가 열교환기 내를 고속으로 통과하는 경우에는 열전달계수는 증가하지만 열교환기 내에서의 큰 압력 강하로 인해 펌핑 비용이 더 많이 들게 된다. 열교환기 면적이 증가하면 열전달계수가 반드시 클 필요가 없다. 그러나 수용할 수 있는 열교환기의 크기 제한이 있을 수 있고 열교환기가 커지면 더 많은 제작 비용이 들게 된다. 최적 설계를 위해서는 이와 같은 사항들을 고려해서 조심스럽게 판단해야 할 것이다. 이 분야에서의 초심자는 참고문헌 [8]에서 아주 유용한 정보를 얻을 수 있을 것이다.

복습문제

1. 열관류계수를 정의하여라.
2. 불결 계수란 무엇인가?

3. 왜 '혼합' 혹은 '비혼합' 흐름 배열이 열교환기 성능에 영향을 미치는가?
4. 어느 경우에 LMTD 방법이 열교환기 계산에 가장 적합한가?
5. 유효도를 정의하여라.
6. 유효도-NTU 방법은 LMTD방법에 비해 어떤 장점이 있는가?
7. '최소' 유체란 무엇을 의미하는가?
8. 왜 대향류 열교환기가 병행류 열교환기보다 효과적인가?

예제 목록

10-1 대기 속에 있는 파이프에서의 총괄열전달계수
10-2 증기 속에 놓인 관에 대한 총괄열전달계수
10-3 불결 계수의 영향
10-4 주어진 온도 조건에서 열교환기 크기 계산
10-5 쉘–관 열교환기
10-6 쉘–관 열교환기 설계
10-7 한 유체가 혼합인 직교류형 열교환기
10-8 예제 10-7에서의 열교환기에 대한 탈–설계 유량 효과
10-9 ϵ-NTU 방법을 사용한 탈–설계 조건시의 계산
10-10 예제 10-4에서의 열교환기에 대한 탈–설계 조건에서의 계산
10-11 두 유체 모두 비혼합인 직교유동 열교환기
10-12 한 개의 열교환기와 두 개의 열교환기의 비교
10-13 공기 가열기로 사용되는 쉘–관 열교환기
10-14 암모니아 응축기
10-15 에너지변환장치로서의 직교유동 열교환기
10-16 고밀도 열교환기에서의 열전달계수
10-17 축열시스템의 과도응답
10-18 덕트형 가열기에서의 물성값 변화를 고려한 해석
10-19 수증기 응축기의 성능

연습문제

10-1 안지름 5 cm이고 관 두께가 3.2 mm인 긴 강관이 대기압 상태이고 30°C를 유지하고 있는 큰 방 안을 지나가고 있다. 관의 입구로 들어가는 뜨거운 물의 온도는 82°C이고 유량은 0.6 kg/s이다. 관의 길이가 15 m라면 관 바깥쪽에서의 자연 대류 및 복사 열전달을 고려할 때, 출구에서의 물의 온도를 구하여라.

10-2 대향류 이중관열교환기에서 고온의 물이 내부관의 내부를 흐르고 고분자유체가 두 관 사이의 환형 공간(annular space)을 흐른다. 물은 유량이 2.0 kg/s, 유입온도 90°C, 출구온도는 60°C이다. 폴리머

는 입구온도는 10°C, 출구온도는 50°C이다. 만일 열교환기 면적이 20 m^2라면 총괄열전달계수 [$W/m^2 \cdot °C$]를 구하여라.

10-3 안지름이 2.5 cm인 관내로 207 kPa, 200°C인 공기가 6 m/s의 속도로 들어가고 있다. 이 관의 재료는 구리이고 관 두께는 0.8 mm이며 길이는 3 m이다. 이 관 바깥으로는 1기압, 20°C의 공기가 12 m/s 속도로 관에 수직으로 지나가고 있다. 관 출구에서의 공기 온도를 구하여라. 관 내를 흐르는 공기의 유량을 절반으로 줄이면 그 효과는 어떻게 되는가?

10-4 문제 10-3에 대해서 공기 대신에 관 내로 95°C의 물이 1 m/s의 속도로 들어갈 때에 관 출구에서의 공기 온도를 구하여라. 관 내를 흐르는 공기의 유량을 절반으로 줄이면 그 효과는 어떻게 되는가?

10-5 안지름이 2.5 cm이고 관 두께가 0.8 mm인 강관 내로 90°C의 뜨거운 물이 4 m/s의 속도로 들어가고 있다. 20°C의 엔진 오일이 7 m/s의 속도로 이 관 바깥을 가로질러 가고 있다. 이와 같은 경우의 총괄열전달계수를 구하여라.

10-6 안쪽 관의 안지름이 2.5 cm이고 두께가 0.8 mm인 강관 내로 90°C의 뜨거운 물이 4 m/s의 속도로 들어가고 있는 이중관 열교환기가 있다. 바깥쪽 관의 안지름은 3.75 cm이고 두 관 사이를 20°C의 엔진 오일이 7 m/s의 속도로 지나가고 있다. 이와 같은 경우의 총괄열전달계수를 구하여라. 단 관의 길이는 6.0 m이다.

10-7 2기압, 200°C인 공기가 대류열전달계수 $h = 65$ $W/m^2 \cdot °C$인 상태에서 스케줄 번호가 80인 1 in 강관 내를 지나가고 있다. 관 밖으로는 $h = 180$ $W/m^2 \cdot °C$인 상태에서 400°C의 뜨거운 가스가 가로질러 가고 있다. 총괄열전달계수를 구하여라.

10-8 핀–관 직교류형 열교환기에서 2.5 kg/s 유량의 물을 35°C에서 85°C까지 가열하는 데 뜨거운 배출가스가 사용되고 있다. 이 가스의 비열 $c_p = 1.09$ $kJ/kg \cdot °C$이고 200°C로 들어가서 93°C가 되어 나온다. 총괄열전달계수는 180 $W/m^2 \cdot °C$일 때 (*a*) LMTD 방법 (*b*) 유효도-NTU 방법을 사용하여 열전달 면적을 구하여라.

10-9 대향류 이중관 열교환기에 대해서 식 (10.12)를 유도하여라.

10-10 식 (10.27)을 유도하여라.

10-11 2중관 열교환기에서 230 kg/h의 유량으로 35°C인 물을 냉각수로 사용하고 있다. 열교환기 면적은 1.4 m^2이다. 냉각되어야 할 오일($C_p = 2.1$ $kJ/kg \cdot °C$)의 관 입구 온도는 120°C이다. 주변 조건 때문에 냉각수의 출구온도는 99°C를 넘으면 안된다. 또한 오일의 출구온도는 60°C 이상이어야 한다. 총괄열전달계수가 280 $W/m \cdot °C$이고 냉각수의 유량이 230 kg/h로 고정되었을 때 냉각될 오일의 최대 유량을 구하여라.

10-12 120°C에서 물의 증발엔탈피는 2202.6 kJ/kg이다. 열교환기의 관 측 포화 수증기를 포화수로 응축시키는데 핀 관(finned-tube)열교환기가 사용된다. 공기는 열교환기의 핀 측에 사용되고 총괄열전달계수는 47 $W/m^2 \cdot °C$이다. 공기는 30°C로 들어오고 40°C로 나간다. 2500 kg/h의 수증기를 응축시키는데 필요한 열교환기 면적은 얼마인가?

10-13 문제 10-12에서 공기의 유량이 40% 감소되었다고 가정하면, 그 결과 수증기 응축률은 얼마나 감소되겠는가?

10-14 관 통로가 하나인 작은 쉘–관 열교환기($A = 4.64\ m^2$, $U = 280\ W/m^2 \cdot °C$)에서 초기 온도가 260°C인 뜨거운 공기를 사용하여 초기 온도가 20°C인 고압의 물을 가열한다. 물의 출구 온도가 93 °C를 넘지 않아야 하고 공기의 질량 유량이 0.45 kg/s일 때, 물의 유량을 계산하여라.

10-15 전열면적이 100 m^2인 이중관열교환기로 유입온도 50°C인 물(5 kg/s)을 가열한다. 고온유체는 비열 2.1 kJ/kg · °C, 유량 8 kg/s인 기름이며, 이 기름의 유입온도는 100°C이다. 총괄열전달계수는 120 $W/m^2 \cdot °C$ 이다. 이 열교환기가 역류로 작동될 때 기름의 출구온도와 열전달률을 계산하여라.

10-16 대향류형 이중관 열교환기에서 0.9 kg/s의 오일을 사용하여 0.7 kg/s의 물을 35°C에서 90°C로 가열한다. 오일의 비열은 2.1 kJ/kg · °C이고 열교환기 입구에서의 온도는 175°C이다. 총괄열전달계수는 425 $W/m^2 \cdot °C$일 때 열교환 면적 및 유효도를 구하여라.

10-17 LMTD 개념을 사용하여 예제 6-10을 다시 풀어라. 또한 입구 공기온도가 37°C일 때에 대해서 다시 풀어라.

10-18 1-쉘 통로, 4-관 통로의 쉘–관 열교환기가 있다. 쉘 측의 유체는 4500 kg/h 유량의 에틸렌 글리콜이며 140°C로 들어가서 80°C로 나온다. 관 내를 흐르는 물은 35°C로 들어가서 85°C로 나온다. 총괄열전달계수는 850 $W/m^2 \cdot °C$이다. 열교환 면적과 물의 유량을 구하여라.

10-19 문제 10-18에서 에틸렌 글리콜의 유량을 절반으로 줄였을 때, 물의 출구 온도는 얼마인가? 또한 열전달률은 얼마나 줄어드는지 계산하여라. 다른 온도 조건은 문제 10-16과 동일하다.

10-20 문제 10-8의 열교환기에서 물의 유량이 30%로 줄었을 때 열전달량은 몇 % 줄어드는지 계산하여라. 총괄열전달계수, 가스의 유량, 입구온도는 문제 10-8의 조건과 동일하다.

10-21 2-관 통로를 갖는 쉘–관 열교환기에 대해서 문제 10-8을 다시 풀어라. 기체는 쉘 측의 유체이다.

10-22 문제 10-21의 쉘–관 열교환기를 사용하여 문제 10-20을 다시 풀어라.

10-23 초기 온도 175°C의 오일($C_p = 2.1\ kJ/kg \cdot °C$)을 사용하여 230 kg/h 유량의 물을 35°C에서 93°C로 가열하고자 한다. 오일의 질량유량도 230 kg/h이고 이중관 열교환기를 사용한다.

열교환기 *1*: $U = 570\ W/m^2 \cdot °C,\ A = 0.47\ m^2$

열교환기 *2*: $U = 370\ W/m^2 \cdot °C,\ A = 0.94\ m^2$

어떤 열교환기를 사용하여야 하는가?

10-24 10°C의 냉각수를 사용하여 83 kPa상태에서 0.76kg/min 유량의 수증기를 응축시키는 작은 수증기 응축기가 있다. 물의 출구 온도는 57°C를 넘으면 안 된다. 총괄열전달계수가 3400 $W/m^2 \cdot °C$일 때 이중관 열교환기의 열교환 면적을 구하여라. $T_{sat} = 95.6°C$, $h_{fg} = 2.27 \times 10^6\ J/kg$

10-25 문제 10-24의 열교환기에서 물의 입구 온도를 30°C로 올린다면 같은 응축률을 유지하기 위해서 유량을 몇 % 증가시켜야 하는가?

10-26 대향류형 이중관 열교환기에서 90°C의 오일을 55°C로 냉각시킴으로서 물을 20°C에서 40°C로 가열한다. 이 열교환기의 총열전달률은 59 kW이고 총괄열전달계수는 340 $W/m^2 \cdot °C$이다. 이 열교환기의 면적을 계산하여라.

10-27 순환수 가열기가 120°C의 수증기를 응축하는데 1-쉘 통로, 4-관 통로의 쉘–관 열교환기를 사용하고

있다. 물은 30°C로 관내로 들어가고 총괄열전달계수는 2000 W/m^2 · °C이다. 물의 질량유량은 2.5 kg/s이고 물의 출구 온도가 100°C일 때 열교환 면적을 구하여라.

10-28 120°C의 고온의 기름(c = 1.9 kJ/kg · °C)을 95°C로 냉각시키는데 직교류 열 교환기가 사용된다. 기름은 관 내부를 흐르며, 저온 유체인 물은 20°C로 들어오고 50°C로 나간다. 총괄열전달계수가 55 W/m^2 · °C이다. 3700 kg/h의 기름을 냉각시키기 위해 얼마나 큰 열교환기가 필요하겠는가?

10-29 문제 10-28에서 열교환기 크기가 결정되고 구입된 후, 냉각수로 사용되는 물의 유입온도가 20°C가 아니고 40°C로 밝혀졌다. 그러나 다른 변수들을 고려하여 물의 출구 온도는 처음대로 50°C를 유지해야만 한다고 한다. 총괄열전달계수가 변하지 않고 일정하다고 가정한다면 당신은 어떤 제안을 하겠는가?

10-30 문제 10-27의 열교환기를 오랜 기간동안 사용하여 불결 계수가 0.0002 m^2 · °C/W가 되었다고 생각해 보자. 이 조건에서 물의 출구 온도를 구하여라.

10-31 공기–공기 재가열기가 양측 유체가 섞이지 않고 양측 공기의 질량 유량이 0.5 kg/s인 직교류형 열교환기를 사용하고 있다. 뜨거운 공기의 입구 온도는 400°C이고 차가운 공기의 입구 온도는 20°C이다. U = 40 W/m^2 · °C이고 총열전달면적이 15 m^{2}일 때 출구 온도를 구하여라.

10-32 큰 공기 조화 장치에서 1500 m^3/min, 1기압, 10°C의 공기를 핀이 달린 관 열교환기를 사용하여 가열하고 있다. 열교환기로 들어가는 뜨거운 물의 온도는 80°C이고 총괄열전달계수는 50 W/m^2 · °C이다. 공기의 출구 온도는 37°C이고 물의 출구 온도는 48°C인 열교환기의 면적을 구하여라.

10-33 핀이 달린 직교류형 열교환기를 사용하여 공기를 20°C에서 45°C로 가열하고 있다. 물은 열교환기를 75°C로 들어가서 45°C로 나온다. 총열전달률은 35 kW이고 열 관류계수는 50 W/m^2 · °C일 때 이 열교환기의 전열 면적을 구하여라.

10-34 입구 온도 120°C, 95 kg/min의 뜨거운 오일이 1-쉘 통로, 2-관 통로의 쉘–관 열교환기에서 55 kg/min의 율로 물을 가열하는데 사용되고 있다. 물은 30°C로 열교환기를 들어가고 열교환기 면적은 14 m^{2}이다. 총괄열전달계수가 250 W/m^2 · °C일 때 열전달률 및 두 유체의 출구 온도를 구하여라.

10-35 5.0 kg/s, 60°C의 뜨거운 물이 대향류형 이중관 열교환기에서 암모니아액을 10°C에서 30°C로 가열하는데 사용되고 있다. 이 열교환기의 총괄열전달계수는 800 W/m^2 · °C이며 열전달 면적은 30 m^{2}이다. 암모니아액의 유량을 구하여라.

10-36 입구 온도 10°C의 공기가 1-쉘 통로, 2-관 통로의 쉘–관 열교환기에서 100°C의 수증기를 응축하는데 사용되고 있다. 관내의 유동 유체는 공기이고 총열전달 면적은 30 m^{2}이며 열관류계수는 150 W/m^2 · °C이다. 이 열교환기의 유효도가 85%일 때 총열전달률을 구하여라.

10-37 문제 10-31의 두 유체의 유량을 절반으로 줄였다고 가정하자. 이 경우에 총괄열전달계수 U의 변화는 없다고 가정하면 두 유체의 출구 온도들은 어떻게 되는가? 또한 유량을 2배로 할 때는 어떻게 달라지는가?

10-38 핀이 달린 관형 열교환기에서 관내의 유체로 90°C의 뜨거운 물을 사용하고 있다. 공기는 1기압, 65 kg/min, 30°C의 상태로 들어가 이 핀들을 가로 질러간다. 총괄열전달계수는 52 W/m^2 · °C이고 공기의 출구 온도는 45°C이다. 총열전달면적이 8.0 m^{2}일 때, 물의 출구 온도를 구하여라.

10-39 5 kg/s의 물이 4쉘 통로와 8관 통로의 쉘–튜브열교환기를 거치는 동안 90°C에서 70°C로 냉각된다. 저온유체도 역시 물이며 유량 5 kg/s, 입구온도 50°C이다. 총괄열전달계수가 800 W/m^2 · °C이고 4개의 쉘의 크기가 같을 때 열교환기의 전체면적을 구하여라.

10-40 마이크로 프로세서를 사용하여 문제 10-38의 열교환기에서 물의 입구 온도가 변하여도 공기의 출구 온도는 그대로 유지하도록 물의 유량을 조절하고 있다. 물의 입구 온도가 60°C, 70°C, 80°C, 100°C로 변할 때, 물의 유량은 몇 % 변하는가? 또한 이 열교환기의 유효도를 계산하여라.

10-41 120°C이고 고압인 뜨거운 물이 30°C의 기름을 40°C로 가열하는데 쓰이 고 있다. 물은 역류열교환기를 90°C로 흘러 나간다. 총 열교환기 면적이 5 m^2이라면 열교환기의 유효도를 계산하여라. 같은 열교환기면적에 대하여 평행류열교환기를 사용한다면 유효도는 얼마인가?

10-42 문제 10-41에서 각각의 열교환기에 대해 NTU를 구하여라.

10-43 문제 10-41에서 120°C의 응축수증기가 고온유체인 경우 반복 계산하라.

10-44 문제 10-42에서 120°C의 응축수증기가 고온유체인 경우 반복 계산하라.

10-45 1.3kg/s의 차가운 물을 4°C에서 32°C로 가열하는데 대향류형 열교환기를 사용한다. 2.6 kg/s, 99°C의 뜨거운 물이 열교환기 내로 들어가고 열관류계수는 830 W/m^2 · °C이다. 이 열교환기의 면적을 구하여라. 또한 이 열교환기의 유효도를 구하여라.

10-46 기본적인 에너지 평형식을 사용하여 뜨거운 증기를 응축하여 차가운 용액을 가열하는 열교환기의 유효도를 구하는 식을 유도하시오. 이때 뜨거운 유체(응축 증기)는 응축 과정동안 온도가 변하지 않는 것으로 가정한다.

10-47 75°C의 물이 대향류형 열교환기로 들어가서 30°C로 냉각되어 나오면서 오일을 25°C에서 48°C로 가열시킨다. 이 열교환기의 유효도를 구하여라.

10-48 그림 10.12 및 10.13을 ϵ과 log NTU_{max}를 축으로 하여 $0.1 < NTU_{max} < 100$의 범위에 대해서 다시 그려라. 가능하면 컴퓨터를 이용하여라.

10-49 문제 10-26의 오일의 불결 계수가 0.004라고 가정하면 이 조건의 열전달 면적을 구하라. 문제 10-26에서의 열교환기에서 같은 입구 온도 조건에서 위와 같은 불결 계수를 가진 유체가 사용된다면 열전달률은 얼마나 감소하는가?

10-50 1-쉘 통로, 2-관 통로의 쉘–관 열교환기를 사용하여 물을 가열한다. 쉘 및 관쪽의 유체는 모두 물이고 쉘 측으로 뜨거운 유체가 흐른다. 뜨거운 물은 90°C에서 70°C로 냉각되고 차가운 유체는 5°C에서 60°C로 가열된다. 열전달계수가 1100 W/m^2 · °C이고 열전달률이 60 kW일 때 열전달 면적을 구하여라.

10-51 문제 10-50에서 열전달계수 및 초기 온도 조건은 그대로 유지한 채 뜨거운 유체의 유량만 절반으로 줄였을 때 열전달률을 구하여라.

10-52 핀이 달린 직교류형 관 열교환기에서 물을 사용하여 공기를 15°C에서 25°C로 가열한다. 물은 70°C로 열교환기를 들어가서 40°C로 나오고 총 열전달률은 29 kW이다. 열관류계수가 45 W/m^2 · °C일 때 이 열교환기의 열전달 면적을 구하여라.

10-53 문제 10-52에서 물의 유량이 설계값의 1/3로 줄었을 때 이 열교환기의 열전달률을 구하여라.

10-54 가스 터빈 재생기는 뜨거운 배출 가스를 사용하여 연소실로 들어가는 공기를 예열하는 일종의 열교환기이다. 공기 표준 가스 터빈 사이클 해석에서 연료의 질량은 공기의 질량에 비해 아주 작아서 터빈으로 들어가는 뜨거운 가스의 유동량은 연소실로 들어가는 공기 유동량과 같다고 가정할 수 있다. 이 가정 아래서 뜨거운 연소 가스의 비열은 들어오는 공기의 비열과 같다고 가정하고 대향류 조건 및 병행류 조건에서 이 재생기의 유효도를 나타내는 관계식을 유도하여라.

10-55 90°C의 물이 이중관 열교환기로 들어가서 오일을 25°C에서 50°C로 가열하고 55°C로 열교환기를 나온다. 이 열교환기의 유효도를 구하여라.

10-56 문제 10-18 및 10-19의 열교환기에서 뜨거운 유체의 유동량을 40% 줄여야 한다. 그러나 같은 양의 물을 35°C에서 85°C로 가열하기 위해서 총괄열전달계수가 2000 W/m^2 · °C이고 150°C에서 수증기를 응축시키는 셀–관 공기예열기를 추가하고자 한다. 이 공기예열기의 열전달 면적 및 수증기 유동량을 구하여라.

10-57 외부 지름이 2.5 cm이고 관벽 두께는 0.8 mm이며 높이 방향으로 5열로 이루어진 50개의 구리관군 사이로 100°C의 에틸렌 글리콜이 들어가는 엔진 오일가열기가 있다. 여기서 구리관의 길이는 70 cm이고 $S_p = S_n = 3.75$ cm인 정열 배치되어 있다. 오일은 1 m/s의 속도로 20°C의 상태에서 관군으로 들어가고 글리콜은 1.5 m/s의 속도로 관 속을 흐른다. 총 열전달률과 오일의 출구 온도를 구하여라. 또한 글리콜의 속도가 1.0 m/s일 때 이 문제를 다시 풀어라.

10-58 발전소의 공기예열기는 뜨거운 연소 가스를 사용하여 1기압, 300 K 상태에서 들어오는 공기를 가열하는 직교류형 열교환기로 구성되어 있다. 연소 가스는 5 kg/s, 375°C 상태로 들어온다. 공기의 유량은 5.0 kg/s이고 열교환기의 면적 $A = 110$ m^{2}이고 총괄열전달계수는 50 W/m^2 · °C이다. 두 유체가 섞이는 경우와 섞이지 않는 경우에 대해서 열전달률 및 출구 온도들을 구하여라. 뜨거운 가스의 물성값은 공기의 물성값과 같다고 가정한다.

10-59 대향류형 이중관 열교환기에서 200°C의 뜨거운 오일을 사용하여 25 kg/s의 물을 20°C에서 40°C로 가열한다. 총괄열전달계수는 275 W/m^2 · °C이다. 오일의 출구 온도가 190°C, 180°C, 140°C, 80°C일 때 이 열교환기의 유효도 및 NTU를 구하여라.

10-60 1-쉘 통로의 쉘–관 열교환기에서 쉘 측에서 200°C의 수증기를 응축시키고자 한다. 이 열교환기에서 관내로 흐르는 50 kg/s의 물은 60°C에서 90°C로 가열되고 총괄열전달계수는 4500 W/m^2 · °C이다. 또한 수증기 입구에 제어기를 설치하여 압력을 변화시켜서 수증기의 입구 온도를 조절한다. 이 경우에 물의 출구 온도에 미치는 효과에 대해 이해하고자 한다. 수증기의 입구 온도가 180°C, 160°C, 140°C, 120°C일 때 이 열교환기의 유효도 및 물의 출구 온도를 구하여라. 수증기의 입구 온도의 함수로 물의 출구 온도를 구하는 관계식을 유도하는 해석적인 방법을 사용하여라.

10-61 1-쉘 통로, 2-관 통로의 쉘–관 열교환기를 사용하여 5.0 kg/s의 물을 30°C에서 80°C로 가열하고 있다. 관내로 물이 흐르고 쉘 측으로 1기압의 수증기가 응축된다. 총괄열전달계수가 900 W/m^2 · °C일 때 열교환기의 면적을 구하라. 같은 열교환기 내로 30°C, $U = 900$ W/m^2 · °C의 물이 1.3 kg/s 율로 들어올 때, 물의 출구 온도를 구하여라.

10-62 핀이 부착된 직교류형 튜브열교환기의 면적이 20 m^{2}이고 튜브 내로 유량 0.48 kg/s인 물이 80°C로

들어온다. 직교류 공기는 유량 1.0 kg/s, 유입온도 10°C이다. 총괄열전달계수가 50 W/m^2 · °C일 때 물의 출구온도를 구하여라.

10-63 이중관 열교환기로 비열 2.2 kJ/kg · °C인 기름을 50°C에서 100°C로 가열한다. 다른 유체는 비열이 4.2 kJ/kg · °C이고 160°C로 들어 와서 90°C로 나간다. 총괄열전도계수는 300 W/m^2 · °C이다. 총열전달률이 600 kW이라면 열교환기의 유효도를 구하여라.

10-64 대향류형 이중관 열교환기를 사용하여 물을 20°C에서 40°C로 가열한다. 뜨거운 오일이 180°C에서 열교환기로 들어가 140°C가 되어 나온다. 물의 유량은 3.0 kg/s, 총괄열전달계수는 130 W/m^2 · °C이다. 오일의 비열이 2100 J/kg · °C이고 물의 유량이 절반으로 줄었을 때 물의 출구 온도를 40°C로 그대로 유지하기 위해서는 오일의 유량을 얼마로 하여야 하는가?(두 경우에 오일의 유량은 그대로 유지한다.)

10-65 공기조화 장치에서 핀이 달린 직교류형 열교환기를 사용하여 0.8 kg/s의 공기를 30°C에서 7°C로 냉각한다. 냉각시키기 위해 0.75 kg/s, 3°C의 물이 열교환기로 들어간다. 총괄열전달계수가 55 W/m^2 · °C일 때의 열전달 면적을 구하여라. 공기의 유량은 그대로 유지하고 물의 유량을 절반으로 줄였을 때 열전달률은 몇 % 줄어드는가?

10-66 문제 10-65와 같은 공기유량을 사용하여 핀이 달린 관 열교환기에서 관 내를 흐르는 프레온을 증발시킨다. 프레온의 온도는 35°F로 유지되고 총괄열전달계수는 125 W/m^2 · °C일 때 필요한 열교환면적을 계산하시오. 또한 공기 유량을 1/3로 줄였을 때 열전달률이 얼마나 줄어드는지 계산하여라.

10-67 1-쉘 통로, 4-관 통로의 쉘–관 열교환기를 사용하여 4000 kg/h의 엔진 오일을 40°C에서 80°C로 가열한다. 관내로 오일이 흐르고 쉘 측으로는 1기압 상태의 수증기가 응축된다. 열관류계수는 1200 W/m^2 · °C이다. 입구 온도 및 총괄열전달계수 U는 그대로 유지하고 오일의 유량은 절반으로 줄였을 때 응축된 수증기의 유량을 계산하여라.

10-68 75%의 유효도를 갖는 열교환기가 1대기압 상태의 수증기 응축을 이용하여 5 kg/s의 물을 50°C로부터 가열한다. 총괄열전달계수 $U = 1200$ W/m^2 · °C인 경우에 열전달 면적을 구하여라.

10-69 문제 10-68의 열교환기에서 물의 유량이 1/2로 줄었을 때, 물의 출구 온도 및 총 열전달량을 구하여라.

10-70 핀이 달린 직교류형 열교환기에서 80°C의 뜨거운 물을 사용하여 7°C의 공기를 40°C로 가열한다. 물의 출구 온도가 52°C일 때 이 열교환기의 유효도를 구하여라.

10-71 문제 10-70의 열교환기에서 물의 유량이 150 kg/min이고 열관류계수가 50 W/m^2 · °C일 때 이 열교환기의 면적을 구하여라.

10-72 1-쉘 통로, 4-관 통로의 쉘–관 열교환기를 사용하여 쉘측을 지나는 10 kg/s의 에틸렌글리콜을 20°C에서 40°C로 가열한다. 가열을 위해 15 kg/s의 물이 70°C로 관내로 들어간다. 총괄열전달계수가 40 W/m^2 · °C일 때 열교환 면적을 구하여라.

10-73 문제 10-72와 같은 열교환기에서 입구 온도 조건은 같으나 물의 유량은 10kg/s로 줄었다. 물의 유량이 줄어들어 총괄열전달계수가 35 W/m^2 · °C로 줄었다면 글리콜의 출구 온도를 구하여라.

10-74 3쉘 통로와 6관 통로를 갖는 열교환기가 있다. 4 kg/s의 물이 쉘 통로를 흐르면서 20°C에서 60°C로 가열된다. 관 통로에는 고온유체인 물이 80°C로 들어와서 40°C로 나간다. 총괄열전달계수가 800

$W/m^2 \cdot °C$이라면 열교환기의 총 면적을 구하여라.

10-75 큰 응축기를 사용하여 1기압 상태의 수증기를 응축하여 800 MW의 에너지를 제거하고자 한다. 이를 위해 25°C의 냉각수가 응축기를 들어가서 30°C로 나온다. 총괄열전달계수가 2000 $W/m^2 \cdot °C$일 때 필요한 열교환 면적을 구하여라.

10-76 문제 10-75에서의 열교환기에서 냉각수 유량을 절반으로 줄였다고 가정하자. U의 값은 그대로 유지한다고 하면 수증기 응축률은 몇 kg/h인가?

10-77 1-쉘 통로, 2-관 통로의 쉘–관 열교환기를 사용하여 관속을 지나는 에틸렌 글리콜을 25°C에서 65 °C로 가열하고자 한다. 글리콜의 유량은 1.2 kg/s이며 쉘 측으로 지나가는 물은 95°C로 열교환기로 들어가서 55°C가 되어 나온다. 열전달계수가 600 $W/m^2 \cdot °C$일 때 열전달 면적을 구하여라.

10-78 300 K의 공기가 그림 10.19에 주어진 것과 같은 고밀도 열교환기 속으로 들어간다. 이때 관 속을 지나는 수증기는 100°C에서 $h = 9000\ W/m^2 \cdot °C$의 조건에서 응축한다. 들어가는 공기의 속도가 10 m/s라면 30 × 30 cm 정사각형, 60 cm 길이의 고밀도 열교환기에서 응축되는 수증기 양을 계산하여라.

10-79 문제 10-78에서 공기의 흐름이 그림 10.20의 D와 같을 때 다시 풀어라.

10-80 문제 10-78에서의 수증기 양을 절반으로 줄이고자 하면 배열의 크기를 얼마나 줄여야 하는가? 단 열교환기의 길이 60 cm는 그대로 유지한다.

10-81 이중관 열교환기를 사용하여 0.6 kg/s의 물을 80°C에서 60°C로 냉각하고자 한다. 이를 위해 0.8 kg/s의 에틸렌 글리콜을 사용한다. 이 열교환기의 유효도를 계산하여라. 총괄열전달계수가 1000 $W/m^2 \cdot °C$일 때 이 열교환기의 열전달 면적을 계산하여라.

10-82 직교류형 열교환기에서 1.2 kg/s의 오일($C_p = 2.1\ kJ/kg \cdot °C$)을 사용하여 핀이 없는 쪽을 가로질러 가는 0.6 kg/s의 물을 20°C에서 50°C로 가열하고자 한다. 오일은 100°C 상태로 관 내로 들어가고 이 열교환기의 총괄열전달계수는 250 $W/m^2 \cdot °C$이다. 이 열교환기를 위해 필요한 열교환 면적을 구하여라.

10-83 문제 10-82에서 관 속을 물이 지나가고 오일이 관들을 가로질러 갈 때 위 문제를 다시 풀어라.

10-84 3-쉘 통로, 6-관 통로의 쉘–관 열교환기에서 관내를 흐르는 오일($c_p = 2.1\ kJ/kg \cdot °C$)을 이용하여 쉘측을 지나가는 2 kg/s의 물을 10°C에서 70°C로 가열하고자 한다. 오일의 입구 온도는 120°C이고 열관류계수는 300 $W/m^2 \cdot °C$일 때 필요한 열교환 면적을 구하여라.

10-85 문제 10-84의 열교환기에서 물의 유량이 1.0 kg/s로 줄었을 때 두 유체의 출구 온도를 구하여라. 단 유체들의 입구 온도, 총괄열전달계수 U의 값은 그대로 유지한다고 가정한다.

10-86 2-쉘 통로, 4-관 통로의 쉘–관 열교환기에서 관 내를 흐르는 물을 이용하여 쉘 측을 지나가는 0.23 kg/s의 프레온 12 가스($h_{fg} = 120\ kJ/kg$)를 37.8°C에서 응축시키고자 한다. 물의 관 입구에서의 온도는 21.1°C이고 관을 나갈 때의 온도는 26.7°C이다. 총괄열전달계수가 700 $W/m^2 \cdot °C$일 때 필요한 열교환 면적을 구하여라.

10-87 문제 10-86에서 입구 온도 조건 및 총괄열전달계수의 값은 그대로 유지하고 물의 유량만 1/2로 줄였을 때 프레온 가스의 응축량은 몇 % 감소하 는가?

10-88 4-쉘 통로, 8-관 통로의 쉘–관 열교환기에서 관내를 흐르는 물을 이용하여 쉘 측을 지나가는 3 kg/s의 물을 10°C에서 30°C로 가열하고자 한다. 관내를 흐르는 물의 관 입구 온도는 80°C이고 관 출구 온도는 60°C이다. 열관류계수는 1000 $W/m^2 \cdot °C$일 때 필요한 열교환 면적을 구하여라.

10-89 문제 10-88에서 입구 온도 조건 및 총괄열전달계수의 값은 그대로 유지하고 차가운 물의 유량만 1/2로 줄였을 때 열전달률은 몇 % 감소하는가?

10-90 $C = 0.5$ 및 1.0에 대해서 그림 10.17에 주어진 유효도는 그림 10.16에서 읽은 유효도와 표 10.3에 주어진 n-쉘 통로에 대한 식으로부터 계산될 수 있음을 보이시오. 단 NTU(n-쉘 통로) $= n \times$ NTU(1-쉘 통로)이다.

10-91 n-쉘 통로의 열교환기에서 각각의 쉘 통로에 대한 유효도는 다음과 같음을 보이시오.

$$\epsilon_p = \frac{[(1-\epsilon C)/(l-\epsilon)]^{1/n} - 1}{[(1-\epsilon C)/(l-\epsilon)]^{1/n} - C}$$

여기서 ϵ는 n-쉘 통로의 열교환기 유효도이다.

10-92 7.0 kg/s, 100°C의 오일($C_p = 2.1$kJ/kg · °C)을 사용하여 3.5 kg/s, 20°C의 물을 가열하는 직교류형 열교환기가 있다. 관내로는 오일이 지나가고 관 밖을 가로질러 가는 유체는 물이다. 이 열교환기의 유효도가 60%일 때 두 유체들의 출구 온도를 구하고 UA의 값을 구하여라.

10-93 1-쉘 통로, 2-관 통로의 쉘–관 열교환기에서 관 내를 흐르는 물을 이용하여 쉘 측을 지나가는 100°C (1기압)의 수증기를 응축시키고자 한다. 관내를 흐르는 1.0 kg/s의 물의 관 입구 온도는 20°C이고 열관류계수는 2500 $W/m^2 \cdot °C$이다. 열전달 면적이 0.8 m^2일 때, 물의 출구 온도를 구하여라.

10-94 4-쉘 통로, 8-관 통로의 쉘–관 열교환기에서 셀측을 흐르는 3.0 kg/s의 에틸렌 글리콜을 이용하여 관속을 지나가는 1.5 kg/s의 물을 20°C에서 50°C로 가열하고자 한다. 글리콜의 입구 온도는 80°C이고 열관류계수는 900 $W/m^2 \cdot °C$일 때 필요한 열교환 면적을 구하여라.

10-95 문제 10-94의 열교환기에서 모든 변수들은 그대로 유지한 채 단지 글리콜의 유량을 1.5 kg/s로 줄였을 때, 물의 출구 온도를 구하여라.

10-96 핀이 달린 튜브 열교환기가 튜브 내로 물이 흐르고 공기가 직교류한다. 물의 입구온도는 130°F이고 공기의 유입온도는 75°F이다. 물의 유량이 0.5 kg/s일 때 총괄열전달계수가 57 $W/m^2 \cdot °C$이었다. 열교환기의 면적이 52 m^2이고 주어진 조건에서 공기의 유량은 2.0 kg/s이다. 물위 출구온도[°C]를 구하여라.

10-97 핀이 달린 튜브 직교류 열교환기에서 관 내부로 뜨거운 물이 흐르고 공기가 핀을 직교류하여 불어온다. 총괄열전달계수가 40 $W/m^2 \cdot °C$이고 열교환기면적은 5.0 m^2이다. 물은 열교환기로 90°C로 들어오고 공기는 20°C로 들어온다. 물과 공기의 유량은 둘다 0.2 kg/s이다. 유효도-NTU 방법을 사용하여 이 열교환기에 대한 열전달률을 구하여라.

10-98 3-쉘 통로, 6-관 통로의 쉘–관 열교환기에서 관내를 흐르는 고압의 물을 이용하여 쉘 측을 지나가는 오일($C_p = 2.1$ kJ/kg · °C)을 30°C에서 60°C로 가열하고자 한다. 고압의 물은 110°C에서 90°C로 냉각된다. 각 셀 통로당 유효도를 계산하여라.

10-99 문제 10-98에서 물의 유량이 3 kg/s이고 $U = 230\ \mathrm{W/m^2 \cdot {}^\circ C}$일 때 열전달 면적을 구하라. 또한 모든 변수들은 그대로 유지하고 단지 물의 유량을 2kg/s로 줄였을 때 각 유체의 출구 온도를 구하여라.

10-100 직교류 열교환기에서 구리관 내로 흐르는 물은 $h = 3000\ \mathrm{W/m^2 \cdot {}^\circ C}$이고 관 밖을 지나는 공기는 $h = 190\ \mathrm{W/m^2 \cdot {}^\circ C}$이다. 구리관 벽의 두께가 0.8 mm이고 바깥 지름은 25 mm일 때 관 내부면적을 기준으로 한 총괄열전달계수를 구하여라.

10-101 문제 10-100의 열교환기에서 각 관 내를 흐른 물의 유량이 0.5 kg/s이고 총괄열전달계수는 위 문제와 같다. 물을 10°C에서 20°C로 가열하기 위해서 적절한 입구 공기 온도, 관 길이를 결정하라. 사용된 가정들을 서술하여라.

10-102 쉘–관 열교환기에서 관 속을 지나가는 뜨거운 가스를 사용하여 쉘 측의 액체를 30°C에서 55°C로 가열한다. 관 내를 지나는 가스는 100°C에서 60°C로 냉각된다. 이 열교환기의 유효도를 구하여라.

10-103 2-쉘 통로, 4-관 통로의 쉘–관 열교환기에서 관속을 흐르는 경유($C_p = 2.0\ \mathrm{kJ/kg \cdot {}^\circ C}$)을 이용하여 쉘 측을 지나가는 물을 10°C에서 50°C로 가열하고자 한다. 경유의 입구 온도는 90°C이고 출구 온도는 60°C이며 총괄열전달계수는 $53\ \mathrm{W/m^2 \cdot {}^\circ C}$이다. 유효도 방법 및 LMTD 방법을 사용하여 500 kW의 열전달률을 달성하기 위한 열전달 면적을 구하여라. 또한 이 경우에 물의 유량도 구하여라.

10-104 문제 10-103에서 구해진 열전달 면적에 대해 오일의 유량은 그대로 유지한 채 총열전달률을 1/2로 줄이려면 물의 유량을 몇 % 줄여야 하는가?

10-105 핀이 달린 열교환기에서 관내를 지나는 100°C의 수증기를 응축시켜 핀을 가로질러 가는 공기를 10°C에서 50°C로 가열하고자 한다. 총열전달률이 44 kW이고 총괄열전달계수는 $25\ \mathrm{W/m^2 \cdot {}^\circ C}$일 때 이 열교환기의 면적을 구하여라.

10-106 문제 10-105에서의 총괄열전달계수 U는 공기 질량 유량의 0.8제곱에 비례한다고 가정한다. 총열전달률을 1/3로 줄이려면 공기의 유량은 몇 % 줄여야 하는가?

10-107 큰 발전소의 수증기 응축기에서 1-쉘 통로, 2-관 통로의 쉘–관 열교환기를 사용하여 쉘측을 지나는 38°C의 수증기를 응축시킨다. 관 내를 지나는 물은 20°C로 들어가서 27°C가 되어 나온다. 표 10.1의 정보를 사용하여 700 MW의 열전달률을 위한 열전달 면적을 구하여라. 이를 위해서 필요한 물의 유량을 구하여라. 이 계산에 사용된 U의 값에 대해 언급하라.

10-108 문제 10-107에서 열전달률 및 U의 값은 그대로 유지하고 물의 출구 온도를 34°C까지 올릴 수 있다면 이때 필요한 열전달 면적을 구하여라.

10-109 문제 10-107에서 열전달 면적 및 U의 값은 그대로 유지하고 물 출구 온도가 34°C가 되도록 물의 유량을 줄였다면 수증기의 응축량은 몇 % 감소하겠는가?

설계지향문제

10-110 사무실의 공기 조화용 찬물을 공급하기 위해서 대형 냉동시스템에서는 소금물을 사용한다. 이 사무실은 105 kW의 냉각부하가 필요하고 소금물의 온도는 −15°C 이다. 공기 냉각기에서의 찬물의 온도는 10°C로 2-관 통로의 쉘–관 열교환기의 관 속으로 들어가고 이 열교환기는 찬물의 출구온도가

5°C보다 낮지 않도록 설계되어 있다. 총괄열전달계수가 850 W/m^2 · °C라면 필요한 열전달 면적을 소금물의 출구 온도의 함수로 나타내어 그래프를 그려라.

10-111 뜨거운 엔진 오일이 스케줄 번호가 40인 1 in 강관 속을 5 m/s, 80°C 상태로 들어간다. 이 강관이 20°C의 물 속에 수평으로 잠겨서 자연대류에 의해 열을 빼앗긴다. 이 오일의 온도를 60°C로 낮추기 위해 필요한 관의 길이를 계산하여라. 물성값의 변화가 미치는 효과를 알아보기 위해 다른 조건에서 이 문제의 계산을 수행하라.

10-112 에너지보존분야에서 두 유체가 모두 비혼합이면서 $C_{min}/C_{max} = C \approx 1.0$인 직교류열교환기가 가끔 사용된다. 적절한 컴퓨터소프트웨어를 사용하여이 조건에 대해 NTU = $f(\epsilon)$을 도시하여라. 입구조건이 동일할 때 UA값을 2배로 증가시키면 총열전달에 미치는 효과는 무엇인가? 입구조건이 동일할 때 UA값이 1/2 배로 감소되면 총열전달에 미치는 효과는 무엇인가?

10-113 어떤 자동차의 응축기가 프레온 12 가스로부터 60,000 Btu/h의 열량을 제거하도록 설계되었다. 이 자동차는 40 mi/h의 속도로 달리고 주변 공기의 온도는 95°F이다. 이 상태에서 프레온 12 가스의 온도는 150°F이고 이 응축기를 가로질러 가는 공기의 온도는 10°F 만큼 온도가 올라간다고 가정할 수 있다. 이 핀이 달린 열교환기의 총괄열전달계수는 35 Btu/h · ft^2 · °F이고 이 계수는 속도의 0.7 제곱에 비례하고 공기의 질량 유량은 속도에 비례한다. 속도가 10 mi/h에서 40 mi/h 사이일 때 이 응축기의 성능을 속도의 함수로 나타내어 그래프를 그려라. 단 프레온의 온도는 150°F를 유지한다고 가정하라.

10-114 1-쉘 통로, 2-관 통로의 쉘–관 열교환기에서 345 kPa의 수증기를 응축시켜 7.5 kg/s의 물을 85°C에서 99°C로 가열하고 있다. 1쉘 통로는 2관 통로와 함께 사용되며, 2관 통로는 외경 2.5 cm인 관 30개로 이루어져 있다. 총괄열전달계수 U = 2800 W/m^2 · °C로 가정했을 때 필요한 관들의 길이를 구하여라.

10-115 문제 10-104의 열교환기를 장시간 사용하여 표 10.2에 주어진 불결 계수를 적용했다고 가정한다. 이때 총유량은 변하지 않았을 때 불결한 상태에서의 물의 출구 온도를 구하여라.

10-116 구리로 된 대향류형 이중관 열교환기에서 안쪽 관 속을 흐르는 0.76 kg/s의 물을 10°C에서 79.4°C로 가열한다. 이를 위해 바깥쪽 관 속을 250°F의 수증기가 지나가며 응축한다. 물이 지나가는 안쪽의 열전달계수는 1420 W/m^2 · °C이다. 바깥쪽 관의 열전달계수를 합리적으로 가정하여 열전달 면적을 계산하여라. 또한 이 열교환기의 물의 유량이 60% 감소하였을 때, 물의 출구 온도를 예측하라.

10-117 문제 10-36에서 물에 대한 불결 계수가 0.0002 m^2 · °C/W, 공기의 불결 계수가 0.0004 m^2 · °C/W라고 가정한다. 이 불결 계수를 고려했을 때 열전달 면적을 몇 % 증가시켜야 하는가?

10-118 직교류형 열교환기에서 100 lb/in^{2}의 포화 수증기를 사용하여 CO_2 가스를 가열한다. 이 열교환기는 400개의 바깥지름 OD = 1/4 in인 동관들이 정사각형으로 정열 배치되어 있다. 관들 중심 사이의 거리는 수직, 수평 방향 모두 3/8 in이다. 15 lb/in^2 절대압 상태에서 1 lb$_m$/s CO_2 가스는 관을 가로질러가면서 70°F에서 200°F로 가열된다. 수증기 측의 열전달계수를 1000 Btu/h · ft^2 · °F로 가정하고 관 벽의 열 저항은 무시했을 때 필요한 관의 길이를 구하여라.

10-119 문제 10-118에서 CO_2가 관내를 흐르고 수증기가 관 밖에서 응축될 때 위 문제를 다시 풀어라. 이 두 가지 설계를 CO_2 가스가 열교환기를 지나갈 때의 압력 강하를 기준으로 했을 때 비교해 보아라.

10-120 자동차용 냉매응축기가 작동하고 있다. 145°F의 포화증기가 들어와서 포화액이 되어 빠져 나간다. 냉각용 공기는 외기조건에 따라 65~100°F 범위에서 직교류 열교환기로 유입된다. 자동차가 일정 속도로 달리고 있을때(유입되는 공기의 질량유량은 일정하게 유지됨) $q(T)/q(65°F)$를 도시하여라.

10-121 대향류형 이중관 열교환기에서 오일($c_p = 2.1$ kJ/kg · °C)을 138°C에서 93°C로 냉각함으로써 2.5 kg/s의 물을 25°C에서 65°C로 가열하고자 한다. 이때 50°C에서 0.62 kg/s의 물을 분기(bleed off) 시키기 위해 열교환기 2개를 사용한다. 모든 열교환기에 대해서 총괄열전달계수는 450 W/m^2 · °C 이다. 2개의 열교환기 배열에서도 같은 오일 유량을 사용하지만 두 열교환기로 갈라진다. 이때 각 작은 열교환기들의 열전달 면적 및 오일 유동량을 구하여라. 물은 두 열교환기들을 직렬로 흐르고 두 열교환기 사이에서 갈라진다고(bleed off) 가정하고 두 작은 열교환기들의 면적은 같다.

10-122 문제 10-121에서 뜨거운 오일 대신에 138°C에서 응축하는 수증기를 사용하였다. 또한 관 속으로 물이 지나가는 2-관 통로의 쉘–관 열교환기를 사용하였다. 총괄열전달계수가 1700 W/m^2 · °C일 때 위 문제를 다시 풀어라.

10-123 4-관 통로의 쉘–관 열교환기에서 5 kg/s, 93°C의 뜨거운 물을 사용하여 관 속을 지나는 2.5 kg/s의 물을 25°C에서 70°C로 가열한다. 총괄열전달계수는 800 W/m^2 · °C이다. 뜨거운 물의 유량 및 총괄열전달계수 값은 그대로 유지된다고 가정할 때 차가운 유체의 유량 변화에 따른 열전달률 감소율을 그래프로 나타내어라.

10-124 지름 3 in 표준관 속에 지름 2 in 표준 스케쥴 40인 관이 있는 두 개의 똑같은 이중관 열교환기가 있다. 이 열교환기들의 길이는 10 ft이고 80°F, 40 gal/min의 물이 직렬로 배열된 내부 관속을 지나면서 가열된다. 이를 위해 120°F, 30 gal/min의 물과 200°F, 30 gal/min의 물을 사용한다. 최적 성능(최대 열전달)을 얻기 위한 유동 배열을 구하고 이 상태 아래서의 총열전달률을 구하여라.

10-125 직교류형 열교환기에서 450°C의 고온 연소 가스($c_p = 1.2$ kJ/kg · °C)을 사용하여 엔진 오일을 30°C에서 80°C로 가열한다. 이 장에서 주어진 정보를 사용하여 0.6 kg/s의 오일을 가열하기 위한 적절한 설계 자료들을 구하여라.

10-126 예제 10-16에서 주어진 열교환기의 관내에서 100°C 상태의 수증기가 응축한다. 관 내의 열전달계수 $h = 5000$ W/m^2 · °C이고 이 열교환기의 전면(frontal) 면적이 0.5 m^2, 공기 흐름 방향의 깊이가 40 cm라면 열전달률 및 출구의 공기 온도를 계산하여라. 사용된 가정들을 서술하여라.

10-127 암모니아 응축기가 수평으로 놓인 5 × 5 배열의 바깥지름 2.5 cm, 벽두께 1.0 mm인 관들로 이루어져 있다. 물은 관속을 5 m/s의 속도로 20°C로 들어와서 40°C로 나간다. 암모니아의 응축 온도가 60°C일 때 이 관들의 길이 및 응축되는 암모니아의 양을 구하라. 필요한 암모니아의 물성값을 얻기 위해 열역학 표를 참고하여라.

10-128 문제 10-127을 10 × 10 배열의 열교환기에 대해 다시 풀어라. 관의 길이가 절반으로 줄어들면 같은 입구 온도 조건에서 응축량은 얼마나 줄어드는가?(출구의 물의 온도는 같지 않다.)

10-129 그림 10.19와 같은 집적 열교환기에서 1기압, 70°F의 공기를 사용하여 200°F의 물을 160°F로 냉각시키고 있다. 입구에서의 공기 유동 속도는 50 ft/s이고 총 열전달률은 240,000 Btu/h이다. 여러 종류의 디자인을 택하여 각각의 경우에 대해 압력 강하 및 열교환기 크기(면적 또는 체적)를 구하여 비교해 보라.

10-130 어떤 공기 조화 장치에서 핀이 달린 관 열교환기를 사용하여 75°F의 공기로부터 30 kW의 열량을 제거하려고 한다. 두 가지 대안이 고려되고 있다. (1) 관 내로 45°F의 물을 통과시킨다. (2) 관 내에서 45°F의 프레온 가스를 응축시킨다. 두 가지 경우 모두 공기는 핀을 가로질러 지나가고 공기의 대류 열전달계수가 총괄열전달계수에서 가장 중요한 역할을 한다. 공기의 출구 온도가 55°C일 때 총괄열전달계수를 55 W/m^2 · °C라고 가정하고 공기의 유량에 따라 0.8제곱에 비례한다고 가정한다. 다음 주어진 조건에 대한 열교환기의 크기를 결정하시오. (1) 물의 출구 온도는 53°F이다. (2) 프레온 온도는 45°F를 유지한다. 다음에 아래와 같은 부분 부하가 걸렸을 때에 대해 해석하라. (*a*) 공기 유량 및 물의 유량은 그대로 유지한 채 냉각 부하가 절반으로 줄었을 때 (*b*) 출구의 공기 온 및 물의 유량은 설계값을 유지하고 냉각 부하가 절반으로 줄었을 때 (*c*) 출구 공기 온도는 55°F를 유지하고 물의 유량은 25% 줄고 냉각 부하가 절반으로 줄었을 때 (*d*) 프레온의 증발 온도를 45°F로 유지했을 때 (*a*)와 (*b*)의 경우.

10-131 공기 조화 장치에서 때로는 문제 10-130에서처럼 실내 환경조건을 제어하기 위해 냉각 코일을 지나는 공기의 유동량을 변화시킨다. 부하 조건이 변화하는 상태에서 열교환기 출구에서의 공기 온도를 고정하고자 한다. 문제 10-130의 열교환기에서 다음과 같은 가정 아래 최대 부하조건에 대한 함수로서 공기의 유량을 계산하라. (*a*) 물의 입구 온도는 45°F로 일정하고 물의 유량도 일정하다. (*b*) 프레온의 증발 온도는 45°F로 일정하다. 냉각 부하에 따라서 공기 유량이 자동으로 변하도록 제어하고 있다고 가정하자. 냉각 부하에 따른 공기 유량의 변화를 2차 함수로 가정했을 때(즉 $\dot{m} = A + Bq + Cq^2$) 계산 결과들을 이용하여 A, B 및 C의 값을 결정하여라.

10-132 관 내부를 지나는 수증기의 응축을 이용하여 지름 2.5 cm인 강관의 표면 온도가 100°C를 유지하고 있다. 이 강관의 표면 위에는 원형 핀($k = 43$ W/m · °C)을 설치하여 자연대류에 의해 20°C를 유지하고 있는 주변으로 열을 방출하고 있다. 강관 및 핀의 표면과 주위와의 대류 열전달계수 $h = 8.0$ W/m^2 · °C이다. 핀과 관 표면은 검은색으로서 흑체처럼 열을 방출한다.(핀–관은 핀의 바깥 지름을 지름으로 하는 원관처럼 복사열을 방출한다.) 여러 종류의 핀 바깥 지름, 핀 두께, 핀 간격에 대해 관 단위길이당 주위로 방출되는 열량을 계산하고 가장 적절한 결론을 내려라. 여기서 h는 모든 열전달면에서 일정하다고 가정한다.

10-133 문제 10-132와 같은 핀이 달린 관에서 공기가 지나면서 $h = 20$ W/m^2 · °C의 열전달이 일어난다. 자연 대류 해석의 경우와 같이 강제 대류에 대해 해석하고 적절한 결론을 내려라. 단 열전달계수 h는 상수로 가정 한다.

10-134 그림 문제 10.134에 주어진 것과 같이 에너지 절약을 위해 열을 회수하는 장치이다. 이 배열에서 건물 실내의 따뜻한 공기는 핀이 달린 열교환기를 통해 관속을 흐르는 물을 60 kW의 율로 가열한다. 이 물은 펌프를 사용해 20 m 떨어진 장소로 보내져 실내로 들어올 바깥 공기를 가열하게 된다. 바깥 공기는 핀을 사용하여 86 m^3/min로 공급된다. 두 개의 핀이 달린 열교환기를 바깥의 공기는 0°C이고 공기 조화된 실내의 온도는 20°C이다. 바깥 공기연결하는 관은 완전하게 단열되었다고 가정한다. 표 10.1 혹은 다른 자료를 사용하여 적당한 U의 값을 구하고 이와 같은 열전달을 위한 열교환기의 크기를 결정하여라. 이 계산을 위해 관속을 물이 흐를 때 적절한 온도 상승 및 강하를 가정하고 각 설계에 필요한 물의 유량을 예측하라.

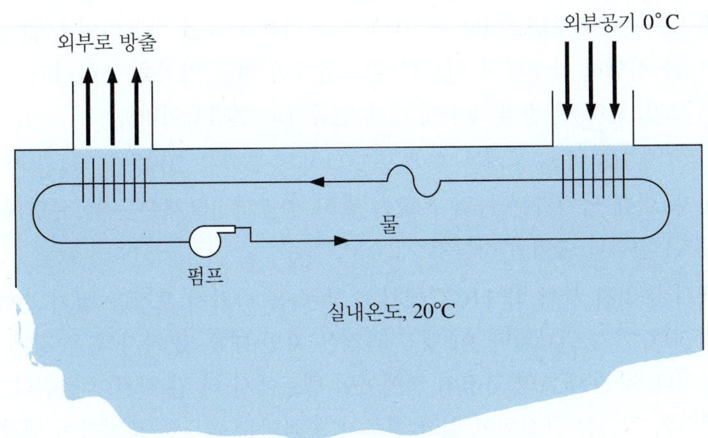

[그림 문제 10.134]

10-135 1-쉘 통로, 2-관 통로의 쉘–관 열교환기에서 쉘 측에서 1기압의 수증기를 응축하여 10 kg/s의 엔진 오일을 50°C에서 60°C로 가열하고자 한다. 수증기(h_{fg} = 2.26 MJ/kg)는 포화 증기 상태로 들어가서 포화액 상태로 나온다. 또한 이 뜨거운 응축수를 다른 쉘–관 열교환기의 쉘 측으로 지나가게 하여 관 속을 지나가는 물을 20°C로부터 60°C까지 가열한다. 표 10.1의 적당한 U 값을 사용하거나 계산에 의해서 U 값을 구하여 수증기 응축기의 크기를 결정하고 물을 가열하는 열교환기의 크기를 제안하라. 제안된 각각의 열교환기에 대해서 가열되는 물의 유량을 구하여라. 대안으로서 스로틀링을 적용한 하나의 열교환기를 사용할 때 어떻게 배열해야 되는지 설명하여라.

10-136 9-7절의 히트 파이프는 양쪽 끝에 핀이 달린 관이 부착된 열회수 장치이다. 이와 같은 배열은 상용 옷 건조기의 배출 가스를 사용하여 10°C의 공기를 예열한다. 건조기를 나오는 34 m^3/min의 공기의 온도는 95°C이고 핀이 달린 다관의 히트 파이프를 사용한다. 표 10.1 또는 계산으로부터 구한 U 값으로부터 위의 히트 파이프에 부착된 핀이 달린 열교환기의 크기를 구하라. 양 끝의 두 열교환기의 크기는 같고 히트파이프의 표면 온도는 일정하다고 가정한다. (힌트:이 배열은 같은 크기의 용량을 가진 하나의 직교류형 열교환기와 같이 작동한다.) 적당한 뜨거운 공기의 출구 온도를 택하여 전기 건조기의 사용 비용이 $0.085/kWh일 때 절약 비용을 계산하라. $9.00/GJ인 천연가스 건조기를 사용할 때에 같은 계산을 수행하라. 해석 결과에 대해 언급하고 적당한 것을 추천하여라.

10-137 자동차 혹은 디젤 발전소의 냉각 방열기는 그림 10.18(*a*)와 같이 양 유체가 섞이지 않는 직교류형 열교환기로 생각할 수 있다. 타원 형태의 관 속으로는 냉각수가 흐르고 핀 주위로 공기가 지나간다. 이와 같은 열교환기는 그림 10.19에 주어진 것과 같은 열전달 특성이 있다. 이 방열기에서 방출되어야 할 열량이 1.12 MW이고 이 방열기를 들어가는 물의 온도는 98°C이다. 이 열교환기를 들어가는 공기의 온도는 25°C이고 팬을 이용해 15 m/s의 속도를 유지한다. 이 물의 출구 온도들을 적당히 선택하고 선택한 온도들에 대해서 각각 이 열교환기의 전면 면적(frontal area) 및 체적을 구하여라. 그 중에 가장 적합한 설계값을 선택하여라.

10-138 큰 저온 저장 창고에서 암모니아를 사용하여 냉동하고 있다. 암모니아 응축기는 1-쉘 통로, 2-관 통로의 쉘–관 열교환기로서 관 속을 지나가는 입구 온도가 16°C인 물을 사용하여 쉘측을 지나가는 30°C의 암모니아를 응축시킨다. 암모니아에서 제거되어야 할 열량은 457 kW이고 30°C의 암모니

아의 증발열 h_{fg} = 1145 kJ/kg이다. 표 10.1 또는 다른 자료를 사용하여 U 값을 적당히 선택하고 물의 출구 온도를 적당히 가정하여 필요한 열교환기의 전열 면적을 구하여라. 그리고 이 열교환기에 필요한 관의 크기, 길이 및 관의 개수에 대해 언급하고 설명하여라.

10-139 문제 10-138의 열교환기를 설계한 후에 암모니아 응축률을 20% 감소시킨 부분 부하 작동이 요구되었다고 하자. 이때 들어가는 물의 온도는 같고 총괄열전달계수는 물 유량의 0.8제곱에 비례한다면, 물의 유량은 얼마나 줄여야 하는가?

10-140 제빵 공장에서 구워진 빵이 약 110°C에서 오븐 속을 나와서 포장을 하기 전에 컨베이어 벨트에서 공기에 의해 30°C까지 냉각된다. 이 냉각 과정은 자연 대류 및 복사 혹은 강제 대류 및 복사에 의한 열전달 과정이다. 자연 대류의 과정이 컨베이어 벨트에서 더 긴 시간이 걸린다. 설계 관점에서 볼 때 컨베이어 벨트의 길이는 고정되어 있고 벨트가 움직이는 속도를 조절하여 냉각에 필요한 시간을 맞춘다. 자연 대류, 복사, 강제 대류에 대한 적절한 관계식을 사용하여 자연 대류 냉각에 걸리는 시간 및 두 가지 속도에 대한 강제 대류 냉각에 걸리는 시간을 구하라. 이 빵의 무게가 0.45 kg일 때 가장 적당한 컨베이어 속도를 추천하여라.

10-141 뜨거운 연소 가스가 옥수수칩 튀김기를 435°C로 나와서 버어너로 들어가는 공기를 예열하는 직교류형 열교환기로 들어간다. 이러한 장치를 폐열회수기(recuperator)라고 하고 여기서 공기가 얻은 에너지만큼 에너지가 절약된다. 공기는 이 열교환기를 30°C로 들어가고 뜨거운 공기의 물성값은 공기와 같다고 가정한다. 이 해석을 단순화하기 위해 연소가스와 공기의 유량은 같다고 가정한다. 총괄열전달계수 $U = 25\ \text{W/m}^2 \cdot {}^\circ\text{C}$로 가정한다. 열전달 면적이 커지면 열교환의 유효도도 커지고 더 많은 에너지를 절약할 수 있다. 반대로 열교환기가 커지면 투자 비용이 증가하게 된다. 1 kg/s의 연소 가스에 대해서 여러 크기의 열교환기를 선택하여 실제 지출 비용에 대한 영향을 계산해 보면

(지출 비용) = (절약된 에너지 양) × (단위 에너지 비용)
− (단위면적당 열교환기 비용)
× (에너지 절약을 위해 필요한 열전달 면적)

단위면적당 열교환기 비용 및 단위 에너지 비용 모두 열교환기 크기와는 무관하다고 가정한다. 이 열교환기를 두 기체가 섞이지 않는 직교류형 열교환기로 가정한다. 이 문제를 푸는데 사용한 가정 및 결과에 대해 언급하라. 만일 에너지 비용이 $6.50/GJ라면 이 장치는 경제적이라고 할 수 있는가?

10-142 150 kPa, 1100 kg/hr의 수증기를 응축하기 위한 열교환기를 설계하고자 한다. 이때 50°C의 냉각수는 충분한 양이 확보되었다. 쉘 측으로 수증기가 지나가는 1-관 통로의 쉘–관 열교환기를 설계하고자 할 때, 6장 및 9장에서의 정보를 이용하여 관 속을 지나는 유동에 대한 응축 및 강제 대류 열전달계수를 구하여라. 여러 종류의 관 군 및 관 크기를 택하여 열교환기의 길이, 관을 통한 압력 강하를 구하여라. 그리고 최종적으로 최적의 물의 유량, 관의 크기, 관의 수, 관 길이 등의 설계 자료들을 제시하고 왜 이 설계 자료들을 택했는지 설명하여라.

10-143 지하수를 이용한 열펌프의 냉각관이 온도가 18°C인 지하에 묻혀 있다. 27°C의 물이 관으로 들어와 30 kW의 에너지를 방출하고 20°C 보다 낮은 온도가 되어 관 밖으로 나간다. 이 지점의 흙의 열전도도는 $1.7\ \text{W/m} \cdot {}^\circ\text{C}$일 때 관의 재료, 지름, 길이 등을 바꾸어 보면서 주어진 냉각이 이루어지도록 하시오. 필요하면 상용의 자료들을 이용하라. 이와 같은 설치를 설계하는 데 어떤 인자들을 고려하여

야 하는가? 분석을 통해 최종적으로 최적의 설계 자료를 선택하고 이를 택하게 된 배경에 대해 언급하라.

10-144 직사각형 모양의 여러 핀 들이 달린 알루미늄 평판을 사용하여 20°C의 주변 공기로 125 W의 열량을 방출하고자 한다. 평판의 두께는 3 mm를 넘어서는 안 되고 평판의 반대편에 있는 파워 소스는 75°C를 넘으면 문제가 발생한다. 이와 같은 열전달을 달성하기 위해, (1) 평판의 폭 및 높이 (2) 수직 방향의 핀의 수 및 간격 (3) 핀의 두께 및 길이 (4) 핀으로부터의 복사 열전달을 증가시키기 위한 표면 처리(가능하다면)와 같은 적절한 변수들을 결정하여야 한다. 이 설계를 위해 2장의 핀의 성능에 대한 자료, 7장의 평판 주위의 자연 대류에 관한 정보, 8장의 복사 열전달에 대한 정보, 부록의 열적 물성값 및 복사 관련자료 등을 이용하라. 이 핀들은 평판에 열적 저항이 없도록 단단히 고정되어 있다고 가정하고 핀의 성능을 계산하기 위해 부록 D의 프로그램 A를 사용하라. 이 해석에 사용된 모든 가정들에 대해 언급하고 최종 설계에 영향을 미치는 인자들을 명확하게 제시하라.

10-145 1-쉘 통로, 2-관 통로의 쉘–관 열교환기를 사용하여 1기압, 3900 kg/hr의 수증기를 응축시키고자 한다. 수증기는 포화 증기 상태로 쉘 측으로 들어가서 포화액이 되어 나온다. 관속으로 입구 온도 40°C의 물이 지나가면서 수증기를 응축시키게 된다. 표 10.1에 주어진 대략적인 U의 값을 사용하여 적절한 설계 인자들을 구하라. (1) 각 관 통로 당 관의 수 (2) 물의 출구 온도 (3) 각 관 통로당 관의 지름 및 길이 (4) 물의 유량. 또한 필요한 셀의 안지름 크기를 예측하라. 최종 설계 자료를 선택하기 전에 여러 가지 대안들에 대해 고려해 보고 최종 자료를 선택하는 데 영향을 미친 인자들에 대해 논의하라.

10-146 열교환기의 가격은 면적에 직접 비례한다. 면적이 증가하면 NTU가 증가하게 되어 이 열교환기의 유효도가 증가하지만 선형적으로 증가하는 것은 아니다. $C_{\text{min}} = C_{\text{max}}$이고 $C_{\text{min}} = C_{\text{max}} = 1.005$ kJ/kg · °C인 두 가스를 이용하여 작동하는 핀이 달린 직교류형 열교환기가 있다. 이 열교환기는 600 K의 배기 가스를 이용하여 300 K의 공기를 예열하는 일종의 폐열회수기이다. 절약되는 에너지 양은 공기가 얻게 되는 에너지 양이고 절약되는 에너지 비용은 이 값에 단위 에너지 비용을 곱한 값이다. 표 10.1을 이용하여 적당한 U값을 선택하여 에너지 비용과 단위 면적당 열교환기 비용사이의 관계식을 구하여라. 실제적인 단위 에너지 비용을 사용하여 이 해석을 예를 들어 제시하라. 이 해석으로부터 어떤 결론을 내릴 수 있는가?

10-147 열교환기의 불결에 의한 비용은 단위 에너지 비용에 열전달 성능 감소율을 곱하여 나타낼 수 있다. 이 문제는 열교환기를 깨끗이 청소하거나 작동시 유체에 화학적인 처리를 함으로써 완화시킬 수 있다. 표 10.1 및 10.2를 사용하여 열교환기 모델을 제시하고 불결에 의한 비용을 예측하는 해석을 수행하라. 단위 에너지 비용으로는 적절한 값을 가정하라. 이 해석으로부터 어떤 결론을 내릴 수 있는가?

참고문헌

1. Siegal, R., and J. R. Howell: *"Thermal Radiation Heat Transfer,"* 4th ed., New York: Hemisphere Publishing Corp., 1990.
2. "Standards of Tubular Exchanger Manufacturers Association," latest edition.
3. Kays, W. M., and A. L. London: *"Compact Heat Exchangers,"* 2d ed., New York: McGraw-Hill, 1964.

4. Bowman, R. A., A. E. Mueller, and W. M. Nagle: Mean Temperature Difference in Design, *Trans, ASME*, vol. 62, p. 283, 1940.
5. Perry, J. H. (ed.): "*Chemical Engineers' Handbook*," 4th ed., New York: McGraw-Hill, 1963.
6. American Society of Heating, Refrigeration, and Air Conditioning Engineers Guide, annually.
7. Sparrow, E. M., and R. D. Cess: "*Radiation Heat Transfer*," New York: Wadsworth Publishing Co., 1966.
8. Schlunder, E. W.: "*Heat Exchanger Design Handbook*," New York: Hemisphere Publishing Corp., 1982.
9. Somerscales, E. F. C., and J. G. Kundsen (eds): "*Fouling of Heat Transfer Equipment*," New York: Hemisphere Publishing Corp., 1981.
10. Kraus, A. D., and D. Q. Kern: The Effectiveness of Heat Exchangers with One Shell Pass and Even Number of Tube Passes, *ASME Paper 65-HT-18*, presented at National Heat Transfer Conference, August 1965.
11. Digiovanni, M. A., and R. L. Webb: "Uncertainty in Effectiveness-NTU Calculations for Crossflow Heat Exchangers," *Heat Trans. Entr.*, vol. 10,pp.61-70, 1989.
12. Bergles, A. E. "Some Perspectives on Enhanced Heat Transfer-Second Generation Heat Transfer Technology," *J. Heat Transfer*, vol. 110, pp. 1082-91, 1988.
13. Bergles, A. E. "Techniques to Augment Heat Transfer," chap. 3. *Handbook of Heat Transfer Applications*. New York: McGraw-Hill, 1985.
14. Bergles, A. E. "Augmentation of Heat Transfer," chap. 2.5.11. *Heat Exchanger Design Handbook*, New York: Begell House, 1998.
15. _____. *Heat Exchanger Design Handbook*. New York: Begell House, 1998.
16. Hewitt. G. F., Shires, G. L., and Bott, T. R. *Process Heat Transfer*. Boca Raton: CRC Press, 1994.
17. Webb, R. L. *Principles of Enhanced Heat Transfer*. New York: John Wiley, 1994.

Chapter 11

물질전달

11-1 서론

물질전달은 여러 가지 원인으로 일어난다. 대류와 수반되어 물질전달이 일어나는 경우에는 물질이 흐름의 한 장소에서 다른 장소로 수송되는 것이다. 이러한 형태의 물질전달은 거시적 수준에서 일어나는 것이며 보통 유체역학의 과제로 다루어진다. 기체나 액체의 혼합물의 계 안에서 하나 또는 몇 개의 구성물의 농도구배가 있을때 농도가 큰 부분에서 작은 부분으로 확산되기 때문에 미시적 수준의 물질전달이 일어난다. 이 장에서는 물질확산을 계산에 사용되는 간단한 관계식과 이들의 열전달과의 관계에 관하여 고찰한다. 어쨌든 물질전달은 분자적크기의 물질확산과 대류과정에서 생기는 체적물질수송으로 달성된다는 것을 기억해야 한다.

물질확산은 분자단위에서 발생할 뿐만 아니라 급격한 와류혼합과정의 결과로써 난류흐름 시스템에서 가속된 확산율 또한 일어난다. 급격한 와류혼합과정의 사례는 난류흐름에서 증가된 열전달과 점성작용이 만들어 낸 혼합공정이 있다.

비록 여기서 다루려는 범위를 벗어나는 것이지만, 물질확산이 계에서의 온도구배 때문에도 생긴다는 것을 언급하여 둔다. 이 과정을 열확산이라 부른다. 마찬가지로 농도 구배가 존재하면 온도 구배를 크게 하며, 그 때문에 열이동도 증가시킨다. 이 두 가지 효과를 복합현상이라 하며 비가역열역학의 방법으로 다루어진다. 독자는 비가역열역학과 복합현상 및 이들의 확산과정들에 대한 응용문제의 논문은 Prigogine [1]과 de Groot [2]의 문헌을 참고하기 바란다.

11-2 Fick의 확산법칙

그림 11.1과 같은 계를 고려하자. 얇은 칸막이로 분리된 두 기체 A와 B가 있다. 칸막이를 없애주면 이 두 기체는 서로 확산을 통하여 기체의 농도가 상자 전체에서 일정하게 되는 평형에 도달하게 된다. "확산율은 단위면적당 구성물의 질량플럭스는 농도구배에 비례한다"는 Fick의 확산법칙(Fick's law of diffusion)으로 주어진다. 즉,

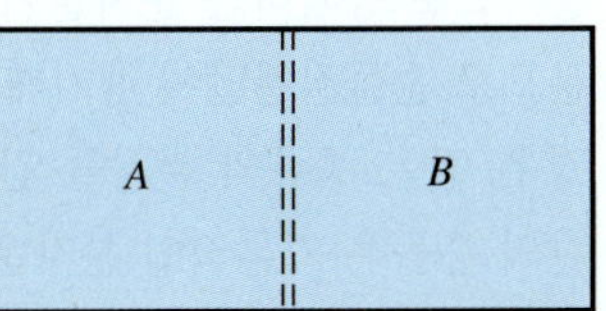

[그림 11.1] 성분 A가 성분 B로 확산

$$\frac{\dot{m}_A}{A} = -D\frac{\partial C_A}{\partial x} \qquad (11.1)$$

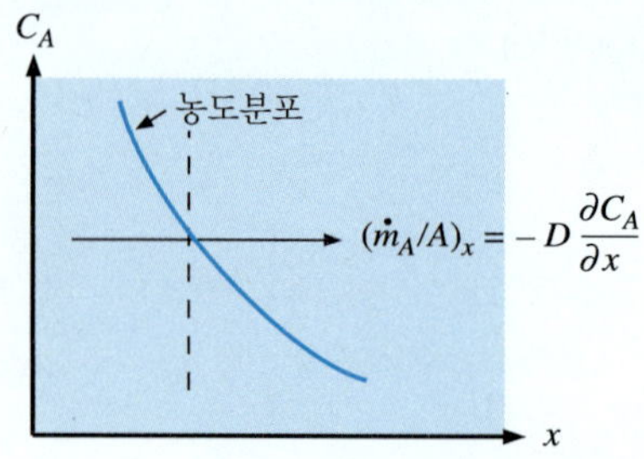

[그림 11.2] 확산과 농도분포와의 관계

여기서,

D = 확산계수, m^2/s

$\dot{m}_A$ = 단위시간당 질량플럭스 kg/s

C_A = 단위체적당 성분 A의 질량농도, kg/m^3

성분 A의 y방향 또는 z방향으로의 확산에 대하여는 식 (11.1)과 비슷한 식으로 표현할 수 있다.

식 (11.1)과 푸리에 전도방정식과 유사성에 주의하라.

$$\left(\frac{q}{A}\right)_x = -k\frac{\partial T}{\partial x}$$

유체층들사이에서 전단력을 위한 방정식은 다음과 같다.

$$\tau = \mu\frac{\partial u}{\partial y}$$

열전도방정식은 에너지의 수송을 설명하고, 점성-전단방정식은 유체층을 횡단하는 운동량의 수송을, 그리고 확산법칙은 물질의 수송을 설명한다.

확산의 물리적 메커니즘을 이해하기 위하여 그림 11.2의 점선으로 보여주는 가상적인 면을 생각하자. 성분 A의 농도는 이 면의 왼쪽이 오른쪽보다 더욱 크다. 농도가 더 크다는 것은 단위체적당 분자수가 많다는 것을 의미한다. 만약 이 계가 기체 또는 액체라면 분자들은 불규칙적으로 움직일 것이다. 그러므로 농도가 크면 클수록 단위시간당 더 많은 분자들이 주어진 면을 통과하게 된다. 즉, 평균적으로 이 평면을 왼쪽에서 오른쪽으로 통과하는 분자들이 반대방향으로 통과하는 분자들보다 많다. 이 결과 농도가 큰 부분에서 작은 부분으로 순물질전달이 생기게 된다. 확산과정은 분자들이 서로 충돌함으로써 크게 영향을 받는다. 혼합기체의 경우, 같은 종류의 분자들 간의 충돌과 다른 종류의 분자들간의 충돌과는 명확한 차이가 있다. 같은 분자들 간의 충돌은 기본적인 분자운동을 다소 변화시키지도 않는다. 왜냐하면 두 분자는 동일하여 두 분자 중 하나 또는 다른 분자가 일정한 면을 통과해도 아무런 차이가 없기 때문이다. 그러나 서로 다른 두 분자, 예를 들면 분자 A와 B는 어떤 특정한 면을 분자 A 대신에 분자 B를 통과시키는 결과를 초래한다. 분자는 일반적으로 그 무게가 다르기 때문에 물질전달은 충돌에 의한 영향을 받는다. 기체 운동론을 사용하면 그 충돌메커니즘과 구성기체의 분자량을 고려하여 어떠한 계에 대한 확산율을 해석적으로 예측할 수 있다.

기체의 경우 확산율은 명백히 분자속도에 의존하므로 확산계수가 온도에 의존하리라는 것을 결과적으로 예측할 수 있다. 온도는 평균 분자속도를 의미하기 때문이다.

11-3 기체 내의 확산

Gilliland [4]는 기체 내의 확산계수를 계산하는 반실험식을 세웠다.

$$D = 435.7 \frac{T^{3/2}}{p\left(V_A^{1/3} + V_B^{1/3}\right)^2} \sqrt{\frac{1}{M_A} + \frac{1}{M_B}} \quad \textbf{(11.2)}$$

여기서 D의 단위는 cm^2/s, T는 Kelvin 온도이고, p는 Pascal단위(N/m^2)의 계의 전압, V_A와 V_B는 구성물 A와 B의 분자체적으로 표 11.1에 실린 원자체적으로부터 계산된 것이다. 또 M_A와 M_B는 A와 B의 분자량이다. 예제 11.1의 설명은 식 (11.2)를 이용하여 확산계수를 계산하는 경우이다.

식 (11.2)는 여러 가지 성분과 비율로 혼합된 혼합물에 대한 확산계수를 계산하는 데 편리한 표현이다. 그러나 이것은 어떤 특정한 계에 대해서 실험적으로 확산계수의 값을 결정할 수 없을 때 쓰인다. 참고문헌 [3]과 [5]에서 [9]까지는 확산계수를 계산하는 더욱 많은 자료가 실려 있다. 확산계수의 대표적인 표가 부록 A에 있다.

[표 11.1] 원자체적

Air	29.9	In secondary amines	1.20
Bromine	27.0	Oxygen, molecule(O2)	7.4
Carbon	14.8	Coupled to two other elements:	
Carbon dioxide	34.0	In aldehydes and ketones	7.4
Chlorine		In methyl esters	9.1
Terminal as in R-CI	21.6	In ethyl esters	9.9
Medial as in R-CHCI-R	24.6	In higher esters and ethers	11.0
Fluorine	8.7	In acids	12.0
Hydrogen, molecule(H2)	14.3	In union with S, P, N	8.3
In Compounds	3.7	Phosphorus	27.0
Iodine	37.0	Sulfur	25.6
Nitrogen, molecule(N2)	15.6	Water	18.8
In primary amines	10.5		

예제 11-1 CO_2에 대한 확산계수

식 (11.2)를 이용하여 1대기압 25°C의 공기에서 CO_2에 대한 확산계수를 계산하고, 이 값을 부록 표 A.8의 값과 비교하라.

■ 풀이

표 11.1에서

$$V_{CO_2} = 34.0 \qquad M_{CO_2} = 44$$
$$V_{air} = 29.9 \qquad M_{air} = 28.9$$
$$D = \frac{(435.7)(298)^{3/2}}{(1.0132 \times 10^5)[(34.0)^{1/3} + (29.9)^{1/3}]^2} \sqrt{\frac{1}{44} + \frac{1}{28.9}}$$
$$= 0.132\ cm^2/s$$

표 A.8에서

$$D = 0.164\ \mathrm{cm^2/s} = 0.62\ \mathrm{ft^2/h}$$

이므로 이 두 값은 어느 정도 일치함을 알 수 있다.

그림 11.1에 관련된 논의로부터 확산과정은 동시에 두 가지 방법, 즉 기체 A는 기체 B 속으로, 기체 B는 기체 A 속으로 동시에 확산된다는 것을 안다. 따라서 이 과정의 각각에 대하여 확산계수를 구할 수 있다.

Fick의 법칙을 쓸 때 식 (11.1)과 같이 단위면적당 질량플럭스와 질량농도를 사용할 수도 있고 몰(mole)당 질량농도와 질량플럭스로 방정식을 표현할 수도 있다. 이 두 표현 중 어느 것이 더 편리하다고 일반적인 법칙은 없으나, 생각하고 있는 문제에 따라 하나를 택하여 쓰면 된다. 기체의 경우에는 Fick의 법칙을 이상기체 상태방정식을 이용하여 부분압력의 항으로 표현할 수도 있다. (이 변환은 이상기체상태가 적용되는 상태에서 또는 낮은 압력의 기체에 대해서만 성립한다).

$$p = \rho RT \qquad \textbf{(11.3)}$$

밀도 ρ는 Fick의 법칙에 쓰이는 질량농도를 나타낸다. 특정한 기체에 대한 기체상수 R은 만능기체상수(universal gas constant) R_0와 기체의 분자량으로 표현할 수 있다.

$$R_A = \frac{R_0}{M_A} \qquad \textbf{(11.4)}$$

여기서

$$R_0 = 8314\ \mathrm{J/kg \cdot mol \cdot K}$$

그러면

$$C_A = \rho_A = \frac{p_A M_A}{R_0 T}$$

따라서, 성분 A가 성분 B 속으로 확산하는데 대한 Fick의 확산법칙으로 등온확산을 고려할 때

$$\frac{\dot{m}_A}{A} = -D_{AB}\frac{M_A}{R_0 T}\frac{dp_A}{dx} \qquad \textbf{(11.5)}$$

그림 11.1의 계에 대하여 성분 B가 성분 A속으로 확산할 때 등온확산을 고려하면

$$\frac{\dot{m}_B}{A} = -D_{BA}\frac{M_B}{R_0 T}\frac{dp_B}{dx} \qquad \textbf{(11.6)}$$

이때 확산계수에 붙은 서로 다른 하첨자에 유의하라. 다음은 그림 11.3에 나타난 바와 같은 등물대항확산(equimolal counter diffusion)이라고 하는 확산의 물리적 현상을 고찰하기로 한다. N_A와 N_B는 성분 A와 B인 정상상태의 몰확산율(molal diffusion rates)을 나타낸다. 정상상태에서는 A의 각 분자는 B의 분자로 대

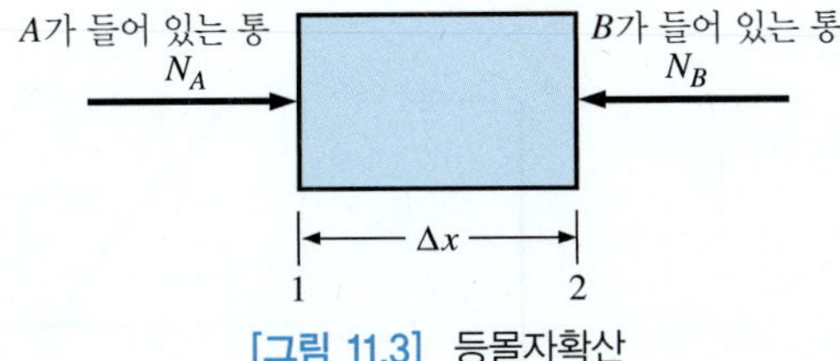

[그림 11.3] 등몰자확산

치되고 B의 분자는 A의 분자로 대치된다. 몰확산율은 다음으로 주어진다.

$$N_A = \frac{\dot{m}_A}{A} = -D_{AB}\frac{A}{R_0 T}\frac{dp_A}{dx}$$

$$N_B = \frac{\dot{m}_B}{B} = -D_{BA}\frac{A}{R_0 T}\frac{dp_B}{dx}$$

정상상태에서는 계의 전압이 일정하므로

$$p = p_A + p_B$$

이며, 따라서

$$\frac{dp_A}{dx} + \frac{dp_B}{dx} = 0$$

즉

$$\frac{dp_A}{dx} = \frac{-dp_B}{dx} \tag{11.7}$$

A의 각 분자가 B의 분자로 대치되므로 몰확산율은 같다고 할 수 있다.

$$-N_A = N_B$$

또는

$$D_{AB}\frac{A}{R_0 T}\frac{dp_A}{dx} = D_{BA}\frac{A}{R_0 T}\frac{dp_A}{dx}$$

여기서 성분 B의 압력구배를 표현하기 위하여 식 (11.7)이 이용되었다. 위 식에서

$$D_{AB} = D_{BA} = D \tag{11.8}$$

임을 안다. D는 식 (11.2)를 사용하여 계산된다.

그림 11.3을 참조하여 식 (11.5)를 적분하면 성분 A의 질량플럭스를 다음과 같이 얻는다.

$$\frac{\dot{m}_A}{A} = \frac{-DM_A}{R_0 T}\frac{p_{A_2} - p_{A_1}}{\Delta x} \tag{11.9}$$

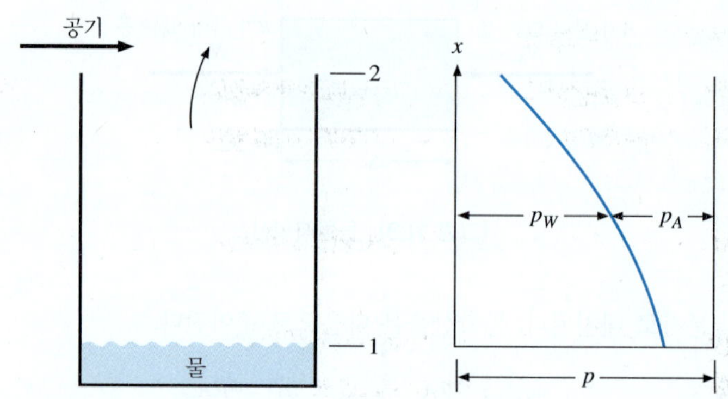

[그림 11.4] 수증기의 공기로의 확산

이제 그림 11.4에 보여주는 바와 같이 표면으로부터 물이 등온 증발하여 정지하고 있는 공기층으로 확산되는 과정을 생각하자. 그림과 같이 물의 자유표면은 탱크 내의 공기와 접하고 있다. 이 계는 등온이고 전압력은 일정하며 계는 정상상태라고 가정하자. 계가 정상상태가 되기 위해서는 탱크 윗부분으로 확산되는 수증기를 제거할 수 있도록 탱크의 윗부분의 공기가 조금씩 움직여야 한다. 공기운동이 필수적일지라도, 이때 공기의 운동으로 인하여 난류가 발생되지 않는다고 가정하고, 이 운동으로 탱크 속에 있는 공기내의 농도분포에 변화가 일어나지 않는다고 가정한다. 또한 공기와 수증기는 이상기체와 같이 작용한다고 생각하자.

물이 증발하면 수증기는 공기를 통하여 위로 확산한다. 정상상태에서 이러한 수증기의 상향운동은 공기의 하향확산에 의하여 평형이 이루어져야 되므로 임의의 위치 x에서 농도가 일정하게 된다. 그러나 물의 표면에는 공기하향의 순물질운동이 없다. 따라서 공기의 하향으로의 확산과 평형을 이룰만큼 큰 속도와 함께 상향으로 물질운동이 있어야 한다. 이 물질의 운동이 수증기 상향의 부가적인 질량플럭스를 생성하게 된다.

하향으로의 공기의 확산은 다음 식으로 주어진다.

$$\dot{m}_A = \frac{-DAM_A}{R_0 T}\frac{dp_A}{dx} \tag{11.10}$$

여기서 A는 탱크의 단면적을 나타낸다. 이것은 상향의 물질전달과 평형을 이루어야 하므로

$$-\rho_A A v = -\frac{p_A M_a}{R_0 T} A v \tag{11.11}$$

여기서 v는 상향으로의 속도이다.

식 (11.10)과 (11.11)을 결합하면

$$v = \frac{D}{pA}\frac{dp_A}{dx} \tag{11.12}$$

상향으로의 수증기의 물질확산은

$$\dot{m}_w = -DA\frac{M_w}{R_0 T}\frac{dp_w}{dx} \tag{11.13}$$

이고, 수증기의 전체 이동량은 다음과 같다.

$$\rho_w A v = \frac{p_w M_w}{R_0 T} A v \tag{11.14}$$

총물질전달은 식 (11.13)과 (11.14)로 주어진 값의 합이므로 식 (11.12)를 이용하여 그 합을 구하면 다음과 같다.

$$\dot{m}_{w_{\text{total}}} = -\frac{D A M_w}{R_0 T}\frac{dp_w}{dx} + \frac{p_w M_w}{R_0 T} A \frac{D}{p_A}\frac{dp_A}{dx}$$

수증기의 분압과 공기의 분압과의 관계를 Dalton의 법칙을 이용하여 표현하면 다음과 같다.

$$p_A + p_w = p$$

$$\frac{dp_A}{dx} = -\frac{dp_w}{dx}$$

이 경우 총 압력은 일정하다. 따라서 수증기의 총 질량유동은 다음으로 주어진다.

$$\dot{m}_{\text{ total}} = -\frac{D M_w A}{R_0 T}\frac{p}{p - p_w}\frac{dp_w}{dx} \tag{11.15}$$

이 관계식을 Stefan의 법칙이라고 부른다. 이 식을 적분하면 다음과 같다.

$$\dot{m}_{w,\text{ total}} = \frac{D p M_w A}{R_0 T(x_2 - x_1)} \ln \frac{p - p_{w_2}}{p - p_{w_1}} = \frac{D p M_w A}{R_0 T(x_2 - x_1)} \ln \frac{p_{A_2}}{p_{A_1}} \tag{11.16}$$

예제 11-2 관 내에서 물의 확산

지름 10 mm, 길이 15 cm의 시험관 바닥에서 25°C의 건조한 대기공기로의 물의 확산율을 계산하여라.

■ **풀이**

식 (11.16)을 이용하여 질량유량을 계산한다. 시험관 바닥에서의 수증기의 분압은 25°C [77°F]일 때의 포화압이다. 시험관 상부의 수증기의 분압은 수증기가 건조한 공기 중으로 확산되므로 0이라 놓을 수 있다. 따라서

$$p_{A_1} = p - p_{w_1} = 14.696 - 0.4593 = 14.237 \text{ lb/in}^2 \text{ abs} = 9.8155 \times 10^4 \text{ Pa}$$

$$p_{A_2} = p - p_{w_2} = 14.696 - 0 = 14.696 \text{ lb/in}^2 \text{ abs} = 1.0132 \times 10^5 \text{ Pa}$$

표 A.8로부터

$$D = 0.256 \text{ cm}^2/\text{s} \qquad \dot{m}_w = \frac{D p M_w A}{R_0 T(x_2 - x_1)} \ln \frac{p_{A_2}}{p_{A_1}}$$

$$\dot{m}_w = \frac{(0.256 \times 10^{-4})(1.0132 \times 10^5)(18)(\pi)(5 \times 10^{-3})^2}{(8314)(298)(0.15)} \ln \frac{1.0132}{0.98155}$$

$$= 3.131 \times 10^{-10} \text{ kg/s } [0.00113 \text{ g/h}]$$

11-4 액체와 고체 내의 확산

Fick의 확산법칙은 액체와 고체의 확산을 문제 풀이에 이용될 수 있으나 특정한 액체 또는 고체의 확산계수의 값을 결정하는 것은 매우 어렵다. 더욱이 이러한 계의 확산계수를 예측하는데는 근사이론만이 이용될 뿐이다. Bird, Stewart와 Lightfoot[9]는 액체 내의 확산을, Jost[6]는 확산계수를 예측하는데 쓰인 여러 이론에 대하여 논의하였다. 액체와 고체 내에서의 확산에 대한 더 많은 지식을 얻기 원한다면 이러한 문헌을 참고하기 바란다.

고체 내에서의 확산은 확산과정에서 분자력장의 영향이 강하기 때문에 복잡하다. 이러한 계에 대해서는 Fick의 법칙[식 (11.1)]을 실험적으로 결정한 확산계수와 함께 사용되기는 하지만, 이 관계식이 물리적 과정을 적절하게 기술하지 못할 것이라는 지적이 있다. 액체와 고체에 대한 확산계수의 수치적인 값은 기체의 경우보다 훨씬 작다. 이것은 큰 분자력장, 충돌횟수의 증가와 이에 따른 분자운동의 자유성이 줄어드는 영향 때문이다.

11-5 물질전달계수

열전달계수를 정의한 것과 유사한 방법으로 물질전달계수를 정의할 수 있다. 따라서

$$\dot{m}_A = KA(C_{A_1} - C_{A_2}) \tag{11.17}$$

여기서

$\dot{m}_A =$ 성분 A의 확산하는 질량플럭스, kg/s

$K =$ 물질전달계수, m/s

$CA_1, CA_2 =$ 확산이 일어나는 농도, kg/m^3

이며, 혼합물에서 성분 A의 물질밀도가 농도라는 사실을 이미 알았다.

두께 Δx의 층을 통과하는 정상상태의 확산을 고려하면

$$\dot{m}_A = -\frac{DA(C_{A_2} - C_{A_1})}{\Delta x} = KA(C_{A_2} - C_{A_1})$$

그리고

$$K = \frac{D}{\Delta x} \tag{11.18}$$

앞에서 식 (11.16)을 사용하여 논의한 물의 증발에 대해서는

$$C_{w_1} - C_{w_2} = \frac{M_w}{R_0 T}(p_{w_1} - p_{w_2})$$

이므로 이 경우에 대한 물질전달계수는 다음과 같이 쓸 수 있다.

$$K = \frac{Dp}{(x_2 - x_1)(p_{w_1} - p_{w_2})} \ln \frac{p - p_{w_2}}{p - p_{w_1}} \tag{11.19}$$

물질전달계수의 단위는 SI단위계에서는 m/s이다.

이미 열, 물질 및 운동량전달을 지배하는 현상학적법칙이 유사함을 알았다. 5장에서는 층류경계층의 에너지방정식과 운동량방정식이 유사하다는 것을 보여주었다. 즉,

$$u\frac{\partial u}{\partial x}+v\frac{\partial u}{\partial y}=\nu\frac{\partial^2 u}{\partial y^2} \quad \textbf{(11.20)}$$

$$u\frac{\partial T}{\partial x}+v\frac{\partial T}{\partial y}=\alpha\frac{\partial^2 T}{\partial y^2} \quad \textbf{(11.21)}$$

비 ν/α, 즉 Prandtl 수가 속도분포와 온도분포를 연결시킴과 더불어 모든 대류 열전달 문제에서 중요한 인자로서 역할을 한다는 사실도 알고 있다. 평판에서의 층류경계층을 생각할 때 그 표면에서의 어떤 물질전달의 결과 때문에 확산이 경계층 내에서 일어난다면 어떤 특정한 성분의 농도에 대한 방정식을 유도할 수 있다. 이 방정식은 다음과 같다.

$$u\frac{\partial C_A}{\partial x}+v\frac{\partial C_A}{\partial y}=D\frac{\partial^2 C_A}{\partial^2 y} \quad \textbf{(11.22)}$$

여기서 C_A는 경계층을 통하여 확산되는 성분의 농도이다. 식 (11.22)와 (11.20) 및 (11.21) 사이의 유사성에 유의하면 농도분포와 속도분포는 $\nu = D$ 또는 $\nu/D = 1$일 때 같은 모양이 될 것이다. 무차원비 ν/D를 Schmidt 수라 한다.

$$\mathrm{Sc}=\frac{\nu}{D}=\frac{\mu}{\rho D} \quad \textbf{(11.23)}$$

또한 Schmidt 수는 대류와 물질전달이 중요한 역할을 하는 문제에서 중요한 매개변수가 된다. 즉, Schmidt 수는 대류열전달 문제에서 Prandtl 수가 하는 역할과 유사한 역할을 한다. 평판의 유동에 대한 대류열전달 문제에서 열전달계수의 함수형을

$$\mathrm{Nu}_x=\frac{hx}{k}=f(\mathrm{Re}_x,\mathrm{Pr})$$

이라고 쓸 수 있는 것과 마찬가지로 대류물질전달 문제에서의 함수관계는

$$\frac{Kx}{D}=f(\mathrm{Re}_x,\mathrm{Sc})$$

라고 쓸 수 있다. 온도분포와 농도분포는 $\alpha = D$ 또는 $\alpha/D = 1$일 때 유사한 모양을 갖는다. 비 α/D를 Lewis 수라고 한다.

$$\mathrm{Le}=\frac{\alpha}{D}=\frac{\mathrm{Sc}}{\mathrm{Pr}} \quad \textbf{(11.24)}$$

열전달, 물질전달 및 운동량전달을 지배하는 방정식들이 유사하다는 사실은 물질전달계수에 대한 실험식이 열전달계수에 대한 실험식과 그 함수형이 유사하리라는 것을 암시한다. 이러한 유사성은 실제로 존재한

다. 이제 물질전달에 대한 몇 가지 실험식을 아래에 나타내었다. Gilliland [4]는 원통 내에서 공기 속으로 액체가 증발하는 경우 액체는 표면을 적시고 공기는 그 속을 강제적으로 지나가도록 되어 있는 경우에 대하여 다음과 같은 식을 제안하였다.

$$\frac{Kd}{D} = 0.023\left(\frac{\rho u_m d}{\mu}\right)^{0.83}\left(\frac{\nu}{D}\right)^{0.44} \tag{11.25}$$

여기서 항들 Kx/D 또는 Kd/D를 Sherwood 수라 한다.

$$\mathrm{Sh} = \frac{Kx}{D} \tag{11.26}$$

식 (11.25)와 Dittus-Boelter 방정식 (6.4) 사이의 유사성에 주목하라. 식 (11.25)는

$$2000 < \mathrm{Re}_d < 35{,}000, 0.6 < \mathrm{Sc} < 2.5$$

의 경우에 성립되고 매끄러운 관내의 흐름에 적용된다.

관 유동에 대한 Reynolds 유사는 마찰인자를 사용하여 물질전달계수를 표현하고자 하는 물질전달 문제에도 확장될 수 있고 유사(analogy)는 다음과 같다.

$$\frac{K}{u_m}\mathrm{Sc}^{2/3} = \frac{f}{8} \tag{11.27}$$

이 식은 열전달[식 (6.10)]에 대한 유사와 비교될 수도 있다.

$$\frac{h}{u_m c_p \rho}\mathrm{Pr}^{2/3} = \frac{f}{8} \tag{11.28}$$

매끄러운 평판 위의 유동에서 물질전달에 대한 Reynolds 유사는 다음과 같이 주어진다.

층류:

$$\frac{K}{u_\infty}\mathrm{Sc}^{2/3} = \frac{C_f}{2} = 0.332\,\mathrm{Re}_x^{-1/2} \tag{11.29}$$

난류 :

$$\frac{K}{u_\infty}\mathrm{Sc}^{2/3} = \frac{C_f}{2} = 0.332\,\mathrm{Re}_x^{-1/2} \tag{11.30}$$

식 (11.29)와 (11.30)은 식 (5.55) 및 (5.81)과 유사하다.

열전달과 물질전달이 동시에 일어날 때 물질전달계수와 열전달계수와 관계식은 식 (11.28)을 식 (11.27)로 나누면 얻을 수 있다.

$$\frac{h}{K} = \rho c_p\left(\frac{\mathrm{Sc}}{\mathrm{Pr}}\right)^{2/3} = \rho c_p\left(\frac{\alpha}{D}\right)^{2/3} = \rho c_p\,\mathrm{Le}^{2/3} \tag{11.31}$$

이외에도 물질전달계수의 정의와 물질전달에서 질량밀도나 질량농도가 구동퍼텐셜로 작동함으로 몰분자밀도와 몰분율(mole fraction) 역시 구동력으로 취급할 수 있다. Webb[14]는 각기 다른 양들에 적용하기 위한 표준화된 기호를 제시하였다.

예제 11-3 습구온도

대기압의 건조한 공기가 젖은 천으로 둘러싼 온도계 주위를 흐른다. 이러한 장치를 습구온도계라고 한다. 온도계의 온도가 18.3°C이면 건조한 공기의 온도는 몇 도인가?

■ **풀이**

이 문제를 풀기 위해서 먼저 정상상태에서는 온도계에 순에너지전달은 없고 천으로부터 물을 증발시키는데 사용되는 열은 공기로부터 얻게 된다는 점을 유의하라. 그러므로 에너지의 평형식은 다음과 같다.

$$hA(T_\infty - T_w) = \dot{m}_w h_{fg}$$

여기서 h는 열전달계수, $\dot{m}_w$는 증발된 물의 질량이다. 그런데 $\dot{m}_w = KA(C_w - C_\infty)$이므로

$$hA(T_\infty - T_w) = KA(C_w - C_\infty)h_{fg}$$

식 (11.31)을 사용하여

$$\rho c_p \left(\frac{\alpha}{D}\right)^{2/3} (T_\infty - T_w) = (C_w - C_\infty)h_{fg} \qquad (a)$$

표면에서의 농도 C_w는 온도계로 측정한 온도에서의 포화상태의 농도이다. 증기표로부터

$$p_g = 0.3056 \text{ lb/in}^2\text{abs} = 2107 \text{ Pa}$$

그리고

$$\rho_w = C_w = \frac{p_w}{R_w T_w} = \frac{(2107)(18)}{(8315)(291.3)} = 0.01566 \text{ kg/m}^3$$

다른 물리적 성질은

$$\rho_\infty = C_\infty = 0 \text{ (since the free stream is dry air)}$$

$$\rho = \frac{p}{RT} = \frac{1.0132 \times 10^5}{(287)(291.3)} = 1.212 \text{ kg/m}^3$$

$$c_p = 1.004 \text{ kJ/kg}\cdot{}^\circ\text{C} \qquad \text{Le} = \frac{\alpha}{D} = \frac{\text{Sc}}{\text{Pr}} = 0.845$$

$$h_{fg} = 1057 \text{ Btu/lb}_m = 2.456 \text{ MJ/kg}$$

따라서 식 (a)로부터

$$T_\infty - T_w = \frac{(0.01566 - 0)(2.456 \times 10^6)}{(1.212)(1004)(0.845)^{2/3}} = 35.36^\circ\text{C}$$

$$T_\infty = 53.69^\circ\text{C}$$

이 계산은 벽과 자유흐름 사이의 산술평균온도에서 밀도를 계산하여 수정하여야 한다. 결과는 아래와 같다.

$$\rho = 1.143\ \text{kg/m}^3 \qquad T_\infty = 55.8°\text{C}$$

여기서 비 Sc/Pr을 수정할 필요는 없다. 왜냐하면 매개변수들의 값은 이 온도범위 내에서는 거의 변하지 않기 때문이다.

예제 11-4 공기흐름에 대한 상대습도

예제 11-3에서 공기의 온도는 32.2°C(90°F), 습구온도는 18.3°C(65°F)라 할 때 공기의 상대습도를 구하여라.

■ 풀이

열역학으로부터 상대습도는 포화상태시 농도에 대한 수증기 농도의 비로 정의됨을 알고 있다. 그러므로 공기흐름내의 실제수증기의 농도는

$$\rho c_p \left(\frac{\alpha}{D}\right)^{2/3} (T_\infty - T_w) = (C_w - C_\infty) h_{fg} \qquad \textbf{(a)}$$

로부터 구한 다음, 이것을 포화농도와 비교하여 상대습도를 계산한다. 물리적 성질은 예제 11-3으로부터

$$\rho = 1.212\ \text{kg/m}^3 \qquad c_p = 1.004\ \text{kJ/kg}\cdot°\text{C} \qquad \frac{\alpha}{D} = \frac{\text{Sc}}{\text{Pr}} = 0.845$$
$$T_w = 18.3°\text{C}\ [65°\text{F}] \qquad T_\infty = 32.2°\text{C}\ [90°\text{F}]$$
$$\rho_w = C_w = 0.01566\ \text{kg/m}^3 \qquad h_{fg} = 2.456\ \text{MJ/kg}$$

식 (a)에 수치를 대입하면

$$(1.212)(1004)(0.845)^{2/3}(32.2 - 18.3) = (0.01566 - C_\infty)(2.456 \times 10^6)$$

이므로

$$\rho_\infty = C_\infty = 0.0095\ \text{kg/m}^3$$

32.2°C(90°F)의 자유흐름에 대한 포화농도는 증기표로부터

$$\rho_g = C_g[90°\text{F}] = 2.136 \times 10^{-3}\ \text{lb}_m/\text{ft}^3 = 0.0342\ \text{kg/m}^3$$

그러므로 상대습도는

$$\text{RH} = \frac{0.0095}{0.0342} = 27.8\%$$

11-6 대기 중에서의 증발과정

이미 일부 증발과정을 서술하였고 열전달과 물질전달 사이의 관계식도 설명하였다. 대기 내에서 토양, 해양 그리고 호수로부터의 물의 연속적인 증발과 응축은 모든 생활양식에 영향을 미치고 또한 지구상의 환경을 지배하는 매일 매일의 기후에 다양한 변화를 일으킨다. 그러나 이러한 과정들은 실제로 대기 중의 해석하기 어려운 대류흐름에 의하여 지배를 받고 있기 때문에 해석적으로 서술하기가 대단히 복잡하다.

먼저 그림 11.5에 표기된 바와 같이 수평표면에서 정체된 공기 속으로 수증기가 확산되는 것을 고찰하여

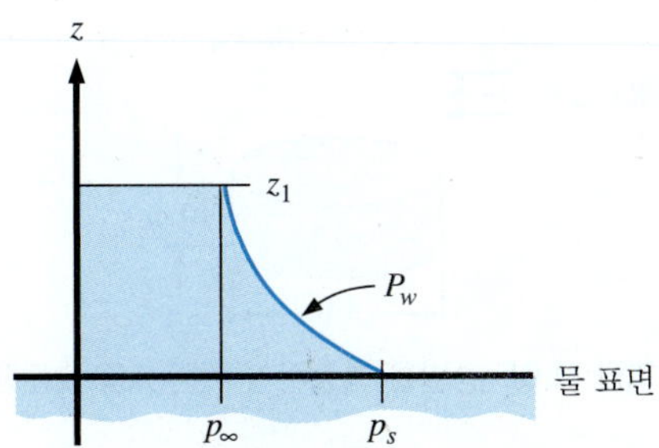

[그림 11.5] 수평면으로부터의 수증기의 확산

보자. 표면에서 증기의 분압은 p_s이다. 높이 z가 '자유대기압' 값 p_∞까지 증가함에 따라 증기압은 꾸준히 강하한다. 수증기의 분자확산은 식 (11.13)으로부터 다음과 같이 쓸 수 있다.

$$\frac{\dot{m}_w}{A} = -D_w \frac{M_w}{R_0 T} \frac{dp_w}{dz} \tag{11.32}$$

여기서 A는 고찰하는 표면적이다. 수력학적 응용에서 이 관계식은 국소 대기밀도와 압력의 항에 관하여 표현하는 것이 편리하다. 전 압력은 다음과 같이 표현될 수 있다.

$$p = \rho \frac{R_0}{M} T \tag{11.33}$$

여기서 ρ와 M은 습한 공기의 밀도와 분자량이다. 수증기의 몰농도는 대기압하의 적용에서는 매우 작기 때문에 습한 공기의 분자량은 근본적으로 건조한 공기의 분자량과 같다. 그리고 식 (11.32)와 (11.33)에서

$$\frac{\dot{m}_w}{A} = -D_w \frac{M_w}{M_a} \frac{\rho}{p} \frac{dp_w}{dz}$$

로 주어질 수 있다. 그러나, $M_w/M_a = 0.622$이므로

$$\frac{\dot{m}_w}{A} = -0.622 D_w \frac{\rho}{p} \frac{dp_w}{dz} \tag{11.34}$$

경계조건은 다음과 같다.

$$p_w = p_s \qquad \text{at } z = 0$$
$$p_w = p_\infty \qquad \text{at } z = z_1$$

경제조건을 사용하여 식 (11.34)를 적분하면 다음 식이 주어진다.

$$\frac{\dot{m}_w}{A} = 0.622 D_w \frac{\rho}{p} \frac{p_s - p_\infty}{z_1} \tag{11.35}$$

대기 내의 증발과정은 다음의 두 가지 이유 때문에 식 (11.35)의 간단한 형태로 나타낸 것보다 매우 복잡하다.

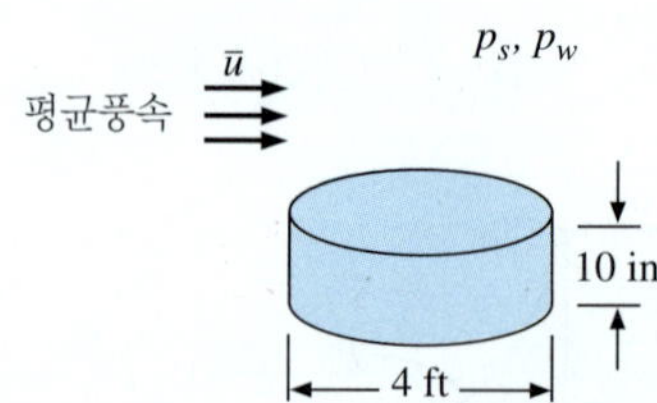

[그림 11.6] 증발을 측정하기 위한 A급 표준팬

1. 확산과정은 실제적으로 대단히 큰 와류운동을 포함하므로 확산계수 D_w는 높이 z에 따라 크게 변화할 수 있다.

2. 공기는 거의 정지하여 있지 않으므로 바람의 흐름은 실제적으로 증발률에 관여한다.

이전에 다루었던 많은 대류 문제에서와 같이 이러한 복잡한 문제의 해는 증발률을 예측하기 위한 실험적 관계를 구한 다음 정밀한 측정으로 구할 수 있다.

이러한 문제에서는 그림 11.6에서 보여준 바와 같이 '**표준팬**(*standard pan*)'이 사용된다. 평균풍속은 팬 언저리에서 6 in 위에서 측정되고, 물의 증발율은 **지상에 놓인 팬**(*land pan*) 또는 물 위의 **부유팬**(*float pan*)에서 측정한다. 대류적으로 안정된 대기 내의 지상팬에 대하여 증발률은 다음과 같은 실험식[13]으로 나타낼 수 있다.

$$E_{lp} = (0.37 + 0.0041\bar{u})(p_s - p_w)^{0.88} \tag{11.36}$$

여기서

E_{lp} = 지상팬에서의 증발, in/day

$\bar{u}$ = 팬 언저리에서 위로 6 in 떨어진 곳에서 측정된 매일의 풍속, mi/day

p_s = 지표면 위 5 ft 상공 건구공기온도에서의 포화증기압, inHg

p_w = 지표면 위 5 ft 상공의 온도와 습도조건하의 공기의 실제증기압, inHg

팬으로의 열전달 영향으로 지상실험과 수상실험에서의 증발률이 달라진다. 팬에서 측정한 값을 자연표면에 대한 값으로 바꾸기 위하여 식 (11.36)에 **팬계수**(*pan coefficient*)를 곱하여 주어야 한다. 이 값은 지상팬은 0.7이고 부유팬은 0.8이다. 만일 대기가 대류적으로 안정하지 않으면 수직 밀도구배는 식 (11.36)과는 차이를 나타내게 된다. 이러한 문제들은 참고문헌 [10]~[13]에 논의되어 있다.

예제 11-5 물의 증발률

100°F이고 30%의 상대습도를 가진 대기에서의 증발률을 측정하기 위하여 표준지상팬을 사용한다. 평균풍속은 10 mi/h이다. 지상에서의 증발률은 몇 $\text{lb}_\text{m}/\text{h} \cdot \text{ft}^2$인가?

■ 풀이

식 (11.36)을 사용하여 계산할 수 있다. 열역학 증기표로부터 100°F일 때

$$p_s = p_g \text{ at } 100°\text{F} = 0.9492 \text{ lb/in}^2 \text{ abs} = 1.933 \text{ in Hg} \quad [6.545 \text{ kPa}]$$

상대습도 $= \dfrac{p_w}{p_s}$

$$p_w = (0.30)(1.933) = 0.580 \text{ in Hg} \quad [1.964 \text{ kPa}]$$

또한

$$\bar{u} = 10 \text{ mi/h} = 240 \text{ mi/day } [386.2 \text{ km/day}]$$

계수 0.7 인자를 적용하면 식 (11.36)으로부터 E_{lp}가 산출된다.

$$\begin{aligned} E_{lp} &= 0.7[0.37 + (0.0041)(240)](1.933 - 0.580)^{0.88} \\ &= 1.237 \text{ in/day} \quad [31.41 \text{ mm/day}] \end{aligned}$$

표준팬의 지름이 4 ft임을 유의하고 그림을 사용하여 다음과 같이 단위면적당의 질량증발률을 계산할 수 있다.

$$\begin{aligned} \frac{\dot{m}_w}{A} &= \frac{E_{lp}}{12}\rho_w \\ &= \frac{(1.237)(62.4)}{12} = 6.432 \text{ lb}_m/\text{day} \cdot \text{ft}^2 \quad [31.43 \text{ kg/m}^2 \cdot \text{day}] \\ &= 0.268 \text{ lb}_m/\text{h} \cdot \text{ft}^2 \quad [1.31 \text{ kg/h} \cdot \text{m}^2] \end{aligned}$$

식 (11.35)로부터 수증기의 분자확산율도 계산할 수 있다. z_1을 표준팬 위의 5 ft되는 지점으로 정하면

$$\rho = \frac{p}{RT}$$

이고, 식 (11.35)는 다음과 같이 쓸 수 있다.

$$\frac{\dot{m}_w}{A} = 0.622\frac{D_w}{RT}\frac{p_s - p_w}{z_1}$$

표 A.8로부터

$$D_w = 0.256 \text{ cm}^2/\text{s} = 0.99 \text{ ft}^2/\text{h}$$

그러므로

$$\begin{aligned} \frac{\dot{m}}{A} &= \frac{(0.622)(0.99)(0.9492)(1 - 0.3)}{(53.35)(560)(5.0)} \\ &= 3.94 \times 10^{-4} \text{ lb}_m/\text{h} \cdot \text{ft}^2 \; [19.2 \text{ g/h} \cdot \text{m}^2] \end{aligned}$$

이 숫자는 앞에서의 계산과 비교하여 무시할 정도로 작다. 이 의미는 실제 증발과정에서 난류확산과 대류수송이 분자확산과 비교하여 지배적인 역할을 뜻하는 것이다.

복습문제

1. 확산계수를 정의하여라.
2. 물질전달계수를 정의하여라.

3. Schmidt 수와 Lewis 수를 정의하고, 각각의 물리적인 의미를 설명하여라.

4. 대기증발률은 왜 일반 몰확산방정식으로 계산될 수 없는지를 설명하여라.

예제 목록

11-1 CO_2에 대한 확산계수

11-2 관 내의 물의 확산

11-3 습구온도

11-4 공기흐름에 대한 상대습도

11-5 물의 증발률

연습문제

11-1 확산계수가 식 (11.2)와 같이 $T^{3/2}$에 비례하는 이유를 물리적으로 설명하여라. 힌트: 평균분자속도는 $T^{1/2}$에 비례하고 이상기체의 밀도는 온도에 반비례한다.

11-2 식 (11.2)를 써서 25°C에서 공기 중의 벤젠의 확산계수를 계산하여라.

11-3 대기압, 25°C의 건공기가 1.5 m/s의 속도로 평판 위를 흐르고 있다. 평판은 한 변의 길이가 30 cm인 정사각형이고 얇은 수막으로 덮여 있다. 평판의 온도가 $T_w = 15$°C에서 $T_w = 65$°C 사이일 때 평판으로부터 전달되는 열전달을 판의 온도의 함수로 그래프를 그려라.

11-4 습구온도계를 덮은 천이 벤젠에 잠겨 있고 온도계는 건조한 공기의 흐름 속에 놓여 있다. 온도계의 온도가 26°C일 때 자유흐름의 공기온도를 계산하여라. 벤젠의 증기압은 13.3 kPa이고 26°C에서의 증발엔탈피는 377 kJ/kg이다.

11-5 대기압, 25°C의 건조한 공기가 3 m/s의 속도로 지름이 5 cm의 관 내부를 흐른다. 벽은 얇은 수막으로 덮혀 있고 벽온도는 25°C이다. 파이프의 길이가 3 m일 때 파이프 출구에서 공기 중의 수증기의 농도를 계산하여라.

11-6 지름 20 cm, 깊이 10 cm의 냄비 속에 25°C의 물이 담겨 있다. 이 물이 25°C, 상대습도 50%의 대기 중에 노출되어 있을때 물의 증발률을 g/h로 계산하여라.

11-7 지름 1.25 cm, 깊이 15 cm의 시험관 속에 26°C이 벤젠이 담겨 있다. 이 벤젠이 26°C의 건조한 대기 가운데 놓여 있을 때 문제 11-4에서 준 성질을 써서 벤젠의 증발률을 g/h로 계산하여라.

11-8 대기압, 25°C의 건조한 공기가 한 변의 길이가 30 cm인 정사각형의 얼음 위를 1.5 m/s의 속도로 흐르고 있다. 얼음덩어리가 공기에 노출된 부분을 제외하고는 완전히 단열되어 있을때 단위시간당 증발되는 증기의 양을 계산하여라.

11-9 공기의 온도를 측정하고자 하나 이용할 수 있는 온도계가 충분히 높은 범위의 온도를 잴 수 없어서 공기 중에 온도계를 놓기 전에 축축한 천을 온도계에 씌웠다. 온도계에 나타난 온도가 32°C일 때 실제공기의 온도는 얼마인가? 이 때 공기는 대기압이고 건조하다고 가정한다.

11-10 사람의 팔을 지름 4 in, 길이 1 ft의 원통으로 볼 수 있다고 가정하자. 이 팔이 주위의 온도가 115°F

의 건조한 공기에 노출되어 있고 사막으로부터 10 mi/h 속도로 바람이 불어온다. 태양으로부터 350 Btu/h·ft^{2}의 복사열을 받을때(원통에 대한 투영면적 = Ld) 팔의 표면온도를 계산하여라. 이 때 팔은 땀이 나서 물의 얇은 층으로 덮여 있고 팔 내부의 열발생은 무시한다. 단, 수막의 방사율은 1이라고 가정한다.

11-11 한 변의 길이가 30 cm인 정사각형의 판이 저속풍동(low-speed wind tunnel) 속에 놓여 있고, 그 표면은 얇은 수막으로 덮여 있다. 대기압하에서 43°C인 공기가 12 m/s의 속도로 판 위를 흐르고 있다. 풍동을 싸고 잇는 벽이 10°C의 온도로 유지될 때 판의 평형온도를 계산하라. 수막의 방사율을 1이라고 가정하라.

11-12 문제 11-11에 주어진 계에 대해서 증발률을 계산하라.

11-13 인체내부에서 1860 W/m^3 열이 발생한다고 가정하고 문제 11-10을 다시 풀어라.

11-14 지름이 6.4 mm, 깊이가 13 cm인 작은 관에 담긴 물이 뚜껑이 없이 20°C, 1기압, 상대습도가 50%인 대기와 접하고 있다. 관의 밑면에 열이 가해지고 있을 때 물의 확산율을 물의 온도범위 20°C와 82°C 사이에서 물의 온도의 함수로 그래프를 그려라.

11-15 20°C의 건조한 공기가 내부면이 물로 적셔진 내부지름 1.25 cm인 관 속으로 평균속도 3 m/s로 흘러 들어가고 있을때 관 벽의 온도는 20°C이다. 입구조건하에서 수증기의 확산율을 구하여라. 관의 길이가 1 m일 때 공기가 흡수하는 습기는 얼마나 되는가?

11-16 65°C의 건조한 공기가 6 m/s로 한 변이 30 cm인 정사각형판 위를 흐른다. 이 판이 매끈한 다공질 물체로 덮여 있고 여기에 25°C의 물이 공급된다. 판의 밑면은 단열되었다고 가정하고, 판의 온도를 38°C로 유지하기 위하여 공급되는 물의 양을 구하여라. 단, 주위의 복사온도는 65°C이고 다공질 물체는 흑체처럼 복사한다고 가정한다.

11-17 대기압의 건조한 공기가 에틸알코올에 적셔져 축축한 다공질재료(wicking material)로 둘러싸인 단열평판을 지나 흐른다. 평판의 온도는 25°C이다. 자유흐름에서 알코올의 농도는 무시된다고 가정하고 공기흐름의 온도를 계산하여라. 또, 자유흐름의 속도가 7 m/s일 때 한 변이 30 cm인 정사각형판에 대한 알코올의 물질전달률을 계산하여라.

11-18 Carrier의 방정식은 습구와 건구에서의 온도로 물과 증기의 실제 분압을 나타낸다.

$$p_v = p_{gw} - \frac{(p - p_{gw})(T_{DB} - T_{WB})}{2800 - T_{WB}}$$

여기서

p_v = 실제분압, 1b/in^{2}abs

p_{gw} = 습구온도에 해당하는 포화압력, 1b/in^{2}abs

p = 혼합전압, 1b/in^{2}abs

T_{DB} = 건구 온도,°F

T_{WB} = 습구 온도,°F

1 기압, 100°F의 공기가 습구 온도계를 지나 흐를 때의 온도는 70°F이다. Carrier의 식을 써서 공기흐름의 상대습도를 계산하고, 이 장에서 논의한 방법으로 얻은 결과와 비교하여라.

11-19 문제 11-18의 습구가 흑체복사를 하는 100°F의 주위로 둘러싸여 있다. 윅(wick)의 방사율을 1이라고 가정하면 습구의 복사평형온도는 얼마나 될까?

11-20 기온이 35°C인 주위로의 증발율을 측정하고자 할 때 표준 land-pan장치가 350 g/m^{2}h의 증발율을 가리키고 있다. 이때 250 m/min의 속도로 옆바람이 불고 있다. 공기흐름의 상대습도를 계산하여라.

11-21 표준증발팬을 지나 2.2 m/s의 속도로 미풍이 불고 있다. 대기의 온도는 20°C이고 상대습도는 40%이다. 지상팬에 대한 증발률은 몇 g/h · m^{2}인가? 속도가 0인 경우에 대한 증발률은 얼마인가?

11-22 표준지상팬을 지나 불고 있는 4.5 m/s의 미풍에 대하여 증발률은 0.3g/s · m^{2}으로 측정되었다. 주위 공기의 건구온도가 40°C라면 상대습도는 얼마인가?

11-23 지상팬 증발공식은 수영장에서의 증발율을 측정하는데 사용될 수 있다. 공기중에 노출되어 있는 온도 80°F, 상대습도 30%인 캘리포니아 패서디나 지방의 수영장의 물손실률과 주위온도 110°F, 상대습도 5%인 애리조나 피닉스 지방에 있는 수영장의 물손실률을 비교하여라.

11-24 식 (11.36)의 차원방정식의 변수의 단위를 E_{lp} = mm/day, $\bar{u}$ = m/s, p_s와 p_w = $\mathrm{p_a}$인 식으로 변환하여라.

참고문헌

1. Prigogine, I.: "*Introduction to Thermodynamics of Irreversible Processes,*" springfield, Ill.: Charles C Thomas, Publisher, 1955.
2. Groot, S. R. de: "*Thermodynamics of Irreversible Processes*," North-Holland Publishing, 1952.
3. Present, R. D.: "*Kinetic Theory of Gases*," New York: McGraw-Hill, 1958.
4. Gilliland, E. R.: "Diffusion Coefficients in Gaseous Systems, *Ind. Eng. Chem*., vol. 26, p. 681, 1958.
5. Perry. J. H.(ed.): "*Chemical Engineers' Handbook*," 4th ed., New York: McGraw-Hill, 1963.
6. Jost, W.: "*Diffusion in Solids, Liquids and Gases,*" New York: Academic Press, 1952.
7. Reid, R. C., and T. K. Sherwood: "*The Properties of Gases and Liquids*," New York: McGrsw-Hill, 1958.
8. "*Handbook of Chemistry and Physics*," Cleveland, Ohio: Chemical Rubber Publishing, 1960.
9. Bird, R., W. E. Stewart, and E. N. Lightfoot: "*Transport Phenomena*," New York: John Wiley & Sons, 1960.
10. Instructions for Climatological Observers. *U. S. Dept. Commerce Weather Bur. Circ. B*., 10th ed. rev., October 1955.
11. Water-Loss Investigations, vol. 1, *Lake Hefner Studies Tech. Rep., U. S. Geol. Surv. Circ*. 229, 1952.
12. Nordenson, T. J., and D. R. Baker: Comparative Evaluation of Evaporation In-Struments, *J. Geophys*. Rec., vol. 67, no. 2, p. 671. February 1962.
13. Kohler, M. A., T. J. Nordenson, and W. E. Fox: Evaporation from Pans and Lakes, *U. S. Dept. Commerce Weather Bur. Res. Pap.* 38, May 1955.
14. Webb, R. L.: "Standardized Nomenclature for Mass Transfer Processes," *ASHRA E Trans.*, vol. 97, pt. 2, pp. 114-118, 1990.

Chapter 12

요약 및 설계 정보

12-1 서론

지금까지의 장(chapters)에서는 다양한 형태의 전도, 대류, 복사 열전달에 대해 살펴보았다. 독자들이 직면하는 실제 열전달 문제들은 대부분 두 가지 또는 세 가지 열전달 형태로 조합되어 이루어지는 경우가 많다. 예를들면 열전도 문제들은 대부분 대류경계조건을 갖는다. 또한 대부분의 대류 문제들은 대류표면으로의 복사 또는 전도에 의한 에너지공급을 고려하여야 한다. 또 어떤 문제들에서는 대류표면으로의 복사와 전도 두 가지에 의한 에너지공급을 고려해야 할 때도 있다.

어떤 새로운 실제 문제를 만났을 때, 문제의 상황을 가능한 단순화시킬 수 있다면 문제를 푸는데 그만큼 유리할 것이며, 그러기 위해서는 그 문제에 관련된 열전달 형태의 수와 복잡성을 줄여야 한다. 독자들은 이처럼 문제를 단순화시킬 수 있는 각자의 정보를 이미 갖고 있을 것이다. 그러나 거기에 추가하여 이 장에서 다루고 있는 요약 정보(summary information)의 도표들을 사용한다면 예비설계 계산을 더 빠르게 수행할 수 있을 것이다. 많은 경우 도표로부터 얻어진 정보만으로도 충분할 것이나, 반면 다른 경우 도표로부터 얻어진 정보는 단지 상세 계산을 위한 실마리만 제공할 것이다. 앞에서 이미 여러 번 언급하였던 것같이, 대류열전달 경험식들은 기본적으로 ±20~25%의 불확실성을 갖기 때문에, 본 도표에서 찾은 수치는 예비설계에 있어 아주 만족하다고 볼 수 있다. 뒤에 가면 컴퓨터 모델연구에 적절한 식들이 분명 적용될 것이다. 여러 가지 도표들이 기초하고 있는 식들은 차트에 나타나 있거나 또는 수반되는 교재에 참조되고 있다.

3-10, 4-8, 7-14 및 8-18절에서 우리는 이미 새로운 문제에 접근하기 위한 일반적인 길을 제안한 바 있다. 그 중 몇 가지 고려사항들은, 간결성과 총체적인 특성을 나타내 보이기 위해 그리고 중복해야만하는 필요성이 있어, 여기에서도 가끔은 좀 다른 형태로 반복될 것이다.

독자들은 이 장을 공부하면서 이 장이 모든 문제를 풀게 해주는 해결서일 것이라는 덫에 빠지지 않기를 바란다. 다양한 형태의 열전달 계산과 설계를 경험한 사람이라면 이 장에 제시된 많은 정보들을 자동적으로 습득하였으리라 본다. 그러나 이 분야의 초보자라면 사정은 다를 것이다.

12-2 열전도 문제들

1~4장은 1차원 정상상태에서부터 다차원 비정상상태에 이르기까지 많은 형태의 전도문제를 취급하였다. 이

제 여기서 그러한 문제들을 조사하고 해를 구하기 위한 일반적인 접근법을 제안하고자한다. 아래에 그 접근방식의 개요를 제시하였고 그림12-1에 블록선도로 나타내었다.

1. 전도 재질과 그 재료의 대략적인 열적 물성치를 정한다. 즉 열전도계수가 높은 값인지 아니면 작은 값을 갖는지, 재질은 가벼운지 무거운지 등등을 결정한다.
2. 대류에 대한 특성과 전도물질에 부과되고 있는 복사경계조건 등을 대략적으로 결정한다. 즉 자연대류인가 강제대류인가, 유동유체는 가스인가 액체인가, 방사도는 큰지 작은지, 복사면의 온도는 높은가 낮은가를 결정한다.
3. 문제는 정상상태인가 전이상태(transient)인가? 만일 전이상태문제라면 시간에 따른 온도를 구하기 위해 집중열용량계(lumped-capacity approximation)를 적용할 수 있는가? 적용가능 조건인 식 (4-6)을 사용하여보라. 즉

$$\frac{h_{\text{boundary}}\,(V/A_{\text{boundary}})}{k_{\text{solid}}} < 0.1 \tag{4.6}$$

   여기서 h_{boundary} 는 경계에서 대류와 복사 두 가지를 모두 포함한 총열전달계수를 의미한다.
4. 다차원 전도문제로 볼 만한 중요한 결과들이 존재하는가? 또는 1차원 모델을 사용하여 시스템을 나타낼 수 있는가?
5. 고체 내 온도분포 계산에 사용할 수 있는 어떤 간단한 관계식이 있는가? 만일 없다면 해를 구하기 위해 수치모델을 세우는 것을 고려해야한다. 여기에 덧붙인다면 제3장과 제4장에서 다룬 바 있는 유한차분모델을 적용한 절점방정식 해석법을 반복한다.

정상상태

$$T_i = \frac{q_i + \sum (T_j/R_{ij})}{\sum (1/R_{ij})}$$

전도저항: $\left(\frac{1}{R_{ij}}\right)_{\text{cond}} = \left(\frac{kA}{\Delta x}\right)_{ij}$

대류저항: $\left(\frac{1}{R_{ij}}\right)_{\text{conv}} = h(\Delta A)_{i\text{-fluid}}$

열원: $q_i = \dot{q}_i\,\Delta V_i$

복사 경계: $q_i = q''_{\text{rad},i} \times (\Delta A)_{i\text{-rad surroundings}}$

비정상상태

$$T_i^{p+1} = \left(q_i + \frac{\sum T_j^p - T_i^p}{R_{ij}}\right)\frac{\Delta\tau}{C_i} + T_i^p$$

안정성 기준: $\Delta\tau \le \left[\frac{C_i}{\sum\left(\frac{1}{R_{ij}}\right)}\right]_{\text{minimum}}$

node i: $i = C_i = \rho_i c_i\,\Delta V_i$

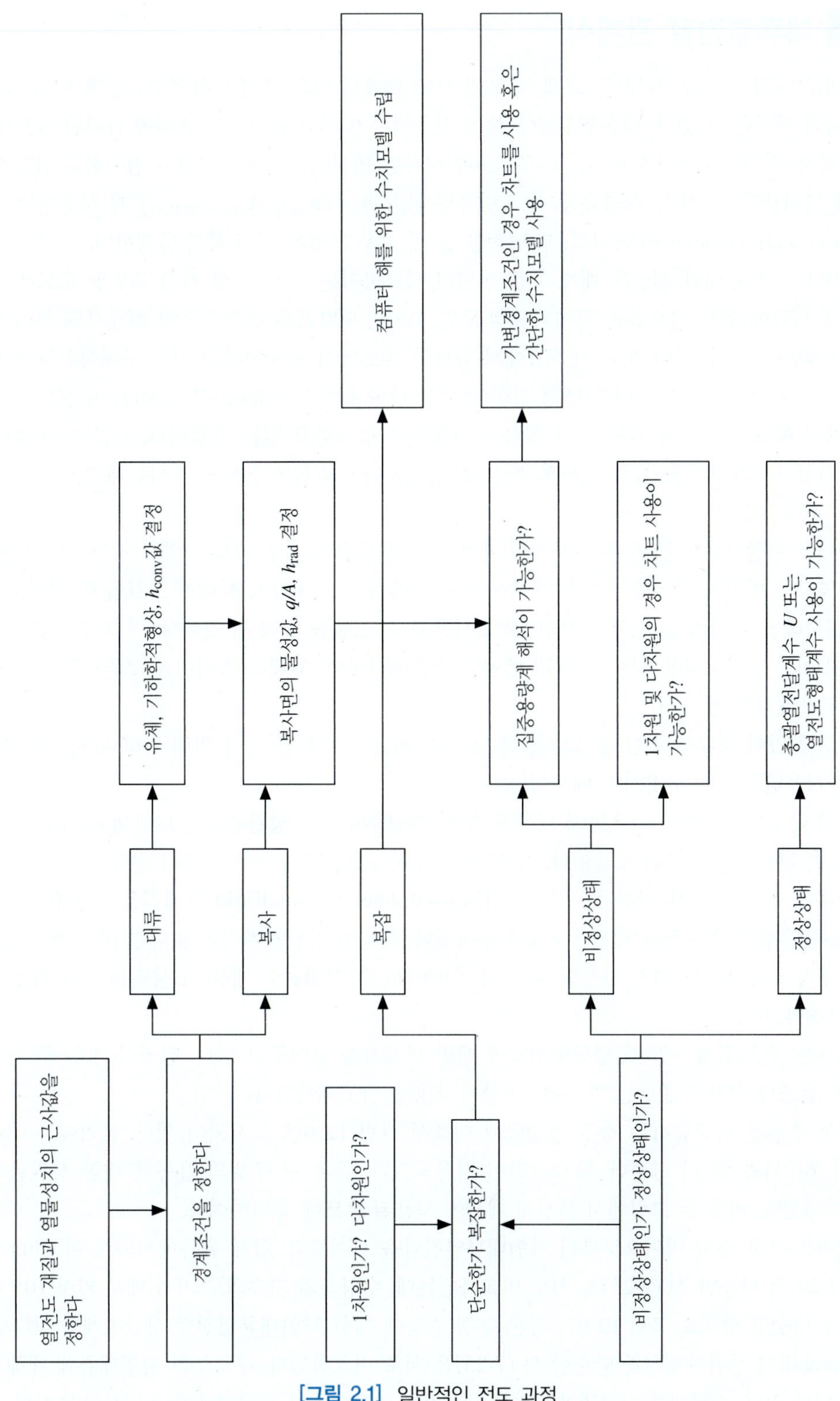

[그림 2.1] 일반적인 전도 과정

12-3 대류열전달 관계식

우리는 이미 7-14절 및 그림 7-15(본 교재 뒷 표지 안쪽 면에도 있음)에서 대류열전달문제 해석 시 일반적인 절차에 대하여 언급한 바 있다. 대류열전달 문제에 적용되는 면적과 관련하여 교재에 나타난 정보에 대해 한 번 더 주의하자. 관련식, $q = hA(T_{\text{surface}} - T_{\text{fluid}})$에 사용된 면적($A$)은 항상 유체와 접촉하고 있는 가열 또는 냉각면적을 나타낸다. 관 또는 채널유동 시 질량유량계산($\dot{m} = \rho u_{\text{mean}} A_{\text{cross section}}$) 때 사용되는 유동 단면적(flow cross-sectional area)이 아니다. 두 면적을 잘 못 사용할 경우 큰 오차가 발생한다.

대류열전달 도표에 대한 해설은 대개 따로 설명이 필요하지는 않지만, 몇 가지 특별한 도표에 대해 주의가 요구된다. 대류에 관한 차트들을 자세히 살펴보면, 1 기압 300 K의 공기유동에 대해서도 여러 가지 도면(plots)이 존재함을 알 수 있다. 5, 6, 및 7장에서 합당한 온도에서 유체의 물성치를 구해야하는 필요성에 대해 여러 번 강조하였다. 사실, 그림 7-15와 같이 절차를 나타내는 선도(loop)가 있는데, 이 선도는 올바른 온도에서 유체의 물성치를 구해야하는 필요성을 추가적으로 강조하고 있는 그림이다. 지금 이 시점에서는, 공기와 같은 이상기체의 대류문제를 다룰 때, 물성치 계산을 위한 적합한 온도를 정하는데 있어 정밀성이 엄격하게 요구되지는 않는다.

예제 12-3은 이상기체의 경우 온도-물성치 계산 시 허용범위가 제법 크다고 해도 최종 대류열전달계수 h 값에 크게 영향을 미치지 않는다는 사실을 보여준다. 따라서 온도 300 K에 대한 도표들은, 적어도 예비설계 목적을 위해서라면, 비교적 넓은 온도영역에서도 사용될 수 있음을 알게 될 것이다. 다만 주의할 것은 이러한 언급은 단지 이상기체를 사용하는 유동시스템에만 적용해야하며, 액체나 점성이 큰 오일 종류 및 석유 생산품 등에는 적용해서는 안 된다.

여러 경우에 있어 대류에 관한 정보는 선형 및 대수 좌표시스템 둘 다에 의해 나타내 지는데, 이는 두 좌표시스템을 사용하는 것이 유용하기 때문이다.

그림 12-2 및 12-3은 평판 위 유동에 대한 국소 및 평균 Nu 수의 상관관계를 나타내고 있다. 여기에 사용된 방정식들은 본문에서 유도된 것들이다. 이 때 유체의 물성값은 막온도에서 구하였다.

그림 12-4는 매끈한 관 내 난류유동인 경우 Dittus-Boelter 및 Gnielinski 관계식을 보여주고 있다. 이 시스템에서 유체의 물성값은 평균 체적온도에서 구하였다. 특별한 상관관계식이 없다면 이 관계식들은 원형단면이 아닌 형상에 대해서도 역시 사용할 수 있다. 이때 Nu 수 및 Re 수 계산 시 물리적 지름 대신 수력학적 지름을 사용해야한다.

그림 12-5는 등온 원형관일 때 층류열전달에 대한 관계식을 보여주고 있다. 점성이 매우 큰 경우와 유체의 물성치가 온도에 크게 의존하는 경우에는 6장의 내용을 참고해야한다.

등온 원통 주위를 직교류하는 경우 열전달에 대해서 그림 12-6에 도시되어 있다. 여기에는 Churchill의 상관관계식 (6-21)과 좀 더 단순한 식 (6-17)이 사용되었다. 등온 구 주위의 유동에 대한 상관관계를 그림 12-7에 나타내었다. 이들 두 그림에서 물성치 계산에 사용된 온도에 유의하여라.

그림 12-8은 등온 수직 평판으로부터 자연대류열전달을 보여준다. 강제 유동에서와 같이 Churchill의 상관관계식 (7-29)과 단순한 식 (7-25)을 서로 비교하였는데, 수평축의 지수의 크기가 매우 커서 10^{12}에까지 확장되고 있다. 비슷한 형태로 그림 12-9는 등온 수평 원통에 대한 자연대류열전달 상관관계를 나타낸다. 여기에서도 Churchill의 상관관계식과 단순한 식 (7-25)을 서로 비교하였다. 구로부터 자연대류에 대해서는 그림 12-10에 나타나 있다. 자연대류 상관관계식에서 물성치는 막온도에서 구하였음에 유의하여야 한다.

설계 적용문제에서 가능한 유동 상호작용을 결정하기위해서 자연대류경계층 두께를 빨리 구해봐야 할 경

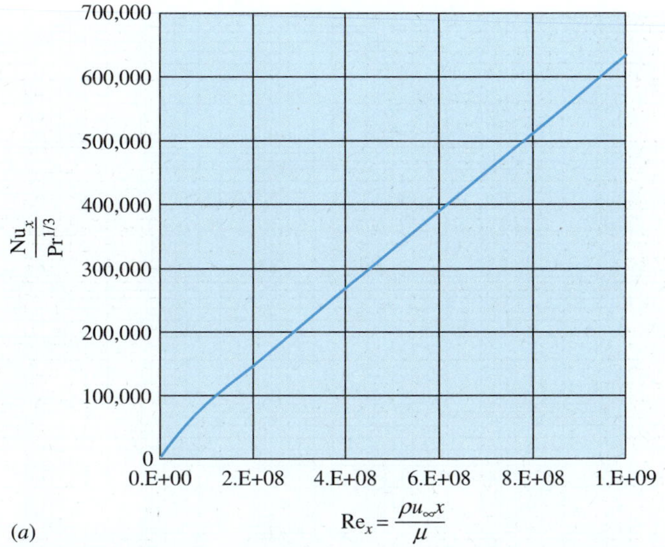

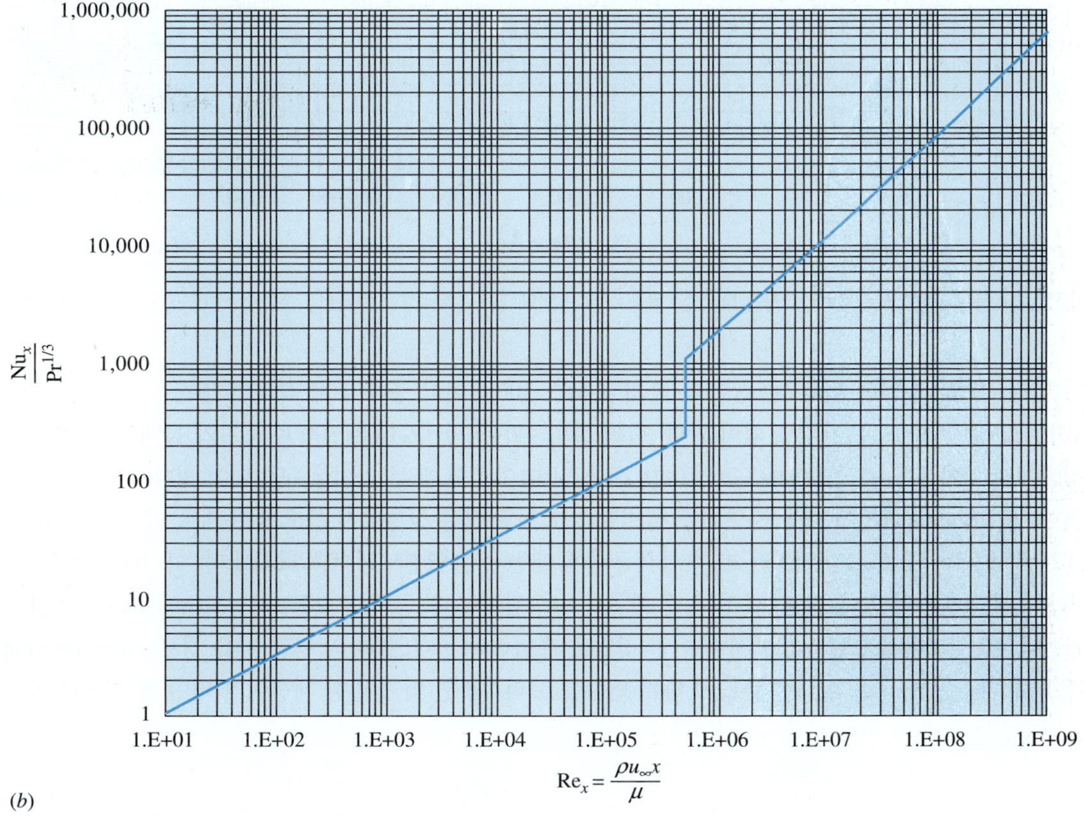

[그림 12.2] 등온 평판 유동에 대한 국소 Nu 수. 물성치는 막온도 $T_f = (T_w + T_\infty)/2$ 에서 구했음: (*a*) 선형 눈금, (*b*) 대수 눈금. 식 (5-44), (5-81), 및 (5-82) 참조.

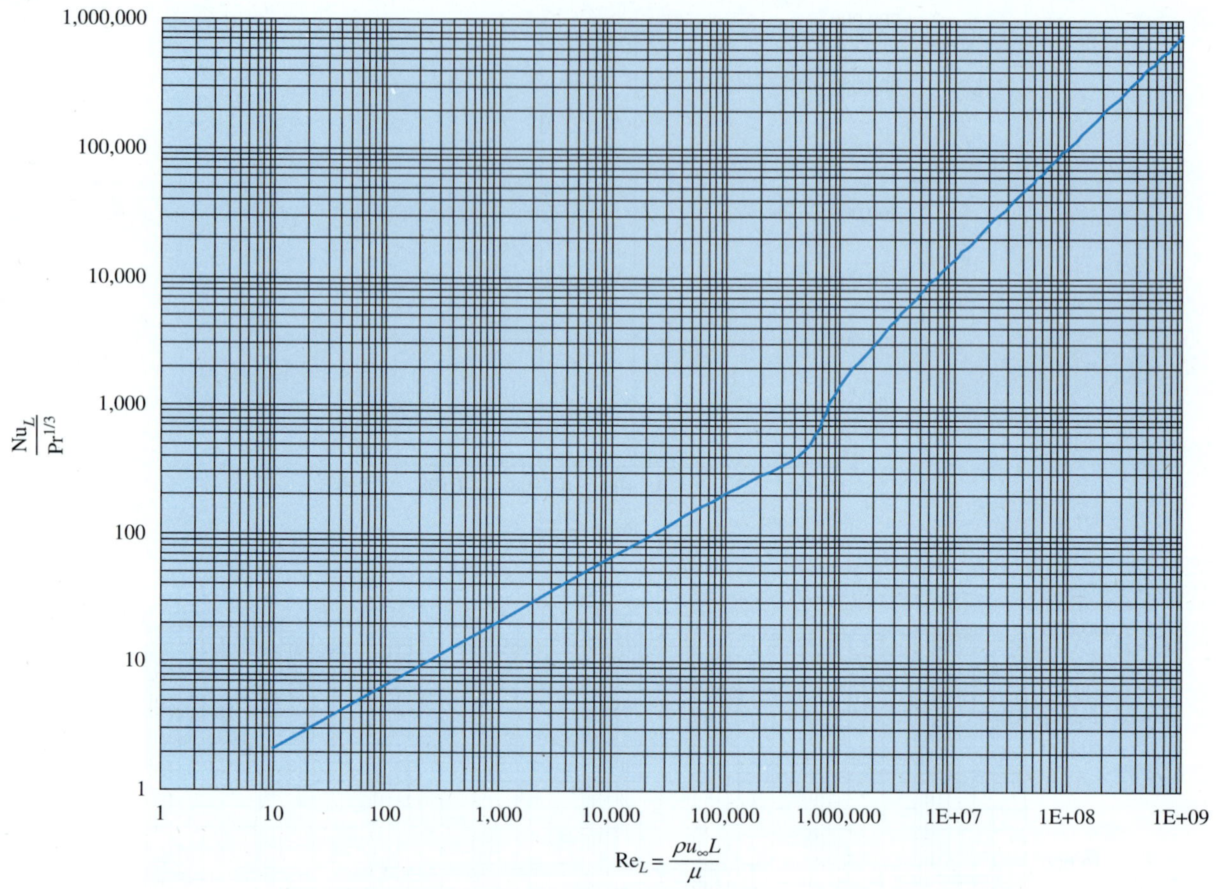

[그림 12.3] 등온 평판 유동에 대한 평균 Nu 수. 물성치는 막온도 $T_f = (T_w + T_\infty)/2$에서 구했음. 식 (5-85) 및 (5-86) 참조.

우가 있다. 그림 12-11과 12-12는 공기와 물의 온도가 300 K이고 층류일 때 각각의 경계층 두께를 보여 준다. 선형 및 대수 도표 두 가지로 되어 있다. 한편 그림 12-13 및 12-14는 300 K 공기와 물에 대해 자연대류 경계층에서 최대유동속도를 보여주고 있으며, 선형 및 대수 좌표계 두 가지로 구성되어 있다.

틈새 공간(gap space)에 대한 자연대류 열전달은 실제로 많은 상황에서 중요한 문제로 여겨지고 있다. 그림 12-15, 12-16, 및 12-17은 여러 가지 틈새공간에 대한 유효열전도계수를 나타내며, 여기에 사용된 식은 그림설명에 명시되어 있다. 그림 12-18은 틈새공간이 수직인 경우(공기, 300 K) 저밀도(low-density) 열전도 결과이다. 이 결과는 300 K 온도에서 주어진 것임을 유념해야 한다. 분자의 평균 자유 경로(mean free path)는 온도에 따라 변하므로, 이러한 온도에 따른 변수를 고려하려면 더 정밀한 계산이 따라야 할 것이다.

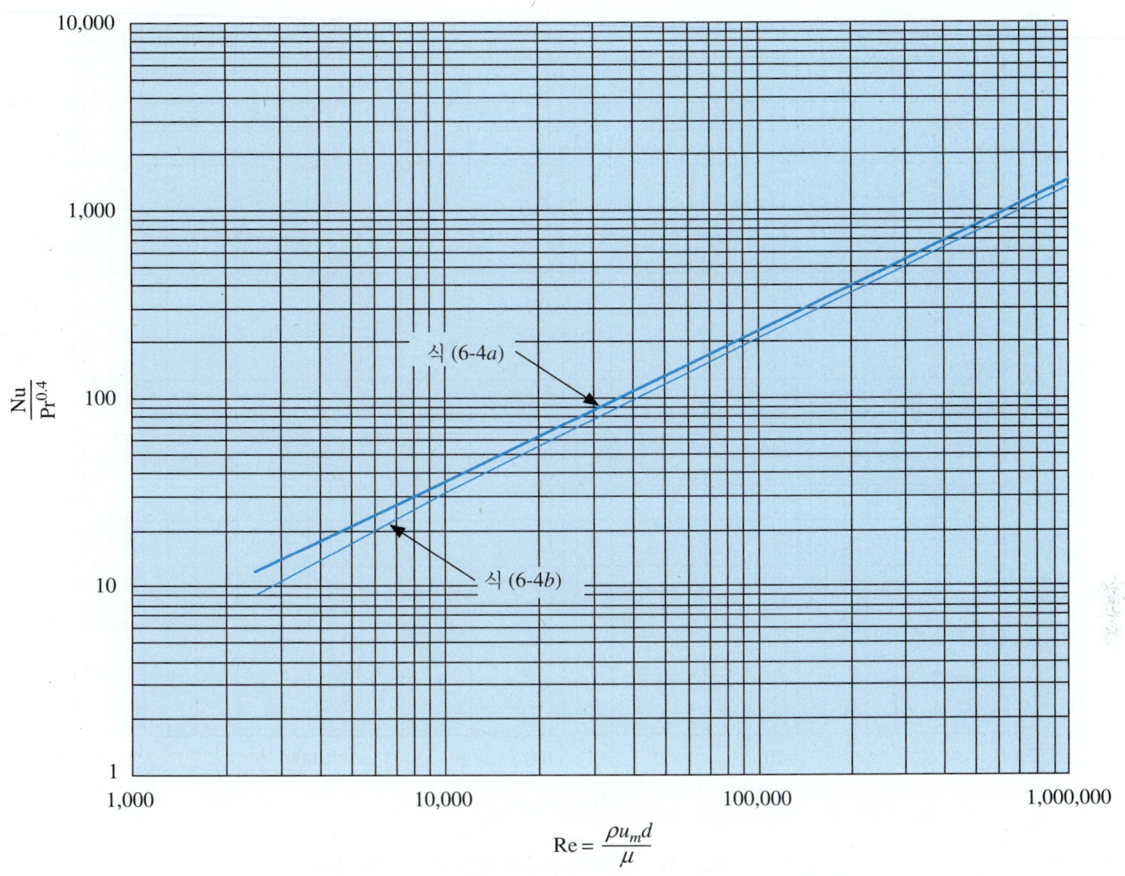

[그림 12.4] 매끈한 관 내 가열되고 충분히 발달된 난류유동에 대한 평균 Nu 수. 물성치는 평균체적온도에서 계산되었음.

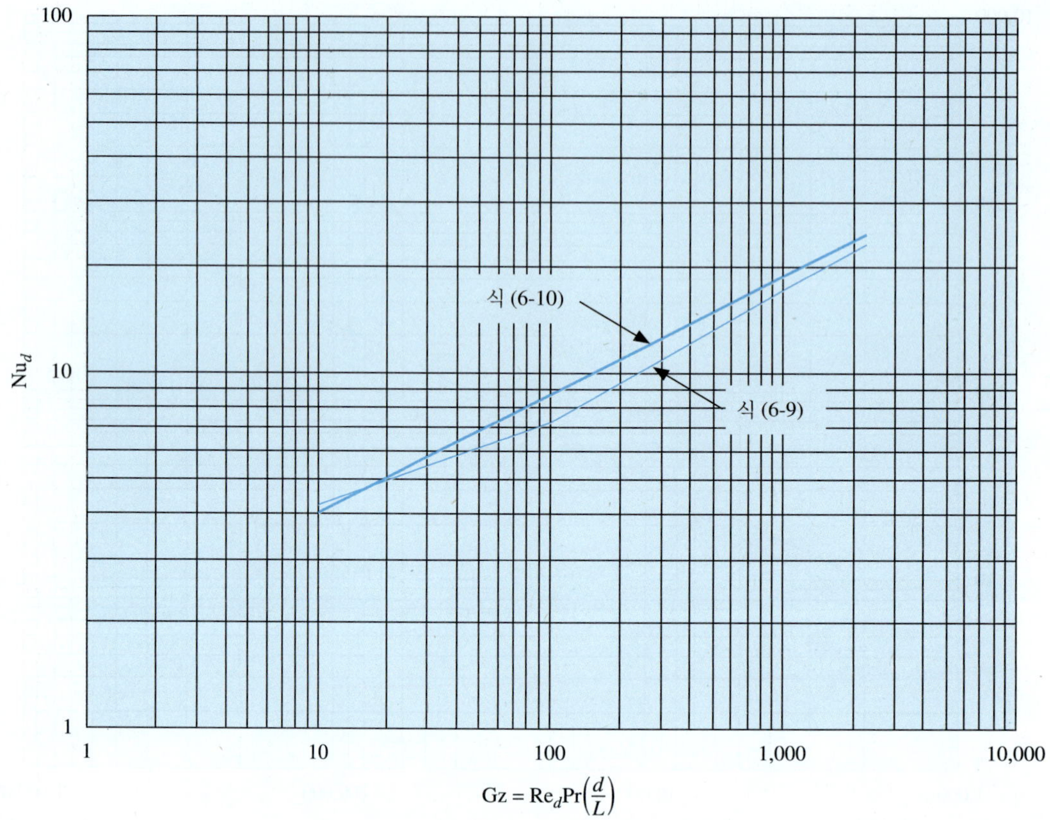

[그림 12.5] 등온 관 내 층류열전달에 대한 두 관계식의 비교.

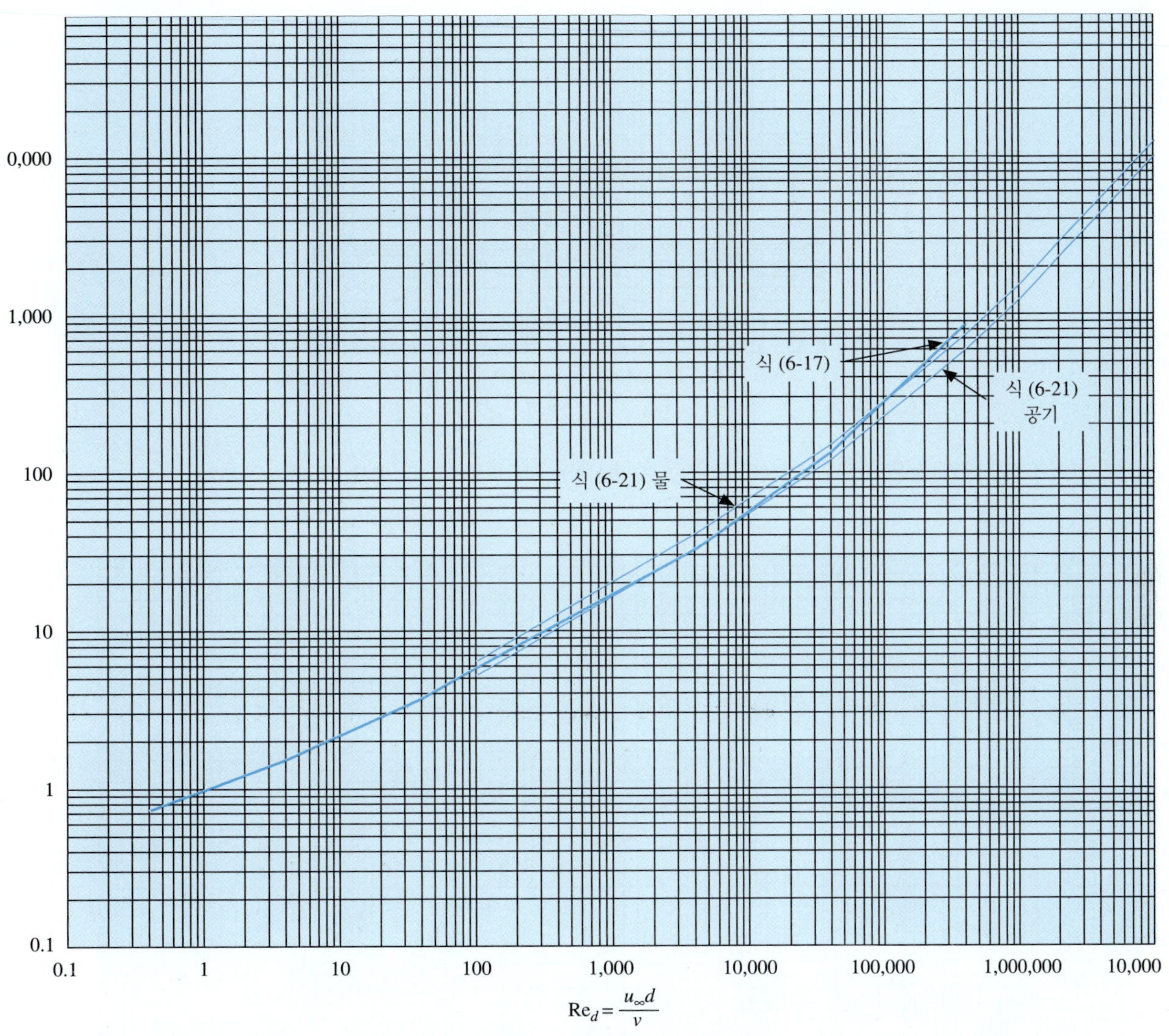

[그림 12.6] 등온 원 관 주위 유동에 대한 Nu 수. 물성치는 막온도 $T_f = (T_w + T_\infty)/2$에서 구했음.

1,000
100
10
1
$\frac{Nu_{d\infty} - 2}{Pr_{\infty}^{0.4}\left(\frac{\mu_\infty}{\mu_w}\right)^{1/4}}$
식 (6-30)
1
10
100
1,000
10,000
100,000
$Re_d = \frac{u_\infty d}{\nu_\infty}$

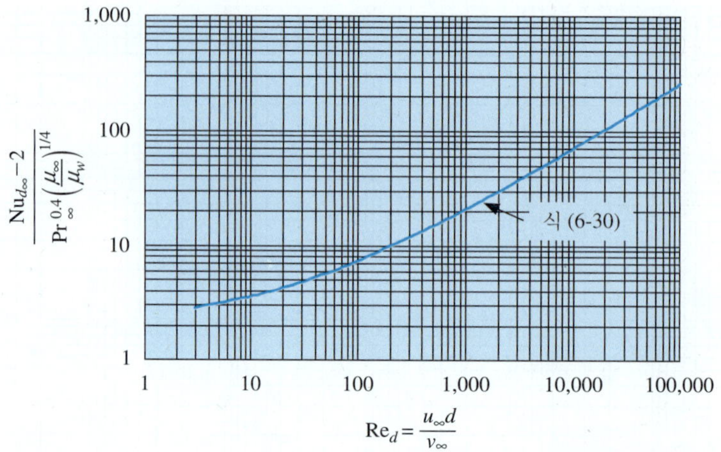

[그림 12.7] 등온 구 주위 유동에 대한 Nu 수. 물성치는 자유흐름온도 T_∞ 에서 구했음, μ_w 제외.

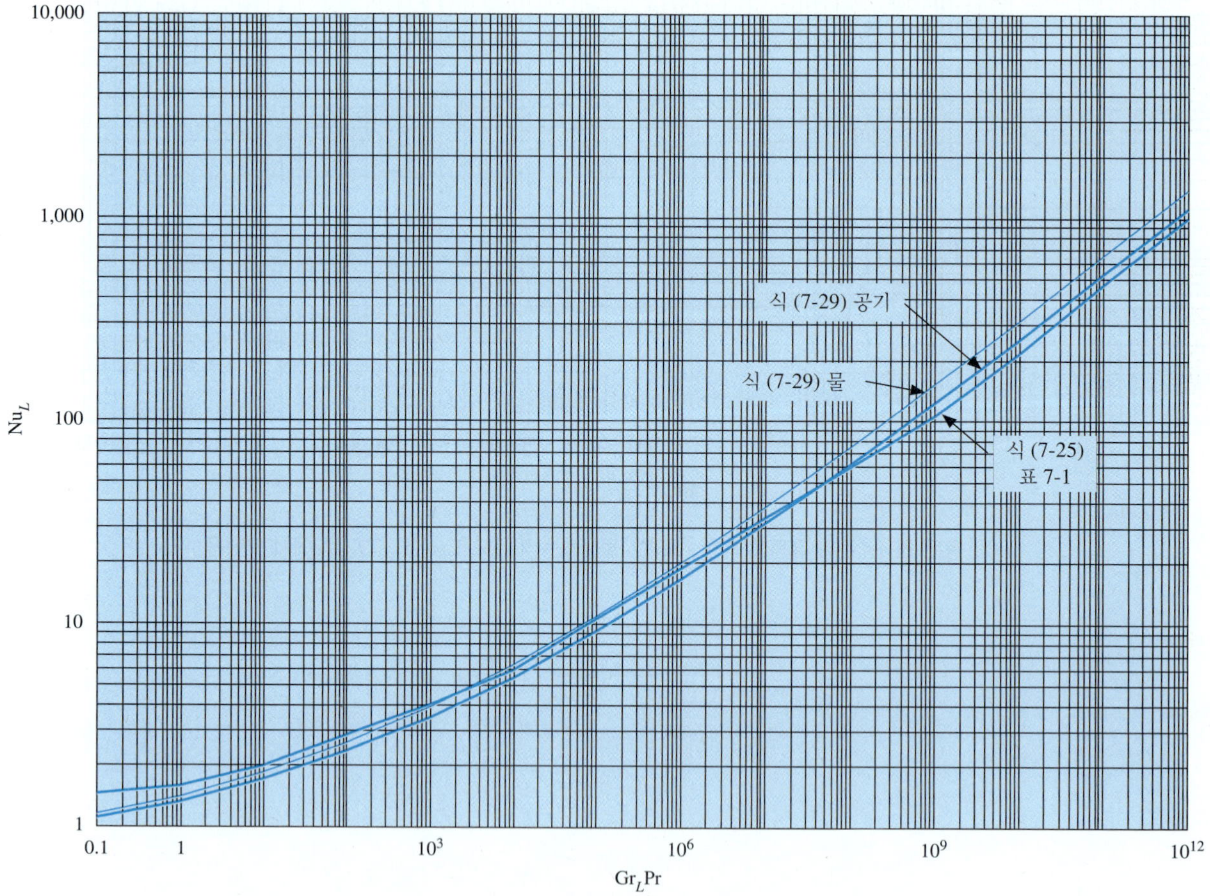

10,000
1,000
100
10
1
Nu_L
식 (7-29) 공기
식 (7-29) 물
식 (7-25)
표 7-1
0.1
1
10^3
10^6
10^9
10^{12}
$Gr_L Pr$

[그림 12.8] 등온 수직 평판으로부터 자연대류에 대한 평균 Nu 수. 물성치는 막온도 $T_f = (T_w + T_\infty)/2$에서 구했음.

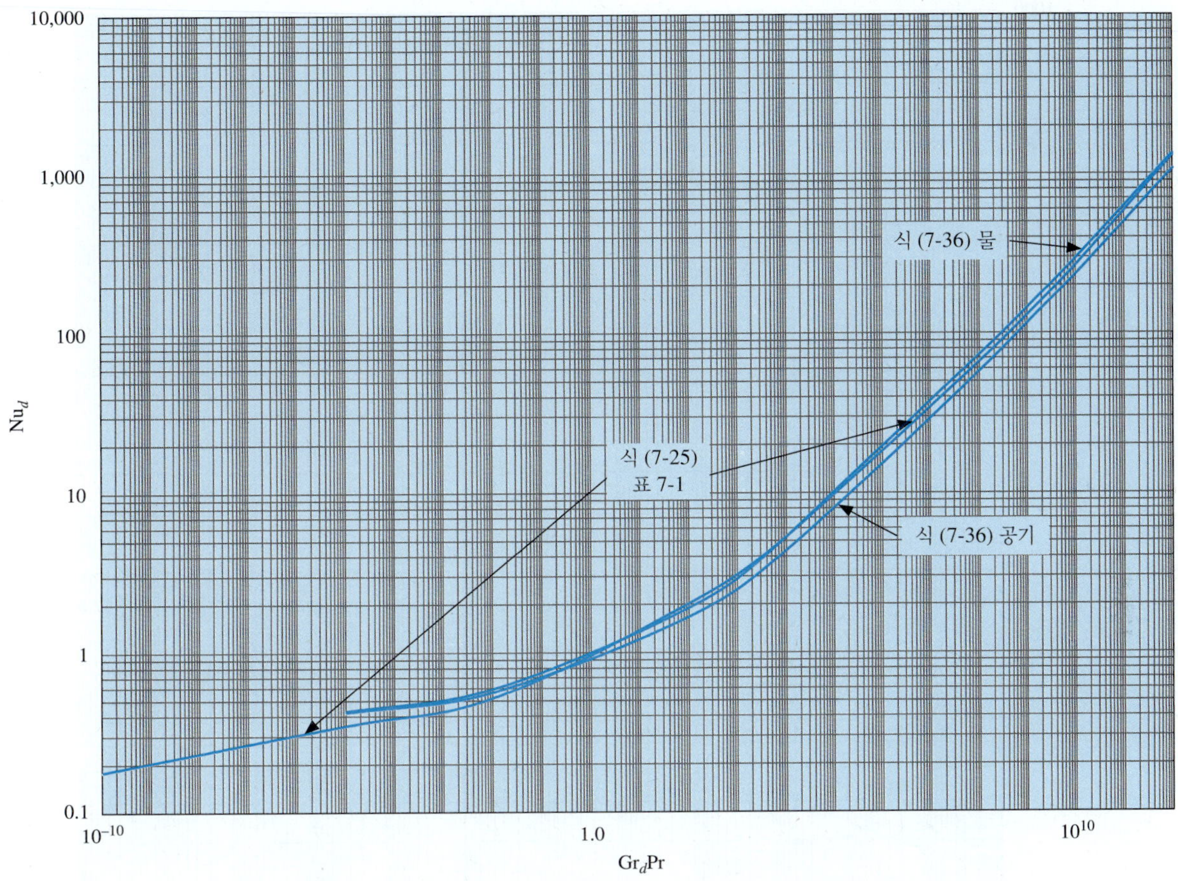

[그림 12.9] 등온 수평 원통으로부터 자연대류에 대한 평균 Nu 수. 물성치는 막온도 $T_f = (T_w + T_\infty)/2$에서 구했음.

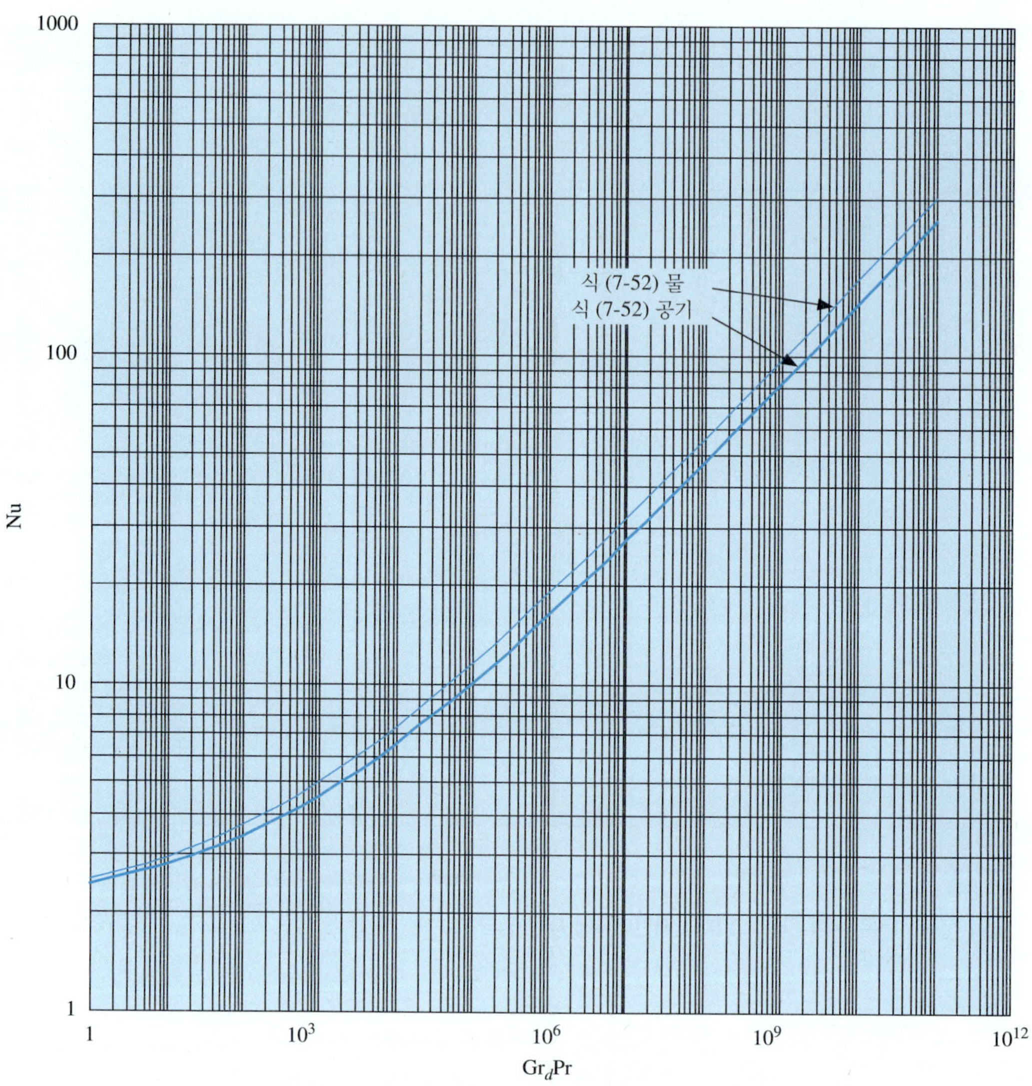

[그림 12.10] 등온 구로부터 자연대류에 대한 Nu 수. 물성치는 막온도 $T_f = (T_w + T_\infty)/2$에서 구했음.

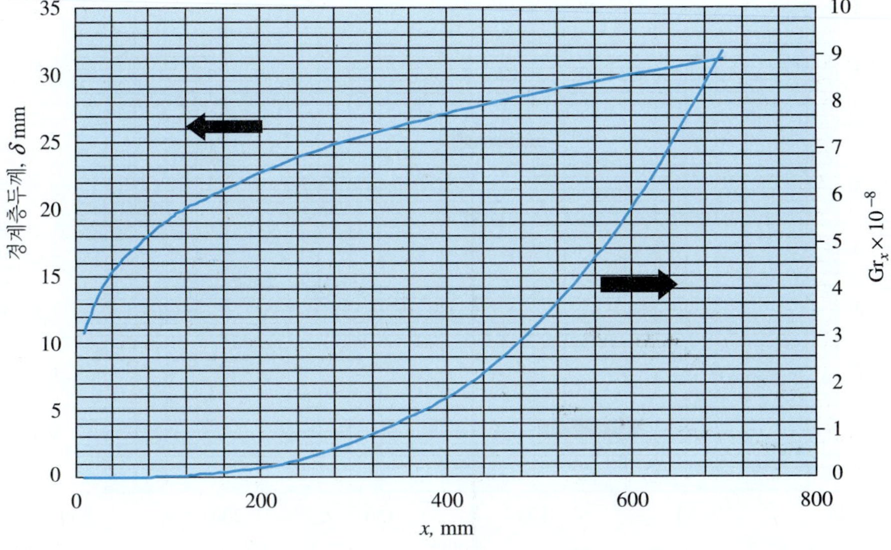

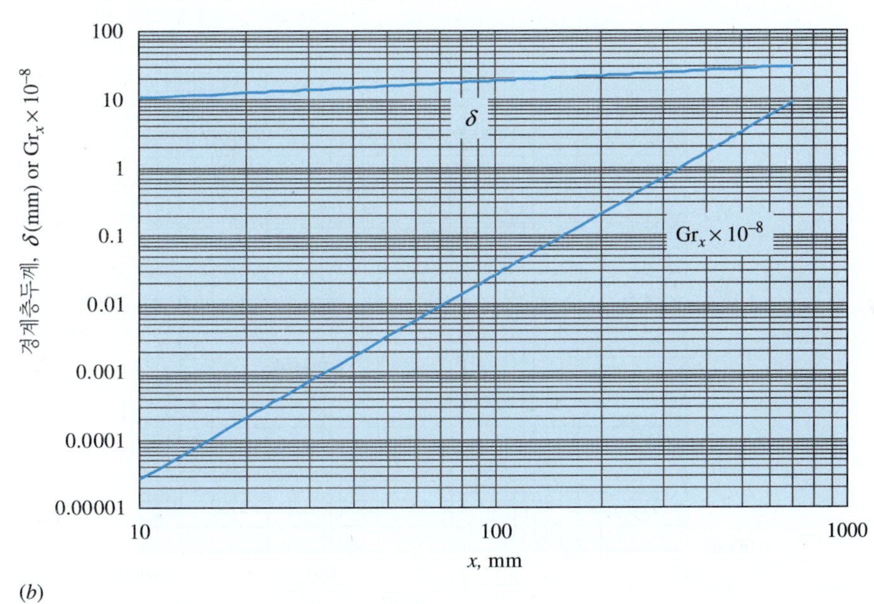

[그림 12.11] 수직 평판에 대한 자연대류경계층 두께. x = 선단으로부터의 거리, 1기압 공기, 물성치는 300 K에서 구함, $T_w - T_\infty = 20$°C. 다른 온도차에 대해서는 δ에 $[20/(T_w - T_\infty)]^{1/4}$를 곱하고 Gr_x에 $(T_w - T_\infty)/20$을 곱함: (a) 선형 눈금, (b) 대수 눈금. 식 (7-20a) 참조.

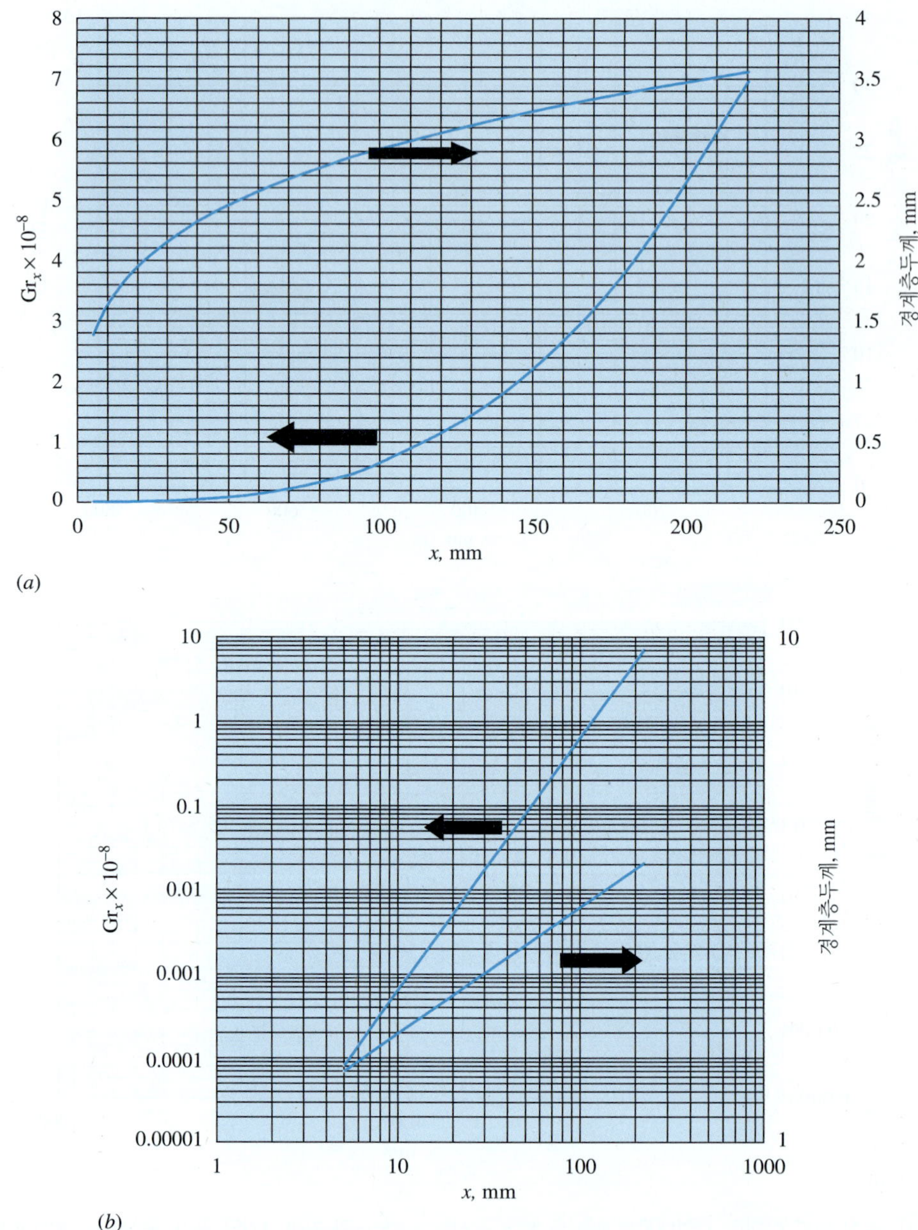

[그림 12.12] 수직평판에 대한 자연대류경계층두께. x = 선단으로부터의 거리, 액체는 물, 300 K에서 물성치 구함, $T_w - T_\infty = 20°C$: (*a*) 선형 눈금, (*b*) 대수 눈금. 식 (7-20*a*) 참조.

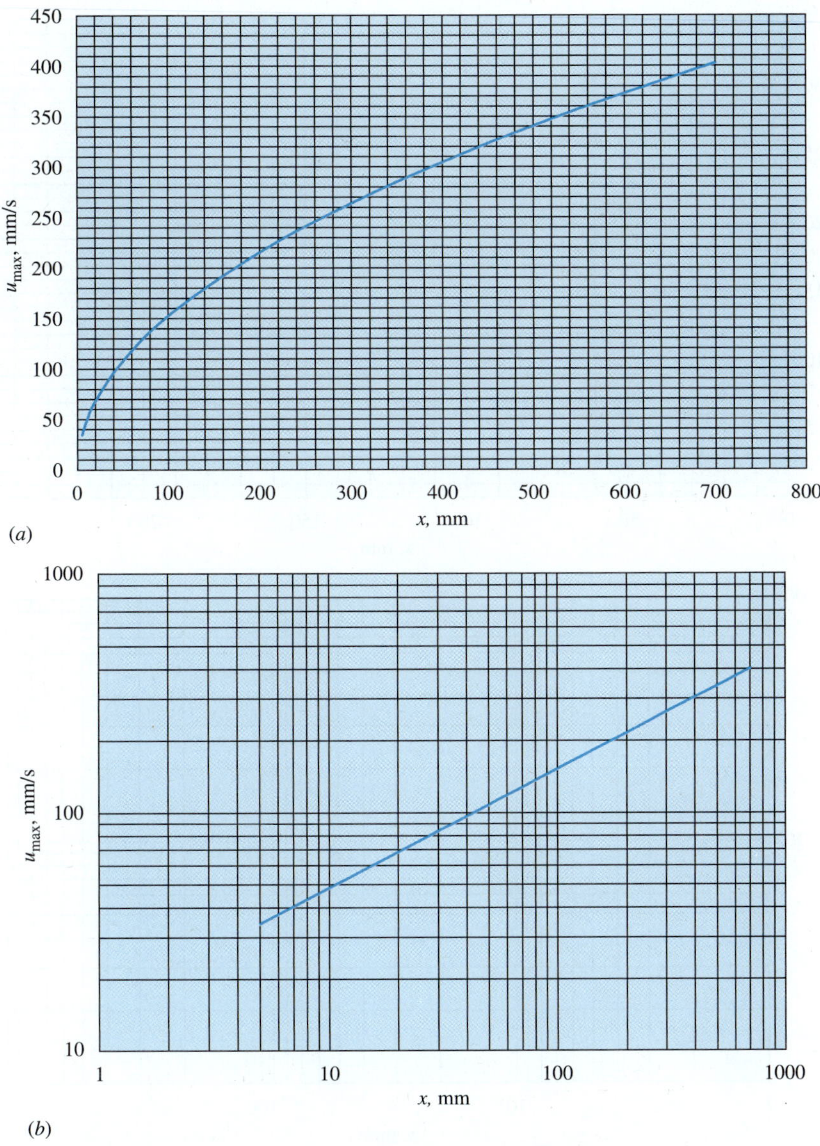

[그림 12.13] 수직평판에 대한 1기압 공기의 자연대류 최대유동속도. 물성치는 300 K에서 구함, $T_w - T_\infty = 20°C$, x = 선단으로부터의 거리(mm): (*a*) 선형 눈금, (*b*) 대수 눈금. 식 (7-20*b*) 참조.

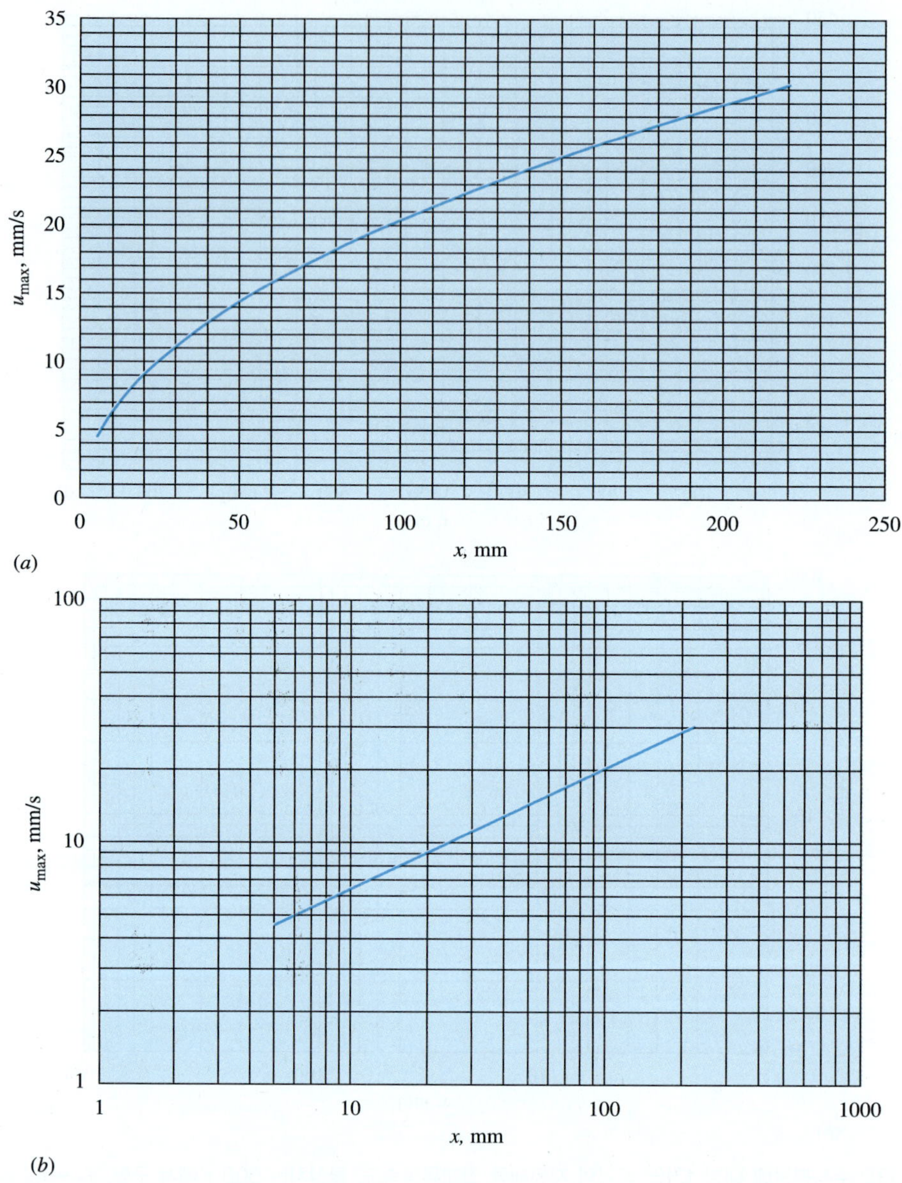

[그림 12.14] 수직평판에 대한 물의 자연대류 최대유동속도. 물성치는 300 K에서 구함, $T_w - T_\infty = 20°C$: (*a*) 선형 눈금, (*b*) 대수 눈금. 식 (7-20*b*) 참조.

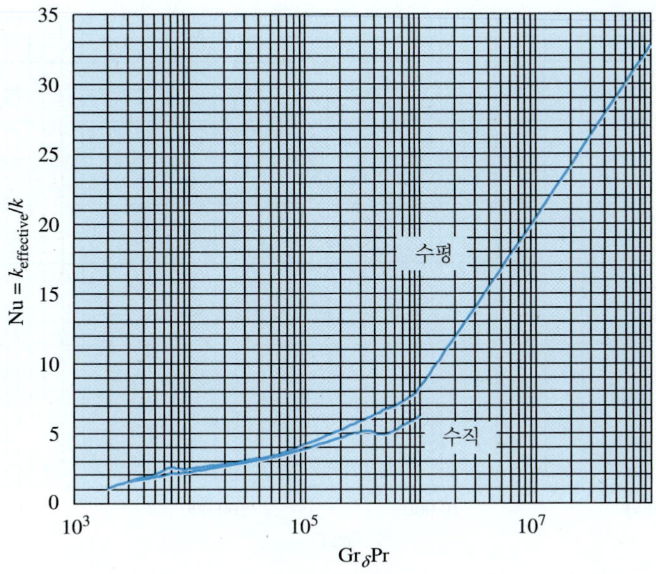

[그림 12.15] 수직 및 수평 틈새의 액체에 대한 자연대류. 식 (7-64) 및 표 7.3 참조. 물성치는 $(T_1 + T_2)/2$에서 구함.

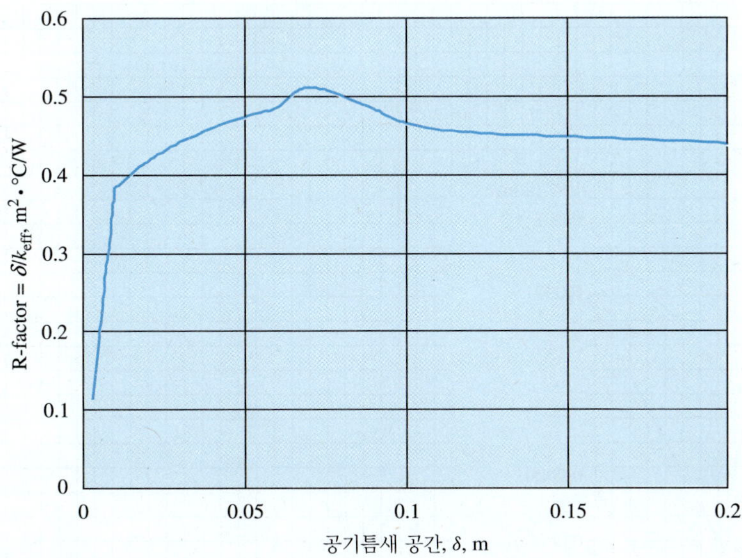

[그림 12.16] 수직 공기틈새의 자연대류에 대한 R-factor. 1기압 300 K, $\Delta T = 10$ K, $L = 0.2$ m. 식 (7-64) 및 표 7.3 참조.

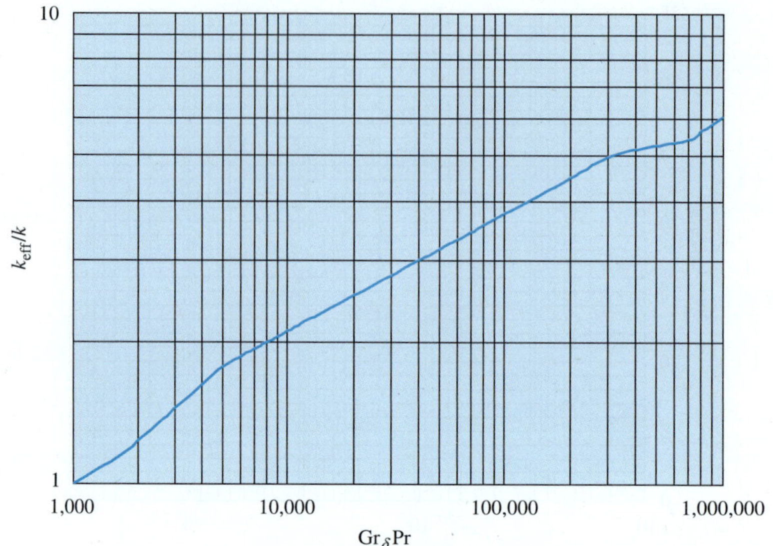

[그림 12.17] 아랫 면이 가열되는 수평 공기틈새에 대한 자연대류. 300 K, 식 (7-64) 및 표 7.3 참조.

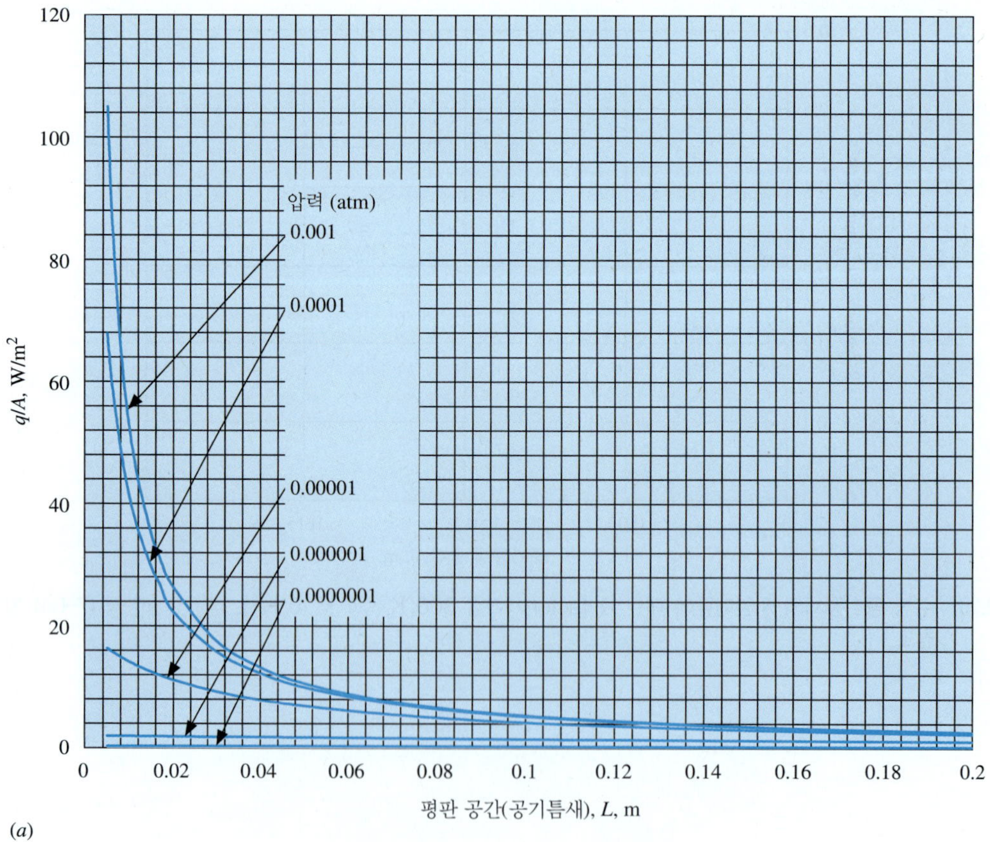

[그림 12.18] 수직 공기틈새에 대한 저밀도 열전도. 300 K, $\Delta T = 20°C$, q/A 단위는 W/m^2: (a) 선형 눈금, (b) 대수 눈금.

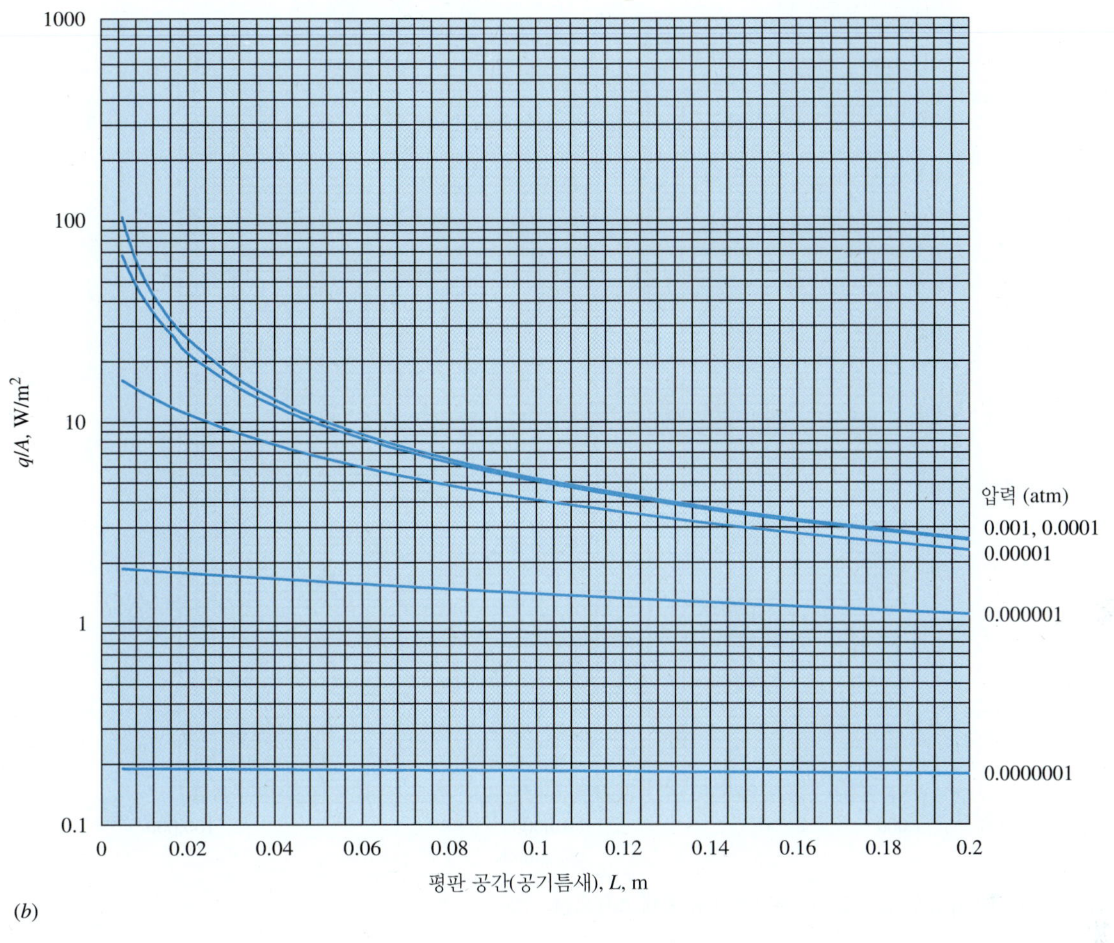

[그림 12.18] (계속)

12-4 복사열전달

그림 12-19는 Planck 흑체복사 스펙트럼을 보여주고 있고 그림 12-20은 두 개의 회색체면간의 복사열전달을 나타내고 있다. 300 K에서 큰 흑색 밀폐공간과 열교환을 하는 회색체에 대한 복사열전달계수값이 그림 12-21에 주어져 있는데, 이는 때때로 예비설계연구에서 유용하다. 그 외의 복사에 관한 대부분의 정보는 8장과 8-18절에서 다루고 있다.

비회색체의 거동에 대해 주의할 점이 있다. 많은 면들이 700 K 이하의 보통온도에서 거의 회색체거동을 보이는 반면, 특별히 태양열복사와 같은 짧은 파장의 열복사에 노출될 때 전적으로 다른 표면 흡수율 및 투과율 특성을 보인다는 점이다. 겉으로 보이는 것으로 말하지 말라는 구절은 적절한 표현이다. 눈과 얼음은 아주 빛이 나고 반사체로 보이지만 긴 파장의 열복사에 대해서 거의 흑체에 가깝다. 보통 창문유리는 대부분의 태양열복사($\lambda < \mu 2.5$ m의 짧은 파장)를 투과시키지만 긴 파장의 복사에 대해서는 거의 투과시키지 않는다. 여기 12장과 8장에 실린 대부분의 문제와 예제에서는, 해 구하는 과정을 단순하게 하기 위해, 방사율 혹은 흡수율 값을 명기하였다. 어떤 새로운 문제를 만났을 때 표 A-10 혹은 그 외의 다른 자료를 활용하여 방사율과 흡수율 등의 값을 체크해 보는 것은 좋은 생각이다.

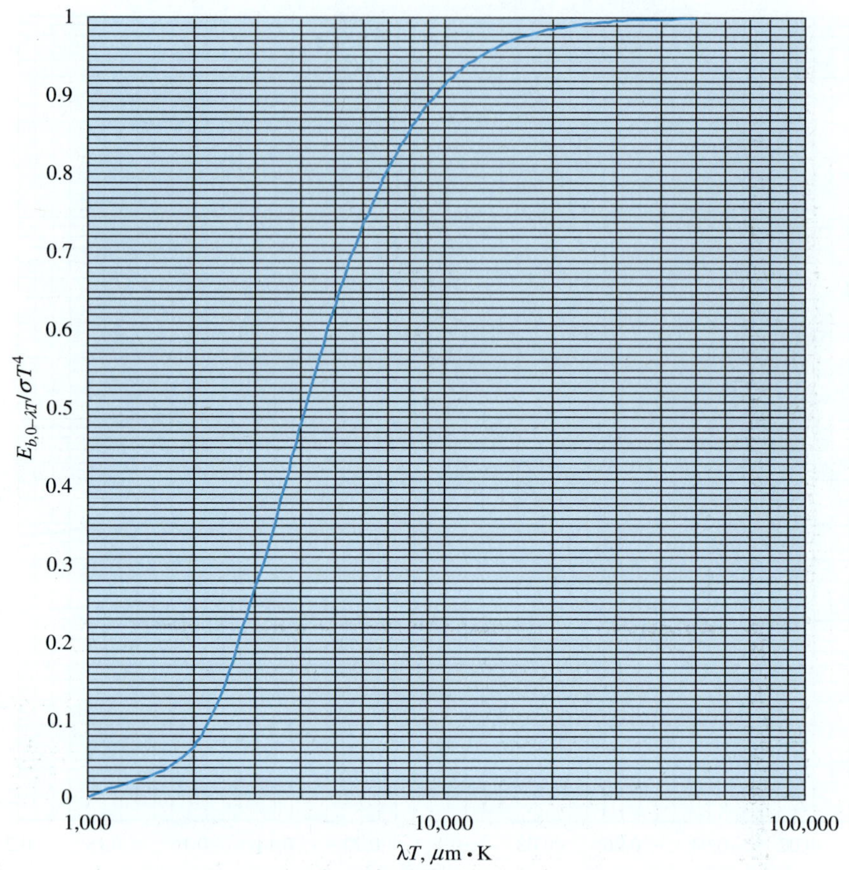

[그림 12.19] $\lambda T(\mu m)$의 함수로 표시된 Planck 흑체 스펙트럼.

그림 12-22는 Rohsenow의 비등상관관계식을 확장해서 나타내고 있다. 반면 그림 12-23, 12-24, 및 12-25는 여러 가지 압력에서 물에 대한 비등열전달계수의 대략적인 값을 나타내고 있다. 비등열전달과 관련된 최종 설계문제에서, 기하학적 형상 및 표면에서의 유체의 조합이 특별한 경우, 독자들은 참고자료를 참조하는데 있어 신중을 기하기 바란다

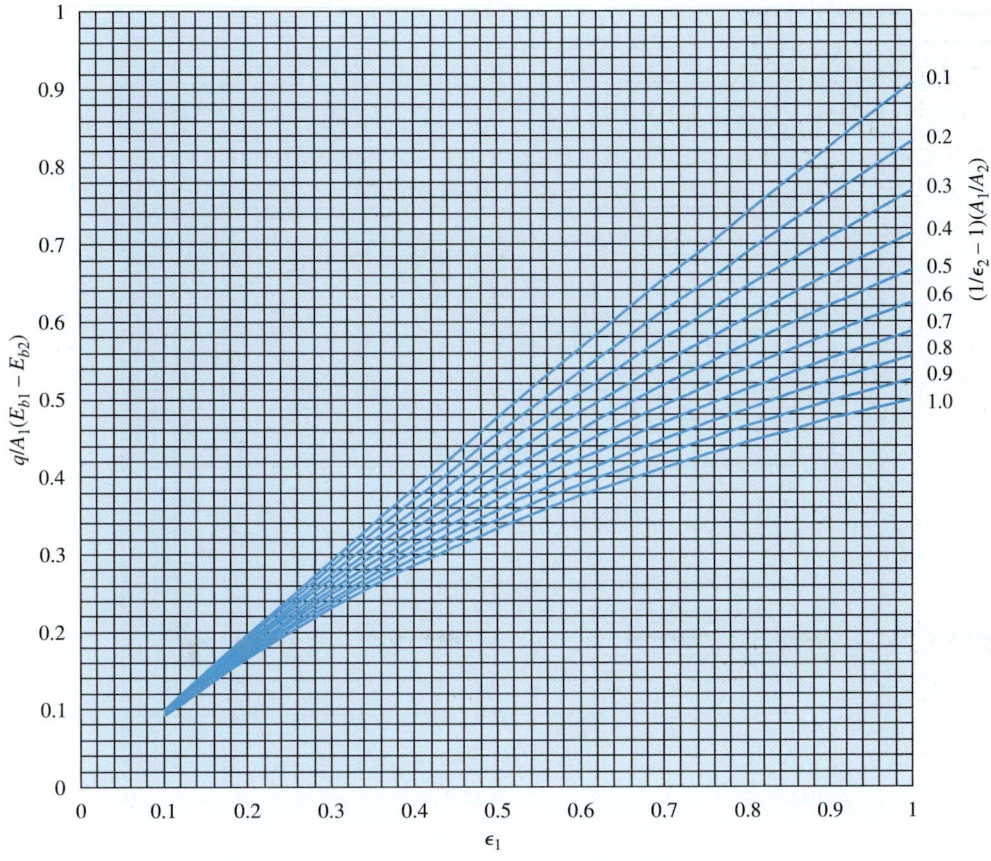

[그림 12.20] 서로 맞보고 있는($F_{12} = 1.0$) 두 회색체간의 복사열전달.

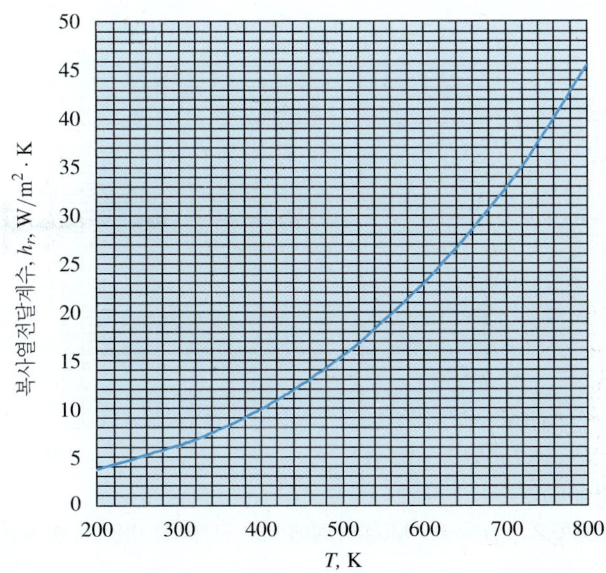

[그림 12.21] 300 K의 큰 밀폐공간 안에 있는 흑체에 대한 복사열전달계수. 식 (8-115) 참조. h_{rad}(graybody) $= \epsilon \times h_{rad}$(blackbody).

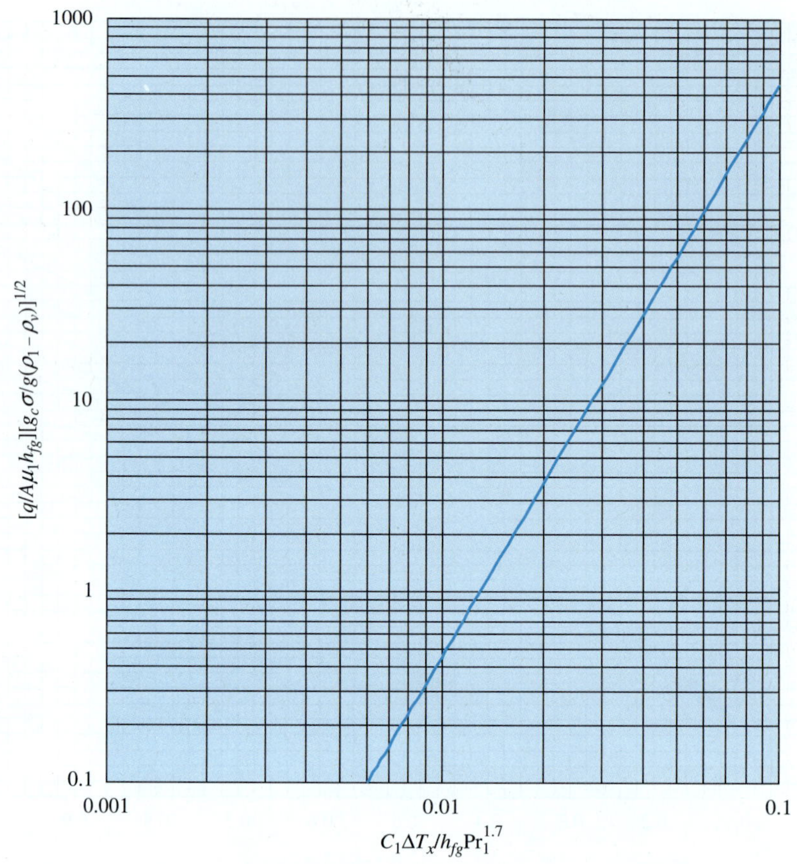

[그림 12.22] 물-백금시스템에서 Rohsenow의 풀비등 상관관계식. 식 (9-33) 및 표 9.2 참조. $(q/A)_{\text{water - other material}}/(q/A)_{\text{water - platinum}} = (0.013/C_{\text{sf,water - other material}})^3$.

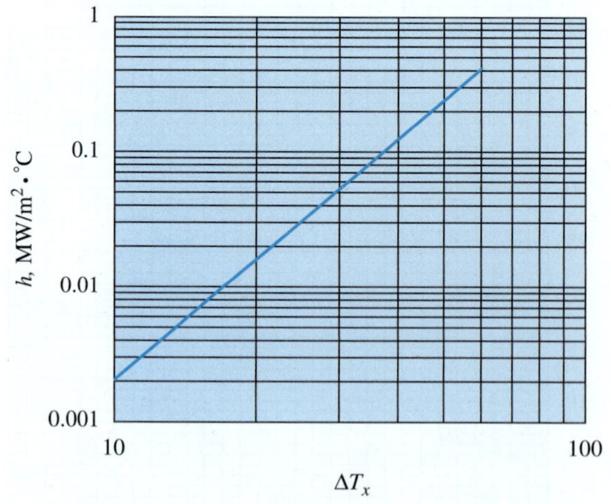

[그림 12.23] 낮은 압력($0.2 < p < 0.7$ Mpa)의 물에 대한 근사적인 비등열전달계수. 식 (9-35) 참조.

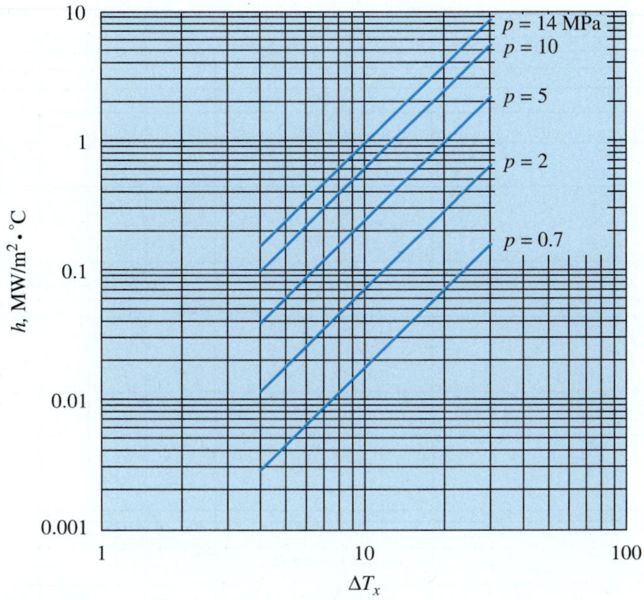

[그림 12.24] 높은 압력(0.7 < p < 14 Mpa)의 물에 대한 근사적인 비등열전달계수. 식 (9-36) 참조.

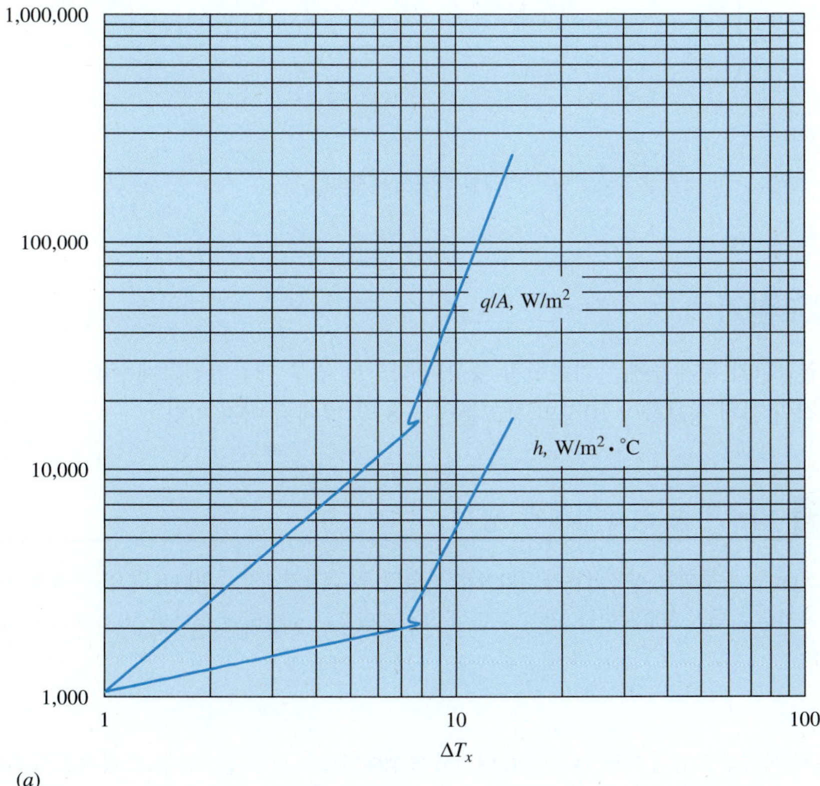

[그림 12.25] 1기압, 수평면 위의 비등하는 물에 대한 열유속과 h값. 표 9.3 참조.

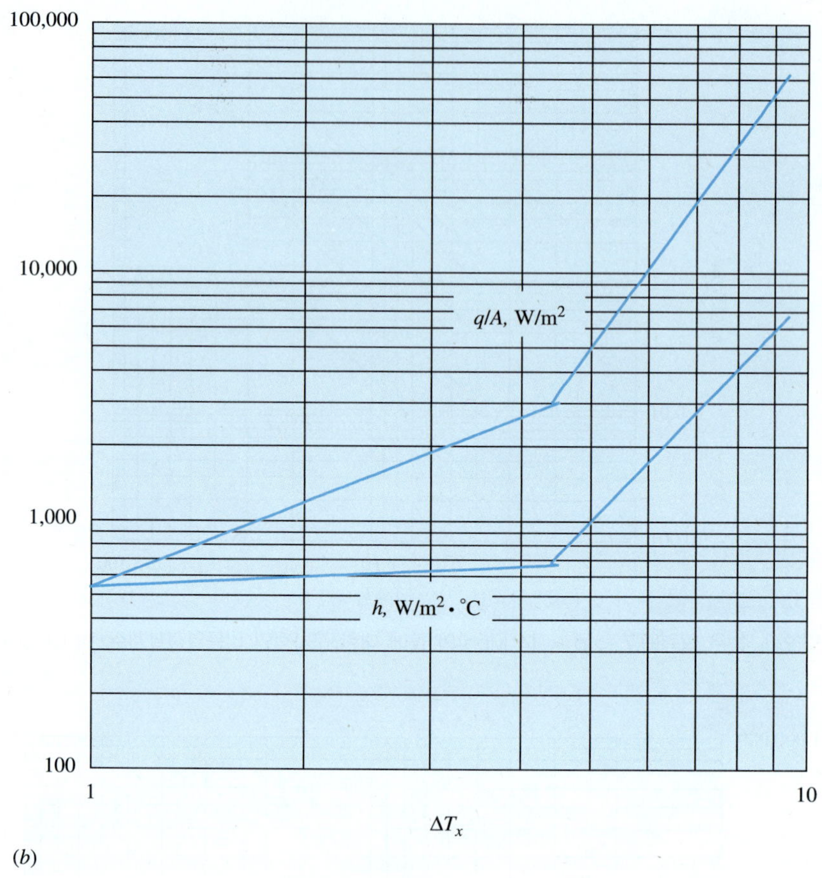

[그림 12.25] (계속)

12-5 열교환기

대부분의 실제 열교환기 문제들에는 기하학적 형상이 다양한 경우 대류열전달계수를 결정하는 내용이 포함되어 있다. 포괄적인 설계 정보들이 10장의 참고문헌 3, 8 및 17에 주어져 있다.

예제 12-1 알루미늄 정육면체의 냉각

한 변의 길이가 5 cm인 알루미늄 정육면체가 500 K로 가열된 후 갑자기 1기압 300 K의 공기 속에 노출되어 냉각된다. 주변의 유효복사온도 역시 300 K이다. 만일 표면이 흑색페인트로 코팅되어 있다면 50°C로 냉각되는데 소요되는 시간은 얼마인가?

■ 풀이

고체는 자연대류와 복사의 조합에 의해 냉각된다. 여기서 흑색페인트를 칠한 경우의 표면 방사율은 흑체와 같은 거의 같은 1의 값을 갖는다고 가정하자(표 A.10 참조). 더 나아가 자연대류는 높이 10 cm인 수직평면과 같은 거동을 한다고 가정한다(7-6절 참조). 대부분의 자연대류문제에서 대류열전달계수는 작고 이 문제에서 알루미늄의 열전도계수는 상대적으로 크기 때문에 집중열용량계로 거동할 것이다. 또한 특성길이가 작기 때문에(L = 10 cm) 경계층은 층류일 것이라고 짐작할 수 있다. 계산의 단순화를 위해 표 7.2의 관계식을 적용하여 다음과 같이 계산을 수행한다.

$$L = 0.1\ \text{m}$$
$$T_{\text{avg solid}} = \frac{500 + 323}{2} = 412\ \text{K}$$
$$\Delta T_{\text{avg}} = 412 - 300 = 112\ \text{K}$$
$$h_{\text{conv, avg}} = (1.42)\left(\frac{112}{0.1}\right)^{0.25} = 8.2\ \text{W/m}^2 \cdot \text{K}$$

표 A.2로부터 알루미늄에 대해

$$\rho = 2700\ \text{kg/m}^3$$
$$k = 206\ \text{W/m} \cdot \text{K}$$
$$c = 896\ \text{J/kg} \cdot \text{K}$$

$$\Delta V = (0.05)^3 = 0.000125\ \text{m}^3$$
$$A_{\text{surface}} = (6)(0.05)^2 = 0.015\ \text{m}^2$$

예비계산을 위해 복사열전달계수의 개념을 사용한 복사열전달을 계산한다. 이때 고체의 평균온도는 412 K일 때로 고려한다. 그림 12.21을 살펴보면 다음을 얻는다.

$$h_{\text{rad}} = 11\ \text{W/m}^2 \cdot \text{K}$$

우리는 여기서 고체는 마치 아래와 같은 평균총열전달계수로 냉각되는 것처럼 거동한다고 가정한다.

$$h_{\text{total}} = 8.2 + 11 = 19.2\ \text{W/m}^2 \cdot \text{K}$$

고체는 집중열용량계처럼 냉각될 것이라는 예측을 조사하기 위해 위의 평균총열전달계수를 사용하고, 식 (4-6)의 기준을 적용하면

$$\frac{h(V/A)}{k} = \frac{(19.2)(0.000125/0.015)}{206} = 0.00078 < (?)\ 0.1$$

따라서 집중열용량계 적용기준이 만족되고 있음을 알 수 있으며, 식 (4-5) 또는 그림 4-5를 사용하여 냉각소요 시간을 계산한다.

$$\frac{\theta}{\theta_i} = \frac{(323 - 300)}{(500 - 300)} = 0.115$$

그림 4-5를 적용하면 다음을 얻는다.

$$\text{BiFo} = 2.2 = \frac{(19.2)(0.015/0.000125)\tau}{(2700)(896)}$$

여기서 소요시간은 $\tau = 2310$ s이다.

사실은 대류계수나 복사계수는 둘 다 상수가 아니다. 왜냐하면 이들은 둘 다 표면온도에 따라 변하기 때문이다. 대류계수는 온도에 따른 의존성이 약하나($\Delta T^{0.25}$), 반면에 복사계수는 의존성이 훨씬 강하다(ΔT^3). 더 정밀한 계산을 위해서라면 이러한 온도에 따른 값의 변화를 고려해야 할 것이며, 그러한 해석은 컴퓨터를 이용한 수치해석 바탕 위에서 가장 잘 수행될 수 있다. 부록에 있는 예제 D-6은 그러한 해석의 한 예를 보여준다. 이 예제의 조건을 적용할 때 결과는 $\tau = 2760$ s을 얻는다.

예제 12-2 핀이 부착된 블록의 냉각

이제 예제 12-1에 대한 또 다른 응용으로 예제 8-9와 같이 핀이 부착된 블록에 적용하여보자. 예제 8-9에서는 부착된 핀의 수가 3개이나 여기서는 10개라고 가정하고, z-방향(지면과 수직)으로의 핀의 깊이는 50 mm이다(그림 예제 12.2 참조). 바탕의 두께는 7 mm이고 다른 수치는 mm 단위로 주어져 있다. 바탕의 외면은 단열되어 있고 블록은 자연대류유동이 z-방향에 수직하게 흐르도록 향하고 있다. 예제 12-1에서와 같이 고체의 재질은 알루미늄이고 표면은 흑색페인트로 코팅되어 있다. 앞에서처럼 고체의 온도는 500 K로 일정하며 300 K의 대류-복사환경에 갑자기 노출된다. 50°C 로 냉각되는데 소요되는 시간은 얼마인가 계산하여라.

[그림 예제 12.2]

■ 풀이

해는 예제 12-1에서 구한 것과 비슷하다. 알루미늄의 열전도계수가 상대적으로 크고 대류열전달계수는 자연대류이므로 상대적으로 작다. 그러나 자연대류유동시스템은 훨씬 더 복잡하며, 유효복사면적은 더 이상 대류면적과 같지 않다. 대류면적은 유체(공기)와 접하고 있는 총 면적이며 다음과 같이 계산된다.

$$A_{\text{convection}} = (10)(2)(50)(25) + (10)(5)(50) + (9)(10)(50) + (10)(2)(25)(5) + (7)(2)(140) + (7)(2)(50) = 35160\ \text{mm}^2 = 0.03516\ \text{m}^2$$

한편 블록은 5개의 면(바탕 면은 단열됨)을 갖는 고체처럼 복사가 이루어지며, 그 크기는 140 × 32 × 50 mm이고 면적은 다음과 같다.

$$\text{A}_{\text{radiation}} = (2)[(32)(50) + (32)(140)] + (140)(50) = 19160\ \text{mm}^2 = 0.01916\ \text{m}^2$$

이는 대류표면적보다 더 작은 값이다. 따라서 고체는 다음과 같은 총괄 또는 총 계수에 의해 냉각될 것이다.

$$(UA)_{\text{total}} = (hA)_{\text{convection}} + (hA)_{\text{radiation}} \quad \textbf{(a)}$$

$h_{\text{radiation}}$ 은 예제 12-1에서와 같이 계산되지만 $h_{\text{convection}}$ 값 계산은 좀 더 문제가 된다

첫째, 핀으로 이루어진 수직 채널에 대한 자연대류경계층 형태에 대해 살펴보자. $L = 50\ \text{mm} = 0.05\ \text{m}$인 수직평판에 형성되는 경계층을 고려한다. 그림 12-11에 따르면 $\Delta T = 20°\text{C}$일 때 $\delta = 11\ \text{mm}$이며, 온도차가 더 크면 경계층 두께는 다소 커진다. 그래서 수직 핀의 각 면에 형성되는 자연대류경계층은 또 다른 면의 경계층과 상호작용을 일으

키는 것이 분명하다. 이러한 결과로 열전달계산은 단순한 수직평판에 대한 문제처럼 계산되어서는 안된다. 그러나 핀의 두 개의 바깥 쪽 면은 수직 평판에서와 같이 대류가 일어난다고 볼 수 있다. 이제 문제를 단순히 생각하고, $L = 50$ mm이고 $\Delta T = 112$ K인 수직평판처럼 생각하여 $h_{\text{convection}}$ 값을 계산한다. 앞에서와 같이 표 7-2의 단순화된 관계식을 사용하면 다음과 같다.

$$h_{\text{convection}} = (1.42)\left(\frac{112}{0.05}\right)^{0.25} = 9.8\ \text{W/m}^2 \cdot \text{K}$$

이는 예제 12-1의 고체의 경우와 비교해 단지 19% 더 큰 값이다. 만일 집중열용량계적용을 위한 기준을 체크해보면 잘 만족함을 알게 될 것이다. 평균온도 412 K를 사용하면 예제 12-1과 같은 복사열전달계수 값 $h_{\text{radiation}} = 11\ \text{W/m}^2 \cdot \text{K}$를 얻는다. 고체의 체적은

$$V = (10)(50)(25) + (140)(7)(50) = 61{,}500\ \text{mm}^3 = 0.0000615\ \text{m}^3$$

앞에서와 같이 $\dfrac{\theta}{\theta_i} = 0.115$ 및 BiFo = 2.2를 얻으며, 위의 식 (a)로부터 $(UA)_{\text{total}}$ 값을 계산하면 다음과 같다.

$$(UA)_{\text{total}} = (9.8)(0.03516) + (11)(0.01916) = 0.5553\ \text{W/K}$$

이 값을 BiFo그룹에 사용하면

$$2.2 = \frac{(0.5553/0.0000615)\tau}{(2700)(896)}$$

이 되고 시간 $\tau = 589$ s을 얻는다.

예제 12-1에서 한 것 같이 대류 및 복사계수의 변화를 고려하여 수치해석을 수행하면 $\tau = 660$ s을 얻는다.

■ **예제 12-1 및 12-2에 대한 보충설명**

1. 두 개의 예제에서, 평균온도에서 얻은 결과는 더 자세한 과정, 즉 냉각과정 동안 온도의 변화를 고려해서 구한 결과와 매우 잘 일치한다. 컴퓨터기법을 활용 하여 계산을 실행한다면 과정은 쉬워진다. 그러나 더 많은 시간이 소요될 것이다. 그러므로 복잡한 문제를 다룸에 있어 단순화된 보편적 기술을 적용하는데 독자들은 용기를 가질 필요가 있다.

2. 자연대류유동형태는 복사과정과 복합될 때 복잡하고 난해하다. 그러나 총열전달 계수 개념으로 둘(자연대류와 복사)을 결합하면 더 빨리 해를 구할 수 있다. 이러한 문제 해결에 있어 정교한 컴퓨터시뮬레이션기술을 도입하는 것은 적절한 방안이 된다는 점에 한 번 더 주목하기 바란다.

3. 마지막으로 한 가지 더 주의할 점은, 집중열용량계모델은 경계에서 외부열저항이 상대적으로 크고 내부열저항은 작을 때 사용하는 데 장점이 있다. 즉 이런 경우 임의의 시간에서 고체는 모든 위치에서 기본적으로 균일한 온도를 갖는다는 사실이다.

4. 집중열용량계의 과도응답 및 자연대류 경계층두께에 대한 도표들은 해를 구하는 과정에 사용하면 편리하다.

예제 12-3 이상기체 대류 시 물성치 계산을 위한 온도

대류열전달계수를 계산하는데 있어서 중요한 계획 중 한 가지는 유체의 물성치계산시 사용할 적절한 온도를 선택하는 일이다. 일반적으로 외부유동장에 대해서는 막온도를 선택하고 관내유동 등 내부유동장에 대해서는 평균체적온도를 선택한다. 유체의 물성치가 온도에 더 크게 의존하면 할수록 물성치계산을 위한 온도선택은 그만큼 더 중요하다. 이상기체의 대류의 경우 물성치 계산을 위한 온도선택은 액체의 대류만큼 중요하게 여기지 않는다는 사실이 밝혀져 있다.

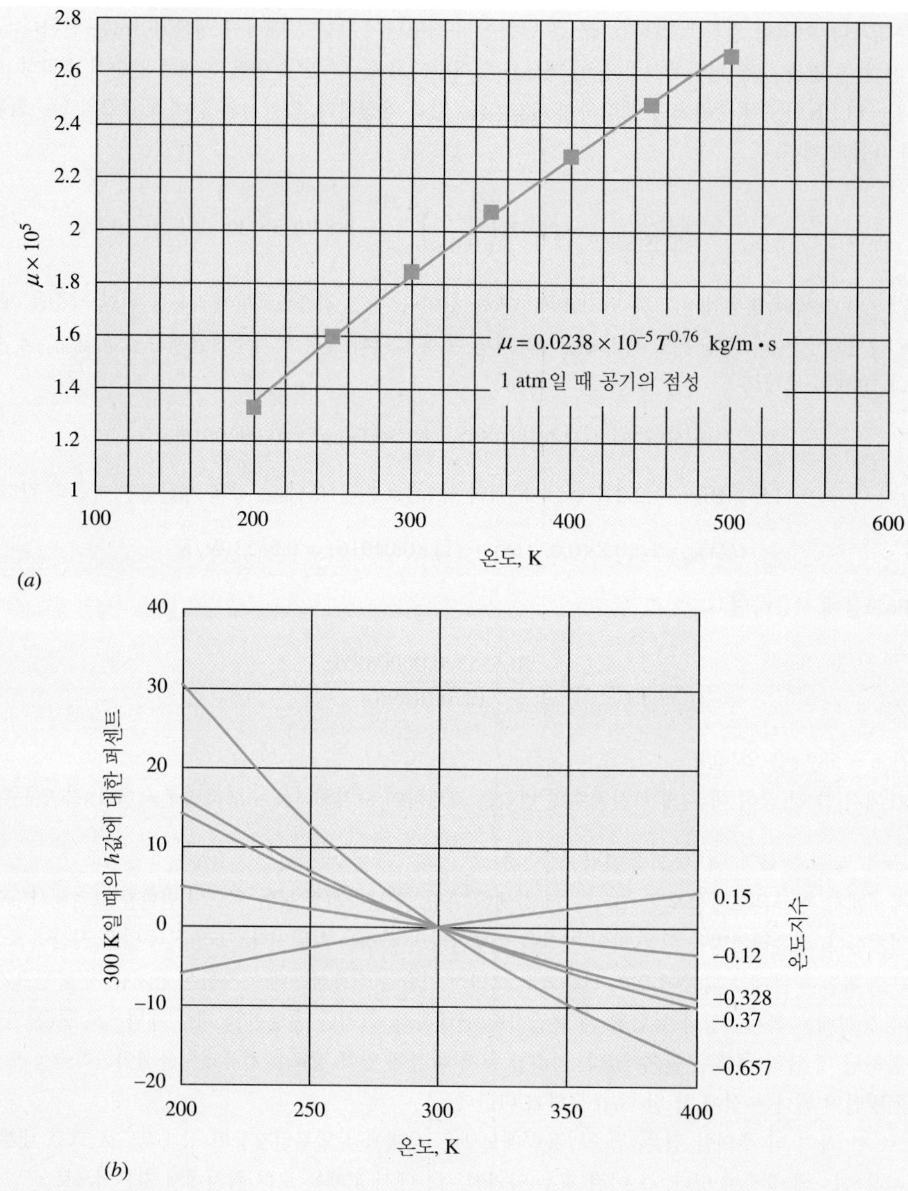

[그림 예제 12.3]

■ 풀이

첫째, 이상기체는 상태방정식 $p = \rho RT$을 따른다는 점을 기억하자. 공기와 같은 가스는 몇 기압 이내의 압력범위에서는 열전도계수 k, 점성계수 μ, 및 비열 c_p 등은 기본적으로 압력에 무관하다. 더 나아가 Pr 수 $\text{Pr} = c_p\mu/k$는 온도에 따라 크게 변하지 않고 대략 일정한 값인 0.7을 갖는다. 이것은 μ는 k에 따라 직접적으로 변한다는 것을 의미한다.

표 A.5에서 보인 것과 같이, 만일 점도를 공기의 절대온도의 함수로 도시하면 그림예제 12-3(*a*)와 같은 그래프를 얻는다. 적절히 커브피팅을 실행해 보면는 절대온도 0.76승($T^{0.76}$)에 따라 변화하고 있음을 알 수 있다. 이 결과는 k도 역시 대략적으로 절대온도 0.76승에 따라 변화한다는 것을 의미한다. 이상기체는 일정압력일 때 다음과 같은 관계를 갖는다.

$$\rho \approx \frac{1}{T}$$

$$\beta = \frac{1}{T} \text{ (엄밀히, 이상기체일 때)}$$

$$\mu \approx T^{0.76}$$

$$k \approx T^{0.76}$$

대류에 대해 여러 가지 다른 상관관계식을 살펴보면 다음을 알 수 있다.

층류자연대류:

$$h \approx k \times f(\text{body dimensions}, \Delta T) \times \left[\left(\frac{\rho^2 \beta}{\mu^2}\right) \text{Pr}\right]^{1/4}$$

평판 위 층류강제대류:

$$h \approx k \times f(\text{body dimensions, free-stream velocity}) \times \left(\frac{\rho}{\mu}\right)^{1/2} \text{Pr}^{1/3}$$

매끈한 관내 난류강제대류:

$$h \approx k \times f(\text{mass flow, tube diameter}) \times \left(\frac{1}{\mu}\right)^{0.8} \text{Pr}^{0.4}$$

관외 직교류 강제대류($4,000 < Re < 40,000$):

$$h \approx k \times f(\text{body dimension, free-stream velocity}) \times \left(\frac{\rho}{\mu}\right)^{0.618} \text{Pr}^{1/3}$$

관외 직교류 강제대류($40,000 < Re < 400,000$):

$$h \approx k \times f(\text{body dimensions, free-stream velocity}) \times \left(\frac{\rho}{\mu}\right)^{0.805} \text{Pr}^{1/3}$$

Pr 수는 일정하다고 가정하고 ρ, β, μ 및 k의 온도관련 비례식을 이들 관계식에 대입하면 아래와 같은 결과를 얻는다.

$h \approx T^{-0.37}$	층류자연대류
$\approx T^{-0.12}$	평판 위 층류강제대류
$\approx T^{0.15}$	매끈한 관내 난류강제대류
$\approx T^{-0.328}$	관외 직교류 강제대류($4,000 < Re < 40,000$)
$\approx T^{-0.657}$	관외 직교류 강제대류($40,000 < Re < 400,000$)

200~400 K 온도영역에서 위의 5가지의 경우 온도에 따른 대류열전달계수의 관계를 그림 예제 12-3(*b*)에 그래프로 나타내었다. 어떤 경우는 온도에 따른 변화가 큰 반면 다른 경우는 놀랍게도 온도에 따른 변화가 작았다. 300 K를 기준으로 ±25 K의 온도변화가 있을 때 5가지의 모든 경우 h 값의 변화는 작았다. 이 예제의 결과는 다음과 같이 요약된다. 즉 이상기체에 대한 대류열전달 예비설계연구에서 물성치계산에 사용되는 온도선택에 대해 지나치게 유의할 필요는 없다는 것이다. 한편 실내온도는 보통 300 K 근처에서 작동되므로 300 K일 때 얻은 물성값들은 적절하다고 판단된다. 그러나 이상과 같은 해석 및 계산결과는 액체 대류문제에는 적용하지 않기를 바란다.

예제 12-4 단열 창에 대한 설계해석

하나의 단열 유리창은 2장의 창유리로 구성된다. 창유리의 두께는 각각 3 mm이고 대기압의 공기층에 의해 분리되어 있다. 설계조건으로 외기온도는 −20°C (253 K), 유리창 실내는 25°C (298 K), 유리창 실내 및 실외 대류열전달계수는 둘 다 5 W/m^2 · °C로 가정한다. 외부의 유효복사온도는 −20°C로 가정한다. 두 창유리 사이의 공기층의 두께를 결정하고 이 유리창을 통한 열손실[W/m^2]을 계산하여라.

■ 풀이

이 문제는 5개의 직렬 열저항을 갖는 문제이다. 즉, 실내 및 실외 대류저항, 공기층의 저항, 2개의 유리의 전도저항이다. 또한 외부 유리의 바깥은 복사저항이 있으므로 이곳은 대류저항과 복사저항이 병렬을 이룬다. 단위면적당 R값은 각각 다음과 같다.

$$R_{\text{glass}} = \frac{\text{두께}}{k}$$

$$R_{\text{conv}} = \frac{1}{h_{\text{conv}}}$$

$$R_{\text{rad}} = \frac{1}{h_{\text{rad}}}$$

$$R_{\text{air gap}} = \frac{\text{두께}}{k_{\text{eff}}}$$

그림 12-16을 살펴보면, 유리창 사이의 공기틈새의 두께(δ)가 2 cm 이상인 영역에서 R값은 대략 0.4를 보이며, 두께가 증가해도 저항 R은 별로 증가하지 않는다. 따라서 공기층의 최적 두께는 2 cm로 결정한다. 표 A.3으로부터 $k_{\text{glass}} = 0.78$ W/m이므로

$$R_{\text{glass}} = \frac{0.003}{0.78} = 0.0038$$

$$R_{\text{conv}} = \frac{1}{5} = 0.2$$

$$R_{\text{air gap}} = 0.4$$

이 되고 이제 R_{rad}를 결정해보자.

우선 여기서 복사효과를 무시한다면 총 R값은 다음과 같다.

$$R_{\text{total}} = (2)(0.0038) + (2)(0.2) + 0.4 = 0.808$$

총괄온도차는 25 − (−20) = 45°C이고 외측 유리온도는 아래와 같다.

$$T = 25 - \left(\frac{0.608}{0.808}\right)(45) = -8.9°\text{C} = 261\ \text{K}$$

표 A-10으로부터 $\epsilon_{\text{glass}} \approx 0.9$이므로 복사손실은

$$\frac{q}{A} = \sigma\epsilon(261^4 - 253^4) = 27.7\ \text{W/m}^2$$

복사계수는 대략 $h_{\text{rad}} = 27.7/(261 - 253) = 3.46$이다. 따라서 외부 면에서 복사와 대류저항이 병렬이므로 외부면의 저항은

$$R_{\text{outside}} = \frac{1}{5+3.46} = 0.118$$

이 되고 이 단열 유리창시스템의 총 열저항은 약 0.726이다.

단열유리창으로부터의 총괄열손실은

$$\frac{q}{A} = \frac{25-(-20)}{0.726} = 61.98 \text{ W/m}^2$$

실내복사온도는 실내대류온도(25°C)와 같다고 가정하면, 실내에서 복사에 의한 열획득도 비슷한 방법에 의해 구할 수 있다. 대류만을 고려하면 내측 유리온도는

$$T = 25 - (0.2)(0.726)(45) = 12.6°\text{C} = 286 \text{ K}$$

따라서 실내로부터의 복사열획득은 대략

$$\frac{q}{A} = \sigma\epsilon(298^4 - 286^4) = 61 \text{ W/m}^2$$

이고 복사열전달계수 h_{rad}는 대략 $61/(298-286) = 5 \text{ W/m}^2 \cdot °\text{C}$가 된다. 이 값을 내부대류열전달계수와 조합하면 총괄열전달계수는 $10 \text{ W/m}^2 \cdot °\text{C}$이고 총괄표면저항은 0.1이다. 총괄열전달은 다음과 같다.

$$\frac{q}{A} = \frac{25-(-20)}{0.626} = 71.89 \text{ W/m}^2$$

만일 실내 또는 실외 면에서 복사를 고려하지 않는다면

$$\frac{q}{A} = \frac{25-(-20)}{0.808} = 55.7 \text{ W/m}^2$$

더 정밀한 해석을 고려한다면 공기층을 통한 온도차와 k_{eff}를 더 정확히 결정할 수 있을 것이다. 그러나 기억해야할 점은, 공기층의 두께를 선택하는 일인데 위에서 선택한 2 cm 두께는 근사적으로 틈새의 R계수를 최대화할 수 있어 설계목적에 적절하다고 볼 수 있다. 자연대류열전달계수에 대해서는 더 정밀한 계산을 할 필요가 없다고 보는데, 왜냐하면 실제 적용에서 아주 작은 공기의 유동이 있어도 h_{conv} 값에 상당히 영향을 주기 때문이다.

복사효과를 빨리 가늠해 보는 방법은 그림 12-21를 참고하여 h_{rad}을 구하는 일이다. 이 예제에 주어진 온도에 대해 $h_{\text{rad}} \approx 5\sim6$임을 알 수 있는데, 하한 값이 5일 때는 총저항(R_{total})이 0.608이고 상한 값이 6일 때는 총 저항이 0.586이다. 그에 따른 열유속은 각각 64 및 76.8 W/m^2을 얻으며, 이들 값은 이미 앞에서 계산된 결과와 비교하여 10%이내의 오차를 보인다. 이 정도의 값은 다른 계산들의 불확실성 정도와 비교하여도 전혀 벗어나지 않는 수치이다. 두 유리면 사이의 복사효과를 고려한 경우에 대해서는 독자들이 스스로 연습해보도록 남겨둔다.

예제 12-5 이중관 열교환기

설계계산에서 적합한 면적선택의 중요성을 알아보기 위해서 10장의 그림 10-3(e)와 (f)의 사진과 같은 조그마한 이중관열교환기를 생각하자. 이중관의 단면을 보여주는 그림이 그림 예제 12-5와 같고 상세한 크기는 아래와 같다.

$$d_{1i} = 3.0 \text{ mm}$$

$$d_{1o} = 3.2 \text{ mm}$$
$$d_2 = 6.0 \text{ mm}$$

지면에 수직인 방향으로 관의 길이 $L = 1.5$ m이다.

내부 관속으로 고온의 물(38°C)이 흐르고, 환형공간으로는 차가운 에틸렌글리콜(20°C)이 흐른다. 물과 에틸렌글리콜의 평균속도는 각각 2.3 m/s 및 2.5 m/s이다. 이 열교환기의 총괄열전달계수를 계산하여라. 관의 재질은 스테인리스스틸($k = 16$ W/m · °C)이라고 가정한다.

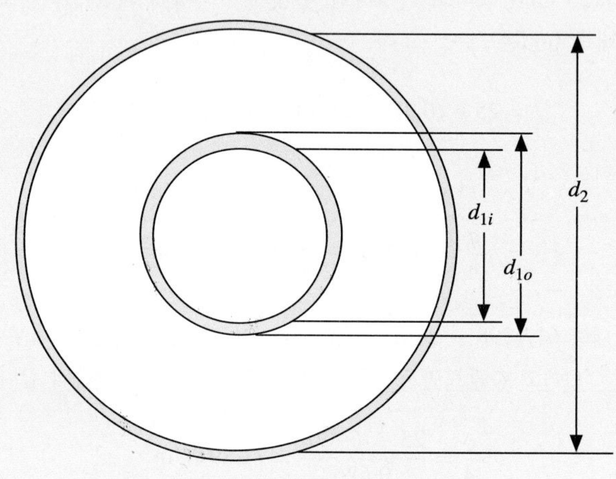

[그림 예제 12.5]

■ 풀이

계산에 필요한 면적은 여러 가지가 있다.

$$\text{물의 유동면적} = \frac{\pi d_{1i}^2}{4} = \frac{\pi(0.003)^2}{4} = 7.07 \times 10^{-6}\,\text{m}^2$$

$$\text{글리콜의 유동면적} = \pi \frac{\left(d_2^2 - d_{1o}^2\right)}{4} = 2.023 \times 10^{-5}\,\text{m}^2$$

$$\text{물의 열전달 표면적} = \pi d_{1i} L = 0.01414\,\text{m}^2$$

$$\text{글리콜의 열전달 표면적} = \pi d_{1o} L = 0.01508\,\text{m}^2$$

내측 관의 외부면적만이 글리콜로 열을 전달한다는 점에 유의한다. 그러나 총괄환형공간의 크기는 수력지름에 영향을 미치며, Re 수를 계산하는데 사용되어 결과적으로 글리콜의 열전달계수에도 영향을 미친다.

환형공간을 흐르는 글리콜의 수력지름은 식 (6-14)를 사용하여 다음과 같다.

$$D_H = \frac{4A_c}{P} = d_2 - d_{1o} = 0.0028\,\text{m}$$

유체의 물성치는 부록 A로부터 구한다.

38°C 물에 대해서는

$$c_p = 4174\ \text{J/kg}\cdot{}^\circ\text{C}$$
$$\rho = 993\ \text{kg/m}^3$$
$$\mu = 6.82\times10^{-4}\ \text{kg/m}\cdot\text{s}$$
$$k = 0.63\ \text{W/m}\cdot{}^\circ\text{C}$$
$$\text{Pr} = 4.53$$

20°C 글리콜에 대해서는

$$c_p = 2382\ \text{J/kg}\cdot{}^\circ\text{C}$$
$$\rho = 1117\ \text{kg/m}^3$$
$$\mu = 0.0214\ \text{kg/m}\cdot\text{s}$$
$$k = 0.249\ \text{W/m}\cdot{}^\circ\text{C}$$
$$\text{Pr} = 204$$

Re 수는 아래와 같이 계산된다.

$$\text{물}\quad \text{Re} = \frac{\rho d_{1i} u}{\mu} = \frac{(993)(0.003)(2.3)}{6.82\times10^{-4}} = 10{,}046$$
$$\text{글리콜}\quad \text{Re} = \frac{\rho D_H u}{\mu} = \frac{(1117)(0.0028)(2.5)}{0.0214} = 365$$

여기서 볼 때 물은 난류유동이고 글리콜은 층류유동이다. 유입온도에 대해서는 더 이상의 정보가 없으므로 그림 12-4 및 12-5를 사용하여 대류열전달계수를 계산한다. 그림 12.4에서 Re = 10,000일 때

$$\frac{\text{Nu}}{\text{Pr}^{0.4}} = 36$$

따라서

$$h_i = \frac{(36)(4.53)^{0.4}(0.63)}{0.003} = 13{,}800\ \text{W/m}^2\cdot{}^\circ\text{C}$$

글리콜의 층류유동에 대해 Gz 수를 계산하면

$$\text{Gz} = \text{RePr}\left(\frac{d}{L}\right) = (365)(204)\left(\frac{0.0028}{1.5}\right) = 139$$

또 그림 12-5로부터 Nu 값을 읽으면

$$\text{Nu} = 9.5$$

대류열전달계수를 계산하면 아래와 같다.

$$h_o = \frac{(9.5)(0.249)}{0.0028} = 845\ \text{W/m}^2\cdot{}^\circ\text{C}$$

각각의 열저항을 계산하면 다음과 같다.

$$\text{물 측 대류저항} = \frac{1}{h_i A_i} = \frac{1}{(13{,}800)(0.01414)} = 0.0051$$

$$\text{글리콜 측 대류저항} = \frac{1}{h_o A_o} = \frac{1}{(845)(0.01508)} = 0.078$$

$$\text{전도 저항} = \frac{\ln(d_{1o}/d_{1i})}{2\pi kL} = \frac{\ln(3.2/3.0)}{2\pi(16)(1.5)} = 0.00043$$

UA값을 구하면

$$UA = \frac{1}{(0.0051 + 0.078 + 0.00043)} = 11.9\ \text{W/°C}$$

여기서 U값은 2가지가 가능하며, 내면(물 측)을 기준할 경우

$$U_i = 845\ \text{W/m}^2 \cdot \text{°C}$$

외면(글리콜 측)을 기준할 경우

$$U_o = 767\ \text{W/m}^2 \cdot \text{°C}$$

글리콜 측 대류열전달계수는 분명히 제어 가능한 계수이며, 전도저항은 그림에서 보여주는 정확성의 범위 내에서 보아 생략 가능한 값이다.

예제 12-6 사막 기후에서 냉동 창고

냉동 운송용 컨테이너 제작자가 기차로 냉동식품을 운반할 제작품을 개발하였다. 이것은 길이가 10 m이고 높이가 3 m이며 철도차량에 적합하도록 폭을 충분히 좁게 하였다. 외부조건이 40°C의 정지된 공기일 때 내부는 −10°C를 유지하도록 설계하였다. 이 컨테이너는 설계조건을 잘 만족한다고 한 평판 있는 시험연구실이 보증하였다. 컨테이너의 벽은 10 cm 두께의 우레탄 폼 단열재($k \approx 0.02$ W/mK)로 만들어졌다. 여러 개의 컨테이너 주문을 실행하기에 앞서, 한 철도공사 집행부원이 제작사 판매대표에게 아래와 같이 문제를 제기하였다. "당신의 시험연구실은 공기가 정지되어 있을 때 성능을 보증하였다, 그러나 기차가 60 mi/h(27 m/s)의 속도로 달리는 경우 성능은 어떻게 되겠는가? 뜨거운 공기 속을 고속으로 주행하는 경우 증가될 열부하를 견딜 수 있을까요?"

■ 풀이

대부분의 제작사 판매대표들은 집행부원의 질문에 대답을 할 수가 없을 것이며, 본사에 있는 적절한 엔지니어링 그룹에 즉시 도움을 요청할 것이다. 본사의 열전달전문가는 아마도 그 질문에 곧바로 답을 줄 수는 있지만, 큰 주문에 관한 문제이기 때문에 계산을 통해 답을 주는 것이 보다 더 신중한 자세일 것이다.

컨테이너 벽에는 3개의 열저항이 있다: (1) 내부 대류열저항, (2) 우레탄폼을 통한 전도열저항, (3) 컨테이너 외부 대류열저항. (여기서 컨테이너 벽의 내면 및 외면에 부착된 금속 외피의 열저항은 무시한다. 폼 단열재에 비해 무시될 수 있기 때문이다.) 폼의 열저항은 단위면적에 대해

$$R_{\text{foam}} = \frac{\Delta x}{k} = \frac{0.1}{0.02} = 5$$

컨테이너 내부 대류열전달계수가 얼마이든지간에, 철도차량이 움직이든 또는 정지하고 있든, 그 대류열전달계수는

변하지 않는다고 가정한다. 60 mi/h로 운동 중일 때 컨테이너 바깥 면에 대한 유동은 10 m 길이의 평판 유동으로 근사할 수 있으며, 정지하고 있을 때는 3 m 높이의 수직평판의 자연대류 유동으로 볼 수 있다. 따라서 문제의 초점은 이들 2가지에 대한 대류열전달계수의 값을 비교해 보는 것이다. 첫째, 정지된 자연대류상황을 생각해 보자. 3 m 높이의 수직평판에 대한 Gr_x 수는 확실히 10^9보다 크다(그림 12-11을 참조). 그러므로 표 7-2의 단순화된 관계식을 사용하여 h값을 계산한다. 온도차 $\Delta T \approx 10°C$로 가정하면 다음의 결과를 얻는다.

$$h = 1.31(\Delta T)^{1/3} = (1.31)(10)^{1/3} = 2.8\ \mathrm{W/m^2 \cdot °C}$$

다음은 강제대류상황을 살펴보자. 공기의 물성치는 300 K (정당함을 위해 예제 12-3의 토의를 참조하기 바람)일 때를 선택하면

$$k = 0.026\ \mathrm{W/m \cdot K}$$
$$v = 15.69 \times 10^{-6}\ \mathrm{m^2/s}$$
$$\mathrm{Pr} = 0.697$$

27 m/s이고 10 m 길이의 수평평판에 대한 Re 수는 아래와 같다.

$$\mathrm{Re}_L = \frac{u_\infty L}{v} = \frac{(27)(10)}{15.69 \times 10^{-6}} = 1.7 \times 10^7$$

그림 12-3을 참조하면,

$$\frac{\mathrm{Nu}_L}{\mathrm{Pr}^{1/3}} \approx 20{,}000$$

을 얻고 평균대류열전달계수는 아래와 같이 계산된다.

$$h = \frac{(0.697)^{1/3}(20{,}000)(0.026)}{10} = 46.1\ \mathrm{W/m^2 \cdot K}$$

단위면적당 각각의 열저항은

$$R_{\text{free conv}} = \frac{1}{2.8} = 0.36$$
$$R_{\text{forced conv}} = \frac{1}{46.1} = 0.022$$

내부 대류저항을 무시하면 최종적으로 다음과 같이 된다.

$$R_{\text{total, free conv}} = 5.36$$
$$R_{\text{total, forced conv}} = 5.02$$

두 값은 단지 6%의 차이밖에 나지 않으며, 철도차량이 주행 중이거나 혹은 정차 중일 때 차이는 거의 나지 않는다. 열전달을 차단해 주는 주요 장애물은 폼 단열재이며, 그 열저항이 대류저항을 압도하고 있다. 열전달 전문가는 처음부터 이 사실을 알았을 것이다. 단열재를 최우선으로 설치한 이유는 컨테이너 내부를 고온의 외부환경으로부터 차단하고자 한 것이다.

예제 12-7 따뜻한 방 안의 냉풍

한 여성이 손자들을 데리고 버몬트주의 시골에 거주하고 있는 한 가정을 방문하였다. 이 집은 배가 불룩하게 나온 모양을 한 우드스토브를 사용하여 주로 복사 난방을 하고 있었다. 스토브가 작동되자 방안은 쾌적할 만큼 따뜻해졌다. 여성이 좋아하는 의자는 외부창문 근처에 위치하고 있었으며, 그 창문의 크기는 대략 높이 1 m이고 폭이 2 m 이다. 다른 사람들은 실내 온도에 대해 만족하고 있었음에도 불구하고 여성은 냉풍에 대해 불평하였다. 여성은 냉풍이 낡은 창문으로부터 들어오는 외부침입공기 때문이라고 생각하였다. 최근에 이 시골집을 다시 방문하였을 때 그녀의 손자가 낡은 창문 틈새에 코크(caulk)를 발라 침입공기를 차단하였다. 그 날 밤 여성이 창문 가까이에 앉았을 때 다시 냉풍 문제로 불평을 하였다. 손자는 최근 대학교에서 열전달 과정을 수강한 적이 있었다. 그는 이 냉풍 현상에 대해 다음과 같이 해석을 전개하였다.

■ 풀이

외부 날씨가 추울 때 유리창 내부에는 자연대류 경계층이 형성되고, 공기는 유리창 면을 따라 하강한다. 식 (7-20*c*)에 따라 찬 공기의 질량유량을 다음과 같이 계산할 수 있다.

$$\dot{m} = \left(\frac{9}{16}\right)\rho u_{\max}\delta \qquad \textbf{(a)}$$

위의 식은 유리창의 단위 폭 당의 값이다. 유리창의 높이가 1 m (1000 mm)이고 $\Delta T = 20°\mathrm{C}$일 때 그림 12-11(*a*)를 사용하면 Gr 수 Gr_x는 확실히 층류인 10^9을 초과한다. 경계층두께로 그림 12-11(*a*)의 상한 값을 취하면 대략적으로

$$\delta \approx 30 \text{ mm}$$

이다. 마찬가지로 그림 12-13(*a*)를 사용하여 창문에 생기는 자연대류 유동의 최대속도를 얻을 수 있으며, 그 값은 대략

$$u_{\max} \approx 400 \text{ mm/s}$$

이다. 이들 값을 식 (*a*)에 대입하고 폭 2 m의 창문에 대해 하강 냉기류의 질량 유량을 계산하면 아래와 같다.

$$\dot{m} = \left(\frac{9}{16}\right)(1.2)(0.4)(0.03)(2) = 0.016\,\text{kg/s} \qquad \textbf{(b)}$$

여기서 공기의 밀도는 $\rho \approx 1.2\,\text{kg/m}^3$로 하였다. 이 유량은 커 보이지 않지만 HVAC(heating, ventilating, and air-conditioning)에서 사용되는 유량으로 환산해 보면 29 CFM(cubic feet per minute)에 해당되어, 여성이 냉기를 느끼기에 충분한 값이다.

예제 12-8 진공 단열에 대한 설계

그림 12-18은 진공상태일 때보다는 공기가 차있는 공간에서 열전도는 감소한다는 것을 보여준다. 이는 예제 7-12에서 이미 살펴본 바가 있으며, 또한 거기에서 복사는 전체 열전달에서 중요한 부분을 차지하고 있음을 알 수 있었다. 특별히 단열재를 진공부위에 직렬구조로 설치한다고 생각하고, 그림 12-18에 나타나 있는 것처럼 단면의 내측 면을 저방사율 코팅처리 함으로서 복사열전달을 줄일 수 있다. 장치제작의 한계가 있어 최소압력은 보통 0.00001 기압을 유지하는 것이 경제적이다. 여기서 표면방사율 및 단열재의 두께가 단열복합벽의 유효열전도계수에 미치는 효과에 대해 조사해 보고자한다. 다만 여기서 구조적 결합이나 기계적인 문제는 무시하기로 한다.

■ 풀이

예제 7-12를 재검토하고 관련 자료를 참조하면, 진공층을 통한 저밀도 열전도는 온도에 다소 의존적인데, 이는 기체 분자의 평균자유경로가 온도에 의존하기 때문이다. 그러나 예비설계해석을 위해서 이와 같은 온도의존성을 무시하고 주어진 단면두께에 대해 열저항이 항상 일정(부과되는 온도구배에 관계없이)하다고 가정한다. 이 저항은 R-값이며, $\Delta T/(q/A)$이다. 압력이 0.00001 기압이고 그림 12-18과 같이 3가지 두께일 때 열저항은 다음과 같은 값을 갖는다.

Δx, m	R-값, °C · m^2/W	$(q/A)_{conduction}$, W/m^2
0.005	1.23	16
0.01	1.42	14
0.02	1.82	11

만일 여러 개의 공기틈새를 조합시키는 경우 총괄열전도저항은 앞의 숫자에 단지 조합된 단면의 수만 곱하면 된다.

동일한 방사율을 갖는 2개의 큰 면 사이의 복사열전달은 그림 8-30에 주어져 있으며 다음과 같다.

$$\left(\frac{q}{A}\right)_{radiation} = \frac{E_{b1} - E_{b2}}{(2/\epsilon - 1)} \tag{a}$$

단면이 n개 조합된 경우 식 (a)의 분모는

$$n(2/\epsilon - 1)$$

이 되며 결과적으로 총 복사는 조합된 단면의 수의 선형함수이다. 따라서 총 열전달은 조합된 단면의 수에 단지 반비례한다. 또한 이는 조립된 시스템의 유효열전도계수는 조합된 단면의 수에 무관하다는 것을 의미하며, 다음과 같이 계산된다.

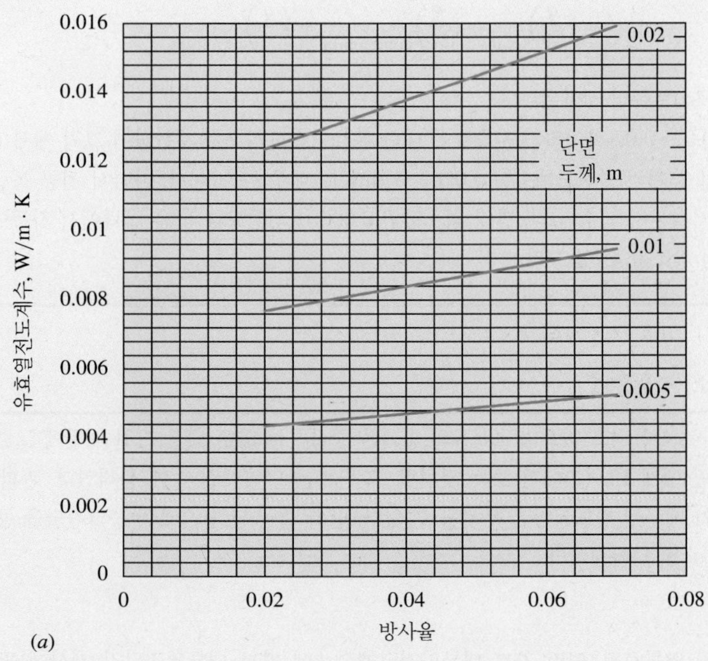

[그림 예제 12.8]

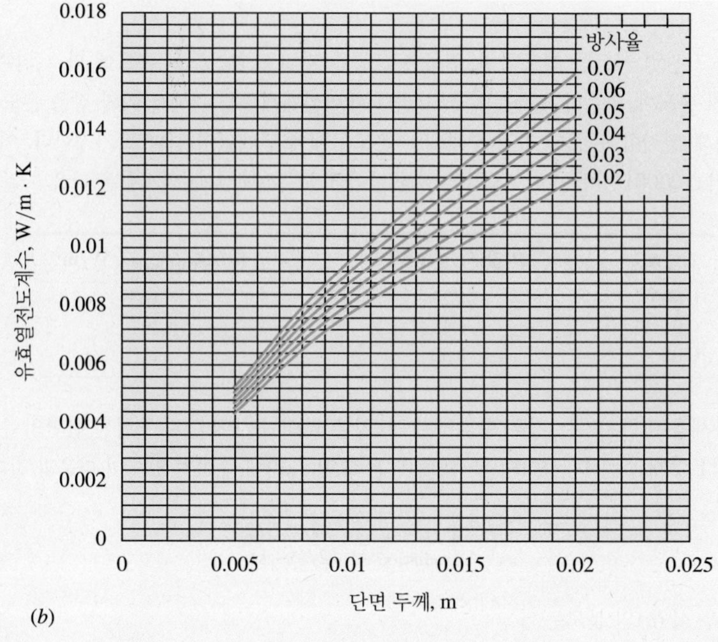

[그림 예제 12.8] (계속)

$$k_{\text{effective}} = \left(\frac{q}{A}\right)_{\text{total}} \frac{\Delta x}{\Delta T} \tag{b}$$

여기서

$$\left(\frac{q}{A}\right)_{\text{total}} = \left(\frac{q}{A}\right)_{\text{conduction}} + \left(\frac{q}{A}\right)_{\text{radiation}}$$

이고 $\left(\frac{q}{A}\right)_{\text{radiation}}$ 는 식 (*a*)로부터 계산된다.

3가지 단면두께 및 0.02~0.07 사이의 방사율값에 대한 유효열전도계수를 계산하여 그림 예제 12.8에 나타내었다. 이와 비교해보면 대기압 공기의 열전도계수는 0.0262 W/mK로 매우 큰 값이다. 따라서 진공 복합단열벽은 매우 효과적인 능력을 보인다고 결론지을 수 있다. 만일 최소값인 0.00001 기압보다 낮은 압력에서 작동이 가능하다면 유효열전도계수는 당연히 더 감소될 수 있을 것이다.

예제 12-9 복사 가열기

한 복사열원이 800 K에서 작동되고 있으며 300 K의 공기를 공급하는 얇은 벽을 가진 배관에 노출되어 있다. 배관은 지름이 25 mm이고 그림 예제 12.9(*a*)에서 보는 것처럼 그 반쪽은 단열재질 속에 묻혀있다. 관의 방사율은 0.7이고 관의 두께는 충분히 얇기 때문에 전도저항은 무시될 수 있다. 단위 길이 당 관으로의 총열전달을 공기와 관 내부 사이의 대류열전달계수의 함수로 나타내어라.

■ 풀이

이 문제는 매개변수적인 연구로서, 여러 가지 대류열전달계수 h에 따른 대류열전달값 계산에 필요하다. 그림 예제 12.9(*a*)의 기호를 사용하면 다음과 같은 수치를 얻는다.

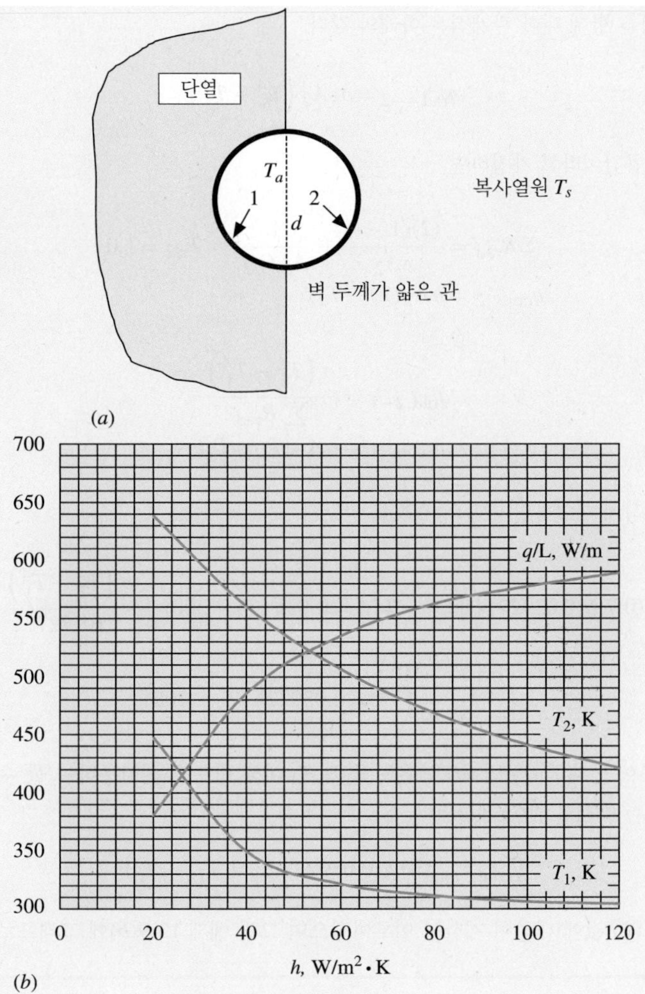

[그림 예제 12.9]

$$\epsilon = 0.7$$
$$d = 25\,\text{mm} = 0.025\,\text{m}$$
$$A_1 = A_2 = \frac{\pi d}{2} = 0.03927\,\text{m}^2/\text{m length}$$
$$T_s = 800\,\text{K}$$
$$T_a = 300\,\text{K}$$
$$A_d = d = 0.025$$

관 외부 면에서 에너지 균형은 다음과 같고

$$q_{\text{rad},s-2} = q_{\text{rad},2-1} + q_{\text{conv},2} \qquad \textbf{(a)}$$

단열재 속으로 전도열전달이 없다면 표면1에서 에너지균형은 아래와 같다.

$$q_{\text{rad},2-1} = q_{\text{conv},1} \qquad \textbf{(b)}$$

식 (a) 및 (b)에서 서로 다른 항에 대한 관계식은 아래와 같다.

$$q_{\text{rad,s}-2} = \sigma\epsilon A_2\left(T_s^4 - T_2^4\right)$$

복사열원은 매우 큰 밀폐공간이라고 가정하면

$$\Sigma R_{\text{rad}} = \frac{(2)(1-\epsilon)}{\epsilon A_2} + \frac{1}{A_d F_{d2}}; \quad F_{d2} = 1.0$$
$$q_{\text{conv},2} = hA_2(T_2 - T_a)$$

$$q_{\text{rad},2-1} = \frac{\sigma\left(T_2^4 - T_1^4\right)}{\sum R_{\text{rad}}}$$
$$q_{\text{conv},1} = hA_1\left(T_1 - T_a\right)$$

적절한 수치를 앞의 관계식에 대입하면 다음의 결과를 얻는다.

$$(0.7)\sigma(0.03927)\left(800^4 - T_2^4\right) = 0.03h\left(T_2 - 300\right) + \frac{\sigma\left(T_2^4 - T_1^4\right)}{61.827} \qquad \textbf{(c)}$$

$$\frac{\sigma\left(T_2^4 - T_1^4\right)}{61.827} = 0.03927h\left(T_1 - 300\right) \qquad \textbf{(d)}$$

대류열전달계수 h값이 주어질 때 식(c) 및 (d)은 온도 T_1과 T_2 대해 반복법을 사용하여 풀 수 있고, 결과적으로 관내 공기로 전달되는 총 대류는 아래와 같이 계산된다.

$$q_{\text{conv, total}} = h(0.03927)\left(T_2 + T_1 - 2T_a\right) \qquad \textbf{(e)}$$

20~120 W/m^2 · K 사이의 h값에 대하여 계산이 이루어졌으며 그림 예제 12-9(b)에 그래프로 나타내었다.

예제 12-10 복사 가열기 냉각제

예제 12-9에서 공기가 관 속으로 평균속도 5.5 m/s로 흐른다. 관의 단위 길이 당 공기로 이동되는 열전달을 계산하여라.

■ 풀이

예제 12-9에서 관의 단이 길이 당 열유속을 대류열전달계수 h의 함수로 이미 구하였다. 300 K에서 유체의 물성치를 구하면 다음과 같다.

$$\rho = 1.178\,\text{kg/m}^3$$
$$k = 0.02624\,\text{W/m}\cdot{}^\circ\text{C}$$
$$v = 15.69 \times 10^{-6}\,\text{m}^2/\text{s}$$
$$\text{Pr} = 0.71$$

따라서 Re 수는

$$\text{Re}_d = \frac{(1.178)(5.5)(0.025)}{15.69 \times 10^{-6}} = 10{,}323$$

Re 수가 2300 보다 큼으로 유동은 난류이다. Dittus-Boelter 식 (6-4) 또는 그림 12.4를 이용하면

$$\frac{Nu}{\mathrm{Pr}^{0.4}} = 37.4$$

이고

$$h = \frac{(37.4)(0.02624)}{0.026}(0.71)^{0.4} = 32.9$$

그림 예제 12.9(b)를 참고하면 아래의 결과를 얻는다.

$$\frac{q}{L} \approx 470 \text{ W/m}$$

예제 12-11 물을 끓이는데 사용되는 복사 전열기

한 전열기가 복사가열요소(radiant heater element)를 이용하여 두께 6 mm인 스테인리스스틸 팬(pan)의 바닥으로 열을 공급하고 있다. 팬의 내부에는 1기압의 물이 끓고 있다. 요구되는 복사열유속을 복사요소의 온도의 함수로 구하여라. 단 함수요소의 방사율 $\epsilon = 0.9$, 스테인리스스틸의 방사율 및 열전도계수는 각각 $\epsilon = 0.6$ 및 $k = 16$ W/m · °C로 가정하여라.

■ 풀이

복사가열요소가 팬의 바닥과 충분히 가깝다고 가정하면 두 면은 평행한 무한평면으로 볼 수 있다. 이때 복사열유속은 그림 8.30의 관계식을 사용하면 다음과 같다.

$$\frac{q}{A} = \frac{\sigma\left(T_s^4 - T_{bp}^4\right)}{1/0.9 + 1/0.6 - 1} \qquad (a)$$

이 열유속은 팬의 바닥을 통한 전도열전달과 같다. 즉

$$\frac{q}{A} = \frac{k\left(T_{bp} - T_{ip}\right)}{\text{thickness}} \qquad (b)$$

여기서 T_{bp} 및 T_{ip}는 각각 팬의 바닥 및 내부면의 온도를 나타낸다.

열유속은 그림 12-25(a)의 비등곡선으로 주어지거나 또는 표 9.3의 함수관계식으로 주어진다. 여기서 그림은 표 9.3에 기초한 것이다.

$$\frac{q}{A} = f(T_{bi} - T_{\text{sat}}) \qquad (c)$$

여기서 1기압 물의 T_{sat}는 100°C (= 373 K)이다. 따라서 특정한 q/A값이 주어지면 식 (c)로부터 T_{ip}를, 식 (b)로부터 T_{bp}를, 식 (a)로부터 T_s를 차례로 구할 수 있다. 그림 12.11에 보여준 바와 같이 q/A값을 T_s의 함수로 도시할 수 있다. 여기서 비등상태를 유지하기 위해서라면 적절한 온도가 요구되지만 풀 핵비등 상태라면 훨씬 더 높은 온도가 필요하다는 사실에 유의하기 바란다.

예제 목록

연습문제

12-1 12장에 있는 도표에 기초하여 표 7-2의 단순 식을 적용하기 위한 대략적인 수직평판의 높이와 수평원통의 지름을 명시하여라.

12-2 이 장에 나오는 도표 몇 개를 선택하여라. 그리고 이 도표의 정보들을 12장 이전의 장의 문제해석에 이용해보고 이 도표들이 정확한가의 여부에 대해 스스로 만족도를 평가해보아라.

12-3 지름이 15 mm인 관에 대해 예제 12-9 및 12-10을 다시 풀어라.

12-4 높이가 50 mm, 폭 25 mm, 온도 310 K를 유지하고 있는 수직평판을 290 K의 물속에 잠기게 하였다. 제12장에 나오는 도표를 사용하여 이 수직평판으로부터의 자연대류열손실을 구하여라.

12-5 문제 12-4에서 유체로 물 대신 1기압의 공기가 사용되었다. 오차는 얼마가 생기겠는가?

12-6 300 mi/h의 공기속도를 갖는 커다란 풍동 속에 한 날개가 놓여있다. 자유흐름 상태에서 공기의 온도와 압력은 각각 290 K 및 1기압이다. 날개는 일정한 온도인 310 K로 가열된다. 12장에 나오는 도표를 사용하여 날개의 두면(윗면과 아랫면)으로부터 열손실을 계산하여라. 이때 날개는 앞의 정체점에서부터 끝에 이르는 주변길이와 같은 길이를 갖는 평판으로 가정하며, 주변길이는 5 m로 측정되었다.

12-7 12장의 도표를 사용하여 0.5~2.0 m 파장 사이에 있는 태양복사 스펙트럼의 비율을 계산하여라. 총괄태양스펙트럼은 5800 K인 흑체의 스펙트럼으로 가정한다.

12-8 수직 가열 면에 대해 예제 12-11을 다시 풀어라.

12-9 300 K의 공기가 매끈한 관 속을 Re 수 100 및 10,000로 흐를 때 대류열전달계수를 비교하여라. d와 L은 적절한 값을 선택하여라.

12-10 보통 사용되는 건축용 벽돌의 크기는 5 × 10 × 20 cm이다. 이 벽돌을 400 K의 일정온도로 가열한 후 갑자기 1기압 300 K의 공기에 노출시켰다. 이 벽 돌을 집중용량계로 취급할 수 있는가? 만일 그렇다면 중심온도가 350 K가 되는데 걸리는 시간을 구하여라.

12-11 350 K의 평판을 50 m/s, 300 K인 대기압 공기에 위치시켰을 때 강제대류에 의한 열손실을 계산하여라. 유동방향으로 평판의 길이는 1 m이며, 12장의 도표를 사용하여라.

12-12 지름 30 cm이고 350 K를 유지하고 있는 원통을 문제 12-11과 같은 유동 조건에 놓았다. 열손실을 계산하여라.

12-13 열전대 접점은 지름 2 mm인 구 모양이다. 이 접점을 문제 12-11과 같은 유동조건에 위치시켰을 때 이 시스템에 대한 열전달계수를 계산하라.

12-14 예제 12-3을 푸는데 있어 표 7.2에 나오는 한 개 또는 그 이상의 관계식을 사용하여 보아라. 그 결과에 대해 토의하여라.

12-15 지름 0.025 mm인 가느다란 선이 300 K의 대기압 공기에 수평으로 놓여 있다. 이 선에 전류를 흐르게 하여 표면온도가 350 K가 되었다. m-길이 당열손실을 구하여라.

12-16 문제 12-13의 열전대 접점이 350 K 온도를 유지하고 있다. 이 열전대를 정지하고 있는 1기압 300 K의 공기에 놓았을 때 열전대계수를 계산하여라.

12-17 높이가 70 mm이고 350 K인 평판을 300 K의 대기압 공기에 놓았다. 12장의 도표를 사용하여 대류열전달계수, 경계층 두께, 및 경계층 내 최대속도를 계산하여라.

12-18 300 K의 물에 대해 문제 12-17을 다시 풀어라.

12-19 두 개의 등온 수평 평판이 각각 310 및 290 K 온도를 유지하고 있다. 고온의 평판이 아래에 위치하고 있으며 두 평판간의 거리는 1 cm이다. 유체가 물일 때 12장의 도표를 사용하여 단위 면적당 평판간의 대류열전달을 계산하여라.

12-20 유체가 1기압의 공기일 때 문제 12-19를 다시 풀어라.

12-21 수직 공기틈새에 300 K, 1기압의 공기가 들어있다. 두 평판간의 거리는 10 cm이고 온도차는 20°C이다. 공기의 압력을 10^{-6} 기압으로 낮출 때 12장의 도표를 사용하여 열전달의 감소율(%)을 계산하여라.

12-22 12장의 도표를 사용하여 300 K일 때 파장이 20 μm이하인 흑체복사의 비율을 계산하여라.

12-23 지름이 2 cm이고 온도 475°C인 작은 구를 300 K를 유지하고 있는 정육면체(한 변의 길이 6 cm) 안에 넣었다. 구와 육면체의 방사율은 각각 0.5 및 0.7이다. 12장의 도표를 이용하여 구로부터 복사열손실을 구하여라.

12-24 온도가 200°C, 표면방사율이 0.7, 지름 10 cm인 뜨거운 수증기관이 1기압, 300 K의 방안에 수평으로 놓여 있다. m-길이 당 관으로부터 총 열손실을 계산하여라. 가정을 말하여라.

12-25 그림 12.23 및 12.25를 비등하는 1기압의 물에 적용하여 보아라. 또 그 결과에 대해 토의하라.

Appendix A

여러 가지 표

[표 A.1] 오차함수

$\frac{x}{2\sqrt{\alpha\tau}}$	$\text{erf}\frac{x}{2\sqrt{\alpha\tau}}$	$\frac{x}{2\sqrt{\alpha\tau}}$	$\text{erf}\frac{x}{2\sqrt{\alpha\tau}}$	$\frac{x}{2\sqrt{\alpha\tau}}$	$\text{erf}\frac{x}{2\sqrt{\alpha\tau}}$
0.00	0.00000	0.76	0.71754	1.52	0.96841
0.02	0.02256	0.78	0.73001	1.54	0.97059
0.04	0.04511	0.80	0.74210	1.56	0.97263
0.06	0.06762	0.82	0.75381	1.58	0.97455
0.08	0.09008	0.84	0.76514	1.60	0.97636
0.10	0.11246	0.86	0.77610	1.62	0.97804
0.12	0.13476	0.88	0.78669	1.64	0.97962
0.14	0.15695	0.90	0.79691	1.66	0.98110
0.16	0.17901	0.92	0.80677	1.68	0.98249
0.18	0.20094	0.94	0.81627	1.70	0.98379
0.20	0.22270	0.96	0.82542	1.72	0.98500
0.22	0.24430	0.98	0.83423	1.74	0.98613
0.24	0.26570	1.00	0.84270	1.76	0.98719
0.26	0.28690	1.02	0.85084	1.78	0.98817
0.28	0.30788	1.04	0.85865	1.80	0.98909
0.30	0.32863	1.06	0.86614	1.82	0.98994
0.32	0.34913	1.08	0.87333	1.84	0.99074
0.34	0.36936	1.10	0.88020	1.86	0.99147
0.36	0.38933	1.12	0.88079	1.88	0.99216
0.38	0.40901	1.14	0.89308	1.90	0.99279
0.40	0.42839	1.16	0.89910	1.92	0.99338
0.42	0.44749	1.18	0.90484	1.94	0.99392
0.44	0.46622	1.20	0.91031	1.96	0.99443
0.46	0.48466	1.22	0.91553	1.98	0.99489
0.48	0.50275	1.24	0.92050	2.00	0.995322
0.50	0.52050	1.26	0.92524	2.10	0.997020
0.52	0.53790	1.28	0.92973	2.20	0.998137
0.54	0.55494	1.30	0.93401	2.30	0.998857
0.56	0.57162	1.32	0.93806	2.40	0.999311
0.58	0.58792	1.34	0.94191	2.50	0.999593
0.60	0.60386	1.36	0.94556	2.60	0.999764
0.62	0.61941	1.38	0.94902	2.70	0.999866
0.64	0.63459	1.40	0.95228	2.80	0.999925
0.66	0.64938	1.42	0.95538	2.90	0.999959
0.68	0.66278	1.44	0.95830	3.00	0.999978
0.70	0.67780	1.46	0.96105	3.20	0.999994
0.72	0.69143	1.48	0.96365	3.40	0.999998
0.74	0.70468	1.50	0.96610	3.60	1.000000

[A 2] 금속의 성질†

Metal	Properties at 20°C				Thermal conductivity k, W/m · °C									
	ρ kg/m^3	c_p kJ/kg · °C	k W/m · °C	$\alpha \times 10^5$ m^2/s	−100°C −148°F	0°C 32°F	100°C 212°F	200°C 392°F	300°C 572°F	400°C 752°F	600°C 1112°F	800°C 1472°F	1000°C 1832°F	1200°C 2192°F
Aluminum:														
Pure	2,707	0.896	204	8.418	215	202	206	215	228	249				
Al-Cu (Duralumin), 94–96% Al, 3–5% Cu, trace Mg	2,787	0.883	164	6.676	126	159	182	194						
Al-Si (Silumin, copper-bearing), 86.5% Al, 1% Cu	2,659	0.867	137	5.933	119	137	144	152	161					
Al-Si (Alusil), 78–80% Al, 20–22% Si	2,627	0.854	161	7.172	144	157	168	175	178					
Al-Mg-Si, 97% Al, 1% Mg, 1% Si, 1% Mn	2,707	0.892	177	7.311		175	189	204						
Lead	11,373	0.130	35	2.343	36.9	35.1	33.4	31.5	29.8					
Iron:														
Pure	7,897	0.452	73	2.034	87	73	67	62	55	48	40	36	35	36
Wrought iron, 0.5% C	7,849	0.46	59	1.626		59	57	52	48	45	36	33	33	33
Steel (C max ≈ 1.5%):														
Carbon steel														
C ≈ 0.5%	7,833	0.465	54	1.474		55	52	48	45	42	35	31	29	31
1.0%	7,801	0.473	43	1.172		43	43	42	40	36	33	29	28	29
1.5%	7,753	0.486	36	0.970		36	36	36	35	33	31	28	28	29

[A 2] 금속의 성질† (계속)

Metal	Properties at 20°C				Thermal conductivity k, W/m · °C									
	ρ kg/m³	c_p kJ/kg · °C	k W/m · °C	$\alpha \times 10^5$ m²/s	−100°C −148°F	0°C 32°F	100°C 212°F	200°C 392°F	300°C 572°F	400°C 752°F	600°C 1112°F	800°C 1472°F	1000°C 1832°F	1200°C 2192°F
Nickel steel														
Ni ≈ 0%	7,897	0.452	73	2.026										
20%	7,933	0.46	19	0.526										
40%	8,169	0.46	10	0.279										
80%	8,618	0.46	35	0.872										
Invar 36% Ni	8,137	0.46	10.7	0.286										
Chrome steel														
Cr = 0%	7,897	0.452	73	2.026	87	73	67	62	55	48	40	36	35	36
1%	7,865	0.46	61	1.665		62	55	52	47	42	36	33	33	
5%	7,833	0.46	40	1.110		40	38	36	36	33	29	29	29	
20%	7,689	0.46	22	0.635		22	22	22	22	24	24	26	29	
Cr-Ni (chrome-nickel): 15% Cr, 10% Ni	7,865	0.46	19	0.527										
18% Cr, 8% Ni (V2A)	7,817	0.46	16.3	0.444		16.3	17	17	19	19	22	27	31	
20% Cr, 15% Ni	7,833	0.46	15.1	0.415										
25% Cr, 20% Ni	7,865	0.46	12.8	0.361										
Tungsten steel														
W = 0%	7,897	0.452	73	2.026										
1%	7,913	0.448	66	1.858										
5%	8,073	0.435	54	1.525										
10%	8,314	0.419	48	1.391										
Copper:														
Pure	8,954	0.3831	386	11.234	407	386	379	374	369	363	353			
Aluminum bronze 95% Cu, 5% Al	8,666	0.410	83	2.330										

[A 2] 금속의 성질[†] (계속)

Metal	Properties at 20°C				Thermal conductivity k, W/m · °C									
	ρ, kg/m^3	c_p kJ/kg · °C	k W/m · °C	$\alpha \times 10^5$ m^2/s	−100°C −148°F	0°C 32°F	100°C 212°F	200°C 392°F	300°C 572°F	400°C 752°F	600°C 1112°F	800°C 1472°F	1000°C 1832°F	1200°C 2192°F
Bronze 75% Cu, 25% Sn	8,666	0.343	26	0.859										
Red brass 85% Cu, 9% Sn, 6% Zn	8,714	0.385	61	1.804		59	71							
Brass 70% Cu, 30% Zn	8,522	0.385	111	3.412	88		128	144	147	147				
German silver 62% Cu, 15% Ni, 22% Zn	8,618	0.394	24.9	0.733	19.2		31	40	45	48				
Constantan 60% Cu, 40% Ni	8,922	0.410	22.7	0.612	21		22.2	26						
Magnesium:														
Pure	1,746	1.013	171	9.708	178	171	168	163	157					
Mg-Al (electro-lytic) 6–8% Al, 1–2% Zn	1,810	1.00	66	3.605		52	62	74	83					
Molybdenum	10,220	0.251	123	4.790	138	125	118	114	111	109	106	102	99	92
Nickel:														
Pure (99.9%)	8,906	0.4459	90	2.266	104	93	83	73	64	59				
Ni-Cr 90% Ni, 10% Cr	8,666	0.444	17	0.444		17.1	18.9	20.9	22.8	24.6				
80% Ni, 20% Cr	8,314	0.444	12.6	0.343		12.3	13.8	15.6	17.1	18.0	22.5			
Silver:														
Purest	10,524	0.2340	419	17.004	419	417	415	412						
Pure (99.9%)	10,525	0.2340	407	16.563	419	410	415	374	362	360				
Tin, pure	7,304	0.2265	64	3.884	74	65.9	59	57						
Tungsten	19,350	0.1344	163	6.271		166	151	142	133	126	112	76		
Zinc, pure	7,144	0.3843	112.2	4.106	114	112	109	106	100	93				

[†]Adapted to SI units from E. R. G. Eckert and R. M. Drake, *Heat and Mass Transfer,* 2nd ed. New York: McGraw-Hill, 1959.

[표 A.3] 비금속의 성질†

Substance	Temperature °C	k W/m · °C	ρ kg/m³	c kJ/kg · °C	α × 10⁷ m²/s
Structural and heat-resistant materials					
Acoustic tile	30	0.06	290	1.3	1.6
Aluminum oxide, sapphire	30	46	3970	0.76	150
Aluminum oxide, polycrystalline	30	36	3970	0.76	120
Asphalt	20–55	0.74–0.76			
Bakelite	30	0.23	1200	1.6	1.2
Brick:					
Building brick, common	20	0.69	1600	0.84	5.2
Face		1.32	2000		
Carborundum brick	600	18.5			
	1400	11.1			
Chrome brick	200	2.32	3000	0.84	9.2
	550	2.47			9.8
	900	1.99			7.9
Diatomaceous earth, molded and fired	200	0.24			
	870	0.31			
Fireclay brick	500	1.04	2000	0.96	5.4
Burnt 2426°F	800	1.07			
	1100	1.09			
Burnt 2642°F	500	1.28	2300	0.96	5.8
	800	1.37			
	1100	1.40			
Missouri	200	1.00	2600	0.96	4.0
	600	1.47			
	1400	1.77			
Magnesite	200	3.81		1.13	
	650	2.77			
	1200	1.90			
Cement, portland		0.29	1500		
Mortar	23	1.16			
Coal, anthracite	30	0.26	1300	1.25	1.6
Concrete, cinder	23	0.76			
Stone, 1-2-4 mix	20	1.37	1900–2300	0.88	8.2–6.8
Glass, window	20	0.78 (avg)	2700	0.84	3.4
Corosilicate	30–75	1.09	2200		
Graphite, pyrolytic parallel to layers	30	1900	2200	0.71	12,200
perpendicular to layers	30	5.6	2200	0.71	36
Gypsum board	30	0.16			
Lexan	30	0.2	1200	1.3	1.3
Nylon	30	0.16	1100	1.6	0.9
Particle board, low density	30	0.079	590	1.3	1.0
high density	30	0.17	1000	1.3	1.3
Phenolic	30	0.03	1400	1.6	0.13
Plaster, gypsum	20	0.48	1440	0.84	4.0
Metal lath	20	0.47			
Wood lath	20	0.28			

[표 A.3] 비금속의 성질† (계속)

Substance	Temperature °C	k W/m·°C	ρ kg/m^3	c kJ/kg·°C	$\alpha \times 10^7$ m^2/s
Structural and heat-resistant materials					
Plexiglass	30	0.2	1200	1.5	1.1
Polyethylene	30	0.33	960	2.1	1.64
Polypropylene	30	0.16	1150	1.9	0.73
Polystrene	30	0.14	1000	1.3	1.1
Polyvinylchloride	30	0.09	1700	1.1	0.48
Rubber, hard	30	0.15	1200	2.0	0.62
Silicon carbide	30	490	3150	0.68	2290
Stone:					
Granite		1.73–3.98	2640	0.82	8–18
Limestone	100–300	1.26–1.33	2500	0.90	5.6–5.9
Marble		2.07–2.94	2500–2700	0.80	10–13.6
Sandstone	40	1.83	2160–2300	0.71	11.2–11.9
Structural concrete					
low density	30	0.21	670		
light weight	30	0.65	1570		
medium weight	30	0.75	1840		
normal weight	30	2.32	2260		
Teflon	30	0.35	2200	1.05	1.5
Titanium dioxide	30	8.4	4150	0.7	29
Wood (across the grain):					
Balsa, 8.8 lb/ft^3	30	0.055	140		
Cypress	30	0.097	460		
Fir	23	0.11	420	2.72	0.96
Maple or oak	30	0.166	540	2.4	1.28
Yellow pine	23	0.147	640	2.8	0.82
White pine	30	0.112	430		
Insulating materials					
Asbestos:					
Loosely packed	−45	0.149			
	0	0.154	470–570	0.816	3.3–4
	100	0.161			
Asbestos-cement boards	20	0.74			
Sheets	51	0.166			
Felt, 40 laminations/in	38	0.057			
	150	0.069			
	260	0.083			
20 laminations/in	38	0.078			
	150	0.095			
	260	0.112			
Corrugated, 4 plies/in	38	0.087			
	93	0.100			
	150	0.119			
Asbestos cement	—	2.08			
Balsam wood, 2.2 lb/ft^3	32	0.04	35		
Cardboard, corrugated	—	0.064			
Celotex	32	0.048			
Cork, regranulated	32	0.045	45–120	1.88	2–5.3
Ground	32	0.043	150		
Corkboard, 10 lb/ft^3	30	0.043	160		

[표 A.3] 비금속의 성질† (계속)

Substance	Temperature °C	k W/m · °C	ρ kg/m^3	c kJ/kg · °C	$\alpha \times 10^7$ m^2/s
Insulating materials					
Diamond, Type IIa, insulator	30	2300	3500	0.509	12,900
Diatomaceous earth (Sil-o-cel)	0	0.061	320		
Felt, hair	30	0.036	130–200		
Wool	30	0.052	330		
Fiber, insulating board	20	0.048	240		
Glass fiber, duct liner	30	0.038	32	0.84	14.1
Glass fiber, loose blown	30	0.043	16	0.84	32
Glass wool, 1.5 lb/ft^3	23	0.038	24	0.7	22.6
Ice	0	2.22	910	1.93	12.6
Insulex, dry	32	0.064			
		0.144			
Kapok	30	0.035			
Magnesia, 85%	38	0.067	270		
	93	0.071			
	150	0.074			
	204	0.080			
Paper (avg.)	30	0.12	900	1.2	1.1
Polyisocyanurate sheet	30	0.023			
Polystyrene, extruded	30	0.028			
Polyurethane foam	30	0.017			
Rock wool, 10 lb/ft^3	32	0.040	160		
Loosely packed	150	0.067	64		
	260	0.087			
Sawdust	23	0.059			
Silica aerogel	32	0.024	140		
Styrofoam	32	0.033			
Urethane, cerllular	30	0.025			
Wood shavings	23	0.059			

†Adapted to SI units from A. I. Brown and S. M. Marco, *Introduction to Heat Transfer,* 3rd ed. New York: McGraw-Hill, 1958. Other properties from various sources.

[표 A.4] 포화유체의 성질[†]

T, °C	ρ kg/m^3	c_p kJ/kg·°C	ν, m^2/s	k W/m·°C	α, m^2/s	Pr	β, K^{-1}
Ammonia, NH_3							
−50	703.69	4.463	0.435×10^{-6}	0.547	1.742×10^{-7}	2.60	
−40	691.68	4.467	0.406	0.547	1.775	2.28	
−30	679.34	4.476	0.387	0.549	1.801	2.15	
−20	666.69	4.509	0.381	0.547	1.819	2.09	
−10	653.55	4.564	0.378	0.543	1.825	2.07	
0	640.10	4.635	0.373	0.540	1.819	2.05	
10	626.16	4.714	0.368	0.531	1.801	2.04	
20	611.75	4.798	0.359	0.521	1.775	2.02	2.45×10^{-3}
30	596.37	4.890	0.349	0.507	1.742	2.01	
40	580.99	4.999	0.340	0.493	1.701	2.00	
50	564.33	5.116	0.330	0.476	1.654	1.99	
Carbon dioxide, CO_2							
−50	1,156.34	1.84	0.119×10^{-6}	0.0855	0.4021×10^{-7}	2.96	
−40	1,117.77	1.88	0.118	0.1011	0.4810	2.46	
−30	1,076.76	1.97	0.117	0.1116	0.5272	2.22	
−20	1,032.39	2.05	0.115	0.1151	0.5445	2.12	
−10	983.38	2.18	0.113	0.1099	0.5133	2.20	
0	926.99	2.47	0.108	0.1045	0.4578	2.38	
10	860.03	3.14	0.101	0.0971	0.3608	2.80	
20	772.57	5.0	0.091	0.0872	0.2219	4.10	14.00×10^{-3}
30	597.81	36.4	0.080	0.0703	0.0279	28.7	
Sulfur dioxide, SO_2							
−50	1,560.84	1.3595	0.484×10^{-6}	0.242	1.141×10^{-7}	4.24	
−40	1,536.81	1.3607	0.424	0.235	1.130	3.74	
−30	1,520.64	1.3616	0.371	0.230	1.117	3.31	
−20	1,488.60	1.3624	0.324	0.225	1.107	2.93	
−10	1,463.61	1.3628	0.288	0.218	1.097	2.62	
0	1,438.46	1.3636	0.257	0.211	1.081	2.38	
10	1,412.51	1.3645	0.232	0.204	1.066	2.18	
20	1,386.40	1.3653	0.210	0.199	1.050	2.00	1.94×10^{-3}
30	1,359.33	1.3662	0.190	0.192	1.035	1.83	
40	1,329.22	1.3674	0.173	0.185	1.019	1.70	
50	1,299.10	1.3683	0.162	0.177	0.999	1.61	
Dichlorodifluoromethane (Freon-12), CCl_2F_2							
−50	1,546.75	0.8750	0.310×10^{-6}	0.067	0.501×10^{-7}	6.2	2.63×10^{-3}
−40	1,518.71	0.8847	0.279	0.069	0.514	5.4	
−30	1,489.56	0.8956	0.253	0.069	0.526	4.8	
−20	1,460.57	0.9073	0.235	0.071	0.539	4.4	
−10	1,429.49	0.9203	0.221	0.073	0.550	4.0	
0	1,397.45	0.9345	0.214×10^{-6}	0.073	0.557×10^{-7}	3.8	
10	1,364.30	0.9496	0.203	0.073	0.560	3.6	
20	1,330.18	0.9659	0.198	0.073	0.560	3.5	
30	1,295.10	0.9835	0.194	0.071	0.560	3.5	
40	1,257.13	1.0019	0.191	0.069	0.555	3.5	
50	1,215.96	1.0216	0.190	0.067	0.545	3.5	

[표 A.4] 포화유체의 성질† (계속)

T, °C	ρ kg/m^3	c_p kJ/kg · °C	ν, m^2/s	k W/m · °C	α, m^2/s	Pr	β, K^{-1}
			Glycerin, $C_3H_5(OH)_3$				
0	1,276.03	2.261	0.00831	0.282	0.983×10^{-7}	84.7×10^3	
10	1,270.11	2.319	0.00300	0.284	0.965	31.0	
20	1,264.02	2.386	0.00118	0.286	0.947	12.5	0.50×10^{-3}
30	1,258.09	2.445	0.00050	0.286	0.929	5.38	
40	1,252.01	2.512	0.00022	0.286	0.914	2.45	
50	1,244.96	2.583	0.00015	0.287	0.893	1.63	
			Ethylene glycol, $C_2H_4(OH)_2$				
0	1,130.75	2.294	7.53×10^{-6}	0.242	0.934×10^{-7}	615	
20	1,116.65	2.382	19.18	0.249	0.939	204	0.65×10^{-3}
40	1,101.43	2.474	8.69	0.256	0.939	93	
60	1,087.66	2.562	4.75	0.260	0.932	51	
80	1,077.56	2.650	2.98	0.261	0.921	32.4	
100	1,058.50	2.742	2.03	0.263	0.908	22.4	
			Engine oil (unused)				
0	899.12	1.796	0.00428	0.147	0.911×10^{-7}	47,100	
20	888.23	1.880	0.00090	0.145	0.872	10,400	0.70×10^{-3}
40	876.05	1.964	0.00024	0.144	0.834	2,870	
60	864.04	2.047	0.839×10^{-4}	0.140	0.800	1,050	
80	852.02	2.131	0.375	0.138	0.769	490	
100	840.01	2.219	0.203	0.137	0.738	276	
120	828.96	2.307	0.124	0.135	0.710	175	
140	816.94	2.395	0.080	0.133	0.686	116	
160	805.89	2.483	0.056	0.132	0.663	84	
			Mercury, Hg				
0	13,628.22	0.1403	0.124×10^{-6}	8.20	42.99×10^{-7}	0.0288	
20	13,579.04	0.1394	0.114	8.69	46.06	0.0249	1.82×10^{-4}
50	13,505.84	0.1386	0.104	9.40	50.22	0.0207	
100	13,384.58	0.1373	0.0928	10.51	57.16	0.0162	
150	13,264.28	0.1365	0.0853	11.49	63.54	0.0134	
200	13,144.94	0.1570	0.0802	12.34	69.08	0.0116	
250	13,025.60	0.1357	0.0765	13.07	74.06	0.0103	
315.5	12,847	0.134	0.0673	14.02	81.5	0.0083	

†Adapted to SI units from E. R. G. Eckert and R. M. Drake, *Heat and Mass Transfer,* 2nd ed. New York: McGraw-Hill, 1959.

[표 A.5] 대기압에서의 공기의 성질[†]

The values of μ, k, c_p, and Pr are not strongly pressure-dependent and may be used over a fairly wide range of pressures							
T, K	ρ kg/m^3	c_p kJ/kg · °C	$\mu \times 10^5$ kg/m · s	$\nu \times 10^6$ m^2/s	k W/m · °C	$\alpha \times 10^4$ m^2/s	Pr
100	3.6010	1.0266	0.6924	1.923	0.009246	0.02501	0.770
150	2.3675	1.0099	1.0283	4.343	0.013735	0.05745	0.753
200	1.7684	1.0061	1.3289	7.490	0.01809	0.10165	0.739
250	1.4128	1.0053	1.5990	11.31	0.02227	0.15675	0.722
300	1.1774	1.0057	1.8462	15.69	0.02624	0.22160	0.708
350	0.9980	1.0090	2.075	20.76	0.03003	0.2983	0.697
400	0.8826	1.0140	2.286	25.90	0.03365	0.3760	0.689
450	0.7833	1.0207	2.484	31.71	0.03707	0.4222	0.683
500	0.7048	1.0295	2.671	37.90	0.04038	0.5564	0.680
550	0.6423	1.0392	2.848	44.34	0.04360	0.6532	0.680
600	0.5879	1.0551	3.018	51.34	0.04659	0.7512	0.680
650	0.5430	1.0635	3.177	58.51	0.04953	0.8578	0.682
700	0.5030	1.0752	3.332	66.25	0.05230	0.9672	0.684
750	0.4709	1.0856	3.481	73.91	0.05509	1.0774	0.686
800	0.4405	1.0978	3.625	82.29	0.05779	1.1951	0.689
850	0.4149	1.1095	3.765	90.75	0.06028	1.3097	0.692
900	0.3925	1.1212	3.899	99.3	0.06279	1.4271	0.696
950	0.3716	1.1321	4.023	108.2	0.06525	1.5510	0.699
1000	0.3524	1.1417	4.152	117.8	0.06752	1.6779	0.702
1100	0.3204	1.160	4.44	138.6	0.0732	1.969	0.704
1200	0.2947	1.179	4.69	159.1	0.0782	2.251	0.707
1300	0.2707	1.197	4.93	182.1	0.0837	2.583	0.705
1400	0.2515	1.214	5.17	205.5	0.0891	2.920	0.705
1500	0.2355	1.230	5.40	229.1	0.0946	3.262	0.705
1600	0.2211	1.248	5.63	254.5	0.100	3.609	0.705
1700	0.2082	1.267	5.85	280.5	0.105	3.977	0.705
1800	0.1970	1.287	6.07	308.1	0.111	4.379	0.704
1900	0.1858	1.309	6.29	338.5	0.117	4.811	0.704
2000	0.1762	1.338	6.50	369.0	0.124	5.260	0.702
2100	0.1682	1.372	6.72	399.6	0.131	5.715	0.700
2200	0.1602	1.419	6.93	432.6	0.139	6.120	0.707
2300	0.1538	1.482	7.14	464.0	0.149	6.540	0.710
2400	0.1458	1.574	7.35	504.0	0.161	7.020	0.718
2500	0.1394	1.688	7.57	543.5	0.175	7.441	0.730

[†] From *Natl. Bur. Stand. (U.S.) Circ.* 564, 1955.

[표 A.6] 대기압에서의 기체의 성질[†]

Values of μ, k, c_p, and Pr are not strongly pressure-dependent for He, H_2, O_2, and N_2 and may be used over a fairly wide range of pressures

T, K	ρ kg/m^3	c_p kJ/kg · °C	μ, kg/m · s	ν, m^2/s	k W/m · °C	α, m^2/s	Pr
Helium							
144	0.3379	5.200	125.5×10^{-7}	37.11×10^{-6}	0.0928	0.5275×10^{-4}	0.70
200	0.2435	5.200	156.6	64.38	0.1177	0.9288	0.694
255	0.1906	5.200	181.7	95.50	0.1357	1.3675	0.70
366	0.13280	5.200	230.5	173.6	0.1691	2.449	0.71
477	0.10204	5.200	275.0	269.3	0.197	3.716	0.72
589	0.08282	5.200	311.3	375.8	0.225	5.215	0.72
700	0.07032	5.200	347.5	494.2	0.251	6.661	0.72
800	0.06023	5.200	381.7	634.1	0.275	8.774	0.72
Hydrogen							
150	0.16371	12.602	5.595×10^{-6}	34.18×10^{-6}	0.0981	0.475×10^{-4}	0.718
200	0.12270	13.540	6.813	55.53	0.1282	0.772	0.719
250	0.09819	14.059	7.919	80.64	0.1561	1.130	0.713
300	0.08185	14.314	8.963	109.5	0.182	1.554	0.706
350	0.07016	14.436	9.954	141.9	0.206	2.031	0.697
400	0.06135	14.491	10.864	177.1	0.228	2.568	0.690
450	0.05462	14.499	11.779	215.6	0.251	3.164	0.682
500	0.04918	14.507	12.636	257.0	0.272	3.817	0.675
550	0.04469	14.532	13.475	301.6	0.292	4.516	0.668
600	0.04085	14.537	14.285	349.7	0.315	5.306	0.664
700	0.03492	14.574	15.89	455.1	0.351	6.903	0.659
800	0.03060	14.675	17.40	569	0.384	8.563	0.664
900	0.02723	14.821	18.78	690	0.412	10.217	0.676
Oxygen							
150	2.6190	0.9178	11.490×10^{-6}	4.387×10^{-6}	0.01367	0.05688×10^{-4}	0.773
200	1.9559	0.9131	14.850	7.593	0.01824	0.10214	0.745
250	1.5618	0.9157	17.87	11.45	0.02259	0.15794	0.725
300	1.3007	0.9203	20.63	15.86	0.02676	0.22353	0.709
350	1.1133	0.9291	23.16	20.80	0.03070	0.2968	0.702
400	0.9755	0.9420	25.54	26.18	0.03461	0.3768	0.695
450	0.8682	0.9567	27.77	31.99	0.03828	0.4609	0.694
500	0.7801	0.9722	29.91	38.34	0.04173	0.5502	0.697
550	0.7096	0.9881	31.97	45.05	0.04517	0.641	0.700
Nitrogen							
200	1.7108	1.0429	12.947×10^{-6}	7.568×10^{-6}	0.01824	0.10224×10^{-4}	0.747
300	1.1421	1.0408	17.84	15.63	0.02620	0.22044	0.713
400	0.8538	1.0459	21.98	25.74	0.03335	0.3734	0.691
500	0.6824	1.0555	25.70	37.66	0.03984	0.5530	0.684
600	0.5687	1.0756	29.11	51.19	0.04580	0.7486	0.686
700	0.4934	1.0969	32.13	65.13	0.05123	0.9466	0.691
800	0.4277	1.1225	34.84	81.46	0.05609	1.1685	0.700
900	0.3796	1.1464	37.49	91.06	0.06070	1.3946	0.711
1000	0.3412	1.1677	40.00	117.2	0.06475	1.6250	0.724
1100	0.3108	1.1857	42.28	136.0	0.06850	1.8571	0.736
1200	0.2851	1.2037	44.50	156.1	0.07184	2.0932	0.748

[표 A.6] 대기압에서의 기체의 성질† (계속)

Values of μ, k, c_p, and Pr are not strongly pressure-dependent for He, H_2, O_2, and N_2 and may be used over a fairly wide range of pressures

T, K	ρ kg/m^3	c_p kJ/kg·°C	μ, kg/m·s	v, m^2/s	k W/m·°C	α, m^2/s	Pr
			Carbon dioxide				
220	2.4733	0.783	11.105×10^{-6}	4.490×10^{-6}	0.010805	0.05920×10^{-4}	0.818
250	2.1657	0.804	12.590	5.813	0.012884	0.07401	0.793
300	1.7973	0.871	14.958	8.321	0.016572	0.10588	0.770
350	1.5362	0.900	17.205	11.19	0.02047	0.14808	0.755
400	1.3424	0.942	19.32	14.39	0.02461	0.19463	0.738
450	1.1918	0.980	21.34	17.90	0.02897	0.24813	0.721
500	1.0732	1.013	23.26	21.67	0.03352	0.3084	0.702
550	0.9739	1.047	25.08	25.74	0.03821	0.3750	0.685
600	0.8938	1.076	26.83	30.02	0.04311	0.4483	0.668
			Ammonia, NH_3				
273	0.7929	2.177	9.353×10^{-6}	1.18×10^{-5}	0.0220	0.1308×10^{-4}	0.90
323	0.6487	2.177	11.035	1.70	0.0270	0.1920	0.88
373	0.5590	2.236	12.886	2.30	0.0327	0.2619	0.87
423	0.4934	2.315	14.672	2.97	0.0391	0.3432	0.87
473	0.4405	2.395	16.49	3.74	0.0467	0.4421	0.84
			Water vapor				
380	0.5863	2.060	12.71×10^{-6}	2.16×10^{-5}	0.0246	0.2036×10^{-4}	1.060
400	0.5542	2.014	13.44	2.42	0.0261	0.2338	1.040
450	0.4902	1.980	15.25	3.11	0.0299	0.307	1.010
500	0.4405	1.985	17.04	3.86	0.0339	0.387	0.996
550	0.4005	1.997	18.84	4.70	0.0379	0.475	0.991
600	0.3652	2.026	20.67	5.66	0.0422	0.573	0.986
650	0.3380	2.056	22.47	6.64	0.0464	0.666	0.995
700	0.3140	2.085	24.26	7.72	0.0505	0.772	1.000
750	0.2931	2.119	26.04	8.88	0.0549	0.883	1.005
800	0.2739	2.152	27.86	10.20	0.0592	1.001	1.010
850	0.2579	2.186	29.69	11.52	0.0637	1.130	1.019

†Adapted to SI units from E. R. G. Eckert and R. M. Drake, *Heat and Mass Transfer,* 2nd ed. New York: McGraw-Hill, 1959.

[표 A.7] 융해점이 낮은 몇가지 금속의 물리적 성질†

Metal	Melting point °C	Normal boiling point °C	Temperature °C	Density, $\rho \times 10^{-3}$ kg/m³	Viscosity $\mu \times 10^3$ kg/m · s	Heat capacity kJ/kg · °C	Thermal conductivity W/m · °C	Prandtl number
Bismuth	271	1477	316	10.01	1.62	0.144	16.4	0.014
			760	9.47	0.79	0.165	15.6	0.0084
Lead	327	1737	371	10.5	2.40	0.159	16.1	0.024
			704	10.1	1.37	0.155	14.9	0.016
Lithium	179	1317	204	0.51	0.60	4.19	38.1	0.065
			982	0.44	0.42	4.19		
Mercury	−39	357	10	13.6	1.59	0.138	8.1	0.027
			316	12.8	0.86	0.134	14.0	0.0084
Potassium	63.8	760	149	0.81	0.37	0.796	45.0	0.0066
			704	0.67	0.14	0.754	33.1	0.0031
Sodium	97.8	883	204	0.90	0.43	1.34	80.3	0.0072
			704	0.78	0.18	1.26	59.7	0.0038
Sodium-potassium:								
22% Na	19	826	93.3	0.848	0.49	0.946	24.4	0.019
			760	0.69	0.146	0.883		
56% Na	−11	784	93.3	0.89	0.58	1.13	25.6	0.026
			760	0.74	0.16	1.04	28.9	0.058
Lead-bismuth, 44.5% Pb	125	1670	288	10.3	1.76	0.147	10.7	0.024
			649	9.84	1.15			

†Adapted to SI units from J. G. Knudsen and D. L. Katz, *Fluid Dynamics and Heat Transfer,* New York: McGraw-Hill, 1958.

[표 A.8] 공기 (25°C, 1대기압) 속에서의 기체와 증기의 확산계수†

Substance	D, cm²/s	$Sc = \frac{\nu}{D}$	Substance	D, cm²/s	$Sc = \frac{\nu}{D}$
Ammonia	0.28	0.78	Formic Acid	0.159	0.97
Carbon dioxide	0.164	0.94	Acetic acid	0.133	1.16
Hydrogen	0.410	0.22	Aniline	0.073	2.14
Oxygen	0.206	0.75	Benzene	0.088	1.76
Water	0.256	0.60	Toluene	0.084	1.84
Ethyl ether	0.093	1.66	Ethyl benzene	0.077	2.01
Methanol	0.159	0.97	Propyl benzene	0.059	2.62
Ethyl alcohol	0.119	1.30			

†From J. H. Perry (ed.), *Chemical Engineers' Handbook,* 4th ed. New York: McGraw-Hill, 1963.

[표 A.9] 물(포화액체)의 성질[†]

Note: $Gr_x Pr = \left(\frac{g\beta\rho^2 c_p}{\mu k}\right) x^3 \Delta T$

°F	°C	c_p kJ/kg · °C	ρ kg/m³	μ kg/m · s	k W/m · °C	Pr	$\frac{g\beta\rho^2 c_p}{\mu k}$ 1/m³ · °C
32	0	4.225	999.8	1.79×10^{-3}	0.566	13.25	
40	4.44	4.208	999.8	1.55	0.575	11.35	1.91×10^{9}
50	10	4.195	999.2	1.31	0.585	9.40	6.34×10^{9}
60	15.56	4.186	998.6	1.12	0.595	7.88	1.08×10^{10}
70	21.11	4.179	997.4	9.8×10^{-4}	0.604	6.78	1.46×10^{10}
80	26.67	4.179	995.8	8.6	0.614	5.85	1.91×10^{10}
90	32.22	4.174	994.9	7.65	0.623	5.12	2.48×10^{10}
100	37.78	4.174	993.0	6.82	0.630	4.53	3.3×10^{10}
110	43.33	4.174	990.6	6.16	0.637	4.04	4.19×10^{10}
120	48.89	4.174	988.8	5.62	0.644	3.64	4.89×10^{10}
130	54.44	4.179	985.7	5.13	0.649	3.30	5.66×10^{10}
140	60	4.179	983.3	4.71	0.654	3.01	6.48×10^{10}
150	65.55	4.183	980.3	4.3	0.659	2.73	7.62×10^{10}
160	71.11	4.186	977.3	4.01	0.665	2.53	8.84×10^{10}
170	76.67	4.191	973.7	3.72	0.668	2.33	9.85×10^{10}
180	82.22	4.195	970.2	3.47	0.673	2.16	1.09×10^{11}
190	87.78	4.199	966.7	3.27	0.675	2.03	
200	93.33	4.204	963.2	3.06	0.678	1.90	
220	104.4	4.216	955.1	2.67	0.684	1.66	
240	115.6	4.229	946.7	2.44	0.685	1.51	
260	126.7	4.250	937.2	2.19	0.685	1.36	
280	137.8	4.271	928.1	1.98	0.685	1.24	
300	148.9	4.296	918.0	1.86	0.684	1.17	
350	176.7	4.371	890.4	1.57	0.677	1.02	
400	204.4	4.467	859.4	1.36	0.665	1.00	
450	232.2	4.585	825.7	1.20	0.646	0.85	
500	260	4.731	785.2	1.07	0.616	0.83	
550	287.7	5.024	735.5	9.51×10^{-5}			
600	315.6	5.703	678.7	8.68			

[†]Adapted to SI units from A. I. Brown and S. M. Marco, *Introduction to Heat Transfer*, 3rd ed. New York: McGraw-Hill, 1958.

[표 A.10] 여러 가지 표면의 표준 전방사율[†]

Surface	T, °F	Emissivity ϵ
Metals and their oxides		
Aluminum:		
Highly polished plate, 98.3% pure	440–1070	0.039–0.057
Commercial sheet	212	0.09
Heavily oxidized	299–940	0.20–0.31
Al-surfaced roofing	100	0.216
Brass:		
Highly polished:		
73.2% Cu, 26.7% Zn	476–674	0.028–0.031
62.4% Cu, 36.8% Zn, 0.4% Pb, 0.3% Al	494–710	0.033–0.037
82.9% Cu, 17.0% Zn	530	0.030
Hard-rolled, polished, but direction of polishing visible	70	0.038
Dull plate	120–660	0.22
Chromium (see nickel alloys for Ni-Cr steels), polished	100–2000	0.08–0.36
Copper:		
Polished	242	0.023
	212	0.052
Plate, heated long time, covered with thick oxide layer	77	0.78
Gold, pure, highly polished	440–1160	0.018–0.035
Iron and steel (not including stainless):		
Steel, polished	212	0.066
Iron, polished	800–1880	0.14–0.38
Cast iron, newly turned	72	0.44
turned and heated	1620–1810	0.60–0.70
Mild steel	450–1950	0.20–0.32
Iron and steel (oxidized surfaces):		
Iron plate, pickled, then rusted red	68	0.61
Iron, dark-gray surface	212	0.31
Rough ingot iron	1700–2040	0.87–0.95
Sheet steel with strong, rough oxide layer	75	0.80
Lead:		
Unoxidized, 99.96% pure	240–440	0.057–0.075
Gray oxidized	75	0.28
Oxidized at 300°F	390	0.63
Magnesium, magnesium oxide	530–1520	0.55–0.20
Molybdenum:		
Filament	1340–4700	0.096–0.202
Massive, polished	212	0.071
Monel metal, oxidized at 1110°F	390–1110	0.41–0.46
Nickel:		
Polished	212	0.072
Nickel oxide	1200–2290	0.59–0.86
Nickel alloys:		
Copper nickel, polished	212	0.059
Nichrome wire, bright	120–1830	0.65–0.79
Nichrome wire, oxidized	120–930	0.95–0.98
Platinum, polished plate, pure	440–1160	0.054–0.104
Silver:		
Polished, pure	440–1160	0.020–0.032
Polished	100–700	0.022–0.031

[표 A.10] 여러 가지 표면의 표준 전방사율† (계속)

Surface	T, °F	Emissivity ϵ
Metals and their oxides		
Stainless steels:		
Polished	212	0.074
Type 301; B	450–1725	0.54–0.63
Tin, bright tinned iron	76	0.043 and 0.064
Tungsten, filament	6000	0.39
Zinc, galvanized sheet iron, fairly bright	82	0.23
Refractories, building materials, paints, and miscellaneous		
Alumina (85–99.5%, Al_2O_3, 0–12% SiO_2, 0–1% Ge_2O_3); effect of mean grain size, microns (μm):		
10 μm		0.30–0.18
50 μm		0.39–0.28
100 μm		0.50–0.40
Asbestos, board	74	0.96
Brick:		
Red, rough, but no gross irregularities	70	0.93
Fireclay	1832	0.75
Carbon:		
T-carbon (Gebrüder Siemens) 0.9% ash, started with emissivity of 0.72 at 260°F but on heating changed to values given	260–1160	0.81–0.79
Filament	1900–2560	0.526
Rough plate	212–608	0.77
Lampblack, rough deposit	212–932	0.84–0.78
Concrete tiles	1832	0.63
Enamel, white fused, on iron	66	0.90
Glass:		
Smooth	72	0.94
Pyrex, lead, and soda	500–1000	0.95–0.85
Paints, lacquers, varnishes:		
Snow-white enamel varnish on rough iron plate	73	0.906
Black shiny lacquer, sprayed on iron	76	0.875
Black shiny shellac on tinned iron sheet	70	0.821
Black matte shellac	170–295	0.91
Black or white lacquer	100–200	0.80–0.95
Flat black lacquer	100–200	0.96–0.98
Aluminum paints and lacquers:		
10% Al, 22% lacquer body, on rough or smooth surface	212	0.52
Other Al paints, varying age and Al content	212	0.27–0.67
Porcelain, glazed	72	0.92
Quartz, rough, fused	70	0.93
Roofing paper	69	0.91
Rubber, hard, glossy plate	74	0.94
Water	32–212	9.95–0.963

†Courtesy of H. C. Hottel, from W. H. McAdams, *Heat Transmissions,* 3rd ed. New York: McGraw-Hill, 1954.

[표 A.11] 강철관의 치수

Nominal pipe size, in	OD, in	Schedule no.	Wall Thickness, in	ID, in	Metal sectional area, in^2	Inside cross-sectional area, ft^2
$\frac{1}{8}$	0.405	40	0.068	0.269	0.072	0.00040
		80	0.095	0.215	0.093	0.00025
$\frac{1}{4}$	0.540	40	0.088	0.364	0.125	0.00072
		80	0.119	0.302	0.157	0.00050
$\frac{3}{8}$	0.675	40	0.091	0.493	0.167	0.00133
		80	0.126	0.423	0.217	0.00098
$\frac{1}{2}$	0.840	40	0.109	0.622	0.250	0.00211
		80	0.147	0.546	0.320	0.00163
$\frac{3}{4}$	1.050	40	0.113	0.824	0.333	0.00371
		80	0.154	0.742	0.433	0.00300
1	1.315	40	0.133	1.049	0.494	0.00600
		80	0.179	0.957	0.639	0.00499
$1\frac{1}{2}$	1.900	40	0.145	1.610	0.799	0.01414
		80	0.200	1.500	1.068	0.01225
		160	0.281	1.338	1.429	0.00976
2	2.375	40	0.154	2.067	1.075	0.02330
		80	0.218	1.939	1.477	0.02050
3	3.500	40	0.216	3.068	2.228	0.05130
		80	0.300	2.900	3.016	0.04587
4	4.500	40	0.237	4.026	3.173	0.08840
		80	0.337	3.826	4.407	0.7986
5	5.563	40	0.258	5.047	4.304	0.1390
		80	0.375	4.813	6.122	0.1263
		120	0.500	4.563	7.953	0.1136
		160	0.625	4.313	9.696	0.1015
6	6.625	40	0.280	6.065	5.584	0.2006
		80	0.432	5.761	8.405	0.1810
10	10.75	40	0.365	10.020	11.90	0.5475
		80	0.500	9.750	16.10	0.5185

[표 A.12] 환산인자

Length: 12 in = 1 ft 2.54 cm = 1 in 1 μm = 10^{-6} m = 10^{-4} cm Mass: 1 kg = 2.205 lb_m 1 slug = 32.16 lb_m 454 g = 1 lb_m Force: 1 dyn = 2.248×10^{-6} lb_f 1 lb_f = 4.448 N 10^5 dyn = 1 N	Energy: 1 ft · lb_f = 1.356 J 1 kWh = 3413 Btu 1 hp · h = 2545 Btu 1 Btu = 252 cal 1 Btu = 778 ft · lb_f Pressure: 1 atm = 14.696 lb_f/in^2 = 2116 lb_f/ft^2 1 atm = 1.01325×10^5 Pa 1 in Hg = 70.73 lb_f/ft^2 Viscosity: 1 centipoise = 2.42 lb_m/h · ft 1 lb_f · s/ft^2 = 32.16 lb_m/s · ft Thermal conductivity: 1 cal/s · cm · °C = 242 Btu/h · ft · °F 1 W/cm · °C = 57.79 Btu/h · ft · °F

Useful conversion to SI units

Length: 1 in = 0.0254 m 1 ft = 0.3048 m 1 mi = 1.60934 km Area: 1 in^2 = 645.16 mm^2 1 ft^2 = 0.092903 m^2 1 mi^2 = 2.58999 km^2 Pressure: 1 N/m^2 = 1 Pa 1 atm = 1.01325×10^5 Pa 1 lb_f/in^2 = 6894.76 Pa Energy: 1 erg = 10^{-7} J 1 Btu = 1055.04 J 1 ft · lb_f = 1.35582 J 1 cal (15°C) = 4.1855 J Power: 1 hp = 745.7 W 1 Btu/h = 0.293 W Heat flux: 1 Btu/h · ft^2 = 3.15372 W/m^2 1 Btu/h · ft = 0.96128 W/m Thermal conductivity: 1 Btu/h · ft · °F = 1.7307 W/m · °C Heat-transfer coefficient: 1 Btu/h · ft^2 · °F = 5.6782 W/m^2 · °C	Volume: 1 in^3 = 1.63871×10^{-5} m^3 1 ft^3 = 0.0283168 m^3 1 gal = 231 in^3 = 0.0037854 m^3 Mass: 1 lb_m = 0.45359237 kg Density: 1 lb_m/in^3 = 2.76799×10^4 kg/m^3 1 lb_m/ft^3 = 16.0185×10^4 kg/m^3 Force: 1 dyn = 10^{-5} N 1 lb_f = 4.44822 N

Appendix B

층류경계층 방정식의 엄밀해

층류경계층에 대한 운동량 및 에너지방정식의 정확한 해를 구하고자 한다. 유체의 성질은 일정하고 압력구배는 0이라고 가정하면 다음과 같은 기본방정식을 얻을 수 있다.

연속방정식: $$\frac{\partial u}{\partial x}+\frac{\partial v}{\partial y}=0 \tag{B.1}$$

운동량방정식: $$u\frac{\partial u}{\partial x}+v\frac{\partial u}{\partial y}=\nu\frac{\partial^2 u}{\partial y^2} \tag{B.2}$$

에너지방정식: $$\frac{\partial u}{\partial x}+\frac{\partial v}{\partial y}=0 \tag{B.3}$$

에너지방정식에서 점성일항은 생략하였다. 6-1절에서 설명한 각 항의 크기 평가해석법에 의하면

$$\delta\sim\sqrt{\frac{\nu x}{u_\infty}} \tag{B.4}$$

속도분포가 평판의 선단으로부터의 거리에 무관하다고 가정하면 이때 변수는 y/δ가 될 것이고 속도는 이 변수의 함수라고 할 수 있다. 즉

$$\frac{u}{u_\infty}=g\left(\frac{y}{\delta}\right)$$

식 (B.4)로부터 δ에 대한 크기를 이용하면

$$\frac{u}{u_\infty}=g(\eta) \tag{B.5}$$

여기서

$$\eta=\frac{y}{\sqrt{\nu x/u_\infty}}=y\sqrt{\frac{u_\infty}{\nu x}} \tag{B.6}$$

이때 η를 상변수라고 하고 $g(\eta)$는 바로 구하고자 하는 해를 나타내는 함수이다. 연속방정식에 의하여 다음과 같은 조건이 성립하도록 유선함수(stream function) ψ를 정의할 수 있다.

$$u = \frac{\partial \psi}{\partial y} \tag{B.7}$$

$$v = -\frac{\partial \psi}{\partial x} \tag{B.8}$$

식 (B.7)을 식 (B.5)에 대입하며

$$\psi = \int u_\infty g(\eta)\,dy = \int u_\infty \sqrt{\frac{\nu x}{u_\infty}}\, g(\eta)\,d\eta \tag{B.9}$$

또는

$$\psi = u_\infty \sqrt{\frac{\nu x}{u_\infty}}\, f(\eta)$$

여기서 $f(\eta) = \int g(\eta) d\eta$이다.

식 (B.8)과 (B.9)로부터 다음 식을 얻을 수 있다.

$$v = \frac{1}{2}\sqrt{\frac{\nu u_\infty}{x}}\left(\eta \frac{df}{d\eta} + f\right) \tag{B.10}$$

식 (B.10)의 다른 항들에 대해서도 이와 유사한 변형을 취하면 다음과 같은 식을 얻을 수 있다.

$$f\frac{d^2 f}{d\eta^2} + 2\frac{d^3 f}{d\eta^3} = 0 \tag{B.11}$$

이것은 상미분방정식이며 수치적 방법을 사용하여 함수 $f(\eta)$를 구할 수 있다. 이때 경제조건은

물리적 좌표계	상사 좌표계
$y = 0$에서 $u = 0$	$\eta = 0$에서 $\dfrac{df}{d\eta} = 0$
$y = 0$에서 $v = 0$	$\eta = 0$에서 $f = 0$
$y \to \infty$에서 $\dfrac{du}{dy} = 0$	$\eta = \infty$에서 $\dfrac{df}{d\eta} = 0$

식 (B.11)의 해는 Blasius에 의하여 최초로 구하여졌다.† 이 해로부터 구한 u및 v의 값은 그림 B.1에 표시한 바와 같다.

† H. Blasius, *Z. Math. Phys.*, vol. 56, p. 1, 1908.

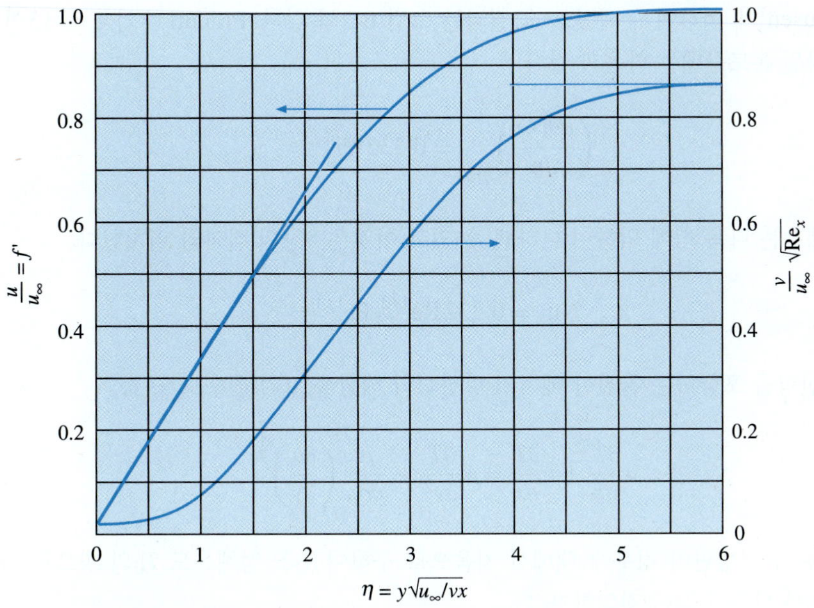

[그림 B.1] 층류경계층에서의 속도분포. $\eta = 0$에서 $du/d\eta = 0.332$

에너지방정식 역시 다음과 같은 문차원온도변수를 정의하여 운동량방정식 때와 유사한 방법으로 풀 수 있다.

$$\theta(\eta) = \frac{T(\eta) - T_w}{T_\infty - T_w} \tag{B.12}$$

여기서도 마찬가지로 θ와 T는 상사변수 η의 함수로 표시할 수 있다고 가정하면 식 (B.3)은 다음과 같이 된다.

$$\frac{d^2\theta}{d\eta^2} + \frac{1}{2}\,\mathrm{Pr}\, f\frac{d\theta}{d\eta} = 0 \tag{B.13}$$

이때 경계조건은

$$\theta = \begin{cases} y = 0\ (\text{또는 } \eta = 0)\ \text{에서 } 0 \\ y = 0\ (\text{또는 } \eta = \infty)\text{에서 } 1.0 \end{cases}$$

주어진 함수 $f(\eta)$에 대해서 식 (B.13) 해는 다음과 같다.

$$\theta(\eta) = \frac{\displaystyle\int_0^\eta \exp\left(-\frac{\mathrm{Pr}}{2}\int_0^\eta f\,d\eta\right)d\eta}{\displaystyle\int_0^\infty \exp\left(-\frac{\mathrm{Pr}}{2}\int_0^\eta f\,d\eta\right)d\eta} \tag{B.14}$$

이 해는 Pohlhausen†에 의하여 구해졌고 그 결과는 그림 B.2와 같다. Prandtl 수가 0.6~15인 범위에 대해서 표면에서의 무차원 온도구배는 다음과 같다.

$$\left(\frac{d\theta(\eta)}{d\eta}\right)_{\eta=0} = 0.332\ \mathrm{Pr}^{1/3} \tag{B.15}$$

따라서 열전달계수는 다음 식에 의하여 나타낼 수 있고 이것은 5장의 결과와 일치한다.

$$\mathrm{Nu}_x = 0.332\,\mathrm{Re}_x^{1/2}\ \mathrm{Pr}^{1/3} \tag{B.16}$$

이제 점성소산항을 포함하는 완전한 에너지 방정식의 해법을 고려하여 보자. 즉,

$$u\frac{\partial T}{ax} + v\frac{\partial T}{ax} = \alpha\frac{\partial T}{\partial y^2} + \frac{\mu}{\rho c_p}\left(\frac{\partial u}{\partial y}\right)^2 \tag{B.17}$$

이 방정식의 해는 단열평판이 경우에 대해서 처음으로 구하여졌다. 정체온도 T_0의 항으로 나타내는 새로운 무차원 온도분포를 다음과 같이 정의하자.

$$\theta(\eta) = \frac{T(\eta) - T_\infty}{T_0 - T_\infty} = \frac{T(\eta) - T_\infty}{u_\infty^2/2c_p}$$

이때 식 (B.17)은 다음과 같다.

$$\frac{d^2\theta}{d\eta^2} + \frac{1}{2}\mathrm{Pr}\ f\frac{d\theta}{d\eta} + 2\,\mathrm{Pr}\left(\frac{d^2 f}{d\eta^2}\right)^2 = 0 \tag{B.18}$$

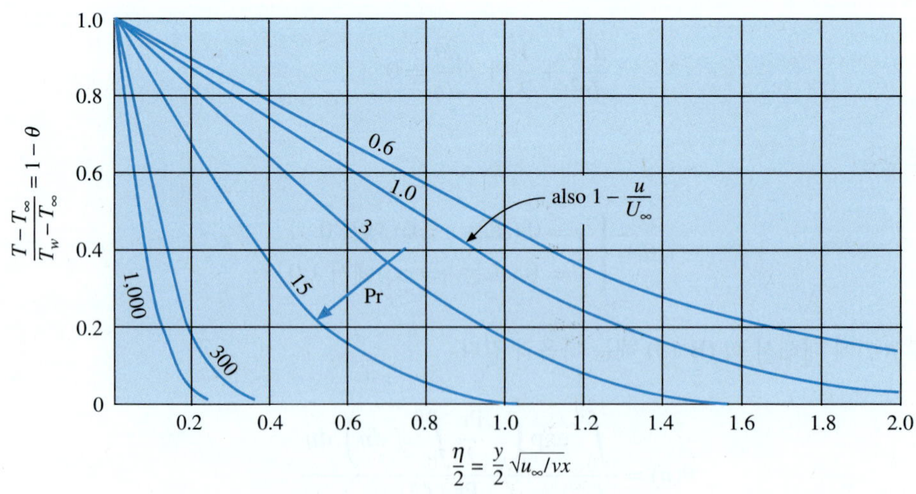

[그림 B.2] 등온벽의 층류경계층에서의 온도분포

† E, Pohlhausen *Z. Angew. Math.*, vol., 1, p.115, 1921.

단열벽에 대한 경계조건은

$$y = 0\ (\text{또는}\ \eta = 0)\ \text{에서} \qquad \frac{d\theta}{d\eta} = 0$$

$$y = \infty\ (\text{또는}\ \eta = \infty)\ \text{에서} \qquad \theta = 0$$

식 (B.18)에 대한 해는 Pohlhausen에 의하여 다음과 같이 구해졌다.

$$\theta_a(\eta, \mathrm{Pr}) = 2\,\mathrm{Pr}\int_\eta^\infty \left(\frac{d^2 f}{d\eta^2}\right)^{\mathrm{Pr}} \left[\int_0^\eta \left(\frac{d^2 f}{d\eta^2}\right)^{2-\mathrm{Pr}} d\eta\right] d\eta \qquad \textbf{(B.19)}$$

여기서 부호 θ_a는 단열벽에 대한 해를 나타낸 것이다. 이 해를 그림 B.3에 도시하였다. 회복인자(recovery factor)는 다음과 같이 표시해 줄 수 있다.

$$r = \theta_a(0, \mathrm{Pr}\ )$$

Prandtl 수가 1에 가까울 때 이것은 식 (5.122)와 같이 된다.

$$r = \mathrm{Pr}^{1/2} \qquad \textbf{(5.122)}$$

이제 벽이 T_{aw}와 다른 어떤 온도로 유지되는 경우, 즉 유체로부터 혹은 유체로의 열전달이 있는 경우를 고찰하여 보자. 이때 경계조건은

$$T = \begin{cases} T_w & y = 0,\ \eta = 0\ \text{에서} \\ T_\infty & y = \infty,\ \eta = \infty\ \text{에서} \end{cases}$$

식 (B.18)에 점성열의 항이 있기 때문에 특수해를 고려해야 한다. 만약 점성열이 없다면 단열벽이 층류에서의 온도분포는 균일하게 될 것이다. 이제 가열된 벽과 점성소산이 동시에 존재하는 경우의 온도분포를 식

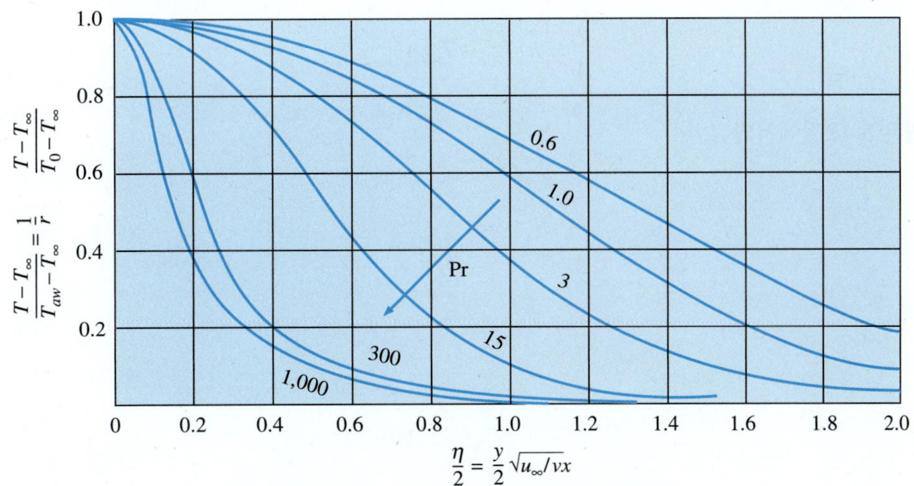

[그림 B.3] 단열벽의 층류경계층에서의 온도분포

(B.14)와 (B.19)를 서로 합한 것과 같다고 가정하자. 식 (B.18)이 종속변수 θ에 관하여 선형이기 때문에 이와 같은 가정은 타당하다고 볼 수 있다. 그러면,

$$T - T_\infty = (T_a - T_\infty) + (T_c - T_{aw}) \tag{B.20}$$

여기서 $(T_a - T_\infty)$는 식 (B.19)로부터의 온도분포이고 $(T_c - T_{aw})$는 식 (B.14)에서 T_∞ 대신에 T_{aw}를 취한 온도분포이다. 식 (B.20)은 다음과 같이 쓸 수 있다.

$$T - T_\infty = \theta_a(T_0 - T_\infty) + \theta(T_{aw} - T_w) + T_w - T_{aw} \tag{B.21}$$

이 해를 식 (B.18)에 대입함으로써 그 타당성 여부를 검사할 수 있으며 그 결과는 다음과 같다.

$$(T_0 - T_\infty)\left[\frac{d^2\theta_a}{d\eta^2} + \frac{1}{2}\Pr f\frac{d\theta_a}{d\eta} + 2\Pr\left(\frac{d^2 f}{d\eta^2}\right)^2\right] + (T_{aw} - T_w)\left(\frac{d^2\theta}{d\eta^2} + \frac{1}{2}\Pr f\frac{d\theta}{d\eta}\right) = 0$$

위의 관계식을 검사하여 보면 식 (B.21)이 가열된 벽의 실제 경계조건을 만족한다는 사실을 알 수 있다. 따라서 벽에서의 온도구배는 다음과 같이 나타낼 수 있다.

$$\left.\frac{\partial T}{\partial \eta}\right]_{\eta=0} = (T_0 - T_\infty)\left.\frac{\partial \theta_a}{\partial \eta}\right]_{\eta=0} + (T_{aw} - T_w)\left.\frac{\partial \theta}{\partial \eta}\right]_{\eta=0}$$

이 식에서 첫째 항은 0이고 둘째 항은 식 (B.15)로부터 구할 수 있다. 그러므로

$$\left.\frac{\partial T}{\partial \eta}\right]_{\eta=0} = 0.332(T_{aw} - T_w)\Pr^{1/3} \tag{B.22}$$

위 식으로부터 점성열이 중요한 역할을 하는 경우에 대한 열전달계수는 다음과 같이 정의할 수 있다.

$$\frac{q}{A} = h(T_w - T_{aw}) \tag{B.23}$$

이후의 설명은 5-12절에서와 같다.

Appendix C

Heisler 도표에 대한 해석적 관계

4장의 Heisler 도표에서 취급한 세 가지 비정상경과에 대한 해석적인 풀이는 4장의 참고문헌 [1]에 있다. Heisler(4장의 참고문헌 [7])는 $\alpha\tau/L^2$ 또는 0.2 보다 큰 경우 중심온도 ($x = 0$ 또는 $r = 0$)에 대한 무한급수 해를 1% 이내의 오차범위에서 다음과 같은 하나의 항으로 나타낼 수 있었다.

$$\frac{\theta_0}{\theta_i} \approx C_B \exp\left(-A_B^2 \frac{\alpha\tau}{s^2}\right) \tag{C.1}$$

위의 식에서 무한평판에서는 $s = L$이고 원통이나 구에 대해서는 $s = r_0$이다. C_B와 A_B는 Biot 수, hL/k 또는 hr_0/k의 함수로 나타낼 수 있는 상수이고 아래 방정식으로부터 구해진다.

무한평판

A_B는 다음 식의 해이다

$$A_B\,(\tan A_B) = \mathrm{Bi} = \frac{hL}{k} \tag{C.2}$$

C_B는 아래 식으로부터 구한다.

$$C_B = \frac{4 \sin A_B}{2A_B + \sin 2A_B}$$

위의 식에서 삼각함수 안의 각도의 단위는 radian이다.

무한원통

A_B는 다음 식의 해이다.

$$A_B J_1(A_B)/J_0(A_B) = \mathrm{Bi} = \frac{hr_0}{k} \tag{C.3}$$

위의 식에서 J_0와 J_1은 제1종 Bessel함수이고 4장의 참고문헌 [1]이나 [3]에 표가 주어져 있고 약식표를 표 C.1에 수록하였다.

[표 C.1] 제1종 Bessel함수의 약식 표

u	$J_0(u)$	$J_1(u)$	u	$J_0(u)$	$J_1(u)$
0.0	1.0	0.0	6.0	0.15065	−0.27668
0.2	0.99003	0.09950	6.2	0.20175	−0.23292
0.4	0.96040	0.19603	6.4	0.24331	−0.18164
0.6	0.91200	0.28670	6.6	0.27404	−0.12498
0.8	0.84629	0.36884	6.8	0.29310	−0.06522
1.0	0.76520	0.44005	7.0	0.30008	−0.00468
1.2	0.67113	0.49829	7.2	0.29507	0.05432
1.4	0.56686	0.54195	7.4	0.27860	0.10963
1.6	0.45540	0.56990	7.6	0.25160	0.15921
1.8	0.33999	0.58152	7.8	0.21541	0.20136
2.0	0.22389	0.57672	8.0	0.17165	0.23464
2.2	0.11036	0.55596	8.2	0.12222	0.25800
2.4	0.00251	0.52019	8.4	0.06916	0.27079
2.6	−0.09681	0.47082	8.6	0.01462	0.27275
2.8	−0.18504	0.40970	8.8	−0.03923	0.26407
3.0	−0.26005	0.33906	9.0	−0.09033	0.24531
3.2	−0.32019	0.26134	9.2	−0.13675	0.21741
3.4	−0.36430	0.17923	9.4	−0.17677	0.18163
3.6	−0.39177	0.09547	9.6	−0.20898	0.13952
3.8	−0.40256	0.01282	9.8	−0.23228	0.09284
4.0	−0.39715	−0.06604	10.0	−0.24594	0.04347
4.2	−0.37656	−0.13865	10.2	−0.24962	−0.00662
4.4	−0.34226	−0.20278	10.4	−0.24337	−0.05547
4.6	−0.29614	−0.25655	10.6	−0.22764	−0.10123
4.8	−0.24043	−0.29850	10.8	−0.20320	−0.14217
5.0	−0.17760	−0.32760	11.0	−0.17119	−0.17679
5.2	−0.11029	−0.34322	11.2	−0.13299	−0.20385
5.4	−0.04121	−0.34534	11.4	−0.09021	−0.22245
5.6	0.02697	−0.33433	11.6	−0.04462	−0.23200
5.8	0.09170	−0.31103	11.8	0.00197	−0.23229
			12.0	0.04769	−0.22345

원통에 대한 C_B 값은 다음 식에서 계산된다.

$$C_B = \frac{2}{A_B}\frac{J_1(A_B)}{J_0^2(A_B) + J_1^2(A_B)} \tag{C.4}$$

구

A_B는 다음 식의 해이다.

$$1 - A_B \cot A_B = \mathrm{Bi} = \frac{hr_0}{k} \tag{C.5}$$

C_B는 다음 식에서 계산된다.

$$C_B = \frac{4(\sin A_B - A_B \cos A_B)}{2A_B - \sin 2A_B} \tag{C.6}$$

편의를 위하여 여기에서 고려하고 있는 세 가지 형태에 대한 A_B 및 C_B 값은 Biot 수의 함수로 표 C.2에 수록하였다.

중심에서 벗어난 점에서의 온도

중심에서 벗어난 점에서의 온도도 각 형태에 대하여 아래와 같이 하나의 항으로 나타낼 수 있다.

무한평판:
$$\frac{\theta}{\theta_0} = \cos\left(\frac{A_B x}{L}\right) \tag{C.7}$$

무한원통:
$$\frac{\theta}{\theta_0} = J_0\left(\frac{A_B r}{r_0}\right) \tag{C.8}$$

구:
$$\frac{\theta}{\theta_0} = \frac{r_0}{rA_B}\sin\left(\frac{A_B r}{r_0}\right) \tag{C.9}$$

여기에서도 삼각함수안의 각도의 단위는 radian이다.

[표 C.2] Heisler 해의 계수

$\frac{hL}{k}$ 또는 $\frac{hr_0}{k}$	무한평판		긴 원통		구	
	A_B	C_B	A_B	C_B	A_B	C_B
0.01	0.0998	1.0017	0.1412	1.0025	0.1730	1.0030
0.02	0.1410	1.0033	0.1995	1.0050	0.2445	1.0060
0.04	0.1987	1.0066	0.2814	1.0099	0.3450	1.0120
0.06	0.2425	1.0098	0.3438	1.0148	0.4217	1.0179
0.08	0.2791	1.0130	0.3960	1.0197	0.4860	1.0239
0.1	0.3111	1.0161	0.4417	1.0246	0.5423	1.0298
0.2	0.4328	1.0311	0.6170	1.0483	0.7593	1.0592
0.3	0.5218	1.0451	0.7465	1.0712	0.9208	1.0880
0.4	0.5932	1.0580	0.8516	1.0931	1.0528	1.1164
0.5	0.6533	1.0701	0.9408	1.1143	1.1656	1.1441
0.6	0.7051	1.0814	1.0185	1.1345	1.2644	1.1713
0.7	0.7506	1.0919	1.0873	1.1539	1.3525	1.1978
0.8	0.7910	1.1016	1.1490	1.1724	1.4320	1.2236
0.9	0.8274	1.1107	1.2048	1.1902	1.5044	1.2488
1.0	0.8603	1.1191	1.2558	1.2071	1.5708	1.2732
2.0	1.0769	1.1785	1.5995	1.3384	2.0288	1.4793
3.0	1.1925	1.2102	1.7887	1.4191	2.2889	1.6227
4.0	1.2646	1.2287	1.9081	1.4698	2.4556	1.7202
5.0	1.3138	1.2403	1.9898	1.5029	2.5704	1.7870
6.0	1.3496	1.2479	2.0490	1.5253	2.6537	1.8338
7.0	1.3766	1.2532	2.0937	1.5411	2.7165	1.8674
8.0	1.3978	1.2570	2.1286	1.5526	2.7654	1.8920
9.0	1.4149	1.2598	2.1566	1.5611	2.8044	1.9106
10.0	1.4289	1.2620	2.1795	1.5677	2.8363	1.9249
20.0	1.4961	1.2699	2.2881	1.5919	2.9857	1.9781
30.0	1.5202	1.2717	2.3261	1.5973	3.0372	1.9898
40.0	1.5325	1.2723	2.3455	1.5993	3.0632	1.9942
50.0	1.5400	1.2727	2.3572	1.6002	3.0788	1.9962
100.0	1.5552	1.2731	2.3809	1.6015	3.1102	1.9990

총열손실

그림 4.16에서 4.18까지에서 시간 τ 동안의 총열손실은 아래 식에서 구할 수 있다.

무한평판:
$$\frac{Q}{Q_0} = 1 - \left(\frac{\theta_0}{A_B \theta_i}\right) \sin A_B \tag{C.10}$$

무한원통:
$$\frac{Q}{Q_0} = 1 - \left(\frac{2\theta_0}{A_B \theta_i}\right) J_1(A_B) \tag{C.11}$$

구:
$$\frac{Q}{Q_0} = 1 - \left(\frac{3\theta_0}{A_B^3 \theta_i}\right) (\sin A_B - A_B \cos A_B) \tag{C.12}$$

위의 식에서 A_B와 C_B는 역시 각 형태에 대한 계수이고 표 C.2에 Biot 수의 함수로 수록되어 있다.

해석적인 해를 사용하면 Heisler 도표를 사용하는 것보다 훨씬 정확한 값을 얻을 수 있긴 하나 계산을 하는 일이 귀찮은 일이다. 따라서 이 부록에 수록한 공식을 사용하느냐 또는 Heisler 도표를 사용하느냐 하는 문제는 대류경계조건이 어느 정도 정확한가에 따라 달라진다. 때로는 두 방법을 혼합하여 문제를 풀 수도 있다. 예컨대 θ_0 값은 식에서 구하고 θ/θ_0 값은 도표에서 구하면 Bessel 함수를 계산할 필요가 없게 된다.

예제 C-1 작은 원통의 냉각

초기온도가 250°C이고 지름이 5 cm인 대단히 긴 강철원통이 80°C이고 $h = 500\ \text{W/m}^2 \cdot {}^\circ\text{C}$인 대류조건에 노출되었다. 1분 후에 중심축으로부터 반지름이 1.2 cm 되는 곳의 온도와 이 기간 동안의 원통의 단위길이당 열손실을 계산하여라. 강철의 성질로는 $\rho = 7800\ \text{kg/m}^3$, $c = 0.48\ \text{kJ/kg} \cdot {}^\circ\text{C}$ 및 $k = 35\ \text{W/m} \cdot {}^\circ\text{C}$로 한다.

■ 풀이

우선 열확산계수를 계산하면 다음과 같고

$$\alpha = \frac{k}{\rho c} = \frac{35}{(7800)(480)} = 9.35 \times 10^{-6}\ \text{m}^2/\text{s}$$

Biot 수는 아래와 같다.

$$\text{Bi} = \frac{hr_0}{k} = \frac{(500)(0.025)}{35} = 0.357$$

표 C.2로부터

$$A_B = 0.8064 \qquad C_B = 1.0837$$

식 (C.1)로부터

$$\frac{\theta_0}{\theta_i} = (1.0837) \exp\left[\frac{-(0.8064)^2(9.35 \times 10^{-6})(60)}{(0.025)^2}\right]$$
$$= 0.6045$$

중심에서 벗어난 지점의 온도를 구하자면 식 (C.8)을 사용하여야 한다.

$$\frac{\theta}{\theta_0} = J_0\left[\frac{(0.8064)(0.012)}{0.025}\right] = J_0(0.387) = 0.9623$$

따라서

$$\frac{\theta}{\theta_i} = (0.6045)(0.9623) = 0.5817$$

그리고

$$T = (0.5817)(250 - 80) + 80 = 178.9°\text{C}$$

열손실을 구하자면 식 (C.11)을 사용하여야 한다.

$$\frac{Q}{Q_0} = 1 - \left[\frac{(2)(0.6045)}{0.8064}\right] J_1(0.8064)$$

표 C.1로부터 $J_1(0.8064) = 0.37112$이므로

$$\frac{Q}{Q_0} = 0.4436$$

따라서

$$Q_0 = \rho c V \theta_i = (7800)(480)\pi(0.025)^2(250 - 80) = 1.25 \times 10^6 \text{ J}$$

그러므로

$$Q = (0.4436)(1.25 \times 10^6) = 5.54 \times 10^5 \text{ J/m length}$$

Appendix D

열전달문제의 해를 구하기 위한 마이크로소프트 엑셀의 이용

D-1 서론

마이크로소프트 엑셀은 매우 다양한 스프레드시트(spreadsheet) 소프트웨어 유틸리티이다. 이 부록에서는 열전달문제 해석에 적용할 수 있는 몇 가지 특징을 설명하고자 한다. 이 내용을 설명하기에 앞서, 만족할 만한 이해를 얻기 위해서 독자는 적어도 엑셀의 피상적인 지식을 이미 가지고 있거나 혹은 가지게 될 것으로 저자는 가정한다. 이러한 원만한 이해를 위해 참고문헌 [1~5]를 포함하여 많은 자료들이 이용 가능하다. 그래프 과정은 참고문헌 [2, 3]에 기술되어 있으며 수치 해는 [1, 4, 5]에 설명되어 있다. 그 외에 소프트웨어의 Help/Index기능은 즉석 운영 정보를 얻는데 유용하도록 되어 있다. 여기에서의 설명은 기본적으로 간단명료하게 하고, 본 교재의 본문에 있는 식, 표, 및 예제들을 참고하도록 하였다. 이 교재의 기본 내용을 보완할 수 있도록 해설이 이루어진다.

D-2 정상상태 열전달문제의 해를 위한 엑셀 템플릿

엑셀 작업표(worksheet)의 격자구조 및 셀 수식을 복사하기 위한 relative-cell reference기능(feature)은 전도문제의 정상상태 수치 해를 위해 편리한 수단을 제공해 준다. $\Delta x = \Delta y$인 경우 표 3.2에 실려있는, 반복해를 구하기에 적합한 형태로 되어 있는 절점방정식은 작업표 보기판(template)에 일반적인 형태로 나열되고, 그 후 문제의 기하학적 형상과 경계조건에 따라 작업표상에 적절한 셀로 복사된다. 이 식들의 해는 엑셀의 built-in iterative-solution 기능에 따라 아래와 같이 수행된다.

$\Delta x = \Delta y$인 경우 2차원 절점방정식의 목록을 보여주는 엑셀보기판이 그림 D-1(*a*)에 나타나있다. 이 식들에 관련된 절점은 내부절점, 대류열전달계수 h와 유체온도 T_∞를 갖는 평평한 경계 절점, 그리고 둘 다 대류에 노출되어 있는 내부 및 외부 코너 절점 등이다. 그림 D.2의 어휘설명에서 보여 주는 바와 같이 '오른쪽 바깥 대류절점'은 '왼쪽 내부 대류절점'과 같다는 점을 주의하라. 방정식은 다음과 같은 함수형태로 쓸 수 있으며,

$$T_i = f(T_j'\text{s}, \text{Bi})$$

여기서 T_j's는 T_i와 연결되어 있는(이웃하고 있는) 절점의 온도이고, Bi는 표 3.2에 나와 있는 것과 같이 $\text{Bi} = h\Delta x/k$이다. 공식들의 출력은 TOOL/OPTIONS/VIEW/check formulas를 클릭함으로써 작업표상에 실행

	A	B	C
1			
2			Generalized nodal formulas for Δx = Δy and Bi = hΔx/k Bi = 0 for insulated surface
3			
4			
5			
6	Interior node		=(B6+C5+D6+C7)/4
7			
8	Right conv surface, or		=(B8+$B$16*$B$17+(C7+C9)/2)/(2+$B$16)
9	inside left		
10	Left conv surface,		=(D10+$B$16*$B$17+(C9+C11)/2)/(2+$B$16)
11	or inside right		
12	Top conv surface,		=(C13+$B$16*$B$17+(B12+D12)/2)/(2+$B$16)
13	or inside bottom		
14	Bottom conv surface,		=(C13+$B$16*$B$17+(B14+D14)/2)/(2+$B$16)
15	or inside top		
16	Bi =		
17	Conv. Temp =		
18			
19	Top right corner		=($B$16*$B$17+(B19+C20)/2)/(1+$B$16)
20			
21	Top left corner		=($B$16*$B$17+(D21+C22)/2)/(1+$B$16)
22			
23	Bottom right corner		=($B$16*$B$17+(C22+B23)/2)/(1+$B$16)
24			
25	Bottom left corner		=($B$16*$B$17+(C24+D25)/2)/(1+$B$16)
26			
27	Interior top left corner		=($B$16*$B$17+C26+B27+(D27+C28)/2)/(3+$B$16)
28			
29	Interior top right corner		=($B$16*$B$17+D29+C28+(B29+C30)/2)/(3+$B$16)
30			
31	Interior bottom left corner		=($B$16*$B$17+B31+C32+(C30+D31)/2)/(3+$B$16)
32			
33	Interior bottom right corner		=($B$16*$B$17+D33+C34+(B33+C32)/2)/(3+$B$16)
34			

[그림 D.1a] 정상상태 템플릿

	A	B	C
34			
35	Top composite surface		=(2*(C36+$B$51*C34)+(1+$B$51)*(B35+D35))/((1+$B$51)*4)
36			
37	Right composite surface		=(2*(B37+$B$51*D37)+(1+$B$51)*(C36+C38))/((1+$B$51)*4)
38			
39	Left composite surface		=(2*($B$51*B39+D39)+(1+$B$51)*(C38+C40))/((1+$B$51)*4)
40			
41	Bottom composite surface		=(2*(C40+$B$51*C42)+(1+$B$51)*(B41+D41))/((1+$B$51)*4)
42			
43	Top right composite corner		=(2*$B$51*(C42+D43)+(1+$B$51)*(B43+C44))/((3*$B$51+1)*2)
44			
45	Top left composite corner		=(2*$B$51*(B45+C44)+(1+$B$51)*(C46+D45))/((3*$B$51+1)*2)
46			
47	Bottom left composite corner		=(2*$B$51*(B47+C48)+(1+$B$51)*(C46+D47))/((3*$B$51+1)*2)
48			
49	Bottom right composite corner		=(2*$B$51*(D49+C50)+(1+$B$51)*(B49+C48))/((3*$B$51+1)*2)
50			
51	[k(ext)]/[k(int)] = K =		

[그림 D.1b] 복합 경계면에 대한 템플릿

된다. 공식에 의해 계산된 수치값의 출력은 수식박스(formulas box)로부터 체크(check)를 제거함으로써 수행된다.

경계면을 갖는 경우 혹은 서로 다른 열전도계수를 갖는 두 재질이 모퉁이에서 분리되는 경우 공식은 더 복잡해진다. 이러한 복합 절점에 적용되는 용어가 그림 D.3에 주어져 있고 방정식은 셀 C35:C49에 나와 있으며 $\Delta x = \Delta y$인 경우 그림 D.1(*b*)에 템플릿이 나타나 있다. 이 공식에서 주의할 점은 파라미터 $K =$

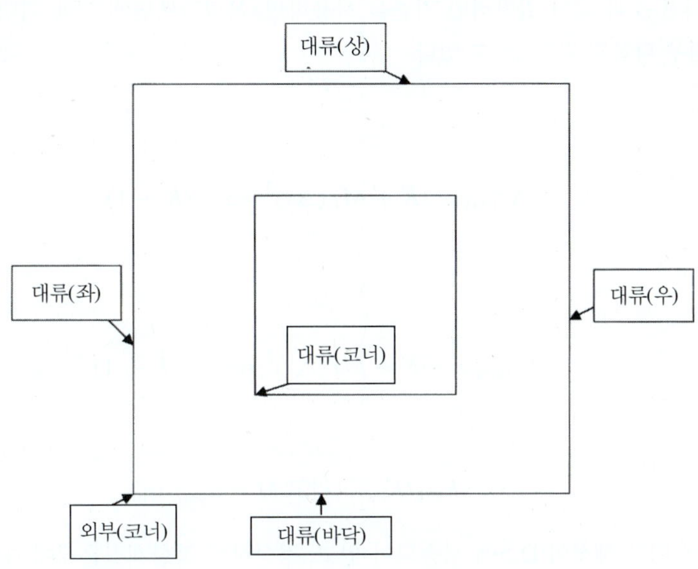

[그림 D.2] $\Delta x = \Delta y$인 정상상태 절점방정식에 대한 용어

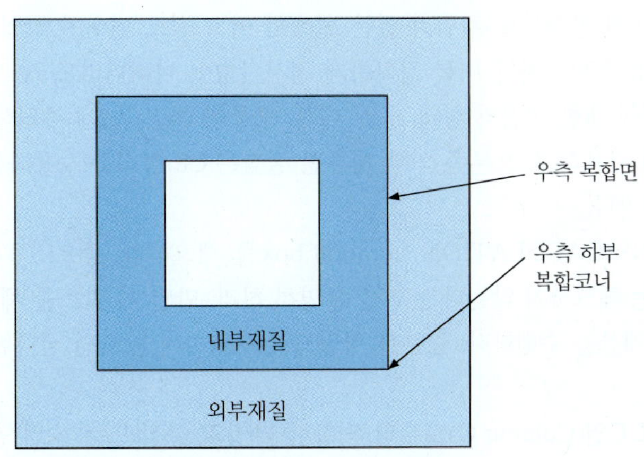

$K =$ (외부재질)K/(내부재질)
$K =$ 복합 아닌 경우
$K =$ 외부재질은 단열성이 우수하고, 내부재질은 전도성이 우수할 경우
$K =$ 내부재질은 단열성이 우수하고, 외부재질은 전도성이 우수할 경우

[그림 D.3] 복합경계에 대한 용어설명

$k_{exterior}/k_{interior}$가 포함되어 있다는 것이며, 셀 B51에 그 설명을 위해 여백이 준비되어 있다. 이 값은 각각의 절점공식에서 '$B$51'로 일컬어지는데, 이것은 마치 대류경계면을 갖는 공식에서 Bi의 값을 '$B$16'로 부르는 것과 같다.

복합경계면에 대한 안정성 조건(Stability Criteria)

복합경계면을 포함하는 과도문제를 공식화할 때 최대 시간증분(maximum time increment)이 결정돼야 한다. 식 (4.46)에 주어진 것과 같이 일반적인 기준을 사용하면, 복합경계면에 대해 최대로 허용가능한 시간증분은 $\Delta x = \Delta y$인 경우 다음과 같이 쓸 수 있다.

평면벽

$$\Delta\tau_{max} = (K + M)\,(\Delta x)^2/4\alpha_{ext}\,(K + 1)$$

모퉁이

$$\Delta\tau_{max} = (3K + M)\,(\Delta x)^2/4\alpha_{ext}\,(3K + 1)$$

여기서 K는

$$K = K_{ext}/K_{int} \text{ 그리고 } M = \alpha_{ext}/\,\alpha_{int}$$

과도 해(solutions)에 대한 해석이 D.5에 서술되어 있고, 정상상태 복합재질문제에 대한 예제가 예제 D.9에 주어져 있다.

정상상태 템플릿의 사용을 위한 과정은 다음과 같다.

1. 그림 D.1에서 주어진 공식들로 채워져 있는 셀에서 어느 정도 떨어진 작업표의 빈 공간에 절점시스템을 스케치한다. 작업표상의 격자가 비록 정확하게 정사각형이 아니더라도 $\Delta x = \Delta y$일 때의 해라는 점을 기억하라. 각각의 셀에 대한 절점의 형태(내부, 대류, 모퉁이 절점 등)에 주의하라. 또, 모든 내부절점은 템플릿에서 C6 형식을 사용하고, 오른쪽 외부 대류면 절점은 C8 형식을 사용하는 등 셀들의 세트(set)에 주의를 기울여 주기 바란다.
2. TOOLS/OPTIONS/CACULATION/iteration box를 체크하라. 중요!: ***"Workbook Options =Precision Displayed"*** 박스는 체크하지 않는다는 점을 분명히 하라. 만일 이 박스를 체크하지 않으면 엑셀은 15자리 숫자의 정밀도로 계산을 수행한다. 충분한 정밀도로 수행하지 않으면 심각한 round-off 에러가 발생할 수 있다.
3. step 1과는 별도로 C열(Column C)로부터 적합한 타입의 공식(또는 수식)을 워크시트 세트의 각각의 셀로 복사(Copy) 혹은 붙이기(Paste)를 하라. 여러 개의 내부절점 또는 면을 다른 여러 개의 절점에 대해 위와 같은 작업이 다수 요구될 때는 엑셀의 Drag-Copy기능을 사용하면 과정을 빨리 처리할 수 있다. 표 3.2로부터 단열된 면은 그 면에서 Bi = 0으로 놓으므로써 편하게 처리할 수 있다. 따라서 단열된 우측면은 C8에 있는 공식에서 $B$16에 0을 대입함으로써 사용할 수 있다.

4. 적합한 셀에 명시된 경계 절점온도에 수치값을 대입하라. 이 셀들은 어떤 수식(공식)을 넣는 것이 아니고 단지 수치값을 필요로 한다.
5. 셀 B16과 B17에 있는 Bi 및 대류 온도에 수치값을 대입하라. 주의: 만일 서로 다른 면에서 서로 다른 h와 T_∞값을 갖는다면 step 3의 copy/paste 조작 후 절점방정식에 따라 수치값들을 대입해야 한다.
6. 만일 공식들이 위의 단계동안에 실행되었어도 수치 해는 아직 화면에 나타나지 않는다. 해를 출력시키기 위해서는 TOOLS/OPTIONS/VIEW를 클릭하라. 선택된 반복횟수에 따라 해가 나타나게 될 것이다. 따로 반복횟수를 지정하지 않은 경우 디폴트(default) 반복횟수는 보통 100회이다. 반복횟수 등의 수정을 위해서는 엑셀 Help/Index를 참조하라. 요구되는 반복횟수는 물리적 문제 및 해석에 적용된 절점의 수에 의존한다.
7. 결과에 대한 그래프 출력은 Excel Chart Wizard 및 wire-mesh 또는 color-surface chart를 사용하여 얻는다. 몇 가지 특별한 출력은 뒤에 예제에서 보여준다. 이들 출력에서는 적절한 척도, 좌표계 기호 및 표면 장식 등 차트의 최종 처리를 시도하지 않았다. 이런 시도는 초기에 Chart Wizard에 나타날 때 기본적으로 이루어진다. 물론 적절한 라벨을 추가하는 일은 최종 결과 출력에 중요하다.
8. Bi, T_∞ 또는 고정된 경계온도값을 수정하여 넣음으로써 경계조건 변화의 영향을 관찰할 수 있다. 변화는 도표화된 온도값과 출력된 그래프 두 곳 모두에서 나타나게 될 것이다. 만일 필요하다면, 적합한 h, Δx 및 k 로부터 Bi 계산을 위해 편리한 워크시트의 위치에서 별개의 셀을 적용할 수도 있다.
9. 그림 D.1(a, b)의 워크시트 템플릿은 디스크 상에서 이용가능하다.

D-3 비균일 격자 및 비균일 물성값에 대한 방정식의 해

위의 템플릿 및 과정의 장점은 엑셀의 셀복사 특징(기능)(relative-cell copy feature)을 사용함으로써 절점방정식을 빠른 속도로 쓸 수 있다는 것이다. 그 외에, 수치 해가 물리적 상황의 형태에 맞는 포맷으로 출력된다. 셀복사특징은 $\Delta x = \Delta y$의 정사각형 격자인 경우에만 적용된다.

이의 대안으로, 절점방정식은 각각의 절점에 대해 개별적으로 쓸 수 있고, 그 후 동일한 반복과정으로 풀 수 있다. 만일 방정식이 개별적으로 쓰여진다면 그들은 식 (3.32)의 일반적 저항(resistance) 술어를 사용함으로서 공식화될 수 있으며, 물론 다른 재질뿐만 아니라 Δx와 Δy의 어떤 가능한 형상에 대해서도 허용된다. 이 경우에 $\mathrm{Bi} = h\Delta x/\Delta k$의 값은 더 이상 의미를 가지지 않으며, 필요에 따라 h의 값을 각 방정식에 대입한다. 그 과정은 다음과 같다.

1. 문제의 기하학적 형태를 스케치하고 절점의 온도 및 Δx와 Δy의 값을 확인한다.
2. 식 (3.32)의 형태로 각 절점에 대한 식을 쓴다.
3. 두 개의 열(columns)과 n개의 행(rows)을 확보해 둔다(n = 온도 절점의 수). TOOLS/OPTIONS/VIEW/Formula check 및 TOOLS/OPTIONS/CACULATION /Iteration check를 클릭한다.
4. 첫째 열, 첫째 행에 'T1 = '을 첫째 열, 둘째 행에 'T2 = ' 등을 입력한다.
5. 둘째 열에 step 2로부터 각 절점 온도 수식을 넣는다. 이때 각 셀 수식의 위치를 사용하여 인접한 온도를 참고한다(즉, T1은 제2열의 1행에, T2는 제2열의 2행에, ⋯).
6. TOOLS/OPTIONS/VIEW/Uncheck formulas box를 클릭한다. 해가 나타날 것이다. 이 과정에서 얻어진 해는 쉽게 그래프로 출력되기에 적합한 형태가 아니다.

D-4 열원과 복사 경계조건

3장에 언급된 바와 같이, 표 3.2에서 보여주는 $\Delta x = \Delta y$인 경우 절점방정식은 열원과 복사경계조건을 포함시킴으로써 수정된다. 열원에 대해서는 각 식의 분자에 아래의 식을 첨가하고

$$q_i = \dot{q}_i \Delta V_i \tag{D.1}$$

복사 경계 절점에 대해서는

$$q_i = q''_{\text{rad},i} \times \Delta A_i \tag{D.2}$$

를 첨가한다. 여기서 $\dot{q}$ = 단위체적당 열 발생이고 $q''_{\text{rad},\,i}$는 8장의 과정에 따라 구해진다. 방사율 ϵ_i를 갖는 면 경계절점이 온도가 T_r인 큰 복사환경과 열교환을 하는 일반적인 경우, 면 절점으로의 순복사열전달은 다음과 같다.

$$q_{\text{rad},i} = \sigma \epsilon_i \Delta A_i (T_r^4 - T_i^4) \tag{D.3}$$

모든 온도는 절대온도이고, T_r은 면 절점과 접촉하고있는 주위 대류환경의 온도와 같거나 혹은 다를 수 있다.

다시한번 말하자면 엑셀 스프레드시트 해의 형식은 기하학적 형태가 물리적 문제와 같이 배열된다는 사실이며, 따라서 대응되는 지점의 온도를 그래프 출력으로 보여 줄 수 있다. 예제에서 사용방법을 설명해 준다.

D-5 과도 열전달에 대한 엑셀 과정

워크시트의 준비

1. 절점 계산을 위한 셀 블록을 확보해 둔다. 여기서

온도 절점의 수 = 열(columns)의 수
시간 행(time rows)의 수 = 시간 증분의 수 + 3

2. 절점 계산을 위해 확보해 둔 블록에서 떨어진 워크시트의 한 부분에 재질의 물성값을 결정하고 목록을 만든다. 같은 위치에 열거된 경계조건을 위한 셀을 준비한다. 역시 $\Delta x = \Delta y$인 경우 B 수와 F_o 수 계산을 위한 셀을 준비한다. 아래 step 3에서의 계산에 따라 시간증분을 명시할 한 개의 셀을 확보한다.

3. 식 (4.46)에 따라 각 절점에 대한 최대 허용 시간 증분 $\Delta\tau$를 구한다. 만일 $\Delta x = \Delta y$라면 표 4.2의 목록에 따라 외부 모퉁이 절점이 가장 제약이 크다.

절점 온도 계산을 위한 예비 블록(Block Set Aside)

4. 문제의 절점 설계도를 이용하여 각 열의 맨 위 행에 절점 온도에 대한 술어를 배치하고 'T1 = ', 'T2=' 등을 입력한다.

5. 한 개의 행을 비워 놓는다.

6. 다음 행에는 각 절점 온도에 초기값(시간 = 0)을 적어 넣거나, 또는 문제의 다른 데이터로부터 초기값을 계산하기 위한 공식을 적어 넣는다(즉, 절점 위치의 항으로 표시된 좌표 변화).

7. 그 다음 행에는 식 (4.47)의 형태로 각 T^{p+1}에 대한 수식을 쓰거나 또는 $\Delta x = \Delta y$인 경우에 대해 표 4.2의 각 수식을 쓴다. 공식에서 step 6의 행에 명시된 T^p값을 참조하라. 모든 수식의 출력을 실행하기 위해서 TOOLS/OPTIONS/VIEW/ Formula check box를 클릭하라. 시간 증분을 명시하거나, 또는 위의 step 2에서 보여준 바와 같이 셀 위치의 항으로 표시된 각 절점 방정식에 대해 F_o와 Bi를 명시하라.

8. 필요한 시간 증분의 수와 같게 행의 수에 관한 공식들을 Drag-copy하라.

프로그램의 실행과 결과 그래프

9. 수식들이 옳게 되었는지 체크하라.

10. step 3에서 구해진 최대 제약조건 이내의 값을 갖도록 시간증분을 선택한다. 최종해를 얻는데 소요되는 전체시간과 가능한 시간증분(행)의 수를 고려하라. 필요하다면 여분의 행을 위해 수식을 drag-copy하라.

11. 위의 단계(steps)에서 얻어진 셀에 모든 재질의 물성값, 경계조건, 및 초기조건들을 기입하라.

12. 만일 아직도 수식이 화면에 나타나 있다면 TOOLS/OPTIONS/VIEW/Remove check mark from formula box를 클릭하라. 해가 나타날 것이다.

13. 시간증분(행)수의 함수인 절점 온도의 그래프는 Chart Wizard와 *line chart* 출력을 이용함으로서 얻어진다. 만일 시간증분수가 충분히 크게 주어진다면 해는 정상상태값으로 접근하게 될 것이다. 정상상태를 얻는데 필요한 시간증분의 수는 분명 기하학적 형상, 재질의 물성값, 초기 조건, 그리고 결코 무시할 수 없는 $\Delta\tau$의 값에 의존한다. 기하학적 형상을 갖는 과도(transient) 결과의 그래프 step 13에서 얻어진 line charts는 각 절점에 할당된 수와 대응한다. 결과는 아래의 과정을 이용함으로써, 실제 문제의 기하학적 형상과 대응하는 포맷으로 역시 주어진다.

14. 위의 step 12의 계산과 떨어진 작업표상에, 또는 새 작업표상에 물리적 문제와 대응하는 형상을 갖는 셀 블록을 마련해 둔다; 각 절점($\Delta x = \Delta y$)에 대해 하나의 셀. 모든 고정 경계 절점온도에 대한 셀들도 반드시 포함시킨다.

15. 문제의 설명에 부합되는 각 셀에 대해, 수식 = $column(온도 절점), row(시간 증분)을 입력한다. 비록 작업표에서 다른 행에 나타나더라도 모든 행 수(row numbers)는 같은 시간 증분에 대해 동일하다.

16. step 15에서 얻어진 숫자 행렬은 Chart Wizard로서 그래프를 그리게 되며, wire-mesh, area chart, 또는 3D surface chart로서 온도분포를 출력시키게 되는데, 이때 온도분포는 각 시간증분에 대해 기하학적 형상과 교차되는 형태로 보여준다.

17. 그 다음 시간증분에서 온도분포를 구하기 위해 step 15에서 얻어진 셀 블록을 다른 한 위치에 복사하라. 여기서 다른 한 위치란 "행(step 15) + 시간증분의 차 = 행(새로운 셀 블록)"과 같은 행 수에서의 위치이다. 만일 step 15에서 셀 블록의 첫머리(top)가 시간증분 2일 때 10행에 있었다면, 시간증분 5일 때 셀 블록의 첫머리(top)는 13행에 있게 될 것이고, 그리고 등등.

18. 시간증분의 수만큼 step 17의 과정을 반복하라. 비록 한 장의 작업표(worksheet)로도 여러 가지를 출력할 수 있지만, 인쇄출력 목적을 위해서는 여러 장의 작업표에 해를 복사하거나 붙이기 하는 것이 바람직해 보인다.

엑셀의 재계산 기능(recaculation feature)을 활용함으로서 과도 계산을 수행하는 것이 또한 가능한데, 여기에서 연속적 시간증분에 대해 방정식이 두 행으로 배열된다. 시간증분의 수는 중간값의 출력없이 최종결과에 명시된다. 이러한 접근은 시간증분의 수가 매우 클 때, 혹은 요구되는 유일한 결과가 특정한 경과 시간일 때 바람직하다. 그 방법은 참고문헌 [1]에 설명되어 있으며, Visual Basic을 사용하는 것도 또한 바람직하다. 결과는 실제 문제의 기하학적 형상을 나타내는 작업표 셀 블록에 그대로 복사된다. 그러나 이 접근은 위의 step 13에 설명된 온도–시간 line chart 구성을 위한 자료를 제공하지 않는다. 복잡한 문제일 때, 혹은 결과를 특별한 포맷으로 출력해야할 문제일 때는 복합적인 방법이 필요해진다.

예제 D-1 2차원 평판의 온도분포

식 (3.20)으로 표시된 2차원 평판시스템은 절점방정식에 대한 엑셀을 사용함으로서 수치적으로 매우 쉽게 해석된다. 일정경계온도로 바닥과 두 옆면은 $T_1 = 0$, 윗면은 $T_2 = 100$으로 선택한다. 엑셀격자가 그림 예제 D.1(a)와 같이 되고 일정온도 100을 셀 E5 : Q5에 써넣고, 일정온도 0을 셀 E6 : E44, Q6 : Q44, 그리고 F44 : P44에 써넣는다. 그 외 모든 절점은 내부절점이며, 템플릿 셀 C6에 주어진 바와 같은 절점방정식을 갖는다. 따라서 이 수식을 셀 F6에서 복사한 다음 나머지 온도셀에 drag-copy한다. 해는 그림 예제 D.1(b)와 같다.

결과의 그래프출력은 그림 예제 D.1(*c*)에서 보여주는 것과 같이 온도분포를 평면도로 간결하게 나타낼 수 있고,

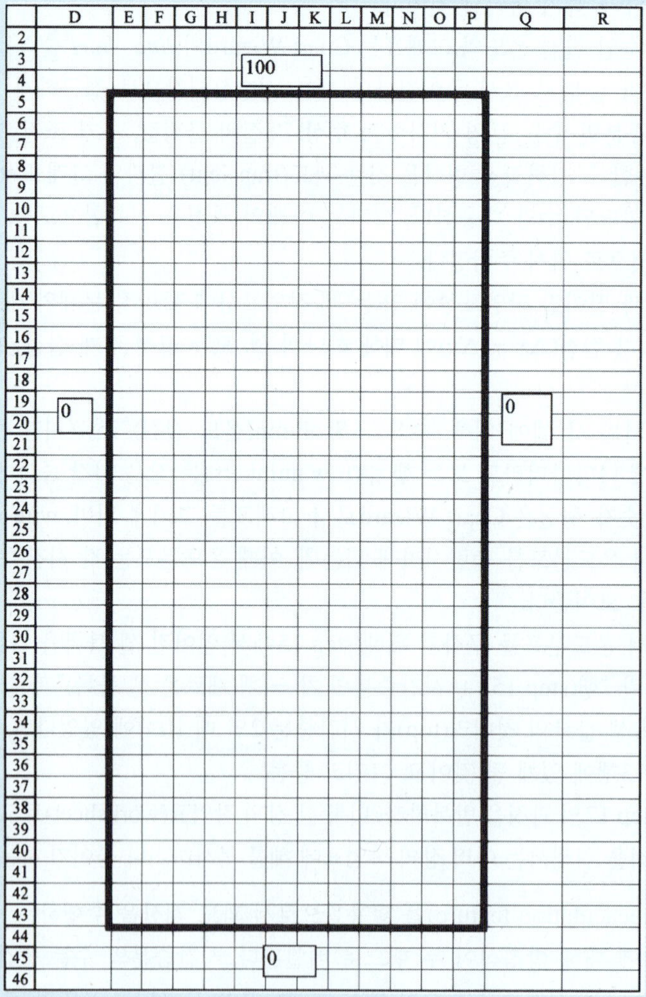

[그림 예제 D.1a] 격자 배치

	E	F	G	H	I	J	K	L	M	N	O	P	Q
4													
5	100.00	100.00	100.00	100.00	100.00	100.00	100.00	100.00	100.00	100.00	100.00	100.00	100.00
6	0.00	49.27	68.26	76.71	80.82	82.77	83.35	82.77	80.82	76.71	68.26	49.27	0.00
7	0.00	28.80	47.07	57.76	63.81	66.90	67.85	66.90	63.81	57.76	47.07	28.80	0.00
8	0.00	18.88	33.46	43.46	49.75	53.18	54.27	53.18	49.75	43.46	33.46	18.88	0.00
9	0.00	13.25	24.44	32.86	38.55	41.80	42.85	41.80	38.55	32.86	24.44	13.25	0.00
10	0.00	9.67	18.21	24.98	29.78	32.61	33.55	32.61	29.78	24.98	18.21	9.67	0.00
11	0.00	7.21	13.74	19.08	22.98	25.33	26.12	25.33	22.98	19.08	13.74	7.22	0.00
12	0.00	5.46	10.45	14.62	17.72	19.62	20.26	19.62	17.72	14.62	10.45	5.46	0.00
13	0.00	4.16	7.99	11.22	13.66	15.16	15.67	15.17	13.66	11.22	7.99	4.16	0.00
14	0.00	3.18	6.13	8.63	10.53	11.71	12.11	11.71	10.53	8.63	6.13	3.18	0.00
15	0.00	2.44	4.71	6.64	8.12	9.04	9.35	9.04	8.12	6.64	4.71	2.44	0.00
16	0.00	1.88	3.62	5.11	6.25	6.97	7.21	6.97	6.25	5.11	3.62	1.88	0.00
17	0.00	1.44	2.79	3.94	4.82	5.37	5.56	5.37	4.82	3.94	2.79	1.44	0.00
18	0.00	1.11	2.15	3.04	3.72	4.14	4.29	4.14	3.72	3.04	2.15	1.11	0.00
19	0.00	0.86	1.65	2.34	2.86	3.19	3.31	3.19	2.86	2.34	1.65	0.86	0.00
20	0.00	0.66	1.27	1.80	2.21	2.46	2.55	2.46	2.21	1.80	1.27	0.66	0.00
21	0.00	0.51	0.98	1.39	1.70	1.90	1.96	1.90	1.70	1.39	0.98	0.51	0.00
22	0.00	0.39	0.76	1.07	1.31	1.46	1.51	1.46	1.31	1.07	0.76	0.39	0.00
23	0.00	0.30	0.58	0.82	1.01	1.13	1.17	1.13	1.01	0.82	0.58	0.30	0.00
24	0.00	0.23	0.45	0.64	0.78	0.87	0.90	0.87	0.78	0.64	0.45	0.23	0.00
25	0.00	0.18	0.35	0.49	0.60	0.67	0.69	0.67	0.60	0.49	0.35	0.18	0.00
26	0.00	0.14	0.27	0.38	0.46	0.51	0.53	0.51	0.46	0.38	0.27	0.14	0.00
27	0.00	0.11	0.21	0.29	0.36	0.40	0.41	0.40	0.36	0.29	0.21	0.11	0.00
28	0.00	0.08	0.16	0.22	0.27	0.31	0.32	0.31	0.27	0.22	0.16	0.08	0.00
29	0.00	0.06	0.12	0.17	0.21	0.24	0.24	0.24	0.21	0.17	0.12	0.06	0.00
30	0.00	0.05	0.09	0.13	0.16	0.18	0.19	0.18	0.16	0.13	0.09	0.05	0.00
31	0.00	0.04	0.07	0.10	0.12	0.14	0.14	0.14	0.12	0.10	0.07	0.04	0.00
32	0.00	0.03	0.06	0.08	0.10	0.11	0.11	0.11	0.10	0.08	0.06	0.03	0.00
33	0.00	0.02	0.04	0.06	0.07	0.08	0.09	0.08	0.07	0.06	0.04	0.02	0.00
34	0.00	0.02	0.03	0.05	0.06	0.06	0.07	0.06	0.06	0.05	0.03	0.02	0.00
35	0.00	0.01	0.03	0.04	0.04	0.05	0.05	0.05	0.04	0.04	0.03	0.01	0.00
36	0.00	0.01	0.02	0.03	0.03	0.04	0.04	0.04	0.03	0.03	0.02	0.01	0.00
37	0.00	0.01	0.01	0.02	0.03	0.03	0.03	0.03	0.03	0.02	0.01	0.01	0.00
38	0.00	0.01	0.01	0.02	0.02	0.02	0.02	0.02	0.02	0.02	0.01	0.01	0.00
39	0.00	0.00	0.01	0.01	0.01	0.02	0.02	0.02	0.01	0.01	0.01	0.00	0.00
40	0.00	0.00	0.01	0.01	0.01	0.01	0.01	0.01	0.01	0.01	0.01	0.00	0.00
41	0.00	0.00	0.00	0.01	0.01	0.01	0.01	0.01	0.01	0.01	0.00	0.00	0.00
42	0.00	0.00	0.00	0.00	0.00	0.01	0.01	0.01	0.00	0.00	0.00	0.00	0.00
43	0.00	0.00	0.00	0.00	0.00	0.00	0.00	0.00	0.00	0.00	0.00	0.00	0.00
44	0.00	0.00	0.00	0.00	0.00	0.00	0.00	0.00	0.00	0.00	0.00	0.00	0.00
45													

[그림 예제 D.1b]

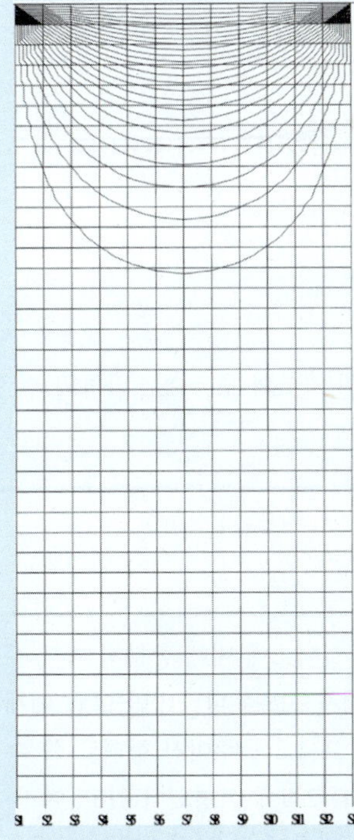

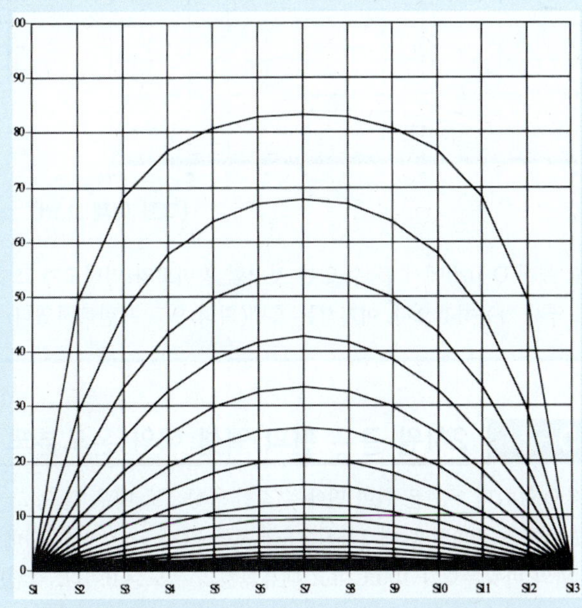

[그림 예제 D.1c]

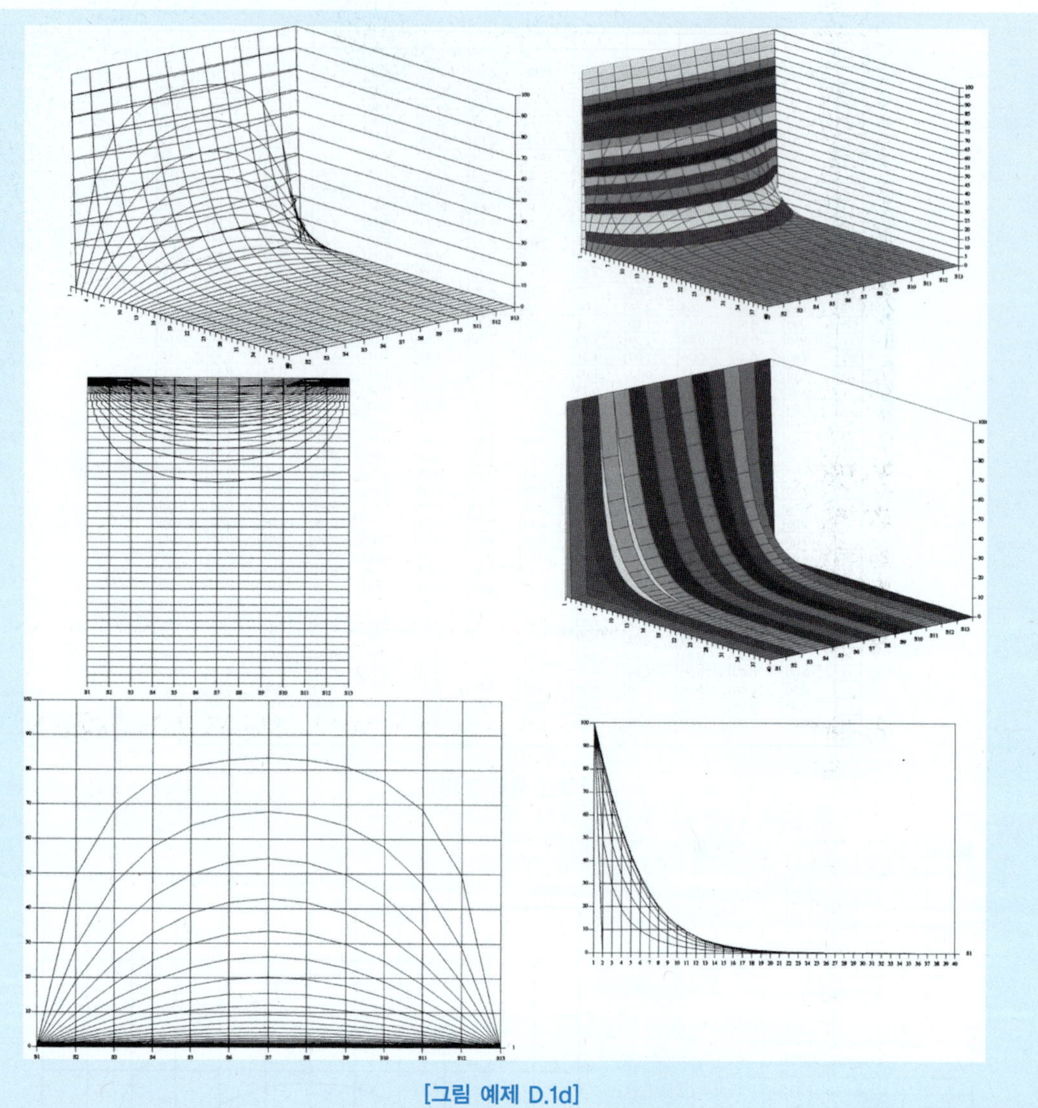

[그림 예제 D.1d]

혹은 그림 예제 D.1(*d*)에서 볼 수 있는 것처럼 평면도와 입면도가 조합된 3차원 차트의 모음으로 나타낼 수 있다. 칼라그림도 역시 가능하겠으나, 여기서는 흑백(회색)으로 프린트하였다.

예제 D-2 2차원 곧은 핀의 엑셀 해와 온도분포 출력

그림 예제 D.2(*a*)의 두꺼운 핀이 면에 수직인 방향으로 매우 길고, 그 두께 t는 길이 L에 비해 충분히 커서 주위 대류환경(h, T_∞)에 노출되었을 때 2차원온도분포를 갖게 된다. 이에 대해 2차원 격자구조를 나타내면 그림 예제 D.2(*b*)와 같다. 핀의 바탕온도가 100°C이고 대류환경의 온도는 0이다. 절점방정식은 표 4.2에 주어진 형태로 쓸 수 있으며 각 $\mathrm{Bi} = h\Delta x/k$ 값이 주어져 있다. 이 문제를 엑셀로 설정하기 위한 테크닉이 D-2절에 설명되어 있고, 여러 가지 Bi 수에 대한 계산결과가 그림 예제 D.2(*c*)에 주어져 있다. 3차원 출력결과로부터 다음과 같은 시스템의 거동을 살펴볼 수 있다.

1. Bi값이 작을 때(대류는 작고 전도는 클 때) 핀의 두께를 가로지르는 온도분포는 좀 더 균일하게 나타난다. 즉, 핀은 제2장에서 취급한 1차원 핀과 비슷하게 거동한다.
2. Bi값이 작을 때 역시 핀의 길이방향으로 온도분포가 완만하게 감소한다.
3. Bi값이 클 때(대류는 크고 전도는 작을 때) 핀의 길이방향으로 온도분포가 급격히 감소한다. Bi수가 충분히 클 때, 핀은 핀끝의 온도가 주위온도와 같아지는 무한히 긴 핀과 같이 거동한다. 또한 엑셀 스프레드시트 해는 Bi = 1.0일 때 그림 예제 D.2(d)에 보인 바와 같이 핀의 온도분포의 평면도와 입면도를 얻는데 사용할 수 있다. 칼라 출력도 가능하나, 경제적인 이유로 여기에서는 흑백(회색)으로 출력하였다.

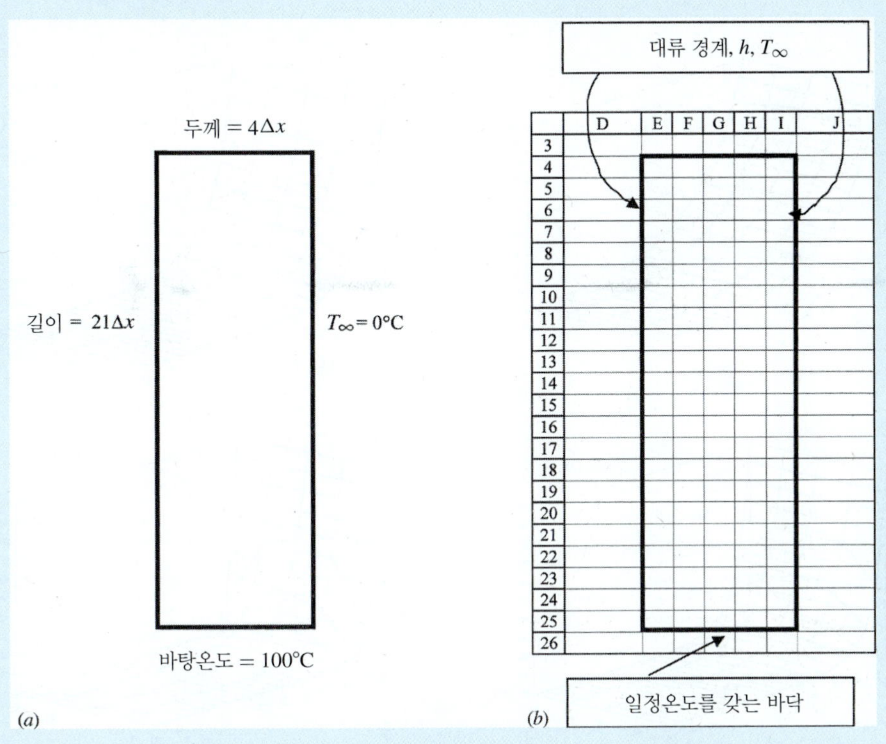

[그림 예제 D.2a, b]

예제 D-3 3.5의 엑셀 해(복사경계조건이 있는 경우와 없는 경우)

이 예제는 엑셀 포맷에서 좀더 간단하다. 여기에는 고정된 경계온도에 7개, 그리고 미지의 절점온도에 9개 등 확보된 셀 16개를 포함한다. 정상상태 템플릿 및 과정을 이용하여 블록 E2 : H5를 확보하고 그림 예제 D.3(a)에서 보여 주는 것과 같이 적합한 수식을 복사한다. 셀 $B$16과 $B$17은 Bi $= h\Delta x/k = 1/3$ 와 $T_\infty = 100°C$ 에 해당한다.

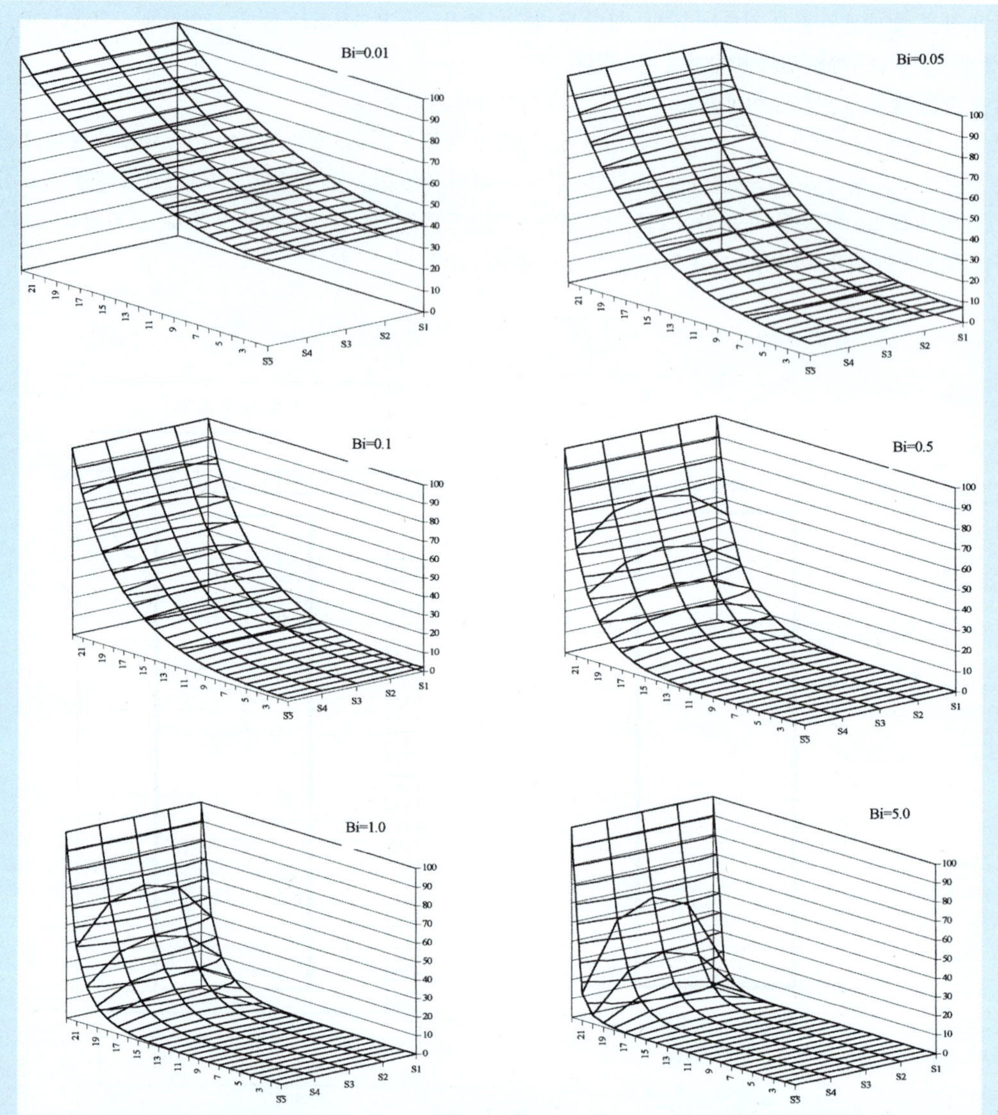

[그림 예제 D.2c]

반복과정이 실행될 때 해가 그림 예제 D.3(*b*)에 온도의 wire mesh chart를 따라 나타나게 된다. 해는 예제 3.5의 결과와 일치하나 round-off 에러 때문에 약간 차이를 보이고 있다.

이제 같은 예제인데 복사에 노출된 면을 갖고 있는 경우를 고려하자. 복사노출면은 방사율 $\epsilon = 0.9$를 갖고 $T_r = 100°C = 373$ K인 큰 밀폐실과 복사에너지를 교환한다. 이제 아래의 항을 각 경계 절점(절점 3, 6, 7, 8, 9) 수식의 분자에 포함시킴으로서 복사 효과를 조사한다.

$$q_{\text{rad},i} = \sigma \epsilon_i \Delta A_i \left(T_r^4 - T_i^4\right)/k \qquad (a)$$

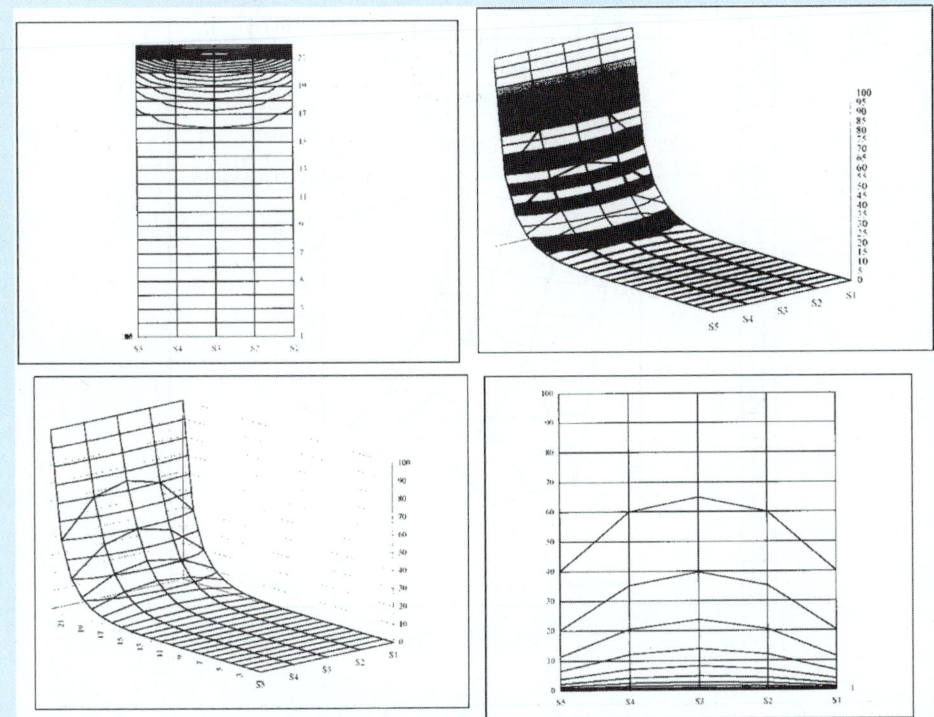

[그림 예제 D.2d] Bi = 1.0일 때 온도분포

각각의 표면적은 $\Delta x = 1/3$이고 $T_r = 373$, 각 수식에서 T_i는 다음과 같다.

$$T_i = T_i(°\mathrm{C}) + 273$$

따라서, 식 (*a*)는 다음과 같이 된다. 그림 예제 D.3(*a*) 수식

$$q_{\mathrm{rad},i} = (5.669 \times 10^{-8})(0.9)(1/3)(393^4 - (T_i + 273)^4)/10 \qquad (b)$$

이제 이 항을 그림 예제 D.3(*c*) *H* 열에 보인 각 경계 절점 공식의 분자에 대입한다. 최종적으로, 반복해가 실행되고 해는 그림 예제 D.3(*d*)와 같이 출력된다. 일부 복사열손실로 인해 온도값이 대류경계만 있을때 얻어진 값보다 기본적으로 낮다는 사실에 유의하라. 이 차이가 wire mesh 출력에서 사실적으로 보여주고 있다.

	E	F	G	H
2	500	500	500	500
3	100	=(E3+F2+G3+F4)/4	=(F3+G2+H3+G4)/4	=(G3+$B$16*$B$17+(H2+H4)/2)/(2+$B$16)
4	100	=(E4+F3+G4+F5)/4	=(F4+G3+H4+G5)/4	=(G4+$B$16*$B$17+(H3+H5)/2)/(2+$B$16)
5	100	=(F4+$B$16*$B$17+(E5+G5)/2)/(2+$B$16)	=(G4+$B$16*$B$17+(F5+H5)/2)/(2+$B$16)	=($B$16*$B$17+(H4+G5)/2)/(1+$B$16)

[그림 예제 D.3a] 수식

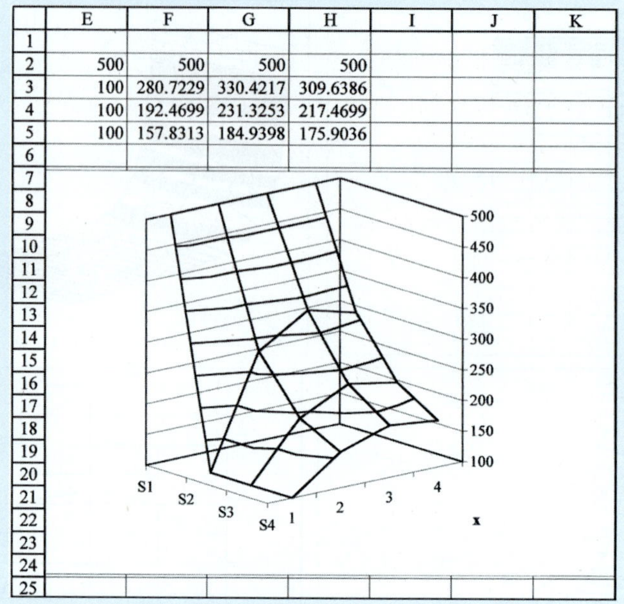

	E	F	G	H	I	J	K
1							
2	500	500	500	500			
3	100	280.7229	330.4217	309.6386			
4	100	192.4699	231.3253	217.4699			
5	100	157.8313	184.9398	175.9036			
6							

[그림 예제 D.3b]

	H
1	
2	500
3	=(G3+$B$16*$B$17+(H2+H4)/2+0.000000001701*(393^4-(H3+273)^4))/(2+$B$16)
4	=(G4+$B$16*$B$17+(H3+H5)/2+0.000000001701*(393^4-(H4+273)^4))/(2+$B$16)
5	=($B$16*$B$17+(H4+G5)/2+0.000000001701*(393^4-(H5+273)^4))/(1+$B$16)

[그림 예제 D.3c] 복사에 대한 경계절점 수식

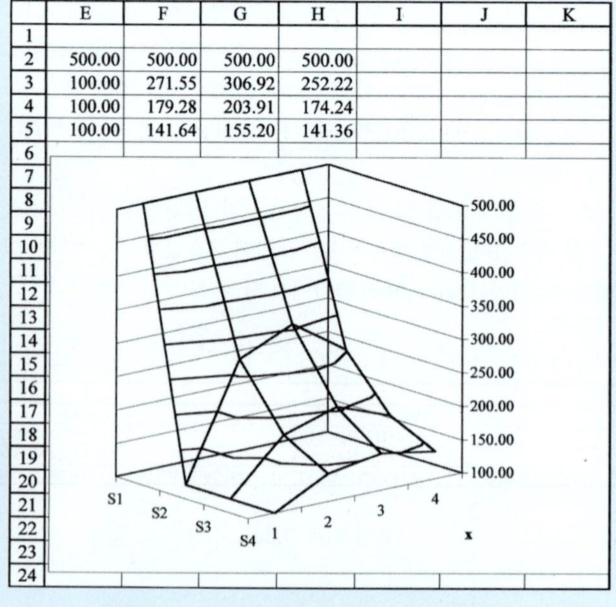

	E	F	G	H	I	J	K
1							
2	500.00	500.00	500.00	500.00			
3	100.00	271.55	306.92	252.22			
4	100.00	179.28	203.91	174.24			
5	100.00	141.64	155.20	141.36			
6							

[그림 예제 D.3d] 대류 및 복사경계조건

예제 D-4 경제에서 열원과 대류가 있는 핑판

그림 예제 D.4(*a*)와 같은 2차원 평판에서 하부 세 면은 일정온도 100°C를 유지하고 있다. 윗면은 $T_\infty = 0°C$의 대류환경에 노출되어 있으며, 더불어 지시된 절점에서 열원이 놓여 있다. 열원의 세기는 $\dot{q} = 400k$이며, 여기서 k는 재질의 열전도계수이다. 대류경계는 Bi = 0.5이다. 이상 주어진 조건에 대해 고체 내 온도분포를 조사한다.

D-2절의 정상상태 템플릿을 적용하고 계산을 위해 셀 블록 E4:M13을 확보한다. 고정된 경계온도에 포함된 절점은 90셀이다. 고정 경계온도 100°C를 셀 E4:E13, F13:L13, 그리고 M4:M13에 대입한다. 내부 절점에 대한 공식은 셀 C6에서부터 블록 F5:L12까지 복사한다. 윗면 대류경계면에 대한 공식은 셀 C13에서부터 F5:L5까지 복사한다. 그 외에 셀 $B$15(이 경우 400)로 명시된 $\dot{q}/k$값을 셀 H4 공식의 분자에 추가시킨다. 여기서 셀 H4는 열원이 위치한 절점을 나타낸다. 절점방정식의 일부를 출력한 것이 그림 예제 D.4(*b*)에 나타나 있다.

반복적 해 과정이 실행될 때, 결과는 온도분포에 대한 wire mesh-차트를 따라 그림 예제 D.4(*c*)처럼 나타난다. 온도는 열원이 있는 절점에서 확연히 최고점을 나타내고, 하부 경계를 따라서는 일정한 값을 보이고, 대류 경계면 근처에

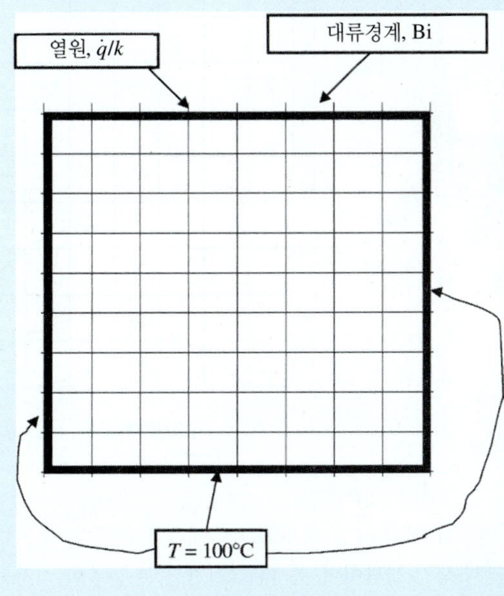

[그림 예제 D.4a]

	E	F	G	H
2				
3				
4	100	=(F5+$B$16*$B$17+(E4+G4)/2)/(2+$B$16)	=(G5+$B$16*$B$17+(F4+H4)/2)/(2+$B$16)	=($B$15+H5+$B$16*$B$17+(G4+I4)/2)/(2+$B$16)
5	100	=(E5+F4+G5+F6)/4	=(F5+G4+H5+G6)/4	=(G5+H4+I5+H6)/4
6	100	=(E6+F5+G6+F7)/4	=(F6+G5+H6+G7)/4	=(G6+H5+I6+H7)/4
7	100	=(E7+F6+G7+F8)/4	=(F7+G6+H7+G8)/4	=(G7+H6+I7+H8)/4
8	100	=(E8+F7+G8+F9)/4	=(F8+G7+H8+G9)/4	=(G8+H7+I8+H9)/4
9	100	=(E9+F8+G9+F10)/4	=(F9+G8+H9+G10)/4	=(G9+H8+I9+H10)/4
10	100	=(E10+F9+G10+F11)/4	=(F10+G9+H10+G11)/4	=(G10+H9+I10+H11)/4
11	100	=(E11+F10+G11+F12)/4	=(F11+G10+H11+G12)/4	=(G11+H10+I11+H12)/4
12	100	=(E12+F11+G12+F13)/4	=(F12+G11+H12+G13)/4	=(G12+H11+I12+H13)/4
13	100	100	100	100

[그림 예제 D.4b] 수식의 일부

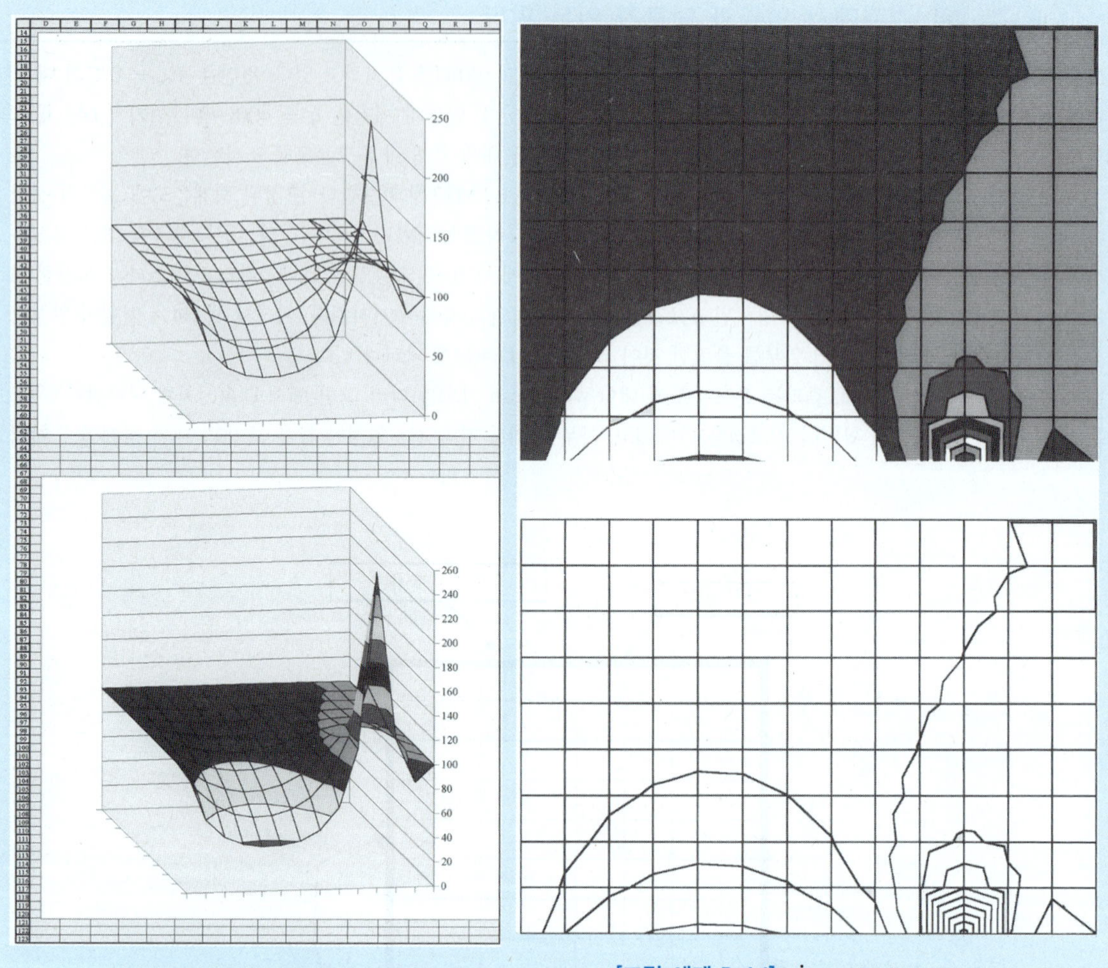

[그림 예제 D.4c] 수식의 일부

[그림 예제 D.4d] $\dot{q} = 400\ k$, Bi = 0.5

서는 값이 떨어진다. 온도분포 평면도가 역시 그림 예제 D.4(d)에서 보여준다. 등온선의 일부 모습이 매끄럽지 못한 것은 격자의 크기가 상대적으로 커서 생긴 결과이며, 좀 더 크기가 작은 촘촘한 격자를 사용할 경우 매끄러운 곡선을 얻을 수 있을 것이다.

열원의 세기, 대류계수, 주위환경온도 등의 변화에 따른 효과는 셀 B15, B16, 및 B17에 각각의 양(quantities) 대신 새로운 값을 대입함으로서 조사할 수 있다.

예제 D-5 정상상태로 수행된 예제 3-5의 과도 해석

예제 3-5의 2차원 고체가 초기에 균일한 온도 100°C를 유지하고 있다고 생각하자. 이제 아랫면과 우측면이 갑자기 대류경계($h = 10\ \text{W/m}^2 \cdot {}^\circ\text{C}$, $T_\infty = 100^\circ\text{C}$)에 노출되고, 좌측면은 100°C로, 윗면은 500°C가 되었다. 재질의 물성값은 $\rho = 8000\ \text{kg/m}^3$, $c = 290\ \text{J/kg}$, 그리고 $k = 10\ \text{W/m} \cdot {}^\circ\text{C}$이고, $\Delta x = \Delta y = 1/3\text{m}$이다. 이제 적절한 $\Delta\tau$값을 선택하고, 예제 3-5에 대한 그림 3.9와 같은 절점시스템을 사용하여 과도 응답을 계산하자. $n = 5$ 시간증분일 때 두 개의 그래프가 출력될 것이며, n값이 충분히 크면 정상상태에 도달할 것이다. 정상상태 해는 예제 3-5에서 얻어진 결과와 상응하게 나타날 것이다.

먼저, Bi와 α값을 다음과 같이 계산한다.

$$\text{Bi} = h\Delta x/k = (10)(1/3)/10 = 1/3$$

$$\alpha = k/\rho c = 10/(8000)(290) = 4.31 \times 10^{-6}\ \text{m}^2/\text{s}$$

4장에서 언급했던 것처럼 $\Delta x = \Delta y$일 때 가장 제약을 받는 시간증분은 외부코너절점이므로 다음과 같이 시간증분을 계산한다.

$$\Delta\tau_{\max} \le (\Delta x)^2/4\alpha(1+\text{Bi}) = 4833\ \text{sec.}$$

이제 이 계산을 위해 $\Delta\tau = 4000$ sec로 선택하고 Fourier 수를 구하면

$$\text{Fo} = \alpha\,\Delta\tau/(\Delta x)^2 = 0.1862$$

실제 문제에서는 16개의 절점이 있으나 7개는 경계조건으로 명시되므로 단지 9개의 절점만 열전달과정에 관련된다. 9-개절점계산 과정을 위해 A에서 I까지의 열을 준비하고 1행의 표시는 다음과 같이 한다.

A B C

T1 =T2 = T3 = 등등

2행은 뛰어넘고, 모든 절점의 초기온도는 3행에 100으로 적어 넣는다. 그 다음 절점방정식은 표 4.2의 수식을 사용하여 4행에 써넣는다. 계산된 Bi 및 Fo값은 편의를 위해 셀 M1 및 O1에 써넣고, 절점 수식에서는 \$M\$1 및 \$O\$1로 명명한다. 그림 예제 D-5(a)에서 기입된 방정식 결과를 보여준다. 다음은 방정식을 43행에 대해 끌기복사하는데, 정상상태에 이르도록 시간증분의 수를 충분하게 잡아둔다. 그림 예제 D-5(b)에 과도해를 열에 따라 출력한 모습을 볼 수 있다.

5시간 증분 후의 절점온도가 8행에 출력되어 있고 정상상태값은 35행 이상에서 얻어졌다. 문제의 기하학적 형태와 일치하는 형상으로 해를 그래프로 출력하기 위해서 16 셀 블록을 준비해야 하는데, 이는 고정 경계온도 7개 그리고 측정하고자하는 온도 절점 9개에 해당된다. 그림 예제 D.5(c)에 보는 바와 같이 K2:N5를 블록으로 선택한다. 시간증분이 5일 때(8행) 절점 1, 2 등에 대해 수식을 'H\$A8', 'H\$B8' 등과 같이 넣는다. 또한 고정된 경계온도 100 및

	A	B	C
1	T1=	T2=	T3=
2			
3	100	100	100
4	=$O$1*(500+B3+D3+100-4*A3)+A3	=$O$1*(A3+500+C3+E3-4*B3)+B3	=$O$1*(2*$M$1*(100-C3)+2*B3+500+F3-4*C3)+C3
5	=$O$1*(500+B4+D4+100-4*A4)+A4	=$O$1*(A4+500+C4+E4-4*B4)+B4	=$O$1*(2*$M$1*(100-C4)+2*B4+500+F4-4*C4)+C4
6	=$O$1*(500+B5+D5+100-4*A5)+A5	=$O$1*(A5+500+C5+E5-4*B5)+B5	=$O$1*(2*$M$1*(100-C5)+2*B5+500+F5-4*C5)+C5

	D	E	F
1	T4=	T5=	T6=
2			
3	100	100	100
4	=$O$1*(A3+100+E3+G3-4*D3)+D3	=$O$1*(D3+B3+F3+H3-4*E3)+E3	=$O$1*(2*$M$1*(100-F3)+2*E3+C3+I3-4*F3)+F3
5	=$O$1*(A4+100+E4+G4-4*D4)+D4	=$O$1*(D4+B4+F4+H4-4*E4)+E4	=$O$1*(2*$M$1*(100-F4)+2*E4+C4+I4-4*F4)+F4
6	=$O$1*(A5+100+E5+G5-4*D5)+D5	=$O$1*(D5+B5+F5+H5-4*E5)+E5	=$O$1*(2*$M$1*(100-F5)+2*E5+C5+I5-4*F5)+F5

	G	H	I
1	T7=	T8=	T9=
2			
3	100	100	100
4	=$O$1*(2*$M$1*(100-G3)+2*D3+100+H3-4*G3)+G3	=$O$1*(2*$M$1*(100-H3)+2*E3+G3+I3-4*H3)+H3	=2*$O$1*(2*$M$1*(100-I3)+F3+H3-2*I3)+I3
5	=$O$1*(2*$M$1*(100-G4)+2*D4+100+H4-4*G4)+G4	=$O$1*(2*$M$1*(100-H4)+2*E4+G4+I4-4*H4)+H4	=2*$O$1*(2*$M$1*(100-I4)+F4+H4-2*I4)+I4
6	=$O$1*(2*$M$1*(100-G5)+2*D5+100+H5-4*G5)+G5	=$O$1*(2*$M$1*(100-H5)+2*E5+G5+I5-4*H5)+H5	=2*$O$1*(2*$M$1*(100-I5)+F5+H5-2*I5)+I5

[그림 예제 D.5a] 복합벽을 지나는 1차원 열전달과 전기적 유사성

	A	B	C	D	E	F	G	H	I
1	T1=	T2=	T3=	T4=	T5=	T6=	T7=	T8=	T9=
2									
3	100.00	100.00	100.00	100.00	100.00	100.00	100.00	100.00	100.00
4	174.48	174.48	174.48	100.00	100.00	100.00	100.00	100.00	100.00
5	207.36	221.22	211.98	113.87	113.87	113.87	100.00	100.00	100.00
6	227.03	248.84	236.88	126.11	131.28	127.83	105.16	105.16	105.16
7	239.47	267.43	253.03	137.10	146.70	141.74	111.36	114.25	112.32
8	248.16	280.37	264.66	146.25	160.43	153.65	117.96	123.67	120.94
9	254.49	290.01	273.22	153.99	172.01	164.09	123.98	132.85	128.94
10	259.34	297.40	279.88	160.42	181.86	172.86	129.36	140.98	136.30
11	263.15	303.26	285.13	165.80	190.09	180.29	133.98	148.08	142.65
12	266.21	307.98	289.39	170.27	196.99	186.49	137.91	154.12	148.10
13	268.71	311.83	292.86	174.00	202.74	191.68	141.21	159.23	152.69
14	270.76	314.99	295.71	177.10	207.54	196.00	143.99	163.51	156.56
15	272.45	317.61	298.07	179.69	211.53	199.60	146.30	167.09	159.79
16	273.84	319.77	300.02	181.83	214.86	202.60	148.24	170.08	162.49
17	275.00	321.57	301.64	183.62	217.63	205.10	149.85	172.58	164.74
18	275.97	323.06	302.99	185.11	219.93	207.18	151.19	174.65	166.62
19	276.77	324.30	304.11	186.35	221.84	208.91	152.30	176.38	168.18
20	277.43	325.33	305.04	187.38	223.44	210.35	153.23	177.82	169.47
21	277.99	326.18	305.81	188.23	224.76	211.55	154.01	179.02	170.56
22	278.45	326.90	306.46	188.94	225.87	212.54	154.65	180.01	171.45
23	278.83	327.49	306.99	189.54	226.78	213.37	155.18	180.84	172.20
24	279.15	327.98	307.44	190.03	227.55	214.06	155.63	181.53	172.82
25	279.41	328.39	307.81	190.44	228.18	214.63	156.00	182.10	173.34
26	279.63	328.73	308.11	190.78	228.71	215.11	156.31	182.58	173.77
27	279.82	329.02	308.37	191.07	229.15	215.51	156.56	182.98	174.13
28	279.97	329.25	308.58	191.30	229.52	215.84	156.78	183.31	174.43

[그림 예제 D.5b] 수치값

	K	L	M	N	O
1		Bi=	=1/3	Fo=	=0.1862
2	500	500	500	500	
3	100	=$A8	=$B8	=$C8	
4	100	=$D8	=$E8	=$F8	
5	100	=$G8	=$H8	=$I8	

(c)

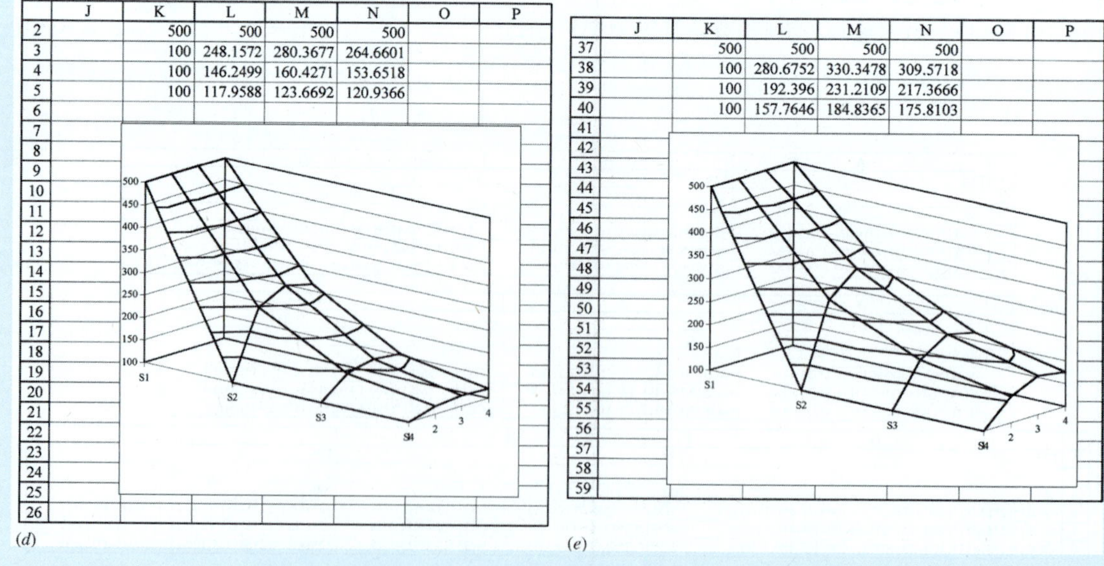

	J	K	L	M	N	O	P
2		500	500	500	500		
3		100	248.1572	280.3677	264.6601		
4		100	146.2499	160.4271	153.6518		
5		100	117.9588	123.6692	120.9366		

	J	K	L	M	N	O	P
37		500	500	500	500		
38		100	280.6752	330.3478	309.5718		
39		100	192.396	231.2109	217.3666		
40		100	157.7646	184.8365	175.8103		

(d) (e)

[그림 예제 D.5c,d,e] 복합벽을 지나는 1차원 열전달과 전기적 유사성

500°C 를 그들의 셀 위치에 상수값으로 써넣는다. $n = 5\Delta\tau$에 대한 수치해가 셀 16 블록에 나타난다.

$n = 40\Delta\tau$일 때(정상상태일 때)의 해를 출력하기 위해 K2:N5에서의 셀 블록을 선택하고 37행(2행 + 시간증분 수의 증가)에서 시작하는 다른 한 위치에 복사한다. 이 경우 문제의 기하학적 형상에서 보여준 바와 같이, 시간증분 40에 해당되는 블록과 온도를 선택했다. 마지막으로, 시간증분이 2일 때 wire-mesh 차트가 그림 예제 D.5(d) 및 (e)에 출력되어 있다. 물론, 동일한 과정을 통해 다른 시간증분일 때의 결과도 출력할 수 있다.

최종적인 사용목적을 위해 같은 작업표상에 도표화된 수치값을 나타내도록 선택할 수도 있고, 별도의 작업표상에 선택할 수도 있다. 발표를 목적으로 할 경우 또한 꾸밈(장식)기능도 추가할 수 있다.

열 A에서 I까지에 나타난 과도해는 일정경계온도 절점을 나타내지 않는다는 점에 주의하라. 반면, 기하학적 형상 포맷으로 된 출력은 고체 내 온도분포에 미치는 고온면 및 대류냉각의 효과를 좀 더 분명하게 보여준다. 일정 경계온도 절점을 포함시키는 것은 그림 예제 D.5(d) 및 (e)의 출력에 있어 중요한 부분이라는 사실을 다시 한번 주목한다.

예제 3-5의 정상상태 해와의 비교

예제 3-5의 정상상태 해는 시간증분의 수를 충분히 크게 했을 경우에 수행된 위의 과도 해와 대등하다는 사실을 주목하기 바란다.

D-6 대류와 복사가 있는 집중열용량계에 대한 분석

여러 차례 언급했듯이 실제 열전달문제들은 종종 한가지 이상의 열전달 모드(mode)를 수반한다. 이 절에서는 대류환경으로부터 열을 받거나 혹은 잃는 집중열용량 문제를 조사한다. 이때 주위 대류환경의 특징은 표면대류계수는 h_c이고 유체온도는 T_c이며, 이들은 둘 다 시간에 따라 혹은 고체의 온도에 따라 그 값이 변한다. 유체는 열복사가 가능하게 투명하다고 가정한다. 이 고체–유체 시스템은 큰 밀폐구조물(enclosure)에 의해 둘러싸여 있고, 밀폐구조물의 유효복사온도는 T_r이며 고체와 복사열교환을 하고 있다. 그림 D.4에 이 시스템을 보여주고 있는데, 고체의 중앙에 구멍(hole)이 있고 주변에 핀이 부착되어 있다.

고체는 복사면적으로부터 유효방사율 ϵ로서 복사를 하고 있다고 가정한다. 여기서 복사면적은 핀이 부착된 면적을 둘러싸는 가상 원통(지름 d_2)의 면적이고 그림에 그 식이 주어져 있다. 대류면적 A_c는 평균대류계수 h_c인 주위 유체에 노출되어 있는 고체의 전체 표면적이라고 가정한다.

고체가 집중열용량 거동을 한다고 가정하면, 다음과 같은 에너지평형식을 얻는다.

(고체의 내부에너지 증가율) = (대류에 의해 고체로 전달된 열)
+ (복사에 의해 고체로 전달된 열)

또는

$$\rho c\, V\, dT/d\tau = h_c A_c (T_c - T) + \sigma \epsilon A_r (T_r^4 - T^4) \qquad \textbf{(D.4)}$$

여기서 큰 밀폐구조물내 복사열교환에 관한 관계식, 식 (8.43a) 또는 식 (1.12)를 사용하였다. 밀폐구조물의 면적은 A_r과 비교하여 매우 크다고 가정한다. 일반적으로 h_c, T_c, 및 T_r은 시간과 고체의 온도에 따라 변하고, 식 (D.4)는 수치해를 구하기에 적합한 유한차분형태로 쓸 수 있다. 시간증분($\Delta\tau$)의 초기의 온도를 하첨자(p)로 그리고 그 시간증분 끝의 온도를 하첨자($p+1$)로 표시하면, 식 (D.4)는 다음과 같이 된다.

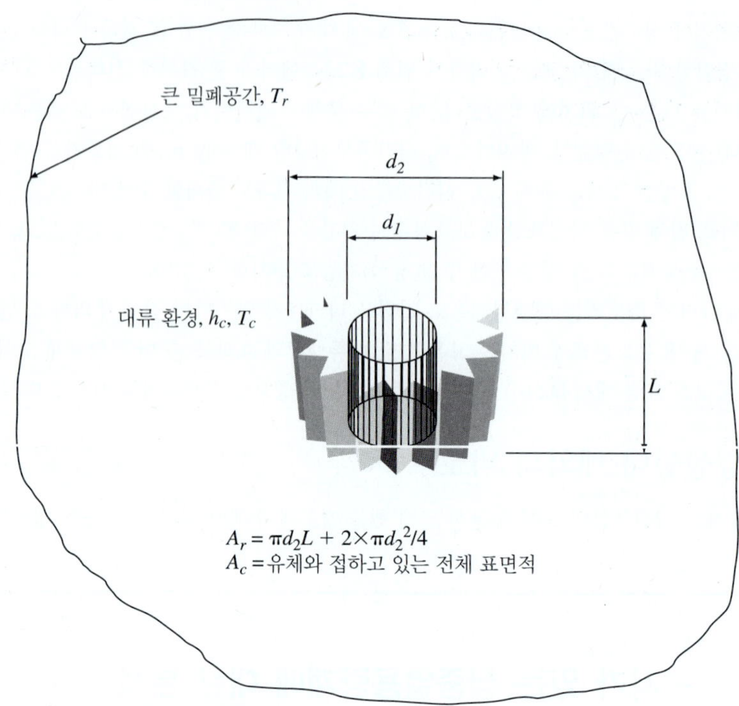

[그림 D.6] 복합벽을 지나는 1차원 열전달과 전기적 유사성

$$T_{p+1} = T_p + \left[h_c A_c (T_{c,p} - T_p) + \sigma\epsilon A_r (T_{r,p}^4 - T_p^4)\right](\Delta\tau/\rho c V) \quad \textbf{(D.5)}$$

식 (D.5)를 아래의 형태로 씀으로서 수치계산동안 복사와 대류에 대한 별개의 온도효과를 관찰하는 것이 바람직하다.

$$T_{p+1} = T_p + DT_{\text{conv}} + DT_{\text{rad}} \quad \textbf{(D.6)}$$

여기서 표시된 기호는

$$DT_{\text{conv}} = h_c A_c (T_{c,p} - T_p)(\Delta\tau/\rho c V) \quad \textbf{(D.7)}$$

및

$$DT_{\text{rad}} = \sigma\,\epsilon A_r \left(T_{r,p}^4 - T_p^4\right)(\Delta\tau/\rho c V) \quad \textbf{(D.8)}$$

모든 온도는 복사 항 때문에 절대온도이다.

기체의 자연대류 문제가 포함될 때 대류계수는 보통 다음과 같은 함수형태를 가지며,

$$h_c = B \times (T_c - T)^n \quad \textbf{(D.9)}$$

여기서 상수 B와 지수 n은 기하학적 형태와 유체에 의존한다. 공기에 대한 자연대류일 때 대표적인 B와 n값은

표 7.2를 보라. 기체(투명유체)를 포함하는 강제대류 상황일 때는 h_c가 고체의 온도에 크게 의존하지 않는다.

가변인 대류열전달계수와 더불어 복사열전달이 집중열용량계(고체)에 대한 에너지평형에 포함될 때, 시간-온도 응답은 4-2절에 나타난 단순한 지수거동과는 상당히 다르다. 결과적으로, 이러한 시스템에 대해 시간상수를 단순히 아래와 같이

$$\tau = c\rho V/hA$$

로 표시할 경우 상당한 오차가 생길 수 있다.

예제 D-6 핀이 부착된 알루미늄 고체의 냉각

그림 D.4와 같이 핀이 달린 알루미늄 고체가 다음과 같은 물리적 값을 갖는다.

$$\begin{aligned}
&\text{밀도} = 2675\ \mathrm{kg/m^3} \\
&\text{비열} = 920\ \mathrm{J/kg \cdot {}^\circ C} \\
&\text{부피} = 3.34 \times 10^{-5}\ \mathrm{m^3} \\
&\text{표면 유효 방사율} = 0.85 \\
&\text{유효 복사 면적} = 0.01141\ \mathrm{m^2} \\
&\text{대류에 대한 총 표면적} = 0.02298\ \mathrm{m^2}
\end{aligned}$$

초기에 균일한 온도(260°C = 533 K)를 유지하고 있는 고체가 정지된 공기가 있는 방(20°C) 안에 놓여 있어 냉각되고 있다. 자연대류 열전달계수는 다음과 같이 변한다고 가정한다.

	A	B	C
1	**Time, s**	**T, K**	**DTRad**
2	0	533	
3	=A2+$E$2	=B2+C3+D3	=$E$13*(0.00000005668*$E$8*$E$9*($E$12^4-B2^4))
4	=A3+$E$2	=B3+C4+D4	=$E$13*(0.00000005668*$E$8*$E$9*($E$12^4-B3^4))
5	=A4+$E$2	=B4+C5+D5	=$E$13*(0.00000005668*$E$8*$E$9*($E$12^4-B4^4))
6	=A5+$E$2	=B5+C6+D6	=$E$13*(0.00000005668*$E$8*$E$9*($E$12^4-B5^4))
7	=A6+$E$2	=B6+C7+D7	=$E$13*(0.00000005668*$E$8*$E$9*($E$12^4-B6^4))
8	=A7+$E$2	=B7+C8+D8	=$E$13*(0.00000005668*$E$8*$E$9*($E$12^4-B7^4))
9	=A8+$E$2	=B8+C9+D9	=$E$13*(0.00000005668*$E$8*$E$9*($E$12^4-B8^4))

	D	E	F
1	**DTConv**		**Nomenclature**
2		60	Time increment, s
3	=$E$13*($E$14*(ABS($E$7-B2))^$E$15)*$E$10*($E$7-B2)	2675	Density, kg/m^3
4	=$E$13*($E$14*(ABS($E$7-B3))^$E$15)*$E$10*($E$7-B3)	920	Sp. Heat, J/kg-K
5	=$E$13*($E$14*(ABS($E$7-B4))^$E$15)*$E$10*($E$7-B4)	0.0000334	Volume, m^3
6	=$E$13*($E$14*(ABS($E$7-B5))^$E$15)*$E$10*($E$7-B5)	=$E$3*$E$4*$E$5	Ther. Cap. J/K
7	=$E$13*($E$14*(ABS($E$7-B6))^$E$15)*$E$10*($E$7-B6)	293	Conv. Temp., K
8	=$E$13*($E$14*(ABS($E$7-B7))^$E$15)*$E$10*($E$7-B7)	0.85	Emissivity
9	=$E$13*($E$14*(ABS($E$7-B8))^$E$15)*$E$10*($E$7-B8)	0.01141	Rad. Area, m^2
10	=$E$13*($E$14*(ABS($E$7-B9))^$E$15)*$E$10*($E$7-B9)	0.02298	Conv. Area, m^2
11	=$E$13*($E$14*(ABS($E$7-B10))^$E$15)*$E$10*($E$7-B10)	=$E$14*(ABS($E$7-B2))^$E$15	Conv. Coeff., W/m^2-K
12	=$E$13*($E$14*(ABS($E$7-B11))^$E$15)*$E$10*($E$7-B11)	293	Rad. Temp., K
13	=$E$13*($E$14*(ABS($E$7-B12))^$E$15)*$E$10*($E$7-B12)	=$E$2/$E$6	Time parameter
14	=$E$13*($E$14*(ABS($E$7-B13))^$E$15)*$E$10*($E$7-B13)	1.4	Conv. Const.
15	=$E$13*($E$14*(ABS($E$7-B14))^$E$15)*$E$10*($E$7-B14)	0.25	Conv. Exp.
16	=$E$13*($E$14*(ABS($E$7-B15))^$E$15)*$E$10*($E$7-B15)		

[그림 예제 D.6a] 수식

	A	B	C	D	E	F
1	**Time, s**	**T, K**	**DTRad**	**DTConv**		**Nomenclature**
2	0	533.00			60	Time increment, s
3	60	481.39	-29.43	-22.18	2675	Density, kg/m^3
4	120	446.41	-18.59	-16.39	920	Sp. Heat, J/kg-K
5	180	420.75	-12.98	-12.68	3.34E-05	Volume, m^3
6	240	401.05	-9.62	-10.09	82.1974	Ther. Cap. J/K
7	300	385.44	-7.42	-8.18	293	Conv. Temp., K
8	360	372.81	-5.90	-6.73	0.85	Emissivity
9	420	362.42	-4.79	-5.60	0.01141	Rad. Area, m^2
10	480	353.75	-3.97	-4.71	0.02298	Conv. Area, m^2
11	540	346.44	-3.33	-3.98	5.51037108	Conv. Coeff., W/m^2-K
12	600	340.22	-2.82	-3.39	293	Rad. Temp., K
13	660	334.90	-2.42	-2.91	0.729950096	Time parameter
14	720	330.30	-2.09	-2.50	1.4	Conv. Const.
15	780	326.32	-1.82	-2.16	0.25	Conv. Exp.
16	840	322.85	-1.59	-1.88		
17	900	319.81	-1.40	-1.64		
18	960	317.13	-1.24	-1.43		
19	1020	314.78	-1.10	-1.26		
20	1080	312.69	-0.98	-1.10		
21	1140	310.84	-0.88	-0.97		
22	1200	309.19	-0.79	-0.86		
23	1260	307.71	-0.71	-0.76		
24	1320	306.40	-0.64	-0.68		
25	1380	305.22	-0.58	-0.60		
26	1440	304.16	-0.52	-0.54		
27	1500	303.20	-0.48	-0.48		
28	1560	302.34	-0.43	-0.43		
29	1620	301.56	-0.40	-0.38		
30	1680	300.85	-0.36	-0.34		
31	1740	300.22	-0.33	-0.31		
32	1800	299.64	-0.30	-0.28		
33	1860	299.11	-0.28	-0.25		
34	1920	298.63	-0.25	-0.23		
35	1980	298.19	-0.23	-0.20		
36	2040	297.79	-0.22	-0.18		
37	2100	297.43	-0.20	-0.17		
38	2160	297.09	-0.18	-0.15		
39	2220	296.79	-0.17	-0.14		
40	2280	296.51	-0.16	-0.12		
41	2340	296.25	-0.14	-0.11		
42	2400	296.01	-0.13	-0.10		
43	2460	295.80	-0.12	-0.09		
44	2520	295.60	-0.11	-0.08		
45	2580	295.41	-0.11	-0.08		

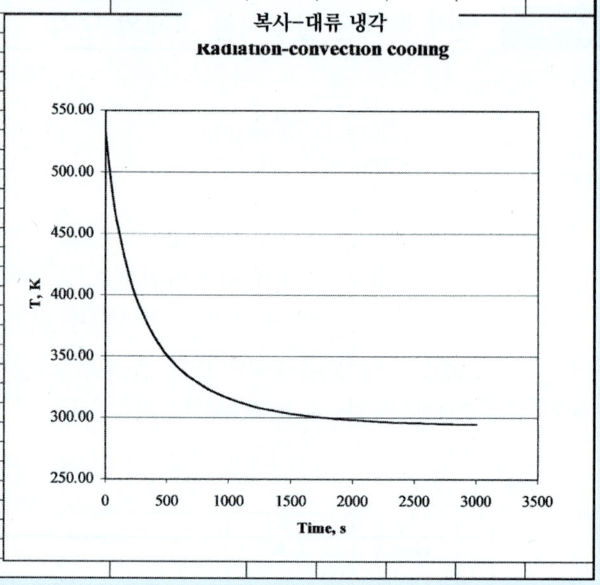

[그림 예제 D.6b] 복사 및 대류 냉각

$$h = 1.4(T - T_{\infty})^{0.25} \text{ W/m}^2 \cdot {}^{\circ}\text{C} \qquad \textbf{\textit{(a)}}$$

주위 방 벽의 유효 복사온도는 20°C이다. 이 상황에 대한 온도-시간 냉각곡선을 구하고, 이 결과를 대류만에 의해 냉각되는 경우(h = 냉각이 시작될 때의 값)의 결과와 비교하여라. 후자의 상황일 때 시간상수는 얼마인가?

■ 풀이

그림 예제 D.6(a)와 같이 이 문제에 대한 식 (D.5, D.6, D.7)을 엑셀 작업표에 써넣는다. 한 시간증분을 60 sec로 선택하고 대류계수를 나타내는 식 (a)를 대입한다. 수식을 50 행 또는 거의 정상상태를 나타낼 때까지 복사한다. 냉각이 시작될 때의 h값은

$$h_{\text{initial}} = 1.4(533 - 293)^{0.25} = 5.51 \text{ W/m}^2 \cdot {}^{\circ}\text{C}$$

이 값은 셀 E11에 계산되고 표시된다.

냉각곡선의 결과가 몇 행의 계산과정과 함께 그림 예제 D.6(b)에 그래프로 나타나 있다. 주목할 것은, 냉각 초기에는 복사와 대류에 의한 온도 감소는 대략 서로 같다. 따라서 복사를 무시하면 상당한 오차가 발생한다.

$h = 5.51$(H 상수)일 때 냉각곡선을 얻기 위해, 셀 E15에 지수값을 0으로 대입함과 함께, 이 값을 셀 E14에 대입한다. 냉각곡선의 결과가 그림 예제 D.6(c)에 보여주고 있는데, 이 결과는 분명 복사와 대류가 조합된 경우보다 냉각과정에 소요되는 시간이 더 길다. 시간상수는 식 (4.5)에 따라 다음과 같이 구해진다.

$$\tau = \rho c V/hA = (2675)(920)(0.0000334)/(5.51)(0.02298) = 649 \text{ sec}$$

이것은 전체 온도강하값의 63.2%에 도달하는데 걸리는 시간이고 또는 아래의 온도에 도달하는데 걸리는 시간이다.

$$T = 533 - (0.632)(533 - 293) = 381 \text{ K}$$

	A	B	C	D	E	F	G	H	I	J	K
1	Time, s	T, K	DTRad	DTConv	Nomenclature						
2	0	533.00			60	Time increment, s					
3	60	510.82	0.00	-22.18	2675	Density, kg/m^3					
4	120	490.69	0.00	-20.13	920	Sp. Heat, J/kg-K					
5	180	472.41	0.00	-18.27	3.34E-05	Volume, m^3					
6	240	455.83	0.00	-16.58	82.1974	Ther. Cap. J/K					
7	300	440.78	0.00	-15.05	293	Conv. Temp., K					
8	360	427.12	0.00	-13.66	0	Emissivity					
9	420	414.73	0.00	-12.40	0.01141	Rad. Area, m^2					
10	480	403.48	0.00	-11.25	0.02298	Conv. Area, m^2					
11	540	393.26	0.00	-10.21	5.51	Conv. Coeff., W/m^2-K					
12	600	384.00	0.00	-9.27	293	Rad. Temp., K					
13	660	375.59	0.00	-8.41	0.729950096	Time parameter					
14	720	367.95	0.00	-7.63	5.51	Conv. Const.					
15	780	361.03	0.00	-6.93	0	Conv. Exp.					
16	840	354.74	0.00	-6.29							
17	900	349.03	0.00	-5.71							
18	960	343.85	0.00	-5.18							
19	1020	339.15	0.00	-4.70							
20	1080	334.89	0.00	-4.27							
21	1140	331.02	0.00	-3.87							
22	1200	327.50	0.00	-3.51							
23	1260	324.31	0.00	-3.19							
24	1320	321.42	0.00	-2.89							
25	1380	318.79	0.00	-2.63							
26	1440	316.41	0.00	-2.38							
27	1500	314.25	0.00	-2.16							
28	1560	312.28	0.00	-1.96							
29	1620	310.50	0.00	-1.78							
30	1680	308.88	0.00	-1.62							
31	1740	307.41	0.00	-1.47							
32	1800	306.08	0.00	-1.33							
33	1860	304.87	0.00	-1.21							
34	1920	303.78	0.00	-1.10							
35	1980	302.78	0.00	-1.00							
36	2040	301.88	0.00	-0.90							
37	2100	301.06	0.00	-0.82							
38	2160	300.31	0.00	-0.74							
39	2220	299.64	0.00	-0.68							
40	2280	299.02	0.00	-0.61							
41	2340	298.47	0.00	-0.56							
42	2400	297.96	0.00	-0.51							
43	2460	297.50	0.00	-0.46							
44	2520	297.09	0.00	-0.42							
45	2580	296.71	0.00	-0.38							

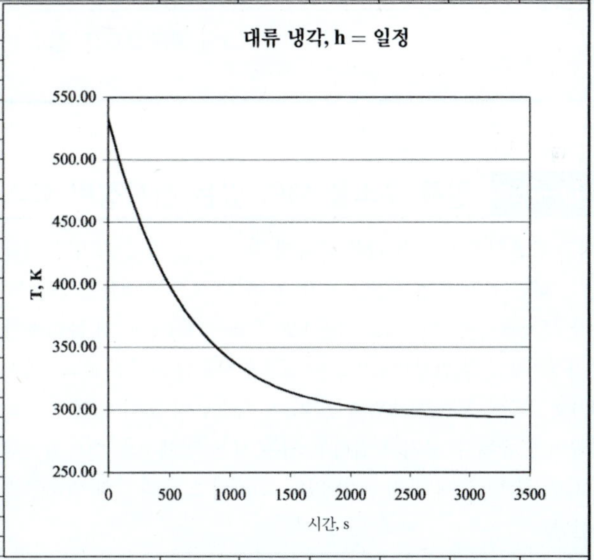

대류 냉각, h = 일정

T, K: 250.00, 300.00, 350.00, 400.00, 450.00, 500.00, 550.00

시간, s: 0, 500, 1000, 1500, 2000, 2500, 3000, 3500

[그림 예제 D.6c] 대류냉각만 있는 경우

대류-복사가 복합된 냉각인 경우 이 온도에 도달하는데 소요되는 시간은 약 320 sec로서 대류만 있는 경우보다 훨씬 더 짧다. 온도 63.2% 강하를 나타내는 시간상수의 설명은 복합된 대류-냉각문제를 기술하는데는 분명 적절하지 않다. 이상 두 개의 냉각곡선을 비교한 것이 그림 예제 D.6(d)에 나타나 있다.

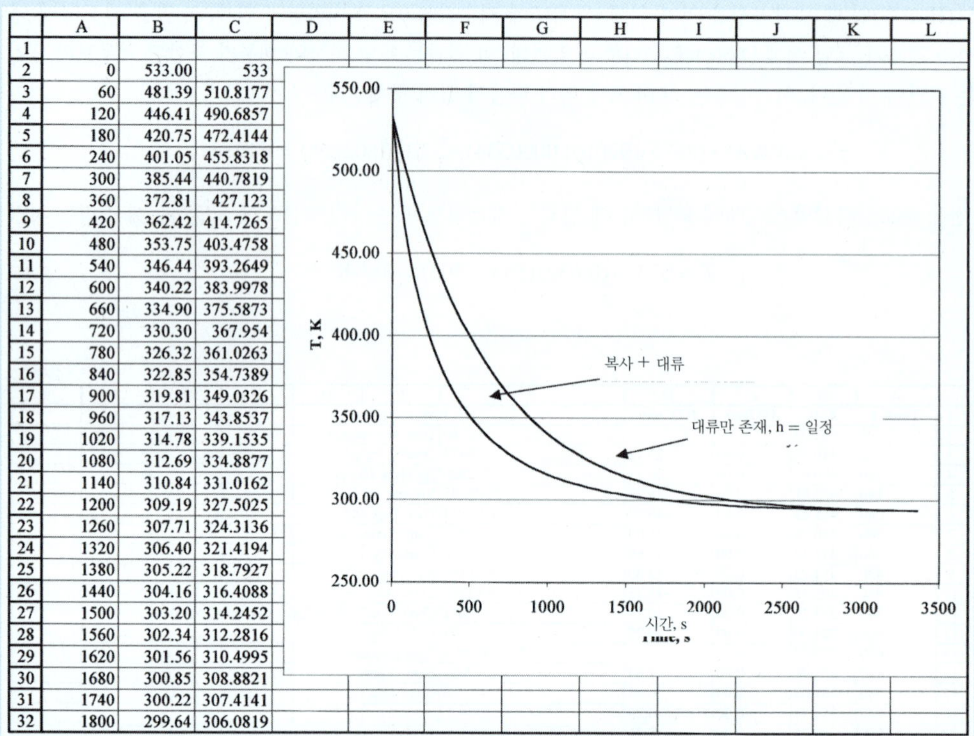

	A	B	C
1			
2	0	533.00	533
3	60	481.39	510.8177
4	120	446.41	490.6857
5	180	420.75	472.4144
6	240	401.05	455.8318
7	300	385.44	440.7819
8	360	372.81	427.123
9	420	362.42	414.7265
10	480	353.75	403.4758
11	540	346.44	393.2649
12	600	340.22	383.9978
13	660	334.90	375.5873
14	720	330.30	367.954
15	780	326.32	361.0263
16	840	322.85	354.7389
17	900	319.81	349.0326
18	960	317.13	343.8537
19	1020	314.78	339.1535
20	1080	312.69	334.8877
21	1140	310.84	331.0162
22	1200	309.19	327.5025
23	1260	307.71	324.3136
24	1320	306.40	321.4194
25	1380	305.22	318.7927
26	1440	304.16	316.4088
27	1500	303.20	314.2452
28	1560	302.34	312.2816
29	1620	301.56	310.4995
30	1680	300.85	308.8821
31	1740	300.22	307.4141
32	1800	299.64	306.0819

[그림 예제 D.6d] 결과 비교

예제 D-7 밀폐 구조물 내에 있는 전자장비 박스의 과도 가열

전자장비가 촘촘하게 내장된 작은 금속제 박스는 한 변의 크기가 대략 10 cm인 정육면체이고 질량은 0.5 kg, 비열은 300J/kg · °C이다. 박스의 표면적은 0.06 m^{3}이고 열발생율은 200 W이다. 이 전자박스가 한 알루미늄박스(한 변의 길이가 약 25 cm, 질량 1.05 kg, 비열 890 J/kg · °C)에 의해 둘러싸여 있다. 알루미늄 밀폐박스의 표면적은 0.375m^{2}이고, 전자장비박스와 알루미늄박스의 표면방사율은 둘 다 $\epsilon = 0.9$이다. 두 박스사이에는 질량 0.0176 kg이고 비열이 718J/kg · °C인 공기가 채워져 있다. 이 시스템이 초기에 20°C(= 293 K)의 균일한 온도를 유지하고 있다가 200 W의 전력이 공급된다. 공기와 접하고 있는 모든 면에서의 대류열전달계수는 h = 10 W/m^2 · °C이며, 이 전체 조립품은 20°C인 큰 방 안에 둘러 싸여 있다. 전자박스와 바깥의 밀폐구조물의 시간-온도 거동을 구하기 위해 수치 기술을 사용한다.

■ 풀이

시스템에 대한 술어가 그림 예제 D.7(a)에 나타나 있다. $A_3 \gg A_1$ 이므로 복사열전달은 식 (1.12)로 다음과 같이 계산된다.

$$q\ \mathrm{rad}_{1\text{-}2} = \sigma\, \epsilon_1\, A_1 \left(T_1^4 - T_3^4\right)$$

$$q\ \mathrm{rad}_{3\text{-}s} = \sigma\, \epsilon_3\, A_3 \left(T_3^4 - T_s^4\right)$$

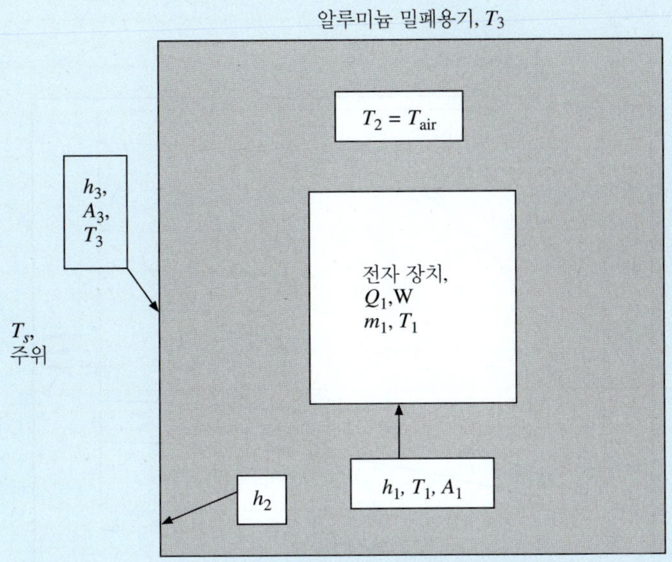

[그림 예제 D.7a] 용어설명

	C	D
1	T1=	T2=
2		
3	293	293
4	=$H$2*($H$3*0.06*(D3-C3)+0.000000051*0.06*(E3^4-C3^4)+$H$6)/150+C3	=$H$2*($H$3*0.06*(C3-D3)+$H$4*0.375*(E3-D3))/12.58+D3
5	=$H$2*($H$3*0.06*(D4-C4)+0.000000051*0.06*(E4^4-C4^4)+$H$6)/150+C4	=$H$2*($H$3*0.06*(C4-D4)+$H$4*0.375*(E4-D4))/12.58+D4
6	=$H$2*($H$3*0.06*(D5-C5)+0.000000051*0.06*(E5^4-C5^4)+$H$6)/150+C5	=$H$2*($H$3*0.06*(C5-D5)+$H$4*0.375*(E5-D5))/12.58+D5
7	=$H$2*($H$3*0.06*(D6-C6)+0.000000051*0.06*(E6^4-C6^4)+$H$6)/150+C6	=$H$2*($H$3*0.06*(C6-D6)+$H$4*0.375*(E6-D6))/12.58+D6

	E	F	G	H
1	T3=			
2			Dt=	5
3	293		h1=	10
4	=$H$2*($H$4*0.375*(D3-E3)+$H$5*0.375*(293-E3)+0.000000051*0.06*(C3^4-E3^4)+0.000000051*0.375*(293^4-E3^4))/934+E3		h2=	10
5	=$H$2*($H$4*0.375*(D4-E4)+$H$5*0.375*(293-E4)+0.000000051*0.06*(C4^4-E4^4)+0.000000051*0.375*(293^4-E4^4))/934+E4		h3=	10
6	=$H$2*($H$4*0.375*(D5-E5)+$H$5*0.375*(293-E5)+0.000000051*0.06*(C5^4-E5^4)+0.000000051*0.375*(293^4-E5^4))/934+E5		Q1=	100

[그림 예제 D.7b] 수식

여기서,

$$C_1 = m_1 c_1; \quad C_2 = C_{\text{air}} = m_{\text{air}} c_{\text{air}}; \quad C_3 = m_3 c_3,$$

상수 C는

$$C_1 = 150\ \text{J/°C}; \quad C_2 = 12.63\ \text{J/°C}; \quad C_3 = 934\ \text{J/°C}$$

각 절점으로 유입되는 에너지율은 그 절점의 내부에너지의 변화율과 같다고 놓음으로서, 세 절점 각각에 대해 에너지 평형식을 만든다. 절점 1, 전자박스에서 전력공급에 의한 에너지 입력을 Q_1로 표시하면

$$C_1 dT_1/d\tau = Q_1 + h_1 A_1 (T_2 - T_1) + \sigma \epsilon_1 A_1 \left(T_3^4 - T_1^4 \right) \qquad (a)$$

$$C_2 dT_2/d\tau = h_1 A_1 (T_1 - T_2) + h_2 A_3 (T_3 - T_2) \qquad (b)$$

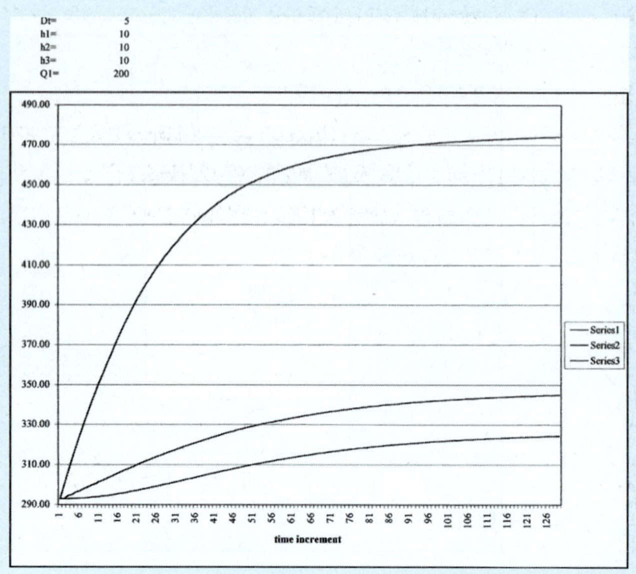

[그림 예제 D.7c]

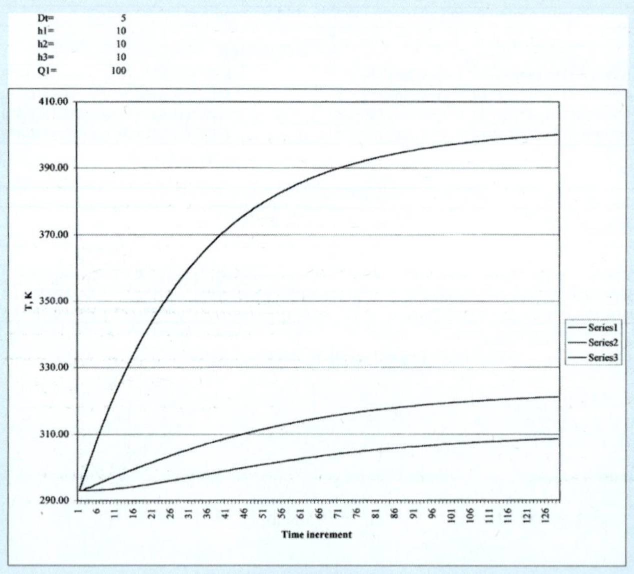

[그림 예제 D.7d]

$$C_3 dT_3/d\tau = h_2 A_3 (T_2 - T_3) + \sigma\epsilon_1 A_1 \left(T_1^4 - T_3^4\right) + h_3 A_3 (T_s - T_3) + \sigma\epsilon_3 A_3 \left(T_s^4 - T_3^4\right) \quad (c)$$

여기서 모든 온도는 절대온도이고 T_s는 주위 큰방의 온도를 나타낸다. 문제의 데이터로부터

$$A_1 = 0.06; \quad A_3 = 0.375; \quad h_1 = h_2 = h_3 = 10$$

$$\epsilon_1 = \epsilon_3 = 0.9 \quad T_s = 20°\text{C} = 239\text{K}$$

식 (a, b, c)는 온도구배를 표시하여 다음과 같이 유한차분형태로 쓸 수 있다.

$$dT/d\tau = (T^{p+1} - T^{p})/\Delta\tau$$

그리고 식의 오른쪽 항에서 T_p는 시간증분($\Delta\tau$) 시작시의 온도를, T^{p+1}은 시간증분 끝에서의 온도를 나타낸다. 결과 수식을 엑셀 워크시트에 대입하면 그림 예제 D.7(b)와 같다. Dt는 시간증분 $\Delta\tau$를 표시한다. 시간증분의 수가 클 때의 식은 과도 계산을 위해 복사된다. 공급 전력이 200 W이고 시간증분이 5 sec일 때의 결과가 그림 예제 D.7(c)에 보여주고 있다. 비교를 위해, 열 입력이 100 W일 때의 결과가 그림 예제 D.7(d)에 있으며, 세 절점 각각에 대해 200 W일 때보다 낮은 온도 값을 보이고 있다.

시간증분이 약 120일 때 혹은 약 10분 후에 거의 정상상태에 도달하였고, 그때의 전자박스의 온도는 200 W일 때 473 K(200°C)였으나 100 W일 때는 400K(127°C)였다. 그에 따르는 알루미늄 밀폐박스의 정상상태온도는 약 52°C및 35°C이었다.

예제 D-8 대칭문제의 해석

어떤 문제에서는 문제의 기하학적 형상이 반복되는 경우가 있는데, 이럴 경우 절점방정식 해석시 대칭조건을 사용함으로서 문제 해를 구하는데 필요한 절점의 수를 줄이는 이점이 있다. 예제 3-8은 그러한 상황을 설명해 준다. 본 예제에서는 그림 예제 D.8(a)과 같이 돌출부를 갖는 두 개의 벽 사이의 재질을 생각한다. 두 점선 사이의 부분이 반복되고 있으며, 또한 거울상(mirror image:거울에 비쳤을 때 좌우가 반대되는 상 모습) 형태를 하고 있다. 반복되는 부분에 대해 15 × 15 절점 형태를 취한다. 엑셀해석을 위해 블록 A1:O15이 사용되었고, 그 일부가 그림 예제 D.8(b)에 보여준다. 100°C-돌출부(rib)는 100°C -표면으로부터 돌출되어 있고 셀 A9:A15에 그 고정 값(100)이 써넣어져 있다. 마찬가지 방법으로, 0°-돌출부(rib)는 0° -표면으로부터 돌출되어 있고 셀 O1:O7에 그 고정 값(0)이 입력되어 있다.

모든 절점 공식은 내부 절점들이다. 그러나 셀 A2:A8 및 O8:O14에 있는 절점들은 거울상 온도를 포함하고 있어, 절점 A2의 왼편 온도는 절점 B3에서의 온도와 같다. 마찬가지로, 절점 O8의 오른편 온도는 N8과 같다. 따라서 수식에 2*B3 및 2*N8로 입력되며, 나머지들도 마찬가지이다. 한번 하나의 특성 수식이 입력되면 그 수식을 유사한 셀에 drag-copy한다. 다른 내부 절점 공식들도 보통 때와 같이 drag-copy하고, 그 일부가 그림 예제 D.8(b)에 나타나 있다.

반복 해가 수행되면, 온도분포 결과가 그림 예제 D.8(c)와 같이 3D-wire mesh 차트 및 평면, 입면도로 나타난다. 해를 흑백색으로 출력한 결과가 그림 예제 D.8(d)에 보여준다.

비교를 위해, 한 개의 벽과 한 개의 100°C-돌출부가 3 개의 0°C -벽에 둘러싸여 있는 경우의 온도분포그림이 그림 예제 D.8(e)에 잘 나타나 있다.

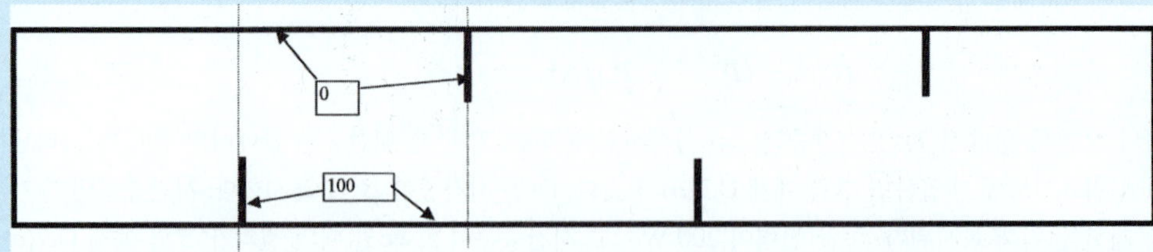

	A	B	C	D
1	0	0	0	0
2	=(A1+2*B3+A3)/4	=(A2+B1+B3+C2)/4	=(B2+C1+C3+D2)/4	=(C2+D1+D3+E2)/4
3	=(A2+2*B4+A4)/4	=(A3+B2+B4+C3)/4	=(B3+C2+C4+D3)/4	=(C3+D2+D4+E3)/4
4	=(A3+2*B5+A5)/4	=(A4+B3+B5+C4)/4	=(B4+C3+C5+D4)/4	=(C4+D3+D5+E4)/4
5	=(A4+2*B6+A6)/4	=(A5+B4+B6+C5)/4	=(B5+C4+C6+D5)/4	=(C5+D4+D6+E5)/4
6	=(A5+2*B7+A7)/4	=(A6+B5+B7+C6)/4	=(B6+C5+C7+D6)/4	=(C6+D5+D7+E6)/4
7	=(A6+2*B8+A8)/4	=(A7+B6+B8+C7)/4	=(B7+C6+C8+D7)/4	=(C7+D6+D8+E7)/4
8	=(A7+2*B9+A9)/4	=(A8+B7+B9+C8)/4	=(B8+C7+C9+D8)/4	=(C8+D7+D9+E8)/4
9	100	=(A9+B8+B10+C9)/4	=(B9+C8+C10+D9)/4	=(C9+D8+D10+E9)/4
10	100	=(A10+B9+B11+C10)/4	=(B10+C9+C11+D10)/4	=(C10+D9+D11+E10)/4
11	100	=(A11+B10+B12+C11)/4	=(B11+C10+C12+D11)/4	=(C11+D10+D12+E11)/4
12	100	=(A12+B11+B13+C12)/4	=(B12+C11+C13+D12)/4	=(C12+D11+D13+E12)/4
13	100	=(A13+B12+B14+C13)/4	=(B13+C12+C14+D13)/4	=(C13+D12+D14+E13)/4
14	100	=(A14+B13+B15+C14)/4	=(B14+C13+C15+D14)/4	=(C14+D13+D15+E14)/4
15	100	100	100	100

	L	M	N	O
1	0	0	0	0
2	=(K2+L1+L3+M2)/4	=(L2+M1+M3+N2)/4	=(M2+N1+N3+O2)/4	0
3	=(K3+L2+L4+M3)/4	=(L3+M2+M4+N3)/4	=(M3+N2+N4+O3)/4	0
4	=(K4+L3+L5+M4)/4	=(L4+M3+M5+N4)/4	=(M4+N3+N5+O4)/4	0
5	=(K5+L4+L6+M5)/4	=(L5+M4+M6+N5)/4	=(M5+N4+N6+O5)/4	0
6	=(K6+L5+L7+M6)/4	=(L6+M5+M7+N6)/4	=(M6+N5+N7+O6)/4	0
7	=(K7+L6+L8+M7)/4	=(L7+M6+M8+N7)/4	=(M7+N6+N8+O7)/4	0
8	=(K8+L7+L9+M8)/4	=(L8+M7+M9+N8)/4	=(M8+N7+N9+O8)/4	=(2*N8+O7+O9)/4
9	=(K9+L8+L10+M9)/4	=(L9+M8+M10+N9)/4	=(M9+N8+N10+O9)/4	=(2*N9+O8+O10)/4
10	=(K10+L9+L11+M10)/4	=(L10+M9+M11+N10)/4	=(M10+N9+N11+O10)/4	=(2*N10+O9+O11)/4
11	=(K11+L10+L12+M11)/4	=(L11+M10+M12+N11)/4	=(M11+N10+N12+O11)/4	=(2*N11+O10+O12)/4
12	=(K12+L11+L13+M12)/4	=(L12+M11+M13+N12)/4	=(M12+N11+N13+O12)/4	=(2*N12+O11+O13)/4
13	=(K13+L12+L14+M13)/4	=(L13+M12+M14+N13)/4	=(M13+N12+N14+O13)/4	=(2*N13+O12+O14)/4
14	=(K14+L13+L15+M14)/4	=(L14+M13+M15+N14)/4	=(M14+N13+N15+O14)/4	=(2*N14+O13+O15)/4
15	100	100	100	100

[그림 예제 D.8a,b] 복합벽을 지나는 1차원 열전달과 전기적 유사성

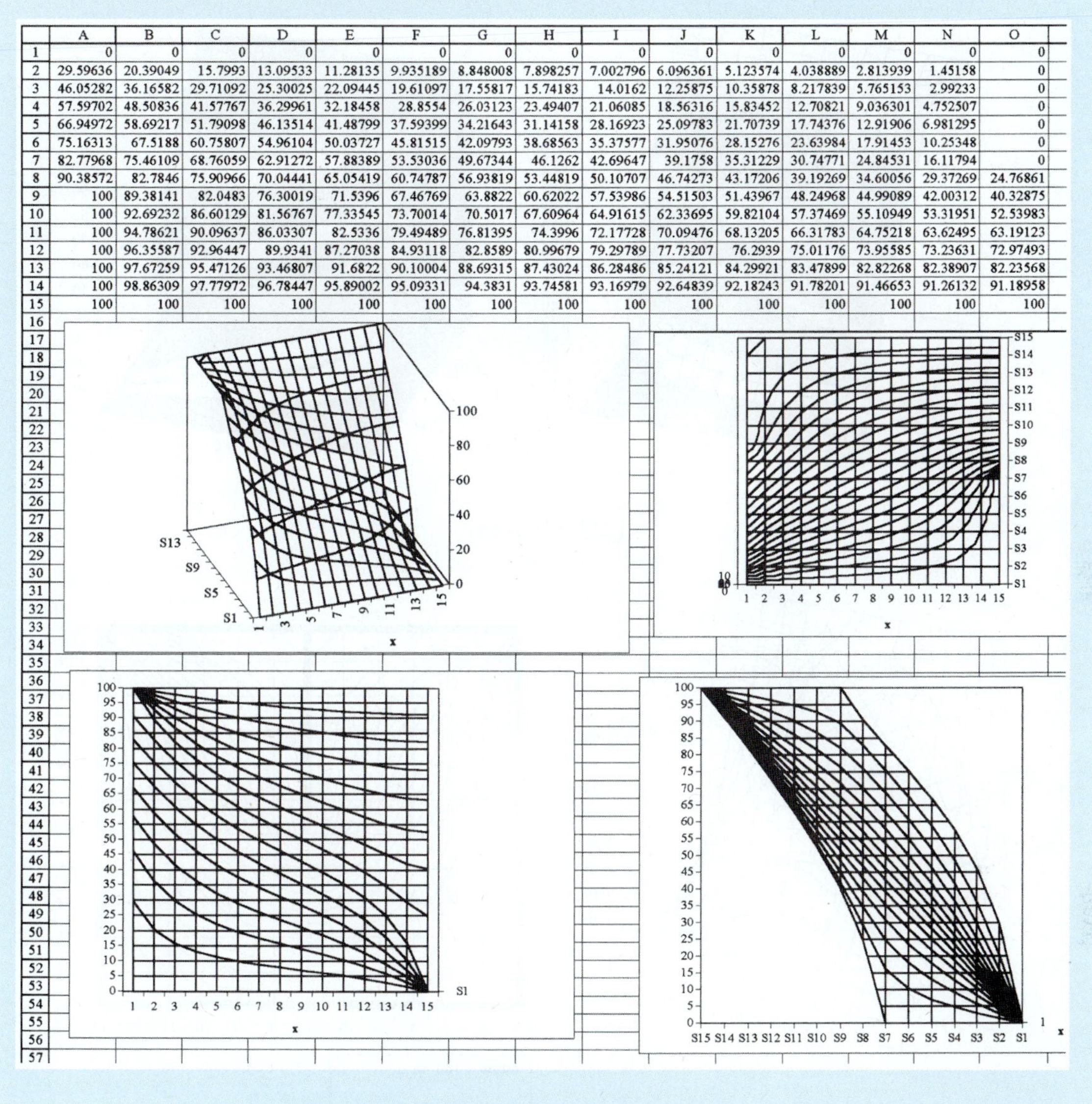

	A	B	C	D	E	F	G	H	I	J	K	L	M	N	O
1	0	0	0	0	0	0	0	0	0	0	0	0	0	0	0
2	29.59636	20.39049	15.7993	13.09533	11.28135	9.935189	8.848008	7.898257	7.002796	6.096361	5.123574	4.038889	2.813939	1.45158	0
3	46.05282	36.16582	29.71092	25.30025	22.09445	19.61097	17.55817	15.74183	14.0162	12.25875	10.35878	8.217839	5.765153	2.99233	0
4	57.59702	48.50836	41.57767	36.29961	32.18458	28.8554	26.03123	23.49407	21.06085	18.56316	15.83452	12.70821	9.036301	4.752507	0
5	66.94972	58.69217	51.79098	46.13514	41.48799	37.59399	34.21643	31.14158	28.16923	25.09783	21.70739	17.74376	12.91906	6.981295	0
6	75.16313	67.5188	60.75807	54.96104	50.03727	45.81515	42.09793	38.68563	35.37577	31.95076	28.15276	23.63984	17.91453	10.25348	0
7	82.77968	75.46109	68.76059	62.91272	57.88389	53.53036	49.67344	46.1262	42.69647	39.1758	35.31229	30.74771	24.84531	16.11794	0
8	90.38572	82.7846	75.90966	70.04441	65.05419	60.74787	56.93819	53.44819	50.10707	46.74273	43.17206	39.19269	34.60056	29.37269	24.76861
9	100	89.38141	82.0483	76.30019	71.5396	67.46769	63.8822	60.62022	57.53986	54.51503	51.43967	48.24968	44.99089	42.00312	40.32875
10	100	92.69232	86.60129	81.56767	77.33545	73.70014	70.5017	67.60964	64.91615	62.33695	59.82104	57.37469	55.10949	53.31951	52.53983
11	100	94.78621	90.09637	86.03307	82.5336	79.49489	76.81395	74.3996	72.17728	70.09476	68.13205	66.31783	64.75218	63.62495	63.19123
12	100	96.35587	92.96447	89.9341	87.27038	84.93118	82.8589	80.99679	79.29789	77.73207	76.2939	75.01176	73.95585	73.23631	72.97493
13	100	97.67259	95.47126	93.46807	91.6822	90.10004	88.69315	87.43024	86.28486	85.24121	84.29921	83.47899	82.82268	82.38907	82.23568
14	100	98.86309	97.77972	96.78447	95.89002	95.09331	94.3831	93.74581	93.16979	92.64839	92.18243	91.78201	91.46653	91.26132	91.18958
15	100	100	100	100	100	100	100	100	100	100	100	100	100	100	100

[그림 예제 D.8c] 복합벽을 지나는 1차원 열전달과 전기적 유사성

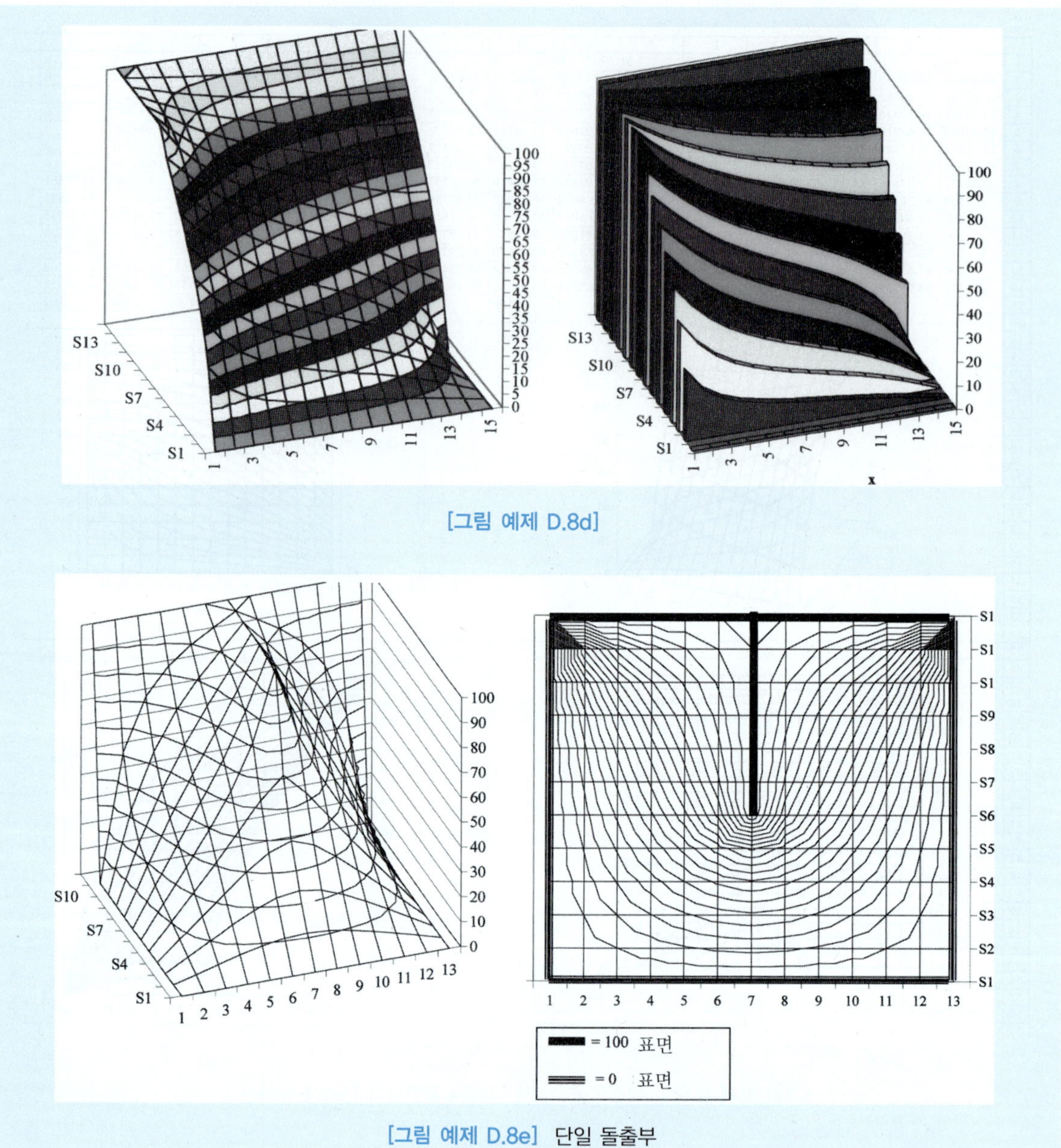

[그림 예제 D.8d]

[그림 예제 D.8e] 단일 돌출부

예제 D-9 복합 재질로 이루어진 고체

이제 엑셀 템플릿을 이용한 마지막 예제로서, 그림 예제 D.9(a)와 같은 복합 고체를 생각한다. 외부 재질의 크기는 10 × 24 cm이고 그 중앙에 크기가 4 × 10 cm인 내부 재질이 위치하고 있다. 윗면은 $T = 0$으로 주어져 있는 반면, 셀 F12, G12 및 H12는 다른 3면의 온도를 기입하는데 사용되도록 한다. K는 템플릿에서 셀 B51에 명시한다.

대류 경계는 없으며 단지 내부절점(셀 C6에 표시하고 끌기복사를 할 수 있음)과 두 재질 사이에 위치한 경계면절점으로 이루어진다. 작업표상의 셀 위치가 그림 예제 D.9(a)에 표시되어 있다. 이 해석은 경계온도값을 임의로 변화시킴으로써 다양한 결과를 조사할 수 있으며, 여기서는 경계온도를 다음과 같이 선택한다.

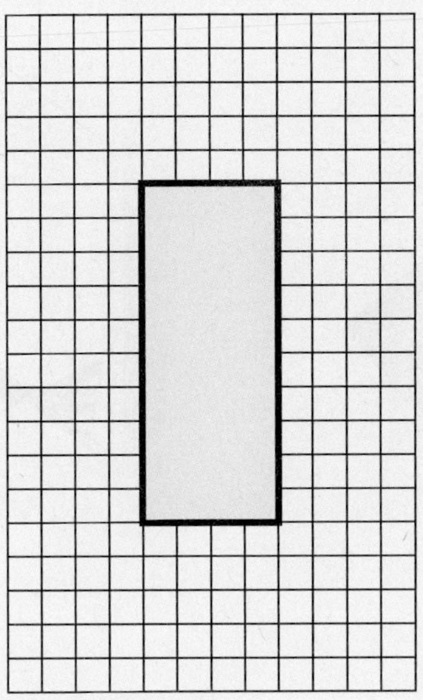

복합재질 예제. Cells E28:Q48 외부재질
Cells I33:M43 내부재질; 중앙
왼쪽면 온도 = F12
오른쪽면 온도 = G12
바닥면 온도 = H12
윗면 온도 = 0
$k_{exterior}/k_{interior} = K$ = cell B51

[그림 D.9a] 복합재질 예제에 대한 용어설명

(왼쪽면 온도) = 100

(오른쪽면 온도) = 300

(아래면 온도) =0

(윗면 온도) = 0

열전도계수비가 3 가지 극한값을 가질 때의 해는 다음과 같다.

1. $K = 1.0$ 두 재질이 같은 물성값을 갖는다.

2. $K = 0.0001$ 내부재질은 우수한 열전도체이고 외부재질은 우수한 단열재이다.

3. $K = 10000$ 내부재질은 우수한 단열재이고 외부재질은 우수한 열전도체이다.

절점의 수가 매우 많기 때문에 수치해를 모두 출력하는 것이 어려우므로 3D-wire mesh chart로서 온도분포특성을 나타내었다. 경우 1의 결과가 그림 예제 D.9(*b*)에 보여주고 있으며, 그림에서 온도 변화가 매끈하게 나타나고 있다. 이 해는 재질의 열전도계수가 수치해에 무관하다.

경우 2에 대한 해가 그림 예제 D.9(*c*)에서 보여주고 있는데, 예상한 바와 같이 외부 단열재질에서는 온도구배가 크게 나타나고 내부 재질에서는 온도구배가 매우 작게 나타나고 있다. 열전도계수가 큰 내부 재질에서 평평한 표면으로 나타나는 것은 온도구배가 작은 결과이다.

경우 3의 해가 그림 예제 D.9(*d*)에 출력되어 있으며, 결과는 경우 2와 반대로 나타나서 내부재질에서 큰 온도구배를, 외부재질에서 상대적으로 낮은 온도구배를 보이고 있다.

온도구배 효과를 살펴볼 수 있도록 3가지 경우 모두에 대해 평면 및 입면도가 함께 포함되어 있다.

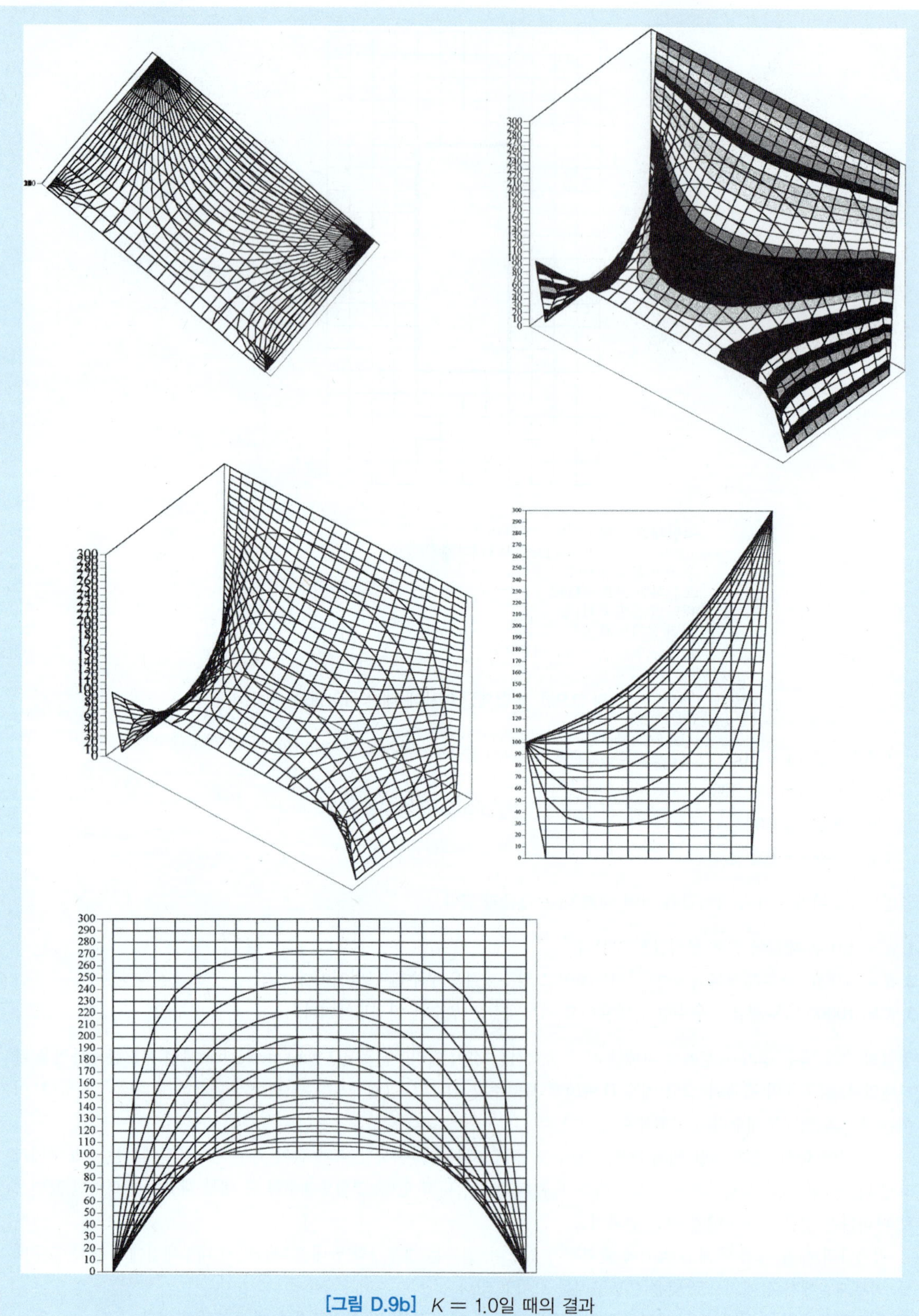

[그림 D.9b] $K = 1.0$일 때의 결과

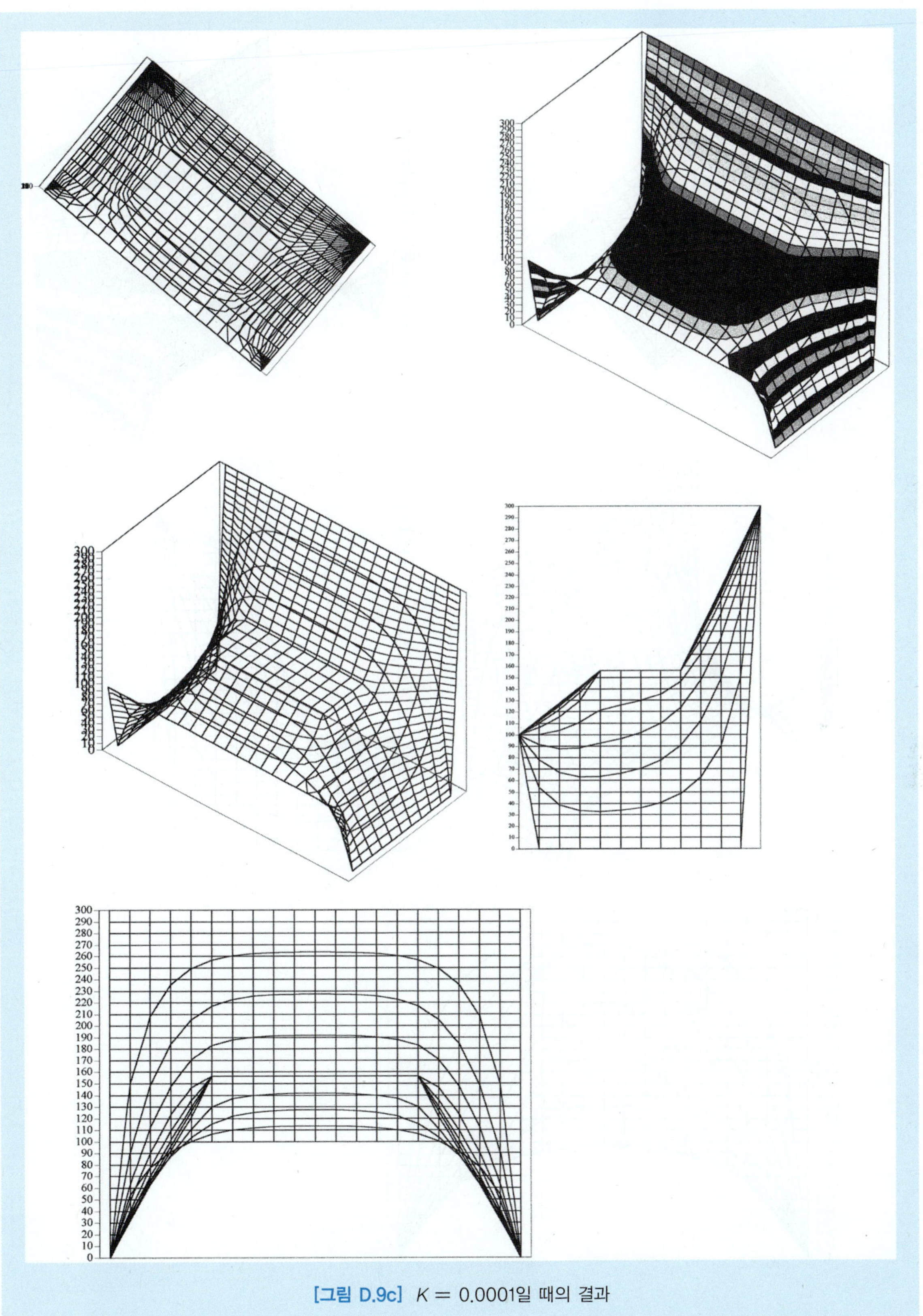

[그림 D.9c] $K = 0.0001$일 때의 결과

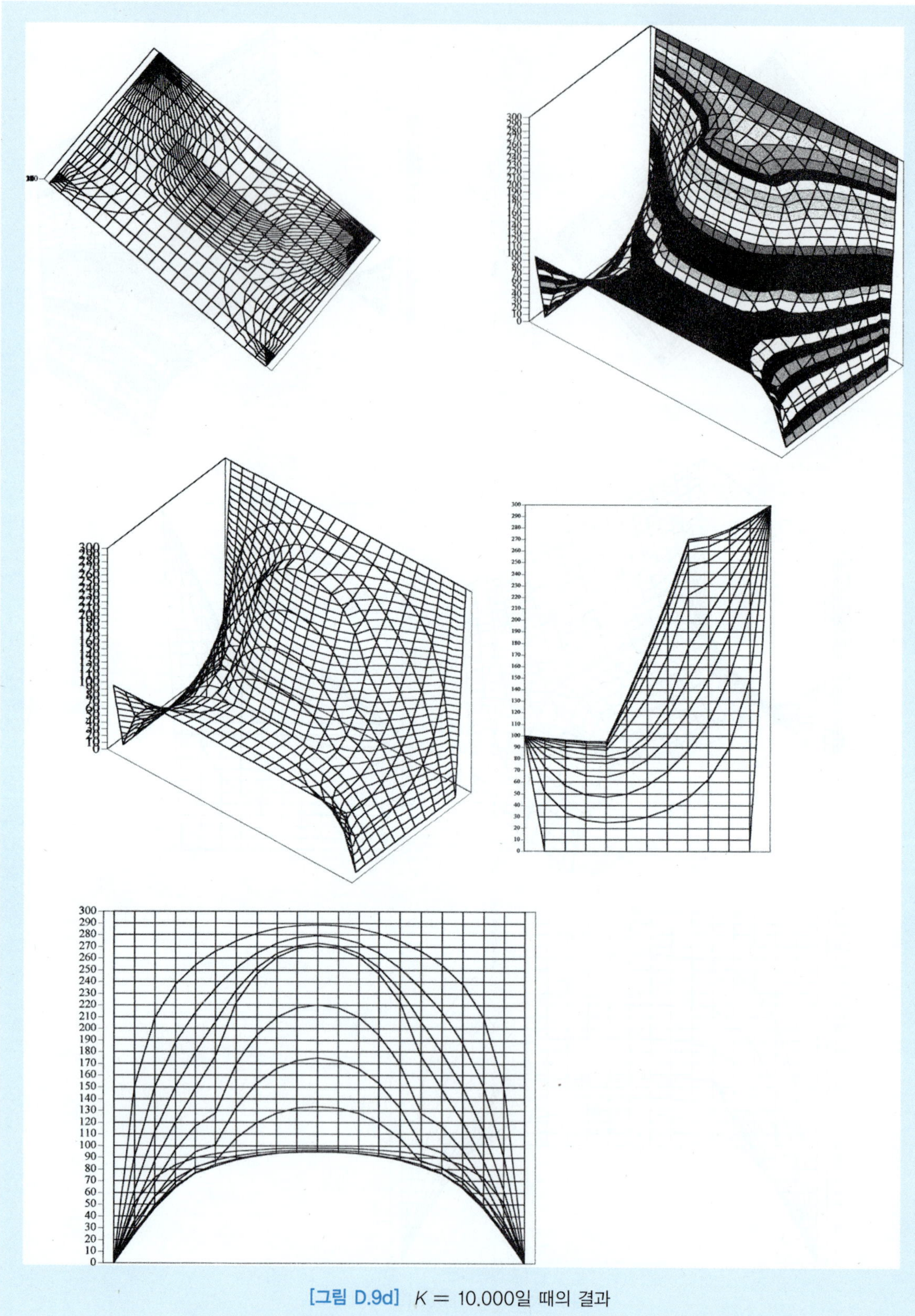

[그림 D.9d] $K = 10.000$일 때의 결과

예제 목록

D-1 2차원 평판의 온도분포

D-2 2차원 곧은 핀의 엑셀 해와 온도분포 출력

D-3 예제 3-5의 엑셀 해(복사경계조건이 있는 경우와 없는 경우)

D-4 경계에서 열원과 대류가 있는 평판

D-5 정상상태로 수행된 예제 3-5의 과도 해석

D-6 핀이 부착된 알루미늄 고체의 냉각

D-7 밀폐구조물 내에 있는 전자장비 박스의 과도 가열

D-8 대칭문제의 해석

D-9 복합 재질로 이루어진 고체

참고문헌

1. Orvis, W. J. *Excel for Scientists and Engineers*, 2nd ed. San Francisco: SYBEX, 1996.
2. Holman, J. P. *Excel for Engineers, Hints and Examples*. Dallas: Crest Press, 1999.
3. Gottfried, B. *Spreadsheet Tools for Engineers-Excel 97 Version*. New York: McGraw-Hill, 1998.
4. Liengme, B. V. *A Guide to Microsoft Excel for Scientists and Engineers.* New York: John Wiley, 1997.
5. Chapra, S. C., and R. P. Canate. *Numerical Methods for Engineers,* 3nd ed. New York: McGraw-Hill, 1998.

찾아보기

Basic Heat-Transfer Relations

Fourier's law of heat conduction:

$$q_x = -kA\frac{\partial T}{\partial x}$$

Characteristic thermal resistance for conduction $= \Delta x/kA$

Characteristic thermal resistance for convection $= 1/hA$

Overall heat transfer $= \Delta T_{\text{overall}} / \Sigma R_{\text{thermal}}$

Convection heat transfer from a surface:

$q = hA(T_{\text{surface}} - T_{\text{free stream}})$ for exterior flows

$q = hA(T_{\text{surface}} - T_{\text{fluid bulk}})$ for flow in channels

Forced convection: $\text{Nu} = f(\text{Re}, \text{Pr})$ (Chapters 5 and 6, Tables 5-2 and 6-8)
Free convection: $\text{Nu} = f(\text{Gr}, \text{Pr})$ (Chapter 7, Table 7-5)

$$\text{Re} = \frac{\rho u x}{\mu} \qquad \text{Gr} = \frac{\rho^2 g\beta\, \Delta T x^3}{\mu^2} \qquad \text{Pr} = \frac{c_p \mu}{k}$$

$x =$ characteristic dimension

General procedure for analysis of convection problems: Section 7-14, Figure 7-15, Inside back cover.

Radiation heat transfer (Chapter 8)

Blackbody emissive power, $\dfrac{\text{energy emitted by blackbody}}{\text{area} \cdot \text{time}} = \sigma T^4$

Radiosity $= \dfrac{\text{energy leaving surface}}{\text{area} \cdot \text{time}}$

Irradiation $= \dfrac{\text{energy incident on surface}}{\text{area} \cdot \text{time}}$

Radiation shape factor $F_{mn} =$ fraction of energy leaving surface m and arriving at surface n

Reciprocity relation: $A_m F_{mn} = A_n F_{nm}$

Radiation heat transfer from surface with area A_1, emissivity ϵ_1, and temperature $T_1(K)$ to large enclosure at temperature $T_2(K)$:

$$q = \sigma A_1 \epsilon_1 (T_1^4 - T_2^4)$$

LMTD method for heat exchangers (Section 10-5):

$$q = UAF\, \Delta T_m$$

where $F =$ factor for specific heat exchanger; $\Delta T_m =$ LMTD for counterflow double-pipe heat exchanger with same inlet and exit temperatures

Effectiveness-NTU method for heat exchangers (Section 10-6, Table 10-3):

$$\epsilon = \frac{\text{Temperaure difference for fluid with minimum value of } mc}{\text{Largest temperature difference in heat exchanger}}$$

$$\text{NTU} = \frac{UA}{C_{\min}} \qquad \epsilon = f(\text{NTU}, C_{\min}/C_{\max})$$

See List of Symbols on page xvii for definitions of terms.